分子モデリング概説

分子モデリング概説
量子力学からタンパク質構造予測まで
MOLECULAR MODELLING――PRINCIPLES AND APPLICATIONS

Andrew R. Leach　　　　*Toshiyuki Esaki*
A.R.リーチ 著　　江崎俊之 訳

地人書館

MOLECULAR MODELLING — Principles and Applications
Second Edition
by Andrew R. Leach

© Pearson Education Limited 1996, 2001
This translation of MOLECULAR MODELLING PRINCIPLES AND APPLICATIONS
02 Edition is published by arrangement with Pearson Education Limited.

Japanese translation rights arranged with
Pearson Education Limited, Harlow, Essex, U.K.
through Tuttle-Mori Agency, Inc., Tokyo.

目　　次

第 2 版への序文 ………………………………………………………… xiii
初版への序文 …………………………………………………………… xv
記号と物理定数 ………………………………………………………… xvii
謝　辞 …………………………………………………………………… xxiii

第 1 章　分子モデリングにおける有用な概念 …………………………1
1.1　はじめに ……………………………………………………………1
1.2　座標系 ………………………………………………………………2
1.3　ポテンシャルエネルギー曲面 ……………………………………4
1.4　分子グラフィックス ………………………………………………5
1.5　表面 …………………………………………………………………7
1.6　コンピュータのハードウェアとソフトウェア …………………9
1.7　長さとエネルギーの単位 …………………………………………10
1.8　分子モデリングの文献 ……………………………………………10
1.9　インターネット ……………………………………………………11
1.10　数学的概念 ………………………………………………………12
　　　さらに読みたい人へ ……………………………………………25
　　　引用文献 …………………………………………………………25

第 2 章　計算量子力学への序論 …………………………………………27
2.1　はじめに ……………………………………………………………27
2.2　一電子原子 …………………………………………………………31
2.3　多電子原子と分子 …………………………………………………35
2.4　分子軌道計算 ………………………………………………………41
2.5　ハートリー–フォック方程式 ……………………………………51
2.6　基底系 ………………………………………………………………64
2.7　*ab initio* 量子力学を利用した分子的性質の計算 ………………72
2.8　近似分子軌道理論 …………………………………………………84
2.9　半経験的方法 ………………………………………………………85

2.10	ヒュッケル法 ……………………………………………………………… 97
2.11	半経験的方法の性能 …………………………………………………… 100
付録2.1	計算量子化学で一般に使われる略語と頭字語 ……………………… 102
	さらに読みたい人へ ……………………………………………………… 104
	引用文献 …………………………………………………………………… 104

第3章　高等な ab initio 法，密度汎関数理論および固体量子力学 ……………… 107

3.1	はじめに ………………………………………………………………… 107
3.2	開殻系 …………………………………………………………………… 107
3.3	電子相関 ………………………………………………………………… 108
3.4	*ab initio* 計算の実行に伴う問題点 …………………………………… 115
3.5	エネルギー成分分析 …………………………………………………… 119
3.6	原子価結合理論 ………………………………………………………… 122
3.7	密度汎関数理論 ………………………………………………………… 124
3.8	量子力学的方法による固体研究 ……………………………………… 134
3.9	量子力学の将来：理論と実験の協調 ………………………………… 155
付録3.1	ブロッホの定理を満たす波動関数の別の表し方 …………………… 155
	さらに読みたい人へ ……………………………………………………… 156
	引用文献 …………………………………………………………………… 156

第4章　経験的力場モデル：分子力学 …………………………………………… 161

4.1	はじめに ………………………………………………………………… 161
4.2	分子力学力場の一般的特徴 …………………………………………… 163
4.3	結合伸縮項 ……………………………………………………………… 165
4.4	変角項 …………………………………………………………………… 168
4.5	ねじれ項 ………………………………………………………………… 169
4.6	広義ねじれ角と面外変角運動 ………………………………………… 171
4.7	交差項：クラスⅠ，ⅡおよびⅢ力場 ………………………………… 173
4.8	非結合相互作用への序論 ……………………………………………… 175
4.9	静電相互作用 …………………………………………………………… 175
4.10	ファンデルワールス相互作用 ………………………………………… 197
4.11	経験的ポテンシャルにおける多体問題 ……………………………… 204
4.12	有効対ポテンシャル …………………………………………………… 206
4.13	分子力学における水素結合 …………………………………………… 206
4.14	力場モデルによる液体水のシミュレーション ……………………… 208
4.15	融合原子力場と簡約表現 ……………………………………………… 212

4.16	分子力学エネルギー関数の微分	216
4.17	力場を使用した熱力学的性質の計算	217
4.18	力場のパラメトリゼーション	219
4.19	力場パラメータの移植性	222
4.20	非局在化したπ系の取扱い	223
4.21	無機分子の力場	224
4.22	固体系の力場	226
4.23	金属と半導体の経験的ポテンシャル	230
付録 4.1	2個のドルーデ分子間の相互作用	235
さらに読みたい人へ		237
引用文献		237

第5章　エネルギーの極小化と関連手法によるエネルギー曲面の探索　……243

5.1	はじめに	243
5.2	非微分極小化法	247
5.3	微分極小化法への序論	250
5.4	一次極小化法	251
5.5	二次微分法：ニュートン-ラフソン法	256
5.6	準ニュートン法	258
5.7	どの極小化法を使用すべきか？	259
5.8	エネルギー極小化法の応用	262
5.9	遷移構造と反応経路の決定	268
5.10	固体系：格子静力学と格子動力学	282
さらに読みたい人へ		288
引用文献		288

第6章　コンピュータ・シミュレーション法　……291

6.1	はじめに	291
6.2	簡単な熱力学的性質の計算	295
6.3	位相空間	300
6.4	コンピュータ・シミュレーションの実際的側面	302
6.5	境界	304
6.6	平衡化の監視	308
6.7	ポテンシャルの切捨てと最小影像コンベンション	310
6.8	遠距離力	321
6.9	シミュレーション結果の解析と誤差の推定	329

viii　目　次

　　付録 6.1　　統計力学の基礎 ……………………………………………………333
　　付録 6.2　　熱容量とエネルギーの揺らぎ ……………………………………334
　　付録 6.3　　ビリアルへの実在気体の寄与 ……………………………………335
　　付録 6.4　　並進粒子を中心の箱へ戻すのに使われる公式 …………………336
　　さらに読みたい人へ ………………………………………………………………337
　　引用文献 ……………………………………………………………………………337

第 7 章　分子動力学シミュレーション法 …………………………………339

　7.1　はじめに …………………………………………………………………………339
　7.2　簡単なモデルによる分子動力学の説明 ……………………………………339
　7.3　連続ポテンシャルを使った分子動力学 ……………………………………341
　7.4　分子動力学シミュレーションの準備と実行 ………………………………351
　7.5　拘束動力学 ………………………………………………………………………354
　7.6　時間依存的性質 …………………………………………………………………360
　7.7　定温と定圧での分子動力学 ……………………………………………………367
　7.8　分子動力学への溶媒効果の組込み：平均力ポテンシャルと確率動力学 ……371
　7.9　分子動力学シミュレーションでの配座変化 ………………………………375
　7.10　両親媒性鎖状分子の分子動力学シミュレーション ………………………377
　　付録 7.1　　分子動力学におけるエネルギーの保存 …………………………389
　　さらに読みたい人へ ………………………………………………………………391
　　引用文献 ……………………………………………………………………………391

第 8 章　モンテカルロ・シミュレーション法 ……………………………395

　8.1　はじめに …………………………………………………………………………395
　8.2　積分による性質の計算 …………………………………………………………397
　8.3　メトロポリス法の理論的背景 …………………………………………………399
　8.4　メトロポリス・モンテカルロ計算の実行 …………………………………401
　8.5　分子のモンテカルロ・シミュレーション …………………………………404
　8.6　高分子のモンテカルロ・シミュレーションで使われるモデル ……………407
　8.7　バイアス型モンテカルロ法 ……………………………………………………415
　8.8　準エルゴード問題への取組み：
　　　　　J ウォーキング法とマルチカノニカル・モンテカルロ法 ………………416
　8.9　異なる集団からのモンテカルロ・サンプリング ……………………………421
　8.10　化学ポテンシャルの計算 ………………………………………………………425
　8.11　配置バイアス型モンテカルロ法 ………………………………………………426
　8.12　ギブス集団モンテカルロ法による相平衡のシミュレーション ……………433

8.13　モンテカルロか，それとも分子動力学か？ 435
　　付録8.1　Marsagliaの乱数発生器 436
　　さらに読みたい人へ 438
　　引用文献 438

第9章　配座解析 441

9.1　はじめに 441
9.2　配座空間の系統的探索法 442
9.3　モデル組立てアプローチ 448
9.4　ランダム探索法 449
9.5　距離幾何学法 451
9.6　シミュレーション法を利用した配座空間の探索 458
9.7　どの配座探索法を使用すべきか？　各種アプローチの比較 459
9.8　標準的方法の変法 460
9.9　大域的エネルギー極小点の検出：進化的アルゴリズムと焼きなまし 461
9.10　制限付き分子動力学と焼きなましによるタンパク質構造の解明 466
9.11　構造データベース 471
9.12　分子の当てはめ 474
9.13　クラスター分析とパターン認識 474
9.14　データセットの次元の縮約 480
9.15　配座空間の被覆：ポーリング 482
9.16　「古典」最適化問題：結晶構造の予測 484
　　さらに読みたい人へ 488
　　引用文献 488

第10章　タンパク質構造の予測，配列解析およびタンパク質の折りたたみ 493

10.1　はじめに 493
10.2　タンパク質構造の基本原理 497
10.3　第一原理法によるタンパク質構造の予測 500
10.4　比較モデリングへの序論 505
10.5　タンパク質の配列並置 507
10.6　比較モデルの構築と評価 523
10.7　スレッディング法によるタンパク質構造の予測 528
10.8　タンパク質構造予測法の比較：CASP 530

x　目　次

10.9	タンパク質の折りたたみと変性	533
付録10.1	生命情報科学でよく使われる用語，略語および頭字語	536
付録10.2	生命情報科学でよく使われる配列データベースと構造データベース	537
付録10.3	1 PAM に対する変異確率行列	538
付録10.4	250 PAM に対する変異確率行列	539
さらに読みたい人へ		540
引用文献		540

第11章　分子モデリングにおける四つの挑戦：自由エネルギー，溶媒和，反応および固体欠陥 ……547

11.1	自由エネルギー計算	547
11.2	自由エネルギー差の計算	548
11.3	自由エネルギー差の計算法の応用	553
11.4	エンタルピー差とエントロピー差の計算	557
11.5	自由エネルギーの分割	558
11.6	自由エネルギー計算の潜在的な落とし穴	561
11.7	平均力ポテンシャル	564
11.8	近似／高速自由エネルギー法	569
11.9	溶媒の連続体モデル	576
11.10	溶媒和自由エネルギーへの静電寄与：ボルン・モデルとオンサーガー・モデル	577
11.11	溶媒和自由エネルギーへの非静電寄与	591
11.12	非常に簡単な溶媒和モデル	592
11.13	化学反応のモデリング	593
11.14	固体欠陥のモデリング	604
付録11.1	熱力学的積分を利用した自由エネルギー差の計算	611
付録11.2	低成長法を利用した自由エネルギー差の計算	612
付録11.3	線形応答法による自由エネルギー差計算で使われる Zwanzig 式の展開	612
さらに読みたい人へ		614
引用文献		615

第12章　分子モデリングと化学情報解析学を利用した新規分子の発見と設計 ……623

12.1	創薬における分子モデリング	623
12.2	分子のコンピュータ表現，化学データベースおよび 2D 部分構造探索	625

12.3	3Dデータベース探索	630
12.4	三次元薬理作用団の誘導と利用	630
12.5	3Dデータベースのデータ源	640
12.6	分子のドッキング	644
12.7	3Dデータベース探索とドッキングの応用	649
12.8	分子類似性とその探索	650
12.9	分子記述子	651
12.10	多様性に富む化合物集合の選択	661
12.11	構造に基づく *de novo* リガンド設計	668
12.12	定量的構造活性相関	677
12.13	部分最小二乗法	687
12.14	コンビナトリアル・ライブラリー	693
	さらに読みたい人へ	701
	引用文献	702

訳者あとがき ………………………………… 711
索 引 ………………………………… 713

第 2 版への序文

　この第 2 版の執筆を思い立ったのは，最近新たに現れた重要な手法を紹介し，初版で十分説明を尽くせなかったり，まったく無視した分野を付け加えて，本書が受け持つ範囲を広げたいと考えたからである。第 2 版では，前者の話題として密度汎関数理論，生命情報科学／タンパク質構造解析および化学情報解析学，また，後者の話題として固体のモデリングを取り上げる。もちろん，この新版は初版の内容を再度批判的に検討し，資料の再構成や更新を行う機会を著者に与えてくれた。初版の内容の多くはこの新版でもそのまま受け継がれており，主題へのアプローチの仕方もほとんど同じである。しかし，初版をお読み下さった読者は，この新版の中にいくつかの変化——願わくば良き方向への変化——を見出されることであろう。

　この第 2 版でも，初版と同様，最初に取り上げるのは量子力学である。ただし第 2 版では，初版と異なり，量子力学に二つの章があてられている。第 2 章は ab $initio$ 法と半経験的方法への序論であり，いくつかの適用事例もあわせて示される。第 3 章では，ab $initio$ アプローチのさらに高度な側面，密度汎関数理論および固体問題を取り上げる。第 4 章の主題は分子力学であり，エネルギー極小化などの静的手法は第 5 章で解説される。第 6，7 および 8 章は，主要な二つのシミュレーション法——分子動力学法とモンテカルロ法——への序論である。第 9 章は小分子の配座解析にあてられるが，情報科学で広く使われるいくつかの手法——たとえばクラスター分析や主成分分析——もこの章で扱われる。第 10 章では，タンパク質の構造予測と折りたたみの問題を考える。この章はまた，生命情報科学で広く使われる諸手法への序論の役目も果たす。第 11 章では，それまでの諸章で取り上げた手法を利用し，自由エネルギーの計算，溶媒の連続体モデル，化学反応や固体欠陥のシミュレーションを解説する。最後の第 12 章は，分子モデリングや化学情報解析学を応用した新規分子の発見と設計を取り上げ，データベース探索，ドッキング，de $novo$ 設計，定量的構造活性相関，コンビナトリアル・ライブラリーの設計などに言及する。

　初版でも述べたように，この分野は容赦のない速度で発展を遂げつつある。このことは現在最先端と考えられる手法も，近い将来ごく当たり前のものになることを意味する。したがって本書では，個々の手法を説明するに当たって，単に最初の事例であるとか最新の事例であるといった理由ではなく，その手法の基礎をなす理論の理解に役立つかどうかを基準に使用事例を選択した。同様に，本書のように限られた紙数の中で，分子モデリングのすべての分野を解説することは不可能であった。そのため，十分説明を尽くせなかった話題も当然存在する。本書は分子モデリングの歴史書ではないし，また，最先端技術を紹介した総説書でもない。著者は本書の中で，でき

る限り多くの文献を引用するように心掛けた。しかし中には，著者の意に反し，発明の帰属を間違えたり古典的事例を見落としているといったことが起こっているかもしれない。著者が本書で採用した方針は，特定の研究グループの内部だけでなく，広く世間一般で使われている手法に光を当てることであった。また，著者が目標としたのは，本書が分子モデリングの主要な手法への信頼に足る手引きとして，初心者はもとより専門家の方々にとっても役立つ内容となることであった。

初版への序文

　分子モデリングの技術は，以前は，高性能なコンピュータが利用できる環境にある少数の科学者だけのものであった．また，モデリング研究を行おうとすれば，研究者はプログラムの作成はもとより，コンピュータ・システムを管理し，故障の際には修理も自分で行わなければならなかった．しかし，最近のワークステーションは，一昔前の大型コンピュータに比べてはるかに優れた性能を備えており，しかも価格は格段に安い．また，ソフトウェアも，ソフト会社や大学の研究室で開発されたものが簡単に手に入るので，研究者はもはやそれを自作する必要がない．いまや分子モデリングは，いかなる研究室や教室でも実施可能な研究分野になりつつある．

　本書の執筆の動機は，分子モデリングや計算化学で使われるさまざまな手法を紹介し，それらの手法が物理的，化学的および生物学的現象の研究にどのように応用できるかを示すことにあった．目指すところは，分子モデリングの研究者が現在利用しうる諸手法の理論的背景を簡潔に解説することである．また，問題の解決に最も適した方法を調べたり，ハードウェアやソフトウェアを最大限に活用する上で役立つ内容となることを心掛けた．モデリング用プログラムの多くはきわめて使いやすく作られている．また，視覚的理解に役立つグラフィカルなインターフェイスを備えていることも多い．しかし，それらを正しく使いこなすことはきわめてむずかしい．

　分子モデリングの研究は，一般に三つの段階から成り立つ．第一の段階では，系の分子内相互作用と分子間相互作用を記述するためのモデルがまず選択される．この段階で最もよく使われる手法は，量子力学と分子力学である．これらの手法は，いかなる配置をとる原子や分子に対しても，そのエネルギーを計算できる．また，原子や分子の位置が変化するにつれ，系のエネルギーがどのように変化するかを調べるのにも役立つ．分子モデリングの第二の段階では，エネルギー極小化，分子動力学／モンテカルロ・シミュレーション，配座探索といった計算が行われる．また，第三の段階では，結果が解析され，計算が正しく行われたか否かが検査される．

　本書で取り上げた手法の中には，それ以前の章を参照する必要があるものもないわけではない．しかし各章は，できる限りそれ自体完結した構成をとるように配慮されている．たとえば，配座解析の章を読みこなすのに，読者は量子力学や分子力学の章を必ずしも完全に理解している必要はない．本書で取り上げた分野のうち，いくつかを熟知している読者は，それらの章を無視し，必要な章だけお読みいただいてもよい．

　著者は，手法の原理を理解する上で役立つと思われる基礎理論については，できる限り詳しく説明するよう心掛けた．読者層としては，量子力学，統計力学，配座解析および数学について，ある程度予備知識をもつ方々を念頭に置いた．しかし，化学の学士号をもつ読者なら，本書を十

分読みこなせるはずである．最終学年に在学する学部学生にとっても，本書の内容は決してむずかしいものではない．完全な議論について知りたくなった読者は，各章の最後に挙げた参考図書や引用文献をご覧いただければよい．適切と思われる原報は，できる限り引用するように心掛けた．しかしこの種の書物では，関連文献を網羅することは明らかに不可能である．引用した文献に関して不適切な点があるならば，ここで前もってお詫びしておきたい．

　分子モデリングの対象となる系の範囲はきわめて広く，孤立分子から簡単な原子／分子流体，さらにはタンパク質，DNA，固体といった生体高分子や重合体にまで及ぶ．取り上げた手法の多くは，応用の幅を的確に反映した具体的事例を使って説明される．しかし紙数の関係で，やむを得ず初歩的な取扱いに留まったり，まったく言及できなかった手法もいくつかある．また，重要な応用例であっても，紹介を断念せざるを得なかったものも多い．分子モデリングは，ハードウェアとソフトウェアの最近の劇的な改良を背景に，急速に発展しつつある研究分野である．ほんの数年前まで，大掛かりなコンピュータを必要とした計算も，現在ではパソコンで十分行える．本書の執筆時点で最先端の水準にある研究も，近い将来にはごく当たり前のものとなるに違いない．

記号と物理定数

以下のリストは本書でよく使われる記号と物理定数を，本文中で現われる順序に従って配列したものである。

λ	ラグランジュ乗数
$r,\ \theta,\ \phi$	球面極座標
$\mathbf{i},\ \mathbf{j},\ \mathbf{k}$	$x,\ y,\ z$ 軸に沿った直交単位ベクトル
$\phi,\ \theta,\ \psi$	オイラー角
$\langle x \rangle$ または $\bar{x}$	x の算術平均値
$\mathbf{I}$	単位行列
i	-1 の平方根
$\hat{\mathbf{r}}$	単位ベクトル
α	ガウス関数（正規分布）の指数
σ	標準偏差
σ^2	分散
h	プランク定数（6.62618×10^{-34}Js）
$\hbar$	$h/2\pi$（1.05459×10^{-34}Js）
m	粒子の質量
Ψ	分子波動関数
∇^2	$\partial^2/\partial x^2 + \partial^2/\partial^2 y + \partial^2/\partial^2 z$（ラプラシアン）
H	ハミルトニアン
ψ	空間軌道
$\alpha,\ \beta$	スピン関数（上向きスピン，下向きスピン）
χ	スピン軌道（空間軌道とスピン関数の積）
ϕ	基底関数／原子軌道（通常，$\phi_\mu,\ \phi_\nu,\ \phi_\lambda,\ \phi_\sigma$ で標識）
$d\nu$ または $d\mathbf{r}$	全空間座標にわたっての積分
$d\sigma$	全スピン座標にわたっての積分
$d\tau$	全空間座標と全スピン座標にわたっての積分
r_{ij}	二つの粒子 i と j（量子力学では通常，電子）の間の距離
R_{AB}	二つの核 A と B の間の距離

δ_{ij}	クロネッカーの δ（$i=j$ のとき $\delta_{ij}=1$，$i\neq j$ のとき $\delta_{ij}=0$）
K	交換演算子
J	クーロン演算子
H^{core}	コア・ハミルトニアン
F	フォック行列
S	重なり行列
S_{ij}	軌道 i と j の間の重なり積分
f	フォック演算子
C	基底関数の係数行列
E	軌道エネルギー行列
P	密度行列
ξ	スレーター指数
K	基底関数の数
N	電子の数
M	核の数
α	ヒュッケル理論のクーロン積分
β	ヒュッケル理論の共鳴積分
α	原子または分子の分極率
$\rho(\mathbf{r})$	位置 **r** での電子密度
$\phi(\mathbf{r})$	位置 **r** での静電ポテンシャル
a, b, c	単位格子の長さ
α, β, γ	単位格子の角度
G	逆格子ベクトル
T	実空間格子内での並進
k	固体量子力学で使われる波動ベクトル
q_i	原子 i 上の部分電荷
Z_A	原子 A 上の核荷電
μ	双極子モーメント
Θ	四極子モーメント
l	結合長
k	力の定数
θ	結合角
τ, ω	ねじれ角
E	電場
χ	電気陰性度
ε	レナード-ジョーンズ対ポテンシャル関数における井戸の深さ

σ	レナード-ジョーンズ関数における衝突距離
r^*, r_m	レナード-ジョーンズ関数でエネルギーが極小となる距離
A	レナード-ジョーンズ関数における r^{-12} の係数
C	レナード-ジョーンズ関数における r^{-6} の係数
ε_0	真空中での誘電率
ε_r	比誘電率
ε	誘電率（$\varepsilon = \varepsilon_0 \varepsilon_r$）
k_B	ボルツマン定数（1.38066×10^{-23} JK^{-1}）
N_A	アボガドロ定数（6.02205×10^{23} mol^{-1}）
N	系内の粒子数
$\mathbf{r}$	原子または分子の位置
$\mathbf{r}^N$	系内にある N 粒子の位置
$\mathbf{p}$	線運動量
$\mathbf{p}^N$	系内にある N 粒子の運動量
$\mathbf{p}$	系の全線運動量
V	系の全ポテンシャルエネルギー（しばしば $\mathbf{r}^N$ の関数で表される）
ν	対ポテンシャルエネルギー
$\mathbf{x}_k$	点 k における $3N$ 直交ベクトル
$\mathbf{g}_k$	点 k における勾配（座標に関しての V の一次微分）
$\mathbf{V}''$	座標に関する V のヘシアン
ν	基準振動数
$\mathbf{H}$	ヘッセ逆行列
Q	正準集団の分配関数
Z	配置積分
K	運動エネルギー
ρ	密度
T	温度
Λ	ドブロイ波長（$= \sqrt{h^2/2\pi m k_B T}$）
t	時間
P	圧力
V	体積
E	瞬間エネルギー
U	内部エネルギー
A	ヘルムホルツ自由エネルギー
G	ギブス自由エネルギー
C_V	定積熱容量

$g(r)$	対動径分布関数
S	スイッチング関数
L	周期的シミュレーションにおけるセルの幅
s	相関時間
ω	角速度
μ	換算質量
W	ビリアル
v	速度
a	加速度
b	時間に関しての位置の三次微分（$d^3\mathbf{r}/dt^3$）
δt	分子動力学シミュレーションにおける時間刻み幅
$\mathbf{f}_{ij}$	粒子 i と j の間に働く力
$\langle A \rangle$	性質 A の集団平均値
q	一般化座標
C_{xy}	非規格化相関関数
c_{xy}	規格化相関関数
τ	結合パラメータ
κ	等温圧縮率
γ	衝突頻度（確率動力学）
S	秩序変数
ρ	確率密度関数
$\boldsymbol{\pi}$	遷移行列
$\boldsymbol{\alpha}$	確率行列
ξ	乱数（通常，0〜1の値をとる）
z	活量
μ	化学ポテンシャル
W	Rosenbluth 重率
G	計量行列（距離幾何学法）
p_i	i 番目の主成分
Z	分散共分散行列
λ	結合パラメータ（自由エネルギー計算で使用）
$W(\mathbf{r}^N)$	アンブレラ・サンプリングで使われる重み関数
N	数密度（$=N/V$）
S_{AB}	二分子 A と B の間の類似度
D_{AB}	二分子 A と B の間の距離
σ	ハメットの置換基定数

P	2種の溶媒間での溶質の分配係数
π	水素を基準とした置換基 X の $\log(P_X/P_H)$
r^2	決定係数
R^2	線形重回帰での決定係数
Q^2	交差確認 R^2

# 謝　　辞

　第2版を出版するに当たり，新しい原稿の各部に論評を加えて下さった次の諸氏に感謝申し上げる。Neil Allan 博士, Paul Bamborough 博士, Gianpaolo Bravi 博士, Richard Bryce 博士, Julian Gale 博士, Richard Green 博士, Mike Hann 博士および Alan Lewis 博士。特に Julian Gale からの示唆は，材料科学と固体への応用に関する諸節をまとめる上できわめて有用であった。また著者は，貴重な時間を割き，初版の草稿に目を通し論評を加えてくれた次の方々（アルファベット順）にいま一度謝意を表したい。初版の内容の多くはこの第2版にそのまま受け継がれているからである。D B Adolf 博士, J M Blaney 博士, A V Chadwick 教授, P S Charifson 博士, C-W Chung 博士, A Cleasby 博士, A Emerson 博士, J W Essex 博士, D V S Green 博士, I R Gould 博士, M M Hann 博士, C A Leach 博士, M Pass 博士, D A Pearlman 博士, C A Reynolds 博士, D W Salt 博士, M Saqi 博士, J I Siepmann 教授, W C Swope 博士, N R Taylor 博士, P J Thomas 博士, D J Tildesley 教授 および O Warschkow 氏。

　図を作成するのを手伝って下さったのは，R Groot 博士, S McGrother 博士および V Milman 博士である。第2版では，初版の図も多く使用された。初版の際，図の作成に協力された次の諸氏にいま一度お礼申し上げる。S E Greasley 博士, M M Hann 博士, H Jhoti 博士, S N Jordan 博士, G R Luckhurst 教授, P M McMeekin 博士, A Nicholls 博士, P Popelier 博士, A Robinson 博士および T E Klein 博士。

　Pearson Education 社の出版チームの核となったのは Alexandra Seabrook, Pauline Gillet および Julie Knight である。彼女らは間断なく降りかかるさまざまな問題を適切に処理し，本書の出版を予定通りに実現してくれた。ことに，編集者としての Julie の活躍は特筆すべきものであった。

　もちろん本書に誤りがまだ残っているとすれば，その責任はすべて著者にある。本書の中に誤りを発見された読者は，その箇所をお知らせ願いたい。また，建設的な示唆，論評，批判もお寄せいただければ幸いである。われわれは電子メールでの連絡先を含め，本書に収載された（カラー図版などの）さまざまなデータを Web サイト（www.booksites.net）でも提供している。

　分子モデリングの今日の発展は，コンピュータのハードウェアとソフトウェアを開発した人々の努力に負うところが大きい。本書に収められた図やデータは，以下のコンピュータ・プログラムを使用して作成された。これらのプログラムの開発者に対して深甚なる謝意を表したい。計算に使用したコンピュータは，すべて Silicon Graphics 社製である。

謝　辞

（1） AMBER: D A Pearlman, D A Case, J C Caldwell, G L Seibel, U C Singh, P Weiner and P A Kollman 1991. Amber 3.0, カルフォルニア大学, San Francisco, 米国.

（2） ケンブリッジ構造データベース: F H Allen, S A Bellard, M D Brice, B A Cartwright, A Doubleday, H Higgs, T Hummelink, B G Hummelink‐Peters, O Kennard, W D S Motherwell, J R Rodgers and D G Watson 1979. ケンブリッジ結晶学データセンター: コンピュータによる情報の探索，検索，解析および表示, *Acta Crystallographica* **B35**:2331-2339. ケンブリッジ結晶学データセンター, Cambridge, 英国.

（3） CASTEP: Molecular Simulations 社, 9685 Scranton Road, San Diego, California, 米国.

（4） Catalyst: Molecular Simulations 社, 9685 Scranton Road, San Diego, California, 米国.

（5） Cerius2: Molecular Simulations 社, 9685 Scranton Road, San Diego, California, 米国.

（6） COSMIC: J G Vinter, A Davis, M R Saunders 1987. 薬物設計への戦略的アプローチ I. 分子モデリングのための統合型ソフトウェア. *Journal of Computer-Aided Molecular Design* **1**(1):31-51.

（7） Dials and Windows: G Ravishanker, S Swaminathan, D L Beveridge, R Lavery and H Sklenar 1989. *Journal of Biomolecular Structure and Dynamics* **6**:669‐699. ウェスレー大学, 米国.

（8） Gaussian 92: M J Frisch, G W Trucks, M Head-Gordon, P M W Gill, M W Wong, J B Foresman, B G Johnson, H B Schlegel, M A Robb, E S Replogle, R Gomperts, J L Andres, K Raghavachari, J S Binkley, C Gonzalez, R L Martin, D J Fox, D L DeFrees, J Baker, J J P Stewart and J A Pople. Gaussian 社, Pittsburgh, Pennsylvania, 米国.

（9） GCG: Genetics Computer Group 社. University Research Park, 575 Science Drive, Suite B, Madison, Wisconsin 53711, 米国.

（10） GRASP(Graphical Representation and Analysis of Surface Properties): A Nicholls, コロンビア大学, New York, 米国.

（11） GRID: P J Goodford 1985. 生物学的に重要な高分子上にあるエネルギー的に有利な結合部位を推定するための計算手順. *Journal of Medicinal Chemistry* **28**:849-857. Molecular Discovery 社, Oxford, 英国.

（12） Insight II: Molecular Simulations 社, 9685 Scranton Road, San Diego, California, 米国.

（13） IsoStar: I J Bruno, J C Cole, J P M Lommerse, R S Rowland, R Taylor and M L Verdonk 1997. Isostar——非結合型相互作用に関する情報ライブラリー. *Journal of Computer-Aided Molecular Design* **11**:525-537. ケンブリッジ結晶学データセンター, Cambridge, 英国.

(14) Micromol: S M Colwell, A R Marshall, R D Amos and N C Handy 1985. マイクロコンピュータ上での量子化学計算. *Chemistry in Britain* **21**:655-659.

(15) Molscript: P J Kraulis 1991. Molscript——タンパク質構造の詳細図と概要図を作成するためのプログラム. *Journal of Applied Crystallography* **24**:946-950.

(16) PROCHECK: R Laskowski, M W MacArthur, D S Moss and J M Thornton 1993. Procheck——タンパク質構造の立体化学的な質を吟味するためのプログラム. *Journal of Applied Crystallography* **26**:283-291.

(17) Quanta: Molecular Simulations 社, 9685 Scranton Road, San Diego, California, 米国.

(18) Spartan: Wavefunction 社, 18401, Von Karman, Suite 370, Irvine, California, 米国.

(19) SPASMS (San Francisco Package of Applications for the Simulation of Molecular Systems): D A Spellmeyer, W C Swope, E-R Evensen, T Cheatham, D M Ferguson and P A Kollman. カルフォルニア大学, San Francisco, 米国.

(20) Sybyl: Tripos 社, 1699 South Hanley Road, St. Louis, Missouri, 米国.

原稿や図の下書きは次のプログラムを使用して作成された。

Microsoft Word (Microsoft 社), Gnuplot (T Williams & C Kelley), Kaleidagraph (Abelbeck Software 社), Chem3D (CambridgeSoft 社) および Microsoft Excel (Microsoft 社)。

資料の引用に当たっては，版権を所有する出版社の許可を得た。以下に詳細を記し，謝意を表する。

(1) 図1.11：*Mathematical Methods in the Physical Sciences*, 第2版, Boas M L, ©1983. John Wiley & Sons 社の許可を得て転載。

(2) 図1.14：*The FFT Fundamentals and Concepts*, Ramirez, ©1985. Prentice-Hall 社 (Upper Saddle River, NJ) の許可を得て転載。

(3) 図2.7, 3.3：*Ab initio Molecular Orbital Theory*, Hehre W J, L Random, P v R Schleyer and J A Hehre, ©1986. John Wiley & Sons 社の許可を得て転載。

(4) 図3.5：Gerratt J, D L Cooper, P B Karadakov and M Raimondi 1997. 近代原子価結合理論. *Chemical Society Reviews* 87-100. 英国化学会の許可を得て転載。

(5) 図3.22：Needs R J and Mujica 1995. シリコンの構造相の第一原理擬ポテンシャル研究. *Physical Review* **B51**:9652-9660. 米国物理学会の許可を得て転載。

(6) 図4.18：Buckingham A D 1959. 分子四極子モーメント. *Quarterly Reviews of the Chemical Society* **13**:183-214. 英国化学会の許可を得て転載。

(7) 図4.29：*Computer Simulation in Chemical Physics*, Allen M P & D J Tildesley 編,

1993. 有効対ポテンシャル, Sprik M. Kluwer 学術出版の許可を得て転載。

（8）図 4.49：Pranata J and W L Jorgensen. FK506 の計算研究：配座探索と水中での分子動力学シミュレーション. *The Journal of the American Chemical Society* **113**:9483-9493, ⓒ1991. 米国化学会の許可を得て転載。

（9）図 4.50：Grigoras S and T H Lane. *Ab initio* 法による有機ケイ素化合物の分子的パラメータの計算, *Journal of Computational Chemistry* **9**:25-39, ⓒ1988. John Wiley & Sons 社の許可を得て転載。

（10）図 5.4, 5.8：*Numerical Recipes in Fortran*, Press W H, B P Flannery, S A Teukolsky and W T Vetterling, 1992. ケンブリッジ大学出版会の許可を得て転載。

（11）図 5.21：Chandrasekhar J, S F Smith and W L Jorgensen. 塩素イオンと塩化メチルが関与する気相と水溶液中での S_N2 反応の理論的検討. *The Journal of the American Chemical Society* **107**:154-163, ⓒ1985. 米国化学会の許可を得て転載。

（12）図 5.23：Doubleday C, J McIver, M Page and T Zielinski. エチルラジカルによる水素原子の不均化における遷移状態構造の温度依存性. *The Journal of the American Chemical Society* **107**:5800-5801, ⓒ1985. 米国化学会の許可を得て転載。

（13）図 5.29：Gonzalez C and H B Schlegel 1988. 反応経路追跡のための修正アルゴリズム. *The Journal of Chemical Physics* **90**:2154-2161. 米国物理学会の許可を得て転載。

（14）図 5.30：Fischer S and M Karplus. 共役ピーク精密化法：自由度の大きな系での反応経路と正確な遷移状態を発見するためのアルゴリズム. *Chemical Physical Letters* **194**:252-261, ⓒ1992. Elsevier Science 社の許可を得て転載。

（15）図 5.35：Houk K N, J González and Y Li. ペリ環状反応遷移状態：情熱と形式主義 1935-1995. *Accounts of Chemical Research* **28**:81-90, ⓒ1995. 米国化学会の許可を得て転載。

（16）図 6.25：Ding H-Q, N Karasawa and W A Goddard III. 多数の原子単位セルからなる周期系でのクーロン相互作用に対する簡約セル多重極法. *Chemical Physics Letters* **196**:6-10, ⓒ1992. Elsevier Science 社の許可を得て転載。

（17）図 7.2：Alder B J and T E Wainwright 1959. 分子動力学の研究 I. 一般的方法. *The Journal of Chemical Physics* **31**:459-466. 米国物理学会の許可を得て転載。

（18）図 7.11：Alder B J and T E Wainwright 1970. 速度自己相関関数の減衰. *Physical Review* **A1**:18-21. 米国物理学会の許可を得て転載。

（19）図 7.12：Guillot B 1991. 水の赤外スペクトルの分子動力学的研究. *The Journal of Chemical Physics* **95**:1543-1551. 米国物理学会の許可を得て転載。

（20）図 7.13：Jorgensen W L, R C Binning Jr and B Bigot. 有機液体の構造と性質：n-ブタンと 1,2-ジクロロエタンおよびそれらの配座平衡. *The Journal of the American Chemical Society* **103**:4393-4399, ⓒ1981. 米国化学会の許可を得て転載。

（21）図 7.24：Groot R D and T J Madden 1998. ジブロック共重合体ミクロ相分離の動力学

シミュレーション. *The Journal of Chemical Physics* **108**:8713-8724. 米国物理学会の許可を得て転載。

(22) 図8.16：Frantz, D D, D L Freeman and J D Doll 1990. モンテカルロ・シミュレーションにおける準エルゴード問題へのJウォーキング法による取組み：原子クラスターへの応用. *The Journal of Chemical Physics* **93**:2769-2784. 米国物理学会の許可を得て転載。

(23) 図8.17：Cracknell R F, D Nicholson and N Quirke. スリット細孔におけるレナード-ジョーンズ混合物の大正準モンテカルロ研究2：メタンと二中心エタンの混合物. *Molecular Simulation* **13**:161-175, ©1994. Gordon & Breach 出版の許可を得て転載。

(24) 図8.27：Smit B and J I Siepmann. 沸石へのアルカンの吸着シミュレーション. *Science* **264**:1118-1120, ©1994. 米国科学振興協会の許可を得て転載。

(25) 図9.34：Smellie A S, S L Teig and P Towbin. プーリング：配座変化の促進. *Journal of Computational Chemistry* **16**:171-187, ©1995. John Wiley & Sons 社の許可を得て転載。

(26) 図10.18：Pearson W R and D J Lipman 1988. 生物学的配列の比較のための改良型ツール. *Proceedings of the National Academy of Sciences USA* **85**:2444-2448. 米国国立科学アカデミーの許可を得て転載。

(27) 図10.21：Eddy S R. 隠れマルコフ・モデル. *Current Opinion in Structural Biology* **6**:361-365, ©1996. Elsevier Science 社の許可を得て転載。

(28) 図10.26：Lüthy R, J U Bowie and D Eisenberg. 三次元プロフィール法によるタンパク質モデルの評価. *Nature* **356**:83-85, ©1992. Macmillan Magazines 社の許可を得て転載。

(29) 図11.6：Lybrand T P, J A McCammon and G Wipff 1986. ホスト-ゲスト系における相対結合親和力の理論的計算. *Proceedings of the National Academy of Sciences USA* **83**:833-835. 米国国立科学アカデミーの許可を得て転載。

(30) 図11.18：Guo Z and C L Brooks III. 結合親和力の高速スクリーニング：トリプシン-阻害薬系へのλ動力学法の応用. *The Journal of the American Chemical Society* **120**:1920-1921, ©1998. 米国化学会の許可を得て転載。

(31) 図11.24：Still W C, A Tempczyrk, R C Hawley and T Hendrickson. 分子力学と分子動力学における溶媒和の半解析的処理. *The Journal of the American Chemical Society* **112**:6127-6129, ©1990. 米国化学会の許可を得て転載。

(32) 図11.35：Chandrasekhar J and W L Jorgensen. 溶液中での非協奏的S_N2反応のエネルギー・プロフィール. *The Journal of the American Chemical Society* **107**:2974-2975, ©1985. 米国化学会の許可を得て転載。

(33) 図11.37：Åqvist J, M Fothergill and A Warshel. ヒト・カルボニックアンヒドラーゼにおけるCO_2/HCO_3^-相互変換段階の計算機シミュレーション. *The Journal of the*

American Chemical Society **115**:631-635, ©1993. 米国化学会の許可を得て転載。

(34) 図 11.40：Saitta A M, P D Sooper, E Wasserman and M L Klein. 高分子鎖の強度に及ぼす結び目の影響. *Nature* **399**:46-48, ©1999. Macmillan Magazines 社の許可を得て転載。

(35) 図 11.42：Chadwick A V and J Corish 1997. 固体材料における欠陥と物質輸送. *NATO ASI Series C 498*（*New Trends in Materials Chemistry*）, 285-318. Kluwer 学術出版の許可を得て転載。

　版権物を引用するに当たっては，その所有者を特定するためあらゆる努力を払ったつもりである。しかし，その特定が不可能な場合もないわけではなかった。もし，われわれの不注意で版権を侵害している箇所があるならば，その所有者に対しここで深くお詫びしたい。

第 1 章　分子モデリングにおける有用な概念

1.1　はじめに

　分子モデリング（molecular modelling）が意味するものは何であろうか。「molecular」が分子との関連を示唆していることは明らかである。『オックスフォード英語辞典』によると，「model」とは計算や予測を容易にするための工夫で，しばしば数式で表現され，系や過程を単純化もしくは理想化したものをいう。すなわち，字義通りに解釈すれば，分子モデリングは分子や分子系の挙動を真似る手法に関する学問分野と定義できよう。今日，分子モデリングは常にコンピュータと結びつけて考えられる。もちろん簡単な場合には，その研究は分子模型の組立てキットや，鉛筆と紙を用いた手計算によっても行うことができる。しかし，コンピュータ技術の進歩は，それなくしてはほとんど研究が行えないところまで，分子モデリングに革命的な影響を及ぼしつつある。このことは，より複雑なモデルが単純なモデルに比べて良い結果をもたらすことを必ずしも意味しない。コンピュータが押し広げたのは，解析可能なモデルや系の範囲である。

　ほとんどの化学者にとって，最初に出会う分子模型は Dreiding の棒模型や（一般に CPK 模型と呼ばれる）Corey-Pauling-Koltun の空間充塡模型であろう。これらの模型を使用すれば，分子の三次元構造が組み立てられる。これらの模型は，「what if」型や「is it possible to」型の問いかけを行いながら対話的に組み立てていく点に特色をもつ。分子模型は現在もなお，教育や研究の現場で広く利用されている。しかし，分子モデリングはこのような分子模型の組立てだけではない。さらに抽象的なモデル——それらの多くは由緒正しいモデルである——も取り扱う。一つの好例は量子力学によるモデルである。量子力学の基礎が確立されたのは，コンピュータが発明されるはるか以前に遡る。

　「理論化学（theoretical chemistry）」，「計算化学（computational chemistry）」および「分子モデリング」の三つの用語が表す意味については，多くの混乱が見られる。研究者の多くは，彼らの研究のさまざまな側面を説明する際，これらの用語を適当に使い分けている。理論化学はしばしば量子力学の同義語と見なされるのに対し，計算化学は，量子力学だけでなく，分子力学，極小化，シミュレーション，配座解析など，分子系の挙動を理解し予測するのに使われるコンピュータ援用手法をすべて包含する。分子モデリングもまたこれらの手法をすべて利用する。したがってわれわれは，語義に囚われることなく，分子系の解析に役立つ理論手法や計算手法をすべて含んだものとして，分子モデリングを捕らえることにしたい。もし，分子モデリングと計算化学を区別する必要がある場合には，分子モデリングは分子の三次元構造やその構造に依存する性

質を表示し操作することを重視する分野であるとでも言い換えたらよい。分子モデリングでは，コンピュータ・グラフィックスの利用が特に目立つため，単に「美しい画像」を作成するための技術としか分子モデリングを考えていない科学者がいることも，残念ながら事実である。しかし，この手法はいまや堅固な基盤をもち，それ自身の価値により，真の学問として広く受け入れられつつある。

分子モデリングと密接な関係をもつ分野に，分子情報科学（molecular informatics）がある。この分野の正確な定義はむずかしい。しかし一般には，化学情報解析学（chemoinformatics）と生命情報科学（bioinformatics）を扱う分野と見なされている。化学情報解析学は名前こそ新しいが，その実体は古くからあった学問である。化学者は，コンピュータが発明された当初から分子に関する情報を蓄積，検索，操作するのにそれを利用してきた。化学情報解析学と生命情報科学が世間の注目を集めるようになったのは，新しい実験技術の導入によるところが大きい。その技術とは，化学者にとっては（きわめて多数の化合物を短時間に合成し試験することを可能にした）コンビナトリアル化学（combinatorial chemistry）と高効率スクリーニング（high-throughput screening）であり，生物学者にとっては（ヒトゲノムの迅速な解読を可能にした）自動配列決定装置であった。一般に分子情報科学は，従来の分子モデリング研究に比べ，はるかに大量の分子情報を取り扱う。そのため，分子情報科学分野では，これまで（分子の三次元的性質までは十分表現できない）簡単な表記法が使用される傾向にあった。しかし，コンピュータの発展はこの制約を取り払いつつある。現在では，分子情報科学の分野でも，（三次元情報を扱う）分子モデリングの伝統的な手法を利用した研究が増えてきている。

本章の以下の節では，分子モデリングのさまざまな領域と関連をもつため，特定の章にはうまく収まらない概念や手法のいくつかについて解説することにしよう。また，本書の全体を通じて使用される用語のいくつかについても，それらの定義を試みたい。

1.2 座標系

モデリング用プログラムの実行に当たっては，系内にある原子や分子の位置をまず指定する必要がある。* これを行う方法は一般に二つ知られる。第一の方法はより直接的で，系内のすべての原子を直交座標で指定する。それに対し，第二の方法は，直交座標ではなく内部座標（internal coordinate）を使用する。この内部座標系では，各原子の位置は，系内の他原子との関係から相対的に記述される。内部座標は通常，Z 行列で表される。Z 行列では，各行は系の各原子に対応する。一例として，エタンのねじれ形配座（図 1.1 参照）に対する Z 行列を次に示す。

---

* 独立な分子を多数含む系では，個々の配置を表すのに「configuration」という用語が一般に使用される。「configuration」のこの使い方は，分子内部での原子の結合配置の違いを表す標準的な使い方とは異なっており，混同してはならない。

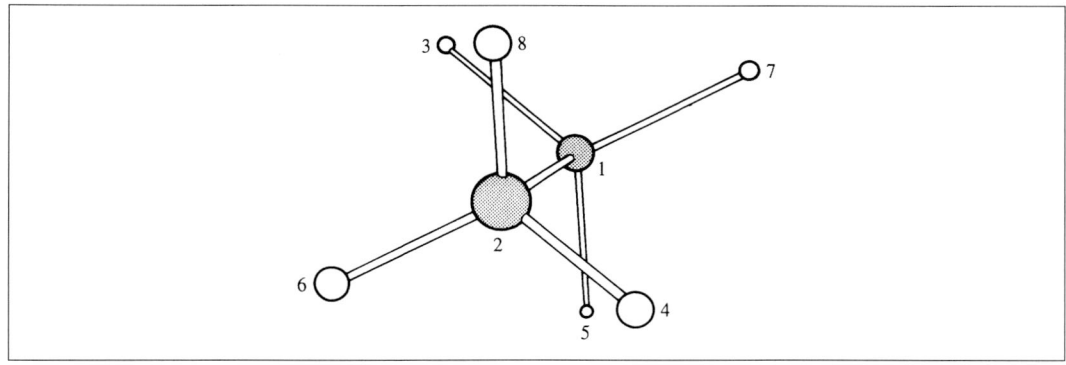

図 1.1 エタンのねじれ形配座

1	C						
2	C	1.54	1				
3	H	1.0	1	109.5	2		
4	H	1.0	2	109.5	1	180.0	3
5	H	1.0	1	109.5	2	60.0	4
6	H	1.0	2	109.5	1	−60.0	5
7	H	1.0	1	109.5	2	180.0	6
8	H	1.0	2	109.5	1	60.0	7

Z 行列の第 1 行目では，原子 1 が定義される．それは炭素原子である．2 番目の原子もまた炭素原子で，それは原子 1 から 1.54 Å の距離にある（3〜4 列目）．原子 3 は水素原子で，原子 1 へ結合しており，その距離は 1.0 Å である．5〜6 列目に指定された情報，109.5° は原子 3-1-2 が作る結合角である．4 番目の原子は水素原子で，原子 2 から 1.0 Å の距離にあり，結合角 4-2-1 は 109.5°，原子 4-2-1-3 のねじれ角は 180° である（図 1.2 参照）．最初の三原子を除き，原子はすべて次の三つの内部座標で表される．(1) すでに定義された一原子からの結合距離，(2) すでに定義された二原子と当該原子によって作られる結合角，(3) すでに定義された三原子と当該原子により規定されるねじれ角．最初の三原子では，定義に必要な内部座標の数は三つよりも少ない．すなわち 1 番目の原子は，空間のどこにあってもよいので内部座標をもたない．また，2 番目の原子は 1 番目の原子からの距離だけで指定され，3 番目の原子も距離と結合角を指定するだけでよい．

　内部座標を直交座標へ変換したり，逆に，直交座標を内部座標へ変換することは常に可能である．しかし，一つの問題に対しては座標系を統一するのが望ましい．内部座標は分子内の構成原子間の関係を記述するのに便利であるが，分子の集合体の記述には，直交座標の方が適している．量子力学プログラムは入力データとして一般に内部座標を使用するが，分子力学による計算は通常直交座標で行われる．内部座標系では，指定すべき座標の総数は，非直線分子の場合，直交座標系での数よりも 6 だけ少ない．直交空間では，原子の相対位置を変えることなく，自由に系を

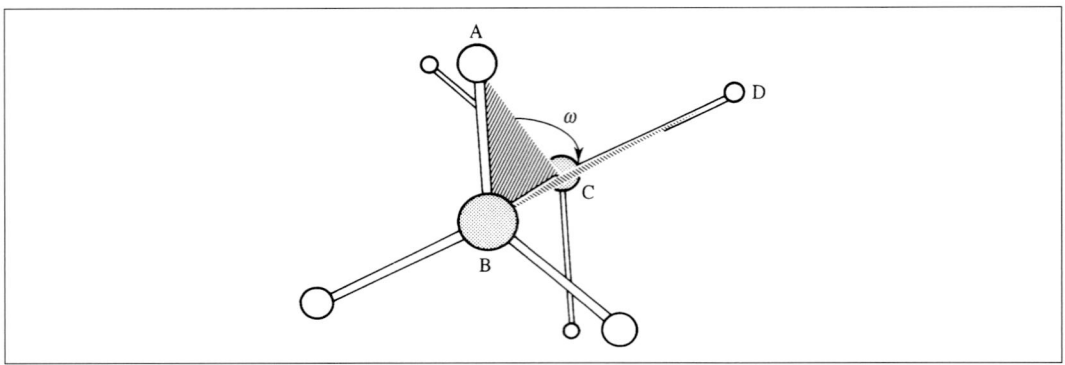

図1.2 ねじれ角 A-B-C-D の定義。ねじれ角 A-B-C-D は，平面 A,B,C と平面 B,C,D がなす角として定義される。ねじれ角は 360°変化しうるが，通常よく使われるのは-180°〜+180°の範囲である。本書では，ねじれ角 0°が重なり形配座に対応し，ねじれ角 180°がトランス形すなわちアンチ形配座に対応する IUPAC の定義に従う。読者はトランス形配座をねじれ角 0°とする文献もあることに注意されたい。ねじれ角は結合 B-C に沿って見たとき，二つの平面を重ね合わせるのに必要な，結合 A-B の右回りの回転角として定義される。

並進，回転させることができる点に気づけば，このことは容易に理解されよう。

1.3　ポテンシャルエネルギー曲面

　分子モデリングでは，ボルン-オッペンハイマー近似が常に成り立つと仮定される。このことは，電子の運動と核の運動が分離できることを意味する。質量のはるかに小さな電子は，核位置のいかなる変化に対しても速やかに順応する。したがって，基底状態での分子のエネルギーは核座標のみの関数と考えてよい。もし核が動けば，それに呼応し，エネルギーも通常変化する。新しい核位置は，一重結合のまわりの回転といった簡単な過程の結果であることもあり，多数の原子の協奏的な運動の結果であることもある。エネルギー変化の度合は関与する運動のタイプに依存する。たとえば，エタンの炭素-炭素共有結合の長さをその平衡値から 0.1 Å 引き伸ばすには，約 3 kcal/mol のエネルギーが必要であるが，2 個のアルゴン原子間の非共有距離をその最小エネルギー距離から 1 Å 増やすのに必要なエネルギーは約 0.1 kcal/mol にすぎない。孤立した小分子の場合，一重結合のまわりの回転に伴うエネルギーの変化は通常小さい。たとえば，すべての結合長と結合角を一定に保ったまま，エタンの炭素-炭素結合を回転させたとき，エネルギーはほぼ正弦曲線を描いて変化し，ねじれ形配座（60°,180°,300°）のとき極小値をとる（図1.3 参照）。この場合，エネルギーはただ一つの座標（炭素-炭素結合のねじれ角）の関数と考えられ，その変化は縦軸にエネルギー，横軸に座標値をとることでグラフ化できる。

　系のエネルギー変化は，エネルギー曲面（energy surface）と呼ばれる多次元曲面での運動と見なせる。われわれが特に関心をもつのは，座標に関するエネルギーの一次微分がゼロになるエネルギー曲面上の停留点（stationary point）である。停留点では，原子に働く力はすべてゼロになる。停留点の一つである極小点は安定な構造に対応する。停留点の位置を求める方法は，エネルギー曲面の概念に関するさらに詳細な考察とあわせ，第 5 章で詳しく論ずる。

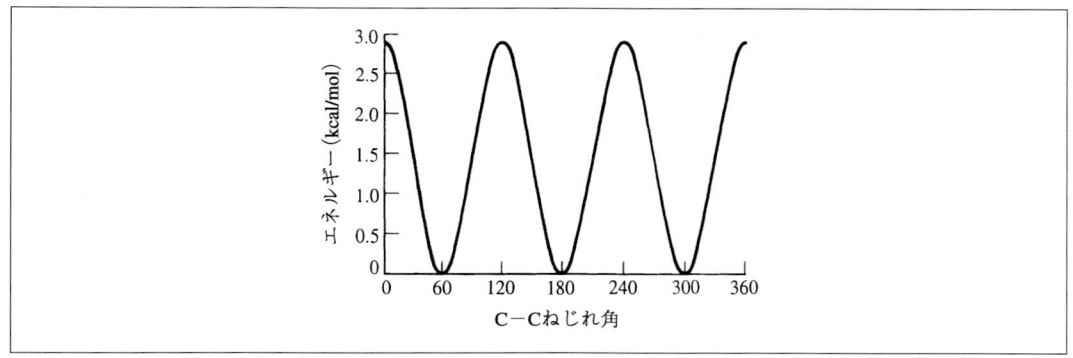

図1.3 炭素-炭素結合の回転に伴うエタンのエネルギー変化

1.4 分子グラフィックス

　コンピュータ・グラフィックスは分子モデリングに劇的な影響を及ぼした。しかし，それよりもはるかに大きく貢献したものがある。それは，分子モデリングの理論的手法と分子グラフィックスの間で交わされる対話である。分子モデリングを身近なものにし，複雑な計算の解析と解釈を可能にしたのは，この対話型利用に他ならない。

　分子グラフィックスのシステムは，部屋全体を占有する繊細で気難しい，きわめて高価な装置から，いまや机上や机下に簡単に収まり，しかも，はるかに高性能で安価なワークステーションへと進化を遂げつつある。分子モデリングでは，これまでベクトル型とラスター型の2種類のグラフィックス装置が使われてきた。最初に作られたのはベクトル型の装置であった。これは，オシロスコープと同様，電子銃を用いて画面に直線や点を表示し，映像を作り出す方式の装置である。ベクトル型は，ほぼ20年にわたってグラフィックス装置の主流であった。しかし現在では，ベクトル型はラスター型にほとんど取って代わられた。ラスター型装置では，表示画面は画素（pixel）と呼ばれるきわめて多数の小さな点（dot）へ分割される。各画素は，多数ある候補色のどれかを使って自由に色づけできる。したがって，個々の画素に適当な色を配すれば，任意の映像が作り出せる。

　分子は一般に，DreidingやCorey-Pauling-Koltun（CPK）の機械式模型とよく似た棒型モデルや空間充塡型モデルで表示される。もちろん，これらの基本モデルに改良を加え，原子番号によって原子を色分けしたり，陰影や光線の効果を付け加え，現実により近い外観を呈するよう工夫されたモデルもある。分子構造の表示に一般に使用されるモデルのいくつかを，図1.4に示した。コンピュータで作り出されたモデルは，機械式の分子模型に比べて利点がいくつかある。特に重要なのは，原子間距離のような単純な幾何学的尺度から，エネルギーや表面積といった複雑な物理量に至るまで，定量的な情報をきわめて簡単迅速に提供できる点である。機械式模型からこのような情報を得ることは，不可能でないにしてもきわめてむずかしい。しかし，機械式模型は誰でも簡単に扱え，三次元的な把握が容易にできるため，ある種の状況ではいまもなお賞用

6　第1章　分子モデリングにおける有用な概念

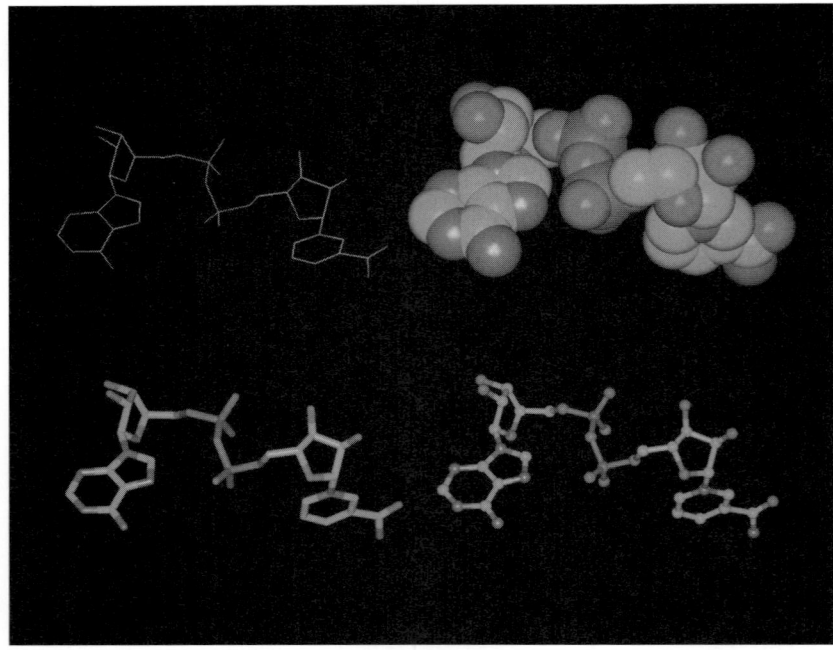

図 1.4　分子グラフィックスによる分子構造の表示例。ニコチンアミドアデニンジヌクレオチドリン酸（NADPH）の結晶構造に対する表示結果を示す［Reddy ら，1981］。分子モデルは，左上から時計回りに，棒型，CPK／空間充填型，球棒型およびチューブ型。（カラー口絵参照）

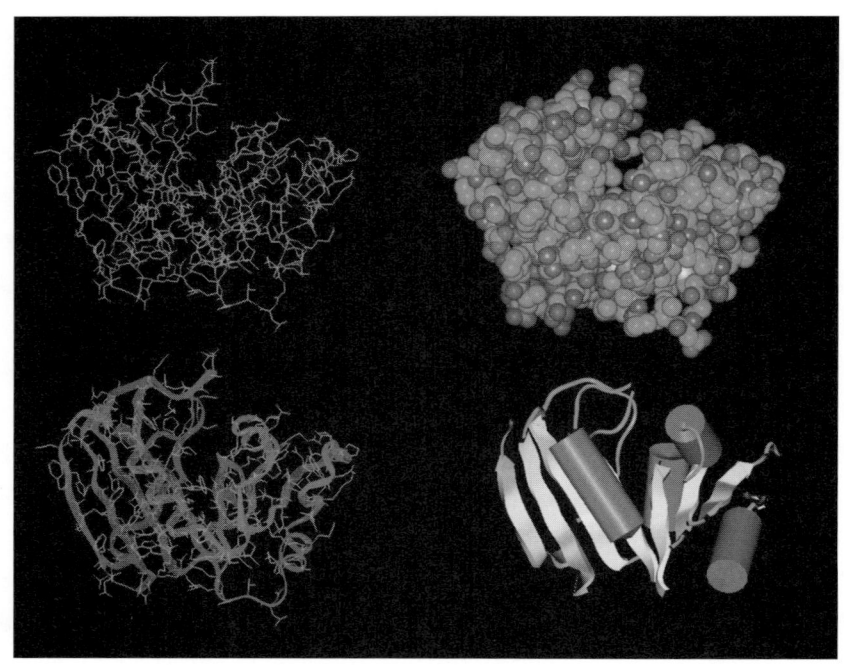

図 1.5　分子グラフィックスによるタンパク質構造の表示。酵素ジヒドロ葉酸レダクターゼに対する表示結果を示す［1］。分子モデルは，左上から時計回りに，棒型，CPK 型，カルツーン型およびリボン型。（カラー口絵参照）

され，利用価値を失ってはいない。分子は三次元的な実体であるが，コンピュータの表示画面は二次元である。しかし，観察者から遠ざかるにつれ輝度を下げる「奥行き指示（depth cueing）」のような手法や，透視図法を利用すれば，コンピュータ画面上でも，分子の三次元像をある程度表現することができる。また，特別な仕様のハードウェアを使用すれば，さらに写実的な三次元立体映像を得ることも可能である。近い将来，「仮想現実（virtual reality）」システムは，コンピュータが生成した分子モデルを，機械式分子模型と同じ感覚で操作することを可能にするかもしれない。

コンピュータ・グラフィックスのプログラムは，最も基本的なものでも，並進，回転，拡大縮小など，観察者へ向けてモデルを近づけたり遠ざけたりするための機能を備えている。また，さらに高度なパッケージでは，構造の変化に伴う影響を定量的にフィードバックすることもできる。たとえば，結合を回転させたとき，各構造のエネルギーを対話的に計算し，表示するといったことが可能である。

大きな分子系を表示する場合，コンピュータの映像にすべての原子を含めることが常に望ましいとは限らない。構成原子をすべて表示すると，雑然とした不明瞭な映像しか得られないことも多い。より明快な映像を表示したければ，特定の原子（たとえば水素原子）を省略したり，原子の一群を1個の「擬似原子」で置き換えたりといった工夫が必要である。タンパク質構造を表示するために開発された手法は，コンピュータ・グラフィックスによる分子表示の可能性を考える上で参考になろう（計算手段を利用したタンパク質構造の研究については，第10章で取り上げる）。タンパク質はアミノ酸を構成単位とする高分子であり，小さな場合でも数千個の原子からなる。このタンパク質を表示するに当たっては，より明快な映像を得るため，構成原子をすべて明示するのではなく，「リボン」を使って構造を表現する方法がとられる。タンパク質の構造はまた，J Richardson の考案したカルツーン（cartoon）モデルで表示されることもある。図1.5にその一例を示す。図中の円筒は，αヘリックスと呼ばれるアミノ酸の周期構造を表し，平らな矢印は，β鎖と呼ばれるもう一つの規則的構造を表している。また，αヘリックスやβ鎖の間にあって，このような規則的構造をもたない領域は，「チューブ」を用いて表される。

1.5 表面

分子モデリングで扱われる問題は，一般に複数分子間の非共有相互作用を含んでいる。このような相互作用の研究は，通常，分子のファンデルワールス表面，分子表面あるいは接触可能表面を考えることで促進される。ファンデルワールス表面（van der Waals surface）は，図1.6に示すように，個々の原子をファンデルワールス球で表し，それらを重ね合わせて作られる。これはCPK／空間充填型モデルそのものである。いま，一つのファンデルワールス球で表される小さなプローブ分子が，それよりも大きな分子のファンデルワールス表面へ接近する場合を考えてみよう。プローブ球が有限の大きさをもつという事実は，プローブがそれよりも大きな分子の表面を転がるとき，接触することのないくぼみ領域——死角——があることを意味する。このこと

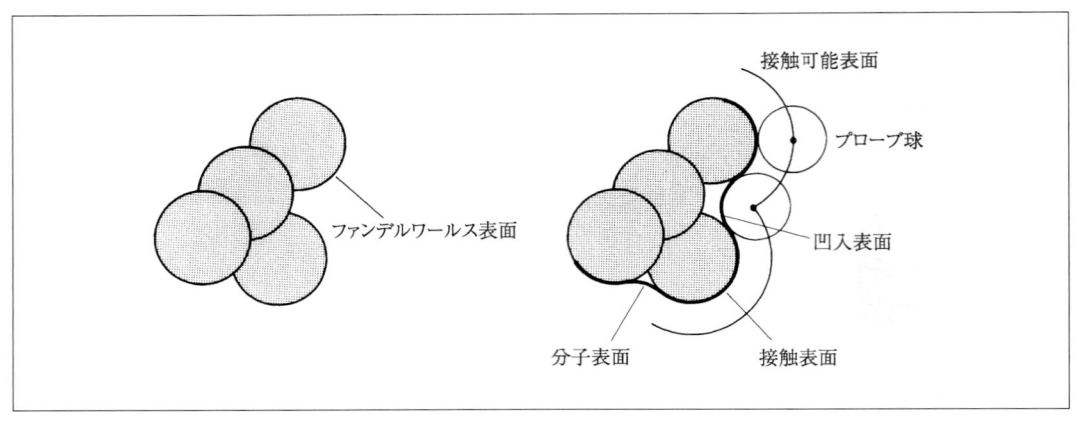

図 1.6 表面のさまざまな表し方。構成原子のファンデルワールス球で作られる表面は，ファンデルワールス表面と呼ばれる。また，分子表面は，プローブ球（通常，水分子を表す半径 1.4Å の球）がファンデルワールス表面を転がったとき作り出される表面で，二つの要素，接触表面と凹入表面からなる。プローブの中心が描く表面は，接触可能表面と呼ばれる。

は図 1.6 をご覧いただければ明らかであろう。死角の割合はプローブの大きさとともに増加する。逆に言えば，大きさがゼロのプローブは，どのようなくぼみとも完全に接触するはずである。分子表面（molecular surface）は，プローブ球が分子のファンデルワールス表面を転がるとき，球の内側部分が描く表面を指す [8]。この表面は，タイプの異なる二つの要素，接触表面（contact surface）と凹入表面（re-entrant surface）からなる。接触表面は，標的分子のファンデルワールス表面のうち，プローブが実際に接触する領域に対応する。また凹入表面は，くぼみが小さすぎてプローブ分子が中に入り込めない領域である。分子表面の定義には，通常，半径 1.4Å の球で表された水分子がプローブとして使用される。

Lee & Richards によって最初に定義された接触可能表面（accessible surface）もまた広く使用される [5]。これは，プローブ球が分子のファンデルワールス表面を転がるとき，プローブの中心が描く表面に対応する（図 1.6）。プローブ球の中心は，接触可能表面上であれば，どこへでも自由に動くことができるが，分子を構成する原子のファンデルワールス球内部へ入り込むことはない。

分子表面と接触可能表面の計算には，通常，Connolly により開発されたアルゴリズムが使われる [2,3]。しかし，その他にも計算法はいくつかある [9]。表面はさまざまな方法で表示される。それらのうちのいくつかを図 1.7 に示す。表面を半透明にして内部の分子が透けて見えるようにしたり，クリッピング（clipping）により表面を輪切りにし，内部の構造が見られるようにすることもある。また，静電ポテンシャルのような性質を計算し，その結果を色分けして表面に表示することもできる。これらの表示方式は確かに有用である。しかし，分子の電子分布は，厳密には無限遠まで広がっている。「剛体球」表現はきわめて便利で役立つことも多いが，あらゆる場合に適用できるわけではない [10-12]。

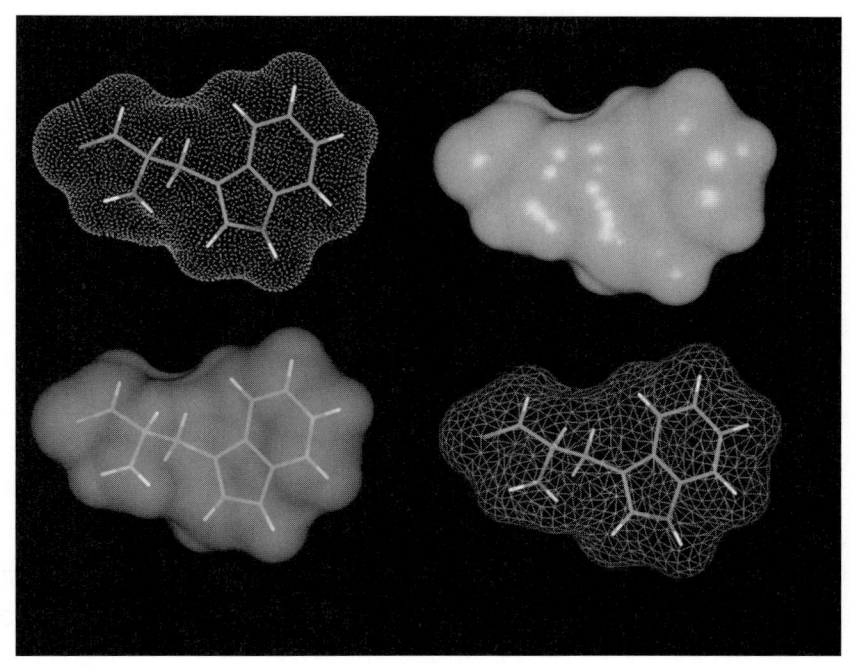

図 1.7 分子グラフィックスによるトリプトファン分子表面の表示。左上から時計回りに，ドット表示，不透明立体表示，メッシュ表示および半透明立体表示。（カラー口絵参照）

1.6　コンピュータのハードウェアとソフトウェア

　コンピュータ産業の今日の発展速度は驚異的である。性能価格比は，ほぼ 5 年ごとに 10 倍の割合で向上しつつある。分子モデリングの計算に限って言っても，多くの研究室に設置されたごく普通のワークステーションは，いまや中央管理されたスーパーコンピュータに完全に取って代わった。スーパーコンピュータは他の多くのユーザーとの共同利用が基本であるが，ワークステーションは特定のタスクだけを対象とした専用の処理装置として使える。これはワークステーションの大きな長所である。もっともこの先，スーパーコンピュータでしか実現できない計算を必要とする研究がまったくなくなるというわけではない。コンピュータの処理速度は，いかなるシステムでも，究極的には電気信号が伝送される速度を越えられない。このことは，従来の単一プロセッサー直列型アーキテクチャーのマシンを使用していては，もはや計算速度の改善は望めず，並列型コンピュータが一層重要な役割を演じるときがいずれ到来することを意味する。

　並列型コンピュータはプロセッサーを並列につないだ構造をもち，計算を小さな断片に分割して行っても，最後にそれらを組み合わせれば，正しい結果が得られるよう設計されている。ある種の計算は，並列処理により大幅に計算時間が短縮される。そのため，並列型アーキテクチャー上で計算効率が上がるよう，既存のアルゴリズムの書換えに多大な努力が傾けられている。また，並列処理の長所を最大限に生かしたまったく新しい方法の開発も盛んである。パソコン用のチッ

プを利用すれば，あまり費用をかけなくても，かなりの計算能力をもつ処理装置が組み立てられるという。

分子モデリングの計算を行うには，適当なプログラム（ソフトウェア）が必要である。分子モデリングの研究者が利用するソフトウェアは，一つの仕事だけを行う簡単なプログラムから多数の手法を組み込んだ非常に複雑な統合型パッケージまで多岐にわたっている。また，ソフトウェアの値段も，安いものからきわめて高いものまでさまざまである。プログラムの中には，広く普及し，内容もよく吟味され，同種のプログラムに対して，標準ソフトとしての地位を確立しているものもある。著者は，本書のような教科書の中で，それらを特定することにはためらいを感じる。しかし，3種の市販ソフトウェア——*ab initio* 量子力学計算のための Gaussian プログラム群，半経験的量子力学計算のための MOPAC/AMPAC プログラムおよび分子力学計算のための MM2 プログラム——は例外である。これらのプログラムは，特に広く利用され多く引用されるので，ここで名前を具体的に挙げ，称賛の念を表明しても許されるであろう。

本書では，実例や図解に使うデータを作成するのに，さまざまなソフトウェアが利用された。それらの中には，特にその作業のために書かれたものもあれば，無償で入手できるプログラムや市販のパッケージもある。著者は，特定のプログラムの内容をここで詳しく解説するつもりはない。そのような解説はすぐに時代遅れなものになるからである。ただし，プログラムの名前は適宜挙げることになろう。本書の中で，特定のソフトウェアが使われていても，著者がそれを推薦しているという意味ではない。読者は取り違えのないようご注意いただきたい。

1.7 長さとエネルギーの単位

1.2節でエタンのZ行列を定義した。その際，長さの単位として使われたのは，オングストローム（$1\text{Å} \equiv 10^{-10}\text{m} \equiv 100\text{pm}$）であった。オングストロームは非SI単位である。しかし，結合のほとんどは1～2Åほどの長さであるから，分子のZ行列を定義する単位として，オングストロームは非常に都合がよい。分子モデリングの文献では，もう一つ，きわめてよく知られた非SI単位として，キロカロリー（$1\text{kcal} \equiv 4.1840\text{kJ}$）が使われる。また計算によっては，そのほか特別な単位系が使用されることもある。量子力学で使われる原子単位はその一例である（第2章参照）。これらの非SI単位は，文献はもとより，本書全体を通じて広く使用されるので，そのことをよく承知し慣れるようにしていただきたい。

1.8 分子モデリングの文献

分子モデリングに関する研究論文の数は，このような論文を掲載する雑誌の数とあわせ，急激に増加しつつある。これは，分子モデリングの適用分野がきわめて広いことや，新しい手法が絶えず開発されていることを反映した結果であろう。しかしそれは同時に，この分野では，最前線のレベルを保ち続けることが非常にむずかしいことを意味する。理論化学，計算化学および分子

モデリングを扱った専門雑誌は多数刊行されており，それらはそれぞれ特色をもつ．分子モデリング関連の論文は総合雑誌に発表されることもある．専門家や初心者を対象とした分子モデリング関係の書籍も数多く出版されている．今日，科学者の多くは出版物の電子カタログへアクセスし，関係文献を容易に捜し出せる環境にある．また，雑誌の多くはインターネット上にも配信されているので，読者は自分の研究室を離れることなく，文献の検索を行い，そのコピーを入手することができる．最近の研究動向を紹介した評論雑誌の中には，分子モデリング欄を設けているものもあり，有用な総説も時折これらの雑誌に掲載される．分子モデリングの手法に関する特に価値ある情報源は，Lipkowitz & Boyd の編集による Reviews in Computational Chemistry (1990−)である [f]．このシリーズの各巻には，それぞれの分野の権威が分担執筆した興味ある総説が数多く掲載されている．また最近，Schleyer らの編集による Encyclopedia of Computational Chemistry (1998) なる全書も出版された [h]．この全書は百科事典的な性格を備え，広範な話題を網羅している．

1.9 インターネット

　本書の初版で，著者は「インターネットは現在，電子メールでの利用がほとんどである．しかし最近，他の形態，ことに World Wide Web (WWW) のきわめて急激な発展が目立つ」と書き記した．しかしこの記述は，現状に鑑みるとあまりにも控え目であった．インターネットは少し誇大に宣伝されてはいるが，確かに社会，特に科学の分野に劇的な影響をもたらしつつある．インターネットに関する記述は，本書で取り上げた他のいかなる話題よりも早く時代遅れになるはずである．本節の記述がごく簡単であるのは，まさにこのような理由による．Web ブラウザの使用法や，(世界中のさまざまなサーバーに貯えられた文書ファイルを連結する) ハイパーリンクの概念はすでによく知られている．URL (Uniform Resource Locator) は，特定の Web サイトへアクセスするのに必要な電子的アドレスで，WWW 上の言わば通貨に相当する．文書ファイルは通常，HTML (HyperText Markup Language) で書かれている．しかし最近は，さらに高度な技術を組み込んだものも多くなった．Web サイトは凄まじい速度で増殖している．その中から関連情報を素早く捜し出すのは検索エンジンの役目である．検索エンジンは，キーワードを手掛かりに関連サイトを特定する．分子モデリング関係のサイトでは，最近いくつかの傾向が目に付く．Web は当初，主にテキスト形式の情報を配信するのに利用されていた．しかし最近では，はるかに複雑な利用形態が増えている．対話型分子グラフィックスの利用はいまやごく普通である．サイトの中には，Web を介して計算やデータベース検索を引き受け，対話的にあるいは電子メールで結果を返却してくれるところもある．このようなサービスは，組織内部の「イントラネット」で特によく普及している．また，XML (eXtensible Markup Language) は，たとえば Web を介した化学者間のインテリジェントな情報交換でますます重要性を増しつつある [6]．分子モデリングに関する電子会議も，多数の国々から参加者を得てすでにいくつか開催されている．現時点で，Web に関して確実に言えることは，それがすでに社会に根づいて

1.10 数学的概念

分子モデリングで使われる手法をすべて完全に理解するには，本書の枠を越える数学的知識が必要である．とりわけ，ベクトル，行列，微分方程式，複素数，級数展開，ラグランジュ乗数，ごく簡単な初等統計学に関する知識は問題の正しい理解に不可欠である．しかし，本書では，これらの数学的概念の解説にわずかな紙数しか割り当てられていない．そのためここでは，これらの概念をごく簡単に説明し，主な結果を示すに留める．分子モデリングの数学的側面について詳しく知りたいと思う読者は，章末の文献を参考にされるとよい．

1.10.1 級数展開

関数の近似に役立つ級数展開式はいろいろ知られている．特に重要なのは，テイラー級数 (Taylor series) である．もし，$f(x)$ が x の一価連続関数で，連続な導関数 $f'(x)$, $f''(x)$, ……をもつならば，関数は点 x_0 のまわりで次のように展開できる．

$$f(x_0+x) = f(x_0) + \frac{x}{1!}f'(x_0) + \frac{x^2}{2!}f''(x_0) + \frac{x^3}{3!}f'''(x_0) + \cdots\cdots + \frac{x^n}{n!}f^{(n)}(x_0) \tag{1.1}$$

テイラー級数は，しばしば二次導関数を含む項よりあとを省略され，二次関数で表される．この措置は，第5章で取り上げる極小化アルゴリズムの多くに共通する．

テイラー級数において $x_0 = 0$ と置いた特別な場合を，特にマクローリン級数 (Maclaurin series) という．マクローリン級数の標準的な展開式を次にいくつか示す．

$$e^x = 1 + x + \frac{x^2}{2!} + \frac{x^3}{3!} + \frac{x^4}{4!} + \cdots\cdots \tag{1.2}$$

$$\sin x = x - \frac{x^3}{3!} + \frac{x^5}{5!} - \cdots\cdots \tag{1.3}$$

$$\ln(1+x) = x - \frac{x^2}{2} + \frac{x^3}{3} - \frac{x^4}{4} + \cdots\cdots \tag{1.4}$$

$(1+x)^\alpha$ の形をもつ関数に対しては，次の二項展開 (binomial expansion) が使われる．

$$(1+x)^\alpha = 1 + \alpha x + \alpha(\alpha-1)\frac{x^2}{2!} + \alpha(\alpha-1)(\alpha-2)\frac{x^3}{3!} + \cdots\cdots \tag{1.5}$$

これらの級数が収束するためには，いずれも $|x|<1$ でなければならない．

1.10.2 ベクトル

ベクトルは大きさと方向をもつ量である．たとえば，運動する物体の速度は，物体が進む方向とその運動の速さを規定するのでベクトル量である．直交座標では，速度のようなベクトルは，x, y および z 方向に沿った三つの成分に分解できる．ベクトルの加法と減法は図1.8に示した

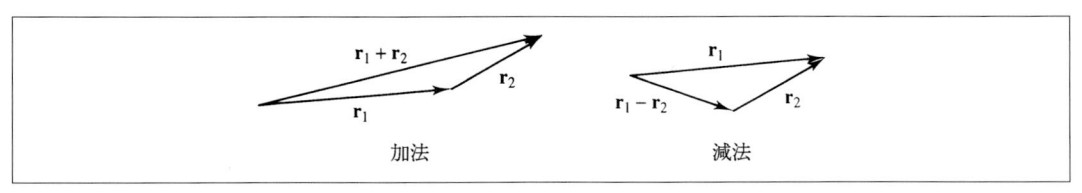

図1.8 ベクトルの加法と減法

作図に従う。たとえば，ある原子が系内の他のすべての原子から受ける力を知りたい場合には，個々の相互作用をすべて計算し，それらのベクトル和を求めればよい。その具体例は，分子動力学の計算を扱う第7章で示される。

ベクトルに施される一般的な演算操作は，スカラー積（scalar product），ベクトル積（vector product），およびスカラー三重積（scalar triple product）の三つである。直交座標系で定義されるベクトル，$\mathbf{r}_1$，$\mathbf{r}_2$および$\mathbf{r}_3$を用いてこれらの演算を説明しよう。

$$\begin{aligned}\mathbf{r}_1 &= x_1\mathbf{i} + y_1\mathbf{j} + z_1\mathbf{k} \\ \mathbf{r}_2 &= x_2\mathbf{i} + y_2\mathbf{j} + z_2\mathbf{k} \\ \mathbf{r}_3 &= x_3\mathbf{i} + y_3\mathbf{j} + z_3\mathbf{k}\end{aligned} \tag{1.6}$$

$\mathbf{i}$, $\mathbf{j}$および$\mathbf{k}$は，それぞれx, yおよびz軸に沿った直交単位ベクトルである。スカラー積は次式で定義される。

$$\mathbf{r}_1 \cdot \mathbf{r}_2 = |\mathbf{r}_1||\mathbf{r}_2|\cos\theta \tag{1.7}$$

$|\mathbf{r}_1|$と$|\mathbf{r}_2|$は，二つのベクトル$\mathbf{r}_1$と$\mathbf{r}_2$の大きさ（$|\mathbf{r}_1| = \sqrt{x_1^2 + y_1^2 + z_1^2}$, $|\mathbf{r}_2| = \sqrt{x_2^2 + y_2^2 + z_2^2}$），$\theta$はそれらのなす角を表す（図1.9）。角は次式から計算できる。

$$\cos\theta = \frac{x_1 x_2 + y_1 y_2 + z_1 z_2}{|\mathbf{r}_1||\mathbf{r}_2|} \tag{1.8}$$

すなわち，二つのベクトルのスカラー積はスカラーである。

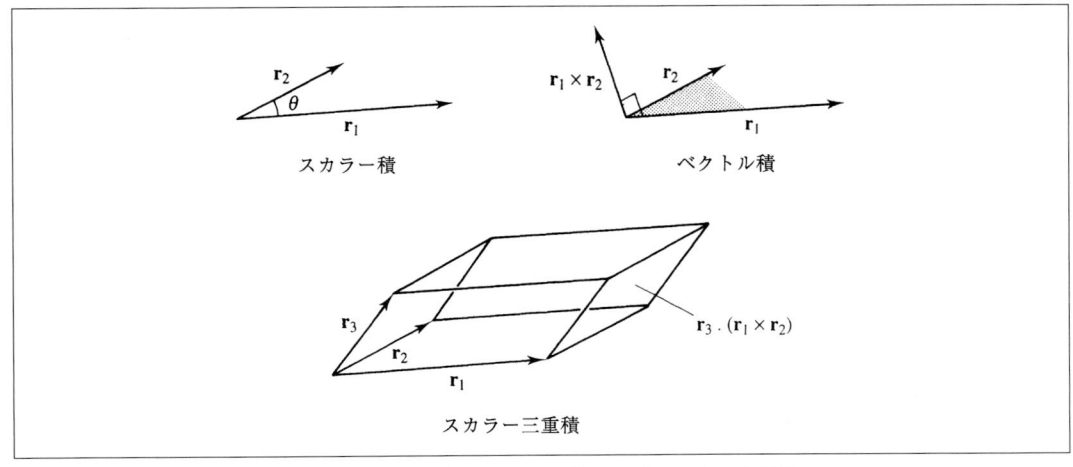

図1.9 スカラー積，ベクトル積およびスカラー三重積

一方，二つのベクトル，$\mathbf{r}_1$と$\mathbf{r}_2$のベクトル積$\mathbf{r}_1\times\mathbf{r}_2$の（$\mathbf{r}_1\wedge\mathbf{r}_2$とも書く）は，元の二つのベクトルを含む平面に垂直なベクトル（$\mathbf{v}$）になる（図1.9）。この新しいベクトルは，$\mathbf{r}_1$，$\mathbf{r}_2$および$\mathbf{v}$が右手系を形成する方向を向く。$\mathbf{r}_1$と$\mathbf{r}_2$を三成分ベクトルで表せば，$\mathbf{v}$は次式で与えられる。

$$\mathbf{v} = (y_1z_2 - z_1y_2)\mathbf{i} + (z_1x_2 - x_1z_2)\mathbf{j} + (x_1y_2 - y_1x_2)\mathbf{k} \tag{1.9}$$

ベクトル積$\mathbf{r}_2\times\mathbf{r}_1$は，ベクトル積$\mathbf{r}_1\times\mathbf{r}_2$と同じではなく，方向が逆転することに注意されたい。すなわち，ベクトル積は可換ではない。

スカラー三重積$\mathbf{r}_1\cdot(\mathbf{r}_2\times\mathbf{r}_3)$は，$\mathbf{r}_1$とベクトル積$\mathbf{r}_2\times\mathbf{r}_3$のスカラー積のことで，結果はスカラーになる。このスカラー積は幾何学的に解釈すると分かりやすい。すなわち，それは三つのベクトルを各辺とする平行六面体の体積に相当する（図1.9）。

1.10.3 行列，固有ベクトルおよび固有値

行列は一組の数を方形に配列したものである。行の数がm，列の数がnの行列は，$m\times n$行列と呼ばれる。ベクトルは，行または列の数が1の行列に対応する。行列の加法と減法は，次数が同じ行列に対してのみ定義される。たとえば，

$$\mathbf{A} = \begin{pmatrix} 4 & 7 \\ -3 & 5 \\ 8 & -2 \end{pmatrix} \quad \text{および} \quad \mathbf{B} = \begin{pmatrix} -4 & 3 \\ 5 & 2 \\ -5 & 3 \end{pmatrix} \quad \text{のとき}$$

$$\mathbf{A}+\mathbf{B} = \begin{pmatrix} 0 & 10 \\ 2 & 7 \\ 3 & 1 \end{pmatrix}; \quad \mathbf{A}-\mathbf{B} = \begin{pmatrix} 8 & 4 \\ -8 & 3 \\ 13 & -5 \end{pmatrix} \tag{1.10}$$

二つの行列$\mathbf{A}$と$\mathbf{B}$の積は，$\mathbf{A}$の列数と$\mathbf{B}$の行数が等しいときに限り定義される。もし，$\mathbf{A}$が$m\times n$行列で，$\mathbf{B}$が$n\times o$行列ならば，積$\mathbf{AB}$は$m\times o$行列になる。行列$\mathbf{AB}$の要素(i, j)は，行列$\mathbf{A}$のi行目の各要素に行列$\mathbf{B}$のj列目の対応する要素を掛け合わせ，それらの総和をとったものに等しい。簡単な例を挙げよう。たとえば，

$$\mathbf{A} = \begin{pmatrix} 3 & -2 & 5 \\ -3 & 4 & 1 \end{pmatrix} \quad \text{および} \quad \mathbf{B} = \begin{pmatrix} 0 & 3 \\ -2 & 4 \\ 1 & 6 \end{pmatrix} \quad \text{のとき}$$

$$\mathbf{AB} = \begin{pmatrix} (3\times 0)+(-2\times -2)+(5\times 1) & (3\times 3)+(-2\times 4)+(5\times 6) \\ (-3\times 0)+(4\times -2)+(1\times 1) & (-3\times 3)+(4\times 4)+(1\times 6) \end{pmatrix} = \begin{pmatrix} 9 & 31 \\ -7 & 13 \end{pmatrix} \tag{1.11}$$

行と列の数が等しい行列は正方行列と呼ばれる。対角行列は，対角要素以外の要素がすべてゼロの正方行列である。また，対角行列の特殊な形として，対角要素がすべて1の行列が考えられる。これは単位行列$\mathbf{I}$と呼ばれる。たとえば，3×3の単位行列は次のようになる。

$$\mathbf{I} = \begin{pmatrix} 1 & 0 & 0 \\ 0 & 1 & 0 \\ 0 & 0 & 1 \end{pmatrix} \tag{1.12}$$

主対角線に関して対称な位置にある行列要素が相等しいとき（$A_{ij} = A_{ji}$），その正方行列は対称

であるという。

任意の行列 **A** とその逆元（逆行列）の掛け算は，単位行列を与える。

$$\mathbf{A}^{-1}\mathbf{A} = \mathbf{I} \tag{1.13}$$

正方行列の逆元を求めるには，まず，その行列式$|\mathbf{A}|$を計算する必要がある。2×2行列と3×3行列の場合，行列式は次のように計算される。

$$\begin{vmatrix} a & b \\ c & d \end{vmatrix} = ad - bc \tag{1.14}$$

$$\begin{vmatrix} a & b & c \\ d & e & f \\ g & h & i \end{vmatrix} = a\begin{vmatrix} e & f \\ h & i \end{vmatrix} - b\begin{vmatrix} d & f \\ g & i \end{vmatrix} + c\begin{vmatrix} d & e \\ g & h \end{vmatrix} = a(ei-hf) - b(di-fg) + c(dh-eg) \tag{1.15}$$

たとえば，$\begin{vmatrix} 3 & 6 \\ -2 & 3 \end{vmatrix} = 21 ; \begin{vmatrix} 4 & 2 & -2 \\ 2 & 5 & 0 \\ -2 & 0 & 3 \end{vmatrix} = 28$ (1.16)

式(1.15)に示されるように，3×3行列の行列式（三次行列式）は二次行列式の和で与えられる。一般に，三次行列式の計算では，まず最初，元の行列を構成する行（または列）のどれか一つが選択される（この例では第1行）。次に，この行の各要素A_{ij}に関して，その添字が示す行と列（i行とj列）が取り除かれる。この操作は2×2行列を与える。この行列の行列式が次に計算され，その値に$(-1)^{i+j}$が乗じられる。この計算の結果は，要素A_{ij}の余因子と呼ばれる。たとえば，次の3×3行列における要素A_{12}の余因子は-6になる。

$$\mathbf{A} = \begin{pmatrix} 4 & 2 & -2 \\ 2 & 5 & 0 \\ -2 & 0 & 3 \end{pmatrix}$$

各余因子は，最後に要素A_{ij}を乗じたのち加え合わされる。さらに大きな行列の場合も同様で，上述の方法を拡張すれば，その行列式を計算できる。たとえば，4×4行列の行列式は，まず3×3行列に書き直され，さらに2×2行列へ展開される。

行列式には，有用で興味深い次のような性質がある。(1) 二つの行（または列）の等しい行列式は0である。(2) 行列式の符号は，任意の二つの行（または列）を入れ換えると逆転する。(3) 行列式の一つの行（または列）の各要素をa倍すれば，行列式もa倍になる。(4) 行列式の一つの行（または列）にaを掛けて，これを他の行（または列）に加えても，行列式は変わらない。

ベクトル積とスカラー三重積は行列式で表すこともできる。

$$\mathbf{r}_1 \times \mathbf{r}_2 = \begin{vmatrix} \mathbf{i} & \mathbf{j} & \mathbf{k} \\ x_1 & y_1 & z_1 \\ x_2 & y_2 & z_2 \end{vmatrix} \tag{1.17}$$

$$\mathbf{r}_1 \cdot (\mathbf{r}_2 \times \mathbf{r}_3) = \begin{vmatrix} x_1 & y_1 & z_1 \\ x_2 & y_2 & z_2 \\ x_3 & y_3 & z_3 \end{vmatrix} \tag{1.18}$$

行列 $\mathbf{A}$ の行と列を入れ換えたものを転置行列といい，$\mathbf{A}^\mathrm{T}$ で表す。たとえば，$m \times n$ 行列の転置行列は $n \times m$ 行列になる。

$$\mathbf{A} = \begin{pmatrix} 4 & 7 \\ -3 & 5 \\ 8 & -2 \end{pmatrix} \quad \text{のとき} \quad \mathbf{A}^\mathrm{T} = \begin{pmatrix} 4 & -3 & 8 \\ 7 & 5 & -2 \end{pmatrix} \tag{1.19}$$

正方行列の転置行列はもちろん正方行列になる。対称行列は転置しても変わらない。特に重要な転置行列は，随伴行列（$\mathrm{adj}\mathbf{A}$）である。これは，余因子の行列を転置したものを指す。たとえば，次の 3×3 行列 $\mathbf{A}$ に対する余因子の行列を求めると，

$$\mathbf{A} = \begin{pmatrix} 4 & 2 & -2 \\ 2 & 5 & 0 \\ -2 & 0 & 3 \end{pmatrix} \quad \text{のとき} \quad \begin{pmatrix} 15 & -6 & 10 \\ -6 & 8 & -4 \\ 10 & -4 & 16 \end{pmatrix} \tag{1.20}$$

この場合，$\mathbf{A}$ は対称行列であるため，その随伴行列 $\mathrm{adj}\mathbf{A}$ は余因子の行列と同じものになる。随伴行列の各要素を行列式で割れば，逆行列が得られる。

$$\mathbf{A}^{-1} = \frac{\mathrm{adj}\mathbf{A}}{|\mathbf{A}|} \tag{1.21}$$

たとえば，式(1.20)の 3×3 行列の場合，逆行列は次のようになる。

$$\mathbf{A}^{-1} = \begin{pmatrix} 15/28 & -3/14 & 5/14 \\ -3/14 & 2/7 & -1/7 \\ 5/14 & -1/7 & 4/7 \end{pmatrix} \tag{1.22}$$

最もよく知られた行列計算の一つに，固有値と固有ベクトルを求める計算がある。固有ベクトルとは，次式を満たす列ベクトル $\mathbf{x}$ のことである。

$$\mathbf{A}\mathbf{x} = \lambda \mathbf{x} \tag{1.23}$$

ここで，λ は $\mathbf{A}$ の固有値である。この固有値問題は，$\mathbf{I}$ を単位行列としたとき，次のように書き直せる。

$$\mathbf{A}\mathbf{x} = \lambda \mathbf{x} \mathbf{I} \Rightarrow \mathbf{A}\mathbf{x} - \lambda \mathbf{x} \mathbf{I} = 0 \Rightarrow (\mathbf{A} - \lambda \mathbf{I})\mathbf{x} = 0 \tag{1.24}$$

この方程式は $\mathbf{x} = 0$ の自明解をもつが，それ以外に解が存在するとすれば，行列式 $|\mathbf{A} - \lambda \mathbf{I}|$ はゼロに等しくなければならない（固有方程式）。固有値とそれに応ずる固有ベクトルを求めるには，行列式を展開し，λ の多項式で表せばよい。たとえば，式(1.20)の 3×3 対称行列 $\mathbf{A}$ の場合，固有方程式は次式で与えられる。

$$\begin{vmatrix} 4-\lambda & 2 & -2 \\ 2 & 5-\lambda & 0 \\ -2 & 0 & 3-\lambda \end{vmatrix} = 0 \tag{1.25}$$

すなわち
$$(4-\lambda)(5-\lambda)(3-\lambda)-2[2(3-\lambda)]-2[2(5-\lambda)]=0 \tag{1.26}$$
式(1.26)は，次のように因数分解される。
$$(1-\lambda)(7-\lambda)(4-\lambda)=0 \tag{1.27}$$
したがって，固有値とそれに応ずる固有ベクトルは次のようになる。
$$\lambda_1=1:\mathbf{x}_1=\begin{pmatrix}2/3\\-1/3\\2/3\end{pmatrix}\quad \lambda_2=4:\mathbf{x}_2=\begin{pmatrix}-1/3\\2/3\\2/3\end{pmatrix}\quad \lambda_3=7:\mathbf{x}_3=\begin{pmatrix}2/3\\2/3\\-1/3\end{pmatrix} \tag{1.28}$$
ここで，固有ベクトルは長さを1とした。すなわち，aを任意の数としたとき，各固有ベクトルをa倍したものもまた解である。$\mathbf{A}$は実対称行列であるから，その固有値は常に実数である。また，固有ベクトルは互いに直交し，任意の二つの固有ベクトルのスカラー積はすべてゼロになる。このことは上の例でも容易に確認できる。

行列式を展開し，λの多項式を解く方法は，行列が大きくなるにつれ能率が悪くなる。この問題は行列の対角化を行うことで解決される。行列$\mathbf{A}$の対角化とは，次の関係を満たす行列$\mathbf{U}$を見つけ出すことである。
$$\mathbf{U}^{-1}\mathbf{A}\mathbf{U}=\mathbf{D} \tag{1.29}$$
ここで，$\mathbf{D}$は固有値の対角行列である。$\mathbf{A}$が実対称行列のとき，$\mathbf{U}$と$\mathbf{U}^{-1}$はそれぞれ固有ベクトルの行列と逆行列になる。たとえば，上の固有値問題へ当てはめてみると，
$$\begin{pmatrix}2/3 & -1/3 & 2/3\\-1/3 & 2/3 & 2/3\\2/3 & 2/3 & -1/3\end{pmatrix}\begin{pmatrix}4 & 2 & -2\\2 & 5 & 0\\-2 & 0 & 3\end{pmatrix}\begin{pmatrix}2/3 & -1/3 & 2/3\\-1/3 & 2/3 & 2/3\\2/3 & 2/3 & -1/3\end{pmatrix}=\begin{pmatrix}1 & 0 & 0\\0 & 4 & 0\\0 & 0 & 7\end{pmatrix} \tag{1.30}$$
ただし，$\mathbf{A}$が実対称行列の場合，逆行列$\mathbf{U}^{-1}$は転置行列$\mathbf{U}^{\mathrm{T}}$に等しい。

行列を対角化する方法はいろいろ知られる。それらのうちのいくつかは，実対称行列のような特定の行列クラスを対象とする。分子モデリングでも，自己無撞着場量子力学（2.5節），配座空間探索のための距離幾何学法（9.5節），主成分分析（9.13.1項）など，計算の過程で行列の固有値や固有ベクトルを必要とする手法は多い。正定値行列は，エネルギーを極小化したり遷移構造を探索する際，重要な役割を演ずる。正定値行列の固有値はすべて正である。また，階数mの半正定値行列は正の固有値をm個与える。

1.10.4 複素数

複素数は次式のように，二つの成分，実部（a）と虚部（b）からなる数である。
$$x=a+bi \tag{1.31}$$
ここで，iは-1の平方根（$i=\sqrt{-1}$）で，虚数単位と呼ばれる。複素数を使えば，実数解のない方程式でも解くことができる。たとえば，方程式$x^2-2x+3=0$の根は$x=1+\sqrt{2}i$と$x=1-\sqrt{2}i$である。複素数は二次元座標系のベクトルと見なされ，通常，アルガン図（Argand diagram）で表される（図1.10）。アルガン図のx座標は複素数の実部，y座標は虚部にそれぞれ

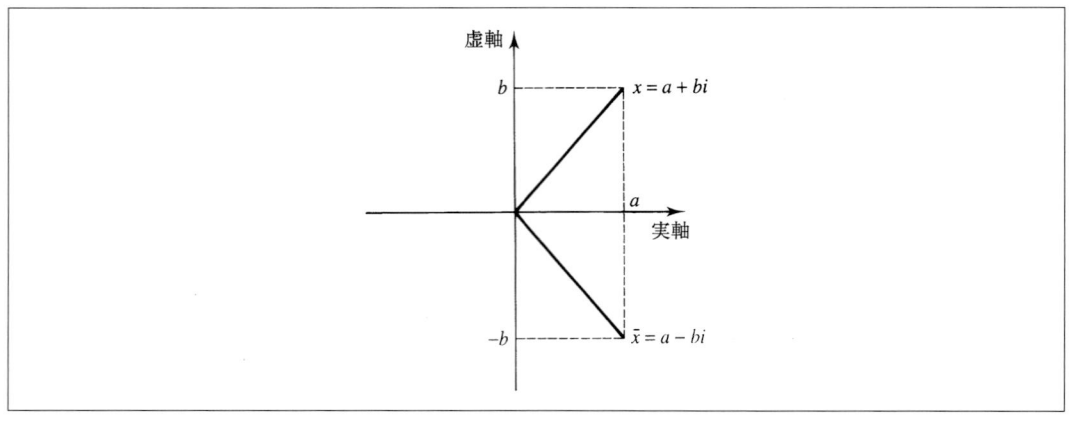

図 1.10 アルガン図による複素数の表示

対応する。

複素数の算法は，ベクトルのそれとほとんど同じである。すなわち，$x=a+bi$，$y=c+di$ とすると，

$$x+y=(a+c)+(b+d)i \tag{1.32}$$

$$x-y=(a-c)+(b-d)i \tag{1.33}$$

$$xy=(ac-bd)+(ad+bc)i \tag{1.34}$$

アルガン図の実軸で x を折り返したとき得られる $a-bi$ は，共役複素数と呼ばれ，$\bar{x}$ で表される。

複素数を含む関係式で特によく使われるのは，次式である。

$$e^{i\theta}=\cos\theta+i\sin\theta \tag{1.35}$$

ここで，θ は任意の実数である。この関係式は，指数，余弦および正弦関数が次のように展開できることから導かれる。利用例にはフーリエ解析がある。

$$e^{i\theta}=1+i\theta-\frac{\theta^2}{2!}-\frac{i\theta^3}{3!}+\frac{\theta^4}{4!}+\cdots\cdots \tag{1.36}$$

$$\sin\theta=\theta-\frac{\theta^3}{3!}+\frac{\theta^5}{5!}-\cdots\cdots \tag{1.37}$$

$$\cos\theta=1-\frac{\theta^2}{2!}+\frac{\theta^4}{4!}-\cdots\cdots \tag{1.38}$$

これらの展開式からは，その他にもさまざまな関係式が定義できる。たとえば，

$$\cos\theta=\frac{e^{i\theta}+e^{-i\theta}}{2} \qquad \sin\theta\frac{e^{i\theta}-e^{-i\theta}}{2i} \tag{1.39}$$

1.10.5 ラグランジュ乗数

ラグランジュ乗数（Lagrange multiplier）は，拘束のある関数の停留値を求めるのに使われる。たとえば，$y=4x+2$ の条件下で，関数 $f(x,y)=4x^2+3x+2y^2+6y$ の停留値を求める問題

を考えてみよう。ラグランジュの未定乗数法では，拘束条件は $g(x, y) = 0$ の形で表される。
$$g(x, y) = y - 4x - 2 = 0 \tag{1.40}$$
条件 $g(x, y) = 0$ の下で $f(x, y)$ の停留値を求めるに当たっては，まず全微分 df をとり，それをゼロに等しいと置く。
$$df = \frac{\partial f}{\partial x}dx + \frac{\partial f}{\partial y}dy = (8x+3)dx + (4y+6)dy = 0 \tag{1.41}$$
拘束条件がなければ，x と y は互いに独立である。したがって，二つの偏微分 $\partial f/\partial x$ と $\partial f/\partial y$ をゼロに等しいと置くことにより，停留値は求まるはずである。しかし，拘束条件がある場合には，x と y はもはや独立ではない。両者は，拘束関数 g の微分を介して互いに結びついている。
$$dg = \frac{\partial g}{\partial x}dx + \frac{\partial g}{\partial y}dy = -4dx + dy = 0 \tag{1.42}$$
拘束関数の微分 dg にパラメータ λ（ラグランジュ乗数）を掛け，全微分 df へ付け加えると，
$$\left(\frac{\partial f}{\partial x} + \lambda\frac{\partial g}{\partial x}\right)dx + \left(\frac{\partial f}{\partial y} + \lambda\frac{\partial g}{\partial y}\right)dy = 0 \tag{1.43}$$
ラグランジュ乗数の値は，式(1.43)の括弧内をそれぞれゼロと置くことにより求まる。たとえば上の例では，
$$8x + 3 - 4\lambda = 0 \tag{1.44}$$
$$4y + 6 + \lambda = 0 \tag{1.45}$$
これらの二つの方程式から，x と y を結びつける次の方程式が得られる。
$$\lambda = 2x + 3/4 = -6 - 4y \quad\text{すなわち}\quad x = -27/8 - 2y \tag{1.46}$$
この式と拘束方程式(1.40)を組み合わせると，停留値が定まる。それは $(-59/72, -23/18)$ である。

本例は簡単である。したがって，元の関数へ拘束方程式を直接代入し，変数が1個の関数に書き換えても，解はもちろん得られる。しかし，そのようなことは可能でないことも多い。ラグランジュの未定乗数法は，拘束動力学（7.5節）や量子力学でよく遭遇する制約条件つき問題へ広く適用できる強力な解法である。

1.10.6　重積分

分子モデリングで使われる理論の多くは重積分を含んでいる。ハートリー–フォック理論における二電子積分，分配関数 Q の定義に用いられる位置や運動量に関する積分などは，その一例である。評価を必要とする重積分は，実際には二重積分であることが多い。

通常の一次元積分は，図1.11に示すように，指定された区間の曲線下面積に等しい。この考え方を多次元へ拡張したのが重積分である。二変数の関数 $f(x, y)$ を考えてみよう。二重積分は，δx と δy をゼロへ近づけ，体積要素 $f(x, y)\delta x \delta y$ を面積 A 全体にわたり加え合わせたものに相当する（図1.11参照）。

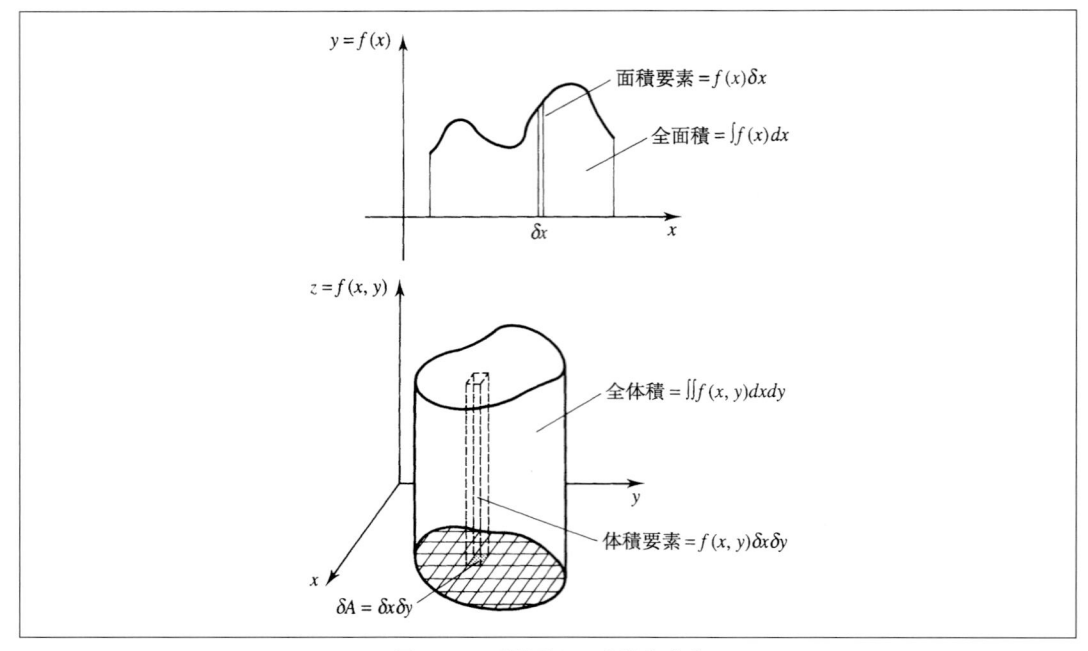

図 1.11 一重積分と二重積分 [b]

$$\iint_A dxdy f(x,\ y) \equiv \iint_A f(x,\ y)\,dxdy \tag{1.47}$$

「$dxdy$」は積分記号のすぐ後ろに来てもよいし，式の最後に回してもよい．本書では前者の記法を用いる．

重積分は一重積分の積の形に書き直せることもある．それは，$f(x,\ y)$ が関数 $g(x)$ と $h(y)$ の積で表される場合である．

$$\iint_A dxdy\, g(x)\,h(y) = \int dx\, g(x) \int dy\, h(y) \tag{1.48}$$

たとえば，

$$\int_{-1}^{1} dx \int_{-\pi/2}^{+\pi/2} dy\, x^2 \cos y = \int_{-1}^{1} x^2 dx \left[\sin y\right]_{-\pi/2}^{+\pi/2} = 2\left[\frac{x^3}{3}\right]_{-1}^{+1} = \frac{4}{3} \tag{1.49}$$

重積分を分離するこの方法は，本書でも，量子力学やコンピュータ・シミュレーション法を議論する際，しばしば利用される（第 2, 3, 6, 7 および 8 章）．

1.10.7 統計学の基本事項

統計学は，数値データを収集し解釈する学問である．統計学が扱う問題は広範かつ多岐にわたる．本項では，以下，統計学で一般に使われる定義と用語のいくつかを説明する．

一組の観測値の算術平均 $\bar{x}$ は，観測値の総和を観測値の数で割ったものに等しい．

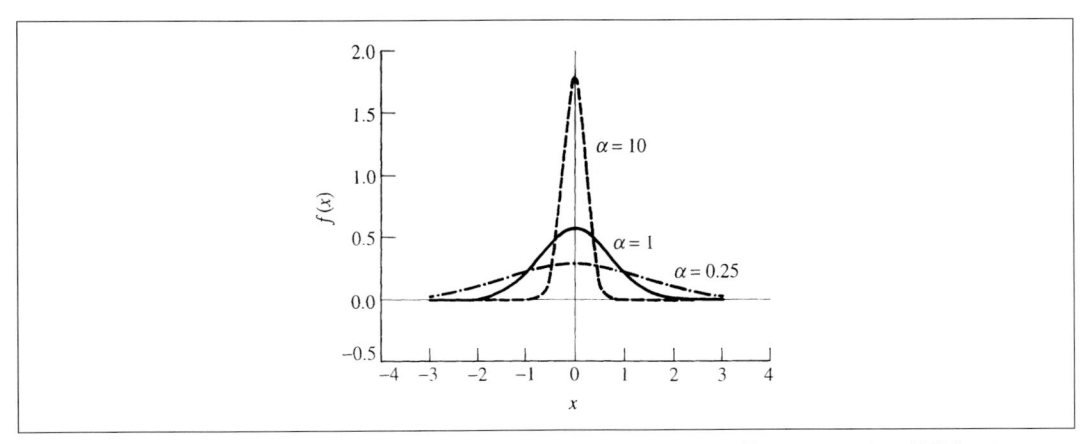

図 1.12 α 値を異にする3種の正規分布の比較。関数は，曲線下面積がすべて等しくなるように規格化されている。

$$\bar{x} = \frac{1}{N}\sum_{i=1}^{N} x_i \tag{1.50}$$

ここで，N は観測値の数である。平均 $\bar{x}$ は $\langle x \rangle$ と書くこともある。分散 σ^2 は観測値が平均値のまわりにばらつく度合を表し，偏差平方の平均に等しい。

$$\sigma^2 = \frac{1}{N}\sum_{i=1}^{N}(x_i - \bar{x})^2 \tag{1.51}$$

分散は，次の公式から計算することもできる。実用上はこちらの方が使いやすい。

$$\sigma^2 = \frac{1}{N}\left[\sum_{i=1}^{N}(x_i^2) - \frac{1}{N}\left(\sum_{i=1}^{N} x_i\right)^2\right] \tag{1.52}$$

分散の正の平方根は標準偏差と呼ばれる。

$$\sigma = \sqrt{\frac{1}{N}\sum_{i=1}^{N}(x_i - \bar{x})^2} \tag{1.53}$$

母集団の観測値の分布は，しばしば理論分布と比較される。分子モデリングにおいてとりわけ重要な理論分布は，正規分布である。正規分布はガウス分布とも呼ばれる。一般の正規分布に対する確率密度関数は，次式で与えられる。

$$f(x) = \frac{1}{\sigma\sqrt{2\pi}}\exp[-(x-\bar{x})^2/2\sigma^2] \tag{1.54}$$

指数関数の前の係数は，関数 $f(x)$ を $-\infty$ から $+\infty$ まで積分したとき，値を1にするのに必要である。

正規分布はしばしばパラメータ α $(=1/2\sigma^2)$ を使って表される。

$$f(x) = \sqrt{\frac{\alpha}{\pi}}e^{-\alpha(x-\bar{x})^2} \tag{1.55}$$

図 1.12 は，平均がすべてゼロで，分散（σ^2）のみが異なる3種の正規分布を比較したものである。分散が大きく，α が1よりも小さい関数は，平べったい曲線を与えるのに対し，分散が小

さく，α が1よりも大きい関数は，先の尖った曲線を与えることがお分かりいただけよう。

1.10.8 フーリエ級数，フーリエ変換および高速フーリエ変換

τ の周期をもち，$t=-\tau/2$ と $t=+\tau/2$ の間で運動を繰り返す周期関数 $x(t)$ を考えてみよう。この $x(t)$ は，簡単な正弦関数と余弦関数を重ね合わせた次式で近似できる（図1.13）。この三角級数式は，フーリエ級数（Fourier series）と呼ばれる。

$$x(t) = a_0 + a_1\cos\omega_0 t + a_2\cos 2\omega_0 t + \cdots + b_1\sin\omega_0 t + b_2\sin 2\omega_0 t + \cdots \tag{1.56}$$

$$x(t) = a_0 + \sum_{n=1}(a_n\cos n\omega_0 t + b_n\sin n\omega_0 t) \tag{1.57}$$

ここで，角周波数 ω_0 は関数の周期 τ と $\omega_0 = 2\pi/\tau$，周波数 ν_0 と $\omega_0 = 2\pi\nu_0$ の関係にある。また，高調波の周波数は $n\nu_0$ で，その値は n/τ に等しい。

係数 a_n と b_n は次式から求めることができる。

$$a_0 = \frac{1}{\tau}\int_{-\tau/2}^{\tau/2} x(t)\,dt \tag{1.58}$$

$$a_n = \frac{2}{\tau}\int_{-\tau/2}^{\tau/2} x(t)\cos(2n\pi t/\tau)\,dt \tag{1.59}$$

$$b_n = \frac{2}{\tau}\int_{-\tau/2}^{\tau/2} x(t)\sin(2n\pi t/\tau)\,dt \tag{1.60}$$

フーリエ級数の表し方には，そのほか次の関係式を利用する方法もある。

$$\sin\omega_0 t = [\exp(i\omega_0 t) - \exp(-i\omega_0 t)]/2i \tag{1.61}$$

$$\cos\omega_0 t = [\exp(i\omega_0 t) + \exp(-i\omega_0 t)]/2 \tag{1.62}$$

この場合，フーリエ級数は次式で与えられる。

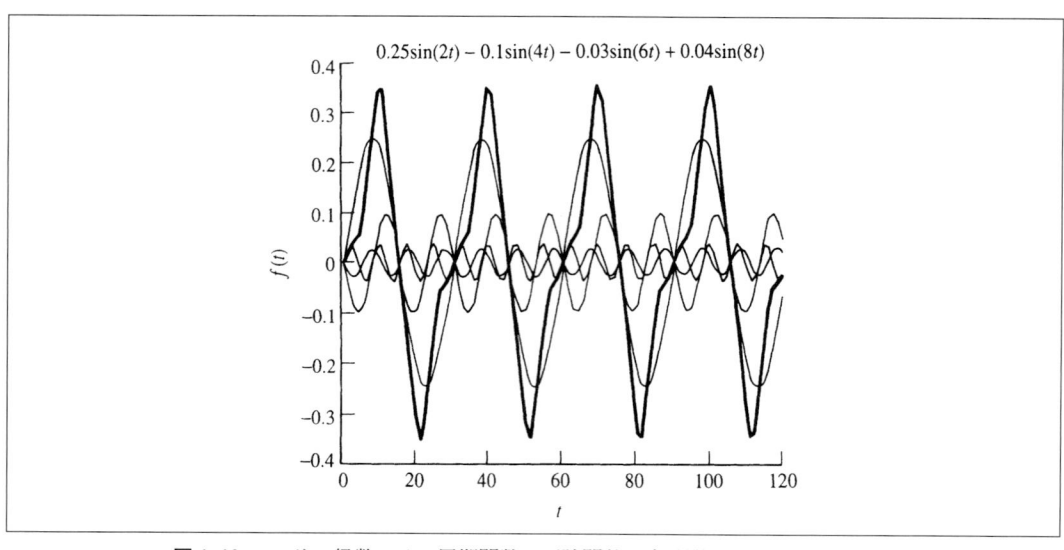

図1.13 フーリエ級数では，周期関数は正弦関数と余弦関数の和で表される。

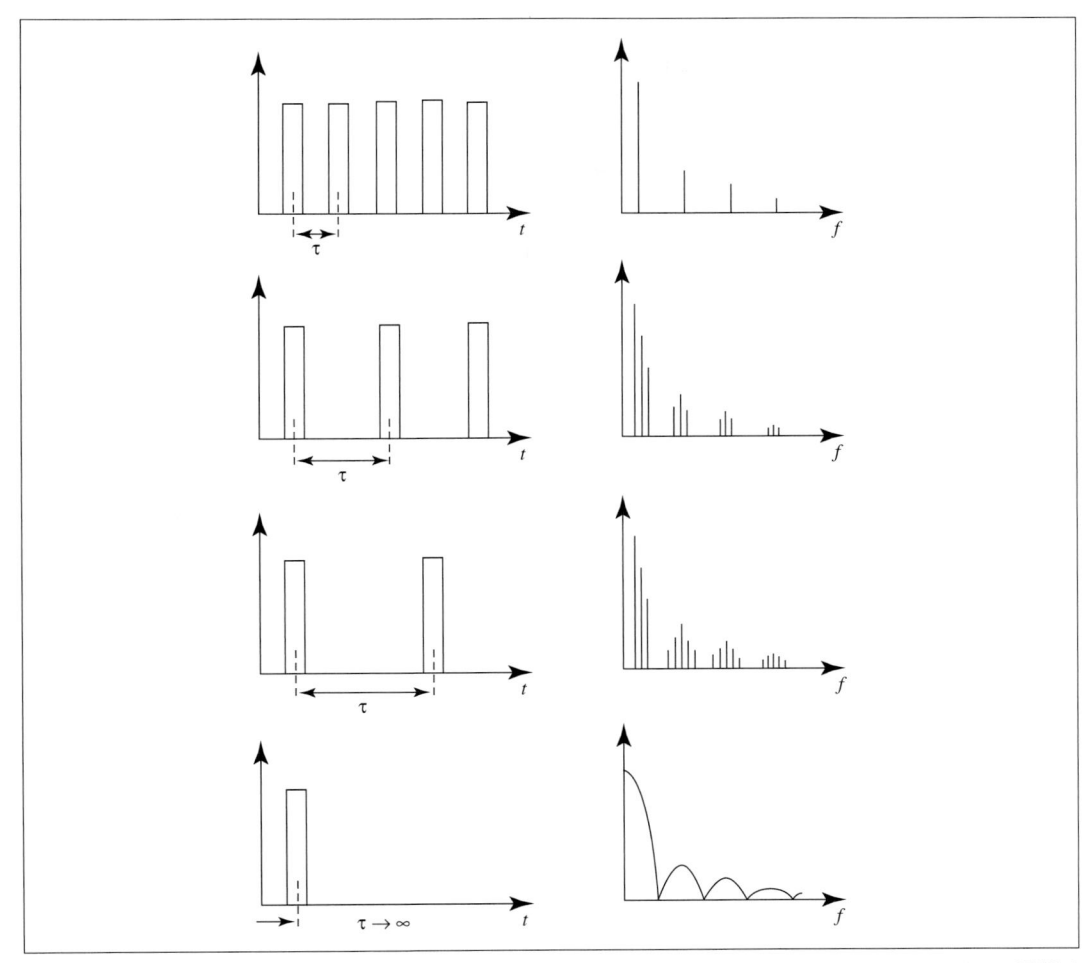

図 1.14 フーリエ変換とフーリエ級数の関係は，関数の周期を徐々に大きくしていくとはっきりしてくる。周期が無限大のとき，周波数スペクトルは連続になる [g]。

$$x(t) = \sum_{-\infty}^{+\infty} c_n \exp(in\omega_0 t) \tag{1.63}$$

ここで，

$$c_n = \frac{1}{\tau}\int_{-\tau/2}^{\tau/2} x(t)\exp(-in\omega_0 t)\,dt \tag{1.64}$$

フーリエ級数が表すものは，周期 τ，角周波数 $n\omega_0 = 2\pi n/\tau$ の周期関数である。それに対し，フーリエ変換 (Fourier transform) は関数が周期性をもたないときに利用される。フーリエ変換はフーリエ級数と密接な関係にある。フーリエ級数からフーリエ変換への移行の様子を知りたければ，周波数の分布に及ぼす周期の影響を調べてみればよい。図 1.14 を見てみよう。この図は，方形波関数の周期を徐々に大きくしていったときの周波数分布の変化を示している。図によれば，周期が大きくなるにつれ，関数の記述に必要な周波数成分の数は増加し，周期が無限大に

なると，周波数のスペクトルは連続になる。

時間関数 $x(t)$ と周波数関数 $X(\nu)$ の間には，次のフーリエ変換関係が成り立つ。

$$x(t) = \int_{-\infty}^{+\infty} X(\nu) \exp(2\pi i\nu t) \, d\nu \tag{1.65}$$

周波数関数 $X(\nu)$ は次式で与えられる。

$$X(\nu) = \int_{-\infty}^{+\infty} x(t) \exp(-2\pi i\nu t) \, dt \tag{1.66}$$

実際の問題では，$x(t)$ は連続関数ではない。変換されるデータは通常，間隔を置いてサンプリングされた離散値である。このような状況下では，周波数関数を求めるのに，離散フーリエ変換（DFT）が利用される。いま，（$t=0$ から出発し）一定の間隔 δt で時間依存性データがサンプリングされ，全部で M 個の標本が得られた場合を考えてみよう。DFT 関数を使えば，この M 個の標本から全部で M 個の周波数係数を求めることができる［7］。

$$X(k\delta\nu) = \delta t \sum_{n=0}^{M-1} x(n\delta t) \exp[-2\pi ink/M] \tag{1.67}$$

ここで，$x(n\delta t)$（$n=0, 1, \ldots\ldots, M-1$）は実験値，$X(k\delta\nu)$ はフーリエ係数（$k=0, 1, \ldots\ldots, M-1$）をそれぞれ表す。周波数の間隔 $\delta\nu$ は標本の数（M）とサンプリングの間隔（δt）に依存し，$\delta\nu = 1/M\delta t$ の関係にある。周波数のデータを時間領域へ変換することもまた可能である。

$$x(n\delta t) = \frac{1}{M} \sum_{n=0}^{M-1} X(k\delta\nu) \exp[2\pi ink/M] \tag{1.68}$$

（全部で M 個ある）フーリエ係数 $X(k\delta T)$ を計算するには，それぞれの k に対して，和 $\sum_{n=0}^{M-1} x(n\delta t) \exp[-2\pi ink/M]$ を求める必要がある。求和式は項を M 個含む。周波数スペクトルを求めるのに必要な計算時間は，簡単なアルゴリズムでは，測定回数 M の二乗に比例して増加する。大量のデータを扱う問題では，これは苛酷な制約である。高速フーリエ変換（FFT）の到来が大きな衝撃を与えたのは，このような理由による（FFT は Cooley & Tukey［4］によって開発されたことになっているが，実際には，それよりもかなり以前から使われていた）。FFT アルゴリズムによる計算時間は $M \times \ln M$ に比例する。したがって，このアルゴリズムを使用すれば，データ点がかなり多い場合でもフーリエ変換が可能になる。

さらに読みたい人へ

[a] Bachrach S M 1996. *The Internet: A Guide for Chemists*. Washington, D.C., American Chemical Society.

[b] Boas M L 1983. *Mathematical Methods in the Physical Sciences*. New York, John Wiley & Sons.

[c] Grant G H and W G Richards 1995. *Computational Chemistry*. Oxford, Oxford University Press.

[d] Goodman J M 1998. *Chemical Applications of Molecular Modelling*. Cambridge, Royal Society of Chemistry.

[e] Leach A R 1999. Computational Chemistry and the Virtual Laboratory. In *The Age of the Molecule*. Cambridge, Royal Society of Chemistry.

[f] Lipkowitz K B and D B Boyd (Editors) 1990-. *Reviews in Computational Chemistry*, Vols 1-. New York, VCH.

[g] Ramirez R W 1985. *The FFT Fundamentals and Concepts*. Englewood Cliffs, NJ, Prentice Hall.

[h] Schleyer, P v R, N L Allinger, T Clark, J Gasteiger, P A Kollman, H F Schaefer III and P R Schreiner 1998. *The Encyclopedia of Computational Chemistry*. Chichester, John Wiley & Sons.

[i] Stephenson G 1973. *Mathematical Methods for Science Students*. London, Longman.

[j] Winter M J, H S Rzepa and B J Whitaker 1995. Surfing the Chemical Net. *Chemistry in Britain* **31**:685-689 and http://www.ch.ic.ac.uk/rzepa/cib/.

引用文献

[1] Bolin J T, D J Filman, D A Matthews, R C Hamlin and J Kraut 1982. Crystal Structures of *Escherichia coli and Lactobacillus casei* Dihydrofolate Reductase Refined at 1.7 Ångstroms Resolution. I. Features and Binding of Methotrexate. *Journal of Biological Chemistry* **257**: 13650-13662.

[2] Connolly M L 1983a. Solvent-accessible Surfaces of Proteins and Nucleic Acids. *Science* **221**: 709-713.

[3] Connolly M L 1983b. Analytical Molecular Surface Calculation. *Journal of Applied Crystallography* **16**:548-558.

[4] Cooley J W and J W Tukey 1965. An Algorithm for the Machine Calculation of Complex Fourier Series. *Mathematics of Computation* **19**:297-301.

[5] Lee B, F M Richards 1971. The Interpretation of Protein Structures: Estimation of Static Accessibility. *Journal of Molecular Biology* **55**:379-400.

[6] Murray-Rust P and H Rzepa 1999. Chemical Markup, XML, and the Worldwide Web. 1. Basic Principles. *Journal of Chemical Information and Computer Science* **39**:923-942.

[7] Press W H, B P Flannery, S A Teukolsky, W T Vetterling 1992. *Numerical Recipes in Fortran*. Cambridge, Cambridge University Press.

[8] Richards F M 1977. Areas, Volumes, Packing and Protein Structure. *Annual Review in Biophysics and Bioengineering* **6**:151-176.

[9] Richmond T J 1984. Solvent Accessible Surface Area and Excluded Volume in Proteins. *Journal of Molecular Biology* **178**:63-88.

[10] Rouvray D 1997. Do Molecular Models Accurately Reflect Reality? *Chemist in Industry* **15**:587-590.

[11] Rouvray D 1999. Model Answers. *Chemistry in Britain* **35**:30-32.
[12] Rouvray D 2000. Atoms as Hard Spheres. *Chemistry in Britain* **36**:25.

第 2 章　計算量子力学への序論

2.1　はじめに

　本章では，分子モデリングで最もよく使われる量子力学の基本原理について解説する．読者は，一般物理化学の通常の教科書で扱われる量子力学の初歩的な考え方に，ある程度馴染んでいる必要がある．しかしそれ以外には，簡単な基礎数学（1.10 節参照）の知識があれば十分である．量子力学の優れた入門書も多数出版されているので，関心のある読者はそれらも参考にされるとよい．量子力学の歴史は，コンピュータが発明されるかなり以前まで遡る．今日一般に使用される方法の多くは，その頃の開拓者の努力に負うところが大きい．量子力学の初期の応用は，手計算でも解くことのできる一原子系や二原子系，もしくは高度に対称な系に限られていた．コンピュータの急速な進歩は骨の折れる手計算から研究者を解放し，いまでは実在する分子系全般の計算をも可能にしつつある．量子力学では，計算の際，電子を顕わに考慮する．したがって，電子分布に依存する性質の予測や，結合の切断・生成を伴う化学反応の解析が可能である．第 4 章で取り上げる経験的力場法から量子力学を区別するものは，これらの諸量に他ならない．この話題については，代表的な適用事例を解説する際，詳しく言及する．

　本章では，分子系を扱う量子力学理論のうち，最も広く利用されている分子軌道理論（molecular orbital theory）を取り上げる．しかし，別のアプローチもないわけではない．それらの一つ，原子価結合理論については，3.6 節で簡単に触れることになろう．分子軌道理論のうち，主に扱われるのは，*ab initio* アプローチと半経験的アプローチである．また，ヒュッケル法についても言及するが，密度汎関数理論の解説はここではなく第 3 章で行う．密度汎関数理論は材料科学の領域で高い支持を得ているが，最近は分子系の計算にも広く使われるようになった．

　量子力学は難解な科目であると一般に思われている．本章の以下のページにざっと目を通すだけであれば，そのような見方を単に強めるだけであろう．しかし，丹念に読むならば，決してそうではないことが分かるはずである．我々はできるだけ簡単で一般性のある例を多く取り上げ，それらの数学的背景を分かりやすく説明することに力を注いだ．分子軌道計算の基礎をなす理論を展開するに当たり，とられた戦略は次の通りである．すなわちまず最初に，水素原子を含め，量子力学の主要な概念をおさらいする．そして，分子系に対する波動関数の関数形を検討し，波動関数からこのような系のエネルギーを計算する方法を説明する．次に，波動関数自体を決定する問題を取り上げ，ごくありふれた数学的モデルを利用して，このことがどのようにしたらできるかを考察する．読者は本章を読み終えたとき，実在系に対する量子力学的計算のやり方を修得

し，さらに高度なテーマを研究するのに必要な基礎知識を獲得しているはずである。

量子力学の議論で出発点となるのは，もちろんシュレーディンガーの波動方程式である。この方程式は，時間を含む完全な形で表すと次のようになる。

$$\left\{-\frac{\hbar^2}{2m}\left(\frac{\partial^2}{\partial x^2}+\frac{\partial^2}{\partial y^2}+\frac{\partial^2}{\partial z^2}\right)+V\right\}=\Psi(\mathbf{r},\ t)=i\hbar\frac{\partial \Psi(\mathbf{r},\ t)}{\partial t} \tag{2.1}$$

式(2.1)は，外場 V ——分子の構成原子核による静電ポテンシャル——の影響下，空間と時間 (t) の中を運動する（位置ベクトル $\mathbf{r}=x\mathbf{i}+y\mathbf{j}+z\mathbf{k}$ で与えられる）質量 m の単一粒子（電子）に関する波動方程式である。$\hbar$ はプランク定数を 2π で割ったものであり，i は -1 の平方根を表す。また，Ψ は粒子の運動を記述する波動関数（wavefunction）である。粒子のさまざまな性質はこの波動関数から導かれる。外部ポテンシャル V が時間に依存しないとき，波動関数は空間部分と時間部分に分離され，それらの積で表される（$\Psi(\mathbf{r},t)=\psi(\mathbf{r})T(t)$）。以下の議論では，ポテンシャルが時間に依存しない場合のみを考える。この場合，シュレーディンガー方程式はよく見慣れた次の形をとる。

$$\left\{-\frac{\hbar^2}{2m}\nabla^2+V\right\}\Psi(\mathbf{r})=E\Psi(\mathbf{r}) \tag{2.2}$$

ここで，E は粒子のエネルギーであり，∇^2 は次式を表すラプラシアンである。

$$\nabla^2=\frac{\partial^2}{\partial x^2}+\frac{\partial^2}{\partial y^2}+\frac{\partial^2}{\partial z^2} \tag{2.3}$$

通常，式(2.1)の左辺は $H\Psi$ のように略記される。ここで，H は次のハミルトン演算子（ハミルトニアン）である。

$$H=-\frac{\hbar^2}{2m}\nabla^2+V \tag{2.4}$$

したがって，シュレーディンガー方程式は最も簡単には $H\Psi=E\Psi$ と書き表せる。シュレーディンガー方程式を解くということは，波動関数にハミルトニアンを作用させたとき，波動関数にエネルギーを掛けたものを返す，E の値と関数 Ψ を見つけ出すことに他ならない。シュレーディンガー方程式は，演算子を関数（固有関数）に作用させたとき，関数にスカラー（固有値）を掛けたものを返す偏微分固有値方程式の一種である。固有値方程式の簡単な一例を次に示そう。

$$\frac{d}{dx}(y)=ry \tag{2.5}$$

演算子はここでは d/dx である。この方程式の固有関数は $y=e^{ax}$ で，この場合，固有値 r は a に等しい。式(2.5)は一次微分方程式の例である。シュレーディンガー方程式は，Ψ の二次微分を含んでいるので二次微分方程式である。簡単な例を示せば，

$$\frac{d^2y}{dx^2}=ry \tag{2.6}$$

式(2.6)の解は $y=A\cos kx+B\sin kx$ の形をもつ。ここで，A，B および k は定数である。シュレーディンガー方程式では，Ψ が固有関数，E が固有値に対応する。

2.1.1 演算子

　量子力学では，エネルギー，位置，線運動量といった諸量の期待値（平均値と考えてよい）は演算子を使って決定される。したがって，演算子は量子力学の重要な概念である。量子力学で最もよく使われる演算子は，エネルギーに対するハミルトニアン H である。エネルギーは次の積分から計算される。

$$E = \frac{\int \Psi^* H \Psi \, d\tau}{\int \Psi^* \Psi \, d\tau} \tag{2.7}$$

　式(2.7)の二つの積分は，（x，y および z の各方向について $-\infty$ から $+\infty$ まで）全空間にわたって行われる。波動関数は複素数である。したがって，複素共役表示（Ψ^*）が使われていることに注意されたい。この方程式は，シュレーディンガー方程式 $H\Psi = E\Psi$ の両辺に波動関数の複素共役 Ψ^* を左から掛け，両辺を全空間にわたって積分することで導かれる。すなわち，

$$\int \Psi^* H \Psi \, d\tau = \int \Psi^* E \Psi \, d\tau \tag{2.8}$$

E はスカラー量であるから，積分の外へ出すことができ，したがって，式(2.7)が得られる。もし，波動関数が規格化されていれば，式(2.7)の分母は1に等しい。

　ハミルトニアンは，全エネルギーへの運動エネルギーとポテンシャルエネルギーの寄与を表す二つの成分からなる。運動エネルギーの演算子は次式で与えられる。

$$-\frac{\hbar^2}{2m} \nabla^2 \tag{2.9}$$

　また，ポテンシャルエネルギーの演算子は，適当なポテンシャルエネルギー式をいくつか加え合わせた形をとる。たとえば，孤立した原子や分子の内部にある電子の場合，そのポテンシャルエネルギー演算子は，原子核との静電相互作用項と他電子との静電相互作用項から構成される。最も簡単な場合を考えてみよう。Z 個の陽子をもつ原子核と電子1個からなる系では，そのポテンシャルエネルギー演算子は次のようになる。

$$V = -\frac{Ze^2}{4\pi\varepsilon_0 r} \tag{2.10}$$

　演算子はエネルギー以外にも定義される。たとえば，x 方向に沿った線運動量に対する演算子は次式で与えられる。

$$\frac{\hbar}{i} \frac{\partial}{\partial x} \tag{2.11}$$

したがって，この量の期待値は次の積分から計算できる。

$$p_x = \frac{\int \Psi^* \frac{\hbar}{i} \frac{\partial}{\partial x} \Psi \, d\tau}{\int \Psi^* \Psi \, d\tau} \tag{2.12}$$

2.1.2 原子単位

量子力学は，原子を構成する粒子——電子・陽子・中性子——を主に扱う。このような粒子の属性（質量，電荷など）は，巨視的な単位で表そうとすると，その値に10の何乗かを掛けたり割ったりする必要がある。適当な単位を使い，扱いやすい形で計算結果が提示できれば，それに越したことはない。各数値に10の何乗かを掛けるのも一つの方法である。しかし，計算の至る所で電子の質量や電荷量が使われることに注目すれば，これらの諸量を原子単位（atomic unit）として定義し，さらなる簡単化を図るのが望ましい。電荷，質量，長さおよびエネルギーの原子単位としては，次のようなものが使用される。

(1) 電荷の1原子単位（電子の電荷の絶対値（電気素量）に等しい）
$$|e| = 1.60219 \times 10^{-19} \text{C}$$

(2) 質量の1原子単位（電子の静止質量に等しい）
$$m_e = 9.10593 \times 10^{-31} \text{kg}$$

(3) 長さの1原子単位（ボーア）
$$a_0 = h^2/4\pi^2 m_e e^2 = 5.29177 \times 10^{-11} \text{m}$$

(4) エネルギーの1原子単位（ハートリー）
$$E_a = e^2/4\pi\varepsilon_0 a_0 = 4.35981 \times 10^{-18} \text{J}$$

長さの原子単位は，水素原子のボーア軌道のうち最小のものの半径（ボーア半径）である。それはまた，水素原子で1s電子の存在確率が最大となる，核からの距離に等しい。エネルギーの原子単位は，ボーア半径だけ離れた二電子間に働く相互作用エネルギーに相当する。水素原子の1s電子の全エネルギーは-0.5ハートリーに等しい。原子単位では，プランク定数hは2πになり，したがって$\hbar \equiv 1$が成立する。

2.1.3 シュレーディンガー方程式の厳密解

シュレーディンガー方程式を厳密に解くことができるのは，（入門的な教科書で取り上げられる）箱の中の粒子，調和振動子，環や球の上を運動する粒子，水素原子といったごく一部の問題に限られる。これらの問題に共通する特徴は，方程式の解を得るために，（境界条件と呼ばれる）ある種の必要条件を課す必要がある点である。たとえば，無限に高い壁で囲まれた箱の中の粒子では，波動関数は境界でゼロになることが要求される。また，環の上を運動する粒子の場合には，波動関数は常に同じ位置で環を横切るよう，2πの周期性をもたなければならない。シュレーディンガー方程式の解に要求されるもう一つの必要条件は，ボルンの解釈が成立すること，すなわち，点$\mathbf{r}$での波動関数にその複素共役を掛けると，その点に粒子が見出される確率になることである。言い換えると，電子波動関数の二乗はその点における電子密度を与える。粒子は空間のどこかに存在するはずであるから，もし，粒子を見出す確率を全空間にわたって積分したならば，結果は1でなければならない。

$$\int \Psi^* \Psi d\tau = 1 \tag{2.13}$$

$d\tau$ は積分が全空間にわたることを表す。式(2.13)の条件を満たす波動関数は規格化されていると言われる。通常，シュレーディンガー方程式の解は直交していなければならない。

$$\int \Psi_m^* \Psi_n d\tau = 0 \quad (m \neq n) \tag{2.14}$$

クロネッカーのデルタ（δ）を使えば，波動関数の直交性と規格化条件は一つの式にまとめることができる。

$$\int \Psi_m^* \Psi_n d\tau = \delta_{mn} \tag{2.15}$$

ここで，クロネッカーのデルタは m と n が等しいときのみ 1 となり，それ以外はゼロである。互いに直交し，かつ規格化された波動関数は，正規直交（orthonormal）であると言われる。

2.2 一電子原子

電子を 1 個しか含まない原子では，ポテンシャルエネルギーは，クーロン方程式に従い，電子と原子核の距離に依存する。したがって，ハミルトニアンは次の形をとる。

$$H = -\frac{\hbar^2}{2m}\nabla^2 - \frac{Ze^2}{4\pi\varepsilon_0 r} \tag{2.16}$$

原子単位で表すと，

$$H = -\frac{1}{2}\nabla^2 - \frac{Z}{r} \tag{2.17}$$

水素原子では，核電荷 Z は +1 に等しい。r は原子核からの電子の距離である。ヘリウム陽イオン He$^+$ もまた一電子原子であり，その核電荷は +2 である。原子は球対称であるから，シュレーディンガー方程式は極座標 (r, θ, ϕ) へ変換した方が扱いやすい。ただし，r は（原点に置かれた）原子核からの距離，θ は z 軸との角度，ϕ は xy 平面での x 軸からの角度をそれぞれ表す（図2.1）。極座標を用いたときのシュレーディンガー方程式の解は，r のみに依存する動径関数 $R(r)$ と，θ と ϕ に依存する角度関数 $Y(\theta, \phi)$——球面調和関数と呼ばれる——の積で与えられる。

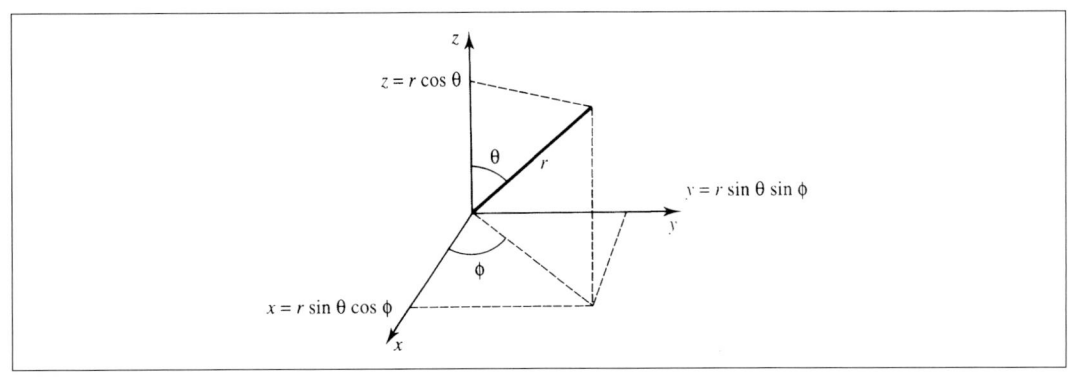

図 2.1 球面極座標と直交座標の関係

$$\Psi_{nlm} = R_{nl}(r) Y_{lm}(\theta, \phi) \tag{2.18}$$

波動関数は一般に軌道（orbital）と呼ばれ，その状態は三つの量子数（n, m, l）で指定される。量子数がとりうる値は次の通りである。

n（主量子数）： 0, 1, 2, ……

l（方位量子数）： 0, 1, ……$(n-1)$

m（磁気量子数）： $-l$, $(l-1)$, ……0……$(l-1)$, l

完全な動径関数は次の形をとる。

$$R_{nl}(r) = -\left[\left(\frac{2Z}{na_0}\right)^3 \frac{(n-l-1)!}{2n[(n+l)!]^3}\right]^{1/2} \exp\left(-\frac{\rho}{2}\right) \rho^l L_{n+1}^{2l+1}(\rho) \tag{2.19}$$

ここで，a_0 はボーア半径*で，$\rho = 2Zr/na_0$ である。大括弧で囲まれた項は規格化因子を表す。また，$L_{n+1}^{2l+1}(\rho)$ はラゲール多項式と呼ばれる特殊な関数である。われわれにとって関心があるのは，系列の初めの方の成員である。動径関数は軌道指数 $\zeta = Z/n$ を使い，原子単位で表せばかなり簡単な形になる。$n=1\sim3$ の系列に属する成員の関数形を表2.1に示した。それらはグラフで表せば図2.2のようになる。動径関数は，多項式に減衰指数関数を掛けた形で表されることに注意されたい。

波動関数の角部分は，θ の関数と ϕ の関数の積で表される。

$$Y_{lm}(\theta, \phi) = \Theta_{lm}(\theta) \Phi_m(\phi) \tag{2.20}$$

これらの関数の具体的な形は次の通りである。

$$\Phi_m(\phi) = \frac{1}{\sqrt{2\pi}} \exp(im\phi) \tag{2.21}$$

$$\Theta_{lm}(\theta) = \left[\frac{(2l+1)}{2} \frac{(l-|m|)!}{(l+|m|)!}\right]^{1/2} P_l^{|m|}(\cos\theta) \tag{2.22}$$

関数 $\Phi_m(\phi)$ は，環の上を運動する粒子に対するシュレーディンガー方程式の解と同じである。また，関数 $\Theta_{lm}(\theta)$ において，大括弧で囲まれた項は規格化因子を表す。$P_l^{|m|}(\cos\theta)$ は，ルジャンドルの陪多項式と呼ばれる関数系列の成員である（$|m|=0$ のとき，特にルジャンドルの多

表 2.1 一電子原子に対する動径関数

n	l	$R_{nl}(r)$
1	0	$2\zeta^{3/2} \exp(-\zeta r)$
2	0	$2\zeta^{3/2}(1-\zeta r) \exp(-\zeta r)$
2	1	$(4/3)^{1/2} \zeta^{5/2} r \exp(-\zeta r)$
3	0	$(2/3)^{1/2} \zeta^{3/2} (3 - 6\zeta r + 2\zeta^2 r^2) \exp(-\zeta r)$
3	1	$(8/9)^{1/2} \zeta^{5/2} (2-\zeta r) r \exp(-\zeta r)$
3	2	$(8/45)^{1/2} \zeta^{7/2} r^2 \exp(-\zeta r)$

---

* 厳密には，この場合の a_0 は $a_0 = h^2/\pi^2 \mu e$ で与えられる。ここで，μ は換算質量（$\mu = m_e M/(m_e+M)$）を表す。M は原子核の質量である。

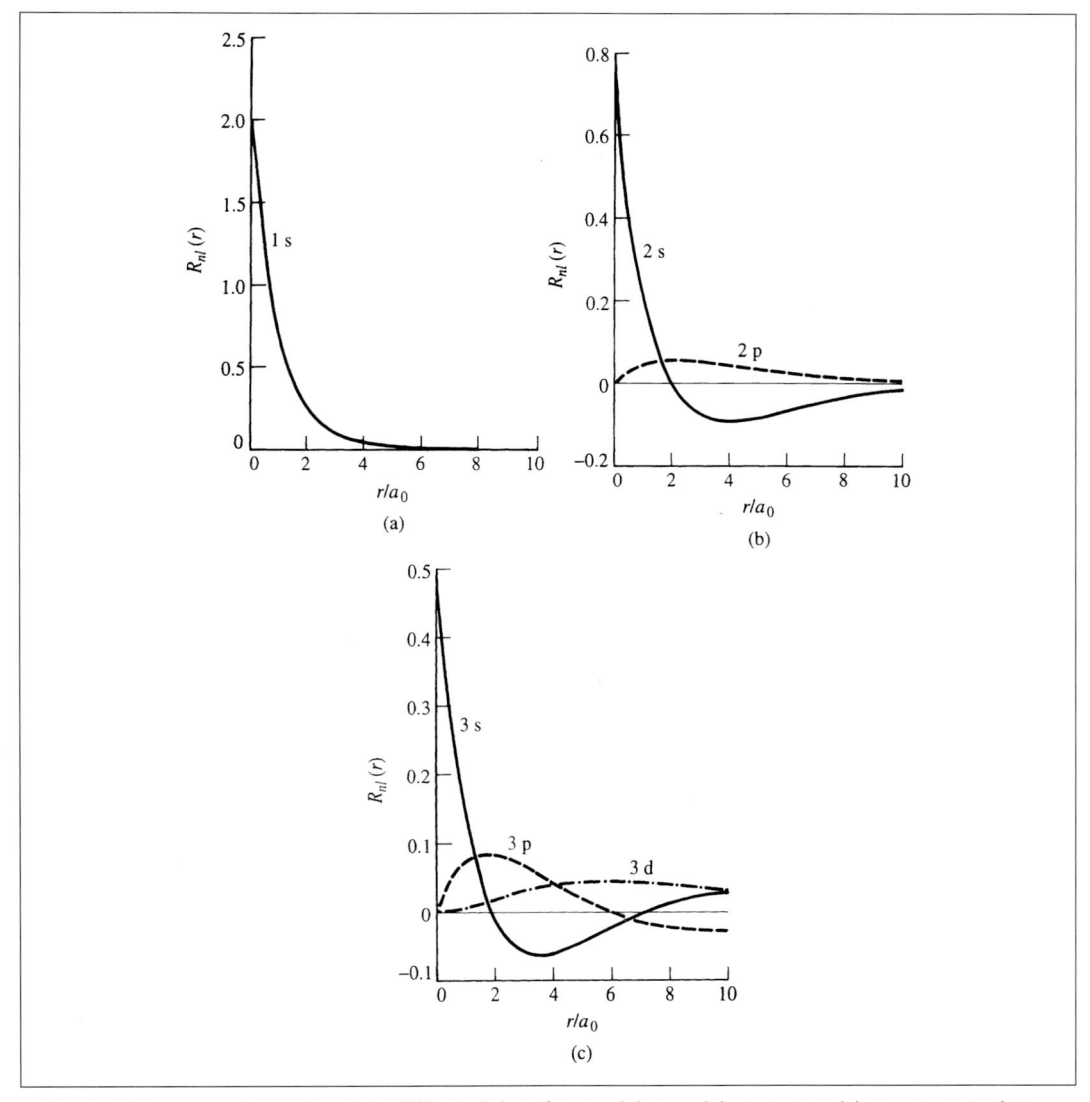

図 2.2 最初の三つの主量子数に対する関数 $R_{nl}(r)$ のグラフ。(a) 1s；(b) 2s と 2p；(c) 3s, 3p および 3d。

項式という)。軌道内の電子の全軌道角運動量は $l(l+1)\hbar$ で与えられ，$\theta=0$ の軸に沿った角運動量成分は $l\hbar$ で与えられる。個々の解のエネルギーは主量子数のみの関数である。したがって，軌道は n の値が同じであれば，l と m が異なっていても同じエネルギーをもつ。これを縮重という。軌道は一般に図 2.3 の絵で表される。これらの絵は上述の解と必ずしも一致しない。たとえば，2p 軌道に対する正しい解は，次のような 1 個の実関数と 2 個の複素関数からなる。

$$2\mathrm{p}(+1) = \sqrt{3/4\pi}\, R(r) \sin\theta\, e^{i\phi} \tag{2.23}$$

$$2\mathrm{p}(0) = \sqrt{3/4\pi}\, R(r) \cos\theta \tag{2.24}$$

$$2\mathrm{p}(-1) = \sqrt{3/4\pi}\, R(r) \sin\theta\, e^{-i\phi} \tag{2.25}$$

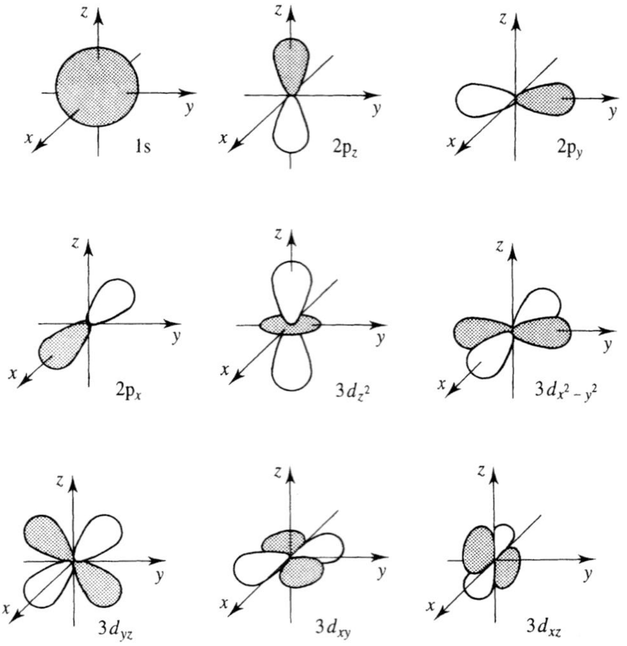

図2.3 s, pおよびd軌道の形

ここで，$R(r)$ は波動関数の動径部分を表し，$\sqrt{3/4\pi}$ は角部分の規格化因子を表す。2p(0) は実関数で，図2.3の $2p_z$ 軌道に対応する。残る2個の2p軌道は複素解であるが，$\exp(i\phi) = \cos\phi + i\sin\phi$ の関係（1.10.4項）を利用して，それらの一次結合をとると，2個の2p実波動関数へ変換される。これらの実波動関数は，図2.3に示した $2p_x$ 軌道と $2p_y$ 軌道に対応する。

$$2p_x = 1/2[2p(+1) + 2p(-1)] = \sqrt{3/4\pi} R(r) \sin\theta \cos\phi \tag{2.26}$$

$$2p_y = -1/2[2p(+1) - 2p(-1)] = \sqrt{3/4\pi} R(r) \sin\theta \sin\phi \tag{2.27}$$

新しい実波動関数は，元の複素波動関数と同じエネルギーをもつ。これは，ハミルトニアンの縮重解がもつ一般的な性質である。これらの軌道が $2p_x$，$2p_y$ と表記される理由は，極座標と直交座標の間に成り立つ次の関係式から明らかであろう。

$$x = r \sin\theta \cos\phi \tag{2.28}$$

$$y = r \sin\theta \sin\phi \tag{2.29}$$

$$z = r \cos\theta \tag{2.30}$$

シュレーディンガー方程式の解は，実数もしくは縮重対の形で得られる。縮重対は複素共役であり，一次結合をとれば，エネルギー的に等価な実数解を与える。複素波動関数が必要となるのは，ある種の演算子を扱う場合に限られる。たとえば2p関数の場合，z 軸のまわりの角運動量を表す演算子はこの部類に属する。本書ではこれ以降，問題を簡単にするため，複素表示をほとんど無視し，実軌道のみを扱うことにする。

最後にもう一度繰り返そう。シュレーディンガー方程式の解はすべて互いに直交している。すなわち，もし一対の軌道をとり，その積を全空間にわたって積分すれば，二つの軌道がまったく同一でない限り，結果はゼロになる。正規直交性は，適当な規格化定数を掛けることで達成される。また，図 2.3 に示した軌道の絵モデルは，化合物の結合や反応性を考察し定性的な解釈を行う際，きわめて有用な手段となる。それは，一電子系だけではなく多電子系にも拡張できる統一的な概念モデルである。

2.3 多電子原子と分子

複数個の電子をもつ原子のシュレーディンガー方程式は，さまざまな要因により，複雑な問題を抱える。ヘリウム原子は 3 個の粒子（電子 2 個と核 1 個）からなるが，このような系でさえ，シュレーディンガー方程式は厳密に解けない。いわんや，それよりも多くの粒子が相互作用する系では，厳密解を求めることはまったく不可能である。そのような多電子原子や分子に対して解が得られるとすれば，それはシュレーディンガー方程式の真の解に対する近似でしかない。厳密解が得られないことの一つの必然的な結果は，波動関数がさまざまな形をとりうることである。すなわち，特定の関数形が他のものよりも正しいといったことは必ずしも成立しない。実際，波動関数は通常，関数の無限級数の形で表される。

多電子系における第二の問題は，電子スピンを考慮しなければならないことである。スピンは量子数 s で記述され，その値は電子の場合 $\frac{1}{2}$ である。スピン角運動量は z 軸へのその投影が $+\hbar/2$ か $-\hbar/2$ になるように量子化され，これらの二つの状態は量子数 m_s で指定される。m_s は $+\frac{1}{2}$ と $-\frac{1}{2}$ の値をとり，それぞれ「上向きスピン」，「下向きスピン」と呼ばれる。電子スピンをシュレーディンガー方程式へ組み込むには，一電子波動関数を電子の座標に依存する空間関数と，スピンに依存するスピン関数の積の形で表せばよい。得られた解はスピン軌道（spin orbital）と呼ばれ，記号 χ で表される。スピン軌道は空間部分とスピン部分からなる。空間部分は単に軌道と呼ばれ，原子軌道では ϕ，分子軌道では ψ で表される。この軌道は，図 2.3 の軌道モデルとよく似た形をもち，空間での電子密度の分布を記述する。一方，スピン部分は電子スピンを定義し，α または β で表される。このスピン関数は，電子の量子数 m_s に応じて 0 または 1 の値をとる。すなわち，$\alpha(+\frac{1}{2})=1$，$\alpha(-\frac{1}{2})=0$，$\beta(+\frac{1}{2})=0$，$\beta(-\frac{1}{2})=1$ である。個々の空間軌道は最大，スピンを対にする 2 個の電子を収容できる。多電子原子や分子の電子構造の予測は，構成原理（Aufbau principle）に基づいて行われる。軌道には，1 軌道当たり 2 個の電子が割り当てられる。ただし，エネルギーが縮重した軌道がある場合には，電子は不対電子の数が最大になるように，それらの縮重軌道を占有する（フントの規則）。また時として，エネルギーのより高い空間軌道へ不対電子を入れた方が，別の電子と対を作るよりも，エネルギー的に有利になる場合がある。しかし，このような状況はまれであり，特に分子系ではそうである。われわれが関心をもつ系の場合，電子の数 N は通常偶数で，電子はエネルギーの低い方から順に $N/2$ 個の軌道を占有していく。

電子は互いに見分けがつかない。二つの電子を交換しても，電子密度の分布は変わらない。ボルンの解釈に従えば，電子密度は波動関数の二乗に等しい。すなわち，二つの電子を交換したとき，波動関数は変化しないか，あるいはその符号を変えるかのいずれかである。実際には，電子の場合，波動関数は符号を変えなければならない。これは反対称性原理（antisymmetry principle）と呼ばれる。

2.3.1 ボルン-オッペンハイマー近似

前項で述べたように，分子系では，シュレーディンガー方程式を厳密に解くことはできない。ただし，最も簡単な分子種 H_2^+（および HD^+ のような同位種）は例外である。この分子では，ボルン-オッペンハイマー近似に従い，電子の運動と核の運動を完全に切り離せば，方程式の厳密解を求めることができる。核の質量は電子の質量よりもはるかに大きい（最も軽い核，陽子の場合でも，その静止質量は電子のそれの 1836 倍ある）。このことは，電子が核位置のいかなる変化に対しても即座に順応できることを意味する。すなわち，電子波動関数は核の位置のみに依存し，それらの運動量には依存しない。ボルン-オッペンハイマー近似のもとでは，分子の全波動関数は次のように記述できる。

$$\Psi_\text{全}(核, 電子) = \Psi(電子)\Psi(核) \tag{2.31}$$

全エネルギーは，核エネルギー（正に荷電した核の間の静電斥力）と電子エネルギーの和に等しい（$E_\text{全}=E(電子)+E(核)$）。また，電子エネルギーは，核の静電場内を運動する電子の運動エネルギーとポテンシャルエネルギー，および電子間の反発エネルギーから構成される。

ボルン-オッペンハイマー近似を取り入れることで，われわれは電子の運動に注意を集中できる。核は静止していると見なしてよいから，シュレーディンガー方程式を解く際には，核の静電場内にある電子だけを考慮すればよい。ただし，核位置の変化が無視できない場合は別である。そのような場合には，電子エネルギー項に核間反発項を付け加え，配置の全エネルギーを計算する必要がある。

2.3.2 ヘリウム原子

ヘリウム原子へ立ち戻ろう。われわれの目的は，電子の挙動を記述する波動関数を求めることである。原子の場合，核は1個しかないので，ボルン-オッペンハイマー近似は関係がない。波動関数は2個の電子の関数になる（電子に番号を付けて1，2とすれば，空間でのそれらの位置はそれぞれ $\mathbf{r}_1$ と $\mathbf{r}_2$ で表される）。上で述べたように，多電子系に対して得られる解は真の解の近似でしかない。シュレーディンガー方程式の近似解を求める方法はいくつか知られている。それらのうちの一つは，より簡単な関連系の解をまず求めた後，実際の系との差がハミルトニアンをどのように変え，それによって解がどのような影響を受けるかを調べる。これは摂動法と呼ばれる方法で，簡単な系と実際の系の差が小さい場合に特に適する。たとえば，ヘリウム原子を摂動法で解く場合には，一般に非摂動系として，核と相互作用するが，互いどうしは相互作用しない電子をもつ「擬似原子」が使われる。これは「三体」問題である。しかし，電子間に相互作用が

存在しないので，変数分離法を使えば厳密に解くことができる．変数分離法は，ハミルトニアンを相互作用のない諸項へ分割できる場合には常に有効である．本例の場合，解を求めるべき方程式は，

$$\left\{-\frac{\hbar^2}{2m}\nabla_1^2 - \frac{Ze^2}{4\pi\varepsilon_0 r_1} - \frac{\hbar^2}{2m}\nabla_2^2 - \frac{Ze^2}{4\pi\varepsilon_0 r_2}\right\}\Psi(\mathbf{r}_1, \mathbf{r}_2) = E\Psi(\mathbf{r}_1, \mathbf{r}_2) \tag{2.32}$$

原子単位で表すと，

$$\left\{-\frac{1}{2}\nabla_1^2 - \frac{Z}{r_1} - \frac{1}{2}\nabla_2^2 - \frac{Z}{r_2}\right\}\Psi(\mathbf{r}_1, \mathbf{r}_2) = E\Psi(\mathbf{r}_1, \mathbf{r}_2) \tag{2.33}$$

以下の議論では，この方程式は次のように略記される．

$$\{H_1 + H_2\}\Psi(\mathbf{r}_1, \mathbf{r}_2) = E\Psi(\mathbf{r}_1, \mathbf{r}_2) \tag{2.34}$$

ここで，H_1とH_2は，それぞれ電子1と2に対するハミルトニアンである．いま，波動関数$\Psi(\mathbf{r}_1, \mathbf{r}_2)$は個々の一電子波動関数$\phi_1(\mathbf{r}_1)$と$\phi_2(\mathbf{r}_2)$の積で表せるとする．すなわち，$\Psi(\mathbf{r}_1, \mathbf{r}_2) = \phi_1(\mathbf{r}_1)\phi_2(\mathbf{r}_2)$．この場合，式(2.34)は次のように書き換えられる．

$$[H_1 + H_2]\phi_1(\mathbf{r}_1)\phi_2(\mathbf{r}_2) = E\phi_1(\mathbf{r}_1)\phi_2(\mathbf{r}_2) \tag{2.35}$$

左から$\phi_1(\mathbf{r}_1)\phi_2(\mathbf{r}_2)$を掛け，全空間にわたって積分すると，

$$\iint d\tau_1 d\tau_2 \phi_1(\mathbf{r}_1)\phi_2(\mathbf{r}_2)[H_1 + H_2]\phi_1(\mathbf{r}_1)\phi_2(\mathbf{r}_2) = \iint d\tau_1 d\tau_2 \phi_1(\mathbf{r}_1)\phi_2(\mathbf{r}_2) E \phi_1(\mathbf{r}_1)\phi_2(\mathbf{r}_2) \tag{2.36}$$

すなわち，

$$\int d\tau_1 \phi_1(\mathbf{r}_1) H_1 \phi_1(\mathbf{r}_1) \int d\tau_2 \phi_2(\mathbf{r}_2) \phi_2(\mathbf{r}_2) + \int d\tau_1 \phi_1(\mathbf{r}_1) \phi_1(\mathbf{r}_1) \int d\tau_2 \phi_2(\mathbf{r}_2) H_2 \phi_2(\mathbf{r}_2)$$
$$= E \int d\tau_1 \phi_1(\mathbf{r}_1)\phi_1(\mathbf{r}_1) \int d\tau_2 \phi_2(\mathbf{r}_2)\phi_2(\mathbf{r}_2) \tag{2.37}$$

波動関数が規格化されているとすれば，式(2.37)は，全エネルギーが個々の軌道エネルギー，$E_1(=\int d\tau_1 \phi_1(\mathbf{r}_1) H_1 \phi_1(\mathbf{r}_1))$と$E_2(=\int d\tau_2 \phi_2(\mathbf{r}_2) H_2 \phi_2(\mathbf{r}_2))$の和に等しいことを示している．また，各電子に対する解は，式(2.19)で$Z=2$と置いた水素原子の解（1s, 2sなど）と一致する．

次に，この擬似ヘリウム原子の2個の電子に対する波動関数の一般形を求めてみよう．ここでは，まず波動関数の空間部分を取り上げる．電子の交換が電子の区別に無関係で，かつ，電子密度に影響を与えないような関数形をとる波動関数は，どのように誘導されるのか．最も簡単な場合，ヘリウム原子の波動関数は個々の一電子解の積で表される．すでに述べたように，この取扱いでは，全エネルギーは一電子軌道エネルギーの和に等しい．これは説明モデルとして有用である．しかし，電子間反発を無視しているので正しいモデルではない．最低エネルギー状態の波動関数は，1s軌道に2個の電子を収容する．

$$1s(1)1s(2) \tag{2.38}$$

ここで，「1s(1)」は電子1の座標($\mathbf{r}_1$)に依存する1s関数，「1s(2)」は電子2の座標($\mathbf{r}_2$)に依存する1s関数をそれぞれ表す．式(2.38)は，電子を交換してもまったく同じ関数を与える（1s(1)1s(2)と1s(2)1s(1)は同じ）．したがって，この波動関数は不可弁別性（indistinguishability）の条件を満足する．全エネルギーは，軌道にある電子1個のエネルギーの2倍である．では，電子が1

個，2s 軌道へ昇位した第一励起状態はどのように表されるのか。この状態に対しては，次の二つの波動関数が考えられる。

$$1s(1)2s(2) \tag{2.39}$$

$$1s(2)2s(1) \tag{2.40}$$

これらの波動関数は不可弁別性の条件を満たしているであろうか。別の言い方をすれば，電子を交換したとき，同じ関数（または符号のみ逆の関数）が得られるであろうか。同じ関数は得られない，というのがその答えである。二つの電子(1,2)を交換したとき，得られる二つの関数は別物である。「1s(1)2s(2)」は「1s(2)2s(1)」と同じではなく，単に符号を変えただけでもない。電子の区別により生ずるこの問題は，これらの二つの波動関数の一次結合をとることで回避される。すなわち，擬似ヘリウム原子に対するシュレーディンガー方程式の解は，次のような関数形をとらなければならない。

$$(1/\sqrt{2})[1s(1)2s(2)+1s(2)2s(1)] \tag{2.41}$$

$$(1/\sqrt{2})[1s(1)2s(2)-1s(2)2s(1)] \tag{2.42}$$

ここで，係数$(1/\sqrt{2})$は波動関数を規格化するのに必要である。これまで説明した三つの許容空間波動関数のうち，二つは対称（電子を交換したとき符号が変わらない）であるが，残りの一つは反対称（電子を交換したとき符号が変わる）である。

$$1s(1)1s(2) \quad 対称 \tag{2.43}$$

$$(1/\sqrt{2})[1s(1)2s(2)+1s(2)2s(1)] \quad 対称 \tag{2.44}$$

$$(1/\sqrt{2})[1s(1)2s(2)-1s(2)2s(1)] \quad 反対称 \tag{2.45}$$

次に，電子スピンの効果を考えてみよう。二つの電子(1,2)に対しては，4種類のスピン状態，$\alpha(1)$，$\beta(1)$，$\alpha(2)$，$\beta(2)$が存在する。不可弁別性の条件はスピン成分に対しても同じように当てはまる。したがって，スピン波動関数の組合せとして可能なものは次の四つである。

$$\alpha(1)\alpha(2) \quad 対称 \tag{2.46}$$

$$\beta(1)\beta(2) \quad 対称 \tag{2.47}$$

$$(1/\sqrt{2})[\alpha(1)\beta(2)+\alpha(2)\beta(1)] \quad 対称 \tag{2.48}$$

$$(1/\sqrt{2})[\alpha(1)\beta(2)-\alpha(2)\beta(1)] \quad 反対称 \tag{2.49}$$

パウリの原理によれば，空間波動関数とスピン波動関数を組み合わせて得られる全波動関数は，電子の交換に関して反対称でなければならない。すなわち，関数形として許されるのは，対称な空間部分と反対称なスピン部分を組み合わせるか，もしくは反対称な空間部分と対称なスピン部分を組み合わせたものだけである。ヘリウム原子の場合，基底状態と第一励起状態の波動関数として許される関数形は，次の通りである。

$$(1/\sqrt{2})1s(1)1s(2)[\alpha(1)\beta(2)-\alpha(2)\beta(1)] \tag{2.50}$$

$$(1/2)[1s(1)2s(2)+1s(2)2s(1)][\alpha(1)\beta(2)-\alpha(2)\beta(1)] \tag{2.51}$$

$$(1/\sqrt{2})[1s(1)2s(2)-1s(2)2s(1)]\alpha(1)\alpha(2) \tag{2.52}$$

$$(1/\sqrt{2})[1s(1)2s(2)-1s(2)2s(1)]\beta(1)\beta(2) \tag{2.53}$$

$$(1/2)[1s(1)2s(2)-1s(2)2s(1)][\alpha(1)\beta(2)+\alpha(2)\beta(1)] \tag{2.54}$$

2.3.3 一般の多電子系とスレーター行列式

本項では，一般の多電子系を取り上げる。N 電子からなる多電子系（原子とは限らない）の場合，反対称性原理を満たす波動関数は，どのような関数形をとるのであろうか。次の関数形は波動関数として不適当であることに注意されたい。

$$\Psi(1, 2, \cdots\cdots N) = \chi_1(1)\chi_2(2)\cdots\cdots\chi_N(N) \tag{2.55}$$

スピン軌道のこの積は，電子対を交換したとき，符号のみ逆の関数ではなくまったく別の関数を与える。したがって，反対称性原理を満たさない。このような形で表された波動関数式は，ハートリー積と呼ばれる。ハートリー積で記述される系のエネルギーは，一電子スピン軌道のエネルギーの和に等しい。Hartree の記述に従えば，空間のある点で電子を見出す確率は，その点に他の電子を見出す確率と無関係である。しかし実際には，電子の運動は相互に関係し合っている。また，ハートリー積では，各電子は特定の軌道を割り当てられるが，反対称性原理によれば，電子は見分けがつかない。ヘリウム原子では，最低エネルギー状態を表す関数形は，次のようになることを思い起こしていただきたい。

$$\begin{aligned}\Psi &= 1s(1)1s(2)[\alpha(1)\beta(2) - \alpha(2)\beta(1)] \\ &\equiv 1s(1)1s(2)\alpha(1)\alpha(2) - 1s(1)1s(2)\alpha(2)\beta(1)\end{aligned} \tag{2.56}$$

式(2.56)は，次のような 2×2 行列式の形に書き直せる。

$$\begin{vmatrix} 1s(1)\alpha(1) & 1s(1)\beta(1) \\ 1s(2)\alpha(2) & 1s(2)\beta(2) \end{vmatrix} \tag{2.57}$$

二つのスピン軌道 χ_1，χ_2 は次式で与えられる。

$$\chi_1 = 1s(1)\alpha(1) \quad \text{および} \quad \chi_2 = 1s(1)\beta(1) \tag{2.58}$$

反対称性原理を満たす多電子波動関数の関数形を書き下す上で，行列式は最も都合が良い。一般に，N 個の電子がスピン軌道 $\chi_1, \chi_2, \cdots\cdots, \chi_N$ ——各スピン軌道は空間関数とスピン関数の積である——に入っている場合，許される波動関数は次の形をとる。

$$\Psi = \frac{1}{\sqrt{N!}} \begin{vmatrix} \chi_1(1) & \chi_2(1) & \cdots\cdots & \chi_N(1) \\ \chi_1(2) & \chi_2(2) & \cdots\cdots & \chi_N(2) \\ \vdots & \vdots & & \vdots \\ \chi_1(N) & \chi_2(N) & \cdots\cdots & \chi_N(N) \end{vmatrix} \tag{2.59}$$

ここで，$\chi_1(1)$ は前に述べたように，電子1の空間座標とスピン座標に依存する関数を表す。係数 $1/\sqrt{N!}$ は波動関数を規格化するのに必要である。規格化因子がなぜこの値をとるかについては後ほど説明する。波動関数のこの関数形はスレーター行列式と呼ばれ，反対称性原理を満たす軌道波動関数のうち最も簡単な形をもつ。スレーター行列式は，波動関数を表すのに行列式の次の性質を利用する。

(1) 行列式の任意の二つの行を入れ換えると，行列式の符号だけが変わる。これは，2個の電子の交換に相当する操作である。行列式のこの性質は，波動関数の反対称性を表すのに都合がよい。

(2) 二つの行の等しい行列式はゼロである。これは，同じスピン軌道に電子が2個収容された

ことに相当する．行列式のこの性質は，2個の電子がまったく同じ量子数をもつことを禁ずるパウリの原理を表すのに役立つ．パウリの原理は，各空間軌道には，反対のスピンをもつ2個の電子が収容できると言い換えてもよい．

スレーター行列式を展開すると，全部で$N!$個の項が生じる．これはN個の電子では$N!$個の順列が存在することによる．たとえば，スピン軌道 χ_1，χ_2 および χ_3 からなる三電子系の場合，行列式は，

$$\Psi = \frac{1}{\sqrt{12}} \begin{vmatrix} \chi_1(1) & \chi_2(1) & \chi_3(1) \\ \chi_1(2) & \chi_2(2) & \chi_3(2) \\ \chi_1(3) & \chi_2(3) & \chi_3(3) \end{vmatrix} \tag{2.60}$$

この行列式を展開すると，次式が得られる（規格化定数を無視）．

$$\begin{aligned}&\chi_1(1)\chi_2(2)\chi_3(3) - \chi_1(1)\chi_3(2)\chi_2(3) + \chi_2(1)\chi_3(2)\chi_1(3) \\ &- \chi_2(1)\chi_1(2)\chi_3(3) + \chi_3(1)\chi_1(2)\chi_2(3) - \chi_3(1)\chi_2(2)\chi_1(3)\end{aligned} \tag{2.61}$$

この展開式は6個の項からなる（≡3!）．3個の電子に対して可能な順列は，123，132，231，213，312，321 の6個である．これらの順列のいくつかは1回の互換で得られる．しかし，他は2回の互換を必要とする．たとえば，順列132は電子2と3を入れ換える最初の互換によって生じる．この互換を施したとき，次の波動関数が得られる．

$$\begin{aligned}&\chi_1(1)\chi_2(3)\chi_3(2) - \chi_1(1)\chi_3(3)\chi_2(2) + \chi_2(1)\chi_3(3)\chi_1(2) \\ &- \chi_2(1)\chi_1(3)\chi_3(2) + \chi_3(1)\chi_1(3)\chi_2(2) - \chi_3(1)\chi_2(3)\chi_1(2) \\ &= -\chi_1(1)\chi_2(2)\chi_3(3) + \chi_1(1)\chi_3(2)\chi_2(3) - \chi_2(1)\chi_3(2)\chi_1(3) \\ &+ \chi_2(1)\chi_1(2)\chi_3(3) - \chi_3(1)\chi_1(2)\chi_2(3) + \chi_3(1)\chi_2(2)\chi_1(3) \\ &= -\Psi\end{aligned} \tag{2.62}$$

一方，順列312を得るには，電子1と3を入れ換え，さらに電子1と2を入れ換える必要がある．この操作は波動関数の符号を変えない．一般に，奇数回の電子の入れ換えにより得られる順列は奇順列と呼ばれ，符号の逆転した波動関数をもたらす．一方，偶順列は偶数回の電子交換により得られる順列で，波動関数の符号は変化しない．

大きな系の場合，スレーター行列式をきちんと書き下すのはめんどうである．ましてや軌道の完全な展開は言うまでもない．そこで一般には，簡略化した表記法が使われる．表記の仕方はさまざまである．ある方法では，行列式は対角項のみで表され，規格化因子も無視される．たとえば，3×3行列式の場合，次のように表記される．

$$\begin{vmatrix} \chi_1(1) & \chi_2(1) & \chi_3(1) \\ \chi_1(2) & \chi_2(2) & \chi_3(2) \\ \chi_1(3) & \chi_2(3) & \chi_3(3) \end{vmatrix} \equiv |\chi_1 \ \chi_2 \ \chi_3| \tag{2.63}$$

行列式の中に，各電子のスピンも明示できたら便利である．この課題は，スピンが β（下向きスピン）のとき関数の上にバーを付け，α（上向きスピン）のときバーを付けないことにすれば解決される．たとえば，（$1s^2 2s^2$ の電子配置をもつ）ベリリウム原子のスレーター行列式波動関数を，一般によく使われる3種類の方法で書き表すと，次のようになる．

$$\Psi = \frac{1}{\sqrt{24}} \begin{vmatrix} \phi_{1s}(1) & \bar{\phi}_{1s}(1) & \phi_{2s}(1) & \bar{\phi}_{2s}(1) \\ \phi_{1s}(2) & \bar{\phi}_{1s}(2) & \phi_{2s}(2) & \bar{\phi}_{2s}(2) \\ \phi_{1s}(3) & \bar{\phi}_{1s}(3) & \phi_{2s}(3) & \bar{\phi}_{2s}(3) \\ \phi_{1s}(4) & \bar{\phi}_{1s}(4) & \phi_{2s}(4) & \bar{\phi}_{2s}(4) \end{vmatrix}$$

$$\equiv \begin{vmatrix} \phi_{1s} & \bar{\phi}_{1s} & \phi_{2s} & \bar{\phi}_{2s} \end{vmatrix} \tag{2.64}$$

$$\equiv \begin{vmatrix} 1s & \bar{1}s & 2s & \bar{2}s \end{vmatrix}$$

行列式の重要な性質の一つに，ある列に α を掛けて他の列に加えても，行列式の値は変わらない，というのがある．これは，スピン軌道が一意的ではないこと，すなわち，別の一次結合もまた同じエネルギーを与えうることを意味する．たとえば，ヘリウム原子の第一励起状態配置（$1s^12s^1$）を考えてみよう．その波動関数は次の 2×2 行列式で表される．

$$\begin{vmatrix} 1s(1)\alpha(1) & 2s(1)\alpha(1) \\ 1s(2)\alpha(2) & 2s(2)\alpha(2) \end{vmatrix} = 1s(1)\alpha(1)2s(2)\alpha(2) - 1s(2)\alpha(2)2s(1)\alpha(1) \tag{2.65}$$

いま，次の二つの新しい「スピン軌道」を導入してみよう．

$$\chi_1' = \frac{1s + 2s}{\sqrt{2}} \alpha \; ; \quad \chi_2' = \frac{1s - 2s}{\sqrt{2}} \alpha \tag{2.66}$$

これらの新しい軌道を用いたとき，行列式の値は次のようになる．

$$\begin{vmatrix} \chi_1'(1) & \chi_2'(1) \\ \chi_1'(2) & \chi_2'(2) \end{vmatrix}$$
$$= \frac{[1s(1) + 2s(1)][1s(2) - 2s(2)]\alpha(1)\alpha(2)}{2} \tag{2.67}$$
$$- \frac{[1s(1) - 2s(1)][1s(2) + 2s(2)]\alpha(1)\alpha(2)}{2}$$
$$\equiv -\Psi$$

この操作は，元の解からより有益な軌道の組が作り出せるという点で，実用的価値をもつ．

2.4 分子軌道計算

2.4.1 波動関数からのエネルギーの計算：水素分子

本節からは分子系を取り扱う．まず最初，波動関数からエネルギーを求める方法を説明し，次に，特定の核配置に対する波動関数を計算する方法を解説する．一般に，分子の量子力学的計算では，個々の分子軌道は次のような原子軌道の一次結合で表される（LCAO アプローチ*）．

$$\psi_i = \sum_{\mu=0}^{K} c_{\mu i} \phi_\mu \tag{2.68}$$

ここで，ψ_i は分子軌道，ϕ_μ は K 個ある原子軌道のうちの一つ，$c_{\mu i}$ はその係数である．LCAO

---

*計算量子化学では，頭字語や略語が頻繁に使用される．特に一般的なものを章末の付録 2.1 に示した．

法によれば，水素分子 H_2 の場合には，最低エネルギー状態は，2個の水素原子 1s 軌道の一次結合で作られた最低エネルギー軌道（$1\sigma_g$）に，反対のスピンをもつ2個の電子が収容された状態である．

$$1\sigma_g = A(1s_A + 1s_B) \tag{2.69}$$

A は規格化因子であるが，ここではその値は重要ではない．いま，核間距離が一定であるとして，水素分子の基底状態のエネルギーを計算してみよう．波動関数は次の 2×2 行列式で表される．

$$\Psi = \begin{vmatrix} \chi_1(1) & \chi_2(1) \\ \chi_1(2) & \chi_2(2) \end{vmatrix} = \chi_1(1)\chi_2(2) - \chi_1(2)\chi_2(1) \tag{2.70}$$

ここで

$$\begin{aligned} \chi_1(1) &= 1\sigma_g(1)\alpha(1) \\ \chi_2(1) &= 1\sigma_g(1)\beta(1) \\ \chi_1(2) &= 1\sigma_g(2)\alpha(2) \\ \chi_2(2) &= 1\sigma_g(2)\beta(2) \end{aligned} \tag{2.71}$$

水素分子では，ハミルトニアンは各電子の運動エネルギー演算子に，（電子と核の間のクーロン引力と電子間の斥力による）ポテンシャルエネルギー演算子を加えたものに等しい．すなわち，ハミルトニアンは原子単位で表すと次式で与えられる．

$$H = -\frac{1}{2}\nabla_1^2 - \frac{1}{2}\nabla_2^2 - \frac{Z_A}{r_{1A}} - \frac{Z_B}{r_{1B}} - \frac{Z_A}{r_{2A}} - \frac{Z_B}{r_{2B}} + \frac{1}{r_{12}} \tag{2.72}$$

電子は1と2，核はAとBでそれぞれ区別される．水素分子では，核荷電 Z_A と Z_B はいずれも1である．

ここでは，まずこの水素分子のエネルギーを計算してみよう．エネルギーの計算式は次の通りである（式(2.7)参照）．

$$E = \frac{\int \Psi H \Psi d\tau}{\int \Psi \Psi d\tau} \tag{2.73}$$

一般に，量子力学的計算から得られる分子軌道は規格化されている．しかし，全波動関数はそうではない．電子が2個の水素分子の場合，全波動関数に対する規格化定数は $1/\sqrt{2}$ で，式(2.73)の分母は2に等しい．

式(2.73)へ水素分子波動関数を代入すると，次式が得られる．

$$\begin{aligned} E = \frac{1}{2}\iint d\tau_1 d\tau_2 \Big\{ & [\chi_1(1)\chi_2(2) - \chi_2(1)\chi_1(2)] \times \Big[-\frac{1}{2}\nabla_1^2 - \frac{1}{2}\nabla_2^2 - (1/r_{1A}) - (1/r_{1B}) - (1/r_{2A}) \\ & - (1/r_{2B}) + (1/r_{12}) \Big] \times [\chi_1(1)\chi_2(2) - \chi_2(1)\chi_1(2)] \Big\} \end{aligned} \tag{2.74}$$

ここで $d\tau_i$ は，積分が電子 i の空間とスピンの座標全体にわたることを表す．ハミルトニアンは，二つの H_2^+ ハミルトニアンと電子間反発項へ分離すると扱いやすくなる．

$$E=\frac{1}{2}\iint d\tau_1 d\tau_2 \ \{[\chi_1(1)\chi_2(2)-\chi_2(1)\chi_1(2)]\times[H_1+H_2+(1/r_{12})] \\ \times[\chi_1(1)\chi_2(2)-\chi_2(1)\chi_1(2)]\} \tag{2.75}$$

ここで

$$H_1=-\frac{1}{2}\nabla_1{}^2-\frac{1}{r_{1A}}-\frac{1}{r_{1B}} \quad \text{および} \quad H_2=-\frac{1}{2}\nabla_2{}^2-\frac{1}{r_{2A}}-\frac{1}{r_{2B}} \tag{2.76}$$

次に，式(2.75)の積分を展開し，電子エネルギーへの各項の寄与を算定してみよう．

$$\begin{aligned} E=&\iint d\tau_1 d\tau_2 \chi_1(1)\chi_2(2)(H_1)\chi_1(1)\chi_2(2) \\ &-\iint d\tau_1 d\tau_2 \chi_1(1)\chi_2(2)(H_1)\chi_2(1)\chi_1(2)+\cdots\cdots \\ &+\iint d\tau_1 d\tau_2 \chi_1(1)\chi_2(2)(H_2)\chi_1(1)\chi_2(2) \\ &-\iint d\tau_1 d\tau_2 \chi_1(1)\chi_2(2)(H_2)\chi_2(1)\chi_1(2)+\cdots\cdots \\ &+\iint d\tau_1 d\tau_2 \chi_1(1)\chi_2(2)\left(\frac{1}{r_{12}}\right)\chi_1(1)\chi_2(2) \\ &-\iint d\tau_1 d\tau_2 \chi_1(1)\chi_2(2)\left(\frac{1}{r_{12}}\right)\chi_2(1)\chi_1(2)\cdots\cdots \end{aligned} \tag{2.77}$$

演算子に含まれる電子以外の電子に依存する項を分離すれば，展開式の各項は簡単になる．たとえば，式(2.77)の第1項は，

$$\iint d\tau_1 d\tau_2 \chi_1(1)\chi_2(2)(H_1)\chi_1(1)\chi_2(2) \tag{2.78}$$

演算子 H_1 は電子1の座標のみの関数であるから，電子2を含む項は次のようにくくり出すことができる．

$$\begin{aligned} &\iint d\tau_1 d\tau_2 \chi_1(1)\chi_2(2)(H_1)\chi_1(1)\chi_2(2) \\ &=\int d\tau_2 \chi_2(2)\chi_2(2)\int d\tau_1 \chi_1(1)\left(-\frac{1}{2}\nabla_1{}^2-\frac{1}{r_{1A}}-\frac{1}{r_{1B}}\right)\chi_1(1) \end{aligned} \tag{2.79}$$

分子軌道が規格化されていれば，積分 $\int d\tau_2 \chi_2(2)\chi_2(2)$ は1に等しい．式(2.79)は，電子1の積分を空間部分とスピン部分へ分離することで，さらに簡単化される．すなわち，スピン軌道に関する積分は，空間座標に関する積分とスピン座標に関する積分を掛け合わせたものに等しい．

$$\begin{aligned} &\int d\tau_1 \chi_1(1)\left(-\frac{1}{2}\nabla_1{}^2-\frac{1}{r_{1A}}-\frac{1}{r_{1B}}\right)\chi_1(1) \\ &=\int d\nu_1 1\sigma_g(1)\left(-\frac{1}{2}\nabla_1{}^2-\frac{1}{r_{1A}}-\frac{1}{r_{1B}}\right)1\sigma_g(1)\int d\sigma_1 \alpha(1)\alpha(1) \end{aligned} \tag{2.80}$$

ここで，$d\nu$ は空間座標についての積分を表し，$d\sigma$ はスピン座標についての積分を表す．スピン部分の積分は1に等しい．また，空間部分の積分は，（裸の二つの核A，Bが作る静電場内を運

動する）軌道 $1\sigma_g$ の電子がもつ運動エネルギーとポテンシャルエネルギーを加え合わせたものに相当する．$1\sigma_g$ を原子軌道の一次結合で置き換えると，

$$\int d\nu_1 1\sigma_g(1)\left(-\frac{1}{2}\nabla_1^2-\frac{1}{r_{1A}}-\frac{1}{r_{1B}}\right)1\sigma_g(1)$$
$$=A^2\int d\nu_1\{1s_A(1)+1s_B(1)\}\left(-\frac{1}{2}\nabla_1^2-\frac{1}{r_{1A}}-\frac{1}{r_{1B}}\right)\{1s_A(1)+1s_B(1)\} \tag{2.81}$$

ここで，A は規格化定数である．式(2.81)は，次のように 1 対の原子軌道を含む積分の和へ展開される．

$$\int d\nu_1\{1s_A(1)+1s_B(1)\}\left(-\frac{1}{2}\nabla_1^2-\frac{1}{r_{1A}}-\frac{1}{r_{1B}}\right)\{1s_A(1)+1s_B(1)\}$$
$$=\int d\nu_1 1s_A(1)\left(-\frac{1}{2}\nabla_1^2-\frac{1}{r_{1A}}-\frac{1}{r_{1B}}\right)1s_A(1)$$
$$+\int d\nu_1 1s_A(1)\left(-\frac{1}{2}\nabla_1^2-\frac{1}{r_{1A}}-\frac{1}{r_{1B}}\right)1s_B(1)+\cdots\cdots \tag{2.82}$$

式(2.77)の第 2 項に対しても同じ手続きを適用してみよう．

$$\iint d\tau_1 d\tau_2 \chi_1(1)\chi_2(2)(H_1)\chi_2(1)\chi_1(2)=\int d\tau_1\chi_1(1)(H_1)\chi_2(1)\int d\tau_2\chi_2(2)\chi_1(2) \tag{2.83}$$

この積分はゼロである．分子軌道 χ_1，χ_2 は互いに直交しており，それらの積は電子 2 の座標全体にわたって積分したときゼロになるからである．

$$\int d\tau_2\chi_2(2)\chi_1(2)=0 \tag{2.84}$$

同様にして，電子-核相互作用を含んだ他の積分へも同じ手続きを適用してみよう．その結果，ゼロでない積分は 4 個存在し，それらの各々は，2 個の水素核が作る静電場内を運動する 1 個の電子のエネルギーに等しいことが分かる．

また，電子-電子相互作用を含む積分は，次に示すように 4 個存在する．

$$\iint d\tau_1 d\tau_2 \chi_1(1)\chi_2(2)\left(\frac{1}{r_{12}}\right)\chi_1(1)\chi_2(2)+\iint d\tau_1 d\tau_2 \chi_2(1)\chi_1(2)\left(\frac{1}{r_{12}}\right)\chi_2(1)\chi_1(2)$$
$$-\iint d\tau_1 d\tau_2 \chi_1(1)\chi_2(2)\left(\frac{1}{r_{12}}\right)\chi_2(1)\chi_1(2)-\iint d\tau_1 d\tau_2 \chi_2(1)\chi_1(2)\left(\frac{1}{r_{12}}\right)\chi_1(1)\chi_2(2) \tag{2.85}$$

式(2.85)の最初の 2 項は次のように簡単化できる．

$$\iint d\tau_1 d\tau_2 \chi_1(1)\chi_2(2)\left(\frac{1}{r_{12}}\right)\chi_1(1)\chi_2(2)=\iint d\nu_1 d\nu_2 1\sigma_g(1)1\sigma_g(2)\left(\frac{1}{r_{12}}\right)1\sigma_g(1)1\sigma_g(2)$$
$$\times\int d\sigma_1\alpha(1)\alpha(1)\int d\sigma_2\beta(2)\beta(2)$$
$$=\iint d\nu_1 d\nu_2 1\sigma_g(1)1\sigma_g(1)\left(\frac{1}{r_{12}}\right)1\sigma_g(2)1\sigma_g(2) \tag{2.86}$$

波動関数のボルン解釈に従えば，$1\sigma_g(\mathbf{r}_1)1\sigma_g(\mathbf{r}_1)$は，軌道$1\sigma_g$にある電子1の，位置$\mathbf{r}_1$における電子密度に等しい。同様に，$1\sigma_g(\mathbf{r}_2)1\sigma_g(\mathbf{r}_2)$は電子2の電子密度である。したがって，これらの電子密度間の静電斥力は，二電子間の距離をr_{12}としたとき，$1\sigma_g(\mathbf{r}_1)1\sigma_g(\mathbf{r}_1)\times(1/r_{12})\times1\sigma_g(\mathbf{r}_2)1\sigma_g(\mathbf{r}_2)$に等しい。すなわち，この関数を全空間にわたって積分したものは，二つの軌道間の静電（クーロン）斥力に相当する。

式(2.86)へ原子軌道展開式を代入すれば，4個の原子軌道を含んだ一連の二電子積分が得られる。

$$\iint d\nu_1 d\nu_2 1\sigma_g(1)1\sigma_g(2)\left(\frac{1}{r_{12}}\right)1\sigma_g(1)1\sigma_g(2)$$
$$=\iint d\nu_1 d\nu_2 1s_A(1)1s_A(2)\left(\frac{1}{r_{12}}\right)1s_A(1)1s_A(2) \tag{2.87}$$
$$+\iint d\nu_1 d\nu_2 1s_A(1)1s_A(2)\left(\frac{1}{r_{12}}\right)1s_A(1)1s_B(2)+\cdots\cdots$$

式(2.85)の残りの2項は，

$$\iint d\tau_1 d\tau_2 \chi_1(1)\chi_2(2)\left(\frac{1}{r_{12}}\right)\chi_2(1)\chi_1(2) = \iint d\nu_1 d\nu_2 1\sigma_g(1)1\sigma_g(2)\left(\frac{1}{r_{12}}\right)1\sigma_g(1)1\sigma_g(2)$$
$$\times \int d\sigma_1 \alpha(1)\beta(1)\int d\sigma_2 \beta(2)\alpha(2) \tag{2.88}$$

$$\iint d\tau_1 d\tau_2 \chi_2(1)\chi_1(2)\left(\frac{1}{r_{12}}\right)\chi_1(1)\chi_2(2) = \iint d\nu_1 d\nu_2 1\sigma_g(1)1\sigma_g(2)\left(\frac{1}{r_{12}}\right)1\sigma_g(1)1\sigma_g(2)$$
$$\times \int d\sigma_1 \beta(1)\alpha(1)\int d\sigma_2 \alpha(2)\beta(2) \tag{2.89}$$

これらの積分は，電子スピンαとβが直交することから，いずれもゼロになる。

H_2の三重項励起状態は，エネルギーのより高い分子軌道へ電子を昇位させることで得られる。このエネルギーの高い反結合性軌道（$1\sigma_u$）は，2個の1s軌道の次のような一次結合で表される。

$$1\sigma_u = A(1s_A - 1s_B) \tag{2.90}$$

三重項状態は，同じスピン（α）をもつ2個の不対電子からなり，その波動関数は次式で与えられる。

$$\begin{vmatrix} 1\sigma_g\alpha(1) & 1\sigma_u\alpha(1) \\ 1\sigma_g\alpha(2) & 1\sigma_u\alpha(2) \end{vmatrix} \tag{2.91}$$

基底状態の場合と同様にして，エネルギーの計算式を展開すると，ここでも，電子-核相互作用と電子-電子相互作用に対応する項が現れる。しかし，電子スピンがいずれもαで同じであるため，交差項は基底状態のときと異なり，もはやゼロにはならない。たとえば，次式を式(2.88)と比較していただきたい。

$$\iint d\tau_1 d\tau_2 \chi_1(1)\chi_2(2)\left(\frac{1}{r_{12}}\right)\chi_2(1)\chi_1(2) = \iint d\nu_1 d\nu_2 1\sigma_g(1) 1\sigma_u(2)\left(\frac{1}{r_{12}}\right)1\sigma_g(2) 1\sigma_u(1)$$
$$\times \int d\sigma_1 \alpha(1)\alpha(1) \int d\sigma_2 \alpha(2)\alpha(2) \tag{2.92}$$

この寄与は，交換相互作用 (exchange interaction) と呼ばれる。この項は，全エネルギーの計算式では前に負号を伴って現れ，三重項状態を安定化するように働く。交換項が非ゼロとなるのは，電子が同じスピンをもつ場合に限られる。同じスピンの電子は互いに避け合う。この現象は交換項に由来し，個々の電子はその結果として空孔 (hole) を伴う。この空孔は，交換空孔またはフェルミ空孔と呼ばれる。

2.4.2 一般的な多電子系のエネルギー

水素分子のように小さな分子であれば，積分はすべて完全な形で書き下せる。このようなことは一般の多電子分子系には当てはまらない。しかし，エネルギーを求める原理はいずれの場合も同じである。N 電子系に対するハミルトニアンは一般に次式で与えられる。

$$H = \left(-\frac{1}{2}\sum_{i=1}^{N}\nabla_i^2 - \frac{1}{r_{1A}} - \frac{1}{r_{1B}}\cdots + \frac{1}{r_{12}} + \frac{1}{r_{13}} + \cdots\right) \tag{2.93}$$

水素分子の場合と同様，核は A，B，C，……，電子は 1，2，3，……でそれぞれ区別される。

N 個のスピン軌道に N 個の電子が存在する系では，スレーター行列式は次式で表されることを思い起こしていただきたい。

$$\begin{vmatrix} \chi_1(1) & \chi_2(1) & \chi_3(1) & \cdots & \chi_N(1) \\ \chi_1(2) & \chi_2(2) & \chi_3(2) & \cdots & \chi_N(2) \\ \chi_1(3) & \chi_2(3) & \chi_3(3) & \cdots & \chi_N(3) \\ \vdots & \vdots & \vdots & & \vdots \\ \chi_1(N) & \chi_2(N) & \chi_3(N) & \cdots & \chi_N(N) \end{vmatrix} \tag{2.94}$$

行列式の各項は，展開したとき，$\chi_i(1)\chi_j(2)\chi_k(3)\cdots\chi_u(N-1)\chi_v(N)$ の形をとる。ここで，$i, j, k \cdots u, v$ は連続した N 個の整数 1～N のどれかを表す。

エネルギーは例によって $E = \int \Psi H \Psi / \int \Psi \Psi$ から計算される。

$$\int \Psi H \Psi = \int \cdots \int d\tau_1 d\tau_2 \cdots d\tau_N \{[\chi_i(1)\chi_j(2)\chi_k(3)\cdots]$$
$$\times \left(-\frac{1}{2}\sum_i \nabla_i^2 - (1/r_{1A}) - (1/r_{1B})\cdots + (1/r_{12}) + (1/r_{13}) + \cdots\right) \tag{2.95}$$
$$\times [\chi_i(1)\chi_j(2)\chi_k(3)\cdots]\}$$

$$\int \Psi \Psi = \int \cdots \int d\tau_1 d\tau_2 \cdots d\tau_N \{[\chi_i(1)\chi_j(2)\chi_k(3)\cdots] \times [\chi_i(1)\chi_j(2)\chi_k(3)\cdots]\} \tag{2.96}$$

スレーター行列式波動関数の規格化因子が $1/\sqrt{N!}$ になる理由は，式(2.96)から次のように説明される。すなわち，各行列式は $N!$ 個の項を含んでいる。したがって，二つのスレーター行列

式の積は$(N!)^2$個の項を含むはずである。しかし，もしスピン軌道が正規直交集合をなしているならば，全空間にわたって積分したとき，ゼロにならないのは同一項の積だけである。たとえば，三電子の場合について考えてみよう。展開式の最初の2項を書き出してみると，

$$\iiint d\tau_1 d\tau_2 d\tau_3 [\chi_1(1)\chi_2(2)\chi_3(3) - \chi_1(1)\chi_3(2)\chi_2(3) + \cdots\cdots] \\ \times [\chi_1(1)\chi_2(2)\chi_3(3) - \chi_1(1)\chi_3(2)\chi_2(3) + \cdots\cdots] \tag{2.97}$$

各項を実際に掛け合わせると，次式が得られる。

$$\iiint d\tau_1 d\tau_2 d\tau_3 [\chi_1(1)\chi_2(2)\chi_3(3)][\chi_1(1)\chi_2(2)\chi_3(3)] \\ - \iiint d\tau_1 d\tau_2 d\tau_3 [\chi_1(1)\chi_2(2)\chi_3(3)][\chi_1(1)\chi_3(2)\chi_2(3)] + \cdots\cdots \\ + \iiint d\tau_1 d\tau_2 d\tau_3 [\chi_1(1)\chi_3(2)\chi_2(3)][\chi_1(1)\chi_3(2)\chi_2(3)] + \cdots\cdots \tag{2.98}$$

もし，スピン軌道が規格化されていれば，式(2.98)の最初の積分は1に等しい。一方，二番目の積分は，電子2と3を収容する波動関数が前項と後項で異なるのでゼロになる（たとえば，積分$\int d\tau_2 \chi_2(2)\chi_3(2)$は，スピン軌道$\chi_2$と$\chi_3$が直交するためゼロである）。また，三番目の積分は1に等しい。このように調べていくと，結局ゼロにならない積分は全部で$N!$個あることが分かる。したがって，もし行列式の各項が規格化されているならば，

$$\int \Psi\Psi = N! \tag{2.99}$$

これは，行列式波動関数の規格化因子が$1/\sqrt{N!}$になることを意味する。

次に，エネルギー計算式の分子［式(2.95)］に目を向けてみよう。こちらは水素分子の場合と同様，一連の一電子積分と二電子積分へ分解できる。これらの積分は次の一般形で表される。

$$\int \cdots\cdots \int d\tau_1 d\tau_2 \cdots\cdots [項1] 演算子 [項2] \tag{2.100}$$

［項1］と［項2］は，いずれもスレーター行列式を形作る$N!$個の項のうちの一つである。この積分を簡単にするには，まず最初，演算子の中に現れない電子を収容したスピン軌道をすべて積分の外へくくり出す。たとえば，演算子が$1/r_{1A}$の場合，電子1の座標に依存する軌道以外のすべてのスピン軌道は，積分の外へ出しても構わない。スピン軌道は互いに直交するので，これらの他電子を表す指数が［項1］と［項2］で完全に一致しなければ，式(2.100)の積分はゼロになる。一例として，三電子系の場合を次に示そう。

$$\iiint d\tau_1 d\tau_2 d\tau_3 [\chi_1(1)\chi_2(2)\chi_3(3)]\left(-\frac{1}{r_{1A}}\right)[\chi_1(1)\chi_2(2)\chi_3(3)] \\ = \iint d\tau_2 d\tau_3 [\chi_2(2)\chi_3(3)][\chi_2(2)\chi_3(3)] \int d\tau_1 \chi_1(1)\left(-\frac{1}{r_{1A}}\right)\chi_1(1) \\ = \int d\tau_1 \chi_1(1)\left(-\frac{1}{r_{1A}}\right)\chi_1(1) \tag{2.101}$$

一方，

$$\iiint d\tau_1 d\tau_2 d\tau_3 [\chi_1(1)\chi_2(2)\chi_3(3)]\left(-\frac{1}{r_{1A}}\right)[\chi_1(1)\chi_3(2)\chi_2(3)]$$
$$= \iint d\tau_2 d\tau_3 [\chi_2(2)\chi_3(3)][\chi_3(2)\chi_2(3)]\int d\tau_1 \chi_1(1)\left(-\frac{1}{r_{1A}}\right)\chi_1(1) \quad (2.102)$$
$$= 0$$

$1/r_{ij}$ のような二電子演算子を含む積分では，積分の外へくくり出せるのはこれらの二電子の座標を含まない項だけである．たとえば，

$$\iiint d\tau_1 d\tau_2 d\tau_3 [\chi_1(1)\chi_2(2)\chi_3(3)]\left(\frac{1}{r_{12}}\right)[\chi_1(1)\chi_2(2)\chi_3(3)]$$
$$= \iint d\tau_1 d\tau_2 [\chi_1(1)\chi_2(2)]\left(\frac{1}{r_{12}}\right)[\chi_1(1)\chi_2(2)]\int d\tau_3 \chi_3(3)\chi_3(3) \quad (2.103)$$
$$= \iint d\tau_1 d\tau_2 [\chi_1(1)\chi_2(2)]\left(\frac{1}{r_{12}}\right)[\chi_1(1)\chi_2(2)]$$

一方，

$$\iiint d\tau_1 d\tau_2 d\tau_3 [\chi_1(1)\chi_2(2)\chi_3(3)]\left(\frac{1}{r_{12}}\right)[\chi_1(1)\chi_3(2)\chi_2(3)]$$
$$= \iint d\tau_1 d\tau_2 [\chi_1(1)\chi_2(2)]\left(\frac{1}{r_{12}}\right)[\chi_1(1)\chi_3(2)]\int d\tau_3 \chi_3(3)\chi_2(3) \quad (2.104)$$
$$= 0$$

これらの結果として，展開式に含まれる積分はそのほとんどがゼロになる．しかし，それでもなお，一部の例外を除き，考慮すべき積分の数はきわめて多い．系の全電子エネルギーへ寄与する相互作用は，次の三種類である．したがって，これらの相互作用が区別できる程度に，エネルギー計算式を簡潔に書き表せたら何かと便利であろう．

(1) 核が作る静電場内を運動する各電子の運動エネルギーとポテンシャルエネルギー：このエネルギーへの分子軌道 χ_i の寄与はしばしば H_{ii}^{core} と書かれ，核が M 個の場合には次式で与えられる．

$$H_{ii}^{\mathrm{core}} = \int d\tau_1 \chi_i(1)\left(-\frac{1}{2}\nabla_i^2 - \sum_{A=1}^{M}\frac{Z_A}{r_{iA}}\right)\chi_i(1) \quad (2.105)$$

したがって，N 個の分子軌道に N 個の電子が収容されている場合，全エネルギーへのこの相互作用項の寄与は，

$$H_{\mathrm{total}}^{\mathrm{core}} = \sum_{i=1}^{N}\int d\tau_1 \chi_i(1)\left(-\frac{1}{2}\nabla_i^2 - \sum_{A=1}^{M}\frac{Z_A}{r_{iA}}\right)\chi_i(1) = \sum_{i=1}^{N} H_{ii}^{\mathrm{core}} \quad (2.106)$$

なお，一電子のみの座標を含んだ積分を表す場合，実際の電子は「電子1」ではないかもしれないが，本書では慣例に従い，すべてラベルを「1」とする．同様に，二電子を考慮する必要がある場合には，それらは「1」と「2」で区別される．H_{ii}^{core} は常に負の値をとり，系を安定化させる方向へ寄与する．

(2) 二電子間の静電斥力：この相互作用は二電子間の距離に依存し，そのエネルギーはすでに述べたように次の積分から算定される．

$$J_{ij} = \iint d\tau_1 d\tau_2 \chi_i(1) \chi_j(2) \left(\frac{1}{r_{12}}\right) \chi_i(1) \chi_j(2) \tag{2.107}$$

記号 J_{ij} は，スピン軌道 i と j にある電子間のクーロン相互作用を表すのによく使われる。この相互作用項は正の値をとり，系を不安定化させる方向へ寄与する。軌道 χ_i にある電子と他の軌道にある $(N-1)$ 個の電子の間の全静電相互作用は，このような積分の総和で与えられる。

$$\begin{aligned} E_i^{\text{Coulomb}} &= \sum_{j \neq i}^{N} \int d\tau_1 d\tau_2 \chi_i(1) \chi_j(2) \left(\frac{1}{r_{12}}\right) \chi_j(2) \chi_i(1) \\ &\equiv \sum_{j \neq i}^{N} \int d\tau_1 d\tau_2 \chi_i(1) \chi_i(1) \left(\frac{1}{r_{12}}\right) \chi_j(2) \chi_j(2) \end{aligned} \tag{2.108}$$

ここで，求和の添字 j は，i を除き，1 から N までの値をとる。また，系のエネルギーへのクーロン相互作用の全寄与を求めるには，重複がないよう注意しながら，次式に従い，すべての電子について二重総和をとればよい。

$$E_{\text{total}}^{\text{Coulomb}} = \sum_{i=1}^{N} \sum_{j=i+1}^{N} \int d\tau_1 d\tau_2 \chi_i(1) \chi_i(1) \left(\frac{1}{r_{12}}\right) \chi_j(2) \chi_j(2) = \sum_{i=1}^{N} \sum_{j=i+1}^{N} J_{ij} \tag{2.109}$$

(3) <u>交換相互作用</u>：これは，古典的な概念では対応するものがないが，要するに，平行スピンをもつ電子の運動が相関するために生じる相互作用である。すなわち，反対のスピンをもつ二つの電子は空間の同じ点に有限の確率で見出されるが，スピンが同じであれば，そのような確率はゼロである。もし，二つの電子が空間の同じ領域を占有し，かつ平行スピンをもつならば，それらはまったく同じ量子数をもたなければならない。これはパウリの原理に違反する。したがって，同じスピンをもつ電子は互いに避け合う傾向がある。この効果は，クーロン斥力を減らし，エネルギーを低下させる方向に働く。交換相互作用は次の形の積分で表される。

$$K_{ij} = \iint d\tau_1 d\tau_2 \chi_i(1) \chi_j(2) \left(\frac{1}{r_{12}}\right) \chi_i(2) \chi_j(1) \tag{2.110}$$

この積分は，スピン軌道 χ_i と χ_j にある電子のスピンが同じときのみ非ゼロ値をとる。記号 K_{ij} は，交換によるエネルギーを表すのによく使われる。スピン軌道 χ_i にある電子と他のスピン軌道にある $(N-1)$ 個の電子の間の交換エネルギーは，

$$E_i^{\text{exchange}} = \sum_{j \neq i}^{N} \iint d\tau_1 d\tau_2 \chi_i(1) \chi_j(2) \left(\frac{1}{r_{12}}\right) \chi_i(2) \chi_j(1) \tag{2.111}$$

したがって，全交換エネルギーは次式から計算される。

$$E_{\text{total}}^{\text{exchange}} = \sum_{i=1}^{N} \sum_{j'=i+1}^{N} \iint d\tau_1 d\tau_2 \chi_i(1) \chi_j(2) \left(\frac{1}{r_{12}}\right) \chi_i(2) \chi_j(1) = \sum_{i=1}^{N} \sum_{j'=i+1}^{N} K_{ij} \tag{2.112}$$

ここで，カウンタ j' に付いたプライム符号は，求和が電子 i と同じスピンをもつ電子についてのみ行われることを示す。

2.4.3 一電子および二電子積分の簡略表現

電子構造の計算に現れる積分を表すために，さまざまな略記法が工夫されている。特に，二電

子積分 J_{ij} と K_{ij} は長たらしく，完全な形できちんと書き下すのは大変である。そこで，たとえば，クーロン積分 J_{ij} は次のように表すことがある。

$$\left(\chi_i^* \chi_j^* \left| \frac{1}{r_{12}} \right| \chi_i \chi_j\right) \tag{2.113}$$

この記法では，複素部は左側，実部は右側に書かれる。記号 χ は省略されることもある。

$$\left(ij \left| \frac{1}{r_{12}} \right| ij\right) \tag{2.114}$$

同様に，交換積分 K_{ij} は次のように表される。

$$\left(ij \left| \frac{1}{r_{12}} \right| ji\right) \tag{2.115}$$

化学文献では，左側（複素共役軌道があれば，それを最初に出す）に電子1の関数である軌道を書き，右側（同様に，複素共役軌道があれば，それを最初に出す）に電子2の関数である軌道を書く記法が広く使われる。この記法に従えば，クーロン積分は $(ii|jj)$，交換積分は $(ij|ji)$ と書き表せる。以後の記述ではこの記法を採用する。また，式(2.105)のような一電子積分は次のように表される。

$$\left(i \left| -\frac{1}{2}\nabla_i^2 - \sum_{A=1}^{M} \frac{Z_A}{r_{iA}} \right| j\right) \equiv \int d\tau_1 \chi_i(1) \left(-\frac{1}{2}\nabla_i^2 - \sum_{A=1}^{M} \frac{Z_A}{r_{iA}}\right) \chi_j(1) \tag{2.116}$$

系の全エネルギーを計算する場合には，核間のクーロン相互作用も忘れてはならない。この相互作用は，ボルン-オッペンハイマー近似内では，与えられた核の空間配置に対して一定である。しかし，核位置が変化する場合には，核間反発エネルギーは変化するので，全エネルギーの計算にそれを付け加える必要がある。この核間反発エネルギーは，次のクーロン式から算定される。

$$\sum_{A=1}^{M} \sum_{B=A+1}^{M} \frac{Z_A Z_B}{R_{AB}} \tag{2.117}$$

2.4.4 閉殻系のエネルギー

分子モデリングでは，通常，閉殻配置をとる分子の基底状態を取り扱う。閉殻系では，N 個の電子は $N/2$ 個の空間軌道に入っており，個々の空間軌道 ψ_i は二つのスピン軌道（$\psi_i\alpha$，$\psi_i\beta$）からなる。このような系でも，電子エネルギーの計算方法は水素分子の場合と同じである。最も寄与が大きいのは，核が作る静電場内を運動する個々の電子のエネルギーである。分子軌道 χ_i にある電子の場合，そのエネルギーは H_{ii}^{core} に相当する。もし，軌道に電子が2個存在するならば，エネルギーは2倍の $2H_{ii}^{\text{core}}$ である。したがって，$N/2$ 個の軌道に電子が N 個存在するとき，このエネルギーの全寄与は次式で与えられる。

$$\sum_{i=1}^{N/2} 2 H_{ii}^{\text{core}} \tag{2.118}$$

次に考慮しなければならないのは，電子-電子相互作用である。空間軌道 ψ_i と ψ_j の間の相互作用には，全部で4個の電子が関与する。一方の軌道にある2個の電子は，もう一方の軌道にあ

る2個の電子と四通りのクーロン相互作用を行う。したがって，そのエネルギー寄与は $4J_{ij}$ になる。しかし，その中に平行スピンをもつ組合せが二通りある。この交換相互作用はエネルギーへ $-2K_{ij}$ の寄与をなす。さらにまた，同じ空間軌道にある二電子間のクーロン相互作用も含めなければならない。この場合，電子は対スピンをもつため，交換相互作用は存在しない。したがって，全エネルギーは次式で与えられる。

$$E = 2\sum_{i=1}^{N/2} H_{ii}^{\text{core}} + \sum_{i=1}^{N/2}\sum_{j=i+1}^{N/2}(4J_{ij} - 2K_{ij}) + \sum_{i=1}^{N/2} J_{ii} \tag{2.119}$$

もし $J_{ii} = K_{ii}$ であることに気づけば，式(2.119)は次のようにさらに簡潔になる。

$$E = \sum_{i=1}^{N/2} H_{ii}^{\text{core}} + \sum_{i=1}^{N/2}\sum_{j=1}^{N/2}(2J_{ij} - K_{ij}) \tag{2.120}$$

2.5　ハートリー–フォック方程式

　2.4.1項で述べた水素分子の計算では，分子軌道は入力データとして与えられた。しかし，一般の電子構造計算では，われわれは通常，計算から分子軌道を求めなければならない。では，どのようにしてそれを行うのか。すでに述べたように，多体問題では厳密解は存在しない。そのため，近似解を得たとき，われわれはどの解が最も優れているかを判定するための方法を必要とする。幸い，この問題は変分原理（variation theorem）を適用すれば解決できる。変分原理によれば，近似波動関数から計算されたエネルギーは真のエネルギーよりも常に大きく，波動関数の質が向上すればするほどエネルギーは低くなる。最良の波動関数は，エネルギーが極小点に達したとき得られる。エネルギーの一次微分 δE は，極小点ではゼロである。ハートリー–フォック方程式は，エネルギーの計算式にこの条件を課すことで導かれる。ただし，分子軌道は正規直交であるとする。正規直交性の条件は，二つの軌道 i と j の間の重なり積分 S_{ij} を用いて，次のように書き表せる。

$$S_{ij} = \int \chi_i \chi_j d\tau = \delta_{ij} \quad (\delta_{ij} はクロネッカーのデルタ) \tag{2.121}$$

　この種の制約条件つき極小化問題は，ラグランジュ乗数法を利用すれば解くことができる（1.10.5項参照）。このアプローチでは，極小化される関数の微分に，ラグランジュ乗数と制約条件を掛けたものの微分を加え合わせ，その和をゼロに等しいと置く。すなわち，正規直交条件の各々に対するラグランジュ乗数を λ_{ij} とすれば，

$$\delta E + \delta \sum_i \sum_j \lambda_{ij} S_{ij} = 0 \tag{2.122}$$

ハートリー–フォック方程式では，ラグランジュ乗数は，実際には分子軌道エネルギーとの関連から $-2\varepsilon_{ij}$ と書かれる。したがって，解くべき方程式は，

$$\delta E - 2\delta \sum_i \sum_j \varepsilon_{ij} S_{ij} = 0 \tag{2.123}$$

この方程式の解法はかなり複雑であり，その詳細を記述することは本書の枠を越えている．しかし，定性的な議論を行うことは可能である．多電子系と一電子系の主な違いは電子間相互作用の有無にある．この相互作用はすでに述べたように，クーロン積分と交換積分の形で表される．いま，多電子系に対して最良（すなわち最低エネルギー）の波動関数を求める仕事が与えられたとしよう．電子を1個ずつスピン軌道に割り当てる，系の軌道像はそのまま使えるとする．電子の運動は連関しており，あるスピン軌道の変化は，他のスピン軌道にある電子の挙動に影響を及ぼすことを考えると，われわれはすべての電子の運動を同時に考慮した解を見つける必要がある．では，スピン軌道 χ_i にある電子は，核と他のスピン軌道 χ_j にある電子が作り出す静電場内でどのように振る舞うのか．軌道 χ_i の電子に対するハミルトニアンは，すでに述べた三種類のエネルギー寄与（コア，クーロン，交換）に対応する三つの項から構成される．結果は，次のような χ_i の微積分方程式で表される．

$$\left[-\frac{1}{2}\nabla_i^2 - \sum_{A=1}^{M}\frac{Z_A}{r_{iA}}\right]\chi_i(1) + \sum_{j\neq i}\left[\int d\tau_2 \chi_j(2)\chi_j(2)\frac{1}{r_{12}}\right]\chi_i(1)$$
$$-\sum_{j\neq i}\left[\int d\tau_2 \chi_j(2)\chi_i(2)\frac{1}{r_{12}}\right]\chi_j(1) = \sum_j \varepsilon_{ij}\chi_j(1) \tag{2.124}$$

式(2.124)を整頓するため，凍結系でのスピン軌道 χ_i のエネルギーへ寄与する次の三つの演算子を導入する．

(1) コアハミルトニアン $H^{\mathrm{core}}(1)$：

$$H^{\mathrm{core}}(1) = -\frac{1}{2}\nabla_1^2 - \sum_{A=1}^{M}\frac{Z_A}{r_{1A}} \tag{2.125}$$

これは，裸の核が作る静電場内を運動する1個の電子のポテンシャルに対応する．電子間相互作用がまったく存在しないとき，方程式に現れる唯一の演算子は，このコアハミルトニアンである．

(2) クーロン演算子 $J_j(1)$：

$$J_j(1) = \int d\tau_2 \chi_j(2)\frac{1}{r_{12}}\chi_j(2) \tag{2.126}$$

この演算子は，スピン軌道 χ_j にある電子が作り出す平均ポテンシャルに対応する．

(3) 交換演算子 $K_j(1)$：

$$K_j(1)\chi_i(1) = \left[\int d\tau_2 \chi_j(2)\frac{1}{r_{12}}\chi_i(2)\right]\chi_j(1) \tag{2.127}$$

この演算子は，スピン軌道 χ_i に作用したときのその効果によって定義されるという点で，かなり特異な形をもつ．

これらの演算子を使うと，式(2.124)は次のように書き直せる．

$$H^{\mathrm{core}}(1)\chi_i(1) + \sum_{j\neq i}^{N}J_j(1)\chi_i(1) - \sum_{j\neq i}^{N}K_j(1)\chi_i(1) = \sum_j \varepsilon_{ij}\chi_j(1) \tag{2.128}$$

$\{J_i(1)-K_i(1)\}\chi_i(1)=0$ の関係を代入すれば，次式が得られる．

$$\left[H^{\mathrm{core}}(1)+\sum_{j=1}^{N}\{J_j(1)-K_j(1)\}\right]\chi_i(1)=\sum_{j=1}^{N}\varepsilon_{ij}\chi_j(1) \tag{2.129}$$

さらに簡潔に表せば，

$$f_i\chi_i=\sum_j\varepsilon_{ij}\chi_j \tag{2.130}$$

ここで，f_i はフォック演算子と呼ばれる．

$$f_i(1)=H^{\mathrm{core}}(1)+\sum_{j=1}^{N}\{J_j(1)-K_j(1)\} \tag{2.131}$$

閉殻系では，フォック演算子は次のような形をとる．

$$f_i(1)=H^{\mathrm{core}}(1)+\sum_{j=1}^{N/2}\{2J_j(1)-K_j(1)\} \tag{2.132}$$

　フォック演算子は，多電子系の電子に対する有効一電子ハミルトニアンである．しかし，式(2.130)の形で表されたとき，ハートリー−フォック方程式は特に有用とは思われない．フォック演算子は，この式の左辺で分子軌道 χ_i に作用している．しかしこの操作は，標準固有値方程式におけるように，分子軌道 χ_i に定数を掛けたものを返すのではなく，一連の軌道 χ_j に未知定数 ε_{ij} を掛けたものを返してくる．このことは，ハートリー−フォック方程式の解が一意的でないことを意味する．我々は，ある列の倍数を別の列に加えても行列式の値は変わらないことをすでに学んだ．いま，スレーター行列式に対して，このような変換を施したとする．最初の解の一次結合で表されるスピン軌道 χ_i' とともに，別の定数 ε_{ij}' の組が得られるはずである．ある種の変換を行うと，系の化学的性質の理解に特に役立つ局在化軌道が得られる．しかし，これらの局在化軌道は，元の非局在化軌道と同様正しいものではない．幸い，式(2.130)にある種の数学的操作を施すと，添字 i と j が同じでないラグランジュ乗数はすべてゼロになる．すなわち，ハートリー−フォック方程式は，次のような標準的な固有値問題へ変換される．

$$f_i\chi_i=\varepsilon_i\chi_i \tag{2.133}$$

ここで，もう一度思い起こしていただきたい．これらの方程式を導く際，各電子は，核と他の電子により作り出された固定静電場内を運動することが仮定されたことを．このことは解を求める際に重要な意味をもつ．一電子方程式から得られる解は，いかなる解も当然，系の他の電子に対する解に影響を及ぼすからである．この問題に対しては，一般に自己無撞着場（SCF, self-consistent field）アプローチと呼ばれる戦略が適用される．これらの方程式を解く一つの手順は次の通りである．

(1) まず，ハートリー−フォック固有値方程式に対する一組の試行解 χ_i を求める．これらは，クーロン演算子と交換演算子を計算するのに使われる．

(2) 再度，ハートリー−フォック方程式を解いて，2回目の解を得る．得られた χ_i の組は次の繰返し計算で使われる．

(3) 全エネルギーがさらに低くなるよう，個々の電子解に少しずつ改良を加え，すべての電子に対する結果が変わらなくなるまで，この操作を繰り返す．最終的に得られた結果は自己無撞着

であると言われる。

2.5.1 原子に対するハートリー–フォック計算とスレーター則

ハートリー–フォック方程式は通常，原子と分子では解法が異なる。原子の場合には，電子分布が球対称と見なせるので，方程式は数値的に解くことができる。しかし，これらの数値解はあまり役に立たない。幸い，これらの解は解析的に近似でき，その関数は水素原子のそれと非常によく似た形をとる。これらの近似解析関数の一般形は次式で与えられる。

$$\psi = R_{nl}(r) Y_{lm}(\theta, \phi) \tag{2.134}$$

ここで，Y は（水素原子の場合と同じ）球面調和関数，R は動径関数である。水素原子に対する動径関数は，多電子原子では，内殻電子による核荷電の遮蔽があるため，そのままの形では利用できない。水素原子関数を使えるようにするには，遮蔽効果が説明できるよう，軌道べき指数を調整する必要がある。しかし，たとえ使えるようになっても，水素原子関数は複雑な関数形をもつため，分子軌道の計算にはあまり適さない。Slater は，動径関数を，より簡単な解析形で表すことを提案した［32］。

$$R_{nl}(r) = (2\zeta)^{n+1/2} [(2n)!]^{-1/2} r^{n-1} e^{-\zeta r} \tag{2.135}$$

これらの関数は適当なラゲール多項式の最高次数項に相当し，一般に，スレーター型軌道（STO）と呼ばれる。最初の三つのスレーター関数は次の通りである。

$$R_{1s}(r) = 2\zeta^{3/2} e^{-\zeta r} \tag{2.136}$$

$$R_{2s}(r) = R_{2p}(r) = \left(\frac{4\zeta^5}{3}\right)^{1/2} r e^{-\zeta r} \tag{2.137}$$

$$R_{3s}(r) = R_{3p}(r) = R_{3d}(r) = \left(\frac{8\zeta^7}{45}\right)^{1/2} r^2 e^{-\zeta r} \tag{2.138}$$

全体の軌道を得るには，$R(r)$ に適当な角部分を掛けなければならない。たとえば，1s, 2s および 2p$_z$ 軌道に対しては，次の関数式が用いられる。

$$\phi_{1s}(\mathbf{r}) = \sqrt{(\zeta^3/\pi)} \exp(-\zeta r) \tag{2.139}$$

$$\phi_{2s}(\mathbf{r}) = \sqrt{(\zeta^5/3\pi)}\, \mathbf{r} \exp(-\zeta r) \tag{2.140}$$

$$\phi_{2p_z}(\mathbf{r}) = \sqrt{(\zeta^5/\pi)} \exp(-\zeta r) \cos\theta \tag{2.141}$$

Slater は，次式で定義される軌道べき指数 ζ を求めるために，一組の経験則を提案した。

$$\zeta = \frac{Z - \sigma}{n^*} \tag{2.142}$$

ここで，Z は原子番号，σ は遮蔽定数（shielding constant）である。また，n^* は有効主量子数で，$n=1, 2, 3$ に対しては真の主量子数と同じ値をとるが，$n=4, 5, 6$ に対しては，それぞれ 3.7, 4.0, 4.2 となる。遮蔽定数は次のようにして決められる。

(1) まず，軌道を次の群に分ける。

$$(1s) ; (2s, 2p) ; (3s, 3p) ; (3d) ; (4s, 4p) ; (4d) ; (4f) ; (5s, 5p) ; (5d) \tag{2.143}$$

(2) 与えられた軌道に対する σ は，次の寄与を加え合わせることにより得られる。

(a) 考えている殻よりも外側にある殻からの寄与はない。

(b) 考えている殻と同じ群にある他の電子からの寄与は 0.35 である。ただし，1s 電子に対しては 0.3 を用いる。

(c) 考えている軌道より主量子数が 2 以上小さい電子からの寄与は 1.0 である。

(d) 考えている軌道より主量子数が 1 だけ小さい電子からの寄与は，考えている軌道が d または f であるならば 1.0，s または p であるならば 0.85 である。

以上のスレーター則を用いて，ケイ素の価電子に対する遮蔽定数を求めてみよう。Si の電子配置は $(1s^2)(2s^22p^6)(3s^23p^2)$ である。したがって，3s，3p 電子に対しては，規則 b から 3×0.35，規則 c から 2.0，規則 d から 8×0.85 の寄与がそれぞれあり，加え合わせると全体で 9.85 となる。原子番号(14)からこの値を引くと，$(Z-\sigma)$ の値として 4.15 が得られる。

2.5.2 ハートリー–フォック理論における原子軌道の一次結合（LCAO）

分子の場合，ハートリー–フォック方程式の解を直接求めることは現実的ではない。それに代わるアプローチが必要である。最も広く使われる戦略は，各スピン軌道を一電子軌道の一次結合で表す方法である。

$$\psi_i = \sum_{\nu=1}^{K} c_{\nu i} \phi_\nu \tag{2.144}$$

一電子軌道 ϕ_ν は，一般に基底関数（basis function）と呼ばれ，しばしば原子軌道と一致する。基底関数はギリシャ文字 μ，ν，λ，σ で区別される。式(2.144)の場合，基底関数は K 個あるので，分子軌道も全部で K 個得られる（ただし，これらの軌道のすべてが電子で占有されるわけではない）。分子系に対する基底関数は最小限，分子を構成するすべての電子をちょうど収容できる数だけあればよい。しかし通常は，最小数よりも多い数の基底関数が使われる。ハートリー–フォック限界では，系のエネルギーは基底関数をさらに追加しても，もはやそれ以上低下しない。しかし，単一のスレーター行列式ではなく拡張した波動関数を使用すれば，ハートリー–フォック限界以下にまでエネルギーを下げることができる。

変分原理に従って最低エネルギー関数を得るためには，一組の係数 $c_{\nu i}$ と，それらの係数を変化させ，目的の波動関数へ誘導する方法が必要である。基底系と波動関数形（スレーター行列式）が与えられたとき，係数の最良の組はエネルギーが極小になるそれである。極小点では，すべての係数 $c_{\nu i}$ に対して次式が成立する。

$$\frac{\partial E}{\partial c_{\nu i}} = 0 \tag{2.145}$$

系のエネルギーを最小にする係数の組は，式(2.145)から求めることができる。

2.5.3 閉殻系とローターン–ホール方程式

最初に，N 個の電子が $N/2$ 個の軌道に入った閉殻系を考えてみよう。このような系に対するハートリー–フォック方程式の誘導は，Roothaan[31]と Hall[16]によって最初になされた。得

られた方程式は，ローターン方程式またはローターン-ホール方程式として知られる。Roothaan と Hall は，ハートリー-フォック方程式を式(2.124)の微積分形ではなく，行列の形に書き直した。このようにすることで，方程式は標準的方法で解くことができ，いかなる構造系に対しても適用できるようになった。本項では次に，閉殻系に対するハートリー-フォックのエネルギー式(2.120)から出発し，ローターン法の主な手順を追ってみることにしよう。

$$E = 2\sum_{i=1}^{N/2} H_{ii}^{\text{core}} + \sum_{i=1}^{N/2}\sum_{j=1}^{N/2}(2J_{ij} - K_{ij}) \tag{2.146}$$

対応するフォック演算子（式（2.132））は，

$$f_i(1) = H^{\text{core}}(1) + \sum_{j=1}^{N/2}\{2J_j(1) - K_j(1)\} \tag{2.147}$$

分子軌道を原子軌道で展開し，ハートリー-フォック方程式 $f_i(1)\chi_i(1) = \varepsilon_i\chi_i(1)$ のスピン軌道 χ_i を原子軌道の一次結合で置き換えると，

$$f_i(1)\sum_{\nu=1}^{K} c_{\nu i}\phi_\nu(1) = \varepsilon_i\sum_{\nu=1}^{K} c_{\nu i}\phi_\nu(1) \tag{2.148}$$

各辺に左から（基底関数の）$\phi_\mu(1)$ を掛けて積分すると，次の行列方程式が得られる。

$$\sum_{\nu=1}^{K} c_{\nu i}\int d\nu_1\phi_\mu(1)f_i(1)\phi_\nu(1) = \varepsilon_i\sum_{\nu=1}^{K} c_{\nu i}\int d\nu_1\phi_\mu(1)\phi_\nu(1) \tag{2.149}$$

ここで，$\int d\nu_1\phi_\mu(1)\phi_\nu(1)$ は基底関数 μ と ν の間の重なり積分であり，$S_{\mu\nu}$ で表される。正規直交性が要求される分子軌道とは異なり，二つの基底関数間の重なりは必ずしもゼロではない。それらは異なる原子上にあってもよいからである。

フォック行列の要素は次式で与えられる。

$$F_{\mu\nu} = \int d\nu_1\phi_\mu(1)f_i(1)\phi_\nu(1) \tag{2.150}$$

閉殻系に対するフォック行列要素は，フォック演算子 $f_i(1)$ を式(2.147)で置き換えることにより，次のように展開できる。

$$F_{\mu\nu} = \int d\nu_1\phi_\mu(1)H^{\text{core}}\phi_\nu(1) + \sum_{j=1}^{N/2}\int d\nu_1\phi_\mu(1)[2J_j(1) - K_j(1)]\phi_\nu(1) \tag{2.151}$$

すなわち，フォック行列要素は，コア，クーロンおよび交換による寄与の和として書き表せる。コア寄与は，

$$\int d\nu_1\phi_\mu(1)H^{\text{core}}\phi_\nu(1) = \int d\nu_1\phi_\mu(1)\left[-\frac{1}{2}\nabla_1^2 - \sum_{A=1}^{M}\frac{Z_A}{|\mathbf{r}_1 - \mathbf{R}_A|}\right]\phi_\nu(1) \equiv H_{\mu\nu}^{\text{core}} \tag{2.152}$$

したがってコア寄与は，（ϕ_μ と ϕ_ν が同じ核に中心を置くか否かに依存し）基底関数のたかだか二中心までの積分計算を要求する。また，各要素 $H_{\mu\nu}^{\text{core}}$ は，運動エネルギーとポテンシャルエネルギーの両積分を加え合わせたものに等しい。これらの積分は，一電子ハミルトニアンの二つの項に対応する。

フォック行列要素 $F_{\mu\nu}$ へのクーロン寄与と交換寄与は，まとめて次式で与えられる。

$$\sum_{j=1}^{N/2} \int d\nu_1 \phi_\mu(1) \left[2 J_j(1) - K_j(1) \right] \phi_\nu(1) \tag{2.153}$$

スピン軌道 χ_j との相互作用によるクーロン演算子 $J_j(1)$ は，次式で与えられることを思い起こしていただきたい。

$$J_j(1) = \int d\tau_2 \chi_j(2) \frac{1}{r_{12}} \chi_j(2) \tag{2.154}$$

この積分に二度現れるスピン軌道 χ_j を，それぞれ基底関数の適当な一次結合で置き換えると，

$$J_j(1) = \int d\tau_2 \sum_{\sigma=1}^K c_{\sigma j} \phi_\sigma(2) \frac{1}{r_{12}} \sum_{\lambda=1}^K c_{\lambda j} \phi_\lambda(2) \tag{2.155}$$

基底関数の添字として，ここでは σ と λ を使用した。同様にして，交換寄与は次のように書き直される。

$$K_j(1) \chi_i(1) = \left[\int d\tau_2 \sum_{\sigma=1}^K c_{\sigma j} \phi_\sigma(2) \frac{1}{r_{12}} \chi_i(2) \right] \sum_{\lambda=1}^K c_{\lambda j} \phi_\lambda(1) \tag{2.156}$$

これらの結果を総合すると，フォック行列要素 $F_{\mu\nu}$ へのクーロン項と交換項の寄与は次の形で表される。

$$\begin{aligned}
&\sum_{j=1}^{N/2} \int d\nu_1 \phi_\mu(1) \left[2 J_j(1) - K_j(1) \right] \phi_\nu(1) \\
&= \sum_{j=1}^{N/2} \sum_{\lambda=1}^K \sum_{\sigma=1}^K c_{\lambda j} c_{\sigma j} \left[\begin{array}{l} 2 \int d\nu_1 d\nu_2 \phi_\mu(1) \phi_\nu(1) \dfrac{1}{r_{12}} \phi_\lambda(2) \phi_\sigma(2) \\ - \int d\nu_1 d\nu_2 \phi_\mu(1) \phi_\lambda(1) \dfrac{1}{r_{12}} \phi_\nu(2) \phi_\sigma(2) \end{array} \right] \\
&\equiv \sum_{j=1}^{N/2} \sum_{\lambda=1}^K \sum_{\sigma=1}^K c_{\lambda j} c_{\sigma j} [2(\mu\nu|\lambda\sigma) - (\mu\lambda|\nu\sigma)]
\end{aligned} \tag{2.157}$$

式(2.157)の最後の式では，積分の表記に簡略形が使われている。二電子積分は，たかだか四種の基底関数（μ, ν, λ, σ）を含む。それらは中心をすべて異にしていてもよい。このことは方程式を解く上で重要な意味をもつ。

式(2.157)は，電子密度行列 **P** (charge density matrix) を導入することで簡単になる。この電子密度行列の要素は次のように定義される。

$$P_{\mu\nu} = 2 \sum_{i=1}^{N/2} c_{\mu i} c_{\nu i} \qquad \text{および} \qquad P_{\lambda\sigma} = 2 \sum_{i=1}^{N/2} c_{\lambda i} c_{\sigma i} \tag{2.158}$$

求和は $N/2$ 個の被占軌道全体にわたって行われる。電子密度行列から，さまざまな性質が計算できる。たとえば，電子エネルギーは，

$$E = \frac{1}{2} \sum_{\mu=1}^K \sum_{\nu=1}^K P_{\mu\nu} (H_{\mu\nu}^{\text{core}} + F_{\mu\nu}) \tag{2.159}$$

点 **r** における電子密度もまた，この密度行列によって表せる。

$$\rho(\mathbf{r}) = \sum_{\mu=1}^K \sum_{\nu=1}^K P_{\mu\nu} \phi_\mu(\mathbf{r}) \phi_\nu(\mathbf{r}) \tag{2.160}$$

同様に，電子密度行列を使うと，N 個の電子からなる閉殻系に対するフォック行列の各要素 $F_{\mu\nu}$ は，次式で与えられる。

$$F_{\mu\nu} = H_{\mu\nu}^{\text{core}} + \sum_{\lambda=1}^{K}\sum_{\sigma=1}^{K} P_{\lambda\sigma}\left[(\mu\nu|\lambda\sigma) - \frac{1}{2}(\mu\lambda|\nu\sigma)\right] \quad (2.161)$$

ローターン-ホール方程式では，フォック行列は通常この形で表される。

2.5.4 ローターン-ホール方程式の解法

フォック行列は，実基底関数を用いたとき，対称な $K \times K$ 正方行列になる。ローターン-ホール方程式(2.149)は，次のような行列方程式で書き表せる。

$$\mathbf{FC} = \mathbf{SCE} \quad (2.162)$$

ここで，$\mathbf{C}$ は係数 $c_{\nu i}$ を要素とする $K \times K$ 行列である。

$$\mathbf{C} = \begin{bmatrix} c_{1,1} & c_{1,2} & \cdots & c_{1,K} \\ c_{2,1} & c_{2,2} & \cdots & c_{2,K} \\ \vdots & \vdots & & \vdots \\ c_{K,1} & c_{K,2} & \cdots & c_{K,K} \end{bmatrix} \quad (2.163)$$

また，$\mathbf{E}$ は対角行列で，軌道エネルギーをその要素とする。

$$\mathbf{E} = \begin{bmatrix} \varepsilon_1 & 0 & \cdots & 0 \\ 0 & \varepsilon_2 & \cdots & 0 \\ \vdots & \vdots & \ddots & \vdots \\ 0 & 0 & \cdots & \varepsilon_K \end{bmatrix} \quad (2.164)$$

次に，このローターン-ホール方程式を解き，分子軌道を得る方法を考えてみよう。最初に注意しなければならないのは，式(2.162)の左辺に現れるフォック行列の要素が分子軌道係数 $c_{\nu i}$ に依存し，この係数はまた，式の右辺にも現れるという点である。このことは，解を見つけるのに，反復操作が必要であることを意味する。

裸の核が作る静電場内を運動する電子によるコア寄与 $H_{\mu\nu}^{\text{core}}$ は，基底系の係数に依存せず，計算の間変化しない。それに対し，クーロン寄与と交換寄与は係数に依存し，計算が進むにつれ変化していく。ただし，個々の二電子積分 $(\mu\nu|\lambda\sigma)$ は一定値を保つ。したがってこれらの積分は，一度計算したら後で再度利用できるよう，その結果を保存しておくとよい。

行列の形で表されたローターン-ホール方程式を見たとき，読者は，(1.10.3項で説明した) 標準的な行列固有値問題の解法を利用すれば，この方程式が解けると考えたかもしれない。しかし，標準固有値問題では，方程式の形は $\mathbf{FC} = \mathbf{CE}$ でなければならない。ローターン-ホール方程式がこのような形をとるのは，重なり行列 $\mathbf{S}$ が単位行列 $\mathbf{I}$ (対角要素がすべて1で，非対角要素がすべてゼロの行列) に等しい場合だけである。関数 ϕ は通常規格化されているが，(それらは異なる原子上にあってもよいので) 必ずしも互いに直交してはいない。したがって，重なり行列の非対角要素には，ゼロ以外の要素が必ず存在する。標準的な方法を用いてローターン-ホール方程式を解きたければ，基底関数が正規直交系を形成するように，方程式をまず変換しなければ

ならない。そのためには，$\mathbf{X}^T\mathbf{S}\mathbf{X}=\mathbf{I}$ となるような行列 $\mathbf{X}$ を捜し出す必要がある。ここで，$\mathbf{X}^T$ は $\mathbf{X}$ の行と列を入れ替えた転置行列を表す。$\mathbf{X}$ を計算する方法はいろいろ存在する。そのうちの一つ，対称直交化と呼ばれる方法では，重なり行列が対角化される。対角化とは，次のような行列 $\mathbf{U}$ を求める操作である。

$$\mathbf{U}^T\mathbf{S}\mathbf{U}=\mathbf{D}=\mathrm{diag}(\lambda_1\cdots\cdots\lambda_K) \tag{2.165}$$

ここで，$\mathbf{D}$ は $\mathbf{S}$ の固有値 λ_i を対角要素とする対角行列で，$\mathbf{U}$ は $\mathbf{S}$ の固有ベクトル，$\mathbf{U}^T$ は行列 $\mathbf{U}$ の転置行列である（実基底関数では，$\mathbf{U}^{-1}=\mathbf{U}^T$ が成立するから，式(2.165)はしばしば $\mathbf{U}^{-1}\mathbf{S}\mathbf{U}=\mathbf{D}$ とも書かれる）。行列 $\mathbf{X}$ は，$\mathbf{D}^{-1/2}$ を $\mathbf{D}$ の逆平方根——平方根行列の逆行列——とするとき，$\mathbf{X}=\mathbf{U}\mathbf{D}^{-1/2}\mathbf{U}^T$ で与えられる。$\mathbf{X}$ は重なり行列の逆平方根と見なせるので，以後 $\mathbf{S}^{-1/2}$ と書くことにする（$\mathbf{S}^{-1/2}\mathbf{S}\mathbf{S}^{-1/2}=\mathbf{I}$）。

ローターン-ホール方程式は次のように書き換えられる。すなわち，まず式(2.162)の両辺に左側から行列 $\mathbf{S}^{-1/2}$ を掛ける。

$$\mathbf{S}^{-1/2}\mathbf{F}\mathbf{C}=\mathbf{S}^{-1/2}\mathbf{S}\mathbf{C}\mathbf{E}=\mathbf{S}^{1/2}\mathbf{C}\mathbf{E} \tag{2.166}$$

左辺へ $\mathbf{S}^{-1/2}\mathbf{S}^{1/2}$ の形で単位行列を挿入すると，

$$\mathbf{S}^{-1/2}\mathbf{F}(\mathbf{S}^{-1/2}\mathbf{S}^{1/2})\mathbf{C}=\mathbf{S}^{1/2}\mathbf{C}\mathbf{E} \tag{2.167}$$

したがって，

$$\mathbf{S}^{-1/2}\mathbf{F}\mathbf{S}^{-1/2}(\mathbf{S}^{1/2}\mathbf{C})=(\mathbf{S}^{1/2}\mathbf{C})\mathbf{E} \tag{2.168}$$

式(2.168)は，$\mathbf{F}'=\mathbf{S}^{-1/2}\mathbf{F}\mathbf{S}^{-1/2}$ および $\mathbf{C}'=\mathbf{S}^{1/2}\mathbf{C}$ としたとき，$\mathbf{F}'\mathbf{C}'=\mathbf{C}'\mathbf{E}$ の形になる。

行列方程式 $\mathbf{F}'\mathbf{C}'=\mathbf{C}'\mathbf{E}$ は標準的な方法で解くことができる。解は，行列式 $|\mathbf{F}'-\mathbf{E}\mathbf{I}|$ がゼロに等しいときのみ存在する（永年方程式）。簡単な場合には，行列式を多項式へ展開し，その根を求めれば，それが固有値 ε_i になる。しかし，大きな行列の場合には，$\mathbf{F}'$ を対角化する方がはるかに実際的である。係数行列 $\mathbf{C}'$ は，$\mathbf{F}'$ の固有ベクトルになる。基底関数の係数行列 $\mathbf{C}$ は，$\mathbf{C}=\mathbf{S}^{-1/2}\mathbf{C}'$ の関係を用いて，$\mathbf{C}'$ から求めることができる。ローターン-ホール方程式を解く際の一般的な手続きは以下の通りである。

1. フォック行列 $\mathbf{F}$ を作るのに必要な積分を計算する。
2. 重なり行列 $\mathbf{S}$ を計算する。
3. $\mathbf{S}$ を対角化する。
4. $\mathbf{S}^{-1/2}$ を作る。
5. 初期密度行列 $\mathbf{P}$ を推定または計算する。
6. 積分と密度行列 $\mathbf{P}$ を用いてフォック行列を作る。
7. $\mathbf{F}'=\mathbf{S}^{-1/2}\mathbf{F}\mathbf{S}^{-1/2}$ を計算する。
8. 永年方程式 $|\mathbf{F}'-\mathbf{E}\mathbf{I}|=0$ を解き固有値 $\mathbf{E}$ を求め，さらに $\mathbf{F}'$ を対角化して固有ベクトル $\mathbf{C}'$ を求める。
9. $\mathbf{C}=\mathbf{S}^{-1/2}\mathbf{C}'$ の関係から，分子軌道係数 $\mathbf{C}$ を計算する。
10. 行列 $\mathbf{C}$ を用いて新しい密度行列 $\mathbf{P}$ を計算する。
11. 収束の有無を確かめる。もし計算が収束したならば，計算を打ち切る。そうでなければ，

新しい密度行列 $\mathbf{P}$ を用いて，手順6からやり直す。

　以上の手続きは，密度行列 $\mathbf{P}$ の初期推定値を必要とする。最も簡単には，ゼロ行列を使えばよい。これは電子-電子項をすべて無視し，裸の核と電子の間の相互作用のみを考慮することに相当する。しかし，このような取扱いは，収束の問題をしばしば引き起こす。半経験的方法や拡張ヒュッケル法で初期推定値を求めれば，この問題は避けられる。推定値が妥当であれば，計算はより速やかに行われる。計算が収束したか否かの判定には，さまざまな基準が使われる。たとえば代表的なものとしては，密度行列を直前の繰返し計算のそれと比較したり，基底系の係数とあわせてエネルギーの変化を監視するといった方法がある。

　計算に含めた基底関数の数を K としたとき，ハートリー-フォック計算は K 個からなる一組の分子軌道を与える。N 個の電子は，構成原理に従い1軌道当たり2個ずつ，最低エネルギー軌道から順次，これらの軌道に収容されていく。残った軌道には，電子はまったく収容されない。これらの軌道は，空軌道または仮想軌道（virtual orbital）と呼ばれる。電子が被占軌道から空軌道へ励起すると，別の電子配置が生成する。第3章で取り上げるさらに高度な計算では，このような励起配置も使われる。

　ハートリー-フォック計算は，一組の軌道エネルギー ε_i を与える。これらはどのような意味をもつのか。スピン軌道にある電子のエネルギーは，コア相互作用 H_{ii}^{core} に，系内の他電子とのクーロンと交換の相互作用項を加え合わせることで計算される。

$$\varepsilon_i = H_{ii}^{\text{core}} + \sum_{j=1}^{N/2}(2J_{ij}-K_{ij}) \tag{2.169}$$

これに対し，基底状態の全電子エネルギーは，式(2.120)で与えられる。

$$E = 2\sum_{i=1}^{N/2} H_{ii}^{\text{core}} + \sum_{i=1}^{N/2}\sum_{j=1}^{N/2}(2J_{ij}-K_{ij}) \tag{2.170}$$

すなわち，全エネルギーは個々の軌道エネルギーの単なる総和ではない。両者の間には，次のような関係がある。

$$E = \sum_{i=1}^{N}\varepsilon_i - \sum_{i=1}^{N/2}\sum_{j=1}^{N/2}(2J_{ij}-K_{ij}) \tag{2.171}$$

このような不一致が生じるのは，個々の軌道エネルギーに，系内のすべての核およびすべての他電子との相互作用による寄与が含まれることに原因がある。二電子間のクーロン相互作用と交換相互作用は，個々の軌道エネルギーを単純に加え合わせた場合，二度数えられるのである。

2.5.5　簡単な例によるローターン-ホール法の具体的な説明

　本項では，ヘリウム水素分子イオン HeH^+ を例にとり，ローターン-ホール法の具体的な手続きを説明する。この分子は二電子系である。われわれの目的は，核間距離が1Åに固定された分子の波動関数を誘導するのに，ローターン-ホール法がどのように使われるかを示すことにある。H_2 ではなく HeH^+ を取り上げるのは，HeH^+ の場合，分子に対称性がないため，手続きがより一般性をもつからである。基底関数は（ヘリウム原子に中心を置く）$1s_A$ と（水素原子に中心を

置く）$1s_B$の2個である．計算に必要な積分値は，スレーター軌道のガウス級数近似（次の2.6節で説明するSTO-3G基底系）を利用して得られたが，その詳細はここでは省略する．各波動関数は，核AとBに中心を置く2個の1s原子軌道の一次結合で表される．

$$\psi_1 = c_{1A} 1s_A + c_{1B} 1s_B \tag{2.172}$$
$$\psi_2 = c_{2A} 1s_A + c_{2B} 1s_B \tag{2.173}$$

まず最初に，さまざまな一電子積分と二電子積分を計算し，フォック行列と重なり行列を作らなければならない．（基底系は2個の軌道から構成されるため）各行列は2×2対称行列になる．個々の基底関数は規格化されているので，重なり行列 $\mathbf{S}$ の対角要素は 1.0 に等しい．非対角要素はそれよりも小さく，（核間の距離に応じた）$1s_A$と$1s_B$の重なりに等しい非ゼロ値をとる．いまの場合，行列 $\mathbf{S}$ は次のようになる．

$$\mathbf{S} = \begin{pmatrix} 1.0 & 0.392 \\ 0.392 & 1.0 \end{pmatrix} \tag{2.174}$$

コア寄与 $H_{\mu\nu}^{\text{core}}$ は，運動エネルギー項（$\mathbf{T}$）と2個の核A，Bによる核引力項（$\mathbf{V}_A$, $\mathbf{V}_B$）からなり，三つの2×2行列の和で表される．また，これらの行列の各要素は次の積分から得られる．

$$\begin{aligned}
\mathbf{T}_{\mu\nu} &= \int d\nu_1 \phi_\mu(1) \left(-\frac{1}{2} \nabla^2 \right) \phi_\nu(1) \\
\mathbf{V}_{A,\mu\nu} &= \int d\nu_1 \phi_\mu(1) \left(-\frac{Z_A}{r_{1A}} \right) \phi_\nu(1) \\
\mathbf{V}_{B,\mu\nu} &= \int d\nu_1 \phi_\mu(1) \left(-\frac{Z_B}{r_{1B}} \right) \phi_\nu(1)
\end{aligned} \tag{2.175}$$

行列の具体的な形は次のようになる．

$$\mathbf{T} = \begin{pmatrix} 1.412 & 0.081 \\ 0.081 & 0.760 \end{pmatrix} \quad \mathbf{V}_A = \begin{pmatrix} -3.344 & -0.758 \\ -0.758 & -1.026 \end{pmatrix} \quad \mathbf{V}_B = \begin{pmatrix} -0.525 & -0.308 \\ -0.308 & -1.227 \end{pmatrix} \tag{2.176}$$

H^{core}はこれらの行列の和で与えられる．

$$\mathbf{H}^{\text{core}} = \begin{pmatrix} -2.457 & -0.985 \\ -0.985 & -1.493 \end{pmatrix} \tag{2.177}$$

次は二電子積分の評価である．基底関数の数は2個であるから，二電子積分は全部で16個存在する．しかし，それらの中には等価なものがいくつかあるので，ユニークな二電子積分は次の6種類である．

（ⅰ）$(1s_A 1s_A | 1s_A 1s_A) = 1.056$

（ⅱ）$(1s_A 1s_A | 1s_A 1s_B) = (1s_A 1s_A | 1s_B 1s_A) = (1s_A 1s_B | 1s_A 1s_A)$
$\qquad\qquad = (1s_B 1s_A | 1s_A 1s_A) = 0.303$

（ⅲ）$(1s_A 1s_B | 1s_A 1s_B) = (1s_A 1s_B | 1s_B 1s_A) = (1s_B 1s_A | 1s_A 1s_B)$
$\qquad\qquad = (1s_B 1s_A | 1s_B 1s_A) = 0.112$

（ⅳ）$(1s_A 1s_A | 1s_B 1s_B) = (1s_B 1s_B | 1s_A 1s_A) = 0.496$

（ⅴ）$(1s_A 1s_B | 1s_B 1s_B) = (1s_B 1s_A | 1s_B 1s_B) = (1s_B 1s_B | 1s_A 1s_B)$

$$= (1s_B 1s_B | 1s_B 1s_A) = 0.244$$

(vi) $(1s_B 1s_B | 1s_B 1s_B) = 0.775$

すでに述べたように，これらの積分は次式から計算される。

$$(\mu\nu|\lambda\sigma) = \iint d\nu_1 d\nu_2 \phi_\mu(1)\phi_\nu(1)\frac{1}{r_{12}}\phi_\lambda(2)\phi_\sigma(2) \tag{2.178}$$

積分の評価が済んだので，いよいよSCF計算に取りかかる。フォック行列を作るには，密度行列 $\mathbf{P}$ の初期値が必要である。最も簡単には，すべての要素がゼロの行列を使えばよい。その場合，フォック行列 $\mathbf{F}$ は $\mathbf{H}^{core}$ に等しくなる。

フォック行列 $\mathbf{F}$ は，次に左側と右側から $\mathbf{S}^{-1/2}$ を掛けて $\mathbf{F}'$ へ変換される。

$$\mathbf{S}^{-1/2} = \begin{pmatrix} 1.065 & -0.217 \\ -0.217 & 1.065 \end{pmatrix} \tag{2.179}$$

したがって，

$$\mathbf{F}' = \begin{pmatrix} -2.401 & -0.249 \\ -0.249 & -1.353 \end{pmatrix} \tag{2.180}$$

$\mathbf{F}'$ を対角化すると，固有値と固有ベクトルが得られる。

$$\mathbf{E} = \begin{pmatrix} -2.458 & 0.0 \\ 0.0 & -1.292 \end{pmatrix} \quad \mathbf{C}' = \begin{pmatrix} 0.975 & -0.220 \\ 0.220 & 0.975 \end{pmatrix} \tag{2.181}$$

$\mathbf{C} = \mathbf{S}^{-1/2}\mathbf{C}'$ の関係から，係数 $\mathbf{C}$ は次のようになる。

$$\mathbf{C} = \begin{pmatrix} 0.991 & -0.446 \\ 0.022 & 1.087 \end{pmatrix} \tag{2.182}$$

密度行列 $\mathbf{P}$ を作るに当たっては，被占軌道を明らかにする必要がある。二電子系では，2個の電子は最低エネルギー軌道，すなわち，最も小さい固有値をもつ軌道を占有する。現段階では，最低エネルギー軌道は次の形をとる。

$$\psi = 0.991 \times 1s_A + 0.022 \times 1s_B \tag{2.183}$$

この軌道はヘリウム核上にあるs軌道から主に構成される。電子-電子反発がなければ，電子はより大きな電荷をもつ核の近傍に集まりやすい。この初期波動関数に対応する密度行列は，

$$\mathbf{P} = \begin{pmatrix} 1.964 & 0.044 \\ 0.044 & 0.001 \end{pmatrix} \tag{2.184}$$

新しいフォック行列では，$\mathbf{H}^{core}$ だけではなく，$\mathbf{P}$ や二電子積分も組み込まれる。たとえば，要素 F_{11} は次式で与えられる。

$$\begin{aligned} F_{11} = H_{11}^{core} &+ P_{11}\left[(1s_A 1s_A | 1s_A 1s_A) - \frac{1}{2}(1s_A 1s_A | 1s_A 1s_A)\right] \\ &+ P_{12}\left[(1s_A 1s_A | 1s_A 1s_B) - \frac{1}{2}(1s_A 1s_A | 1s_A 1s_B)\right] \\ &+ P_{21}\left[(1s_A 1s_A | 1s_B 1s_A) - \frac{1}{2}(1s_A 1s_B | 1s_A 1s_A)\right] \\ &+ P_{22}\left[(1s_A 1s_A | 1s_B 1s_B) - \frac{1}{2}(1s_A 1s_B | 1s_A 1s_B)\right] \end{aligned} \tag{2.185}$$

表 2.2 ローターン-ホール法で HeH$^+$ 分子を計算したときの基底系の係数と電子エネルギーの変化

繰返し	c(1s$_A$)	c(1s$_B$)	エネルギー
1	0.991	0.022	−3.870
2	0.931	0.150	−3.909
3	0.915	0.181	−3.911
4	0.912	0.187	−3.911

完全なフォック行列は，

$$\mathbf{F} = \begin{pmatrix} -1.406 & -0.690 \\ -0.690 & -0.618 \end{pmatrix} \tag{2.186}$$

このフォック行列に対応するエネルギーは（式(2.159)を用いて計算すると）−3.870 ハートリーになる．2回目の繰返し計算では，次のような結果が得られる．

$$\begin{aligned}
\mathbf{F}' &= \begin{pmatrix} -1.305 & -0.347 \\ -0.347 & -0.448 \end{pmatrix} & \mathbf{E} &= \begin{pmatrix} -1.427 & 0.0 \\ 0.0 & -0.325 \end{pmatrix} \\
\mathbf{C}' &= \begin{pmatrix} 0.943 & -0.334 \\ 0.334 & 0.943 \end{pmatrix} & \mathbf{C} &= \begin{pmatrix} 0.931 & -0.560 \\ 0.150 & 1.076 \end{pmatrix} \\
\mathbf{P} &= \begin{pmatrix} 1.735 & 0.280 \\ 0.280 & 0.045 \end{pmatrix} & \mathbf{F} &= \begin{pmatrix} -1.436 & -0.738 \\ -0.738 & -0.644 \end{pmatrix}
\end{aligned} \tag{2.187}$$

$$\text{エネルギー} = -3.909 \text{ ハートリー}$$

結果は計算が進むにつれ，表2.2のように変化する．この表には，最初の4回のSCF計算での最小エネルギー波動関数の原子軌道係数とエネルギーの変化が示されている．小数第6位まで収束するのに，エネルギーは6回，電子密度行列は9回の繰返し計算をそれぞれ必要とした．

最終的に得られた波動関数でも，ヘリウム原子上にある1s軌道はなお大きな比率を占めている．しかし，二電子積分を無視した1回目の結果に比べれば，その度合は小さい．

2.5.6　分子系へのハートリー-フォック方程式の応用

これまで展開してきたハートリー-フォック理論は，分子系の実際の計算へどのように応用されているのか．ここでは，分子軌道計算の二つの主要なカテゴリー——*ab initio* 法と半経験的方法——について，その違いを簡単に説明する．*ab initio* 法の「*ab initio*」は，「最初から」とか「第一原理に基づいて」といった意味合いをもつラテン語である．この方法では，計算は入力データとして光速度，プランク定数，素粒子の質量といった物理定数のみを使用する．また，完全な形でハートリー-フォック／ローターン-ホール方程式を取り扱い，いかなる積分も，また，ハミルトニアン中のいかなる項も無視したり近似したりしない．*ab initio* 法は較正計算に頼っている．このことは，一部の量子化学者，特に（半経験的方法の開発に多大な貢献をした）Dewar をして，*ab initio* 法と半経験的方法の違いが単に衒学的なものにすぎないと主張させる根拠となった．半経験的方法は，*ab initio* 法とは対照的に，積分のいくつかをパラメータで置き換えたり，ハミルトニアン中のいくつかの項を無視することで，計算の単純化を図る．本章で

は，以下，*ab initio* 法から始めて，これらの二つの方法を詳しく見ていくことにする．

2.6 基底系

量子力学的計算で一般に使われる基底系は，原子関数で構成されている．多電子原子の場合，原子関数としては通常スレーター型軌道が使われる．しかし，スレーター関数は分子軌道の計算にはあまり適していない．積分のいくつかが，不可能ではないにしても評価がむずかしく，特に，原子軌道が異なる核に中心を置いている場合にはそうだからである．$(\mu\mu|\nu\nu)$，$(\mu\nu|\nu\nu)$，$(\mu\nu|\mu\nu)$ といった一中心もしくは二中心の積分を計算することは，比較的簡単である．三中心や四中心の積分も，原子軌道が同じ原子上にある限り，スレーター関数でうまく処理できる．しかし，原子軌道が異なる原子上にあるとき，三中心積分と四中心積分は計算がきわめてむずかしくなる．そのため，*ab initio* 計算では，一般にスレーター軌道はガウス型の関数で置き換えられる．ガウス関数は $\exp(-\alpha r^2)$ の形をとるが，*ab initio* 計算で使用されるのは，この $\exp(-\alpha r^2)$ に x, y および z の整数乗を掛けた形の基底関数である．

$$x^a y^b z^c \exp(-\alpha r^2) \tag{2.188}$$

ここで，α はガウス関数の動径の広がりを決める．すなわち，α の値が大きな関数は広がりが小さく，α の値が小さな関数は大きな広がりを示す．ガウス型関数の次数は，直交変数のべき指数の和で与えられる．ゼロ次関数は $a+b+c=0$，一次関数は $a+b+c=1$，二次関数は $a+b+c=2$ であるから，ゼロ次関数は1個，一次関数は3個，二次関数は6個存在する．量子力学的計算にガウス関数を使うことを初めて提案したのは Boys である [8]．ガウス関数の主な長所は，2個のガウス関数 m と n の積を，両者の中心を結ぶ線上に中心を置く1個のガウス関数で表すことができる点である（図 2.4）．

$$\exp(-\alpha_m r_m^2)\exp(-\alpha_n r_n^2) = \exp\left(-\frac{\alpha_m \alpha_n}{\alpha_m+\alpha_n}r_{mn}^2\right)\exp(-\alpha r_C^2) \tag{2.189}$$

ここで，r_{mn} は中心 m と n の間の距離を表す．合成関数のべき指数 α は，元のべき指数 α_m, α_n と次式の関係にある．

$$\alpha = \alpha_m + \alpha_n \tag{2.190}$$

また，r_C は次の座標をもつ点 C からの距離を表す．

$$x_C = \frac{\alpha_m x_m + \alpha_n x_n}{\alpha_m + \alpha_n}; \quad y_C = \frac{\alpha_m y_m + \alpha_n y_n}{\alpha_m + \alpha_n}; \quad z_C = \frac{\alpha_m z_m + \alpha_n z_n}{\alpha_m + \alpha_n} \tag{2.191}$$

ここで，(x_m, y_m, z_m) と (x_n, y_n, z_n) は，それぞれ元の二つのガウス関数 m と n の中心座標である．

すなわち，$(\mu\nu|\lambda\sigma)$ 形の二電子積分では，（中心を異にする ϕ_μ と ϕ_ν の）積 $\phi_\mu(1)\phi_\nu(1)$ は適当な点 C に中心をもつ1個のガウス関数で置き換えることができる．直交変数を含むガウス関数の場合，計算は上述の例に比べ複雑になる．しかし，その積分を効率よく行う方法はいくつか存在する．

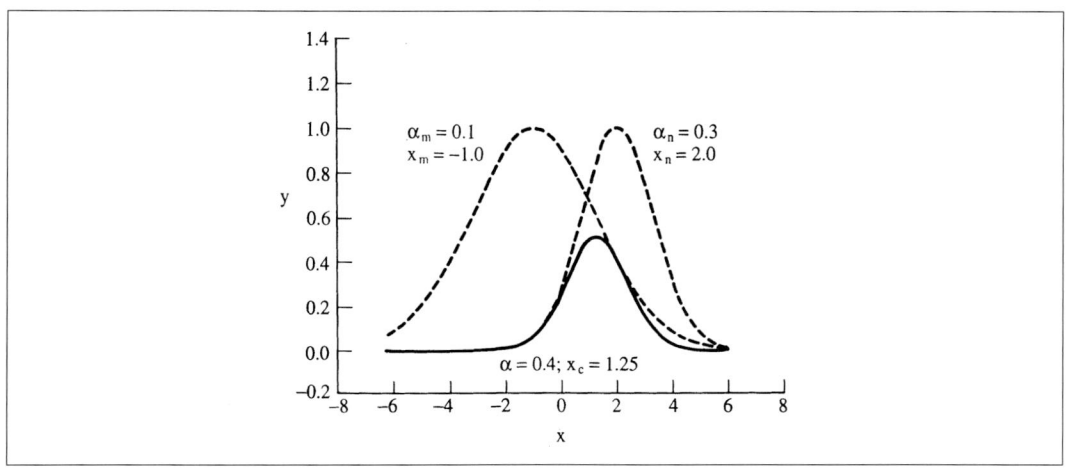

図 2.4 二つのガウス関数の積は，それらの中心を結ぶ線上に中心を置く別のガウス関数で表せる．この例では，元の二つの関数は $y=\exp[-0.1(x+1.0)^2]$ と $y=\exp[-0.3(x-2.0)^2]$ である．また，その積は $y=\exp(-27/40)\exp[-0.4(x-1.25)^2]$ で与えられる（式(2.189)）．

ゼロ次ガウス関数 g_s は，s 原子軌道と同じ角対称性をもち，また，一次ガウス関数 g_x, g_y および g_z は，$2p_x$, $2p_y$ および $2p_z$ 原子軌道と同じ対称性をもつ．これらの関数の規格化された形は次の通りである．

$$g_s(\alpha, r) = \left(\frac{2\alpha}{\pi}\right)^{3/4} e^{-\alpha r^2} \tag{2.192}$$

$$g_x(\alpha, r) = \left(\frac{128\alpha^5}{\pi^3}\right)^{1/4} x e^{-\alpha r^2} \tag{2.193}$$

$$g_y(\alpha, r) = \left(\frac{128\alpha^5}{\pi^3}\right)^{1/4} y e^{-\alpha r^2} \tag{2.194}$$

$$g_z(\alpha, r) = \left(\frac{128\alpha^5}{\pi^3}\right)^{1/4} z e^{-\alpha r^2} \tag{2.195}$$

二次ガウス関数は次のような形をとる．この型の関数は全部で6個あるが，ここでは，そのうちの二つを示す．

$$g_{xx}(\alpha, r) = \left(\frac{2048\alpha^7}{9\pi^3}\right)^{1/4} x^2 e^{-\alpha r^2} \tag{2.196}$$

$$g_{xy}(\alpha, r) = \left(\frac{2048\alpha^7}{9\pi^3}\right)^{1/4} xy e^{-\alpha r^2} \tag{2.197}$$

これらの二次ガウス関数の角対称性は，3d 原子軌道のそれと完全には一致しない．しかし，g_{xx}, g_{yy} および g_{zz} から作られる次の二つの一次結合 g_{3zz-rr}, g_{xx-yy} と，g_{xy}, g_{xz} および g_{yz} からなる基底系は，われわれが求める結果を与える．

$$g_{3zz-rr} = \frac{1}{2}(2g_{zz} - g_{xx} - g_{yy}) \tag{2.198}$$

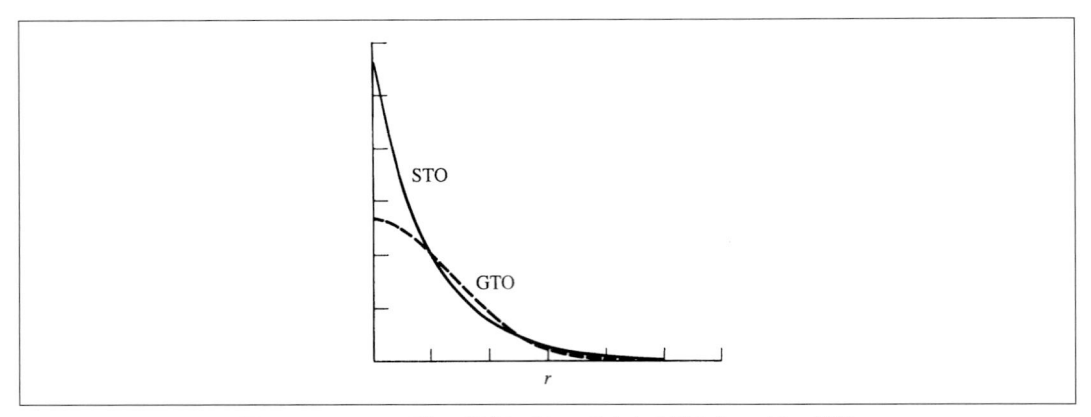

図 2.5 スレーター型 1s 軌道とそれに最もよく適合するガウス関数

表 2.3 スレーター型 1s 軌道に最もよく適合するガウス展開式の係数とべき指数 [17]

ガウス関数の数	べき指数, α	展開係数, d
1	0.270 950	1.00
2	0.151 623	0.678 914
	0.851 819	0.430 129
3	0.109 818	0.444 635
	0.405 771	0.535 28
	2.227 66	0.154 329
4	0.088 0187	0.291 626
	0.265 204	0.532 846
	0.954 620	0.260 141
	5.216 86	0.056 7523

$$g_{xx-yy} = \sqrt{\frac{3}{4}}(g_{xx} - g_{yy}) \tag{2.199}$$

ちなみに，残ったもう一つの一次結合 g_{rr} は，s 関数と同じ対称性をもつ．

$$g_{rr} = \sqrt{5}(g_{xx} + g_{yy} + g_{zz}) \tag{2.200}$$

　ガウス関数には，いくつかの重大な欠点がある．スレーターの 1s 関数とその最良近似ガウス関数をグラフで比較してみよう（図 2.5）．スレーター関数と異なり，ガウス関数は原点で尖点をもたず，しかもゼロに向かってより速やかに減衰する．このことは，スレーター型軌道を 1 個のガウス関数で置き換えれば，受け入れがたい大きな誤差が生じることを意味する．しかしこの障害は，各原子軌道を次のようなガウス関数の一次結合で表すことで克服できる．

$$\phi_\mu = \sum_{i=1}^{L} d_{i\mu} \phi_i(\alpha_{i\mu}) \tag{2.201}$$

ここで，$d_{i\mu}$ はべき指数 $\alpha_{i\mu}$ をもつ原始ガウス関数 ϕ_i の係数，L は展開に使う関数の数を表す．たとえば，軌道指数 $\zeta=1$ をもつスレーター型の 1s 軌道は，表 2.3 に示したようなガウス関数の一次結合で近似できる．表にある展開式の係数とべき指数は，スレーター型関数とガウス展開式の重なりが最大になるよう，最小二乗法で決定された値である．たとえば，スレーター型の

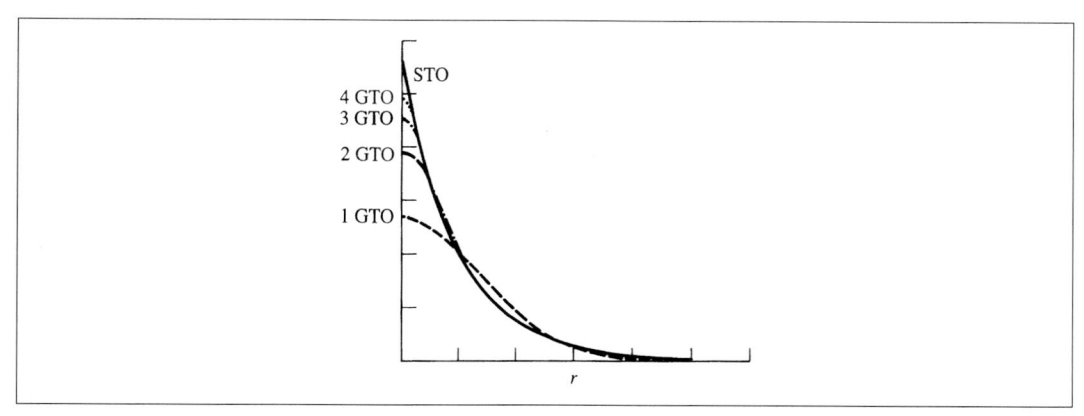

図 2.6 スレーター型 1s 軌道をたかだか 4 項のガウス展開式で当てはめたときの結果の比較

1s 軌道を 1 個のガウス関数で近似した場合，われわれは次の積分が最大になる条件を求めればよい。

$$S = \frac{1}{\sqrt{\pi}} \left(\frac{2\alpha}{\pi}\right)^{3/4} \int d\mathbf{r} \, e^{-r} e^{-\alpha r^2} \tag{2.202}$$

図 2.6 は，表 2.3 の 4 種のガウス展開式と元のスレーター型 1s 軌道をグラフで比較したものである。明らかに，適合度はガウス関数の数が増えるにつれ改善される。しかし，だからと言って，ガウス関数をいたずらに増やしてみても，スレーター関数のすそや核位置の尖点を完全に記述できるわけではない。これは，ガウス関数が遠く離れた原子間の重なりと，核位置での電子密度やスピン密度を過小評価していることに原因がある。

ガウス展開式には，二つのパラメータ——係数とべき指数——が含まれる。*ab initio* 分子軌道計算でガウス関数を使用するに際し，最も融通のきくやり方は，計算の間，これらのパラメータが自在に変えられるようにしておくことである。このような方式は「原始（または非短縮）ガウス関数を使用した計算」と呼ばれる。しかし，この原始ガウス関数を使用した計算は多大な計算努力を要求する。そのため一般には，短縮ガウス関数からなる基底系が使用される。短縮された関数では，係数とべき指数はあらかじめ決められており，計算の間一定に保たれる。計算効率を高めるため，特定の殻の s 軌道と p 軌道に対して同じべき指数を用いる近似もしばしば採用される。この近似は明らかに基底系の柔軟性を制限する。しかしそれは，計算を必要とする積分の数を大幅に減らす効果がある。

量子化学者は *ab initio* 計算で使用される基底系を表すのにさまざまな簡略表記法を考案した。それらは一般に非常に簡単で理解しやすい。しかし，略語や頭字語を急増させたこともまた事実である。ここでは，Pople のグループが開発した Gaussian 系列のプログラムで使われる表記法についてのみ紹介する（付録 2.1 参照）。

最小基底関数系（minimal basis set）は，厳密に言えば，各原子の構成電子をすべて収容するのに最小限必要な数の関数からなる基底系のことである。しかし実際には，同じ殻内の原子軌道は通常すべて考慮される。たとえば，水素とヘリウムに対しては，s 関数が 1 個使用され，リ

チウムからネオンに対しては，1s，2s および 2p 関数が使用される。STO-3 G，STO-4 G など，一般に STO-nG と呼ばれる基底系は，いずれも最小基底系で，各軌道は n 個のガウス関数で表される。個々のスレーター型軌道を的確に近似するためには，少なくとも 3 個のガウス関数が必要である。その意味で，STO-3 G 基底系は，*ab initio* 分子軌道計算における「絶対最小基底系」である。しかし実際には，4 個以上のガウス関数を使ったより大きな最小基底系と STO-3 G 基底系の間で，結果にほとんど差が認められないことも多い。ただし例外もあり，水素結合した複合体では，STO-4 G は STO-3 G に比べて良い結果を与える。STO-3 G 基底系は分子の幾何構造の予測にきわめて有効であるが，これは，一部偶然の誤差が相殺された結果である。展開式を構成するガウス関数の数が増えれば，もちろん，それだけ多くの計算努力が必要になる。

最小基底系は周知の通りいくつかの欠点をもつ。特に問題となるのは，（酸素やフッ素のような）周期の末尾にある原子を含んだ化合物を扱う場合である。このような原子は，電子数が多いにもかかわらず，周期の初めにある原子と同じ数の基底関数で記述される。また，最小基底系は原子軌道当たり短縮関数を 1 個しか使わず，その動径べき指数は計算の間常に一定である。そのため，関数の大きさが，分子環境に応じて拡大したり収縮したりすることはない。またその他にも，最小基底系は電子分布の非球状的な側面を記述できないという欠点をもつ。たとえば，炭素のような第二周期元素では，異方性は $2p_x$，$2p_y$ および $2p_z$ 関数に組み込まれているが，これらの関数の動径成分はすべて同じである。そのため，全体として見たとき異方性は現れない。

最小基底系が抱えるこれらの問題は，各軌道に対して基底関数を 2 個以上使用することで解決される。短縮関数に拡散関数（diffuse function）を付け加え，関数の数を最小基底系の二倍にした基底系は，二倍基底関数系（double zeta basis set）と呼ばれる。短縮関数と拡散関数の一次結合は，二つの関数の中間の性格をもつ基底系を与える。この基底系の係数は，SCF 操作により自動的に計算され，特定の軌道に対し，さらなる短縮や拡散が必要か否かが判定される。また，このアプローチは，p_x，p_y および p_z 軌道に対してそれぞれ異なる一次結合を設定でき，異方性の問題も扱える。

二倍基底系アプローチに代わるものとして，原子価殻を記述する関数のみを二倍にし，内殻の記述は 1 個の関数で済ます方法もある。内殻軌道は原子価軌道と異なり，分子の化学的性質にあまり影響せず，分子による違いもわずかであるというのが，このアプローチの論理的根拠である。この原子価殻二倍基底関数系（split valence double zeta basis set）は，たとえば 3-21 G のように表記される。3-21 G 基底系では，内殻軌道を記述するのに 3 個のガウス関数が使用される。また，原子価軌道も 3 個のガウス関数で表され，短縮部分に 2 個，拡散部分に 1 個のガウス関数が割り当てられる。最も広く使われる原子価殻二倍基底系は，3-21G，4-31G および 6-31G である。

基底関数の数を（三倍，四倍と）単に増やすだけでは，モデルの精度は必ずしも改善されない。実際，異方性の強い電荷分布をもつ分子では，そのようなモデルはまったく無力である。これまで取り上げた基底系は，すべて原子核に中心を置く関数を使用する。原子価殻二倍基底系は，非等方的な電荷分布の問題を解くので有効であるが，完全というわけではない。分子を構成する原

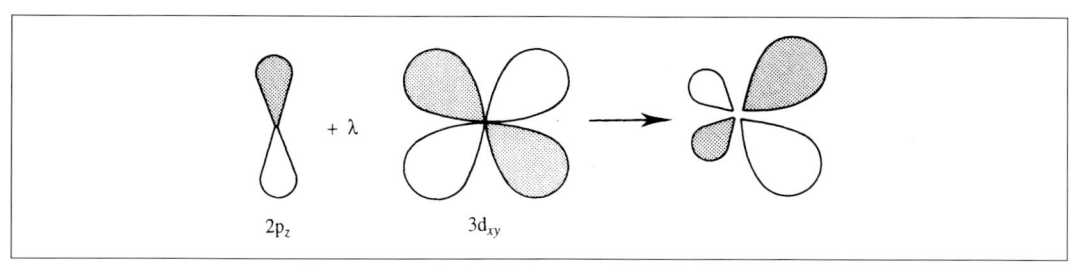

図 2.7 2p$_z$ へ 3d$_{xy}$ を混合したときの軌道の変形 [18]

子のまわりの電荷分布は，孤立原子のそれとは通常異なっている。たとえば，孤立した水素原子の電子雲は対称的であるが，分子に組み込まれた水素原子の電子雲は，他の核の方へ引きつけられる傾向がある。この電子雲の歪みは，孤立原子の 1s 軌道に p 軌道が混ざり，sp 混成型の軌道が生じることによる。同様に，非占有 d 軌道もまた p 軌道へ非対称性を付与している可能性がある（図 2.7）。この電荷分布の異方性の問題は，基底系へ分極関数（polarisation function）を付け加えることで一般に解決される。分極関数には，占有軌道よりも大きな方位量子数をもつ軌道が使われ，水素では p 軌道，第二および第三周期の元素では d 軌道がそれに該当する。

分極基底系は星印（*）を付けて区別される。たとえば，6-31 G* は重原子（非水素原子）上に分極関数をもつ 6-31 G 基底系を意味する。また，水素とヘリウムに対しても分極関数（p 軌道）を使用した基底系は，（たとえば 6-31 G** のように）星印を 2 個付けてそのことを示す。水素原子が架橋に使われる系では，6-31 G** 基底系がことにうまく機能する。部分分極基底系もまた提案されている。たとえば，3-21 G$^{(*)}$ 基底系は，3-21 G 基底系と同じガウス関数列（すなわち，内殻に対して 3 個の関数，原子価殻に対して 2 個の短縮関数と 1 個の拡散関数）からなり，さらに加えて，第三周期元素に対して，d 型ガウス関数が 6 個追加される。この基底系は，第三周期元素を含む分子における d 軌道効果を説明したい場合に有用である。第二周期元素は，3-21 G 基底系によって記述され，特別な分極関数は使用されない。

これまで説明した基底系は，核中心から離れた位置に多量の電子密度が分布する分子種——たとえば，アニオンや孤立電子対をもつ分子——を扱うことができない。この弱点は，核から遠く離れた位置では，ガウス型基底関数の振幅がかなり小さくなることに由来する。この欠陥を改善するには，高度拡散関数を基底系に付け加えればよい。このような基底系は「+」を付けて区別される。たとえば 3-21+G は，3-21 G 基底系にさらに一組の s および p 型拡散ガウス関数が追加された基底系である。また「++」は，重原子だけでなく，水素原子に対しても拡散関数が追加されたことを意味する。このような水準になると，基底系を表す略語は少しややこしくなる。たとえば，6-311++G(3df,3pd) 基底系は，内殻に対して 1 個，原子価殻に対して 3 個の基底関数を割り当て，さらにすべての原子に対して拡散関数を追加する。「(3df,3pd)」は，第二周期原子に対して三組の d 関数と一組の f 関数，水素原子に対して三組の p 関数と一組の d 関数を付け加えることを示す。この最後の記法はおそらく最も包括的である。たとえば，6-31 G(d) と表記された基底系をよく見かけるが，これは 6-31 G* と同義である。

ほとんどの計算はこれまで取り上げた基底系で十分である．しかし，高水準なある種の計算では，ハートリー-フォック限界を効率よく達成する基底系が要求される．冷静基底関数系（even-tempered basis set）は，このような要求を満たすために工夫された基底系である．この基底系では，各関数はガウス関数に原点からの距離の累乗を掛けたものと，球面調和関数の積で与えられる．

$$\chi_{klm}(\rho, \theta, \phi) = \exp(-\xi_k^2) r^l Y_{lm}(\theta, \phi) \tag{2.203}$$

ここで，軌道指数 ξ_k は二つのパラメータ α と β を用いて次式から算定される．

$$\xi_k = \alpha \beta^k \qquad k = 1, 2, 3, \cdots\cdots, N \tag{2.204}$$

冷静基底関数系は，k 値の増加に応じ，1s, 2p, 3d, 4f, ……といった関数列から構成される．この基底系の長所は，基底関数列が大きくなっても，比較的簡単に軌道指数を最適化できる点である．

2.6.1 基底系の作成

基底系の作成に一定の方法は存在しない．新しい基底系の構築は研究者の感性に強く依存する．しかし，適切な基底系の作成に広く役立つ方法もないわけではない．重なりを最大化することにより，スレーター型軌道をガウス関数の一次結合で当てはめる方法についてはすでに説明した（図 2.6 と表 2.3 を参照）．ガウス関数のべき指数と係数は，目標関数（たとえばスレーター型軌道）への最小二乗当てはめから得られる．スレーター型軌道にガウス展開式を当てはめる場合，スレーター軌道指数には，スレーター則から導かれるものとは異なる値を用いた方がよい．一般に分子の計算では，原子価軌道のスレーターべき指数は少し大きめにとられる．この措置は，軌道の拡散を抑え，その径を小さくする効果がある．たとえば，水素のスレーターべき指数に対しては，スレーター則から示唆される 1.0 ではなく，1.24 が広く使用される．$\xi = 1.0$ のスレーター型軌道に当てはめたガウス展開式がある場合，別のスレーターべき指数に対応する展開式へ変換することは容易である．スレーターべき指数 ξ を新しい値 ξ' で置き換えたとき，ガウスべき指数 α と α' の間に，次の関係が成立するからである．

$$\frac{\alpha'}{\alpha} = \frac{\xi'^2}{\xi^2} \tag{2.205}$$

すなわち，スレーターべき指数を二倍すると，ガウスべき指数は四倍になる．展開係数は変わらない．たとえば，STO-3G 基底系の場合，水素に対するガウス関数のべき指数は，表 2.3 の値に 1.24^2 を掛けて得られる 0.168856, 0.623913, 3.42525 である．この戦略はきわめて有効である．STO-nG 基底系では，内殻軌道は原子の性質を最もうまく再現するべき指数を用いて定義され，原子価軌道は特定の小分子群に対して最適な結果を与えるべき指数を用いて定義される．たとえば，炭素の原子価軌道のべき指数は，スレーター則から示唆される 1.625 ではなく 1.72 であり，内殻軌道のスレーターべき指数は 5.67 である．

基底系を構築するに当たっては，最適化操作により，原子エネルギーが最も低くなるよう，係数とべき指数が調整される．この操作は，基底系が大きくなると，複雑な問題をいくつか発生さ

せる。たとえば原子の計算では，拡散関数は核の方向へ引き寄せられる。内殻領域が少数の基底関数で記述されている場合には特にそうである。これは，核間領域の記述を改善するという拡散関数の本来の役割と相容れない結果である。このような場合には，まず内殻に対する基底関数を増やして拡散関数を定め，次に拡散関数を固定したまま，内殻領域に対する基底関数を最適化するといった具合に，段階的に基底系を構築する必要がある。ガウス基底系では，多くの場合，内殻軌道の係数とべき指数は，原子の性質が正しく再現されるよう設計され，原子価軌道の係数とべき指数は，慎重に選択された特定分子群の性質が再現できるよう設定される。

Dunning の基底系は，Pople らのそれとはかなり異なる方法で得られる[14]。この基底系を構築するに当たっては，まず最初，一組の原始ガウス関数を用いて原子の SCF 計算が行われる。そして，原子のエネルギーが最小となるように，べき指数が最適化される。原始ガウス関数のこの集合は，分子の計算で一般に使用するには数が多すぎるので，次に，より少数のガウス関数へ短縮される。この操作は，計算を必要とする積分の数を大幅に減少させる。たとえば藤永は，内殻軌道を 9 個の s 対称関数，原子価軌道を 5 個の p 対称関数で表した，第二周期元素に対する非短縮基底系のべき指数を最適化した[21]。この(9s 5p)基底系は，1s，2s および 3 個の 2p 軌道を対象とし，1 原子当たり 24 個（＝9＋3×5）の基底関数を使用する。この非短縮基底系の原始ガウス関数は，次に，短縮により得られる新しい基底関数へ配分される。その際，どの原始関数も複数の短縮関数へ重複して割りつけられることはない。新しい短縮基底系は 3 個の s 関数と 2 個の p 関数からなり，[3s 2p] と略記される。1s 軌道は 7 個の原始関数から作られ，二つの 2s 軌道はそれぞれ 2 個の原始関数と 1 個の原始関数から作られる。また，2p 軌道は 4 個の原始関数からなる短縮関数と，1 個の原始関数からなる短縮関数で表される。表 2.4 に示した窒素の最終的な基底系は，元の 24 個ではなく全部で 9 個（＝3＋3×2）の基底関数から作られている。原始関数の各々は，べき指数の同じ短縮基底関数で一度だけ使用される。短縮基底系における原始関数の係数比は，原子の SCF 計算で決定された係数比に等しい。短縮基底系を用いるこのアプロ

表 2.4 窒素の Dunning 基底系（s 型 3 個，p 型 2 個）で使われるガウス関数のべき指数と短縮係数[14]

べき指数 1s	係数	べき指数 2s	係数	べき指数 2s	係数
5900	0.001 190	7.193	−0.160 405	0.2133	1.000 000
887.5	0.009 099	1.707	1.058 215		
204.7	0.044 145				
59.84	0.150 464				
20.00	0.356 741				
7.193	0.446 533				
2.686	0.145 603				
2p		2p			
26.79	0.018 254	0.1654	1.000 000		
5.956	0.116 461				
1.707	0.390 178				
0.5314	0.637 102				

ーチの主な利点は，はるかに少ない計算努力で，完全な基底系による計算とほぼ同等の結果を得られることである。

2.7 ab initio 量子力学を利用した分子的性質の計算

ab initio 量子力学アプローチの主要な特徴について，これまでもっぱら理論面に重点を置き説明してきた。では，このアプローチの実際的側面はどのようになっているのか。量子力学はさまざまな性質の計算に利用される。その範囲は，熱力学値や構造値から電子分布に依存する諸性質にまで及ぶ。それらは他の方法では決定できないことも多い。本節では，量子力学が分子モデリングの領域でどのように利用されているか，その実態を一覧する。遷移状態構造の探索や力場パラメータの誘導など，その他の応用については後章で取り上げる予定である。*ab initio* 計算用のコンピュータ・プログラムはこれまでに多数開発されている。しかし，最も有名で最も広く利用されているのは，John Pople の研究室で開発された Gaussian シリーズのプログラムである。計算量子力学への彼の多大な貢献は，1998 年，ノーベル化学賞の対象となった。

2.7.1 計算の開始と座標の選択

量子力学プログラムへの核座標の入力は，通常，Z 行列を使って行われる。Z 行列では，核の位置は一組の内部座標で表される（1.2 節参照）。プログラムによっては，直交形式の座標を受けつけるものもある。大きな系では，直交座標の方が便利である。初期座標値の選び方によっては，結果が異なることもありうる。極小点や遷移点の位置を決めたり，反応経路を追跡するような場合には，特にそうである。このことに関しては，5.7 節で詳しく論ずる。

2.7.2 エネルギー，クープマンスの定理およびイオン化ポテンシャル

軌道にある電子のエネルギー（式(2.169)）は，軌道からその電子を取り去り，対応するイオンを生成するに必要なエネルギーに等しい。これはクープマンスの定理と呼ばれる。クープマンスの定理から得られた結果をイオン化ポテンシャルの実験値と比較する場合には，次の二つの警鐘に耳を傾ける必要がある。第一は，イオン化した状態の軌道がイオン化していない状態の軌道と同一であり，それらは凍結しているとする仮定に対する警鐘である。イオン化状態の軌道エネルギーは，実際には非イオン化状態のそれよりも高い。このことは，計算ではイオン化ポテンシャルが過大に見積もられることを意味する。また第二は，ハートリー-フォック法が電子相関の効果を無視した方法であることに対する警鐘である。電子相関は，イオン化状態よりも非イオン化状態の方が大きい。これは，後者が前者よりも電子を多く含むことによる。幸い，電子相関の効果は軌道の凍結効果と相反する。そのため，イオン化ポテンシャルの計算値は多くの場合，実験値とよく一致する。

K 個の基底関数を使用したハートリー-フォックの SCF 計算は，K 個の分子軌道を与えるが，それらの多くは電子が入っていない空軌道である。いま，これらの空軌道の一つへ電子を 1 個付

け加えてみよう。この操作は，系の電子親和力を計算する方法として利用できる。ハートリー-フォック計算を使用した場合，クープマンスの定理から予測される電子親和力は必ず正になる。空軌道は常に正のエネルギーをもつからである。しかし実験によれば，多くの中性分子は負の電子親和力をもち，電子を受け入れて安定なアニオンを生成する。このことは，イオン化ポテンシャルの場合と異なり，電子相関が凍結軌道近似による誤差を増幅すると考えれば理解できよう。

2.7.3 電気多極子の計算

量子力学的計算から求まる最も重要な性質の一つは，分子の電気多極子モーメントである。電気多極子には，分子内部の電荷の分布が反映される。（分子の全実効電荷を除けば）最も簡単な多極子は双極子である。位置 $\mathbf{r}_i$ に電荷 q_i が分布するとき，双極子モーメントは $\Sigma q_i \mathbf{r}_i$ で与えられる。距離 $\mathbf{r}$ だけ離れた2個の電荷 $+q$ と $-q$ による双極子モーメントは qr である。電気素量 e をもつ2個の電荷が，1Å隔てて置かれたとき，双極子モーメントは4.8 デバイになる。双極子モーメントは，三つの直交軸に沿って成分をもつベクトル量である。分子の双極子モーメントへは，核と電子の両者が寄与する。核の寄与は，離散電荷系に対する次の公式から計算できる。

$$\mu_{核} = \sum_{A=1}^{M} Z_A \mathbf{R}_A \tag{2.206}$$

一方，電子の寄与は電子密度から算定されるが，電子密度は連続関数であるため，計算には演算子を使用する必要がある。

$$\mu_{電子} = \int d\tau \Psi_0 \left(\sum_{i=1}^{N} -\mathbf{r}_i \right) \Psi_0 \tag{2.207}$$

双極子モーメントの演算子は一電子演算子 $\mathbf{r}_i$ の和で与えられ，その結果，双極子モーメントへの電子の寄与も一電子寄与の和で表される。電子の寄与は，密度行列 $\mathbf{P}$ を使えば次のように書き直せる。

$$\mu_{電子} = \sum_{\mu=1}^{K} \sum_{\nu=1}^{K} P_{\mu\nu} \int d\tau \phi_\mu (-\mathbf{r}) \phi_\nu \tag{2.208}$$

この式は，双極子モーメントへの電子の寄与が，密度行列と一連の一電子積分 $\int d\tau \phi_\mu (-\mathbf{r}) \phi_\nu$ から計算できることを示している。双極子モーメント演算子 $\mathbf{r}$ は，x，y および z 方向に成分をもつ。したがって，これらの一電子積分もまた適当な成分へ分割できる。たとえば，双極子モーメントへの電子的寄与の x 成分は次式から計算される。

$$\mu_x = \sum_{\mu=1}^{K} \sum_{\nu=1}^{K} P_{\mu\nu} \int d\tau \phi_\mu (-x) \phi_\nu \tag{2.209}$$

双極子の次にくる電気多極子は四極子である。電荷分布が球対称でない分子は電気四極子モーメントをもつ。四極子は，加え合わせるとゼロになる四つの電荷が，全体として双極子をもたないように配列したとき生ずるモーメントである。電荷のこのような配置例を図2.8に示した。双極子モーメントが，x，y および z 方向に成分をもつのに対し，四極子は二つの方向の任意の組合せから作られる9個の成分をもち，次のような3×3行列で表される。

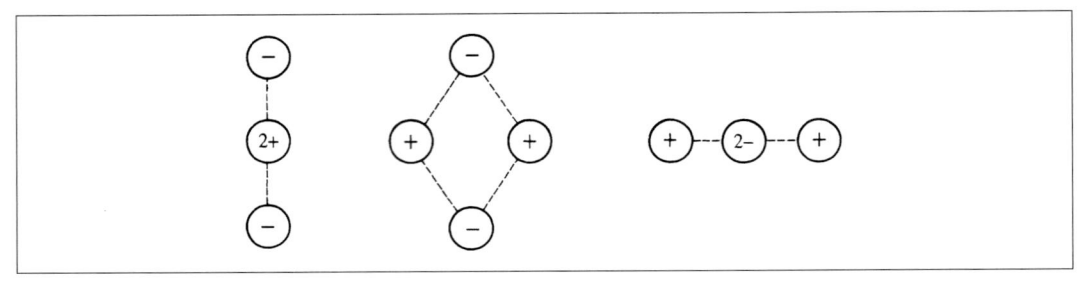

図 2.8 四極子モーメントを生じる電荷の配置（正電荷 2 個と負電荷 2 個の場合）

$$\Theta = \begin{bmatrix} \sum q_i x_i^2 & \sum q_i x_i y_i & \sum q_i x_i z_i \\ \sum q_i y_i x_i & \sum q_i y_i^2 & \sum q_i y_i z_i \\ \sum q_i z_i x_i & \sum q_i z_i y_i & \sum q_i z_i^2 \end{bmatrix} \tag{2.210}$$

　四極子よりも高次の電気多極子としては，六極子，八極子，十極子などがある。メタンは，最低次の非ゼロ多極子が八極子である分子の一例である。分子内部の電荷分布を完全かつ正確に記述するには，すべての電気モーメントを知る必要がある。しかし実際には，多極子の級数展開は最も重要な双極子や四極子までで打ち切られ，それ以降は省略されることが多い。

　双極子モーメントの計算値を実験値と比較する試みは広く行われている。より高次のモーメントについても，数は少ないが同様である。これらの研究によると，基底系や電子相関は結果の精度に有意な影響を及ぼす。しかし多くの場合，誤差は系統的である。そのため，小さな基底系による計算結果でも，簡単なスケーリング因子を導入すれば，実験や大きな基底系で得られた結果を矛盾なく説明する。では，使用した基底系の違いにより，双極子モーメントの計算結果はどのように変動するのか。表 2.5 は，実測構造を基に，さまざまな基底系を使い計算されたホルムアルデヒドの双極子モーメントを示している。双極子モーメントの計算値は，基底系により確かに異なることがお分かりになろう。ただし，結果は計算に使用した構造データの質にも強く依存する。

2.7.4　全電子密度分布と分子軌道

　ボルンの解釈に従えば，点 **r** での電子密度 $\rho(\mathbf{r})$ は，点 **r** でのスピン軌道の二乗をすべての被占軌道について加え合わせたものに等しい。N 個の電子が $N/2$ 個の実軌道を占有した系の場合，電子密度の計算式は次のようになる。

$$\rho(\mathbf{r}) = 2 \sum_{i=1}^{N/2} |\psi_i(\mathbf{r})|^2 \tag{2.211}$$

表 2.5　さまざまな基底系を使い，実測構造を基に計算されたホルムアルデヒドの双極子モーメント

STO-3G	1.5258	3-21G	2.2903	4-31G	3.0041
6-31G*	2.7600	6-31G**	2.7576	6-311G**	2.7807
実測値	2.34				

いま，分子軌道 ψ_i を基底関数の一次結合で表すと，点 **r** における電子密度は次式で与えられる。

$$\rho(\mathbf{r}) = 2\sum_{i=1}^{N/2}\left(\sum_{\mu=1}^{K} c_{\mu i}\phi_\mu(\mathbf{r})\right)\left(\sum_{\nu=1}^{K} c_{\nu i}\phi_\nu(\mathbf{r})\right) \tag{2.212}$$

$$= 2\sum_{i=1}^{N/2}\sum_{\mu=1}^{K} c_{\mu i}c_{\mu i}\phi_\mu(\mathbf{r})\phi_\mu(\mathbf{r}) + 2\sum_{i=1}^{N/2}\sum_{\mu=1}^{K}\sum_{\nu=\mu+1}^{K} 2c_{\mu i}c_{\nu i}\phi_\mu(\mathbf{r})\phi_\nu(\mathbf{r})$$

式 (2.212) は，密度行列要素 $P_{\mu\nu}$ を用いて書き直すと，次のようにかなり簡潔になる。

$$\left(P_{\mu\nu} = 2\sum_{i=1}^{N/2} c_{\mu i}c_{\nu i}\right)$$

$$\rho(\mathbf{r}) = \sum_{\mu=1}^{K}\sum_{\nu=1}^{K} P_{\mu\nu}\phi_\mu(\mathbf{r})\phi_\nu(\mathbf{r}) \tag{2.213}$$

$$= \sum_{\mu=1}^{K} P_{\mu\mu}\phi_\mu(\mathbf{r})\phi_\mu(\mathbf{r}) + 2\sum_{\mu=1}^{K}\sum_{\nu=\mu+1}^{K} P_{\mu\nu}\phi_\mu(\mathbf{r})\phi_\nu(\mathbf{r})$$

全空間にわたって $\rho(\mathbf{r})$ を積分した値は，系の電子数 N に等しい。

$$N = \int d\mathbf{r}\rho(\mathbf{r}) = 2\sum_{i=1}^{N/2}\int d\mathbf{r}|\psi_i(\mathbf{r})|^2 \tag{2.214}$$

いま，二つの軌道間の重なりを $S_{\mu\nu}$ で表す。もし，基底関数が規格化されているならば，$S_{\mu\mu}=1$ であるから，

$$N = \sum_{\mu=1}^{K} P_{\mu\mu} + 2\sum_{\mu=1}^{K}\sum_{\nu=\mu+1}^{K} P_{\mu\nu}S_{\mu\nu} \tag{2.215}$$

電子密度を可視化する方法はいろいろある。ホルムアミドを例にとろう。一つの方法は，図2.9 に示すように，密度が等しい点をつないだ等高線を分子の切断面にプロットする。電子密度はまた，図 2.10 のように等角投影図（起伏地図）で表すこともできる。この起伏地図では，電子密度の大きさは，上方への曲面の盛り上がりの度合で示される。これらの地図によれば，電子密度は予想通り，核の近傍で最大値をとる。電子密度はまた，密度の等しい曲面を表面とする立体図形で表現されることもある。図 2.11 に示したホルムアミドの場合，表面は電子密度が 0.0001 a.u. の等値面に対応する。この表面へは，静電ポテンシャルなどを写像することもできる（2.7.9 項参照）。

個々の分子軌道に対しても，電子密度分布の定義とプロットは可能である。最高被占分子軌道（HOMO）と最低空分子軌道（LUMO）は，化学反応全般に関与する軌道として特に興味深い。たとえば，ホルムアミドの HOMO と LUMO は，図 2.12〜2.13 に示したような外観をもつ。

2.7.5 ポピュレーション解析

ポピュレーション解析では，電子密度はすべて核に分配され，各核には電子密度を表す数値（整数とは限らない）が割りつけられる。電子のこのような分配は，核に中心を置く原子電荷の計算を可能にした。原子電荷に対する量子力学的演算子は存在しないので，分配の仕方は任意である。そのため，これまでさまざまな方法が提案されてきた。ここでは，それらの中から，Mulliken-Löwdin 解析と，Bader の AIM 理論の二つを取り上げて考察する。重要な方法とし

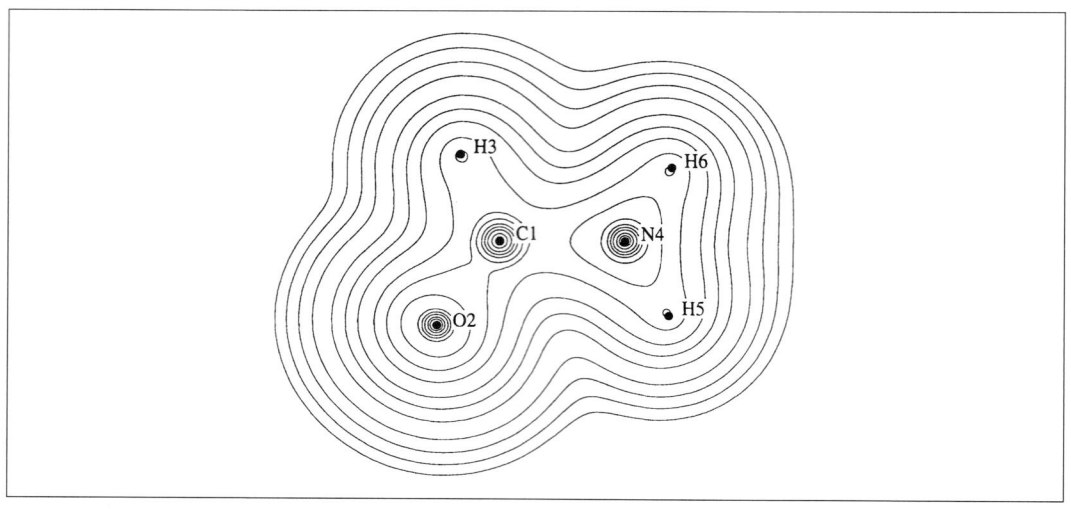

図 2.9 ホルムアミドのまわりの電子密度（等高線図による表示）

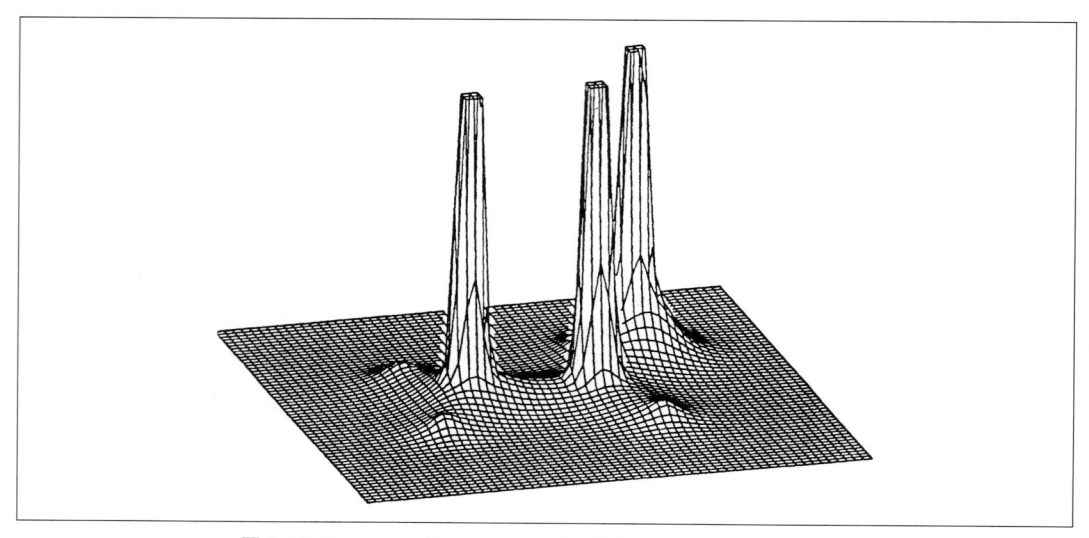

図 2.10 ホルムアミドのまわりの電子密度（起伏地図による表示）

ては，そのほか自然ポピュレーション解析（natural population analysis）がある[30,2]。Wiberg-Rablen は，これまでに提案されたさまざまな原子電荷計算法の比較を試みた[38]。以下の議論では，その結果のいくつかについても言及することになろう。計算法の違いは結果に大きく影響する。たとえばメタンの場合，炭素原子の電荷は，使用した方法に依存し，実に-0.473から$+0.244$まで変化する。原子電荷を計算する問題は，分子力学を論ずる第 4 章でもう一度詳しく取り上げる。

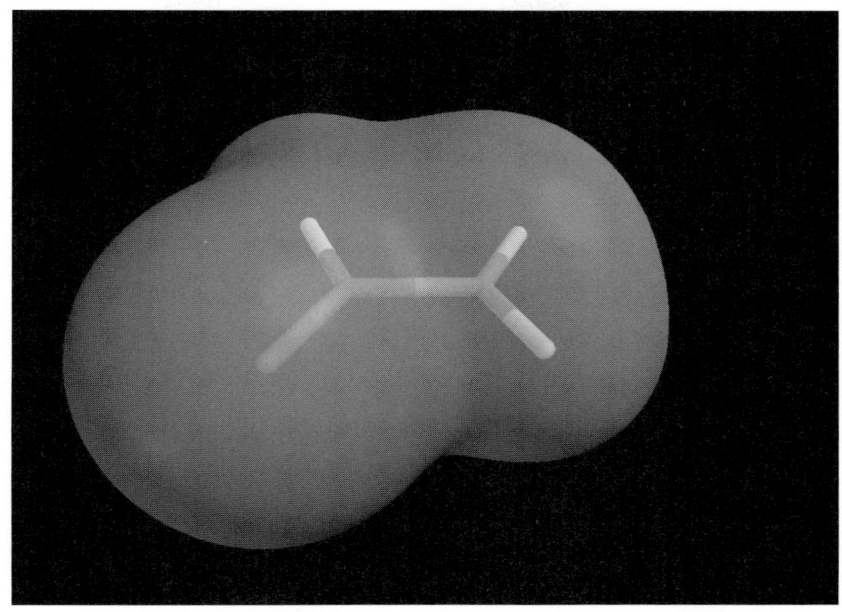

図 2.11 ホルムアミドのまわりの電子密度（0.0001 a.u.（電子/bohr³）の三次元等値面表示）（カラー口絵参照）

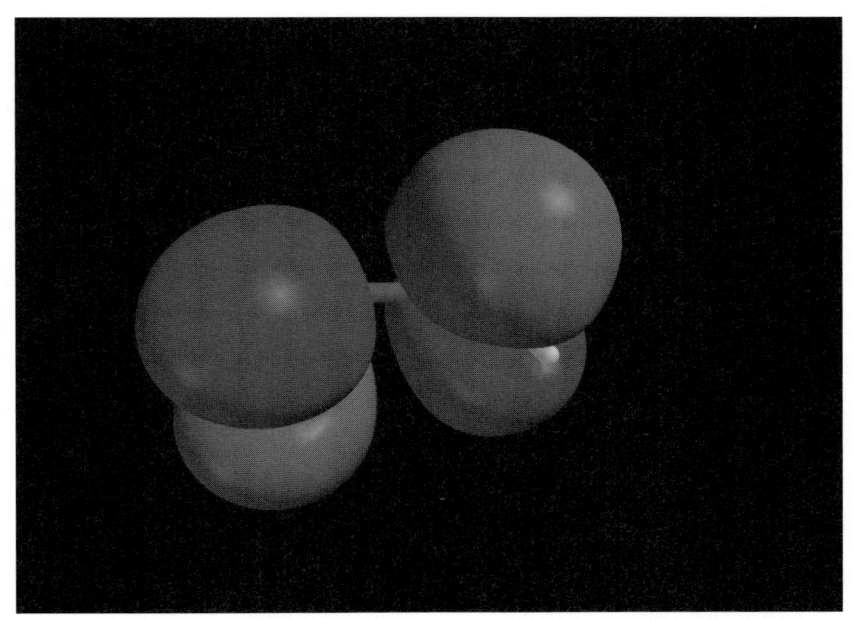

図 2.12 ホルムアミドの HOMO。赤の等値面は波動関数が負となる領域，青の等値面は波動関数が正となる領域をそれぞれ表す。ホルムアミド分子は図 2.11 と同様，酸素原子が手前左側になるように置かれている。（カラー口絵参照）

2.7.6 Mulliken–Löwdin のポピュレーション解析

ポピュレーション解析で現在最も広く使われている方法は，R.S Mulliken により提唱されたそれである[24]。このマリケン法は，電子の総数を密度行列や重なり積分と結びつける式

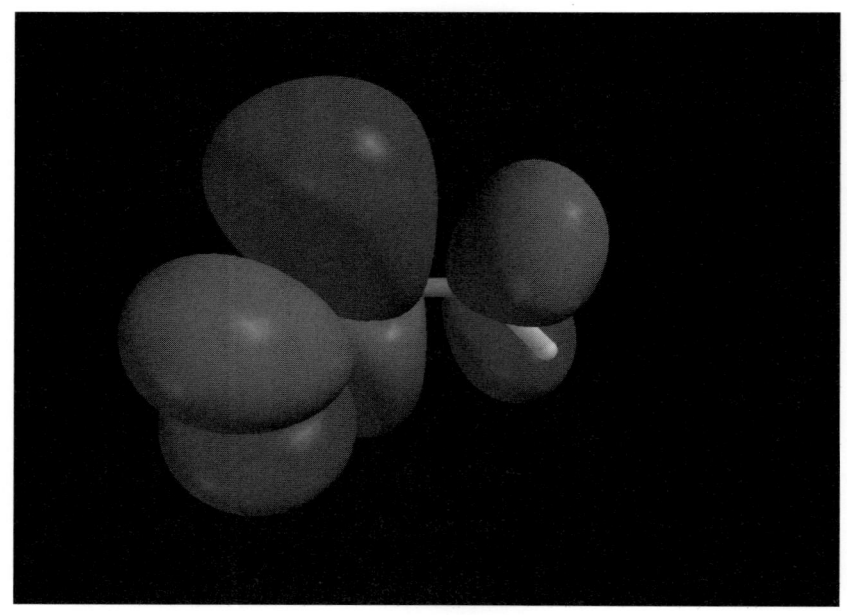

図 2.13 ホルムアミドの LUMO（カラー口絵参照）

(2.215)を出発点とし，電子密度 $P_{\mu\mu}$ は原子軌道 ϕ_μ が属する原子にすべて割り当てる。また，残った電子密度 $P_{\mu\nu}$ は，重なりポピュレーション $\phi_\mu\phi_\nu$ と結びつけられ，その半分は ϕ_μ が属する原子，あとの半分は ϕ_ν が属する原子へそれぞれ配分される。したがって，原子 A 上の実効電荷を知りたければ，核電荷 Z_A から電子の数を差し引けばよい。

$$q_A = Z_A - \sum_{\mu=1;\mu \text{on A}}^{K} P_{\mu\mu} - \sum_{\mu=1;\mu \text{on A}}^{K} \sum_{\nu=1;\nu\neq\mu}^{K} P_{\mu\nu}S_{\mu\nu} \tag{2.216}$$

マリケンの方法では，いったん自己無撞着場が達成され，密度行列の要素が定まれば，ポピュレーションは簡単に計算できる。しかし，マリケン本人が指摘しているように，この方法にはいくつか重大な欠点がある。

マリケン解析は（分子内の各原子を等しい数の基底関数で表す）釣合いのとれた基底系の使用を前提としている。たとえば，基底関数のすべてが酸素原子上にある水分子を考えてみよう。この分子に対しても，波動関数は計算可能である。もし，十分大きな基底系を使用すれば，分子全体を表す妥当な波動関数が得られる。しかしマリケン解析では，電荷はすべて酸素原子に帰属する。これは極端な例であるが，一般に，p，d および f 軌道の広がりは，それらが属する原子からかなり離れた他の原子の近傍にまで及んでいる。しかしこのような場合でも，マリケン解析では，軌道の電子電荷はその軌道が中心を置く原子にだけ割り当てられる。また，電気陰性度が非常に異なっていても，電子は原子対の間で均等に配分される。したがって時として，きわめて非現実的な実効原子電荷がもたらされる。たとえば極端な場合，負の数の電子をもつ軌道や，電子を 2 個よりも多く含む軌道が現れることもありうる。このような事態は明らかにパウリの原理に矛盾する。また，マリケン解析は，基底関数の中心が原子のそれと一致することを仮定している。

したがって，核に中心を置かない基底関数を使う場合には，この方法は当然適用できない。また，原子電荷は基底系に強く依存する。たとえばWiberg-Rablenによれば，イソブテンの中央炭素原子の電荷は，6-31G*基底系では+0.1であるが，6-311++G**基底系では+1.0になる。

Löwdinらは，分子軌道係数に加え，原子軌道も直交系で表す方法を提唱した[9,22]。直交系に変換された軌道 ϕ'_μ は次式で与えられる。

$$\phi'_\mu = \sum_{\nu=1}^{K} (\mathbf{S}^{-1/2})_{\nu\mu} \phi_\nu \tag{2.217}$$

また，原子の電荷は次式から計算される。

$$q_A = Z_A - \sum_{\mu=1;\mu \text{on} A}^{K} (\mathbf{S}^{1/2}\mathbf{P}\mathbf{S}^{1/2})_{\mu\mu} \tag{2.218}$$

Löwdinのポピュレーション解析では，軌道のポピュレーションが負になったり，2よりも大きくなったりする問題は起こらない。また，この方法で求めた電荷は，化学的な直感による値に近く，しかも基底系にあまり依存しない。そのため，マリケンの方法よりもこちらのアプローチを好む量子化学者も多い。

2.7.7　電子密度の配分：AIM理論

分子内の各構成原子への電子の配分は，R F W BaderによるAIM (atoms in molecules) 理論によって行うこともできる[3]。Baderの理論はさまざまな問題へ適用されている。しかし，ここでは，当面の目的である電子密度の配分への応用についてのみ論ずる。Baderアプローチは，勾配ベクトル経路（gradient vector path）の概念に基礎を置いている。勾配ベクトル経路

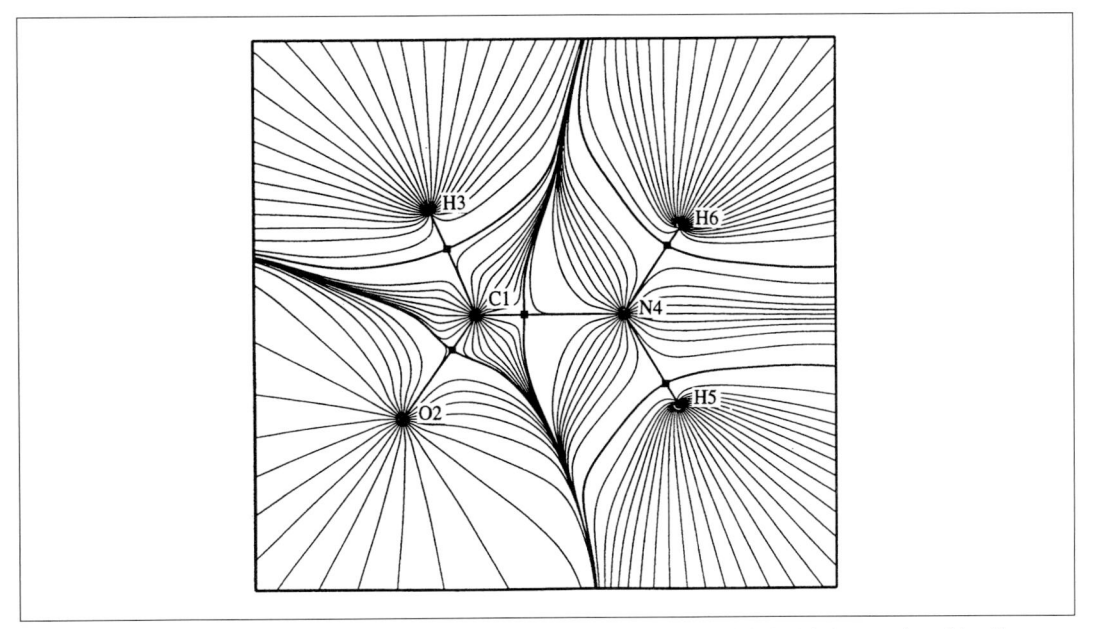

図2.14　ホルムアミドのまわりの勾配ベクトル経路。経路は原子核もしくは結合臨界点(黒い四角の点)で終わる。

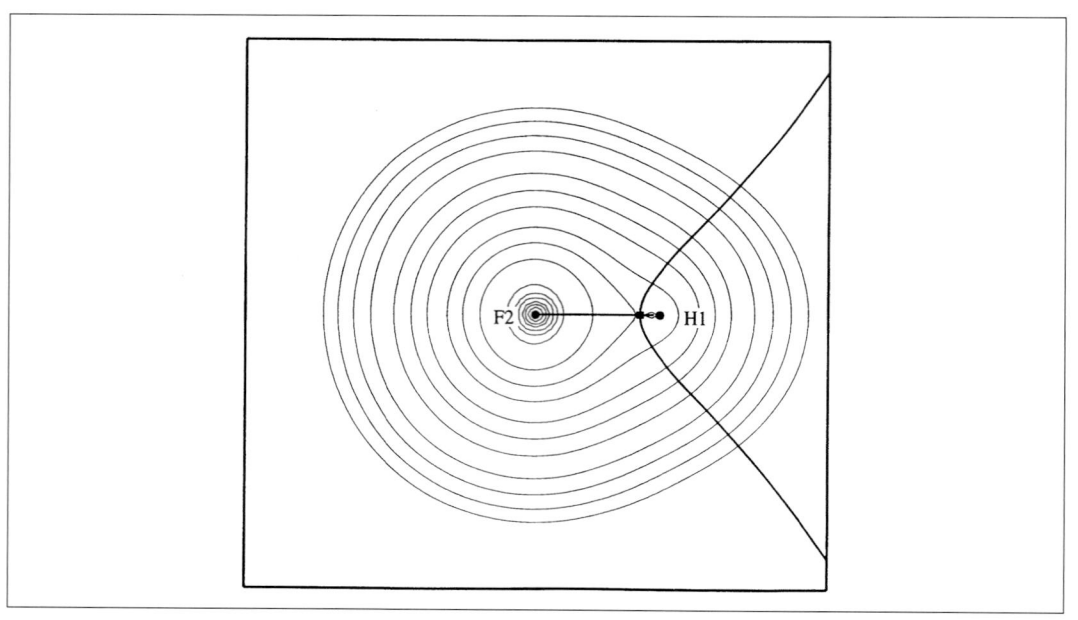

図 2.15 フッ化水素における電子密度の分割

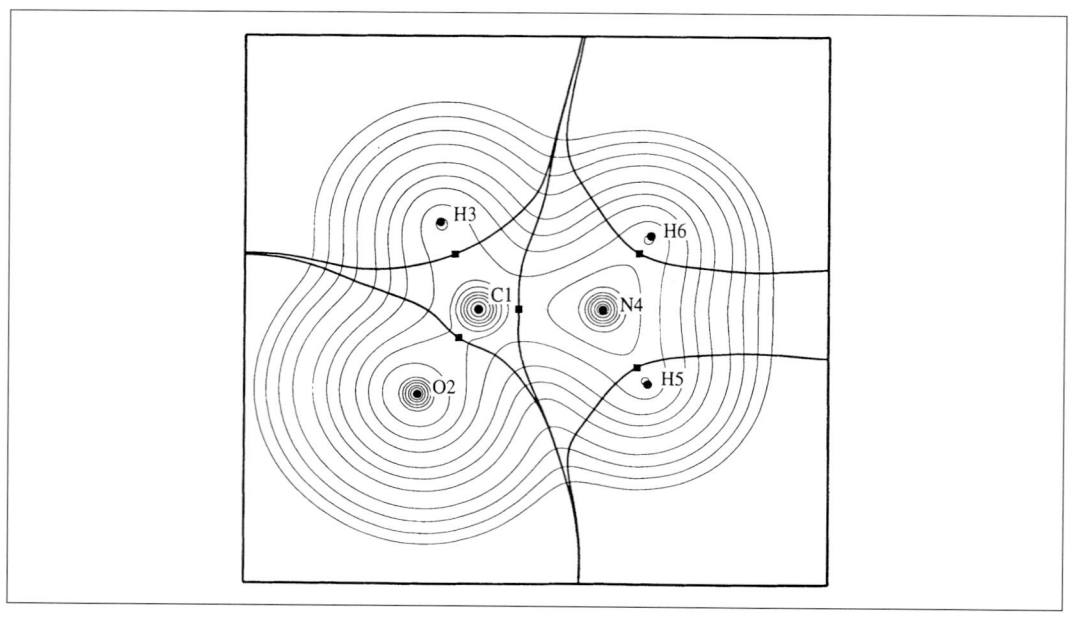

図 2.16 ホルムアミドにおける電子密度の分割

とは，電子密度の等高線に常に垂直に引かれた，分子を取り巻く曲線を指す。たとえば，ホルムアミドの勾配経路群は図 2.14 のようになる。明らかに，勾配経路の多くは原子核を終点とする。また，核の位置と一致しない（臨界点と呼ばれる）点へ向かう勾配経路もある。

　特によく見られる臨界点は，結合した二原子の間に現れる結合臨界点である。しかし，臨界点

の種類はそれだけではない。たとえばベンゼン環では，環中心に環臨界点 (ring critical point) が現れる。

結合臨界点は，結合した二原子を結ぶ線上で，電子密度が最小となる点を表す。このような結合臨界点に向かう勾配経路に沿って三次元空間を分割すれば，その操作は電子密度を配分する手段となりうる。一例として，フッ化水素とホルムアミドに対する結果をそれぞれ図 2.15 と図 2.16 に示した。各原子の電子ポピュレーションは，その原子を含む領域内にある電子密度を数値的に積分することで計算される。

Wiberg-Rablen によれば，AIM 法で求めた電荷は基底系にほとんど依存しない。また，(炭素が正になる) メタンや (炭素が負になる) エチンに対してこの方法で求めた電荷は，他の方法による場合と異なり，C—H 結合双極子モーメントの実験値を矛盾なく説明する。

2.7.8 結合次数

結合次数は原子電荷と同様，量子力学的なオブザーバブルではない。そのため，分子の結合次数を計算する方法は多数提案されている。

そのうちの一つ，マイヤーの方法では，二原子間の結合次数は次のように定義される[23]。

$$B_{AB} = \sum_{\mu \text{ on } A} \sum_{\nu \text{ on } B} [(\mathbf{PS})_{\mu\nu}(\mathbf{PS})_{\nu\mu} + (\mathbf{P}^s\mathbf{S})_{\mu\nu}(\mathbf{P}^s\mathbf{S})_{\nu\mu}] \tag{2.219}$$

ここで，$\mathbf{P}$ は全スピンレス密度行列 ($\mathbf{P} = \mathbf{P}^\alpha + \mathbf{P}^\beta$)，$\mathbf{P}^s$ はスピン密度行列 ($\mathbf{P}^s = \mathbf{P}^\alpha - \mathbf{P}^\beta$) である。閉殻系の場合，結合次数のマイヤー定義式は次のように簡単化される。

$$B_{AB} = \sum_{\mu \text{ on } A} \sum_{\nu \text{ on } B} (\mathbf{PS})_{\mu\nu}(\mathbf{PS})_{\nu\mu} \tag{2.220}$$

マイヤーの公式は，しばしば直観ともよく合う妥当な結合次数を与える。簡単な分子の例を表 2.6 にいくつか示す。この方法はまた，H+XH → HX+H や X+H₂ → XH+H (X=F, Cl, Br) の反応で生じる中間体構造の結合次数を計算する目的にも利用された。これまでの実績によれば，結合次数は反応経路に沿ってほぼ保存され，遷移構造と反応物 (もしくは生成物) の類似性を記述する手段として有用である。

マイヤーの結合次数は，分子内の結合に関して一般に受け入れられている描像とよく調和する。

表 2.6 マイヤーの公式から計算された結合次数 [23]

分子	結合	STO-3G	4-31G
H₂	H–H	1.0	1.0
メタン	C–H	0.99	0.96
エテン	C=C	2.01	1.96
	C–H	0.98	0.96
エチン	C≡C	3.00	3.27
	C–H	0.98	0.86
H₂O	O–H	0.95	0.80
N₂	N≡N	3.0	2.67

しかし，電子密度を原子へ配分する方法と同様，必ずしも正しいわけではない。

2.7.9 静電ポテンシャル

点 **r** における静電ポテンシャル $\phi(\mathbf{r})$ は，単位正電荷を無限遠からその点まで運ぶのに要する仕事として定義される。点 **r** に点電荷 q を置いたときの静電相互作用エネルギーは $q\phi(\mathbf{r})$ に等しい。電子分布のみを反映する電子密度と異なり，静電ポテンシャルには，核と電子の両者から寄与がある。M 個の核による静電ポテンシャルは次式で与えられる。

$$\phi_{核}(\mathbf{r}) = \sum_{A=1}^{M} \frac{Z_A}{|\mathbf{r}-\mathbf{R}_A|} \tag{2.221}$$

また，電子によるポテンシャルは，次式に従い電子密度を積分することで得られる。

$$\phi_{電子}(\mathbf{r}) = -\int \frac{d\mathbf{r}'\rho(\mathbf{r}')}{|\mathbf{r}'-\mathbf{r}|} \tag{2.222}$$

全静電ポテンシャルは，核の寄与と電子の寄与を加え合わせたものに等しい。

$$\phi(\mathbf{r}) = \phi_{核}(\mathbf{r}) + \phi_{電子}(\mathbf{r}) \tag{2.223}$$

静電ポテンシャルは，分子間相互作用や分子認識過程を理論的に説明する手段としてきわめて有用である。分子間の遠距離相互作用は，主に静電力に基づくからである。静電ポテンシャルは空間内の位置により異なり，その変化は電子密度と同様，計算し可視化することができる。静電ポテンシャルの等高線図は，求電子攻撃を受けやすい位置を予想するのに役立つ。求電子試薬は，静電ポテンシャルが最も大きな負値をとる領域へ引きつけられる。たとえば核酸塩基シトシンの場合，実験によれば，求電子試薬は N3 原子を攻撃する（図 2.17）。この原子は，Politzer-Murray の計算によれば，静電ポテンシャルが最小となる領域のすぐ近傍にある[25]。

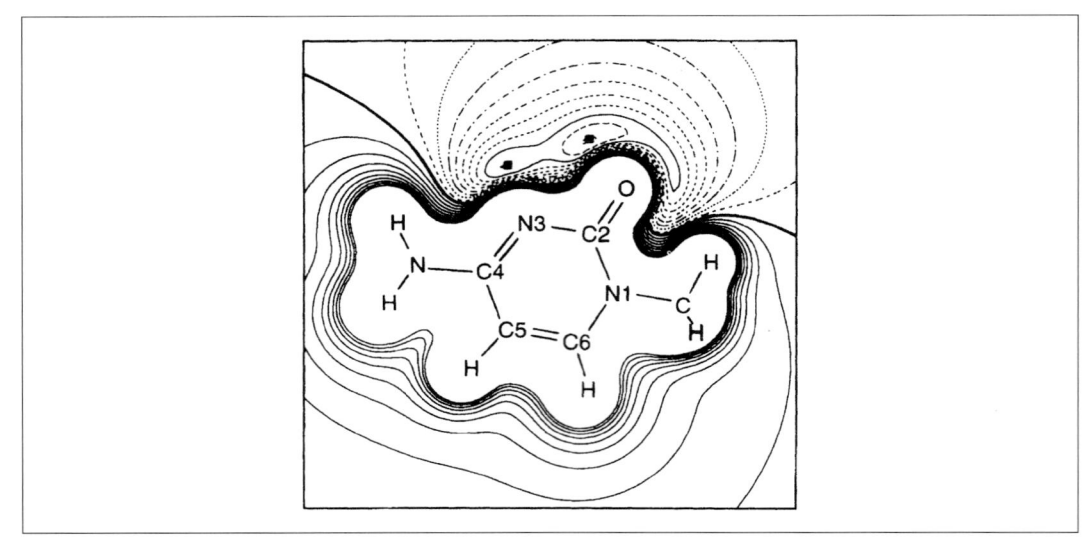

図 2.17 シトシン分子のまわりの静電ポテンシャル等高線。破線は負，太線はゼロの等高線をそれぞれ表す。N3 と O の近傍にある黒い四角は極小点の位置を示す。

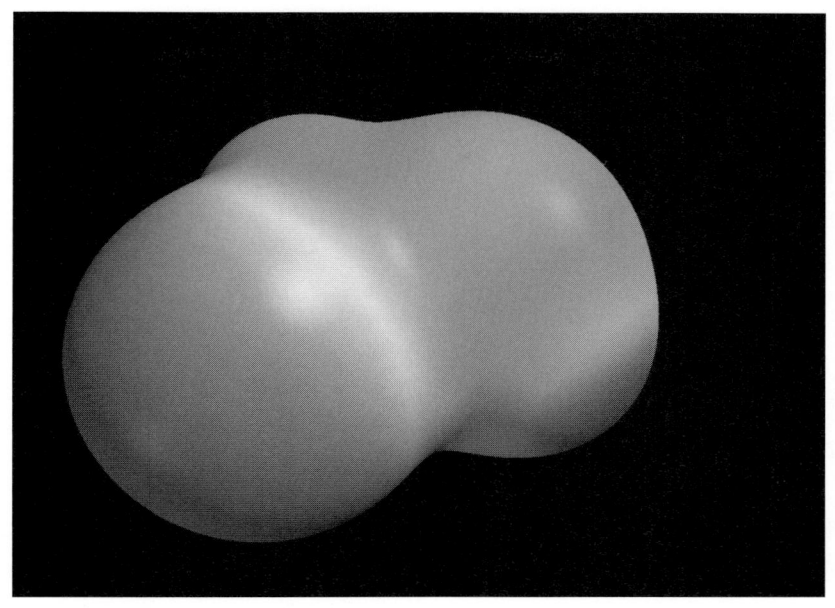

図 2.18 ホルムアミドの等電子密度面に表示された静電ポテンシャル。赤は負，青は正の静電ポテンシャルをそれぞれ表す。分子の配向は図 2.11 と同じである。（カラー口絵参照）

分子間の非共有相互作用は，原子のファンデルワールス球がちょうど接触する距離で生じることが多い。その意味で，この領域の静電ポテンシャルを調べることはきわめて有用である。静電ポテンシャルは，（1.5 節で定義された）分子表面や図 2.18 に示された等電子密度面で計算されることも多い。このような表し方は，二分子間の静電的類似性を定性的に判定する際に役立つ。

2.7.10 熱力学的および構造的性質

系の全エネルギーは，電子エネルギーとクーロン核反発エネルギーの和に等しい。

$$E_{全} = E_{電子} + \sum_{A=1}^{M} \sum_{B=A+1}^{M} \frac{Z_A Z_B}{R_{AB}} \tag{2.224}$$

ただし，実験値と比較する場合には，全エネルギーよりも生成熱を用いた方が便利である。生成熱は，標準状態で 1 モルの化合物が，その構成元素から作られるときのエンタルピー変化に等しい。生成熱を計算で求めるには，全エネルギーから元素の原子化熱と原子イオン化エネルギーを差し引けばよい。しかし，電子相関を考慮しない ab initio 計算は，（第 3 章で論ずるように）生成熱に対してはあまり良い結果を与えず，ハートリー–フォック限界においてさえ，二原子分子の結合解離エネルギーは 25～40 kcal/mol の誤差を伴う。

量子力学はエネルギー極小化アルゴリズムと組み合わせ，分子の平衡構造の計算に利用される。計算の結果は（マイクロ波分光法，電子分光法，電子回折法を利用した）気相実験から求めた実測構造と比較することができる。このような比較研究は多数行われ，それらをまとめた総説もいくつか刊行されている。ab initio 計算による理論値と実験値の一致は，基底系の大きさを増す

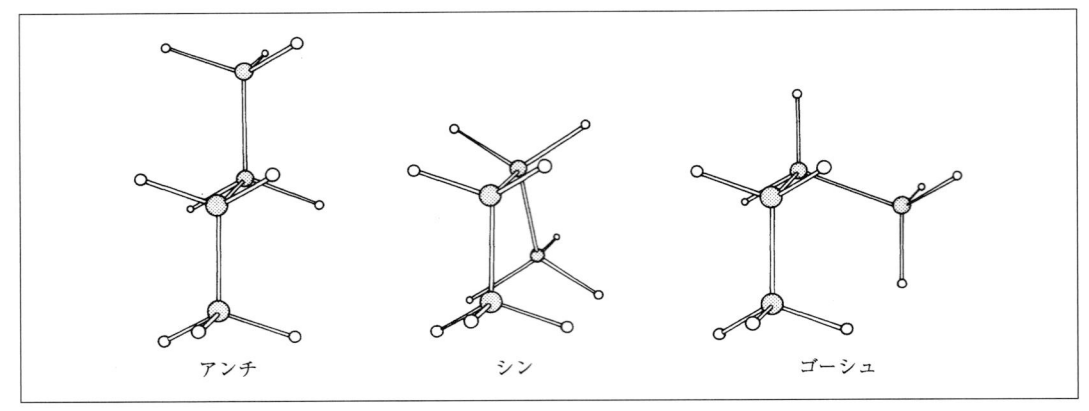

図 2.19 ブタンのアンチ，シンおよびゴーシュ配座。各配座はそれぞれ C–C–C–C ねじれ角が 180°，0°および ±60° の状態に対応する。

ことで一般に改善される。Hehre らによれば，性能と実用性をうまく妥協させた基底系は 3-21 G 基底系である[18]。構造の予測誤差は，ランダムではなく系統的であることが多い。たとえば，STO-3 G による結合長は一般に長くなりすぎ，6-31 G*による結合長は逆に短くなりすぎる傾向がある。このような傾向を分析すれば，理論の水準に応じて，より正確な予測を可能にするスケーリング因子が誘導できる。

　量子力学は，配座の相対エネルギーや配座間のエネルギー障壁を計算する目的にも利用される。相対安定性と障壁の高さが実測できるのは，比較的簡単な分子に限られる。ブタンは，そのゴーシュ配座とアンチ配座，およびそれらを隔てる障壁について，非常に詳しく研究されている分子の一つである（図 2.19）。ブタンのシン配座とアンチ配座のエネルギー差は，基底系の大きさが増すにつれ有意に減少する。電子相関を考慮した場合には，ことにそうである[37,1,33]。アンチ配座とゴーシュ配座のエネルギー差は，当然それよりもさらに小さい。しかし，この差は比較的小さな基底系を使ってもきわめて正確に計算できる。結合を回転させ，そのエネルギー変化を量子力学的に計算するこの戦略は，分子力学用力場におけるねじれ項のパラメトリゼーションにしばしば利用される（4.18 節参照）。

2.8　近似分子軌道理論

　ab initio 法は計算にきわめて多大な費用を必要とする。しかし，ハードウェアの改良や使いやすいプログラムの開発は，*ab initio* 法を日常的な計算手段へと変貌させつつある。近似分子軌道理論は，*ab initio* 法に比べれば，計算経費がはるかに少なくてすむ。実際，ヒュッケル法のような最も初期の近似理論は，コンピュータが出現するかなり以前から使われていた。また，近似理論の中には，パラメータに実験データを組み入れ，最高水準の *ab initio* 法を凌駕する精度で物性を計算できるものもある。

　これまでに提案された近似分子軌道理論は多数に上るが，そのほとんどは現在使われていない。

しかし，それらの数学的手続きは，今日利用されている方法の中で広く生かされている。それゆえ本書では，必要とあらば，これらの古い方法についても適宜言及する。本書では，Pople と Dewar のグループにより開発された半経験的方法を中心に話を進める。Pople のグループが開発したのは CNDO，INDO および NDDO 法である。現在，これらの方法が元の形のままで利用されることはめったにない。しかし，後を引き継いだ Dewar のグループは，Pople のアプローチを研究の立脚点とした。Dewar らが開発したのは，MINDO/3，MNDO および AM1 法である。これらの方法はいまなお高い人気を保つ。次節では，これらの経験的方法が理論からどのように導かれるかを示すことにしよう。また，それらの成果を強調するだけでなく，問題点も指摘し，いかにしたらそれらの課題を克服できるかを考えることにしたい。また，ヒュッケル法や拡張ヒュッケル法についても考察する。近似分子軌道法の理論的背景に関する以下の議論は，すでに展開したローターン-ホールの枠組みに基づき行われる。このやり方は，*ab initio* アプローチとの類似性や相違点を把握する上で役立つはずである。

2.9 半経験的方法

半経験的方法の説明は，閉殻系に対する次のローターン-ホール方程式から入るのが最も適切であろう。

$$\mathbf{FC} = \mathbf{SCE} \tag{2.225}$$

$$F_{\mu\nu} = H_{\mu\nu}^{\text{core}} + \sum_{\lambda=1}^{K}\sum_{\sigma=1}^{K} P_{\lambda\sigma}\left[(\mu\nu|\lambda\sigma) - \frac{1}{2}(\mu\lambda|\nu\sigma)\right] \tag{2.226}$$

$$P_{\lambda\sigma} = 2\sum_{i=1}^{N/2} c_{\lambda i} c_{\sigma i} \tag{2.227}$$

$$H_{\mu\nu}^{\text{core}} = \int d\nu_1 \phi_\mu(1)\left[-\frac{1}{2}\nabla^2 - \sum_{A=1}^{M}\frac{Z_A}{|\mathbf{r}_1-\mathbf{R}_A|}\right]\phi_\nu(1) \tag{2.228}$$

ab initio 計算では，フォック行列の要素は，（基底関数 ϕ_μ，ϕ_ν，ϕ_λ および ϕ_σ が同じ原子上にあるか，結合した原子上にあるか，形式上結合していない原子上にあるかに関係なく）すべて式 (2.226) から計算される。しかし，半経験的方法を論ずる場合には，フォック行列要素は三つのグループ——$F_{\mu\mu}$（対角要素），$F_{\mu\nu}$（ϕ_μ と ϕ_ν が同じ原子上にある），$F_{\mu\nu}$（ϕ_μ と ϕ_ν が異なる原子上にある）——に分けて考えるのがよい。

すでに幾度も述べたように，*ab initio* ハートリー-フォック SCF 計算では，時間の大部分は積分を計算し操作するのに費やされる。このような労力は，積分のいくつかを無視したり近似することで節減できる。半経験的方法では，計算時間を短縮するため，顕わに考慮するのは系の価電子のみとし，内殻電子は核に含めるといった工夫がなされる。化学結合などの化学現象に関与する電子は，原子価殻の電子である。半経験的方法に論理的根拠を与えるのはまさにこの事実である。価電子をすべて考慮する半経験的方法は，π 電子のみを考慮し共役系分子しか扱えない（ヒュッケル法のような）理論とは一線を画する。半経験的方法では，スレーター型の s 軌道と

p軌道（時としてd軌道も考慮）からなる基底系が常に使用される。これらの軌道が示す直交性は，方程式のさらなる簡単化を可能にする。

半経験的方法に共通する特徴は，式(2.225)の重なり行列$\mathbf{S}$を単位行列$\mathbf{I}$に等しいと置く点である。すなわち重なり行列は，対角要素がすべて1，非対角要素がすべてゼロと置かれる。同じ原子に属する軌道は互いに直交しているので，非対角要素のいくつかは当然ゼロになるが，さらに加えて，異なる原子上にある二原子軌道間の重なりもすべてゼロと置くのである。なぜこのようなことをするのか。それは，ローターン-ホール方程式がきわめて簡単になるからである。すなわち，$\mathbf{FC}=\mathbf{SCE}$は，ただちに標準的な固有値問題$\mathbf{FC}=\mathbf{CE}$へ変形される。しかし，$\mathbf{S}$を単位行列に等しいと置くことは，フォック行列要素の計算で，重なり積分をすべてゼロにするという意味ではない。これは押さえておかなければならない重要なポイントである。実際，重なり積分のいくつかは，最も簡単な半経験的モデルにおいてさえ必ず考慮される。

2.9.1　ZDO近似

半経験的理論の多くは，微分重なりを無視するZDO（zero-differential overlap）近似を採用している。この近似では，異なる軌道間の重なりは，すべての体積要素dvに対してゼロと置かれる。

$$\phi_\mu \phi_\nu dv = 0 \tag{2.229}$$

これは，重なり積分に対して次式が成り立つことと同義である。

$$S_{\mu\nu} = \delta_{\mu\nu} \tag{2.230}$$

二つの原子軌道，ϕ_μとϕ_νが異なる原子に属するとき，微分重なりは二原子微分重なりと呼ばれ，また，同じ原子に属するとき，それは一原子微分重なりと呼ばれる。ZDO近似を二電子反発積分$(\mu\nu|\lambda\sigma)$へ適用してみよう。積分値は，$\mu=\nu$および$\lambda=\sigma$のとき以外，ゼロに等しくなる。このことは，クロネッカーのデルタを用いて次のように書き表せる。

$$(\mu\nu|\lambda\sigma) = (\mu\mu|\lambda\lambda)\delta_{\mu\nu}\delta_{\lambda\sigma} \tag{2.231}$$

式(2.231)から明らかなように，ZDO近似の下では，三中心積分と四中心積分はすべてゼロになる。すべての軌道対へZDO近似を適用すると，閉殻分子に対する式(2.226)のローターン-ホール方程式はかなり簡単化される。すなわち，$\mu \equiv \nu$のとき，

$$F_{\mu\mu} = H_{\mu\nu}^{\text{core}} + \sum_{\lambda=1}^{K} P_{\lambda\lambda}(\mu\mu|\lambda\lambda) - \frac{1}{2}P_{\mu\mu}(\mu\mu|\mu\mu) \tag{2.232}$$

λに関する求和は$\lambda=\mu$の場合を含むので，$(\mu\mu|\mu\mu)$の項を分離すると，

$$F_{\mu\mu} = H_{\mu\nu}^{\text{core}} + \frac{1}{2}P_{\mu\mu}(\mu\mu|\mu\mu) + \sum_{\lambda=1;\lambda\neq\mu}^{K} P_{\lambda\lambda}(\mu\mu|\lambda\lambda) \tag{2.233}$$

また，$\nu \neq \mu$の場合には，

$$F_{\mu\nu} = H_{\mu\nu}^{\text{core}} - \frac{1}{2}P_{\mu\nu}(\mu\mu|\nu\nu) \tag{2.234}$$

ただし，すべての軌道対に対して無条件にZDO近似を適用するだけでは，意味のある結果は得

られない。その主な理由は二つ挙げられる。

　全波動関数とそれから計算される分子的性質は，基底系の変換に対して不変でなければならない。これが第一の理由である。具体的に説明しよう。いま，分子軌道が次のように原子軌道の一次結合で表されるとする。

$$\psi_i = \sum_\mu c_{\mu i} \phi_\mu \tag{2.235}$$

もし，元の基底関数の一次結合で作られる新しい一組の基底関数を使用すれば，同じ波動関数は，これらの新たに変換された関数の一次結合で表すことができる。

$$\psi_i = \sum_\alpha c_{\alpha i} \phi_\alpha' \tag{2.236}$$

$$\phi_\alpha' = \sum_{\mu\alpha} t_{\mu\alpha} \phi_\mu \tag{2.237}$$

ここで，$t_{\mu\alpha}$ は変換された基底関数の一次展開式に現れる元の基底関数の係数である。変換の様式はさまざまである。たとえば，($2p_x$, $2p_y$ および $2p_z$ のように）同じ主量子数と方位量子数をもつ軌道を混合することもあり，（たとえば，2s, $2p_x$, $2p_y$ および $2p_z$ 軌道を混合し，sp^3 混成軌道を得る場合のように）主量子数は同じだが，方位量子数の異なる軌道を混合することもある。また，異なる原子の軌道を混合しても構わない。ここでは一例として，同じ原子上にある二つの原子軌道，$2p_x$ と $2p_y$ を混合する場合を考えてみよう。これらの軌道間の微分重なりは $2p_x 2p_y$ である。いま，xy 平面で座標軸を回転させ，新しい次の二つの座標を導入する。

$$x' = \frac{1}{\sqrt{2}}(x+y) \tag{2.238}$$

$$y' = \frac{1}{\sqrt{2}}(-x+y) \tag{2.239}$$

この新しい座標系での $2p_{x'}$ 軌道と $2p_{y'}$ 軌道の重なりは，$\frac{1}{2}(2p_y^2 - 2p_x^2)$ となる。もし，ZDO 近似を適用するならば，得られる結果は二つの座標系で異なるはずである。

　また，結合の形成には，軌道対とコアの間の電子-コア相互作用（$H_{\mu\mu}^{\text{core}}$）が主に寄与する。これらの相互作用は ZDO 近似の対象にはならない。これが第二の理由である。

2.9.2　CNDO 法

　微分重なりを完全に無視する Pople-Santry-Segal の CNDO (complete neglect of differential overlap) アプローチは，実際に則した形で ZDO 近似を組み入れた最初の方法であった[27]。この方法では，回転不変性の条件を満たすため，異なる原子 A と B に属する μ と λ の二電子積分 $(\mu\mu|\lambda\lambda)$ は，原子 A，B の種類と核間距離にのみ依存し，軌道の型に依存しないパラメータ γ_{AB} に等しいと置かれる。パラメータ γ_{AB} は，原子 A の電子と原子 B の電子の間に働く平均静電斥力を表す。また，二つの原子軌道が同じ原子に属するとき，パラメータは γ_{AA} と書かれる。これは，原子 A にある 2 個の電子間の平均斥力を表す。

この近似により，フォック行列の要素は三つのグループ——$F_{\mu\mu}$(対角要素)，$F_{\mu\nu}$(μ と ν が異なる原子に属する)，$F_{\mu\nu}$(μ と ν が同じ原子に属する)——へ大別される。$F_{\mu\mu}$を求めるため，μ と λ が異なる原子に属する二電子積分$(\mu\mu|\lambda\lambda)$を γ_{AB}，μ と λ が同じ原子に属する二電子積分$(\mu\mu|\lambda\lambda)$を γ_{AA}でそれぞれ置き換え，フォック行列方程式へ代入すると，式(2.240)〜(2.242)が得られる。

$$F_{\mu\mu} = H^{\text{core}}_{\mu\mu} + \sum_{\lambda=1;\lambda \text{ on A}}^{K} P_{\lambda\lambda}\gamma_{AA} - \frac{1}{2}P_{\mu\mu}\gamma_{AA} + \sum_{\lambda=1;\lambda \text{ not on A}}^{K} P_{\lambda\lambda}\gamma_{AB} \qquad (2.240)$$

$$F_{\mu\nu} = H^{\text{core}}_{\mu\nu} - \frac{1}{2}P_{\mu\nu}\gamma_{AA} \qquad \mu \text{ と } \nu \text{ はいずれも原子 A に属する。} \qquad (2.241)$$

$$F_{\mu\nu} = H^{\text{core}}_{\mu\nu} - \frac{1}{2}P_{\mu\nu}\gamma_{AB} \qquad \mu \text{ と } \nu \text{ はそれぞれ異なる原子 A と B に属する。} \qquad (2.242)$$

式(2.240)は，原子 A の基底関数についての求和と，原子 A に属さない基底関数についての求和を含んでおり，十分整頓されてはいない。いま，原子 A の全電子密度 P_{AA}を次式で定義しよう。

$$P_{AA} = \sum_{\lambda \text{ on A}}^{A} P_{\lambda\lambda} \qquad (2.243)$$

同様の式は，P_{BB}に対しても定義できる。この記法を使えば，$F_{\mu\mu}$は次のように簡潔になる。

$$F_{\mu\mu} = H^{\text{core}}_{\mu\mu} + \left(P_{AA} - \frac{1}{2}P_{\mu\mu}\right)\gamma_{AA} + \sum_{B \neq A} P_{BB}\gamma_{AB} \qquad (2.244)$$

コアハミルトニアン，$H^{\text{core}}_{\mu\mu}$と $H^{\text{core}}_{\mu\mu}$は，コアが作る場の内部を運動する電子のエネルギーに対応する。半経験的方法では，内殻電子はコアに包含されるので，コア電荷は原子核の電荷とは一致しない。たとえば，炭素のコア電荷は+4 である。

CNDO法では，$H^{\text{core}}_{\mu\mu}$は次のように，ϕ_μが属する原子 A に関する積分と，それ以外の原子 B に関する積分の二つに分離される。

$$H^{\text{core}}_{\mu\mu} = U_{\mu\mu} - \sum_{B \neq A} V_{AB} \qquad (2.245)$$

ここで，

$$U_{\mu\mu} = \left[\mu \left| -\frac{1}{2}\nabla^2 - \frac{Z_A}{|\mathbf{r}_1 - \mathbf{R}_A|} \right| \mu\right] \quad \text{および} \quad V_{AB} = \left[\mu \left| \frac{Z_B}{|\mathbf{r}_1 - \mathbf{R}_B|} \right| \mu\right] \qquad (2.246)$$

すなわち，$U_{\mu\mu}$は原子 A の核とコア電子が作る電場内での軌道 ϕ_μのエネルギーを表し，一方，$-V_{AB}$は他の核 B が作る電場内での電子のエネルギーを表す。二電子積分操作の整合性を保つためには，原子 A に属するすべての軌道 ϕ_μに対して，V_{AB}項は同じでなければならない。すなわち，原子 A の軌道にある電子と原子 B のコアの間の相互作用エネルギーは，どの電子をとってもすべて V_{AB}に等しい。

$$\left[\mu \left| \frac{Z_B}{|\mathbf{r}_1 - \mathbf{R}_B|} \right| \mu\right] \qquad (2.247)$$

次に，ϕ_μ と ϕ_ν が同じ原子 A に属するときの $H_{\mu\nu}^{\text{core}}$ を考えてみよう。この場合，コアハミルトニアンは次の形で表される。

$$H_{\mu\nu}^{\text{core}} = \left[\mu \left| -\frac{1}{2}\nabla^2 - \frac{Z_A}{|\mathbf{r}_1 - \mathbf{R}_A|} \right| \nu \right] - \sum_{B \neq A} \left[\mu \left| \frac{Z_B}{|\mathbf{r}_1 - \mathbf{R}_B|} \right| \nu \right] \qquad (2.248)$$

$$= U_{\mu\nu} - \sum_{B \neq A} \left[\mu \left| \frac{Z_B}{|\mathbf{r}_1 - \mathbf{R}_B|} \right| \nu \right]$$

ϕ_μ と ϕ_ν は同じ原子に属するので，$U_{\mu\nu}$ は原子軌道の直交性によりゼロになる。また，ZDO 近似により，次の項もゼロである。

$$\left[\mu \left| \frac{Z_B}{|\mathbf{r}_1 - \mathbf{R}_B|} \right| \nu \right] \qquad (2.249)$$

したがって CNDO 法では，$H_{\mu\nu}^{\text{core}}$ はゼロになる。

最後に，ϕ_μ と ϕ_ν がそれぞれ異なる原子 A と B に属する場合を考えてみよう。コアハミルトニアンは次式で表される。

$$H_{\mu\nu}^{\text{core}} = \left[\mu \left| -\frac{1}{2}\nabla^2 - \frac{Z_A}{|\mathbf{r}_1 - \mathbf{R}_A|} - \frac{Z_B}{|\mathbf{r}_1 - \mathbf{R}_B|} \right| \nu \right] - \sum_{C \neq A, B} \left[\mu \left| -\frac{Z_C}{|\mathbf{r}_1 - \mathbf{R}_C|} \right| \nu \right] \qquad (2.250)$$

第 2 項は，電子分布 $\phi_\mu \phi_\nu$ と原子 C($\neq$A, B) の間の相互作用に対応するが，これらの積分はすべて無視される。それに対し，第 1 項は結合を生み出す主要な原動力であるため，ZDO 近似を適用されない。この項は共鳴積分と呼ばれ，一般に $\beta_{\mu\nu}$ で表される。CNDO 法では，共鳴積分は重なり積分 $S_{\mu\nu}$ に比例すると考える。

$$H_{\mu\nu}^{\text{core}} = \beta_{AB}^0 S_{\mu\nu} \qquad (2.251)$$

ここで，β_{AB}^0 は原子 A と B の種類に依存するパラメータである。

これらの近似により，CNDO 法では，フォック行列要素は次のようになる。

$$F_{\mu\mu} = U_{\mu\mu} - \sum_{B \neq A} V_{AB} + \left(P_{AA} - \frac{1}{2}P_{\mu\mu}\right)\gamma_{AA} + \sum_{B \neq A} P_{BB}\gamma_{AB} \qquad (2.252)$$

$$F_{\mu\nu} = -\frac{1}{2}P_{\mu\nu}\gamma_{AA} \qquad \mu \text{ と } \nu \text{ は同じ原子 A に属する。} \qquad (2.253)$$

$$F_{\mu\nu} = \beta_{AB}^0 S_{\mu\nu} - \frac{1}{2}P_{\mu\nu}\gamma_{AB} \qquad \mu \text{ は原子 A，} \nu \text{ は原子 B に属する。} \qquad (2.254)$$

CNDO 計算を行うに当たっては，次の諸量，すなわち重なり積分 $S_{\mu\nu}$，コアハミルトニアン $U_{\mu\mu}$，電子-コア相互作用 V_{AB}，電子反発積分 γ_{AB} と γ_{AA}，結合パラメータ β_{AB}^0 を計算もしくは指定する必要がある。CNDO 基底系は原子価殻のスレーター型軌道で構成され，その軌道べき指数はスレーター則から求められる（ただし水素原子は例外で，べき指数として 1.2 が使用される）。すなわち基底系は，水素 1s の軌道と第二周期元素の 2s，$2p_x$，$2p_y$ および $2p_z$ 軌道から成り立つ。重なり積分も顕わに計算されるが，s, p 基底系では，同じ原子に属する二つの基底関数の重なり積分はもちろんゼロである。また，電子反発積分パラメータ γ_{AB} は，二原子 A と B の原子価 s 軌道を用いて次式から計算される。

$$\gamma_{AB} = \iint d\nu_1 d\nu_2 \phi_{s,A}(1) \phi_{s,A}(1) \left(\frac{1}{r_{12}}\right) \phi_{s,B}(2) \phi_{s,B}(2) \tag{2.255}$$

このように，球対称なs軌道を使用することで，軸の変換に伴う諸問題が回避される。コアハミルトニアン（$U_{\mu\mu}$）は，計算ではなくイオン化エネルギーの実験値から得られる。コアハミルトニアンでは，原子価殻のs軌道とp軌道を区別する必要があるが，計算では，コア電子が顕わに考慮されないため，それができないのである。共鳴積分 β^0_{AB} は，経験的に求めた原子の β^0 値を利用し，次式から算定される。

$$\beta^0_{AB} = \frac{1}{2}(\beta^0_A + \beta^0_B) \tag{2.256}$$

原子の β^0 値は，二原子分子に対する最小基底系 *ab initio* 計算の結果を基に選定される。

電子-コア相互作用 V_{AB} は，原子Aに属する原子価s軌道の電子と原子Bのコアの間の相互作用であり，次式から計算される。

$$V_{AB} = \int d\nu_1 \phi_{s,A}(1) \frac{Z_B}{|\mathbf{r}_1 - \mathbf{R}_B|} \phi_{s,A}(1) \tag{2.257}$$

CNDO法は，半経験的モデルの長い発展の道のりにおいて，最初に現れた重要な方法であった。しかしこの方法には，重大な限界がいくつか存在した。（1965年に初めて報告され，現在CNDO/1法として知られる）最初のバージョンは，数オングストローム離れている場合でさえ，2個の中性原子間にかなり大きな引力が働くという重大な欠陥があった[27,28]。また，二原子分子の平衡距離は実際よりも短く予測され，解離エネルギーは過大に見積もられた。これらの結果は，一方の原子側にある電子が，他の原子の原子価殻の内部にまで入り込み，核から引力を受けることに原因がある。この透過効果は，次のようにすれば，より明確な形で定量化される。すなわち，原子Bの実効電荷はそのコア電荷と全電子密度の差に等しい（$Q_B = Z_B - P_{BB}$）。いま，フォック行列の対角要素（式（2.252））に含まれる P_{BB} を $(Z_B - Q_B)$ で置き換えると，次式が得られる。

$$F_{\mu\mu} = U_{\mu\mu} + \left(P_{AA} - \frac{1}{2}P_{\mu\mu}\right)\gamma_{AA} + \sum_{B \neq A}[-Q_B \gamma_{AB} + (Z_B \gamma_{AB} - V_{AB})] \tag{2.258}$$

$-Q_B \gamma_{AB}$ は，原子Bの実効電荷からの寄与である。これは，コア電荷が全電子密度とちょうど釣り合っているならば，ゼロになる。$Z_B \gamma_{AB} - V_{AB}$ は透過積分（penetration integral）と呼ばれる。遠く離れた二中性原子間に現れる異常な結果は，この積分に由来する。CNDO法の二番目のバージョンであるCNDO/2では，透過積分効果は $V_{AB} = Z_B \gamma_{AB}$ と置くことで取り除かれた[29]。また，コアハミルトニアン $U_{\mu\mu}$ に対しても，イオン化エネルギーと電子親和力の両者が使われ，CNDO/1法とは異なる定義がなされた。

2.9.3 INDO法

CNDO法は，二電子間の相互作ND用がそれらの相対スピンに依存する事実を考慮していない。しかし，この効果は同じ原子に属する電子間では非常に大きい。CNDO法では，二電子積分

$(\mu\nu|\lambda\sigma)$ はすべてゼロで，積分 $(\mu\mu|\nu\nu)$ と $(\mu\mu|\mu\mu)$ は γ_{AA} に等しいと置かれる。CNDO 法の次に提案されたモデルは，微分重なりを一部考慮した INDO(intermediate neglect of differential overlap) 法であった[26]。INDO 法は，$(\mu\nu|\mu\nu)$ 型の一中心積分（同じ原子に中心を置く基底関数の積分）に現れる微分重なりも無視しない。この方法で計算を行うと，同じ原子に属し平行スピンをもつ二電子間の相互作用は，逆平行スピンをもつ電子間の相互作用よりもエネルギーが低くなる。このような理由から，INDO 法では，フォック行列要素は通常，スピンの状態（α または β）を含めて記述される。要素 $F_{\mu\mu}$ と $F_{\mu\nu}$（μ と ν は原子 A に属する）は，CNDO/2 法と異なり次式で与えられる。

$$F^a_{\mu\mu} = U_{\mu\mu} + \sum_{\lambda\,\text{on}\,A}\sum_{\sigma\,\text{on}\,A}[P_{\lambda\sigma}(\mu\mu|\lambda\sigma) - P^a_{\lambda\sigma}(\mu\lambda|\mu\sigma)] + \sum_{B\neq A}(P_{BB} - Z_B)\gamma_{AB} \qquad (2.259)$$

$$F^a_{\mu\nu} = U_{\mu\nu} + \sum_{\lambda\,\text{on}\,A}\sum_{\sigma\,\text{on}\,A}[P_{\lambda\sigma}(\mu\nu|\lambda\sigma) - P^a_{\lambda\sigma}(\mu\lambda|\nu\sigma)] \quad \mu \text{ と } \nu \text{ は同じ原子 A に属する。} \qquad (2.260)$$

式 (2.259) では，CNDO/2 近似，$V_{AB} = Z_B\gamma_{AB}$ の関係が使われている。μ と ν が異なる原子に属する場合，行列要素 $F_{\mu\nu}$ は CNDO/2 法のそれと同じである。

$$F^a_{\mu\nu} = \frac{1}{2}(\beta^0_A + \beta^0_B)S_{\mu\nu} - P^a_{\mu\nu}\gamma_{AB} \qquad (2.261)$$

閉殻系のフォック行列要素は，$P^a_{\mu\nu} = P^\beta_{\mu\nu} = \frac{1}{2}P_{\mu\nu}$ の関係を利用すれば得られる。s，p 軌道からなる基底系を使用した場合，INDO 計算に含まれる一中心積分の多くはゼロになる。コア要素 $U_{\mu\nu}$ も同様である。ゼロとならないのは，次の一中心二電子積分 $(\mu\mu|\mu\mu)$，$(\mu\mu|\nu\nu)$ および $(\mu\nu|\mu\nu)$ だけである。したがって，フォック行列要素は次のように書き直せる。

$$F_{\mu\mu} = U_{\mu\mu} + \sum_{\nu\,\text{on}\,A}[P_{\nu\nu}(\mu\mu|\nu\nu) - \frac{1}{2}P_{\nu\nu}(\mu\nu|\mu\nu)] + \sum_{B\neq A}(P_{BB} - Z_B)\gamma_{AB} \qquad (2.262)$$

$$F_{\mu\nu} = \frac{3}{2}P_{\mu\nu}(\mu\nu|\mu\nu) - \frac{1}{2}P_{\mu\nu}(\mu\mu|\nu\nu) \qquad \mu, \nu \text{ は同じ原子に属する。} \qquad (2.263)$$

INDO 法における一中心二電子積分のいくつかは，原子分光学的データへの当てはめから，半経験的に得られる。INDO モデルでは，コア積分 $U_{\mu\mu}$ もまた，CNDO/2 法のそれとは少し異なる形をとる。INDO 法の存在意義は，CNDO 法と比べたとき，余分な計算努力をほとんど必要とせず，しかも多重度の異なる状態を区別できる点にある。たとえば CNDO 法では，炭素 $1s^2\,2s^2\,2p^2$ の一重項配置と三重項配置は同じエネルギーをもつが，INDO 法では，それらは区別される。また，メチルとエチルのラジカルに関し，不対電子密度と超微細結合定数の実験値を比較してみると，INDO 法は CNDO 法よりもはるかに良い結果を与える。

2.9.4 NDDO 法

近似分子軌道法の次の水準は，NDDO (neglect of diatomic differential overlap) モデルである[27]。このモデルは，異なる原子に属する原子軌道間の微分重なりのみを無視する。したがって，μ と ν が同じ原子に属し，λ と σ もまた別の同じ原子に属する $(\mu\nu|\lambda\sigma)$ 型の二電子二

中心積分はすべて考慮される。NDDO法のフォック行列要素は次のようになる。

$$F_{\mu\mu} = H_{\mu\mu}^{\text{core}} + \sum_{\lambda \text{ on } A} \sum_{\sigma \text{ on } A} [P_{\lambda\sigma}(\mu\mu|\lambda\sigma) - \frac{1}{2}P_{\lambda\sigma}(\mu\lambda|\mu\sigma)] + \sum_{B \neq A} \sum_{\lambda \text{ on } B} \sum_{\sigma \text{ on } B} P_{\lambda\sigma}(\mu\mu|\lambda\sigma) \quad (2.264)$$

$$F_{\mu\nu} = H_{\mu\nu}^{\text{core}} + \sum_{\lambda \text{ on } A} \sum_{\sigma \text{ on } A} [P_{\lambda\sigma}(\mu\nu|\lambda\sigma) - \frac{1}{2}P_{\lambda\sigma}(\mu\lambda|\nu\sigma)]$$
$$+ \sum_{B \neq A} \sum_{\lambda \text{ on } B} \sum_{\sigma \text{ on } B} P_{\lambda\sigma}(\mu\nu|\lambda\sigma) \qquad \mu \text{ と } \nu \text{ は同じ原子 A に属する。} \quad (2.265)$$

$$F_{\mu\nu} = H_{\mu\nu}^{\text{core}} - \frac{1}{2} \sum_{\lambda \text{ on } B} \sum_{\sigma \text{ on } A} P_{\lambda\sigma}(\mu\sigma|\nu\lambda) \qquad \mu \text{ は原子 A，} \nu \text{ は原子 B に属する。} \quad (2.266)$$

s，p基底系を使用した場合，式(2.264)と(2.265)はさらに整頓できる。

$$F_{\mu\mu} = H_{\mu\mu}^{\text{core}} + \sum_{\nu \text{ on } A} [P_{\nu\nu}(\mu\mu|\nu\nu) - \frac{1}{2}P_{\nu\nu}(\mu\nu|\mu\nu)] + \sum_{B \neq A} \sum_{\lambda \text{ on } B} \sum_{\sigma \text{ on } B} P_{\lambda\sigma}(\mu\mu|\lambda\sigma) \quad (2.267)$$

$$F_{\mu\nu} = H_{\mu\nu}^{\text{core}} + \frac{3}{2}P_{\mu\nu}(\mu\nu|\mu\nu) - \frac{1}{2}P_{\mu\nu}(\mu\mu|\nu\nu) + \sum_{B \neq A} \sum_{\lambda \text{ on } B} \sum_{\sigma \text{ on } B} P_{\lambda\sigma}(\mu\nu|\lambda\sigma) \quad (2.268)$$

INDO計算の所要時間はCNDO計算のそれとほとんど変わらない。しかしNDDO法では，系の個々の重原子対に対し，計算を必要とする二電子二中心積分の数は約100倍に増加する。

2.9.5 MINDO/3法

CNDO，INDOおよびNDDO法は，独自に開発され実用化された最初の半経験的方法である。これらの方法は，体系立った一連の近似が，真に実用性をもつ方法を開発する際に，どのように使われるかを示す教材として貴重である。また，完全なローターン-ホール方程式を解くのに比べ，計算時間ははるかに少なくてすむ。もちろんその分，得られた結果の精度はあまり高くない。その原因は，主として，実験値を十分再現できない比較的水準の低い *ab initio* 計算結果に基づき，パラメトリゼーションが行われていることにある。また，これらの方法は適用できる範囲が狭く，しかも入力として，正確な幾何構造データを必要とする。構造最適化アルゴリズムは当時まだあまり洗練されていなかった。そのためその後，Dewarと彼の協力者によりさらに優れた方法が開発されるに及び，これらの方法はほとんどその利用価値を失った。

一般の研究者が自身の仕事に半経験的方法を利用するようになったのは，Bingham-Dewar-LoによりMINDO/3法が導入されてからである [4-7]。MINDO/3法は，修正版INDO (modified INDO) というその名が示す通り，INDOに基礎を置く方法であり，INDO法と比べたとき，理論的にはあまり違いはない。しかしMINDO/3法は，INDO法とはパラメトリゼーションの方式が異なり，実験データをはるかに多く使用する。また，MINDO/3法のプログラムは，Davidon-Fletcher-Powell法（第5章参照）に基づいた構造最適化ルーチンを組み込んでいる。したがって，おおざっぱな初期構造さえ入力すれば，プログラムは極小エネルギー構造を自動的に計算する。

MINDO/3法はs，p基底系を使用する。そのフォック行列要素は次の通りである。

$$F_{\mu\mu} = U_{\mu\mu} + \sum_{\nu \text{ on A}} \left(P_{\nu\nu}(\mu\mu|\nu\nu) - \frac{1}{2} P_{\nu\nu}(\mu\nu|\mu\nu) \right) + \sum_{B \neq A} (P_{BB} - Z_B) \gamma_{AB} \qquad (2.269)$$

$$F_{\mu\nu} = -\frac{1}{2} P_{\mu\nu}(\mu\nu|\mu\nu) \qquad \mu \text{ と } \nu \text{ は同じ原子 A に属する。} \qquad (2.270)$$

$$F_{\mu\nu} = H_{\mu\nu}^{\text{core}} - \frac{1}{2} P_{\mu\nu}(\mu\nu|\mu\nu) = H_{\mu\nu}^{\text{core}} - \frac{1}{2} P_{\mu\nu} \gamma_{AB} \quad \mu \text{ は原子 A, } \nu \text{ は原子 B に属する。} \quad (2.271)$$

MINDO/3 法では，二中心反発積分 γ_{AB} は次の関数から計算される。

$$\gamma_{AB} = \frac{e^2}{\left[R_{AB}^2 + \frac{1}{4}\left[\frac{e^2}{\bar{g}_A} + \frac{e^2}{\bar{g}_B} \right]^2 \right]^{1/2}} \qquad (2.272)$$

ここで，$\bar{g}_A$ と $\bar{g}_B$ はそれぞれ原子 A と B での一中心二電子積分 $g_{\mu\nu}(\equiv (\mu\mu|\nu\nu))$ の平均を表す。γ_{AB} に対するこの見掛け上複雑な関数は，実は非常に簡単である。すなわちこの関数は，R_{AB} が大きいところでは，クーロン則の e^2/R_{AB} に近づき，R_{AB} がゼロに近いところでは，二原子の一中心二電子積分の平均にほぼ等しくなる。

二中心一電子積分 $H_{\mu\nu}^{\text{core}}$ は次式で与えられる。

$$H_{\mu\nu}^{\text{core}} = S_{\mu\nu} \beta_{AB} (I_\mu + I_\nu) \qquad (2.273)$$

ここで，$S_{\mu\nu}$ は重なり積分，I_μ と I_ν は軌道のイオン化ポテンシャル，β_{AB} は二原子 A と B に依存するパラメータである。

二原子間のコア-コア相互作用を表す式もまた，CNDO/2 法で使用されたものとは異なっている。CNDO/2 法では，任意の距離にある 2 個の水素原子間——実際には，中性であれば分子間でも同様——に働く斥力のような根本的問題は，簡単なクーロン式（$E_{AB} = Z_A Z_B / R_{AB}$）ではなく，次の補正式を使って処理される。

$$E_{AB} = Z_A Z_B \gamma_{AB} \qquad (2.274)$$

この補正は，比較的遠い距離では確かに望ましい結果を与える。しかし，二つの核が近づいたとき，コア電子による遮蔽が低下する事実を説明できない。距離がゼロに近いところでは，コア-コア反発はクーロン則により記述されるべきである。MINDO/3 法では，この問題を解決するため，コア-コア相互作用を電子-電子反発積分の次の関数で表す。

$$E_{AB} = Z_A Z_B \{ \gamma_{AB} + [(e^2/R_{AB}) - \gamma_{AB}] \exp(-\alpha_{AB} R_{AB}) \} \qquad (2.275)$$

ここで，α_{AB} は原子 A と B の性質に依存するパラメータである。OH や NH のような結合に対しては，少し変形した次の関数を使用した方がよい結果を与える。

$$E_{XH} = Z_X Z_H \{ \gamma_{XH} + [(e^2/R_{XH}) - \gamma_{XH}] \alpha_{XH} \exp(-R_{XH}) \} \qquad (2.276)$$

MINDO/3 法のパラメータは，それまでの半経験的方法とはまったく異なるやり方で求められた。また，CNDO，INDO および NDDO 法では固定されていた値も，MINDO/3 法では，パラメトリゼーションの過程で動かすことが認められた。たとえば，スレーター原子軌道のべき指数は，スレーター則とは異なる値をとることが許され，s 軌道と p 軌道に対するべき指数も同じ値である必要はなくなった。$U_{\mu\mu}$ と β_{AB} もまた調節可能なパラメータとなった。もう一つ，これ

までの方法との重要な違いは，MINDO/3法では，*ab initio* 計算による理論値や原子スペクトルのデータではなく，分子構造や生成熱などの実験データが使われたことである。パラメトリゼーションは大変面倒な作業であり，納得のいくモデルが得られるまでに4度の試みが必要であった（MINDO/3の「3」はこのことを示している）。たとえば，炭素と水素のパラメトリゼーションでは，20種の分子が対象とされ，SCF計算の回数は30,000～50,000回にも及んだ。

2.9.6 MNDO法

MINDO/3法は導入された当時，きわめて好評で幅広い支持を受けた。1970年代には，少数の恵まれた研究機関を除き，*ab initio* 計算を行うことは，簡単なものでさえ設備的に不可能であったからである。MINDO/3法は一般に非常に良い結果を与える。しかし，この方法には重大な限界がいくつかあった。たとえば，不飽和分子の生成熱は常に大きすぎる値が得られた。また，結合角の計算も大きな誤差を伴うことが多く，孤立電子対をもつ原子を含んだ分子の場合，生成熱は低くなりすぎる傾向があった。これらの限界はINDO近似を採用したことに原因がある。ことに，孤立電子対を含んだ系はINDO法では扱えない。そこでDewar-Thielは，二原子微分重なりのみを無視するNDDO法の修正版としてMNDO (modified neglect of diatomic overlap) なる方法を提案した[11,12]。MNDO法では，フォック行列要素は次式で与えられる。

$$F_{\mu\mu} = H_{\mu\mu}^{\text{core}} + \sum_{\nu \text{ on A}} \left[P_{\nu\nu}(\mu\mu|\nu\nu) - \frac{1}{2} P_{\nu\nu}(\mu\nu|\mu\nu) \right] + \sum_{B \neq A} \sum_{\lambda \text{ on B}} \sum_{\sigma \text{ on B}} P_{\lambda\sigma}(\mu\mu|\lambda\sigma) \tag{2.277}$$

ここで
$$H_{\mu\mu}^{\text{core}} = U_{\mu\mu} - \sum_{B \neq A} V_{\mu\mu B} \tag{2.278}$$

$$F_{\mu\nu} = H_{\mu\nu}^{\text{core}} + \frac{3}{2} P_{\mu\nu}(\mu\nu|\mu\nu) - \frac{1}{2} P_{\mu\nu}(\mu\mu|\nu\nu) \\ + \sum_{B \neq A} \sum_{\lambda \text{ on B}} \sum_{\sigma \text{ on B}} P_{\lambda\sigma}(\mu\nu|\lambda\sigma) \qquad \mu と \nu は同じ原子 A 上にある。 \tag{2.279}$$

ここで
$$H_{\mu\nu}^{\text{core}} = -\sum_{B \neq A} V_{\mu\nu B} \tag{2.280}$$

$$F_{\mu\nu} = H_{\mu\nu}^{\text{core}} - \frac{1}{2} \sum_{\lambda \text{ on B}} \sum_{\sigma \text{ on A}} P_{\lambda\sigma}(\mu\sigma|\nu\lambda) \qquad \mu は原子 A，\nu は原子 B に属する。 \tag{2.281}$$

ここで
$$H_{\mu\nu}^{\text{core}} = \frac{1}{2} S_{\mu\nu} (\beta_\mu + \beta_\nu) \tag{2.282}$$

これらの式は，前述のNDDO式(2.264)～(2.266)とよく似ている。主な違いは，項 $V_{\mu\mu B}$ と $V_{\mu\nu B}$ が含まれることと，二中心一電子コア共鳴積分 ($H_{\mu\mu}^{\text{core}}$) に対して，新しい式が設定されていることである。式(2.282)によると，この $H_{\mu\mu}^{\text{core}}$ は重なり積分 $S_{\mu\nu}$ とパラメータ β_μ および β_ν に依存する。また，$V_{\mu\mu B}$ と $V_{\mu\nu B}$ は，それぞれ原子 A の電子分布 $\phi_\mu\phi_\mu$ または $\phi_\mu\phi_\nu$ と，原子 B のコアの間に働く二中心一電子引力である。これらは次式で与えられる。

$$V_{\mu\mu B} = -Z_B (\mu_A \mu_A | s_B s_B) \tag{2.283}$$

$$V_{\mu\nu B} = -Z_B (\mu_A \nu_A | s_B s_B) \tag{2.284}$$

MNDO法では，コア-コア反発項もまた MINDO/3 法のそれとは異なる形をとる。OH 結合と NH 結合に対しては，ここでも特別な式が使われる。

$$E_{AB} = Z_A Z_B (s_A s_A | s_B s_B) \{1 + \exp(-\alpha_A R_{AB}) + \exp(-\alpha_B R_{AB})\} \tag{2.285}$$

$$E_{XH} = Z_X Z_H (s_X s_X | s_H s_H) \{1 + R_{XH} \exp(-\alpha_X R_{XH}) + \exp(-\alpha_H R_{XH})\} \tag{2.286}$$

MNDO法が MINDO/3 法よりも特に優れている点は，一貫して一原子パラメータを使用している点であろう。MINDO/3 法は共鳴積分（β_{AB}）とコア-コア反発項（α_{AB}）の計算で，二原子パラメータを要求する。MNDO法は拡張すれば，アルミニウム，ケイ素，ゲルマニウム，スズ，臭素，鉛といった元素も扱える。しかし，本来のMNDO法はs，p基底系を使用している。そのため，そのままの形では，d 軌道を必要とする遷移金属へ適用することはできない。また，硫黄やリンの超原子価化合物もうまく扱えない。MNDO法の最新のバージョンでは，重元素に対しd 軌道が顕わに考慮されている[36]。MNDO法のもう一つの重大な限界は，水素結合を含む分子間相互作用系を正しく処理できない点である。たとえばMNDO法では，水二量体の生成熱は低くなりすぎる。これは，ファンデルワールス半径の和にほぼ等しい距離にある原子間の斥力が，MNDO法では過大に評価されることによる。共役系もまた取扱いがむずかしい。その端的な例はニトロベンゼンである。この分子は，MNDO法で計算すると，ニトロ基が芳香環と共役せず，直交した状態になってしまう。また，MNDO法で計算したエネルギーは，立体的に込み合った分子では高くなりすぎ，四員環を含む分子では逆に低くなりすぎる傾向がある。

2.9.7 AM1 法

MNDO法の次にくる半経験的方法は，Dewar らの開発した AM1（Austin model 1）法である[13]。AM1法は，ファンデルワールス半径の和にほぼ等しい距離にある原子間に働く斥力が過大評価されることから生じる MNDO 法の問題点を克服するために工夫された方法である。AM1法では，コア-コア反発項はガウス関数を用いて補正される。ガウス関数は引力型と斥力型の2種類が使われる。引力型のガウス関数は斥力に直接打ち勝つよう設計され，斥力が過大に見積もられる領域の中央に置かれる。それに対し，斥力型のガウス関数は，核間距離が小さい領域の中央に置かれる。このような修正を施したとき，コア-コア反発項はMNDOの公式と次の関係にある。

$$\begin{aligned} E_{AB} = E_{MNDO} &+ \frac{Z_A Z_B}{R_{AB}} \\ &\times \left\{ \sum_i K_{A,i} \exp[-L_{A,i}(R_{AB} - M_{A,i})^2] + \sum_j K_{B,j} \exp[L_{B,j}(R_{AB} - M_{B,j})^2] \right\} \end{aligned} \tag{2.287}$$

追加項は，パラメータ L で決まる広がりをもつ球面ガウス関数である。この L の値は重要ではなく，多くの場合，同じ値が使用される。パラメータ M と K は，式(2.285)～(2.286)の指数項にあるパラメータ α とあわせ，原子ごとに最適化される。AM1法の本来のパラメトリゼーションでは，ガウス展開式に含まれる項の数は，炭素では4個，水素と窒素では3個，酸素では2個であった。また，炭素，水素および窒素では，引力型と斥力型の両方のガウス関数が使用さ

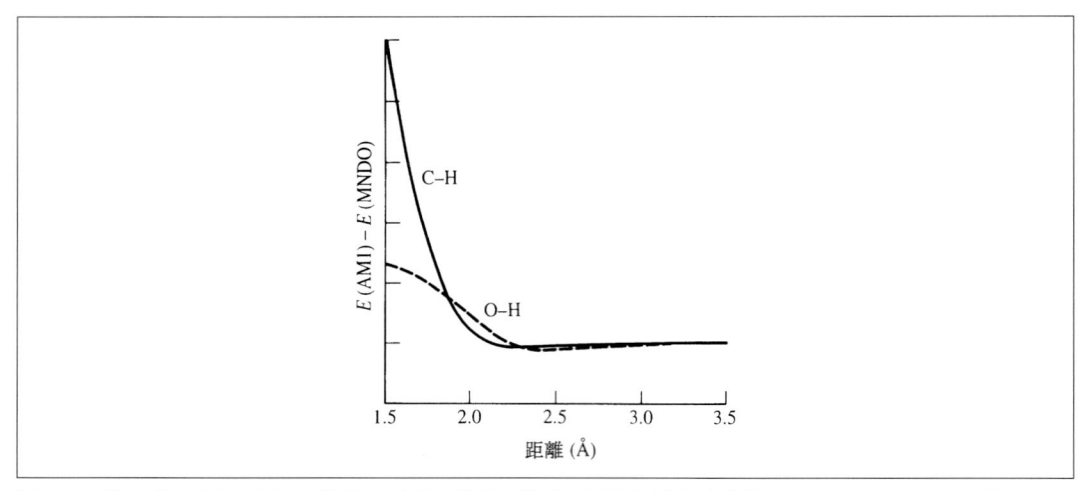

図 2.20 AM 1 法と MNDO 法で炭素–水素相互作用と酸素–水素相互作用を計算したときのコア–コア反発エネルギーの差

れ，酸素では斥力型のガウス関数のみが使用された．これらのガウス関数を含めることで得られる効果は，図 2.20 に示した通りである．図は，MNDO 法と AM 1 法で炭素–水素相互作用と酸素–水素相互作用を計算したときのコア–コア反発項の差を，距離に対してプロットしたものである．1 原子当たりのパラメータ数は，ガウス関数を含めることにより，MNDO 法の 7 個から（AM 1 法の）13〜16 個へ大きく増加する．このことはもちろん，パラメトリゼーションの手続きをかなりむずかしいものにした．しかし全体として見ると，AM 1 法では，コア–コア反発項に由来する難点の多くが是正され，MNDO 法に比べて有意な改善が認められる．

2.9.8　PM 3 法

PM 3 法もまた MNDO 法から派生した方法である．その名前は，AM 1 法を二番目と見なしたとき，MNDO 法の三番目のパラメトリゼーションに当たる事実に由来する[34,35]．PM 3 法のハミルトニアンは，AM 1 法に対するそれと本質的に同じである．異なるのは，AM 1 法のパラメータの多くが，化学的知識と「直感」に基づき得られたものであるのに対し，PM 3 法のパラメータは，J J P Stewart の考案になる自動化されたパラメトリゼーションの手続きに従って誘導されたものである点である．その結果，パラメータのいくつかは AM 1 法と PM 3 法でかなり異なる値をとる．しかし，二つの方法は同じ関数形を使用し，さまざまな熱力学的性質と構造的性質をほぼ同じ精度で予測する．PM 3 法もまた AM 1 法と同じ問題を抱えている．最も重要な問題の一つはアミド結合の回転障壁である．PM 3 法では，この障壁は低くなりすぎ，場合によってはほとんど検出できないこともある．この難点は，経験的なねじれポテンシャルを使うことで是正される（4.5 節参照）．AM 1 法と PM 3 法によるパラメトリゼーションの相対的な是非に関しては，いまもなお盛んな議論が戦わされている．

2.9.9 SAM 1 法

SAM 1 (Semi-Ab-initio Model 1) 法は，Michael Dewar (1997 年没) により提案された最後の方法となった[10]。SAM 1 というこの名前には，AM 1 のような方法は，初期の半経験的方法に比べて性能が大きく向上しているので，新しい総称名を与えられるべきであるとする Dewar の信念が反映されている。SAM 1 法では，電子反発積分の評価に標準的な STO-3G 基底系が使用される。AM 1 法や MNDO 法で求めた結果を詳しく調べてみると，立体効果が過大に評価されていることが分かる。これは，電子反発積分の計算方式に原因がある。そこで，電子相関の効果が加味され，かつ，最小基底系の使用に伴う誤差が相殺されるよう調整が試みられた。コア-コア反発項に含まれるガウス関数補正項はそのまま残され，モデルの微調整に使われた。SAM 1 法のパラメータ数は PM 3 法に比べて少なく，AM 1 法のそれを越えない。AM 1 法や PM 3 法に比べると，SAM 1 法は計算に最大 100 倍ほど時間を要する。しかし，最近はハードウェアの性能が向上しているため，計算時間のこの程度の増加はあまり気にならない。

2.9.10 半経験的量子力学計算のためのプログラム

これまでに説明した半経験的方法のうち，現在最もよく使われているのは，MNDO 法，AM 1 法および PM 3 法である。ちなみに，その人気はプログラムパッケージ，MOPAC や AMPAC に組み込まれていることによるところが大きい。これらのパッケージは多種多様な計算を行い，分子のさまざまな性質を推定する際，広く利用されている。

Dewar のグループが半経験的方法の発展になした多大な貢献はよく知られるところである。しかし，この分野に重要な貢献をした研究者はその他にも数多くいる。たとえば，Jug と Zerner はそれぞれ，これまでにない特長をもつ新しいプログラム，SINDO 1 と ZINDO を開発した。Zerner らの ZINDO は適用範囲が広い点に特色がある。この方法は，遷移金属やランタノイドの化合物を計算したり，分子の電子スペクトルを予測する目的にことに有用である。

2.10 ヒュッケル法

1930 年代初めに開発されたヒュッケル法は，近似分子軌道法のいわば「祖父」とでも呼ぶべき方法である[20]。ヒュッケル法は，もともとは芳香族化合物が示す性質の非加成性を説明するために作られた方法で，その適用範囲は共役 π 系分子に限られる。たとえばベンゼンの性質は，仮想的な分子「シクロヘキサトリエン」のそれとはきわめて異なる。今日，元のままのヒュッケル法が研究で使われることはほとんどないが，それを発展させた拡張ヒュッケル法は，分子の電子構造へ定性的な洞察を加える際，現在もなお利用されている。ヒュッケル法はまた，比較的複雑な分子系へ適用できる本物の理論を，鉛筆と紙，もしくは簡単なコンピュータ・プログラムだけを使って紹介できる点で，教材としても広く活用される。

ヒュッケル法は，分子の骨格をなす σ 系から π 系を切り離して分子軌道を組み立て，構成原理に従って π 電子を詰めていく。π 電子は，原子核と σ 電子の殻によって作り出された電場の

中を運動していると見なされる。分子軌道は原子軌道の一次結合（linear combination of atomic orbitals）で表されるので，この理論は LCAO 法と呼ばれる。ここでは CNDO 近似の観点から，ヒュッケル法を考察する。実際，ヒュッケル法は歴史的に見て，形をなした最初の ZDO 分子軌道法であった。

式(2.252)～(2.254)に挙げた3種類のフォック行列要素に立ち戻ろう。まずは $F_{\mu\mu}$ である。中性種では，各原子の実効電荷はほぼゼロである。したがって，透過効果を無視すれば，式(2.258)は $U_{\mu\mu}+(P_{AA}-0.5P_{\mu\mu})\gamma_{AA}$ となる。いま，π 分子系を構成する核 A がすべて同じ，すなわち炭素の場合を考えると，この式は，考究下のすべての核に対してほぼ一定の値をとる。行列要素 $F_{\mu\mu}$ は，ヒュッケル理論では，（紛らわしいが）しばしばクーロン積分と呼ばれ，記号 α で表される。また，フォック行列の非対角要素 $F_{\mu\nu}$ は，μ と ν が結合した二原子上の π 軌道である場合を除き，すべてゼロと仮定される。さらに，非ゼロの $F_{\mu\nu}$ はすべて同じ値をとると見なされ，記号 β で表される。この $F_{\mu\nu}$ は共鳴積分と呼ばれる。すなわちヒュッケル法では，フォック行列は π 系を構成する原子と同じ数の行と列をもち，その対角要素はすべて α である。また，非対角要素 F_{ij} は，原子 i と j の間に結合がなければゼロであり，結合があれば β となる。たとえばベンゼンの場合，フォック行列は次の形をとる（原子の位置番号の付け方は図 2.21 に従う）。

$$\begin{bmatrix} \alpha & \beta & 0 & 0 & 0 & \beta \\ \beta & \alpha & \beta & 0 & 0 & 0 \\ 0 & \beta & \alpha & \beta & 0 & 0 \\ 0 & 0 & \beta & \alpha & \beta & 0 \\ 0 & 0 & 0 & \beta & \alpha & \beta \\ \beta & 0 & 0 & 0 & \beta & \alpha \end{bmatrix} \qquad (2.288)$$

これまで考察した他の半経験的方法と同様，重なり行列は単位行列に等しい。したがって，解くべき行列方程式は次のように簡単化される。

$$\mathbf{FC}=\mathbf{CE} \qquad (2.289)$$

この方程式は標準的な方法で解くことができる。得られるのは，基底系の係数と分子軌道のエネルギー $\mathbf{E}$ である。ベンゼンの場合，軌道エネルギーは $E_1=\alpha+2\beta$；$E_2, E_3=\alpha+\beta$；$E_4, E_5=$

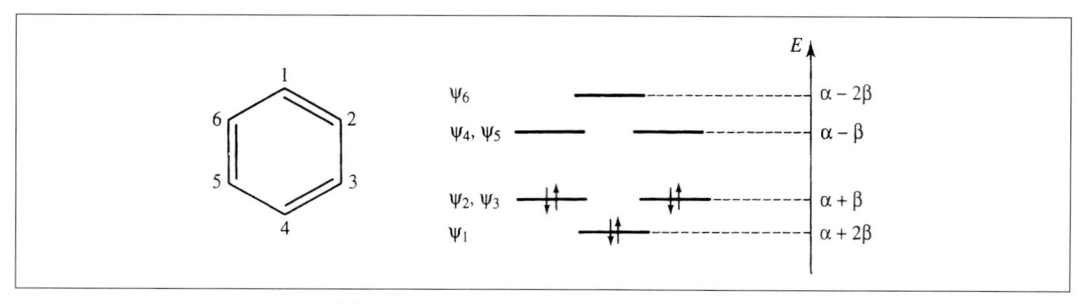

図 2.21 ベンゼンとそのヒュッケル分子軌道

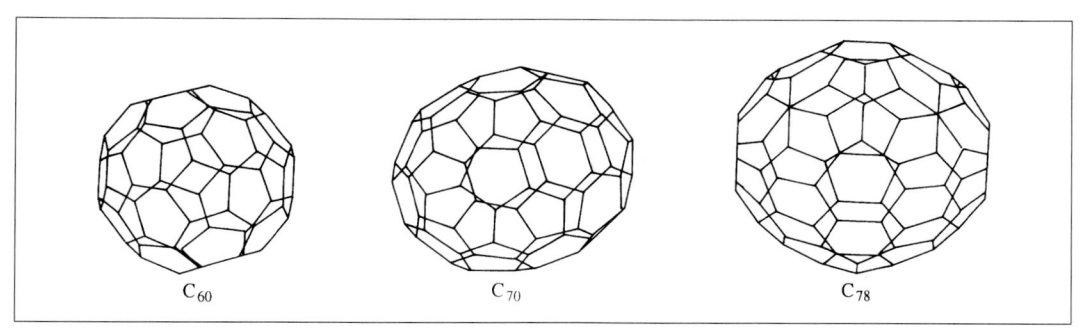

図 2.22 フラーレン（C_{60}, C_{70}およびC_{78}）の構造

$α−β$；$E_6=α−2β$ になる。すなわちベンゼンでは，$ψ_1$と二つの縮重軌道 $ψ_2$, $ψ_3$ へ電子をそれぞれ 2 個ずつ詰め込んだ状態が基底状態である。最低エネルギー軌道 $ψ_1$ は，6 個の炭素 p 軌道の一次結合で表される。

ヒュッケル法はその後，ヘテロ原子を含む系など，他のさまざまな分子系が扱えるよう拡張された。しかし，特に成功を収めた試みはなく，大部分，他の半経験的方法に取って代わられる運命にあった。ただし，ある種の問題に対しては，ヒュッケル法はいまなおきわめて有効である。たとえば，P W Fowler らの計算はその好例であろう[15]。彼らは，一連のバックミンスターフラーレン——最初の分子 C_{60} は 1985 年に発見された——における幾何構造と電子状態の関係を研究した。フラーレンは炭素原子のみからなる球殻状分子の総称で，サッカーボール型分子とも呼ばれ，大きく広がった $π$ 系構造をもつため，ヒュッケル理論を検証する上で恰好な分子である。フラーレンの一例を図 2.22 に示す。

ヒュッケル計算の結果から，フラーレンに関する次の二つの規則が導き出された。第一の規則は，$n=60+6k(k=0,2,3……：1$ を除く$)$ の関係を満たすすべての n に対し，（HOMO が結合性で，LUMO が反結合性の）安定な閉殻構造をとる異性体 C_n が少なくとも一つ存在する，というものであった。たとえば，C_{60}，C_{72}，C_{78} などの分子はそれに該当する。また，第二の規則は，円筒状分子（ラグビーボール型分子）に関するもので，C_n は $n=2p(7+3k)(k=0,1,2,3……)$ の関係を満たすとき閉殻構造をとりうる，というものであった。この系列の最初の分子は C_{70} である。計算はその後，他種分子の構造や金属を含むフラーレンも取り扱えるよう拡張された。

2.10.1 拡張ヒュッケル法

ヒュッケル法は $π$ 電子しか考慮しないため，適用範囲が限定される。それに対し，拡張ヒュッケル法は分子内の価電子をすべて考慮する[19]。この方法は，ノーベル賞を受賞した R Hoffmann により開発された。拡張ヒュッケル法では，行列方程式 **FC=SCE** を解く必要があるが，そのフォック行列要素は次のような簡単な形をとる。

$$F_{μν}^{AA}=H_{μμ}=-I_μ \tag{2.290}$$

$$F_{\mu\nu}^{\mathrm{AB}} = H_{\mu\nu} = -\frac{1}{2}K(I_\mu + I_\nu)S_{\mu\nu} \tag{2.291}$$

ここで，μ と ν は二つの原子軌道（たとえばスレーター型軌道），I_μ は軌道のイオン化ポテンシャルをそれぞれ表す。また K は定数で，原報では 1.75 である。（μ と ν が異なる原子に属する）非対角要素 $H_{\mu\nu}$ の評価には，R S Mulliken の提案した式が使用される。これらの非対角行列要素は，すべての原子価軌道対について計算される。したがって，拡張ヒュッケル法の適用範囲は π 系だけに留まらない。たとえば，有名なウッドワード-ホフマン則は，このモデルを使った計算から導かれた理論である（5.9.4 項参照）。拡張ヒュッケル法は，他の方法が使えない分野にも適用できる。この長所は，イオン化ポテンシャルの値さえあれば，フォック行列が構築できる事実によるところが大きい。拡張ヒュッケル法は，金属を含んだ系を研究する場合，ことに有用である。このような系は適当な基底系がないため，他の方法では良い結果が得られない。

2.11　半経験的方法の性能

量子力学的計算の応用に関するこれまでの議論は，特に明示しなかったが，少なくとも潜在的には *ab initio* 法を念頭に置いたものであった。しかし実際には，2.7 節で考察した性質は，半経験的方法でもすべて求めることができる。さまざまな半経験的方法の性能を詳細に比較した論文や総説は，枚挙に暇がないほど多い。章末の引用文献に挙げたのはそのほんの一部である。一般に半経験的アプローチでは，パラメトリゼーションは，構造変数，双極子モーメント，イオン化エネルギー，生成熱などを使って行われる。表 2.7 は，原報記載のデータを基に，いくつかの半経験的方法——MINDO/3，MNDO，AM 1，PM 3 および SAM 1——の性能を比較したものである。半経験的方法の性能は，時を追うに従って次第に改善されていく。しかし系によっては，異常な結果しか得られないこともある。これらの限界のいくつかは，さまざまな半経験的方法を取り上げた 2.9 節ですでに説明した。半経験的方法で遭遇する主な障害は，パラメトリゼーションの過程で考慮されなかった性質を計算しようとした，といった類いの原因によることが多い。たとえば，MNDO，AM 1 および PM 3 法のパラメトリゼーションでは，配座的に硬い分子が

表 2.7 さまざまな半経験的方法で計算された物性値の比較

		MINDO/3	MNDO	AM1	PM3	SAM1	文献
138	生成熱 (kcal/mol)	11.0	6.3				12
228	結合長	0.022 Å	0.014 Å				
91	結合角	5.6°	2.8°				
57	双極子モーメント	0.49 D	0.38 D				
58	炭化水素の生成熱 (kcal/mol)	9.7	5.87	5.07			13
80	N または O を含む分子の生成熱 (kcal/mol)	11.69	6.64	5.88			
46	双極子モーメント	0.54 D	0.32 D	0.26 D			
29	イオン化エネルギー	0.31 eV	0.39 eV	0.29 eV			
406	生成熱 (kcal/mol)			8.82	7.12	5.21	10
196	双極子モーメント			0.35 D	0.40 D	0.32 D	

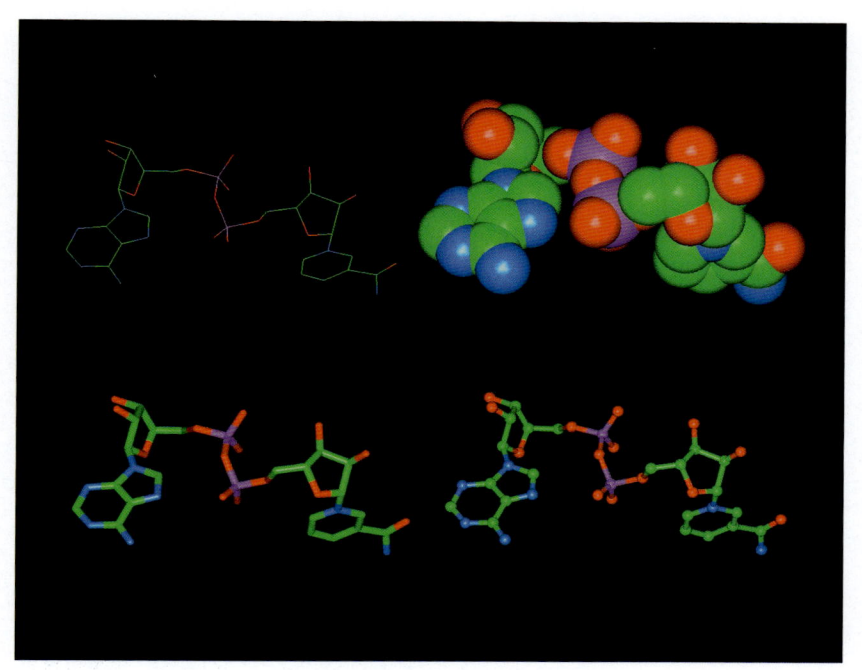

図1.4 分子グラフィックスによる分子構造の表示例。ニコチンアミドアデニンジヌクレオチドリン酸（NADPH）の結晶構造に対する表示結果を示す［Reddyら，1981］。分子モデルは，左上から時計回りに，棒型，CPK／空間充填型，球棒型およびチューブ型。

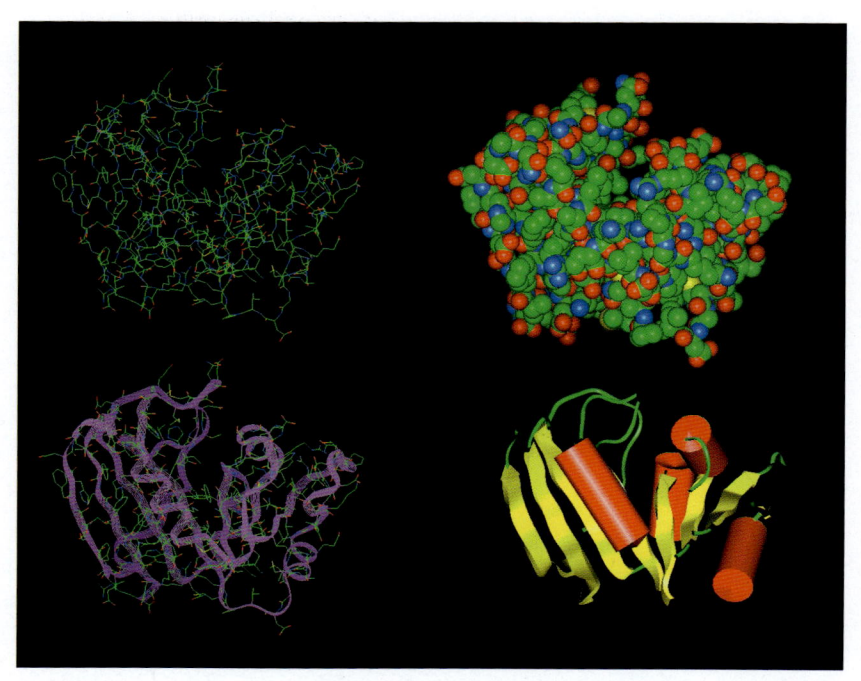

図1.5 分子グラフィックスによるタンパク質構造の表示。酵素ジヒドロ葉酸レダクターゼに対する表示結果を示す［1］。分子モデルは，左上から時計回りに，棒型，CPK型，カルツーン型およびリボン型。

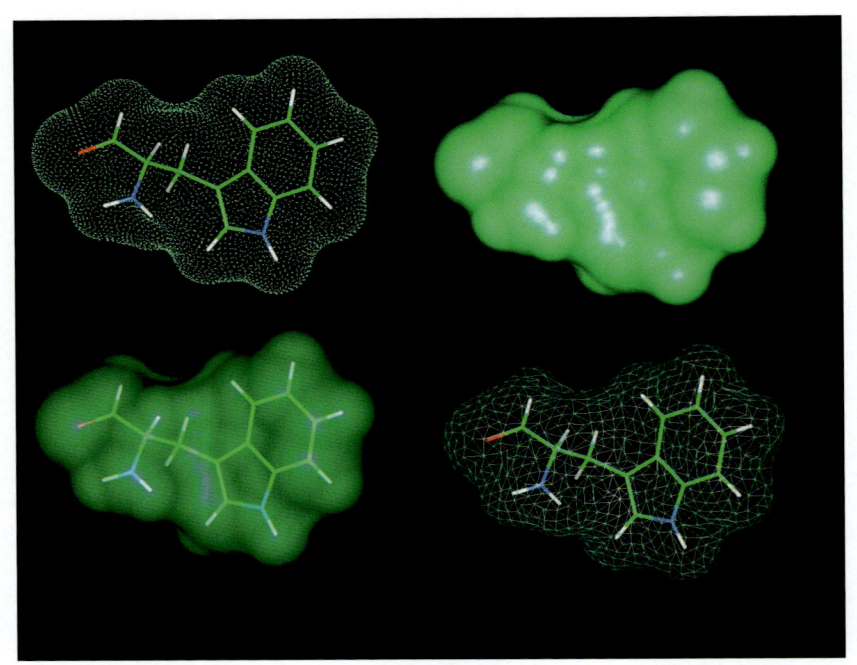

図1.7 分子グラフィックスによるトリプトファン分子表面の表示。左上から時計回りに，ドット表示，不透明立体表示，メッシュ表示および半透明立体表示。

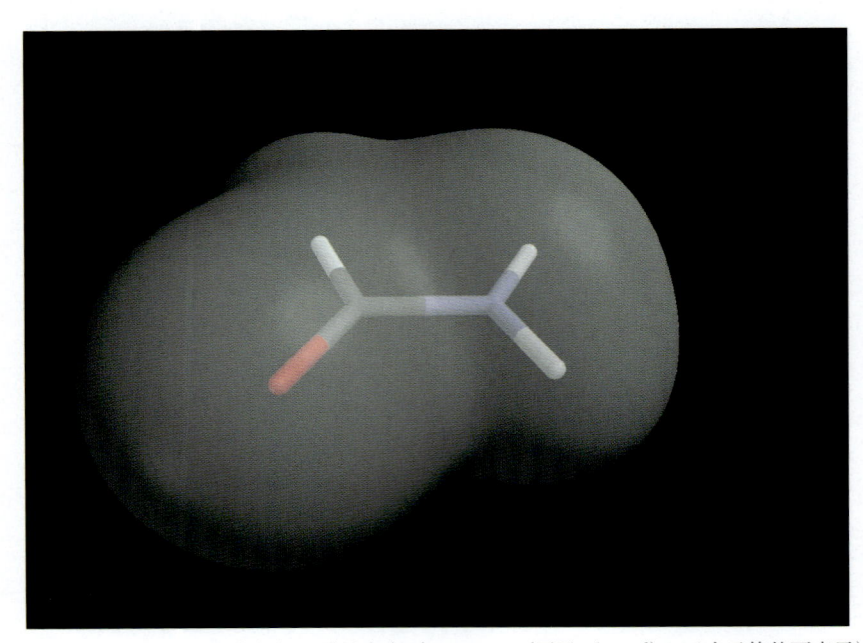

図2.11 ホルムアミドのまわりの電子密度（0.0001 a.u.（電子／bohr^3）の三次元等値面表示）

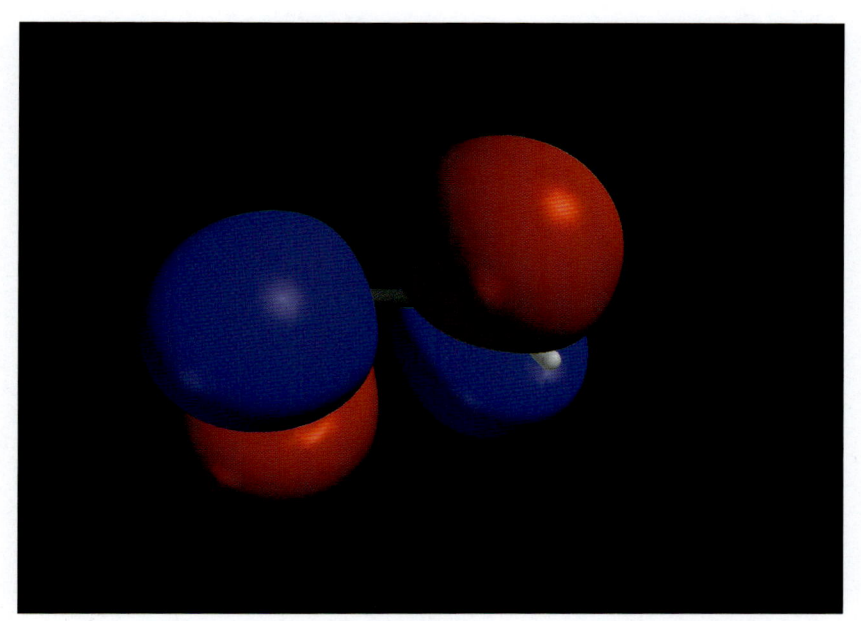

図2.12 ホルムアミドのHOMO。赤の等値面は波動関数が負となる領域，青の等値面は波動関数が正となる領域をそれぞれ表す。ホルムアミド分子は図2.11と同様，酸素原子が手前左側になるように置かれている。

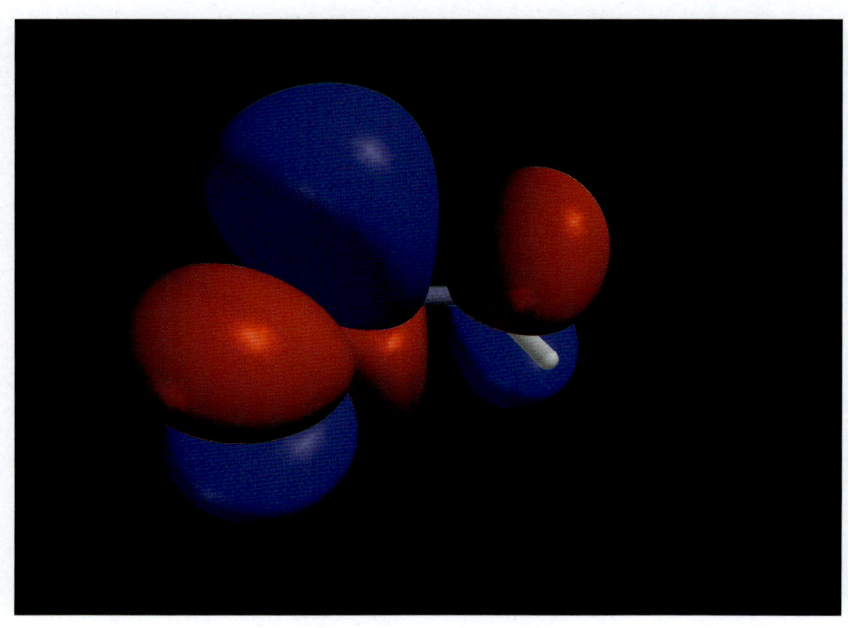

図2.13 ホルムアミドのLUMO

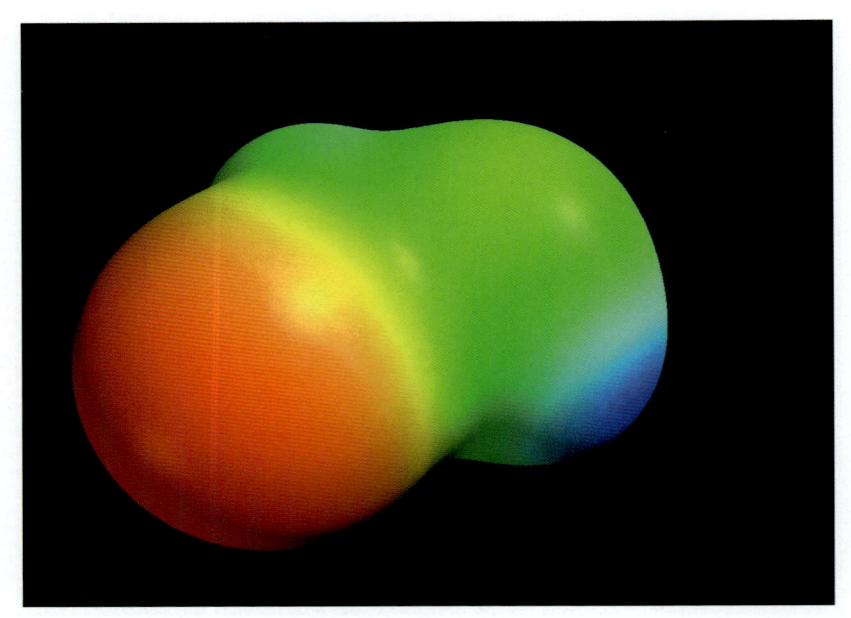

図2.18 ホルムアミドの等電子密度面に表示された静電ポテンシャル。赤は負，青は正の静電ポテンシャルをそれぞれ表す。分子の配向は図2.11と同じである。

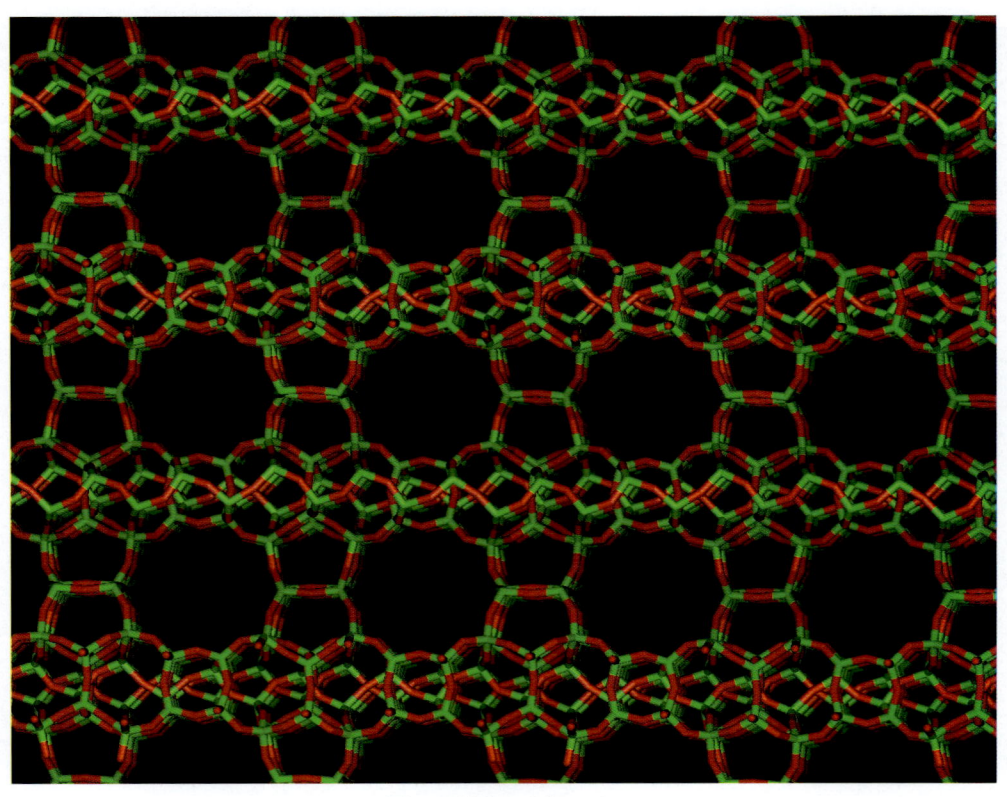

図5.36 ゼオライトNU-87

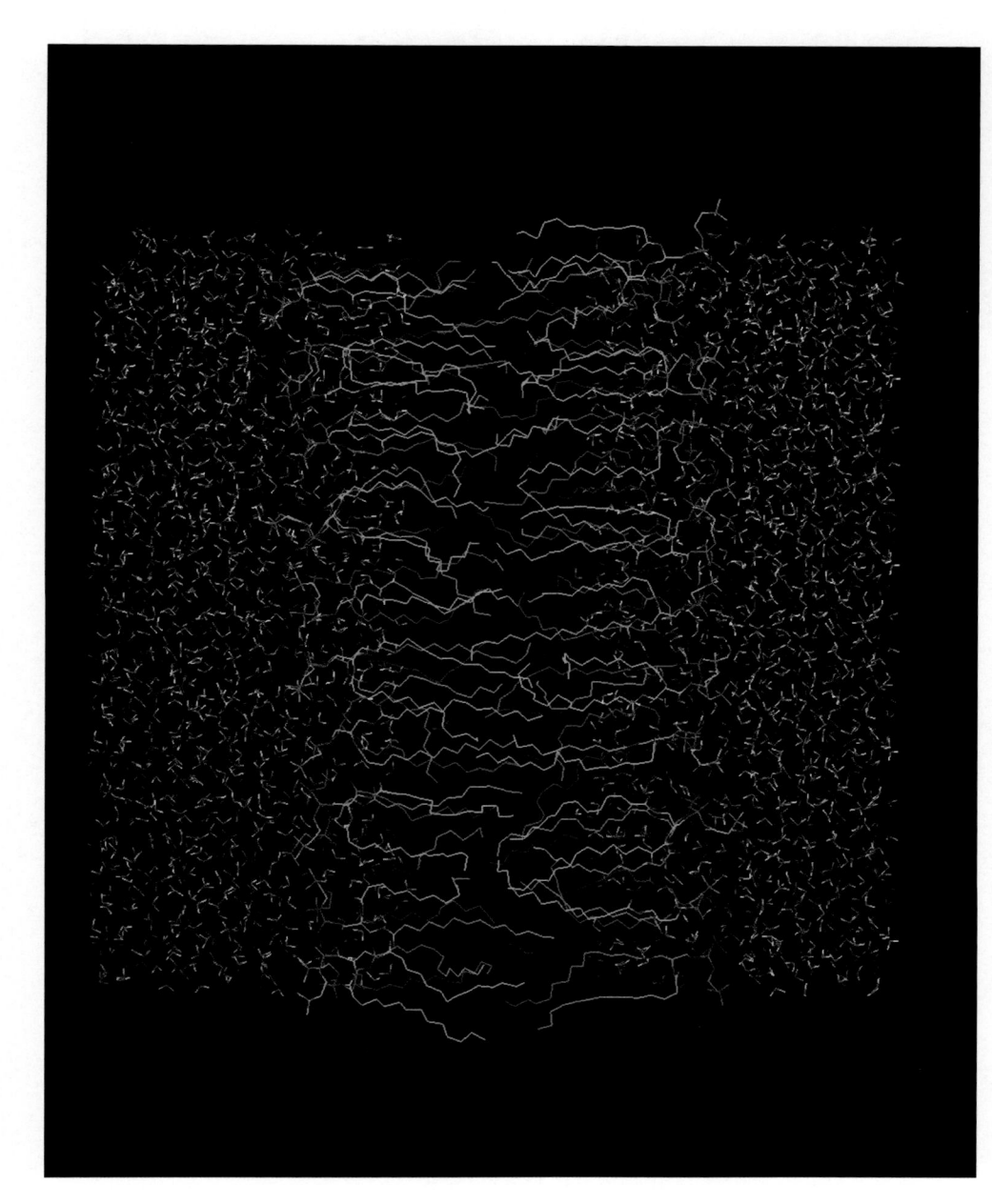

図7.21 溶媒和された脂質二分子層に対する分子動力学シミュレーションのスナップ写真 [42]。アルキル鎖がかなり無秩序な状態にあることが見て取れる。

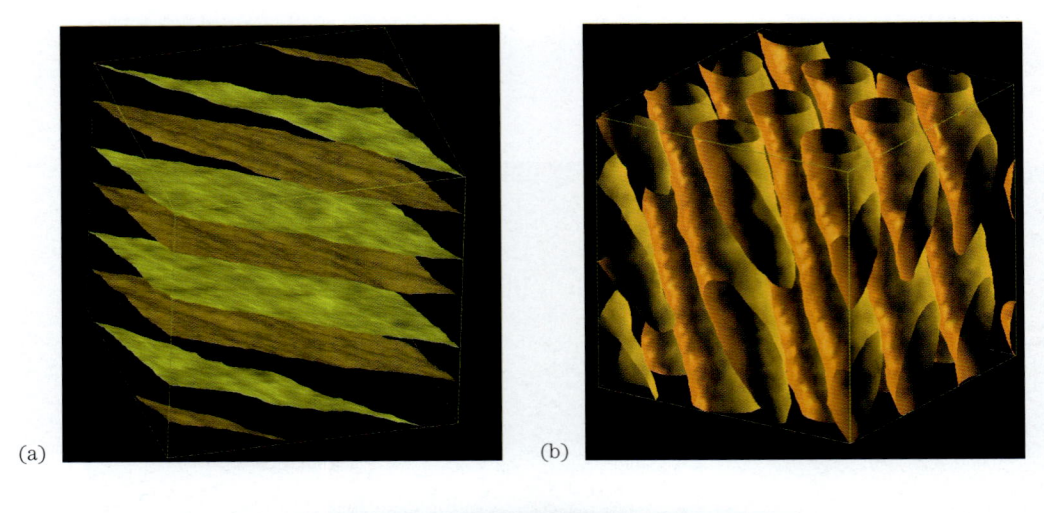

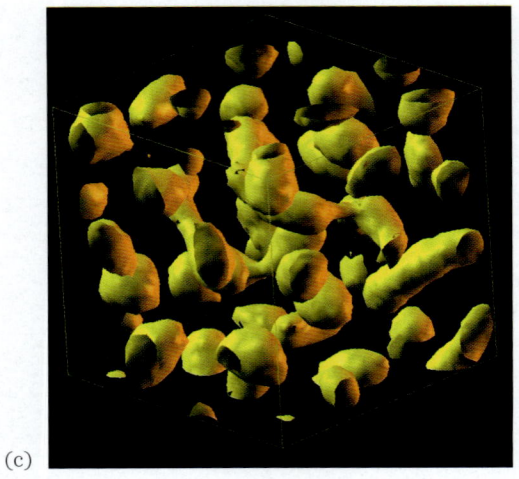

図7.24 ブロック共重合体の散逸粒子動力学シミュレーションから得られた最終配置のグラフィックスによる表示 [18]。(a) A_5B_5系ではラメラ相，(b) A_3B_7系では六方相，(c) A_2B_8系では体心立方相が形成される。

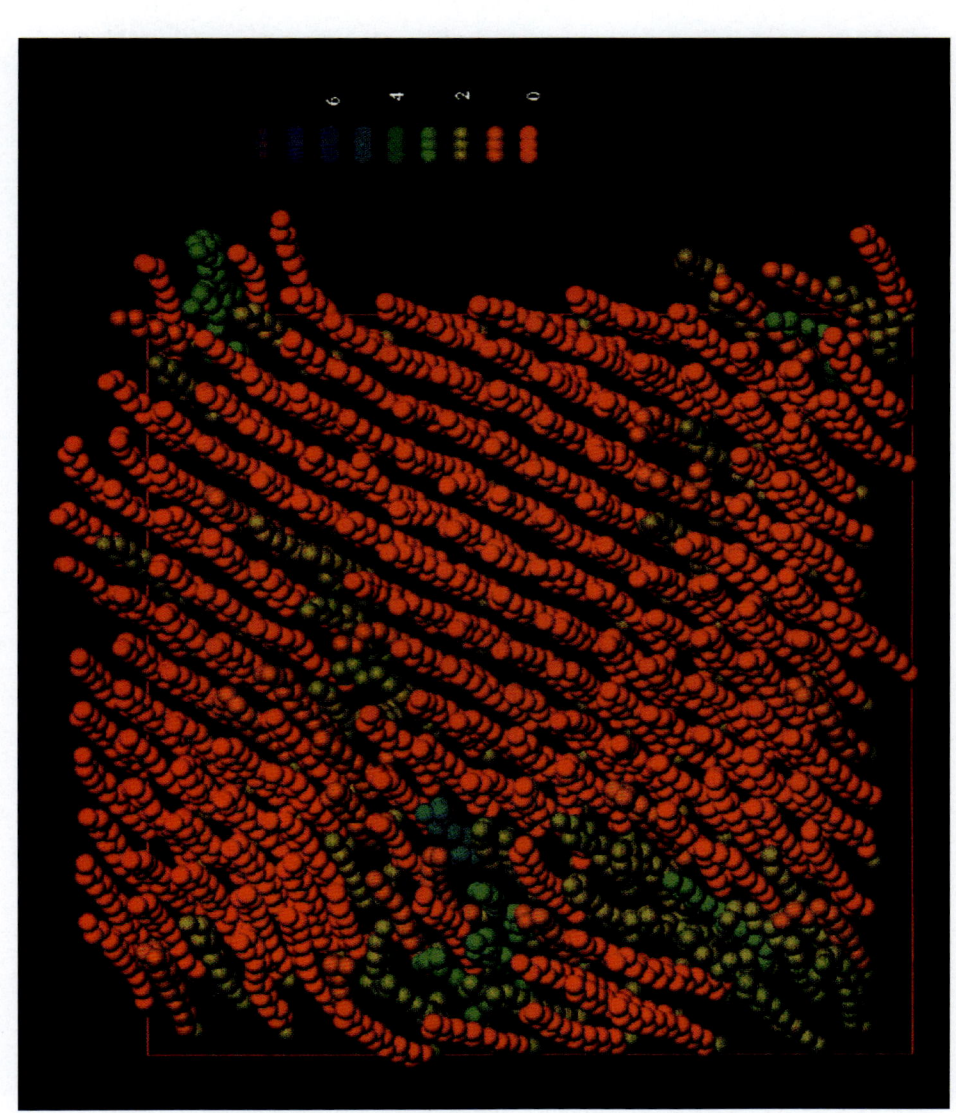

図8.21 金表面に吸着されたチオオアルカンの配置バイアス型モンテカルロ・シミュレーションから得られた最終配置 [28]。系は224個の分子からなる。分子はゴーシュ欠陥の数に基づき色分けされている。赤色の鎖はすべてトランス結合である。また、黄色はゴーシュ結合を三つ含む鎖、緑色は五つ含む鎖をそれぞれ表す。

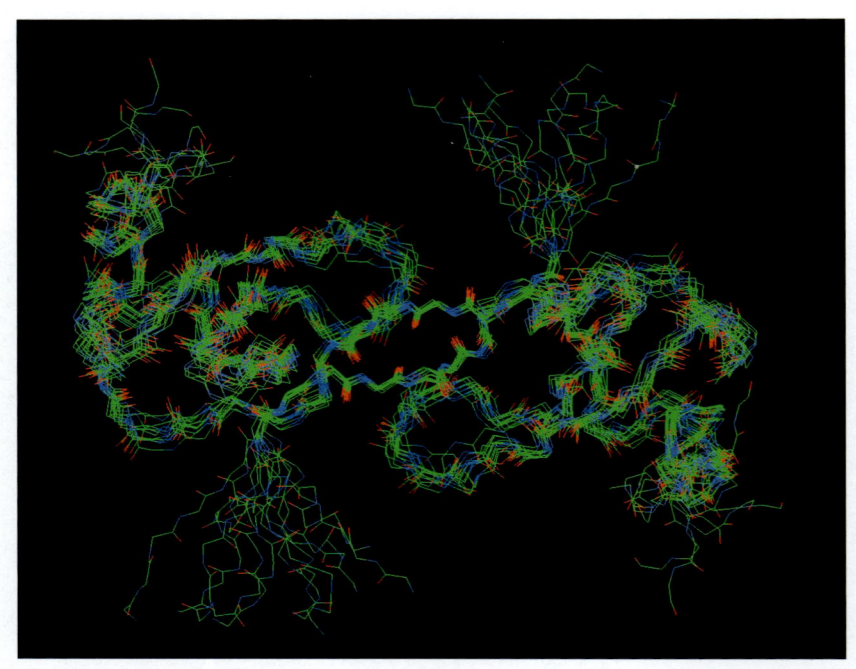

図9.18 距離幾何学法を利用してNMRデータから組み立てられたケモカインRANTESの12種の配座 [11]

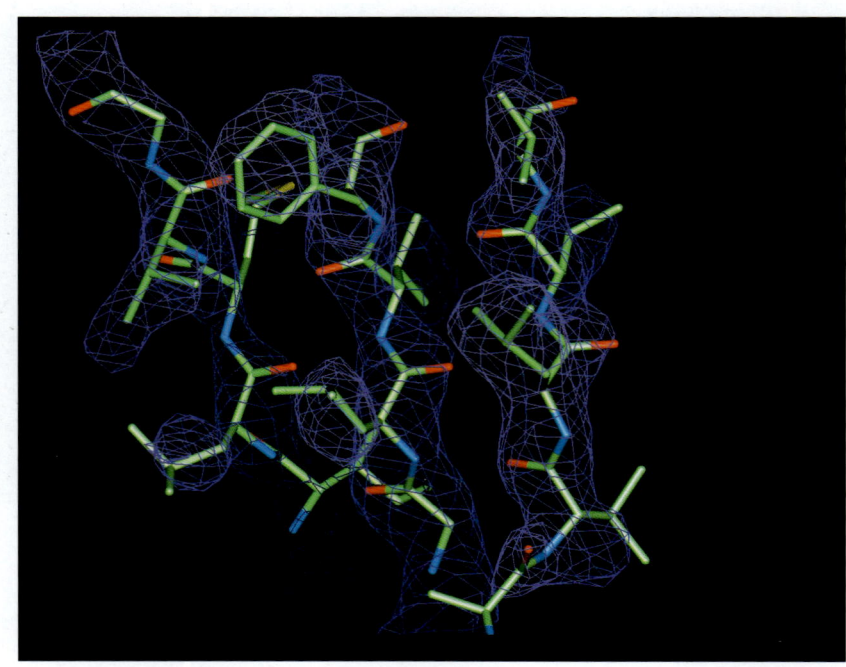

図9.23 タンパク質のX線結晶構造解析における電子密度図へのポリペプチド鎖の当てはめ。写真はラットADP-リボシル化因子1 (ARF-1) に対する電子密度図の一部である [27]。

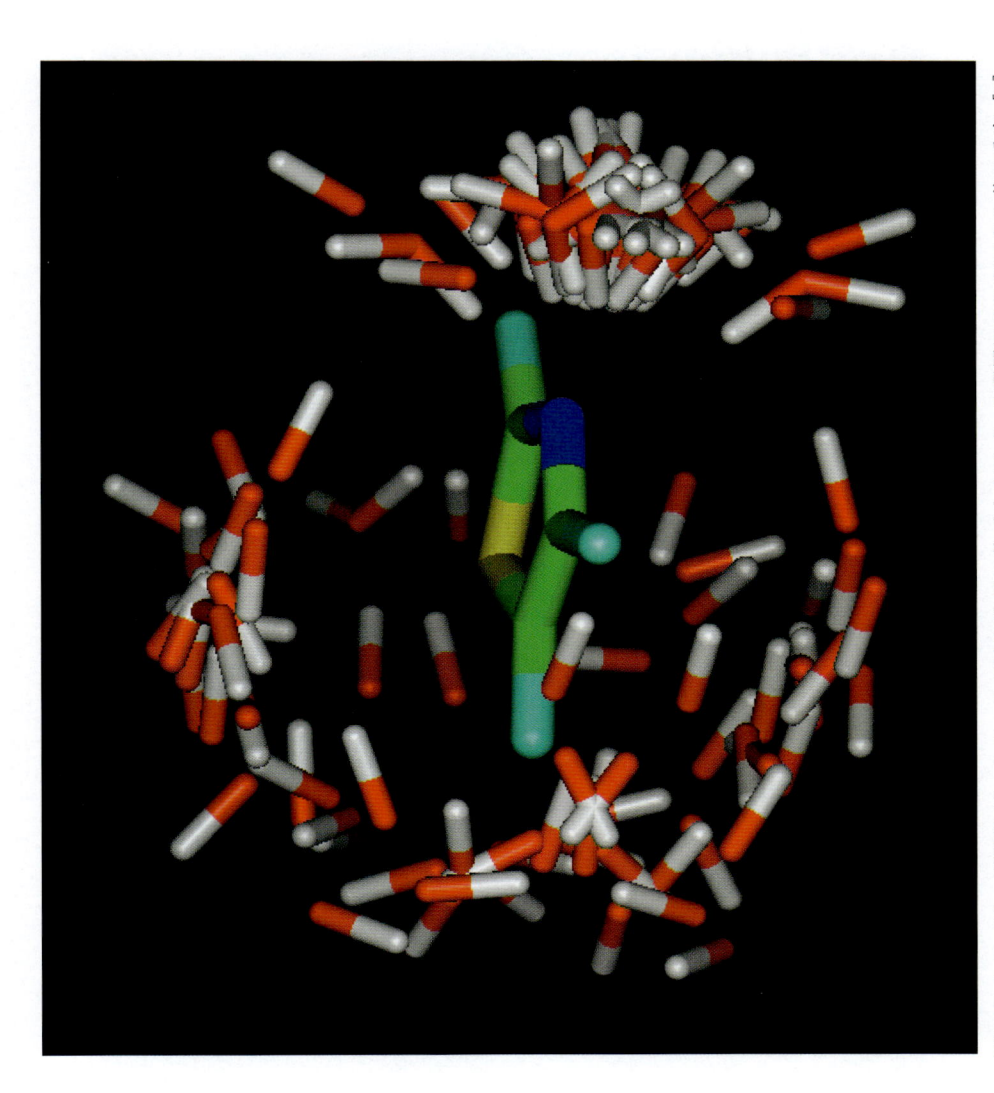

図9.27 ケンブリッジ構造データベースの抽出結果に基づくチアゾール環周辺のヒドロキシ基の分布 [8]。窒素原子は、水素結合の受容体として硫黄原子よりもはるかに強力である。

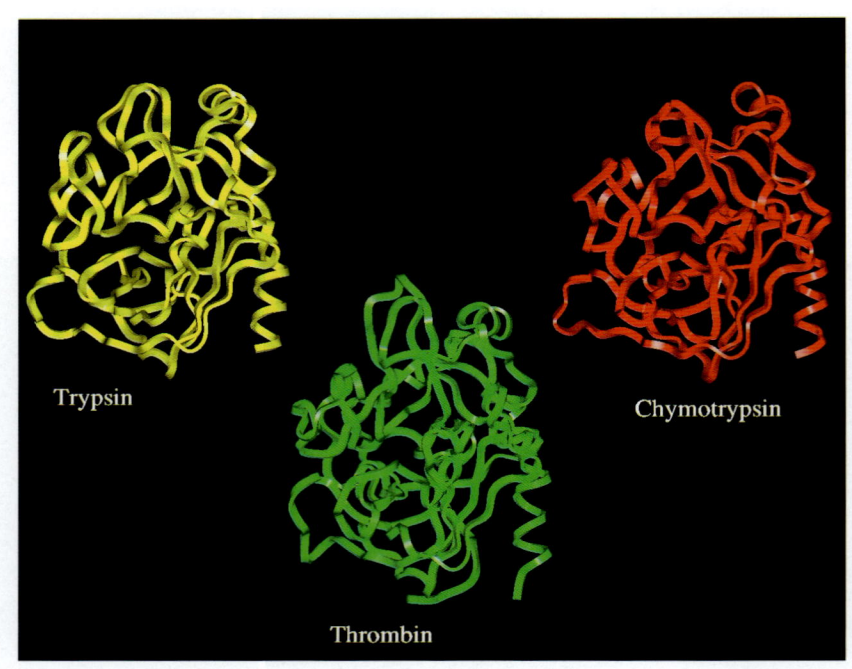

図10.9 トリプシン［99］（左上），キモトリプシン［5］（右上）およびトロンビン［98］（下）は，よく似た三次元構造をもつ。

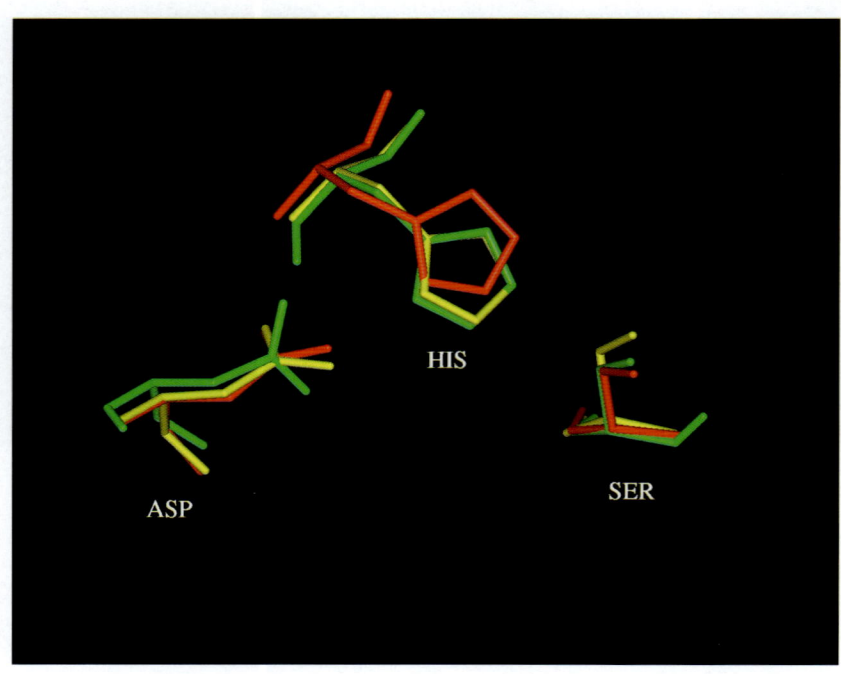

図10.11 トリプシン（黄），キモトリプシン（赤）およびトロンビン（緑）の活性部位を構成するアスパラギン酸，ヒスチジンおよびセリン残基の空間配置

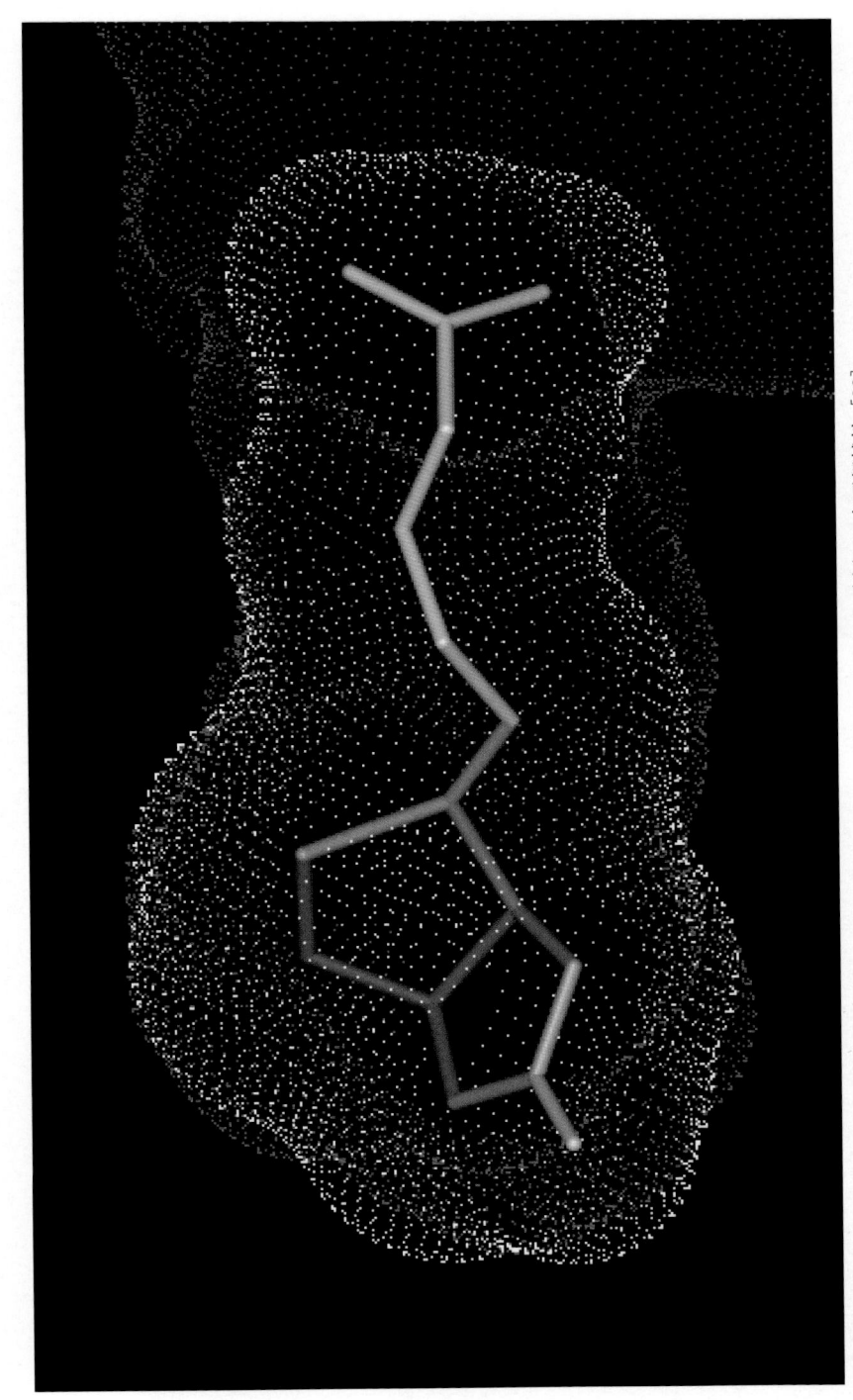

図11.12 ストレプトアビジン（紫）とビオチン（白）の表面相補性 [32]

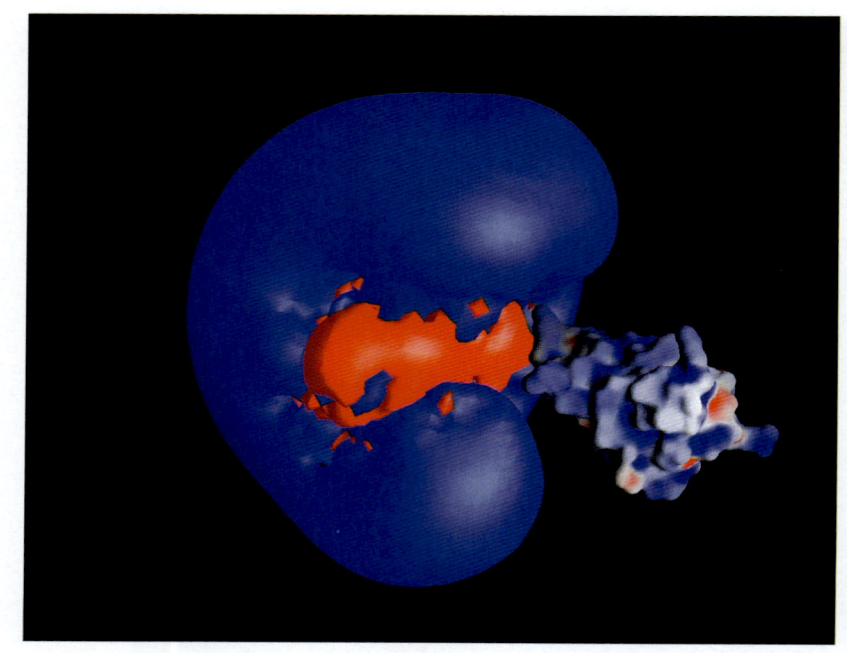

図11.29 トリプシンのまわりの静電ポテンシャルの3D等高面［58］。赤の等高面は$-1k_\mathrm{B}T$，青の等高面は$+1k_\mathrm{B}T$をそれぞれ表す。トリプシン阻害薬の分子表面における静電ポテンシャルもまた表示されている。

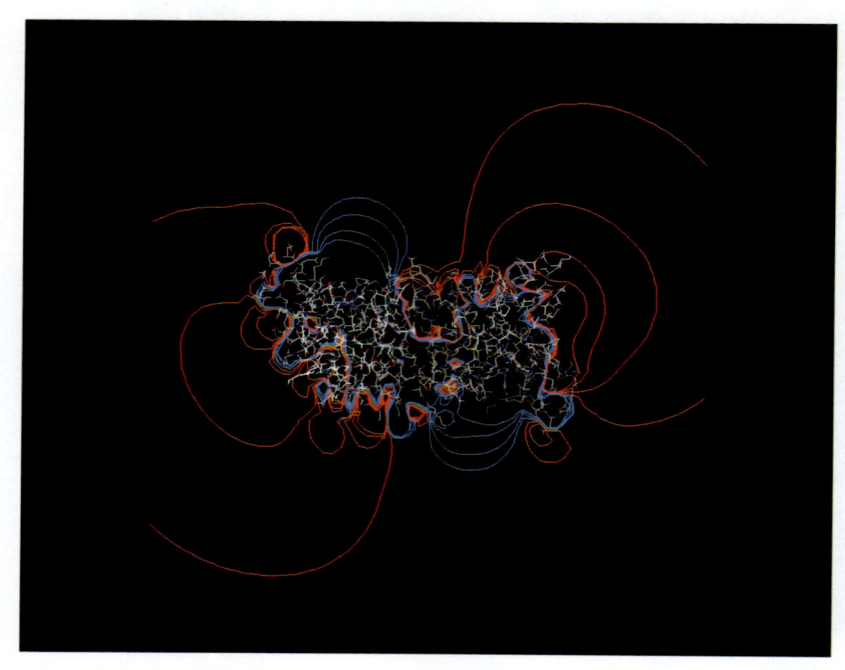

図11.30 Cu-Znスーパーオキシドジスムターゼのまわりの静電ポテンシャル［60］。赤の等高線は負，青の等高線は正の静電ポテンシャルをそれぞれ表す。活性部位は，図の左上と右下に位置する。正の静電ポテンシャル（青色）が大きく外へ張り出した領域が活性部位である。

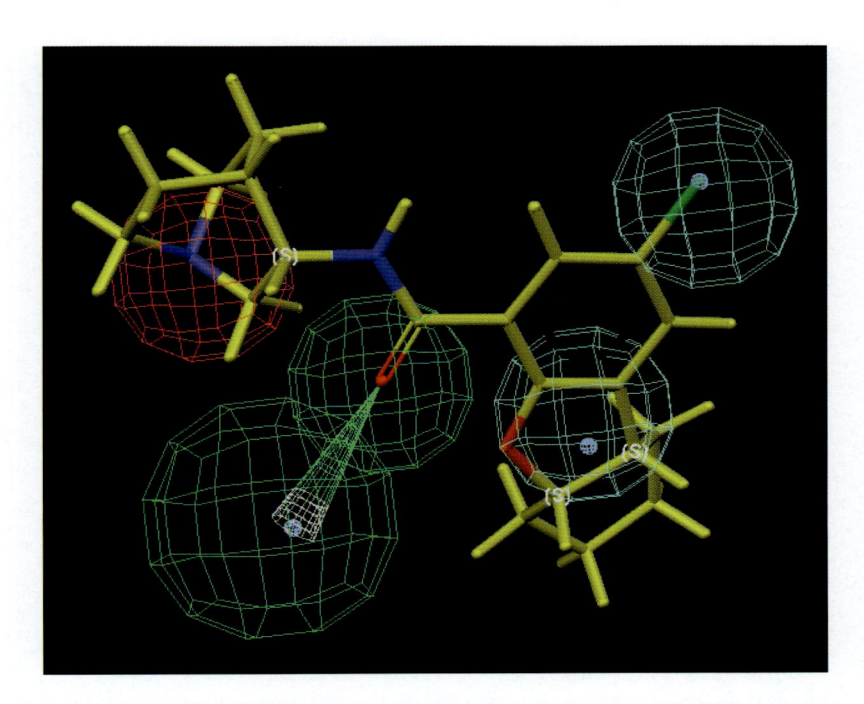

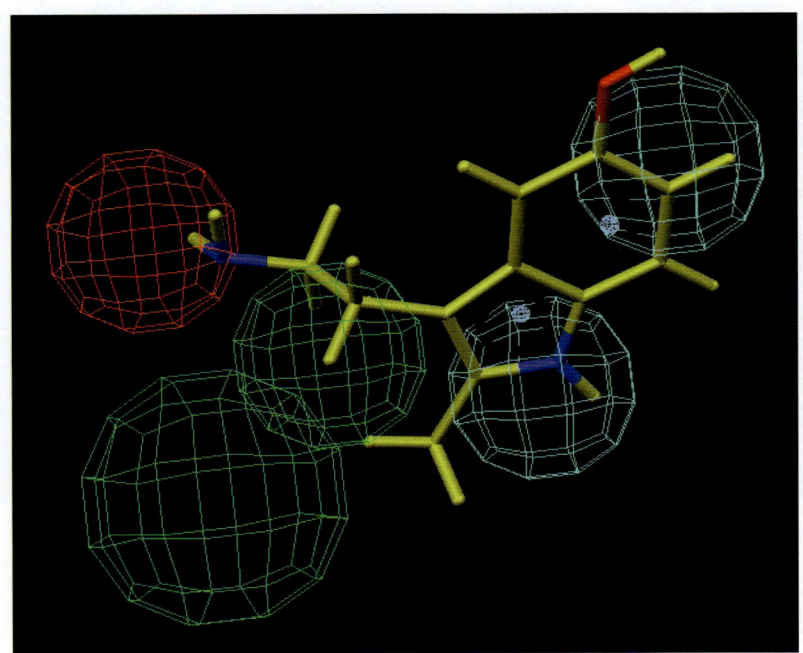

図12.16 5HT$_3$受容体で活性を示す一連の分子から誘導された3D薬理作用団。球は，個々の薬理活性基に課された位置の拘束条件を表す（赤：正荷電基，緑：水素結合受容基，青：疎水性領域）。上図ではきわめて活性な分子JMC-35-903-10，下図では活性のはるかに低い分子2-Me-5HTが，それぞれ薬理作用団に重ね合わされている。不活性な分子は，低エネルギー配座であっても，薬理作用団のすべての条件を満たすことはない。

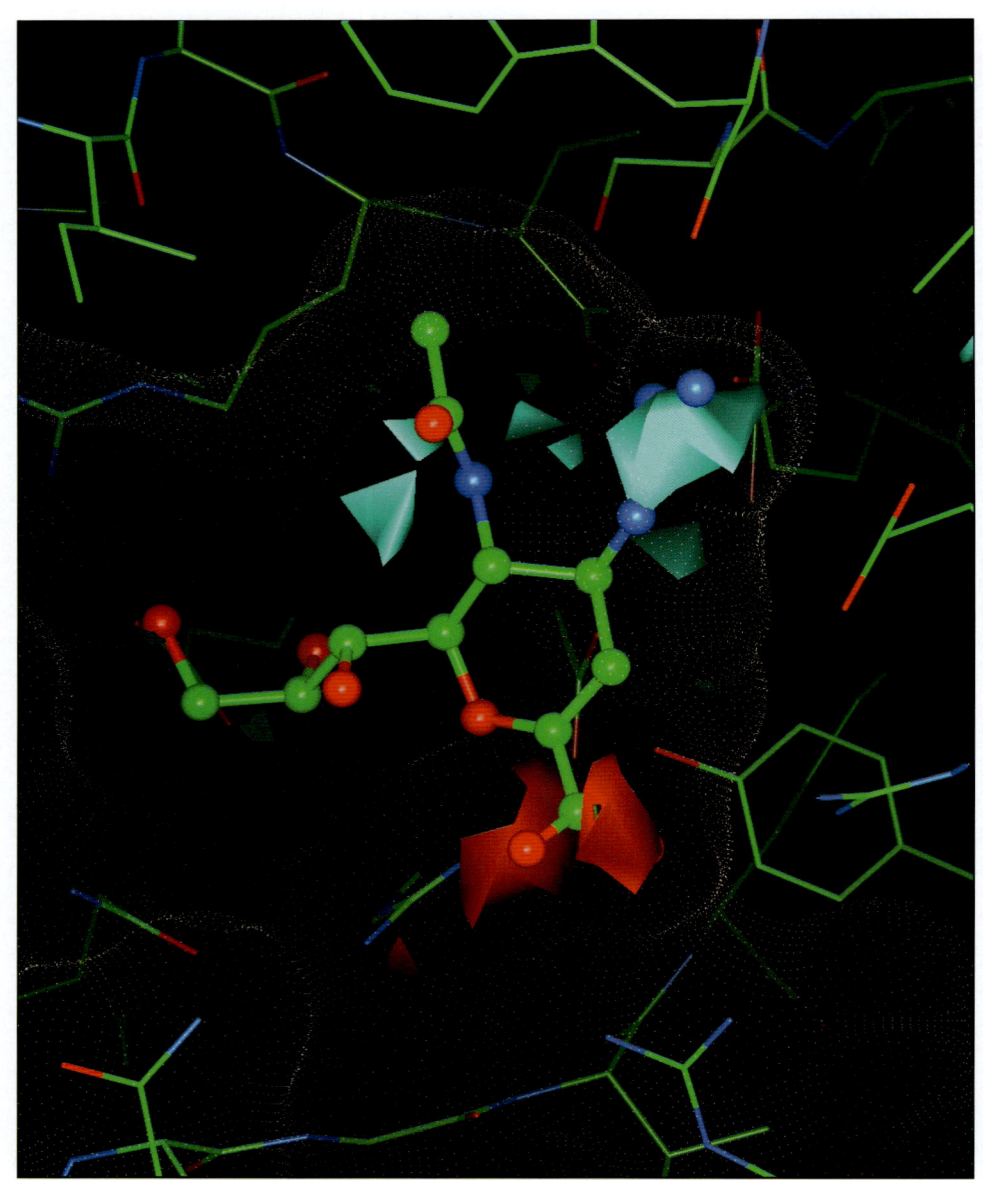

図12.32 カルボン酸とアミジンをプローブとしたノイラミニダーゼ結合部位内部のGRID計算結果 [119]。赤と青の等高面は、それぞれカルボン酸とアミジンに対する極小エネルギー領域を表す。これらの官能基をもつ阻害薬、4-グアニジノノイラミン酸-5-アセチル-2-エンの構造（球棒モデル）もあわせて示した。

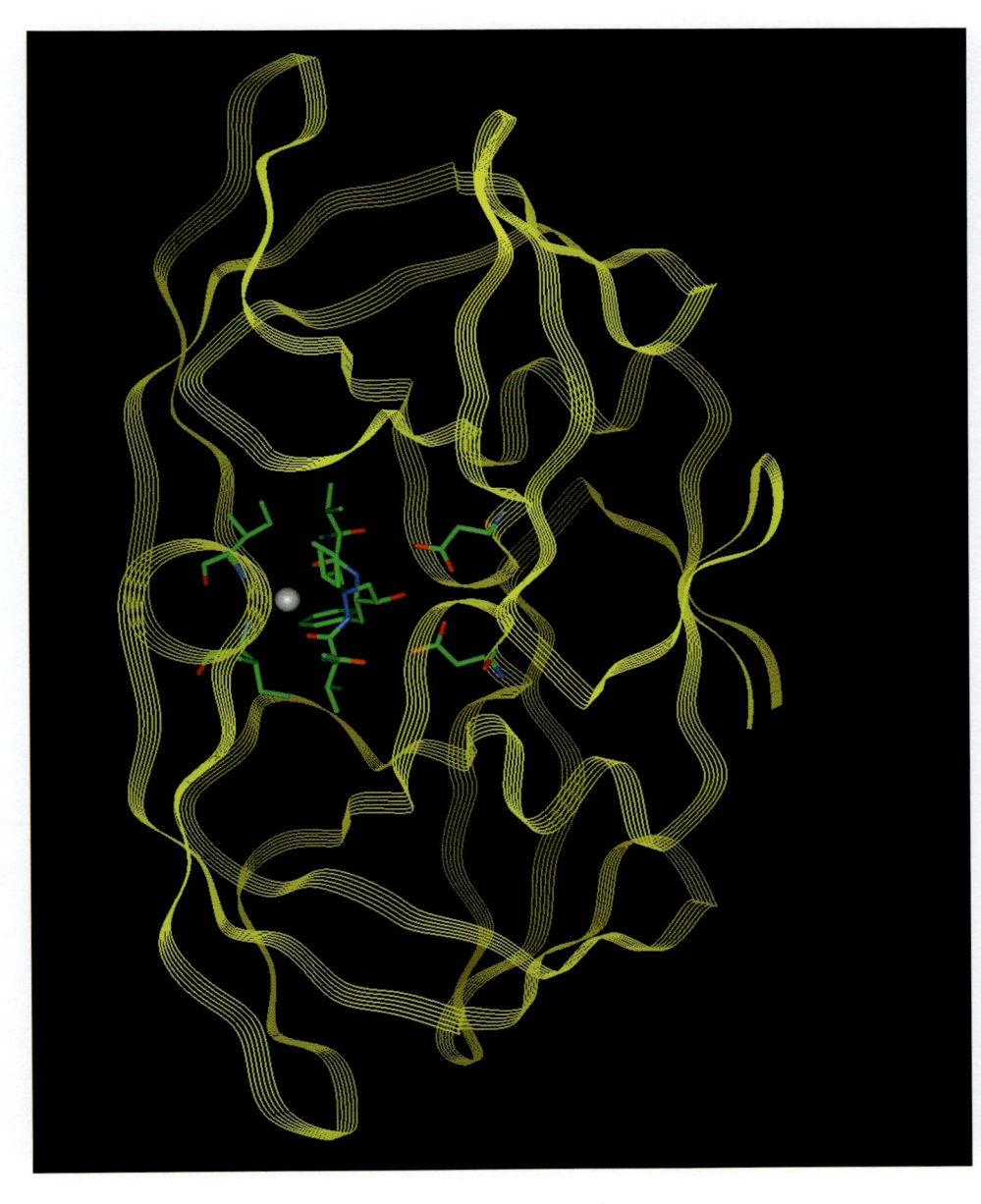

図12.34 阻害薬CGP53820と結合したHIV-1プロテアーゼ[101]。白色の球で描かれた水分子は，阻害薬とタンパク質のフラップ領域の両者へ水素結合している。活性部位の底部には，触媒作用のあるアスパラギン酸残基が2個存在する。

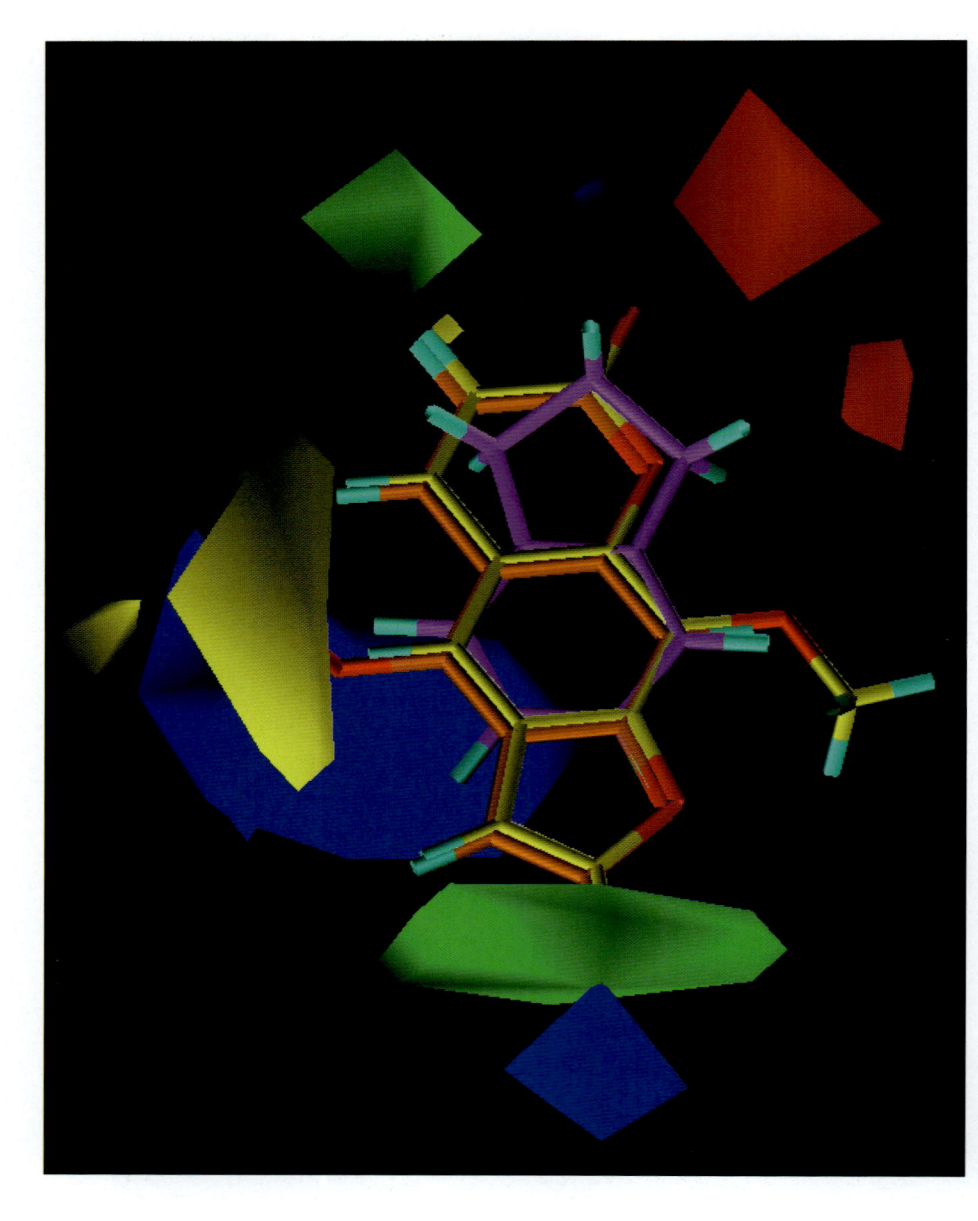

図12.41 チトクロムP450 2A5の一連のクマリン系基質と阻害薬のCoMFA解析から導かれた主要な特徴の等高面による表示[100]。赤/青の領域は、負電荷を置くのに有利/不利な位置を表し、緑/黄の領域は、かさ高い基を置くのに有利/不利な位置を表す。

多く使用される。したがって，回転障壁の計算結果が，生成熱のそれに比べて精度的に劣るといった状況は生じて当然である。（アミノ酸のような）特定の分子クラスや（配座障壁のような）性質に対して，精度の高い結果を得たいのであれば，パラメトリゼーションの際，同じ系列の分子群を含めるなどの工夫が必要である。

付録 2.1　計算量子化学で一般に使われる略語と頭字語

AM 1	Austin Model 1
AO	Atomic orbital
B3LYP	Becke により導入された混成ハートリー–フォック／密度汎関数
BLYP	密度汎関数理論で使用される Becke-Lee-Yang-Parr 勾配補正汎関数
BSSE	Basis set superposition error
CASSCF	Complete active space self-consistent field
CI	Configuration interaction
CIS	Configuration interaction singles
CISD	Configuration interaction singles and doubles
CNDO	Complete neglect of differential overlap
DFT	Density functional theory
DIIS	Direct inversion of iterative subspace
DZ	Double zeta
DZP	Double zeta with polarisation
EHT	Extended Hückel theory
GVB	Generalised valence bond model
HF	Hartree-Fock
HOMO	Highest occupied molecular orbital
INDO	Intermediate neglect of differential overlap
LCAO	Linear combination of atomic orbitals
LDA	Local density approximation
LSDFT	Local spin density functional theory
LUMO	Lowest unoccupied molecular orbital
MBPT	Many-body perturbation theory
MINDO/3	Modified INDO version 3
MNDO	Modified neglect of diatomic overlap
MO	Molecular orbital
MP	Møller-Plesset
MP 2, MP 3 など	二次 Møller-Plesset 理論, 三次 Møller-Plesset 理論など
NDDO	Neglect of diatomic differential overlap
PM 3	Parametrisation 3 of MNDO
QCISD	Quadratic configuration interaction singles and doubles
QCISD(T)	三電子励起（triple excitation）を組み込んだ QCISD 法

RHF	Restricted Hartree-Fock
SAM 1	Semi-*Ab initio* Model 1
SCF	Self-consistent field
STO	Slater type orbital
STO-3G, STO-4G など	3, 4……個のガウス関数でスレーター型原子軌道を表す最小基底系
UHF	Unrestricted Hartree-Fock
WVN	Wilk-Vosko-Nusair による相関汎関数
ZDO	Zero differential overlap

さらに読みたい人へ

[a] Atkins P W 1991. *Quanta: A Handbook of Concepts*. Oxford, Oxford University Press.
[b] Atkins P W 1998. *Physical Chemistry*. 6th Edition. Oxford, Oxford University Press.
[c] Atkins P W, R S Friedman 1996. *Molecular Quantum Mechanics*. Oxford, Oxford University Press.
[d] Clark T 1985. *A Handbook of Computational Chemistry: A Practical Guide to Chemical Structure and Energy Calculations*. New York, Wiley-Interscience.
[e] Dewar M J S 1969. *The Molecular Orbital Theory of Organic Chemistry*. New York, McGraw-Hill.
[f] Hinchliffe A 1988. *Computational Quantum Chemistry*. Chichester, John Wiley & Sons.
[g] Hinchliffe A 1995. *Modelling Molecular Structures*. Chichester, John Wiley & Sons.
[h] Hirst D M 1990. *A Computational Approach to Chemistry*. Oxford, Blackwell Scientific.
[i] Pople J A and D L Beveridge 1970. *Approximate Molecular Orbital Theory*. New York, McGraw-Hill.
[j] Richards W G and D L Cooper 1983. *Ab Initio Molecular Orbital Calculations for Chemists*. 2nd Edition. Oxford, Clarendon Press.
[k] Schaeffer H F III (Editor) 1977. *Applications of Electronic Structure Theory*. New York, Plenum Press.
[l] Schaeffer H F III (Editor) 1977. *Methods of Electronic Structure Theory*. New York, Plenum Press.
[m] Stewart J J P 1990. MOPAC: A Semi-Empirical Molecular Orbital Program. *Journal of Computer-Aided Molecular Design* **4**:1-45.
[n] Stewart J J P 1990. Semi-Empirical Molecular Orbital Methods. In Lipkowitz K B and D B Boyd (Editors). *Reviews in Computational Chemistry* Volume 1. New York, VCH Publishers, pp. 45-82.
[o] Szabo A and N S Ostlund 1982. *Modern Quantum Chemistry. Introduction to Advanced Electronic Structure Theory*. New York, McGraw-Hill.
[p] Zerner M C 1991. Semi-Empirical Molecular Orbital Methods. In Lipkowitz K B, D B Boyd (Editors). *Reviews in Computational Chemistry* Volume 2. New York, VCH Publishers, pp. 313-366.

引用文献

[1] Allinger N L, R S Grev, B F Yates and H F Schaeffer III 1990. The Syn Rotational Barrier in Butane. *Journal of the American Chemical Society* **112**:114-118.
[2] Bachrach S M 1994. Population Analysis and Electron Densities from Quantum Mechanics. In Lipkowitz K B and D B Boyd (Editors). *Reviews in Computational Chemistry* Volume 5. New York, VCH Publishers, pp. 171-227.
[3] Bader R F W 1985. Atoms in Molecules. *Accounts of Chemistry Research* **18**:9-15.
[4] Bingham R C, M J S Dewar and D H Lo 1975a. Ground States of Molecules. XXV. MINDO/3. An Improved Version of the MINDO Semi-Empirical SCFMO Method. *Journal of the American Chemical Society* **97**:1285-1293.
[5] Bingham R C, M J S Dewar and D H Lo 1975b. Ground States of Molecules. XXVI. MINDO/3. Calculations for Hydrocarbons. *Journal of the American Chemical Society* **97**:1294-1301.
[6] Bingham R C, M J S Dewar and D H Lo 1975c. Ground States of Molecules. XXVII.

MINDO/3. Calculations for CHON Species. *Journal of the American Chemical Society* **97**: 1302-1306.

[7] Bingham R C, M J S Dewar and D H Lo 1975 d. Ground States of Molecules. XXVIII. MINDO/3. Calculations for Compounds Containing Carbon, Hydrogen, Fluorine and Chlorine. *Journal of the American Chemical Society* **97**:1307-1310.

[8] Boys S F 1950. Electronic Wave Functions I. A General Method of Calculation for the Stationary States of Any Molecular System. *Proceedings of the Royal Society (London)* **A200**:542-554.

[9] Cusachs L C and Politzer 1968. On the Problem of Defining the Charge on an Atom in a Molecule. *Chemical Physics Letters* **1**:529-531.

[10] Dewar M J S, C Jie and J Yu 1993. SAM 1 : The First of a New Series of General Purpose Quantum Mechanical Molecular Models. *Tetrahedron* **49**:5003-5038.

[11] Dewar M J S and Thiel W 1977 a. Ground States of Molecules. 38. The MNDO Method. Approximations and Parameters. *Journal of the American Chemical Society* **99**:4899-4907.

[12] Dewar M J S and Thiel W 1977 b. Ground States of Molecules. 39. MNDO Results for Molecules Containing Hydrogen, Carbon, Nitrogen and Oxygen. *Journal of the American Chemical Society* **99**:4907-4917.

[13] Dewar M J S, E G Zoebisch, E F Healy and J J P Stewart 1985. AM 1: A New General Purpose Quantum Mechanical Model. *Journal of the American Chemical Society* **107**:3902-3909.

[14] Dunning T H Jr 1970. Gaussian Basis Functions for Use in Molecular Calculations. I. Contraction of (9s5p) Atomic Basis Sets for First-Row Atoms. *Journal of Chemical Physics* **53**:2823-2883.

[15] Fowler P W 1993. Systematics of Fullerenes and Related Clusters. *Philosophical Transactions of the Royal Society (London)* **A343**:39-52.

[16] Hall G G 1951. The Molecular Orbital Theory of Chemical Valency. VIII. A Method for Calculating Ionisation Potentials. *Proceedings of the Royal Society (London)* **A205**:541-552.

[17] Hehre W J, R F Stewart and J A Pople 1969. Self-Consistent Molecular-Orbital Methods. I. Use of Gaussian Expansions of Slater-Type Atomic Orbitals. *Journal of Chemical Physics* **51**:2657-2664.

[18] Hehre W J, L Radom, P v R Schleyer and J A Pople 1986. *Ab Initio Molecular Orbital Theory*. New York, John Wiley & Sons.

[19] Hoffmann R 1963. An Extended Hückel Theory. I. Hydrocarbons. *Journal of Chemical Physics* **39**:1397-1412.

[20] Hückel Z 1931. Quanten Theoretische Beiträge zum Benzolproblem. I. Die Electron Enkonfiguration des Benzols. *Zeitschrift für Physik* **70**:203-286.

[21] Huzinaga S 1965. Gaussian-type Functions for Polyatomic Systems. I. *Journal of Chemical Physics* **42**:1293-1302.

[22] Löwdin P - Q 1970. On the Orthogonality Problem. *Advances in Quantum Chemistry* **5**:185-199.

[23] Mayer I, 1983. Charge, Bond Order and Valence in the *Ab Initio* SCF Theory. *Chemical Physics Letters* **97**:270-274.

[24] Mulliken R S 1955. Electronic Population Analysis on LCAO-MO Molecular Wave Functions. I. *Journal of Chemical Physics* **23**:1833-1846.

[25] Politzer P and J S Murray 1991. Molecular Electrostatic Potentials and Chemical

Reactivity. In Lipkowitz K B and D B Boyd (Editors). *Reviews in Computational Chemistry* Volume 2. New York, VCH Publishers, pp. 273-312.

[26] Pople J A, D L Beveridge and P A Dobosh 1967. Approximate Self-Consistent Molecular Orbital Theory. V. Intermediate Neglect of Differential Overlap. *Journal of Chemical Physics* **47**:2026-2033.

[27] Pople J A, D P Santry and G A Segal 1965. Approximate Self-Consistent Molecular Orbital Theory. I. Invariant Procedures. *Journal of Chemical Physics* **43**:S129-S135.

[28] Pople J A and G A Segal 1965. Approximate Self-Consistent Molecular Orbital Theory. II. Calculations with Complete Neglect of Differential Overlap. *Journal of Chemical Physics* **43**:S136-S149.

[29] Pople J A and G A Segal 1966. Approximate Self-Consistent Molecular Orbital Theory. III. CNDO Results for AB_2 and AB_3 Systems. *Journal of Chemical Physics* **44**:3289-3296.

[30] Reed A E, R B Weinstock and F Weinhold 1985. Natural Population Analysis. *Journal of Chemical Physics* **83**:735-746.

[31] Roothaan C C J 1951. New Developments in Molecular Orbital Theory. *Reviews of Modern Physics* **23**:69-89.

[32] Slater J C 1930. Atomic Shielding Constants. *Physical Review* **36**:57-64.

[33] Smith G D and R L Jaffe 1996. Quantum Chemistry Study of Conformational Energies and Rotational Energy Barriers in *n*-Alkanes. *Journal of Physical Chemistry* **100**:18718-18724.

[34] Stewart J J P 1989 a. Optimisation of Parameters for Semi-Empirical Methods. I. Methods. *Journal of Computational Chemistry* **10**:209-220.

[35] Stewart J J P 1989 b. Optimisation of Parameters for Semi-Empirical Methods. II. Applications. *Journal of Computational Chemistry* **10**:221-264.

[36] Thiel W and A A Voityuk 1994. Extension of MNDO to d Orbitals: Parameters and Results for Silicon. *Journal of Molecular Structure (Theochem)* **313**:141-154.

[37] Wieberg K B and M A Murcko 1988. Rotational Barriers. 2. Energies of Alkane Rotamers. An Examination of Gauche Interactions. *Journal of the American Chemical Society* **110**:8029-8038.

[38] Wiberg K B and P R Rablen 1993. Comparison of Atomic Charges Derived via Different Procedures. *Journal of Computational Chemistry* **14**:1504-1518.

第 3 章　高等な ab initio 法，密度汎関数理論および固体量子力学

3.1　はじめに

　第 2 章では，一般に最もよく使われる量子力学的方法——ab initio 法と半経験的方法——により，有機分子の基底状態を計算する際の手順を説明し，あわせてこれらの方法で推定できる物性のいくつかを考察した。本章では，ab initio 法のさらに進んだ側面や密度汎関数法について解説する。また，量子力学的方法による固体研究に関しても取り上げる。

3.2　開殻系

　ローターン-ホール方程式は開殻系へは適用できない。開殻系とは，不対電子を 1 個以上含んだ系のことである。すなわち，ラジカルは定義により開殻系であり，基底状態の分子でも，NO や O_2 のような分子は開殻系に属する。開殻系を扱うアプローチには二つの種類がある。第一のアプローチは，一重被占分子軌道と二重被占分子軌道を組み合わせて使用するスピン制限ハートリー-フォック(RHF)理論である。第 2 章で説明した閉殻アプローチは，RHF 理論の特別な場合に相当する。二重被占軌道は，α スピン電子と β スピン電子のいずれに対しても同じ空間関数を使用する。軌道展開式(2.144)の係数は変分法で求められる。RHF 法に代わる第二のアプローチは，Pople-Nesbet のスピン非制限ハートリー-フォック(UHF)理論である [41]。この理論は，α スピン電子と β スピン電子に対し，異なる分子軌道を使用する。フォック行列も，スピンの違いに対応し二つのものが定義される。それらは次のような行列要素をもつ。

$$F_{\mu\nu}^{\alpha}=H_{\mu\nu}^{\mathrm{core}}+\sum_{\lambda=1}^{K}\sum_{\sigma=1}^{K}[[P_{\lambda\sigma}^{\alpha}+P_{\lambda\sigma}^{\beta}](\mu\nu|\lambda\sigma)-P_{\lambda\sigma}^{\alpha}(\mu\lambda|\nu\sigma)] \tag{3.1}$$

$$F_{\mu\nu}^{\beta}=H_{\mu\nu}^{\mathrm{core}}+\sum_{\lambda=1}^{K}\sum_{\sigma=1}^{K}[[P_{\lambda\sigma}^{\alpha}+P_{\lambda\sigma}^{\beta}](\mu\nu|\lambda\sigma)-P_{\lambda\sigma}^{\beta}(\mu\lambda|\nu\sigma)] \tag{3.2}$$

　UHF 理論はまた，次の二つの密度行列を使用する。完全な密度行列はこれらの行列の和で与えられる。

$$P_{\mu\nu}^{\alpha}=\sum_{i=1}^{\alpha\,\mathrm{occ}}c_{\mu i}^{\alpha}c_{\nu i}^{\alpha} \qquad P_{\mu\nu}^{\beta}=\sum_{i=1}^{\beta\,\mathrm{occ}}c_{\mu i}^{\beta}c_{\nu i}^{\beta} \tag{3.3}$$

$$P_{\mu\nu}=P_{\mu\nu}^{\alpha}+P_{\mu\nu}^{\beta} \tag{3.4}$$

式(3.3)の求和はそれぞれ，α スピンと β スピンの被占軌道全体について行われる。すなわち，

$\alpha_{\text{occ}} + \beta_{\text{occ}}$ は系の電子の総数に等しい。閉殻ハートリー–フォック波動関数では，電子は対をなしているので，電子スピンの分布はどこをとってもゼロである。しかし，開殻系では過剰の電子スピンが存在する。このことを表すため，電子密度との類推からスピン密度の概念が導入される。点 $\mathbf{r}$ でのスピン密度 $\rho^{\text{spin}}(\mathbf{r})$ は次式で与えられる。

$$\rho^{\text{spin}}(\mathbf{r}) = \rho^{\alpha}(\mathbf{r}) - \rho^{\beta}(\mathbf{r}) = \sum_{\mu=1}^{K} \sum_{\nu=1}^{K} [P_{\mu\nu}^{\beta} - P_{\mu\nu}^{\beta}] \phi_{\mu}(\mathbf{r}) \phi_{\nu}(\mathbf{r}) \tag{3.5}$$

明らかに，一般性があるのは UHF アプローチの方である。実際，制限ハートリー–フォック法は非制限ハートリー–フォック法の特別な場合にすぎない。図 3.1 は，RHF モデルと UHF モデルの違いを示した概念図である。UHF 波動関数は解離限界に近い分子に対しても有効である。たとえば，最も簡単な分子 H_2 を考えてみよう。H_2 分子の基底状態は一重項で，その結合距離は約 0.75Å である。RHF 法では，ハートリー–フォック波動関数が使用され，対になった二電子は同じ一つの空間軌道に収容される。しかし，結合距離が伸びて解離限界に近づいたとき，このような記述は明らかに適切さを欠く。水素分子は解離し，2 個の水素原子になるが，RHF 波動関数を使うと，水素分子は H^+ と H^- へ解離してしまうのである。それに対し，UHF 関数は水素分子の挙動を的確に再現する。一般に，水素分子の正しい波動関数は，約 1.2Å よりも長い結合距離では UHF 理論を使わなければ得られない。図 3.2 は，RHF 法と UHF 法で水素分子の解離曲線を計算したときの結果を比較したものである。水素分子の解離挙動を正しく記述しているのは，明らかに UHF 理論の方である。

3.3　電子相関

ハートリー–フォック理論の最も重大な欠陥は，電子相関を十分取り入れていない点である。自己無撞着場法では，電子は他の電子が作る平均ポテンシャルの中を運動すると見なされる。したがって，ある瞬間の電子位置は近接電子の影響を受けない。しかし実際には，電子の運動は相

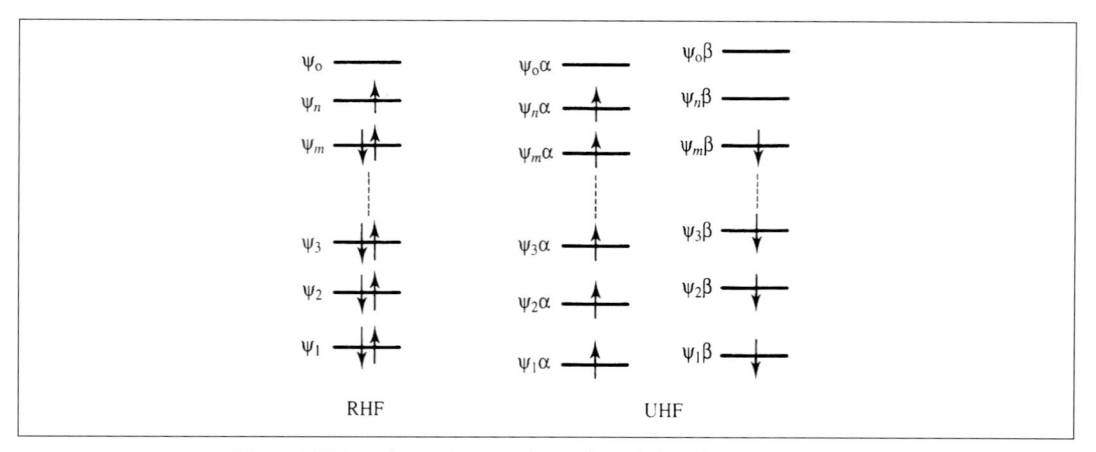

図 3.1　RHF モデルと UHF モデルの違い（電子配置図による説明）

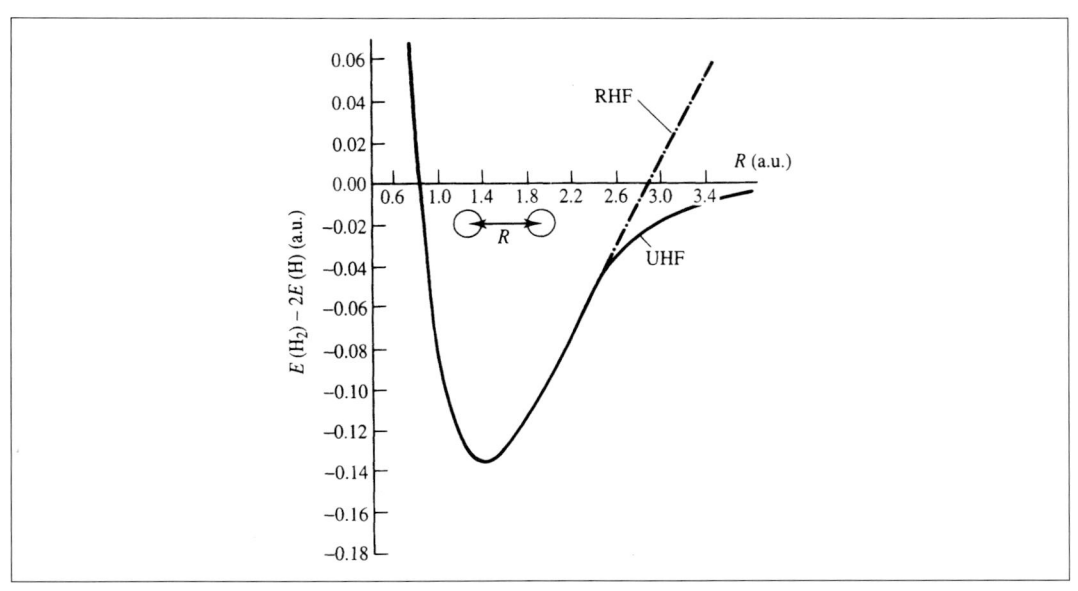

図 3.2 UHF 法と RHF 法で計算された H₂ 分子の解離曲線の比較 [p]

関しており，ハートリー–フォック理論が示唆する以上に，電子は互いを避け合い，より低いエネルギーをとろうとする。相関エネルギーは，ハートリー–フォック・エネルギーと正確なエネルギーの間の差として定義される。電子相関の無視は，明らかに異常な結果をもたらす。特に，解離限界に近いところではそうである。たとえば，相関を無視した計算では，H₂の電子は，核が無限に離れている場合でさえ二つの核上に相等しい時間留まる。平衡構造のハートリー–フォック幾何配置と相対エネルギーは，しばしば実験結果とよく一致する。分子モデリング研究の多くは平衡にある分子種を扱うので，相関効果はそれほど重要でないかもしれない。しかし，相関効果を含めることの正当性を示す証拠は増えつつあり，定量的な情報が要求される場合など特にそうである。分散効果は分子間相互作用で主要な役割を演ずるが（4.10.1項参照），電子相関はこの分散効果でもきわめて重要となる。電子相関は *ab initio* 計算との関係で論じられることが多い。しかし，半経験的方法でも，この効果はパラメトリゼーションの際，暗に考慮されている。また，半経験的計算の水準に応じ，パラメータを修正する特殊な電子相関法も開発されている。

3.3.1 配置間相互作用

相関効果を *ab initio* 分子軌道計算へ組み入れる方法は数多く存在する。しかし，一般によく使われるのは配置間相互作用（CI）の方法である。このアプローチでは，電子状態は励起状態を含めて記述される。たとえば，リチウム原子を考えてみよう。リチウムの基底状態は $1s^22s^1$ で表される（ここでは慣用的な記法を使用したが，実際には波動関数はスレーター行列式である）。しかし，外側の価電子が励起すれば，$1s^23s^1$ のような状態が生じる。したがってより正確には，全波動関数は基底波動関数と励起波動関数の一次結合で記述した方がよい。K 個の基底関数を

使ってハートリー-フォック計算を行うと，スピン軌道は $2K$ 個得られる。$2K$ 個のこれらのスピン軌道に N 個の電子（$N<2K$）が収容されるとすれば，$(2K-N)$ 個の軌道は空軌道（仮想軌道）として残るはずである。これまで考察した単一行列式のアプローチでは，波動関数は被占軌道のみで表される。たとえば，基底系として各水素原子の 1s 軌道を使い，H_2 分子の計算を行うと，二つの分子軌道が得られる（$1\sigma_g$ と $1\sigma_u$）。基底状態では，2個の電子は $1\sigma_g$ 軌道を満たしている。励起状態はこの被占スピン軌道を仮想スピン軌道で置き換えることにより作られる。水素分子の励起状態としては，たとえば $1\sigma_g^1 1\sigma_u^1$ や $1\sigma_u^2$ といったものが考えられる（実際には，後で述べるように，これらの配置のうち最初のもの（$1\sigma_g^1 1\sigma_u^1$）は，基底状態と組み合わせることができない）。1個のスピン軌道を1個の仮想軌道で置き換えるだけでなく，2個のスピン軌道を2個の仮想軌道で置き換えたり，3個のスピン軌道を3個の仮想軌道で置き換えたりすることもできる。一般に，CI 波動関数は次のように表される。

$$\Psi = c_0\Psi_0 + c_1\Psi_1 + c_2\Psi_2 + \cdots\cdots \tag{3.6}$$

ここで，Ψ_0 はハートリー-フォック方程式を解くことで得られる単一行列式波動関数である。また Ψ_1, Ψ_2, ……は，1個以上の被占スピン軌道を仮想スピン軌道で置き換えた励起配置を表す（行列式）波動関数である。係数 c_0, c_1, ……を決めるには，単一行列式の場合と同様，線形変分アプローチを利用し，系のエネルギーを極小化する必要がある。CI 計算は，通常の計算に比べて一段複雑である。各配置は分子軌道を使って表され，分子軌道はさらに基底関数の一次結合で展開される。計算を要する積分の数はきわめて多い。また，$2K$ 個の軌道に N 個の電子を入れる方法は，全部で $(2K)!/[N!(2K-N)!]$ 通りあり，その数は K と N の値が小さい場合を除き，厖大なものとなる。きわめて小さな系を除き，すべての可能性を考慮する全 CI 法が一般に使われないのは，このような理由による。しかし，基底系が課す限界内で最も完全な取扱いをしたければ，この全 CI 法によらなければならない。極限の完全基底系では，全 CI（full CI）は完全 CI（complete CI）となる。これは最も厳密な取扱いであるが，K の値が大きいところでは，スレーター行列式の数は N とともに指数関数的に増加する（$K^N/N!$）。したがって，その計算は事実上不可能である。そこで一般には，考慮すべき励起配置を制限する方法がとられる。たとえば，一電子励起配置間相互作用(CIS)法は，ハートリー-フォック波動関数と比べ，スピン軌道が1個異なる波動関数だけを考慮する。水準のさらに高い理論では，二重置換（二電子励起配置間相互作用，CID）や，一重置換と二重置換の両方（一電子および二電子励起配置間相互作用，CISD）が考慮される。考慮すべき励起配置の数は，CIS や CID の水準においてさえきわめて多い。この数を減らすには，置換に関与するスピン軌道を制限する必要がある。たとえば一例として，最高被占分子軌道（HOMO）や最低空分子軌道（LUMO）が関与する励起のみを許容するといった措置がとられる。また，そのほか内殻電子の軌道を無視することもある（凍結殻近似）。これらの選択肢は，図解すれば図 3.3 のようになる。

　すべての励起が必ずしもエネルギーの低下に役立つわけではない。行列式のいくつかは基底状態と混ざり合わない。ブリュアン定理の示すところによれば，一電子励起は単一行列式の基底状態波動関数 Ψ_0 とは直接混ざり合わない。一般に，重要なのは二電子励起であり，一電子励起は

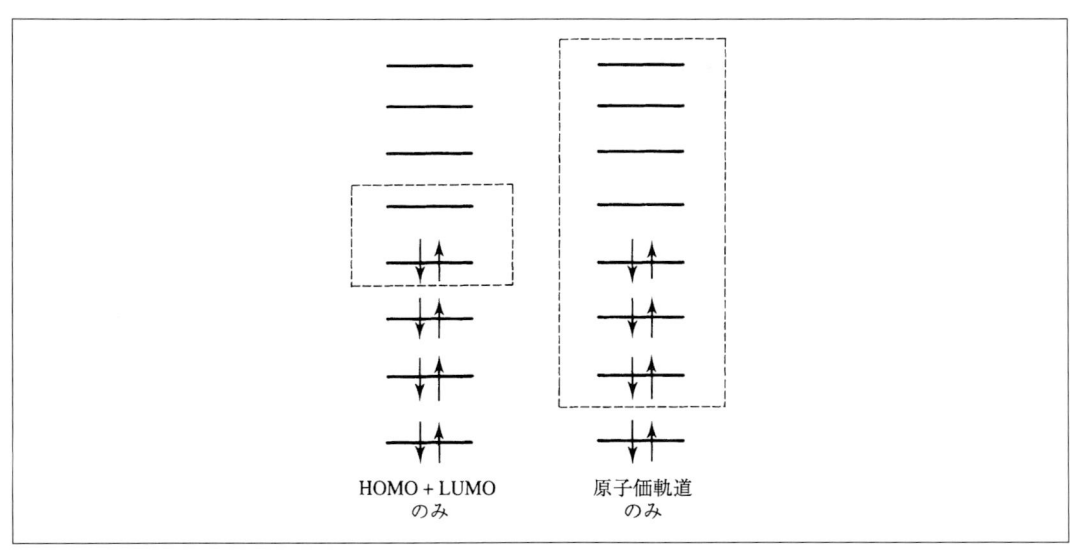

図 3.3 配置間相互作用計算への励起状態波動関数の組込み例 [g]

基底状態のエネルギーを何ら改善しないとされる．しかし実際には，一電子励起は二電子励起と相互作用し，二電子励起はΨ_0と相互作用する．したがって間接的ではあるが，一電子励起はエネルギーに対して小さな影響を及ぼす．三電子以上の励起もまた，(他の励起レベルを介して間接的に相互作用することはあるが)，直接Ψ_0と相互作用することはない．これは，ハミルトニアンがせいぜい，二電子間の相互作用しか含んでいないことによる．電子関数が三つ以上異なるスレーター行列式の場合，全空間にわたって積分したならば，その値はゼロになる．

伝統的な CI 計算では，展開式(3.6)に現れる各行列式は，ハートリー–フォック計算から求めたものが使われる．変えられるのは係数 c_0, c_1, ……だけである．もし，行列式の係数だけではなく，基底関数自体の係数も変えることができれば，当然（さらに低いエネルギーをもつ）波動関数が得られる．このアプローチは，多配置 SCF 法（MCSCF）として知られる．MCSCF 理論はローターン-ホール方程式に比べかなり複雑であり，本書の程度を超えるので，これ以上の説明は省略する．注目に値する MCSCF 手法の一つは，Roos の CASSCF (Complete Active-Space SCF) 法である [45]．CASSCF は分子軌道を，(1) 全配置で二重に占有された軌道，(2) 全配置で空の軌道，(3) その他の活性軌道の三群へ分割し，厖大な数の配置を計算に組み入れる．配置リストの作成に当たっては，活性軌道間に活性電子を分布させたときに生じるすべての配置を考慮する．

CI 計算は変分的である．得られたエネルギーは真のエネルギーよりも常に高い．CI 計算の欠点は，全 CI の水準で行われた場合を除き，それらがサイズ無撞着（size consistent）ではないことである．これは要するに，相互作用のない N 個の原子（分子）を一つの系として計算したとき，そのエネルギーが各原子（分子）を独立に計算したときの N 倍にならないという意味である．言い換えると，サイズ無撞着性が成立するならば，二原子分子の結合距離を無限大に引き

伸ばしたとき，系のエネルギーは対応する原子のエネルギーの和に等しくなる。このサイズ無撞着性はなぜ成立しないのか。たとえば，1個の Be_2 分子と2個のベリリウム原子に対する CID 計算を比べてみよう。Be の電子配置は $1s^22s^2$ である。二つの原子を A と B で区別すれば，離れた二つの原子の各波動関数は $1s_A^22p_A^21s_B^22p_B^2$（$\equiv 1s_A^21s_B^22p_A^22p_B^2$）の配置を含むであろう。これは，2個の電子がベリリウム原子内で 2s から 2p の軌道へ昇位した配置に相当する。この配置は，$1s_A^21s_B^22s_A^22s_B^2$ の電子配置をもつベリリウム二量体の四電子励起状態に対応する。この四電子励起配置は，二電子励起しか受け入れない二量体の CID 波動関数では考慮されない。実際，二電子励起配置のみを考慮した CI 計算によるエネルギーは，非相互作用種の数を N としたとき，N ではなく $\sqrt{N}$ に比例する。この問題に対処するため，二次配置間相互作用法（QCISD）が開発された［39］。QCISD 法はサイズ無撞着の要請を満たす CISD 法で，その特徴は，展開式に二次の励起項が追加された点にある。さらに高次の理論としては QCISD(T) が知られる。この理論では，三電子励起からの寄与も組み込まれるが，その分計算に時間がかかる。

3.3.2 多体摂動論

Møller-Plesset は，電子相関の問題に取り組むため，レイリー-シュレーディンガー摂動論に基づいた別の方法を提唱した［30］。この方法では，真のハミルトニアン H は，（分子軌道を得るための）ゼロ次ハミルトニアン H_0 と摂動 V の和で表される。

$$H = H_0 + V \tag{3.7}$$

いま，真のハミルトニアンの固有関数を Ψ_i，そのエネルギーを E_i で表し，ゼロ次ハミルトニアンの固有関数を $\Psi_i^{(0)}$，そのエネルギーを $E_i^{(0)}$，基底状態波動関数を $\Psi_0^{(0)}$，そのエネルギーを $E_0^{(0)}$ でそれぞれ表す。いま，真のハミルトニアンを次のように書き表し，その固有関数と固有値を少しずつ改善していくことを考えてみる。

$$H = H_0 + \lambda V \tag{3.8}$$

ここで，λ は 0 と 1 の間で変化するパラメータである。すなわち，λ がゼロのとき，H はゼロ次ハミルトニアンに等しく，λ が 1 のとき，H はその真値に等しい。いま，H の固有関数 Ψ_i と固有値 E_i を λ のべきで展開してみよう。

$$\Psi_i = \Psi_i^{(0)} + \lambda \Psi_i^{(1)} + \lambda_2 \Psi_i^{(2)} + \cdots\cdots = \sum_{n=0} \lambda^n \Psi_i^{(n)} \tag{3.9}$$

$$E_i = E_i^{(0)} + \lambda E_i^{(1)} + \lambda^2 E_i^{(2)} + \cdots\cdots = \sum_{n=0} \lambda^n E_i^{(n)} \tag{3.10}$$

ここで，$E_i^{(1)}$ はエネルギーへの一次補正，$E_i^{(2)}$ は二次補正をそれぞれ表す。これらのエネルギーは，固有関数から次のように計算される。

$$E_i^{(0)} = \int \Psi_i^{(0)} H_0 \Psi_i^{(0)} d\tau \tag{3.11}$$

$$E_i^{(1)} = \int \Psi_i^{(0)} V \Psi_i^{(0)} d\tau \tag{3.12}$$

$$E_i^{(2)} = \int \Psi_i^{(0)} V \Psi_i^{(1)} d\tau \tag{3.13}$$

$$E_i^{(3)} = \int \Psi_i^{(0)} V \Psi_i^{(2)} d\tau \tag{3.14}$$

したがって，エネルギーの補正項を求めるためには，積分に現れる波動関数などの形が分からなければならない。Møller-Plesset 摂動論では，非摂動ハミルトニアン H_0 は，N 個の電子に対する一電子フォック演算子の和で与えられる。

$$H_0 = \sum_{i=1}^{N} f_i = \sum_{i=1}^{N} \left(H^{\mathrm{core}} + \sum_{j=1}^{N} (J_j - K_j) \right) \tag{3.15}$$

ハートリー-フォック波動関数 $\Psi_0^{(0)}$ は H_0 の固有関数であり，対応するゼロ次エネルギー $E_0^{(0)}$ は，被占分子軌道の軌道エネルギーの総和に等しい。

$$E_0^{(0)} = \sum_i^{\mathrm{occupied}} \varepsilon_i \tag{3.16}$$

さらに高次のエネルギーを計算するには，摂動 V の形を知る必要がある。この摂動は，真のハミルトニアン H とゼロ次ハミルトニアン H_0 の差で与えられる。分子の軌道像に基づいたスレーター行列式の記述は，近似にすぎないことを思い起こしていただきたい。真のハミルトニアンは，核引力項と電子反発項の和に等しい。

$$H = \sum_{i=1}^{N} (H^{\mathrm{core}}) + \sum_{i=1}^{N} \sum_{j=i+1}^{N} \frac{1}{r_{ij}} \tag{3.17}$$

したがって，摂動 V は次式で与えられる。

$$V = \sum_{i=1}^{N} \left(\sum_{j=i+1}^{N} \frac{1}{r_{ij}} - \sum_{j=1}^{N} (J_j - K_j) \right) \tag{3.18}$$

一次エネルギー $E_0^{(1)}$ は次のようになる。

$$E_0^{(1)} = -\frac{1}{2} \sum_{i=1}^{N} \sum_{j=1}^{N} [(ii|jj) - (ij|ij)] \tag{3.19}$$

ゼロ次エネルギーと一次エネルギーの和は，ハートリー-フォック・エネルギーに対応する。閉殻系に対する等価な式(2.120)と比較されたい。

$$E_0^{(0)} + E_0^{(1)} = \sum_{i=1}^{N} \varepsilon_i - \frac{1}{2} \sum_{i=1}^{N} \sum_{j=1}^{N} [(ii|jj) - (ij|ij)] \tag{3.20}$$

すなわち，ハートリー-フォック・エネルギーを改善するには，少なくとも二次のMøller-Plesset 摂動論を使用する必要がある。この水準の理論は積分 $\int \Psi_0^{(0)} V \Psi_0^{(1)} d\tau$ を含み，MP2 と呼ばれる。ただし高次の波動関数 $\Psi_0^{(1)}$ は，ゼロ次ハミルトニアンの解の一次結合で表せるとする。

$$\Psi_0^{(1)} = \sum_j c_j^{(1)} \Psi_j^{(0)} \tag{3.21}$$

式(3.21)の $\Psi_j^{(0)}$ には，ハートリー-フォック計算から求まる仮想軌道へ電子を昇位させたとき得

られる一電子励起配置や二電子励起配置などが含まれる。二次エネルギーは次式で与えられる。

$$E_0^{(2)} = \sum_i^{\text{occupied}} \sum_{j>i}^{\text{occupied}} \sum_a^{\text{virtual}} \sum_{b>a}^{\text{virtual}} \frac{\iint d\tau_1 d\tau_2 \chi_i(1)\chi_j(2)\left(\frac{1}{r_{12}}\right)[\chi_a(1)\chi_b(2) - \chi_b(1)\chi_a(2)]}{\varepsilon_a + \varepsilon_b - \varepsilon_i - \varepsilon_j} \quad (3.22)$$

ブリュアン定理によると，式(3.22)の積分は二電子励起に対してのみ非ゼロ値をとる。*ab initio* パッケージの多くは，三次と四次の Møller-Plesset 計算プログラム（MP3，MP4）を標準オプションとして搭載している。四次の計算には，二電子励起のほか，一電子，三電子および四電子励起もまた寄与する。しかし，三電子励起は計算がきわめてむずかしい。そのため一般には，一電子，二電子および四電子置換のみを考慮した不完全理論（MP4 SDQ）が使われる。

多体摂動論の長所は，CI法と異なり，省略された展開式を使用したときでも，サイズ無撞着性が成立する点である。しかし，Møller-Plesset 摂動論は変分理論ではないので，時として真のエネルギーよりも低いエネルギーを与える。Møller-Plesset 計算は多大な時間を必要とする。そのためその利用は，水準の一段低い理論から求めた幾何配置に対する1点計算に限定されることが多い。Møller-Plesset 摂動論は現在，分子量子力学的計算へ（特に MP2 レベルで）電子相関を組み入れる方法として高い人気を保つ。Møller-Plesset 計算は，使用される理論水準（MP2，MP3 など）と基底系に基づき分類される。たとえば MP2/6-31 G* は，6-31 G* 基底系を使用した二次の Møller-Plesset 計算であることを示す。

ある種の性質に対する予測精度は，相関法を使うことで著しく向上する。一例を挙げよう。たとえば，単一行列式ハートリー－フォック法と適当な基底系を使用すると，しばしば実験値にきわめて近い構造パラメータが得られ，その誤差は結合長で 0.01〜0.02 Å，結合角で 1〜2°以内に収まる。しかし，電子の不対化が起こる場合には，このことは当てはまらない。簡単な例は H_2 の結合解離エネルギーである。この過程に対するハートリー－フォック限界は 84 kcal/mol であるが，6-31 G** を用いた MP2，MP3 および MP4 計算では，その値はそれぞれ 101，105 および 106 kcal/mol となる。実験値は 109 kcal/mol である。すなわちこのような状況下では，事情が許すならば，計算に電子相関を含めた方が正確な結果が得られる。しかし反応によっては，単一行列式ハートリー－フォック理論で十分なこともある。そのような反応はアイソデスミック反応（isodesmic reaction）と呼ばれる。アイソデスミック反応では，電子対の数は一定で，化学結合の型も保存される。変化するのは結合の環境だけである。正確な結果が得られるのは，誤差が相殺されることによる。アイソデスミック反応の例を次にいくつか示す。

$CH_3CH_2CH_3 + CH_4 \rightarrow 2CH_3CH_3$

$CF_3CHO + CH_4 \rightarrow CF_3H + CH_3CHO$

$CH_3CH=C=O + 2CH_4 \rightarrow CH_3CH_3 + CH_2=CH_2 + H_2C=O$

このような反応では，STO-3G の水準でさえしばしばかなり良い結果が得られる。

相関法の短所を補う補正因子もいろいろ工夫されている。Gaussian-n プロシジャーはそのような試みを代表する［40,15,16］。これは，第二および第三周期原子やそれらを含む分子の原子化エネルギー，イオン化ポテンシャル，電子親和力，プロトン親和力などを正確に計算すること

を目的としたプロトコルで，中でも Gaussian-3（G3）理論は最も新しい [16]．この G3 法では，構造最適化は，まず 6-31 G*基底系を用いてハートリー-フォック水準で行われ，さらに MP2/6-31 G*水準で繰り返される．最適化された構造に対しては，（一電子，二電子，三電子および四電子励起を考慮した）MP4 法による 1 点計算が行われる．算出されたエネルギーは，次に一連の補正を施され，精密化される．この補正は，より高次の分極関数，四次摂動論（QCISD(T)）で説明できない相関効果，基底系を大きくしたときの効果などを扱うために必要である．最終的な G3 エネルギーは，最初の HF/6-31 G*構造最適化で求めた一連の調和振動数から導かれるゼロ点エネルギーと，これらの補正因子を組み合わせることで得られる．299 個の実験値を対象とした検査によれば，実験値からの全平均絶対偏差は 1.02 kcal/mol，4 種類のデータ，生成エンタルピー，イオン化エネルギー，電子親和力およびプロトン親和力に対する平均偏差は，それぞれ 0.94 kcal/mol（148 個），1.13 kcal/mol（85 個），1.00 kcal/mol（58 個）および 1.34 kcal/mol（8 個）であった．結果の詳しい吟味は，理論を今後展開する際，特に注意の必要な系を確認するのに役立つ．たとえば，SO_2 と PF_3 の生成エンタルピーは，いずれも実験値から負の方向へ大きく外れる．これはおそらく，これらの分子では，結合の記述にもっと大きな基底系が必要であることを示唆するものである．歪みのある炭化水素系環式化合物（シクロプロペン，シクロブテン，ビシクロブタン）もまた同様に，比較的大きな偏差を示す．

　G3 法は計算にかなり時間がかかる．そのため，誤差を許容水準に保ったまま，計算時間を短縮する努力が試みられた．G3(MP2)法はそのような試みの一つである [17]．この方法は，MP 2 を使って MP4 に匹敵する結果を与えることから，（計算にはるかに時間を要する）MP 4 法に取って代わった．G3(MP2)法で最も時間がかかるのは，QCISD(T)の段階である．299 個の実験値からなる上記の検査系全体を対象としたとき，G3(MP2)法で計算されたエネルギーの平均絶対偏差は 1.89 kcal/mol であった．これは，G3 法による結果に比べると明らかに見劣りがする．しかしそれでも，注目に値する結果と言える．

3.4　ab initio 計算の実行に伴う問題点

　ab initio 計算はきわめて時間を要する．水準のより高い理論を使用したり，核を自由に動かし，極小化計算を行うような場合には特にそうである（第 5 章参照）．そのため，計算時間を短縮するさまざまな手法が工夫されてきた．これらの手法は，主なソフトウェアパッケージにはオプションとして必ず搭載されており，キーワードを指定するだけで簡単に呼び出せる．一般によく使われるのは，計算の段階に応じて理論の水準を変え，それらを組み合わせる戦略である．たとえば水準の低い理論は，SCF 計算に先立ち，密度行列の初期推定値を求めるのに適する．また，用途はそれだけではない．たとえば，極小エネルギー構造をとる分子の電子的性質を知りたい場合を考えてみよう．エネルギーの極小化は，核を動かしながら一連の段階を経て進行する．各段階では，その都度，エネルギーとしばしばその勾配が計算される．極小化の操作は計算に多大な費用がかかり，高水準の理論を使用したときにはことにそうである．計算のこの負担を軽減

するには，水準の低い理論を使って構造最適化を行えばよい．そして，このようにして求めた幾何構造に対して，高水準の理論を適用し，1点計算を行って波動関数を誘導する．この波動関数は次に，分子の電子的性質の計算に利用される．水準の異なる理論を使っても，得られる構造に大きな違いはない，というのがこのアプローチの前提である．このような計算はスラッシュ(/)を用いて表記される．たとえば「6-31 G*/STO-3 G」は，STO-3 G で構造を最適化した後，6-31 G*基底系を使って波動関数を求めることを示す．また，各計算がそれ自体スラッシュを用いて記述されるときには，2本のスラッシュが使用される．電子相関法を適用するような場合である．たとえば「MP2/6-31 G*//HF/6-31 G*」は，6-31 G*を使ったハートリー－フォック計算により構造最適化を行った後，もう一度 6-31 G*基底系を使用し，電子相関を考慮した MP2 法により，1点計算を行うことを示している．

3.4.1　SCF 計算の収束

　SCF 計算では，波動関数は通常，自己無撞着になるまで徐々に改善されていく．閉殻基底状態分子の場合，自己無撞着は速やかに達成され，エネルギーは数サイクル後には収束する．しかし，時として収束しないこともある．エネルギーは処理を繰り返すたびに振動し，速やかに発散することすらある．このような状況を扱うため，さまざまな方法が提案されてきた．簡単なのは，軌道係数として，すぐ前の繰返し処理から得られた値ではなく，平均値を利用する方法である．この場合，各サイクルの軌道係数は，そのエネルギーに従い重みづけされることもある．この手続きは，高いエネルギーを与える係数を取り除くのに役立つ．

　密度行列の初期推定値は SCF 計算の収束に影響を及ぼす．最も簡単には，ゼロ行列を使用すればよい．しかし水準は低くとも，理論計算から求めた密度行列を使用した方が良い結果が得られる．たとえば，半経験的計算から求めた密度行列は，ab initio 計算の出発点として有用である．しかし逆に，もし，水準の違う理論から求めた二つの密度行列間に有意な差が存在するならば，このようなアプローチは問題を起こす可能性を残す．

　Pulay の提案した DIIS（Direct Inversion of Iterative Subspace）法はさらに高度な方法であり，しばしばきわめて良い結果を与える [43]．この方法では，エネルギーの変化は基底系の係数の二次関数で表せるとする．また，次の繰返しサイクルで使う係数は，それまでのサイクルでの値から計算される．基本的に DIIS 法は，エネルギー曲面が放物型であるとし，すでに訪れた点に関する知識から，エネルギーの極小位置を予測する方法である．

3.4.2　直接 SCF 法

　ab initio 計算は論理的には二つの段階から成り立つ．すなわち第一の段階では，さまざまな一電子積分と二電子積分が計算される．この計算は大変な労力を必要とする．そこで，できる限り効率よく積分を計算できる方法を見つけるため，これまでに多大な努力が費やされてきた．また第二の段階では，変分原理に基づき波動関数が決定される．通常の SCF 計算では，積分はすべて前もって計算される．それらはディスク上に保存され，SCF 計算の際，必要に応じて取り

出される．保存される積分の数は数百万にも上る．このことは必然的に，データへのアクセスの遅れを引き起こす．特に，ディスクからの情報の検索は，読取りヘッドの物理的な移動が必要なため応答が遅い．（ワークステーションやスーパーコンピュータなど）最近のコンピュータは，きわめて高速で廉価な処理装置を搭載する．また，これらのコンピュータの多くは，ディスクからデータを読み込むのに比べはるかに短い時間でアクセスできる，かなり大容量の内部メモリーを装備している．直接SCF計算では，積分はディスクではなくこのメモリーに書き込まれるか，あるいは必要に応じて，その都度再計算される [1]．

基底状態の閉殻系では，*ab initio* 計算時間は一般に，基底関数の数の 4 乗に比例すると言われる．二電子積分 $(\mu\nu/\lambda\sigma)$ は基底関数を 4 個含む．したがって二電子積分の数は，基底関数の数の 4 乗に比例して増加するというのが，この説の根拠である．しかし実際には，このような積分の数は，基底関数の数の 4 乗に正確に等しくはならない．積分の多くは，対称性により相互に関連があるからである．では，ハートリー–フォック計算で要求される二電子積分の数は正確にはどれほどであろうか．二電子積分は次の七つの型に大別される．

1. $(ab|cd) \equiv (ab|dc) \equiv (ba|cd) \equiv (ba|dc) \equiv (cd|ab) \equiv (cd|ba) \equiv (dc|ab) \equiv (dc|ba)$
2. $(aa|bc) \equiv (aa|cb) \equiv (bc|aa) \equiv (cb|aa)$
3. $(ab|ac) \equiv (ab|ca) \equiv (ba|ac) \equiv (ba|ca) \equiv (ac|ab) \equiv (ac|ba) \equiv (ca|ab) \equiv (ca|ba)$
4. $(aa|bb) \equiv (bb|aa)$
5. $(ab|ab) \equiv (ab|ba) \equiv (ba|ab) \equiv (ba|ba)$
6. $(aa|ab) \equiv (aa|ba) \equiv (ab|aa) \equiv (ba|aa)$
7. $(aa|aa)$

K 個の関数からなる基底系では，$(ab|cd)$ 型の積分は $K(K-1)(K-2)(K-3)$ 個存在する．しかし対称性により，ユニークな積分はこれらのうちの 1/8 にすぎない．同様に，(2)型の積分は $2K(K-1)(K-2)$ 個，(3)型は $4K(K-1)(K-2)$ 個，(4)型は $K(K-1)$ 個，(5)型は $2K(K-1)$ 個，(6)型は $4K(K-1)$ 個，(7)型は K 個，それぞれ存在する．したがって，200個の関数からなる基底系の場合，ユニークな二電子積分の数は全部で 202,015,050 個ある．ただし，積分のほとんどは(1)型をとるので，*ab initio* 計算での二電子積分の数は，ほぼ $K^4/8$（$200^4/8 = 200,000,000$）に等しい．計算に要する費用は，電子相関を考慮すると大幅に増加する．たとえばMP2計算では，時間は基底関数の数の 5 乗に比例する．電子相関法はまた通常のSCF計算に比べ，大量のメモリーとディスクを必要とし，計算時間は，水準の高い方法では基底関数の数の 6 乗，QCISD(T) では一部 7 乗に比例して増加する．

実際には *ab initio* 計算時間は，基底関数の数の 4 乗よりもかなり低いべき乗に比例することが多い．たとえば，大型の分子に対する直接SCF計算の費用は，使用した基底関数の数の二乗にほぼ比例する．（4 乗から 2 乗への）計算時間のこの大幅な減少は，いくつかの因子に由来する．基底系の注意深い選択により計算努力を軽減する方法については，すでにいくつか紹介した．たとえば，同じ殻の s 軌道と p 軌道に対して同じガウスべき指数を使用すれば，積分（特に二電子積分）の多くは値が等しくなる．分子の対称性もまた利用され，時として大きな効果を上げる

ことがある．孤立分子の多くは，反転中心や鏡映面のような対称要素をもつ．このような情報は計算努力の節減に役立つ．ab initio 計算の場合，計算時間は基底関数の数の4乗に比例するので，原子数が1/4に減れば，計算時間は約250倍短縮される．また，計算努力を軽減する上でさらに有効な方法がある．それは，値が小さいため（ゼロと置いて）無視しても，結果に影響を与えない積分を見極めることである．重要な積分の数は，$K^2 \ln K$ に比例すると考えてよい．無視可能な積分は，各積分の上限を計算すれば確認できる．この計算に時間はかからない．無視できると判定された積分は，以後の計算から除外される．積分をゼロと置くか，それとももろに計算するかを決めるカットオフ値は，プログラムによって異なる．したがって，もし使用したプログラムにより計算結果が異なるならば，それらのカットオフ値を調べてみる必要がある．

3.4.3 エネルギー微分の計算

核座標に関するエネルギーの微分を効率よく計算するため，これまでに多大な努力が費やされてきた．微分は，平衡構造を検出する際の極小化操作で主に使用されるが，それだけではない．遷移構造や反応経路の解析でもまた使われる．

SCF 波動関数とそのエネルギーは，核座標および基底関数とその係数の複雑な関数である（CI 計算では，さらに行列式波動関数の係数も付け加わる）．核座標に関するエネルギーの微分（一次，二次，……）では，核座標に直接依存する項と，他のパラメータを介して間接的に依存する項の両者を微分する必要がある［42］．核座標に直接依存するのは，具体的にはハミルトニアンの一電子部分（式(2.125)の $H^{\text{core}}(1)$）と核間クーロン反発項である．他のパラメータでは，核座標に関するエネルギー微分は，一般に（一次微分の）連鎖律を介して求められる．連鎖律によれば，たとえば核座標 q_i とパラメータ x_j の間には，次式の関係が成立する．

$$\frac{\partial E}{\partial q_i} = \frac{\partial E}{\partial x_j} \frac{\partial x_j}{\partial q_i} \tag{3.23}$$

ここで，q_i は原子の x，y および z 座標を表し，x_j は基底関数の係数やべき指数などのパラメータを表す．式(3.23)によれば，エネルギーが極小値をとるためには，$\partial E/\partial x_j = 0$ が満たされればよい．この条件は計算努力を大幅に軽減する．勾配の計算では，その作業のほとんどは，各種電子積分の微分を必要とする（軌道中心やべき指数といった）基底系パラメータの処理に費やされる．ガウス基底系では，これらの微分は解析的に求めることができる．実際，一次微分はどのような理論水準でも比較的容易に得られる．微分の計算に要する時間は，全エネルギーの計算に必要な時間とほぼ同じである．しかし，二次以上になると，微分計算は低い理論水準においてさえきわめて難しくなる．

別のアプローチでは，力の計算にヘルマン-ファインマンの定理が利用される．この定理によれば，ハミルトニアン H の正確な波動関数を Ψ，そのエネルギーを E としたとき，パラメータ P に関する E の微分は次式で与えられる．

$$\frac{\partial E}{\partial P} = \left(\frac{\partial H}{\partial P} \right) \tag{3.24}$$

P を核座標 q_i で置き換えてみよう。

$$\frac{\partial}{\partial q_i}\langle\Psi|H|\Psi\rangle = \left\langle\Psi\left|\frac{\partial H}{\partial q_i}\right|\Psi\right\rangle \tag{3.25}$$

原子にかかる力は，座標に関するエネルギーの一次微分に等しい．式(3.25)によれば，正確な力（左辺）はヘルマン-ファインマン力（右辺）と等しい．あいにくこの式は，正確な波動関数か，ハートリー-フォック限界にある波動関数に対してしか成立しない．また，ヘルマン-ファインマン力は，計算こそ容易であるがきわめて信頼性に乏しく，正確な波動関数に対してさえ，（Pulay力 [44] と呼ばれる）見せかけの力しかもたらさない．

3.4.4 基底関数重ね合わせ誤差

（水素結合した水二量体のような）二分子錯体の生成エネルギーを計算する場合を考えてみよう．このような錯体は超分子（supermolecule）とも呼ばれる．この錯体の生成エネルギーは，孤立水分子のエネルギーをまず計算した後，二量体のエネルギーを計算し，最後に二量体（生成物）のエネルギーから孤立水分子（反応物）2個のエネルギーを差し引くことで求まるはずである．しかし，このようなアプローチから得られるエネルギー差は，真の値よりも必ず大きくなる．この食違いは，基底関数重ね合わせ誤差（basis set superposition error, BSSE）と呼ばれる現象に由来する．二つの水分子が接近すると，系のエネルギーは低下する．これは，エネルギー的に有利な分子間相互作用が生じるとともに，各分子の基底関数が相手分子のまわりの電子構造をよりよく記述できるようになるからである．この BSSE は，核から遠く離れ，非共有相互作用が支配的となる領域の電子分布を十分表現できない小基底系（たとえば，STO-nG 最小基底系）を使用した場合には，特に大きくなる．基底関数重ね合わせ誤差は，すべての計算を完全な基底系で行う Boys-Bernardi のカウンターポイズ補償法により推定できる [10]．一般に，複合体の生成エネルギーは次式で与えられる．

$$A + B \rightarrow AB \tag{3.26}$$
$$\Delta E = E(AB) - [E(A) + E(B)] \tag{3.27}$$

カウンターポイズ補償法では，孤立種 A のエネルギー計算は B のゴースト軌道を含めて行われる．ゴースト軌道とは，核や電子を含まない軌道を言う．同様の計算は，A のゴースト軌道を含め，B に対しても行われる．また，（原子ではなく分子の計算を念頭に置き）軌道べき指数と短縮係数を最適化した基底系を使うアプローチもある．しかし，使用した基底系や（SCF，電子相関といった）理論水準と BSSE との関連は，現時点ではまだ十分解明されていない．

3.5 エネルギー成分分析

原子や分子の間に働く相互作用は，（たとえば，分子線中の2個の希ガス原子のような）二閉殻原子間の弱い引力から，化学結合を形成するほど大きなエネルギーをもつものまでさまざまである．水素結合や電荷移動の相互作用は，これらの両極端の中間に位置する．このような中間的

な相互作用では，相互作用に寄与する主要な因子を定めることはしばしば困難を伴う．たとえば水素結合は，どのような因子によりもたらされるのか．諸熊は，分子錯体の形成に伴うエネルギー変化を五つの成分——静電，分極，交換斥力，電荷移動および混合——へ分割し解析する方法を提唱した [32]．いま，二つの分子 X と Y，およびそれらの分子錯体（超分子）XY に対して *ab initio* SCF 計算を行う場合を考えてみよう．波動関数はそれぞれ $A\Psi_X^0$，$A\Psi_Y^0$ および $A\Psi_{XY}^0$ で表される．「A」は（たとえば，スレーター行列式のような）反対称化波動関数であることを示す．（原報の記法に従うと）孤立分子のエネルギーの和は E_0，超分子のエネルギーは E_4 であるから，相互作用エネルギー ΔE は $E_4 - E_0$ で与えられる．

五つの成分は次のようにして計算される．

(1) 静電成分：静電的寄与は，2 個の孤立種 A と B の非摂動電子分布間の相互作用に等しい．これは古典的なクーロン相互作用と同じものであり，二つの波動関数の積 Ψ_1 のエネルギーを E_1 とすると，差 $E_1 - E_0$ に等しい．

$$\Psi_1 = A\Psi_A^0 A\Psi_B^0 \tag{3.28}$$

(2) 分極成分：X と Y の電子分布は，いずれも相手分子の存在により変化する．この分極効果は，たとえば，分子 X の電荷分布により，分子 Y に双極子を誘起したり，その逆を引き起こす原因となる．分極はまた，高次の多極子にも影響を及ぼす．分極の寄与を算定するには，まず，相手分子の存在下で分子波動関数 Ψ_A と Ψ_B を計算する必要がある．次式で与えられる波動関数 Ψ_2 のエネルギーを E_2 としよう．

$$\Psi_2 = A\Psi_X A\Psi_Y \tag{3.29}$$

分極の寄与は $E_2 - E_1$ に等しく，常に引力である．

(3) 交換斥力成分：Ψ_1 と Ψ_2 を求めるに当たって，電子交換相互作用は考慮されていない．X と Y の電子分布間の重なりは，近距離では斥力を生じる．同じスピンをもつ電子を空間の同じ領域へ集めることは，パウリの原理を犯すことになるからである．

交換斥力は $E_3 - E_1$ として計算される．ここで，E_3 は次式で与えられる波動関数 Ψ_3 のエネルギーである．

$$\Psi_3 = A(\Psi_X^0 \cdot \Psi_Y^0) \tag{3.30}$$

Ψ_3 は，X と Y の歪みのない波動関数から導かれるが，電子の交換は許容される．交換項は常に斥力である．

(4) 電荷移動成分：電荷移動項は，一方の分子の被占軌道から他方の分子の空軌道へ電荷（電子）が移動することにより生じる．この寄与は，電荷移動が許容されたときの超分子 XY のエネルギーと，許容されないときのエネルギーの差として計算される．

(5) 混合成分：諸熊の公式は，さらにまた混合項（結合項）も考慮する．この項は，全 SCF エネルギー差 ΔE から上記の 4 種の寄与（静電，分極，交換斥力，電荷移動）の和を差し引いたものとして定義される．混合項は物理的意味をほとんどもたない．それは，単に 4 種類の成分だけでは全体の相互作用エネルギーを完全に説明できないために使用される（いわばでっち上げの）因子である．幸い，この項の寄与は比較的小さいことが多い．

諸熊はこのエネルギー分割法を用いて多数の水素結合錯体を計算し，各成分の寄与を算定した。対象となった主な系は，H_2O，HF，NH_3といった小分子が関与する分子錯体である。諸熊はさらに彼の協力者とともに，H_3N-BF_3，$OC-BH_3$，$HF-ClF$，ベンゼン$-OC(CN)_2$といった一連の電荷移動錯体（電子供与体-受容体錯体）についても検討を加えた。彼はまた，結果の基底系依存性を調べ，エネルギー成分がエネルギー差よりも基底系に敏感であることを明らかにした。それによると，たとえば STO-3G 最小基底系は，電荷移動の寄与を過大評価するのに対し，二倍基底系は静電相互作用を誇張する傾向がある。

3.5.1 水二量体の諸熊解析

あらゆる水素結合錯体の中で，研究が最も詳しくなされているのは，おそらく水二量体であろう。水素結合を1ないし2個含む水二量体には，さまざまな安定構造が知られている。これらの構造の相対エネルギーに関してはかなり議論があり，また，どの構造がエネルギー曲面の極小点に対応するかについてもさまざまな論議が交わされている [49]。予想されるように，結果は使用した基底系に依存する。実験的に観測されるのは直線型構造であり，この構造は，どのような基底系を使った *ab initio* 計算においても，常に最も安定である（図 3.4 参照）。梅山-諸熊は，6-31G**基底系を使用した計算から，水二量体の安定化エネルギー（-5.6 kcal/mol）が-7.5 kcal/mol の静電項，4.3 kcal/mol の交換斥力項，-0.5 kcal/mol の分極項，-1.8 kcal/mol の電荷移動項から構成されることを示した [52]。混合項の寄与は-0.1 kcal/mol であった。この結果から，水二量体では，主に静電効果によって水素結合が生じ，電荷移動の寄与は小さいことが推定された。梅山-諸熊は，さらに電荷移動に関する彼らの解析を推し進め，それが，プロトン供与体から受容体への移動によるものなのか，あるいは逆に，プロトン受容体から供与体への移動によるものなのかを調べた。その結果によれば，電荷移動の約 90% はプロトン受容体から供与体への移動に基づくものであった。

諸熊解析は発表以来広く利用されてきた。しかし，最近はあまり人気がない。コンピュータの高速化とアルゴリズムの改良により，現在では以前に比べてはるかに大きな基底系が使えるようになったが，それらを使って結果の解釈を試みたとき，いくつかの問題点が明らかになったからである。特に，拡散基底系を使用した場合には，かなり遠い距離でも相当大きな分子間重なりが現れる。このことは，成分項へのエネルギーの分割を困難にする。もっともこの諸熊アプローチは，定性的な描像を得るだけならば，いまもなお分子間相互作用の主要因子を査定する手段とし

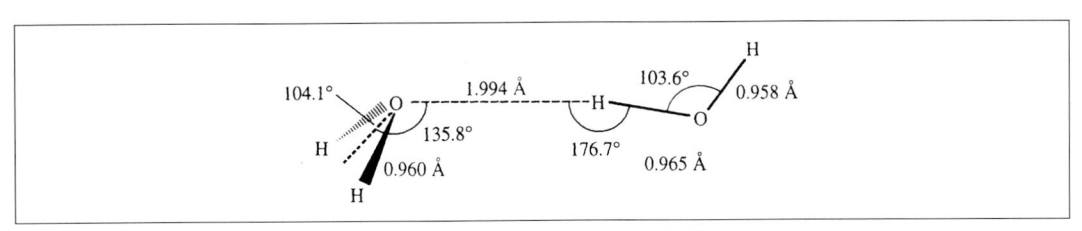

図 3.4 水二量体の直線型構造 [49]

3.6 原子価結合理論

　原子価結合理論での分子の電子構造の取扱いは，分子軌道理論のそれとはまったく異なる。この理論が最初に提唱されたのは，分子軌道理論とほぼ同じ頃である。原子価結合理論は，大きな分子の計算にはあまり適さない。そのため，このような系に対する電子構造理論としては通常，分子軌道理論が使われる。しかし，ある種の問題では，原子価結合理論は分子軌道理論よりもむしろ適切である。結合の切断や形成を伴う場合には特にそうである。図3.2に立ち戻ってみよう。SCF波動関数は，H_2の解離に対してまったく不正確な描像しか与えない。それに対し，原子価結合理論は解離挙動を正しく予測する。

　原子価結合理論は通常，水素分子に対する有名なハイトラー–ロンドン・モデルを用いて説明される [25]。このモデルでは，遠く離れた相互作用のない，基底状態にある2個の水素原子 (a, b) を考える。この系に対する波動関数は，

$$\Psi = \phi_{1sa}(1)\phi_{1sb}(2) \tag{3.31}$$

この波動関数は，電子1が軌道1sa，電子2が軌道1sbに閉じ込められた状態にあることを示す。したがって，2個の水素原子が互いに接近し，水素分子を形成する場合の波動関数としては適切でない。式(3.31)は明らかに不可弁別性原理を犯しているからである。この問題は，次のように波動関数の一次結合をとることで回避される。

$$\Psi_{vb} \propto \phi_{1sa}(1)\phi_{1sb}(2) + \phi_{1sa}(2)\phi_{1sb}(1) \tag{3.32}$$

ちなみに，この系に対する分子軌道関数は，次式で与えられる。

$$\Psi_{mo} \propto \phi_{1sa}(1)\phi_{1sb}(2) + \phi_{1sa}(2)\phi_{1sb}(1) + \phi_{1sa}(1)\phi_{1sa}(2) + \phi_{1sb}(1)\phi_{1sb}(2) \tag{3.33}$$

分子軌道波動関数に現れる二つの追加項は，2個の電子が同じ軌道にある状態に対応する。これらの項は，結合にイオン的性格（H^+H^-）を賦与する。原子価結合波動関数は，イオン的ないかなる性格も備えていない。それが正しく記述できるのは，2個の水素原子への解離だけである。式(3.32)と(3.33)に示された簡単な原子価結合像と分子軌道像は両極端であり，真の波動関数はこれらの描像のどこか中間にある。原子価結合像は，次のようにイオン的性格をある程度付け加えることで改善される。

$$\Psi_{vb} \propto \phi_{1sa}(1)\phi_{1sb}(2) + \phi_{1sa}(2)\phi_{1sb}(1) + \lambda[\phi_{1sa}(1)\phi_{1sa}(2) + \phi_{1sb}(1)\phi_{1sb}(2)] \tag{3.34}$$

ここで，λ はイオン的性格を組み込むのに必要な可変パラメータである。別の観点から眺めると，イオン的性格の組込みは，電子相関を過度に強調した原子価結合法の取扱いを是正する意味合いをもつ。それに対し，分子軌道波動関数は電子相関を過小評価しており，それを正すためには，配置間相互作用のような方法を必要とする。H_2のような分子種におけるイオン構造の存在は，多くの化学者にとって直観に反する。しかし，このようなイオン構造は，求電子置換反応での置換ベンゼン化合物のオルト／パラ配向性のような現象を説明するのに役立つ。化学結合では，イオン構造は原子軌道の変形に対応する。

原子価結合理論の中で特に広く利用されているのは，Goddard らによる GVB 法（Generalised Valence Bond method）である [9]。水素分子に対するハイトラー–ロンドンの簡単な取扱いでは，二つの原子軌道は 2 個の水素原子上に一つずつあり，互いに直交しない。類似の波動関数は GVB 理論でも使用される。

$$\Psi_{\text{GVB}} \propto u(1)v(2) + u(2)v(1) \tag{3.35}$$

ここで，u と v はそれぞれ基底系で展開された軌道で，互いに直交しない。展開係数は，エネルギーの極小化により変分的に最適化された値が使われる。必ずしも直交しない軌道から波動関数を組み立てるこのやり方は，原子価結合理論に共通する特徴である。計算はそのために煩雑なものになる。GVB アプローチが特に成功を収めているのは，解離しつつある系の電子的性質を記述するような場合である。

もう一つのアプローチは SCVB 法（Spin-Coupled Valence Bond method）である。この方法では，電子はコア電子と活性電子の 2 群へ分割される。前者は二電子直交軌道，後者は一電子非直交軌道を占有する電子を指す。2 種の軌道は，通常の方法に従い，基底関数の一次結合で表される。全体の波動関数は，二つのスピン関数——コア電子のスピン結合を記述するスピン関数と活性電子を記述するスピン関数——を付け加えることで完成する。活性電子に対するスピン関数の選び方は，結果の成否を左右する [22]。この理論の際立った特徴の一つは，化学的に重要な電子相関のかなりの部分が波動関数に組み込まれており，CASSCF に匹敵する精度をもつ点である。また，軌道が局在化し，原子軌道や混成原子軌道とよく似た形をとるので，視覚に訴えやすいという長所もある。このアプローチは，解離反応や超原子価など，さまざまな化学現象の解明に利用されている。ベンゼンの π 構造に関する研究は，それらの中でも特に興味深い [14]。SCVB 法による計算からは，（隣接原子へ向かって少し変形してはいるが）環の炭素原子

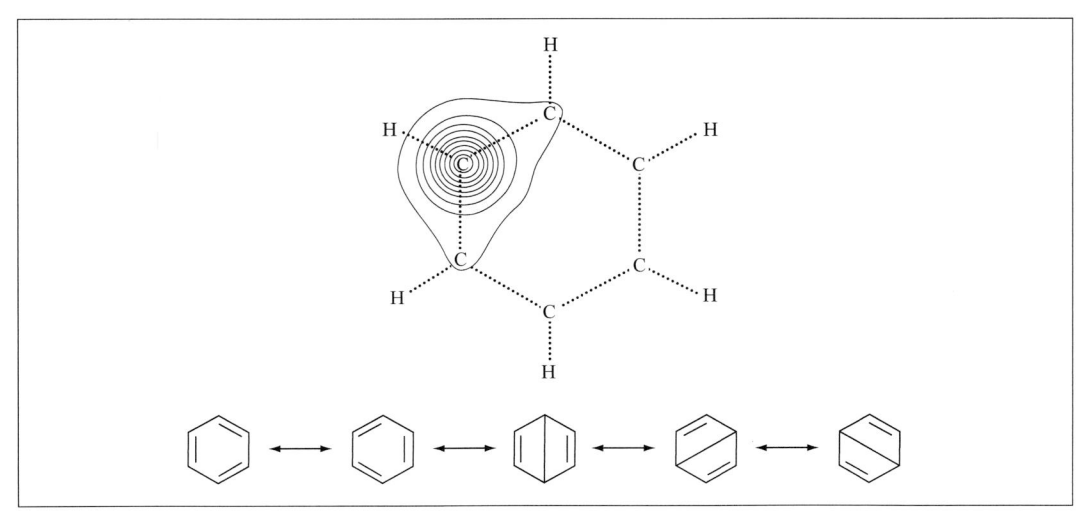

図 3.5 SCVB 法から得られたベンゼンの π 軌道 [22]。全体の波動関数に寄与するケクレベンゼン 2 個とデュワーベンゼン 3 個の構造もあわせて示した。個々のケクレ構造とデュワー構造の寄与は，それぞれ 40.5 ％ と 6.4 ％ である。

の一つにそれぞれ局在した6個の軌道が得られた（図3.5）。また，スピン結合様式の解析によれば，ベンゼンは分子軌道理論から導かれる完全に非局在化した構造ではなく，デュワーベンゼンの寄与を少し含み，（二重結合と一重結合を交互にもつ）ケクレのベンゼン像により近い状態で存在することが示唆された。

3.7　密度汎関数理論

密度汎関数理論（Density Functional Theory，DFT）は，原子や分子の電子構造への新しいアプローチであり，この理論への世間の関心は1980年代末以降とみに高まりつつある [35,54]。本節ではこの理論の骨子を紹介し，ハートリー–フォック・アプローチとの類似点や相違点を明らかにしたい。ハートリー–フォック理論では，多電子波動関数はN個の一電子波動関数（Nは分子に含まれる電子の数）から構築されたスレーター行列式で表される。DFTもまた一電子関数を取り扱う。しかし，ハートリー–フォック理論が完全なN電子波動関数を計算するのに対し，DFTは全電子エネルギーと全電子密度分布しか計算しない。全電子エネルギーは全電子密度とつながりがあるというのが，DFTの基盤をなす考え方である。この発想は特に新しいものではない。実際，1920年代末に提示されたトーマス–フェルミ模型には，DFTの基本原理のいくつかがすでに含まれていた。しかし，真の飛躍は，1964年に発表されたHohenberg-Kohnの論文によって初めてもたらされた [26]。彼らは，基底状態のエネルギーなど，系の性質が電子密度から一意的に定義できることを示した。このことは，エネルギーEが$\rho(\mathbf{r})$の一意的な汎関数（functional）で表せることを意味する。汎関数とは関数の関数で，通常，大括弧を用いてたとえば次のように表される。

$$Q[f(\mathbf{r})] = \int f(\mathbf{r}) d\mathbf{r} \tag{3.36}$$

ここで，関数$f(\mathbf{r})$は通常，性質の良い（well-defined）他関数に依存する。汎関数の簡単な一例は，曲線下面積である。それは，関数$f(\mathbf{r})$で2点間の曲線を定義し，数値として曲線下面積を返す。DFTの場合には，関数$f(\mathbf{r})$は電子密度$\rho(\mathbf{r})$に依存する。したがって，Qは$\rho(\mathbf{r})$の汎関数になる。最も簡単な場合，$f(\mathbf{r})$は密度$\rho(\mathbf{r})$と一致する（$f(\mathbf{r}) \equiv \rho(\mathbf{r})$）。もし，関数$f(\mathbf{r})$が$\rho(\mathbf{r})$の勾配（または，さらに高次の微分）に依存するならば，汎関数は「非局所的」であるとか，「勾配補正されている」とか呼ばれる。それに対し，局所汎関数は$\rho(\mathbf{r})$に単純に依存する。DFTでは，エネルギー汎関数は次のような二項の和で表される。

$$E[\rho(\mathbf{r})] = \int V_{\text{ext}}(\mathbf{r}) \rho(\mathbf{r}) d\mathbf{r} + F[\rho(\mathbf{r})] \tag{3.37}$$

右辺の第1項は，（主に核とのクーロン相互作用による）電子と外部ポテンシャル$V_{\text{ext}}(\mathbf{r})$との相互作用を表す。また，第2項の$F[\rho(\mathbf{r})]$は，電子の運動エネルギーに電子間相互作用の寄与を加えたものに等しい。エネルギーは，電子密度が真の基底状態に対応するとき極小値をとる。これは，変分アプローチが使えることを意味する。変分法では，最良解はエネルギーが極小のと

き得られ，不適当な密度はそれよりも高いエネルギーを与える。電子の数（N）は一定であるから，電子密度は次の拘束条件下にある。

$$N = \int \rho(\mathbf{r}) \, d\mathbf{r} \tag{3.38}$$

エネルギーを極小化するため，この拘束条件にラグランジュ乗数（$-\mu$）を導入する。

$$\frac{\delta}{\delta \rho(\mathbf{r})} \left[E[\rho(\mathbf{r})] - \mu \int \rho(\mathbf{r}) \, d\mathbf{r} \right] = 0 \tag{3.39}$$

したがって，次式が導かれる。

$$\left(\frac{\delta E[\rho(\mathbf{r})]}{\delta \rho(\mathbf{r})} \right)_{V_{\text{ext}}} = \mu \tag{3.40}$$

式(3.40)は，DFT のいわばシュレーディンガー方程式に相当する。下付き添字 V_{ext} は，この式が外部ポテンシャル一定（核位置固定）の条件下にあることを示す。ラグランジュ乗数 μ は，核に対する電子雲の化学ポテンシャルと見なせる。化学ポテンシャルはまた，電気陰性度 χ と次式の関係にある。

$$-\chi = \mu = \left(\frac{\partial E}{\partial N} \right)_{V_{\text{ext}}} \tag{3.41}$$

　DFT の発展に貢献した第二の画期的論文は，Kohn*-Sham により提出された［28］。彼らが示唆したのは，相互作用電子群に対してホーエンベルグ-コーン定理を解くための実用的方法であった。

　式(3.37)は，関数 $F[\rho(\mathbf{r})]$ の形が分からないという難点をもつ。Kohn-Sham は，$F[\rho(\mathbf{r})]$ が次のような三項の和で近似できることを示した。

$$F[\rho(\mathbf{r})] = E_{\text{KE}}[\rho(\mathbf{r})] + E_{\text{H}}[\rho(\mathbf{r})] + E_{\text{XC}}[\rho(\mathbf{r})] \tag{3.42}$$

ここで，$E_{\text{KE}}[\rho(\mathbf{r})]$ は運動エネルギー，$E_{\text{H}}[\rho(\mathbf{r})]$ は電子-電子クーロンエネルギー，$E_{\text{XC}}[\rho(\mathbf{r})]$ は交換と相関のエネルギーをそれぞれ表す。式(3.42)の第1項，$E_{\text{KE}}[\rho(\mathbf{r})]$ は，実在系と同じ電子密度 $\rho(\mathbf{r})$ をもつ非相互作用電子系の運動エネルギーとして定義される。

$$E_{\text{KE}}[\rho(\mathbf{r})] = \sum_{i=1}^{N} \int \psi_i(\mathbf{r}) \left(-\frac{\nabla^2}{2} \right) \psi_i(\mathbf{r}) \, d\mathbf{r} \tag{3.43}$$

第2項，$E_{\text{H}}[\rho(\mathbf{r})]$ は，ハートリー静電エネルギーとも呼ばれる。ハートリー・アプローチによるシュレーディンガー方程式の解法は，2.3.3項ですでに簡単に紹介した。この方法は電子運動の相関を認識できない。これまでほとんど言及されなかったのはそのためである。ハートリー・アプローチでは，静電エネルギーは二つの電荷密度間の古典的相互作用に由来する。したがって $E_{\text{H}}[\rho(\mathbf{r})]$ は，可能な対相互作用をすべて加え合わせた次式で与えられる。

---

　* 二つの主要論文に名を連ねる Walter Kohn は，近代密度汎関数理論の発展に寄与した功績により，1998 年，John Pople とともにノーベル化学賞を受賞した。

$$E_\text{H}[\rho(\mathbf{r})] = \frac{1}{2}\iint \frac{\rho(\mathbf{r}_1)\rho(\mathbf{r}_2)}{|\mathbf{r}_1-\mathbf{r}_2|} d\mathbf{r}_1 d\mathbf{r}_2 \tag{3.44}$$

以上の2項を組み合わせ，さらに電子-核相互作用を付け加えると，コーン-シャム理論の枠内で，N電子系のエネルギーを求めるための完全な公式が得られる。

$$\begin{aligned}E[\rho(\mathbf{r})] =& \sum_{i=1}^{N}\int \psi_i(\mathbf{r})\left(-\frac{\nabla^2}{2}\right)\psi_i(\mathbf{r})\,d\mathbf{r} + \frac{1}{2}\iint \frac{\rho(\mathbf{r}_1)\rho(\mathbf{r}_2)}{|\mathbf{r}_1-\mathbf{r}_2|} d\mathbf{r}_1 d\mathbf{r}_2 + E_\text{XC}[\rho(\mathbf{r})]\\ & -\sum_{A=1}^{M}\int \frac{Z_A}{|\mathbf{r}-\mathbf{R}_A|}\rho(\mathbf{r})\,d\mathbf{r}\end{aligned} \tag{3.45}$$

この式は，交換-相関エネルギー汎関数$E_\text{XC}[\rho(\mathbf{r})]$を定義するのに使われる。$E_\text{XC}[\rho(\mathbf{r})]$には，交換や相関によるエネルギー寄与だけでなく，系の真の運動エネルギーと$E_\text{KE}[\rho(\mathbf{r})]$の差に基づくエネルギー寄与も含まれる。

Kohn-Sham は，系の電子密度$\rho(\mathbf{r})$が一電子正規直交軌道群の二乗絶対値の和に等しいとした。

$$\rho(\mathbf{r}) = \sum_{i=1}^{N}|\psi_i(\mathbf{r})|^2 \tag{3.46}$$

この式を電子密度式とし，適当な変分条件を適用すると，次の一電子コーン-シャム方程式が得られる。

$$\left\{-\frac{\nabla_1^2}{2} - \left(\sum_{A=1}^{M}\frac{Z_A}{r_{1A}}\right) + \int \frac{\rho(\mathbf{r}_2)}{r_{12}}d\mathbf{r}_2 + V_\text{XC}[\mathbf{r}_1]\right\}\psi_i(\mathbf{r}_1) = \varepsilon_i \psi_i(\mathbf{r}_1) \tag{3.47}$$

式(3.47)には，M個の核との相互作用項も付け加えられている。また，ε_iは軌道エネルギー，V_XCは交換-相関汎関数である。V_XCは，交換-相関エネルギーと次式の関係にある。

$$V_\text{XC}[\mathbf{r}] = \left(\frac{\delta E_\text{XC}[\rho(\mathbf{r})]}{\delta \rho(\mathbf{r})}\right) \tag{3.48}$$

全電子エネルギーは式(3.45)から算定される。

コーン-シャム方程式を解くに当たっては，自己無撞着アプローチが利用される。すなわち，まず密度の初期推定値が式(3.47)へ代入され，一組の軌道が誘導される。その結果得られる密度の改良値は，次に2回目の繰返し計算に使われ，この操作は収束が達成されるまで繰り返される。

3.7.1　局所スピン密度汎関数理論

不対電子を含む系を扱うため，制限および非制限ハートリー-フォック理論に対応するものとして，局所スピン密度汎関数理論（Local Spin Density Functional Theory, LSDFT）が開発された。この理論は，電子密度とスピン密度を基本量とする。全スピン密度は，上向きスピン電子と下向きスピン電子の密度差として定義される。

$$\sigma(\mathbf{r}) = \rho_\uparrow(\mathbf{r}) - \rho_\downarrow(\mathbf{r}) \tag{3.49}$$

また，全電子密度は2種の電子密度の和で与えられる。通常，交換-相関汎関数は上向きスピンと下向きスピンで異なるので，それに対応し，コーン-シャム方程式も次のような形をとる。

$$\left\{-\frac{\nabla_1{}^2}{2}-\left(\sum_{A=1}^{M}\frac{Z_A}{r_{1A}}\right)+\int\frac{\rho(\mathbf{r}_2)}{r_{12}}\,d\mathbf{r}_2+V_{\mathrm{XC}}[\mathbf{r}_1,\sigma]\right\}\psi_i{}^\sigma(\mathbf{r}_1)=\varepsilon_i{}^\sigma\psi_i{}^\sigma(\mathbf{r}_1)\qquad \sigma=\alpha,\ \beta \qquad (3.50)$$

局所スピン密度汎関数理論は，UHF理論と同様，各スピンに対して異なる波動関数を与える。

3.7.2 交換-相関汎関数

密度汎関数理論の成功の鍵を握るのは，交換-相関汎関数である。DFTが注目される一つの理由は，交換-相関汎関数に対して比較的簡単な近似を使っても妥当な結果が得られる点にある。交換-相関汎関数からの寄与は，最も簡単には，いわゆる局所密度近似（Local Density Approximation, LDA；局所スピン密度近似に対しては，頭字語LSDAが使用される）を使って算定できる。これは，（電子密度が全空間にわたり一定な）一様電子ガスと呼ばれるモデルに基づいた近似である。この場合，全交換-相関エネルギー，E_{XC}は次式で与えられる。

$$E_{\mathrm{XC}}[\rho(\mathbf{r})]=\int\rho(\mathbf{r})\,\varepsilon_{\mathrm{XC}}(\rho(\mathbf{r}))\,d\mathbf{r} \qquad (3.51)$$

ここで$\varepsilon_{\mathrm{XC}}(\rho(\mathbf{r}))$は，一様電子ガス中での密度の関数としての一電子当たりの交換-相関エネルギーである。交換-相関汎関数は，この式を微分することで得られる。

$$V_{\mathrm{XC}}[\mathbf{r}]=\rho(\mathbf{r})\frac{d\varepsilon_{\mathrm{XC}}(\rho(\mathbf{r}))}{d\rho(\mathbf{r})}+\varepsilon_{\mathrm{XC}}(\rho(\mathbf{r})) \qquad (3.52)$$

局所密度近似では，電子分布が一様でなく，空間の各点$\mathbf{r}$で電子密度$\rho(\mathbf{r})$が異なっていても，$V_{\mathrm{XC}}[\rho(\mathbf{r})]$と$\varepsilon_{\mathrm{XC}}(\rho(\mathbf{r}))$は，一様電子ガス中での値で代用できると仮定される。言い換えると，点$\mathbf{r}$を中心とする体積要素$d\mathbf{r}$を考えたとき，その内部では電子密度は一定と見なされる。しかし，体積要素間では，電子密度は異なる値をとりうる（図3.6）。

一様電子ガス中での一電子当たりの交換-相関エネルギー（エネルギー密度）は，量子モンテカルロ法のようなアプローチにより，実用上意味をもつすべての密度に対して正確に計算されている［12］。この交換-相関エネルギー密度は，実際に使う際には，計算がしやすいよう解析形で記述される。通常，$\varepsilon_{\mathrm{XC}}(\rho(\mathbf{r}))$は電子密度の解析関数で表され，交換と相関の寄与は切り離して

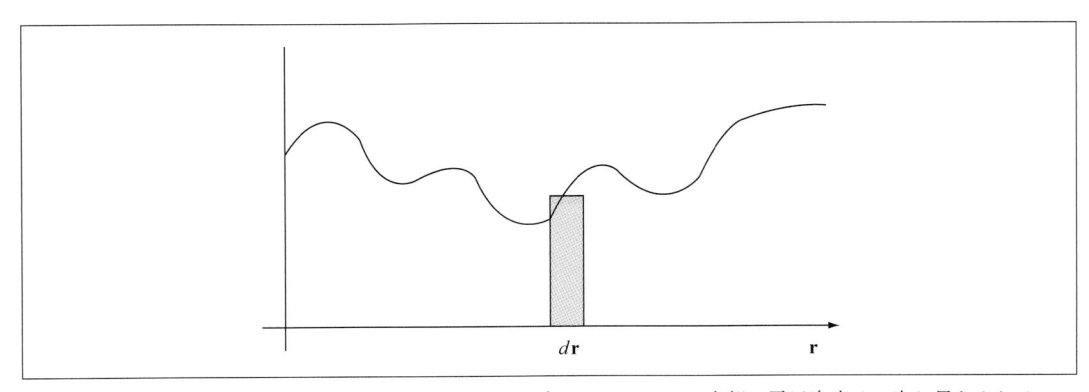

図3.6 局所密度近似では，点$\mathbf{r}$を囲む体積要素$d\mathbf{r}$を考えたとき，その内部の電子密度は一定と見なされる。

扱われる．しかし中には，次の Gunnarsson-Lundqvist 式のように，交換と相関のエネルギー密度を分離せずに扱う解析式もある [23]．

$$\varepsilon_{\mathrm{XC}}(\rho(\mathbf{r})) = -\frac{0.458}{r_s} - 0.0666\, G\!\left(\frac{r_s}{11.4}\right);$$
$$G(x) = \frac{1}{2}\left[(1+x)\log(1+x^{-1}) - x^2 + \frac{x}{2} - \frac{1}{3}\right], \qquad r_s^{\,3} = \frac{3}{4\pi\rho(\mathbf{r})} \tag{3.53}$$

交換エネルギーに対しては，次の比較的簡単な公式が一般に使用される [48]．

$$E_{\mathrm{x}}[\rho_\alpha(\mathbf{r}),\, \rho_\beta(\mathbf{r})] = -\frac{3}{2}\left(\frac{3}{4\pi}\right)^{1/3}\!\int (\rho_\alpha^{\,4/3}(\mathbf{r}) + \rho_\beta^{\,4/3}(\mathbf{r}))\, d\mathbf{r} \tag{3.54}$$

ここで，α と β はそれぞれ上向きと下向きのスピンを表す．一般に，相関エネルギーは交換エネルギーよりも重視される．しかし，相関寄与に対しては，上のような簡単な汎関数形は存在しない．Perdew-Zunger は，相関寄与に対して次のパラメトリック関係式を提唱した [37]．

$$\varepsilon_{\mathrm{C}}(\rho(\mathbf{r})) = \begin{cases} -0.1423/(1 + 1.9529\, r_s^{1/2} + 0.3334\, r_s) & r_s \geq 1 \\ -0.0480 + 0.0311 \ln r_s - 0.0116\, r_s + 0.0020\, r_s \ln r_s & r_s < 1 \end{cases} \tag{3.55}$$

この式が使えるのは，上向きスピンと下向きスピンの数が等しいときである．したがって，奇数個の電子からなる系へ適用することはできない．Vosko-Wilk-Nusair は，次のような相関エネルギー汎関数を提案している [53]．

$$\varepsilon_{\mathrm{C}}(\rho(\mathbf{r})) = \frac{A}{2}\left\{\ln\frac{x^2}{X(x)} + \frac{2b}{Q}\tan^{-1}\frac{Q}{2x+b} - \frac{bx_0}{X(x_0)}\left[\ln\frac{(x-x_0)^2}{X(x)} + \frac{2(b+2x_0)}{Q}\tan^{-1}\frac{Q}{2x+b}\right]\right\}$$
$$x = r_s^{1/2}, \qquad X(x) = x^2 + bx + c, \qquad Q = (4c - b^2)^{1/2};$$
$$A = 0.0621814, \qquad x_0 = -0.409286, \qquad b = 13.0720, \qquad c = 42.7198 \tag{3.56}$$

コーン-シャム方程式を解くには，（全エネルギーを決定する）交換-相関エネルギー項に加えて，ポテンシャル $V_{\mathrm{XC}}[\rho(\mathbf{r})]$ に対応した項も必要である．この項は，式(3.52)に示されるように，交換-相関エネルギーの適当な一次微分として得られる．

　コーン-シャム方程式を解くためのアプローチや戦略は多数提案されている．それらは，コーン-シャム軌道の展開に使用する基底系の違いで互いに区別される．（固体物質ではなく）分子系の性質を計算する DFT プログラムでは，コーン-シャム軌道は，一般に原子中心基底関数の一次結合で表される．

$$\psi_i(\mathbf{r}) = \sum_{\nu=1}^{K} c_{\nu i}\phi_\nu \tag{3.57}$$

基底関数 ϕ_ν としてさまざまな関数形が吟味された．ハートリー-フォック理論では，ガウス関数が広く使用される．したがって密度汎関数理論でも，このような関数は当然採用の対象となった．しかし，それは一つの選択肢にすぎない．スレーター型軌道や数値基底関数を使用してももちろん構わない．スレーター型軌道については，第 2 章ですでに説明した．しかし，数値基底関数の概念はここで初めて取り上げる．数値基底関数は，孤立原子に対するコーン-シャム方程式

を解くことで得られる。それは，各原子を中心とする球面極格子上に一組の値をもたらす。格子点での値の変化は三次スプライン関数で近似され，勾配の解析計算に使用される。数値基底系は，その長所として，（正しく誘導されたならば）指数関数的な減衰とあわせ，核の近傍で正しい結節挙動を示す。

原子軌道は複数の関数で表せる。これはガウス関数を使うときの周知の戦略である。同様のことは，スレーター型軌道や数値基底系でも行われる。数値基底系では通常，二つの関数が使われる。一つは中性原子，他の一つは陽イオンに対応する。

基底関数で展開した式(3.57)のコーン-シャム軌道をコーン-シャム方程式に代入すると，方程式は，ローターン-ホールのそれと同じ次の行列形式で表せる。

$$\mathbf{HC} = \mathbf{SCE} \tag{3.58}$$

ここで，コーン-シャム行列 $\mathbf{H}$ の要素は次式で与えられる。

$$H_{\mu\nu} = \int d\mathbf{r}_1 \phi_\mu(\mathbf{r}_1) \left\{ -\frac{\nabla_1^2}{2} - \left(\sum_{A=1}^M \frac{Z_A}{r_{1A}} \right) + \int \frac{\rho(\mathbf{r}_2)}{r_{12}} d\mathbf{r}_2 + V_{\mathrm{XC}}[\mathbf{r}_1] \right\} \phi_\nu(\mathbf{r}_1) \tag{3.59}$$

最初の2項は簡単であり，コア寄与 $H_{\mu\nu}^{\mathrm{core}}$ に等しい。また，第3項のクーロン反発寄与（ハートリー項）は，基底関数と密度行列 $\mathbf{P}$ を用いて，次のように展開できる。

$$\iint \frac{\phi_\mu(\mathbf{r}_1) \rho(\mathbf{r}_2) \phi_\nu(\mathbf{r}_1)}{|\mathbf{r}_1 - \mathbf{r}_2|} d\mathbf{r}_1 d\mathbf{r}_2 = \sum_{\lambda=1}^K \sum_{\sigma=1}^K P_{\lambda\sigma} \iint \frac{\phi_\mu(\mathbf{r}_1) \phi_\nu(\mathbf{r}_1) \phi_\lambda(\mathbf{r}_2) \phi_\sigma(\mathbf{r}_2)}{|\mathbf{r}_1 - \mathbf{r}_2|} d\mathbf{r}_1 d\mathbf{r}_2 \tag{3.60}$$

N 電子からなる閉殻系の場合，密度行列の要素は次式で与えられる。

$$P_{\mu\nu} = 2 \sum_{i=1}^{N/2} c_{\mu i} c_{\nu i} \tag{3.61}$$

これは，ハートリー-フォック理論へのローターン-ホール・アプローチで使われた式とまったく同じである。重なり積分 $\mathbf{S}$ も同様に定義される。

$$S_{\mu\nu} = \int \phi_\mu(\mathbf{r}) \phi_\nu(\mathbf{r}) d\mathbf{r} \tag{3.62}$$

自己無撞着を達成させる全手続きは，ハートリー-フォック理論で使われるものと非常によく似ている。すなわちまず最初，適当な方法で密度の初期値を推定する。次に，コーン-シャム行列と重なり行列を組み立て，対角化して固有関数と固有ベクトルを求める。さらに，これらの固有関数と固有ベクトルからコーン-シャム軌道*を作り，次の繰返しステップで使う密度を計算する。この一連の操作は，結果が収束するまで続けられる。

式(3.60)での四中心積分の出現は，少なくとも計算効率に関する限り，DFT アプローチの優位性へ疑問を投げかける。これらの積分をハートリー-フォック理論と同じ手法で処理すれば，確かにそうである。しかし密度汎関数理論では，式(3.60)の左辺を考えることで，四中心積分の計算を避けることができる。その方法は基本的には二つ存在する。第一の方法は，電荷密度を次

---

*密度汎関数理論で使われるコーン-シャム軌道は，正しい密度を与えるように工夫された一組の非相互作用軌道であり，ハートリー-フォック理論で使われる軌道と異なり，それ以上の物理的意味をもたない。

の基底系展開で近似する。

$$\rho(\mathbf{r}) \approx \sum_k c_k \phi_k{}'(\mathbf{r}) \tag{3.63}$$

ここで，補助基底関数 ϕ' は軌道展開式と同じ関数形をとる。また，係数 c_k は最小二乗当てはめの操作から求められる。四中心積分に現れる密度をこの式(3.63)で置き換えれば，計算のより簡単な三中心二電子積分が得られる。

$$\iint \frac{\phi_\mu(\mathbf{r}_1)\phi_\nu(\mathbf{r}_1)\phi_\lambda(\mathbf{r}_2)\phi_\sigma(\mathbf{r}_2)}{|\mathbf{r}_1-\mathbf{r}_2|} d\mathbf{r}_1 d\mathbf{r}_2 = \iint \frac{\phi_\mu(\mathbf{r}_1)\phi_\nu(\mathbf{r}_1)\phi_k{}'(\mathbf{r}_2)}{|\mathbf{r}_1-\mathbf{r}_2|} d\mathbf{r}_1 d\mathbf{r}_2 \tag{3.64}$$

一方，第二のアプローチはクーロン積分に焦点を合わせ，ポアソン方程式を適用する。いま，次式で与えられる電位 $V_{\mathrm{el}}(\mathbf{r}_1)$ を考えてみよう。

$$V_{\mathrm{el}}(\mathbf{r}_1) = \int \frac{\rho(\mathbf{r}_2)}{|\mathbf{r}_1-\mathbf{r}_2|} d\mathbf{r}_2 \tag{3.65}$$

電位の二次微分と電荷密度の間には，次のポアソン方程式が成立する。

$$\nabla^2 V(\mathbf{r}) = -4\pi \rho(\mathbf{r}) \tag{3.66}$$

したがって，

$$\nabla^2 \int \frac{\rho(\mathbf{r}_2)}{|\mathbf{r}_1-\mathbf{r}_2|} d\mathbf{r}_2 = -4\pi \rho(\mathbf{r}_1) \tag{3.67}$$

この方程式を格子上で数値的に解けば，$V_{\mathrm{el}}(\mathbf{r}_1)$ が求まる。同じ格子は，次に四中心二電子積分，式(3.60)を数値積分するのに使用される。

$$\iint \frac{\phi_\mu(\mathbf{r}_1)\rho(\mathbf{r}_2)\phi_\nu(\mathbf{r}_1)}{|\mathbf{r}_1-\mathbf{r}_2|} d\mathbf{r}_1 d\mathbf{r}_2 \equiv \int \phi_\mu(\mathbf{r}_1) V_{\mathrm{el}}(\mathbf{r}_1) \phi_\nu(\mathbf{r}_1) \approx \sum_{i=1}^P \phi_\mu(\mathbf{R}_i) V_{\mathrm{el}}(\mathbf{R}_i) \phi_\nu(\mathbf{R}_i) W_i \tag{3.68}$$

ここで，点 $\mathbf{R}_i$ は P 個からなり，それらは V_{el} のポアソン方程式を解くのに使われる格子に対応する。W_i は重み因子である。

　四中心二電子積分に対するこれらの二つの単純化は，なぜ，密度汎関数理論で使え，ハートリー-フォック理論では使えないのか。それは，密度汎関数理論の場合と異なり，ハートリー-フォック理論では，交換寄与が（非局所汎関数に属し）簡単化できないことに理由がある。すなわち，ハートリー-フォック理論の交換成分に対しては，四中心積分をもろに計算する必要があり，対応するクーロン項だけを簡単化しても利得がないのである。

　コーン-シャム行列要素への交換-相関寄与（式(3.59)の最終項）は，常に点格子を使って評価される。これは，使用される汎関数が複雑なことによる。積分は格子を使って直接行われるか，あるいは補助基底関数系で展開され，解析的に行われる。もし，DFTプログラムが K 個の関数からなる基底系を使用し，P 個の点に対する格子積分，もしくは P 個の関数からなる補助基底系を採用しているのであれば，計算の複雑度は K^2P に比例する。P は K としばしば直線的な関係にあるので，密度汎関数理論は基底関数の数の3乗 (K^3) に比例すると言い直してもよい。これは，従来のハートリー-フォック計算が4乗に比例することと対照をなす。しかし，設計の行き届いたコンピュータ・プログラムを使って実際に密度汎関数計算を行ってみると，計算時間

は必ずしも3乗に比例しない。これは，実際のハートリー-フォック計算が4乗に比例しないのと同様である。これらの目安はしばしば引用されるが，実際には，きわめて素朴なプログラムを使用した計算や，積分無視閾値を設定しないきわめて小さな分子系の計算に対してしか当てはまらない。

　密度汎関数理論を用いた分子計算プログラムのほとんどは，これまでに説明した3種類の基底系のいずれかを使用している。しかしその他にも，重要な代替アプローチが二つ知られる。一つは，コーン-シャム方程式の解を（格子上で）数値的に計算する方法で，無基底系（basis-set free）アプローチとも呼ばれる [8]。（もし十分な数の格子点が使われたならば）このアプローチは，有限基底系展開のもつ限界に煩わされない。また，誤差の主因をなす交換-相関汎関数の比較評価にも利用できる。一方，第二の代替アプローチは，金属や合金のようなバルク系の研究にことに有用である。平面波を使うこのアプローチについては，後ほど量子力学による固体研究の一般的問題を考究する際，詳しく論ずる（3.8.6項参照）。

3.7.3　局所密度近似を超えて：勾配補正汎関数

　密度汎関数理論のもつ最も重要な特徴は，交換効果と相関効果を直接組み入れる点にある。ことに相関効果は，ハートリー-フォック理論では，配置間相互作用や多体摂動論といった，高等なアプローチで考慮されるにすぎない。局所密度近似は簡単であるにもかかわらず，驚くほどうまく機能する。しかしこの近似は，扱う問題によっては不十分なことがある。そのため，拡張理論がいくつか開発された。中でも最も一般的な方法は，空間各点の密度だけではなく，その勾配も考慮する勾配補正汎関数を用いる方法である。このような勾配補正は，一般に交換と相関の各寄与に対して施される。文献にはさまざまな勾配補正法が報告されている。交換汎関数でよく使われるのは，Beckeにより提唱された勾配補正法である [4,5]。この方法では，局所スピン密度近似の結果は次のように補正される。

$$E_\mathrm{X}[\rho(\mathbf{r})] = E_\mathrm{X}^\mathrm{LSDA}[\rho(\mathbf{r})] - b\sum_{\sigma=\alpha,\beta}\rho_\sigma^{4/3}\frac{x_\sigma^2}{(1+6bx_\sigma\sinh^{-1}x_\sigma)}d\mathbf{r}; \qquad x_\sigma=\frac{|\nabla\rho_\sigma|}{\rho_\sigma^{4/3}} \qquad (3.69)$$

ここで $E_\mathrm{X}^\mathrm{LSDA}[\rho(\mathbf{r})]$ は，標準的なスレーター型交換エネルギーである（式(3.54)参照）。式(3.69)は，スピン非制限系に対するものであるが，同様の式は閉殻系に対してもこの式から容易に誘導できる。また，x_σ は無次元パラメータで，b は 0.0042 a.u. の値をとる定数である。b の値は，希ガス原子（He～Rn）の正確なハートリー-フォック交換エネルギーへの当てはめから求められる。この汎関数形は二つの特徴をもつ。一つは $r\to\infty$ の極限で，交換-相関積分の極限形を正しく達成することであり，もう一つは，パラメータ(b)を1個しか使わないことである。Lee-Yang-Parrの相関汎関数もまた広く利用される [29]。（閉殻系に対する）この相関汎関数の本来の形は次式で与えられる。

$$E_{\mathrm{C}}[\rho(\mathbf{r})] = -a \int \frac{1}{1+d\rho^{-1/3}} \left\{ r + b\rho^{-2/3} \left[C_F \rho^{5/3} - 2t_W + \left(\frac{1}{9}t_W + \frac{1}{18}\nabla^2\rho\right)e^{-c r^{-1/3}} \right] \right\} d\mathbf{r} \tag{3.70}$$

$$t_W(\mathbf{r}) = \sum_{i=1}^{N} \frac{|\nabla \rho_i(\mathbf{r})|^2}{\rho_i(\mathbf{r})} - \frac{1}{8}\nabla^2\rho; \qquad C_F = \frac{3}{10}(3\pi^2)^{2/3}$$

ここで，a，b，c，d は定数で，それぞれ 0.049，0.132，0.2533，0.349 の値をとる．式(3.70)は，一つの式に局所成分と非局所成分の両者を含んでおり，勾配寄与は二次微分の形をとる．Becke の勾配補正を加えた交換汎関数（式(3.69)）と Lee-Yang-Parr 相関汎関数（式(3.70)）の組合せは，一般に BLYP（ブリップ）と略記され，現在広く利用されている．

3.7.4　混成ハートリー–フォック／密度汎関数法

　すでに述べたように，密度汎関数理論の主要な特徴は，ハートリー–フォック理論と異なり，交換効果と相関効果が最初から組み込まれている点にある．交換寄与は，ハートリー–フォック理論の枠内でも正確に評価できる．しかし，ハートリー–フォック形式への相関効果の組込みは，3.3 節で述べたように計算時間を大幅に増加させる．そこで，潜在的に魅力ある一つの選択肢として，DFT から求めた相関エネルギーをハートリー–フォック・エネルギーへ付け加える方法が考案された．このアプローチでは，交換-相関エネルギーは正確な交換項と，局所密度近似から求めた相関成分の和で表される．ただし，正確な交換エネルギーは，コーン–シャム軌道のスレーター行列式から得られる．

　残念なことに，このアプローチはうまく働かない．そこで，はるかに有望な戦略が Becke により提案された [6,7]．彼のアプローチでは，交換-相関エネルギー E_{XC} は次式で与えられる．

$$E_{\mathrm{XC}} = \int_0^1 U_{\mathrm{XC}}^\lambda \, d\lambda \tag{3.71}$$

ここで，λ は結合パラメータで，0 から 1 までの値をとる．$\lambda = 0$ は，電子間にクーロン斥力 U_{XC} が存在しない系（コーン–シャム非相互作用基準状態）に対応する．λ がゼロよりも大きくなると，電子間にクーロン斥力が現れ，λ が 1 に近づくにつれ，その力は次第に大きくなる．$\lambda = 1$ の状態は，完全な相互作用のある実在系に対応する．λ のいかなる値に対しても，電子密度はすべて同じで，実在系の値に等しい．この積分を解析的に行うことは非現実的であり，近似が必要である．最も簡単には，次の線形補間近似が使われる．

$$E_{\mathrm{XC}} = \frac{1}{2}(U_{\mathrm{XC}}^0 + U_{\mathrm{XC}}^1) \tag{3.72}$$

U_{XC}^0 は，非相互作用基準系の交換-相関ポテンシャルエネルギーである．この系では，電子的な相互作用は存在せず，相関項はない．したがって，U_{XC}^0 はコーン–シャム行列式の純粋な交換エネルギーに対応し，その値は正確に決定できる．一方，U_{XC}^1 は，完全相互作用実在系の交換-相関ポテンシャルエネルギーに対応する．Becke によれば，このポテンシャルエネルギー——全エネルギー E ではない——は，局所スピン密度近似を用いて計算できる．計算式は次の通りである．

$$U_{\text{XC}}^1 \approx U_{\text{XC}}^{\text{LSDA}} = \int u_{\text{XC}} [\rho_\alpha(\mathbf{r}), \rho_\beta(\mathbf{r})] d\mathbf{r} \tag{3.73}$$

ここで，u_{XC}は電子ガスの交換-相関ポテンシャルエネルギー密度を表す汎関数である。

このいわゆる半々理論は，正確な交換エネルギーと相関エネルギーを混ぜ合わせる他の方法に比べて好い結果を与える。しかしBeckeによれば，$\lambda=0$のとき，モデルはうまく機能しない。すなわち，分子結合に対して交換項しか作用しない極限付近では，電子ガスモデルは適当ではない。そこで，BeckeはU_{XC}^0項を削除し，次の一次結合で交換-相関エネルギーを表す改良モデルを提案した。

$$E_{\text{XC}} = E_{\text{XC}}^{\text{LSDA}} + a_0(E_{\text{X}}^{\text{exact}} - E_{\text{X}}^{\text{LSDA}}) + a_{\text{X}} \Delta E_{\text{X}}^{\text{GC}} + a_{\text{C}} \Delta E_{\text{C}}^{\text{GC}} \tag{3.74}$$

ここで，$E_{\text{X}}^{\text{exact}}$は（コーン-シャム軌道のスレーター行列式から得られる）正確な交換エネルギー，$E_{\text{X}}^{\text{LSDA}}$は局所スピン密度近似下での交換エネルギー，$\Delta E_{\text{X}}^{\text{GC}}$と$\Delta E_{\text{C}}^{\text{GC}}$はそれぞれ交換項と相関項に対する勾配補正である。また，a_0, a_{X}, a_{C}は経験的な係数で，実験データ（原子化エネルギー 56，イオン化ポテンシャル 42，プロトン親和性 8，第一および第二周期元素の全原子エネルギー 10）への最小二乗当てはめから得られる。これらの係数の具体的な値は，$a_0=0.20$, $a_{\text{X}}=0.72$, $a_{\text{C}}=0.81$である。Beckeの原報では，交換項に対しては彼自身の提案した勾配補正，相関項に対してはPerdew-Wangの示唆した勾配補正がそれぞれ使われた。これに代わるものとして，Lee-Yang-Parr相関汎関数とVosko-Wilk-Nusair (VWN) 標準局所相関汎関数を使用する方法もある。この方法は，B3LYP密度汎関数アプローチと呼ばれる。

$$E_{\text{XC}}^{\text{B3LYP}} = (1-a_0)E_{\text{X}}^{\text{LSDA}} + a_0 E_{\text{X}}^{\text{HF}} + a_{\text{X}} \Delta E_{\text{X}}^{\text{B88}} + a_{\text{C}} E_{\text{C}}^{\text{LYP}} + (1-a_{\text{C}}) E_{\text{C}}^{\text{VWN}} \tag{3.75}$$

3.7.5 密度汎関数理論の性能と応用

孤立有機分子への密度汎関数理論の応用は，ハートリー-フォック法の利用に比べるとまだ揺籃期にある。しかし，さまざまなDFTアプローチの性能評価を目的とした出版物は確実に増え続けている。すでに述べたように，密度汎関数理論を実際に運用する方法は多彩を極める。（ガウス関数，スレーター型軌道，数値といった）さまざまな関数形が基底系として使用され，局所密度近似により交換寄与と相関寄与を表す方法もさまざまである。また，勾配補正の表し方もいろいろあり，コーン-シャム方程式を解き，自己無撞着を達成する方法も一つではない。このことは，ハートリー-フォック計算での状況と好対照をなす。ハートリー-フォック計算では，通常，すでに検証済みのガウス基底系からその一つを使用し，高等な *ab initio* 法を組み込むに当たっても，最適な選択を助ける文献が多数存在する。

このような比較から導かれた結論によれば，勾配補正を施した密度汎関数法は，広範な性質に対して，相関寄与を考慮した *ab initio* 計算（たとえばMP2）と同等またはそれ以上の結果を与える。勾配補正汎関数の使用は，相対配座エネルギーの計算や，分子間相互作用系，特に，水素結合を含む系の研究では不可欠である[47]。また，*ab initio* 法の場合と同様，基底系の選択は重要で，結果を左右する。客観的な比較を行うには，基底系を統一する必要がある。一般に選択されるのは6-31 G*である。このような比較研究の一例としては，たとえば中性の小分子を扱

った Johnson らの研究が挙げられる［27］。またその他，有機小分子に関する St-Amant らの研究［50］，4-メチル-2-オキセタノンの吸収と円二色性スペクトルに関する Stephen らの詳細研究［51］，さまざまな密度汎関数法を相互に，あるいは従来の *ab initio* アプローチと比較した Frisch らの研究［21］も注目に値する。Gaussian-*n* 系列のモデルと結びついたデータセットの進化は，密度汎関数法の理論展開に拍車をかけることになった。たとえば，勾配補正や混成ハートリー-フォック／密度汎関数法に関する Becke の研究の多くは，Gaussian-1 法や Gaussian-2 法で得られたデータセットを利用して行われた。さらに新しいところでは，B3LYP を使用した修正 Gaussian-3 法により，幾何構造やゼロ点エネルギーを求めた研究もある［3］。

　DFT の応用に関連した最も重要な展開の一つは，核座標に関するエネルギー勾配を解析的に計算する方法が開発されたことである。これは分子構造の最適化を可能にした。すでに述べたことであるが，最適化の仕方は，ハートリー-フォック理論と密度汎関数理論では，多少趣きが異なる。正確な勾配は格子積分法からは得られない。しかし，格子積分法による誤差は一般に非常に小さいので，最適化の際，問題を引き起こすことはない。

3.8 量子力学的方法による固体研究

3.8.1 はじめに

　固相系の研究で使われる量子力学的方法は，孤立分子や分子間複合体の研究で使われるそれとは多少異なっている。完全な結晶系は，繰返し単位（単位格子(unit cell)）を，重ね合わせたり隙間を空けることなく，整然と規則正しく積み重ねることにより作り出される。結晶の構造は，単位格子の大きさと形，およびその内部における原子の位置を指定することで一義的に定まる。単位格子は平行六面体で，その形は，三つの格子ベクトル **a**，**b**，**c** とそれらのなす角により規定される（図 3.7）。格子パラメータを異にする，複数の単位格子が得られることもある。このような場合には標準化則が適用され，一組の標準格子パラメータが算定される。単位格子内部での原子の座標は，単位格子座標(α**a**，β**b**，γ**c**)で表される。実際，これらの基本ベクトルを使えば，どのようなベクトル **r** でも表現できる。

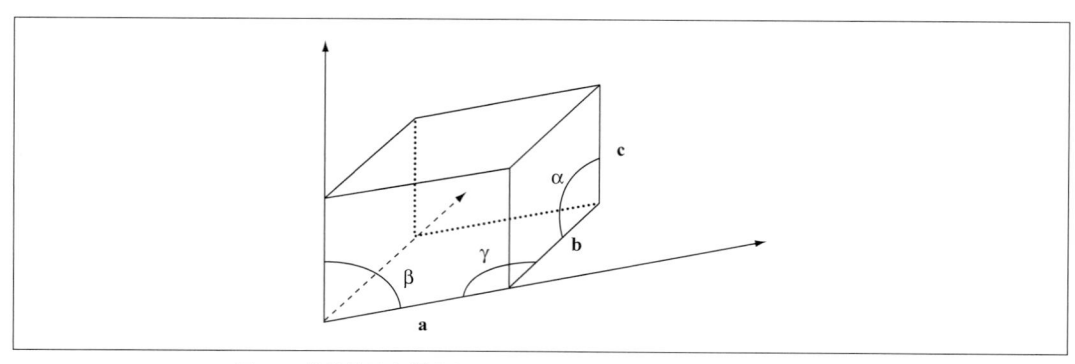

図 3.7 単位格子を規定する六つのパラメータ **a**，**b**，**c**，α，β，γ

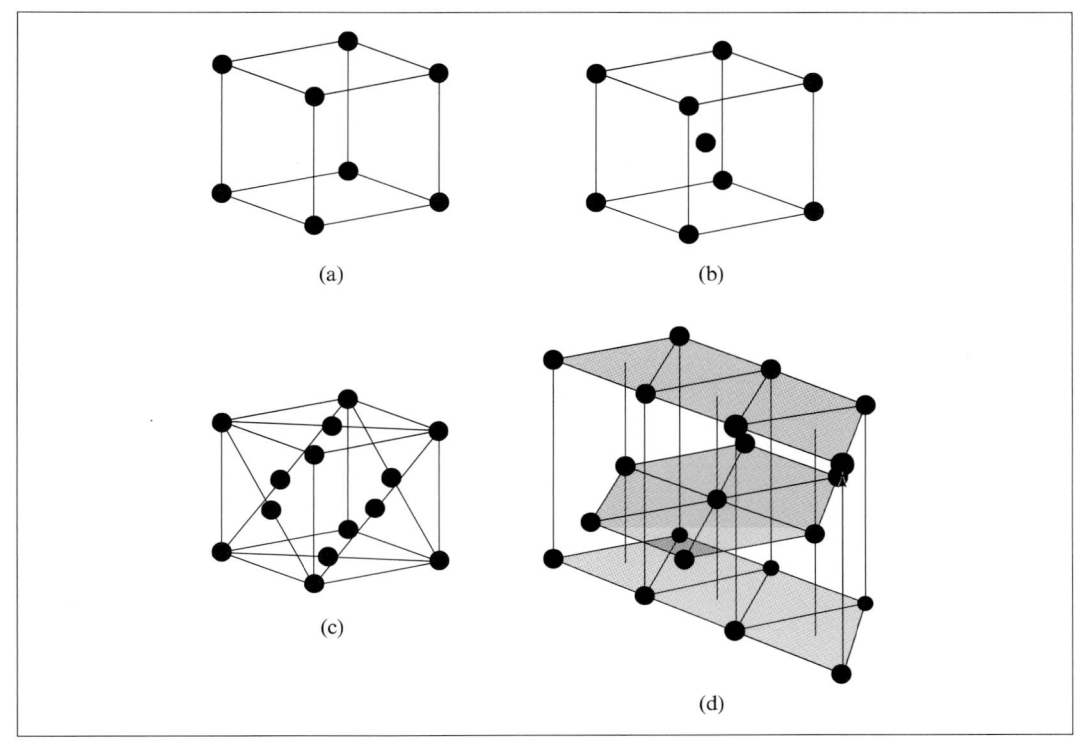

図 3.8 基本ブラベ格子 [2]。(a) 単純立方格子, (b) 体心立方格子, (c) 面心立方格子, (d) 単純六方最密格子。

$$\mathbf{r} = (\alpha\mathbf{a},\ \beta\mathbf{b},\ \gamma\mathbf{c}) \tag{3.76}$$

ここで, α, β, γ の値は, 必ずしも0と1の範囲に限定されない。基本となる単位格子は14種類存在し, それらはブラベ格子 (Bravais lattice) と呼ばれる。よくあるブラベ格子は, 単純立方格子, 体心立方格子および面心立方格子である (図3.8)。図3.8には, そのほか六方最密配列も示されている。この配列では, ブラベ格子 (単純六方格子) は, 基本をなす三角配列から作り出される。単位格子は並進対称性をもつが, それに加え, 単位格子内部の原子の配列にも, ある種の対称性が存在する。結晶内での対称要素の組合せは, 空間群 (space group) を定義する。空間群は全部で230種存在する。もし, 単位格子内部に対称性が存在するならば, 結晶の構造は (構造に特有な) 非対称単位を指定するだけで規定できる。他の原子位置を発生させるには, 適当な対称操作を施せばよい。

格子構造を考える際, きわめて有用なもう一つの概念は, 逆格子 (reciprocal lattice) の概念である。逆格子は, 三つのベクトル $\mathbf{a}^*$, $\mathbf{b}^*$, $\mathbf{c}^*$ で定義される。ここで, $\mathbf{a}^*$ は $\mathbf{b}$ と $\mathbf{c}$ に垂直で, $\mathbf{a}$ とのスカラー積が1となるベクトルである。$\mathbf{b}^*$ と $\mathbf{c}^*$ も同様に定義される。式で表せば次のようになる。

$$\mathbf{a}^* = \frac{\mathbf{b} \times \mathbf{c}}{\mathbf{a} \cdot \mathbf{b} \times \mathbf{c}}; \quad \mathbf{b}^* = \frac{\mathbf{a} \times \mathbf{c}}{\mathbf{b} \cdot \mathbf{a} \times \mathbf{c}}; \quad \mathbf{c}^* = \frac{\mathbf{a} \times \mathbf{b}}{\mathbf{c} \cdot \mathbf{a} \times \mathbf{b}} \tag{3.77}$$

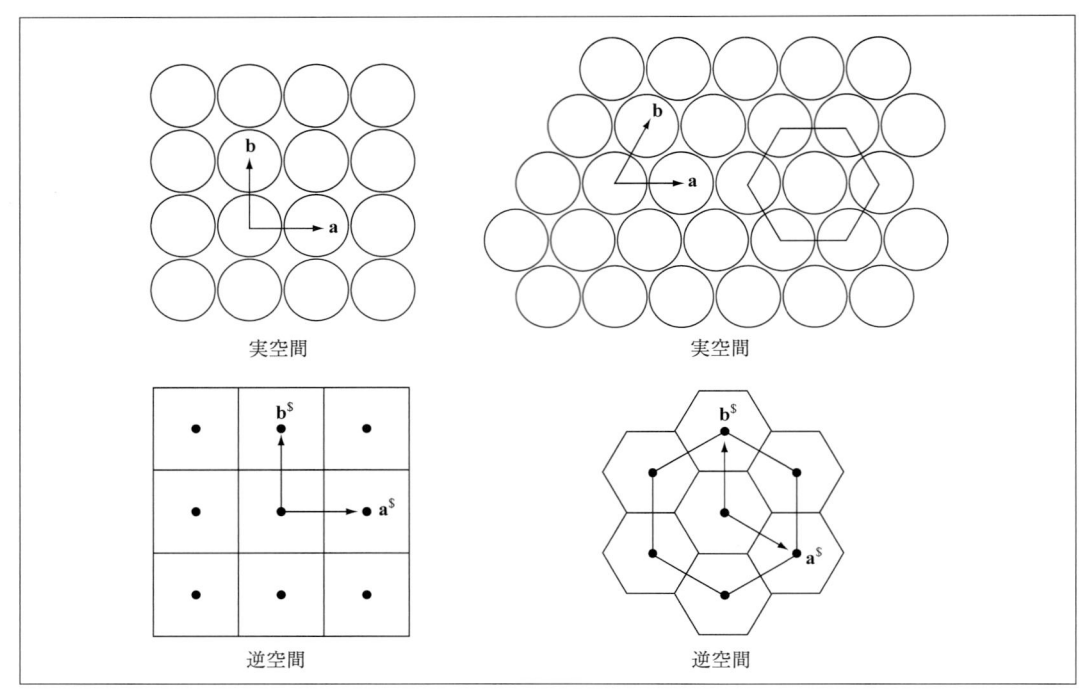

図 3.9 実空間での 2D 正方格子と 2D 六方最密構造の配列およびそれらの逆空間格子

ここで，分母はそれぞれ単位格子の体積に等しい。a^*, b^*, c^* は，いずれも長さの逆数を単位とする。「逆空間」とか「逆格子」と呼ばれるのは，このことに由来する。ただし本書の計算では，X線結晶学的な逆格子ベクトルを 2π 倍した次の三つのベクトル $a^\$$, $b^\$$, $c^\$$ で定義される拡張逆空間を用いた方が何かと便利である。

$$a^\$ = 2\pi a^*; \quad b^\$ = 2\pi b^*; \quad c^\$ = 2\pi c^* \tag{3.78}$$

逆空間の簡単な実例は，2D 正方格子のそれである。2D 正方格子では，ベクトル a と b は互いに直交し，それらの長さは格子間隔 a に等しい。この 2D 正方格子の逆空間を考えてみよう。a^* と b^* はそれぞれ a, b と同じ方向を向き，長さは $1/a$ である（図 3.9）。したがって，逆格子ベクトル $a^\$$ と $b^\$$ は，長さ $2\pi/a$ の正方格子系を定める。さらに複雑な例は，2D 六方最密構造の逆空間である。2D 六方最密構造は菱形の単位格子をもつ（図 3.9）。この構造では，二つの逆格子ベクトルは，図に示すように，元の格子を 30°回転させ，逆格子定数 $4\pi/\sqrt{3}a$ をもつ別の六方格子を与える。

実空間格子が単位格子から構築されるのと同様，逆格子もまた，（重なり合ったり，隙間を空けたりすることなく）空間を完全に満たした一連の基本格子から構築される。これらの基本格子は，ウィグナー–ザイツ胞と呼ばれ，実空間格子での単位格子と同じ役割を逆空間で果たす。逆格子ベクトルは次式で定義される。

$$G = n a^\$ + m b^\$ + o c^\$ = 2\pi n a^* + 2\pi m b^* + 2\pi o c^* \tag{3.79}$$

ここで，n, m, o は整数である。図 3.9 に示されるように，ウィグナー–ザイツ胞は特定の逆

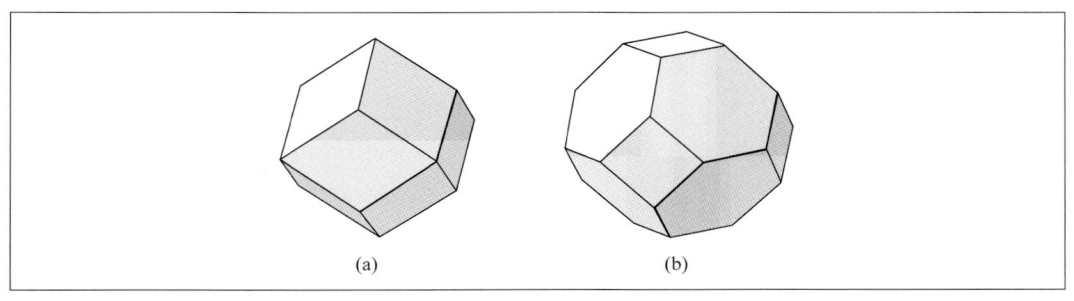

図 3.10 体心立方格子 (a) と面心立方格子 (b) における第一ブリュアン帯域の形 [2]

格子点と結びつき，その内部の座標は，他のいかなる格子点よりもその格子点に近い．電子構造を論じる際，逆格子のウィグナー–ザイツ胞は，一般に第一ブリュアン帯域 (first Brillouin zone) と呼ばれる．一例として，体心立方格子と面心立方格子における第一ブリュアン帯域の形を図 3.10 に示した．

逆格子ベクトル $\mathbf{G}$ は，固体の電子構造計算でことに役立つ特別な性質をもつ．いま，関数 $\exp(i\mathbf{G}\cdot\mathbf{r})$ の挙動を考えてみよう．ここで，$\mathbf{r}$ は中央の単位格子内部にある点である．すなわち，式(3.76)の α, β, γ は，すべて 0 と 1 の間の値をとる．この複素指数関数は，余弦関数と正弦関数の和として，次のように展開できる．

$$
\begin{aligned}
\exp(i\mathbf{G}\cdot\mathbf{r}) &= \exp[i(n\mathbf{a}^\$ + m\mathbf{b}^\$ + o\mathbf{c}^\$)\cdot(\alpha\mathbf{a}+\beta\mathbf{b}+\gamma\mathbf{c})]\\
&= \exp[i(2\pi n\mathbf{a}^* + 2\pi m\mathbf{b}^* + 2\pi o\mathbf{c}^*)\cdot(\alpha\mathbf{a}+\beta\mathbf{b}+\gamma\mathbf{c})]\\
&= \exp[i(2\pi n\alpha + 2\pi m\beta + 2\pi o\gamma)]\\
&\quad \text{ここで} \quad \mathbf{aa}^* = \mathbf{bb}^* = \mathbf{cc}^* = 1 \quad \text{かつ}\\
&\quad\quad\quad \mathbf{a}^*\mathbf{b} = \mathbf{a}^*\mathbf{c} = \mathbf{b}^*\mathbf{a} = \mathbf{b}^*\mathbf{c} = \mathbf{c}^*\mathbf{a} = \mathbf{c}^*\mathbf{b} = 0\\
&= \cos(2\pi n\alpha + 2\pi m\beta + 2\pi o\gamma) + i\sin(2\pi n\alpha + 2\pi m\beta + 2\pi o\gamma)
\end{aligned}
\tag{3.80}
$$

$\mathbf{r}$ を変えると，α, β, γ は 0 と 1 の間で変化し，関数 $\exp(i\mathbf{G}\cdot\mathbf{r})$ の値もそれに伴って変化する．しかし，n, m, o は（式(3.79)に示されるように）整数であるから，関数 $\exp(i\mathbf{G}\cdot\mathbf{r})$ の変化は，実空間格子と同じ周期性を示す．これは，α, β, γ がすべて 1 または 0 のとき，余弦項は 1，正弦項はゼロに等しくなることによる．$\exp(i\mathbf{G}\cdot\mathbf{r})$ のこの挙動は重要な結果をもたらす．いま，ある関数を $\exp(i\mathbf{G}\cdot\mathbf{r})$ のフーリエ級数で表すと，$\mathbf{G}$ は逆格子ベクトルであるから，得られるフーリエ級数は実格子上で周期性をもつ．これは平面波動関数と呼ばれる．指数関数 $\exp(i\mathbf{G}\cdot\mathbf{r})$ は，またもう一つの特徴として，3.8.4 項で述べるように，自由粒子に対する波動関数をも表す．この性質は計算を行う上で，しばしばきわめて都合がよい．

固体の計算を論ずる場合，欠陥や不規則性のある結晶系は，完全な結晶系とは区別して扱われるべきである．本章では，議論はまったく欠陥のない完全な周期系に対する計算に限定される．欠陥を含む系の取扱いについては，後ほど第 11 章で取り上げる．

固体はきわめて多様な電子的，化学的および物理的性質をもつ．したがって，それらを研究する方法も一通りではない．おおざっぱに言えば，固体の電子構造の研究では，二つの理論的アプ

ローチが使われる。第一の方法は，バンド理論（band theory）と呼ばれる。この理論では，原子軌道を結合させることにより，分子軌道に相当するものを作り出す。軌道の重なりは原子の初期状態を一部変化させるが，完全に変えてしまうことはない。これがこの理論を支える仮説である。第二の方法は，「ほぼ自由な電子の近似（nearly free-electron approximation）」と呼ばれる。従来の考え方によれば，電子が一部詰まったd殻をもつ絶縁体や遷移金属では，近似は系の電子構造を記述する上できわめて有用である。ほぼ自由な電子の近似理論は，電子を自由粒子と見なすところから出発する。電子の運動は格子を使って調節される。このアプローチは，金属のように，原子価軌道間にかなりの重なりがある系に適する。以下の項では，すでに述べた格子の基本原理や性質のいくつかを利用し，これらの二つのアプローチをさらに詳しく見ていく。

3.8.2 バンド理論と軌道に基づくアプローチ

バンド理論は，化学者には軌道像から出発した方が理解しやすい。そこで本項では，その議論に少しスペースを費やすことにする。まず最初，最も簡単な1D格子の問題を考えてみよう。2個の原子をx軸に沿って距離がaになるまで近づけると，何が起こるであろうか。各原子がs

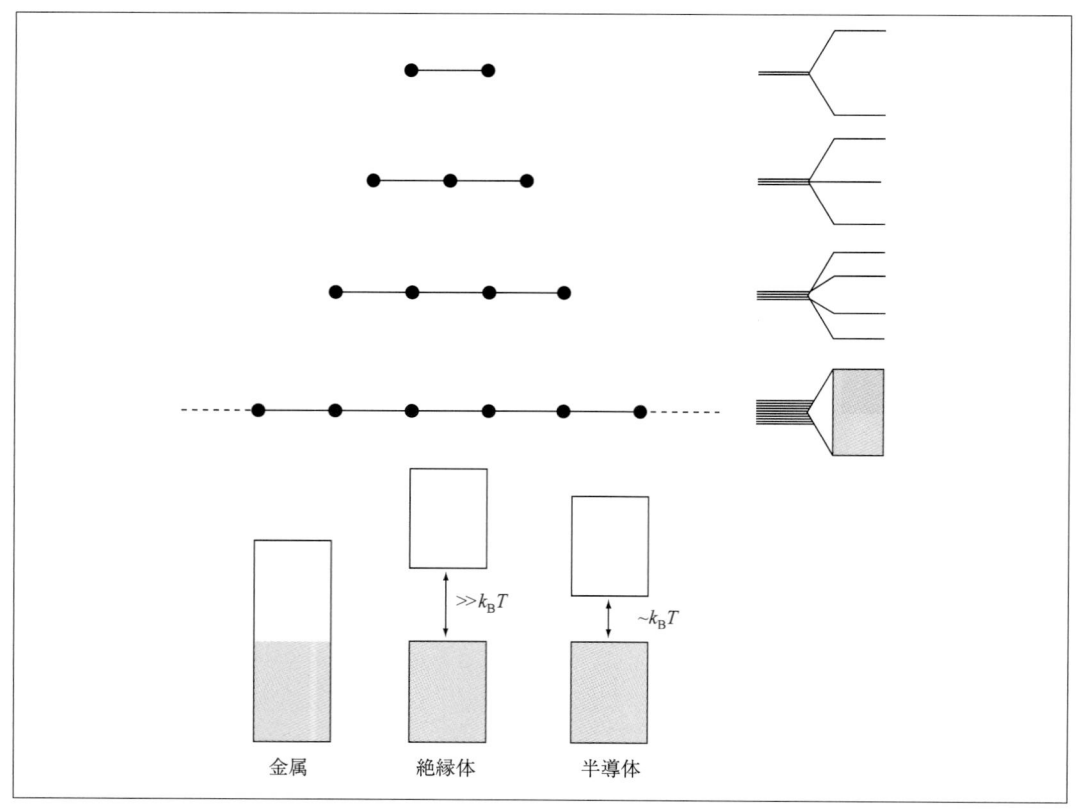

図 3.11 エネルギー準位のバンド構造。原子軌道の数が2，3，4，……個と増えるに従い，エネルギー準位の数も増えていく。原子軌道の数がきわめて多くなると，分離していたエネルギー準位は融合され，連続するバンドが形成される。金属，絶縁体および半導体の間の概念的な違いについても示した。

軌道を一つずつもつとすれば，それらが結合した系は二つの分子軌道（一つは結合性，もう一つは反結合性）を生成する。いま，第三の原子をさらに付け加えると，分子軌道は結合性，非結合性および反結合性の三つになる。同様に，4個の原子は四つの分子軌道を与え，原子の数が増えれば，それにつれてエネルギー準位の数も増えていく。しかし，付け加わる原子がさらに増えていくと，分離していたエネルギー準位は融合され，実質的に連続したバンドが作られる（図3.11）。各エネルギー準位は電子を2個収容できるので，個々の原子が分子軌道へ電子を1個ずつ提供している場合には，バンドは半分だけ満たされた状態にある。一番エネルギーの高い被占準位のすぐ上に空エネルギー準位が存在すれば，被占準位から空準位への電子の励起は非常に容易に起こる。電子はきわめて動きやすく，その結果，金属のもつ特別な伝導性と熱的性質が生まれる。一方，各原子が分子軌道へ電子を2個ずつ提供している場合には，バンドは電子で完全に満たされている。このようなバンドにある電子は，励起しようとすれば，たとえば，p軌道の重なりから作られるエネルギーの一段高いバンドへ励起しなければならない。絶縁体では，このpバンドのエネルギーは，sバンドのエネルギーよりもはるかに高く，励起はかなり大きなエネルギーを必要とする。半導体では，バンド間隙は絶縁体に比べて小さい。したがって，電子は常温でも，最高被占バンド（価電子帯）の最上部から最低空バンド（伝導帯）へ励起することがある。これらの3種のモデルを図3.11に示した。

　（電子密度のような）関数は格子の周期性により，格子上の等価点では相等しい値をとる。同様に波動関数でも，ある点（1D格子ではx）と格子上のどこか別の等価点（1D格子では，nを整数としたとき$x+na$）の間には，一定の関係が成り立つ。ブロッホの定理によれば，各々の許容格子波動関数は，次の関係を満たさなければならない。

$$\psi^k(x+a) = e^{ika}\psi^k(x) \tag{3.81}$$

ここで，波動関数はラベルkで区別される。kの値は1D格子内の原子の数と同数存在する。いま，ブロッホの条件を満たすような原子軌道の一次結合を作ってみよう。格子内のs軌道はχ_nでラベルされ，n番目の軌道は$x=na$の位置にあるとする。ブロッホの条件を満たすこれらの軌道の一次結合は，次式で与えられる。

$$\psi^k = \sum_n e^{ikna}\chi_n \tag{3.82}$$

では，波動関数の形は，kとともにどのように変わるのか。まず，$k=0$のときを考えてみよう。この場合，指数項はすべて1になり，全体の波動関数は，原子軌道の単純な加法的一次結合で表される。

$$\psi^{k=0} = \sum_n \chi_n = \chi_0 + \chi_1 + \chi_2 + \cdots\cdots \tag{3.83}$$

では，$k=\pi/a$の場合は，どのようになるのか。$\exp(ix)$は，$\cos(x)+i\sin(x)$のように書き直せる。すなわち$k=\pi/a$では，正弦項はすべてゼロになり，残るのは余弦項$\cos(n\pi)$だけである。この余弦項は$(-1)^n$と表せる。したがって波動関数は，

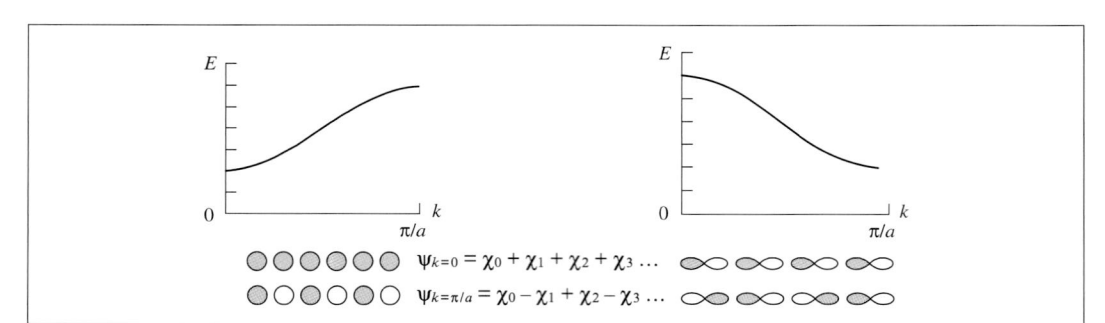

図 3.12 1D格子における k とエネルギーの関係。左図は s 軌道群，右図は p_x 軌道群に対応する。軌道の並び方もあわせて示した。

$$\psi^{k=\pi/a} = \sum_n (-1)^n \chi_n = \chi_0 - \chi_1 + \chi_2 - \cdots \cdots \quad (3.84)$$

この簡単な系では，式(3.83)と(3.84)は，それぞれ最低エネルギーと最高エネルギーの波動関数に対応する。k が 0 と π/a の間にあるとき，波動関数は中間のエネルギーをもつ。$k=0$ と $k=\pi/a$ の間では，エネルギーは正弦的に変化する（図3.12）。k は負値をとってもよい。その場合，$E(-k)=E(k)$ が成り立つ。また，p 軌道は s 軌道とは異なる挙動を示す。p_x 軌道群では，節があるため，$k=0$ が最高エネルギー，$k=\pi/a$ が最低エネルギーの状態に対応する。

k に対するエネルギーのグラフはバンド構造をなす。また，バンドの最低準位と最高準位のエネルギー差は，バンド幅と呼ばれる。1D格子では，バンド幅は格子間隔に依存し，間隔 a が狭いほど，バンド幅は大きくなる。これは，H_2 の結合軌道と反結合軌道のエネルギー差が，原子が近づくにつれ，大きくなるのとよく似ている。上述のように，k 値とエネルギー準位は，格子内の原子の数と同数存在し，各エネルギー準位は電子を 2 個ずつ収容できる。

では，(x,y) 平面にある 2D 正方格子の場合には，どのようになるのか。格子間隔は，ここでも a とする。ブロッホの定理は，次のようなより一般的な形で書き表される。

$$\psi^k(\mathbf{r}+\mathbf{T}) = e^{i\mathbf{k}\cdot\mathbf{T}} \psi^k(\mathbf{r}) \quad (3.85)$$

ここで，$\mathbf{T}$ は各位置を隣接したセルの等価な位置へ写像する並進ベクトル，$\mathbf{r}$ は一般の位置ベクトル，$\mathbf{k}$ は波動関数の特徴を記述する波数ベクトルである。$\mathbf{k}$ は成分 k_x と k_y をもち，一次元系でのパラメータ k に対応する。2D 正方格子の場合，シュレーディンガー方程式は x 方向と y 方向に沿う，独立した波動関数群で表せる。方程式は，原子の 1s 軌道のさまざまな組合せを与える。図3.13 はそのいくつかを示している。これらの組合せは，それぞれ異なるエネルギーをもつ。エネルギーが最小となる解は，$(k_x=0, k_y=0)$ の状態に対応し，原子軌道の純正な一次結合で表される。また，エネルギーが最大となる解は，$(k_x=\pi/a, k_y=\pi/a)$ の状態に対応する。この高エネルギー解に対する波動関数は，符号が交互に絶えず変化する。図3.13 から明らかなように，さまざまな一次結合は，(x,y) 平面のあらゆる方向へ無限に広がる格子を考えたとき，波動的性格を示す。

逆空間と逆格子は，波数ベクトル $\mathbf{k}$ と直接関係があり，さまざまな $\mathbf{k}$ の値は，$\mathbf{a}^s$，$\mathbf{b}^s$ および

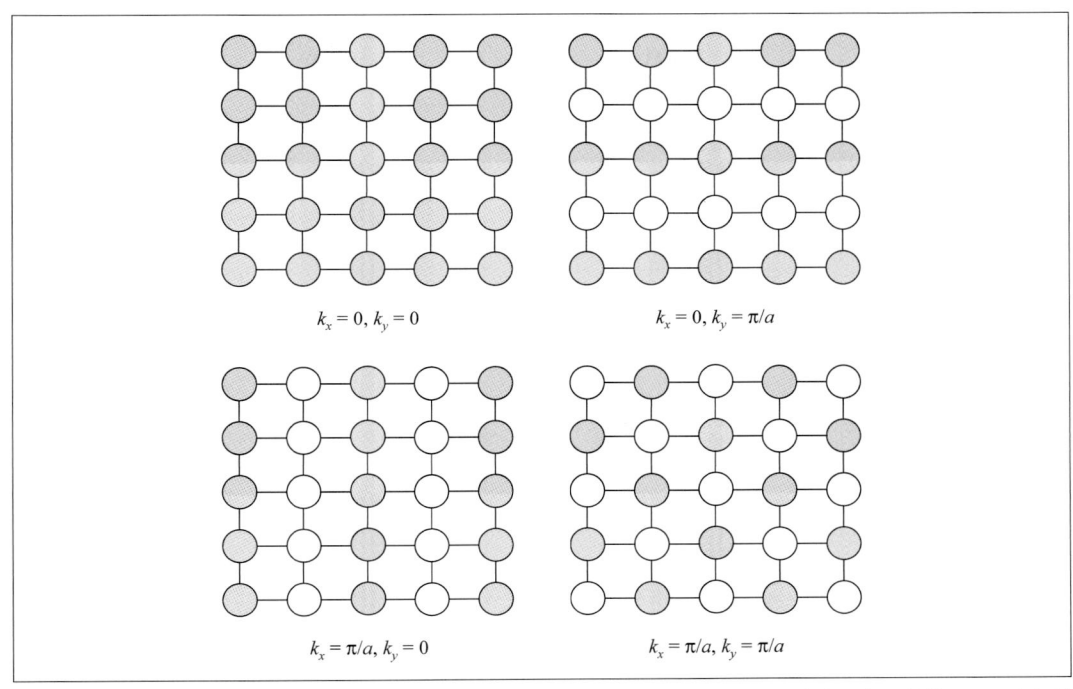

図 3.13 2 D 正方格子における 1 s 原子軌道のさまざまな組合せ．黒丸は正の係数，白丸は負の係数にそれぞれ対応する．

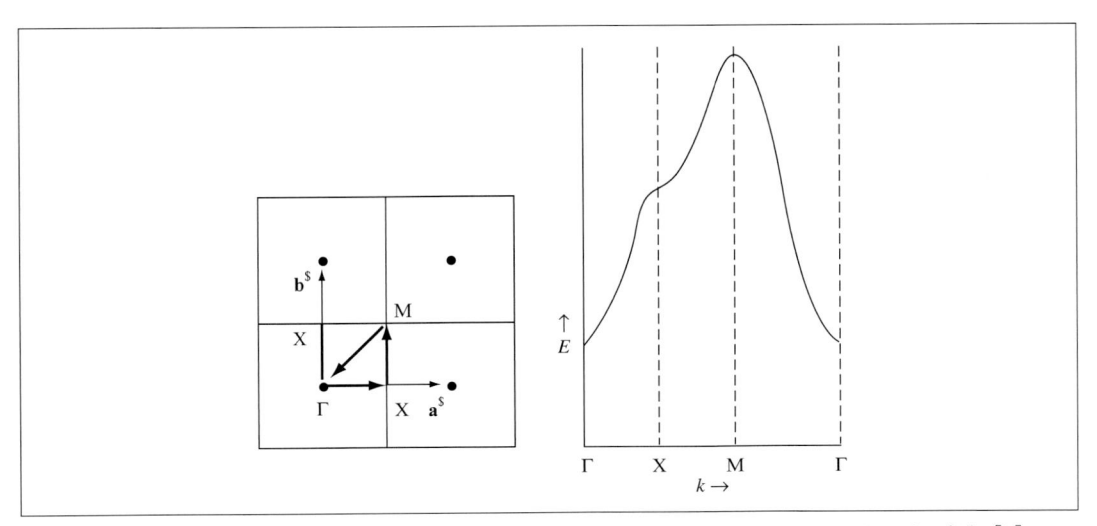

図 3.14 水素原子の 2 D 正方格子に対する逆格子を巡回（Γ-X-M-Γ）したときのエネルギー変化 [h]

c^s で定義される逆空間内部の点と見なせる．固体の波動関数とエネルギー準位を計算する場合，逆格子内の一つのセル——一般には，$k=0$ を含むセル，すなわちブリュアン帯域——に k を限定する必要がある．そうしないと，同じ状態を 2 回以上数える危険がある．格子構造に対するバ

ンド構造は，一般には第一ブリュアン帯域内の対称線に沿い，エネルギー変化を $\mathbf{k}$ の関数としてプロットすることで得られる。たとえば，正方格子（逆格子も正方形）において，原点（$\mathbf{k}=(0,0)$）から出発し，x 軸に沿って $\mathbf{k}=(\pi/a, 0)$ まで移動し，y 軸に沿って $\mathbf{k}=(\pi/a, \pi/a)$ まで上がり，最後に原点に戻る巡回を考えてみよう。この巡回を行ったときのエネルギー変化は，図 3.14 に示される。図中，ローマ字（またはギリシャ文字）の大文字（Γ，X，M）が表示された点は，特定の対称性をもつ $\mathbf{k}$ の位置を表す [11]。

3.8.3　固体研究への周期的ハートリー–フォック・アプローチ

周期的ハートリー–フォック・アプローチでは，フォック行列の要素は，いわゆるブロッホ関数の一次結合から作られる。

$$\psi_i^{\mathbf{k}}(\mathbf{r}) = \sum_{\omega} a_{\omega i}(\mathbf{k}) \varphi_{\omega}^{\mathbf{k}}(\mathbf{r}) \tag{3.86}$$

個々のブロッホ関数はそれ自体，原子軌道の一次結合である。

$$\varphi_{\omega}^{\mathbf{k}}(\mathbf{r}) = \sum_{\mathbf{T}} \chi_{\omega}^{\mathbf{T}}(\mathbf{r}) \exp(i\mathbf{k} \cdot \mathbf{T}) \tag{3.87}$$

ここで，$\chi_{\omega}^{\mathbf{T}}$ は格子ベクトル $\mathbf{T}$ で記述される結晶セル内にある ω 番目の原子軌道を表す。この方法は実空間でうまく機能する。このことは，次項で述べる通常の平面波法と対照をなす [18]。各原子軌道は，分子に対するハートリー–フォック理論と同様，たとえばガウス関数の一次結合で表される。式 (3.86) の係数 $a_{\omega i}(\mathbf{k})$ は，$\mathbf{k}$ のすべての値に対して自己無撞着になるまで，次の行列方程式を解くことで得られる。

$$\mathbf{F}_k \mathbf{A}_k = \mathbf{S}_k \mathbf{A}_k \mathbf{E}_k \tag{3.88}$$

ここで，$\mathbf{S}_k$ は波数ベクトル $\mathbf{k}$ に対するブロッホ関数の重なり行列，$\mathbf{E}_k$ はエネルギー行列，$\mathbf{A}_k$ は係数行列である。また，$\mathbf{F}_k$ はフォック行列で，一電子項と二電子項の和からなる。$\mathbf{k}$ の値は，一般には，3.8.6 項で述べる特別な手順に従い，第一ブリュアン帯域からサンプリングされる。これらの項は展開されたとき，格子内の核と電子に関する無限和を含んでいる。ハートリー–フォック・アプローチと同様，一電子項は運動エネルギー項と核–電子間クーロン相互作用項の和からなり，また，二電子項はクーロン二電子積分と交換二電子積分からなる。残念なことに，これらの和はそれぞれ最後まで評価を行ってみると，矛盾のない値へ収束せず発散してしまう。しかし，これらの無限和を計算する有効な手立てがないわけではない [38, 19]。それらはさまざまな手続きからなる。すなわち，二電子間クーロン相互作用は，まず，相互作用する電荷分布と相互作用しない電荷分布に対応して，一連の項へ分割される。後者はさらに殻（shell）としてまとめられ，その相互作用は多極展開式から計算される（4.9.1 項参照）。また，近距離交換相互作用に対しては，精度を損なうことなく，適当な距離で求和を打ち切ることができる。この打切り距離は，物質の三次元構造に依存し，計算ごとに異なる。

これまで議論した UHF や RHF などの変法の多くは，周期的ハートリー–フォック・アプローチへ組み込むことができる。密度汎関数理論もまた同様である。このことは，得られた結果を

基に，これらの変法の優劣が比較できることを意味する．固体研究では，密度汎関数理論が広く使用される．しかし現状では，ハートリー-フォック法による取扱いがより適した問題もまだ存在する．特筆すべきは不対電子を含む系である．最近の例としては，酸化ニッケルや（アルカリ金属イオンを添加した）アルカリ土類酸化物——たとえば，不純物として Li を含む CaO ——の電子的および磁気的性質の研究がある [18]．

3.8.4 ほぼ自由な電子の近似

タイトバインディング近似は，ある種の固体ではうまく機能する．しかし通常は，（格子により運動が調節される）自由粒子として価電子を捕らえた方が便利なことが多い．この近似の出発点となるのは，無限に大きな一次元の箱に入った自由粒子に対するシュレーディンガー方程式である．

$$\left(\frac{d^2}{dx^2}\right)\psi = -\left(\frac{2mE}{\hbar^2}\right)\psi \tag{3.89}$$

この方程式の解は次のようになる．

$$\psi = C\exp(ikx); \qquad E = (\hbar^2 k^2)/2m \tag{3.90}$$

自由粒子に対するエネルギー E は，運動量 p と $E = p^2/2m$ の関係にあり，波動関数は運動量と次式で関連づけられる．

$$\psi = C\exp(\pm ipx/\hbar) \tag{3.91}$$

この運動の波長は h/p で，パラメータ k は $2\pi p/h$ に等しい．したがって，k は長さの逆数の単位をもつ．自由粒子のエネルギーは k の二次関数で表され，原則として，いかなる値もとりうる．

二次元では，波動関数は次のようになる．

$$\psi_{x,y} = C_x\exp(ik_x x/\hbar)C_y\exp(ik_y y/\hbar) = C\exp(i\mathbf{k}\cdot\mathbf{r}/\hbar) \tag{3.92}$$

ここでは，波動関数を表すのに，（x 方向と y 方向にそれぞれ k_x と k_y の成分をもつ）ベクトル $\mathbf{k}$ と直交ベクトル $\mathbf{r}$ が使われている．エネルギーは，k_x と k_y の二次関数で与えられる．

$$E_{x,y} = \frac{\hbar^2}{2m}(k_x^2 + k_y^2) \tag{3.93}$$

類似の関係式は三次元に対しても定義できる．次に考察しなければならないのは周期系である．すでに述べたように，周期格子上の粒子に対する波動関数は，ブロッホの定理，すなわち式 (3.85) を満たさなければならない．ブロッホの定理に現れる波数ベクトル $\mathbf{k}$ は，周期系の研究で，自由粒子に対するベクトル $\mathbf{k}$ と同じ役割を担う．ただし自由粒子では，波数ベクトルは運動量に正比例するが（$\mathbf{k} = \mathbf{p}/\hbar$），ブロッホ粒子では，外部ポテンシャル（核）が存在するため，この関係は成立しない．しかし，$\hbar \mathbf{k}$ は便宜上，運動量と同じように扱われることが多く，しばしば結晶モーメントと呼ばれる．$\mathbf{k}$ がとりうる値は次式で与えられる．

$$\mathbf{k} = \left(\frac{m_\alpha}{N_\alpha}\mathbf{a}^\$, \frac{m_\beta}{N_\beta}\mathbf{b}^\$, \frac{m_\gamma}{N_\gamma}\mathbf{c}^\$\right) \tag{3.94}$$

ここで，m_α, m_βおよびm_γは整数で，$N_\alpha N_\beta N_\gamma = N$は結晶中の単位格子の数を表す。（$N$がアボガドロ数に近い）巨視的系では，$\mathbf{k}$は連続的に変化する。すでに述べたように，式(3.85)のブロッホの定理に現れる波数ベクトル$\mathbf{k}$は，$\mathbf{a}^s$, $\mathbf{b}^s$および$\mathbf{c}^s$で定義される逆格子内部の点と見なせる。ブロッホの定理を満たす波動関数は，次の形に書き直すこともできる（付録3.1参照）。

$$\psi^\mathbf{k}(\mathbf{r}) = e^{i\mathbf{k}\cdot\mathbf{r}} u^\mathbf{k}(\mathbf{r}) \tag{3.95}$$

ここで，$u^\mathbf{k}(\mathbf{r})$は格子上で周期性をもつ関数である。逆格子ベクトルに関する以前の議論によれば，このような周期関数は，平面波動関数$\exp(i\mathbf{G}\cdot\mathbf{r})$のフーリエ級数展開式で表せる。

$$u^\mathbf{k}(\mathbf{r}) = \sum_\mathbf{G} c_\mathbf{G}^\mathbf{k} \exp(i\mathbf{G}\cdot\mathbf{r}) \tag{3.96}$$

求和は逆格子ベクトル$\mathbf{G}$に関して行われる。$\mathbf{G} = \mathbf{a}^s$が成り立つ簡単な場合には，$\exp(i\mathbf{G}\cdot\mathbf{r})$は単位格子にちょうど収まる波長をもち，実空間の軸$\mathbf{b}$と$\mathbf{c}$に垂直に伝わる波動を表す。また，$\mathbf{G} = 2\mathbf{a}^s$のとき，$\exp(i\mathbf{G}\cdot\mathbf{r})$は単位格子の半分の波長をもつ。

核による外部ポテンシャルは，格子上で周期性をもつ。したがって，この外部ポテンシャルも逆格子の指数関数でフーリエ展開できる。

$$U(\mathbf{r}) = \sum_\mathbf{G} U_\mathbf{G} \exp(i\mathbf{G}\cdot\mathbf{r}) \tag{3.97}$$

ここで，$U_\mathbf{G}$はフーリエ係数である。この型のポテンシャルをシュレーディンガー方程式へ組み込むと，次式が導かれる[2]。

$$\left(\frac{\hbar^2}{2m}|\mathbf{k}+\mathbf{G}|^2 - E\right)c_\mathbf{G}^\mathbf{k} + \sum_{\mathbf{G}'} U_{\mathbf{G}'+\mathbf{G}} c_{\mathbf{G}'}^\mathbf{k} = 0 \tag{3.98}$$

フーリエ係数$U_\mathbf{G}$をすべてゼロと置けば，式(3.98)は自由粒子の結果（零ポテンシャル）と一致する。すなわち，次式が成立する。

$$\left(\frac{\hbar^2}{2m}|\mathbf{k}+\mathbf{G}|^2 - E\right)c_\mathbf{G}^\mathbf{k} = 0 \tag{3.99}$$

この方程式は$E = \hbar^2|\mathbf{k}+\mathbf{G}|^2/2m$の解をもち，波動関数は$\psi(\mathbf{r}) \propto \exp[i(\mathbf{k}+\mathbf{G})\cdot\mathbf{r}]$の形をとる。この結果は，形こそ少し異なるが，自由粒子の波動関数に対する前述の式(3.92)と等価である。

式(3.98)の求和は，すべての逆格子ベクトル$\mathbf{G}$に関して行われる。明らかに，与えられた$\mathbf{k}$値に対して，方程式は系の逆格子ベクトルと同じ数だけ存在する。さまざまな$\mathbf{G}$値に対するこれらの方程式は，それぞれ解を生成し，それらはバンド指数nで区別される。もちろん，nの値は逆格子ベクトル$\mathbf{G}$の数と一致する。同様にして，nを固定し，$\mathbf{k}$とともにエネルギーがどのように変化するかを調べることもできる。固体の全バンド構造を解明するには，$\mathbf{k}$とnの両者の変化を考慮しなければならない。すでに指摘したように，バンド構造の計算では，状態の二重計数を避けるため，通常，$\mathbf{k}$の変域は第一ブリュアン帯域に制限される。

では，これらの結果は，簡単な一次元周期系や二次元周期系へどのように適用されるのか。ここでは，まず外部ポテンシャルの存在しない状態を考え，次に，それを導入したとき，何が起こるかを見てみたい。最初は，$\pm 2\pi/a$, $\pm 4\pi/a$などに逆格子ベクトルをもつ一次元格子である。

エネルギー図を誘導するには，個々の逆格子ベクトル **G** に対して，**k** を第一ブリュアン帯域で変化させたとき，エネルギーがどのように変わるかを調べなければならない。それはいまの場合，**k** を $-\pi/a$ から $+\pi/a$ へ変化させることに対応する。最初の逆格子ベクトルは **G**=0 である。このベクトルに対して，エネルギーは **k** とともに，ゼロ (**k**=0) から $\hbar^2(\pi/a)^2/2m$ (**k**=$\pm\pi/a$) まで変化する。次に吟味すべき逆ベクトルは，**G**=$\pm 2\pi/a$ である。これらの逆格子ベクトルのエネルギーは，**k**=0 ではいずれも $\hbar^2(2\pi/a)^2/2m$ である。しかし，**k** が 0 から $+\pi/a$ に増加すると，$|\mathbf{k}+\mathbf{G}|^2$ の値は，逆格子ベクトル **G**=$2\pi/a$ では増加するが，逆格子ベクトル **G**=$-2\pi/a$ では逆に減少する。この状況は，**k** が 0 から $-\pi/a$ へ変化するときには逆転する。すなわちエネルギーは，逆格子ベクトル **G**=$-2\pi/a$ では増加するが，**G**=$2\pi/a$ では逆に減少する。図 3.15 は，エネルギーのこれらの変化を示したグラフである。グラフは二つの方式で描かれている。一つは第一ブリュアン帯域だけを表示した簡約帯域方式（下図），もう一つは第一ブリュアン帯域の外側まで表示した拡張帯域方式（上図）である。

次に，弱いポテンシャルを導入し，波動関数と関連エネルギー準位の調整を図ろう。ポテンシャルの効果は，エネルギー準位が縮退したところで最も大きい。このことは一次元の場合にも当てはまる。一次元では，異なる逆格子ベクトルによるエネルギー準位の縮退は **k**=$-\pi/a$ と **k**=π/a で見られる。弱いポテンシャルは，これらのエネルギー準位に摂動を与え，エネルギー間隙を作り出して縮退を解く効果がある。一次元の場合，ポテンシャルは図 3.16 に示されるように，ブリュアン帯域の両端付近のエネルギー準位を平らにする。ブリュアン帯域の両端で生じる

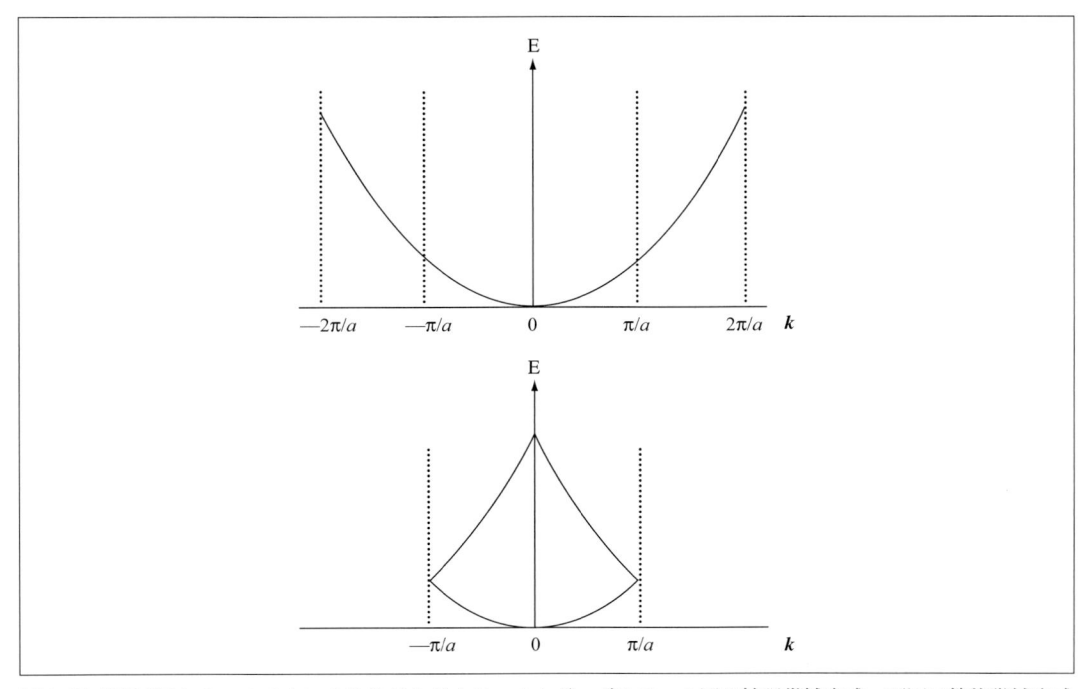

図 3.15 外部ポテンシャルのない 1D 格子に対するエネルギーグラフ。上図は拡張帯域方式，下図は簡約帯域方式で描かれている。

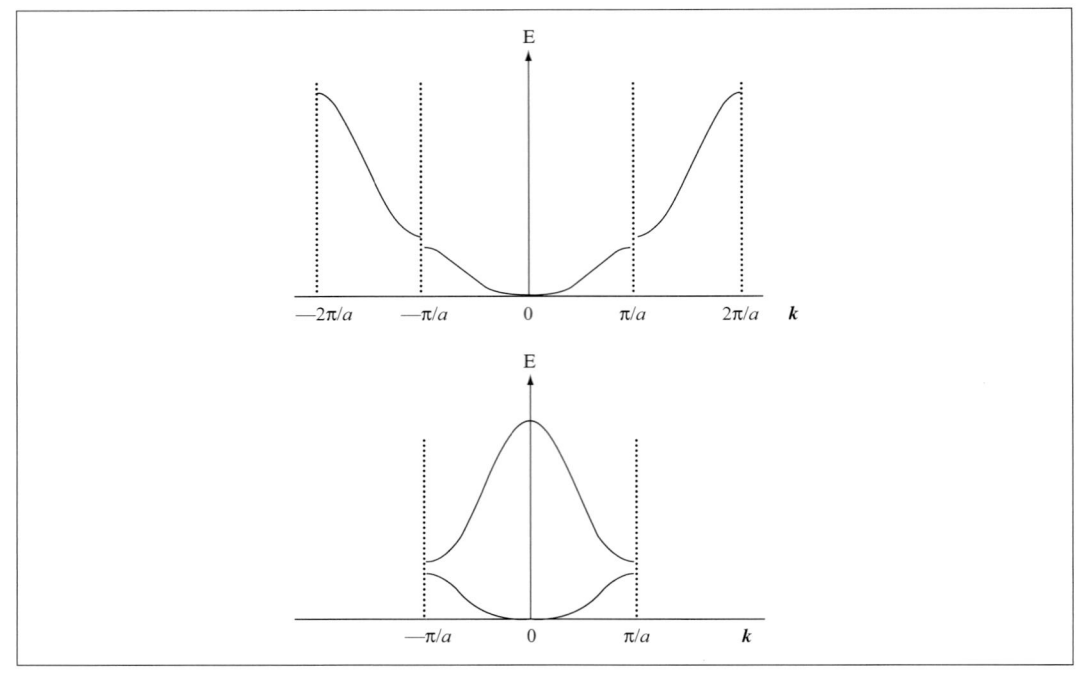

図 3.16 1D格子へ弱いポテンシャルを導入したときの効果。ブリュアン帯域の両端付近でエネルギー準位の縮退が解ける。上図は拡張帯域方式，下図は簡約帯域方式で描かれている。

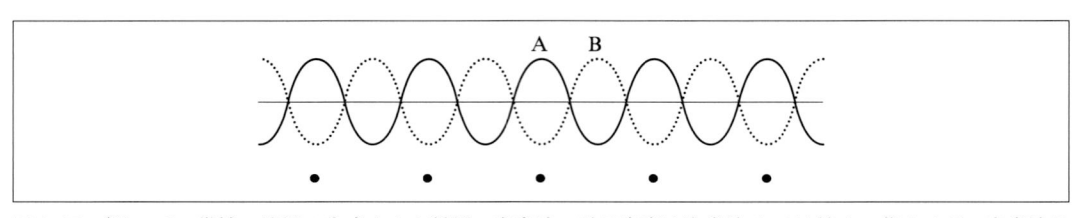

図 3.17 ブリュアン帯域の境界で生成する2種類の定常波。電子密度は定常波 A では核上に集まるが，定常波 B では核間に集まる。そのため，波動 A は波動 B に比べてエネルギーが低い。

このエネルギー間隙は，自由電子の状態が特定の波長（一次元系では $2\pi/k$）をもつ波動であることに気づけば理解できよう。波長が格子間隔に近づくと，格子は波を回折し，ブリュアン帯域の境界（$k = \pm\pi/a$）では定常波が生成する。一次元系では，定常波は図 3.17 に示すように2種類存在する。定常波の一つ（図 3.17 の A）では，電子密度は格子点（正の核）の近傍でピークになる。この定常波は，等価な自由進行波に比べてエネルギーが低く，有利である。それに対し，もう一つの定常波（図 3.17 の B）では，ピーク電子密度は核間に現れ，そのエネルギーは定常波 A に比べて高くなる。エネルギー間隙は $k = \pm 2\pi/a$ などでも生じる。

次に，もう少し複雑な2D六方格子の場合を考えてみよう。一次元系と同様，最初は自由粒子から出発し，波数ベクトルの変域も第一ブリュアン帯域に限定する。より高いエネルギー状態は，第二，第三などのブリュアン帯域にある逆格子ベクトルからもたらされる。いま，逆空間の第一ブリュアン帯域で，原点（$\mathbf{k} = (0, 0)$）から出発し，六角形の頂点（$\mathbf{k} = (\cos\pi/6, \sin\pi/6)$）へ

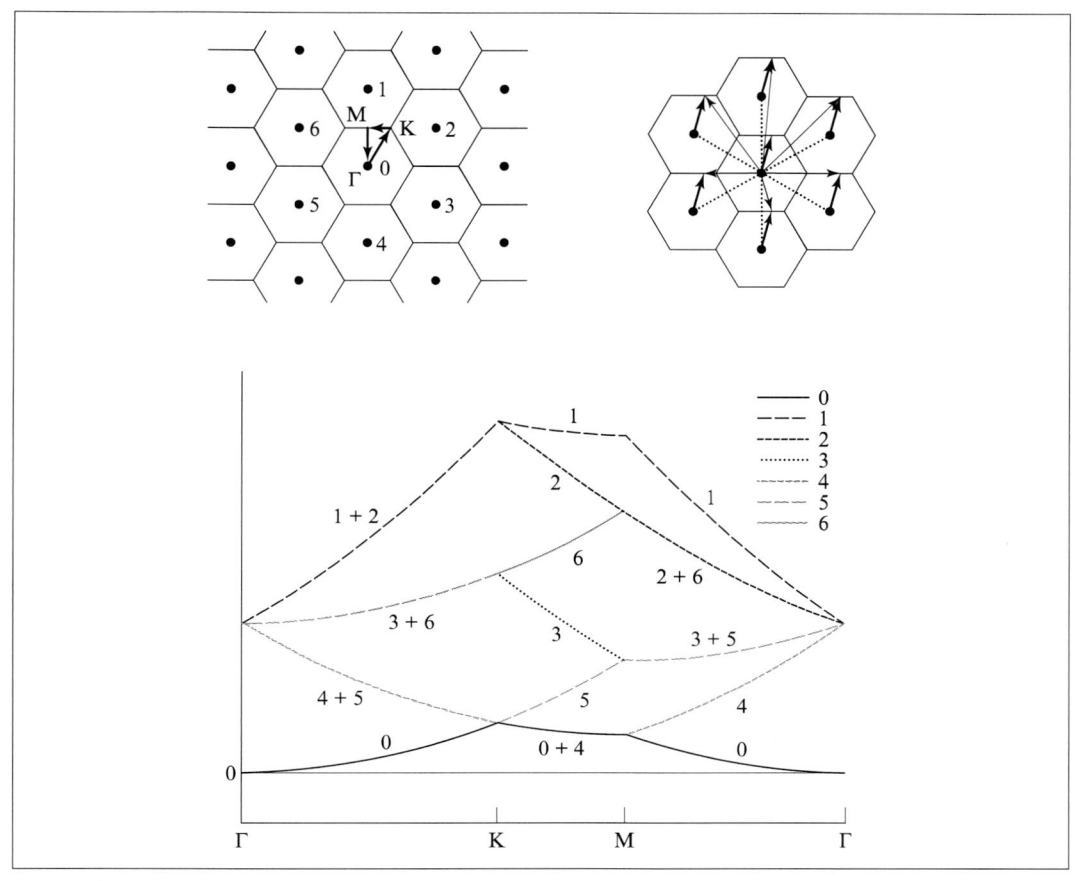

図3.18 自由粒子が2D六方格子の逆格子（左上図）を巡回（Γ-K-M-Γ）したときのエネルギーバンド図（下図）。中央の逆格子ベクトル $\mathbf{G}=0$ と近接する六つのセルの逆格子ベクトルに由来する，全部で七つのバンドが存在する。エネルギーは $|\mathbf{k}+\mathbf{G}|^2$ に従って変化する。右上の図は，ベクトル $\mathbf{k}+\mathbf{G}$ の求め方を示す（$\mathbf{k}$：太い矢印，$\mathbf{k}+\mathbf{G}$：細い矢印）。

移り，さらに，辺の中点（$\mathbf{k}=(0, \sin\pi/6)$）を経て原点へ戻る巡回を行うとする。エネルギーはどのように変化するであろうか。原点，頂点および中点はすべて対称点で，それらはそれぞれ記号Γ，KおよびMで示される。いま，与えられた $\mathbf{k}$ 値に対して，$|\mathbf{k}+\mathbf{G}|^2$ を計算し，関連逆格子ベクトルのエネルギーを算定してみる。

最も簡単なのは，$\mathbf{G}=0$ の状態である。この場合，エネルギーは第一ブリュアン帯域内を移動する限り，$|\mathbf{k}|$ の二次関数で変化する。この巡回の三つの行程に対するエネルギー変化は，図3.18のエネルギー帯図で表される。この系では，最近接セルは六つ存在する。したがって，監視すべきエネルギー準位も六つ存在する。原点からこれらの逆格子点までの距離は，いずれも $2\cos\pi/6$ である。$\mathbf{k}=0$ では，六つのエネルギー準位はすべて縮退しており，その値は $3\hbar^2/2m$（$(2\cos\pi/6)^2\equiv3$）である。いま，点（$\cos\pi/6$, $\sin\pi/6$）へ向かって移動すると，六つのベクトルは3対の縮退準位に分かれる。図3.18では，これらの六つの逆格子点は，対応するエネルギー準位もあわせ，1〜6で区別される。粒子が進むにつれ，エネルギー帯は $\mathbf{k}$ の値に応じて，二

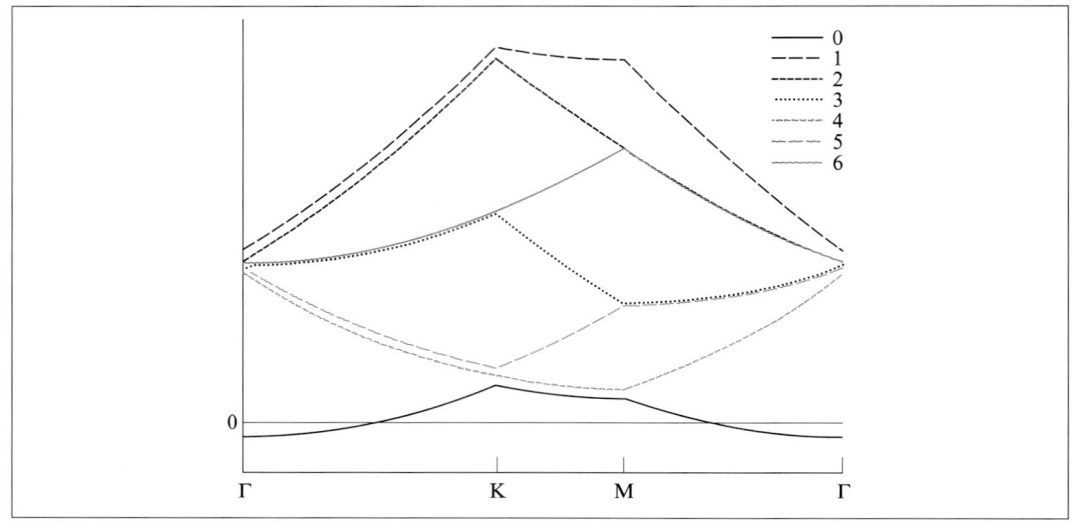

図 3.19 弱い外部ポテンシャルによる縮退の解除とバンド間隙の生成。2D六方格子での結果を示す。図 3.18 のグラフと比較されたい。

重，三重および六重の縮退を示す。また，もう一つの特徴として，巡回のある行程で縮退していても，別の行程へ移ると，その縮退が解かれるバンド対も多い。たとえば，対 1-2, 3-6 および 4-5 は，ΓからKの行程で縮退している。しかし，KとMの間で縮退しているのは，対 0-4 であり，MからΓの最後の行程で縮退しているのは，対 2-6 と 3-5 である。周期的ポテンシャルが導入されると，縮退のいくつかは解除され，バンド間隙が生じる。その様子をグラフで示せば，図 3.19 のようになる。

3.8.5 フェルミ面と状態密度

周期系の基底状態を知りたければ，第一ブリュアン帯域全体にわたり $\mathbf{k}$ を変化させ，$\mathbf{k}$ の各点で，逆格子ベクトルに起因するさまざまなエネルギー帯を計算し，そのバンド構造を求める必要がある。バンドに含まれるエネルギー準位の数，すなわち許容される $\mathbf{k}$ の数は，タイトバインディング近似における軌道モデルの場合と同様，結晶を構成する基本格子の数に等しい。特定の $\mathbf{k}$ 値に対応する個々のエネルギー準位には，パウリの原理に従い，逆のスピンをもつ2個の電子が割りつけられる。この操作はさまざまなバンドに対し，すべての電子が割りつけられるまで繰り返される。金属の場合，最高被占状態のエネルギー準位は，フェルミ・エネルギーと呼ばれる。ちなみに絶縁体では，フェルミ・エネルギーはバンド間隙の中央にある。すべての電子が割りつけられたとき，次の二つの状態のいずれかがもたらされる。第一の状態では，被占帯はすべて完全に満たされている。その結果，すでに述べたように，最高被占準位と最低空準位の間にバンド間隙が生じる。各バンドのエネルギー準位数は，結晶を構成する基本格子の数に等しい。すなわちバンド間隙は，すべての基本格子に電子が偶数個存在する場合のみ生じる。3.8.2項で説明したタイトバインディング近似は，この状態を扱うモデルとして妥当である。第二の状態は，

完全には満たされていないバンドがある場合に生じる．このような不完全充満帯では，フェルミ・エネルギーに等しく，被占準位と空準位を分割する境界面が **k** 空間に存在する．このような境界面はフェルミ面と呼ばれる．多くの場合，フェルミ面は単一のバンド内部に存在する．しかし時として，複数の不完全充満帯を貫くこともあり，その場合には，フェルミ面の各断片はフェルミ面の枝（branch）と呼ばれる．フェルミ面は逆格子と同じ周期性を示す．フェルミ面の特に興味ある特徴は，実験的に測定でき，理論と実験を結びつける仲立ちとなる点である．

固体の電子構造を記述するもう一つの有用な概念は，準位密度である．準位密度は，E と $E+dE$ の間にある準位の数として定義され，特定のエネルギーに対して，エネルギー準位がどれだけ存在するかを示す．それはしばしば体積で規格化され，単位体積当たりの準位密度 $g(E)$ の形で表される．

$$g(E) = \sum_n g_n(E) \tag{3.100}$$

ここで，$g_n(E)$ はバンド n の準位密度で，求和はすべてのバンドについて行われる．$g_n(E)$ は次式で与えられる．

$$g_n(E) = \frac{1}{4\pi^3} \int \delta(E - E_n(\mathbf{k})) \, d\mathbf{k} \tag{3.101}$$

デルタ関数 $\delta(E - E_n(\mathbf{k}))$ は，$E_n(\mathbf{k})$ が E と $E+dE$ の範囲にあるときのみ 1 で，それ以外はゼロの値をとる．状態密度 $D(E)$ は，準位密度と密接な関係にある．たとえば，各準位に電子が 2 個詰まった最も簡単な場合，状態密度は準位密度のちょうど 2 倍になる．状態密度をフェルミ準位まで積分したものは電子の数に等しく，状態密度にエネルギーを掛けたものの積分は全電子エネルギーに等しい．

$$N = \int D(E) \, dE \tag{3.102}$$

$$E_{\text{tot}} = \int D(E) E \, dE \tag{3.103}$$

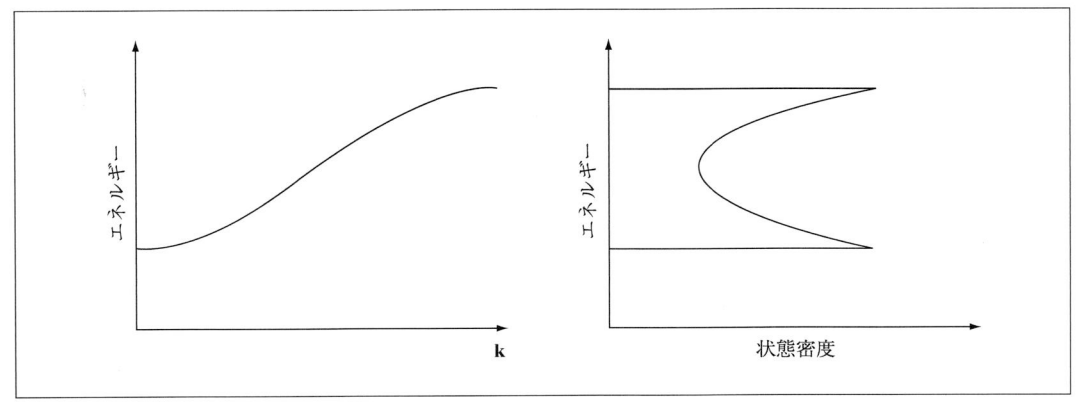

図 3.20 簡単な一次元格子におけるエネルギー図と状態密度図

状態密度 $D(E)$ は，エネルギーに対してプロットするとうまく視覚化できる。（エネルギーが **k** に対して正弦的に変化し，準位の間隔が相等しい）最も簡単な一次元の場合，状態密度はバンドの頂部と底部で最大になる（図 3.20）。すなわち，状態密度はエネルギー-**k** 曲線の勾配に反比例し，勾配が平らであるほど，そのエネルギーでの状態密度は高くなる。

状態密度は軌道エネルギーに少し似ているが，後者と異なり，個々のエネルギー準位は不明確である。しかし状況によっては，特定のエネルギー帯がどの原子軌道に主に由来するかを定めることもできる。もちろん，ほとんどの実在系は，基礎知識を説明するためにこれまで使った簡単な系に比べ，はるかに複雑な電子構造をもつ。たとえば図 3.21 は，TiN に対するバンド構造図と状態密度図を示している。

3.8.6 密度汎関数法による固体の研究：平面波と擬ポテンシャル

平面波は，周期系の計算に使われる最も明快な基底系である。それは，この表し方がフーリエ級数と等価であり，それ自体，周期関数の自然言語であることによる。個々の軌道波動関数は，逆格子ベクトルを異にするさまざまな平面波の一次結合で表される。

$$\psi_i^k(\mathbf{r}) = \sum_G a_{i,k+G} \exp(i(\mathbf{k}+\mathbf{G})\cdot\mathbf{r}) \tag{3.104}$$

密度汎関数理論のコーン-シャム方程式は，次式で与えられる。

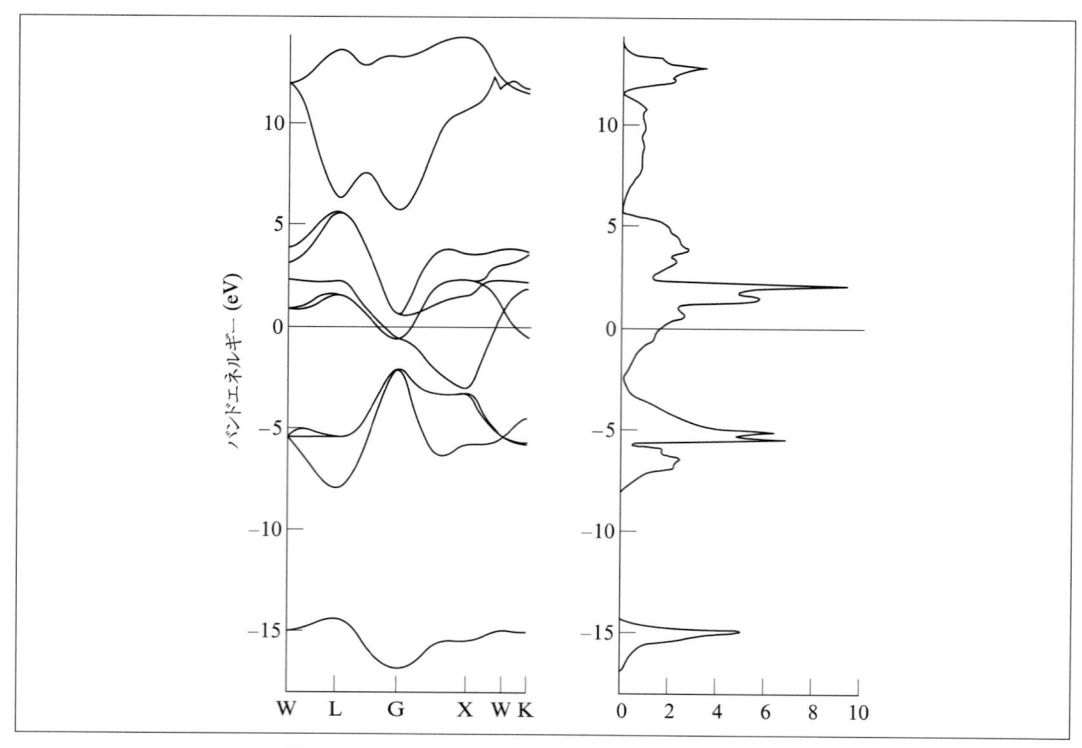

図 3.21 TiN のバンド構造（左図）と状態密度（右図）

$$\sum_{\mathbf{G}'}\left\{\frac{\hbar^2}{2m}|\mathbf{k}+\mathbf{G}|\delta_{\mathbf{GG}'}+V_{\text{ion}}(\mathbf{G}-\mathbf{G}')+V_{\text{elec}}(\mathbf{G}-\mathbf{G}')+V_{\text{XC}}(\mathbf{G}-\mathbf{G}')\right\}a_{i,\mathbf{k}+\mathbf{G}'}=\varepsilon_i a_{i,\mathbf{k}+\mathbf{G}'}$$
(3.105)

ここで，V_{ion}，V_{elec}およびV_{XC}は，それぞれ電子-核，電子-電子および交換-相関汎関数を表す。デルタ関数$\delta_{\mathbf{GG}'}$は$\mathbf{G}=\mathbf{G}'$のときのみ1で，それ以外はゼロである。この方程式を実際に巨視的格子に適用しようとすると，次の二つの問題が立ちはだかる。(1) $\mathbf{G}'$についての求和は，理論的には，無限にある逆格子ベクトルに対して行われる。(2) 巨視的格子では，第一ブリュアン帯域にある点$\mathbf{k}$の数も無限である。幸い，これらの問題に対しては，実用的な解法が存在する。

　通常，われわれが関心をもつのは原子の価電子である。価電子は化学結合やほとんどの物性に関与する。それに対し，コア電子は周囲の環境からほとんど影響を受けない。そこで計算では，一般に価電子だけが顕わに考慮され，コア電子は核へ組み込まれる。平面波基底系による価電子波動関数の記述は，潜在的な欠点をもつ。原子核の近傍で価電子の波動関数が激しく振動するのである。これは，価電子波動関数がコア電子のそれと直交しなければならないことによる。このような振動は大きな運動エネルギーを生じる。そのため，この挙動を正しくモデル化しようとすれば，きわめて多数の平面波が必要となる。これは，軌道の平面波展開式(3.104)に含まれる項の数が増えることを意味する。この難題は，固体系が分子のハートリー-フォック計算で通常出くわす元素よりも，はるかに重い元素をしばしば含む事実により，さらに増幅される。重元素は通常の元素に比べてコア電子を多くもつため，その振動挙動はさらに激しい。しかし，このコア領域では，運動エネルギーは核との強い静電相互作用エネルギーによってほとんど相殺される。通常，これらの問題は，コア領域の真のポテンシャルを，擬ポテンシャル（pseudopotential）と呼ばれるはるかに弱いポテンシャルで置き換えることで解決がつく。このポテンシャルは，コア電子を含めた核と価電子の相互作用を記述する[24]。図3.22に示すように，擬ポテンシャルはコア領域の外側では，真の波動関数と同じ形をもつが，コア領域の内側では，真の波動関数に比べて節の数が少ない波動関数をもたらす。このことは，波動関数の平面波展開に必要な項数を減らし，計算の規模を大幅に縮小させる効果がある。

　擬ポテンシャルは通常，全電子計算から導かれ，その形は，波動関数の軌道角運動量にしばしば依存する。完全な計算で得られる価電子の挙動と性質を再現するには，価電子の擬ポテンシャルが必要である。たとえば，擬ポテンシャルによるエネルギー準位は，全電子計算でのそれと同

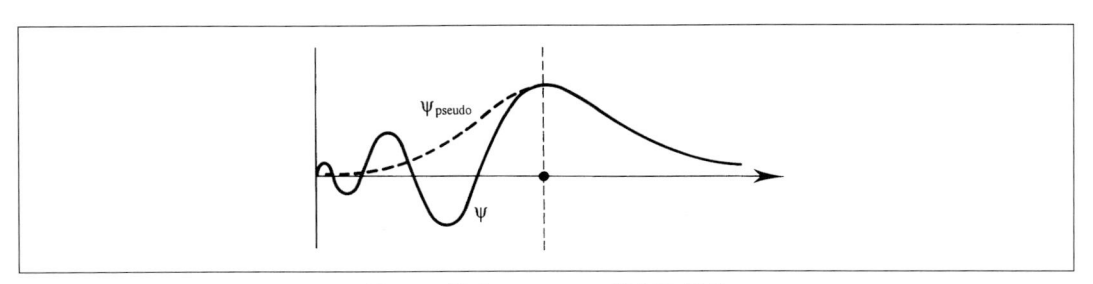

図3.22 擬ポテンシャルの概念図 [36]

じにならなければならない。また，コア半径より内側の全価電子密度も，全電子計算での値と一致すべきである。このような条件を満たす擬ポテンシャルは，「非局所ノルム保存性」であると言われる。重元素に対して擬ポテンシャルを使用するもう一つの利点は，モデルに相対論的効果を組み込むことができる点である。擬ポテンシャルは多数提案されている。それらは，式に含まれる平面波の数や，各種原子環境間での移植性の度合に違いがある。いわゆるソフトな擬ポテンシャルは，平面波の数が少ないので計算が容易である。しかし，柔らかさと移植性の間には，ある程度折合いが必要とされる。平面波の数がさらに少なくてすむ"超ソフトな"擬ポテンシャルも開発されている。

　実際の問題では，常に擬ポテンシャルが使用される。計算に含められるのは，運動エネルギー（$=(\hbar^2/2m)|\mathbf{k}+\mathbf{G}|^2$）がカットオフよりも小さい平面波である。使われるカットオフは，研究下の系の性質に依存する。たとえば，第二周期元素の 2p 原子価軌道は，第三周期元素の 3p 軌道に比べ，核のより近傍まで接近する。これは後者では，内側の 2p 軌道からの反発があることによる。ケイ素や硫黄のような元素は，通常，第二周期の炭素や酸素に比べ，ソフトな擬ポテンシャルをもつ。すなわち，他の条件がすべて同じであれば，第二周期元素では，より高いカットオフが設定され，より多くの平面波（逆格子ベクトル **G**）が展開式に取り込まれる。平面波展開で使われる基底関数は，特定の原子ではなくセル全体に対して定義される。このことは，さらなる恩恵として，基底関数重ね合わせ誤差の問題をも取り除く。係数 $a_{i,\mathbf{k}+\mathbf{G}}$ は通常の密度汎関数理論から導かれる。すなわち，まず適当な方法で密度の初期値が推定され，コーン-シャム行列と重なり行列が構築される。さらに，対角化により固有値と固有ベクトル（係数 a）が計算され，得られたコーン-シャム軌道から次のステップで使う密度が算定される。

　物質のバンド構造の計算では，原則として，ブリュアン帯域のすべての **k** ベクトルに対して計算を行う必要がある。このことは，巨視的固体では，バンド構造を発生させるのに，無限数のベクトル **k** が必要であることを意味する。しかし実際には，サンプリングはブリュアン帯域に対して離散的に行われる。このようなことができるのは，**k** 空間では，接近した点の波動関数はほとんど同じ値をとるため，一つの点で値を代表させても問題が生じないからである。これらの離散値の各々には，それが代表する逆空間の体積と関連した重み因子が掛け合わされる。明らかに，**k** ベクトルの集合が密であればあるほど，計算の誤差は小さくなる。電荷密度のような性質を正確に近似できる **k** ベクトルの的確な集合を選択するため，これまでにさまざまな方法が提案されてきた。中でも，Monkhorst-Pack の方法は現在最もよく利用される [31]。**k** ベクトルの選択は，また系の大きさや形からも影響を受ける。実際，もし単位格子が十分大きければ，考慮すべきベクトルは一つだけでもよい。また，固体の構造的性質や電子的性質を理解するには，ベクトルは通常 10～100 個あれば十分である。しかし，金属の光学的性質を計算するような問題では，（数千個に及ぶ）はるかに多くの **k** ベクトルが必要になる。理想的には，計算は波数ベクトル **k** の数と逆格子ベクトル **G** の数の両者に関して収束しなければならない。また，ブリュアン帯域に対称性がある場合には，帯域全体にわたって **k** を変化させなくても，一部のみを考慮すれば十分である。たとえば，二次元の六方最密格子の場合，考慮するのは巡回を行う小さな直

角三角形だけでよい．その面積は帯域全体の 1/12 にすぎない．これは，格子の並進対称性ではなく，ブリュアン帯域の点対称性を利用した一例である．計算の必要な最小限度の **k** ベクトルを含む小区画は，ブリュアン帯域の既約部分と呼ばれる．

3.8.7　14 族元素への固体量子力学の応用

擬ポテンシャルは，密度汎関数法と組み合わせて，物質の研究に幅広く利用される．特に興味深い系は，14 族元素の炭素，ケイ素およびゲルマニウムである．それは，自然界に豊富に存在する，商業的に重要である（特にケイ素），実験データが大量に入手できるといった理由による．特に関心がもたれているのは，一定体積でエネルギーが最小となる構造を予測する問題である [13, 33, 34]．これは実際には，特定の圧力で最も安定な構造を予測することと同じである．これらの元素はすべて，常温と常圧では，よく知られたダイヤモンド構造で存在する．しかし，少なくともケイ素とゲルマニウムは，圧力をかけると別の構造へ転移する．また，ダイヤモンド自身も，十分高い圧力がかかると，転移を起こす可能性がある．この最後の問題は，超高圧発生装置ダイヤモンドアンビルセルで達成しうる圧力に理論的な上限を与えることになり，実用的にも興味深い．

ダイヤモンド構造に代わる構造は多数知られる．たとえば体心立方，面心立方，六方最密，単純六方，単純立方，β-スズ，複六方最密，2 種の複合四面体構造――単位格子に 8 原子入った体心立方と，12 原子入った単純正方――などであり，もちろんさまざまなフラーレン構造も忘れてはならない．これらの相をすべて考慮した研究はそれほど多くはない．しかし，このような完全なリストを挙げることは，可能性の範囲を正しく認識する上で有用であろう．これらの相の多くでは，相間のエネルギー差は小さい．したがって，**k** 空間での適切なサンプリングは特に重要な意味をもつ（最近の研究によれば，このような点は数千個必要とされる）．平面波のカットオフもまた結果に影響を及ぼす．計算は，さまざまな体積での構造の最適化と，それに続くデータ点への多項式の当てはめからなる．結果は図 3.23 に示すように，通常，体積に対する全エネルギーのグラフとして表される．この種のデータは，そのほかエンタルピー対圧力のグラフで表されることもある．このグラフを使えば，任意の圧力において，最も安定な相が容易に確認できる．それは，エンタルピーが最小となる相である．また，実験値と比較するため，バルク構造のさまざまな性質も計算される．

すでに述べたように，上に挙げた構造のうち，炭素で実際に観測されるのはダイヤモンド構造だけである．ケイ素とゲルマニウムでは，100～130 kbar の辺りで β-スズ相への転移が観測される．ケイ素は圧力をさらに少し加えると，単純六方のような構造へ転移するが，ゲルマニウムでは，このような転移ははるかに大きな圧力を必要とする．これらの元素はすべて同じ族に属するのに，なぜこのような違いが観測されるのか．問題解決への重要な手掛かりは，電子構造の計算からもたらされる．すなわち，ケイ素の p 軌道擬ポテンシャルは，炭素のそれと異なり，内部 (2p) 電子と強く反発し合う．この斥力は Si－Si 結合に沿って電子密度のピークを一つ作り出すが，炭素ではこのようなピークは二つ存在し，それらは p 原子軌道の近傍に位置する（図

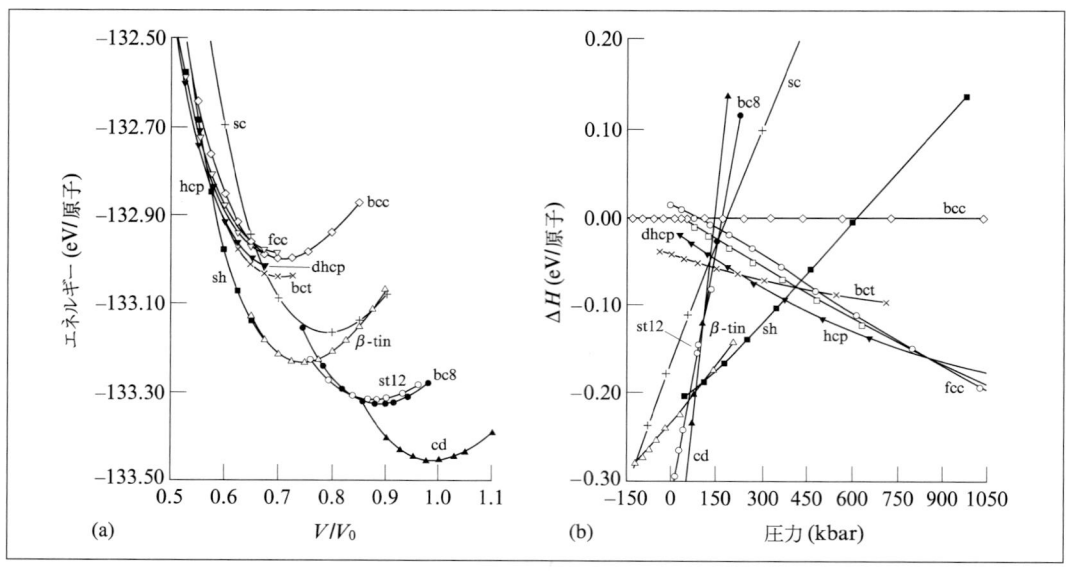

図 3.23 (a) ケイ素の 11 種類の相に対する体積-エネルギー図（ダイヤモンド構造を基準にした体積尺度を使用），(b) ケイ素の 11 種類の相に対する圧力-エンタルピー図（基準は体心立方相）[34]

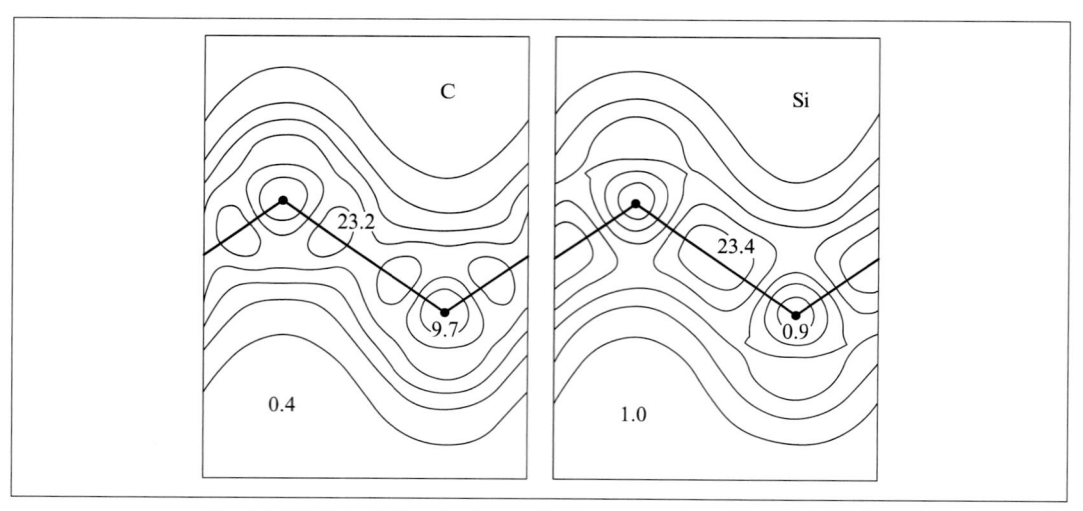

図 3.24 炭素とケイ素のダイヤモンド構造における価電子密度分布 [13]

3.24)。また，ゲルマニウムはコアに d 電子をもつが，ケイ素はもたない。ケイ素とゲルマニウムの間に観測される差は，この d 電子によってもたらされる。ただし，ダイヤモンド構造から β-スズ構造への転移は別で，それ以後の転移とは異なり d 電子状態に依存しない。

3.9 量子力学の将来：理論と実験の協調

本書で取り上げた方法のうちで，最も広く利用され，かつ最も発展している方法は，量子力学であろう。量子力学の重要性は，たとえば文献の引用回数やノーベル賞の受賞回数など，さまざまなデータから裏づけられる。量子力学は（H_2^+，HD^+，H_3^+といった）最も簡単な分子種から（DNA，タンパク質，複合固体物質といった）きわめて大きく複雑な分子に至るまで，広範な分子系の研究に利用される。最も生産的な状況は，実験と理論がうまく嚙み合ったとき初めてもたらされる。メチレン分子（CH_2）の研究は，歴史的に見て特に興味深い。この分子は大きさこそ小さいが，それを取り巻く論争は，近代化学での計算量子力学の役割や，理論と実験の関係を知る上で重要な役割を演じてきた［46］。初期の論争は，主に分子の基底状態を取り上げ，その幾何構造が直線型と屈曲型のどちらであるかを問題にした。Foster-Boysによる初期の*ab initio*計算によれば，H—C—H角は129°になった［20］。しかしHerzbergの研究室は，この結果に対して，分光学的データを盾にとり異議を唱えた。そのデータは直線型構造を支持するものであった。Foster-Boysにとって不運なことに，彼らの上司，Longuet-Higginsが好んで使った経験的計算もまた，同様に直線型構造を与えた。事態はBender-Schaefferが計算から135.1°であることを示したとき，最高潮に達した。直線型と屈曲型の間のエネルギー障壁はきわめて大きかったため，彼らは理論モデルにさらに改良を加えたとしても，その差を取り除くことは不可能であると主張した。その後，数多くの実験が試みられ，屈曲型構造が正しいことが検証された。Herzbergは元のデータを再検討せざるを得なくなり，屈曲型モデルでも矛盾がないことを認めるに至った。後章で取り上げるように，計算化学の手法が適用できる問題はきわめて多い。もちろん，計算化学的手法は常にうまく機能するわけではない。しかし，実験と理論の間には，しばしば相乗的な関係が存在する。このことは，これらの二つをうまく組み合わせれば，単独の場合に比べ，はるかに生産的な結果が得られることを意味する。

付録3.1　ブロッホの定理を満たす波動関数の別の表し方

式(3.81)を考えてみよう。

$$\psi^k(x+a) = e^{ika}\psi^k(x) \tag{3.106}$$

いま，$\psi(x)$を指数関数と関数$u^k(x)$の積の形で表す。

$$u^k(x) = \psi^k(x)/\exp(ikx) \tag{3.107}$$

$\psi(x+a)$に対しても，同じ操作を施せば，

$$u^k(x+a) = \frac{\psi^k(x+a)}{e^{ik(x+a)}} = \frac{\psi^k(x)e^{ika}}{e^{ikx}e^{ika}} = \frac{\psi^k(x)}{e^{ikx}} = u^k(x) \tag{3.108}$$

したがって，$u^k(x)$は周期関数で，ブロッホの定理を満たす波動関数を表すのに使える。

$$\psi^k(x) = e^{ikx}u^k(x) \tag{3.109}$$

さらに読みたい人へ

[a] Ashcroft N W and N D Mermin 1976. *Solid State Physics*. New York, Holt, Rinehart and Winston.
[b] Atkins P W 1991. *Quanta: A Handbook of Concepts*. Oxford, Oxford University Press.
[c] Atkins P W and R S Friedman 1996. *Molecular Quantum Mechanics*. 3rd Edition. Oxford, Oxford University Press.
[d] Catlow C R A 1997. Computer Modelling as a Technique in Materials Chemistry. In Catlow C R A and A K Cheetham (Editors). *New Trends in Materials Chemistry*, NATO ASI Series C 498, Dordrecht, Kluwer.
[e] Catlow C R A 1998. Solids: Computer Modelling. In Schleyer, P v R, N L Allinger, T Clark, J Gasteiger, P A Kollman, H F Schaeffer III and P R Schreiner (Editors). *The Encyclopedia of Computational Chemistry*, Chichester, John Wiley & Sons.
[f] Gillan M J 1991. Calculating the Properties of Materials from Scratch. In Meyer M and V Pontikis (Editors). *Computer Simulation*, NATO ASI Series E 205 (Computer Simulations in Materials Science) pp. 257-281.
[g] Hehre W J, L Radom, P v R Schleyer and J A Pople 1986. *Ab Initio Molecular Orbital Theory*. New York, John Wiley & Sons.
[h] Hoffmann R 1988. *Solids and Surfaces: A Chemist's View on Bonding in Extended Structures*. New York, VCH Publishers.
[i] Kohn W, A D Becke and R G Parr 1996. Density Functional Theory of Electronic Structure. *Journal of Chemical Physics* **100**:12974-12980.
[j] Kohn W and P Vashita 1983. General Density Functional Theory. In Lundquist S and N H March (Editors). *Theory of Inhomogeneous Electron Gas*, New York, Plenum, pp. 79-148.
[k] Kutzelnigg W and P von Herigonte 2000. Electron Correlation at the Dawn of the 21st Century. *Advances in Quantum Chemistry* **36**:185-229.
[l] Pisani C, R Dovesi and C Roetti 1988. Hartree-Fock *Ab Initio* Treatment of Crystalline Systems. *Lecture Notes in Chemistry* Vol. 48. Berlin, Springer-Verlag.
[m] Pisani C, R Dovesi, C Roetti, M Cansa, R Orlando, S Casass and V R Saunders 2000. CRYSTAL and EMBED, Two Computational Tools for the *Ab Initio* Study of Electronic Properties of Crystals. *International Journal of Quantum Chemistry* **77**:1032-1048.
[n] Schaeffer H F III (Editor) 1977. *Applications of Electronic Structure Theory*. New York, Plenum Press.
[o] Schaeffer H F III (Editor) 1977. *Methods of Electronic Structure Theory*. New York, Plenum Press.
[p] Szabo A and N S Ostlund 1982. *Modern Quantum Chemistry. Introduction to Advanced Electronic Structure Theory*. New York, McGraw-Hill.
[q] Wimmer E 1991. Density Functional Theory for Solids, Surface and Molecules: from Energy Bands to Molecular Bonds. In Labanowski J R and J W Andzelm (Editors). *Density Functional Methods in Chemistry*. Berlin, Springer-Verlag, pp. 7-31.

引用文献

[1] Almlöf J, K Faegri Jr and K Korsell 1982. Principles for a Direct SCF Approach to LCAO-MO *Ab Initio* Calculations. *Journal of Computational Chemistry* **3**:385-399.
[2] Ashcroft N W and N D Mermin 1976. *Solid State Physics*. New York, Holt, Rinehart &

Winston.

[3] Baboul A G, L A Curtiss, P C Redfern and K Raghavachari 1999. Gaussian-3 Theory Using Density Functional Geometries and Zero-Point Energies. *Journal of Chemical Physics*, **110**:7650-7657.

[4] Becke A D 1988. Density-Functional Exchange-Energy Approximation with Correct Asymptotic Behaviour. *Physical Review* **A38**:3098-3100.

[5] Becke A D 1992. Density-Functional Thermochemistry. I. The Effect of the Exchange-Only Gradient Correction. *Journal of Chemical Physics* **96**:2155-2160.

[6] Becke A D 1993a. A New Mixing of Hartree-Fock and Local Density-Functional Theories. *Journal of Chemical Physics* **98**:1372-1377.

[7] Becke A D 1993b. Density-Functional Thermochemistry. III. The Role of Exact Exchange. *Journal of Chemical Physics* **98**:5648-5652.

[8] Becke A D and R M Dickson 1990. Numerical Solution of the Schroedinger Equation in Polyatomic Molecules. *Journal of Chemical Physics* **92**:3610-3612.

[9] Bobrowicz F W and W A Goddard III 1977. The Self-Consistent Field Equations for Generalized Valence Bond and Open-Shell Hartree-Fock Wave Functions. In Schaeffer H F III (Editor). *Modern Theoretical Chemistry III*, New York, Plenum, pp. 79-127.

[10] Boys S F and F Bernardi 1970. The Calculation of Small Molecular Interactions by the Differences of Separate Total Energies. Some Procedures with Reduced Errors. *Molecular Physics* **19**:553-566.

[11] Bradley C J and A P Cracknell 1972. *The Mathematical Theory of Symmetry in Solids*. Oxford, Clarendon Press.

[12] Ceperley D M and B J Alder 1980. Ground State of the Electron Gas by a Stochastic Method. *Physical Review Letters* **45**:566-569.

[13] Cohen M L 1986. Predicting New Solids and Superconductors. *Science* **234**:549-553.

[14] Cooper D L, J Gerratt and M Raimondi 1986. The Electronic Structure of the Benzene Molecule. *Nature* **323**:699-701.

[15] Curtiss L A, K Raghavachari, G W Trucks and J A Pople 1991. Gaussian-2 Theory for Molecular Energies of First- and Second-Row Compounds. *Journal of Chemical Physics* **94**: 7221-7230.

[16] Curtiss L A, K Raghavachari, P C Redfern, V Rassolov and J A Pople 1998. Gaussian-3 (G3) Theory for Molecules Containing First- and Second-Row Atoms. *Journal of Chemical Physics* **109**:7764-7776.

[17] Curtiss L A, P C Redfern, K Raghavachari, V Rassolov and J A Pople 1999. Gaussian-3 Theory Using Reduced Møller-Plesset Order. *Journal of Chemical Physics* **110**:4703-4709.

[18] Dovesi R, R Orlando, C Roetti, C Pisani and V R Saunders 2000. The Periodic Hartree-Fock Method and Its Implementation in the CRYSTAL Code. *Physica Status Solidi* **B217**:63-88.

[19] Dovesi R, C Pisani, C Roetti and V R Saunders 1983. Treatment of Coulomb Interactions in Hartree-Fock Calculations of Periodic-Systems. *Physical Review* **B28**:5781-5792.

[20] Foster J M and S F Boys 1960. Quantum Variational Calculations for a Range of CH_2 Configurations. *Reviews in Modern Physics* **32**:305-307.

[21] Frisch M J, G W Trucks and J R Cheeseman 1996. Systematic Model Chemistries Based on Density Functional Theory: Comparison with Traditional Models and with Experiment. *Theoretical and Computational Chemistry (Recent Developments and Applications of Mod-*

ern Density Functional Theory) **4**:679-707.

[22] Gerratt J, D L Cooper, P B Karadakov and M Raimondi 1997. Modern Valence Bond Theory. *Chemical Society Reviews* pp. 87-100.

[23] Gunnarsson O and B I Lundqvist 1976. Exchange and Correlation in Atoms, Molecules, and Solids by the Spin-Density-Functional Formalism. *Physical Review* **B13**:4274-4298.

[24] Heine V 1970. The Pseudopotential Concept. *Solid State Physics* **24**:1-36.

[25] Heitler W and F London 1927. Wechselwirkung Neutraler Atome und Homöopolare Bindung nach der Quantenmechanik. *Zeitschrift für Physik* **44**:455-472.

[26] Hohenberg P and Kohn W 1964. Inhomogeneous Electron Gas. *Physical Review* **B136**:864-871.

[27] Johnson B G, P M W Gill and J A Pople 1993. The Performance of a Family of Density Functional Methods. *Journal of Chemical Physics* **98**:5612-5626.

[28] Kohn W and L J Sham 1965. Self-Consistent Equations Including Exchange and Correlation Effects. *Physical Review* **A140**:1133-1138.

[29] Lee C, W Yang and R G Parr 1988. Development of the Colle-Salvetti Correlation Energy Formula into a Functional of the Electron Density. *Physical Review* **B37**:785-789.

[30] Møller C and M S Plesset 1934. Note on an Approximate Treatment for Many-Electron Systems. *Physical Review* **46**:618-622.

[31] Monkhorst H J and J D Pack 1976. Special Points for Brillouin-Zone Integration. *Physical Review* **B13**:5188-5192.

[32] Morokuma K 1977. Why Do Molecules Interact? The Origin of Electron Donor-Acceptor Complexes, Hydrogen Bonding, and Proton Affinity. *Accounts of Chemical Research* **10**:294-300.

[33] Mujica A and R J Needs 1993. First-Principles Calculations of the Structural Properties, Stability, and Band Structure of Complex Tetrahedral Phases of Germanium: ST12 and BC8. *Physical Review* **B48**:17010-17017.

[34] Needs R J and Mujica 1995. First-Principles Pseudopotential Study of the Structural Phases of Silicon. *Physical Review* **B51**:9652-9660.

[35] Parr R G 1983. Density Functional Theory. *Annual Review of Physical Chemistry* **34**:631-656.

[36] Payne M C, M P Teter, D C Allan, R A Arias and D J Joannopoulos 1992. Iterative Minimisation Techniques for *Ab Initio* Total-Energy Calculations: Molecular Dynamics and Conjugate Gradients. *Reviews of Modern Physics* **64**:1045-1097.

[37] Perdew J P and A Zunger 1981. Self-Interaction Correction to Density-Functional Approximations for Many-Electron Systems. *Physical Review* **B23**:5048-5079.

[38] Pisani C and R Dovesi 1980. Exact-Exchange Hartree-Fock Calculations for Periodic Systems. I. Illustration of the Method. *International Journal of Quantum Chemistry* **XVII**:501-516.

[39] Pople J A, M Head-Gordon and K Raghavachari 1987. Quadratic Configuration Interaction. A General Technique for Determining Electron Correlation Energies. *Journal of Chemical Physics* **87**:5968-5975.

[40] Pople J A, M Head-Gordon, D J Fox, K Raghavachari and L A Curtiss 1989. Gaussian-1 Theory: A General Procedure for Prediction of Molecular Energies. *Journal of Chemical Physics* **90**:5622-5629.

[41] Pople J A and R K Nesbet 1954. Self-Consistent Orbitals for Radicals. *Journal of Chemical Physics* **22**:571-572.

[42] Pulay P 1977. Direct Use of the Gradient for Investigating Molecular Energy Surfaces. In

Schaeffer H F III (Editor). *Applications of Electronic Structure Theory*, New York, Plenum, pp. 153-185.

[43] Pulay P 1980. Convergence Acceleration of Iterative Sequences. The Case of SCF Iteration. *Chemical Physics Letters* **73**:393-398.

[44] Pulay P 1987. Analytical Derivative Methods in Quantum Chemistry. In Lawley K P (Editor). *Ab Initio Method in Quantum Chemistry-II*, New York, John Wiley & Sons, pp. 241-286.

[45] Roos B O, P R Taylor and E M Siegbahm 1980. A Complete Active Space SCF Method (CASSCF) Using a Density Matrix Formulated Super-CI Approach. *Chemical Physics* **48**: 157-173.

[46] Schaeffer H F III 1986. Methylene: A Paradigm for Computational Quantum Chemistry. *Science* **231**:1100-1107.

[47] Sim F, St-Amant A, I Papai and D R Salahub 1992. Gaussian Density Functional Calculations on Hydrogen-Bonded Systems. *Journal of the American Chemical Society* **114**:4391-4400.

[48] Slater J C 1974. *Quantum Theory of Molecules and Solids Volume 4: The Self-Consistent Field for Molecules and Solids*. New York, McGraw-Hill.

[49] Smith B J, D J Swanton, J A Pople, H F Schaeffer III and L Radom 1990. Transition Structures for the Interchange of Hydrogen Atoms within the Water Dimer. *Journal of Chemical Physics* **92**:1240-1247.

[50] St-Amant A, W D Cornell, P A Kollman and T A Halgren 1995. Calculation of Molecular Geometries, Relative Conformational Energies, Dipole Moments and Molecular Electrostatic Potential Fitted Charges of Small Organic Molecules of Biochemical Interest by Density Functional Theory. *Journal of Computational Chemistry* **16**:1483-1506.

[51] Stephens P J, F J Devlin, C F Chabalowski and M J Frisch 1994. *Ab Initio* Calculation of Vibrational Absorption and Circular Dichroism Spectra Using Density Functional Force Fields. *Journal of Physical Chemistry* **98**:11623-11627.

[52] Umeyama H and K Morokuma 1977. The Origin of Hydrogen Bonding. An Energy Decomposition Study. *Journal of the American Chemical Society* **99**:1316-1332.

[53] Vosko S H, L Wilk and M Nusair 1980. Accurate Spin-Dependent Electron Liquid Correlation Energies for Local Spin Density Calculations. A Critical Analysis. *Canadian Journal of Physics* **58**:1200-1211.

[54] Wimmer E 1997. Electronic Structure Methods. In Catlow C R A and A K Cheetham (Editors). *New Trends in Materials Chemistry*, NATO ASI Series C 498. Dordrecht, Kluwer.

第4章　経験的力場モデル：分子力学

4.1　はじめに

　分子モデリングの研究でわれわれが取り組みたいと思う問題の多くは，量子力学で処理するには規模が大きすぎる。量子力学は系の電子を扱うが，（半経験的方法を使い）たとえ一部の電子を無視したとしても，考慮すべき電子はなお多数を数え，その計算には多大な時間を要する。それに対し，本章で取り上げる分子力学（力場法）は，電子の運動を無視し，系のエネルギーを核配置だけの関数として計算する。そのため，計算は量子力学に比べると格段に速い。現在，原子を多数含む系の計算で通常使用されるのは，分子力学の方である。問題によっては，力場法は水準の最も高い量子力学的方法と同等の解を与える。しかしもちろん，分子の電子分布に依存する性質を調べる目的には適さない。

　分子力学が好結果を与えるという事実は，そこで使われるいくつかの前提が妥当であることを示唆する。これらの前提のうち最も重要なものは，ボルン-オッペンハイマー近似である。エネルギーを核座標の関数として記述することは，この前提なくしてはまったく不可能である。力場法は，結合の伸縮，変角，単結合のまわりの回転といった過程を主体とした，かなり簡単な相互作用モデルに立脚する。しかし，あの簡単なフックの法則を使ってこれらの寄与を記述した場合でさえ，力場法はきわめて満足な結果を与える。いわゆる移植性（transferability）は，力場法のもつ重要な特徴である。これは，少数の事例に基づき開発・検証されたパラメータが，広い範囲の問題へそのまま適用できることを指す。この移植性は，小分子のデータから開発されたパラメータを使って高分子の研究を行う場合にも当てはまる。

4.1.1　簡単な分子力学力場

　現在使われている分子力学力場の多くは，系内の分子内力や分子間力に関係した比較的簡単な四つの項で記述される。そのうちの二つ，結合長と結合角は，基準値（平衡値）から外れたとき，エネルギー的なペナルティーを課せられる。他の二つは，結合が回転したとき，エネルギーがどのように変化するかを記述する項と，系の非結合原子間の相互作用を記述する項である。より精密な力場になると，さらに多くの項が追加される。しかし，これらの四つの項は，いかなる力場にも必ず含まれる。力場のこのような表し方は，（結合長，結合角，ねじれ角，非結合相互作用といった）さまざまな構成項が，内部座標の具体的な変化として記述できる点に魅力をもつ。これは，パラメータの変化が力場の性能に及ぼす影響を評価し，パラメトリゼーションの過程を効

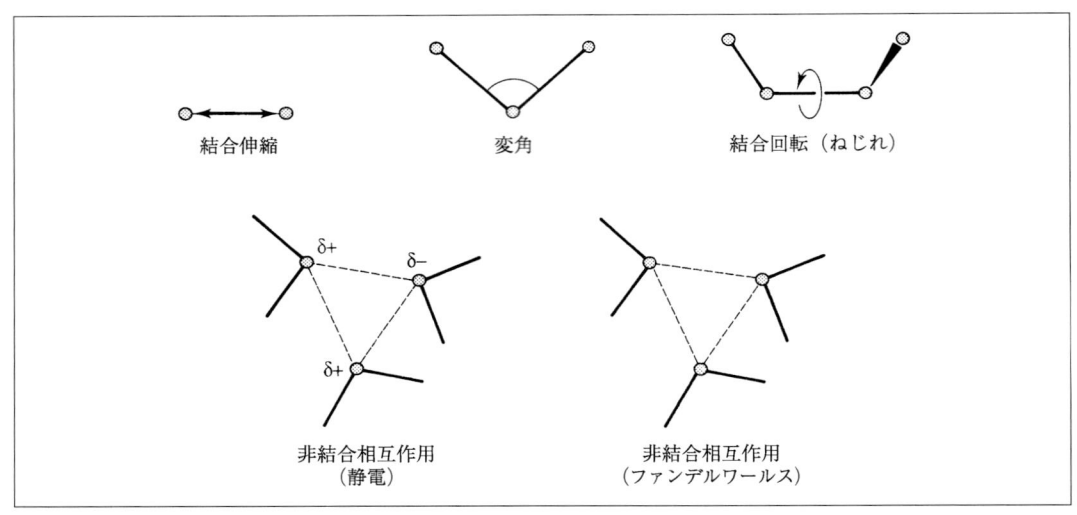

図 4.1 分子力学力場へ寄与する四つの主要項――結合伸縮項，変角項，ねじれ項および非結合相互作用項

率化する上で欠かせない特徴である．単一の分子や分子の集合を組み立てるのに使われる力場は，通常，次のような関数形をとる．

$$V(\mathbf{r}^N) = \sum_{\text{bonds}} \frac{k_i}{2}(l_i - l_{i,0})^2 + \sum_{\text{angles}} \frac{k_i}{2}(\theta_i - \theta_{i,0})^2 + \sum_{\text{torsions}} \frac{V_n}{2}(1 + \cos(n\omega - \gamma)) \\ + \sum_{i=1}^{N} \sum_{j=i+1}^{N} \left(4\varepsilon_{ij} \left[\left(\frac{\sigma_{ij}}{r_{ij}} \right)^{12} - \left(\frac{\sigma_{ij}}{r_{ij}} \right)^{6} \right] + \frac{q_i q_j}{4\pi\varepsilon_0 r_{ij}} \right) \tag{4.1}$$

ここで，$V(\mathbf{r}^N)$ はポテンシャルエネルギーで，N 個の粒子（原子）の位置（$\mathbf{r}$）の関数である．図4.1は力場を構成する主な寄与項を示す．式(4.1)の第1項は，結合した二原子間の相互作用を表す．ここで使われているのは調和ポテンシャルで，エネルギーは結合長 l_i が標準値 $l_{i,0}$ から外れるにつれ増加する．第2項は，分子内のすべての原子価角――A，B，Cがこの順に結合しているとき，三原子 A–B–C によって作られる角――について，変角のエネルギーを加え合わせたものであり，ここでも使われているのは調和ポテンシャルである．式(4.1)の第3項はねじれポテンシャルで，結合が回転したとき，エネルギーがどのように変化するかを記述する．第4項は非結合相互作用項である．非結合相互作用エネルギーは，分子間，分子内を問わず，少なくとも3結合以上離れた（$1, n$（$n \geq 4$）関係にある）すべての原子対（i, j）で計算される．簡単な力場では，非結合相互作用項は通常，静電相互作用に対してクーロン・ポテンシャル，ファンデルワールス相互作用に対してレナード–ジョーンズ・ポテンシャルを使って記述される．

これらの寄与項の性質は，4.3～4.10節で詳しく議論される．ここでは，一例としてプロパンを考える（図4.2）．プロパンの配座エネルギーは，式(4.1)の簡単な力場からどのように計算されるのか．プロパンは10個の結合をもつ．その内訳はC–C結合が2個，C–H結合が8個である．C–C結合は対称性の点で等価であるが，C–H結合は二つのクラスへ分類される．一つは，中央のメチレン炭素へ結合した2個の水素，もう一つは，メチル炭素へ結合した6個の水素

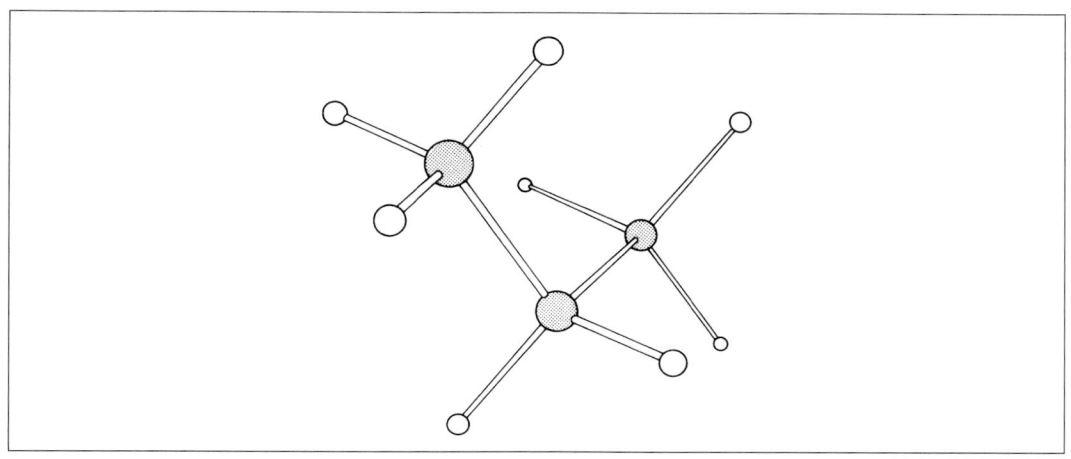

図 4.2 プロパンの分子構造図。プロパンの典型的な力場モデルは，結合伸縮項を 10 個，変角項を 18 個，ねじれ項を 18 個，非結合相互作用項を 27 個含む。

からなる．精巧な力場の中には，これらの 2 種類の C−H 結合に対して，別々のパラメータを使用するものもある．しかし通常は，8 個の C−H 結合のすべてに対して同じ結合パラメータ（k_i, $l_{i,0}$）が使用される．プロパンでは，原子価角は全部で 18 個存在する．その内訳は，∠C−C−C が 1 個，∠C−C−H が 10 個，∠H−C−H が 7 個である．力場モデルは，角の中に他の角と独立でないものがあったとしても，それらの角をすべて組み込む．ねじれ角は 18 個存在する．内訳は，ねじれ角 H−C−C−H が 12 個，ねじれ角 H−C−C−C が 6 個である．これらのねじれ角は，それぞれトランス配座とゴーシュ配座に極小値をもつ余弦級数展開式で記述される．最後の非結合相互作用項は全部で 27 個存在する．内訳は，H−H 相互作用が 21 個，H−C 相互作用が 6 個である．静電寄与は，クーロンの法則を使って各原子の局在原子電荷から計算され，ファンデルワールス寄与は，パラメータ ε_{ij} と σ_{ij} を適当に設定したレナード-ジョーンズ・ポテンシャルから計算される．力場計算では，プロパンのように簡単な分子でさえ，このように相当多くの項が考慮される．しかしそれでも，項の数は 73 で，*ab initio* 量子力学計算に現れる積分の数に比べればはるかに少ない．

4.2 分子力学力場の一般的特徴

　力場を定義するには，関数形だけではなく，パラメータ——式 (4.1) に含まれる k_i, V_n, σ_{ij} などの定数——も指定する必要がある．同じ関数形をもつ力場であっても，パラメータ値はまったく異なっていてもよい．また，関数形やパラメータが違っていても，精度的によく似た結果が得られる．力場は一つのまとまった実体と見なすべきである．したがって，そのエネルギーを個々の成分へ分割することは，厳密には正しくない．ましてや，ある力場からパラメータのいくつかを取り出し，別の力場のパラメータと組み合わせるといったことはしてはならないはずである．しかし，力場を構成する諸項の中には，時としてこのような近似が許されるほど，他項と無

関係なものが混じっている。

　分子モデリングで使われる力場は，主に構造的な性質が再現できるよう設計されている。しかし，その用途はそれだけに止まらない。他の性質，たとえば分子スペクトルを予測するのに利用されることもある。最近の分子力学力場は，このような使い方でもかなり良い結果を与える。力場は，一般に特定の性質を予測する目的で設計され，パラメトリゼーションもそのようになされる。しかし，パラメトリゼーションの過程で考慮されなかった他の諸量に関しても，その予測を試みることは有意義であり，たとえ結果が思わしくなくても，それは必ずしも力場に落ち度があるわけではない。

　関数形やパラメータの移植性（transferability）は，力場のもつ重要な特徴である。移植性とは，関連のある分子群であれば，分子ごとに新しいパラメータを設定しなくとも，すべての分子に対して同じパラメータが使用できることを言う。たとえば n-アルカン系列では，すべての成員に対して同じパラメータが適用される。力場が予測目的に使えるのは，この移植性のおかげである。固有のモデルは，特に正確な結果が要求される小さな分子系に対してのみ開発すればよい。

　分子力学のさらに掘り下げた解析を行う際，留意しなければならないことは，力場が経験的なものであるという事実である。ある関数形が他の関数形に比べて良い結果を与えるならば，その関数形は好んで使用される。しかし本来，力場に正しい形などというものは存在しない。一般に使われる力場は，いずれも形が非常によく似ている。そのため，それが最適な関数形であると見なしがちである。確かにこのようなモデルは，系の現実の相互作用像とよく調和する結果を与える。しかし特に，新しいクラスの分子に対して力場を開発するような場合には，より適切な関数形が存在しうることを常に念頭に置かなければならない。分子力学で使われる関数形は，しばしば精度と計算効率の妥協の産物である。最も正確な関数形は，計算効率の点からは意に満たないことが多い。コンピュータの性能向上は，さらに精密なモデルを組み込む上で前提となる。また，エネルギー極小化や分子動力学といった手法が使われることを考えると，エネルギーは原子座標に関して一次微分と二次微分が計算できる関数形をもつことが望ましい。

　原子タイプ（atom type）の概念は，ほとんどの力場で共通に用いられる。量子力学の計算は，入力データとして通常，系の幾何配置，全電荷，スピン多重度および核の原子番号を必要とする。それに対し力場計算では，全電荷とスピン多重度は必要でなく，その代わり，系を構成する各原子の原子タイプの入力が要求される。原子タイプは通常，原子の混成状態や局所環境に関する情報を含んでおり，原子番号よりも情報量が多い。たとえば，sp^3混成炭素（四面体），sp^2混成炭素（三角形），sp混成炭素（直線状）は，ほとんどの力場で互いに区別される。力場パラメータはこのような原子タイプに対して定義され，基準角 θ_0 は sp^3 炭素では約 $109.5°$，sp^2 炭素では約 $120°$ に設定される。力場で使われる原子タイプは混成状態だけではなく，近傍の環境も示唆しており，原子によっては非常に多くの種類がある。たとえば，小分子の計算で広く使われる Allinger らの MM2/MM3/MM4 力場は，炭素原子の諸タイプのうち，sp^3, sp^2, sp, カルボニル，シクロプロパン，ラジカル，シクロプロペンおよびカルボニウムイオンを区別して扱う [3-7,9,57,63-65]。また，Kollman らの AMBER 力場では，（たとえば，アミノ酸トリプトファン

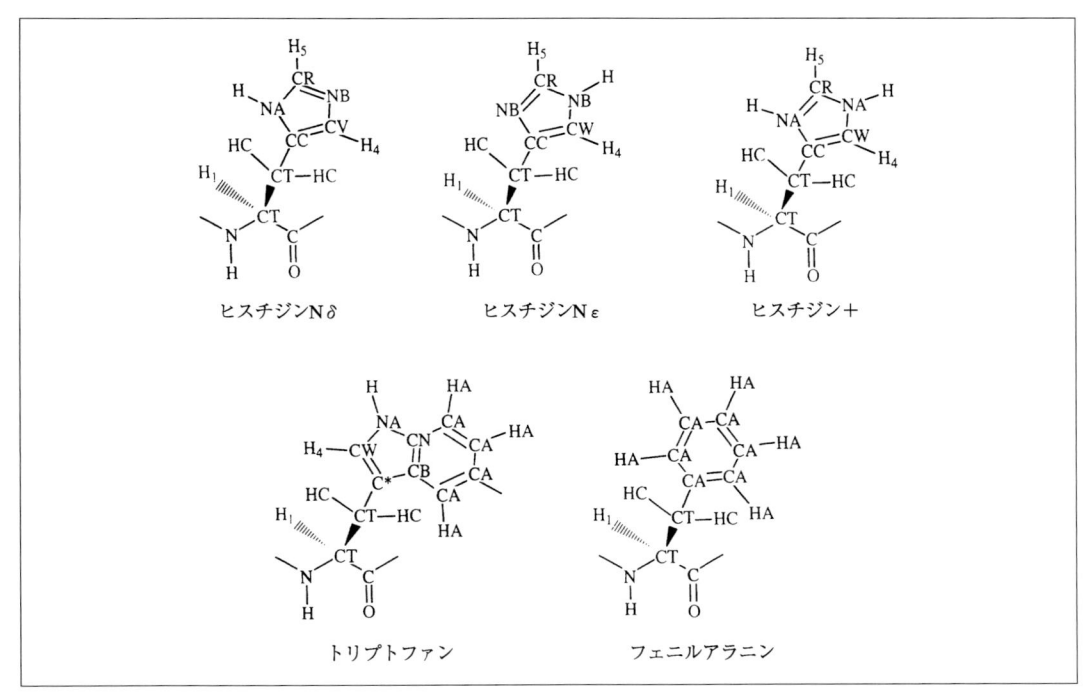

図 4.3 アミノ酸ヒスチジン，トリプトファンおよびフェニルアラニンに対して AMBER 力場で使われる原子タイプ．ヒスチジンでは，プロトン化の状態に応じて 3 種類の構造が考えられる．

で見られる）六員環と五員環の接合部にある炭素原子は，（ヒスチジンのような）孤立五員環の炭素原子とは別の原子タイプを割り当てる [97, 25]．また，ベンゼン環炭素の原子タイプは，孤立五員環のそれとは異なる．さらにアミノ酸ヒスチジンでは，プロトン化の度合に応じて，異なる原子タイプが使用される（図 4.3）．これらの原子は，他の力場では通常，すべて同じ原子タイプ「sp^2炭素」を割り当てる．タンパク質や核酸を対象とした AMBER 力場のように，特定の分子クラスを対象とした力場は，汎用目的で設計された力場に比べ，より明細な原子タイプを使用する傾向がある．

次節からは，一般に使われるさまざまな関数形を示しながら，力場へ寄与する各項を少し詳しく眺めていくことにしたい．また，力の定数値を求める上で重要なパラメトリゼーションの作業についても考察する．以後の議論では，光彩を添えるため，現在広く使われている力場，特に MM 2/MM 3/MM 4 力場と AMBER 力場からの実例も適宜引用することになろう．

4.3 結合伸縮項

結合のポテンシャルエネルギー曲線は，一般に図 4.4 に示した形をとる．この曲線はさまざまな関数形で近似されるが，Morse により提案されたそれは特に有用である．モース・ポテンシャルは次式で表される．

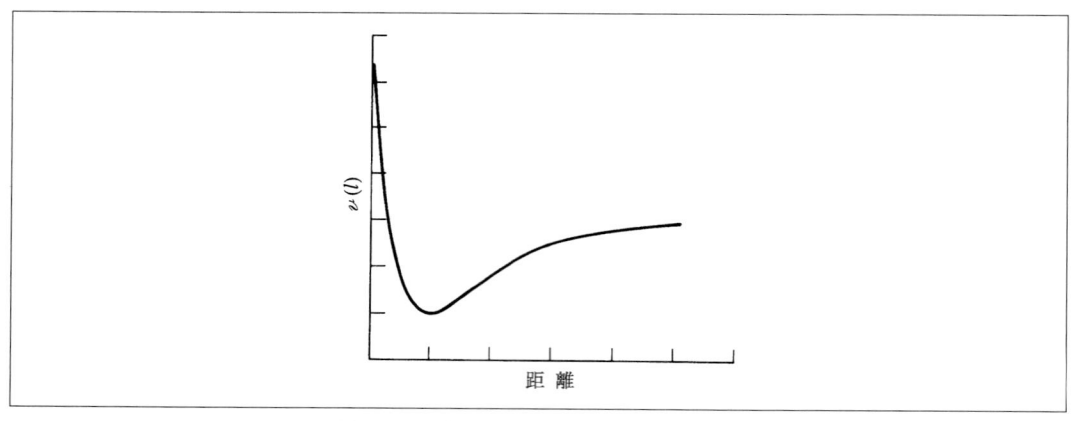

図4.4 原子間距離と結合エネルギーの関係

$$\nu(l) = D_e\{1-\exp[-a(l-l_0)]\}^2 \tag{4.2}$$

ここで，D_eは極小点でのポテンシャルエネルギーの深さを表す．また，a は力の定数で，μ を換算質量，ω を結合の振動数としたとき，$a=\omega\sqrt{(\mu/2D_e)}$ で与えられる．ω と結合の伸縮定数 k の間には，$\omega=\sqrt{(k/\mu)}$ の関係がある．l_0 は基準の結合長である．モース・ポテンシャルは分子力学ではあまり使用されない．このポテンシャルは，各結合に対してパラメータを3個指定する必要があり，計算効率も特に良いというわけではないからである．モース曲線は，平衡位置付近から解離に至る幅広い範囲を正しく記述する．しかし，分子力学計算では，結合距離がその平衡値から大きくずれることはまれである．そこで通常は，もっと簡単な式が使われる．最もよく使われるのは，フックの法則の公式である．フックの法則では，エネルギーは基準の結合長 l_0 からの変位の二乗に比例して変化する．

$$\nu(l) = \frac{k}{2}(l-l_0)^2 \tag{4.3}$$

明敏な読者は，パラメータ l_0 に対して使われた基準結合長（reference bond length）——自然結合長とも呼ばれる——という見慣れない用語に戸惑われたことであろう．このパラメータは一般には，平衡結合長（equilibrium bond length）と呼ばれる．しかし，この平衡結合長という用語は誤解を招きやすい．基準結合長は，力場を構成する他のすべての項をゼロと置いたときの結合の長さである．それに対し，平衡結合長は力場に含まれる他のすべての項が力場にいくばくかの寄与をした，極小エネルギー状態での結合の長さを表す．さまざまな力場成分の間には複雑な相互作用が存在する．そのため，平衡結合長は基準結合長とは少し異なるはずである．また，実在する分子は振動しており，絶対零度においてさえ，振動運動による零点エネルギーが存在する．このことは，振動している分子の平均結合長が，仮想的な静止状態に対する平衡値からずれることを意味する．真の結合伸縮ポテンシャルは調和的ではなく，図4.4のそれに近い形をとる．上述の効果は通常小さい．しかし，結合長をオングストロームの1/1000の位まで求めようとするならば，その大きさは無視できなくなる．また，計算結果を実験値と比較する場合，実験の方

表 4.1 各種結合に対する力の定数と基準結合長 [3]

結合	l_0 (Å)	k (kcal mol^{-1} Å^{-2})
Csp^3–Csp^3	1.523	317
Csp^3–Csp^2	1.497	317
Csp^2=Csp^2	1.337	690
Csp^2=O	1.208	777
Csp^3–Nsp^3	1.438	367
C–N (アミド)	1.345	719

法や条件——特に実験温度——が異なれば，観測される平衡値も異なることに注意されたい．実験から求めた結合長は誤差がきわめて大きい．たとえば，X線回折法により室温で測定された結合長は，結晶内部で分子が振動しているため，0.015Åほどの誤差を含んでいる．MM2のパラメータは電子回折法で求めた観測値から算定されるが，その値は，室温での平均化された原子間距離に対応する．

　結合した原子間に働く力は非常に強く，その距離を平衡値からずらそうとすると，かなりのエネルギーを必要とする．このことは，結合伸縮に対する力の定数の大きさからも類推できる．表 4.1 は，MM2力場で使用される代表的な力の定数値を示している．表によれば，強固なことが直感的に予想される結合は，力の定数も大きい（C–CをC=Cと対比されたい）．力の定数が300 kcal mol^{-1} Å^{-2}のとき，基準値 l_0 から 0.2 Å ずれると，系のエネルギーは 12 kcal/mol 増加する．

　ポテンシャル井戸の底——基底状態にある分子の結合距離に対応——でのポテンシャルエネルギー曲線の形は，フック則の関数形でうまく近似される．しかし，平衡位置から遠ざかるにつれ，両者のずれは大きくなる（図 4.5）．モース曲線をより正確に模するためには，三乗項やさらに高次の項を含める必要がある．結合伸縮ポテンシャルは，その場合次のような形になる．

$$v(l) = \frac{k}{2}(l-l_0)^2 [1 - k'(l-l_0) - k''(l-l_0)^2 - k'''(l-l_0)^3 \cdots\cdots] \tag{4.4}$$

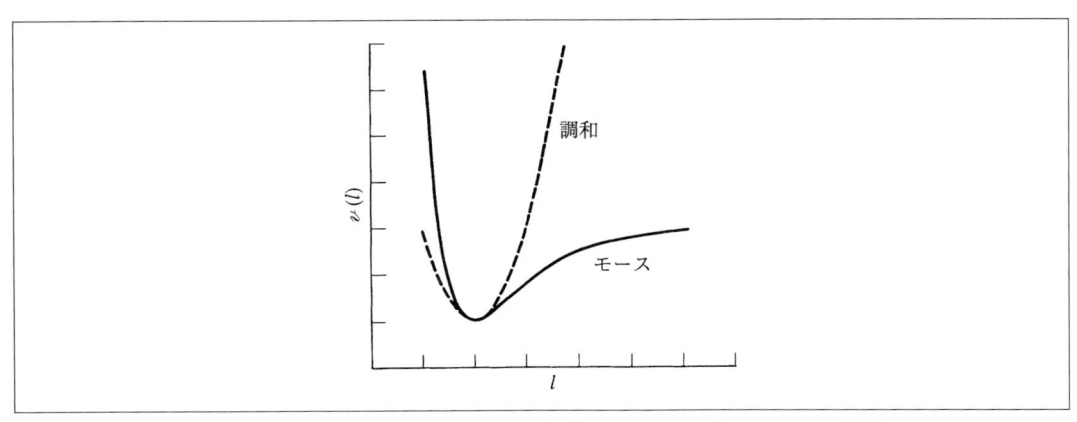

図 4.5 調和ポテンシャル（フックの法則）とモース・ポテンシャルの比較

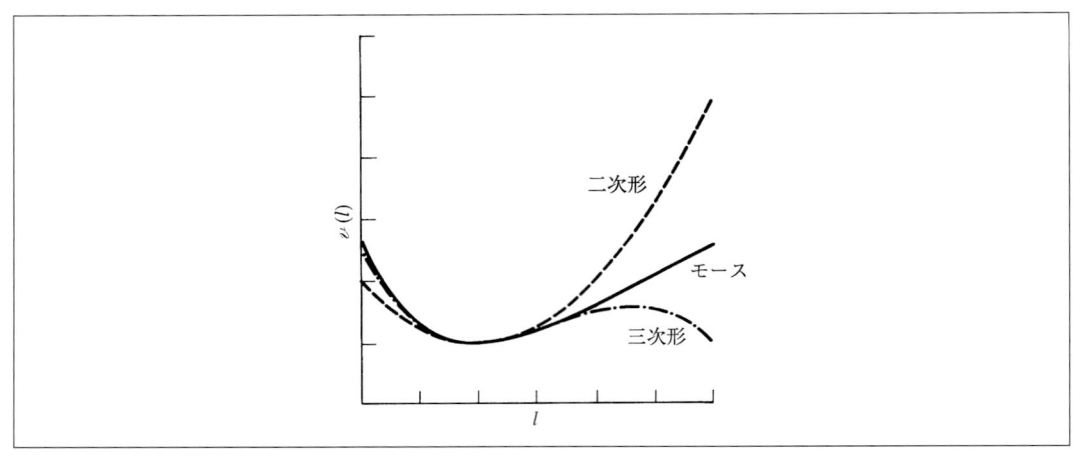

図 4.6 二次式と三次式によるモース曲線の近似。三次形の結合伸縮ポテンシャルは極大点をもつが，平衡位置付近では，二次形のポテンシャルよりも精度が高い。

MM 2 では，二次と三次の項からなる展開式が使われる。しかしこの曲線は，平衡距離から少し離れた位置に極大値をもち，時として異常に長い結合長をもたらす（図 4.6）。この難点は，構造がその平衡位置に十分近く，真のポテンシャル井戸の底付近にある場合だけ，三乗項を加えることで回避される。MM 3 では，さらに四乗項も含んだ展開式が使用される。四乗項の追加は，反転の問題を取り除き，モース曲線により近い曲線を得る上で有効である。

4.4　変角項

基準値からの結合角のずれもまた，通常，フック則の調和ポテンシャルで記述される。

$$\nu(\theta) = \frac{k}{2}(\theta - \theta_0)^2 \tag{4.5}$$

個々の結合角の寄与は，力の定数と基準値により規定される。結合角を平衡値からずらすのに必要なエネルギーは，結合の伸縮に要するエネルギーに比べて小さい。したがって，力の定数もそれに合わせて小さな値をとる（表 4.2）。

結合伸縮項と同様，力場の精度は高次の項を組み込むことで改善される。MM 2 は，二次項に

表 4.2 各種結合角に対する力の定数と基準角 [3]

結合角	θ_0	k (kcal mol^{-1}deg^{-1})
Csp^3–Csp^3–Csp^3	109.47	0.0099
Csp^3–Csp^3–H	109.47	0.0079
H–Csp^3–H	109.47	0.0070
Csp^3–Csp^2–Csp^3	117.2	0.0099
Csp^3–Csp^2=Csp^2	121.4	0.0121
Csp^3–Csp^2=O	122.5	0.0101

加えて四次項も使用する。また，きわめて歪みの大きい異常な分子を扱う場合には，さらに高次の項が追加されることもある。変角項の一般形は次式で与えられる。

$$\nu(\theta) = \frac{k}{2}(\theta-\theta_0)^2[1-k'(\theta-\theta_0)-k''(\theta-\theta_0)^2-k'''(\theta-\theta_0)^3\cdots\cdots] \tag{4.6}$$

4.5 ねじれ項

　結合伸縮項と変角項は硬い自由度をもつと言われる。これは，有意な変形を引き起こすのに，大きなエネルギーが必要であることを意味する。構造や相対エネルギーにおける変化は，そのほとんどがねじれ項と非結合項の複雑な相互作用に由来する。

　化学結合のまわりの回転障壁に関する知識は，分子の構造的性質を理解し，配座解析を行う上で不可欠である。結合の回転に伴ってエネルギーが変化する古典的な実例として，ここでは，エタンにおける三つのねじれ形極小エネルギー配座と三つの重なり形極大エネルギー配座を考えてみよう。量子力学的計算によれば，エタンの回転障壁は，分子の両端にある水素原子間の反結合性相互作用に由来する。反結合性相互作用は，配座がねじれ形のとき最小となり，重なり形のとき最大となる。柔軟な分子では，配座の主な変化は結合の回転からもたらされる。ねじれ回転をシミュレーションするには，このような変化のエネルギー・プロフィールが正しく記述できる力場が不可欠である。

　分子力学のすべての力場が，ねじれポテンシャルを使用するわけではない。適切なエネルギー・プロフィールは，個々のねじれ角を構成する末端原子（1,4-原子）間の非結合相互作用を利用しても得ることができる。しかし，有機分子用の力場で通常使用されるのは，結合した四つ組原子 A－B－C－D からの寄与を顕わに記述したねじれポテンシャルである。その場合，ねじれ項はたとえば，エタンでは9個，ベンゼンでは24個（6×C－C－C－C，12×C－C－C－H，6×H－C－C－H）存在する。ねじれポテンシャルは通常，次の余弦級数展開式で表される。

$$\nu(\omega) = \sum_{n=0}^{N} \frac{V_n}{2}[1+\cos(n\omega-\gamma)] \tag{4.7}$$

ここで，ω はねじれ角である。

　関数形は異なるが，次式も同等の意味をもつ。

$$\nu(\omega) = \sum_{n=0}^{N} C_n \cos(\omega)^n \tag{4.8}$$

　式(4.7)の V_n はしばしば「障壁の高さ」と呼ばれる。しかし，この呼び名は誤解を招きやすい。展開式に項が複数存在する場合を考えれば，このことは明らかであろう。また障壁の高さは，ねじれ角だけでなく，力場方程式を構成する他の項，特に1,4-原子間の非結合相互作用からも影響を受ける。とは言うものの，V_n の値が回転の相対的な障壁の高さを定性的に知る上で有用であることは確かである。たとえば，アミド結合に対する V_n は，2個の sp^3 炭素原子間の結合に対するそれに比べて大きい。式(4.7)の n は多重度（multiplicity）である。その値は，結合を

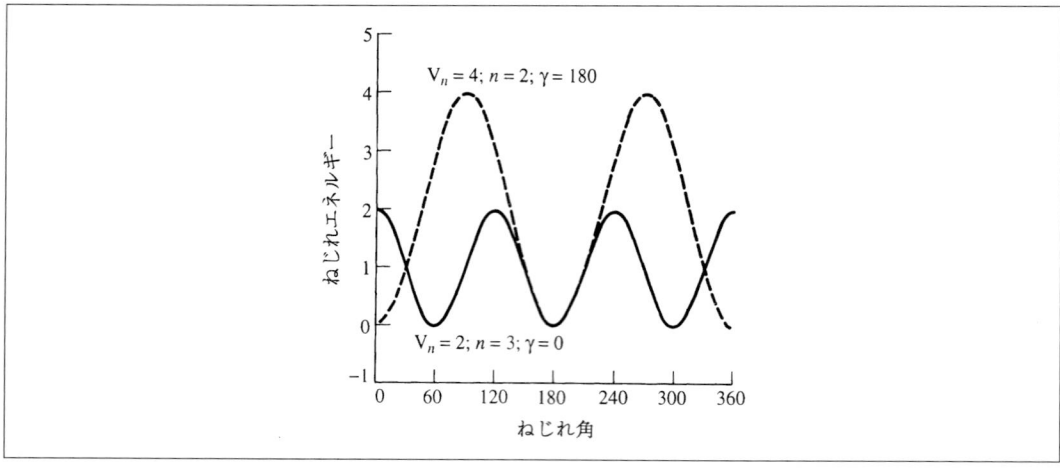

図 4.7 ねじれポテンシャルの形は，V_n，n および γ の値により変化する。

360°回転させたとき，関数がとる極小点の数に等しい。γ は位相因子で，関数値が極小となる位置を定める。たとえば，2個の sp³ 炭素原子をつなぐ一重結合のまわりの回転では，エネルギー・プロフィールは $n=3$ と $\gamma=0°$ の単一ねじれ項で記述される。この式は，ねじれ角 $+60°$，$-60°$ および $180°$ に極小値，$\pm120°$ と $0°$ に極大値をもつ3倍周期の回転曲線を与える。それに対し，2個の sp² 炭素原子間の二重結合は，$n=2$ と $\gamma=180°$ のねじれ項で表され，そのエネルギー・プロフィールは $0°$ と $180°$ に極小値をもつ。二重結合の V_n 値は，一重結合のそれよりも有意に大きい。V_n，n および γ の変化がねじれポテンシャル曲線の形に与える効果は，グラフで示せば図 4.7 のようになる。

AMBER 力場では，ねじれポテンシャルは通常，余弦級数展開式の最初の項だけで表される。しかし結合によっては，項を二つ以上必要とするものもある。たとえば，結合 O−C−C−O では，ゴーシュ配座をとる傾向を正しく記述するため，次のような 2 項からなるねじれポテンシャルが使用される。

$$v(\omega_{\text{C-O-O-C}}) = 0.25(1+\cos 3\omega) + 0.25(1+\cos 2\omega) \tag{4.9}$$

（DNA の糖部に見られる）構造断片 $\text{OCH}_2-\text{CH}_2\text{O}$ のねじれエネルギーは，ねじれ角 ω の値に応じて図 4.8 のように変化する。AMBER 力場のもう一つの特徴は，一般ねじれポテンシャルを使用することである。この一般ねじれポテンシャルで記述された，結合のまわりの回転エネルギー・プロフィールは，中央の結合を構成する二原子の原子タイプにのみ依存し，末端原子の原子タイプには依存しない。たとえば，中央の結合が sp³ 混成炭素原子 2 個からなるねじれ角（たとえば，H−C−C−H，C−C−C−C，H−C−C−C）を考えてみよう。これらのねじれ角は，O−C−C−O のような特別な場合を除き，すべて同じパラメータを割り当てる。ねじれ項の扱い方から見ると，AMBER 力場は項を一つしか使わない力場と，常に二つ以上使う力場の中間に位置する。それに対し，MM2 力場は後者のカテゴリーに属し，次のような三つの項からなる展開式を使用する。

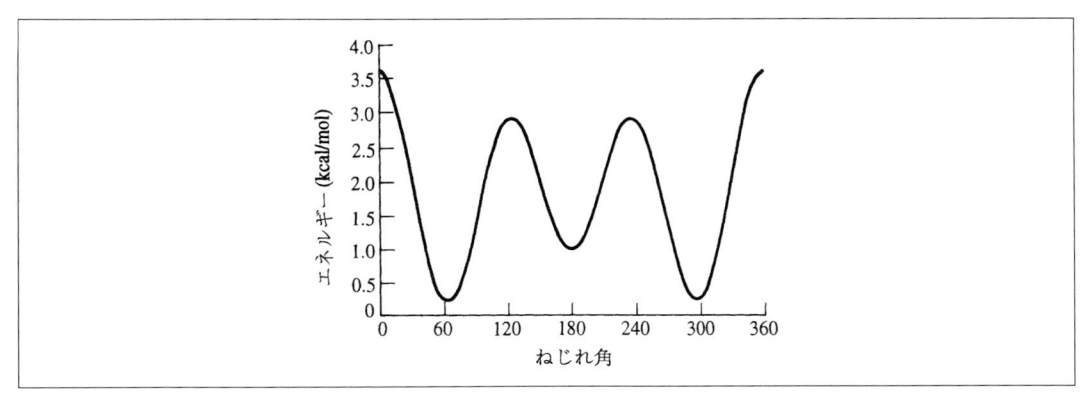

図4.8 構造断片 OCH_2-CH_2O におけるねじれ角 $O-C-C-O$ (ω) とねじれエネルギー（AMBER 力場）の関係。エネルギーは，$\omega=60°$と$300°$のとき最小値をとる。

$$\nu(\omega) = \frac{V_1}{2}(1+\cos\omega) + \frac{V_2}{2}(1-\cos 2\omega) + \frac{V_3}{2}(1+\cos 3\omega) \tag{4.10}$$

ねじれエネルギーのMM2展開式を構成する各項の物理的意味は，簡単なフッ素化炭化水素類に対する *ab initio* 計算の解析から明らかにされた。それによれば，最初の1倍周期項は，結合原子間の電気陰性度差に基づく双極子-双極子相互作用を表す。また，2倍周期項は，結合に二重結合性を付与する超共役（アルカン）や共役（アルケン）の効果を表し，3倍周期項は1,4-原子間の立体相互作用を表す。ハロゲン化炭化水素類や断片 C–C–O–C，C–C–N–C を含む分子など，含ヘテロ原子系を扱う場合には，ねじれポテンシャルはさらに追加項を必要とする。

パラメトリゼーションが適切に行われれば，ねじれ展開式に項を複数使う力場は，1個しか使わない力場に比べて良い結果を与えるはずである。このことはMM2力場で実証されている。しかし，このアプローチにも欠点がある。それは，比較的小さな分子を扱う場合でさえ，多数のパラメータを必要とすることである。

4.6 広義ねじれ角と面外変角運動

式(4.1)の力場で，標準的な結合伸縮項と変角項だけを使用したとき，シクロブタノンのような分子はどのような構造になるであろうか。図4.9の左図は，このような力場から得られた平衡構造を示す。図によれば，酸素原子は隣り合う炭素原子とそれに結合した2個の炭素原子が作る平面の外に位置する。酸素原子への結合角は，この構造では，基準値の120°に近い値をとっている。しかし実験によれば，酸素原子は∠C–C=O が133°と大きくなるにもかかわらず，シクロブタン環の平面内に存在する。その理由は，酸素が面外へ折れ曲がると，共平面配置のとき最大となる π 結合エネルギーが著しく低下してしまうことにある。正しい構造を得るには，sp^2炭素とそれに結合した3個の原子が同一平面内に保たれるような追加項を力場に組み込む必要がある。これを最も簡単に行うには，面外（out-of-plane）変角項を導入すればよい。

面外変角項を力場へ組み込む方法はいくつか考えられる。一つのアプローチは，直接結合のな

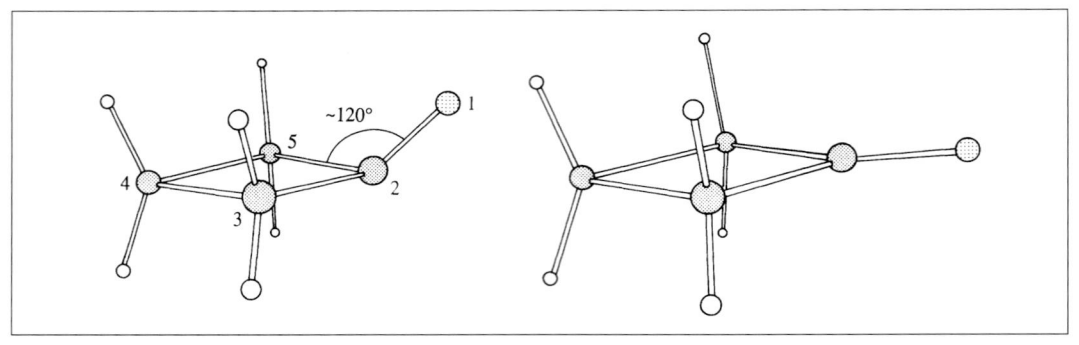

図 4.9 面外変角項がないと，シクロブタノンの酸素原子は環の面内（右図）に収まらず，面外（左図）へ折れ曲がる。

い四原子の空間配置を規定するのに広義ねじれ角を使う。シクロブタノンの場合，広義ねじれ角は，たとえば図 4.9 の原子 1-5-3-2 で定義される。また，次のねじれポテンシャルを使い，広義ねじれ角を 0°または 180°に固定する。

$$\nu(\omega) = k(1 - \cos 2\omega) \tag{4.11}$$

力場へ面外変角項を組み込む方法は，その他にもいろいろ知られる。たとえば，図 4.10（上）に示した方法，すなわち，当該結合が中心原子と他の二原子で定義される平面となす角を計算する方法は，面外変角の定義により忠実な方法と言えよう。この場合，0°は四原子がすべて同じ平面にあることを意味する。また，図 4.10（下）に示すように，他の三原子により定義される平面からの当該原子の高さを計算する方法もある。これらの二つの定義を使用した場合，面外座標（角または距離）の偏差は，次の形の調和ポテンシャルで表せる。

$$\nu(\theta) = \frac{k}{2}\theta^2; \qquad \nu(h) = \frac{k}{2}h^2 \tag{4.12}$$

以上の三つの関数形のうち，最も広く利用されるのは，（狭義ねじれ角と一緒に力場へ簡単に組み込める）広義ねじれ角である。しかし，力場へ面外変角項を組み込む方法として，より優れているのは，おそらく他の二つの方法であろう。面外項はまた，特定の幾何構造を得る目的にも

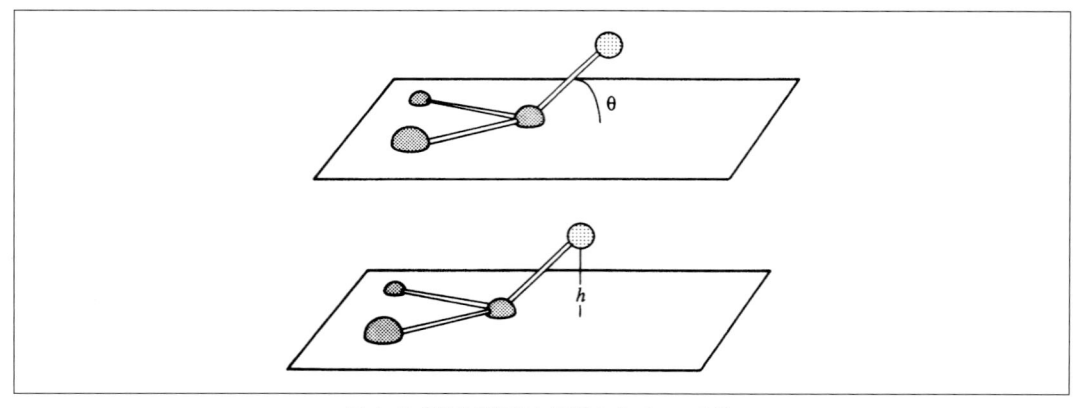

図 4.10 面外変角項を定義する二つの方法

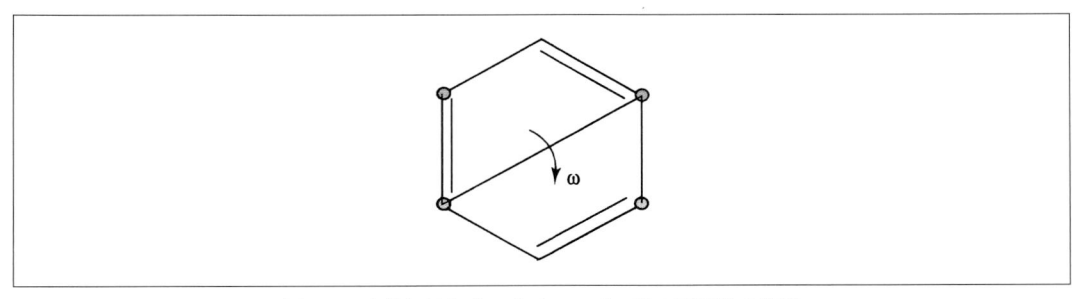

図 4.11 広義ねじれ角によるベンゼン環の平面性の維持

使われる。たとえば，ベンゼンのような芳香環がほぼ平面構造をとるようにしたい場合には，図4.11に示されるように，環の向かい側の原子を含めた面外変角項を考えるとうまくいく。広義ねじれ角は，いわゆる融合原子力場において，キラル中心の立体化学を維持するのに役立つ（4.14節参照）。面外項は常に必要というわけではない。このような項の追加は，力場の性能に悪い影響を及ぼす。ことに振動数は，面外項の存在にかなり敏感である。

4.7　交差項：クラスⅠ，ⅡおよびⅢ力場

　力場における交差項の存在は，内部座標間の連関を反映した結果である。たとえば，結合角が減少すると，隣り合う結合は図4.12に示されるように，1,3-原子間の相互作用を減らそうとして伸びようとする。交差項の重要性が見出されたのは，振動スペクトルの予測を目的として設計された（分子力学の先駆けとでも言うべき）力場においてであった。最適な動作を保証するため，交差項が分子力学力場にしばしば組み込まれる事実は，その経緯を考えれば当然のことと言えよう。原理的には，考えうる交差項は，すべて力場へ組み込むべきであろう。しかし，構造的性質を正確に再現する上で必要な交差項は，一般にはほんの少数である。ただし振動数のように，このような交差項の存在に特に敏感な性質は例外で，その再現に多くの項を必要とする。通常，分子内の遠く離れた運動間の相互作用はゼロと見なされる。交差項のほとんどは，伸縮-伸縮，伸縮-変角，伸縮-ねじれといった二つの内部座標の関数である。しかし，変角-変角-ねじれのように，三つ以上の内部座標が関与する交差項もまた存在する。交差項の記述にはさまざまな関数形が使われる。たとえば，結合1と結合2の間の伸縮-伸縮交差項は，次式で近似される。

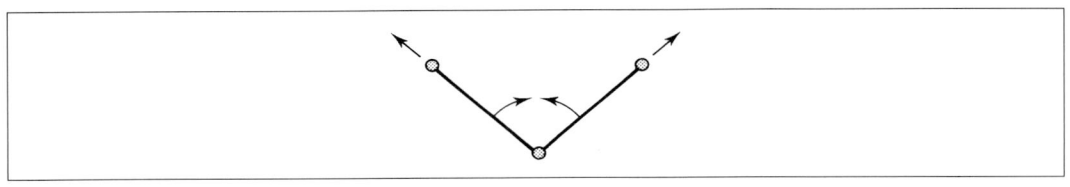

図 4.12 結合角と連動する結合間伸縮相互作用

$$\nu(l_1, l_2) = \frac{k_{l_1,l_2}}{2}[(l_1-l_{1,0})(l_2-l_{2,0})] \tag{4.13}$$

また，角を挟んだ二つの結合間の伸縮-伸縮-変角交差項は，たとえばMM 2/MM 3/MM 4では，次の形の方程式で記述される．

$$\nu(l_1, l_2, \theta) = \frac{k_{l_1,l_2,\theta}}{2}[(l_1-l_{1,0})+(l_2-l_{2,0})](\theta-\theta_0) \tag{4.14}$$

Urey-Bradley力場では，変角項は変角ポテンシャルではなく，1,3-非結合相互作用を使って評価され，1,3-原子間距離の調和関数で近似される．

$$\nu(r_{1,3}) = \frac{k_{1,3}}{2}(r_{1,3}-r_{1,3}^0)^2 \tag{4.15}$$

また，重なり配座のとき生じる結合の伸縮は，伸縮-ねじれ交差項で記述される．使われる関数形は，次の二つのいずれかである．

$$\nu(l, \omega) = k(l-l_0)\cos n\omega \tag{4.16}$$
$$\nu(l, \omega) = k(l-l_0)[1+\cos n\omega] \tag{4.17}$$

ここで，nは結合のまわりでの回転の周期性を表し，たとえば，sp^3-sp^3結合では$n=3$である．ねじれ-変角項やねじれ-変角-変角項もまた組み込まれる．後者はたとえば，二つの角∠A－B－Cと∠B－C－Dがねじれ角A－B－C－Dと相互作用するような場合に現れる．Maple, Dinur & Hagler は，量子力学的計算からどの交差項が重要であるかを調べた．それによると，特に重要なのは，図4.13に示した伸縮-伸縮，伸縮-変角，変角-変角，伸縮-ねじれ，および変角-変角-ねじれ項であった［31］．

　（他の特徴と合わせ）交差項の存在は，力場を分類する一般的方法を提示する［50］．クラスI力場は（たとえば，結合伸縮と変角に対する）調和項のみで構成され，交差項をまったく含まない．クラスII力場は（たとえば，モース・ポテンシャルや四次項の使用により）非調和項を含み，座標間の連関を顕わに記述する交差項をもつ．これらの高次項や交差項の存在は，（高度に歪ん

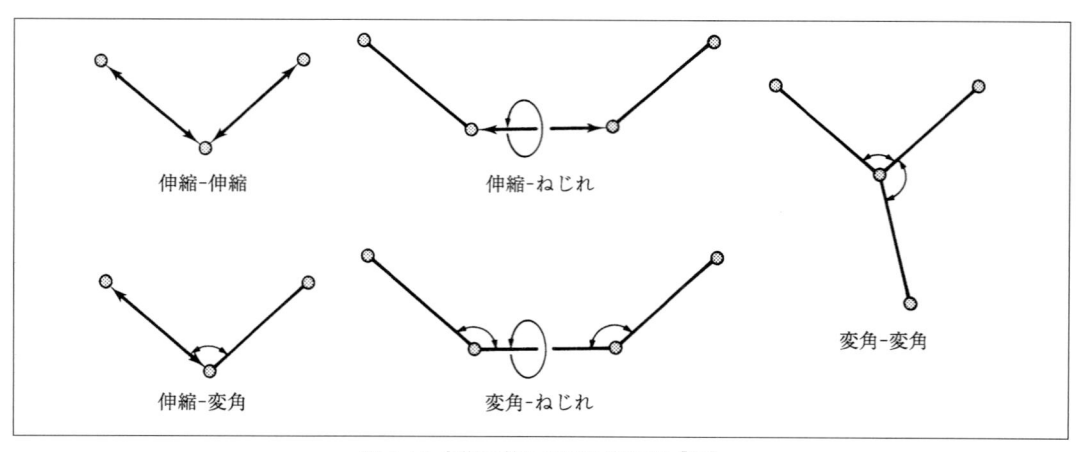

図 4.13 力場で特に重要な交差項 ［31］

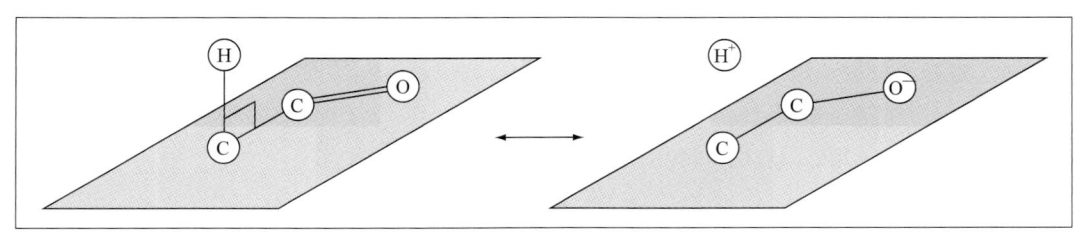

図 4.14 アセトアルデヒドの C−H 結合を引き伸ばす超共役効果（原子価結合表示による概念図）

だ）異常系の性質を予測したり，振動スペクトルを再現する力場の能力を高める。クラス II 力場のもつもう一つの特徴は，共通の力場を使って，孤立小分子，凝縮相，高分子といったさまざまな系の性質を予測できることである。その後，Allinger らは，電気陰性度や超共役のような化学的効果も，クラス III 力場を使えば説明できることを示した [5]。アセトアルデヒドの C−C 結合の回転に伴う C−H 結合長の変化は，後者の効果（超共役）の古典的実例である。アセトアルデヒドでは，C−H 結合がカルボニル平面に垂直であるとき，C−H 結合の σ 軌道とカルボニル炭素の π^* 軌道の間に最大の重なりが生じる。C−H 結合からこの π^* 軌道への電子密度の移動は，荷電共鳴構造の寄与を高め，C−H 結合を引き伸ばす（図 4.14）。一方，C−H 結合がカルボニル平面内にある場合には，重なりは最小になる。*ab initio* 計算によれば，C−H 結合長は二つの配座間で 0.006 Å 変化する。MM 4 は，この効果を組み込むため次式を使用する。

$$\Delta l = k(1 - \cos 2\omega) \tag{4.18}$$

この式はねじれ-伸縮交差項の一種であるが，ねじれ角とともに変化するのは，C−H 結合であって中央の C−C 結合ではない。超共役効果の存在と原因に関してはさまざまな論議が交わされてきた。適当な化合物の低温 X 線結晶実験や *ab initio* 計算によれば，超共役効果は確かに検出される。

4.8 非結合相互作用への序論

独立した分子や原子は非結合力を介して相互作用する。非結合力はまた，個々の分子配座の決定に際しても重要な役割を演ずる。非結合相互作用は，原子間の特定の結合関係に依存しない。それらは空間を介した（through-space）相互作用であり，通常，距離の逆乗の関数で表される。力場の非結合相互作用項は二つのグループに分けられる。一つは静電相互作用であり，もう一つはファンデルワールス相互作用である。

4.9 静電相互作用

4.9.1 中心多重極展開

陰性元素は，そうでない元素に比べて電子を引きつけやすい。そのため，分子内の電荷分布は不均一になる。この電荷分布はさまざまな方法で表される。最も一般的なのは，分子全体に部分

点電荷を配置する方法である。これらの電荷は，分子の静電的性質が再現できるように工夫されている。電荷の位置が核中心と一致する場合には，それらは部分原子電荷（partial atomic charge）とか実効原子電荷（net atomic charge）と呼ばれる。また，二分子間の静電相互作用は，クーロン則を適用し，点電荷間の相互作用の和として計算される。

$$V = \sum_{i=1}^{N_A} \sum_{j=1}^{N_B} \frac{q_i q_j}{4\pi\varepsilon_0 r_{ij}} \tag{4.19}$$

ここで N_A と N_B は，それぞれ分子 A と B に含まれる点電荷の数である。静電相互作用の計算へのこのアプローチについては，次の 4.9.2 項でさらに詳しく議論する。ここでは，それに先立ち，静電相互作用を計算する別のアプローチを取り上げる。そのアプローチとは，2.7.3 項で説明した電気モーメント（多極子）——電荷，双極子，四極子，八極子など——に基づく中心多重極展開（central multipole expansion）と呼ばれる方法である。この方法は分子を分割せず，一つの実体として扱うため，（少なくとも原理的には）分子間の静電相互作用をきわめて効率よく計算できる。電気モーメントは通常，q（電荷），μ（双極子），Θ（四極子），Φ（八極子）といった記号で表される。我々にとって関心があるのは，往々にして最も低次の非ゼロ電気モーメントである。たとえば，Na^+，Cl^-，NH_4^+，$CH_3CO_2^-$ のようなイオンでは，最も低次の非ゼロモーメントは電荷である。またそれは，非荷電分子の場合には通常双極子である。しかし，N_2 や CO_2 のような分子では，最も低次の非ゼロモーメントは四極子であり，メタンやテトラフルオロメタンのような分子では，それは八極子である。これらの多極子モーメントは，それぞれ電荷の適当な分布として表現される。たとえば，双極子は適当に離れた 2 個の電荷で表され，四極子は 4 個の電荷，八極子は 8 個の電荷でそれぞれ表される。分子のまわりの電荷分布を完全に記述するには，非ゼロ電気モーメントをすべて指定する必要がある。最も低次の非ゼロモーメントは，通常最も重要であるが，分子によっては必ずしもそうではない。このことを考えると，展開式に含まれる高次の項を，値を吟味せず最初から無視するのは賢明なやり方ではない。

簡単な例を用いて，多重極展開と系の電荷分布の関係を説明しよう。いま，$-z_1$ と z_2 にそれぞれ電荷 q_1 と q_2 をもつ分子を考える（図 4.15）。（原点から r，電荷 q_1 から r_1，電荷 q_2 から r_2 の距離にある）点 P の静電ポテンシャルは，次式で与えられる。

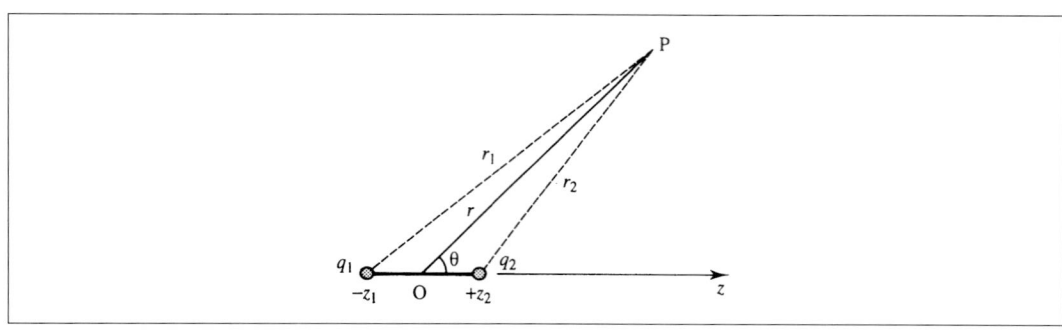

図 4.15 二つの点電荷による静電ポテンシャル

$$\phi(r) = \frac{1}{4\pi\varepsilon_0}\left(\frac{q_1}{r_1} + \frac{q_2}{r_2}\right) \tag{4.20}$$

余弦定理を適用すると，式(4.20)は次のように書き直される．

$$\phi(r) = \frac{1}{4\pi\varepsilon_0}\left(\frac{q_1}{\sqrt{r^2 + z_1^2 + 2rz_1\cos\theta}} + \frac{q_2}{\sqrt{r^2 + z_1^2 - 2rz_1\cos\theta}}\right) \tag{4.21}$$

もし，$r \gg z_1$ かつ $r \gg z_2$ であれば，式(4.21)は次のように展開できる．

$$\phi(r) = \frac{1}{4\pi\varepsilon_0}\left(\frac{q_1 + q_2}{r} + \frac{(q_2 z_2 - q_1 z_1)\cos\theta}{r^2} + \frac{(q_1 z_1^2 + q_2 z_2^2)(3\cos^2\theta - 1)}{2r^3} + \cdots\cdots\right) \tag{4.22}$$

いま，$(q_1 + q_2)$ を電荷 q，$(q_2 z_2 - q_1 z_1)$ を双極子 μ，$(q_1 z_1^2 + q_2 z_2^2)$ を四極子 Θ で置き換えると，式(4.22)は次のように電気モーメントと結びつく．

$$\phi(r) = \frac{1}{4\pi\varepsilon_0}\left(\frac{q}{r} + \frac{\mu\cos\theta}{r^2} + \frac{\Theta(3\cos^2\theta - 1)}{2r^3} + \cdots\cdots\right) \tag{4.23}$$

電荷分布の興味ある特徴の一つとして，最初の非ゼロモーメントは原点の位置に依存しない．すなわち，分子が電気的に中性であるならば（$q_1 + q_2 = 0$），その双極子モーメントは原点の位置と無関係である．図4.15の二電子系を例にとり，このことを証明してみよう．いま，原点の位置を点$(-z')$へ移動させると，新しい原点に関する双極子モーメントは次式で与えられる．

$$\mu' = q_2(z_2 + z') - q_1(z_1 - z') = \mu + qz' \tag{4.24}$$

この式は，系の全電荷（q）がゼロに等しいとき，双極子モーメントが不変であることを示している．同様にして，電荷と双極子モーメントがゼロのとき，四極子モーメントが原点の位置に依存しないことを示すことができる．原点は便宜上，分子の質量中心に置かれることが多い．

電気モーメントはテンソルとしての性質を示す．電荷は0階テンソル（スカラー量），双極子は1階テンソル（x, y および z 軸に沿って三つの成分をもつベクトル）である．また，四極子は2階テンソルで，9個の成分をもち，3×3行列で表される．一般に，n階のテンソルは3^n個の成分をもつ．

電荷は，特定の直交軸に沿って常に分布しているわけではない．双極子モーメントは，一般に

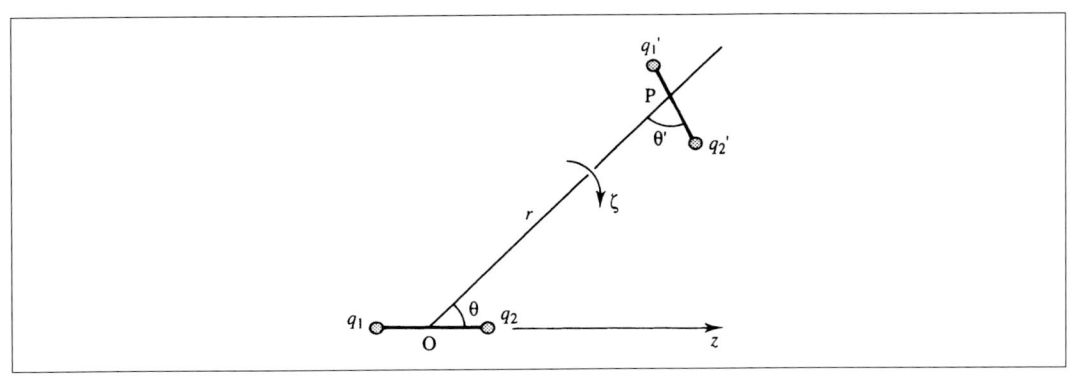

図4.16 二双極子間の相対配向を指定するのに使われるパラメータ

は次式で与えられる。

$$\boldsymbol{\mu} = \sum q_i \mathbf{r}_i \tag{4.25}$$

双極子モーメントは，x，y および z 軸に沿って，それぞれ，$\sum q_i x_i$, $\sum q_i y_i$ および $\sum q_i z_i$ の成分をもつ。同様の方法で四極子モーメントを定義すると，次のようになる。

$$\Theta = \begin{bmatrix} \sum q_i x_i^2 & \sum q_i x_i y_i & \sum q_i x_i z_i \\ \sum q_i y_i x_i & \sum q_i y_i^2 & \sum q_i y_i z_i \\ \sum q_i z_i x_i & \sum q_i z_i y_i & \sum q_i z_i^2 \end{bmatrix} \tag{4.26}$$

四極子のこの定義は，座標系内での電荷分布の配向に依存する。軸の変換は，情報量のより多い定義式を得るのに役立つ。四極子モーメントは一般には次式で定義される。

$$\Theta = \frac{1}{2} \begin{bmatrix} \sum_i q_i (3x_i^2 - r_i^2) & 3\sum_i q_i x_i y_i & 3\sum_i q_i x_i z_i \\ 3\sum_i q_i y_i x_i & \sum_i q_i (3y_i^2 - r_i^2) & 3\sum_i q_i y_i z_i \\ 3\sum_i q_i z_i x_i & 3\sum_i q_i z_i y_i & \sum_i q_i (3z_i^2 - r_i^2) \end{bmatrix} \tag{4.27}$$

ここで，$r_i^2 = x_i^2 + y_i^2 + z_i^2$ である。電荷分布が球対称の場合には，次式が成立するので，テンソルの対角要素はゼロになる。したがって，この定義式は球対称からのずれを評価するのに役立つ。

$$\sum_i q_i x_i^2 = \sum_i q_i y_i^2 = \sum_i q_i z_i^2 = \frac{1}{3} \sum_i q_i r_i^2 \tag{4.28}$$

四極子はまた，主軸を用いて記述されることもある。主軸とは，（非対角要素がゼロになるように）四極子テンソルを対角化する，相互に垂直な3本の軸 α，β および γ を指す。主軸は，x, y および z の一次結合で表される。

$$\Theta = \begin{pmatrix} \Theta_{\alpha\alpha} & 0 & 0 \\ 0 & \Theta_{\beta\beta} & 0 \\ 0 & 0 & \Theta_{\gamma\gamma} \end{pmatrix} \tag{4.29}$$

いま，直線状の電荷分布（q_1', q_2'）をもつ別の分子を考え，その質量中心を点 P に置いたときの効果を調べてみよう。2個の分子の相対配向は，図4.16に示すように四つのパラメータ（二質量中心間の距離と三つの角）によって記述される。二分子間の静電相互作用を計算するには，個々の電荷にその点のポテンシャルを掛け，それらをすべて加え合わせればよい。次式はその結果である [20]。

$$V(q,q') = \frac{1}{4\pi\varepsilon_0} \left\{ \begin{aligned} &\frac{qq'}{r} \\ &+\frac{1}{r^2}(q\mu'\cos\theta + q'\mu\cos\theta') \\ &+\frac{\mu\mu'}{r^3}(2\cos\theta\cos\theta' + \sin\theta\sin\theta'\cos\xi) \\ &+\frac{1}{2r^3}[q\Theta'(3\cos^2\theta'-1) + q'\Theta(3\cos^2\theta-1)] \\ &+\frac{3}{2r^4}[\mu\Theta'\{\cos\theta(3\cos^2\theta'-1) + 2\sin\theta\sin\theta'\cos\theta'\cos\xi\} \\ &\qquad\quad + \mu'\Theta\{\cos\theta'(3\cos^2\theta-1) + 2\sin\theta'\sin\theta\cos\theta\cos\xi\}] \\ &+\frac{3\,\Theta\Theta'}{4r^5}[1 - 5\cos^2\theta - 5\cos^2\theta' + 17\cos^2\theta\cos^2\theta' \\ &\qquad\quad + 2\sin^2\theta\sin^2\theta'\cos^2\xi + 16\sin\theta\sin\theta'\cos\theta\cos\theta'\cos\xi] \\ &+\cdots\cdots \end{aligned} \right. \quad (4.30)$$

すなわち，二つの電荷分布間の相互作用エネルギーは，電荷-電荷，電荷-双極子，双極子-双極子，電荷-四極子，双極子-四極子，四極子-四極子などの項からなる無限級数で表される。これらの項は，距離 r のさまざまな累乗に逆比例する。もし，両分子が中性 ($q=q'=0$) であるならば，展開式に含まれる諸項のうち最も重要な項は，r の三乗に逆比例する双極子-双極子項である。これは注目すべき結果である。なぜならば，図 4.17 に示すように，双極子-双極子相互作用 (r^{-3}) が及ぶ範囲は，クーロン相互作用 (r^{-1}) のそれに比べてはるかに狭いからである。このことの重要性は，複数個の原子から作られた中性基を扱う後章において明らかになる。このような中性基間の静電相互作用は，電荷-電荷相互作用を表す r^{-1} ではなく，r^{-3} に比例して減衰する。距離に対して関数 r^{-1} と r^{-3} をプロットした図 4.17 を見てみよう。電荷-電荷相互作用エネ

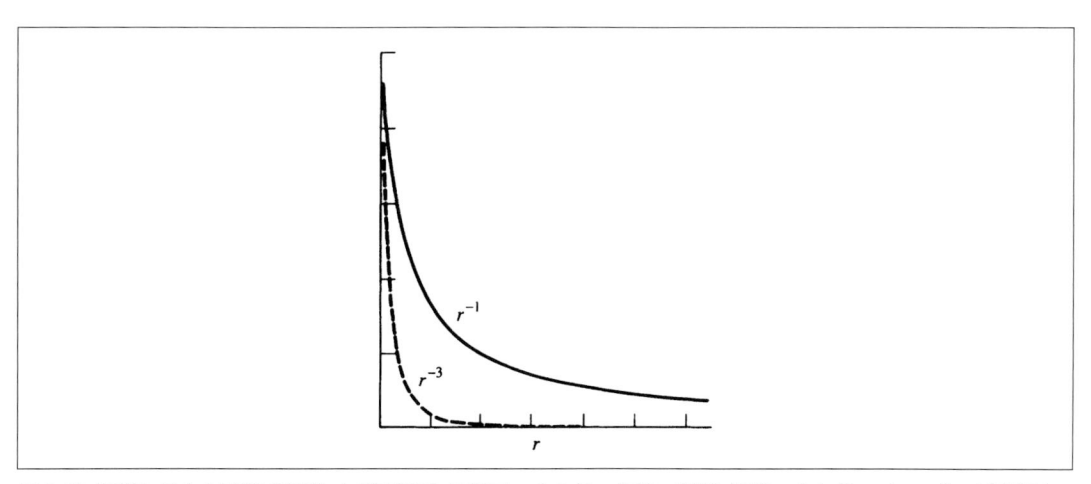

図 4.17 距離に対する電荷-電荷および双極子-双極子エネルギー曲線。電荷-電荷エネルギー ($\propto r^{-1}$) の減衰は，双極子-双極子エネルギー ($\propto r^{-3}$) のそれに比べてはるかに遅い。

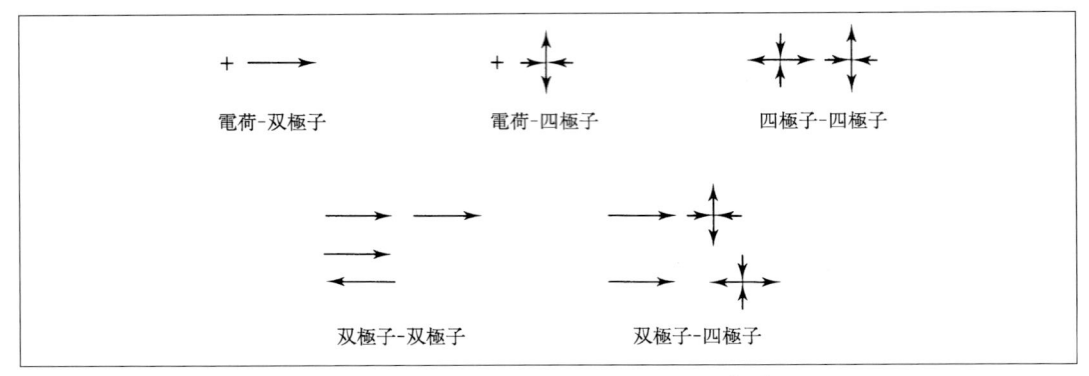

図 4.18 多極子間における最も有利な配向 [20]

ルギーは，双極子-双極子相互作用エネルギーが，ほぼゼロの距離においてさえまだ有意である．一般に，次数が n と m の二多極子間の相互作用エネルギーは，$r^{-(n+m+1)}$ に比例して減衰する．もちろんこの式は，二分子間の距離 r が分子の広がりに比し，はるかに大きな場合のみ成り立つ．さまざまな多極子間で見られるエネルギー的に有利な配置は，図 4.18 に示した通りである．

中心多重極展開は，二分子間の静電相互作用を能率よく計算する方法を提供する．多極子モーメントは波動関数から計算でき（2.7.3 項参照），また実測することもできる．Claessens, Ferrario & Ryckaert のベンゼン模型は，多重極展開を適用した研究の一例として注目に値する [22]．ベンゼンは電荷も双極子ももたないが，かなり大きな四極子をもつ．Claessens らによれば，四極子を組み入れた模型は，液体の分子動力学シミュレーションの際，電子的寄与を無視したいかなる模型よりも明らかに優れた結果を与える．

分子間静電相互作用の計算に中心多重極展開を用いることの主な利点は，その効率にある．たとえば，2 個のベンゼン分子間の電荷-電荷相互作用エネルギーは，部分原子電荷モデルでは，144 個の電荷-電荷相互作用の計算を必要とするが，中心多重極展開を行えば，四極子-四極子項の計算のみですむ．ただし残念なことに，多重極展開は，二分子が分子の寸法と同程度の距離しか離れていない場合には適用できない．相互作用する二分子間の距離は，各分子の中心からその電荷分布の末端までの距離を加え合わせた値に比べて大きくなければならない．これは，多極子相互作用エネルギーが収束するための正式の条件である．すなわち，分子の重心を中心として，電荷分布全体を囲み込む半径で，各分子のまわりに球を描いたとき，これらの球が交わらなければ，二分子間相互作用の多重極展開式は収束する．電荷分布が分子のまわりに広がりをもつ事実を無視し，核を中心にファンデルワールス球を描くだけでは不十分である．たとえば，ブタンのような分子の場合，収束球に分子のファンデルワールス模型を入れてみると，方向によっては隙間が生じる．これは，図 4.19 に示すように，他の分子が収束球の内部へ入り込む余地があることを意味する．多重極展開が抱えるもう一つの問題は，収束が遅いことである．多重極展開は質量中心を原点にとることが多い．しかしこの選択は，できる限り速く収束させるという観点からは最善とは言いがたい．

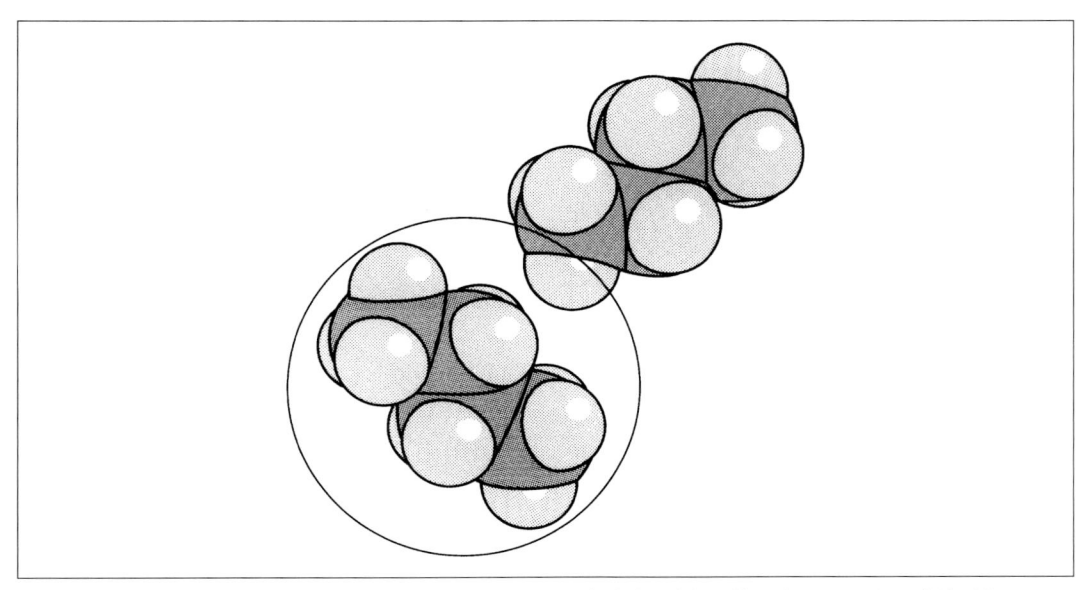

図4.19 ブタン分子の収束球。ブタンのような分子では，収束球の内部へ他の分子が入り込む余地がある。

中心多重極展開は，その他にもさまざまな難点を抱えている。多極子モーメントは分子全体の性質であり，分子内相互作用の検討には使えない。そのため，中心多重極モデルは通常，配座が固定され，相互作用が重心間に働く小分子の計算にしか使用されない。分子に作用する力を多重極モデルで計算するのは容易ではない。ゼロ次の多極子（電荷）間の相互作用は単純並進力を生じる。また，より高次の多極子は方向性をもつので，それらの相互作用はトルク（ねじり力）を発生する。さらに，電荷-電荷間に働く力は，大きさが等しく方向が反対であるが，分子jにより分子iに働くトルクは，分子iにより分子jに働くトルクと必ずしも大きさが等しく方向が反対ではない。

4.9.2 点電荷静電モデル

点電荷モデルに立ち戻り，静電相互作用の計算をもう一度考えてみよう。十分な数の点電荷が使用された場合，電気モーメントはすべて再現され，式(4.30)の多極子相互作用エネルギーは，式(4.19)のクーロン和から計算されたエネルギーと正確に等しくなる。

分子の静電的性質を正確に再現したければ，原子核以外の位置にも電荷を置く必要がある。このことの簡単な実例は窒素分子である。この分子は双極子モーメントをもたない。分子の全電荷はゼロで，各核に割り当てられる部分原子電荷もゼロである。しかし，窒素分子は四極子モーメントをもち，それが分子の性質に重大な影響を及ぼす。この事実は，最も簡単には，結合に沿って3個の部分電荷——各核に$-q$，質量中心に$+2q$——を置くことでモデル化される。すなわち，二つの窒素分子間に働く四極子-四極子相互作用は，9対の電荷-電荷相互作用を加え合わせたものに等しいとする。qの値は，四極子モーメントと部分電荷の間に成り立つ次の関係から計算される。

$$\Theta = 2q(l/2)^2 \tag{4.31}$$

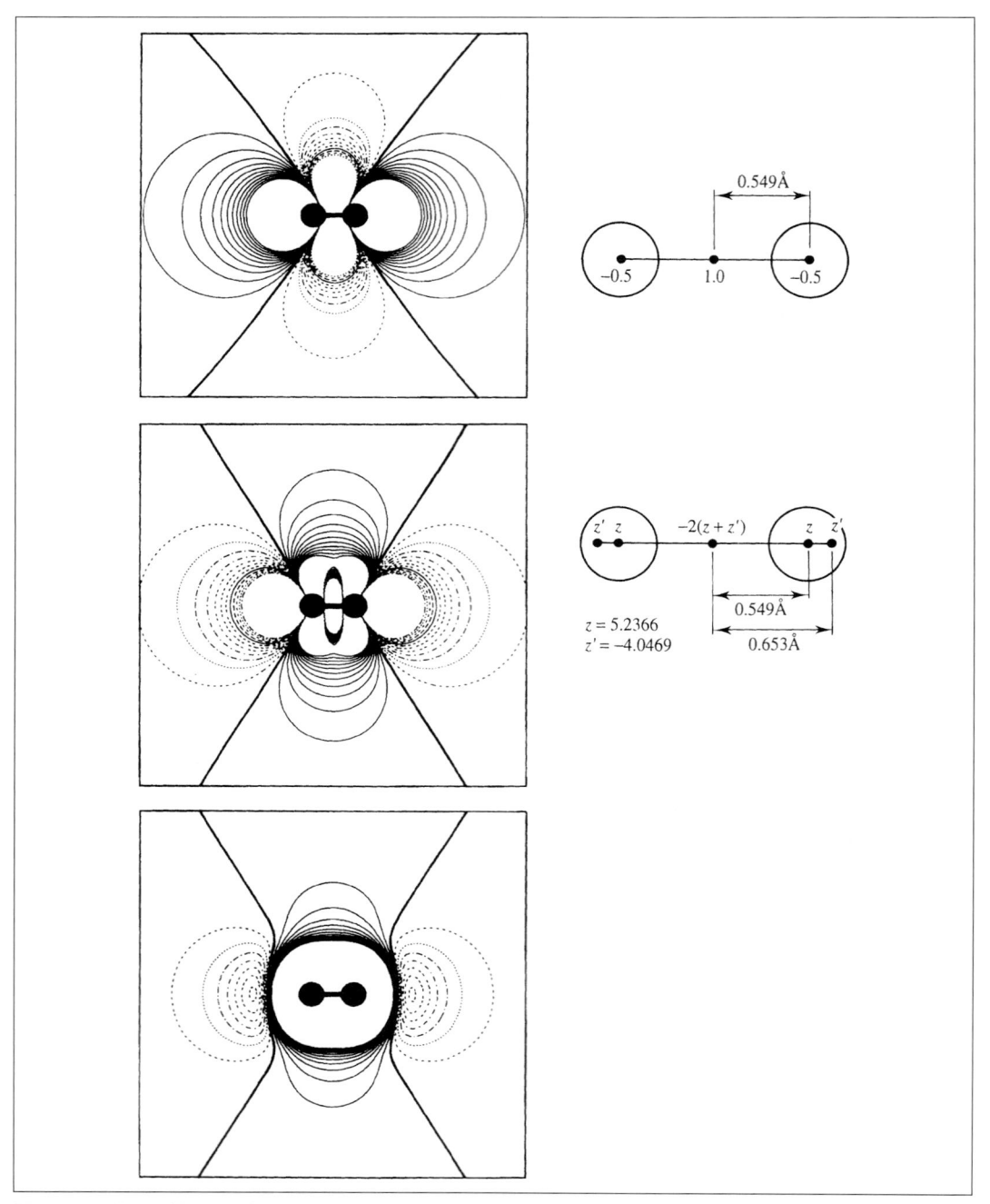

図 4.20 N_2分子に対する 2 種類の電荷モデルとそれらが作り出す静電ポテンシャル。静電ポテンシャルは ab initio 法（6-31 G*基底系）で計算された。破線は負の等高線，太線はゼロの等高線をそれぞれ表す。

ここで，l は結合長である。四極子モーメントの実測値を説明する電荷 q の値は，約 $0.5\,e$ となる。ただし，窒素分子のまわりに静電ポテンシャルを描く場合には，図 4.20 に示した 5 電荷モデルを使用した方が良い結果が得られる。

点電荷モデルに代わるものとして，分子内の結合へ双極子を割りつける方法もある。この方法では，静電エネルギーは双極子-双極子相互作用エネルギーの和として得られる。このアプローチは MM 2/MM 3/MM 4 で採用されているが，形式電荷をもち，エネルギーの計算に電荷-電荷項や電荷-双極子項を含める必要のある分子では使えない。荷電種に対しては，当然点電荷モデルが使用されなければならない。

4.9.3　部分原子電荷の計算

部分原子電荷モデルは広く利用されているが，その電荷計算はどのように行われるのか。簡単な分子では，その幾何配置が分かれば，電気モーメントの再現に必要な原子電荷は正確に計算できる。たとえば，HF の双極子モーメントの実測値（1.82 D）は，結合長を $0.917\,Å$ とし，二つの原子核上に大きさが等しく，符号が反対の電荷 $0.413\,e$ を置くことで再現される。またメタンでは，炭素に結合した水素は四面体配置をとり，各水素原子は炭素上の電荷の 1/4 に等しい大きさの反対電荷をもつ。メタン分子は電気的に中性で，双極子と四極子のモーメントはゼロであるが，八極子モーメントはゼロではない。この八極子モーメントは，水素に約 $0.14\,e$ の電荷を割り当てれば再現できる。

原子電荷は，分子動力学やモンテカルロ・シミュレーションから計算された熱力学的性質が再現されるように選ばれることもある。この場合には，一連のシミュレーションが行われ，電荷モデルは実験値と満足な一致が得られるまで，繰り返し修正される。このアプローチは一見簡単に見えるが，非常に強力である。しかし実際には，小分子や簡単なモデルにしか通用しない。

分子の静電的性質は，電子と核の分布がもたらす結果である。したがって，部分原子電荷は量子力学的方法で計算できるはずである。しかしあいにく，部分原子電荷は実験的に観測できる量ではない。また，波動関数から一義的に値を定めることもできない。このことは，部分原子電荷を求める方法が数多く提案され，最善の方法について，現在もなおさまざまな議論が交わされている事実を説明する。方法の優劣を間接的に評価するには，電荷モデルを使って適当な諸量を計算し，その結果を実測値や *ab initio* 計算値と比較すればよい。諸量としては，たとえば多極子モーメントや分子のまわりの静電ポテンシャルが使われる。

われわれはすでに 2.7.5 項で，部分原子電荷を計算する方法として，ポピュレーション解析を取り上げた。この方法で得られる部分原子電荷は，一般にマリケン電荷（Mulliken charge）と呼ばれるが，この電荷は，分子間の相互作用を記述する目的には適さない。マリケン電荷は，（分子間の相互作用を支配する）静電ポテンシャルを再現することを目的としておらず，分子の構成的性質——原子が互いにどのように結合しているか——に主に依存するからである。分子間相互作用における静電ポテンシャルの重要性は，この性質を正しく再現できる部分原子電荷の計算法に対して，多大な関心を引き起こすことになった。

4.9.4 分子静電ポテンシャルからの電荷の誘導

ある点の静電ポテンシャルは，その点に置かれた単位正電荷に作用する力として定義される。したがって，核は正のポテンシャル（斥力）を生じ，電子は負のポテンシャルを生じる。静電ポテンシャルは観測可能な量であり，式(2.222)と(2.223)を使えば，波動関数からも算定できる。

$$\phi(\mathbf{r}) = \phi_{\text{nucl}}(\mathbf{r}) + \phi_{\text{elec}}(\mathbf{r}) = \sum_{A=1}^{M} \frac{Z_A}{|\mathbf{r}-\mathbf{R}_A|} - \int \frac{d\mathbf{r}' \rho(\mathbf{r})}{|\mathbf{r}'-\mathbf{r}|} \tag{4.32}$$

静電ポテンシャルは連続量であるが，解析関数で表すのは容易ではない。したがって，静電ポテンシャルの計算では，数値解析が可能な別の離散的表現を工夫する必要がある。言い換えると，分子を取り巻く各点で，静電ポテンシャルが最もうまく再現される一組の部分電荷（通常，部分原子電荷）を誘導しなければならない。この問題への解はCox & Williamsによって示された[27]。このCoxらの方法は，まず最初，選ばれた各点の静電ポテンシャルを波動関数から計算する。そして，電荷の総和が分子の実効電荷に等しいという条件下，最小二乗適合操作を使い，各点の静電ポテンシャルが最もうまく再現できる一組の部分原子電荷を算定する。等価な対称原子に対しては，電荷が等しくなるよう対称性の条件を課す。（双極子モーメントのような）他の静電的性質が再現できるよう，原子電荷を算定することもある。静電ポテンシャル差の平方和は，当てはめの操作により最小化される。ある点の静電ポテンシャルを ϕ_i^0，電荷モデルから得られる値を ϕ_i^{calc} とするならば，最小化されるのは次の関数（誤差関数）である。

$$R = \sum_{i=1}^{N_{\text{points}}} w_i (\phi_i^0 - \phi_i^{\text{calc}})^2 \tag{4.33}$$

ここで，N_{points} は点の総数，w_i は当てはめの過程で，重要度に応じて各点に付与される重み因子である。電荷の総和は，分子電荷 Z に等しくなければならないから，個々の電荷は，それを除いた残りの電荷に依存する。すなわち，N 番目の電荷の値は次式で与えられる。

$$q_N = Z - \sum_{j=1}^{N-1} q_j \tag{4.34}$$

電荷 q_j による点 i の静電ポテンシャルは，クーロンの法則に従い，次式から算定される。

$$\phi_i^{\text{calc}} = \sum_{j=1}^{N-1} \frac{q_j}{4\pi\varepsilon_0 r_{ij}} + \frac{Z - \sum_{j=1}^{N-1} q_j}{4\pi\varepsilon_0 r_{iN}} \tag{4.35}$$

ここで，r_{ij} は電荷 j から点 i までの距離である。誤差関数 R が極小となる点では，電荷 q_k に関する一次微分はすべてゼロに等しい。

$$\frac{\partial R}{\partial q_k} = \sum_{i=1}^{N_{\text{points}}} w_i (\phi_i^0 - \phi_i^{\text{calc}}) \left(\frac{\partial \phi_i^{\text{calc}}}{\partial q_k} \right) = 0 \tag{4.36}$$

式(4.36)は次の形に書き換えられる。

$$\sum_{i=1}^{N_{\text{points}}} w_i \left(\phi_i^0 - \frac{Z}{r_{iN}} \right) \left(\frac{1}{r_{ik}} - \frac{1}{r_{iN}} \right) = \sum_{j=1}^{N-1} \left[\sum_{i=1}^{N_{\text{points}}} w_i \left(\frac{1}{r_{ik}} - \frac{1}{r_{iN}} \right) \left(\frac{1}{r_{ij}} - \frac{1}{r_{iN}} \right) \right] \frac{q_j}{4\pi\varepsilon_0} \tag{4.37}$$

この式(4.37)は，書き直せば，$\mathbf{Aq} = \mathbf{a}$ の形の行列方程式になる。したがって，電荷 $\mathbf{q}$ は行列の標準的な算法に従い，$\mathbf{q} = \mathbf{A}^{-1}\mathbf{a}$ から求めることができる。

ポテンシャルを当てはめる点 i (1, 2, ……, N_{points}) は，分子間相互作用を正しく記述する必要のある領域から選ばれる。その領域とは，構成原子のファンデルワールス半径を少し越えた辺りである。Cox & Williams は，二つの表面——ファンデルワールス半径 + 1.2 Å の表面と，そこから外側へ約 1 Å の表面——に挟まれた殻の内部に規則的な格子を描くことで，それらの点を選択した。それに対し，Chirlian & Francl の CHELP 操作は，各原子上に中心を置き，1 Å の間隔で描かれた球状の殻——表面に点が対称的に分布——を利用する [21]。このような殻は，分子のファンデルワールス表面から 3 Å 遠方にまで広がっている。ただし，構成原子のファンデルワールス半径内部にある点はすべて無視される。

　CHELP 法は，原子電荷を求めるのに，反復最小二乗操作ではなく，ラグランジュ乗数法を利用する。そして，電荷の総和は分子の実効電荷に等しいという条件の下，誤差関数（式(4.33)）の極小化が図られる。このような操作は，$(N+1)$ 個の未知変数をもつ $(N+1)$ 個の方程式をもたらす。この連立方程式は行列の標準的な算法で解くことができる。しかしあいにく，CHELP は座標系内での分子の配向に依存し，異なる結果を与える。そこで Breneman & Wiberg は，Cox & Williams の規則的な格子点と Chirlian & Francl のラグランジュ乗数法を組み合わせた CHELPG アルゴリズムを提案した [19]。CHELPG では，(0.3〜0.8 Å の間隔で配置された) 立方格子点が使われる。また，原子のファンデルワールス半径内にある格子点と，原子から 2.8 Å 以上離れた位置にある格子点はすべて無視される。

　1984 AMBER 力場で電荷の算定に使われた Singh & Kollman のアルゴリズムは，原子のファンデルワールス半径を少しずつ大きくした一連の分子表面を考える [80]。そして，それらの面上の各点に対してポテンシャルを当てはめる。1995 AMBER 力場で採用されているのは，RESP (restrained electrostatic potential fit) と呼ばれるこの静電ポテンシャル法の改訂版である [13]。RESP アルゴリズムは非水素原子に対して双曲型拘束条件を課す。これらの拘束条件は，静電ポテンシャルの通常の当てはめ操作では，値が大きくなりすぎるある種の原子，特に，埋没した炭素原子の電荷を減らす効果がある。RESP 電荷はまた，分子配座の影響を受けにくい。

4.9.5　大きな系に対する電荷モデルの誘導

　分子力学では，高分子のように数千個の原子を含む系も扱われる。では，このような大型分子の電荷はどのように算定されるのか。原子数の多い分子は，もちろんそのままの形では量子力学的計算の対象にならない。計算を行うには，適当な大きさの断片へ分子を分割する必要がある。このような断片は，比較的簡単に定義できることもある。たとえば高分子系の多くは，化学的に明確な単量体がつなぎ合わさってできている。この場合，各単量体の原子電荷を知りたければ，高分子内部での単量体の局所環境を再現できる程度の断片に対して計算を行えばよい。たとえば，タンパク質のアミノ酸残基の部分原子電荷は，通常，孤立アミノ酸ではなく，タンパク質内部の環境により近いジペプチド断片を使って計算される（図 4.21）。

　静電ポテンシャルへの当てはめから得られる電荷は，波動関数の誘導に使われた基底系に強く

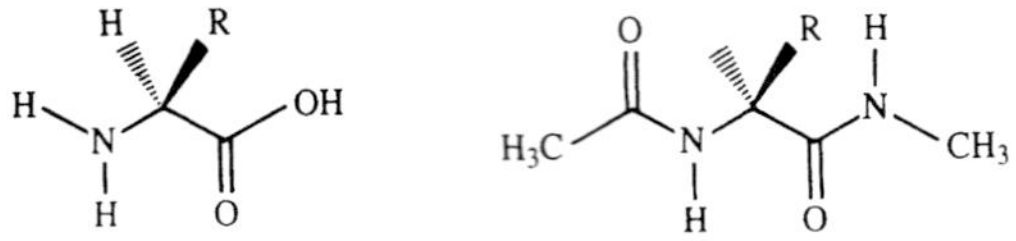

図 4.21 タンパク質の原子電荷の計算。タンパク質の原子電荷は孤立アミノ酸（左図）ではなく，タンパク質の内部環境を反映した適当なペプチド断片（右図）を用いて計算される。

依存する。電荷は，使用する基底系を大きくしたからといって常に改善されるわけではない。6-31 G* 基底系は，縮合系の計算に対して一般に妥当な結果を与える。小さな基底系や（半経験的方法のような）低水準の理論を使用しても，スケーリングを行えば，多くの場合，高水準の理論によるそれと遜色のない結果が得られる。現在使われているさまざまな半経験的方法のうち，*ab initio* 計算と最もよく一致する電荷を与えるのは MNDO 法である。スケーリング因子の研究もいくつか報告されている [33, 60, 17]。

　状況を複雑化する問題がもう一つ存在する。それは，静電ポテンシャルの当てはめから得られた電荷が，分子の配座にしばしば依存することである [98]。この問題は，さまざまな配座に対して一連の電荷計算を行い，各配座のボルツマン相対占有率に従って，各電荷を重みづけする電荷モデルを使用することで一応回避される [75]。モデルによっては，配座とともに電荷が連続的に変化することもある [74, 32]。

4.9.6　原子電荷の高速計算法

　分子の原子電荷は，最も簡単には，構成原子とそれらの結合様式さえ分かれば計算できる。このような方法のもつ最大の長所は，計算がきわめて速く，（データベースに収録された）厖大な数の分子に対しても電荷分布をすべて計算できることである。一例として，Gasteiger-Marsili 法を取り上げてみよう [38]。

　Gasteiger-Marsili アプローチは，軌道電気陰性度の部分的平準化（partial equalisation of orbital electronegativity）の原理を利用する。電気陰性度は「電子を引きつける原子の力」として Pauling により導入された，化学者には周知の概念である。Mulliken は，イオン化ポテンシャル I_A と電子親和力 E_A を考え，それらの平均値として原子 A の電気陰性度を定義した。

$$\chi_A = \frac{1}{2}(I_A + E_A) \tag{4.38}$$

　Mulliken の指摘によれば，イオン化ポテンシャルと電子親和力は，原子の特定の原子価状態に対するものであり，どのような原子価状態でも，電気陰性度は同じであるとする仮定には無理がある。このような発想から，与えられた原子価状態における軌道の電気陰性度として，軌道電気陰性度の概念が導かれた。たとえば，sp 軌道は sp³ 軌道よりも大きな電気陰性度をもつ。軌道電気陰性度はまた，軌道の占有度にも依存する。たとえば，空軌道は電子が 1 個入った軌道よりも電子を引きつけやすく，また，後者は電子が 2 個入った軌道よりも電子を引きつけやすい。さらに，軌道電気陰性度は，他の軌道にある電荷からも影響を受ける。Gasteiger & Marsili は，

原子 A の軌道 ϕ_μ の軌道電気陰性度 $\chi_{\mu A}$ と電荷 Q_A の間に次の多項式が成り立つと仮定し，通常の原子価状態にある一般元素に対して，係数 a，b および c を算定した．

$$\chi_{\mu A} = a_{\mu A} + b_{\mu A} Q_A + c_{\mu A} Q_A^2 \tag{4.39}$$

その結果によると，たとえば炭素の場合，sp^3，$sp^2\pi$ および $sp\pi^2$ 原子価状態の軌道電気陰性度は，それぞれ係数値を異にした．

電子は，電気陰性度の小さい元素から大きい元素へ流れる．この電子の流れは，電気陰性度の小さい原子上に正の電荷，電気陰性度の大きい原子上に負の電荷をもたらす．その結果は原子の電気陰性度の平準化である．しかし，完全な平準化が起こるわけではない．この平準化は，Gasteiger-Marsili アプローチでは，繰返し計算により達成される．結合した原子間での電荷の移動は，繰返しの回数が増すにつれ次第に減少する．原子 B が A よりも電気陰性であるとしたとき，k 回繰り返した時点で，原子 A から原子 B へ移動する電荷は次式で与えられる．

$$Q^{<k>} = \frac{\chi_B^{<k>} - \chi_A^{<k>}}{\chi_A^+} \alpha^k \tag{4.40}$$

ここで，$Q^{<k>}$ は移動した（電子の）電荷，$\chi_A^{<k>}$ と $\chi_B^{<k>}$ は原子 A と B の電気陰性度，χ_A^+ は電気陰性度が小さい方の原子のカチオン状態での電気陰性度，α^k は減衰係数である．Gasteiger & Marsili は，α の値として $\frac{1}{2}$ を使用した．各原子の電荷は最初，その形式電荷から出発する．繰返しの各段階では，式(4.39)に従い電気陰性度が計算され，電荷の移動が試みられる．各段階での原子の最終的な全電荷は，前の段階での電荷に，その原子へ結合したすべての原子から移動した電荷を加え合わせた値になる．減衰係数 α^k は，電気陰性度のより大きな原子からの影響を緩和する．この影響は，繰返しの回数が増すにつれ低下していく．α を $\frac{1}{2}$ としたとき，計算は通常，高々 4～5 回の繰返しで収束する．

関連した方法としては，Rappé & Goddard の電荷平衡化法がある [74]．これは，分子の電荷分布を計算する一般的方法として，普遍力場（UFF）の中で使われており，その対象となる元素は周期表全体に及ぶ [72]．この方法はもう一つの特徴をもつ．それは，電荷が分子の幾何構造に依存し，（分子動力学シミュレーションのような）計算の過程で変化することである．このアプローチは，孤立原子のエネルギーの電荷に関する級数展開式から出発する．

$$\nu_A(q) = \nu_{A0} + q_A \left(\frac{\partial \nu}{\partial q}\right)_{A0} + \frac{1}{2} q_A^2 \left(\frac{\partial^2 \nu}{\partial q^2}\right)_{A0} + \cdots\cdots \tag{4.41}$$

この展開式の二次項までを考慮したとき，電荷が 0，+1 および -1 の三つの状態に対するエネルギーは，次式で与えられる．

$$\nu_A(0) = \nu_{A0} \tag{4.42}$$

$$\nu_A(+1) = \nu_{A0} + q_A \left(\frac{\partial \nu}{\partial q}\right)_{A0} + \frac{1}{2} q_A^2 \left(\frac{\partial^2 \nu}{\partial q^2}\right)_{A0} \tag{4.43}$$

$$\nu_A(-1) = \nu_{A0} - q_A \left(\frac{\partial \nu}{\partial q}\right)_{A0} + \frac{1}{2} q_A^2 \left(\frac{\partial^2 \nu}{\partial q^2}\right)_{A0} \tag{4.44}$$

陽イオンのエネルギーはイオン化ポテンシャル（IP），陰イオンのエネルギーは電子親和力

(EA) に負号を付けたものにそれぞれ等しい。これらの結果を組み合わせると次式が得られる。

$$\left(\frac{\partial \nu}{\partial q}\right)_{A0} = \frac{1}{2}(IP + EA) = \chi_A^0 \tag{4.45}$$

$$\left(\frac{\partial^2 \nu}{\partial q^2}\right)_{A0} = IP - EA \tag{4.46}$$

例によって，χ_A は電気陰性度である。Rappé & Goddard によれば，半占軌道をもつ中性原子の場合，イオン化ポテンシャルと電子親和力の差（$IP-EA$）は，その軌道に置かれた二電子間のクーロン斥力に一致する。ちなみに中性分子の半占軌道は，陽イオンでは空軌道となり，陰イオンでは二重被占軌道となる。この差をアイデムポテンシャル（idempotential）と呼び，J_{AA}^0 で表すと，式(4.41)は次のように書き直される。

$$\nu_A(q) = \nu_{A0} + \chi_A^0 q_A + \frac{1}{2} J_{AA}^0 q_A^2 \tag{4.47}$$

電気陰性度とアイデムポテンシャルは，いずれも原子データから算定できる。ただし，このような原子データは，分子系で使用する場合一般に補正を必要とする。では，これらの方程式から分子の電荷はどのようにして誘導されるのか。まず最初，系の全エネルギーを考える。

$$V(q_1 \cdots q_N) = \sum_{A=1}^{N}\left(\nu_{A0} + \chi_A^0 q_A + \frac{1}{2} q_A^2 J_{AA}^0\right) + \sum_{A=1}^{N}\sum_{B=A+1}^{N} q_A q_B J_{AB} \tag{4.48}$$

ここで，$q_A q_B J_{AB}$ は原子 A と B の間のクーロン・エネルギーである。十分離れた原子間では，その値は $1/r$ に比例する。しかし，この簡単なクーロン則は，電荷分布が重なり合う原子対，特に結合原子対に対しては通用しない。このような状況下では，遮蔽補正が必要である。この遮蔽補正は，式(2.107)のクーロン積分で与えられる。

実際に電荷を誘導するに当たっては，まず最初，式(4.48)の二重求和へ因子 J_{AA}^0（距離をゼロとしたときの J_{AA} の極限値）を組み込む。

$$V(q_1 \cdots q_N) = \sum_{A=1}^{N}(\nu_{A0} + \chi_A^0 q_A) + \frac{1}{2}\sum_{A=1}^{N}\sum_{B=1}^{N} q_A q_B J_{AB} \tag{4.49}$$

q_A に関してエネルギーの微分をとると，

$$\frac{\partial V}{\partial q_A} = \chi_A^0 + \sum_{A=1}^{N} q_B J_{AB} = \chi_A^0 + J_{AA}^0 q_A + \sum_{B=1; B \neq A}^{N} q_B J_{AB} \tag{4.50}$$

電荷に関するエネルギーの微分は，原子の化学ポテンシャルを与える。平衡状態では，この化学ポテンシャルはすべての原子で等しくなる。電子は（電気化学ポテンシャルが高く）電気陰性度の小さい領域から（電気化学ポテンシャルが低く）電気陰性度の大きい領域へ移動する。また，原子電荷の総和は分子の全電荷に等しい。（原子の電荷は元素ごとに取りうる範囲があることを仮定すると）これらの条件から，電荷に関する一組の連立方程式が導かれる。

距離依存性のある $q_A q_B J_{AB}$ 項の存在からも明らかなように，電荷分布は分子の幾何構造に依存する。すなわち，分子の配座が変化すれば，電荷分布もまた変化する。この電荷平衡化法では，系内の各原子に要求されるパラメータは，電気陰性度，アイデムポテンシャルおよび共有結合半

径の三つである。

4.9.7 部分原子電荷モデルを越えて

これまで考察してきた電荷モデルは，核中心に電荷を置いたものがほとんどであった。原子の中心に電荷を置くやり方は多くの利点をもつ。たとえば，電荷-電荷相互作用による静電力は，核に直接作用する。このことは，エネルギー極小化や分子動力学シミュレーションで核に働く力を計算したい場合，重要な意味をもつ。しかし，核中心に電荷を置く方法は弱点もいくつかある。第一に挙げられるのは，各原子のまわりの電荷密度が球対称であるとする仮定である。原子の価電子は，しばしば球形とはかけ離れた分布をもつ。孤立電子対や芳香環 π 電子雲をもつ分子では特にそうである。

4.9.8 分散多極子モデル

分子電荷分布の異方性の記述には，たとえば分散多極子（distributed multipole）モデルが使われる。このモデルでは，分子全体に分散させた多極子を考える。多極子の分散はさまざまな方法で行える。しかし，最もよく知られているのは Stone の DMA 法である [87, 88]。DMA 法は，ガウス基底関数で定義された波動関数から，多極子を量子力学的に計算する。2.6節ですでに述べたように，二つのガウス関数の積は，それらをつなぐ線分上の点（P）に中心を置く別のガウス関数で表せる。すなわち，基底関数の積 $\phi_\mu \phi_\nu$ は点 P の電荷密度と対応する。この密度は，P についての多重極展開から求められる。局所展開式に含まれる最も高次の多極子モーメントは，使用した基底系に依存する。基底系の角量子数の和よりも高次の多極子モーメントは存在しない。たとえば，s 関数と p 関数からなる基底系を使用したとき，四極子よりも高次の局所多極子は出現しない。また，きわめて重要な性質として，P についての局所多重極展開は，近傍の別の点 S についての多重極展開として表してもよい。分散多極子アプローチでは，P の近傍に一組の部位点がまず選択され，基底関数の各対に対して，それらの部位点で局所多重極展開が試みられる。

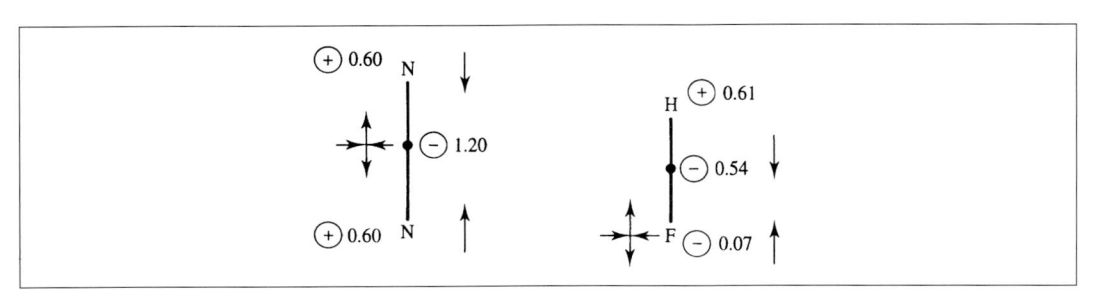

多極子の部位点 S の数と位置に関して制約はない。通常使用されるのは，各原子核に部位点を置く方法である。場合によっては，特に小分子の場合，結合の中心に部位点を追加定義することもある。たとえば Stone は，二つの分極関数を含む Dunning 基底系 [5s 4p 2d] を用いて，窒素とフッ化水素に対する分散多極子モデルを導いた（図 4.22）。N_2 分子に対するモデルは，

図 4.22 N_2 と HF に対する分散多極子モデル [88]

核中心に＋0.60，結合の中心に－1.20の電荷をもち，さらに，二つの核の各々に双極子，結合の中心に四極子をもつ．一方，HF分子に対するモデルは，二つの核と結合の中心に全部で3個の電荷をもち，さらに，F原子上に双極子と四極子，結合の中心に小さな双極子をもつ．さらに大きな分子では，部位点が置かれない構成原子も出現する．たとえば，無極性原子へ結合した水素原子はそうである．また，極性水素は電荷成分のみとし，より高次のモーメントは，結合した相手方の原子上の多極子で表されるよう，多重極展開の次数を制限することもある．多極子の部位点を選択するに際しては，局所多重極展開の位置が移動したとき，新たに得られる多重極展開式は，もはや省略級数にはならないことに留意されたい．級数の収束は，点Pと部位点Sの距離が小さければ小さいほど速やかである．そこで実際には，個々の局所多重極展開は，最も近い部位点へ移動させるか，あるいは，最も近い部位点が二つあり，互いに距離が等しいときには，それらの中間の位置へ移動させるといった方法がとられる．s関数とp関数しか含まない基底系を使用し，多極子の部位点を原子核に置いた場合には，多重極展開式の四極子項以降は一般に速やかに収束する．多極子自体は $ab\ initio$ 計算で使われる基底系に依存し，かなり変化する．しかし，多極子から導かれる電子的性質の変動は，通常あまり大きくない．

　分散多極子モデルは，孤立電子対やπ電子からもたらされる非球状の異方性効果を必然的に含んでいる．DMAアプローチは，もともとは，二原子や三原子からなる小分子を対象とした．しかしその後，核酸やペプチドのモデルの開発に利用され，199個の原子からなるウンデカペプチド，シクロスポリンのモデリングにもこの方法は適用された［71］．シクロスポリンの量子力学的計算では，使用した基底関数の数は1000個にも及んだ．しかし，力場への分散多極子モデルの組込みはまだあまり行われていない．それは，この種のモデルが多大な計算努力を要求するからであろう．分散多極子モデルにより原子に働く力を計算することは容易ではない．特に，核上にない多極子はトルクを生じるため，核に働く力を求めるにはさらに詳しい解析が必要である．

4.9.9　電荷モデルによる芳香環−芳香環相互作用の研究

　π系分子間の引力相互作用は，理論家や実験家にとって以前から格好の研究対象であった．このような系は，DNA塩基のスタッキング，結晶内部での芳香族分子の充填，タンパク質におけるアミノ酸側鎖間の相互作用などさまざまな現象に関与している．芳香族二量体は，T形構造から対面構造までさまざまな配向をとりうる（図4.23）．また，それらの配向の各々で，分子は互いの位置関係をさらにいろいろ変化させる．たとえば対面配置のとき，原子は重なり合うこともあれば，互い違いになることもある．また，T形構造では，ベンゼン分子は四極子モーメントに関し，最も有利な配向をとろうとする．

　Hunter & Saundersは，このような系の相互作用を説明するため，簡単なモデルを提案した［49］．彼らが説明したかったのは，ポルフィリンのような芳香族化合物の積層特性であった．これらの分子は，実験によると，図4.24に示したように中心を外れた積層配置をとる．Hunter & Saundersは，核だけでなく，各原子の真上と真下にも点電荷を置くことで，この現象が説明できると考えた．たとえばベンゼンでは，各炭素原子上に＋1の電荷が割り当てられ，

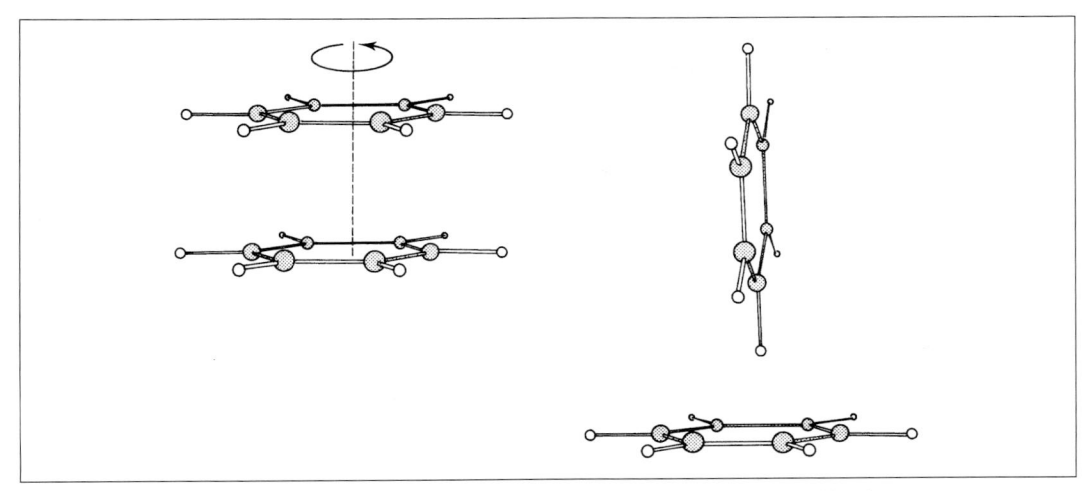

図 4.23 ベンゼン二量体における対面配置（左図）と T 形配置（右図）

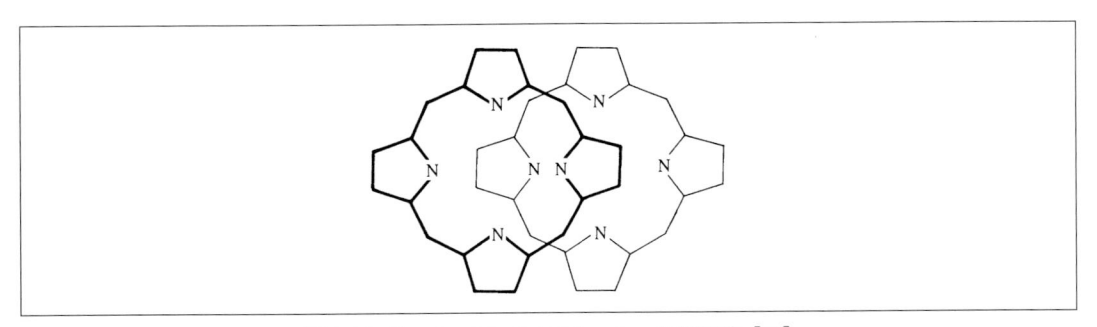

図 4.24 ポルフィリンのオフセット π 積層構造 [49]

さらに，その真上と真下にそれぞれ $-1/2$ の電荷が割り当てられる（図 4.25）。二分子間の静電相互作用は，クーロン則に従い，電荷-電荷相互作用を加え合わせる通常の方法で計算される。Hunter-Saunders アプローチの長所は，その計算が簡単な点にある。この方法は，広範な原子タイプを扱えるよう拡張され，さまざまな系に適用されている [94]。中でも，DNA のシミュレーションでの成功は特筆に値する [48,69]。ポルフィリンに関する Hunter & Saunders の研究成果は，次の三つの規則に要約される。

1. 対面構造では，$π$-$π$ 斥力が支配的である。
2. T 形構造では，$π$-$σ$ 引力が支配的である。
3. オフセット π 積層構造では，$π$-$σ$ 引力が支配的である。

点電荷，中心多極子，および分散多極子モデルを利用した芳香系相互作用の研究も報告されている。Fowler & Buckingham による sym-トリアジンと 1,3,5-トリフルオロベンゼンのホモ二量体の研究は，そのような例である（図 4.26）[36]。彼らの最大の関心事は，対面配置した環がねじれたとき，静電エネルギーがどのように変化するかを計算することであった。エネルギーモデルは一つの例外を除き，いずれもねじれ形配向がエネルギー的に安定であることを示唆し

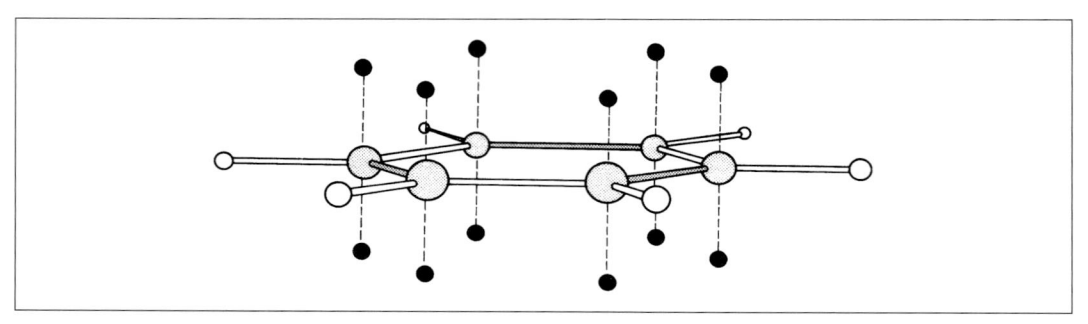

図 4.25 Hunter-Saunders によるベンゼンの異方性モデル [49]

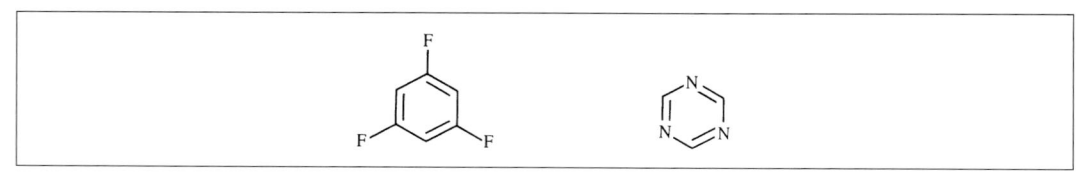

図 4.26 sym-トリアジンと 1,3,5-トリフルオロベンゼンの化学構造式

た．しかし，重なり形構造とねじれ形構造のエネルギー差は，モデルにより大きく異なった．中心多極子モデルは，収束が悪く役に立たなかった．点電荷モデルは三種類検討され，すべて妥当なエネルギー曲線を与えた．分散多極子モデルもまたうまく機能し，その結果は，最も正確な点電荷モデルのそれとよく一致した．

4.9.10 分極

電子的効果に関するこれまでの議論は，電荷分布の永久的な特徴のみを取り上げてきた．しかし，静電相互作用は，外場により引き起こされる分子や原子の電荷分布の変化——分極（polarisation）——によっても生じる．（近接分子からもたらされる）外部電場は分子内部に双極子を誘起する．誘起された双極子モーメントの大きさ $\boldsymbol{\mu}_{\mathrm{ind}}$ は，電場 $\mathbf{E}$ に比例する．

$$\boldsymbol{\mu}_{\mathrm{ind}} = \alpha \mathbf{E} \tag{4.51}$$

ここで，比例定数 α は分極率と呼ばれる．

誘起双極子 $\boldsymbol{\mu}_{\mathrm{ind}}$ と電場 $\mathbf{E}$ 間の相互作用エネルギー（誘起エネルギー）を求めるには，電場をゼロから $\mathbf{E}$ へ変化させたときなされる仕事量を計算すればよい．計算式は次の通りである．

$$\nu(\alpha, E) = -\int_0^E d\mathbf{E}\,\boldsymbol{\mu}_{\mathrm{ind}} = -\int_0^E d\mathbf{E}\,\alpha\mathbf{E} = -\frac{1}{2}\alpha E^2 \tag{4.52}$$

この誘起エネルギーは E^2 に比例するので，強い電場内では，その寄与は無視できない．四極子のような高次のモーメントも誘起されるが，本書では扱わない．

孤立原子の場合，分極率は等方性であり，電場内での原子の配向に依存しない．また，誘起双極子の方向は，式(4.51)に示されるように電場の方向と一致する．それに対し，分子の分極率は異方性であることが多い．これは，誘起双極子の配向が電場の方向と必ずしも一致しないことを

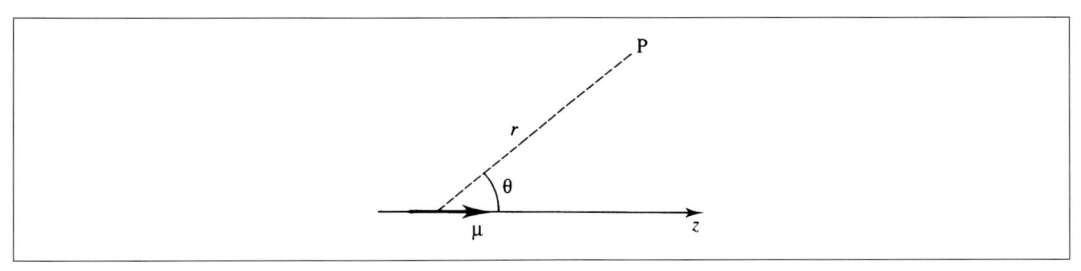

図 4.27 原点に置かれた双極子による点 P の電場

意味する．分子はしばしば等方的に分極した原子の集合体と見なされる．ただし小分子では，等方的に分極可能な単一の点として記述されることもある．

いま，z 軸に沿って配向した双極子 μ が作り出す電場を考える（図 4.27）．点 P での電場の大きさは，

$$E(r, \theta) = \frac{\mu\sqrt{1+3\cos^2\theta}}{4\pi\varepsilon_0 r^3} \tag{4.53}$$

したがって，点 P に分極率 α の別分子を置いたとき，電場との間で生じる誘起エネルギーは次式で与えられる．

$$v(r, \theta) = -\alpha\mu^2 \frac{1+3\cos^2\theta}{(4\pi\varepsilon_0 r^3)^2} \tag{4.54}$$

二つの永久双極子間の相互作用は，二つの双極子の相対的な配向によって変化するが，永久双極子と誘起双極子の間では，その相互作用は（向きを狂わせる）熱運動の影響を受けない．これは，分子衝突の結果として，分子がその配向を変えたとしても，誘起双極子は常に永久双極子と同じ方向を向くからである．

分極効果を記述する際，特に留意すべき点は，分子 A 上に誘起された双極子が，別の分子 B の電荷分布に影響を及ぼすと，分子 B 上にも双極子が誘起され，それが次に分子 A の電場に影響を及ぼすようになることである．他の分子が存在すれば，それらも当然相互作用に影響を及ぼす．たとえば，極性分子とそれに近接する分子の間の分極相互作用を考えてみよう（図 4.28）．第三の分子は後者の分子上の電場を減少させ，誘起エネルギーを低下させる．この種の三体効果は，分極性原子が極性基の近傍にあるとき特に大きい．分極は協同効果であり，それ自体，反復計算を必要とする一組の連成方程式で記述される．計算では，個々の誘起双極子は最初，ゼロと置かれた後，永久電荷（部分原子電荷）からその近似値が計算される．これらの誘起双極子によ

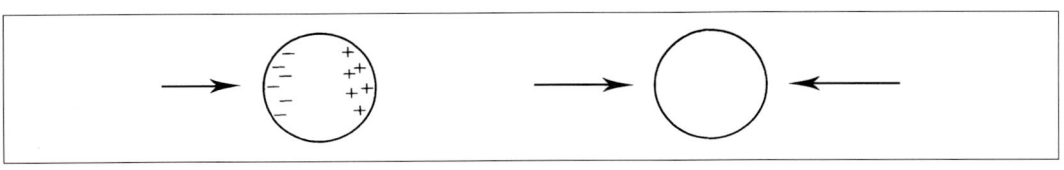

図 4.28 分極相互作用の多体効果．双極子と分極性分子間の分極相互作用は，第二の双極子が存在するとその影響を受ける．

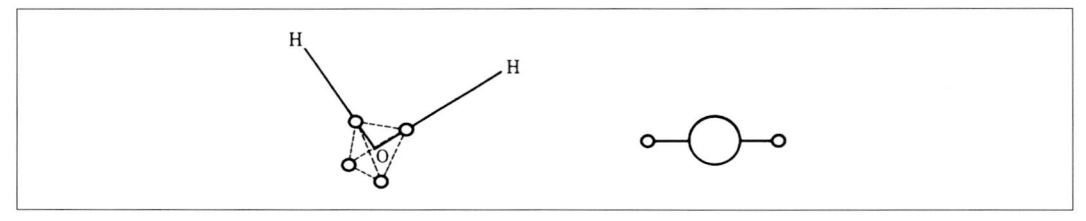

図 4.29 Sprik-Klein による水とイオンの分極モデル [84]

る電場は，次に永久電荷が作り出す電場へ加え合わされる．電場の値はこの操作により改善され，その値から新しい誘起双極子が計算される．操作は繰返し計算しても，誘起双極子の値が変化しなくなるまで続けられる．

分子力学力場へ分極効果を組み込む方法はいろいろ提案されている．一つのアプローチでは，分極効果は各原子上に誘起される双極子に基づき，原子レベルで記述される [28]．いま，原子 i 上に誘起される双極子を考えると，その大きさは次式で与えられる．

$$\boldsymbol{\mu}_{\mathrm{ind},i} = \alpha_i \mathbf{E}_i \tag{4.55}$$

ここで，α_i は原子分極率で，仮定により等方性である．α_i の値は系により異なる．原子 i での電場 $\mathbf{E}_i$ は，系内にある他原子の永久および誘起双極子による電場のベクトル和で与えられる．

$$\mathbf{E}_i = \sum_{j \neq i} \frac{q_j \mathbf{r}_{ij}}{r_{ij}^3} + \sum_{j \neq i} \frac{\boldsymbol{\mu}_j}{r_{ij}^3} \left(3\mathbf{r}_{ij} \frac{\mathbf{r}_{ij}}{r_{ij}^2} - 1 \right) \tag{4.56}$$

ここで，$\mathbf{r}_i$ と $\mathbf{r}_j$ は原子 i と j の位置ベクトルである．配置が逐次発生する分子動力学のような方法では，現在のステップで得られた誘起双極子は，次の配置の出発点として利用される．このようにすることで，これらの方程式は速やかに収束する．

分極効果を記述するもう一つ方法は，Sprik & Klein の水モデルである [83]．このモデルでは，値は変化してもよいが総和はゼロになる，密に配置された電荷の集合体を考え，それを分極中心と見なす．具体的には，図 4.29 に示したように，四面体状に配置された電荷を用いて分極中心を記述する．これらの電荷を使えば，どんな大きさと方向の誘起双極子モーメントでも作りうる．電荷は系の各配置に対して，反復計算から求められる．簡単なイオンの等方的な分極率もまた同様に取り扱える．この場合には，大きさが等しく反対の符号をもつ 2 個の電荷をイオンの両側に置けばよい．誘起双極子の方向は，2 個の分極電荷とイオンをつなぐ結合の方向を変えることで調整できる．Sprik & Klein はこのモデルのさらなる改良を試み，分極部位の点電荷をガウス型電荷分布に置き換えた．この改良モデルは，水素結合のような特徴に対して良好な結果を与えた．

そのほか魅力あるアプローチの一つに，Berne らの動的揺動電荷モデルがある [77]．この方法は，電気陰性度平準化アプローチを使用する点で，Rappé & Goddard の電荷平衡化法（4.9.6 項参照）と多くの共通点をもつ．電荷は分子動力学シミュレーションの際，原子核とともに揺動する変数と見なされる．これは，電荷がシミュレーションの進行に伴い，自然に進化していくことを意味する．すなわち，繰返しの各サイクルでその都度電荷を求める必要はない．こ

の揺動電荷モデルは分子内相互作用を含むので，従来のクーロン式 $1/r$ が使えない。電荷は，スレーター型s軌道から計算される電荷分布で置き換えられ，その相互作用はクーロン積分式から計算される。この積分式は，分子内寄与項を含む点を除けば，分子間相互作用に対する標準的なクーロン式と事実上同じものである。

この振動電荷モデルの特徴の一つは，従来の分極モデルに比べて計算努力が少なくてすむ点である。またこのモデルは，他のアプローチでは顕わに組み込む必要のある，高次の多極子項を潜在的に含んでいる。モデルでは，イオンは調和ばねで連結された（加え合わせると，イオンの電荷と一致する）2個の部分電荷で表される。ただし，これらの部分電荷のうち一方は，ばねが振動したとき，質量中心の近傍に留まるよう，他方に比べてはるかに大きな質量をもつ。このモデルは，純液体水［77］やアミドの溶媒和［76］のシミュレーション，水クラスターでの塩素イオンの水和に及ぼす分極率の効果［89］などの研究に利用される。これらの計算によれば，塩素イオンは，たとえクラスターが100個を越える水分子を含むとしても，そのクラスターの外側に位置する。この結果は，非分極性モデルを使った同等の計算によるそれと対照をなす。この差はおそらく，クラスターを構成する水分子の双極子強度の揺らぎに由来する。この揺らぎは結果として，水分子をより動きやすくする。

通常，分極効果は計算費用の関係から，（イオン溶液のシミュレーションのように）それらが有意な寄与をなす場合のみ計算に組み込まれる。これらの系は一般に，原子またはイオンと小分子から構成される。原子分極率を使用するに当たっては，留意すべき問題がある。たとえば，二原子分子を考えてみよう。外場は両方の原子に双極子を誘起する。一方の原子の双極子は，もう一方の原子付近の電場に摂動を加え，その誘起双極子に影響を及ぼす。しかしこのモデルは，二原子の電荷分布がつながっている事実をまったく考慮していない。このような理由と計算効率の観点から，水のような小分子は，分極効果の計算では通常，分極可能な単一点として扱われる。

4.9.11 溶媒誘電体モデル

静電的なエネルギー，ポテンシャルおよび力に関してこれまでに示された公式は，すべて自由空間での誘電率 ε_0 を含んでいた。それはもちろん，真空中で作用し合う分子種に対する値である。しかし時として，別の誘電体モデルで静電相互作用を表すことがある。このようなことは，溶媒分子を使わずに溶媒効果を表現したい場合によく行われる。溶媒は静電相互作用を弱める効果がある。この減衰効果は，最も簡単には，誘電率を大きくとることで計算に組み込める。具体的には，クーロン式に含まれる相対誘電率（$\varepsilon = \varepsilon_0 \varepsilon_r$）を適当な値に変更すればよい。また，それに代わるアプローチとして，荷電種間の距離に応じて誘電率を変える方法も考えられる。いわゆる距離依存型誘電体モデルである。このモデルでは，最も簡単には，相対誘電率は距離に比例するようにとられる。すなわち，二つの電荷 q_i と q_j の間の相互作用エネルギーは次式で与えられる。

$$v(r) = \frac{1}{4\pi\varepsilon_0} \frac{q_i q_j}{r^2} \tag{4.57}$$

簡単な距離依存型誘電体は物理的根拠がないので，それに代わるモデルがまったくない場合を

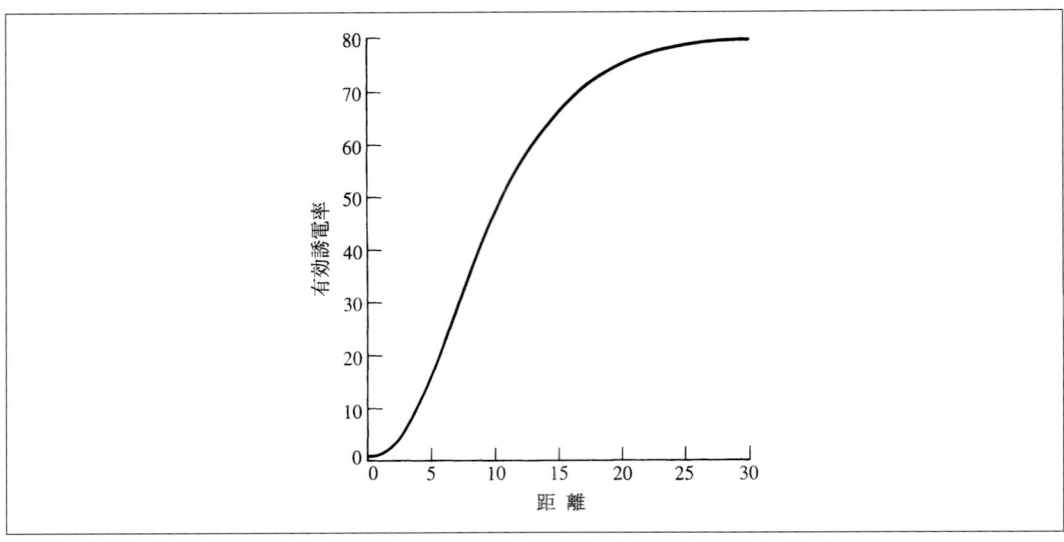

図 4.30 S字形誘電体モデルにおける距離と有効誘電率の関係。有効誘電率は距離が減少するにつれ、80 から 1 へ滑らかに変化する。

除き、一般には薦められない。さらに複雑な距離依存型関数もまた使われる。それらの多くはほぼS字形の曲線を与え、相対誘電率は近距離では小さく、距離が遠のくにつれて増大する。このような関数の一つを次に示す［81］。

$$\varepsilon_{\text{eff}}(r) = \varepsilon_r - \frac{\varepsilon_r - 1}{2}[(rS)^2 + 2rS + 2]e^{-rS} \tag{4.58}$$

ε_{eff} の値は（通常、0.15〜0.3Å^{-1}の値をとる）パラメータ S に依存し、距離がゼロのときの1から無限遠での ε_r（溶媒の体積誘電率）まで変化する（図4.30）。S字形関数は、単純な距離依存型誘電体モデルに比べて良い結果を与える。しかし、溶質分子が大きい場合、体積誘電率 ε_r に対して適切な値を設定することはむずかしい。2個の電荷を結ぶ最短距離が、図4.31に示すように、溶媒と溶質の両者を通る可能性があるからである。

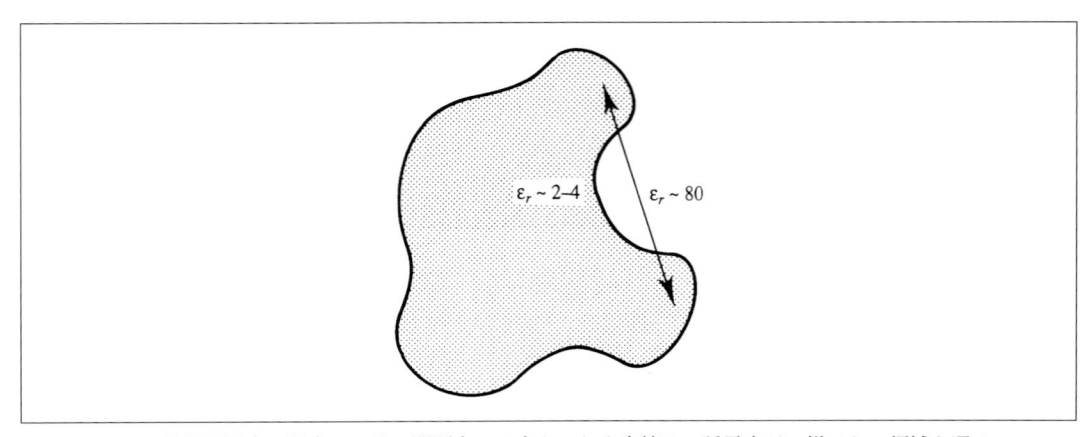

図 4.31 体積誘電率の選定における問題点。二点をつなぐ直線は、誘電率が一様でない領域を通る。

分極項は，溶質の溶媒和自由エネルギーへ主要な寄与をなす．溶媒を連続体として扱うモデルでも，この効果を組み込むためにさまざまな方法が工夫されてきた．これらの方法については，11.9～11.12節で詳しく取り上げる．

4.10　ファンデルワールス相互作用

系内の非結合相互作用は，静電相互作用ですべて説明できるわけではない．その一例は希ガス原子である．希ガス原子の多極子モーメントはすべてゼロである．したがって，双極子-双極子相互作用や双極子-誘起双極子相互作用は存在しない．しかし原子間には，ある種の相互作用が明らかに存在する．そうでなければ，なぜ希ガスは液相や固相を形成し，理想気体挙動からずれるのか．周知のように，理想気体挙動からのずれは van der Waals によって定量化された．そのため，このようなずれを引き起こす力は，しばしばファンデルワールス力と呼ばれる．

いま，分子線実験により，孤立した2個のアルゴン原子間の相互作用を観測したとしよう．相互作用エネルギーは，図4.32に示した通り，距離とともに変化する．他の希ガスも同様の挙動を示す．曲線がもつ主な特徴は次の通りである．(1) 相互作用エネルギーは無限遠でゼロになる．また，距離がある程度離れていれば，実際上ゼロに等しい．(2) 距離が近くなると，エネルギーは低下する．アルゴンでは，極小点はほぼ3.8Åの距離に現れる．(3) 距離がさらに近づくと，エネルギーは急激に増加する．

一方，原子間に働く力は，距離に関するポテンシャルエネルギーの一次微分に負号を付けたものに等しい．図4.32にはこの力の曲線もまた示されている．ファンデルワールス相互作用に関する証拠は，不完全気体，分子線，分光学，輸送特性の測定など，さまざまな実験から得られている．

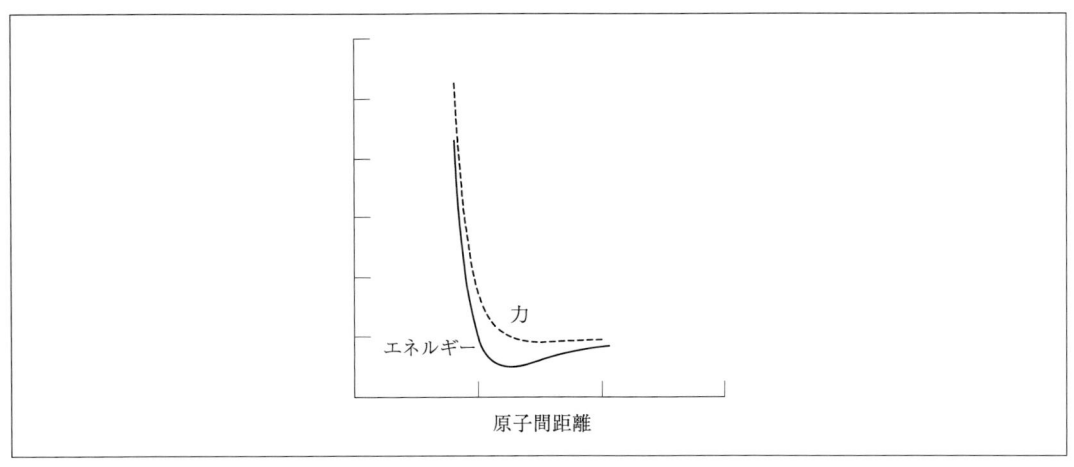

図4.32 2個のアルゴン原子間の相互作用エネルギーと力

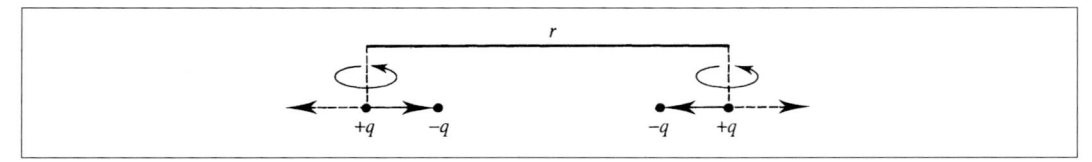

図4.33 分散相互作用のドルーデ・モデル [78]

4.10.1 分散相互作用

図4.32の曲線は，引力と斥力の均衡から生じる。引力は長距離力であるのに対し，斥力は短距離で作用する。引力は分散力（dispersive force）に起因する。量子力学を使って分散力を最初に説明したのはLondonである [58]。そのため，この相互作用はロンドン力とも呼ばれる。分散力は，電子雲の揺らぎから生じる瞬間的な双極子に由来する。分子内に生じた瞬間的な双極子は，次に隣接する原子に双極子を誘発し，求引的な誘起効果を引き起こす。

Drudeは，分散相互作用を説明する簡単なモデルを提案した。このモデルはそれぞれ2個の電荷$+q$と$-q$をもち，相互に距離rだけ離れた分子群から構成される。また，負の電荷は静止した正電荷のまわりをz軸に沿って角振動数ωで単振動している（図4.33）。いま，振動子に対する力の定数がk，振動する電荷の質量がmであるとすれば，孤立ドルーデ分子のポテンシャルエネルギーは$\frac{1}{2}kz^2$で与えられる。ここで，zは二電荷間の距離で，ωと力の定数kの間には，$\omega=\sqrt{k/m}$の関係がある。したがって，ドルーデ分子に対するシュレーディンガー方程式は次式で与えられる。

$$-\frac{\hbar^2}{2m}\frac{\partial^2 \psi}{\partial z^2}+\frac{1}{2}kz^2\psi=E\psi \tag{4.59}$$

これは，単振動子に対するシュレーディンガー方程式である。系のエネルギーは$E_\nu=(\nu+\frac{1}{2})\times\hbar\omega$で与えられ，零点エネルギーは$\frac{1}{2}\hbar\omega$である。

次に，第一の分子と同じく，z軸上に正電荷を置き，負電荷が振動する第二のドルーデ分子を導入する（図4.33）。二つの分子が無限に離れているとき，それらは相互作用しないので，系の基底状態全エネルギーは，単一分子の零点エネルギーのちょうど二倍（$\hbar\omega$）に等しい。しかし，（z軸に沿って）両分子が接近すると，二つの双極子間に相互作用が生じる。この相互作用のエネルギーはほぼ次式で与えられる（付録4.1参照）。

$$v(r)=-\frac{\alpha^2\hbar\omega}{2(4\pi\varepsilon_0)^2 r^6} \tag{4.60}$$

したがって，ドルーデ・モデルによれば，分散相互作用は$1/r^6$に比例して変化する。

二次元のドルーデ・モデルは三次元へ拡張することもできる。結果は次の通りである。

$$v(r)=-\frac{3\alpha^2\hbar\omega}{4(4\pi\varepsilon_0)^2 r^6} \tag{4.61}$$

ドルーデ・モデルで考慮されるのは，双極子-双極子相互作用だけである。もし，双極子-四極子，四極子-四極子などによる高次の相互作用項も二項展開に含めるならば，ドルーデ・モデルのエ

ネルギーは，より適切な次の級数展開形で表される。

$$\nu(r) = \frac{C_6}{r^6} + \frac{C_8}{r^8} + \frac{C_{10}}{r^{10}} + \cdots\cdots \tag{4.62}$$

ここで，係数 C_n はすべて負の値をとる。これは，相互作用が引力型であることを意味する。ドルーデ・モデルは簡単ではあるが，きわめて妥当な結果を与える。たとえばアルゴンの場合，C_6 項のみで計算された分散エネルギーは，厳密な値に比べて 25％ ほど小さいにすぎない。

4.10.2 斥力の寄与

アルゴン原子間では，距離が 3Å 以下の場合，距離がわずかに減少しても，エネルギーは大きく増加する。この現象は，系内の二電子がまったく同じ量子数をもつことは許されないとするパウリの原理によって説明できる。相互作用は同じスピンをもつ電子に由来し，短距離斥力は通常，交換力（exchange force）または重なり力と呼ばれる。交換力は，空間の同一領域（核間領域）を同じスピンをもつ電子が占めることを禁じ，それらの間に働くはずの静電的な反発を軽減させる。しかしその結果として，核間領域の電子密度が減少するため，遮蔽が不完全になった核の間で反発が生じる。相互作用エネルギーは，きわめて短い核間距離では，この核間反発により $1/r$ に比例して変化する。しかし，距離が離れるにつれ，エネルギーの減少は $\exp(-2r/a_0)$ のような指数関数に従うようになる。ここで，a_0 はボーア半径である。

4.10.3 ファンデルワールス相互作用のモデリング

原子や分子の間の分散相互作用と交換-反発相互作用は，量子力学的方法で計算できる。もっともこのような計算は，電子相関の評価に大基底系を必要とするため簡単ではない。それに対し，力場計算は迅速に計算できる簡単な経験式を使い，原子間ポテンシャル曲線（図 4.32）の正確な再現を試みる。迅速に評価可能な関数を必要とするのは，ファンデルワールス相互作用をきわめて多数含んだ系を扱うことが多いからである。最もよく知られたファンデルワールス・ポテンシャル関数は，レナード-ジョーンズ 12-6 関数である。この関数では，二原子間の相互作用は次式で与えられる。

$$\nu(r) = 4\varepsilon\left[\left(\frac{\sigma}{r}\right)^{12} - \left(\frac{\sigma}{r}\right)^6\right] \tag{4.63}$$

レナード-ジョーンズ 12-6 ポテンシャルは，調節可能なパラメータを二つ含む。衝突直径 σ（エネルギーがゼロとなる距離）と井戸の深さ ε である。これらのパラメータは，図で説明すれば図 4.34 のようになる。レナード-ジョーンズ式はまた，エネルギーが極小となる距離 r_m（または r^*）を使って表されることもある。この距離では，核間距離に関するエネルギーの一次微分はゼロになる（$\partial\nu/\partial r = 0$）。$r_m = 2^{1/6}\sigma$ であることは，この条件から容易に示される。したがって，レナード-ジョーンズ 12-6 ポテンシャル関数は，次のように書き直せる。

$$\nu(r) = \varepsilon\{(r_m/r)^{12} - 2(r_m/r)^6\} \tag{4.64}$$

または

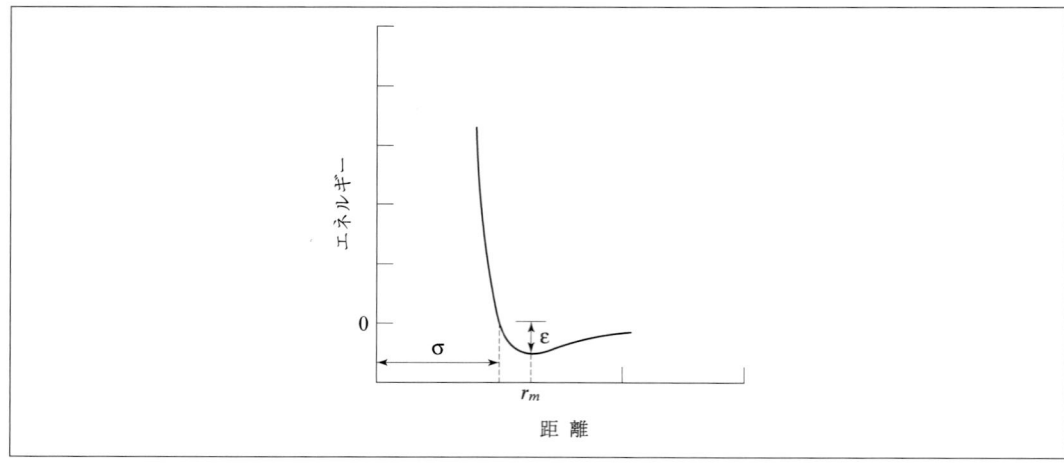

図 4.34 レナード-ジョーンズ・ポテンシャル

$$\nu(r) = A/r^{12} - C/r^6 \qquad (4.65)$$

ここで，A は εr_m^{12}（または $4\varepsilon\sigma^{12}$），C は $2\varepsilon r_m^6$（または $4\varepsilon\sigma^6$）にそれぞれ等しい。

　レナード-ジョーンズ・ポテンシャルは，r^{-6} に比例する引力項と r^{-12} に比例する斥力項から成り立つ。これらの二つの成分は，別々に切り離して表すと図 4.35 のようになる。r^{-6} という形は，ドルーデ・モデルのような分散エネルギーの理論的取扱いで現れる，級数展開式の第一項と同じべき乗則関係にある。しかし，斥力項の r^{-12} に対しては，この関数形を支持する強い理論的根拠は存在しない。ことに量子力学的計算では，支持されるのは指数関数形である。12 乗項は希ガスに対してこそ妥当であるが，炭化水素のような系に対しては，勾配があまりに急で妥当性を欠く。しかし，r^{-12} は r^{-6} を二乗するだけで簡単に計算できる。r^{-6} 項もまた，距離の平方から計算でき，時間のかかる平方根計算を必要としない。そのため，特に大きな分子系の計算では，この 6-12 ポテンシャルはいまなお広く利用される。ポテンシャルの斥力項に対しては，別

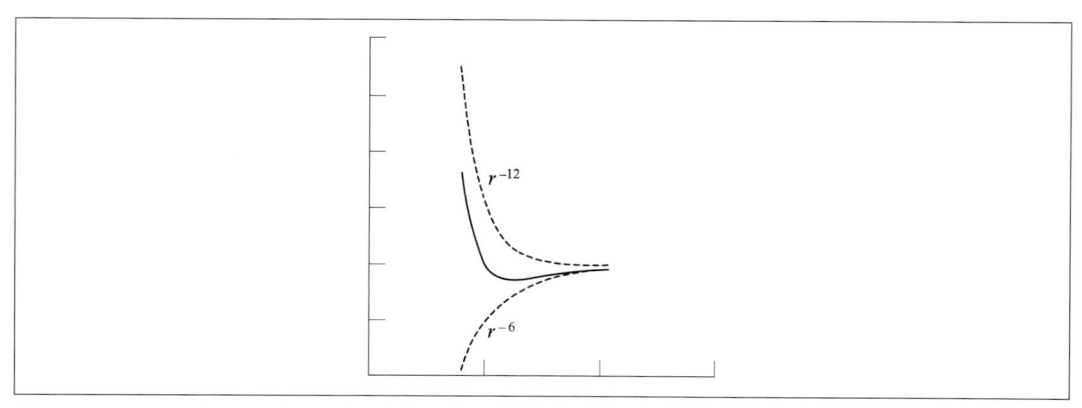

図 4.35 レナード-ジョーンズ・ポテンシャルの構成項。レナード-ジョーンズ・ポテンシャルは斥力項（$\propto r^{-12}$）と引力項（$\propto r^{-6}$）からなる。

のべき指数が使われることもある。よく使われる値は 9～10 である。これらのべき指数は勾配のより緩やかな曲線をもたらす。レナード-ジョーンズ・ポテンシャル関数の一般形は次の通りである。

$$\nu(r) = k\varepsilon \left[\left(\frac{\sigma}{r}\right)^n - \left(\frac{\sigma}{r}\right)^m \right]; \quad k = \frac{n}{n-m}\left(\frac{n}{m}\right)^{m/(n-m)} \tag{4.66}$$

ここで，$n=12$，$m=6$ と置けば，レナード-ジョーンズ 12-6 ポテンシャルになる。

Halgren は，分子力学計算に容易に組み込め，しかも，実験データを再現する能力の高い別の関数形を提案した［44-46］。それは，分光学者のやり方とは異なり，複雑さを導入することなく，レナード-ジョーンズ・ポテンシャルを改善する試みであった。そのポテンシャルは次の一般形で与えられる。

$$\nu(r) = \varepsilon_{ij}\left(\frac{1+\delta}{\rho_{ij}+\delta}\right)^{(n-m)}\left(\frac{1+\gamma}{\rho_{ij}^m+\gamma}-2\right) \tag{4.67}$$

ここで，$\rho_{ij} = r_{ij}/r_{ij}^*$ で，定数 δ と γ は原子 i と j の間のすべての相互作用へ適用される。パラメータの値を $n=12$，$m=6$，$\delta=\gamma=0$ とすれば，このポテンシャルは標準的なレナード-ジョーンズ 12-6 ポテンシャルと一致する。Halgren は，パラメータの値を $n=14$，$m=7$，$\delta=0.07$，$\gamma=0.1$ とする次の緩衝 14-7 ポテンシャルを提案した。

$$\nu(r) = \varepsilon_{ij}\left(\frac{1.07 r_{ij}^*}{r_{ij}+0.07 r_{ij}^*}\right)^7\left(\frac{1.12 r_{ij}^{*7}}{r_{ij}^7+0.12 r_{ij}^{*7}}\right) \tag{4.68}$$

この関数形が開発された理由は次の通りである。(1) 原子間距離がゼロに近づいたとき，ポテンシャルが（レナード-ジョーンズ関数のように無限ではなく）有限の値をとるようにする。(2) 分散相互作用の級数展開式(4.62)をより正確に再現する。(3) δ 値を大きくしたとき，ポテンシャルがゼロとなる距離やエネルギー極小点の深さは変わらず，反発成分のみが大きく減ずるようにする。この最後の性質は，粗い初期構造から出発して構造を最適化したい場合に役立つ。このような状況下では，他の関数形はうまく機能しない。

緩衝 14-7 ポテンシャルでは，原子 i のエネルギー極小距離 r_{ii}^* はその原子分極率に依存する。

$$r_{ii}^* = A_i \alpha_i^{1/4} \tag{4.69}$$

標準的なレナード-ジョーンズ式の r^{-12} 項を，理論的に見てより現実味のある指数関数式で置き換えた公式もいくつか提案されている。バッキンガム・ポテンシャルはそのような公式の一つである。

$$\nu(r) = \varepsilon\left[\frac{6}{\alpha-6}\exp[-\alpha(r/r_m-1)] - \frac{\alpha}{\alpha-6}\left(\frac{r_m}{r}\right)^6\right] \tag{4.70}$$

バッキンガム・ポテンシャルは，調節可能なパラメータ（ε，r_m および a）を三つ含む。a の値を 14～15 の範囲にとると，関数はエネルギー極小領域で，レナード-ジョーンズ 12-6 ポテンシャルによく似た曲線を与える。バッキンガム・ポテンシャルを使うに当たっては，距離がきわめて近くなると，ポテンシャルが著しく求引性になることに注意されたい（図 4.36）。これは，計算の間に核の融合が起こることを意味する。バッキンガム・ポテンシャルの計算プログラムは，

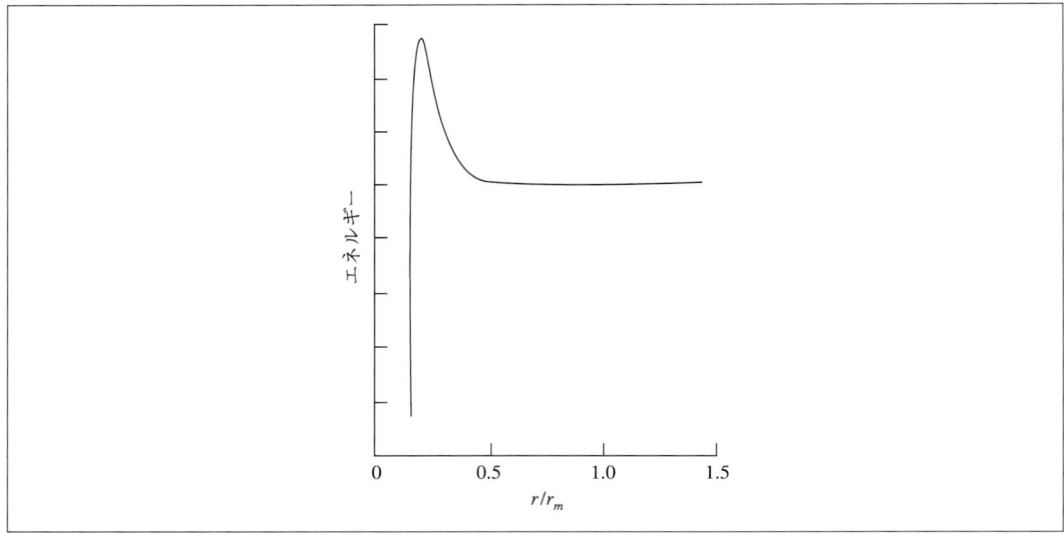

図 4.36 バッキンガム・ポテンシャルの弱点。バッキンガム・ポテンシャルは，距離が近づくと著しく求引性になる。

原子が互いにあまり近づきすぎないようチェックする機能を備えていなければならない。ヒル・ポテンシャルは，二つのパラメータ——極小エネルギー半径 r_m と井戸の深さ ε ——からなる指数関数-6 ポテンシャルで，次式で与えられる [47]．

$$v(r) = -2.25\varepsilon(r_m/r)^6 + 8.28\times10^5\varepsilon\exp(-r/0.0736r_m) \quad (4.71)$$

このポテンシャルは，レナード-ジョーンズ・パラメータをより現実的な指数関数項で置き換えることにより導かれた．式の係数——2.25，8.25×10⁵ および 0.0736——は，もともとは希ガスのデータに基づく値であるが，他の無極性気体へも適用される．モース・ポテンシャルもまた，適当なパラメータを伴い，ファンデルワールス相互作用の記述に使われることがある．

4.10.4 多原子系のファンデルワールス相互作用

分子間の相互作用エネルギーは，距離だけではなく，相互の配向やさらには配座にも依存する．二分子間のファンデルワールス相互作用は，一般に部位モデル（site model）を使って計算される．このモデルでは，全体の相互作用は二分子間のすべての部位対について，それらの相互作用を加え合わせることで算定される．部位は核の位置と一致することが多いが，必ずしもそうである必要はない．

多原子系では，さまざまな原子間でファンデルワールス相互作用を計算する必要がある．たとえば，2部位モデルを使って2個の一酸化炭素分子間のレナード-ジョーンズ相互作用エネルギーを計算する場合，炭素-炭素相互作用や酸素-酸素相互作用はもちろん，炭素-酸素相互作用に対するパラメータも要求される．一般に，N 種類の原子からなる系では，異種原子間の相互作用を計算するため，$N(N-1)/2$ 組のパラメータが必要である．ファンデルワールス・パラメータを求める作業は，めんどうで時間を要する．そのため，交差相互作用のパラメータは通常，混

合則（mixing rule）に基づき，純原子のパラメータから算定される。一般に使われるローレンツ-ベルトロー混合則では，A－B相互作用の衝突直径 σ_{AB} は，純原子種 A，B に対する値の算術平均，井戸の深さ ε_{AB} は幾何平均にそれぞれ等しいと置かれる。

$$\sigma_{AB} = \frac{1}{2}(\sigma_{AA} + \sigma_{BB}) \tag{4.72}$$

$$\varepsilon_{AB} = \sqrt{\varepsilon_{AA}\varepsilon_{BB}} \tag{4.73}$$

また，極小エネルギー距離（r^* または r_m）に関しては，次式が成立する。

$$r_{AB}^* = R_{AA}^* + R_{BB}^* \tag{4.74}$$

ここで，R_{AA}^* と R_{BB}^* は原子パラメータであり，それらの値はそれぞれ r_{AA}^* と r_{BB}^* の 1/2 に等しい。

ローレンツ-ベルトロー混合則は，よく似た分子種へ適用したとき特に良い結果を与える。主な短所は，井戸の深さが過大に見積もられる点である。成分原子に対する値の幾何平均をとり，それを混合相互作用の衝突直径とする力場もある。Jorgensen の OPLS 力場はこのカテゴリーに属する［53］。

緩衝 14-7 関数形では，より手の込んだ混合則が使われる。

$$r_{ij}^* = \frac{(r_{ii}^{*3} + r_{jj}^{*3})}{(r_{ii}^{*2} + r_{jj}^{*2})} \tag{4.75}$$

式(4.75)は算術平均則と一見よく似ている。しかし，個々の r_{ii}^* はその値の平方を掛け，重みづけされる。また，井戸の深さの算定には，分散相互作用の級数展開式の係数 C_6 に対して，Slater & Kirkwood が提案した次式が出発点として利用される。

$$C_{6ij} = \frac{3}{2} \frac{\alpha_i \alpha_j}{(\alpha_i/N_i)^{1/2} + (\alpha_j/N_j)^{1/2}} = \frac{2\alpha_i\alpha_j}{\alpha_i^2 C_{ijj} + \alpha_j^2 C_{6ii}} \tag{4.76}$$

ここで，N は有効電子数，a は原子分極率を表す。右端の公式は次の関係を使って誘導される。

$$N_i = 16 C_{6ii}^2 / 9 \alpha_i^3 \tag{4.77}$$

このようにして導かれた井戸の深さ ε は，次式で与えられる。

$$\varepsilon_{ij} = \frac{1}{2} \frac{kG_iG_jC_{6ij}}{r_{ij}^{*6}} = \frac{181.16 G_i G_j \alpha_i \alpha_j}{(\alpha_i/N_i)^{1/2} + (\alpha_i/N_i)^{1/2}} \frac{1}{r_{ij}^{*6}} \tag{4.78}$$

ここで，k は距離を Å，分極率を Å^3 で表したとき，単位を kcal/mol へ変換するための換算係数である。また，G_i と G_j は定数で，原子分極率の値は（モル屈折のような）適当な分子実験データから得られる。

力場によっては，相互作用部位は原子核の位置と一致しないこともある。たとえば，MM2/MM3/MM4 プログラムの場合，炭素に結合した水素原子のファンデルワールス中心は核の位置と一致せず，結合に沿って炭素原子の方へ約 10 ％ずれている。これは，酸素やフッ素，特に水素のような小さな原子では，まわりの電子分布が球状にならないことと関係がある。水素原子では，電子は隣接原子との結合に関与しており，ファンデルワールス相互作用に寄与する余分の電子は存在しない。力場によっては，特定の原子上に孤立電子対を配するものもある。このよう

な力場は，独自のファンデルワールス・パラメータや静電パラメータを使用する。

　3個の結合で隔てられた原子間（1,4-原子間）のファンデルワールス相互作用や静電相互作用は，通常，他の非結合相互作用とは区別して扱われる。1,4-原子間の相互作用はねじれポテンシャルを介し，中央の結合のまわりの回転障壁の一因となる。これらの1,4-非結合相互作用は，経験的な係数を掛けてスケールダウンされることも多い。たとえば，1984 AMBER力場では，静電項とファンデルワールス項の両者に対して 2.0，1995 AMBER力場では，静電項に対して 1/1.2 のスケール因子がそれぞれ使われる。1,4-相互作用をスケールダウンしなければならない理由は次の通りである。(1) r^{-12}反発項は，（より正確な指数関数項に比べて）勾配が急で，その使用に伴う誤差は 1,4-原子間で最大となる。(2) 1,4-原子の両端が互いに近づくと，相互作用を減らすよう，結合に沿った電荷の再分布が起こる。このような電荷の再分布は，二原子がそれぞれ別の分子に属するならば，距離が同じであっても起こることはない。

　ファンデルワールス相互作用のパラメータは，さまざまな方法で算定される。初期の力場では，これらのパラメータは多くの場合，結晶の充塡状態の解析から求められた。このような研究が目標としたのは，実測構造や昇華熱のような熱力学的性質ができる限り正確に再現できるファンデルワールス・パラメータ群を作り出すことであった。最近は，液体シミュレーションを利用し，ファンデルワールス・パラメータを求める力場も出現している。このシミュレーションでは，パラメータは液体の密度や気化エンタルピーといった一連の熱力学的性質が再現できるよう最適化される。

4.10.5　換算単位

　レナード-ジョーンズ・ポテンシャルは，二つのパラメータ，εとσによって完全に規定される。このことは，たとえば，液体アルゴンに対する計算結果が他の希ガスへ容易に変換できることを意味する。シミュレーションは通常，εとσがいずれも1となる換算単位を用いて行われる。得られた結果は，換算単位を元の単位に戻せば，他のいかなる希ガス系にも当てはまる。たとえば，換算密度 ρ^* は真の密度 ρ と $\rho^* = \rho\sigma^3$ の関係にあり，換算エネルギー E^* は真のエネルギー E と $E^* = E/\varepsilon$ の関係にある。クーロン則による静電相互作用もまた，各電荷を $\sqrt{4\pi\varepsilon_0}$ で割った換算単位で表されることが多い。このような変形は，クーロン式をより扱いやすくする。

$$v(q_1, q_2) = q_1 q_2 / r_{12} \quad \text{または} \quad v(q_1, q_2) = q_1 q_2 / \varepsilon_r r_{12} \tag{4.79}$$

4.11　経験的ポテンシャルにおける多体問題

　これまで考察してきた静電エネルギーとファンデルワールス・エネルギーは，相互作用する部位対ごとに計算される。したがって，単純に考えれば，全非結合相互作用エネルギーを求めるには，系内のすべての部位対について相互作用エネルギーを計算し，それらを加え合わせればよい。しかし，二分子間の相互作用は，第三，第四，…の分子が存在すると，その影響を受けて変化する。たとえば，三分子A，B，Cの間の相互作用エネルギーは，一般に二体相互作用エネルギー

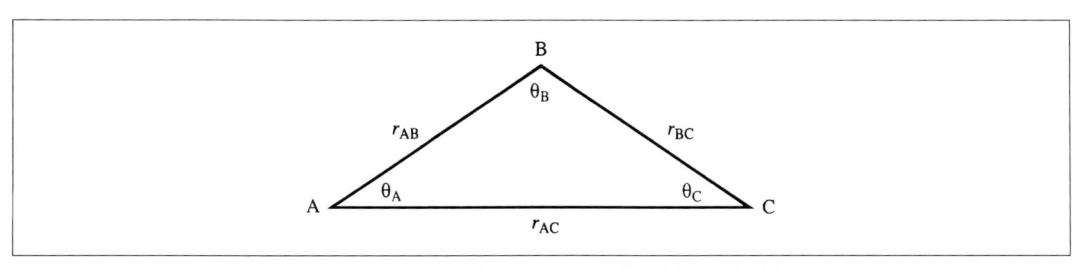

図 4.37 Axilrod-Teller による三体分散相互作用の計算

の単なる和ではない（$\nu(A,B,C) \neq \nu(A,B) + \nu(A,C) + \nu(B,C)$）。この非二体相互作用については，分極相互作用の自己無撞着計算を説明した 4.9.10 項ですでに取り上げた。

三体効果は分散相互作用に有意な影響を及ぼす。たとえば，結晶性アルゴンの格子エネルギーの約 10 ％はこの効果で説明される。きわめて厳密な研究を行おうとすれば，4 個以上の原子による相互作用も考慮しなければならない。しかし，このような相互作用は通常，無視できるほど小さい。二体相互作用と三体相互作用を含むポテンシャルは，次の一般形で表される。

$$V(\mathbf{r}^N) = \sum_{i=1}^{N}\sum_{j=i+1}^{N} \nu^{(2)}(r_{ij}) + \sum_{i=1}^{N}\sum_{j=i+1}^{N}\sum_{k=j+1}^{N} \nu^{(3)}(r_{ij}, r_{ik}, r_{jk}) \tag{4.80}$$

Axilrod-Teller は三体分散相互作用を検討し，主要項が次式で与えられることを示した。

$$\nu^{(3)}(r_{AB}, r_{AC}, r_{BC}) = \nu_{A,B,C} \frac{3\cos\theta_A \cos\theta_B \cos\theta_C}{(r_{AB}r_{AC}r_{BC})^3} \tag{4.81}$$

ここで，r_{AB}, r_{AC}, r_{BC} は三角形の三辺の長さ，θ_A, θ_B, θ_C は三角形の内部角を表す（図 4.37）。また，$\nu_{A,B,C}$ は三分子 A，B，C に固有の定数である。もし，A，B，C が同じ分子種に属すれば，$\nu_{A,B,C}$ とレナード-ジョーンズ係数 C_6，分極率 α の間に，ほぼ次の関係式が成立する。

$$\nu_{A,B,C} = -\frac{3\alpha C_6}{4(4\pi\varepsilon_0)} \tag{4.82}$$

Axilrod-Teller 項は，（三重双極子補正項とも呼ばれ）三分子が直線状に並んでいるとき，相互作用を増強するが，分子が正三角形をなしていれば，相互作用を逆に弱める。これは，直線配置が電子運動の相関を高めるのに対し，等辺配置は相関を低下させることによる。

三体相互作用はまた，$\nu^{(3)}(r_{AB}, r_{AC}, r_{BC}) = K_{A,B,C}\{\exp(-\alpha r_{AB})\exp(-\beta r_{AC})\exp(-\gamma r_{BC})\}$ の形で表されることもある。ここで，K, α, β, γ は，原子 A，B，C の間の相互作用を記述する定数である。このような関数形は，イオンの近傍に水分子が 2 個存在し，分極のみでは配置を正しく記述できないイオン-水系のシミュレーションで利用される［61］。三体交換反発項が計算されるのは，構成種が互いに接近したイオン-水-水三量体に対してである。

モデルに三体項を含めると，計算時間は大幅に増加する。簡単な二体モデルを使用した場合でも，非結合相互作用の計算は大変な計算努力を要求する。結合，結合角およびねじれ角の数は，系の構成原子数（N）に比例して増加するが，非結合相互作用項の増加は N^2 に比例する。また，対ポテンシャルの計算が必要な二体相互作用の数は，$N(N-1)/2$ 個あるが，もし三体効果を考

慮するならば，さらに $N(N-1)(N-2)/6$ 個の相互作用項が付け加わる．たとえば，1,000 個の原子からなる系では，499,500 個の二体相互作用と 166,167,000 個の三体相互作用が存在する．一般に，三体項の数は二体項のそれの約 $N/3$ 倍になる．三体相互作用の計算を避けるのが望ましい理由は，以上の議論から明らかであろう．

4.12 有効対ポテンシャル

　幸いにも多体効果の大部分は，適切なパラメトリゼーションを介して二体モデルへ組み込むことができる．分子モデリングで最もよく使われる対ポテンシャルは，有効対ポテンシャルである．このポテンシャルは，多体効果を加味したパラメトリゼーションがなされている．したがって，それが表すものは，孤立した二粒子間の単なる相互作用エネルギーではない．分極効果もまた，静電相互作用を誇張すれば，力場へ組み込むことができる．この組込みは，具体的には，孤立分子のそれに比べて大きな部分電荷を割り当てることで達成される．このような措置を施された分子は，孤立状態に比べて大きな多極子モーメントをもつ．たとえば，単一水分子の双極子モーメントは 1.85 D であるが，液体水を表すモデルでは，その双極子モーメントは単一水分子のそれに比べてかなり大きく，実験値 2.6 D に近い値をとる．

　アルゴンに対する Barker-Fisher-Watts ポテンシャルは，多体項を含んだポテンシャルとして特に名高い［11］．このポテンシャルは，対ポテンシャルと Axilrod-Teller 三体ポテンシャルを組み合わせた形をもつ．対ポテンシャルは，次の形をとる二つのポテンシャルの一次結合で与えられる．

$$\nu^*(r^*) = e^{\alpha(1-r^*)}[A_0 + A_1(r^*-1) + A_2(r^*-1)^2 + A_3(r^*-1)^3 + A_4(r^*-1)^4 + A_5(r^*-1)^5]$$
$$+ \frac{C_6}{\delta + r^{*6}} + \frac{C_8}{\delta + r^{*8}} + \frac{C_{10}}{\delta + r^{*10}}$$

(4.83)

このポテンシャル関数は，11 個の定数——α，$A_0 \cdots\cdots A_5$，C_6，C_8，C_{10} および δ ——を含む．関数は r^* を変数とし，r^* はポテンシャルが極小となる距離を r_m としたとき，$r^* = r/r_\mathrm{m}$ で与えられる．距離 r の関数としての真の相互作用エネルギーは，$\nu^*(r^*)$ にポテンシャル井戸の深さ ε を掛けることで得られる．

$$\nu(r) = \varepsilon \nu^*(r^*)$$

(4.84)

アルゴンについて，レナード-ジョーンズ・ポテンシャルと Barker-Fisher-Watts 対ポテンシャルを比較した結果を，図 4.38 に示す．

4.13 分子力学における水素結合

　ある種の力場では，水素結合した原子間のレナード-ジョーンズ 6-12 ポテンシャル項は，顕わな形の水素結合項で置き換えられる．この水素結合項は，通常，レナード-ジョーンズ 10-12 ポ

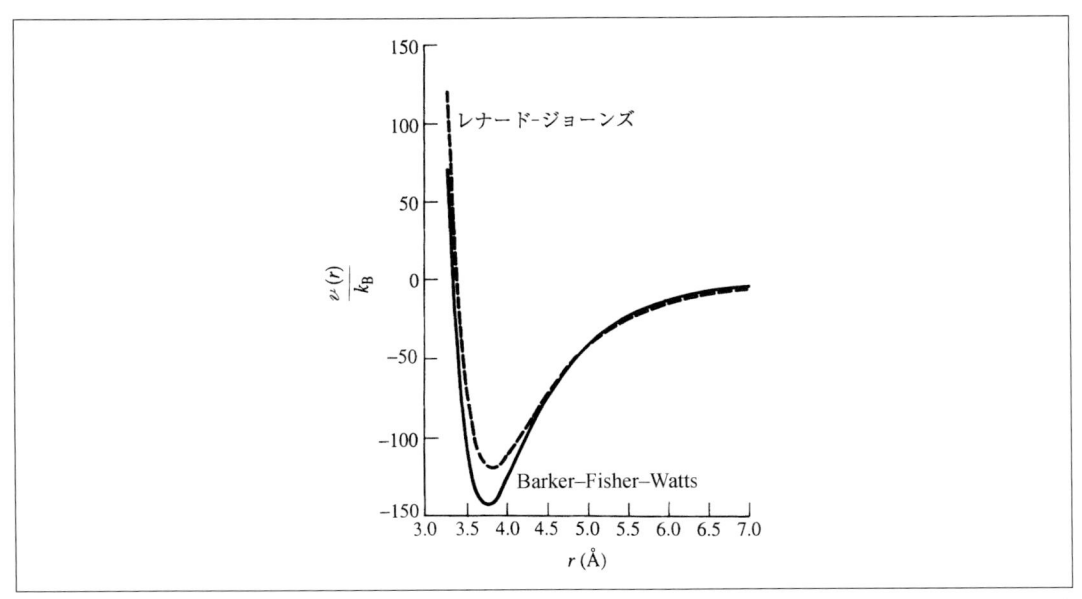

図 4.38 アルゴンにおけるレナード-ジョーンズ・ポテンシャルと Barker-Fisher-Watts 対ポテンシャルの比較 (k_B：ボルツマン定数)

テンシャルで記述される。

$$\nu(r) = \frac{A}{r^{12}} - \frac{C}{r^{10}} \tag{4.85}$$

この関数は，ドナー水素原子と水素受容性ヘテロ原子の相互作用を表すのに使われる。その目的は，水素結合構造の予測精度を改善することにある。標準的な水素結合構造からのずれを考慮し，水素原子だけでなく，その供与体や受容体の座標にも依存する，複雑な水素結合関数を組み込んだ力場も提案されている。たとえば YETI 力場は，水素結合項として次式を使用する [93]。

$$\nu_{HB} = \left(\frac{A}{r_{H\cdots Acc}^{12}} - \frac{C}{r_{H\cdots Acc}^{10}} \right) \cos^2 \theta_{Don\cdots H\cdots Acc} \cos^4 \omega_{H\cdots Acc-LP} \tag{4.86}$$

式(4.86)によれば，エネルギーは水素原子から受容体までの距離 r，供与体の N−H 結合と水素結合がなす角 θ，水素結合と受容体の孤立電子対がなす角 ω の三つの変数に依存する（図4.39）。

タンパク質結合部位内部のエネルギー的に有利な領域を探索するのに使われる GRID プログラムは，方向依存的な次の 6-4 関数を採用している [40]。

$$\nu_{HB} = \left(\frac{C}{d^6} - \frac{D}{d^4} \right) \cos^m \theta \tag{4.87}$$

ここで，θ は水素結合の角度を表し，m は通常 4 と置かれる。

もちろん，すべての力場がこのように顕わな形で水素結合項を含むわけではない。現状ではほとんどの場合，水素結合は，静電相互作用とファンデルワールス相互作用で記述される。

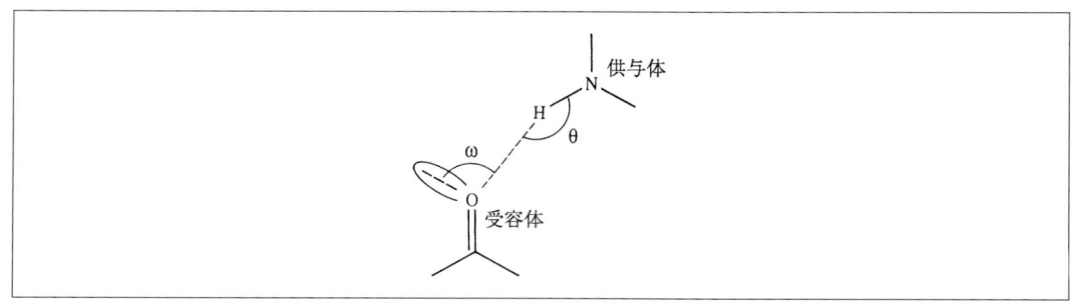

図 4.39　YETI 力場における水素結合配置の定義

4.14　力場モデルによる液体水のシミュレーション

　これまで考察してきた概念の多くは，水の経験的モデルを使って説明できる．水は，その大きさが小さいにもかかわらず，さまざまな力場モデルを検証する際の範例となりうる．また，その性質の多くは，コンピュータ・シミュレーションから簡単に求まり，比較できる実験データも豊富である．水は，正確なモデリングを試みる上で，最も魅力ある系の一つと言えよう．水のモデルはこれまでに数多く提案されてきた．溶質分子のまわりには，厖大な数の水分子が存在する．そのため，モデルを使って系のエネルギーを計算する場合，その計算効率がしばしば問題になる．液体水のシミュレーションでは，一般に，三体項や分極効果を顕わに含まない有効対ポテンシャルが使用される．

　水モデルは便宜上，三つのタイプに分類される．第一は，簡単な相互作用部位モデルである．このモデルでは，個々の水分子は硬い構造を保持し，分子間の二体相互作用はクーロン式とレナード-ジョーンズ式で記述される．また第二は，水分子の配座変化を許容する可撓モデルであり，第三は，分極効果や多体効果を顕わに考慮したモデルである．

4.14.1　単純水モデル

　単純水モデルは，水が硬い構造をもつものとし，3〜5 個の相互作用部位を想定する．たとえば，TIP3P モデル [51] と SPC モデル [14] は，静電相互作用に対して全部で三つの部位を使用する．水素原子の部分正電荷は，酸素原子の負電荷と正確に釣り合っている．また，二水分子間のファンデルワールス相互作用は，酸素原子に中心を置く，1 分子当たり 1 個の相互作用部位を考え，レナード-ジョーンズ関数を使って計算される．水素原子が関与するファンデルワールス相互作用は計算されない．TIP3P モデルと SPC モデルでは，水分子の構造，水素の電荷およびレナード-ジョーンズ・パラメータに関して少し違いがある．表 4.3 はこれらの相違点をまとめたものである．表には，SPC モデルの改訂版，SPC/E モデル [15] に関するデータも含めてある．Bernal-Fowler モデル [16]——現在ほとんど使われないが，1933 年に提案されたという点で歴史的意義をもつ——や Jorgensen の TIP4P モデル [51] のような 4 部位モデルでは，

表 4.3 さまざまな水モデルの比較 [51]。ST 2 ポテンシャルの場合，$q(M)$ は酸素原子から 0.8 Å の距離にある孤立電子対(lp)の電荷を表す（図 4.40 参照）。

	SPC	SPC/E	TIP3P	BF	TIP4P	ST2
$r(OH)$, Å	1.0	1.0	0.9572	0.96	0.9572	1.0
HOH, deg	109.47	109.47	104.52	105.7	104.52	109.47
$A \times 10^{-3}$, kcal Å^{12}/mol	629.4	629.4	582.0	560.4	600.0	238.7
C, kcal Å^6/mol	625.5	625.5	595.0	837.0	610.0	268.9
$q(O)$	−0.82	−0.8472	−0.834	0.0	0.0	0.0
$q(H)$	0.41	0.4238	0.417	0.49	0.52	0.2375
$q(M)$	0.0	0.0	0.0	−0.98	−1.04	−0.2375
$r(OM)$, Å	0.0	0.0	0.0	0.15	0.15	0.8

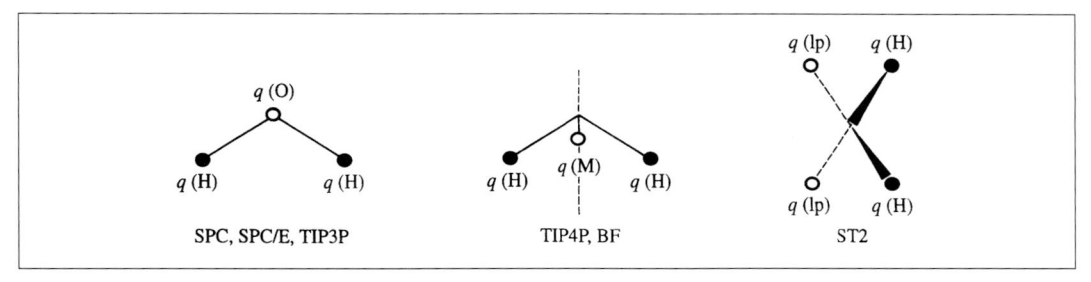

図 4.40 単純水モデルで使われる電荷配置 [51]（表 4.3 参照）

負電荷の位置は，酸素原子から HOH 角の二等分線に沿って水素原子の方へずれている（図 4.40）。表 4.3 には，これらのモデルに対するパラメータもまた示されている。5 部位モデルのうち最もよく使われるのは，Stillinger-Rahman の ST 2 ポテンシャルである [85]。このモデルでは，電荷は水素原子上と酸素の 2 個の孤立電子対上に置かれる。また，静電寄与は，酸素-酸素距離が 2.016 Å 以下のときゼロ，3.1287 Å 以上のとき完全値をとり，2.016 Å から 3.1287 Å の範囲では，その値は 0.0 から 1.0 まで滑らかに変化する関数を使って調整される（6.7.3 項参照）。

気相での水分子の双極子モーメントの実測値は 1.85 D である。上述の単純モデルから計算された水分子の双極子モーメントは，それよりも有意に大きく，たとえば，SPC モデルでは 2.27 D，TIP4P モデルでは 2.18 D になる。これらの値は，液体水の有効双極子モーメント 2.6 D にむしろ近い。したがって，上述のモデルはすべて有効対モデルである。単純水モデルのパラメトリゼーションは，通常，分子動力学やモンテカルロ・シミュレーションでさまざまな性質を計算し，それらが適当な水準で実験値と一致するまでパラメータを調整する方法で行われる。パラメトリゼーションで通常使われるのは，密度，動径分布関数，気化エンタルピー，熱容量，拡散係数，誘電率*といった熱力学的および構造的性質である。密度や気化エンタルピーのような性質は，どのモデルでもかなりうまく予測される。しかし，誘電率のような性質は，モデルによる変動がかなり大きい [51]。モデルの比較に当たっては，計算時間の問題も無視できない。たとえ

---

* これらの性質のシミュレーションについては，6.2 節で取り上げる。

ば，3部位モデルを使って水二量体を計算する場合，9個の部位間距離を計算する必要があり，その数は，4部位モデルでは10個，ST2モデルでは17個に増える。

水の剛体モデルは，明らかに現実の粗い近似でしかない。このことは，モデルからまったく予測できない性質もありうることを意味する。たとえば振動スペクトルは，分子の可撓性（flexibility）を考慮して初めて計算できる。可撓性は，最も簡単には，剛体モデルのポテンシャル関数へ結合伸縮項や変角項を「接ぎ木」することで組み込める。ただし，このようなアプローチは慎重になされなければならない。たとえば，Ferguson は，SPC モデルに依拠した水分子の可撓モデルを開発した [34]。このモデルの部分電荷とファンデルワールス・パラメータは，剛体モデルのそれとは少し異なる。また，可撓性を実現するため，三次調和結合伸縮項や調和変角項が考慮される。計算結果は，誘電率や自己拡散係数など，広い範囲の熱力学的および構造的性質に対して実験値とよく一致する。

4.14.2 分極水モデル

単純水モデルは，純液体水の諸性質をきわめてうまく説明する。しかし，高い精度が要求される研究で使うモデルとしては，必ずしも適当でない。イオンによる強い電場勾配が存在する不均一系や，溶質-溶媒界面を扱う場合には特にそうである。これらの状況下では，分極効果と三体項を顕わに考慮したモデルが使われなければならない。分極項を考慮することで，他の相（固相，気相）や相界面での水の挙動を再現するモデルの能力も向上する。このようなモデルでは，孤立水分子の双極子モーメントは，液体水での有効値ではなく気相値に近い値になる。分極項を組み込むには，最も簡単には，等方的な分子分極率を付け加えればよい。原子中心分極率や可変電荷を使う方法もある。分極項の追加は，液体シミュレーションに必要な計算時間を大幅に増加させる。しかも，有効対ポテンシャルによる通常のモデルと比べたとき，必ずしも良い結果が得られるわけではない。分極効果を議論した 4.9.10 項では，分極水モデルのいくつかに対しすでに考察を加えた。Barnes, Finney, Nicholas & Quinn の研究は，このような効果を水モデルへ組み込もうとした初期の試みの一つである [12]。彼らは，水の電荷分布を記述するのに，1.855 D の双極子と，孤立分子の量子力学的計算から求めた四極子モーメントからなる多極展開式を用いた。分極効果は，等方性分子分極率を使い，まわりの分子の双極子や四極子が作り出す電場から算定された。モデルはまた，球対称なレナード-ジョーンズ関数を使用した。

最近の動向として，TIP4P と SPC の両モデルに基づく揺動電荷モデルを使用した研究も報告されている [77]。このモデルでは，電荷は（非分極モデルとは対照的に）気相分子の双極子モーメントが正しく再現されるように設定される。TIP4P モデルは，さまざまな性質に対して SPC モデルよりも良い結果を与える。特にうまく再現されるのは，（近接分子に囲まれた水分子の並進運動に伴う誘電スペクトルなどの）誘電的性質である。これは固定電荷モデルにはない特長である。揺動電荷モデルはこのように高い性能をもつ。にもかかわらず，その計算費用は固定電荷モデルのそれの 1.1 倍程度ですむ。

4.14.3 水の ab initio ポテンシャル

第三の水モデルは ab initio ポテンシャルを使用する．このモデルは，水分子の小クラスターに対する ab initio 量子力学計算に基礎を置く．二分子ポテンシャルを分極項と組み合わせる Nieser, Corongiu & Clementi の NCC モデルは，その代表例である [67]．Nieser らは，三体効果や四体効果も顕わな形で組み込むことを試みたが，計算費用がかかりすぎ，実現にはいたらなかった．二体モデルは TIP4P モデルと同様，水素原子に局在する正電荷と，HOH 角の二等分線上に置かれた補償負電荷を考える．使用される方程式は次の通りである．

$$\begin{aligned}
V_{\text{two-body}} = & q^2 \left(\frac{1}{R_{13}} + \frac{1}{R_{14}} + \frac{1}{R_{23}} + \frac{1}{R_{24}} \right) \\
& + \frac{4q^2}{R_{78}} - 2q^2 \left(\frac{1}{R_{81}} + \frac{1}{R_{82}} + \frac{1}{R_{73}} + \frac{1}{R_{74}} \right) \\
& + A_{\text{OO}} e^{-B_{\text{OO}} R_{56}} + A_{\text{HH}} (e^{-B_{\text{HH}} R_{13}} + e^{-B_{\text{HH}} R_{14}} + e^{-B_{\text{HH}} R_{23}} + e^{-B_{\text{HH}} R_{24}}) \\
& + A_{\text{OH}} (e^{-B_{\text{OH}} R_{53}} + e^{-B_{\text{OH}} R_{54}} + e^{-B_{\text{OH}} R_{61}} + e^{-B_{\text{OH}} R_{62}}) \\
& - A'_{\text{OH}} (e^{-B'_{\text{OH}} R_{53}} + e^{-B'_{\text{OH}} R_{54}} + e^{-B'_{\text{OH}} R_{61}} + e^{-B'_{\text{OH}} R_{62}}) \\
& + A_{\text{PH}} (e^{-B_{\text{PH}} R_{73}} + e^{-B_{\text{PH}} R_{74}} + e^{-B_{\text{PH}} R_{81}} + e^{-B_{\text{PH}} R_{82}}) \\
& + A_{\text{PO}} (e^{-B_{\text{PO}} R_{76}} + e^{-B_{\text{PO}} R_{85}})
\end{aligned} \tag{4.88}$$

ここで，点 P は負電荷が置かれた位置を表す（図 4.41 では，点 7, 8 がそれに相当する）．また，A_{PH} と A_{PO} は近距離でのモデルの性能を高めるのに必要である．q は水素原子の電荷である．分極項は O-H 結合に沿った誘起双極子を使い，反復法で計算される．NCC モデルのパラメトリゼーションは，大基底系を使用した高水準 ab initio 計算から得られた三量体配置 250 種と二量体配置 350 種のデータに基づいた．ちなみに，水の三量体データは多体パラメータ（点電荷と誘起双極子モーメントの位置，分極率，水素電荷），二量体データはその他の諸項を当てはめるのにそれぞれ使われた．

元の NCC ポテンシャルは，水を剛体と見なして導かれたが，水二量体や液体水の実験データも高い精度で再現する．水を非剛体として扱うポテンシャルもまた開発されている [26]．この場合，エネルギーは次のような三つの内部座標（2 結合長，1 結合角）からなる，たかだか四次項までの関数で表される．

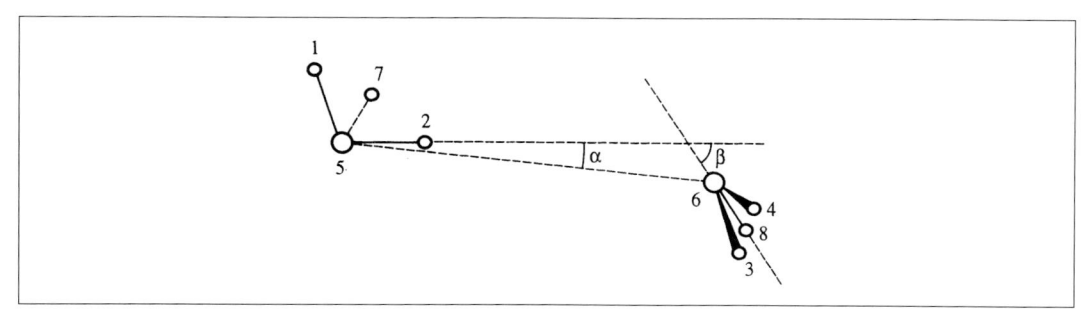

図 4.41 水の NCC モデル [26]

$$\begin{aligned}
V_{\text{intra}} = &\frac{1}{2} f_{RR}(\delta_1{}^2 + \delta_2{}^2) + \frac{1}{2} f_{\theta\theta}(\delta_3{}^2) + f_{RR'}\delta_1\delta_2 + f_{R\theta}(\delta_1 + \delta_2)\delta_3 \\
&+ \frac{1}{R_e}[f_{RRR}(\delta_1{}^3 + \delta_2{}^3) + f_{\theta\theta\theta}\delta_3{}^3 + f_{RRR'}(\delta_1 + \delta_2)\delta_1\delta_2 \\
&\quad + f_{RR\theta}(\delta_1{}^2 + \delta_2{}^2)\delta_3 + f_{RR'\theta}\delta_1\delta_2\delta_3 + f_{R\theta\theta}(\delta_1 + \delta_2)\delta_3{}^2] \\
&+ \frac{1}{R_e{}^2}[f_{RRRR}(\delta_1{}^4 + \delta_2{}^4) + f_{\theta\theta\theta\theta}\delta_3{}^4 + f_{RRRR'}(\delta_1{}^2 + \delta_2{}^2)\delta_1\delta_2 \\
&\quad + f_{RRR'R'}\delta_1{}^2\delta_2{}^2 + f_{RRR\theta}(\delta_1{}^3 + \delta_2{}^3)\delta_3] \\
&+ \frac{1}{R_e{}^2}[f_{RRR'\theta}(\delta_1 + \delta_2)\delta_1\delta_2\delta_3 + f_{RR\theta\theta}(\delta_1{}^2 + \delta_2{}^2)\delta_3{}^2 \\
&\quad + f_{RR'\theta\theta}\delta_1\delta_2\delta_3 + f_{R\theta\theta\theta}(\delta_1 + \delta_2)\delta_3{}^2]
\end{aligned} \quad (4.89)$$

ここで，$\delta_1 = R_1 - R_e$，$\delta_2 = R_2 - R_e$ および $\delta_3 = R_e(\theta - \theta_e)$ である。

NCC モデルの関数形は，わずか三原子からなる分子に対してもこのように長くなる。経験的モデルがいかに複雑であるかは，このことからも実感できよう。*ab initio* 量子力学データから経験的モデルを誘導するこのアプローチは，すでによく確立されており，その利用は今後さらに広がるものと予想される。

4.15 融合原子力場と簡約表現

これまでの議論では，系の原子はすべて顕わな形でモデルに組み込まれていた。しかし，非結合相互作用の数は，存在する相互作用部位の数の二乗に比例して増加するので，もし部位の数を減せるならば，それに越したことはない。この数の減少は，最も簡単には，特定の原子種（通常，水素原子）を，それが結合している原子と合体させることで実現できる。たとえば，メチル基は 1 個の擬原子（融合原子）と見なされる。ファンデルワールス・パラメータと静電パラメータもまた，隣り合う水素原子を考慮に入れて修正される。この操作で計算費用はかなり節減できる。たとえば，ブタンを，14 原子からなる分子ではなく 4 部位モデルとして扱えば，二ブタン分子間のファンデルワールス相互作用の計算に必要な項数は 196 から 16 へ減少する。他の炭化水素もまた，しばしば融合原子モデルで記述される。タンパク質に関する初期の計算の多くは，融合原子モデルを使って行われた。ただしこの場合，タンパク質の水素原子は，すべて隣接原子へ融合されたわけではない。融合されたのは，炭素原子へ結合した水素原子だけであった。窒素や酸素のような極性原子へ結合した水素原子は，水素結合相互作用に関与しうるので，顕わな形で記述した方がはるかに良い結果が得られる。

融合原子力場の欠点の一つは，計算の間にキラル中心が反転する可能性があることである。この問題が最初に明らかになったのは，タンパク質の融合原子力場においてであった。ペプチド単位の α 炭素（図 4.42 の C_α）は，水素原子と側鎖に結合している（ただし，グリシンとプロリンは少し様子が異なる；10.1 節参照）。融合原子力場モデルは，顕わな形で α 水素を考慮しない。そのため，α 炭素の立体化学は計算の間に反転する恐れがある。天然アミノ酸は，（図 4.42

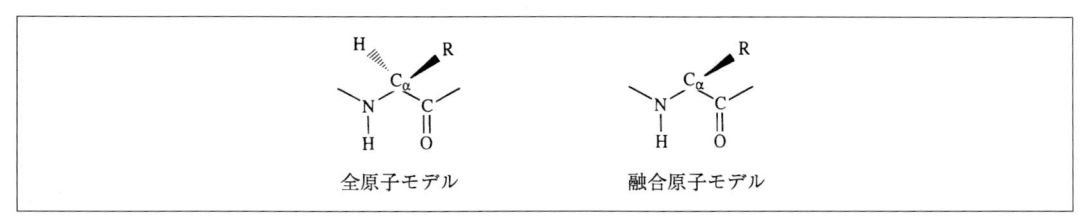

図 4.42 天然アミノ酸の表し方

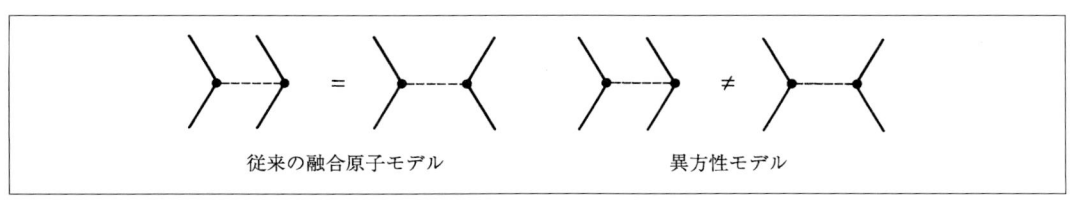

図 4.43 融合原子モデルと Toxvaerd の異方性モデル．2 種の配置の相互作用エネルギーは，従来の融合原子モデルでは等しくなるが，Toxvaerd の異方性モデルでは等しくならない [92]．

に示すように）すべて同じ立体化学（L 型）をもつから，このようなことは起きてはならない．キラル中心の反転は，広義ねじれ角（N–C–C$_\alpha$–R）を使い，側鎖を正しい相対位置に保つようにすれば避けられる．

　融合原子力場では，融合原子のファンデルワールス中心は通常，重原子（非水素原子）の核位置に置かれる．たとえば，CH$_3$ 基や CH$_2$ 基の場合，ファンデルワールス中心は炭素原子の核位置と一致する．しかし，水素原子の存在を反映させたければ，炭素原子から少し外れた位置に，ファンデルワールス中心を置いた方が望ましい．Toxvaerd はそのような改良型モデルを開発した [92]．このモデルはアルカンに対し，特に高温でのシミュレーションで，簡単な融合原子モデルよりも良い結果を与える．Toxvaerd はこのモデルで，相互作用部位を CH$_2$ 基や CH$_3$ 基の重心に置いた．これらの部位間では，力は（CH$_2$ 基では 14，CH$_3$ 基では 15 の質量をもつ）融合原子の重心に作用する．相互作用部位はなお炭素原子上にあるが，その位置はもはや原子核の位置と一致しない．そのため，質量に作用する力の計算は一段複雑になる．しかし，計算費用はほとんど変わらない．このような異方性ポテンシャルを使うことの効果は，たとえば，図 4.43 に示したメチレン単位の 2 種の配置を考えれば理解できよう．融合原子モデルでは，二つの配置は同じエネルギーと力をもつ．しかし，Toxvaerd の異方性ポテンシャルではこのことはもはや成り立たない．

4.15.1 その他の簡易モデル

　ある種の力場モデルでは，融合原子よりもさらに簡単な表現が使われ，原子団が相互作用の単位となる．たとえばベンゼン環は，適当なパラメータをもつ 1 個の点と見なされる．

　このようなモデルは，現実の分子といかなるつながりもない．しかし，簡単であるため，他の方法では実現できない大規模な計算を可能にする．高分子の研究で使われる力場は，8.6 節で述

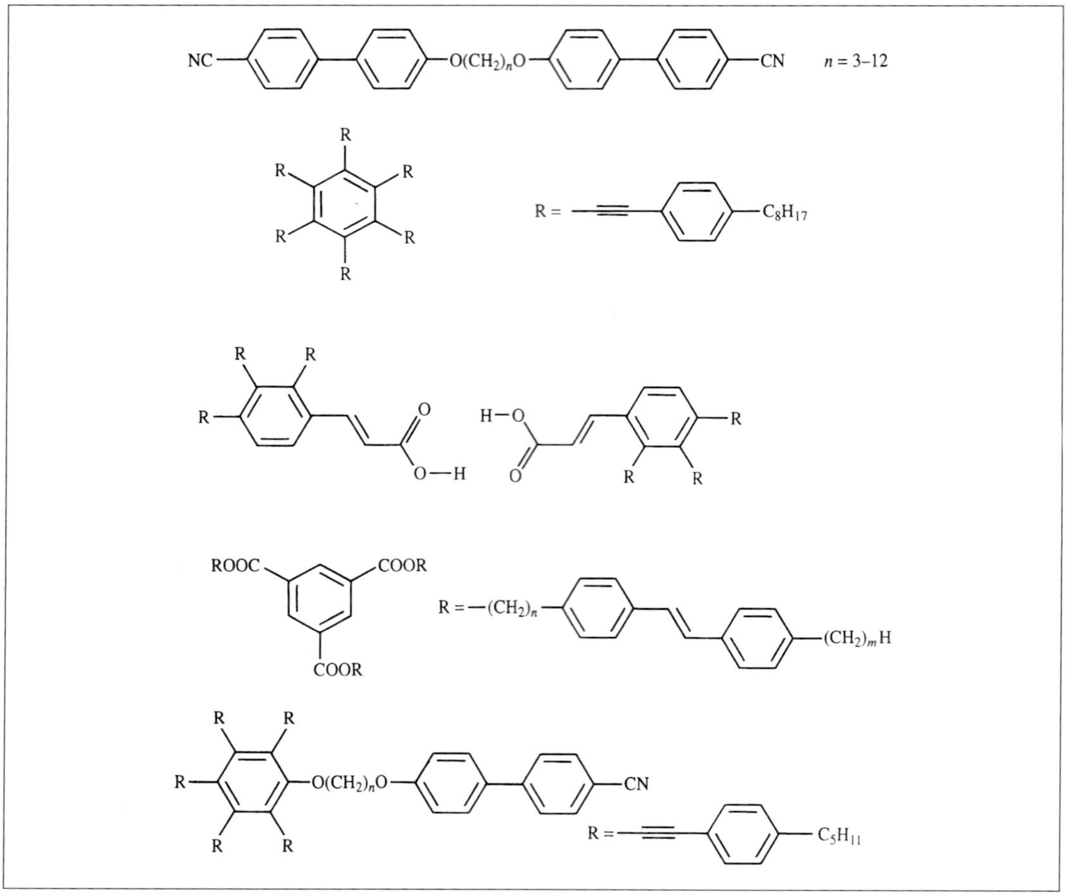

図 4.44 代表的な液晶分子

べるように，このようなモデルであふれている．液晶の研究もこのようなモデルが広く使われる領域の一つである．液晶は，少なくとも一次元の秩序ある分子配向をとる．液晶挙動を示す分子の多くは棒状である．しかし，円板状の分子もまた液晶相を形成する．図 4.44 に，このような挙動を示す代表的な分子のいくつかを示す．液晶状態では，棒状分子は長軸をほぼ同じ方向へ向けて配列する．液晶の研究には非常に簡単なコンピュータモデルが使われる．これらのモデルは，分子の集団に対する大規模なシミュレーションを可能にする．Gay-Berne ポテンシャルはこのような簡易モデルの一つである [39]．このモデルによれば，二粒子間の異方性相互作用は次式で表される．

$$\nu(r_{ij}) = 4\varepsilon(\hat{\mathbf{u}}_i, \hat{\mathbf{u}}_j, \hat{\mathbf{r}}) \left\{ \left[\frac{\sigma_0}{r_{ij} - \sigma(\hat{\mathbf{u}}_i, \hat{\mathbf{u}}_j, \hat{\mathbf{r}}) + \sigma_0} \right]^{12} - \left[\frac{\sigma_s}{r_{ij} - \sigma(\hat{\mathbf{u}}_i, \hat{\mathbf{u}}_j, \hat{\mathbf{r}}) + \sigma_s} \right]^{6} \right\} \tag{4.90}$$

ここで $\hat{\mathbf{u}}_i$ と $\hat{\mathbf{u}}_j$ は，それぞれ分子 i と j の配向を記述する単位ベクトルであり，$\hat{\mathbf{r}}$ は，それらの中心を結ぶ直線に沿った単位ベクトルである（図 4.45）．分子は，二つのサイズパラメータ，σ_s と σ_e で規定される楕円体と見なされる．ただし σ_e と σ_s は，楕円体がそれぞれ直列と並列に並んだ

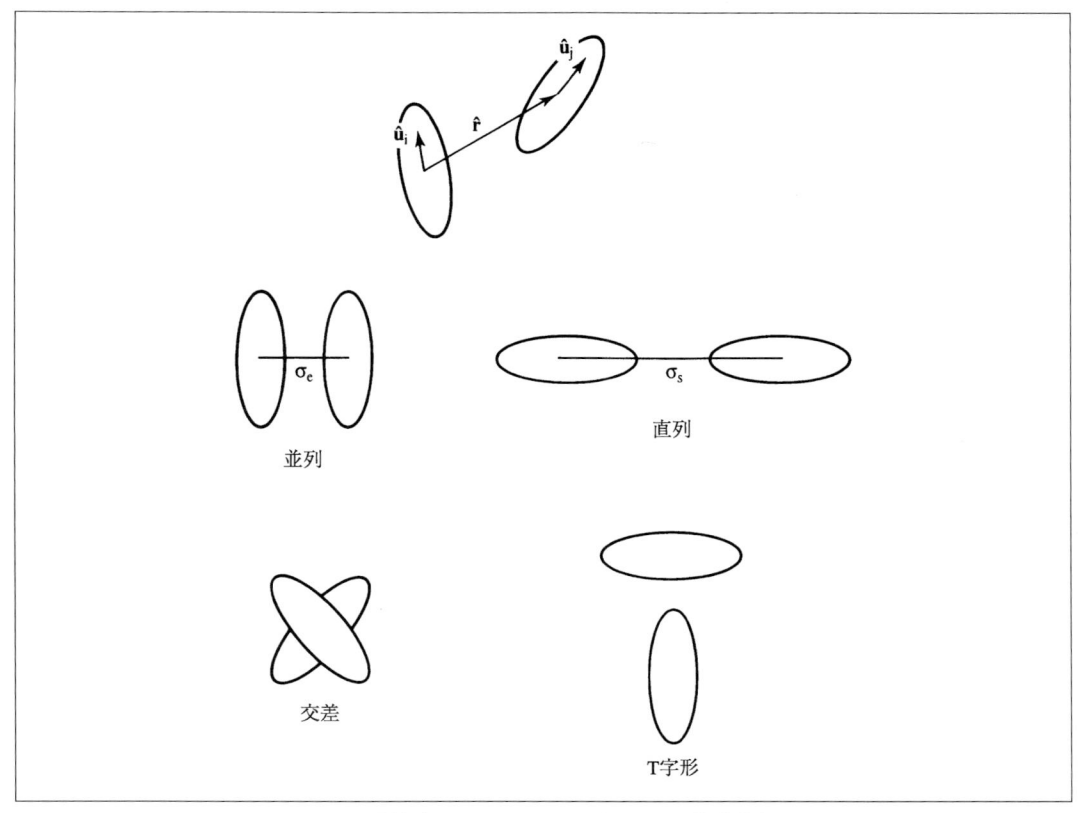

図 4.45 液晶系の Gay-Berne モデルとその代表的配置

状態で，ポテンシャルの引力項と斥力項が釣り合ったときの距離である．これらはパラメータ σ を介してポテンシャルへ組み込まれる．

$$\sigma(\hat{\mathbf{u}}_i,\ \hat{\mathbf{u}}_j,\ \hat{\mathbf{r}}) = \sigma_0 \left\{ 1 - \frac{\chi}{2} \left[\frac{(\hat{\mathbf{u}}_i \cdot \hat{\mathbf{r}} + \hat{\mathbf{u}}_j \cdot \hat{\mathbf{r}})^2}{1 + \chi(\hat{\mathbf{u}}_i \cdot \hat{\mathbf{u}}_j)} + \frac{(\hat{\mathbf{u}}_i \cdot \hat{\mathbf{r}} - \hat{\mathbf{u}}_j \cdot \hat{\mathbf{r}})^2}{1 - \chi(\hat{\mathbf{u}}_i \cdot \hat{\mathbf{u}}_j)} \right] \right\}^{-1/2} \tag{4.91}$$

ここで，

$$\chi = \frac{(\sigma_e/\sigma_s)^2 - 1}{(\sigma_e/\sigma_s)^2 + 1} \tag{4.92}$$

χ は形状異方性パラメータであり，球状粒子ではゼロ，無限に長い棒では 1，無限に薄い円板では -1 の値をとる．σ_0 は一般に σ_s に等しい．

次式で表されるエネルギー項もまた配向に依存する．

$$\varepsilon(\hat{\mathbf{u}}_i,\ \hat{\mathbf{u}}_j,\ \hat{\mathbf{r}}) = \varepsilon_0 \varepsilon'^{\mu}(\hat{\mathbf{u}}_i,\ \hat{\mathbf{u}}_j,\ \hat{\mathbf{r}}) \varepsilon^{\nu}(\hat{\mathbf{u}}_i,\ \hat{\mathbf{u}}_j) \tag{4.93}$$

ここで，

$$\varepsilon(\hat{\mathbf{u}}_i,\ \hat{\mathbf{u}}_j) = [1 - \chi^2 (\hat{\mathbf{u}}_i \cdot \hat{\mathbf{u}}_j)^2]^{-1/2}$$

$$\varepsilon'(\hat{\mathbf{u}}_i,\ \hat{\mathbf{u}}_j,\ \hat{\mathbf{r}}) = \left\{ 1 - \frac{\chi'}{2} \left[\frac{(\hat{\mathbf{u}}_i \cdot \hat{\mathbf{r}} + \hat{\mathbf{u}}_j \cdot \hat{\mathbf{r}})^2}{1 + \chi'(\hat{\mathbf{u}}_i \cdot \hat{\mathbf{u}}_j)} + \frac{(\hat{\mathbf{u}}_i \cdot \hat{\mathbf{r}} - \hat{\mathbf{u}}_j \cdot \hat{\mathbf{r}})^2}{1 - \chi'(\hat{\mathbf{u}}_i \cdot \hat{\mathbf{u}}_j)} \right] \right\} \tag{4.94}$$

χ' は，引力の異方性を測る尺度である．

$$\chi' = \frac{1-(\varepsilon_e/\varepsilon_s)^{1/\mu}}{(\varepsilon_e/\varepsilon_s)^{1/\mu}+1} \tag{4.95}$$

ここで，ε_e は楕円体の直列配置で，引力と斥力が釣り合ったときの井戸の深さを表す．また，ε_s は並列配置での対応値である（図4.45）．

Gay-Berne ポテンシャルはかなり複雑である．しかし，パラメータの数が比較的少ないため，意味の解釈は容易である．パラメータが変化したときの効果は，配向を並列，直列，交差，T字に分けて考えると理解しやすい（図4.45）．たとえば交差構造では，井戸の深さ $\varepsilon(\hat{\mathbf{u}}_i, \hat{\mathbf{u}}_j, \hat{\mathbf{r}})$ と距離 $\sigma(\hat{\mathbf{u}}_i, \hat{\mathbf{u}}_j, \hat{\mathbf{r}})$ は，χ や χ' に依存しない．また，直列配置と並列配置の井戸の深さの比は，$\varepsilon_e/\varepsilon_s$ で与えられる．指数 μ と ν は調節可能なパラメータである．それらの値を得るには，レナード-ジョーンズ粒子の配列へ Gay-Berne 関数を当てはめればよい．たとえば，Luckhurst, Stevens & Phippen は，レナード-ジョーンズ粒子4個の直線配列へ Gay-Berne 関数を当てはめ，μ と ν の値としてそれぞれ 2 と 1 を得た [59]．

Gay-Berne ポテンシャルを使ったシミュレーションは，選んだパラメータに応じ，液晶物質に典型的な挙動を示す．また，ポテンシャルを変更すれば，どの項が液晶の性質に影響を及ぼし，どのような分子を作れば，目的の性質が得られるかを予測できる．

4.16　分子力学エネルギー関数の微分

力場を使う分子モデリング手法の多くは，座標に関するエネルギーの微分，すなわち力の計算を必要とする．この計算に当たっては，（数値微分に比べ正確かつ迅速に計算できる）解析関数が利用できるとよい．分子力学エネルギーは，通常，系の内部座標——結合長，結合角，ねじれ角など——と，原子間距離——非結合相互作用の場合——を組み合わせた関数で記述される．分子力学では，（内部座標がよく使われる量子力学と異なり）原子の位置は常に直交座標で表される．また，原子座標に関する微分の計算は，通常，連鎖律の適用を必要とする．たとえば，（レナード-ジョーンズ・ポテンシャル，クーロン静電相互作用，結合伸縮項のような）二原子間の距離に依存するエネルギー関数の場合，次の関係式が成り立つ．

$$r_{ij} = \sqrt{(x_i-x_j)^2+(y_i-y_j)^2+(z_i-z_j)^2} \tag{4.96}$$

$$\frac{\partial \nu}{\partial x_i} = \frac{\partial \nu}{\partial r_{ij}} \frac{\partial r_{ij}}{\partial x_i} \tag{4.97}$$

$$\frac{\partial r_{ij}}{\partial x_i} = \frac{(x_i-x_j)}{r_{ij}} \tag{4.98}$$

レナード-ジョーンズ・ポテンシャルでは，

$$\frac{\partial \nu}{\partial r_{ij}} = \frac{24\varepsilon}{r_{ij}}\left[-2\left(\frac{\sigma}{r_{ij}}\right)^{12}+\left(\frac{\sigma}{r_{ij}}\right)^6\right] \tag{4.99}$$

したがって，原子 j との相互作用により原子 i に作用する x 方向の力は，

$$\mathbf{f}_{xi} = (\mathbf{x}_i - \mathbf{x}_j) \frac{24\varepsilon}{r_{ij}^2} \left[2\left(\frac{\sigma}{r_{ij}}\right)^{12} - \left(\frac{\sigma}{r_{ij}}\right)^6 \right] \tag{4.100}$$

力場を構成する他の諸項を微分する場合も通常，解析関数が利用できる [68]。ただし，新しい関数形を使う場合には，式を一から誘導する必要がある。

4.17 力場を使用した熱力学的性質の計算

　分子力学プログラムは，系のいかなる配置や配座に対してもエネルギー値を返してくる。この値は，正式には立体エネルギーと呼ばれる。それは，結合長，結合角，ねじれ角，非結合距離に歪みのない仮想分子のそれをゼロとしたときの系のエネルギーを表す。系のさまざまな配置や配座の相対エネルギーを計算する際，ゼロ点での実際の値は分からなくてもよい。

　分子力学は生成熱の計算に利用できる。しかしそのためには，結合の生成エネルギーを立体エネルギーに付け加える必要がある。このような結合エネルギーは，一般に，生成熱の実測値への当てはめから得られ，力場へは経験的パラメータとして追加される。分子力学から予測される生成熱の精度は，しばしば実験値のそれに匹敵する。与えられた構造に対する立体エネルギーは，使用した力場によりかなり変動する。しかし，（パラメトリゼーションが適切になされた力場であれば）生成熱の変動は立体エネルギーのそれに比べてはるかに小さい。

　分子力学計算から得られる第三のエネルギーは，歪みエネルギーである。立体エネルギーの差は，同一分子の配座や配置間でしか意味をなさないが，歪みエネルギーは異分子間での比較が可能である。歪みエネルギーを求めるには，一般に，歪みのない基準点を定義する必要がある。基準点を選ぶ方法はさまざまである。文献によれば，歪みエネルギーの定義はきわめて多数存在する。たとえば，Allinger らは，直鎖アルカン（C_1〜C_6）の歪みのない全トランス配座体から基準点を定義し，歪みがないときの分子の構成要素に対する一組のエネルギー・パラメータを誘導した。たとえば，炭化水素の固有ねじれエネルギーは，力場を使って計算された実際の立体エネルギーから，歪みのない基準点のエネルギーを差し引くことで得られる。興味ある結論として，この研究から，いす形シクロヘキサンは，環内炭素原子間の1,4-ファンデルワールス相互作用により，固有の歪みエネルギーをもつことが明らかになった。

　歪みの原因を解明するには，力場のさまざまな成分——結合長，結合角など——を調べなければならない。高度に歪んだ環では，このような解析は特に有用な情報をもたらす。しかし，歪みは力場依存的で，多くの場合，さまざまな内部パラメータ間に分散している。分子間相互作用は，歪みに比べて解釈が容易である。分子間相互作用のエネルギーは，2個の孤立種のエネルギー和から分子間複合体のエネルギーを差し引いたものに等しい。DNA 塩基対の相互作用に関する Jorgensen & Pratana の研究は，この種の計算とそれから引き出される結論の絶好の実例である [52]。DNA の二重らせん構造では，塩基対はアデニン（A）とチミン（T），およびグアニン（G）とシトシン（C）の間で形成される（図 4.46）。

　クロロホルム中では，G–C 塩基対の会合定数は 10^4〜10^5 M^{-1} であるが，A–T 塩基対の会合は

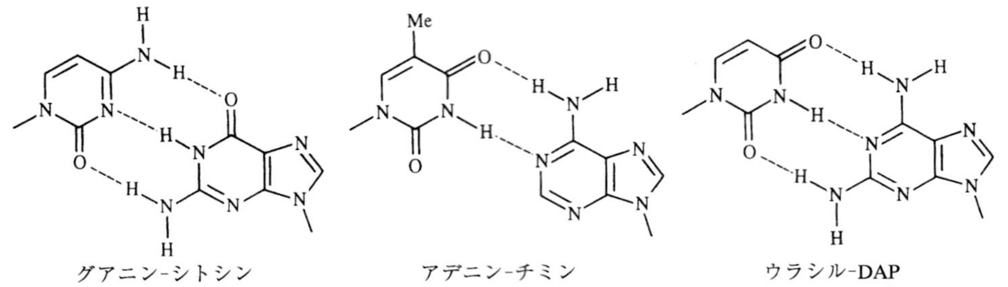

図4.46 グアニン(G), シトシン(C), アデニン(A)およびチミン(T)によるDNA塩基対。ウラシル／2,6-ジアミノピリジン(DAP)対もまた, 水素結合を3個形成する。しかし, その会合定数は, G-C対のそれに比べるとはるかに小さい。

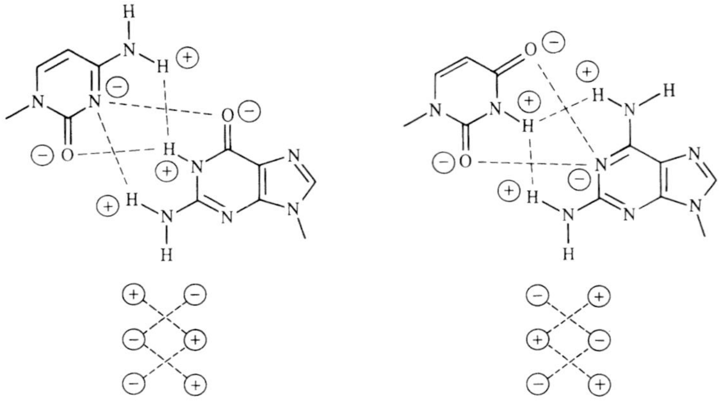

図4.47 グアニン-シトシン対とウラシル-DAP対における二次相互作用の比較

それに比べて弱く, その会合定数は40〜130 M^{-1}である。この違いは, 一つには, G-C塩基対では水素結合が3個存在するのに対し, A-T塩基対では2個しか存在しないことに原因がある。しかし, 水素結合の数だけで, データのすべてを説明することはできない。水素結合を3個形成する場合でも, 塩基の構造により, 会合定数は有意に異なるからである。たとえば, ウラシル／2,6-ジアミノピリジン(DAP)対は, G-Cと同じ型の水素結合 (NH$_2$⋯O, NH⋯N, NH$_2$⋯O) を形成するが, その会合定数は, G-Cのそれに比べてはるかに小さい (図4.46)。Jorgensen & Pratana は, これらの複合体に見られる二次的な相互作用を調べ, この現象の定性的な説明を試みた。それによると, G-C対では, 図4.47に示されるように, 不利な二次相互作用と有利な二次相互作用が二つずつあり, その総和はゼロとなるが, ウラシル-DAP対では, 四つの二次相互作用はすべてエネルギー的に不利である。

4.18 力場のパラメトリゼーション

　力場は，たとえ限られた少数の分子を対象としたものであっても，多数のパラメータを使用する。力場のパラメトリゼーションは決して容易な仕事ではない。新しい力場を一から作り出そうとすれば，大変な努力が要求され，新しい分子種を扱えるよう既存の力場へパラメータを追加する場合でさえ，めんどうで時間のかかる手続きが必要である。力場の性能は，しばしば（非結合項やねじれ項のような）ほんの一部のパラメータに左右される。これらのパラメータは，結果にあまり影響しない（結合伸縮項や変角項のような）パラメータに比べ，最適化に時間をかけた方がよい。

　パラメトリゼーションでは，まず最初，作業を進める上でガイドとなるデータが選定される。分子力学力場は，構造と関係したさまざまな性質を予測するのに使われる。したがって，パラメトリゼーションで使うデータも，その目的に合ったものが選ばれなければならない。データセットは通常，主要な分子の幾何構造と相対配座エネルギーからなる。最近は，振動周波数を含めることも多い。振動周波数は再現がむずかしいが，適当な交差項を付け加えれば通常うまくいく。力場によっては，熱力学的性質が再現されるようパラメトリゼーションがなされる。OPLS (optimized parameters for liquid simulations) のパラメータは，このようなやり方で得られた [53]。

　分子の種類によっては，実験データが入手できない場合がある。しかし，量子力学的計算を利用すれば，このような場合でもパラメトリゼーションに必要なデータが得られる。量子力学は，力場アプローチを適用できる系の範囲を大きく拡大した。このことは大きな進歩である。しかし，*ab initio* 計算が厳密に再現できるのは，小さな系の実験結果に限られる。このような方法で作り出された力場は当然，実験データによりその妥当性が検証されなければならない。

　力場の関数形はすでに決定され，パラメトリゼーションで使うデータも揃ったとしよう。では，どのような手続きをとればパラメータは得られるのか。アプローチの仕方は基本的に二つある。第一のアプローチは試行錯誤法であり，パラメータはデータをより良く説明できる方向へ徐々に磨きをかけられる。このような戦略では，多数のパラメータを同時に吟味することはむずかしい。そのため，パラメトリゼーションは通常段階的に行われる。自由度は完全に独立ではなく，互いにいくらか連関がある。したがって，高度に慎重を要する研究では，どのパラメータも切り離して扱うべきではない。ただし，（結合伸縮項や変角項のように）硬い自由度をもつパラメータは例外で，他のパラメータから切り離しても通常，問題は生じない（実際，結合長や結合角のパラメータは，しばしば修正を加えることなく他の力場でそのまま使われる）。それに対し，（非結合項やねじれ項のように）軟らかい自由度をもつパラメータは，互いに密接なつながりをもち，相互に有意な影響を及ぼし合う。事をうまく運びたければ，まず最初，ファンデルワールス・パラメータを定めるべきである。そして次に，（たとえば，静電ポテンシャルの当てはめから）静電パラメータを決定する。ねじれパラメータは最後に扱われ，さまざまな配座の相対エネルギーや

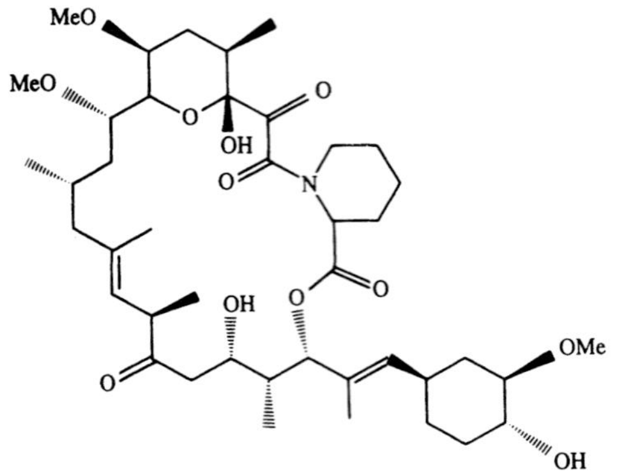

図 4.48 免疫抑制薬 FK 506 の化学構造式

ねじれ障壁が再現されるよう値が決められる。もちろん，結果が良くなければ，そのことが分かった時点でパラメータは修正される。パラメトリゼーションの作業では，操作の繰返しは常である。

ねじれ障壁に関する実験データは非常に少なく，存在しないことも多い。そのため，ねじれポテンシャルを求めるのに量子力学的計算が広く利用される。一般的な戦略は次の通りである。(1) まず最初，問題の結合とその周辺環境を的確に表す分子断片を選択する。(2) 次に，結合のまわりで回転を施し，一連の配座を発生させて，それらのエネルギーを量子力学的方法で計算する。(3) ファンデルワールス・ポテンシャルや部分電荷と一緒に，ねじれポテンシャルの当てはめを行い，エネルギー曲線を再現する。Pranata & Jorgensen の研究を例にとり，これらの手続きを具体的に見てみよう [70]。彼らが試みたのは，強力な免疫抑制薬 FK 506 の計算であった（図 4.48）。FK 506 は，受容体へ結合したときトランス配座をとるが，結晶状態ではシス配座をとるケトアミド構造をもつ。NMR 実験によれば，分子は，溶液中ではシスとトランスの両配座で存在する。ケトアミド構造は明らかに分子の生理活性に関与している。したがって，その結合のまわりのねじれポテンシャルを正確に記述することは，意義あることと思われた。Pranata & Jorgensen は，計算に AMBER 力場を使うことを考えた。しかし，AMBER 力場には，この構造要素に対するパラメータが組み込まれていなかった。

そこで，適当なモデル系として N,N-ジメチル-α-ケトプロパンアミドが選ばれ，分子軌道計算が行われた（図 4.49 の左図）。AM 1 計算と 6-31 G(d) 基底系を使った *ab initio* 計算の結果によれば，最小エネルギー配座はそれぞれ 124°と 135°のねじれ角に対応し，アンチ配座は最小エネルギー配座に比べて 0.7 kcal/mol ほどエネルギーが高かった。しかし，3-21 G 基底系を使った同様の *ab initio* 計算によると，最小エネルギー配座はアンチ配座になった。この断片を含む化合物では，X 線結晶解析結果は一般に直交構造を与える。そこで次に，6-31 G(d) ポテンシャルへねじれパラメータを当てはめ，FK 506 分子の一まわり大きな断片を対象に力場計算を行い，回転のエネルギー・プロフィールを求めた。図 4.49 の右図はその結果である。グラフには，

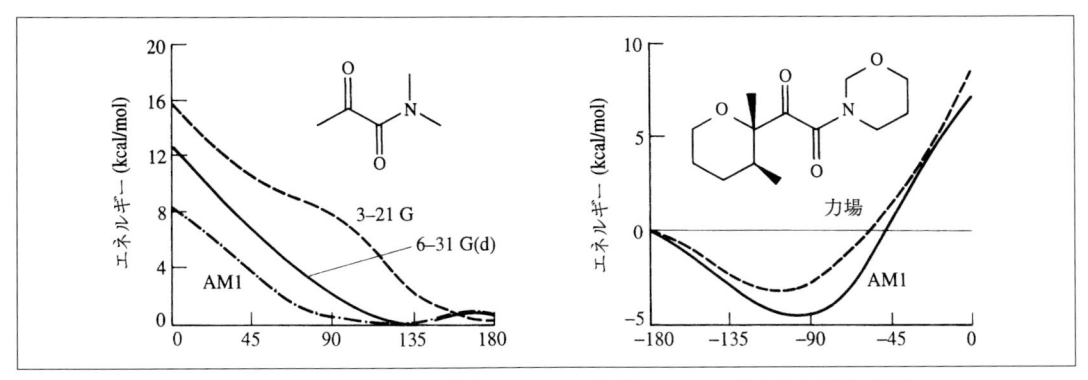

図 4.49 FK 506 のケトアミド構造のパラメトリゼーションに使われた断片 [70]

AM 1 の計算結果もあわせて示してある。

Lifson らは，無撞着力場の開発に当たり，別の新しいパラメトリゼーション戦略を提案した [56]。それは，データに最も良く適合するパラメータを求めるのに，最小二乗当てはめを利用する方法であった。この方法の場合もまず最初，力場を使って再現したい一組の実験データ（あるいは量子力学計算データ）が選定される。Lifson らが選んだのは，熱力学的データ，平衡配座および振動周波数であった。また，パラメータの「誤差」は，一群の性質に対する実測値と計算値の差の平方和として定義される。目標は，誤差を最小にする力場パラメータを求めることである。そのためには，次のテイラー級数展開を利用し，性質と力場を関連づけなければならない。

$$\Delta y(x+\delta x) = \Delta y(x) + Z\delta x + \cdots\cdots \quad (4.101)$$

ここで，Δy は計算値と実験値の差ベクトル，x は力場パラメータを成分とするベクトルである。また，Z は，個々のパラメータに関する性質の微分 $\partial y/\partial x$ を要素とする行列を表す。差の平方和 Δy^2 は，反復計算を使って極小化される。方法の手直しは容易である。たとえば，振動周波数よりも熱力学的データを重視したい場合，われわれは実験データの各要素へ別々の重み因子を割り当てるだけでよい。

力場の最適化へ最小二乗アプローチを適用し，成功を収めた事例の一つに，Hagler, Huler & Lifson の研究がある [42, 43]。彼らは，さまざまな化合物の結晶構造データを基に，ペプチド用の力場を作成した。彼らの研究の重要な結果は，水素結合相互作用を記述するのに，水素結合項は必ずしも必要でなく，適当な静電モデルとファンデルワールス・モデルだけでも，水素結合相互作用は十分表現できることを示したことである。Hagler らの研究グループは，その後も最小二乗当てはめを利用した研究を推し進めた。小分子の *ab initio* 計算に基づく新しい力場はその成果である [62]。この研究では，平衡構造だけでなく平衡からずれた構造も計算の対象となった。各構造に対しては，エネルギーとその一次および二次微分が計算されたが，この計算は，その後の当てはめ操作に役立つ豊富なデータをもたらした。この研究は，力場の開発に対する果敢な挑戦であり，力場パラメータを誘導する新しいアルゴリズムを多数生み出した。得られた力場は CFF（consistent force field，無撞着力場）と命名された。CFF の特徴の一つは，

他の力場よりも交差項を多く含むことである。これは，振動スペクトルの正確な再現を目指したせいであろう。

4.19　力場パラメータの移植性

　力場法はさまざまな系の研究に幅広く利用される。特定の原子や分子のみを対象に開発された力場もある。たとえば，Rodger, Stone & Tildesley の塩素モデルは，塩素の固相，液相および気相状態の研究に利用される [79]。これは，（レナード-ジョーンズ・モデルのような等方性モデルと異なり）二分子間の相互作用が，部位間の距離だけでなく，結合ベクトルに対する部位-部位ベクトルの配向にも依存する異方性部位モデルである。モデルの静電成分は，双極子-双極子，双極子-四極子および四極子-四極子の各項を含み，また，ファンデルワールス項はバッキンガム型関数を用いて表される。

　特定の分子クラスを対象とした力場もある。たとえば，前述の AMBER 力場は，タンパク質と核酸を計算する目的で設計された力場である。しかし一般には，力場はさまざまな分子へ幅広く適用できるよう設計されており，中には周期表全体を扱える力場すら存在する。直観的に言えば，特殊化された力場は一般の汎用力場に比し良い結果を与えるはずである。このことは，特殊力場が最良のものであるならば確かに正しい。しかし，現実は必ずしもそうではない。一般力場の方が質の悪い特殊力場に比べ，優れた性能を示すことも多い。

　ある分子から別の分子へのパラメータの移植性（transferability）は，いかなる力場においてもきわめて重要な意味をもつ。この性質なくしては，大量のパラメータが必要となり，パラメトリゼーションの仕事は不可能である。また，力場は予測能力をもつこともない。移植性は，力場の開発と応用においていくつかの重要な結果をもたらす。おそらく移植性の問題に最初に出くわすのは，問題分子のパラメータが欠如し，分子力学プログラムが実行できなくなった場合であろう。われわれは，欠落したパラメータの値を何とかして見つけなければならない。プログラムによっては，力場パラメータを自動的に推定するものもある。しかし，そのような値はあまり信用が置けないので，よく確かめる必要がある。力場の開発者は，関数形の複雑さと原子タイプの数に関し，しばしば妥協点を探らざるを得ない。また，誤差のバランスをとることも重要である。たとえば，ファンデルワールス・パラメータが大きな誤差の原因である場合に，多くの時間を結合伸縮項の調整に費やすことは馬鹿げている。

　パラメータはそのほか，原子の性質から導くこともできる。このやり方で構築された力場は，時としてきわめて妥当な結果を与える。普遍力場（Universal Force Field, UFF）のように，きわめて広範な元素や原子タイプを扱えるよう設計された力場では，この方法は特に適している [72]。UFF は，周期表にある元素すべてに適用できるとされるが，力場の各項に含まれるパラメータを，通常の方法ですべて誘導することは不可能である。このような作業に必要なデータは存在しないことも多い。そのため，UFF は原子番号，混成状態および形式酸化状態を収録した一組の原子タイプ・データを備えている。基準結合長は，最初，関連二原子の結合半径の和に等

しいと置かれたのち，結合次数や相対電気陰性度を基に補正される。結合の力の定数はBudger則から得られる。Budger則では，力の定数は次式に示すように，二原子の有効原子電荷の積に比例し，原子間距離の三乗に逆比例する。

$$k_{ij} \propto \frac{q_i^* q_j^*}{r_{ij}^3} \tag{4.102}$$

ここで，有効原子電荷は，二原子分子のデータへ当てはめるか，当てはめたデータを内挿または外挿することで得られる。

　パラメータの適用範囲を広げれば，それだけ移植性は高まる。この点に関して特に問題となるのは，非結合項である。一般原則として，非結合相互作用のパラメータは，可能なすべての原子タイプ対に対して設定する必要がある。この操作は大量のパラメータを作り出す。そこで一般には，同一元素に対しては，すべてではないにしてもそのほとんどで，同じファンデルワールス・パラメータが使用される。たとえば，炭素原子（sp^3，sp^2，spなど）は，すべて同じファンデルワールス・パラメータで記述され，窒素原子も同様である。（AMBER力場を取り上げた4.5節でもすでに説明したが）ねじれ項もまた，ねじれ角を構成する4個の原子すべてではなく，中央の結合を形作る二原子の原子タイプのみに依存すると見なされる。

4.20　非局在化したπ系の取扱い

　共役π系の結合は，位置によりしばしば長さが異なる。たとえば，ブタジエンの中央の結合は約1.47Åであるが，両端のCH＝CH$_2$結合は約1.34Åである。いま，ブタジエンの4個のsp^2炭素原子に対してすべて同じ原子タイプを割り当てて，力場計算を行ってみよう。この場合，各結合は同じパラメータで表されるので，平衡構造では，炭素-炭素結合はすべてほぼ同じ長さになる。同様の状況は芳香族系においても生じる。たとえば，ナフタレンの結合は（ベンゼンと異なり）位置により長さが異なる。

　この問題を解決するには，共役系専用のモデルを使えばよい。たとえばブタジエンでは，－CH＝炭素原子と＝CH$_2$炭素原子に対して，それぞれ別の原子タイプを割り当てることで，中央の結合と両端の結合の違いが浮かび上がる。このアプローチは，置換ブタジエン類に対して広範な計算を試みる目的には有効である。しかし，力場パラメータの移植性を生かした方法ではない。そこで，これに代わるものとして，力場へ分子軌道計算を組み込む方法が編み出された。これまでに二つのアプローチが提案されている。第一のアプローチは，π系とσ系を切り離して扱う[95,96]。そして，π系部分に対しては，適当な半経験的方法による自己無撞着場計算，σ系部分に対しては，分子力学計算をそれぞれ施す。量子力学計算と分子力学計算から得られたエネルギーは加え合わされ，その和が最小となるよう構造が最適化される。このアプローチは，π系とσ系を切り離してもよいと仮定する。このような仮定は，平面性からのずれがある場合には正当化がむずかしい。にもかかわらず，このアプローチは現在，窒素や酸素を含む共役系も扱えるよう拡張され，（ポルフィリンなどの）生物学的に重要な発色団の基底状態や励起状態の研

究に広く利用される［96］。

　MM 2/MM 3/MM 4プログラムは別のアプローチを採用している。この第二のアプローチは，まず最初，π系部分に対して分子軌道計算を施す。もし，系の初期配座が非平面形であるならば，等価な平面系を考え，それに対して計算を行う。そして，得られた結合次数の理論値を基に，力場パラメータの修正を行う。修正の対象となるパラメータは，MMP 2（これらの特徴を組み込んだMM 2の拡張版）では，π系の結合に対する力の定数，基準結合長およびねじれ障壁である［82,8］。系は次に，新しい力場パラメータを使った通常の分子力学計算を施される。伸縮定数と結合次数の間や基準結合長と結合次数の間には，良好な直線関係が成り立つ。ねじれ障壁は当初，結合次数の二乗に比例すると仮定された。しかし，この仮定はその後の改訂版で少し修正された。たとえばMM 4では，V_2項とV_3項は次式で与えられる。

$$V_2 = [A + p_{ij}^{\omega=0} \beta_{ij}] V_2^0 \tag{4.103}$$

$$V_3 = K_{V3}[1 - p_{ij}(\omega)] V_3^0 \tag{4.104}$$

式(4.103)のp_{ij}は，ねじれ角ゼロのときの中央の結合$i-j$の結合定数，β_{ij}は，分子軌道計算から求まる共鳴積分である。また，パラメータAは-0.09の値をとる。したがって，共役結合では，結合定数が小さいほどV_2項の値は小さくなる。一方，式(4.104)のp_{ij}は，ねじれ角ωのときの中央の結合$i-j$の結合次数である。また，K_{V3}は1.25に等しい。したがって，V_3はV_2とは逆に，結合次数が小さいほど値が大きくなる。結合次数の小さい結合，すなわちV_2が小さくV_3が大きい結合は，平面から外れる傾向が強い。

4.21　無機分子の力場

　無機系に対する最初の力場計算は，有機系のそれとほぼ同時期に報告されている。この事実は多くの読者にとって意外であるかもしれない。たとえば，コバルトの八面体錯体に対する力場計算は，1959年にすでに報告例がある［24］。力場法で扱える無機系の範囲は，その後も着実に拡大した。また，工業的に興味ある系の中には，通常の有機系や生化学系に存在しない金属や元素を含むものが多い。

　力場の見地から言えば，（配位錯体のような）無機系は有機系とほとんど異ならない。結合は同じ様式で表され，有機系の力場パラメータの多くは，修正を施すことなく無機系へそのまま移植できる。しかし，無機分子は有機分子に比べてモデリングがむずかしい。これには二つの理由が考えられる。一つは，幾何構造がはるかに多様であること，もう一つは，高度に非局在化した結合が存在することである。すなわち無機分子は，四配位では正方形と木挽き台形（たとえばSF_4）をとり，三配位ではT字形をとる。また，四よりも大きな配位数も可能であり，五配位（正方錐面体，三方複錘面体）や六配位（八面体，三方柱面体）はごく普通に見られる。従来の有機分子用力場でこれらの系を扱おうとすると，対称性が低いためしばしば問題が生じる。たとえば，三方複錘面体では，中央原子の結合角は原則として3種類ある（90°，120°，180°）。また，このような系では，原子は互いにしばしば等価で，それらを交換しても同じ構造が得られる。も

し，これらの原子に異なる力場パラメータを割り当てるならば，原子のもつ等価性は計算では再現されない。このような場合，通常は少なくとも一つ局在化した結合が存在する。しかし，有機金属分子ではそれもないことが多い。たとえば，フェロセンの結合は力場計算でどのように表現されるのか。二つのシクロペンタジエニル環の炭素原子の各々と鉄原子の間に，結合は存在するのか。また，鉄原子から各環の中心へ向かう結合はあるのか。

問題をさらに複雑にしているのは，(ヤーン-テラー効果のような電子的効果に由来する) 理想的な幾何配置からの有意なずれがしばしば観測されることである。有機分子用力場の枠組では，これらの問題への普遍的な解答は得られない。しかし，状況によっては，わずかな修正を施すだけで有機分子用力場が流用できることもある。たとえば，高い対称性をもつ錯体では，そのようなことが起こりうる。一例を挙げよう。八面体や正方形の錯体は，(有機系でもよくある構造で，しかも) 高い対称性をもつ。したがって，モデルの構築は容易である。しかしこの場合でさえ，二つの平衡角 (180°と90°) が存在する。他の配位構造や金属のまわりの幾何配置に歪みのある構造では，状況ははるかに複雑である。金属のまわりの結合配置は，Urey-Bradley 法を適用すれば通常正しく構築される。この Urey-Bradley の取扱いでは，金属の変角項は無視され，代わりに，金属へ結合した原子対による諸項が考慮される。

このような有機分子用力場を使って，金属の π 系錯体モデルを構築することは，至難の業である。すでに述べたように，金属原子は歪んだ不規則なものを含め，錯体中でさまざまな幾何配置をとる。したがって，金属と配位子の結合は従来の方式では簡単には表せない。しかし，このような金属錯体系をうまく処理できる力場がないわけではない。これらの力場は通常，式(4.1)とは少し異なる関数形を使用し，パラメータも別の方法で求める。普遍力場 (UFF) [72] やLandis らの開発した SHAPES 力場 [10, 23] は，変角項の扱い方に独自の特徴をもつ。標準的な力場で一般に使用される調和ポテンシャルは，角が 180°に近いところでは系の歪みを正しく記述できない。UFF は，個々の結合角 ABC に対して，余弦フーリエ級数を使用する。

$$\nu(\theta) = K_{\mathrm{ABC}} \sum_{n=0}^{m} C_n \cos n\theta \tag{4.105}$$

ここで係数 C_n は，基準結合角のとき関数が極小になるように選定される。直線，三角形，正方形および八面体の各配位に対しては，二つの項——C_0項とそれぞれ C_1，C_2，C_3 または C_4 項——からなるフーリエ級数が使用される。

$$\nu(\theta) = K_{\mathrm{ABC}} [1 - \cos(n\theta)] \tag{4.106}$$

たとえば，$n=4$ のとき，関数は八面体構造に対応し，90°と 180°に極小値をもつ。では，水の結合角 H-O-H はどのようになるのか。この場合，エネルギー関数は 104.5°に極小値をもつ。また，この角度 (θ_0) でのエネルギーの二次微分は，力の定数に等しい。もし，180°でエネルギーが極大値をとるようにしたければ，次の関数を使用すればよい。

$$\nu(\theta) = K_{\mathrm{ABC}} [C_0 + C_1 \cos(\theta) + C_2 \cos(2\theta)] \tag{4.107}$$

ここで，係数 C_0，C_1 および C_2 は次式で定義される。

$$C_2 = \frac{1}{4\sin^2(\theta_0)}; \quad C_1 = -4C_2\cos(\theta_0); \quad C_0 = C_2[2\cos^2(\theta_0)+1] \tag{4.108}$$

SHAPES の変角項も，UFF のそれとよく似た関数形をとる．

$$\nu(\theta) = K_{ABC}\sum_{n=0}^{m}[1+\cos(n\theta-\delta)] \tag{4.109}$$

ここで，δ は位相のずれである．Landis らは最近，原子価結合理論に基づき，*ab initio* 計算と同等の精度をもつ変角項の計算公式（VALBOND）を誘導した［54,55］．その報告によると，同じ C－H パラメータを使用したとき，この方法で計算したエテン，ホルムアルデヒドおよびカルベン（一重項，三重項）の結合角 H－C－H は，実験値とよく一致するという．この方法のもつ実用上の利点は，平衡結合角を定義する必要がないことである．

4.22 固体系の力場

経験的ポテンシャルモデルは，第 3 章で議論した量子力学的アプローチを補うため，固体研究でも広く利用される．（ある種の無機錯体を含めて）有機分子と固体物質の間には，一つの重大な違いがある．それは，前者が局在化結合モデルで記述できるのに対し，後者は必ずしもそうではないことである．すなわち固体物質では，本章でこれまで議論してきた分子力学的アプローチは特定の構造にしか適用できない．イオン系と金属系は，それに代わるアプローチを特に必要とする．固体物質と孤立分子で大きく異なるのは，静電項の扱い方である．6.7 節と 6.8 節で詳しく述べるが，孤立分子では，このような相互作用は通常，適当なカットオフ距離で打ち切られる．しかし，固体のモデリングでは，長距離秩序をもつ物質が扱われ，しかも，それらはしばしば高度に電荷を帯びている．そのため，カットオフの使用は好ましくない影響を及ぼす．このような問題を回避するには，（相互作用エネルギーをより正確に計算できる）エワルド総和法のような手法を利用する必要がある．しかし，本節ではまず最初，ゼオライトを例として，有機分子用力場でも対処できる共有結合系の計算を取り上げる．

4.22.1 共有結合固体：ゼオライト

ゼオライトは一般に，ケイ素，アルミニウム，酸素および金属カチオン（またはプロトン）からなる物質である．それは，触媒や分離など多様な工業的用途をもち，たとえば石油の精製の際，直鎖アルカンと分枝アルカンを分離するのに利用される．これらの重要な性質の多くは，ゼオライト内部にある分子次元のチャネルに由来する．ゼオライトに固有の性質や吸着質との相互作用の研究に，分子モデリングの手法が適用されるのは自然の成り行きであろう．

ゼオライト系の大きさを考えると，厳密な計算にはかなり大型のコンピュータを必要とする．そこで，吸着過程の研究などでは，ゼオライトは剛体と見なされ，注意はもっぱら，ゼオライトと吸着質の間の分子間相互作用に集中される．その際，使用される項は，ファンデルワールス項と静電項である．ファンデルワールス項に対しては，レナード-ジョーンズ・ポテンシャルが使

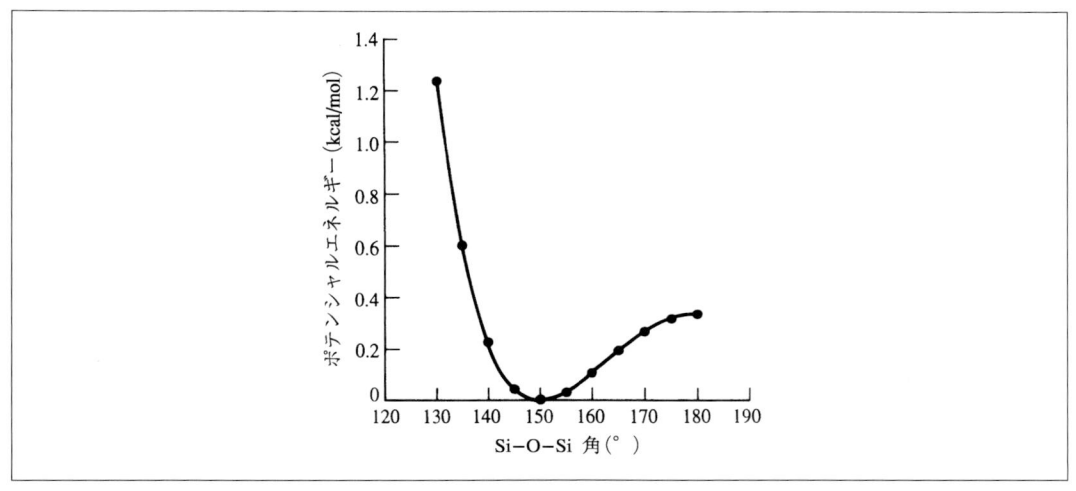

図 4.50 結合角 Si−O−Si とエネルギーの関係 [41]

われるが，バッキンガム型ポテンシャルが好まれることも多い。静電相互作用はゼオライトではきわめて重要である。しかし，さまざまな公開力場で使われている部分電荷の値は，変動が非常に大きい（たとえば，ケイ酸塩のケイ素原子の場合，$0.4\,e$〜$1.9\,e$ の範囲で変化する）。

ゼオライトを剛体と見なすのは，もちろん近似である。さらに精密なモデルでは，構造の変化も当然考慮される。ゼオライト用に開発された力場の多くは，非結合相互作用に加え，通常，結合伸縮，変角およびねじれの各項を含み，有機分子や生体分子で使用される原子価力場とよく似た形をもつ。結合角 Si−O−Si は，（少なくとも 120°〜180°の）きわめて広い範囲で変形にほとんどエネルギーを必要としない。これは，ゼオライトのモデリングに際し留意すべき点である。一例を図 4.50 に示そう。このグラフは，$H_3SiOSiH_3$ に対して，3-21 G*基底系を使用して *ab initio* 計算をしたときの結果である。このような角変化を処理するため通常使われるのは，UFF力場や SHAPES 力場で変角項の記述に使用されるフーリエ級数展開式である。

Nicholas, Hopfinger, Trouw & Iton は，それに代わる公式として次の四次ポテンシャルを提案した [66]。

$$v(\theta) = \frac{k_1}{2}(\theta-\theta_0)^2 + \frac{k_2}{2}(\theta-\theta_0)^3 + \frac{k_3}{2}(\theta-\theta_0)^4 \tag{4.110}$$

この式は，パラメータ k_i と θ_0 を正しく選択すれば，図 4.50 の *ab initio* データをきわめてうまく再現する。この力場ではまた，ケイ素原子間に Urey-Bradley 項も組み込まれている。この項は，角が減少したとき，Si−O 結合が伸びる事実を補正する。

4.22.2 イオン性固体

共有結合アプローチは，酸化物やハロゲン化物のようなイオン性固体や極性固体の研究には適さない。このような系の研究は，通常，ポテンシャルを二体項，三体項，……などの級数展開式で表すところから出発する。

$$V = V_0 + \sum_{i=1}^{N}\sum_{j=i+1}^{N} \nu_{ij}(r) + \sum_{i=1}^{N}\sum_{j=i+1}^{N}\sum_{k=j+1}^{N} \nu_{ijk}(r) + \cdots \cdots \qquad (4.111)$$

ボルンのモデルは，このようなモデルの中で最も古いものの一つである [18]。このモデルでは，級数は二体項のみで表され，それらはさらに長距離クーロン力と短距離斥力へ分離される。もし，斥力項に対して逆乗則が適用できるならば，ポテンシャルエネルギーは次式で与えられる。

$$V = \sum_{i=1}^{N}\sum_{j=i+1}^{N}\left(\frac{q_i q_j}{4\pi\varepsilon_0 r_{ij}} + \frac{A}{r_{ij}^n}\right) \qquad (4.112)$$

この方程式を適用するに当たっては，話を簡単にするため，通常，電荷 q は関連原子の酸化状態に等しく，斥力は最近接原子間にのみ作用すると仮定される（ただし長距離クーロン力は，他の固体計算と同じく，エワルド総和法（6.8節）のようなアプローチを使い，すべての相互作用に対して計算される）。この仮定により，パラメータは A と n のみになる。それらの決定には二つの実験データが必要である。また，得られた値は選択したデータに依存し，かなり大きく変動する。式(4.112)を拡張した別の関数形で短距離相互作用を表すこともある。一般によく使われるのは，バッキンガム・ポテンシャルである。

塩化ナトリウムのような単純な物質では，酸化状態の仮定は妥当である。しかし，他の系では必ずしもそうではない。非整数電荷の決定にはさまざまな方法が使われる。ある戦略は，物質内部の電荷状態を調べるのに高分解能 X 線実験を利用する。しかし，結合性の重なりがゼロとなる領域がイオン間に存在しなければ，電荷を一義的に分配することはできない。AIM アプローチ（2.7.7項参照）は，そのための方法として適当である。しかし，唯一の選択肢ではない。形式電荷アプローチの長所は，電気的に中性を保ったまま，ある物質から別の物質へポテンシャルの移植ができる点である。

整数電荷や部分電荷に対するボルン・モデルは，イオンの分極率がゼロであると仮定する。この仮定は，Li^+ や Mg^{2+} のように小さなカチオンでは妥当である。しかし他の系では，重大な誤差の原因となる。たとえば，高周波誘電率を考えてみよう。周波数が高くなると，外場に追随できるのは電子だけになる。その場合，誘電率は次のクラウジウス-モソッティの式で与えられる。

$$\frac{(\varepsilon_r - 1)}{(\varepsilon_r + 2)} = \frac{4\pi}{3V_m}\sum_{i=1}^{N}\alpha_i \qquad (4.113)$$

ここで，ε_r は比誘電率，V_m はモル体積，α_i は i 番目イオンの分極率で，求和は N 個のイオンについて行われる。もしイオンが分極しなければ，ε_r は 1 である。すでに述べたように，分極効果を組み込むには，各イオンに点分極率を割り当てればよい。しかしこの方法は，少なくともある種の性質に対しては良い結果を与えない。その原因は，この方法が分極と短距離斥力の相互作用を考慮していないことにある。すなわち，分極は価電子の分布を歪め，短距離斥力はこのような電子の間の重なりから生じる。短距離斥力は，全体として分極効果を軽減する。Dick-Overhauser の殻状モデルは，このような交差効果を考慮したモデルの一つである（図4.51）[30]。このモデルでは，イオンは調和ばねを介し，質量ゼロの殻（shell）へ連結された質量のあるコア（core）として表される。コアと殻はいずれも電荷をもつ。殻は電場内でその電荷を保持し，

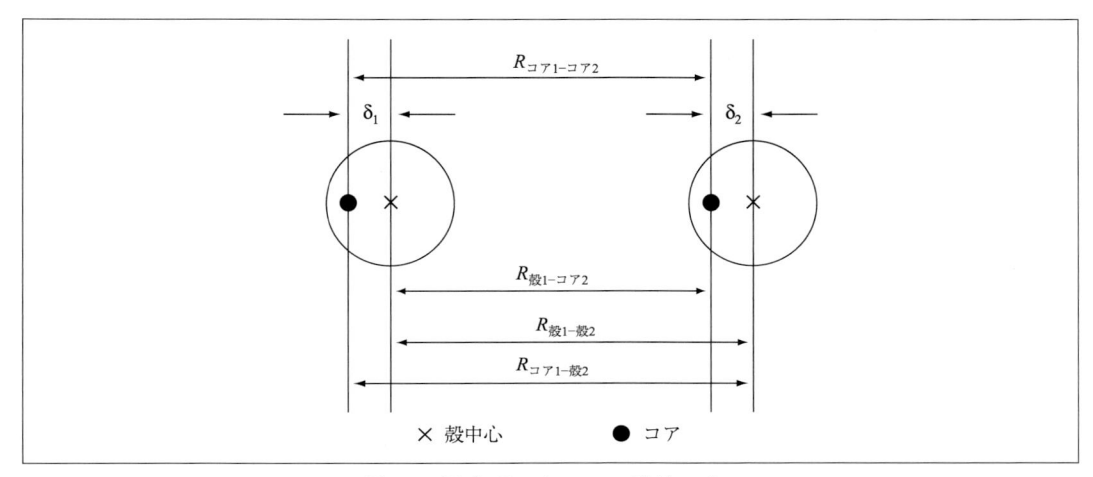

図 4.51 Dick-Overhauser の殻状モデル

コアを中心に運動を行う。このモデルでは，孤立イオンの分極率は Y^2/k に比例する。ここで，k は調和ばねのばね定数，Y は殻の電荷である。静電相互作用エネルギーは，すべてのイオンと殻について加え合わせたものに等しい。ただし，イオンとその殻の間に働く相互作用は含めない。殻が価電子の役割を担うとする仮定は興味深い。しかし，殻の電荷 Y が必ずしも小さな負値をとらない事実だけを根拠とするのであれば，それはおそらく過剰解釈である。

　三体以上の項も，時として固体ポテンシャルに組み込まれる。最もよく使われるのは，Axilrod-Teller 項である。ただし，ハロゲン化アルカリのような系では，全エネルギーへのこの項の寄与は小さい。原子価力場の調和変角項に相当する項を使用するアプローチもある。これらのアプローチの長所は，簡単な点である。しかし，すでに述べた通り，良い結果が得られるのは平衡結合角からの偏差が小さい場合に限られる。

　分子系の場合と同様，固体研究で使われるパラメータは，実験データだけでなく理論的データからも導かれる。特に，この方面での量子力学の利用は長い伝統をもつ。高水準のハートリー–フォック理論や密度汎関数理論を用いたパラメータの誘導は，いまやごく普通である。しかし，(密度汎関数理論の先駆けとなり，歴史的に重要な役割を果たした) 電子ガス理論と呼ばれるアプローチも，まだなお使用される [2]。ここでは，一例として α-Al_2O_3 を取り上げ，*ab initio* 計算がポテンシャル・モデルの誘導に果たした役割を見てみよう [37]。(殻状モデルとバッキンガム・ポテンシャルを用いて) この物質の経験的ポテンシャルを誘導する試みは，それまでにも行われていたが，満足できるものではなかった。ことにそれらの試みは，コランダム型構造が最も低いエネルギーをもつことを正しく予測できなかった。これらの初期のパラメトリゼーション研究では，興味ある特徴として，コア電荷と殻電荷に大きな変動が認められた。たとえば，あるモデルでは，アルミニウムのコア電荷と殻電荷はそれぞれ 1.617 と 1.383 であったが，別のモデルでは，それらは 10.6063 と −8.0563 となった。そこで，歪んだ構造を使い，周期的ハートリー–フォック計算 (3.8.3 項参照) を試みたところ，エネルギー曲面の性質に関してより多くの

情報が得られ，従来にない良い結果がもたらされた。

4.23 金属と半導体の経験的ポテンシャル

原子固体の研究では，経験的ポテンシャルの開発に対ポテンシャル・モデルは通常使えない。この対ポテンシャル・モデルは，遷移金属ではうまく機能せず，その状況は半導体ではさらに悪化する。理由はいくつか考えられるが，それらは一般に，ある種の実験的性質に対する対ポテンシャルの基本的挙動とつながりをもつ。特に多く引用される性質は，次の通りである。

1. 凝集エネルギーと融解温度の比，E_C/k_BT。凝集エネルギーとは，固体マトリックス内部から原子を1個取り除くのに必要なエネルギー費用を指す。この比は，金属では約30であるが，対ポテンシャルで計算すると約10になる。

2. 空孔形成エネルギーと凝集エネルギーの比，E_V/E_C。この比は，金属では1/4～1/3であるが，対ポテンシャルで計算すると1に近い値をとる（構造の緩和が許されなければ，正確に1になる）。このギャップは次のように説明される。いま，固体内部の各原子はZ個の近接原子で囲まれているとする。もし，原子を1個取り除けば，近接原子の配位数は$Z-1$に減少する。対エネルギー・モデルでは，空孔形成エネルギーは原子-原子結合エネルギーのZ倍になる。また，凝集エネルギーは，原子の配位数をZからゼロに減らすのに必要なエネルギーであり，その値はやはり原子-原子結合エネルギーのZ倍である。したがって対モデルでは，これら二つの過程のエネルギー変化は相等しい。

3. 弾性定数の比，C_{12}/C_{44}。弾性定数については5.10節で詳しく説明する。三次元の固体では，値は三つ存在する。それらは，C_{11}，C_{12}，C_{44}で区別される。対ポテンシャルを用いて計算すると，比C_{12}/C_{44}は正確に1になる。これは，Cauchyの関係として知られる。しかし，金属や酸化物では，その値は通常1からずれる。金は特に大きな値をとる。このことは金の高い展性と関係がある。

4. 金属は，表面が内側へ緩和する傾向がある。しかし，二体相互作用モデルで記述された系は，逆に外側へ緩和する。

表面とバルクの環境は同時に処理できない。対ポテンシャルがうまく機能しない主な原因は，ここにある。すなわち表面では，バルクな環境に比べ，結合の数は一般に少ないがその力は強い。それに対し，バルクな環境では状況は逆転し，結合の数は多いが力は弱くなる。この問題に対処するため，さまざまな多体ポテンシャルが工夫された。これらのポテンシャルは，一般によく似た，時として数学的に等価な関数形をとる。これは，結合の量子力学的記述形式が共通の起源をもつことによる。しかし，これらのポテンシャルは，基本的なアプローチ，共通の量子力学的起源への準拠度，パラメトリゼーションの方式に関して違いがある。本節では以下，これらのモデルのいくつかについてその概略を述べる。取り上げるのは，Finnis-Sinclairモデル（Sutton-Chen拡張モデルを含む），包埋原子モデル，Stillinger-WeberモデルおよびTersoffモデルである。

4.23 金属と半導体の経験的ポテンシャル

　Finnis-Sinclair ポテンシャルは，状態密度とモーメント定理（moments theorem）にその起源を置く [35]．状態密度 $D(E)$ は，系の電子状態の分布を記述する（3.8.5項参照）．$D(E)$ は，$E \sim E+dE$ のエネルギーをもつ状態の数を表す．このような分布は，モーメントを使って記述することもできる．モーメントは通常，分子軌道を構成する原子軌道のエネルギーに関して定義され，m 次モーメント μ^m は次式で与えられる．

$$\mu^m = \sum_n (E - E_{\text{atomic}})^m D(E) \tag{4.114}$$

ここで，求和はすべての分子軌道または結合について行われる．一次モーメントは分布の平均である．もし，モーメントが原子軌道エネルギーに関して定義されるならば，この一次モーメントはゼロになる．二次モーメントは偏差平方和で，分布の広がり（分散）を表す．三次モーメントは，平均のまわりの分布の歪みを記述する．もし，モーメントがすべて分かるならば，分布の特徴は完全に規定できる．これらのモーメントの中で，結合エネルギーと最も関係が深いのは，二次モーメントである．結合エネルギーは，固体のエネルギー準位が原子のそれとどの程度異なるかを表しており，二次モーメントの平方根は結合エネルギーと高い相関を示す．この関係を使えば，原子環境がすべて同じ完全格子の場合，その結合エネルギーの予測が可能である．しかし，実在の物質は，表面や欠陥といった異質な環境を伴う．したがって，さらに有用なのは，局所原子環境に基づいたモデルである．このモデルでは，個々の原子に対して局所状態密度，$d_i(E)$ が定義される．この場合，各分子軌道からの寄与は，原子上にある軌道の量に応じて重みづけがなされる．原子軌道の線形結合を使う LCAO モデルでは，この重みは，その原子に中心を置く原子軌道の基底系係数の二乗和で与えられる．大域的な状態密度は，すべての原子の局所状態密度を加え合わせたものに等しく，各原子の電子結合エネルギーは $d_i(E)E$ を積分したものに等しい．

$$E_i^{\text{el}} = \int d_i(E) E \, dE \tag{4.115}$$

したがって，もし局所状態密度の二次モーメントが分かれば，平方根関係を介し，原子結合エネルギーが求まる．しかし，現時点において，状態密度を求める唯一の方法は量子力学であるから，このままでは自滅的な結果しか期待できない．この状況を救うのはモーメント定理である．この定理は，電子エネルギー準位を顕わに計算することなく，結合のトポロジーを局所状態密度のモーメントと結びつける．

　モーメント定理によれば，原子 i にある局所状態密度の m 次モーメントは，近接原子が作る i を始点とし終点とする長さ m の経路をすべて加え合わせることで得られる．たとえば二次モーメントでは，これらの経路は，問題の原子から近接原子へ向かう移動とその逆方向の移動の二つからなる（図4.52）．しかし，より高次のモーメントでは，経路の数は大幅に増加し，その計算はきわめてめんどうになる．二次モーメントでは，長さが2の経路の数は，最近接原子の数 Z に等しい．したがって，各原子の局所電子結合エネルギーは，近接原子数の平方根にほぼ等しくなる．これは二次モーメント近似と呼ばれる．

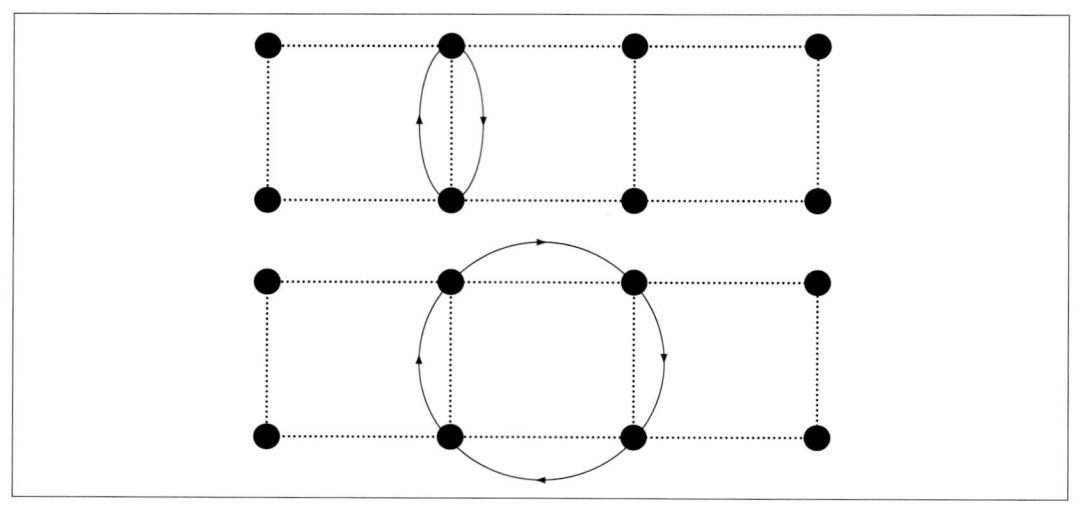

図 4.52 モーメント定理に基づく経路の計算。長さ2と4の経路について例示した。

$$E_i^{\mathrm{el}} \propto \sqrt{Z_i} \tag{4.116}$$

ちなみに，この二次モーメント近似下では，前述の比 $E_\mathrm{v}/E_\mathrm{c}$（230ページ，性質2）はどのような値をとるであろうか。E_v は，Z 個の原子が配位を Z から $Z-1$ へ減らすことに伴うエネルギーであり，$Z[\sqrt{Z}-\sqrt{Z-1}]$ で与えられる。一方，E_c は凝集エネルギーで，$\sqrt{Z}$ に比例する。したがって，Z が通常の値をとる場合，比 $E_\mathrm{v}/E_\mathrm{c}$ は約 $\frac{1}{2}$ になる。

Finnis-Sinclair ポテンシャルでは，二体項は多体項と組み合わされる。その関数形は次の通りである。

$$V = \sum_{i=1}^{N} \sum_{j=i+1}^{N} P(r_{ij}) + \sum_{i=1}^{N} A\sqrt{\rho_i} \tag{4.117}$$

ここで，$P(r_{ij})$ は対ポテンシャルで，モデルに依存し，静電寄与や反発寄与を含む。第2項は電子密度 ρ_i の関数で，その変化は二次モーメント近似と同様，ρ_i の平方根に比例する。原子の電子密度は，近接原子からの寄与の総和で与えられる。

$$\rho_i = \sum_{j=1, j \neq i}^{N} \phi_{ij}(r_{ij}) \tag{4.118}$$

ここで，$\phi_{ij}(r_{ij})$ は，二原子 i と j の間の距離の短距離減少関数である。元の Finnis-Sinclair モデルでは，関数 $\phi_{ij}(r_{ij})$ として原子間距離の放物線関数，$(r_{ij}-r_\mathrm{c})^2$ が使われた。ここで，r_c はカットオフ距離で，その値は，第二近接殻と第三近接殻の間に入るよう選択される。ϕ_{ij} の値は，このカットオフを越えた距離ではゼロになる。また，対ポテンシャルはカットオフ距離までは四次多項式で表され，それよりも遠距離ではゼロと置かれる。

多体項を原子間距離の指数関数で置き換えれば，Finnis-Sinclair ポテンシャルはさらに一般性のある関数形へ変換できる。多体項はいつも定義できるとは限らないので，この書換えは必要である。無秩序系や欠陥箇所の近傍では特にそうである。指数関数は核から離れるにつれ，電子

密度が指数関数的に減衰する事実もうまく表現する．二体項もまた，距離の指数関数で表せるので，結局，Finnis-Sinclair ポテンシャルは次の一般形で与えられる．

$$V = \sum_{i=1}^{N} \left\{ \sum_{j=1, j \neq i}^{N} A e^{-\alpha r_{ij}} - B \left[\sum_{j=1, j \neq i}^{N} e^{-\beta r_{ij}} \right]^{1/2} \right\} \tag{4.119}$$

Sutton & Chen は，原子クラスター間の相互作用のような長距離問題も扱えるよう，ポテンシャルの拡張を試みた［90］．彼らは，短距離相互作用を表す Finnis-Sinclair ポテンシャルと長距離相互作用を表すファンデルワールス・ポテンシャルを組み合わせることで目的を達成した．Sutton-Chen ポテンシャルは次の関数形をとる．

$$V = \varepsilon \left\{ \sum_{i=1}^{N} \sum_{j=i+1}^{N} \left(\frac{a}{r_{ij}} \right)^{n} - c \sum_{i=1}^{N} \left[\sum_{j=1, j \neq i}^{N} \left(\frac{a}{r_{ij}} \right)^{m} \right]^{1/2} \right\} \tag{4.120}$$

ここで，ε と a はそれぞれエネルギーと長さの次元をもつパラメータ，c は正値をとる無次元のパラメータである．また，m と n は整数で，n は m よりも大きい．Sutton-Chen ポテンシャルにおけるべき乗則関係の使用は，レナード-ジョーンズ・ポテンシャルの場合と同様，いくつかの有用な結果をもたらす．たとえば，結晶構造に対して，（六方，最密充填，面心立方，体心立方などの）結晶形とは無関係に同じ c 値が使用できる．また，2種類の金属系を同じ m と n で記述したとき，一方の系に対する結果は，エネルギーと長さのパラメータ ε と a のスケールを変えるだけで，もう一方の系へただちに変換できる．使用される値は，典型的な場合，m では 6～8，n では 9～12 である．

包埋原子法（embedded-atom method）は，固体の結合に関する簡単な量子力学的モデル，有効媒質理論（effective medium theory）に基づく経験的方法である［29］．有効媒質理論では，原子のまわりの複雑な環境は，ジェリウム（jellium）と呼ばれる単純化されたモデルで置き換えられる．ジェリウムは，正のバックグラウンドをもつ一様な電子ガスに相当する．各原子は，ジェリウムによる球内部の電子電荷が，原子の電荷と大きさが等しく符号が逆になるような半径をもつ球で囲まれていると見なされる．包埋原子法では，バックグラウンドの電子密度は近接原子からの電子密度寄与の和で置き換えられる．また，多体項は包埋関数（embedding function）と呼ばれ，各原子のエネルギーは電子密度 ρ_i の関数で与えられる．電子密度 ρ_i は，近接原子からの電子密度寄与 ϕ_{ij} の和に等しい（式(4.118)）．Daw-Baskes モデルでは，対ポテンシャルとしてクーロン・ポテンシャルが使用されるが，その有効電荷 $Z(r)$ は，核間距離の増加につれ徐々に減少する．また，包埋関数は，極小点を一つもち密度がゼロに近づくにつれゼロへ収束する三次スプライン式で表され，密度は量子力学的計算から得られる．

Finnis-Sinclair ポテンシャルと包埋原子ポテンシャルは，（本項で取り上げなかった他のポテンシャルと同様）非常によく似た関数形をもつ．しかし，結合の *ab initio* モデルを近似する方式に違いがある．また，パラメトリゼーションの手続きも異なり，同じ物質でもパラメータの値は一致しない．

半導体に対する経験的ポテンシャルの誘導は，金属のそれよりもはるかにむずかしい．以前，密度汎関数法を用いて，14族元素（炭素，ケイ素，ゲルマニウム）の電子構造を求める問題を

論じた際，ケイ素の最も安定な形はダイヤモンド構造であるが，圧力をかけると別の構造が得られる事実に言及した（3.8.7項参照）。このようなことが起こるのは，それらの構造がエネルギー的に近いことを意味する。ケイ素はまた，液体のとき金属で，液体は固体よりも密度が高いという興味ある属性を示す。このような系に対しては，通常，Stillinger-Weber ポテンシャル [86] と Tersoff ポテンシャル [91] が使用される。

Stillinger-Weber ポテンシャルは，二体項と三体項から構成される。その一般形は次の通りである。

$$V = \sum_{i=1}^{N}\sum_{j=i+1}^{N} f_2(r_{ij}) + \sum_{i=1}^{N}\sum_{j=i+1}^{N}\sum_{k=j+1}^{N} [h(r_{ij}, r_{ik}, \theta_{jik}) + h(r_{ji}, r_{jk}, \theta_{ijk}) + h(r_{ki}, r_{kj}, \theta_{ikj})] \quad (4.121)$$

$$f_2(r_{ij}) = A(B r_{ij}^{-p} - r_{ij}^{-q}) \exp[(r_i - a)^{-1}] \quad (4.122)$$

$$h(r_{ij}, r_{ik}, \theta_{jik}) = \lambda \exp[\gamma(r_{ij} - a)^{-1} + \gamma(r_{ik} - a)^{-1}]\left(\cos\theta_{jik} + \frac{1}{3}\right)^2 \quad (4.123)$$

これらの方程式では，すべて換算単位で表した距離とエネルギーが使用される。また，関数形は連続性を失うことなく，カットオフ距離 $r = a$ でゼロになる。パラメータは，A，B，p，q，a，λ，γ の七つである。それらの値は，ダイヤモンド構造が最も安定な周期配列となり，かつ，（分子動力学シミュレーションの場合と同様）融点や液体構造が実測結果とよく一致するよう慎重に決定される。また，三体項もダイヤモンド構造で見られる四面体配置が有利となるよう設計されている。このような理由から，Stillinger-Weber ポテンシャルは，結晶性ケイ素のダイヤモンド構造に対して好結果を与える。しかし，他の原子配置をとる固体構造や液体のような構造に対しては，あまりうまく機能しない。

一方，Tersoff ポテンシャルは，経験的結合次数ポテンシャル（empirical bond-order potential）と呼ばれるモデルから誘導される。このポテンシャルは Finnis-Sinclair ポテンシャルとよく似た関数形をもち，その一般形は次式で与えられる。

$$V = \sum_{i=1}^{N}\left\{\sum_{j=1, j \neq i}^{N} A e^{\alpha r_{ij}} - b_{ij} B e^{-\beta r_{ij}}\right\} \quad (4.124)$$

ここで，最も重要な項は，原子 i と j の間の結合次数を表す b_{ij} である。このパラメータは原子 i の結合数に依存し，その値は，原子 i の結合数が増加すれば減少する。もし，結合次数が次式で与えられるならば，元の結合次数ポテンシャルは Finnis-Sinclair ポテンシャルと数学的に等価である [1]。

$$b_{ij} = \left(1 + \sum_{k=1; k \neq i, k \neq j}^{N} e^{-\beta(r_{ik} - r_{ij})}\right)^{-1/2} \quad (4.125)$$

結合の数 N が増加するか結合長 r_{ik} が減少すると，b_{ij} が減少することは，この式から容易に確認できる。固体の構造は，結合次数と近接原子数の関係から合理的に説明される。金属は大きな配位数をもつが，この事実は，個々の結合がたとえ弱くなったとしても，結合を多く形成する方が，結果としてエネルギー的に有利であることを示唆する。ケイ素のような物質は，中間の近接原子数で平衡を達成する。最小の配位数をもつのは分子固体である。

Tersoff ポテンシャルは 14 族元素を対象に設計されている。その適用範囲を広げたければ，角項を付け加えればよい。拡張されたポテンシャルを使用したとき，二原子 i と j の間の相互作用エネルギーは次式で与えられる。

$$\nu_{ij} = f_C(r_{ij}[Ae^{-\lambda_1 r_{ij}} - b_{ij}Be^{-\lambda_2 r_{ij}}])$$

ここで，

$$b_{ij} = (1 + \beta^n \xi_{ij}^n)^{-1/2n}; \quad \xi_{ij} = \sum_{k \neq i,j} f_C(r_{ik}) g(\theta_{ijk}) \exp[\lambda_3^3 (r_{ij} - r_{ik})^3] \quad (4.126)$$

$$g(\theta) = 1 + \frac{c^2}{d^2} - \frac{c^2}{[d^2 + (h - \cos\theta)^2]}$$

関数 f_C は，距離 r_{ij} ——通常，第一近接殻のみを包含するように選択される——までは 1 で，そのあと滑らかに減衰し，カットオフ距離でゼロになるスムージング関数である。また，b_{ij} は結合次数で，結合角 θ_{ijk} に依存する角項を含む。Tersoff ポテンシャルは，Stillinger-Weber ポテンシャルに比べ適用範囲が広い。しかしその分，パラメータの数も多くなる。

付録 4.1　2 個のドルーデ分子間の相互作用

ドルーデ分子（4.10.1 項参照）2 個からなる系では，ハミルトニアンに追加項が必要である [78]。この追加項は，二つの双極子間の相互作用に由来する。電荷間の距離を $z(t)$ としたとき，各分子の瞬間双極子は $qz(t)$ に等しい。いま，分子を区別し，1 と 2 で表せば，双極子-双極子相互作用エネルギーは次式で与えられる。

$$\nu(\mu_1, \mu_2) = -\frac{2\mu_1\mu_2}{4\pi\varepsilon_0 r^3} = -\frac{2z_1 z_2 q^2}{4\pi\varepsilon_0 r^3} \quad (4.127)$$

ここで，r は二分子間の距離である。この系に対するシュレーディンガー方程式は次の形をとる。

$$-\frac{\hbar^2}{2m}\frac{\partial^2 \psi}{\partial z_1^2} - \frac{\hbar^2}{2m}\frac{\partial^2 \psi}{\partial z_2^2} + \left[\frac{1}{2}kz_1^2 + \frac{1}{2}kz_2^2 - \frac{2z_1 z_2 q^2}{4\pi\varepsilon_0 r^3}\right]\psi = E\psi \quad (4.128)$$

いま，次のような置換えを行ってみよう。

$$a_1 = \frac{z_1 + z_2}{\sqrt{2}}; \quad a_2 = \frac{z_1 - z_2}{\sqrt{2}}; \quad k_1 = k - \frac{2q^2}{4\pi\varepsilon_0 r^3}; \quad k_2 = k + \frac{2q^2}{4\pi\varepsilon_0 r^3} \quad (4.129)$$

式 (4.128) は次のように変形される。

$$-\frac{\hbar^2}{2m}\frac{\partial^2 \psi}{\partial a_1^2} - \frac{\hbar^2}{2m}\frac{\partial^2 \psi}{\partial a_2^2} + \left[\frac{1}{2}k_1 a_1^2 + \frac{1}{2}k_2 a_2^2\right]\psi = E\psi \quad (4.130)$$

この式は，次の振動数をもつ二つの独立な（相互作用のない）振動子に対するシュレーディンガー方程式に他ならない。

$$\omega_1 = \omega\sqrt{1 - \frac{2q^2}{4\pi\varepsilon_0 r^3 k}}; \quad \omega_2 = \omega\sqrt{1 + \frac{2q^2}{4\pi\varepsilon_0 r^3 k}} \quad (4.131)$$

ここで，$\omega/2\pi$ は孤立ドルーデ分子の振動数である。すなわち，系の基底状態エネルギー（E_0）

は，二つの振動子の零点エネルギーの和に等しい：$E_0 = \frac{1}{2}\hbar(\omega_1 + \omega_2)$。

いま，基底状態エネルギー式のω_1とω_2を式(4.131)で置き換え，二項定理を適用して平方根を展開すると，次式が得られる。

$$E_0(r) = \hbar\omega - \frac{q^4\hbar\omega}{2(4\pi\varepsilon_0)^2 r^6 k^2} - \cdots \cdots \tag{4.132}$$

二つの振動子の相互作用エネルギー（ν）は，この零点エネルギーと振動子が無限遠に引き離されたときの系のエネルギーの差で与えられる。したがって，

$$\nu(r) = -\frac{q^4\hbar\omega}{2(4\pi\varepsilon_0)^2 r^6 k^2} \tag{4.133}$$

力の定数kは，分子の分極率αとどのような関係にあるのか。いま，ドルーデ分子1個が外部電場$\mathbf{E}$へ晒されている状態を考える。電場内では，各電荷に対し力$q\mathbf{E}$が作用する（二つの電荷は反対の符号をもつので，各電荷に作用する力は反対の方向を向く）。この力は二つの電荷を引き離そうとし，平衡は，結合の伸縮による復元力（kz）が静電力に等しくなったとき達成される：$qE = kz$。電荷間のこの距離は，$\mu_{ind} = qz = q^2E/k$ で与えられる静的双極子のそれに等しい。また，誘起双極子は分極率と$\boldsymbol{\mu}_{ind} = \alpha\mathbf{E}$の関係にある。したがって，これらの関係を結びつけると，$\alpha = q^2/k$ が成り立つ。二次元のドルーデ分子に対して，このような置換えを行うと，次の結果が導かれる。

$$\nu(r) = -\frac{\alpha^2\hbar\omega}{2(4\pi\varepsilon_0)^2 r^6} \tag{4.134}$$

三次元の場合も同様である。

$$\nu(r) = -\frac{3\alpha^2\hbar\omega}{4(4\pi\varepsilon_0)^2 r^6} \tag{4.135}$$

さらに読みたい人へ

[a] Bowen J P and N L Allinger 1991. Molecular Mechanics: The Art and Science of Parameterisation. In Lipkowitz K B and D B Boyd (Editors). *Reviews in Computational Chemistry* Volume 2. New York, VCH Publishers, pp. 81-97.

[b] Brenner D W, O A Shendreova and D A Areshkin 1998. Quantum-Based Analytic Interatomic Forces and Materials Simulation. In Lipkowitz K B and D B Boyd (Editors). *Reviews in Computational Chemistry* Volume 12. New York, VCH Publishers, pp. 207-239.

[c] Burkert U and N L Allinger 1982. *Molecular Mechanics*. ACS Monograph 177. Washington D.C., American Chemical Society.

[d] Dykstra C E 1993. Electrostatic Interaction Potentials in Molecular Force Fields. *Chemical Reviews* 93: 2339-2353.

[e] Landis C R, D M Root and T Cleveland 1995. Molecular Mechanics Force Fields for Modeling Inorganic and Organometallic Compounds. In Lipkowitz K B and D B Boyd (Editors). *Reviews in Computational Chemistry* Volume 6. New York, VCH Publishers, pp. 73-148.

[f] Niketic S R and K Rasmussen 1977. *The Consistent Force Field: A Documentation*. Berlin, Springer-Verlag.

[g] Price S L 2000. Towards More Accurate Model Intermolecular Potentials for Organic Molecules. In Lipkowitz K B and D B Boyd (Editors). *Reviews in Computational Chemistry* Volume 14. New York, VCH Publishers, pp. 225-289.

[h] Rigby M, E B Smith, W A Wakeham and G C Maitland 1981. *Intermolecular Forces: Their Origin and Determination*. Oxford, Clarendon Press.

[i] Rigby M, E B Smith, W A Wakeham and G C Maitland 1986. *The Forces between Molecules*. Oxford, Clarendon Press.

[j] Van der Graaf B, S L Njo and K S Smirnov 2000. Introduction to Zeolite Modeling. In Lipkowitz K B and D B Boyd (Editors). *Reviews in Computational Chemistry* Volume 14. New York, VCH Publishers, pp. 137-223.

[k] Williams D E 1991. Net Atomic Charge and Multipole Models for the *Ab Initio* Molecular Electric Potential. In Lipkowitz K B and D B Boyd (Editors). *Reviews in Computational Chemistry* Volume 2. New York, VCH Publishers, pp. 219-271.

引用文献

[1] Abell G C 1985. Empirical Chemical Pseudopotential Theory of Molecular and Metallic Bonding. *Physical Review* **B31**: 6184-6196.

[2] Allan N L and W C Mackrodt 1994. Density Functional Theory and Interionic Potentials. *Philosophical Magazine* **B69**: 871-878.

[3] Allinger N L 1977. Conformational Analysis. 130. MM2. A Hydrocarbon Force Field Utilizing V_1 and V_2 Torsional Terms. *Journal of the American Chemical Society* **99**: 8127-8134.

[4] Allinger N L, K Chen and J-H Lii 1996a. An Improved Force Field (MM4) for Saturated Hydrocarbons. *Journal of Computational Chemistry* **17**: 642-668.

[5] Allinger N L, K Chen, J A Katzenelenbogen, S R Wilson and G M Anstead 1996b. Hyperconjugative Effects on Carbon-Carbon Bond Lengths in Molecular Mechanics (MM4). *Journal of Computational Chemistry* **17**: 747-755.

[6] Allinger N L, F Li and L Yan 1990a. Molecular Mechanics. The MM3 Force Field for Alkenes. *Journal of Computational Chemistry* **11**: 848-867.

[7] Allinger N L, F Li, L Yan and J C Tai 1990b. Molecular Mechanics (MM3) Calculations

on Conjugated Hydrocarbons. *Journal of Computational Chemistry* **11**: 868-895.

[8] Allinger N L and J T Sprague 1973. Calculation of the Structures of Hydrocarbons Containing Delocalised Electronic Systems by the Molecular Mechanics Method. *Journal of the American Chemical Society* **95**: 3893-3907.

[9] Allinger N L, Y H Yuh and J-J Lii 1989. Molecular Mechanics. The MM3 Force Field for Hydrocarbons. I. *Journal of the American Chemical Society* **111**: 8551-8556.

[10] Allured V S, C M Kelly and C R Landis 1991. SHAPES Empirical Force-Field —— New Treatment of Angular Potentials and Its Application to Square-Planar Transition-Metal Complexes. *Journal of the American Chemical Society* **113**: 1-12.

[11] Barker J A, R A Fisher and R O Watts 1971. Liquid Argon: Monte Carlo and Molecular Dynamics Calculations. *Molecular Physics* **21**: 657-673.

[12] Barnes P, J L Finney, J D Nicholas and J E Quinn 1979. Cooperative Effects in Simulated Water. *Nature* **282**: 459-464.

[13] Bayly C I, P Cieplak, W D Cornell and P A Kollman 1993. A Well-Behaved Electrostatic Potential Based Method for Deriving Atomic Charges —— The RESP Model. *Journal of Physical Chemistry* **97**: 10269-10280.

[14] Berendsen H C, J P M Postma, W F van Gunsteren and J Hermans 1981. Interaction Models for Water in Relation to Protein Hydration. In Pullman B (Editor). *Intermolecular Forces*. Dordrecht, Reidel: pp. 331-342.

[15] Berendsen H J C, J R Grigera and T P Straatsma 1987. The Missing Term in Effective Pair Potentials. *Journal of Physical Chemistry* **91**: 6269-6271.

[16] Bernal J D and R H Fowler 1933. A Theory of Water and Ionic Solution, with Particular Reference to Hydrogen and Hydroxyl Ions. *Journal of Chemical Physics* **1**:515-548.

[17] Bezler B H, K M Merz Jr and P A Kollman 1990. Atomic Charges Derived from Semi-Empirical Methods. *Journal of Computational Chemistry* **11**: 431-439.

[18] Born M 1920. Volumen and Hydratationswärme der Ionen. *Zeitschrift für Physik* **1**: 45-48.

[19] Breneman C M and K B Wiberg 1990. Determining Atom-Centred Monopoles from Molecular Electrostatic Potentials. The Need for High Sampling Density in Formamide Conformational Analysis. *Journal of Computational Chemistry* **11**: 361-373.

[20] Buckingham A D 1959. Molecular Quadrupole Moments. *Quarterly Reviews of the Chemical Society* **13**: 183-214.

[21] Chirlian L E and M M Francl 1987. Atomic Charges Derived from Electrostatic Potentials: A Detailed Study. *Journal of Computational Chemistry* **8**: 894-905.

[22] Claessens M, M Ferrario and J-P Ryckaert 1983. The Structure of Liquid Benzene. *Molecular Physics* **50**: 217-227.

[23] Cleveland T and C R Landis 1996. Valence Bond Concepts Applied to the Molecular Mechanics Description of Molecular Shapes. 2. Applications to Hypervalent Molecules of the P-Block. *Journal of the American Chemical Society* **118**: 6020-6030.

[24] Corey E J and J C Bailar Jr 1959. The Stereochemistry of Complex Inorganic Compounds. XXII. Stereospecific Effects in Complex Ions. *Journal of the American Chemical Society* **81**: 2620-2629.

[25] Cornell W D, P Cieplak, C I Bayly, I R Gould, K M Merz Jr, D M Ferguson, D C Spellmeyer, T Fox, J W Caldwell and P A Kollman 1995. A Second Generation Force Field for the Simulation of Proteins, Nucleic Acids and Organic Molecules. *Journal of the American Chemical Society* **117**: 5179-5197.

[26] Corongiu G 1992. Molecular Dynamics Simulation for Liquid Water Using a Polarisable and Flexible Potential. *International Journal of Quantum Chemistry* **42**: 1209-1235.

[27] Cox S R and D E Williams 1981. Representation of the Molecular Electrostatic Potential by a New Atomic Charge Model. *Journal of Computational Chemistry* **2**: 304-323.

[28] Dang L X, J E Rice, J Caldwell and P A Kollman 1991. Ion Solvation in Polarisable Water: Molecular Dynamics Simulations. *Journal of the American Chemical Society* **113**: 2481-2486.

[29] Daw M S and M I Baskes 1984. Embedded-atom Method: Derivation and Application to Impurities, Surfaces, and Other Defects in Metals. *Physical Review* **B29**: 6443-6453.

[30] Dick B G and A W Overhauser 1958. Theory of the Dielectric Constants of Alkali Halide Crystals. *Physical Review* **112**: 90-103.

[31] Dinur U and A T Hagler 1991. New Approaches to Empirical Force Fields. In K B Lipkowitz and D B Boyd (Editors). *Reviews in Computational Chemistry*. Volume 2. New York, VCH Publishers, pp. 99-164.

[32] Dinur U and A T Hagler 1995. Geometry-Dependent Atomic Charges: Methodology and Application to Alkanes, Aldehydes, Ketones and Amides. *Journal of Computational Chemistry* **16**: 154-170.

[33] Ferenczy G G, C A Reynolds and W G Richards 1990. Semi-Empirical AM1 Electrostatic Potentials and AM1 Electrostatic Potential Derived Charges —— A Comparison with *Ab Initio* Values. *Journal of Computational Chemistry* **11**: 159-169.

[34] Ferguson D M 1995. Parameterisation and Evaluation of a Flexible Water Model. *Journal of Computational Chemistry* **16**: 501-511.

[35] Finnis M W and J E Sinclair 1984. A Simple Empirical N-Body Potential for Transition Metals. *Philosophical Magazine* **A50**: 45-55.

[36] Fowler P W and A D Buckingham 1991. Central or Distributed Multipole Moments? Electrostatic Models of Aromatic Dimers. *Chemical Physics Letters* **176**: 11-18.

[37] Gale J D, C R A Catlow and W C Mackrodt 1992. Periodic *Ab Initio* Determination of Interatomic Potentials for Alumina. *Modelling and Simulation in Materials Science and Engineering* **1**: 73-81.

[38] Gasteiger J and M Marsili 1980. Iterative Partial Equalization of Orbital Electronegativity —— Rapid Access to Atomic Charges. *Tetrahedron* **36**: 3219-3288.

[39] Gay J G and B J Berne 1981. Modification of the Overlap Potential to Mimic a Linear Site-Site Potential. *Journal of Chemical Physics* **74**: 3316-3319.

[40] Goodford P J 1985. A Computational Procedure for Determining Energetically Favorable Binding Sites on Biologically Important Macromolecules. *Journal of Medicinal Chemistry* **28**: 849-857.

[41] Grigoras S and T H Lane 1988. Molecular Parameters for Organosilicon Compounds Calculated from *Ab Initio* Computations. *Journal of Computational Chemistry* **9**: 25-39.

[42] Hagler A T, E Huler and S Lifson 1977. Energy Functions for Peptides and Proteins. I. Derivation of a Consistent Force Field Including the Hydrogen Bond from Amide Crystals. *Journal of the American Chemical Society* **96**: 5319-5327.

[43] Hagler A T and S Lifson 1974. Energy Functions for Peptides and Proteins. II. The Amide Hydrogen Bond and Calculation of Amide Crystal Properties. *Journal of the American Chemical Society* **96**: 5327-5335.

[44] Halgren T A 1992. Representation of van der Waals (vdW) Interactions in Molecular

Mechanics Force Fields: Potential Form, Combination Rules, and vdW Parameters. *Journal of the American Chemical Society* **114**: 7827-7843.

[45] Halgren T A 1996a. Merck Molecular Force Field. I. Basis, Form, Scope, Parameterisation and Performance of MMFF94. *Journal of Computational Chemistry* **17**: 490-519.

[46] Halgren T A 1996b. Merck Molecular Force Field. II: MMFF94 van der Waals and Electrostatic Parameters for Intermolecular Interactions. *Journal of Computational Chemistry* **17**: 520-552.

[47] Hill T L 1948. Steric Effects. I. Van der Waals Potential Energy Curves. *Journal of Chemical Physics* **16**: 399-404.

[48] Hunter C A 1993. Sequence-Dependent DNA Structure. The Role of Base Stacking Interactions. *Journal of Molecular Biology* **230**: 1024-1054.

[49] Hunter C A and J K M Saunders 1990. The Nature of π-π Interactions. *Journal of the American Chemical Society* **112**: 5525-5534.

[50] Hwang M J, T P Stockfisch and A T Hagler 1994. Derivation of Class II Force Fields. 2. Derivation and Characterisation of a Class II Force Field, CFF93, for the Alkyl Functional Group and Alkane Molecules. *Journal of the American Chemical Society* **116**: 2515-2525.

[51] Jorgensen W L, J Chandrasekhar, J D Madura, R W Impey and M L Klein 1983. Comparison of Simple Potential Functions for Simulating Liquid Water. *Journal of Chemical Physics* **79**: 926-935.

[52] Jorgensen W L and J Pranata 1990. Importance of Secondary Interactions in Triply Hydrogen Bonded Complexes: Guanine-Cytosine vs Uracil-2,6-Diaminopyridine. *Journal of the American Chemical Society* **112**: 2008-2010.

[53] Jorgensen W L and J Tirado-Rives 1988. The OPLS Potential Functions for Proteins——Energy Minimizations for Crystals of Cyclic-Peptides and Crambin. *Journal of the American Chemical Society* **110**: 1666-1671.

[54] Landis C R, T Cleveland and T K Firman 1995. Making Sense of the Shapes of Simple Metal Hydrides. *Journal of the American Chemical Society* **117**: 1859-1860.

[55] Landis C R, T K Firman, D M Root and T Cleveland 1998. A Valence Bond Perspective on the Molecular Shapes of Simple Metal Alkyls and Hydrides. *Journal of the American Chemical Society* **120**: 1842-1854.

[56] Lifson S and A Warshel 1968. Consistent Force Field for Calculations of Conformations, Vibrational Spectra and Enthalpies of Cycloalkane and *n*-Alkane Molecules. *Journal of Chemical Physics* **49**: 5116-5129.

[57] Lii J-H and N L Allinger 1989. Molecular Mechanics. The MM3 Force Field for Hydrocarbons. 2. Vibrational Frequencies and Thermodynamics. *Journal of the American Chemical Society* **111**: 8566-8582.

[58] London F 1930. Zur Theori und Systematik der Molekularkräfte. *Zeitschrift für Physik* **63**: 245-279.

[59] Luckhurst G R, R A Stephens and R W Phippen 1990. Computer Simulation Studies of Anisotropic Systems XIX. Mesophases Formed by the Gray-Berne Model Mesogen. *Liquid Crystals* **8**: 451-464.

[60] Luque F J, F Ilas and M Orozco 1990. Comparative Study of the Molecular Electrostatic Potential Obtained from Different Wavefunctions——Reliability of the Semi-Empirical MNDO Wavefunction. *Journal of Computational Chemistry* **11**: 416-430.

[61] Lybrand T P and P A Kollman 1985. Water-Water and Water-Ion Potential Functions In-

cluding Terms for Many Body Effects. *Journal of Chemical Physics* **83**: 2923-2933.
- [62] Maple J R, U Dinur and A T Hagler 1988. Derivation of Force Fields for Molecular Mechanics and Molecular Dynamics from *Ab Initio* Energy Surfaces. *Proceedings of the National Academy of Sciences USA* **85**: 5350-5354.
- [63] Nevins N, K Chen and N L Allinger 1996a. Molecular Mechanics (MM4) Calculations on Alkenes. *Journal of Computational Chemistry* **17**: 669-694.
- [64] Nevins N, K Chen and N L Allinger 1996b. Molecular Mechanics (MM4) Calculations on Conjugated Hydrocarbons. *Journal of Computational Chemistry* **17**: 695-729.
- [65] Nevins N, K Chen and N L Allinger 1996c. Molecular Mechanics (MM4) Vibrational Frequency Calculations for Alkenes and Conjugated Hydrocarbons. *Journal of Computational Chemistry* **17**: 730-746.
- [66] Nicholas J B, A J Hopfinger, F R Trouw and L E Iton 1991. Molecular Modelling of Zeolite Structure. 2. Structure and Dynamics of Silica Sodalite and Silicate Force Field. *Journal of the American Chemical Society* **113**: 4792-4800.
- [67] Niesar U, G Corongiu, E Clementi, G R Keller and D K Bhattacharya 1990. Molecular Dynamics Simulations of Liquid Water Using the NCC *Ab Initio* Potential. *Journal of Physical Chemistry* **94**: 7949-7956.
- [68] Niketic S R and K Rasmussen 1977. *The Consistent Force Field: A Documentation*. Berlin, Springer-Verlag.
- [69] Packer M J, M P Dauncey and C A Hunter 2000. Sequence-Dependent DNA Structure: Dinucleotide Conformational Maps. *Journal of Molecular Biology* **295**: 71-83.
- [70] Pranata J and W L Jorgensen 1991. Computational Studies on FK506: Computational Search and Molecular Dynamics Simulations in Water. *Journal of the American Chemical Society* **113**: 9483-9493.
- [71] Price S L, R J Harrison and M F Guest 1989. An *Ab Initio* Distributed Multipole Study of the Electrostatic Potential around an Undecapeptide Cyclosporin Derivative and a Comparison with Point Charge Electrostatic Models. *Journal of Computational Chemistry* **10**: 552-567.
- [72] Rappé A K, C J Casewit, K S Colwell, W A Goddard III and W M Skiff 1992. UFF, a Full Periodic Table Force Field for Molecular Mechanics and Molecular Dynamics Simulations. *Journal of the American Chemical Society* **114**: 10024-10035.
- [73] Rappé A K, K S Colwell and C J Casewit 1993. Application of a Universal Force Field to Metal Complexes. *Inorganic Chemistry* **32**: 3438-3450.
- [74] Rappé A K and W A Goddard III 1991. Charge Equilibration for Molecular Dynamics Simulations. *Journal of Physical Chemistry* **95**: 3358-3363.
- [75] Reynolds C A, J W Essex and W G Richards 1992. Atomic Charges for Variable Molecular Conformations. *Journal of the American Chemical Society* **114**: 9075-9079.
- [76] Rick S W and B J Berne 1996. Dynamical Fluctuating Charge Force Fields: The Aqueous Solvation of Amides. *Journal of the American Chemical Society* **118**: 672-679.
- [77] Rick S W, S J Stuart and B J Berne 1994. Dynamical Fluctuating Charge Force Fields: Application to Liquid Water. *Journal of Chemical Physics* **101**: 6141-6156.
- [78] Rigby M, E B Smith, W A Wakeham and G C Maitland 1986. *The Forces between Molecules*. Oxford, Clarendon Press.
- [79] Rodger P M, A J Stone and D J Tildesley 1988. The Intermolecular Potential of Chlorine. A Three Phase Study. *Molecular Physics* **63**: 173-188.
- [80] Singh U C and P A Kollman 1984. An Approach to Computing Electrostatic Charges for

Molecules. *Journal of Computational Chemistry* **5**: 129-145.

[81] Smith P E and B M Pettitt 1994. Modelling Solvent in Biomolecular Systems. *Journal of Physical Chemistry* **98**: 9700-9711.

[82] Sprague J T, J C Tai, Y Yuh and N L Allinger 1987. The MMP2 Calculational Method. *Journal of Computational Chemistry* **8**: 581-603.

[83] Sprik M and M L Klein 1988. A Polarisable Model for Water Using Distributed Charge Sites. *Journal of Chemical Physics* **89**: 7556-7560.

[84] Sprik M 1993. Effective Pair Potentials and Beyond. In M P Allen, D J Tildesley (Editors). *Computer Simulation in Chemical Physics*. Dordrecht, Kluwer.

[85] Stillinger F H and A Rahman 1974. Improved Simulation of Liquid Water by Molecular Dynamics. *Journal of Chemical Physics* **60**: 1545-1557.

[86] Stillinger F H and T A Weber 1985. Computer Simulation of Local Order in Condensed Phases of Silicon. *Physical Review* **B31**: 5262-5271.

[87] Stone A J 1981. Distributed Multipole Analysis, or How to Describe a Molecular Charge Distribution. *Chemical Physics Letters* **83**: 233-239.

[88] Stone A J and M Alderton 1985. Distributed Multipole Analysis Methods and Applications. *Molecular Physics* **56**: 1047-1064.

[89] Stuart S J and B J Berne 1996. Effects of Polarisability on the Hydration of the Chloride Ion. *Journal of Physical Chemistry* **100**: 11934-11943.

[90] Sutton A P and J Chen 1990. Long-Range Finnis-Sinclair Potentials. *Philosophical Magazine Letters* **61**: 139-146.

[91] Tersoff J 1988. New Empirical Approach for the Structure and Energy of Covalent Systems. *Physical Review* **B37**: 6991-7000.

[92] Toxvaerd S 1990. Molecular Dynamics Calculation of the Equation of State of Alkanes. *Journal of Chemical Physics* **93**: 4290-4295.

[93] Vedani A 1988. YETI: An Interactive Molecular Mechanics Program for Small-Molecular Protein Complexes. *Journal of Computational Chemistry* **9**: 269-280.

[94] Vinter J G 1994. Extended Electron Distributions Applied to the Molecular Mechanics of Some Intermolecular Interactions. *Journal of Computer-Aided Molecular Design* **8**: 653-668.

[95] Warshel A and M Karplus 1972. Calculation of Ground and Excited State Potential Surfaces of Conjugated Molecules. I. Formulation and Parameterisation. *Journal of the American Chemical Society* **94**: 5612-5622.

[96] Warshel A and A Lappicirella 1981. Calculations for Ground- and Excited-State Potential Surfaces for Conjugated Heteroatomic Molecules. *Journal of the American Chemical Society* **103**: 4664-4673.

[97] Weiner S J, P A Kollman, D A Case, U C Singh, C Ghio, G Alagona, S Profeta and P Weiner 1984. A New Force Field for Molecular Mechanical Simulation of Nucleic Acids and Proteins. *Journal of the American Chemical Society* **106**: 765-784.

[98] Williams D E 1990. Alanyl Dipeptide Potential-Derived Net Atomic Charges and Bond Dipoles, and Their Variation with Molecular Conformation. *Biopolymers* **29**: 1367-1386.

第 5 章　エネルギーの極小化と関連手法によるエネルギー曲面の探索

5.1　はじめに

　きわめて簡単な系を除き，系のポテンシャルエネルギーは座標の複雑な多次元関数である。たとえば，エタンは構造を完全に規定するのに，18 個の内部座標もしくは 24 個の直交座標を必要とする。1.3 節ですでに述べたように，エネルギーが座標とともに変化する様子は，通常，ポテンシャルエネルギー曲面（超曲面）で表される。簡潔のため本章では，これ以降，特に明記されなければ，「エネルギー」はすべて「ポテンシャルエネルギー」の意味で使われる。N 個の原子からなる系の場合，エネルギーは $(3N-6)$ 個の内部座標もしくは $3N$ 個の直交座標の関数である。そのため，エネルギーが 1 ないし 2 個の座標で表される簡単な場合を除き，完全なエネルギー曲面を視覚化することは不可能である。ちなみに，2 個のアルゴン原子間のファンデルワールス・エネルギーは（レナード-ジョーンズ・ポテンシャルを使用したとき）ただ 1 個の座標——原子間距離——に依存する。また時として，エネルギー曲面の一部だけを視覚化したいこともある。たとえば，伸張配座のペンタンに関し，中央の二つの炭素-炭素結合を 0°〜360°の範囲で回転させ，発生した各構造のエネルギーを計算する場合を考えてみよう。この場合，エネルギーは二つの変数の関数である。したがって，そのエネルギー曲面は，図 5.1 に示すように等高線図や等角投影図で表すことができる。

　「エネルギー曲面」という用語は，これらの二例のように結合が維持される系だけではなく，結合が切断／形成される系に対しても使われる。本章の議論は，特に指摘がなければ，量子力学と分子力学のいずれに対しても当てはまる。

　分子モデリングで特に問題となるのは，エネルギー曲面の極小点である。極小エネルギー配置は系の安定状態に対応する。極小点から遠ざかるいかなる運動も，エネルギーのより高い配置を生じる。エネルギー曲面には，おそらく多数の極小点が存在する。最もエネルギーの低い極小点は，大域的なエネルギー極小点（global energy minimum）と呼ばれる。エネルギー曲面の極小点に対応する系の幾何配置を知るには，極小化アルゴリズムが必要である。この分野に関しては厖大な数の文献が存在する。ここでは，分子モデリングで最も広く使用されるアプローチだけを取り上げる。われわれはまた，あるエネルギー極小構造から別の極小構造へ，系がどのように変化するのかについても関心がある。たとえば，原子の相対位置は，反応の過程でどのように変化していくのか。また，分子がその配座を変えたとき，構造にどのような変化が起こるのか。二つの極小点をつなぐ経路上にあるエネルギー極大点は，特に興味深い。この点は鞍点（saddle

244　第5章　エネルギーの極小化と関連手法によるエネルギー曲面の探索

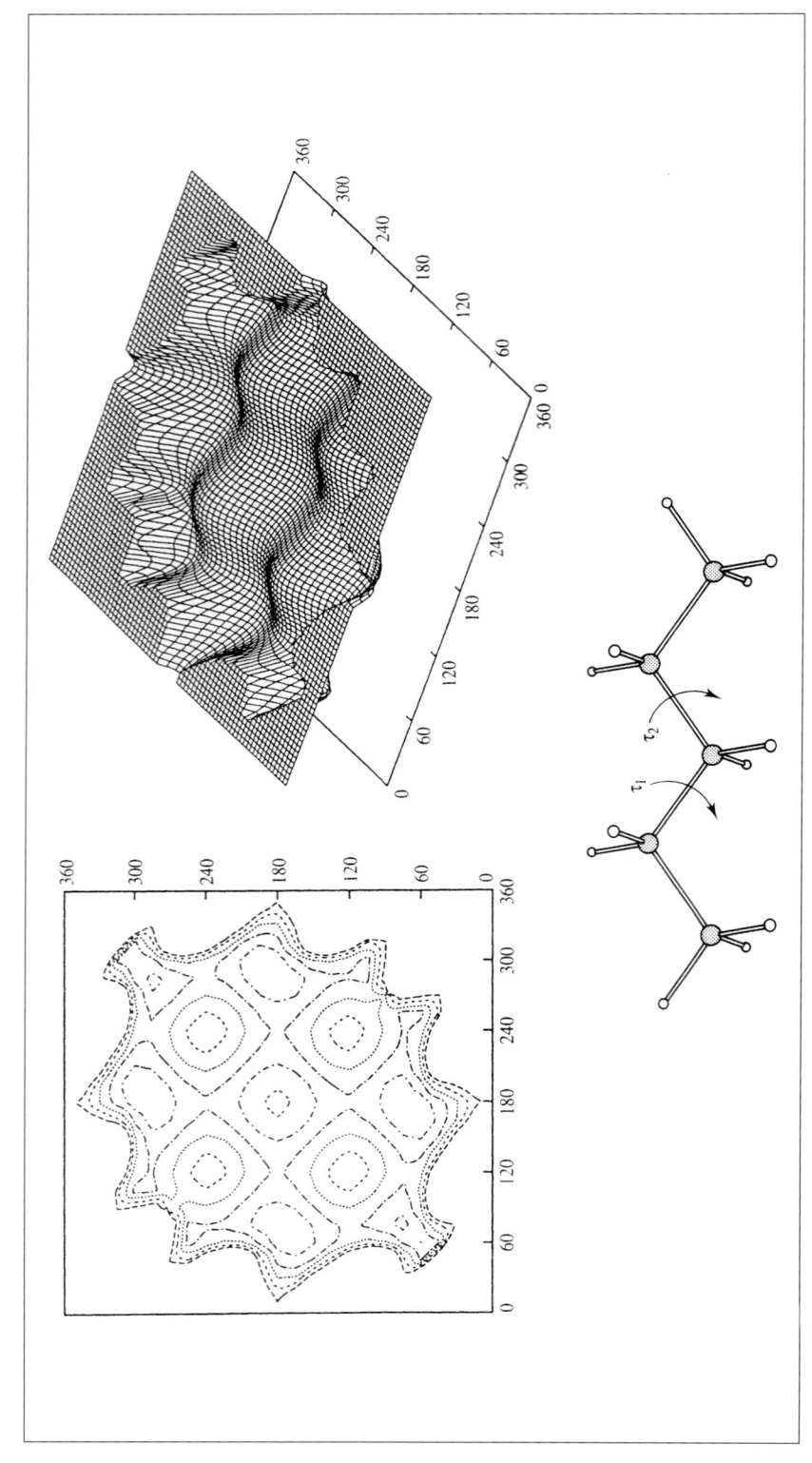

図 5.1 二つのねじれ角に関するペンタンのエネルギー変化。(左上図) 等高線図；(右上図) 等角投影図。エネルギーの低い領域のみを示す。

point）と呼ばれ，その原子配置は遷移構造（transition structure）に対応する。極小点と鞍点はいずれもエネルギー曲面上の停留点であり，これらの点では，座標に関するエネルギー関数の一次微分はすべてゼロになる。

地形図との類比は，本章で遭遇する概念の理解に役立つ。たとえば，極小点は谷の底に対応し，「長く狭い谷」とか「平坦で特徴のない平原」といった具合に記述される。また，鞍点は山の峠に対応する。われわれが必要とするのは，坂を登ったり下ったりするためのアルゴリズムである。

5.1.1 エネルギーの極小化：問題の記述

エネルギー極小化問題は，形式的には次のように記述できよう。すなわち，いま1個以上の独立変数（$x_1, x_2, \ldots, x_i$）に依存する関数fがあるとする。fが極小値をとるときの変数の値を見つけること，それが極小化問題である。極小点では，各変数についての関数の一次微分はゼロであり，二次微分はすべて正である。

$$\frac{\partial f}{\partial x_i} = 0 \; ; \qquad \frac{\partial^2 f}{\partial x_i^2} > 0 \tag{5.1}$$

最も関心がもたれるのは，変数x_iが原子の直交座標もしくは内部座標で与えられた量子力学や分子力学のエネルギー関数である。分子力学では，極小化は通常直交座標で行われる。この場合，エネルギーは$3N$個の変数からなる関数で表される。一方，量子力学では，一般に使用されるのは（Z行列で定義される）内部座標の方である。解析関数の場合，関数の極小点は標準的な微積分法を使えば見つけ出せる。しかし，エネルギーが座標とともに複雑に変化する分子系では，このことは一般に当てはまらない。極小点を求めるには，数値計算法を適用し，座標を徐々に変化させてエネルギーのより低い配置を捜し当て，極小点に達するまでこの操作を繰り返す必要がある。では，極小化アルゴリズムはどのように作動するのか。一例として，簡単な二変数関

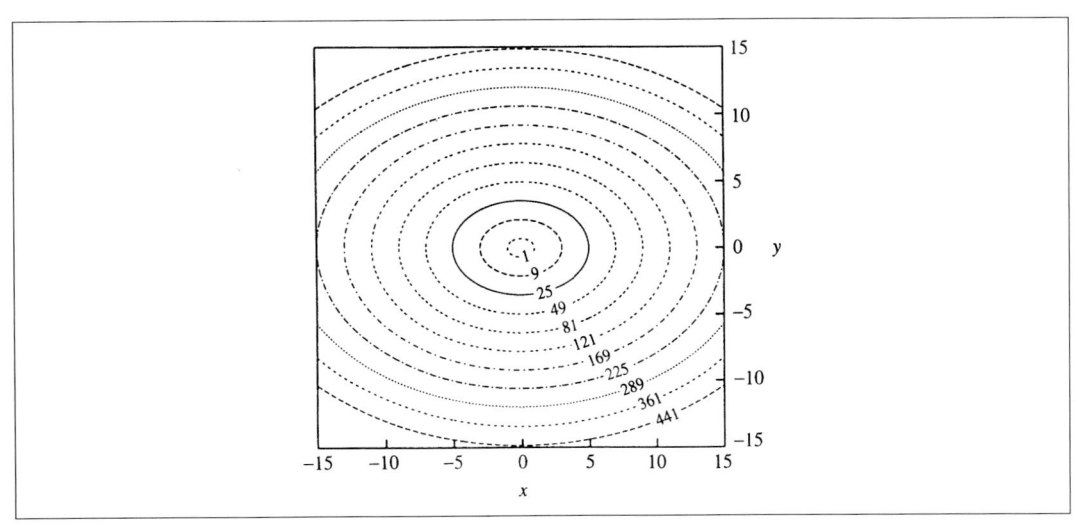

図 5.2 関数 $x^2 + 2y^2$ の等高線図

数 $f(x, y) = x^2 + 2y^2$ を考えてみよう。この関数は，等高線図で表すと図5.2のようになる。関数は極小点を一つもち，それは原点にある。いま，点 (9.0, 9.0) から出発して，極小点の位置を定めることにする。ここでは簡単のため，二変数の関数で説明するが，これから述べる方法は，変数のはるかに多い関数に対してもそのまま適用できる。

極小化アルゴリズムは二つのグループへ大別される。座標に関するエネルギー微分を使用するアルゴリズムと，使用しないアルゴリズムの二つである。微分は，エネルギー曲面の形に関する情報をもたらす。使い方を間違えなければ，それは極小点の検出効率を大いに高める。与えられた問題に対して，最も適切なアルゴリズム（またはその組合せ）を選択するに当たっては，さまざまな要素が考慮されねばならない。最小限のメモリーで，できる限り迅速に解答を出すアルゴリズムがあれば理想的である。しかし，分子モデリングのあらゆる問題に対し，常に最良の結果を与えるアルゴリズムはまだ知られていない。そのため，ソフトウェアパッケージのほとんどはアルゴリズムをいくつか搭載し，その中から選択できるようになっている。量子力学でうまく働くからといって，分子力学でもそうであるとは限らない。これは一部，量子力学が分子力学に比べ，原子数の少ない系の計算に使われることと関係がある。たとえば，ある種の極小化操作で不可欠な逆行列の計算は，小規模な系では取るに足りない問題である。しかし，数千個の原子を含む系となると，その計算はもはや手に負えなくなる。また，さまざまな配置のエネルギーや微分を求めるのに必要な計算量も，量子力学と分子力学では大いに異なる。そのため，ステップ数の多いアルゴリズムは，分子力学では使えても量子力学では不適当である。

極小化アルゴリズムのほとんどは，エネルギー曲面を下方へ向かって降りることしかできない。そのため，検出できるのは，出発点から見て（下り坂方向にある）最も近い極小点だけである。たとえば，簡単な一次元のエネルギー曲面を例にとろう。図5.3は，曲面上の3点A，BおよびCから出発したときに得られる極小点を示している。極小点は，重力の影響下で球がエネルギー曲面上を転がり落ちたとき，最後に止まる位置に対応する。この例からも明らかなように，複数の極小点を調べたり大域的なエネルギー極小点を定めようとする場合には，われわれは出発点を色々変え，その各々に対して極小化操作を施さねばならない。アルゴリズムの中には，坂を

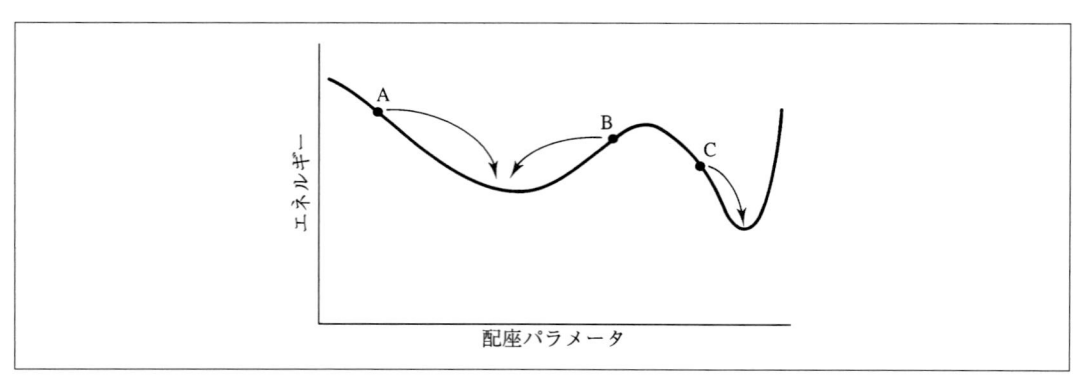

図 **5.3** 一次元のエネルギー曲面図。極小化法は最も近い極小点へ向かって坂を下りる。狭く深い極小点は，エネルギーの高い幅広の極小点に比べ，統計的重みが小さい。

駆け上がり，最も近い極小点よりもさらにエネルギーの低い極小点を捜し出せるものもある。しかし，任意の位置から出発して大域的なエネルギー極小点を定めることができるアルゴリズムは，まだ存在しない。

さまざまなエネルギー極小構造の存在確率は，エネルギー曲面の形に強く依存する。たとえば，狭く深い極小点は，振動エネルギー準位が広い間隔で分布し近づきにくくなっている。そのため，エネルギーのより高い幅広の極小点に比べ，存在確率は低いかもしれない。すなわち，大域的なエネルギー極小点は，存在確率の最も高い極小点と必ずしも一致しない。また，活性構造――たとえば薬物分子の生物活性配座――が，大域的な極小エネルギー配座や存在確率の最も高い配座と一致するという保証もない。活性構造は，場合によっては，極小エネルギー構造に対応していないことすらありうる。

極小化プログラムは，入力データとして系の初期座標を必要とする。初期座標の元となるデータはさまざまである。それらは，X線結晶解析やNMRのような実験的手法から得られることもあるし，配座探索のような理論的手法から得られることもある。実験と理論を組み合わせたアプローチもまた利用される。たとえば，水溶液中でのタンパク質の挙動を研究する場合には，通常，タンパク質の構造はX線結晶解析データで表されるが，それを浸す溶媒浴分子の座標は，モンテカルロや分子動力学のシミュレーションから得られる。

5.1.2　微分

微分極小化法の適用に当たっては，その前提条件として，変数（直交または内部座標）に関するエネルギーの微分が計算できなければならない。微分は解析的に求めてもよいし，数値的に求めてもよい。望ましいのは，正確でより迅速に計算できる解析微分の方である。量子力学と分子力学による解析微分の計算については，それぞれ3.4.3項と4.16節ですでに取り上げた。

数値微分しかできない場合には，むしろ，非微分型の極小化アルゴリズムを使用した方が良い結果が得られる。しかし状況によっては，数値微分を使わざるを得ない場合もあろう。数値微分の計算は次の手順に従う。すなわち，まず最初，ある座標 x_i の位置を少し変化させ（δx_i），新しい配置でのエネルギーを計算する。微分 $\partial E/\partial x_i$ は，エネルギーの変化（δE）を座標の変化（δx_i）で割れば得られる。これは厳密には，2点 x_i と $x_i+\delta x_i$ の中点での微分に相当する。点 x_i でのより正確な微分値を知りたければ，（さらに計算努力が必要で）2点 $x_i+\delta x_i$ と $x_i-\delta x_i$ でのエネルギーを調べる必要がある。微分値は，これらのエネルギーの差を $2\delta x_i$ で割ることにより得られる。

5.2　非微分極小化法

5.2.1　シンプレックス法

エネルギー関数の次元を M としたとき，相互に連結した（$M+1$）個の頂点（vertex）をもつ幾何図形をシンプレックス（単体，simplex）と呼ぶ。たとえば，二変数の関数に対するシン

プレックスは三角形である。同様に，三変数の関数に対しては四面体のシンプレックス，$3N$個の直交座標からなるエネルギー関数に対しては$(3N+1)$個の頂点をもつシンプレックスがそれぞれ定義される。また，関数が$(3N-6)$個の内部座標で表されるならば，シンプレックスは$(3N-5)$個の頂点をもつ。各頂点は，エネルギーが計算される特定の座標値に対応する。前節で取り上げた二次元関数$f(x,y)=x^2+2y^2$の場合，シンプレックスは三角形である。

シンプレックス・アルゴリズムは，アメーバの運動によく似た様式で，ポテンシャルエネルギー曲面上を動き回り極小点を突き止める。基本的な移動操作は3種類ある。最も一般的なのは，最大値をもつ頂点を他の頂点の重心に関して反転させ，新しい頂点を求める操作である。この新しい頂点がシンプレックスの他のどの頂点よりも低いエネルギーをもつならば，さらに「反転-膨張」の操作が施される。谷底に達すると，反転の操作を施しても，エネルギーのさらに低い頂点はもはや発見できなくなる。このような状況に陥ったときには，エネルギーが最大の頂点から他の頂点の重心へ向け，シンプレックスを収縮させる。もし，このようにしてもエネルギーが低下しなければ，エネルギーが最小の頂点のまわりに他のすべての頂点を引き寄せ，シンプレックスを収縮させる第三の移動操作が試みられる。図で説明すれば，これらの3種の移動操作は図5.4のようになる。

シンプレックス・アルゴリズムの実行に当たっては，まず最初，初期シンプレックスの各頂点

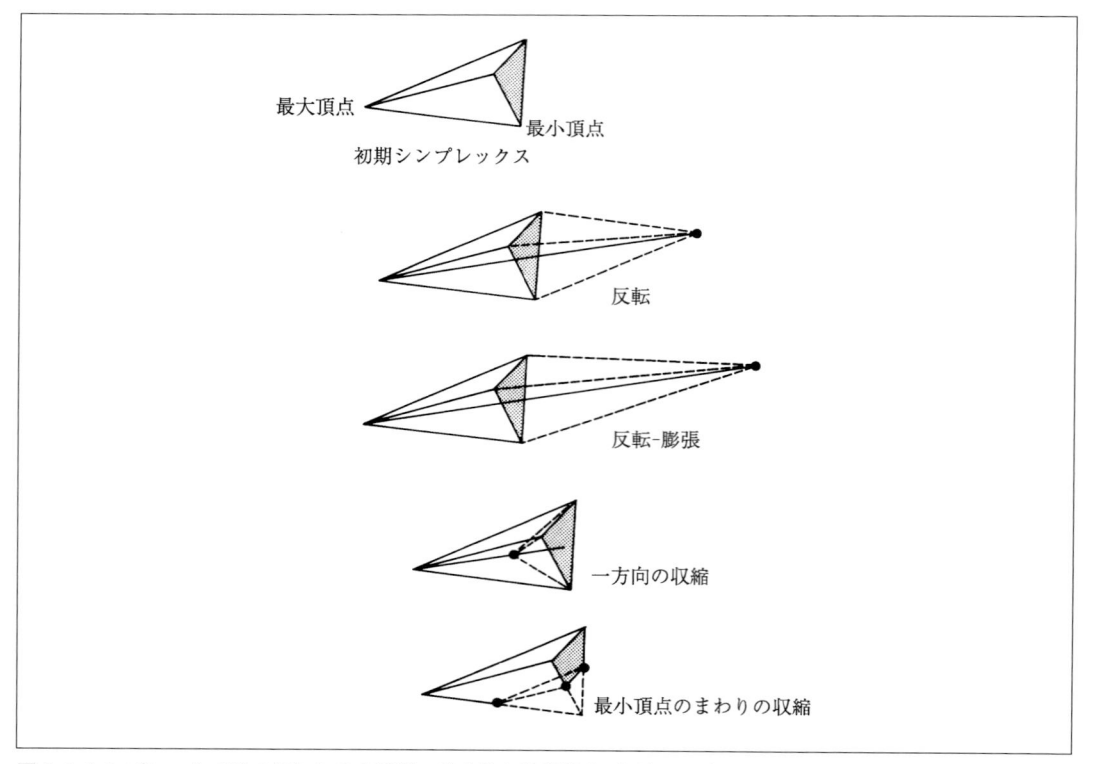

図 5.4 シンプレックス法で使われる3種類の基本的な移動操作（反転と反転-膨張，一方向の収縮，最小頂点のまわりの収縮）[d]

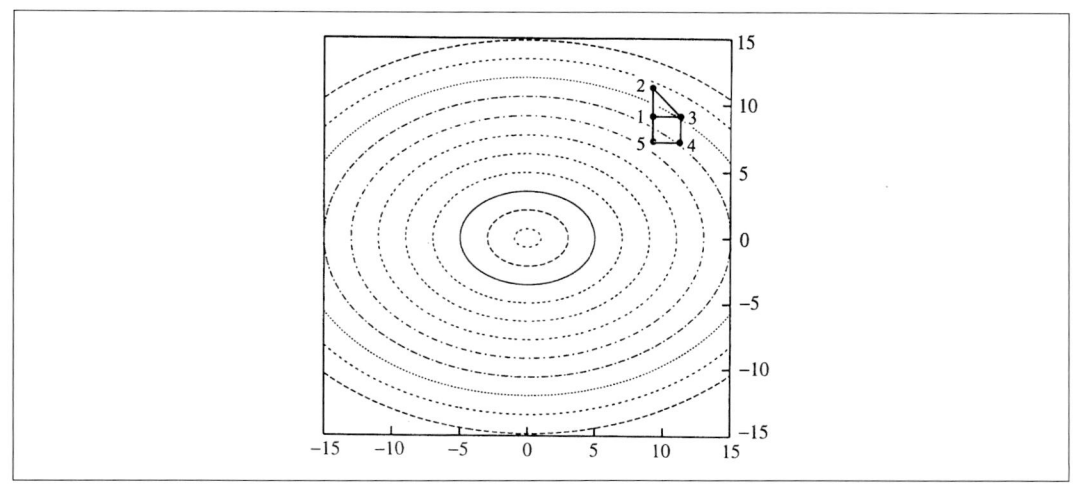

図 5.5 関数 x^2+2y^2 へのシンプレックス法の適用。初期シンプレックスは、三角形 123 である。最大値をとる頂点 2 を反転させると、次のシンプレックス 134 が得られる。同様にして反転を繰り返すと、三つ目のシンプレックス 145 が生成される。

を決めなければならない。系の初期配置は、これらの頂点の一つとして適切である。他の頂点はさまざまな方法で求めうる。しかし簡単なのは、各座標へ一定の増分を順次加える方法である。新しい頂点が作られると、それに対して系のエネルギーが計算され、その頂点の関数値とされる。

　シンプレックス法が特にうまく働くのは、系の初期配置がきわめて高いエネルギーをもち、エネルギーの低い解を見つけやすい場合である。シンプレックス法は厖大な数のエネルギー計算を必要とするため、計算費用の点で問題を抱える。たとえば、初期シンプレックスを発生させるだけでも、エネルギー計算は $(3N+1)$ 回必要である。そのため、シンプレックス法は通常単独ではなく、他の極小化アルゴリズムと組み合わせて使用される。この場合、シンプレックス法は初期構造の最初のおおざっぱな改善に使用され、あとはより効率の良い方法に引き継がれる。

　次に一例として、お馴染みの二次関数 $f=x^2+2y^2$ を取り上げ、シンプレックス法の具体的な手順を見てみよう（図5.5）。初期シンプレックスの頂点は、位置 $(9,9)$、$(11,9)$ および $(9,11)$ にあるとする。これらの頂点は、$(9,9)$ を基点として、各座標に定数 2 を順次加えることで得られた。これらの頂点の関数値は、それぞれ 243、283、323 である。最大の関数値をとる頂点は $(9,11)$ であるから、最初のステップでは、まず、この頂点が三角形の相対する辺の反対側へ反転される。この操作で頂点 $(11,7)$ が新たに生成される。新しい頂点の関数値は 219 である（ここでは、反転-膨張の操作は使用しない）。新しいシンプレックスで最大値をとる頂点は $(11,9)$ である。したがって次に、この頂点が相対する辺の反対側へ反転される。この操作により頂点 $(9,7)$ が得られる。この頂点の関数値は 179 である。ここで取り上げた例はきわめて簡単である。しかしそれでも、シンプレックス・アルゴリズムは、0.1 よりも小さい関数値をもつ頂点を捜し出すのに、30 回を越えるステップを必要とする。

　シンプレックスはなぜ自由度の数よりも1個多い頂点をもつのか。それは、頂点が $(M+1)$ 個

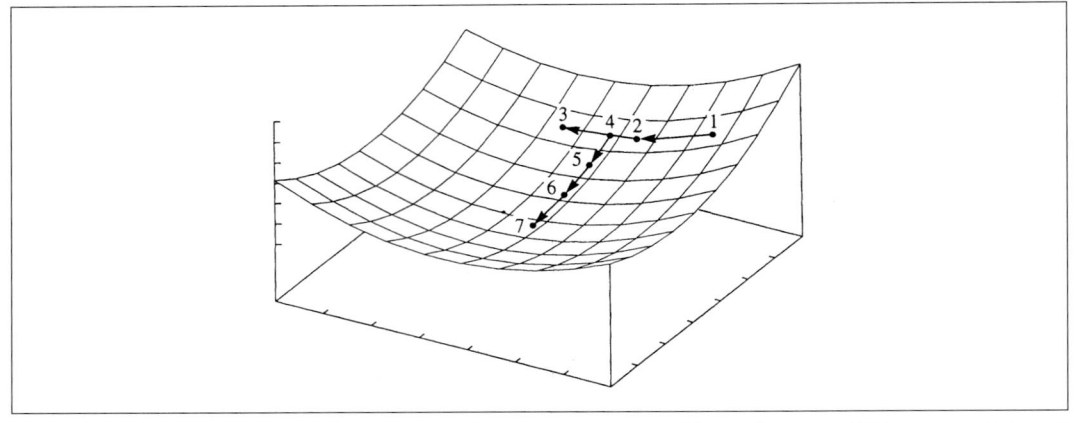

図 5.6 逐次一変量法。点1から出発し，特定の座標に沿って2ステップ進むと点2と3が得られる。これらの三点に対して放物線を当てはめ，極小点（点4）を求める。他の座標についても同じ操作を繰り返すと，点5，6および7が得られる［e］。

よりも少なくては，エネルギー曲面全体が探索できないからである。たとえば，二次のエネルギー曲面を探索するのに，頂点が2個のシンプレックスを使用したとしよう。このシンプレックスは直線である。したがってこの場合，可能な唯一の操作は，この直線に乗る他の点への移動だけとなり，直線から外れたエネルギー曲面上の点が探索されることはない。三変数の関数に対して三角形のシンプレックスを使用した場合も同様である。探索できるのは，三角形と同じ平面にある空間領域だけである。もちろん，極小点はこの平面内にあるとは限らない。

5.2.2 逐次一変量法

シンプレックス法はエネルギー計算の回数が多すぎる。そのため，量子力学的計算で利用されることはめったにない。量子力学で使われる非微分極小化法は，逐次一変量法（sequential univariate method）である。この方法は，対象の座標を変えながら座標ごとに順次極小化を行い，それを系統的に繰り返す。各座標に対しては，現在の位置を x_i としたとき，$x_i + \delta x_i$ と $x_i + 2\delta x_i$ に対応する二つの新規構造を発生させ，それらのエネルギーを計算する。次に，元の構造と歪んだ二つの構造に対応する3点に対して放物線を当てはめる。さらに，この二次関数の極小点を求め，その位置へ座標を移動させる。これらの手順は，図で説明すれば図5.6のようになる。すべての座標の変化が十分小さくなれば，極小点に到達したと見なされるが，そうでなければ同様の操作がさらに繰り返される。逐次一変量法は，通常，シンプレックス法に比べて関数評価の回数が少なくてすむ。しかし，複数の座標間に強い連関が存在したり，エネルギー曲面が長く狭い谷をもつ場合には収束が遅い。

5.3 微分極小化法への序論

微分は，エネルギーの極小化にきわめて役立つ情報をもたらす。そのため，一般の極小化では

通常微分法が使用される。エネルギーの一次微分（勾配）は極小点がある方向を指し示し，その大きさは局所勾配の険しさを表す。力は，勾配に負号を付けたものに等しい。系のエネルギーは，作用する力に従い各原子を動かせば低下する。二次微分は関数の曲率を表す。この情報は，関数がどこで向きを変えるかを予測し，極小点とそれ以外の停留点を識別するのに役立つ。

微分法の議論では，関数は便宜上，点 x_k についてのテイラー級数に展開される。

$$V(x) = V(x_k) + (x-x_k)V'(x_k) + (x-x_k)^2 V''(x_k)/2 + \cdots\cdots \tag{5.2}$$

多次元関数では，変数 x はベクトル $\mathbf{x}$ で置き換えられ，微分は行列で表される。たとえば，ポテンシャルエネルギー $V(\mathbf{x})$ が $3N$ 個の直交座標の関数である場合，ベクトル $\mathbf{x}$ は $3N$ 個の成分をもち，$\mathbf{x}_k$ は系の現在の配置を表す。また，$V'(\mathbf{x}_k)$ は $3N \times 1$ 行列（ベクトル）で，その各要素は，座標に関する V の偏微分，$\partial V/\partial x_i$ である。本書では，点 k での勾配は $\mathbf{g}_k$ とも表記される。行列 $V''(\mathbf{x}_k)$ の各要素 (i,j) は，二つの座標 x_i と x_j に関するエネルギー関数の二次偏微分，$\partial^2 V/\partial x_i \partial x_j$ である。$V''(\mathbf{x}_k)$ は $3N \times 3N$ の行列で，ヘシアンまたは力の定数行列と呼ばれる。多次元の場合，テイラー級数展開式は次の形をとる。

$$V(\mathbf{x}) = V(\mathbf{x}_k) + (\mathbf{x}-\mathbf{x}_k)V'(\mathbf{x}_k) + (\mathbf{x}-\mathbf{x}_k)^\mathrm{T} \cdot V''(\mathbf{x}_k) \cdot (\mathbf{x}-\mathbf{x}_k)/2 + \cdots\cdots \tag{5.3}$$

分子モデリングで使用されるエネルギー関数が二次であることはまれである。したがって，式(5.3)のテイラー級数展開式は近似にすぎない。このことから次の二つの重要な結論が導かれる。(1) 分子力学や量子力学のエネルギー曲面に対する極小化法の性能は，純二次関数の場合ほど良くない。5.5節で詳しく述べるが，たとえば，ニュートン-ラフソン・アルゴリズムのような二次微分法は，純二次関数の場合，1回の計算で極小点を捜し当てる。しかし，分子モデリングのエネルギー関数に対しては，通常，数回の繰返し計算が必要である。(2) 調和近似は，極小点の近傍では非常によく当てはまる。しかし，極小点から遠ざかるとうまく機能しない。この結果は，調和近似に比べてロバストさの劣る方法でも同様である。この難点を克服するには，（効率は悪いが）できるだけロバストな方法をまず最初使用し，しかるのち，ロバストさでは劣るがより効率の良い方法を使用するといった具合に，注意深く極小化の手順を選ぶ工夫が必要である。

微分法は，使用される微分の最高次数に基づき分類される。すなわち，一次法は一次微分を使用し，二次法は一次微分と二次微分の両者を使用する。この分類に従えば，シンプレックス法はいかなる微分も使用しないので，ゼロ次法とでも呼ぶことができよう。

5.4 一次極小化法

分子モデリングでよく使われる一次極小化アルゴリズムは，最急降下法（steepest descent method）と共役勾配法（conjugate gradient method）の二つである。これらの方法は，原子の座標を少しずつ変えながら系を動かし，極小点へ近づこうと試みる。k 回目の繰返しの際，出発点となるのは前のステップで得られた分子配置で，それは，多次元ベクトル $\mathbf{x}_{k-1}$ で表される。ただし最初の計算では，ユーザーが設定した系の初期配置 $\mathbf{x}_1$ が出発ベクトルとして使われる。

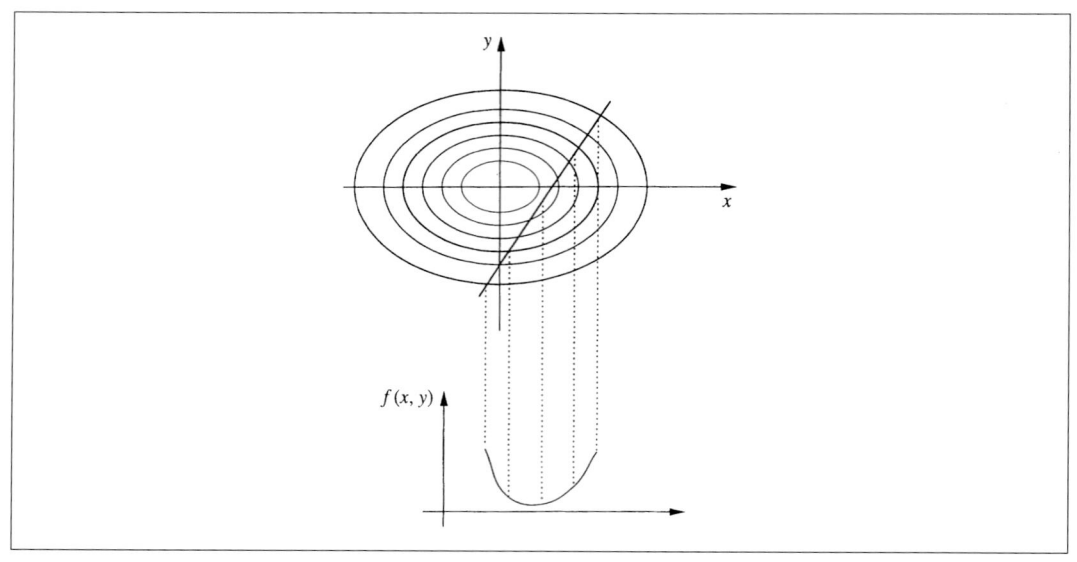

図 5.7 直線探索による勾配方向の関数極小点の推定

5.4.1　最急降下法

最急降下法では，探索は正味の力と同じ方向へ進行する．それは，地形図で考えると，坂をまっすぐに下り降りることに対応する．$3N$ 直交座標系の場合，この方向は $3N$ 次元の単位ベクトル $\mathbf{s}_k$ で表される．

$$\mathbf{s}_k = -\mathbf{g}_k/|\mathbf{g}_k| \tag{5.4}$$

探索の方向が決まれば，次の問題はどこまで探索を行うかである．たとえば，図 5.7 のような二次元エネルギー曲面を考えてみよう．出発点での勾配の方向は直線で示される．直線に沿って曲面の断面を見ると，関数はグラフに示されるように，最初こそ減少していくが極小点をもち，それを越えると増加に転ずる．このような極小点の位置は，直線探索（line search），もしくは力の方向に沿った任意ステップ・アプローチから求めることができる．

5.4.2　一方向の直線探索

直線探索は，特定の方向（多次元空間を通る直線）に沿って存在する極小点を突き止めるのに使われる．直線探索では，まず最初，極小点を含む範囲を特定する必要がある．そのためには，中点が両端の 2 点よりも低いエネルギーをもつような 3 点を直線に沿って見つけなければならない．このような 3 点が見つかれば，両端の 2 点の間に少なくとも一つは極小点が存在するはずである．3 点間の距離を縮め，この操作を繰り返し行えば，極小点が存在する範囲は徐々に狭められる．これは概念的には簡単な手続きである．しかし，かなりの数の関数評価を必要とするため，計算費用の点で問題がある．それに代わるものとしては，（二次関数のような）関数を 3 点へ当てはめる方法が考えられる．この方法では，当てはめた関数を微分すれば，直線に沿った極小点の大体の位置が解析的に求まる．さらに正確な推定値が欲しければ，図 5.8 に示されるように，

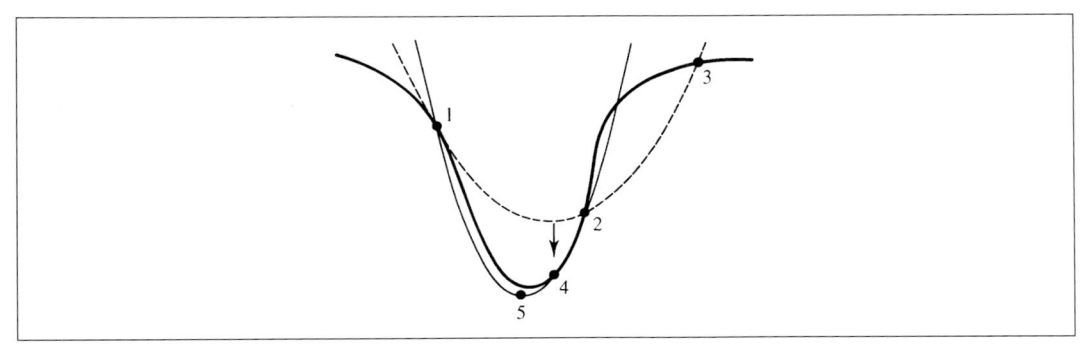

図 5.8 関数の当てはめを利用した直線探索の精密化。最初の3点 (1,2,3) へ二次関数を当てはめ，関数の極小点 4 を求める。新しい3点 (1,4,2) へもう一度二次関数を当てはめれば，さらに正確な推定値が得られる [d]。

新しい関数をもう一度当てはめればよい。より高次の多項式を使用すれば，夾叉範囲に対してより正確な当てはめが行える。ただし，使用した関数が夾叉範囲で急激に変化する場合には，間違った補間結果が得られることもある。

直線探索から得られた極小点での勾配の方向は，前回の方向に対して垂直になる。すなわち，直線探索法により勾配に沿って極小点を探索する場合，最急降下アルゴリズムに基づく次の探索は，前回の方向とは直交する方向に行われる（$\mathbf{g}_k \cdot \mathbf{g}_{k-1}=0$）。

5.4.3 任意ステップ・アプローチ

直線探索は計算費用の点で問題がある。新しい座標は，勾配単位ベクトル $\mathbf{s}_k$ に沿って，ステップ幅（動き幅）を任意にとる方法で得ることもできる。この場合，k ステップ後の新しい座標は次式で与えられる。

$$\mathbf{x}_{k+1} = \mathbf{x}_k + \lambda_k \mathbf{s}_k \tag{5.5}$$

ここで，λ_k はステップ幅である。分子モデリングの研究では，最初のステップ幅はほとんどの場合，あらかじめ設定されたデフォルト値が使用される。もし，1回目の計算でエネルギーが低下したならば，2回目の計算では，ステップ幅は前回の値に乗法因子（たとえば 1.2）を掛けて大きくとられる。この計算操作は，エネルギーが低下しなくなるまで繰り返し続けられる。エネルギーが増加する場合には，極小点のある谷を飛び越え，向かい側の斜面を駆け登ったものと見なされ，次の計算では，ステップ幅は乗法因子（たとえば 0.5）を掛け，小さくしたものが使用される。ステップ幅はエネルギー曲面の形状に依存する。曲面が平らな場合には，ステップ幅は大きくても構わない。しかし，狭い曲がりくねった溝の場合には，ステップ幅は小さくした方がよい。任意ステップ法は，厳密な直線探索アプローチに比べ，極小点へ到達するのに多くのステップを必要とする。しかし，関数評価の数（計算時間）は通常少なくてすむ。

では，任意ステップ法による最急降下探索はどのように進められるのか。一例として，関数 $f(x,y)=x^2+2y^2$ を取り上げてみよう。この関数の微分は $df=2xdx+4ydy$ で，点 (x,y) の勾配は $4y/2x$ に等しい。点 $(9.0, 9.0)$ からの最初の移動は，ベクトル $(-18.0, -36.0)$ の方向である。

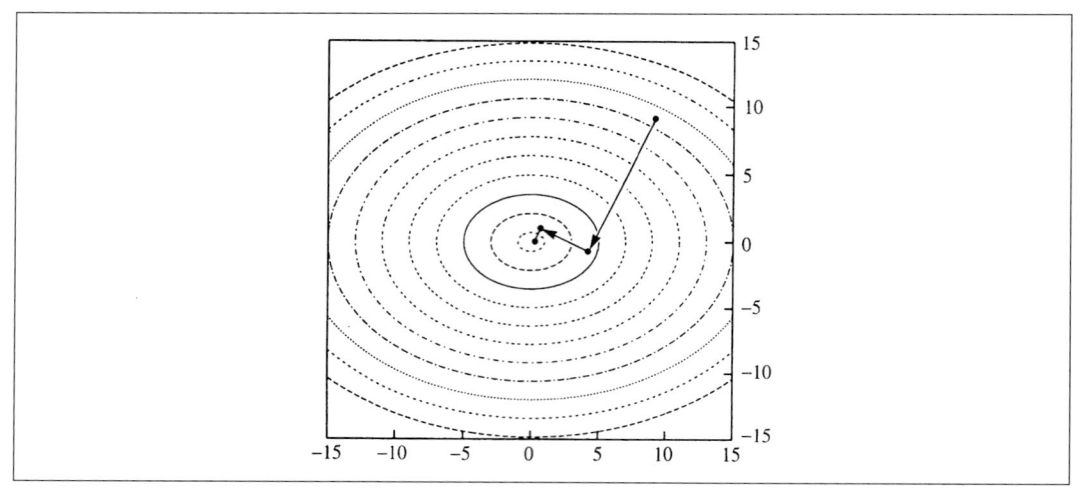

図 5.9 関数 x^2+2y^2 への最急降下法の適用

探索が行われる直線の方程式は $y=2x-9$ になる。この直線に沿った関数の極小点は，ラグランジュ乗数（1.10.5項参照）を使えば求めることができる。それは点 $(4.0, -1.0)$ にある。次の移動はベクトル $(-8, 4)$ の方向であり，探索は直線 $y=-0.5x+1$ に沿って行われる。この直線に沿った極小点は $(2/3, 2/3)$ にあり，その点の関数値は $4/3$ である。同様にして，第三の点 $(0.296, -0.074)$ が求められる。この点の関数値は 0.099 である。図で表せば，以上の移動操作は図5.9のようになる。

　勾配の方向は最大原子間力で決まる。したがって最急降下法は，エネルギーの高い初期配置を緩和する手段として役立つ。この最急降下法は，出発点が極小点から遠く離れ，調和近似がうまく当てはまらない場合でさえ，一般にロバストな結果を与える。しかし，長く狭い谷を下るような場合には，ステップ幅を小さくし，何度も繰り返し移動操作を行う必要がある。最急降下法は，極小点へ至る最良の道筋でないときでさえ，各点で直角の方向変換を強要する。そのため経路は

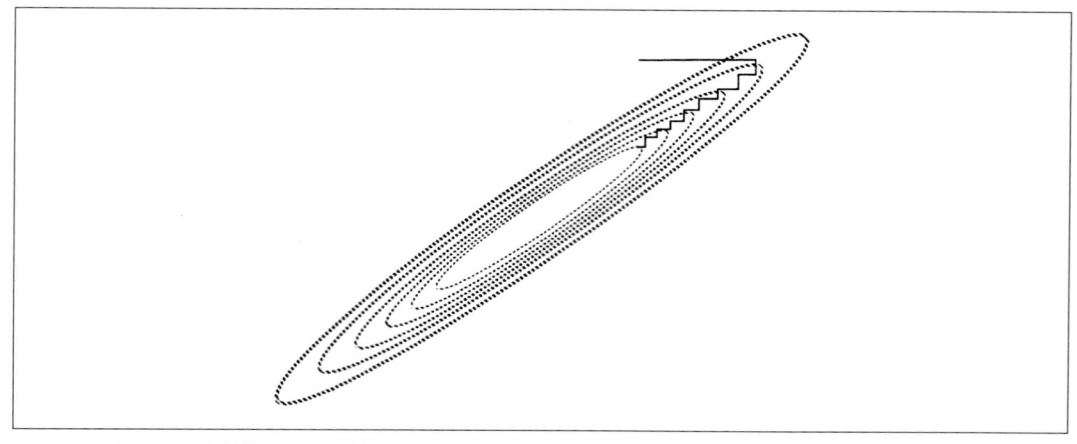

図 5.10 最急降下法の失敗例。最急降下法による経路は，長く狭い谷では振動を繰り返す。

振動し，絶えず過度に修正される（図5.10）。また，以前の移動で修正された誤差が，その後のステップで再び取り込まれることもある。

5.4.4　共役勾配法

共役勾配法は最急降下法と異なり，狭い谷でも振動挙動を示さない方向ベクトルを生成する。最急降下法では，連続するステップ間の勾配と方向はいずれも直交する。しかし，共役勾配法では，直交するのは各点の勾配だけである。方向は共役しており，この意味で共役勾配法は共役方向法とも呼ばれる。共役勾配法では，M個の変数からなる二次関数は，M回のステップで極小点に到達する。また，移動は点$\mathbf{x}_k$から$\mathbf{v}_k$の方向へ行われる。ここで，$\mathbf{v}_k$は次式に従い，その点の勾配と前回の方向ベクトル$\mathbf{v}_{k-1}$から計算される。

$$\mathbf{v}_k = -\mathbf{g}_k + \gamma_k \mathbf{v}_{k-1} \tag{5.6}$$

γ_kは，次式で与えられるスカラー定数である。

$$\gamma_k = \frac{\mathbf{g}_k \cdot \mathbf{g}_k}{\mathbf{g}_{k-1} \cdot \mathbf{g}_{k-1}} \tag{5.7}$$

共役勾配法では，方向と勾配はすべて次の関係を満たす。

$$\mathbf{g}_i \cdot \mathbf{g}_j = 0 \tag{5.8}$$
$$\mathbf{v}_i \cdot V''_{ij} \cdot \mathbf{v}_j = 0 \tag{5.9}$$
$$\mathbf{g}_i \cdot \mathbf{v}_j = 0 \tag{5.10}$$

もちろん，式(5.6)が適用できるのは2回目以降のステップである。最初のステップでは，移動は最急降下法と同様，勾配の方向へ行われる。勾配が以前のすべての勾配と直交し，方向が以前のすべての方向と共役していることを確かめたければ，各方向で一次元極小点を求める必要がある。直線探索法を使用するのが理想であるが，任意ステップ法でも構わない。

簡単な二次関数$f(x,y)=x^2+2y^2$を一例として，共役勾配法の手順を具体的に見てみよう。初期点(9,9)から点(4,-1)への移動は，最急降下法の場合と同じである。次の移動方向を知るためには，現在の点での負勾配をまず求めなければならない。それはベクトル$(-8,4)$である。このベクトルと，初期点の勾配に負号を付けたベクトル$(-18,-36)$にγを掛けたものを加え合わせれば，新しい方向ベクトルが得られる。

$$\mathbf{v}_k = \begin{pmatrix} -8 \\ 4 \end{pmatrix} + \frac{(-8)^2+(4)^2}{(-18)^2+(-36)^2} \begin{pmatrix} -18 \\ -36 \end{pmatrix} = \begin{pmatrix} -80/9 \\ +20/9 \end{pmatrix} \tag{5.11}$$

二番目の点を定めるには，点$(4,-1)$を通る勾配$-1/4$の直線に沿って直線探索を行えばよい。この直線に沿った極小点は原点にあるが，それは関数の真の極小点でもある。図で表せば，以上の操作は図5.11のようになる。共役勾配法では，関数の正確な極小点は，このようにわずか2回の移動操作で見つけ出される。

共役勾配法には変法がいくつか存在する。式(5.7)に示したγ_kの公式は，元のFletcher-Reevesアルゴリズムに従っている。Polak & Ribiereは，このスカラー定数に対して次式を使うことを提案した。

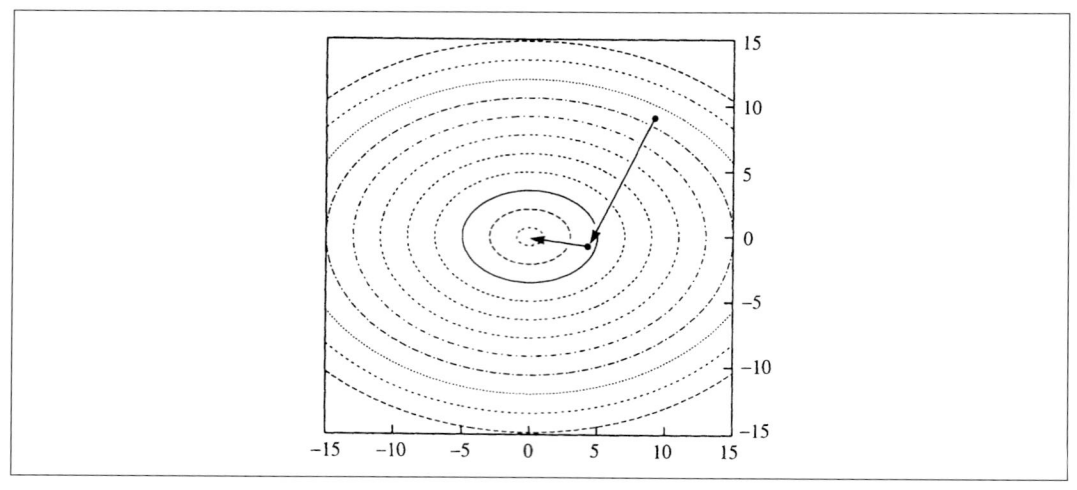

図5.11 関数 x^2+2y^2 への共役勾配法の適用

$$\gamma_k = \frac{(\mathbf{g}_k - \mathbf{g}_{k-1}) \cdot \mathbf{g}_k}{\mathbf{g}_{k-1} \cdot \mathbf{g}_{k-1}} \tag{5.12}$$

純二次関数の場合には，勾配はすべて直交しており，Polak-Ribiere 法は Fletcher-Reeves アルゴリズムと同じ結果を与える．しかし，われわれが関心をもつ関数のほとんどは，分子モデリングで使用するものも含め，はるかに複雑な形をもつ．Polak & Ribiere によれば，彼らの方法は，少なくとも彼らが検討した関数に関し，元の Fletcher-Reeves アルゴリズムよりも良い結果を与えるという．

5.5 二次微分法：ニュートン-ラフソン法

二次微分法は，極小点の位置を定めるのに，一次微分（勾配）だけではなく二次微分も利用する．二次微分は関数の曲率に関する情報をもたらす．ニュートン-ラフソン法は，最も簡単な二次微分法である．点 x_k についてのテイラー級数展開式(5.2)を思い起こそう．

$$V(x) = V(x_k) + (x - x_k)V'(x_k) + (x - x_k)^2 V''(x_k)/2 + \cdots \tag{5.13}$$

$V(x)$ の一次微分は，

$$V'(x) = xV'(x_k) + (x - x_k)V''(x_k) \tag{5.14}$$

もし，関数が純二次であるならば，二次微分はどこでも同じ値をとり，$V''(x) = V''(x_k)$ が成り立つ．

極小点 ($x = x^*$) では，$V'(x^*) = 0$ であるから，

$$x^* = x_k - V'(x_k)/V''(x_k) \tag{5.15}$$

多次元関数では，$\mathbf{x}^* = \mathbf{x}_k - V'(\mathbf{x}_k)V''^{-1}(\mathbf{x}_k)$ になる．

$V''^{-1}(\mathbf{x}_k)$ はヘシアンの逆行列である．ニュートン-ラフソン法では，このように逆行列を求めなければならないが，原子を多数含む系の場合，この計算は多大な時間と記憶容量を必要とする．

したがって，ニュートン-ラフソン法は（通常，原子数が100よりも少ない）小分子の計算に適する。この方法は，純二次関数の場合，曲面上のどの点から出発しても，1回のステップで極小点を見つけ出す。一例として，関数$f(x,y)=x^2+2y^2$を考えてみよう。

　この関数のヘシアンは，

$$\mathbf{f}'' = \begin{pmatrix} 2 & 0 \\ 0 & 4 \end{pmatrix} \tag{5.16}$$

したがって逆行列は，

$$\mathbf{f}''^{-1} = \begin{pmatrix} 1/2 & 0 \\ 0 & 1/4 \end{pmatrix} \tag{5.17}$$

式(5.15)から極小点を求めると，

$$\mathbf{x}^* = \begin{pmatrix} 9 \\ 9 \end{pmatrix} - \begin{pmatrix} 1/2 & 0 \\ 0 & 1/4 \end{pmatrix} \begin{pmatrix} 18 \\ 36 \end{pmatrix} = \begin{pmatrix} 0 \\ 0 \end{pmatrix} \tag{5.18}$$

もちろん実際の問題では，曲面を二次関数で表すのは一次近似にすぎない。極小点に至るには多数のステップが必要で，ヘシアンとその逆行列はそれらのステップごとに計算される。ニュートン-ラフソン極小化法では，ヘシアンは正定値（positive definite）でなければならない。正定値行列は，固有値がすべて正となる行列である。ニュートン-ラフソン法では，ヘシアンが正定値にならないとき，探索はエネルギーが増加する方向（たとえば鞍点）へ向かう。また，極小点から遠く離れたところでは，調和近似は適当でなく，極小化の結果は不安定になる。この問題は，ニュートン-ラフソン法を適用する前に，よりロバストな方法を用いて極小点に近づき，ヘシアンが正定値になるようにすれば解決される。

5.5.1　ニュートン-ラフソン法の変法

　ニュートン-ラフソン法には変法が多数存在する。その多くは，二次微分の完全行列を計算する手間を省くために工夫された方法である。たとえば，準ニュートン法と呼ばれる一群の方法は一次微分のみを必要とし，ヘシアンの逆行列は，計算の進行につれ徐々に組み立てられる。ニュートン-ラフソン法による探索を簡単に高速化したければ，連続する数ステップで同じヘシアンを使用し，各ステップで計算し直すのは勾配だけにすればよい。

　広く利用されているアルゴリズムは，繰返しの各サイクルで原子を1個だけ動かすブロック対角法（block diagonal method）である。この方法では，移動した原子以外の原子の直交座標をx_i, x_jとしたとき，$\partial^2 V/\partial x_i \partial x_j$形の項はすべてゼロになる。その結果，移動した原子の座標を含む項だけが残り，問題は3×3行列の逆行列を求める問題へ簡単化される。しかし，ブロック対角アプローチは，たとえば，フェニル環の環内原子が示す協奏的な運動のように，原子の運動が互いに密接に連関している場合にはあまり有効ではない。

5.6 準ニュートン法

　ヘシアン逆行列の計算は時間がかかる。これは，ニュートン-ラフソン法のような純粋な二次微分法の重大な欠点である。また，二次微分は解析的に計算できるのが望ましいが，それも可能とは限らない。準ニュートン法（quasi-Newton method）――可変計量法とも呼ばれる――では，ヘシアン逆行列は繰返し計算の進行につれ徐々に組み立てられる。組み立てられた一連の行列 $\mathbf{H}_k$ は，次の条件を満たしている。

$$\lim_{k\to\infty}\mathbf{H}_k = V''^{-1} \tag{5.19}$$

繰返しの各サイクルで，新しい位置 $\mathbf{x}_{k+1}$ は次式に従い，現在の位置 $\mathbf{x}_k$，勾配 $\mathbf{g}_k$ および現在の近似ヘシアン逆行列 $\mathbf{H}_k$ から計算される。

$$\mathbf{x}_{k+1} = \mathbf{x}_k - \mathbf{H}_k \mathbf{g}_k \tag{5.20}$$

この公式は二次関数に対しては厳密に成り立つ。しかし，現実の問題では，直線探索を使用した方が良い。この直線探索は，ベクトル $\mathbf{x}_{k+1}-\mathbf{x}_k$ に沿って行われる。極小点の位置を正確に定める必要はない。量子力学的枠組みでは，直線探索に必要な追加のエネルギー計算は，より近似を進めたアプローチに比べ時間を要する。妥協策としては，2点 $\mathbf{x}_k$，$\mathbf{x}_{k+1}$ のエネルギーと勾配へ関数を当てはめ，その関数から極小点を求める方法が考えられる。

　新しい位置 $\mathbf{x}_{k+1}$ へ移動したら，公式に従い，$\mathbf{H}$ は新しい値へ更新される。公式は使用する方法により異なる。一般によく使われるのは，Davidon-Fletcher-Powell(DFP)，Broyden-Fletcher-Goldfarb-Shanno(BFGS)および Murtaugh-Sargent(MS)の方法である。しかし，方法はその他にも多数存在する。これらの方法は，M 個の変数からなる二次関数の場合，M 回のステップで極小点へ収束する。DFP 式は次の通りである。

$$\mathbf{H}_{k+1} = \mathbf{H}_k + \frac{(\mathbf{x}_{k+1}-\mathbf{x}_k)\otimes(\mathbf{x}_{k+1}-\mathbf{x}_k)}{(\mathbf{x}_{k+1}-\mathbf{x}_k)\cdot(\mathbf{g}_{k+1}-\mathbf{g}_k)} - \frac{[\mathbf{H}_k\cdot(\mathbf{g}_{k+1}-\mathbf{g}_k)]\otimes[\mathbf{H}_k\cdot(\mathbf{g}_{k+1}-\mathbf{g}_k)]}{(\mathbf{g}_{k+1}-\mathbf{g}_k)\cdot\mathbf{H}_k\cdot(\mathbf{g}_{k+1}-\mathbf{g}_k)} \tag{5.21}$$

二つのベクトルに挟まれた記号 $\otimes$ は，行列が作られることを表す。行列 $\mathbf{u}\otimes\mathbf{v}$ の要素 ij は，$\mathbf{u}_i$ に $\mathbf{v}_j$ を掛けたものになる。

　BFGS 式は，DFP 式と比べたとき，追加項をもつ点が異なる。

$$\begin{aligned}\mathbf{H}_{k+1} = {} & \mathbf{H}_k + \frac{(\mathbf{x}_{k+1}-\mathbf{x}_k)\otimes(\mathbf{x}_{k+1}-\mathbf{x}_k)}{(\mathbf{x}_{k+1}-\mathbf{x}_k)\cdot(\mathbf{g}_{k+1}-\mathbf{g}_k)} - \frac{[\mathbf{H}_k\cdot(\mathbf{g}_{k+1}-\mathbf{g}_k)]\otimes[\mathbf{H}_k\cdot(\mathbf{g}_{k+1}-\mathbf{g}_k)]}{(\mathbf{g}_{k+1}-\mathbf{g}_k)\cdot\mathbf{H}_k\cdot(\mathbf{g}_{k+1}-\mathbf{g}_k)} \\ & + [(\mathbf{g}_{k+1}-\mathbf{g}_k)\cdot\mathbf{H}_k\cdot(\mathbf{g}_{k+1}-\mathbf{g}_k)]\mathbf{u}\otimes\mathbf{u}\end{aligned} \tag{5.22}$$

ここで，

$$\mathbf{u} = \frac{(\mathbf{x}_{k+1}-\mathbf{x}_k)}{(\mathbf{x}_{k+1}-\mathbf{x}_k)\cdot(\mathbf{g}_{k+1}-\mathbf{g}_k)} - \frac{[\mathbf{H}_k\cdot(\mathbf{g}_{k+1}-\mathbf{g}_k)]}{(\mathbf{g}_{k+1}-\mathbf{g}_k)\cdot\mathbf{H}_k\cdot(\mathbf{g}_{k+1}-\mathbf{g}_k)} \tag{5.23}$$

また，MS 式は次式で与えられる。

$$\mathbf{H}_{k+1} = \mathbf{H}_k + \frac{[(\mathbf{x}_{k+1}-\mathbf{x}_k) - \mathbf{H}_k\cdot(\mathbf{g}_{k+1}-\mathbf{g}_k)]\otimes[(\mathbf{x}_{k+1}-\mathbf{x}_k) - \mathbf{H}_k\cdot(\mathbf{g}_{k+1}-\mathbf{g}_k)]}{[(\mathbf{x}_{k+1}-\mathbf{x}_k) - \mathbf{H}_k\cdot(\mathbf{g}_{k+1}-\mathbf{g}_k)]\cdot(\mathbf{g}_{k+1}-\mathbf{g}_k)} \tag{5.24}$$

これらの方法はいずれも，新しい点と現在の点だけを用いてヘシアン逆行列を更新する．それに対し，Gaussian 系列の分子軌道プログラムで使われる省略時アルゴリズムは，ヘシアンとその逆行列を組み立てる際，収束効率を高めるため，以前の点もまた利用する [25]．このアルゴリズムのもつもう一つの特徴は，直線探索で局所的極小点が一つしかない四次多項式を使用する点である．DFP，BFGS および MS の各方法は，数値微分の場合にも利用できる．しかし，そのような状況下では，別のアプローチを使った方が効率が良い．

行列 **H** はしばしば単位行列 **I** を初期値とする．しかし，準ニュートン・アルゴリズムの性能は，初期値として単なる単位行列ではなく，ヘシアン逆行列の推定値を使用した方が向上する．単位行列は，系の結合性に関しても，また，さまざまな自由度の連関に関しても何ら情報を含まない．分子力学計算は，量子力学計算に先立ち，**H** の初期値を推定したい場合に役立つ．この初期行列は，（半経験的方法や小基底系を使用した）水準の低い量子力学計算から求めることもできる．

5.7 どの極小化法を使用すべきか？

極小化アルゴリズムを選択するに当たっては，所要記憶容量，計算費用，各部の相対計算速度，解析微分の利用可能性，方法のロバストさなどさまざまな因子が考慮されなければならない．ヘシアンとその逆行列を保存する方式のアルゴリズムは，数千個の原子を含む系へ適用された場合，大量のメモリーを必要とする．このように大きな系の計算は，必ず分子力学的方法で行われる．一般に使われる極小化アルゴリズムは，最急降下法と共役勾配法である．小分子の分子力学計算では，ニュートン-ラフソン法も使用できるが，このアルゴリズムは，極小点から遠く離れた地点ではあまり良い結果を与えない．そのため，ニュートン-ラフソン法を適用する際には，それに先立ち，シンプレックス法や最急降下法のようなよりロバストな方法を使い，あらかじめ数ステップ極小化を行うのが一般的である．力場を構成する諸項のほとんどは，一次微分と二次微分を含む解析関数で表せる．

具体的事例により，最急降下法と共役勾配法の性能を比較してみよう．自動ドッキングプログラムを利用して組み立てた抗生物質ネトロプシン（図 5.12）と DNA の相互作用モデルが報告

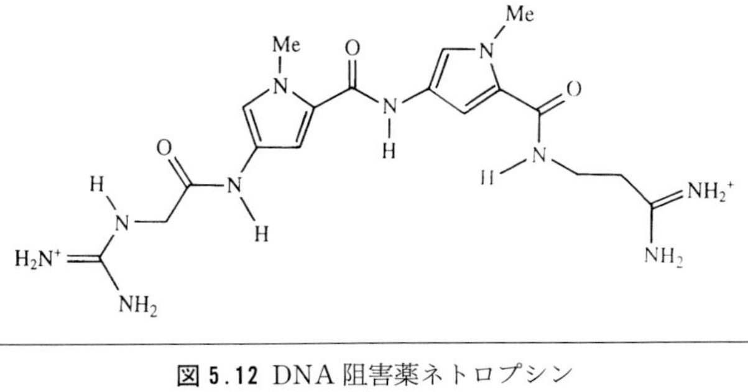

図 5.12 DNA 阻害薬ネトロプシン

表 5.1 初期の極小化と精密な極小化における最急降下法と共役勾配法の性能比較

方　法	初期の極小化 （平均勾配＜ 1 kcal Å^{-2}）		精密な極小化 （平均勾配＜ 0.1 kcal Å^{-2}）	
	CPU 時間（秒）	繰返しの回数	CPU 時間（秒）	繰返しの回数
最急降下法	67	98	1405	1893
共役勾配法	149	213	257	367

されている．この初期モデルに対して，二段階からなる極小化が試みられた．最初の段階では，まず高エネルギーな相互作用を含まない構造が作り出された．この構造は次の段階でもう一度極小化され，極小点にさらに近い構造へ導かれた．結果は表5.1のようになった．

この研究によれば，出発構造が極小点からかなり離れた位置にある場合，最急降下法は共役勾配法に比べて良い結果を与える．しかし，いったん初期の歪みが取り除かれてしまえば，性能は共役勾配法の方がはるかに高い．

量子力学計算は，原子数の比較的少ない系しか対象としない．したがって，ヘシアンの保存に際し問題は生じない．エネルギーの計算箇所は，しばしば計算に最も時間を要するから，使用する極小化法はできる限り少ないステップ数で極小点に到達できるものが望ましい．量子力学的方法では，一次微分の解析形はほとんどの理論水準で利用できる．しかし，二次微分の解析形は二，三の理論水準でしか使えず，しかも計算に時間がかかりすぎる．そのため量子力学計算では，準ニュートン法が一般に使われる．

量子力学的方法で極小化を行う場合には，入力データとして適当なZ行列が必要である．内部座標はさまざまな組合せが考えられるので，Z行列もさまざまな表し方ができる．極小化の際，特定の対称性を保持する必要がなければ，変化しうる独立座標の数は全部で（$3N-6$）個である．このことは，座標間に強い連関がない限り常に成立する．擬原子（dummy atom）は，適切なZ行列を作成する上でしばしば役に立つ．この擬原子は幾何配置を定めるためにのみ使われ，核電荷も基底関数ももたない．擬原子の必要な簡単な例として，直線分子 HN$_3$ を考えてみよう．この分子で問題となるのは，結合角が180°の箇所である．しかし，図5.13のように擬原子 X を使えば，その幾何配置は定義できる．この分子のZ行列は次のようになる．

```
1 N
2 N   1   RN1N2
3 X   1   1.0     2   90.0
4 N   1   RN1N4   3   AN4N1X   2   180.0
5 H   4   RN4H    1   AHN4N1   3   180.0
```

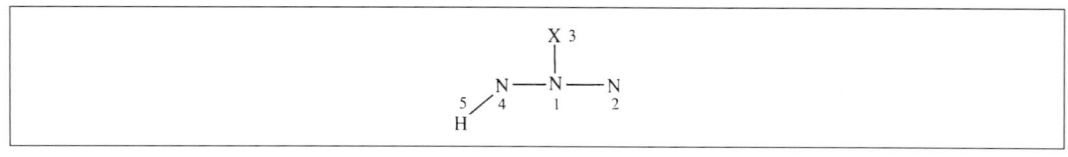

図 5.13 擬原子 X を使った HN$_3$ 分子の内部座標の定義

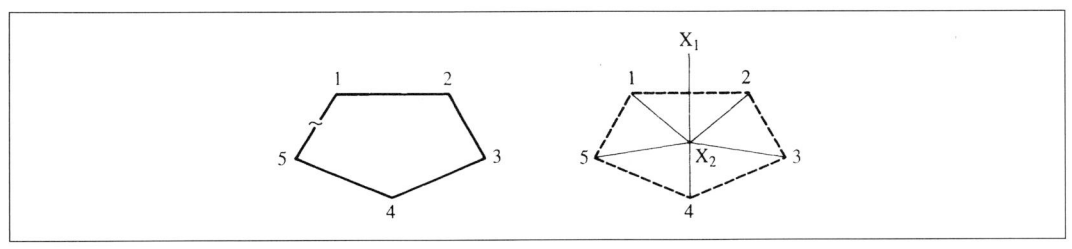

図 5.14 環式系における Z 座標の定義。Z 行列を定義する際，擬原子（右図）を使わなければ，原子 1 と 5 の間の閉環結合（左図）は他の内部座標と強く連関する。

座標間の強い連関は，エネルギー曲面に細長い谷を作り出す。これもまた問題を引き起こす。環式系に対して Z 行列を定義する場合には，特に注意が必要である。環式化合物の原子の番号は，ごく普通に考えれば，環に沿って順に付けていけばよい。しかし実際には，この方式は適当ではない。閉環した箇所の結合は，他の結合長，結合角およびねじれ角と非常に強く連関しているからである。この問題は，図 5.14 に示すように，環の中心に擬原子を置き，それを活用すれば回避される。現在使われている量子力学プログラムのいくつかは，座標の不適切な指定に起因する問題を取り除くため，直交座標や内部座標で表された入力座標を，極小化に最も都合のよいデータセットへ変換する機能を備えている。冗長内部座標は，直交座標や非冗長内部座標に比べ，エネルギー極小化の効率が良い [23]。可撓系や多環式系では特にそうである。冗長内部座標は，一般に結合長，結合角およびねじれ角から構成されるが，出力座標としては直交座標が望ましい。したがって，このような量子力学計算では，直交座標と内部座標は相互に自由に変換できなければならない。エネルギー微分をヘシアンへ変換する手段もまた不可欠である。

5.7.1 極小点，極大点および鞍点の識別法

一次微分がすべてゼロになる配置は，常に極小点かというと必ずしもそうではない。この条件は，極大点や鞍点においても同様に成り立つ。微積分学の初等知識によれば，一変数関数の二次微分 $f''(x)$ は極小点で正，極大点で負になる。一般には，極大点，極小点および鞍点の識別は，ヘシアンの固有値を計算すればよい。すなわち，$3N$ 個の直交座標からなる関数の場合，極小点では値がゼロの固有値が 6 個，正の固有値が $(3N-6)$ 個存在する。値がゼロの固有値 6 個は，分子の並進と回転の自由度に対応する（ただし，内部座標を使った関数では，これらのゼロの固有値は得られない）。それに対し，極大点では固有値はすべて負になり，鞍点では 1 個以上の固有値が負の値をとる。この固有値と固有ベクトルの利用法に関しては，5.8 節と 5.9 節で詳しく取り上げる。

5.7.2 収束の判定基準

これまで簡単な解析関数を例にとり，さまざまな極小化の手順を説明してきた。しかし，現実の分子モデリングでは，極小点や鞍点の位置を正確に定めることはほとんど不可能である。得られるのは真の極小点や鞍点の近似値にすぎない。ほとんどの極小化プログラムは，特に指示がな

ければ，極小点へさらに近づこうとして永久に計算を続ける．それゆえ，何らかの基準を設け，極小点に十分近づいたとき，計算を打ち切るようにしなければならない．そのための戦略はいくつか知られている．まず挙げなければならないのは，繰返しの各ステップでエネルギーを監視し，連続したステップ間のエネルギー差が所定の閾値以下になったとき計算を打ち切る方法である．最も簡単なのはこの方法である．しかし，それに代わるものとして，座標の変化を監視し，連続した配置間の差が十分小さくなったとき打ち切る方法や，二乗平均勾配(RMSG)を計算する方法も知られている．二乗平均勾配とは，座標に関するエネルギーの勾配の二乗を加え合わせ，座標の数で割ったあと平方根をとることで算出される量である．

$$\mathrm{RMSG} = \sqrt{\frac{\mathbf{g}^\mathrm{T}\mathbf{g}}{3N}} \tag{5.25}$$

その他，勾配の最大値を監視する方法も使える．この方法は，極小化の過程ですべての自由度が正しく緩和され，特定の座標に大きな歪みが残っていないか確かめるのに役立つ．

5.8 エネルギー極小化法の応用

エネルギーの極小化は分子モデリングの分野で広く行われ，第9章で詳述する配座探索手順の一部として不可欠な操作である．この操作は，他種の計算に適した系を準備する目的にも利用される．たとえば，エネルギーの極小化は，分子動力学やモンテカルロ・シミュレーションの計算に先立ち，系の初期配置に含まれる不都合な相互作用を取り除くのに役立つ．このような手続きは，高分子や大分子集団のような複雑な系のシミュレーションでは特に推奨される．本節では以下，エネルギーの極小化と特に関連の深い話題をいくつか取り上げる．

5.8.1 基準振動解析

分子力学計算や量子力学計算から得られるエネルギー極小点のエネルギーは，0Kでの仮想的な静止状態のエネルギーに対応する．それに対し測定実験は，分子が並進，回転および振動の運動を行う有限の温度でなされる．したがって，理論値と実測値を比較するには，これらの運動を考慮し，統計力学の標準公式に基づいて適当な補正を加える必要がある．温度 T での内部エネルギー $U(T)$ は，次式で与えられる．

$$U(T) = U_\mathrm{trans}(T) + U_\mathrm{rot}(T) + U_\mathrm{vib}(T) + U_\mathrm{vib}(0) \tag{5.26}$$

すべての並進モードと回転モードがエネルギー等分配則に完全に従うとすれば，$U_\mathrm{trans}(T)$ と $U_\mathrm{rot}(T)$ はいずれも1分子当たり $\frac{3}{2}k_\mathrm{B}T$ になる（ただし直線分子では，$U_\mathrm{rot}(T)$ は $k_\mathrm{B}T$ に等しい）．ここで，k_B はボルツマン定数である．一方，振動エネルギー準位は，室温では一部励起していることが多い．そのため，温度 T での内部エネルギーへの振動の寄与は，実際の振動数を知らなければ評価できない．振動の寄与は温度 T と $0K$ での振動エンタルピーの差に等しく，式で表せば次のようになる．

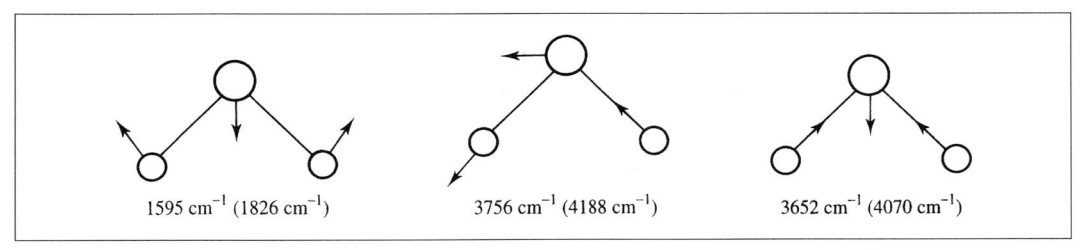

図 5.15 水の基準振動。振動数の実測値と理論値（括弧内）を示す。理論値は，6-31 G*基底系を使用したときの値である。

$$U_{\text{vib}}(T) = \sum_{i=1}^{N_{\text{nm}}} \left(\frac{h\nu_i}{2} + \frac{h\nu_i}{\exp[h\nu_i/k_{\text{B}}T]+1} \right) \tag{5.27}$$

ここで，N_{nm} は系に含まれる基準振動の数である。零点エネルギー $U_{\text{vib}}(0)$ を求めるには，各基準振動につき $\frac{1}{2}h\nu_i$ を加え合わせればよい。この零点エネルギーはかなり大きな値になり，たとえば，炭素数が6個のアルカンの場合，約 100 kcal/mol にもなる。エントロピーや自由エネルギーのような他の熱力学量もまた，統計力学の関連公式を使えば振動数から計算できる。

基準振動は，個別に励起可能な連成系における原子の集団運動を記述する有用な物理量である。水の基準振動は，図 5.15 に示される3種類である。一般に，N 個の原子からなる非直線分子は $(3N-6)$ 個の基準振動をもつ。個々の原子の変位と基準振動の振動数は，ヘシアン（V''）を基に分子力学力場もしくは波動関数から計算される。適当な極小化アルゴリズムをすでに使用している場合，ヘシアンはもちろん既知である。ヘシアンはまず最初，次式に従い，質量加重座標 (mass-weighted coordinate) で表された等価な力の定数行列（$\mathbf{F}$）へ変換されなければならない。

$$\mathbf{F} = \mathbf{M}^{-1/2} V'' \mathbf{M}^{-1/2} \tag{5.28}$$

ここで，$\mathbf{M}$ は原子の質量を対角要素とする $3N \times 3N$ 次元の対角行列である。$\mathbf{M}$ の行列要素は，対角要素を除きすべてゼロである（$M_{1,1}=m_1$, $M_{2,2}=m_1$, $M_{3,3}=m_1$, $M_{4,4}=m_2$, ……, $M_{3N-2,3N-2}=m_N$, $M_{3N-1,3N}=m_N$, $M_{3N,3N-2}=m_N$）。したがって，$\mathbf{M}^{-1/2}$ の非ゼロ要素は，対応する原子質量の逆平方根になる。原子の質量も考慮に入れる理由は，同じ大きさの力でも質量が違えば，その効果が異なるからである。たとえば，重水素原子との結合に対する力の定数は，プロトンに対する値とほぼ同じである。しかし，重水素核とプロトンは質量が異なるため，両者の運動と零点エネルギーは同じではない。この問題は，質量加重座標を使うことで解決される。

行列 $\mathbf{F}$ の固有値と固有ベクトルを求めるには，永年方程式 $|\mathbf{F}-\lambda\mathbf{I}|=0$ を解かなければならない。このステップは通常，1.10.3項で説明した行列対角化の手順に従う。もし，ヘシアンが直交座標で定義されているならば，固有値のうちの6個はゼロになる。それらは系全体の並進と回転の運動に対応する。また，各基準振動の振動数は，次の関係式を用いて固有値から計算される。

$$\nu_i = \frac{\sqrt{\lambda_i}}{2\pi} \tag{5.29}$$

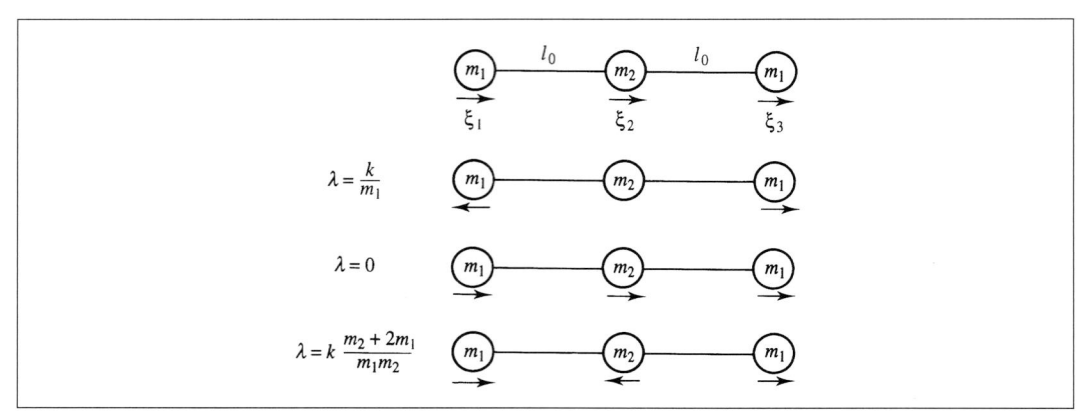

図 5.16 直線三原子系に対する基準振動の計算結果

次に，図 5.16 に挙げた直線状の三原子系を例にとり，基準振動の具体的な計算手順を見てみよう。ここでは，分子の長軸に沿った運動のみを考える。いま，この長軸に沿った平衡位置からの原子の変位を ξ_i で表す。この変位は平衡値 l_0 に比べて小さいとする。系がフックの法則に従うならば，ポテンシャルエネルギーは次式で与えられる。

$$V = \frac{1}{2}k(\xi_1 - \xi_2)^2 + \frac{1}{2}k(\xi_2 - \xi_3)^2 \tag{5.30}$$

ここで，k は結合の力の定数である。

三つの座標 ξ_1，ξ_2，ξ_3 に関して，ポテンシャルエネルギーの一次微分を計算すると，

$$\frac{\partial V}{\partial \xi_1} = k(\xi_1 - \xi_2); \quad \frac{\partial V}{\partial \xi_2} = -k(\xi_1 - \xi_2) + k(\xi_2 - \xi_3); \quad \frac{\partial V}{\partial \xi_3} = -k(\xi_2 - \xi_3) \tag{5.31}$$

また，二次微分は次の 3×3 行列で表される。

$$\begin{bmatrix} k & -k & 0 \\ -k & 2k & -k \\ 0 & -k & k \end{bmatrix} \tag{5.32}$$

質量加重行列は，

$$\begin{bmatrix} m_1 & 0 & 0 \\ 0 & m_2 & 0 \\ 0 & 0 & m_3 \end{bmatrix} \tag{5.33}$$

したがって，解くべき永年方程式は次のようになる。

$$\begin{vmatrix} \dfrac{k}{m_1} - \lambda & -\dfrac{k}{\sqrt{m_1}\sqrt{m_2}} & 0 \\ -\dfrac{k}{\sqrt{m_1}\sqrt{m_2}} & \dfrac{2k}{m_2} - \lambda & -\dfrac{k}{\sqrt{m_1}\sqrt{m_2}} \\ 0 & -\dfrac{k}{\sqrt{m_1}\sqrt{m_2}} & \dfrac{k}{m_1} - \lambda \end{vmatrix} = 0 \tag{5.34}$$

この行列式は λ の三次方程式であり，次の三つの根（λ_k）をもつ．各根は，それぞれ3種類の運動様式のいずれかに対応する．

$$\lambda = \frac{k}{m_1}, \qquad \lambda = 0, \qquad \lambda = k\frac{m_2 + 2m_1}{m_1 m_2} \tag{5.35}$$

各基準振動の振動数は，式(5.29)から求めることができる．また，振幅（A）は，永年方程式 $\mathbf{FA} = \lambda\mathbf{A}$ の固有ベクトル解で与えられる．すなわち，各原子の振幅を A_1, A_2, A_3 とすれば，各固有値に対応する振幅は次のようになる．

$$\lambda = \frac{k}{m_1}: \qquad A_1 = -A_3; \qquad A_2 = 0 \tag{5.36}$$

$$\lambda = 0: \qquad A_1 = A_3; \qquad A_2 = \sqrt{\frac{m_2}{m_1}}A_1 \tag{5.37}$$

$$\lambda = k\frac{m_2 + 2m_1}{m_1 m_2}: \qquad A_1 = A_3; \qquad A_2 = -2\sqrt{\frac{m_1}{m_2}}A_1 \tag{5.38}$$

これらの基準振動は，図5.16に示されるように，それぞれ対称伸縮，並進および非対称伸縮に対応する．

すでに説明した通り，基準振動の計算結果は熱力学的諸量の計算に利用される．また，振動数自体も分光学的な実測値と比較でき，その情報は，力場のパラメトリゼーションに役立つ．図5.15には，水の基準振動に対する振動数の実測値が示されている．括弧内の値は，6-31G*基底系を使った $ab\ initio$ 計算から求めた理論値である．理論値と実測値は明らかに異なる．しかし，それらの比をとってみるとすべて約1.1となり，見事に一致する．特定の理論水準で求めた振動数を，実測値や水準のより高い理論値へ変換するためのスケーリング因子も提案されている[24]．大きな分子では，基準振動の計算に分子力学が使われる．たとえば，図5.17は，アラニン残基10個（112原子）からなるらせん状ポリペプチドの振動データである．このような構造の場合，最も興味深い振動は，通常，低周波領域に現れる．それらは分子の大規模な配座運動に対応する．分子力学による解析結果は，分子動力学シミュレーションのそれと比較することもできる［5］．

基準振動計算は，エネルギー極小点の近傍では，エネルギー曲面が二次関数で近似できると仮定する（調和近似）．調和モデルからのずれは，熱力学的諸量の計算値に対する補正を要求する．この非調和補正を見積もるには，分子動力学シミュレーションから求まる原子運動を利用し，力の定数行列を計算してみればよい．分子動力学シミュレーションでは，原子の運動は調和エネルギー曲面のみに限定されない．この準調和力の定数行列に対して，通常の方法で固有値と固有ベクトルを計算すれば，非調和効果を陰に組み込んだモデルが得られる．

エネルギー曲面に対して調和近似が使えるのは，小分子の分子内自由度のようにエネルギー極小点が明確な場合や，小さな分子間複合体を扱う場合に限られる．液体や柔軟な大型分子のように系が大きくなると，調和近似は成立しなくなる．このような系はまた，エネルギー曲面上に厖大な数の極小点をもつ．そのため，エネルギー極小化と基準振動の計算から，熱力学的諸量を正

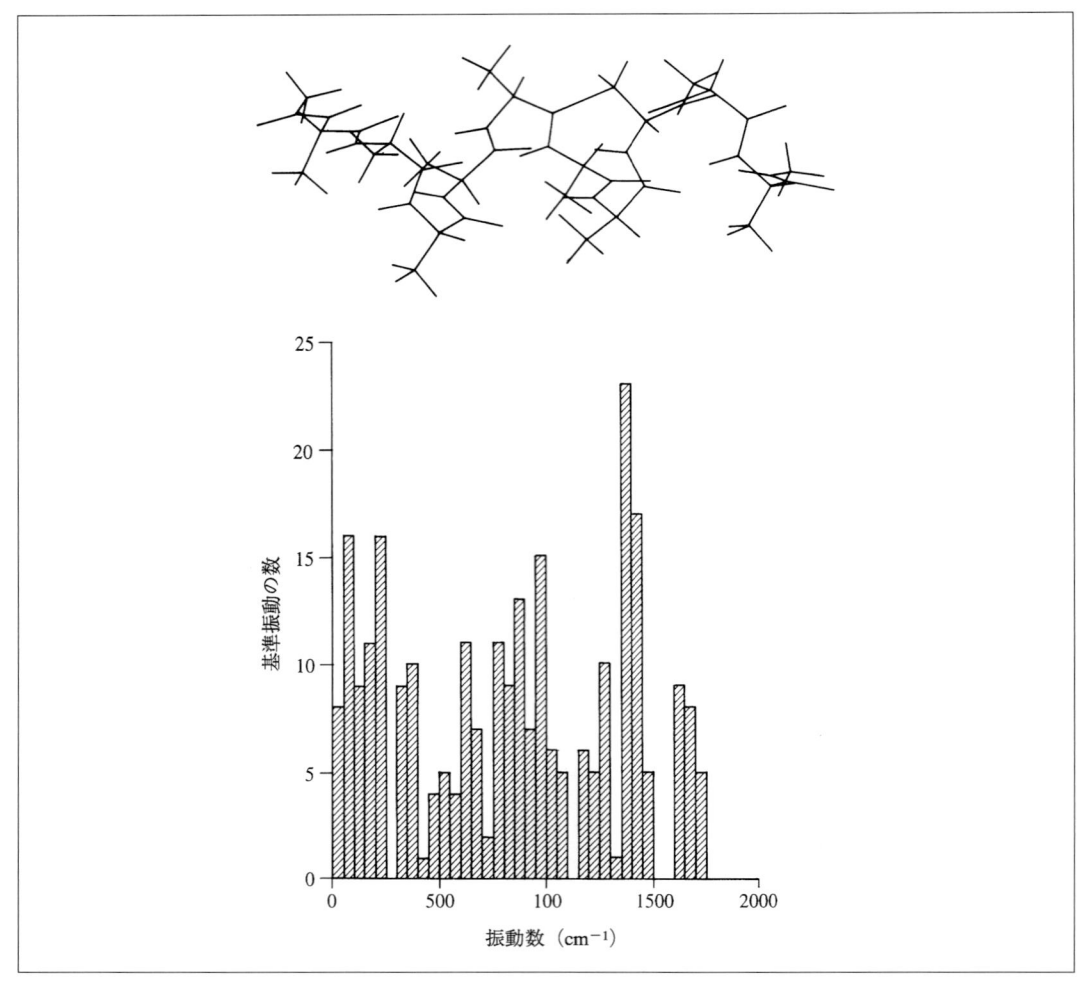

図 5.17 α-らせん配座をとるアラニンポリペプチドに対する基準振動計算結果のヒストグラム。棒の高さは，幅 $50\,\mathrm{cm}^{-1}$ の各区間に含まれる基準振動の数を表す。

確に算定することはもはや不可能である。このような系では，第6〜8章で論じるように，むしろ分子動力学やモンテカルロ・シミュレーションを利用し，エネルギー曲面のサンプリングや性質の誘導を試みた方がよい。

5.8.2 分子間相互作用過程の研究

極小化法と基準振動解析を利用した事例の一つに，酵素ジヒドロ葉酸レダクターゼ（DHFR）への抗菌薬トリメトプリム（図5.18）の結合を扱ったHaglerらの研究がある [8, 13]。DHFRは，葉酸からジヒドロ葉酸，テトラヒドロ葉酸への還元を触媒し，細菌，原虫，植物および動物における核酸の生合成できわめて重要な役割を担う（図5.19）。トリメトプリムは，細菌のDHFRと脊椎動物のDHFRに構造的な違いがあることを利用した薬物で，前者へはる

かに強く結合し，臨床的には抗菌薬として使われる．ちなみに，ヒト癌細胞のDHFRを選択的に阻害し，抗癌薬として使用される薬物もある．Haglerらは，孤立状態のトリメトプリム，結晶構造中のトリメトプリム，水分子に取り囲まれたトリメトプリム，および細菌や脊椎動物に由来するDHFRと分子間複合体を形成したトリメトプリムに関してエネルギーの極小化を試みた．その結果によれば，酵素へ結合したトリメトプリムの配座は，孤立状態のそれとは有意に異なっていた．この知見は，エネルギー極小化計算から求めた孤立分子の配座を分子間相互作用の研究に利用した場合，間違った結論が導かれる可能性があることを示唆する．受容体と相互作用したリガンド分子は，孤立分子のどの極小配座よりも高いエネルギーをもつ配座をとりうる．

結合へのエントロピー寄与を知るには，孤立型と結合型の両トリメトプリム分子に対して基準振動解析を行えばよい．孤立型リガンド分子の低周波モードは，酵素複合体では，リガンドの運

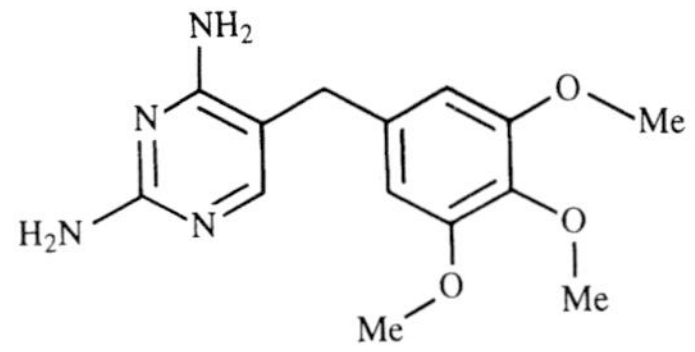

図5.18 トリメトプリムの化学構造式

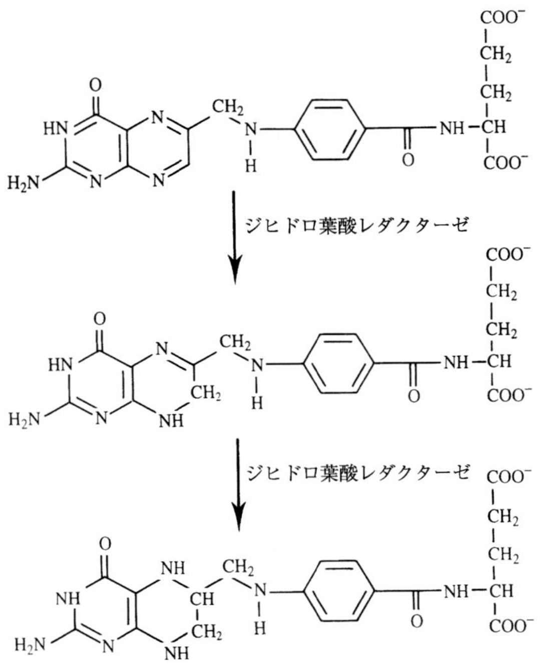

図5.19 ジヒドロ葉酸レダクターゼ（DHFR）による葉酸からテトラヒドロ葉酸への還元

動がタンパク質により妨げられることを反映し，より高周波のモードへ移動する．結合自由エネルギーへのこのエントロピー寄与はきわめて大きい．したがって，エネルギーのみに基づいた議論は間違った結論を導く可能性が高い．

5.9　遷移構造と反応経路の決定

化学者は，反応過程の熱力学――さまざまな反応種の相対安定性――だけではなく，その速度論――ある構造から別の構造への転換の速度――にも関心がある．熱力学データは，エネルギー曲面の極小点に関する知識さえあれば解釈できる．しかし，速度論の場合には，極小点から離れたエネルギー曲面の性質も知らなければならない．速度論では，特に次の三つの課題が取り上げられる．(1) ある極小点から別の極小点へ，系はどのような経路を辿って移動するのか．(2) 幾何配置のどのような変化がそのことと関係しているのか．(3) エネルギーは遷移の際どのように変化するのか．エネルギー曲面上で極小点を占めるのは，(1) 化学反応の反応物と生成物，(2) 分子のさまざまな安定配座，(3) 会合により形成された非共有結合的な二分子複合体などである．本書では，二つの極小点を結ぶ経路のことを「反応経路（reaction pathway）」と呼ぶことにする．しかし，ここで使われる「反応」という用語は，結合の形成や切断が起こることを必ずしも意味しない．遷移構造を捜し当て，反応経路を説明するための方法は，これまでに多数提案されてきた．しかし，スペースの関係で，それらの方法をすべてここで取り上げることはできない．本節では以下，特によく使われるアプローチについてのみ説明を加える．

系がある極小点から別の極小点へ移動するとき，エネルギーは最初のうち増加するが，ひとたび極大点（遷移構造）に達するとその後は低下していく．座標に関するポテンシャル関数の一次微分は，鞍点では（極小点と同様）すべてゼロになる．ヘシアンの負の固有値の数は，鞍点のタイプを識別するのに役立つ．負の固有値を n 個もつ遷移（鞍点）は，n 次であるという．通常，最も関心がもたれるのは，一次の鞍点である．この点は，二つの極小点を結ぶ経路に沿った移動に対しては極大点となるが，経路に垂直な方向の変位に対しては常に極小点となる．二次元のエネルギー曲面を例にとり，このことを図で表せば図 5.20 のようになる．

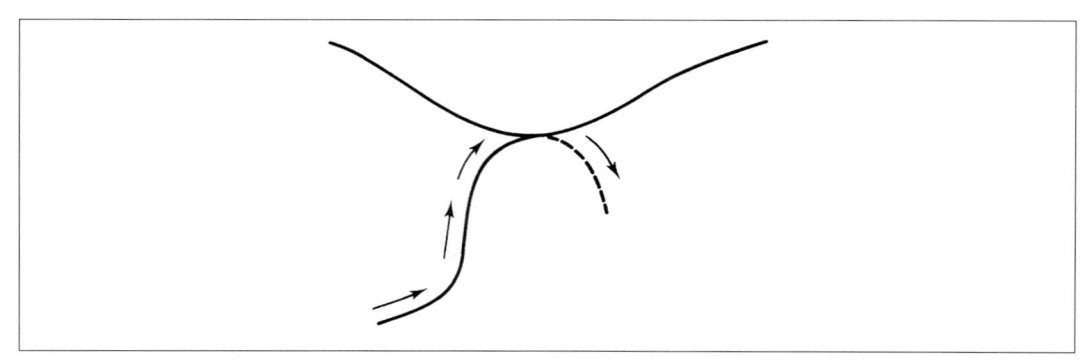

図 5.20　鞍点を経由し，二つの極小点を結ぶ最低エネルギー経路

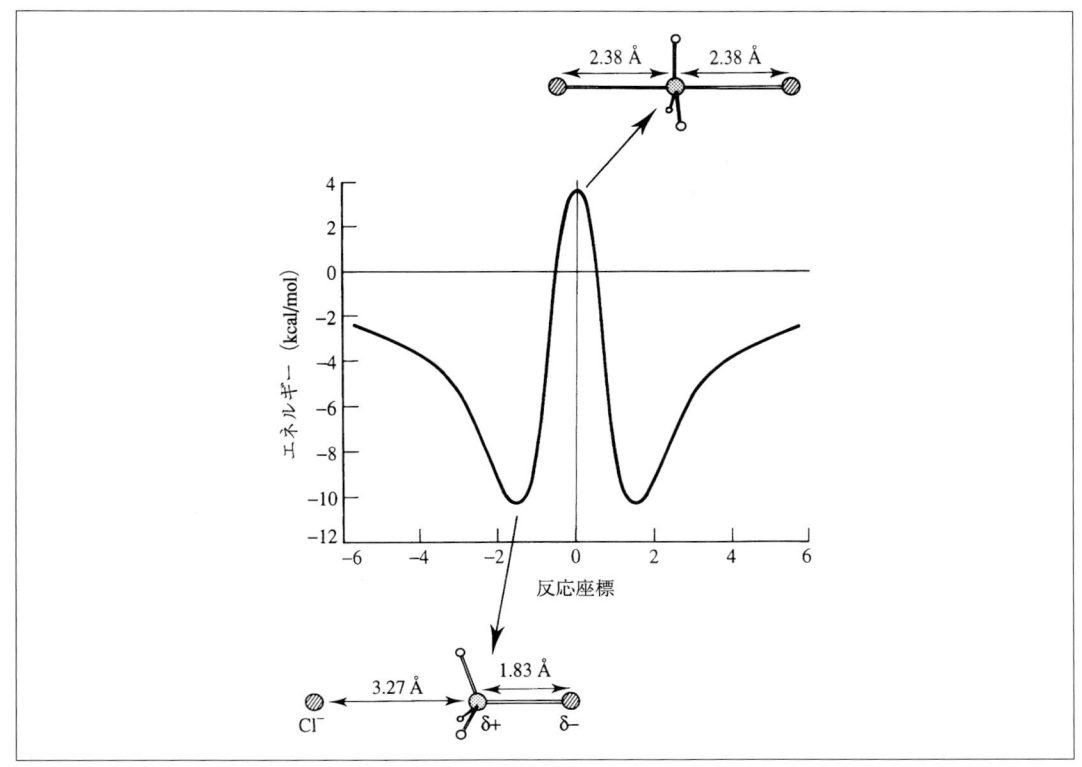

図 5.21 Cl⁻ + CH₃Cl 気相反応のエネルギー・プロフィール [6]

　ヘシアンのこれらの負の固有値は，鞍点を越える系の運動に対する虚振動数（imaginary frequency）と呼ばれる。この概念を理解するには，たとえば，Cl⁻ と CH₃Cl の間の $S_N 2$ 気相反応を考えてみればよい。この反応では，塩素イオンは C−Cl 結合軸に沿って塩化メチルへ接近する。エネルギーは最初低下していき，イオン-双極子複合体が形成される地点で極小に達する。そしてこの点を過ぎると，エネルギーは上昇に転じ，五角遷移状態に達した地点で極大値をとる。グラフで示せば，この反応のエネルギー・プロフィールは図 5.21 のようになる。6-31 G*基底系を使った *ab initio* HF/SCF 計算から求めた極小点と五角遷移状態の構造もあわせて掲げた。二つの構造に対する最小振動数と，対応する固有ベクトルの方向は，図 5.22 に示される。イオン-双極子複合体が作られる極小点では，エネルギーの特に低い振動は三つ存在し，それらのうちの二つは縮重した系の縦ゆれ運動に対応する（71.3 cm⁻¹）。また，101.0 cm⁻¹ の振動は，遷移状態へ向かう運動に対応する基準振動である。一方，鞍点（遷移状態）では，（虚振動数が −415.0 cm⁻¹ となる）負の固有値が 1 個存在し，それは，Cl−C−Cl 軸に沿った振動——反応経路に沿った運動——に対応する。鞍点での他の基準振動は，すべて正の振動数をもつ。その中で最も振動数の小さい二つの振動（204.2 cm⁻¹）は，Cl−C−Cl 軸に垂直な縦ゆれ運動に対応し，また，次に小さい第三の振動は，対称軸に沿った 2 個の塩素原子の対称伸縮に対応する。

　遷移構造（transition structure）と遷移状態（transition state）は異なる概念であることに

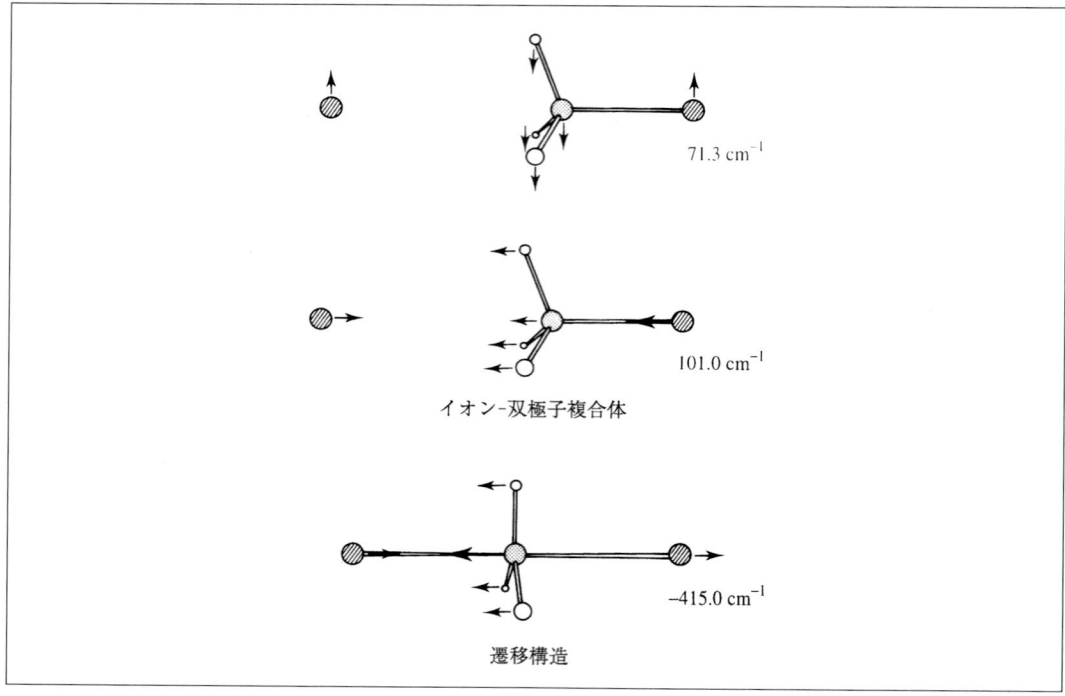

図 5.22 Cl⁻ + CH₃Cl 反応におけるイオン-双極子複合体の最小振動数と遷移構造の虚振動数（6-31 G*基底系による計算結果）

　注意されたい。遷移構造は，経路に沿ってポテンシャルエネルギーが極大となる点の構造である。それに対し，遷移状態は，自由エネルギーがピークに達した点の幾何配置を表す。多くの場合，遷移状態の幾何配置は遷移構造のそれにきわめてよく似ている。しかし，活性化の自由エネルギーは，ポテンシャルエネルギー以外の寄与項も含む。たとえば，遷移状態が温度に依存する場合，エントロピー因子の寄与が重要となり，その結果，遷移状態は遷移構造とは異なってくる。一例として，次のラジカル反応を考えてみよう。

$$H^{\bullet} + CH_3CH_2^{\bullet} \rightarrow H_2 + CH_2=CH_2$$

遷移構造の計算結果は，図 5.23 に示されるように，エチルラジカルの構造とよく似ている [9]。この反応のエントロピー変化は負である。したがって，温度が上昇すると，自由エネルギー曲面の極大点はエントロピーがより低い生成物の方向へ移動していく。
　遷移構造と反応経路の探索は，しばしば互いに密接な関係にある。反応経路の探索は，遷移構造から出発し，極小点へ向かってエネルギー曲面を下り降りる。したがって，遷移構造の幾何配置は探索の出発点として不可欠である。一方，遷移構造の探索は，反応経路やそれに近い経路に沿って行われる。ただし，方法によっては，遷移構造も反応経路も必要とせず，二つの極小点から同時に両者を決定できるものもある。一般に，遷移構造を求め反応経路を決定することは，極小点を捜し当てることよりもむずかしい。鞍点と思しき点が得られたときは，ヘシアンが負の固有値をもつか否かを必ず吟味しなければならない。鞍点を求める方法は，通常，入力構造が遷移

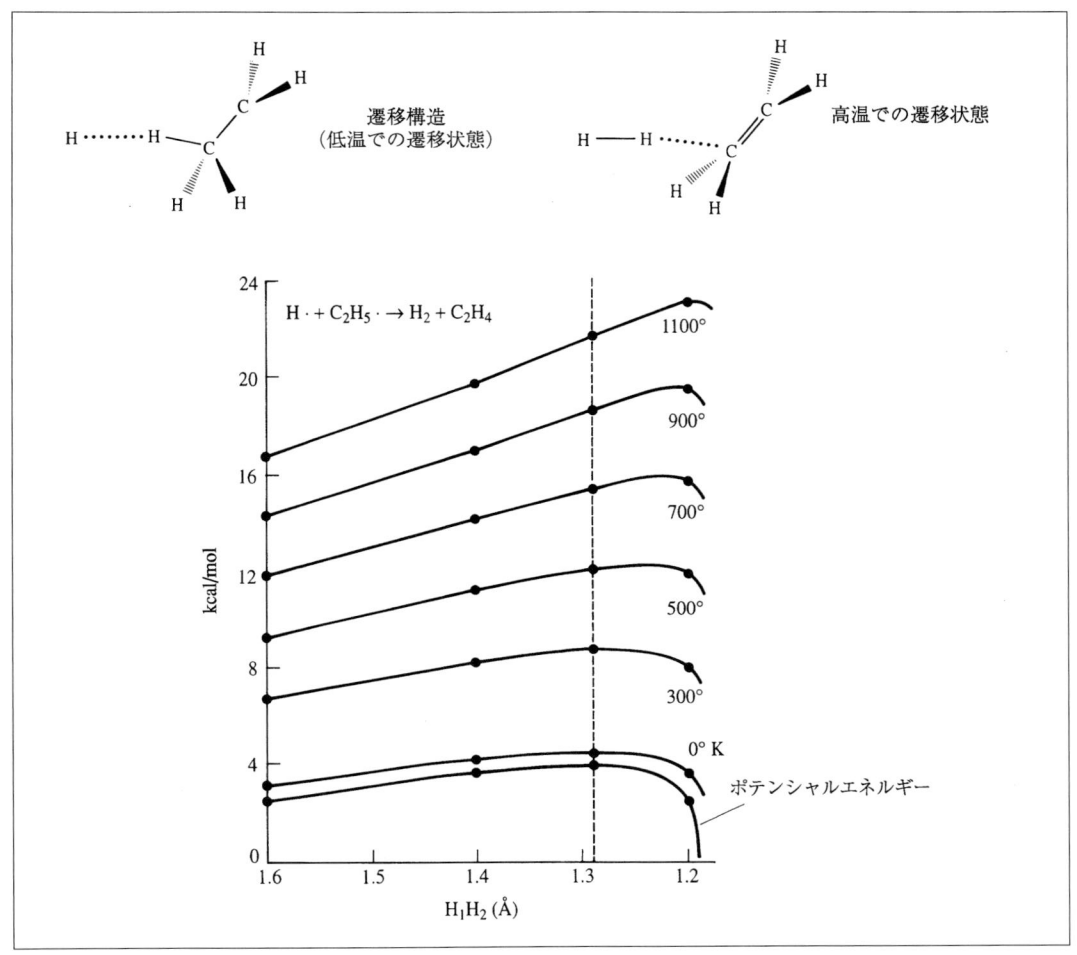

図 5.23 反応（$H^\bullet + CH_3CH_2^\bullet \rightarrow H_2 + CH_2=CH_2$）の遷移構造．低温では遷移構造と遷移状態（自由エネルギーの極大点）は一致する．しかし，高温では遷移状態は生成物により近づく [9]．

構造に近ければ近いほどうまく機能する．負の固有値に対応する原子変位を吟味し，反応の鞍点での運動に正しく対応するか否かを確認することも，重要である．

極小点から鞍点へ近づくにつれ，ヘシアンは，固有値がすべて正の状態から負値を1個含んだ状態へ変化する．ヘシアンが負の固有値を1個含む地点を取り巻くエネルギー曲面領域を，鞍点の二次領域と呼ぶ．同様に，固有値がすべて正でヘシアンが正定値となる領域は，極小点の二次領域と呼ばれる．鞍点の探索は，二次領域の内部の点から出発しなければならない．二次領域の概念を説明するため，一例として，関数 $f(x,y) = x^4 + 4x^2y^2 - 2x^2 + 2y^2$ を考えてみよう（図5.24）．この関数は，$(1,0)$ と $(-1,0)$ に極小点を二つ，$(0,0)$ に鞍点を一つもつ．また，その停留点は解析的に求めることができる．この関数のヘシアンは次のようになる．

$$\begin{pmatrix} 12x^2 + 8y^2 - 4 & 16xy \\ 16xy & 8x^2 + 4 \end{pmatrix} \tag{5.39}$$

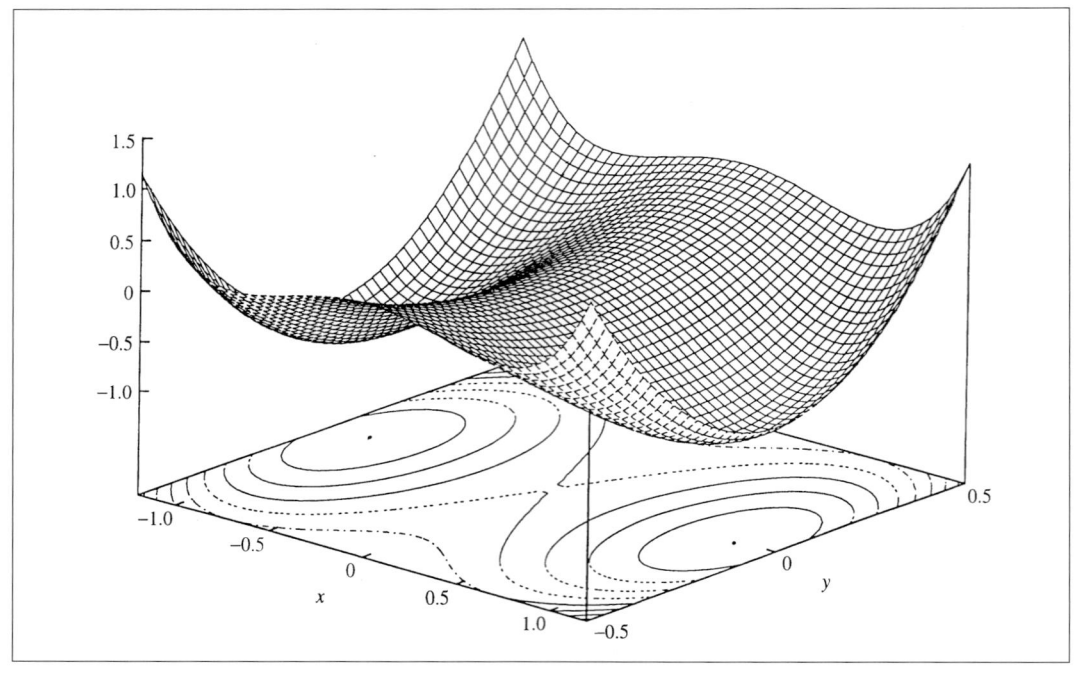

図 5.24 関数 $f(x,y) = x^4 + 4x^2y^2 - 2x^2 + 2y^2$ のグラフ。$(0,0)$ に鞍点，$(1,0)$ と $(-1,0)$ に極小点がある。

したがって点 $(1,0)$ では，

$$\begin{pmatrix} 8 & 0 \\ 0 & 12 \end{pmatrix} \tag{5.40}$$

この行列の固有値を求めるには，次の永年方程式を解けばよい。

$$\begin{vmatrix} 8-\lambda & 0 \\ 0 & 12-\lambda \end{vmatrix} = 0 \tag{5.41}$$

固有値は，$\lambda = 8$ と $\lambda = 12$ になる。これらの固有値はともに正であるから，点 $(1,0)$ は極小点である。一方，点 $(0,0)$ ではヘシアンは，

$$\begin{pmatrix} -4 & 0 \\ 0 & 4 \end{pmatrix} \tag{5.42}$$

永年方程式を解くと，固有値は $\lambda = -4$ と $\lambda = 4$ となる。関数は，図 5.24 から明らかなように，$x = 0$ の直線に沿って極小点をもつ。それに対し，$(-1,0)$ から原点を通り，$(1,0)$ へ進んだ場合には，関数は極大点を通る。固有値が負の固有ベクトルは，鞍点を通る運動を引き起こす原子の協奏的運動に対応する。いま，x 軸に沿って，極小点 $(1,0)$ から鞍点 $(0,0)$ へ移動したとしよう。固有値は，$12x^2 + 8y^2 - 4 > 0$ である限り，すべて正になる。すなわち，x が $1/\sqrt{3}$ よりも大きい間，ヘシアンの二つの固有値はともに正値を維持し，x が $1/\sqrt{3}$ よりも小さくなれば，固有値は正と負の 2 種類になる。鞍点の二次領域とは，本例の場合，x の絶対値が $1/\sqrt{3}$ よりも小さい範囲のことを指す。

5.9.1 鞍点の位置を求める方法

Cl$^-$/CH$_3$Cl 間の S$_N$2 反応のように簡単な反応では，遷移構造の幾何配置は分子モデルから容易に予測できる．しかし，そうでない場合は，格子探索（grid search）を行ってエネルギー曲面を調べ，遷移状態の位置を求めなければならない．格子探索ではまず最初，座標を系統的に変化させて一連の構造を発生させ，それらの各々についてエネルギーを計算する．鞍点の位置を求めるには，これらの点へ解析関数を当てはめ，標準的な微積分法を適用すればよい．格子探索法は，ポテンシャルエネルギー曲面の作成に広く利用される．しかし，適用できるのは，原子数のきわめて少ない系や，H＋H$_2$→H$_2$＋H のように自由度の小さい反応系に限られる．格子探索の長所は，経路から外れたエネルギー曲面についても情報が得られる点である．反応の動力学やさまざまなモード間のエネルギー相互転換を調べたい場合，このことは重要な意味をもつ．しかし，格子探索法は厖大な数のエネルギー計算を必要とする．そのため実際には，きわめて小さい系を除いて適用されることはない．また，この方法で遷移構造を直接知ることは，いかなる場合も不可能である．

ある極小エネルギー構造から別の極小エネルギー構造への転換は，時として1ないし2個の座標に沿って起こる．このような場合，反応経路の近似解は次の手順で求まる．(1) 他の座標を固定したまま，当該座標を少しずつ変化させる．(2) 各段階で極小化を行い，系の緩和を図る．経路上のエネルギー極大点は鞍点に相当し，計算の過程で発生した構造群は，相互転換の経路に沿った一連の点に対応する．このような座標駆動法は，結合のまわりの回転で主に生じる配座変化へも適用される．その場合，この方法は断熱写像法（adiabatic mapping）とか，ねじれ角駆動法（torsion angle driving）と呼ばれる．断熱写像法は，タンパク質の内部でのチロシン側鎖やフェニルアラニン側鎖の回転エネルギーを調べるなど，きわめて大きな系を研究したい場合に使われる [16]．これらの残基に含まれるフェニル環は，2回回転軸をもつので，エネルギー的に等価な極小エネルギー配向が二つ存在する（図 5.25 参照）．われわれが知りたいのは，一方の配座から他方の配座への転換を妨げるエネルギー障壁の大きさである．しかし，タンパク質の他の部位を固定したまま環を回転させると，他の部位との間でエネルギーの高い相互作用が発生する．それゆえ，エネルギー障壁の計算値はきわめて不正確なものにならざるを得ない．実際には，タンパク質は，さまざまな配向をとる芳香環を収容するためその配座を適宜変えている．変化のエネルギー特性をより正確に推定したければ，環の各配向ごとにエネルギーの極小化を行い，系の他の部位も緩和させなければならない．断熱写像法では，この計算は結合を数度ずつ回転させ，発生するさまざまな環配向に対して繰り返し行われる．たとえば，図 5.25 のねじれ角 χ_2 は，10°の刻み幅で 180°まで回転させる．極小化の際，ねじれ角を特定の値に固定したければ，ポテンシャル関数へ次の臨時ねじれ項を追加すればよい．

$$\nu(\omega) = \frac{V}{2}\{1-\cos(\omega-\theta)\} \tag{5.43}$$

もし，障壁 V が十分大きければ，ω は値 θ をとらざるを得ない．

ねじれ角駆動法もまた，分子力学法と組み合わせ，分子の極小エネルギー配座間——たとえば，

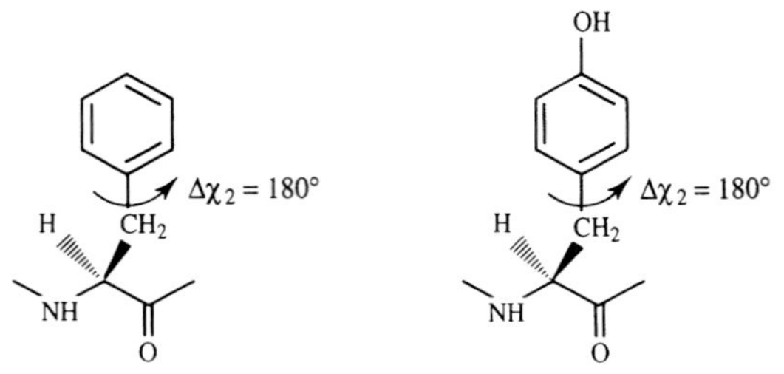

図 5.25 フェニルアラニンとチロシンにおけるねじれ角 χ_2 の回転

シクロヘキサンのいす形配座とねじれ舟形配座間——の経路を推定するのに広く使われる。極小エネルギー経路は，通常，1〜2個のねじれ角を変化させれば計算できる。計算は，式(5.43)のようなねじれ項を追加し，特定のねじれ角を所定の値に保ちながら行われる。多くの場合，真の反応座標は，変角など他の内部座標からの寄与も含む。ねじれ角駆動法では，しばしば他の座標に変化の遅れが観測され，この現象は，エタンのような簡単な系においてさえ起こる。一例を挙げよう。いま，エタンのねじれ角 HCCH の一つを反応座標とし，その値を 60°（ねじれ形）から 0°（重なり形）へ変化させてみる。他のねじれ角 HCCH は角の変化に追いつけず，遷移構造に近づいても元の 60°に近い値をとり続ける（図 5.26）。そして，それに伴い，水素との結合角を広げ，生じた歪みを相殺しようとする。エタンより大きな系の配座的遷移では，さらに重大な欠陥も報告されている。

座標駆動法は，場合によっては，量子力学計算と組み合わせて利用される。また，あらかじめ決められた座標に沿って移動する代わりに，最小傾斜経路，すなわち勾配の最も緩やかな経路に沿って鞍点まで徐々に谷を登りつめる方法もある。この方法でむずかしいのは，各ステップでどの方向へ進み，また，その動き幅をどのようにとるかである。当然，動き幅は小さい方がよい。しかし，計算時間との兼ね合いがしばしば問題になる。図 5.27 に示されるように，動き幅が大きすぎると遷移構造を見落とすことがあり，一方，あまり小さすぎると今度は計算に時間がかかりすぎる。ヘシアンが計算できる場合には，それを利用するとよい。進むべき方向は，固有値がすべて正であれば，最小固有値の固有ベクトルに沿って坂を登る方向であり，また，鞍点の二次領域の内部にあるときには，負の固有値に対応する固有ベクトルに沿って坂を下る方向である [3]。

すでに何度も述べたように，勾配は鞍点では（極小点と同じく）ゼロである。したがって，極小化アルゴリズムは鞍点の位置を求める目的にも使える。極小化アルゴリズムは，時に，鞍点へ間違って収束することがある。この現象は，出発構造が遷移構造に近い場合に特によく起こる。たとえば，ニュートン–ラフソン法は，二次領域の内部から出発したとき遷移構造へ収束するが，これはその簡単な一例である。他の極小化アルゴリズムもまた，適当な修正を施せば，二次領域の内部から出発したとき常に鞍点へ収束するようになる [25]。

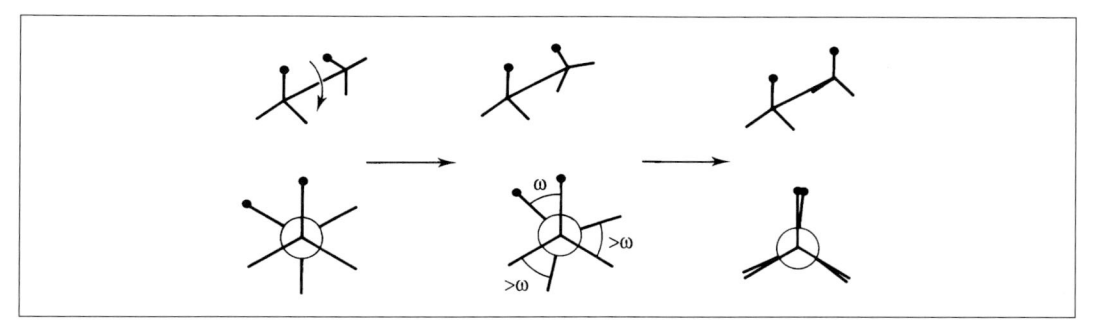

図 5.26 エタンにおけるねじれ角 H—C—C—H の駆動。ねじれ角の一つを駆動したとき，他のねじれ角はそれに同期できず，変化が遅れる。

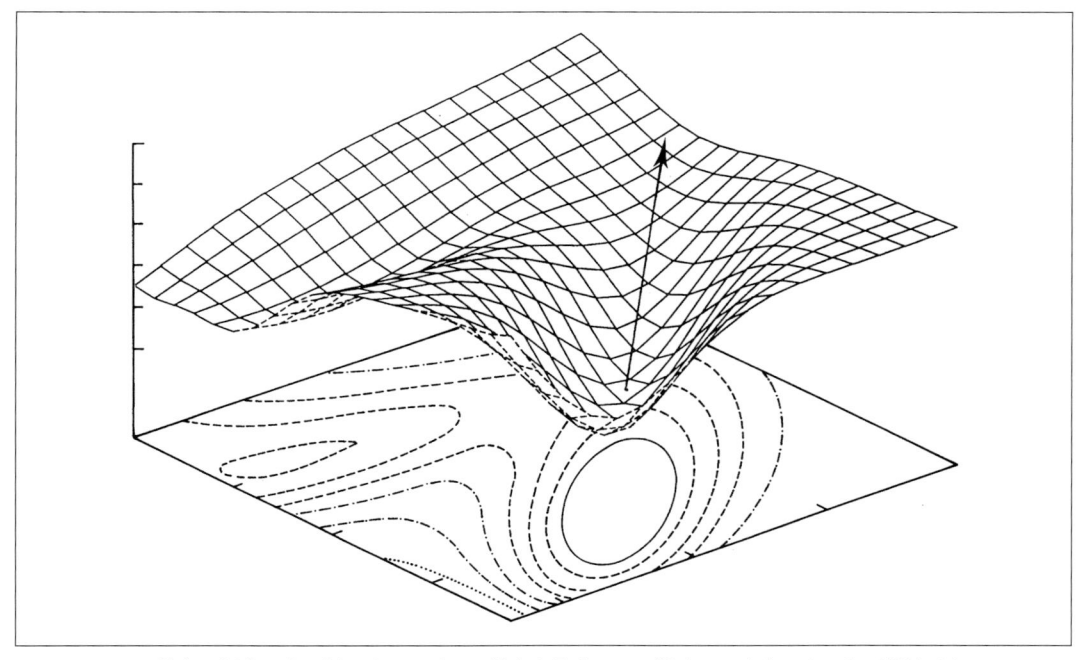

図 5.27 鞍点の探索。動き幅が大きすぎると鞍点を見落とし，間違った方向へ向かう可能性がある。

5.9.2 反応経路の追跡

　反応経路の解明に当たり通常採用されるのは，鞍点から二つの関連極小点へ向かい，坂を下りる戦略である。鞍点から関連極小点へ向かう経路は多数存在する。その中の一つ，固有反応座標 (IRC, intrinsic reaction coordinate) は，系が（基準振動計算と同様）質量加重座標で記述されている場合に，最急降下経路に沿い，無限に小さい動き幅で，粒子が遷移構造から極小点へ移動するときの経路である [15]。極小点へ向かう際の最初の進行方向は，遷移構造の虚振動数に対応する固有ベクトルから直接求まる。簡単な最急降下アルゴリズムは，動き幅を適当にとったとき，通常，真の極小エネルギー経路のまわりで振動する近似経路を発生する（図 5.28）。中間構造に関心がなく，できる限り効率よく極小点を求めたい場合には，このアルゴリズムで十分で

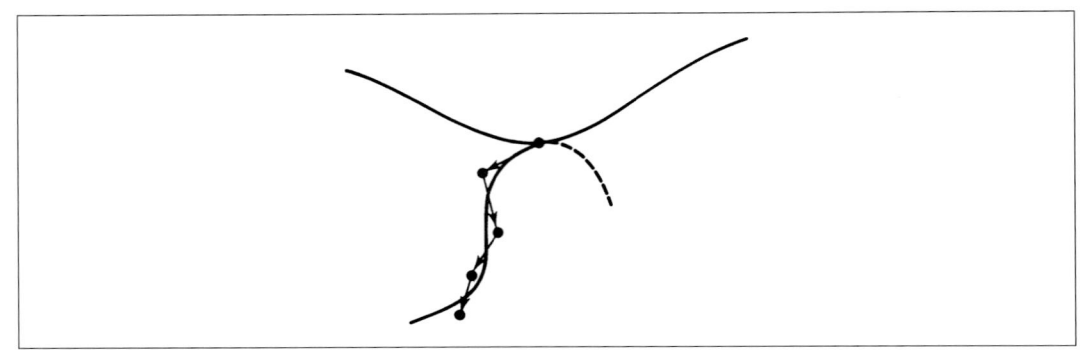

図 5.28 反応経路の追跡。最急降下アルゴリズムを使うと，真の極小エネルギー経路のまわりで振動する近似経路が得られる。

ある。しかし，真の反応経路やさらに精度の高い近似経路を知りたければ，最急降下アルゴリズムから得られる経路では不十分であり，修正を必要とする。経路が曲がっている場合には，このような修正は特に有効である。

反応経路を求めるためのアルゴリズムは多数提案されている。しかし，われわれが必要とするのは，汎用性があり，（すべてではないにしても）多くの状況にうまく対処でき，しかも計算にあまり費用のかからないアルゴリズムである。そのようなアルゴリズムの一つとして，現在広く使われているのは，Gonzalez-Schlegel の方法である［17］（図 5.29）。この方法では，まず最初，現在の点 $\mathbf{x}_k$ での勾配が計算される。次に，この勾配の方向に沿い，ステップ幅 $s/2$ のところに新しい点（$\mathbf{x}'$）がとられる。反応経路上の次の点は，$\mathbf{x}'$ と新しい点（$\mathbf{x}_{k+1}$）の距離が $s/2$ であるという条件の下，エネルギーを極小化することで得られる。反応経路は，$\mathbf{x}_k$ と $\mathbf{x}_{k+1}$ の両点を通る円で近似される。これらの二点での接線は，勾配の方向を向く。この経路追跡アルゴリズムの改良版は，Ayala-Schlegel の複合アプローチに組み込まれている［2］。このアプローチでは，二次微分を計算しなくても，反応経路，極小点および遷移状態の幾何配置が効率よく求まる。

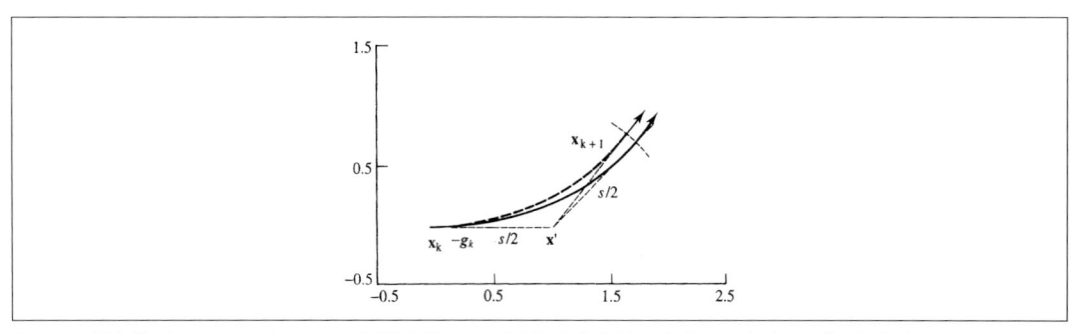

図 5.29 最急降下アルゴリズムによる経路を修正し，固有反応座標を生成する方法［17］。最急降下法による経路を実線，それに対する修正経路を破線で示す。

5.9.3 大きな系の遷移構造と反応経路

　これまで取り上げたアルゴリズムは，断熱写像法の例外を除き，もともと比較的少数の原子しか扱わない量子力学で使われることを念頭に置いて設計されている．そのため，これらの方法は，配座遷移の研究へそのまま適用してもうまくいかないことが多い．理由はいろいろあるが，中でも重要なのは，これらの方法では，初期状態と最終状態の間に鞍点が一つしかないと仮定されていることである．複雑な分子の場合，二つの配座間には経路に沿って多数の遷移構造が存在するに違いない．本項では，この問題に取り組むべく開発された二つの分子力学的手法を取り上げ，それらの概要を説明したい．

　まず第一は，Czerminski & Elber により提唱された自己ペナルティー歩行法（SPW）である [7,21]．この方法は，$(M+2)$個の「単量体（monomer）」から「重合体（polymer）」を組み立て，それを利用する．個々の単量体には，実際の系の完全なコピーが使われる．したがって，計算は$(M+2) \times N$個の原子を対象としたものになる．重合体の両端は，反応経路を明らかにしたい二つの極小点に対応し，具体的には反応物と生成物を表す．また，重合体内のM個の中間点は反応経路上の点を近似し，それぞれ単量体の座標からなる．これらの座標は，最も簡単には，直交座標空間での直線補間から得られる．重合体のポテンシャルエネルギーφは，単量体内エネルギーと単量体間エネルギーの和で与えられる．

$$\varphi = \sum_{i=1}^{M} V(\mathbf{r}_i^N) + \sum_{i=0}^{M} R_i + \sum_{i=0}^{M} \sum_{j=i+1}^{M} R_{ij} \tag{5.44}$$

単量体内エネルギー$V(\mathbf{r}_i^N)$は個々の単量体のエネルギーであり，また，R_iは連続する二単量体間の結合エネルギーである．

$$R_i = \gamma (d_{i,i+1} - \langle d \rangle)^2 \tag{5.45}$$

$$d_{i,j} = [(\mathbf{r}_i^N - \mathbf{r}_j^N)^2]^{1/2} \ ; \quad \langle d \rangle = \left(\frac{1}{M+1} \sum_{i=0}^{M} d_{i,i+1}^2 \right)^{1/2} \tag{5.46}$$

ここで，添字 0 は固定反応物，添字$(M+1)$は固定生成物をそれぞれ表す．また，γは単量体間の結合に対する力の定数である．式(5.44)の第 2 項は，反応経路上に単量体をほぼ等間隔に布置するため，隣接する単量体間の距離をほぼ等しくするのに使われる．また，式(5.44)の最終項は，非結合性の単量体間エネルギーを表す．この項により，遷移構造領域での十分なサンプリングが保証される．R_{ij}は，二つのパラメータρとλに依存する．

$$R_{ij} = \rho \exp \left(- \frac{d_{ij}^2}{(\lambda \langle d \rangle)^2} \right) \tag{5.47}$$

エネルギー関数φを極小化すると，経路に沿った系の配置を表す一連の単量体が得られる．

　SPW法とその変法はさまざまな問題へ幅広く適用される．それらの問題の中には，多数の原子を扱うものも多い．たとえば，Elber & Karplus は，タンパク質ミオグロビンの二配座間の経路をこの方法で明らかにした [10]．その研究によると，すべての原子ではないが，分子内の多くの原子で変化が観測され，二つの配座間で全体として 0.26Å しか差がない場合でさえ，残基のいくつかでは 1Å に達する変化が検出された．彼らはまた，レグヘモグロビンからの一酸化

炭素の拡散についても検討を加えた。それによると，一酸化炭素はまず最初，ヘムのポケットから別の空洞へ跳び移り，さらに，タンパク質の外へ跳び出すという二段階の機構で拡散する。

　SPW法から遷移構造を直接知ることはできない。遷移構造の推定は，別の方法によらざるを得ない。原子を多数含む系の遷移構造を求めるために開発されたロバストな方法としては，Fischer & Karplusの共役ピーク精密化法がある[12]。この方法は，図で表せば図5.30のような手順を踏む。すなわちまず最初，二つの極小点の間に直線が引かれ，この直線に沿った極大点の位置が求められる。次に，この点から共役ベクトルに沿って極小点が直線探索され，発見された新しい極小点から最初の二つの極小点へ直線が引かれる。この手続きは繰り返し行われ，その結果，二つの極小点の間にある鞍点が確定される。

　共役ピーク精密化法は，たとえば，カリックス[4]アレーンの配座間相互転換などさまざまな問題へ適用されている[11]。カリックス[4]アレーンは，メチレン橋で連結された4個のフェニル環からなり，図5.31に示されるような特徴ある4種の配座で存在する。この分子種に対してはさまざまな置換様式が可能である。ここではまず，未置換化合物（X＝H，R＝H）の結果を取り上げてみよう。共役ピーク精密化法は，部分錐体配座と他の三配座の間にある遷移構造を明らかにした。図5.32はその結果を示している。図によると，錐体配座からエネルギー的に等価な反転配座へ至る最小エネルギー経路は，錐体→部分錐体遷移を律速段階とし，かつ1,2-交互配座を経由することが分かる。

　一方，X＝OHのカリックス[4]アレーンでは，錐体配座はヒドロキシ基間の水素結合によりきわめて安定である。このような化合物の錐体→反転錐体間相互転換に対しては，さまざまな機

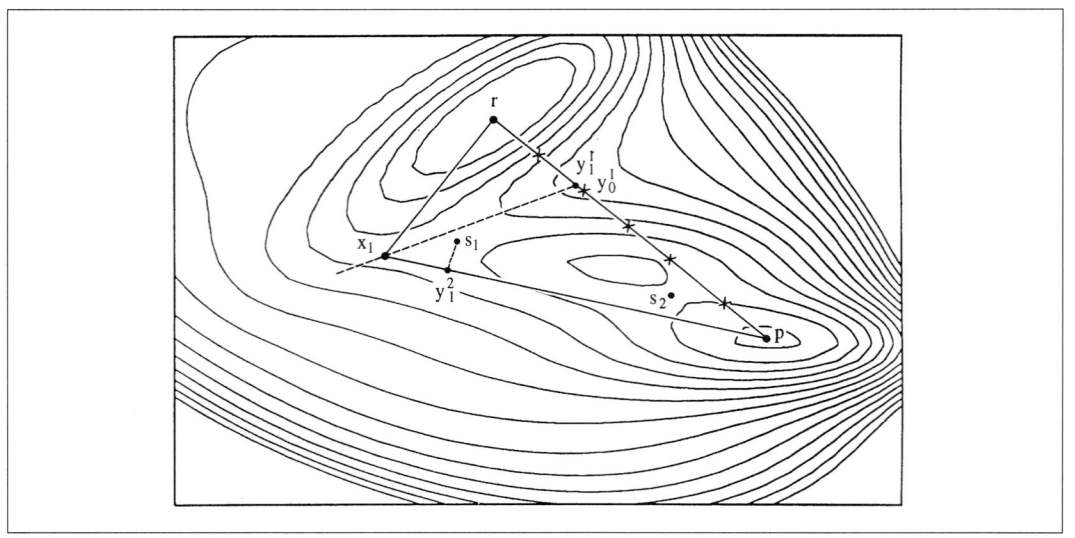

図 5.30 共役ピーク精密化法［12］。rとpは初期極小点（反応物，生成物）である。rとpを結ぶ直線に沿って粗いステップ探索を行うと，点y_0^1の近傍に極大点が存在することが分かる。そこで，その付近の精密な極大化を行うと，点y_1^1が得られる。次に，共役ベクトルに沿って直線探索を行い，新しい極小点x_1を得る。2回目のサイクルでは，直線r－x_1と直線x_1－pに対して操作が繰り返される。極大値はy_1^2に見出されるので，共役ベクトルに沿って探索を行うと，鞍点s_1が得られる。この操作をさらに繰り返せば，第二の鞍点s_2も同定できる。

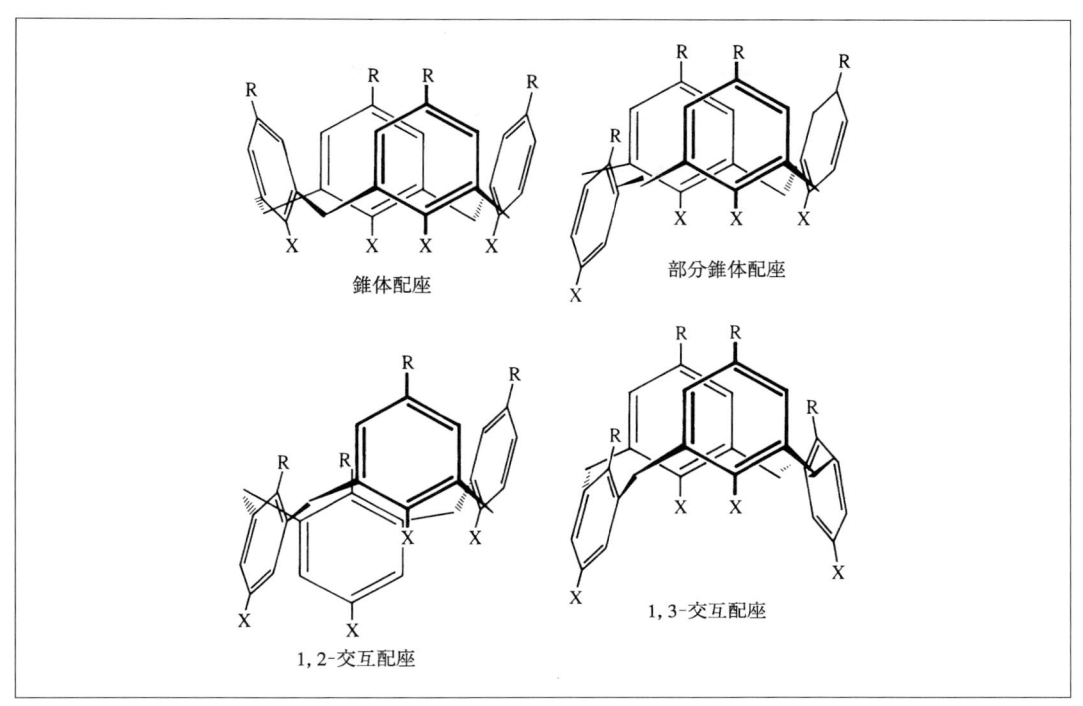

図 5.31 カリックス[4]アレーン系がとりうる 4 種の配座 [11]

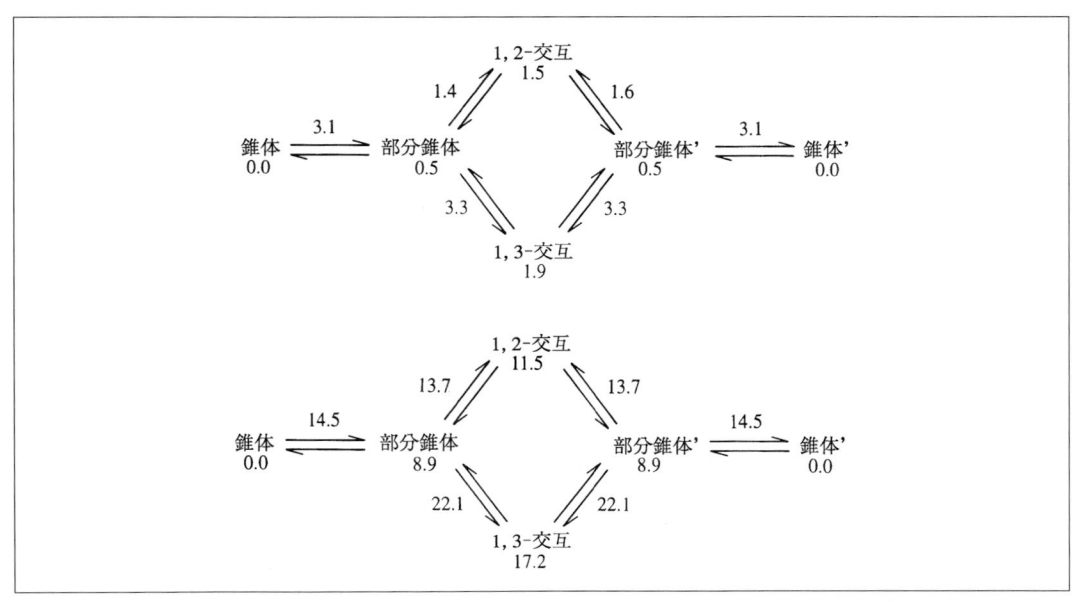

図 5.32 カリックス[4]アレーンの各種配座間での相互転換（エネルギー：kcal/mol）
（上図）X＝H，R＝H；（下図）X＝OH，R＝H。

構が提案されている。それらは大別すると，個々のフェニル環の宙返り機構を想定したものと，複数のフェニル環が同時に回転する協奏的過程を想定したものの二つに分かれる。経路計算によると，図 5.32（下図）のようなエネルギー図が得られるので，実際には，環は各ステップで 1 個ずつ宙返りを起こすと考えられる。錐体→部分錐体遷移に対する活性化障壁の計算値 14.5 kcal/mol は，実測値の 14.2 kcal/mol と非常によく一致する。エネルギー障壁のうち 9.1 kcal/mol 分は，二つの水素結合を切断するのに必要であり，残りは架橋メチレン炭素などの結合角を変形させるのに必要である。

5.9.4 ペリ環状反応の遷移構造

化学反応性の理解へ量子力学を応用した最も有名な研究の一つは，(実験的に観測されるある種の協奏反応の立体選択性を説明することに成功した) Woodward & Hoffmann の研究であろう [28]。彼らが取り上げた反応は，図 5.33 に示した付加環化，シグマトロピー転位，キレトロピー反応，環状電子反応およびエン反応であり，これらは一まとめにしてペリ環状反応と呼ばれる。このような反応から得られる生成物は，反応機構の簡単な議論からも予測できる。しかし，このような議論は反応のある種の側面を説明できない。反応は，しばしば反応速度に関して高度に立体特異的であり，その立体選択性は反応条件により劇的に変化する。Woodward & Hoffmann は，分子軌道理論を用いて，既存のデータを理論的に説明することに成功した。彼らの理論はまた，類似反応の予測にも非常な成功を収めた。Woodward & Hoffmann が適用した基本原理は，軌道対称性の保存原理である。彼らはその研究の成果として，(しばしばウッドワード-ホフマン則と呼ばれる) 一連の規則を提出した。ウッドワード-ホフマン則は，反応の全過程を通じて最大の結合性が保持されるという原理に基づいており，協奏反応に対してのみ適用される。軌道対称性の重要性に気づいたのは，福井も同様であった [14]。彼は，化学反応の大部分が，一方の分子の最高被占分子軌道 (HOMO) ともう一方の分子の最低空分子軌道 (LUMO) の間で，両者の重なりが最大になる位置と方向に起こることを指摘した。これらの軌道は一まとめにしてフロンティア軌道と呼ばれる。

HOMO-LUMO 相互作用は，分子相互の幾何配置，軌道の位相関係，およびエネルギー差といったさまざまな因子に依存する。たとえば，エテンは図 5.34 に示すような HOMO と LUMO をもつ。二つのエテン分子間の相互作用様式としてすぐに思いつくのは，シクロブタンを与えるスプラ形攻撃である。しかし，安定な相互作用が起こるためには，重なり合う軌道は同じ対称性をもたなければならない。このことは，エネルギー的に不利なアンタラ形のアプローチをとらなければ不可能である。それに対し，エテンとブタジエンの相互作用では，軌道の HOMO/LUMO 対は，スプラ形のとき，分子の両端で好適な位相関係になる (図 5.34)。

ウッドワード-ホフマン則は，ペリ環状反応の結果がどのようになるかを予測するだけで，反応が起こる機構については何も説明しない。この反応機構の問題に関しては，多年にわたりさまざまな理論研究が試みられ，反応に関与する遷移構造の性質についても激しい論議が交わされてきた [19]。論争は，使用した理論的方法 (特に半経験的方法) の違いにより，結果が異なると

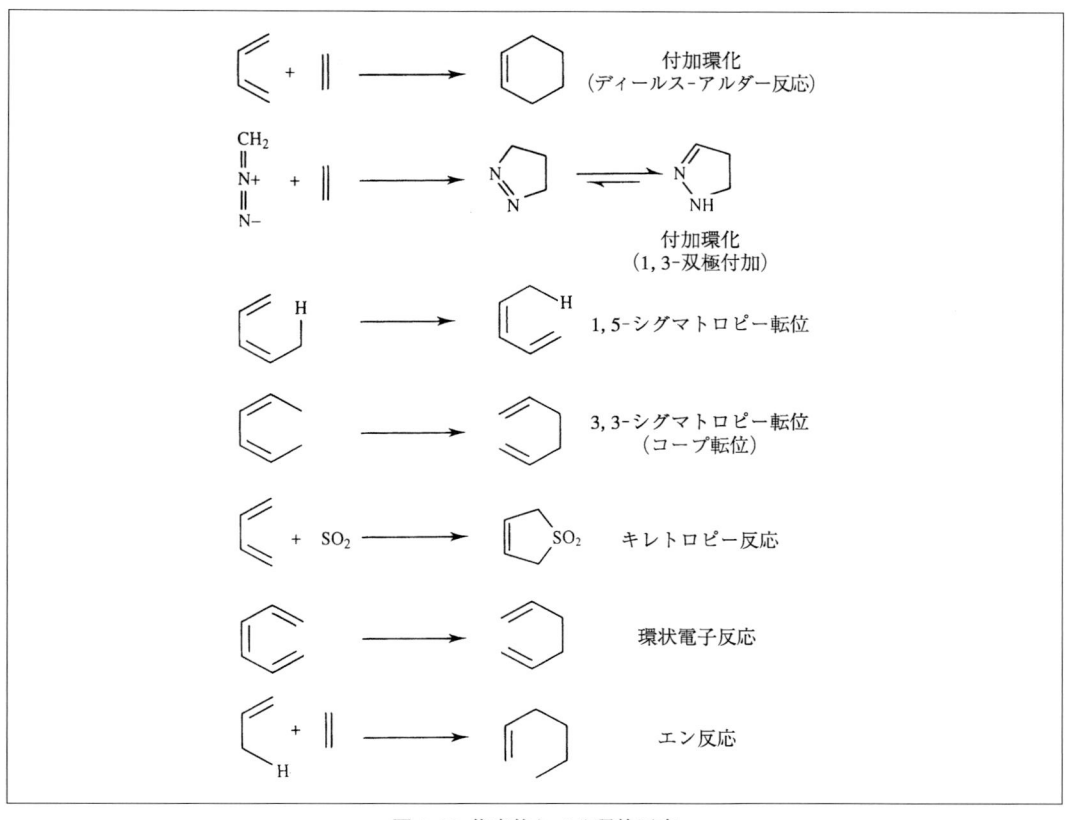

図 5.33 代表的なペリ環状反応

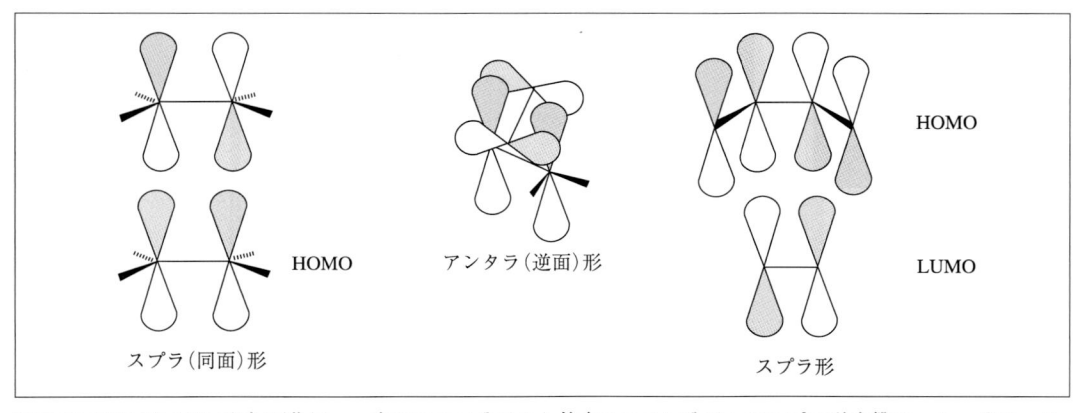

- 付加環化（ディールス-アルダー反応）
- 付加環化（1,3-双極付加）
- 1,5-シグマトロピー転位
- 3,3-シグマトロピー転位（コープ転位）
- キレトロピー反応
- 環状電子反応
- エン反応

図 5.34 HOMO-LUMO 相互作用。一方のエテン分子から他方のエテン分子へのスプラ形攻撃は，ウッドワード-ホフマン則により許容されない（左図）。一方，それに代わるアンタラ形の攻撃様式は，立体的に不利である（中央図）。しかし，ブタジエンとエテンの間のディールス-アルダー反応では，スプラ形攻撃は許容される（右図）。

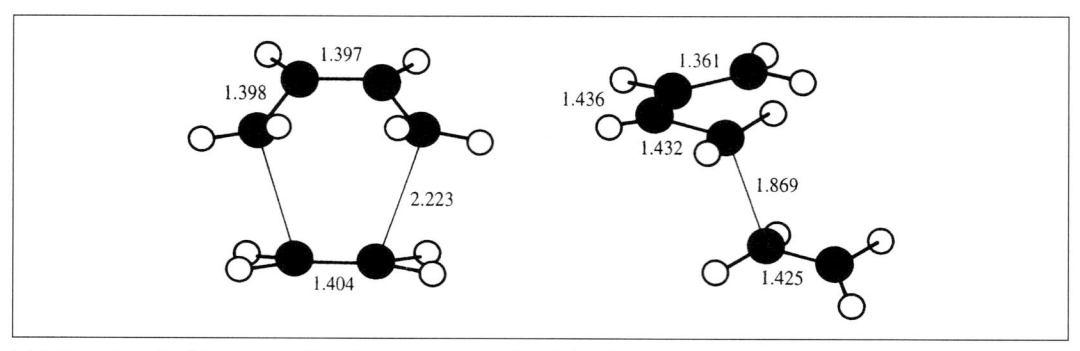

図 5.35 エテンとブタジエンの間のディールス–アルダー反応に対して，CASSCF *ab initio* 計算から予測された二つの遷移構造の幾何配置 [18]

いう事実によって油を注がれた。たとえば一方の極論として，ブタジエンとエテンのディールス–アルダー反応は，ビラジカルを遷移構造とする二段階の機構で進行する可能性がある。しかしもう一方では，協奏的な同調反応により対称な遷移状態が形成される反応とも考えられる。さまざまな理論水準での *ab initio* 計算の結果は，協奏的遷移構造を支持する。6-31 G* 基底系を用いた CASSCF 計算から得られたブタジエン／エテン間ディールス–アルダー反応の幾何配置は，図 5.35（左図）に示したようになる [18]。図 5.35（右図）には，またビラジカル構造の幾何配置もあわせて示してある。このビラジカル構造は，対称な遷移構造に比べて 6 kcal/mol ほどエネルギーが高い。

5.10　固体系：格子静力学と格子動力学

　エネルギー極小化と基準振動解析は，固体の研究においても重要な役割を担う。使用されるアルゴリズムは前述のそれとよく似ている。しかし，少なくとも固体が完全格子を形成している場合には，計算速度を向上させるため，格子空間群の対称性が利用できる。近接セルの原子との相互作用を正しく考慮することも，また必要になる。

　格子極小化は，最も簡単には，単位格子の大きさが変わらない一定体積下で行われる。しかし，より高度な計算では，原子と単位格子の両者に力が作用する定圧条件が使われる。格子極小化では，原子座標に加え，格子ベクトルも変数として考慮される。弾性の法則は，応力（stress）——単位面積当たりの力——が加わったときの物質の挙動を記述する。応力は主に外圧に起因するが，そのほか，セル内部の原子間力——内部応力——も応力の原因となりうる。固体では，ひずみ（strain）は重要な概念である。ひずみとは，（たとえば鋼棒を引き延ばしたときの単位長さ当たりの変化のような）長さの変化分率を指す。一般に，ひずみのない物質上の点 **r** は，外力が作用すると新しい点 **r′** へ移動する。その変位を **u** で表す。

$$\mathbf{u} = \mathbf{r}' - \mathbf{r} \tag{5.48}$$

いま，ある次元（たとえば x 軸）にひずみを均一にかけたとしよう。最初 x にあった点の座標は，その結果，x に比例した量変化する。式で表せば次のようになる。

$$u_x = \varepsilon_{xx} x \tag{5.49}$$

一般に，比例定数 ε_{xx} は一次微分の形で与えられる。

$$\varepsilon_{xx} = \partial u_x / \partial x \tag{5.50}$$

y 方向と z 方向の変形も同様である。剪断ひずみを扱う場合には，次の要素が追加される。

$$\varepsilon_{xy} = \varepsilon_{yx} = \frac{1}{2}(\partial u_y / \partial x + \partial u_x / \partial y) \tag{5.51}$$

これらの ε 値はひずみテンソルを形作る（テンソルの詳しい議論については，4.9.1項を参照されたい）。ひずみテンソルは対称で，しばしば次の形で表される。

$$\boldsymbol{\varepsilon} = \begin{bmatrix} \varepsilon_1 & \frac{1}{2}\varepsilon_6 & \frac{1}{2}\varepsilon_5 \\ \frac{1}{2}\varepsilon_6 & \varepsilon_2 & \frac{1}{2}\varepsilon_4 \\ \frac{1}{2}\varepsilon_5 & \frac{1}{2}\varepsilon_4 & \varepsilon_3 \end{bmatrix} \quad \begin{array}{lll} \varepsilon_1 \equiv \varepsilon_{xx}, & \varepsilon_2 \equiv \varepsilon_{yy}, & \varepsilon_3 \equiv \varepsilon_{zz} \\ \varepsilon_4 \equiv \varepsilon_{yz}, & \varepsilon_5 \equiv \varepsilon_{xz}, & \varepsilon_6 \equiv \varepsilon_{xy} \end{array} \tag{5.52}$$

ひずみテンソルの要素のうち，異なる値をとるのは6個である。ひずみテンソルは対称であるため，直交軸に関する回転は考えなくてもよい。無ひずみ構造のベクトル $\mathbf{r}$ とひずみ構造のベクトル $\mathbf{r}'$ の間には，次の関係が成り立つ。

$$\mathbf{r}' = (\mathbf{I} + \boldsymbol{\varepsilon})\mathbf{r} \tag{5.53}$$

ここで，$\mathbf{I}$ は単位行列である。ひずみ成分 ε_i に関するエネルギーの一次微分は，単位格子に作用する力を表す。原子座標と組み合わせると，$3N+6$ 次元の行列が得られる。極小点では力はどの原子にも作用せず，単位格子にかかる力もゼロである。これらの自由度のすべてを最適化し，ひずみのない最終構造を得るためには，Davidon-Fletcher-Powell 法のような標準的な反復極小化操作を適用すればよい。このような方法は，セルの大きさと原子位置の変化を調和させるのに，通常，ヘシアン逆行列のかなり正確な初期推定値を必要とする。

極小エネルギー構造から計算できる一般的性質は，弾性定数と誘電率の二つである。弾性定数行列は，物質のひずみを内力や応力と関連づけるのに使われる。それは，セル体積で規格化された，ひずみに関するエネルギーの二次微分として定義される。また，弾性定数逆行列は，応力とひずみの間の比例定数を与える。弾性定数行列は 6×6 の大きさをもち，次式で与えられる。

$$\mathbf{C} = \frac{1}{V}\left[V''_{\varepsilon\varepsilon} - \left(V''_{\varepsilon r} \cdot V''^{-1}_{rr} \cdot V''_{r\varepsilon}\right)\right] \tag{5.54}$$

ここで，$V''_{\varepsilon\varepsilon}$ は二次微分の 6×6 行列（要素は $\partial^2 V / \partial^2 \varepsilon_{ij}^2$），$V''_{\varepsilon r}$ と $V''_{r\varepsilon}$ は対応する $3N \times 6$ と $6 \times N$ の座標／ひずみ混成行列，V''_{rr} は $N \times N$ の二次微分座標行列，V は単位格子の体積である。式(5.54)の第2項は，セルがひずんだときの内部原子の緩和を説明する。

格子のひずみは，応力を弾性定数行列で割ったものに等しい。

$$\boldsymbol{\varepsilon} = (P_{\text{static}} + P_{\text{applied}}) \cdot \mathbf{C}^{-1} \tag{5.55}$$

ここで，応力は（単位格子に働く内力に由来する）静圧 P_{static} と外圧 P_{applied} の和で与えられる。

誘電率は物質の電気的性質の一つである。固体の誘電率は 3×3 行列で表され，その要素は次式で与えられる。

$$D_{ij} = \delta_{ij} + \frac{4\pi}{V}\mathbf{q}^{\mathrm{T}} \cdot \mathbf{V}_{rr}^{\prime\prime -1} \cdot \mathbf{q} \tag{5.56}$$

ここで，i と j は，x, y および z のいずれかである。また，δ_{ij} は（$i \equiv j$ のとき 1，それ以外はゼロとなる）デルタ関数で，$\mathbf{q}$ は電荷のベクトルである。周知の通り，誘電体の効果は振動する電場内では変化する（周波数が高いと，物質の永久双極子は電場の急速な変化についていけない）。したがって，低周波と高周波のいずれの状況にも対処できるよう，誘電率行列は通常2種類計算される。たとえば，分極を考慮する殻状モデル（4.22.2項参照）に従った場合，低周波では誘電率行列を求めるのにコアと殻の両者が使用され，高周波では殻のみが使用される。

物質の構造は，極小化計算の後，相対エネルギーを比較することで推定できる。有機分子が複数の三次元配座（第9章参照）をとりうるのと同様，固体もまた，周期格子構造を保ったまま複数の三次元原子配列をとりうる。この方面で特によく研究されているのは，シリカ SiO_2 である。シリカは通常石英（α-SiO_2）の形で存在する。これは，最もエネルギーの低い構造である。しかしそれ以外にも，微小孔を多数含んだ構造を形成しうる。このような微小孔構造は通常いくつも存在する。代表的なものは，シリカライト（silicalite），モルデナイト（mordenite）および

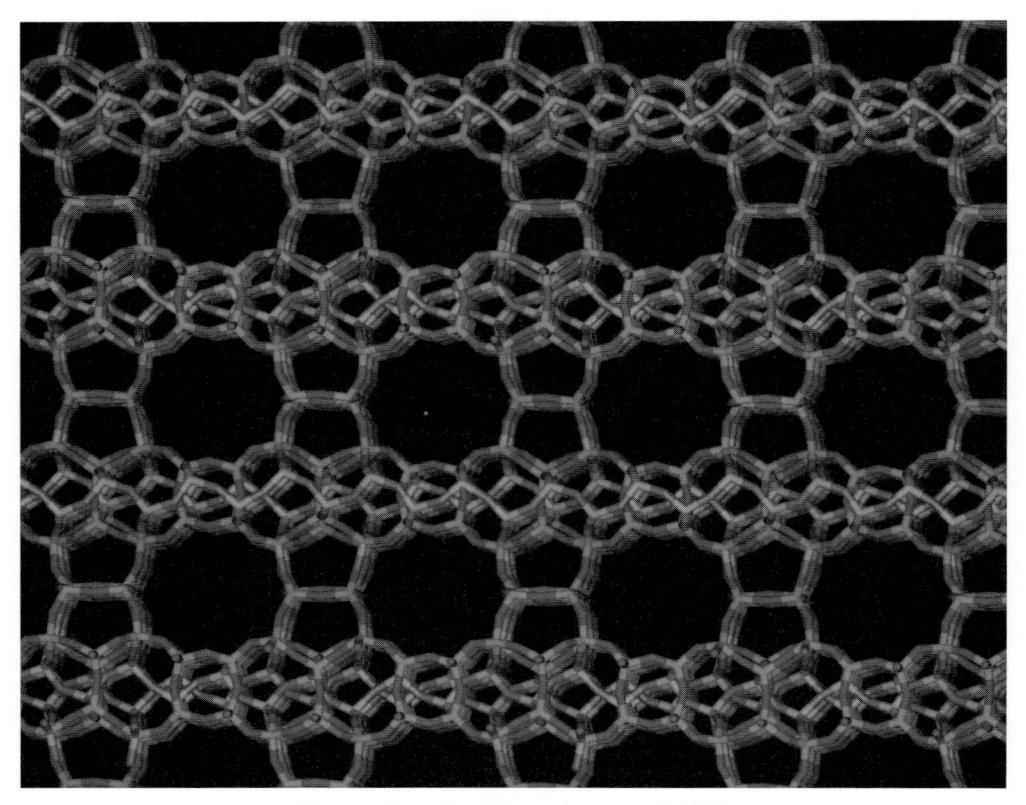

図 5.36 ゼオライト NU-87（カラー口絵参照）

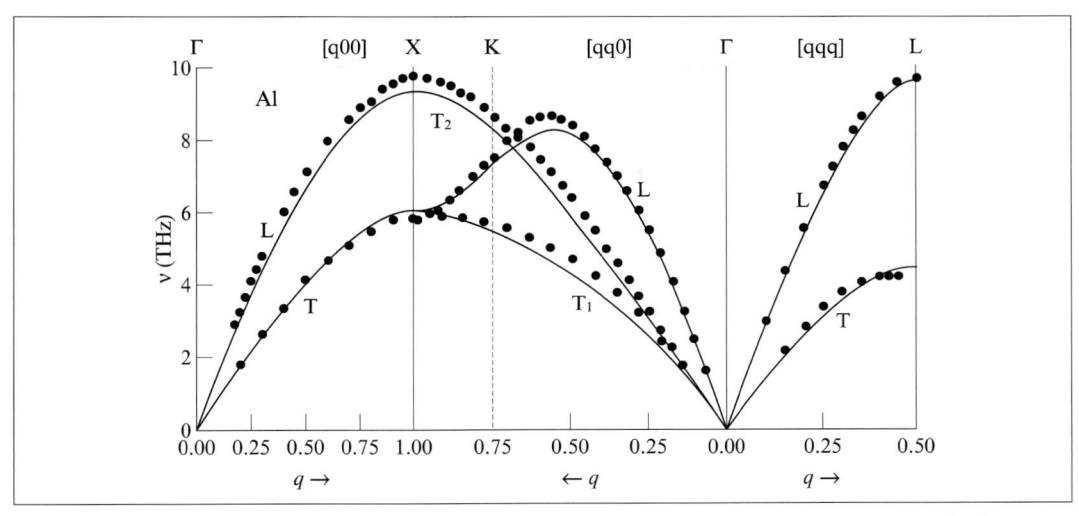

図 5.37 Al に対するフォノン分散の理論曲線と，中性子回折法で測定された実測値の比較 [20]

ホージャサイト（faujasite）の三つである．ある研究によると，これらの構造のエネルギーは，石英を基準としたときそれぞれ約 2.6，4.9 および 5.1 kcal/mol であった [22]．これらの構造のうち，純粋な二酸化ケイ素から作られているのはシリカライトだけである．他は，通常アルミニウムを多く含有し，ゼオライトに近い組成をもつ．この研究の延長として，シリカライトのわずかに異なる二つの結晶形もまた計算された．シリカライトは，室温では正常な斜方晶系で存在するが，低温になると，その結晶形は単斜晶系へ変化する．これらの二つの結晶形は非常によく似ており，格子角が 0.64° ほど異なるにすぎない．にもかかわらず，斜方晶系から出発してエネルギーの極小化を行うと，構造は単斜晶系へ変化し，実験データを見事に裏づけた [4]．斜方晶系から単斜晶系への遷移は，分極効果を加味した力場（殻状モデル）を使った場合にのみ観測された．格子極小化法は時として物質構造の解明にきわめて役立つ．注目すべき例は，ゼオライト NU-87 の構造決定である [26]．この合成物質は多次元チャネル系を含むので，触媒としてことに興味深い．多次元系は一次元系に比べ複雑な触媒反応を許容し，しかも失活しにくい．NU-87 には，酸素原子を 10 または 12 個含む環が存在する（図 5.36）．また，NU-87 はシリカの含量が多く，加熱に対して高い安定性を示す．構造決定には，電子回折，粉末シンクロトロン X 線回折などさまざまな実験技術が駆使された．その結果，大体の構造が明らかにされたが，粉末回折スペクトルに現れたいくつかの特徴は説明できなかった．最初，これらは不純物によるものと見なされた．しかし，エネルギーの極小化を行うと，構造に微妙な変化が起こり，実験データとさらによく合う構造が得られた．ここで使われた極小化操作は，構造に特定の対称性を強要せず，各原子はそれぞれ独立に運動できる点を主な特徴とした．

振動周波数（フォノン，phonon）の計算は，固体研究において重要な意味をもつ．実際，フォノンを計算し研究する分野は，しばしば格子動力学（lattice dynamics）という特別な名称で呼ばれ，独立した学問領域をなす．固体の振動周波数の計算には，分子に対する前述のそれと非

常によく似たアプローチが使われる。違うのは，殻状モデル*が使われ，その効果が二次微分の質量加重行列に組み込まれる点である（フォノンは質量をもたないので間接的ではあるが）。

$$V'' = V''_{\text{core-core}} - V''_{\text{core-shell}} \cdot V''_{\text{shell-shell}} \cdot V''_{\text{core-shell}} \tag{5.57}$$

もう一つ重要なことがある。それは，振動モードが逆格子ベクトル $\mathbf{k}$ に依存することである。周期格子の電子構造の計算と同様，これらの計算は，通常ブリュアン帯域内部から適当な一組の点を選んで行われる。固体では，この周期性を考慮する必要がある。この効果は，二次微分行列の各要素 ij に位相因子 $\exp(i\mathbf{k} \cdot \mathbf{r}_{ij})$ を掛けることで組み込まれる。ブリュアン帯域でのフォノン振動数の変化は，フォノン分散曲線（phonon dispersion curve）で表される。図5.37にその一例を示す。純粋な横振動（T）は，原子の変位が波の運動方向に垂直な振動で，純粋な縦振動（L）は，原子変位が波の運動方向と一致する振動である。このような純粋な振動は，（たとえば単位格子に原子が1～2個しか含まれない系のように）簡単な系でしか観測されない。一般の三次元格子の場合，振動のほとんどは対称性の高い方向に沿った振動を例外として，横振動と縦振動の混合物である。フォノンはさらに音響フォノンと光学フォノンの二つに分類される。前者は，原子を単位とする波長の長い（低周波）振動である。この名称は，これらの振動がしばしば音波として測定される事実に由来する。点 $\mathbf{k}=0$（Γ点）での最初の三つの振動周波数は，格子全体の並進に対応する。光学フォノンは一般に周波数が高い。格子振動を調べ，フォノン分散曲線を作成するための実験的方法はいろいろ知られている。しかし，それらの中で最も強力な方法は，熱中性子を用いた非弾性散乱法である。熱中性子はしばしば $\mathbf{k}$ の全領域のサンプリングを可能にする。これは，他のタイプの放射線にない特徴である。

ひとたびフォノン振動数が分かれば，統計力学を利用してさまざまな熱力学量が決定できる（付録6.1参照）。しかしここでも，標準公式に少し修正を施す必要がある。通常，公式はこの修正により，ブリュアン帯域でサンプリングされた点全体を加え合わせる形に変形される。たとえば，ゼロ点エネルギーは次式で与えられる。

$$U_{\text{vib}}(0) = \sum_{q=1}^{p} \omega_q \sum_{i=1}^{N_{\text{nm}}} \frac{h\nu_i}{2} \tag{5.58}$$

ここで，外側の求和は，ブリュアン帯域でサンプリングした p 個の点 q について行われる。ω_q は各点の加重分率で，q を取り巻くブリュアン帯域の空間体積と関連がある。ν_i はフォノン振動数である。振動モードによる内部エネルギーのほか，振動エントロピーや自由エネルギーも計算できる。温度 T でのヘルムホルツ自由エネルギーは，静的寄与と振動寄与を加え合わせた次の準調和近似式で与えられる。

$$A = V + \sum_{q=1}^{p} \omega_q \sum_{i=1}^{N_{\text{nm}}} \left(\frac{h\nu_i}{2} + k_{\text{B}} T \ln\left[1 - \exp\left(-\frac{h\nu_i}{k_{\text{B}} T}\right)\right] \right) \tag{5.59}$$

ここで，V はポテンシャルエネルギー・モデルから計算される内部エネルギーである。振動数から直接求まる熱力学量には，そのほか定積熱容量がある。これは，温度に関する振動内部エネ

---

* 得られる振動数が大きくなりすぎない限り，殻状モデルの使用が一般に推奨される。

ルギーの微分に等しい。

　座標と温度の関数としての自由エネルギーの極小化は，これらの概念の延長線上にある。極小化される関数はアベイラビリティー（availability）と呼ばれ，$G^* = A + P_{ext}V$ で与えられる。ここで P_{ext} は外圧，V は体積である。このような自由エネルギー極小化は，座標に関する自由エネルギーの微分を必要とする。以前は，外部座標（単位格子の大きさ）の変化は内部座標（単位格子内のイオンの位置）のそれと切り離して取り扱われた。また，内部座標は静的なポテンシャルエネルギーを使って変化させ，自由エネルギーの真の微分は（計算費用の関係で）外部座標に関してのみ行われた。しかし現在では，内部座標と外部座標を分離せず，自由エネルギーの一次微分をすべて解析的に計算し，自由エネルギーの完全な極小化を行うことも可能である［27］。

　自由エネルギーの極小化は，多くの点で，分子動力学シミュレーションと相補的な関係にある［1］。前者は，調和近似が成立する低温で物質を調べたいとき，ことに有用である。それは，分子動力学では無視されるゼロ点エネルギーや量子化効果を考慮する。また，自由エネルギーの極小化は，エネルギー差ではなく自由エネルギーそのものをもたらし，計算費用も少なくてすむ。しかし，非調和効果が無視できない高温では，妥当な結果は分子動力学法やモンテカルロ法を使用したとき初めて得られる。自由エネルギーの極小化を経て計算できる性質の一つに，熱膨張率がある。この熱膨張率の計算は，さまざまな温度での自由エネルギーの極小化を必要とする。また，無秩序固体の自由エネルギーを計算すれば，混合のエンタルピーやエントロピーが求まる。

さらに読みたい人へ

[a] Catlow C R A 1998. Solids: Computer Modelling. In Schleyer, P v R, N L Allinger, T Clark, J Gasteiger, P A Kollman, H F Schaefer III and P R Schreiner (Editors) *The Encyclopedia of Computational Chemistry*, John Wiley & Sons, Chichester.

[b] Gill P E and W Murray 1981. *Practical Optimization*. London, Academic Press.

[c] McKee M L and M Page 1993. Computing Reaction Pathways on Molecular Potential Energy Surfaces. In Lipkowitz K B and D B Boyd (Editors). *Reviews in Computational Chemistry* Volume 4. New York, VCH Publishers, pp. 35-65.

[d] Press W H, B P Flannery, S A Teukolsky, W T Vetterling 1992. *Numerical Recipes in Fortran*. Cambridge, Cambridge University Press.

[e] Schlegel H B 1987. Optimization of Equilibrium Geometries and Transition Structures. In Lawley K P (Editor). *Ab Initio Methods in Quantum Chemistry – I*. New York, John Wiley & Sons: pp. 249-286.

[f] Schlegel H B 1989. Some Practical Suggestions for Optimizing Geometries and Locating Transition States. in Bertrán J and I G Csizmadia (Editors). *New Theoretical Concepts for Understanding Organic Reactions*. Dordrecht, Kluwer, pp. 33-53.

[g] Schlick T 1992. Optimization Methods in Computational Chemistry. In Lipkowitz K B and D B Boyd (Editors). *Reviews in Computational Chemistry* Volume 3. New York, VCH Publishers, pp. 1-71.

[h] Stassis C 1986. Lattice Dynamics. In Sköld and D L Price (Editors). *Methods of Experimental Physics Volume 23: Neutron Scattering Part A*. Orlando, Academic Press, pp. 369-440.

[i] Watson G W, P Tschaufeser, A Wall, R A Jackson and S C Parker 1997. Lattice Energy and Free Energy Minimisation Techniques. *Computer Modelling in Inorganic Crystallography*. San Diego, Academic Press, pp. 55-81.

[j] Williams I H 1993. Interplay of Theory and Experiment in the Determination of Transition-State Structures. *Chemical Society Reviews* **1**:277-283.

引用文献

[1] Allan N L, G D Barrera, J A Purton, C E Sims and M B Taylor 2000. Ionic Solids at High Temperatures and Pressures: *Ab Initio*, Lattice Dynamics and Monte Carlo Studies. *Physical Chemistry Chemical Physics* **2**:1099-1111.

[2] Ayala P Y and H B Schlegel 1997. A Combined Method for Determining Reaction Paths, Minima and Transition State Geometries. *Journal of Chemical Physics* **107**:375-384.

[3] Baker J 1986. An Algorithm for the Location of Transition States. *Journal of Computational Chemistry* **7**:385-395.

[4] Bell R G, R A Jackson and C R A Catlow 1990. Computer Simulation of the Monoclinic Distortion in Silicalite. *Journal of the Chemical Society Chemical Communications* **10**:782-783.

[5] Brooks B and M Karplus 1983. Harmonic Dynamics of Proteins: Normal Modes and Fluctuations in Bovine Pancreatic Trypsin Inhibitor. *Proceedings of the National Academy of Sciences USA* **80**:6571-6575.

[6] Chandrasekhar J, S F Smith and W L Jorgensen 1985. Theoretical Examination of S_N2 Reaction Involving Chloride Ion and Methyl Chloride in the Gas Phase and Aqueous Solution. *Journal of the American Chemical Society* **107**:154-163.

[7] Czerminski R and R Elber 1990. Self-Avoiding Walk between 2 Fixed-Points as a Tool to Calculate Reaction Paths in Large Molecular Systems. *International Journal of Quantum Chemistry* **S24**:167-186.

[8] Dauber-Osguthorpe P, V A Roberts, D J Osguthorpe, J Wolff, M Genest and A T Hagler 1988. Structure and Energetics of Ligand Binding to Proteins: *Escherichia coli* Dihydrofolate Reductase-Trimethoprim, A Drug-Receptor System. *Proteins: Structure, Function and Genetics* **4**:31-47.

[9] Doubleday C, J McIver, M Page and T Zielinski 1985. Temperature Dependence of the Transition-State Structure for the Disproportionation of Hydrogen Atom with Ethyl Radical. *Journal of the American Chemical Society* **107**:5800-5801.

[10] Elber R and M Karplus 1987. A Method for Determining Reaction Paths in Large Molecules: Application to Myoglobin. *Chemical Physics Letters* **139**:375-380.

[11] Fischer S, P D J Groothenuis, L C Groenen, W P van Hoorn, F C J M van Geggel, D N Reinhoudt and M Karplus 1995. Pathways for Conformational Interconversion of Calix[4]arenes. *Journal of the American Chemical Society* **117**:1611-1620.

[12] Fischer S and M Karplus 1992. Conjugate Peak Refinement: An Algorithm for Finding Reaction Paths and Accurate Transition States in Systems with Many Degrees of Freedom. *Chemical Physics Letters* **194**:252-261.

[13] Fisher C L, V A Roberts and A T Hagler 1991. Influence of Environment on the Antifolate Drug Trimethoprim: Energy Minimization Studies. *Biochemistry* **30**:3518-3526.

[14] Fukui K 1971. Recognition of Stereochemical Paths by Orbital Interaction. *Accounts of Chemical Research* **4**:57-64.

[15] Fukui K 1981. The Path of Chemical Reactions——The IRC Approach. *Accounts of Chemical Research* **14**:368-375.

[16] Gelin B R and M Karplus 1975. Sidechain Torsional Potential and Motion of Amino Acids in Proteins: Bovine Pancreatic Trypsin Inhibitor. *Proceedings of the National Academy of Sciences USA* **72**:2002-2006.

[17] Gonzalez C and H B Schlegel 1988. An Improved Algorithm for Reaction Path Following. *Journal of Chemical Physics* **90**:2154-2161.

[18] Houk K N, J González and Y Li 1995. Pericyclic Reaction Transition States: Passions and Punctilios 1935-1995. *Accounts of Chemical Research* **28**:81-90.

[19] Houk K N, Y Li and J D Evanseck 1992. Transition Structures of Hydrocarbon Pericyclic Reactions. *Angewandte Chemie International Edition in English* **31**:682-708.

[20] Michin Y, D Farkas, M J Mehl and D A Papaconstantopoulos 1999. Interatomic Potentials for Monatomic Metals from Experimental Data and *Ab Initio* Calculations. *Physical Review* **B59**:3393-3407.

[21] Nowak W, R Czerminski and R Elber 1991. Reaction Path Study of Ligand Diffusion in Proteins: Application of the Self Penalty Walk (SPW) Method to Calculate Reaction Coordinates for the Motion of CO through Leghemoglobin. *Journal of the American Chemical Society* **113**:5627-5737.

[22] Ooms G, R A van Santen, C J J Den Ouden, R A Jackson and C R A Catlow 1988. Relative Stabilities of Zeolitic Aluminosilicates. *Journal of Physical Chemistry* **92**:4462-4465.

[23] Peng C, P Y Ayala, H B Schlegel and M J Frisch 1996. Using Redundant Internal Coordinates to Optimise Equilibrium Geometries and Transition States. *Journal of Computational Chemistry* **17**:49-56.

[24] Pople J A, A P Scott, M W Wong and L Radom 1993. Scaling Factors for Obtaining Fundamental Vibrational Frequencies and Zero-Point Energies from HF/6-31G* and MP2/6-31G* Harmonic Frequencies. *Israel Journal of Chemistry* **33**:345-350.

[25] Schlegel H B 1982. Optimisation of Equilibrium Geometries and Transition Structures. *Journal of Computational Chemistry* **3**:214-218.

[26] Shannon M D, J L Casci, P A Cox and S J Andrews 1991. Structure of the Two-Dimensional Medium-Pore High-Silica Zeolite NU-87. *Nature* **353**:417-420.

[27] Taylor M B, G D Barrera, N L Allan, T H K Barron and W C Mackrodt 1998. Shell: A Code for Lattice Dynamics and Structure Optimisation of Ionic Crystals. *Computer Physics Communications* **109**:135-143.

[28] Woodward R B and R Hoffmann 1969. The Conservation of Orbital Symmetry. *Angewandte Chemie International Edition in English* **8**:781-853.

第6章 コンピュータ・シミュレーション法

6.1 はじめに

　エネルギーの極小化は，系の極小エネルギー配置を明らかにする。この操作からもたらされる情報は，系の性質の正確な予測に役立つ。エネルギー曲面にある極小点がすべて分かれば，われわれは統計力学の公式から，分配関数を誘導し，熱力学的性質を計算できる。しかし，それができるのは，比較的小さな分子か気相の小分子集団に限られる。分子モデリングの研究者は，一般に，液体や溶液，固体の性質を理解し予測したり，表面や固体内部への分子の吸着過程を研究したり，近接した極小点を多数もつ高分子の挙動を解析したりといったことに関心がある。このような系の観測は，厖大な数の原子や分子から構成され，エネルギー曲面に多数の極小点をもつ巨視的試料を使って行われる。このような系では，エネルギー曲面の完全な数量化は不可能であり，それは今後もおそらく可能とはならない。コンピュータ・シミュレーション法は，巨視的系を処理可能な数の原子や分子からなる小規模なレプリカに分割して解析することで，このような系の性質を予測しようとする。系の構造的性質や熱力学的性質は，シミュレーションで発生するこれらのレプリカの代表的配置から程々の計算量で正確に推定できる。シミュレーション法はまた，原子系や分子系の時間依存的な挙動を予測し，系がある配置から別の配置へ変化する様子を詳細に描き出すのに役立つ。その他にも，この手法は，X線結晶解析によるタンパク質の構造決定などさまざまな分野で広く利用される。

　本章では，分子モデリングで最もよく使われる二つのシミュレーション手法——分子動力学法とモンテカルロ法——の一般原理を取り上げて解説する。分子動力学法とモンテカルロ法に共通する概念のいくつかについても言及したい。これらの二つの手法についてさらに詳しく知りたい読者は，第7章と第8章もあわせてお読みいただくとよい。

6.1.1 時間平均，集団平均およびシミュレーション法の歴史的背景

　圧力や熱容量のような系の性質を実験的に求めたいとしよう。このような性質は，一般に系を構成する N 個の粒子の位置と運動量に依存する。すなわち，時刻 t での N 個の粒子の運動量と位置をそれぞれ $\mathbf{p}^N(t)$ と $\mathbf{r}^N(t)$ としたとき，性質 A の瞬間値は $A(\mathbf{p}^N(t), \mathbf{r}^N(t))$ で表される（p_{1x} を粒子1の x 方向の運動量，x_1 をその x 座標，……，とすれば，$A(\mathbf{p}^N(t), \mathbf{r}^N(t)) \equiv A(p_{1x}, p_{1y}, p_{1z}, p_{2x}, ……, x_1, y_1, z_1, x_2, ……, t)$）。性質 A の瞬間値は，粒子間の相互作用の結果として

時々刻々変化する。われわれが実験的に測定できる値は，その測定時間内における A の平均値であり，時間平均（time average）と呼ばれる。測定を行う時間を無限大まで増加させれば，次の積分値は性質 A の真の平均値へ近づく。

$$A_{\mathrm{ave}} = \lim_{\tau \to \infty} \frac{1}{\tau} \int_{t=0}^{\tau} A(\mathbf{p}^N(t), \mathbf{r}^N(t)) \, dt \tag{6.1}$$

系の性質の平均値を計算するには，系の動的挙動をシミュレーションする必要がある。すなわち，分子内と分子間に存在する相互作用を解析し，$A(\mathbf{p}^N(t), \mathbf{r}^N(t))$ の値を決めなければならない。一般に，これを行うことは比較的簡単である。系がいかなる原子配置をとる場合でも，他原子との相互作用により各原子に働く力は，エネルギー関数を微分すれば求まる。また，ニュートンの第二法則を適用すれば，各原子に働く力から加速度が計算できる。さらにまた運動方程式を積分すれば，粒子の位置，速度および加速度が，時間とともにどのように変化するかを記述した軌跡（trajectory）が得られる。性質の平均値はこの軌跡から算定できる（式(6.1)と等価な数値解析式を使用）。むずかしいのは，（10^{23} といった）巨視的数の原子や分子を扱う場合である。このような場合には，運動方程式を積分して軌跡を求めることはもちろん，系の初期配置を決めることすら不可能である。Boltzmann & Gibbs は，この課題を解決すべく統計力学を発展させた。統計力学では，時間とともに変化する巨視的系は，同時に解析可能な多数のレプリカで置き換えられる。また，時間平均に代わって，次のような集団平均（ensemble average）が使用される。

$$\langle A \rangle = \iint d\mathbf{p}^N d\mathbf{r}^N A(\mathbf{p}^N, \mathbf{r}^N) \rho(\mathbf{p}^N, \mathbf{r}^N) \tag{6.2}$$

ここで，かぎ括弧 $\langle \ \rangle$ は，集団平均すなわち期待値（expectation value）であることを示す。この集団平均は，シミュレーションで発生した集団のすべてのレプリカにわたる性質 A の平均値である。式(6.2)は便宜的に二重積分で書かれているが，正式には，すべての粒子の位置と運動量に対応して，$6N$ 個の積分記号を付けて表されるべきものである。また，$\rho(\mathbf{p}^N, \mathbf{r}^N)$ は，運動量 $\mathbf{p}^N$ と位置 $\mathbf{r}^N$ をもつ配置が見出される確率を表し，集団の確率密度と呼ばれる。性質 A の集団平均は，系のすべての配置にわたって積分すれば求まる。統計力学の基本公理の一つであるエルゴード仮説（ergodic hypothesis）に従えば，集団平均は時間平均に等しい。粒子数，体積および温度が一定の条件下では，確率密度は周知のボルツマン分布と一致する。

$$\rho(\mathbf{p}^N, \mathbf{r}^N) = \exp(-E(\mathbf{p}^N, \mathbf{r}^N)/k_{\mathrm{B}}T)/Q \tag{6.3}$$

ここで，$E(\mathbf{p}^N, \mathbf{r}^N)$ はエネルギー，Q は分配関数，k_{B} はボルツマン定数，T は温度である。分配関数は，一般にはハミルトニアン H を用いて表される。たとえば，N 個の同一粒子からなる系の場合，正準集団の分配関数は次のようになる。

$$Q_{NVT} = \frac{1}{N!} \frac{1}{h^{3N}} \iint d\mathbf{p}^N d\mathbf{r}^N \exp\left[-\frac{H(\mathbf{p}^N, \mathbf{r}^N)}{k_{\mathrm{B}}T}\right] \tag{6.4}$$

正準集団（canonical ensemble）は，温度，粒子数および体積が一定の集団である。われわれの目的に対しては，H は全エネルギー $E(\mathbf{p}^N, \mathbf{r}^N)$ と同じであると見なしてよい。この全エネ

ルギーは，粒子の運動量に依存する系の運動エネルギー（$K(\mathbf{p}^N)$）と，位置に依存するポテンシャルエネルギー（$V(\mathbf{r}^N)$）の和に等しい。係数 $N!$ は粒子の不可弁別性に由来し，また，係数 $1/h^{3N}$ は，箱の中の粒子に対する量子力学的結果と分配関数が等しくなるようにするため必要である。統計力学の基本事項は，簡単にまとめると付録6.1のようになる。さらに詳しく知りたい読者は，標準的な教科書をご覧いただきたい。

液体のコンピュータ・シミュレーションは，1952年，Metropolis, Rosenbluth, Rosenbluth, Teller & Teller により初めて行われた [18]。彼らは，ボルツマン分布からサンプリングして集団平均を求めるのに，モンテカルロ・シミュレーションなる方法を用いた。その後まもなくして Alder は，粒子数を比較的少なくとも，周期境界条件を適用して運動方程式を積分すれば，実在系の挙動がシミュレーションできることに気づいた [2]。この発見は，分子系に対する最初の分子動力学シミュレーションへと彼を導くことになった。

6.1.2 分子動力学法とは

分子動力学法は，系の実際の動力学から性質の時間平均を計算する。原子の位置は，ニュートンの運動方程式を適用して順次求められる。分子動力学は決定論的な方法であり，未来における系の状態は現在の状態から予測できると考える。最初の分子動力学シミュレーションは，（剛体球ポテンシャルのような）きわめて簡単なポテンシャルを使って行われた。剛体球ポテンシャルでの粒子の挙動は，ビリヤードボールのそれに似ている。粒子は，次の衝突までの間，一定速度で直線運動する。衝突は完全に弾性的で，それが起こるのは，二つの球の距離がそれらの半径の和に等しくなったときである。衝突後の球の新しい速度は線運動量保存則から計算できる。剛体球モデルは多くの有用な結果をもたらすが，原子系や分子系をシミュレーションするモデルとして理想的とは言いがたい。レナード–ジョーンズ・ポテンシャルのようなポテンシャルでは，二原子または二分子間に働く力は距離とともに連続的に変化する。しかし，剛体球モデルでは，衝突が起こるまで粒子間に力は働かない。連続的に変化するより現実的なポテンシャルを使う場合には，運動方程式の積分計算はきわめて短い時間幅（一般に 10^{-15}〜10^{-14} 秒）に分けて行う必要がある。原子に働く力は各ステップで計算され，現在の位置と速度を基に，少し後の新しい位置と速度が算定される。各原子に働く力は，同じステップ内では一定と仮定される。原子は次に新しい位置へ移され，再度力が計算される。このような操作を繰り返すことで，時間とともに原子がどのように運動するかを記述した軌跡が得られる。分子動力学シミュレーションは，一般に数十〜数百ピコ秒間実行される（時間刻み幅が1フェムト秒（fs）のとき，100ピコ秒（ps）のシミュレーションを行うには，100,000回のステップが必要である）。時間平均としての熱力学的諸量は，式(6.2)の数値積分から求めることができる。

$$\langle A \rangle = \frac{1}{M}\sum_{i=1}^{M} A(\mathbf{p}^N, \mathbf{r}^N) \tag{6.5}$$

ここで，M はステップの総数である。分子動力学はまた，第7章と第9章で論じる通り，柔軟な分子の配座的性質を調べたいときにも広く利用される。

6.1.3 モンテカルロ法とは

分子動力学シミュレーションでは，系の連続する配置は時間的につながりをもつ．しかし，このことはモンテカルロ・シミュレーションでは当てはまらない．モンテカルロ・シミュレーションでは，個々の配置は直前の配置のみに依存し，それ以前の配置とはまったく無関係である．また，配置はランダムに発生し，その採否は特別な基準に基づき判定される．この基準によれば，特定の配置をとる確率は，そのボルツマン因子 $\exp\{-V(\mathbf{r}^N)/k_\mathrm{B}T\}$ に等しい．ここで，$V(\mathbf{r}^N)$ はポテンシャルエネルギーの値である．すなわち，エネルギーの低い配置はエネルギーの高い配置に比べて発生する確率が高い．受理された配置に対しては，その都度性質の値が計算され，最後にその平均が次式に従い算定される．

$$\langle A \rangle = \frac{1}{M} \sum_{i=1}^{M} A(\mathbf{r}^N) \tag{6.6}$$

ここで，M は行った計算の総数である．

分子系のモンテカルロ・シミュレーションは，この計算を最初に報告した Metropolis らのやり方を踏襲したものが多い．このようなシミュレーションは，正確にはメトロポリス・モンテカルロ計算と呼ばれる．配置の集団を発生させる方法は他にもあるので，この区別は重要である．第8章で詳しく説明するように，現在最も普及している方法はメトロポリス法である．しかし，それは多くの選択肢の一つにすぎない．

モンテカルロ・シミュレーションでは，系の新しい配置は原子や分子をランダムに1個動かすことで得られる．しかし場合によっては，複数の原子や分子を動かしたり，結合を回転させることで新しい配置を得ることもある．新しい配置のエネルギーは，ポテンシャルエネルギー関数から計算される．そのエネルギーが前の配置のエネルギーよりも低ければ，新しい配置は受理される．また逆に，新しい配置のエネルギーが前のそれよりも高ければ，エネルギー差のボルツマン因子 $\exp[(V_\mathrm{new}(\mathbf{r}^N) - V_\mathrm{old}(\mathbf{r}^N))/k_\mathrm{B}T]$ が計算される．そして，0～1の乱数を発生させ，ボルツマン因子と比較する．もし，乱数の値がボルツマン因子よりも大きければ，その運動は却下され，元の配置がそのまま次のサイクルでも使用される．しかし，もし乱数値がボルツマン因子よりも小さければ，運動は受理され，次のサイクルでは新しい配置が使用される．この手続きは，エネルギーのより高い状態への運動を可能にする．運動が受理される確率は，坂を登るのに必要なエネルギー ($V_\mathrm{new}(\mathbf{r}^N) - V_\mathrm{old}(\mathbf{r}^N)$) が小さければ小さいほど高い．

6.1.4 分子動力学法とモンテカルロ法の違い

分子動力学法とモンテカルロ法はさまざまな点で異なる．最も明確な違いは，分子動力学では系の性質の時間依存性について情報が得られるが，モンテカルロ法では連続する配置間に時間的な関連がない点である．すなわちモンテカルロ法では，個々の運動の結果はその直前の配置のみに依存する．それに対し分子動力学では，過去と未来のいかなる時点に対しても系の配置が予測できる．また，分子動力学は，全エネルギーへの運動エネルギーの寄与を顕わに考慮するが，モンテカルロ法では，全エネルギーはポテンシャルエネルギー関数から計算される．また，二つの

シミュレーション法は，サンプリングを行う集団が異なる．分子動力学の計算は，通常，（小正準集団とか定 NVE 集団とか呼ばれる）粒子数（N），体積（V）およびエネルギー（E）が一定の条件下で行われるが，伝統的なモンテカルロ・シミュレーションは，正準集団（N, V および温度（T）が一定の集団）からサンプリングを行う．分子動力学法とモンテカルロ法は，いずれも変更を加えれば，他の集団からサンプリングできるようになる．たとえば，分子動力学法に手を加え，正準集団のシミュレーションを行うこともある．よく知られた集団としては，そのほか次のようなものがある．

　定温定圧集団：N，T，圧力（P）が一定
　大正準集団：化学ポテンシャル（μ），V，T が一定

正準，小正準および定温定圧の各集団では粒子数は一定であるが，大正準集団では粒子数は増減し，その組成は変化する．これらの集団の平衡状態は，それぞれ次のような特徴をもつ．

　正準集団：ヘルムホルツ自由エネルギー（A）が最小となる．
　小正準集団：エントロピー（S）が最大となる．
　定温定圧集団：ギブス自由エネルギー（G）が最小となる．
　大正準集団：圧力×体積（PV）が最大となる．

6.2 簡単な熱力学的性質の計算

　コンピュータ・シミュレーションからさまざまな熱力学的性質が計算される．このような性質に対する実測値と計算値の比較は，シミュレーションやその基礎をなすエネルギー・モデルの精度を吟味するのに役立つ．シミュレーション法はまた，実験データが存在しない系や入手が困難な系の熱力学的性質を予測するのに使われる．さらにまた，シミュレーションからは，分子の配座変化や系内の分子分布に関する構造情報も得られる．本節では，コンピュータ・シミュレーションで通常計算される性質や，それらを求める方法に重点を置き，議論を展開する．ここで導かれる結果は，一般に正準集団に対するものである．しかし時に，他の集団での等価な関係式が提示されることもある．ある集団で得られた結果は別の集団のデータへ変換できるが，これが可能なのは，厳密には無限に大きな系だけである．変換式は，標準的な教科書に記載された統計力学の公式から導かれる（付録6.1参照）．

6.2.1 エネルギー

　内部エネルギーは，シミュレーションの過程で現れるさまざまな状態のエネルギー集団平均として定義される．

$$U = \langle E \rangle = \frac{1}{M}\sum_{i=1}^{M} E_i \tag{6.7}$$

6.2.2 熱容量

相転移の際，熱容量はしばしば特徴的な温度依存性を示す。たとえば，一次相転移は転移点で無限の熱容量をもたらす。また，二次相転移点では，熱容量は不連続に変化する。したがって，温度の関数として熱容量を監視すれば，相転移を検出できるはずである。また，熱容量の計算値は実測値と比較でき，その結果は，エネルギー・モデルやシミュレーション手順の吟味に役立つ。

熱容量は，形式的には，温度に関する内部エネルギーの偏微分として定義される。

$$C_V = \left(\frac{\partial U}{\partial T}\right)_V \tag{6.8}$$

したがって，熱容量を求めるには，さまざまな温度で一連のシミュレーションを行い，温度に関してエネルギーを微分してやればよい。微分は数値的に行うこともできるし，データへ多項式を当てはめ，その関数を解析的に微分する方法で行うこともできる。熱容量はまた，エネルギーの瞬間的な揺動を考慮した1回のシミュレーションから，次式を使い計算することもできる。

$$C_V = \{\langle E^2\rangle - \langle E\rangle^2\}/k_B T^2 \tag{6.9}$$

ここで，右辺の分子に関して次の関係が成り立つ。

$$\langle (E - \langle E\rangle)^2\rangle = \langle E^2\rangle - \langle E\rangle^2 \tag{6.10}$$

したがって，

$$C_V = \langle (E - \langle E\rangle)^2\rangle/k_B T^2 \tag{6.11}$$

この結果の詳しい導出手順を知りたい読者は，付録6.2を参照されたい。

式(6.9)によれば，シミュレーションの各ステップで得られるE^2とEの値を累算していき，シミュレーションの最後に，それらの期待値$\langle E^2\rangle$と$\langle E\rangle$を求めれば熱容量は計算できる。あるいは，シミュレーションの間，エネルギーがメモリーに記憶されているならば，シミュレーションが終了した時点で$\langle (E-\langle E\rangle)^2\rangle$を計算してもよい。後者のアプローチは，丸めの誤差の関係で，前者のアプローチに比べ正確である。$\langle E^2\rangle$と$\langle E\rangle^2$は，通常いずれも大きな値をとり，それらの差（$\langle E^2\rangle - \langle E\rangle^2$）は大きな不確定性を伴うからである。

6.2.3 圧力

コンピュータ・シミュレーションでは，圧力は通常，クラウジウスのビリアル定理を使って計算される。ビリアル（virial）は，粒子の座標とそれに働く力を考え，その内積をすべての座標について加え合わせたものの期待値として定義される量で，通常$W = \sum x_i \dot{p}_{xi}$の形で表される。ここで，$x_i$は粒子の座標（たとえば，原子の$x$座標や$y$座標），$\dot{p}_{xi}$は座標に沿った運動量の一次微分である（ニュートンの第二法則から$\dot{p}_{xi}$は力になる）。ビリアル定理によれば，ビリアルは$-3Nk_B T$に等しい。

理想気体では，力はすべて気体と容器間の相互作用に由来する。この場合，ビリアルは$-3PV$に等しく，この結果は$PV = Nk_B T$の関係からも直接導かれる。

それに対し，実在気体や液体では，粒子間に働く力がビリアルや圧力に影響を及ぼす。実在系の全ビリアルは，理想気体項（$-3PV$）に実在気体項（粒子間相互作用項）を加えたものに等

しい．すなわち次式が成立する．

$$W = -3PV + \sum_{i=1}^{N}\sum_{j=i+1}^{N} r_{ij}\frac{d\nu(r_{ij})}{dr_{ij}} = -3Nk_{\rm B}T \tag{6.12}$$

実在気体項の誘導法は，付録6.3に示した通りである．いま，$-d\nu(r_{ij})/dr_{ij}$をf_{ij}——原子iとjの間に働く力——で表せば，圧力に関して次式が得られる．

$$P = \frac{1}{V}\left[Nk_{\rm B}T - \frac{1}{3}\sum_{i=1}^{N}\sum_{j=i+1}^{N} r_{ij}f_{ij}\right] \tag{6.13}$$

分子動力学法では，力はシミュレーションの一部として計算される．その結果，ビリアルや圧力を計算するのに，新しい労力を注ぎ込む必要はほとんどない．しかし，モンテカルロ法では力は通常計算されないので，圧力を求めようとすると，そのための追加計算が必要となる．さらに，圧力の計算では，その成分は三方向すべて等しくならなければならない．

6.2.4 温度

正準集団では全温度は一定である．しかし，小正準集団では温度は揺動し，系の運動エネルギーと温度の間には次の関係が成り立つ．

$$K = \sum \frac{|\mathbf{p}_i|^2}{2m_i} = \frac{k_{\rm B}T}{2}(3N - N_{\rm c}) \tag{6.14}$$

ここで，$\mathbf{p}_i$は粒子iの全運動量，m_iはその質量である．エネルギー等分配則によれば，1自由度当たりの運動エネルギー寄与は$k_{\rm B}T/2$である．したがって，いま粒子がN個存在し，各々が3の自由度をもつならば，運動エネルギーは$3Nk_{\rm B}T/2$に等しい．また，式(6.14)の$N_{\rm c}$は，系に課せられた束縛の数である．分子動力学シミュレーションでは，系の全線運動量はしばしばゼロと置かれる．この束縛は，系の自由度を三つ減らす効果がある．この場合，$N_{\rm c}$は3に等しい．系に課すべき束縛にはその他にもさまざまなものが考えられる．この問題については7.5節で詳しく取り上げる．

6.2.5 動径分布関数

系の構造，特に液体の構造は，動径分布関数を使うとうまく記述できる．特定の原子から距離rにある厚さδrの球殻を考えてみよう（図6.1）．殻の体積は次式で与えられる．

$$\begin{aligned}V &= \frac{4}{3}\pi(r+\delta r)^3 - \frac{4}{3}\pi r^3 \\ &= 4\pi r^2\delta r + 4\pi r\delta r^2 + \frac{4}{3}\pi\delta r^3 \approx 4\pi r^2\delta r\end{aligned} \tag{6.15}$$

いま，単位体積当たりの粒子数をρとすれば，殻の内部にある粒子の総数は$4\pi\rho r^2\delta r$となり，体積要素中の粒子数はr^2に比例して変化する．

対動径分布関数$g(r)$は，ある原子（分子流体を対象とする場合には分子）が別の原子（分子）からrの距離に見出される確率を与える．基準となるのは理想気体分布で，$g(r)$はもちろ

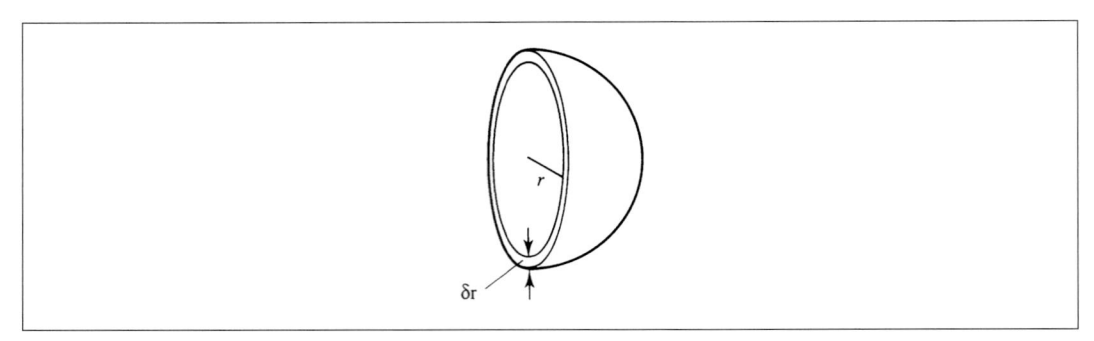

図 6.1 動径分布関数で使われる厚さ δr の球殻

ん無次元である。(たとえば，三体動径分布関数のように) より高次の動径分布関数もまた定義できるが，計算に使われることはめったにない。したがって，動径分布関数と言えば，それは通常，対動径分布関数を指す。結晶では，動径分布関数は鋭いピークを無限数もち，ピークの分離と高さは格子の構造に依存する。

液体の動径分布関数は固体と気体の中間にあり，近距離で少数のピークをもつ。また，その値は定常減衰と重ね合わさり，遠距離では一定値へ収束する。一例として，分子動力学シミュレーションから計算された液体アルゴンの動径分布関数を見てみよう。図 6.2 から明らかなように，原子直径よりも近い距離では $g(r)$ はゼロである。これは強い斥力に起因する。最初の，そして最大のピークは $r \approx 3.7 \text{Å}$ に現れる。$g(r)$ の値はほぼ 3 である。これは，二つの分子がこの距離にある確率が，理想気体のときに比べ 3 倍高いことを意味する。動径分布関数の値はその後減少に転じ，$r \approx 5.4 \text{Å}$ の辺りで極小値をとる。この距離に二つの原子を見出す確率は，理想気体の場合よりも小さい。さらに距離が遠くなると，$g(r)$ は理想気体の値に近づく。これは，長距離秩序がもはや存在しないことを意味する。

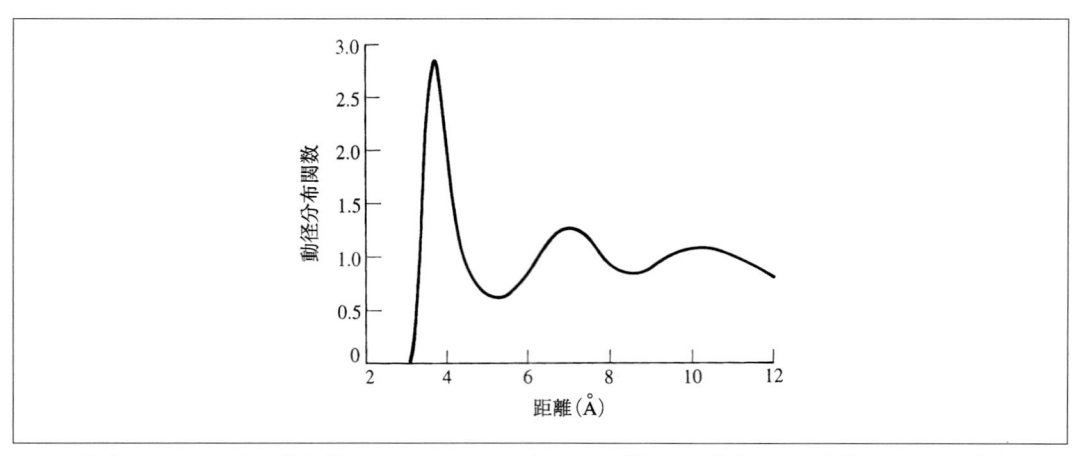

図 6.2 温度 100 K での分子動力学シミュレーション (100 ピコ秒) から計算された液体アルゴン (密度 1.396 g/cm^3) の動径分布関数

シミュレーションから動径分布関数を計算するに当たっては，各原子（分子）に近接する原子（分子）を距離に従って分類し，ヒストグラム化しなければならない．近接原子（分子）の度数分布は，さらにシミュレーション全体について平均される．具体的には，シミュレーションを行うすべての原子（分子）に対し，たとえば2.5～2.75Å，2.75～3.0Å，……の範囲にある近接原子（分子）の数がカウントされる．このカウントは，シミュレーションの間や発生した配置を解析する際に行われる．

動径分布関数は，X線回折を利用して実験的に得ることもできる．結晶内部の原子の規則的配列は，明るい鮮明な斑点が並ぶ特有のX線回折像を与える．液体の場合には，回折像は強度の強い領域と弱い領域をもつだけで，鮮明な斑点は検出されない．X線回折像の解析から実験的に求めた分布関数は，シミュレーションから計算された分布関数と比較され，その良否が判定される．

力の対加法性（pairwise additivity）を仮定すれば，動径分布関数から熱力学的性質が計算できる．熱力学的性質は通常，理想気体項に実在気体項を加え合わせた形で表される．一例として，実在気体のエネルギーを計算してみよう．いま，$4\pi r^2 \rho g(r) \delta r$ 個の粒子を含む体積 $4\pi r^2 \delta r$ の球殻を考える．距離 r での対ポテンシャルを $v(r)$ とするならば，中心粒子と殻内粒子の間の相互作用エネルギーは $4\pi r^2 \rho g(r) v(r) \delta r$ になる．実在気体の全ポテンシャルエネルギーは，これを0から∞まで積分し，その結果に $N/2$ を掛ければ求まる（係数1/2は，各相互作用を重複なく数えるのに必要である）．したがって，全エネルギーは次式で与えられる．

$$E = \frac{3}{2}Nk_{\mathrm{B}}T + 2\pi N\rho \int_0^\infty r^2 v(r) g(r) \, dr \tag{6.16}$$

同様にすれば，圧力に関する次式も誘導できる．

$$PV = Nk_{\mathrm{B}}T - \frac{2\pi N\rho}{3k_{\mathrm{B}}T} \int_0^\infty r^2 r \frac{dv(r)}{dr} g(r) \, dr \tag{6.17}$$

実際には，これらの性質の計算は，動径分布関数を使わず直接行った方が正確である．これは一部，動径分布関数が連続関数ではなく，空間を小さな区画に分割する方法で誘導されていることによる．

分子の場合には，分布の真の性質を知りたければ，配向も考慮しなければならない．分子の動径分布関数は，通常，質量中心のような固定点の間で定義される．それを補うのが配向分布関数である．直線分子の場合，この配向分布関数は二本の分子軸がなす角に対して定義され，$-180°$ から $+180°$ の範囲で計算される．構造の複雑な非直線分子の場合には，通常いくつかの部位-部位分布関数もさらに定義される．たとえば，水の三部位モデルでは，三つの関数（$g(\mathrm{O-O})$，$g(\mathrm{O-H})$，$g(\mathrm{H-H})$）が使われる．部位-部位モデルの長所は，X線散乱実験から得られる情報と直接関連づけられる点である．O-O，O-H および H-H の動径分布関数は，液体水のシミュレーションで使われるさまざまなポテンシャルモデルを精密化する際，特に役立つ．

6.3 位相空間

コンピュータ・シミュレーションの重要な概念の一つに，位相空間（phase space）がある。N 個の原子からなる系では，系の状態を規定するのに $6N$ 個の値が必要である（1 原子当たり 3 個の座標と 3 個の運動量成分）。$3N$ 個の座標と $3N$ 個の運動量成分を組み合わせたものは，$6N$ 次元位相空間の 1 点を表し，通常 Γ_N と表記される。位相空間におけるこのような点の集まりは，集団（ensemble）と呼ばれる。位相空間での系の運動は，次のハミルトニアン方程式に従う。

$$\frac{d\mathbf{r}_i}{dt} = \frac{\partial H}{\partial \mathbf{p}_i} \tag{6.18}$$

$$\frac{d\mathbf{p}_i}{dt} = -\frac{\partial H}{\partial \mathbf{r}_i} \tag{6.19}$$

ここで，i は 1 から N まで変化する。分子動力学は，時間的につながりのある一連の点を位相空間内に生成する。これらの点は，シミュレーションで作り出される系の連続した配置に対応する。小正準集団（定 NVE 集団）に対する分子動力学シミュレーションは，一定エネルギーの等高線に沿って位相空間をサンプリングする。それに対し，モンテカルロ・シミュレーションは，運動量の成分を使わない。そのため，サンプリングは原子の位置だけをプロットした $3N$ 次元空間で行われる。熱力学的性質がモンテカルロ・シミュレーションから求まるというのは，一見不可思議である。モンテカルロ・シミュレーションでは，運動量の寄与はなく，$6N$ 個の自由度のうち $3N$ 個は探索されないからである。しかし，理想気体挙動からのずれは，突き詰めればすべて原子間の相互作用に起因する。原子の位置だけに依存するポテンシャル関数 $V(\mathbf{r}^N)$ には，このような寄与がおそらく潜在的に組み込まれている。位置だけの位相空間からサンプリングを行うモンテカルロ・シミュレーションが，理想気体挙動からの熱力学的性質のずれを予測できるのは，このような理由に基づく。この問題については第 8 章でもう一度考察する。

もし，位相空間のすべての点を探索するならば，分配関数は各点の $\exp(-E/k_\mathrm{B}T)$ の値を加え合わせることで計算できる。このような場合の位相軌道はエルゴード的（ergodic）と呼ばれ，その結果は初期配置に依存しない。しかし，シミュレーション法を使って研究される一般の系では，位相空間は巨大な大きさをもつため，エルゴード軌道を達成することは不可能である。実際，位相空間のすべての点を探索しようとすれば，数十個の原子しか含まない比較的小さな系の場合でさえ，宇宙の年齢よりも長い時間を必要とする。シミュレーションから得られるものは，真の熱力学的性質の推定値にすぎない。出発条件を異にした一連のシミュレーションは，似てはいても互いに異なる結果をもたらす。

これまで考察してきた内部エネルギー，圧力および熱容量といった熱力学的性質は，一まとめにして力学的性質と呼ばれる。力学的性質は，モンテカルロ法や分子動力学法のシミュレーションから機械的に求まる。しかし，それ以外の熱力学的性質は，特別な手法の助けなくしては正確

に求めることはむずかしい。それらは，いわゆるエントロピー的性質とか熱的性質とか呼ばれるもので，具体的には自由エネルギー，化学ポテンシャルおよびエントロピーが該当する。力学的性質と熱的性質の違いは，前者が分配関数の微分と関連づけられるのに対し，後者は分配関数自体と直接関係がある点である。これらの二つの性質の違いを説明するため，次に，内部エネルギー U とヘルムホルツ自由エネルギー A を考えてみよう。これらのエネルギーは，分配関数と次式の関係にある。

$$U = \frac{k_B T^2}{Q} \frac{\partial Q}{\partial T} \tag{6.20}$$

$$A = -k_B T \ln Q \tag{6.21}$$

同一粒子系の場合，Q は式(6.4)で与えられる。以下の取扱いでは，根本原理のみを問題にするため，注意が集中できるよう規格化定数を無視する。系が同一粒子から構成されているか，区別可能な粒子から構成されているかはここでは問題としない。いま，式(6.4)のハミルトニアン H をエネルギー E で置き換えると，内部エネルギーは式(6.20)から，

$$\begin{aligned}U &= k_B T^2 \frac{1}{Q} \iint d\mathbf{p}^N d\mathbf{r}^N \frac{E(\mathbf{p}^N, \mathbf{r}^N)}{k_B T^2} \exp(-E(\mathbf{p}^N, \mathbf{r}^N)/k_B T) \\ &= \iint d\mathbf{p}^N d\mathbf{r}^N E(\mathbf{p}^N, \mathbf{r}^N) \frac{\exp(-E(\mathbf{p}^N, \mathbf{r}^N)/k_B T)}{Q}\end{aligned} \tag{6.22}$$

エネルギー $E(\mathbf{p}^N, \mathbf{r}^N)$ をもつ状態の確率は，

$$\frac{\exp(-E(\mathbf{p}^N, \mathbf{r}^N)/k_B T)}{Q} \tag{6.23}$$

この確率を $\rho(\mathbf{p}^N, \mathbf{r}^N)$ と略記すれば，内部エネルギーは次のように書き直される。

$$U = \iint d\mathbf{p}^N d\mathbf{r}^N E(\mathbf{p}^N, \mathbf{r}^N) \rho(\mathbf{p}^N, \mathbf{r}^N) \tag{6.24}$$

ここで，$E(\mathbf{p}^N, \mathbf{r}^N)$ が大きな値をとる確率は非常に低いことに注意されたい。モンテカルロ法と分子動力学法は，式(6.24)の積分へ有意に寄与するエネルギーの低い状態を優先的に発生させる。また，これらの方法では，位相空間のサンプリングは平衡状態を念頭に置いて行われるので，内部エネルギー，熱容量などの性質は正確に算定できる。

次に，分子液体のヘルムホルツ自由エネルギーを計算する問題を考えてみよう。目標は，内部エネルギーと同じ関数形，すなわち状態の確率を組み込んだ積分として自由エネルギーを表すことである。いま，式(6.21)へ式(6.4)を代入すると，

$$A = -k_B T \ln Q = k_B T \ln \left(\frac{N! h^{3N}}{\iint d\mathbf{p}^N d\mathbf{r}^N \exp(-E(\mathbf{p}^N, \mathbf{r}^N)/k_B T)} \right) \tag{6.25}$$

また，次の積分は 1 に等しい。

$$1 = \frac{1}{(8\pi^2 V)^N} \iint d\mathbf{p}^N d\mathbf{r}^N \exp\left(-\frac{E(\mathbf{p}^N, \mathbf{r}^N)}{k_B T}\right) \exp\left(\frac{E(\mathbf{p}^N, \mathbf{r}^N)}{k_B T}\right) \tag{6.26}$$

いま，式(6.26)を自由エネルギーの式(6.25)へ挿入し，（自由エネルギー計算のゼロ点を左右する）定数を無視すると，

$$A = k_\text{B} T \ln\left(\frac{\iint d\mathbf{p}^N d\mathbf{r}^N \exp\left(-\frac{E(\mathbf{p}^N,\mathbf{r}^N)}{k_\text{B}T}\right)\exp\left(+\frac{E(\mathbf{p}^N,\mathbf{r}^N)}{k_\text{B}T}\right)}{\iint d\mathbf{p}^N d\mathbf{r}^N \exp(-E(\mathbf{p}^N,\mathbf{r}^N)/k_\text{B}T)}\right) \tag{6.27}$$

さらに，この式へ確率密度 $\rho(\mathbf{p}^N,\mathbf{r}^N)$ を代入すれば，最終的な結果として次式が得られる（規格化因子は無視）。

$$A = k_\text{B} T \ln\left(\iint d\mathbf{p}^N d\mathbf{r}^N \exp\left(+\frac{E(\mathbf{p}^N,\mathbf{r}^N)}{k_\text{B}T}\right)\rho(\mathbf{p}^N,\mathbf{r}^N)\right) \tag{6.28}$$

この式は，重要な特徴として指数関数項 $\exp(+E(\mathbf{p}^N,\mathbf{r}^N)/k_\text{B}T)$ をもつ。そのため，エネルギーの高い配置も積分へ有意に寄与する。モンテカルロ・シミュレーションや分子動力学シミュレーションは，位相空間の低エネルギー領域を優先的にサンプリングする。もちろんエルゴード軌道であれば，エネルギーの高い領域もすべてサンプリングの対象となる。しかし，現実のシミュレーションでは，これらの高エネルギー領域が十分サンプリングされることはない。自由エネルギーなどのエントロピー的性質の計算は，収束が悪く，その結果も不正確であるが，それはこのような理由による。

もっともすでに述べたように，極小点の数が少なく，しかも，それらの特徴をすべて明確に把握できる孤立分子の場合には，自由エネルギーやエントロピーを計算する際，これらの問題は発生しない。このような系では，分配関数は，極小エネルギー状態すべてについて和をとり，さらに内部振動運動からの寄与を考慮すれば，標準的な統計力学的方法で厳密に求めることができる。

6.4 コンピュータ・シミュレーションの実際的側面

6.4.1 セットアップとシミュレーションの実行

分子動力学法とモンテカルロ法の間には大きな懸隔が存在する。しかし，そのセットアップと実行に使われる一般戦略は同じである。すなわち，どちらのシミュレーションでもまず最初，系の相互作用を記述するのに，どんなエネルギー・モデルを使うかが決められる。通常，シミュレーションは，かなり多数の原子を含んだ系を対象に何度も繰り返される。そのため，分子内と分子間の相互作用は，ほとんどの場合，経験的（分子力学）エネルギー・モデルで記述される。しかし最近は，コンピュータの高速化や新しい理論手法の発展を反映し，量子力学的モデルや分子力学と量子力学の混成モデルを使ったシミュレーションも普及しつつある（11.13節参照）。

使用するエネルギー・モデルが決まれば，次は実際のシミュレーションである。シミュレーションは四つの段階から成り立つ。まず，最初に行わなければならないのは，系の初期配置の決定である。次に，平衡化（equilibration）の段階が続く。系は，この段階を通じて初期配置から次第に進化していく。平衡化の段階では，熱力学的性質や構造的性質が監視される。不均一系の場合には，この段階はさらにいくつかの副段階へ細分される。平衡が達成されると，生産（production) の段階が始まる。この段階では，系の簡単な性質が計算される。また，一定の間隔で，系の配置（原子座標）がディスクファイルへ出力される。この段階を締めくくるのは，結果の解析である。系の構造がどのように変化したかを調べ，問題点を明らかにするため，シミュレーションで計算されなかった性質が決定され，配置が詳しく吟味される。

6.4.2 初期配置の選択

シミュレーションを行うに当たっては，その前に系の初期配置を決めなければならない。シミュレーションの成否はしばしば初期配置に依存する。したがって，この作業は慎重を要する。（最も一般的な）平衡系のシミュレーションでは，シミュレーションする状態に近い初期配置を選択すべきである。たとえば，面心立方構造をシミュレーションする場合，体心立方構造から出発するのは適当ではない。また，高エネルギー相互作用はシミュレーションを不安定にするので，初期配置はこのような相互作用を含まない方がよい。このようなホットスポットは，シミュレーションに先立ち，エネルギー極小化を行えば取り除ける。

多数の同一分子からなる均一液体のシミュレーションでは，出発配置としてしばしば標準格子構造が選ばれる。もし，実測配置（たとえばX線結晶構造）が利用でき，それがこれから行おうとするシミュレーションにとって適切なものであるならば，それを使うべきである。実測構造が入手できなければ，一般的な結晶格子構造の一つから初期配置を選択してもよい（分子を単にでたらめに置いただけでは，エネルギーの高い不安定な重なりが生じる）。最も一般的な格子は，図6.3に示した面心立方格子（fcc）である。この構造は，$4M^3$個（$M=2, 3, 4, \cdots\cdots$）の点を含んでいる。そのため，シミュレーションは，108, 256, 525, 784, ……個の原子や分子を使って行われることが多い。格子の大きさは，密度が系のそれと合うように設定される。分子のシミュレーションでは，各分子へ適当な配向を割りつける必要がある。小さな直線分子の場合には，通常，初期配置としてCO_2の固体構造が選ばれる。固体のCO_2は，単位格子の4本の対角線に沿って，分子が規則正しく配向した面心立方構造をとる。配向は，そのほかまったくでたらめに選ぶこともできる。また，格子内の規則的な配向をランダムに少し変える方法を用いてもよい。密度が高い場合，特に分子が大きければ，非物理的な重なりが生じる。このような場合には，期待

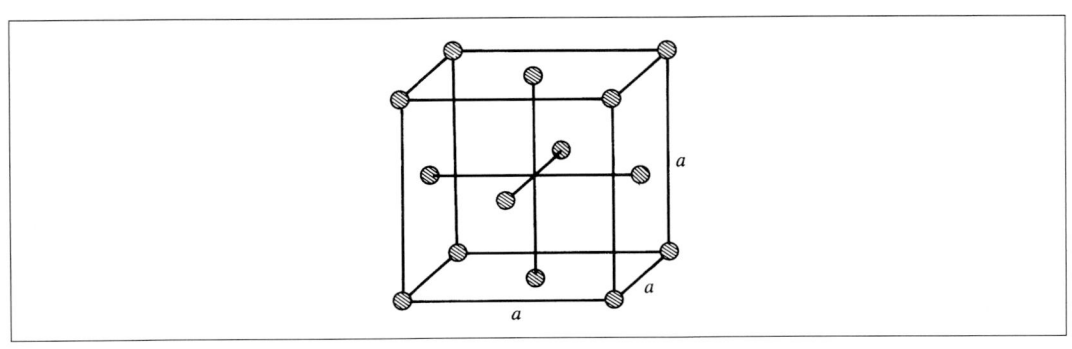

図6.3 面心立方格子

平衡分布に近い初期配置を使う必要がある。たとえば，液晶のような棒状分子のシミュレーションは，通常，分子がすべてほぼ同じ方向に並んだ配置から出発する。

　溶媒に浸された溶質分子や分子間複合体のような不均一系のシミュレーションでは，溶質分子の出発配座にX線結晶解析やNMRの実測データ，もしくは理論的モデリングの結果が使われる。X線結晶データを利用する場合には，溶媒分子の座標もまた使えることが多い。しかし，それだけでは数が不十分である。溶媒密度を調整するには，通常，溶媒分子の追加が必要である。純溶媒のシミュレーションで求めた座標が利用されることも多い。この場合，溶質は溶媒浴に浸され，溶質に近すぎる溶媒分子は計算前に取り除かれる。

6.5　境界

　シミュレーション法では，比較的少数の粒子から巨視的性質を推定しなければならない。そのため，境界と境界効果の正しい取扱いがきわめて重要になる。境界効果の重要性は，次の簡単な例からも理解できよう。いま，室温で，水を満たした容積1リットルの立方体があるとする。この立方体は約 3.3×10^{25} 個の水分子を含み，水分子と壁との相互作用は，壁からバルクな水に向け10分子直径の辺りまで広がっている。水分子の直径は約 2.8Å であるから，境界と相互作用する水分子の数は約 2×10^{19} 個になる。すなわち，容器の壁との相互作用により影響を受ける水分子は，150万個当たり約1個にすぎない。モンテカルロ・シミュレーションや分子動力学シミュレーションで扱う粒子の数は，$10^{25} \sim 10^{26}$ 個よりもはるかに少なく，1000個に満たないことも多い。1000個の水分子からなる系では，すべてではないにしても，ほとんどの分子は境界壁の影響下にある。明らかに，1000個の水分子を使った容器内でのシミュレーションは，バルクな水の性質を導く方法として適当ではない。それに代わる方法として考えられるのは，容器をまったく使わない方法である。しかしこの方法では，分子の約3/4は，バルクな水の内部ではなく試料の表面に集まってしまう。このような状況は，液滴の研究には適しているが，バルクな現象の研究には適切でない。

6.5.1　周期境界条件

　バルクな流体中と同様の力が粒子に作用するよう，系に周期境界条件（periodic boundary condition）を課すと，比較的少数の粒子しか使わなくても，高い精度のシミュレーションが可能になる。簡単な例により，このことを具体的に説明してみよう。いま，上下左右前後のあらゆる方向に無限に繰り返される周期的な粒子の箱を考える。たとえば，二次元の場合について示すと，図6.4のようになる。この場合，個々の箱は周囲を8個の箱に囲まれているが，三次元であれば，各箱を取り囲む最も近接した箱の数は26個になる。箱の中の粒子の座標は，隣の箱の粒子の座標から容易に計算できる。周期境界条件下では，シミュレーションの間に粒子が箱から飛び出しても，図6.4に示されるように，反対側の面から粒子が飛び込んでくるので，中央の箱に存在する粒子の数は常に一定に保たれる。

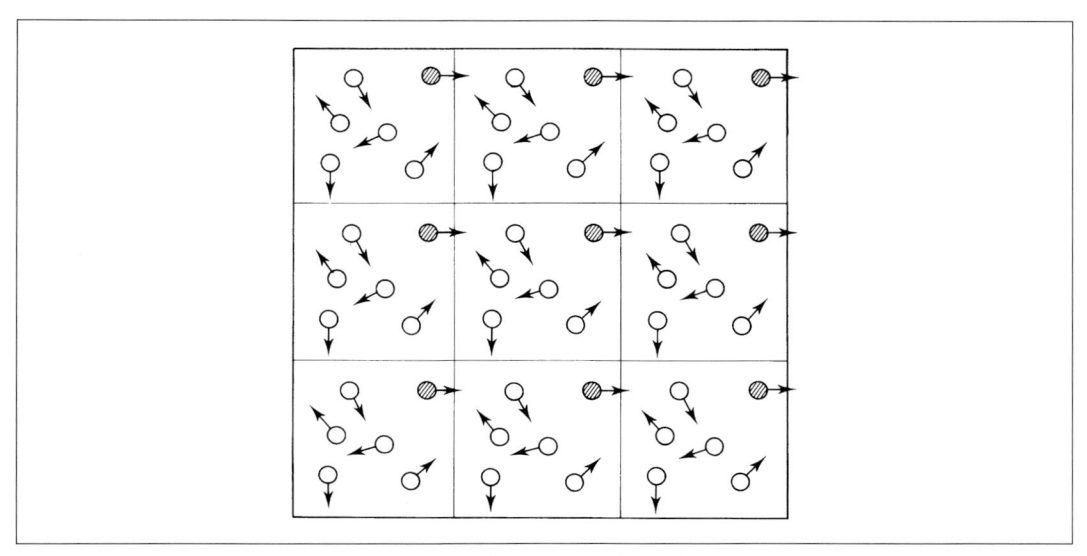

図 6.4 二次元での周期境界条件

　視覚化しプログラムを作成する上で最も簡単な周期系は，立方格子である．しかし，シミュレーションによっては，別の格子を使用した方がより適切なこともある．単一の分子（または分子間複合体）が溶媒分子に囲まれた系を扱うような場合には，このことは特に重要性をもつ．このような系では，通常，最も興味あるのは中央の溶媒分子の挙動である．溶質分子から遠く離れた溶媒に対しては，そのシミュレーションにあまり時間をかけたくはない．一般原則として，もし，三次元の並進操作によって，全空間を隈なく敷き詰めることができれば，格子の形はいかなるものであっても構わない．この条件を満たす箱の形は，立方体（と平行六面体），六方柱面体，八面体台，斜方十二面体，細長十二面体の五つである［1］（図 6.5）．選択に当たっては，系の基本幾何構造を反映した周期格子を選ぶようにしなければならない．たとえば，ほぼ球形の分子をシミュレーションする場合，立方格子は理想的な選択とは言いがたい．このような分子のシミュレーションには，ほぼ球形の周期格子を与える八面体台や斜方十二面体の方がより適している．粒子数が同じ場合，隣接格子間の距離は，八面体台や斜方十二面体の方が立方体よりも大きい．したがって，これらの球状格子のいずれかを使用したシミュレーションは，立方格子を使用したシミュレーションに比べて粒子の数が少なくてすむ．二つの球状格子のうちより好まれるのは，プログラムが多少作りやすい八面体台の方である．六方柱面体は，DNA のような円筒形分子のシミュレーションで使用される．

　先に挙げた五つの格子形のうち，シミュレーションで特に多く使用されるのは，立方体／平行六面体，八面体台および六方柱面体の三つである．これらの格子ではシミュレーションの際，並進粒子を中央の箱へ戻すのに，付録 6.4 に示した公式が使用される．感覚的に他の格子を使いたいと思う場合でも，一般性のある周期格子の中から選んだ方が無難である．シミュレーションに使う原子の数がたとえ少なくてすむとしても，影像（image）を計算する式がむずかしくなり，

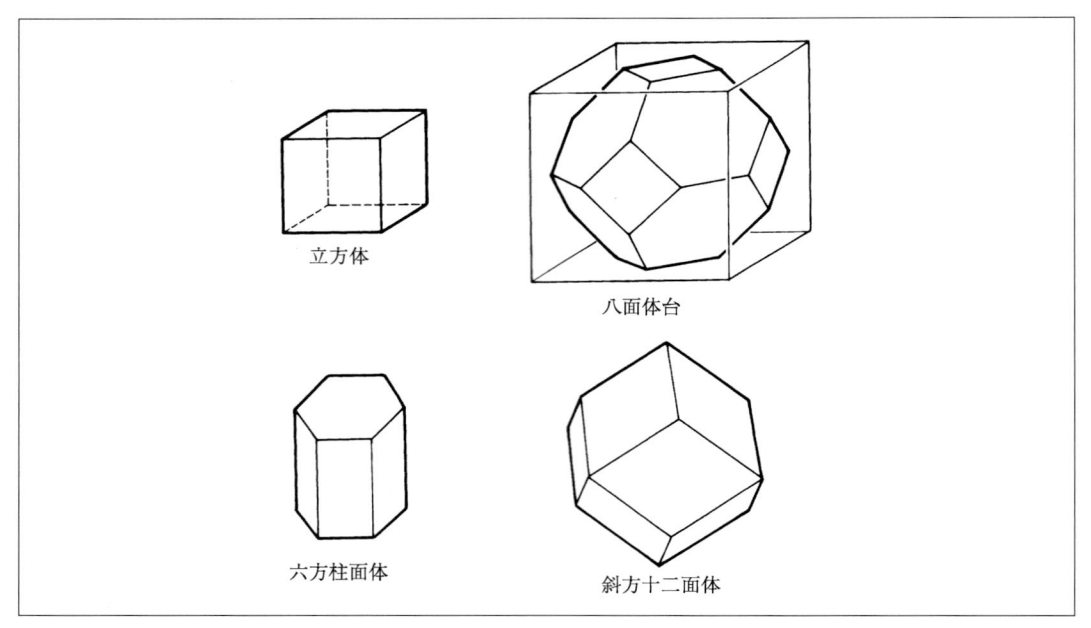

図 6.5 コンピュータ・シミュレーションで使われる周期格子

処理効率が劣るからである。

　標準的な周期境界条件は，あらゆる方向に常に適用できるわけではない。たとえば，表面への分子の吸着を研究するような場合，表面に垂直な運動に対して通常の周期境界条件を適用することは，明らかに適切さを欠く。この例では，たとえば表面原子を顕わな形で考慮し，真の境界として表面をモデル化した方がよい。また，箱の反対側にも処置を施し，分子が箱の上面から外へ迷い出ようとしても，図 6.6 に示すように箱の内部へ跳ね返されるようにする必要がある。通常の周期境界条件は，表面に平行な運動に対してのみ適用される。

　周期境界はコンピュータ・シミュレーションで広く使用される。しかし，問題もいくつか抱えている。周期格子は，その明らかな限界として，格子の幅よりも長い波長をもつ揺動を作り出せない。この限界は，（液体-気体臨界点の近傍のような）ある種の状況下で問題を引き起こす。系内での相互作用の有効範囲もまた重要である。もし，相互作用が及ぶ範囲に比べて格子の幅が広ければ，問題はない。たとえば，比較的近距離で作用するレナード–ジョーンズ・ポテンシャルの場合，格子の幅は，約 6σ（アルゴンでは約 20Å）よりも広くなければならない。より遠距離まで作用する静電相互作用の場合には状況はさらにむずかしくなり，長距離秩序のような拘束を

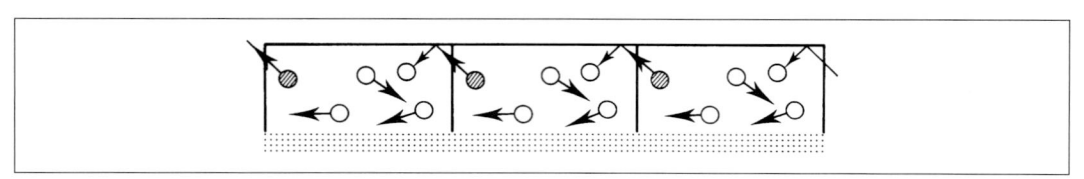

図 6.6 表面のシミュレーションに対する周期境界条件 [a]

系に課さざるを得ないことも多い．周期境界条件の効果は，さまざまな形や大きさの格子を使ってシミュレーションを行い，その結果を比較することで経験的に評価できる．

6.5.2　非周期境界法

　周期境界条件は，シミュレーションでいつも使用されるわけではない．液滴やファンデルワールス・クラスターのような系は，境界を初めから含んでいる．また，不均一系や非平衡系のシミュレーションでは，周期境界条件は面倒な問題を引き起こす．周期境界条件の使用が禁止的数の原子を要求する場合もある．特に，タンパク質やタンパク質-リガンド複合体のような高分子の構造的挙動や配座的挙動を研究する場合，このような事態はよく発生する．高分子系に対する初期のシミュレーションは，当時の計算機の性能的な制約から，溶媒分子をすべて無視せざるを得なかった．この措置は，真空中で孤立タンパク質のシミュレーションを行い，その結果を溶液実験のデータと比較するといった不合理な対応を余儀なくさせた．真空中での計算は重大な問題を抱える．真空中では，境界はその表面積を最小にしようとする傾向があり，その結果，系が球形でないとき系の形は歪んでしまう．また，静電相互作用やファンデルワールス相互作用は，真空中では溶媒中よりも強く働く．そのため，小分子は真空中でシミュレーションすると，溶媒中よりも密な配座をとる傾向がある．

　コンピュータの性能が向上したおかげで，溶媒分子を顕わな形で組み込み，現実により即した形で系をシミュレーションすることが可能になりつつある．これを最も簡単に行うには，分子を溶媒の殻で取り囲めばよい．もし，殻が十分厚ければ，このような系は溶質分子が溶媒の液滴内部に入った状態と等しい．溶質分子が格子の中心にあり，周囲の空間が溶媒で満たされた周期境界シミュレーションと比べたとき，使用する溶媒分子の数は，このシミュレーションの方が通常少なくてすむ．しかも，境界効果の働く界面が，分子-真空界面から溶媒-真空界面へと変化するので，溶質をより現実に即した形で処理できる．具体例により，これらの状況を説明しよう．いま，約 2,500 個の原子からなる小さな酵素，ジヒドロ葉酸レダクターゼを考える．もし，この酵素が立方格子の中に置かれ，酵素の表面から格子面までの距離が少なくとも 10Å あるとするならば，酵素を取り巻く水分子の総数は約 20,000 個になる．しかし，殻を使用した場合，その厚さが 10Å であれば，水分子の数は 14,700 個になり，殻の厚さをさらに 5Å まで薄くすれば，系が含む水分子の総数は 8,900 個にまで減少する．

　われわれは時として，酵素の活性部位のように，溶質の特定の一部分にのみ関心をもつ．このような場合，系は通常二つの領域へ分割される（図 6.7）．第一の領域は反応帯（reaction zone）と呼ばれ，問題の活性部位から半径 R_1 以内にあるすべての原子と原子団を含む．この反応帯の内部にある原子は，完全なシミュレーションの対象となる．第二の領域は貯留域（reservoir region）と呼ばれる．この領域には，反応帯の外側にあり，かつ活性部位から半径 R_2 以内にあるすべての原子が含まれる．貯留域にある原子は，シミュレーションの際，初期位置に固定されるか，あるいは R_1 と R_2 に挟まれた殻の内部に留まるよう拘束を課される．初期位置に拘束するのに調和ポテンシャルが使われることもある．活性部位から R_2 以上離れた位置にある原子

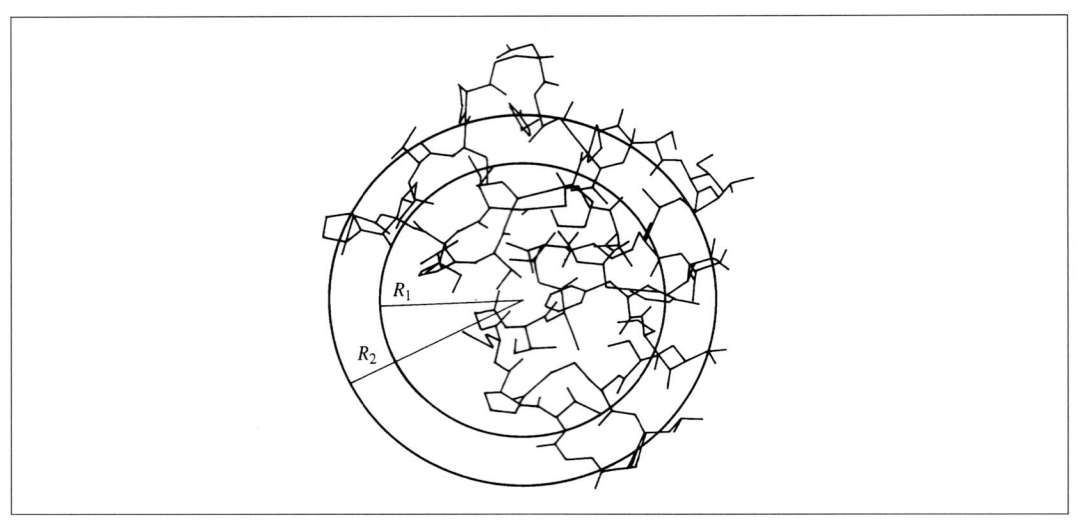

図 6.7 確率境界条件を用いたシミュレーションでは，系は反応帯と貯留域へ分割される。

は，無視されるか，あるいは初期位置に固定される。原子のこのような拘束や固定はシミュレーションの自然の成り行きを妨げ，人為的な結果をもたらす。このような確率境界条件（stochastic boundary condition）を課してシミュレーションを行う方法は，これまでにいろいろ提案されている。しかし，この種のアプローチは計算に手間取り，しかも，正しく運用されなければ異常な結果しか得られない。周期境界条件は，境界効果を確実に最小化できる最も安全な方法である。しかし実際には，別の方法しか使えないこともある。

6.6 平衡化の監視

平衡化の段階は，系が出発配置から進化し平衡に到達するまでを扱う。この段階は，特定の性質が安定化するまで続けられる。監視されるのは通常，エネルギー，温度および圧力といった熱力学的諸量や構造的性質である。液体状態のシミュレーションは，一般に，固体格子に対応した初期配置から出発する。したがって，生産の段階が始まる以前に格子は溶融していなければならない。液体状態に到達したか否かは，秩序パラメータ（order parameter）の値から判定できる。このパラメータは，系の秩序（または無秩序）の度合を測る尺度となる。結晶格子では，原子はシミュレーションの間，ほぼ同じ位置に保たれ，高度な秩序が維持される。しかし液体では，原子はかなり高い運動性をもち，その結果として並進無秩序が生じる。Verletは，面心立方格子系の並進秩序を計る一つの方法を提案した。彼の秩序パラメータ λ は次式で定義される。

$$\lambda = \frac{1}{3}[\lambda_x + \lambda_y + \lambda_z] \tag{6.29}$$

$$\lambda_x = \frac{1}{N}\sum_{i=1}^{N}\cos\left(\frac{4\pi x_i}{a}\right) \tag{6.30}$$

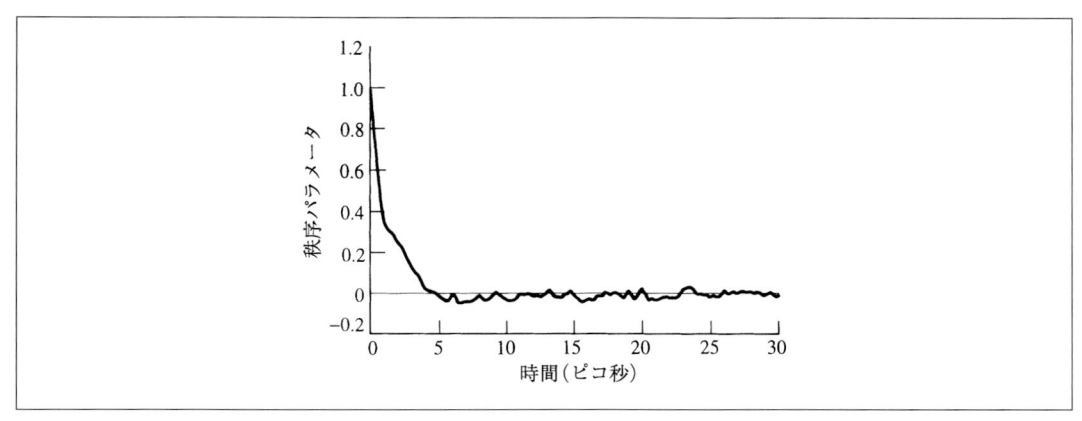

図 6.8 アルゴンの分子動力学シミュレーションの平衡化段階における Verlet 秩序パラメータの経時変化

ここで，a は単位格子の一辺の長さである．最初，座標 x_i, y_i および z_i はすべて $a/2$ の倍数であるから，秩序パラメータの初期値は 1 である．シミュレーションが進むにつれ，秩序パラメータの値は次第に減少し，ゼロに近づいていく．秩序パラメータがゼロであるということは，原子がでたらめに分布していることを意味する．平衡に達したとき，秩序パラメータの揺らぎは $1/\sqrt{N}$ に比例する．ここで，N は系の大きさである．典型的な一例として，アルゴンに対するシミュレーションの結果を図 6.8 に示した．

分子の場合には，シミュレーションの際，配向も考慮されなければならない．この配向は，回転秩序パラメータにより監視される．一酸化炭素や水のような系では，平衡にある液体は完全に無秩序な状態にある．しかし，液晶相を形成する棒状分子の稠密流体の場合には，分子は概して同じ方向に整列する傾向をもつ．直線分子に対する Viellard-Baron の回転秩序パラメータは，次式で与えられる．

$$P_1 = \frac{1}{N}\sum_{i=1}^{N}\cos\gamma_i \tag{6.31}$$

ここで，γ_i は，分子 i の分子軸の現在の方向が元の方向となす角度である．分子が完全に整列しているとき，P_1 値は 1 になり，完全に回転無秩序なとき，値はゼロになる．平均値のまわりの揺らぎはここでも $1/\sqrt{N}$ に比例する．非直線分子の場合には，監視に必要な回転秩序パラメータはいくつも定義される．

平均二乗変位（mean squared displacement）もまた，固体格子の溶融の有無を確認する手段として役立つ．平均二乗変位は次式で定義される量である．

$$\Delta r^2(t) = \frac{1}{N}\sum_{i=1}^{N}[\mathbf{r}_i(t) - \mathbf{r}_i(0)]^2 \tag{6.32}$$

構造に規則性のない流体では，平均二乗変位は，図 6.9 に示すように時間とともに徐々に増加する．しかし，固体では，平均二乗変位は通常，平均値のまわりで振動する．固体内部で拡散が起きているならば，そのことは特定方向の平均二乗変位の変化として検出される．たとえば，図

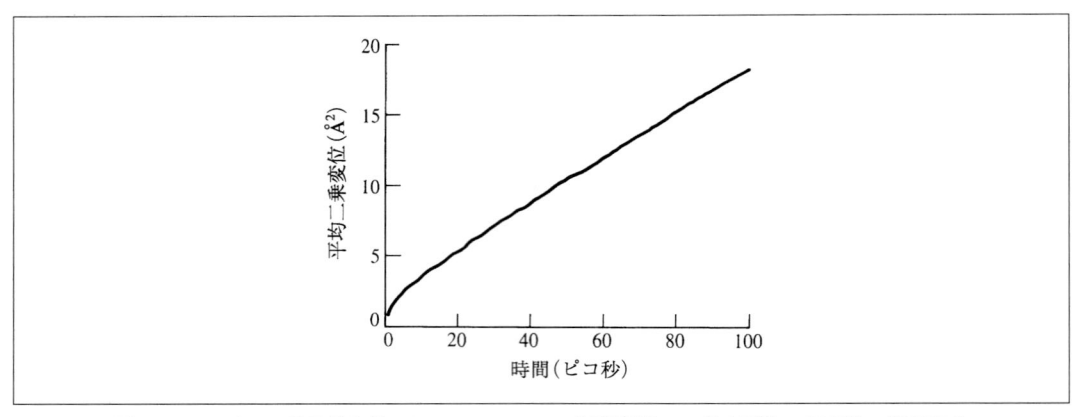

図 6.9 アルゴンの分子動力学シミュレーションの初期段階における平均二乗変位の経時変化

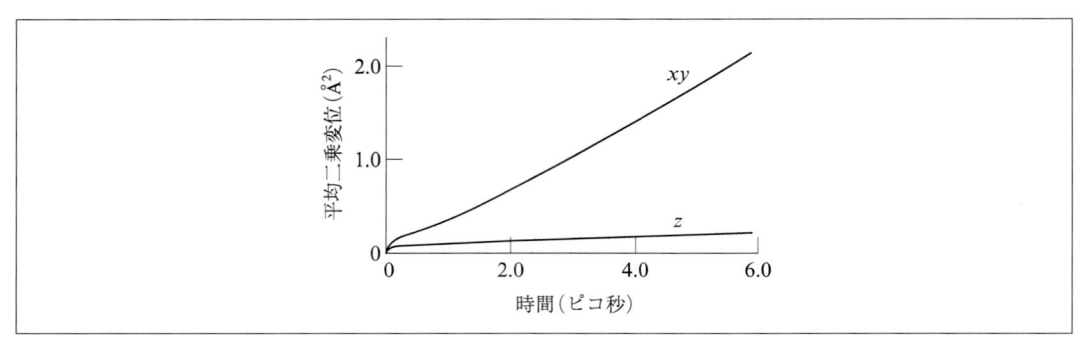

図 6.10 Li$_3$N の Li$_2$N 層に対して平行（xy）または垂直（z）に運動する Li$^+$ イオンの平均二乗変位の経時変化 [24]

6.10 は，400 K の Li$_3$N における Li$^+$ イオンの平均二乗変位の変化を示したグラフである [24]。Li$_3$N は Li$_2$N が層をなした構造をもち，層の面内での Li$^+$ イオンの運動性は，垂直な方向のそれに比べはるかに大きい。

　動径分布関数もまた平衡化の監視に利用される。この関数は，ことに二相の存在を検出するのに役立つ。二相の存在は，予想よりも大きな第一ピークと，遠距離でも関数値が 1 へ収束しないことから確認できる。もし，二相的挙動が予想に反するものであるならば，シミュレーションは中止され，検討が加えられる。しかし，もし二相系が望ましいのであれば，長い時間をかけて平衡化を達成する必要がある。

6.7　ポテンシャルの切捨てと最小影像コンベンション

　モンテカルロや分子動力学のシミュレーションで最も時間を要するのは，非結合エネルギーと非結合力を計算する箇所である。力場モデルに含まれる結合伸縮項，変角項およびねじれ項の数は，いずれも原子の数（N）に比例するが，評価の必要な非結合項の数は，（対モデルの場合）原子数の二乗（N^2）に比例して増加していく。原則として，非結合相互作用は系内のすべての

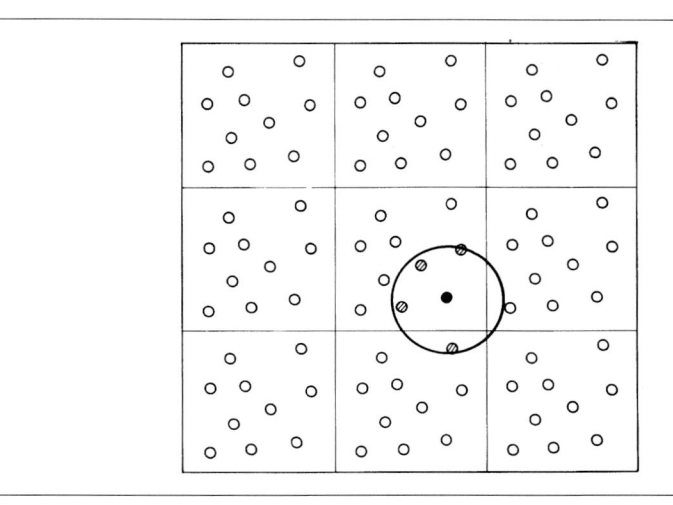

図 6.11 球状の非結合カットオフと最小影像コンベンション

原子対に対して計算される。しかし，このことは相互作用モデルの多くでは必ずしも正当化されない。レナード-ジョーンズ・ポテンシャルは，距離とともに急激に減衰する。距離 2.5σ におけるレナード-ジョーンズ・ポテンシャルの値は，距離 σ での値のわずか 1% にすぎない。これは，分散相互作用が r^{-6} の距離依存性をもつことを反映した結果である。非結合相互作用を扱う方法として最も人気が高いのは，非結合カットオフ（non-bonded cutoff）を使用し，最小影像コンベンション（minimum image convention）を適用する方法である。最小影像コンベンションによれば，各原子は，系内の他原子の影像をせいぜい 1 度しか見ることがない（この状況は，周期境界法を介し無限に繰り返される）。エネルギーと力は，図 6.11 に示すように，最も近い原子や影像に対してのみ計算される。カットオフを使った計算では，カットオフ距離よりも離れた原子対の相互作用はすべてゼロと置かれ，最も近い影像だけが考慮される。周期境界条件を課す場合には，カットオフはあまり大きな値にすべきではない。粒子がそれ自身の影像を見たり，同じ分子を 2 回見たりするといけないからである。たとえば，立方格子内の原子流体をシミュレーションする場合には，カットオフは格子の長さの半分以下にする必要がある。また，直交格子では，カットオフは最も短い辺の長さの半分よりも大きくしてはいけない。分子のシミュレーションでは，カットオフの上限は分子の大きさにも依存する（6.7.2 項参照）。非結合相互作用がレナード-ジョーンズ・ポテンシャルのみで表されるシミュレーションでは，カットオフは 2.5σ とすればよい。しかし，長距離の静電相互作用が関与する場合には，カットオフはもっと大きな値にする必要がある。一般には，10 Å 程度の値を使用すればよいとされるが，この値でさえ実は不十分である。実際，いかなるカットオフを使用してもかなりの誤差が生じる。静電相互作用が扱えるさらに包括的な方法も開発されている。それについては 6.8 節で詳しく取り上げる。

6.7.1 非結合近接原子リスト

非結合相互作用の計算時間は，カットオフを使用しただけではあまり変わらない．相互作用エネルギーの計算が必要なほど近いかどうかを判定するため，系のすべての原子対について距離を計算しなければならないからである．$N(N-1)$個の距離をすべて計算するのに要する時間は，エネルギー自体の計算に必要なそれとほぼ同じである．

流体のシミュレーションでは，（カットオフ距離内にある）近接原子群は，分子動力学やモンテカルロの計算を10〜20回繰り返した程度ではほとんど変化しない．（たとえば配列に保存するなどして）どの原子を計算に含めるべきかをあらかじめ把握しているならば，系内の他原子との距離をすべて計算しなくても，近接原子群をただちに同定できるはずである．（Verletにより最初に提案された）非結合近接原子リスト（non-bonded neighbour list）は，まさにそのための工夫であった［23］．Verlet近接原子リストには，カットオフ距離内にある原子はもちろん，カットオフ距離から少し離れた原子もすべて登録される．この手続きは，近接原子大配列リストLとポインタ配列リストPを使うことで効率化できる（図6.12）．ポインタ配列リストは，各原子について最初の近接原子が近接原子リストのどの位置から始まるかを記した表である．たとえば原子iの場合，最初の近接原子はポインタ配列リストPの要素$P[i]$に記録されている．したがって，原子iの近接原子群に関する全情報は，近接原子大配列リストLの要素$L[P[i]]$から$L[P[i+1]-1]$に記録されていることになる．近接原子リストは，シミュレーションの間，

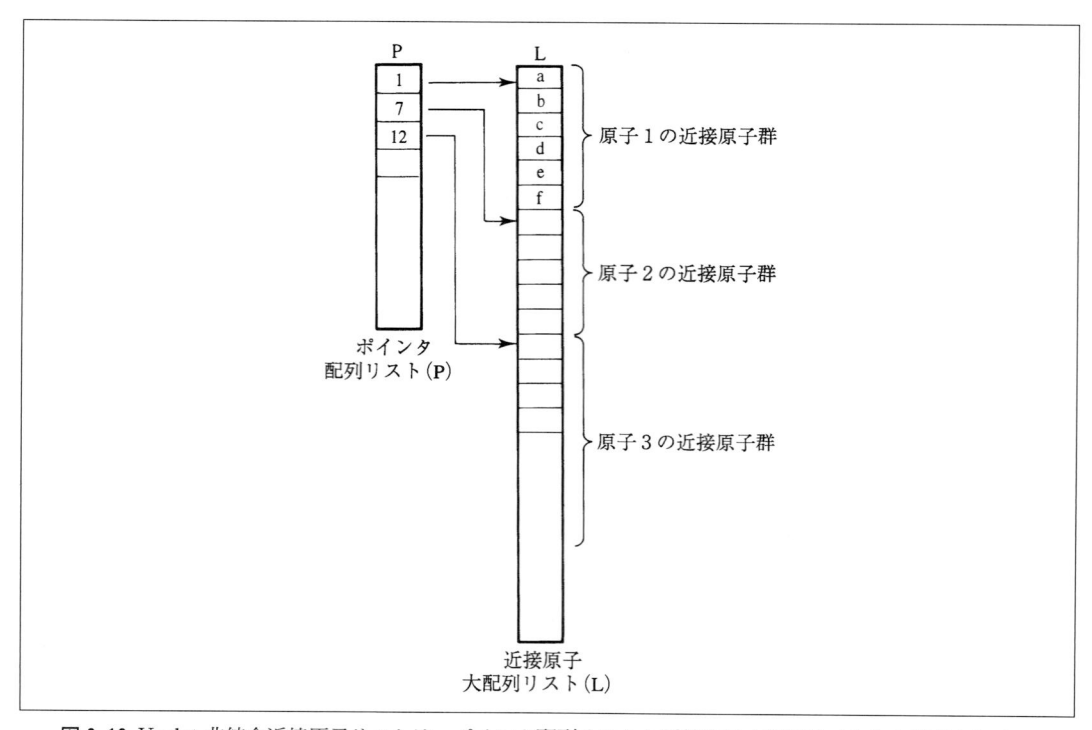

図6.12 Verlet非結合近接原子リストは，ポインタ配列リストと近接原子大配列リストから構成される．

一定の間隔で更新され，ポインタ配列リストとあわせて，各原子 i の近接原子群を直接同定するのに使われる。近接原子群の計算に使われるカットオフ距離は，実際の非結合カットオフ距離よりも大きくなければならない。これは，近接原子カットオフの外側にある原子が，近接原子リストが更新される前に，非結合カットオフ距離よりも近くにくることがないようにするためである。

近接原子リストは適当な頻度で更新される必要がある。更新の頻度が多すぎれば，操作は非効率的になる。また，更新の回数が少なければ，非結合カットオフ領域内で運動する原子によるエネルギーや力は正しく計算されない。一般には，更新は 10〜20 ステップごとに行われる。Thompson は，これらの問題を回避するため，近接原子リストを自動的に更新するアルゴリズムを提案した [21]。このアルゴリズムでは，近接原子リストが更新されるたび，各原子に対する配列要素の値はゼロにリセットされ，その配列は，以後のステップで原子や分子の変位を記録するのに使われる。近接原子リストが再度更新されるのは，いずれか二原子の最大変位の和が非結合カットオフ距離と近接原子カットオフ距離の差を越えたときである。

近接原子カットオフを非結合カットオフに比べ，どの程度大きくとるかについては明確な規則は存在しない。しかし，カットオフの差と近接原子リストの更新頻度の間には明らかに連関があり，差を大きくとればとるほど，近接原子リストを更新する回数は少なくてすむ。また，近接原子リストが大きすぎると，記憶容量面で問題が生じる。

シミュレーションで扱う分子の数が非常に多い場合には，近接原子リストを更新するだけでも大変な計算努力が要求される。通常，近接原子リストを更新しようとすれば，系内のすべての原子対について距離を計算する必要があるからである。系が非結合カットオフ距離よりもはるかに大きい場合には，更新の手続きはセル索引法（cell index method）を利用すると効率化できる。セル索引法では，シミュレーション系は多数のセルへ分割される。ただし，個々のセルの一辺は，非結合カットオフ距離よりも長くとられる。ある原子のまわりの近接原子は，すべてその原子を含むセルの内部か，あるいは隣接するセルのどこかに見出されるはずである。全体の系を M^3 個のセルへ分割した場合，各セルには平均して N/M^3 個の分子が存在する。すなわち，この方法では，与えられた原子（分子）のまわりの近接原子群を求める際，N 個ではなく $27N/M^3$ 個の原子を考慮するだけでよい。セル索引法は，各セルに含まれる原子（分子）を同定するための仕組みを必要とする。そのために使われるのは二つの配列，すなわち，連結配列リスト L とポインタ配列リスト P である。ポインタ配列リストは，与えられたセルの内部にある原子（分子）のうち最初のものの位置を記すのに使われる。たとえば，$P[1]$ はセル 1 にある最初の原子（分子）の番号を示し，$P[2]$ はセル 2 にある最初の原子の番号を示す。また，連結配列リストの各要素は，セル内にある次の原子（分子）の番号を与える。たとえば，いま $P[1]$ が原子 10 になっているとすれば，$L[10]$ にはそのセルにある二番目の原子の番号が記録され，もし，この二番目の原子が番号 15 であるならば，$L[15]$ にはそのセルにある三番目の原子の番号が記録されている。並びの最後にくる原子（分子）は，その配列要素の値がゼロであることから確認できる。セル索引法は，あるセルから別のセルへ原子（分子）が移動したとき，ポインタ配列リストと連

結配列リストを更新する仕組みを必要とし，この点が厄介である。

静電寄与が有意な系では，カットオフは静電相互作用とファンデルワールス相互作用で別々に設定した方がよい。静電相互作用は，ファンデルワールス相互作用に比べ，はるかに遠距離まで効果が及ぶからである。しかし，静電相互作用に対してより大きなカットオフ値を使えば，計算の必要な原子対の数はもちろん大幅に増加する。この問題は，二つのカットオフを指定する双距離法（twin-range method）を使用することで解決される。この方法では，小さい方のカットオフよりも近い距離にある相互作用は各ステップですべて計算される。また，二つのカットオフの中間距離にある相互作用は，近接原子リストが更新されたときのみ再計算され，それ以外は一定に保たれる。かなり離れた位置にある原子の寄与は次の更新まで大きく変わることはない，というのがこの措置の理論的根拠である。

便宜主義にのみ立脚すれば，カットオフの使用は多くの場合十分正当化される。しかし，カットオフを使用すれば，ポテンシャルエネルギーの一部は常に無視される。この失われたエネルギーは，もし，動径分布関数の値がカットオフよりも遠方で1になると見なせるならば，シミュレーションの最後に補正項として取り込むこともできる。その場合の計算式は，動径分布関数から全エネルギーを求める際に使用した式(6.16)とよく似ている。しかし，次式に示すように，積分はカットオフ距離 r_c と無限遠の間で行われ，この範囲では $g(r)$ は1と置かれる。

$$E_{補正} = 2\pi\rho N \int_{r_c}^{\infty} r^2 v(r)\, dr \tag{6.33}$$

レナード-ジョーンズ・ポテンシャルの場合には，長距離寄与は次式を使って解析的に求めることができる。

$$E_{補正} = 8\pi\rho N\varepsilon \left[\frac{\sigma^{12}}{9r^9} - \frac{\sigma^6}{3r^3} \right] \tag{6.34}$$

6.7.2 原子団型カットオフ

大分子系のシミュレーションでは，原子団型カットオフ（残基型カットオフとも呼ばれる）を使用するとうまくいくことが多い。この方法では，大分子は相互に連結した少数の原子からなる原子団（group）へ分割される。溶媒分子を計算に含める場合には，溶媒分子もまた（他の原子団と結合のない）1個の原子団と見なされる。原子団の概念はなぜ有用なのか。一例として，2個の水分子間の静電相互作用を考えてみよう。一般によく使われる TIP3P モデルによれば，水分子の酸素原子上には $-0.834\,e$，各水素原子上には $0.417\,e$ の電荷がそれぞれ分布している。

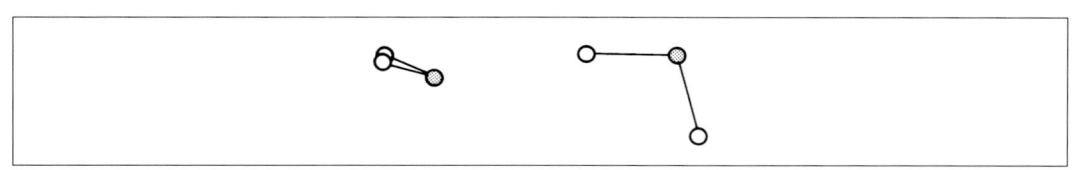

図 6.13 TIP3P モデルによる水二量体の極小エネルギー配置

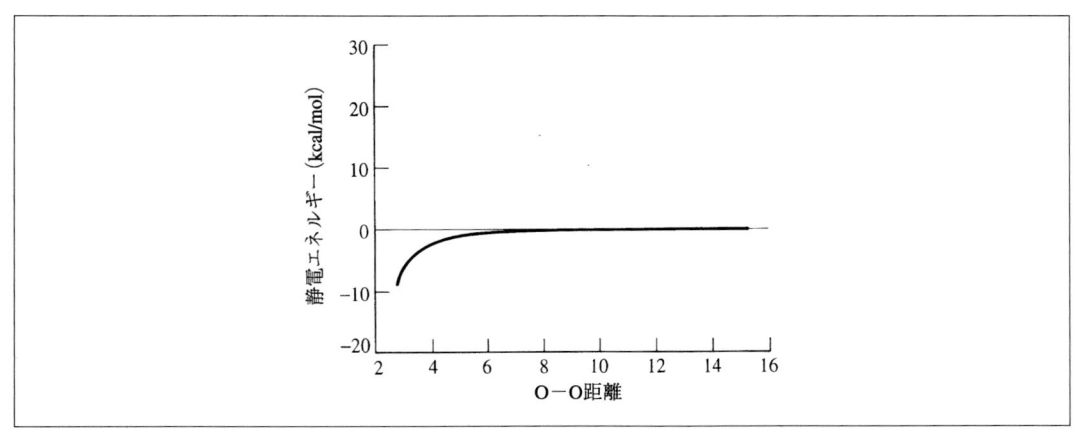

図 6.14 O−O 距離の関数としての水二量体の静電相互作用エネルギーの変化（カットオフを使わない場合）

したがって，2個の水分子間の静電相互作用は，9個の部位−部位相互作用を加え合わせたものとして計算される．いま，図 6.13 に示した水二量体の極小エネルギー配置から出発し，分子間の距離を少しずつ広げていくと，静電エネルギーの変化は図 6.14 に示したようになる．

全体の相互作用エネルギーは，6Å を越えると小さくなるが，これらのエネルギーの各々は，実際にはかなり大きな値をとる項がいくつか加え合わさった結果である．たとえば，O−O 距離が 8Å のとき，全相互作用エネルギーは約 −0.27 kcal/mol となるが，これは，成分へ分解すれば，約 29 kcal/mol の酸素−酸素相互作用，−59.4 kcal/mol の酸素−水素相互作用，29.2 kcal/mol の水素−水素相互作用から成り立つ．いま，原子に依拠した簡単な非結合カットオフを水二量体へ適用してみよう．相互作用エネルギーは，カットオフを 8Å としたとき，図 6.15 に示すようにカットオフ距離付近で激しく乱高下する．これは，この付近では，二体相互作用がすべて計算されるとは限らないからである．明らかにこのようなモデルは，いかなるシミュレーションでも常に重大な問題を引き起こす．この問題は，原子対のいくつかがたとえカットオフを越えた

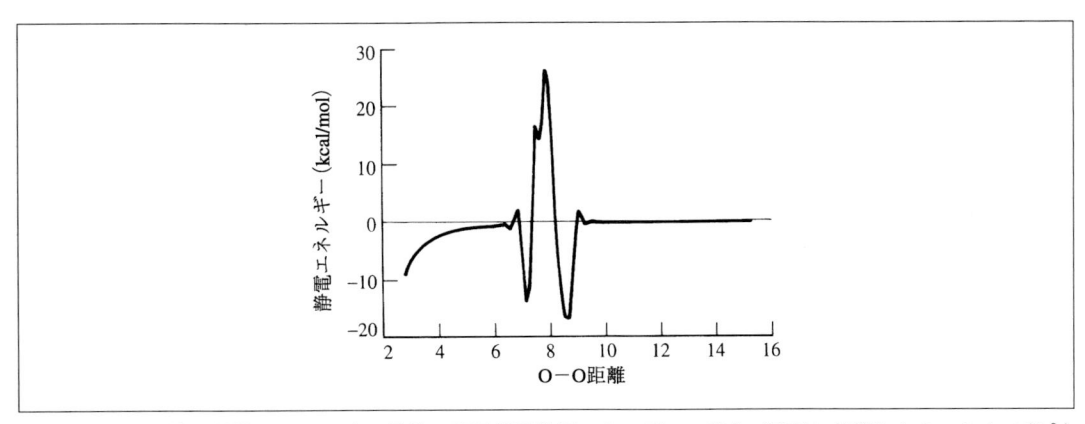

図 6.15 O−O 距離の関数としての水二量体の静電相互作用エネルギーの変化（原子に依拠したカットオフ(8Å)を使用した場合）

距離にあるとしても，水を構成する原子を分子ごとに一まとめにして1個の原子団と見なし，その原子団をベースに相互作用を計算することで回避できる．

　分子は原子団へどのように分割したらよいのか．原子団は，化学的に明快に定義できる場合もある．たとえば，化学的に明確な残基から組み立てられた高分子の場合にはそうである．原子団はできれば電荷をもたない方がよい．その理由は，距離とともにさまざまな静電相互作用がどのように変化するかを思い起こせば理解できよう．たとえば，すでに4.9.1節で述べたように，

　　　電荷-電荷～$1/r$
　　　電荷-双極子～$1/r^2$
　　　双極子-双極子～$1/r^3$
　　　双極子-四極子～$1/r^4$
　　　電荷-誘起双極子～$1/r^4$
　　　双極子-誘起双極子～$1/r^6$

電荷-電荷項の変化は$1/r$に比例するが，もし，原子団が電気的に中性であれば，原子団の間の最も重要な静電相互作用は，$1/r^3$に依存する双極子-双極子相互作用である．もちろん，電荷をもつ原子団を扱うことも多く，すべての分子を中性の原子団へ常にうまく分割できるわけではない．

　原子団に依拠した方法は，さらに別の問題も抱えている．すなわち，原子団-原子団相互作用のうちどれを考慮し，どれを無視するかをどのように決めたらよいのか，言い換えれば，原子団に依拠した方法へカットオフをどのように組み込んだらよいのかという問題である．一つの戦略として考えられるのは，二つの原子団から構成原子を1個ずつとったとき，それらの距離がすべてカットオフ距離よりも近ければ，その原子団-原子団相互作用を含めるという方法である．あるいは，原子団ごとに指標原子を決めておき，指標原子間の距離がカットオフ距離よりも近いとき，その原子団-原子団相互作用を含めるようにしてもよい．指標原子を使う場合には，原子団はあまり大きすぎてはいけない．ちなみに，ある種のシミュレーション・プログラムは，化学的に妥当なそれよりもはるかに小さい原子団を使用する．たとえば，タンパク質やペプチドでは，化学的に最も明快に分割するには，完全なアミノ酸残基をそれぞれ一つの原子団として定義すればよい．しかし，これは必ずしも最も適切な戦略ではない．たとえば，図6.16に示した配向で，

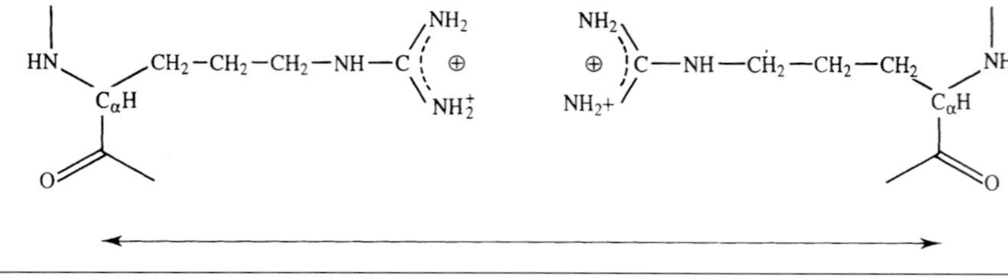

図6.16 原子団型カットオフと指標原子の関係．アルギニン残基のα炭素を指標原子として選んだ場合，指標原子間の距離がカットオフよりも大きければ，有意な静電相互作用が存在しても，それらはすべて無視される．

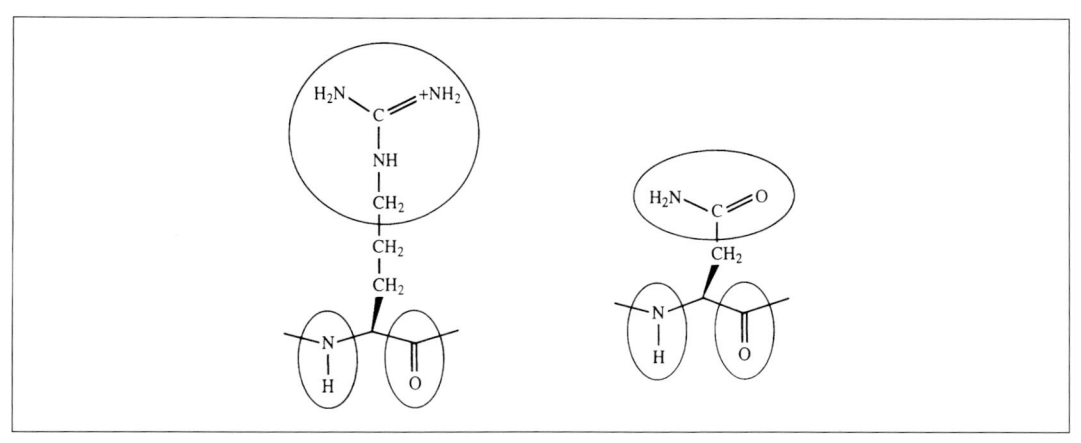

図 6.17 タンパク質シミュレーション用プログラム GROMOS で使われる荷電原子団 [22]。アルギニンとアスパラギンの場合について示した。CH$_2$ 基の電荷はゼロである。

二つのアルギニン残基が空間的に近づいた状態を考えてみよう。アルギニンは，一般に使用される非結合カットオフと同程度の長い側鎖をもつ。いま，アルギニン残基中の α 炭素（C$_\alpha$）を指標原子として選んだとする。もし，二つのアルギニン残基の α 炭素間距離がカットオフよりも大きければ，正電荷をもつグアニジノ末端が互いどうし非常に接近していても，アルギニン残基の原子間でいかなる相互作用も計算されない。また，もし α 炭素間の距離がカットオフより小さくなれば，二つの側鎖間に働く不利な相互作用により，エネルギーは大幅に増加し，シミュレーションの結果は必然的に不安定なものになる。したがってこの例では，化学的に妥当な原子団よりも原子数の少ない「荷電原子団」を定義し，それに基づいて分子を分割した方が適切である。たとえば，GROMOS シミュレーション・プログラムは，アミノ酸のアルギニンとアスパラギンに対して図 6.17 に示した原子団を使用する。

6.7.3 カットオフの問題点とその解決策

カットオフを使用すると，カットオフ付近のポテンシャルエネルギーと力は不連続になる。このことは新しい問題を引き起こす。エネルギーが保存されなければならない分子動力学シミュレーションでは特にそうである。この不連続性の影響を打ち消す方法はいくつか知られている。ポテンシャルのすべての値から一定値を差し引いた偏移型ポテンシャルを使う方法も，その一つである（図 6.18）。

$$v'(r) = v(r) - v_C \qquad r \leq r_C \qquad (6.35)$$
$$v'(r) = 0 \qquad r > r_C \qquad (6.36)$$

ここで，r_C はカットオフ距離，v_C はカットオフ距離でのポテンシャル値である。追加項は定数であるから，ポテンシャルを微分すれば消失する。したがって，分子動力学での力の計算に影響を及ぼさない。偏移型ポテンシャルの使用はエネルギー保存の度合を改善する。しかし，カットオフよりも近い距離にある原子対の数が変わるため，全エネルギーへの偏移型ポテンシャルの寄与

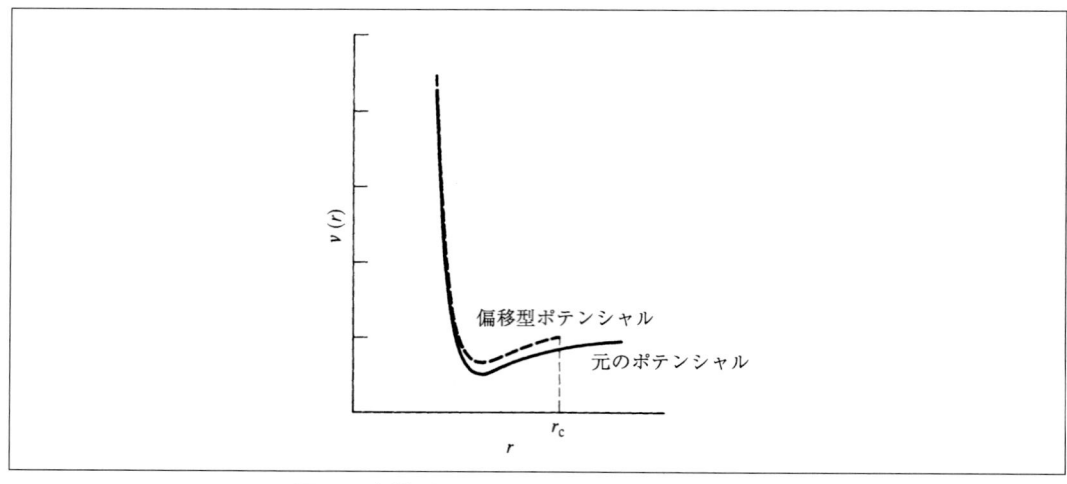

図 6.18 偏移型レナード-ジョーンズ・ポテンシャル

の度合は，元のポテンシャルと同じではない。また，さらに問題なのは，偏移型ポテンシャルを使用しても，力の不連続性はそのまま残ることである。力はカットオフ距離で有限の値をもつが，カットオフを越えた途端にゼロになってしまう。このことはまた，シミュレーションの結果をも不安定なものにする。このような状況を避けたければ，次式のように線形項をポテンシャルへ追加し，カットオフで微分がゼロになるようにすればよい。

$$v'(r) = v(r) - v_\mathrm{C} - \left(\frac{dv(r)}{dr}\right)_{r=r_\mathrm{C}} (r - r_\mathrm{C}) \qquad r \leq r_\mathrm{C} \tag{6.37}$$

$$v'(r) = 0 \qquad\qquad r > r_\mathrm{C} \tag{6.38}$$

ポテンシャルは，偏移により真のポテンシャルからずれる。そのため，熱力学的諸量の計算結果もすべて変化してしまう。真の値に戻すことは可能であるが，それはむずかしい。したがって，実際のシミュレーションでは偏移型ポテンシャルが使われることはほとんどない。また，レナード-ジョーンズ・ポテンシャルのような簡単なポテンシャルが適用できる均一系でこそ，その計算は比較的容易である。しかし，多種多様な原子を含んだ不均一系では，それは容易なことではない。

エネルギーや力の方程式から不連続性を取り除く方法には，そのほかスイッチング関数 (switching function) を利用する方法がある。スイッチング関数 $S(r)$ は，距離の多項式で表され，それに元の関数 $v(r)$ を掛けることで，切換え後のポテンシャルエネルギー関数 $v'(r)$ が得られる。すなわち，切換え後の関数 $v'(r)$ と真のポテンシャル $v(r)$ との間には，$v'(r) = v(r)S(r)$ の関係が成り立つ。一例を式(6.39)に示す。スイッチング関数は，カットオフ距離までの全ポテンシャル範囲に適用される。

$$v'(r) = v(r)\left[1 - 2\left(\frac{r}{r_\mathrm{C}}\right)^2 + \left(\frac{r}{r_\mathrm{C}}\right)^4\right] \tag{6.39}$$

スイッチング関数は，$r=0$ で 1，カットオフ距離 $r=r_\mathrm{C}$ でゼロの値をとり，それらの間では図

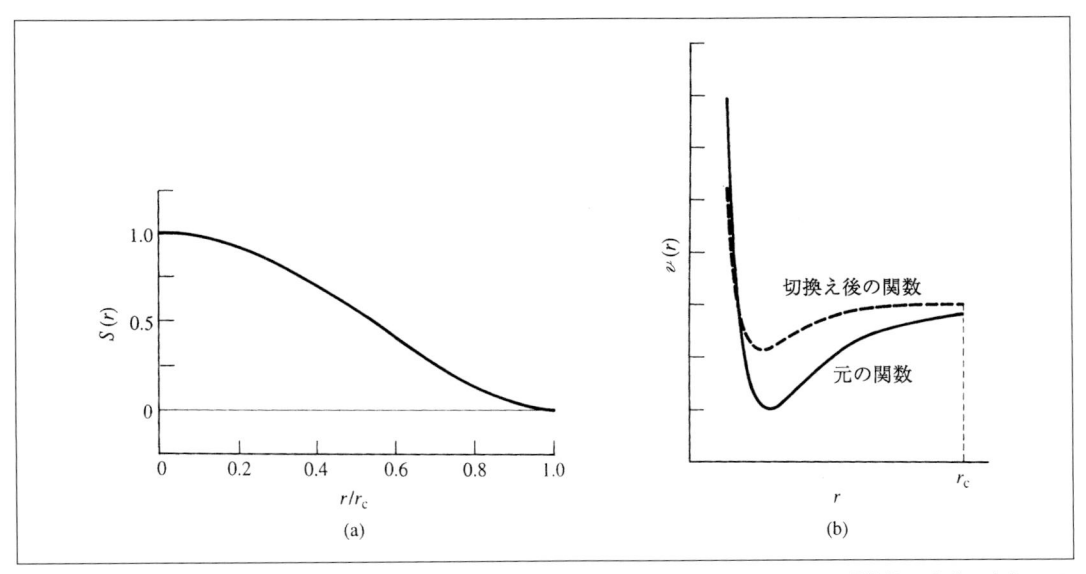

図 6.19 スイッチング関数。(a) $r=0$ から $r=r_c$（カットオフ距離）までのスイッチング関数の変化。(b) レナード-ジョーンズ・ポテンシャルに及ぼすその効果。

6.19(a)に示すような変化をする。図6.19(b)は，スイッチング関数により，ポテンシャル関数がどのように変わるかを示したグラフである。

ポテンシャル関数の全範囲にわたり，スイッチング関数を適用することには問題がある。たとえば，平衡構造に影響が現れ，アルゴン二量体では極小エネルギー距離が少し短くなる。より適切な代替策としては，カットオフ値を二つ設定し，それらの間でポテンシャルを徐々に減らす方法が考えられる。この場合，ポテンシャルは下側カットオフ距離(r_l)までは通常の値をとる。また，r_lと上側カットオフ距離(r_u)の間では，下側で1，上側で0をとるスイッチング関数がポテンシャルに掛け合わされる。二つのカットオフの間隔は，一般にはあまり広くない（たとえば$r_l = 9$ Å，$r_u = 10$ Å）。スイッチング関数は，簡単な場合，次のような一次形をとる。

$$S = 1.0 \qquad r_{ij} < r_l \tag{6.40}$$

$$S = (r_u - r_{ij})/(r_u - r_l) \qquad r_l \leq r_{ij} \leq r_u \tag{6.41}$$

$$S = 0.0 \qquad r_u < r_{ij} \tag{6.42}$$

このスイッチング関数を使うと，エネルギーと力はいずれも二つのカットオフ距離で不連続になる。r_lとr_uの間で1から0へ滑らかに変化し，かつ，次の必要条件を満たすスイッチング関数があれば，それに越したことはない（図6.20）。

$$S_{r=r_l} = 1; \qquad \left(\frac{dS}{dr}\right)_{r=r_l} = 0; \qquad \left(\frac{d^2S}{dr^2}\right)_{r=r_l} = 0 \tag{6.43}$$

$$S_{r=r_u} = 0; \qquad \left(\frac{dS}{dr}\right)_{r=r_u} = 0; \qquad \left(\frac{d^2S}{dr^2}\right)_{r=r_u} = 0 \tag{6.44}$$

このような関数では，いずれのカットオフ距離でも一次微分はゼロになり，力もまた滑らかにゼ

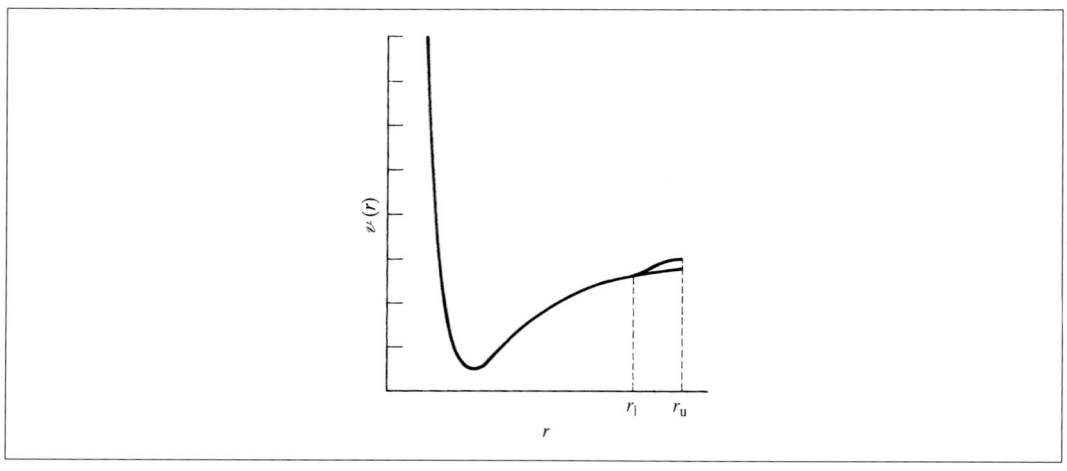

図 6.20 スイッチング関数によるレナード-ジョーンズ・ポテンシャルの調整（二つのカットオフ（r_l, r_u）に挟まれた範囲に対してのみ適用）。

ロへ近づく。ただし，積分アルゴリズムがうまく機能するためには，二次微分は連続でなければならない。いま，スイッチング関数が次の形をとるとしよう。

$$S(r) = c_0 + c_1\left[\frac{r-r_l}{r_u-r_l}\right] + c_2\left[\frac{r-r_l}{r_u-r_l}\right]^2 + c_3\left[\frac{r-r_l}{r_u-r_l}\right]^3 + c_4\left[\frac{r-r_l}{r_u-r_l}\right]^4 + c_5\left[\frac{r-r_l}{r_u-r_l}\right]^5 \quad (6.45)$$

係数 $c_0\cdots c_5$ の値を次のように設定すれば，この関数は，式(6.43)と(6.44)にある六つの必要条件をすべて満たす。

$$c_0 = 1; \quad c_1 = 0; \quad c_2 = 0; \quad c_3 = -10; \quad c_4 = 15; \quad c_5 = -6 \quad (6.46)$$

原子団型カットオフを使う分子シミュレーションでは，スイッチング関数は相互作用する二つの原子団のすべての構成原子対に対して同じ値をとらなければならない。そうでなければ，距離がカットオフ領域の内部にあるとき，エネルギーの激しい揺らぎが生じる。これらの二つの対照的な状況は，式で表せば次のようになる。

原子型： $$V_{AB} = \sum_{i=1}^{N_A}\sum_{j=1}^{N_B} S_{ij}(r_{ij})\, v_{ij}(r_{ij}) \quad (6.47)$$

原子団型： $$V_{AB} = S_{AB}(|\mathbf{r}_A - \mathbf{r}_B|)\sum_{i=1}^{N_A}\sum_{j=1}^{N_B} v_{ij}(r_{ij}) \quad (6.48)$$

ここで，N_A と N_B は，それぞれ二つの原子団 A と B を構成する原子の数であり，また，S はスイッチング関数である。原子団型スイッチング関数の場合，二つの原子団の距離――二点 $\mathbf{r}_A$ と $\mathbf{r}_B$ の距離――を定義する必要がある。しかし，そのための決定的な方法は存在しない。一般にはカットオフの場合と同様，残基ごとに特別な指標原子を指定するが，指標原子に代わり，質量中心，幾何中心，荷電中心が使われることもある。

原子団型スイッチング関数はいくつかの利点をもつ。すなわち，エネルギー保存の度合がよい。また，あらゆる位置でポテンシャルが解析的に定義されるので，エネルギーの極小化がやりやす

い。しかし，原子団が大きい場合には注意が必要である。通常の原子団型カットオフを使用したとき，どのような事態が生じるかについてはすでに説明した。では，スイッチング関数を利用した場合，どのようなことになるのか。前に取り上げたアルギニンの例をもう一度考えてみよう（図 6.16 参照）。いま，二つの指標原子が上側カットオフよりも少し内側にあるならば，スイッチング関数はゼロに近い値をとる。その結果，単純なカットオフを使用した場合と異なり，エネルギーの急激な増加は起こらない。スイッチング関数はこのようにシミュレーションを「破綻」から守るのに役立つ。しかし，系のエネルギーや力を補正するその能力は，不十分なものでしかない。精度をさらに上げたければ，原子団をより小さくとるか，カットオフをまったく使わないかのどちらかの戦略をとらざるを得ない。

6.8 遠距離力

系の次元を n としたとき，r^{-n} よりも減衰の遅い相互作用は，セル幅の半分よりも遠くまでその効果が及ぶ。そのため取扱いがむずかしい。分子シミュレーションでことに問題になるのは，r^{-1} で減衰する電荷－電荷相互作用である。このような遠距離力を正しくモデリングすることの重要性は，近年広く認識されつつある。遠距離力の効果は，（中性の原子団で表せない）融解塩のような荷電種のシミュレーションでは特に大きい。遠距離力の正しい取扱いは，誘電率のような性質を計算する際にも重要になる。遠距離力の不適切な取扱いに基づく誤差は，シミュレーション・セルを大きくすれば取り除けるが，その実現は一般には不可能である。しかし，コンピュータの性能の向上は，大きな系に対してさえ，遠距離力のより厳密な取扱いを可能にしつつある。遠距離力を扱う方法は多数開発されているが，本節では，エワルド総和法，反応場法およびセル多重極法の三つを取り上げ，詳細に解説する。

6.8.1 エワルド総和法

エワルド総和法は，イオン結晶のエネルギー論を研究するため，Ewald によって開発された方法である [11]。この方法では，粒子はシミュレーション箱（基本セル）に入った他のすべての粒子と相互作用するだけでなく，無限に配列した周囲のセルのすべての影像粒子とも相互作用する。セルの配列は，図 6.21 に示したような組立てをもち，極限では球形になる。個々の影像セル（簡単のため，N 個の電荷を含む一辺 L の立方体とする）の位置は，セルの幅の整数倍の成分をもつベクトル $[(\pm iL, \pm jL, \pm kL); i, j, k = 0, 1, 2, 3, \ldots\ldots]$ により，中央の基本セルと関係づけられる。中央の基本セルに収容された全電荷によるポテンシャルエネルギーへの電荷－電荷寄与は，次式で与えられる。

$$V = \frac{1}{2}\sum_{i=1}^{N}\sum_{j=1}^{N}\frac{q_i q_j}{4\pi\varepsilon_0 r_{ij}} \tag{6.49}$$

ここで，r_{ij} は電荷 i と j の間の最短距離である。中央の基本セルから距離 L の位置には 6 個のセルがあり，それらの座標 $(\mathbf{r}_{\text{box}})$ は，$(0, 0, L)$, $(0, 0, -L)$, $(0, L, 0)$, $(0, -L, 0)$, $(L, 0, 0)$,

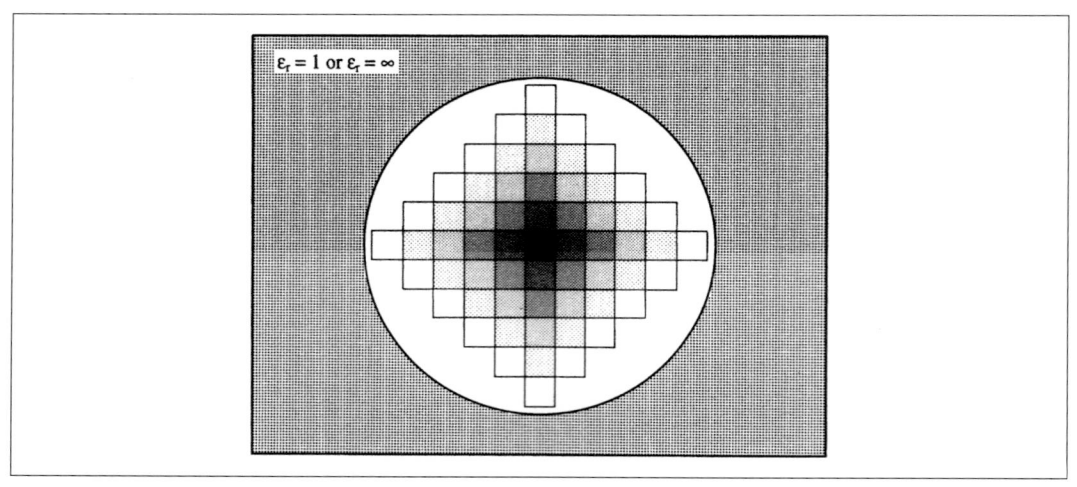

図 6.21 エワルド総和法における周期セル配列の組立て [a]

$(-L, 0, 0)$ で与えられる（図 6.21 は二次元図なので，これらのセルのうち 4 個しか示されていない）．中央の基本セルの電荷と周囲の 6 個のセルに入った影像粒子の間の電荷-電荷相互作用は，次式で与えられる．

$$V = \frac{1}{2} \sum_{n\text{box}=1}^{6} \sum_{i=1}^{N} \sum_{j=1}^{N} \frac{q_i q_j}{4\pi\varepsilon_0 |\mathbf{r}_{ij} + \mathbf{r}_{\text{box}}|} \tag{6.50}$$

一般に，立方格子点 $\mathbf{n}$ $[=(n_x L, n_y L, n_z L); n_x, n_y, n_z$ は整数$]$ にあるセルに対しては，次式が成り立つ．

$$V = \frac{1}{2} \sum_{\mathbf{n}} \sum_{i=1}^{N} \sum_{j=1}^{N} \frac{q_i q_j}{4\pi\varepsilon_0 |\mathbf{r}_{ij} + \mathbf{n}|} \tag{6.51}$$

ここで，$|\mathbf{n}|$ は $1, \sqrt{2}, \cdots\cdots$ の値をとる．この式は，基本セル内（$|\mathbf{n}| = 0$）の電荷間相互作用を付け加え，次の形で表されることも多い．

$$V = \frac{1}{2} \sum_{|\mathbf{n}|=0}{}' \sum_{i=1}^{N} \sum_{j=1}^{N} \frac{q_i q_j}{4\pi\varepsilon_0 |\mathbf{r}_{ij} + \mathbf{n}|} \tag{6.52}$$

ここで，最初の求和記号に付いたダッシュは，$\mathbf{n} = 0$ のとき $i = j$ の相互作用を含めないことを意味する．

すなわち，エワルド総和法では，中央の基本セルでの相互作用だけでなく，基本セルと周囲の影像セルとの相互作用もすべて全エネルギーへ寄与する．またそのほか，球状に配列したセルとそれを取り巻く媒質との相互作用も無視されない．問題は，式(6.52)の求和がきわめてゆっくり収束し，現実には条件つきでしか収束しないことである．この条件収束級数は，正と負の項が混在しており，正または負の項のみを取り出した場合，和は有限とはならず発散するという特徴がある．また，条件収束級数の和は，項の並べ方により値が変化する．特に近距離では，クーロン相互作用により変化は急激である．

計算に際しては，エワルド和ははるかに収束の速い二つの級数へ変換される．この変換の数学

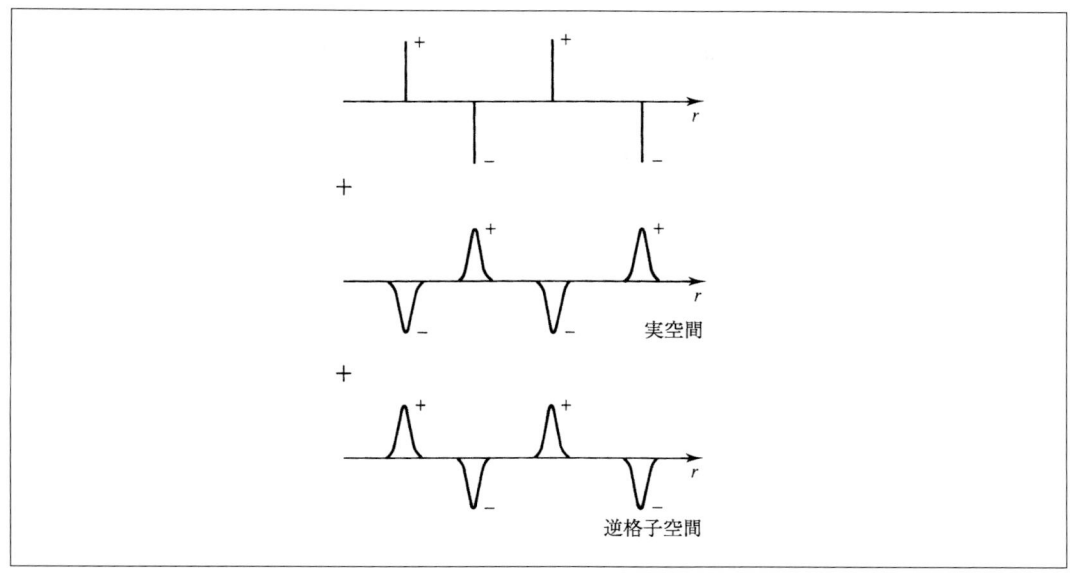

図 6.22 エワルド法の計算手順。エワルド法では，電荷の初期集合はまず最初，（実空間で計算された）ガウス型の中和電荷分布で取り囲まれる。次に，（逆格子空間で計算された）第二の電荷分布が追加され，最初の中和電荷分布が相殺される。

的基礎は，次式で与えられる。

$$\frac{1}{r} = \frac{f(r)}{r} + \frac{1-f(r)}{r} \tag{6.53}$$

必要なのは，$1/r$ に従う近距離での急激な変化と遠距離での緩やかな減衰を同時に処理できる適当な関数 $f(r)$ である。エワルド法では，各電荷は図6.22に示すように，大きさが等しく符号が反対の中和電荷分布で取り囲まれていると考える。一般に使われるのは，次の関数形をもつガウス型電荷分布である。

$$\rho_i(\mathbf{r}) = \frac{q_i \alpha^3}{\pi^{3/2}} \exp(-\alpha^2 r^2) \tag{6.54}$$

この措置により，点電荷についての和は，電荷間相互作用と中和電荷分布を加え合わせたものへ変換される。この双対求和（実空間求和）は，式で表せば次のようになる。

$$V = \frac{1}{2} \sum_{i=1}^{N} \sum_{j=1}^{N} {\sum_{|\mathbf{n}|=0}}' \frac{q_i q_j}{4\pi\varepsilon_0} \frac{\mathrm{erfc}(\alpha|\mathbf{r}_{ij}+\mathbf{n}|)}{|\mathbf{r}_{ij}+\mathbf{n}|} \tag{6.55}$$

ここで，erfc は次式で与えられる相補誤差関数である。

$$\mathrm{erfc}(x) = \frac{2}{\sqrt{\pi}} \int_x^\infty \exp(-t^2)\, dt \tag{6.56}$$

エワルド法は，式(6.53)の関数 $f(r)$ として $\mathrm{erfc}(r)$ を使用する。誤差関数を含むこの新しい求和はきわめて速やかに収束し，しかも，カットオフ距離を越えると，その値はほぼゼロになる。収束の速度は中和ガウス分布の幅に依存し，その幅が広ければ広いほど級数の収束は速い。特に，

α の値は，式(6.55)の級数が $|\mathbf{n}|=0$ にも対応するように設定されなければならない（これは，基本セルの電荷対相互作用だけを考慮することと同義である。カットオフを使う場合には，α の値は，カットオフの内側にある他電荷との相互作用のみが求和の対象となるように設定される）。次に，系へ中和分布を正確に相殺する第二の電荷分布が追加される（図6.22）。この第二の電荷分布による寄与は，次式で与えられる。

$$V = \frac{1}{2}\sum_{k\neq 0}\sum_{i=1}^{N}\sum_{j=1}^{N}\frac{1}{\pi L^3}\frac{q_i q_j}{4\pi\varepsilon_0}\frac{4\pi^2}{k^2}\exp\left(-\frac{k^2}{4\alpha^2}\right)\cos(\mathbf{k}\cdot\mathbf{r}_{ij}) \tag{6.57}$$

この求和は逆格子空間で行われるが，ここではその詳細には立ち入らない。ベクトル $\mathbf{k}$ は，$\mathbf{k} = 2\pi\mathbf{n}/L$ で与えられる逆格子ベクトルである。この逆格子求和もまた，元の点電荷求和に比べるとはるかに収束が速い。しかし，考慮すべき項の数は，ガウス関数の幅とともに増加する。明らかに，実空間の求和と逆格子空間のそれは，釣合いを保つ必要がある。前者は，α が大きいほど速く収束するが，後者は，逆に α が小さいほど速く収束する。妥当な結果が得られるのは，α が $5/L$ で，逆格子ベクトル $\mathbf{k}$ が100〜200個の場合である。この逆格子空間の求和は，式(6.53)の第二項（$[1-f(r)]/r$）に対応する。この項の必要条件は，r の全範囲にわたって緩やかに変化することである。また，そのフーリエ変換式は，少数の逆格子ベクトルで表せなければならない。実空間でのガウス関数の求和は，ガウス関数それ自体との相互作用も含んでいる。したがって，求和から，第三の項として次の自己項を差し引かなければならない。

$$V = -\frac{\alpha}{\sqrt{\pi}}\sum_{k=1}^{N}\frac{q_k^2}{4\pi\varepsilon_0} \tag{6.58}$$

シミュレーション・セルの球を取り巻く媒質に応じ，第四の補正項もまた要求される。もし，周囲の媒質が無限大の相対誘電率をもつ導体であるならば，この補正項は必要でない。しかし，周囲が真空で相対誘電率が1であるならば，次の補正項が追加されなければならない。

$$V_{\text{補正}} = \frac{2\pi}{3L^3}\left|\sum_{i=1}^{N}\frac{q_i}{4\pi\varepsilon_0}\mathbf{r}_i\right|^2 \tag{6.59}$$

以上の諸項をまとめると，最終的なエワルド総和式は次のようになる。

$$V = \frac{1}{2}\sum_{i=1}^{N}\sum_{j=1}^{N}\left\{\begin{array}{l}\displaystyle\sum_{|\mathbf{n}|=0}{}'\frac{q_i q_j}{4\pi\varepsilon_0}\frac{\text{erfc}(\alpha|\mathbf{r}_{ij}+\mathbf{n}|)}{|\mathbf{r}_{ij}+\mathbf{n}|} \\ +\displaystyle\sum_{k\neq 0}\frac{1}{\pi L^3}\frac{q_i q_j}{4\pi\varepsilon_0}\frac{4\pi^2}{k^2}\exp\left(-\frac{k^2}{4\alpha^2}\right)\cos(\mathbf{k}\cdot\mathbf{r}_{ij}) \\ -\displaystyle\frac{\alpha}{\sqrt{\pi}}\sum_{k=1}^{N}\frac{q_k^2}{4\pi\varepsilon_0} + \frac{2\pi}{3L^3}\left|\sum_{k=1}^{N}\frac{q_k}{4\pi\varepsilon_0}\mathbf{r}_k\right|^2\end{array}\right\} \tag{6.60}$$

エワルド総和法は，コンピュータ・シミュレーションへ遠距離力を正確に組み込むための最良の方法である。この方法は，（イオン溶融物や固体内部，固体表面のような）高度に荷電した系のシミュレーションで広く利用されており，その適用範囲は，（脂質二重層，タンパク質，DNAなど）静電効果が重要な他の系へも広がりつつある。しかし，エワルド法にも問題がないわけではない。この方法は周期境界条件を課すため，人為的結果が生じやすいのである。たとえば，電

荷-電荷相互作用はセルの幅の半分の距離で最小になるが，これは人為的な結果にすぎない。また，シミュレーション・セルでの瞬間的な揺らぎは減衰することなく，系全体にわたり無限に繰り返される。

エワルド総和法は計算に多額の費用を必要とする。α が一定の条件下では（逆格子ベクトル $\mathbf{k}$ はすべて密度が等しくなり），計算時間は，中央の基本セルに含まれる粒子数（N）の二乗に比例する。また，α が可変のときには，計算時間が $N^{3/2}$ に比例するアルゴリズムが利用できる。ただしこの場合，α の最終値は，ファンデルワールス相互作用の範囲と相容れないクーロン・ポテンシャル範囲を作り出す。時間のかかる逆格子空間部分の計算を高速化する方法はいくつか提案されている。たとえば，多項式近似を使用した方法などである。しかし，これらの方法は計算時間の N^2 比例問題を解決するものではない。この障害を克服するには，問題を作り変え，逆格子空間の求和計算に高速フーリエ変換（FFT）が使えるようにすればよい。高速フーリエ・アルゴリズムは，計算時間が $N \ln N$ に比例するので，N^2 に比例する元のアルゴリズムに比べかなり効率が良い。さらに，十分大きな α 値を設定し，カットオフ（たとえば9Å）よりも大きな r_{ij} に対して原子間相互作用が無視できるようにすれば，実空間求和の次数は N にまで縮小し，アルゴリズム全体の次数も $N \ln N$ になる。

1.10.8項で概略を述べたように，FFT法は，データが連続値ではなく離散値であることを要求する。したがって，エワルド求和で高速フーリエ変換を利用したければ，原子点電荷の連続分布は格子状電荷分布で置き換えられねばならない。言い換えれば，個々の原子点電荷は，元の位置の電荷ポテンシャルが再現されるよう，まわりの格子点へ分配されなければならない。ここでも，例によって妥協が必要となる。すなわち，使用するまわりの格子点が多ければ多いほど，元の位置の電荷ポテンシャルは正確に再現される。しかしその分，一粒子当たりの計算費用はかさんでいく。一般によく使われるアプローチは，Hockney & Eastwood の粒子-メッシュ法である[15]。この方法は，格子点として三次元の27個の最近接点を使用する。これらの格子点でのガウス分布型ポテンシャルは，格子に割りつけられた電荷密度から（FFTアルゴリズムを用いて）計算され，各粒子位置でのポテンシャルと力は，このポテンシャルを内挿することにより求められる。この操作に関してはさまざまな変法が提案されている。それらはすべて高速フーリエ変換アルゴリズムを利用する。しかし，それ以外に共通点はない。代表的なものは，粒子-メッシュ・エワルド法[6]と粒子-粒子-粒子-メッシュ法[15-17]である。Deserno & Holm はこれらの方法の統一化を試み，それらは精度的にきわめて異なるが，本質において同じ方法であることを指摘した[7,8]。一般に最も好まれるのは，適応性の高い粒子-粒子-粒子-メッシュ法である。

エワルド法は，極性の高い系や荷電系の研究に広く使用される。固体物質へのその適用は，いまや常套的に行われる。また，コンピュータの性能向上と新しい方法論の発展により，エワルド法は，タンパク質やDNAのような巨大分子系の研究にも広く利用されるようになりつつある[5]。たとえば，粒子-メッシュ・エワルド法を適用した初期の事例として，ウシ膵臓トリプシン阻害薬の結晶に対する分子動力学シミュレーション研究がある[25]。この研究では，4個のタ

ンパク質分子が結合水分子や塩素対イオンとともに単位格子に収まった完全な結晶環境が再現された。また，1ナノ秒間のシミュレーションが行われ，結晶構造がどのように変化していくかが監視された。それによると，平衡が達成されたとき，二乗平均変位は非水素原子全体に対して0.63Å，骨格原子に対して0.52Åとなった。それに対し，9Åの原子団型カットオフを使用した同等のシミュレーションは，1.8Åよりも大きな二乗平均変位を与えた。また，エワルド・シミュレーションから計算された原子揺らぎは，非エワルド・シミュレーションの場合と異なり，結晶学的温度因子から導かれた値とよく一致した。非エワルド・シミュレーションは，静電カットオフを使用するため，原子揺らぎを過大評価する傾向がある。DNAはきわめて多数の電荷をもつ。そのため，静電相互作用の適切な評価がことに重要である。粒子-メッシュ・エワルド法によるシミュレーションはきわめて安定で，実測構造に非常に近い軌跡を与える [4]。

6.8.2　反応場法と影像電荷法

　反応場法は，分子のまわりにカットオフ距離に等しい半径をもつ球を想定する。球の内部にある他分子との相互作用は顕わな形で計算され，球外にある均一媒質との相互作用エネルギーがそれに付け加わる（図6.23）。媒質の誘電率を ε_s とすれば，周囲の誘電体による静電場は次式で与えられる。

$$\mathbf{E}_i = \frac{2(\varepsilon_s - 1)}{\varepsilon_s + 1} \left(\frac{1}{r_C^3} \right) \sum_{j; r_{ij} \leq r_C} \boldsymbol{\mu}_j \tag{6.61}$$

ここで，$\boldsymbol{\mu}_j$ は，分子 i のカットオフ距離（r_C）よりも内側にある近接分子 j の双極子である。分子 i と反応場との相互作用は $\mathbf{E}_i \cdot \boldsymbol{\mu}_i$ に等しく，これが近距離の分子間相互作用へ付け加わる。反応場法で問題となるのは，分子 i の空洞内部にある分子 j の数が変化したとき，エネルギーや力が不連続になることである。この障害は，反応場の境界付近にある分子に対しスイッチング関数を適用することで回避される。

　他の類似アプローチもまた，系全体に対して単一の境界を使用する。この境界は，球形のこともあれば，分子の真の表面により近い複雑な形をとることもある。影像電荷法（image charge

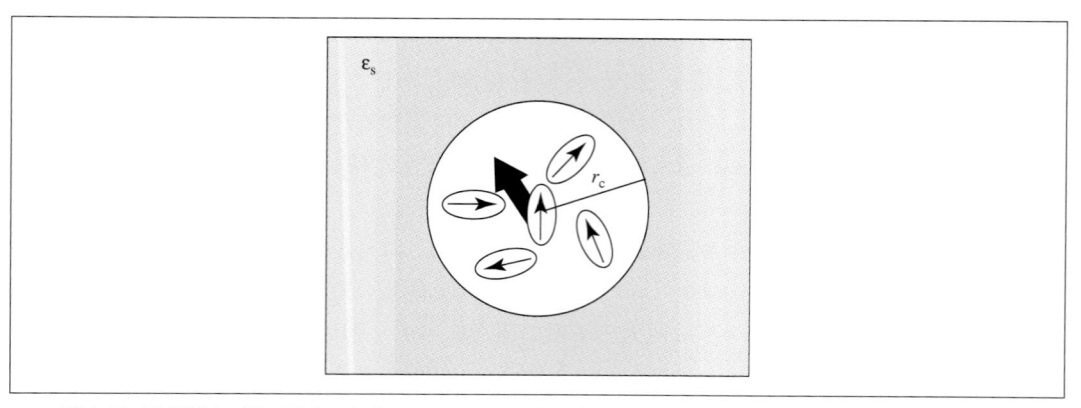

図 6.23　反応場法。黒い幅広の矢印は，カットオフ球の内部にある他分子による双極子の総和を表す。

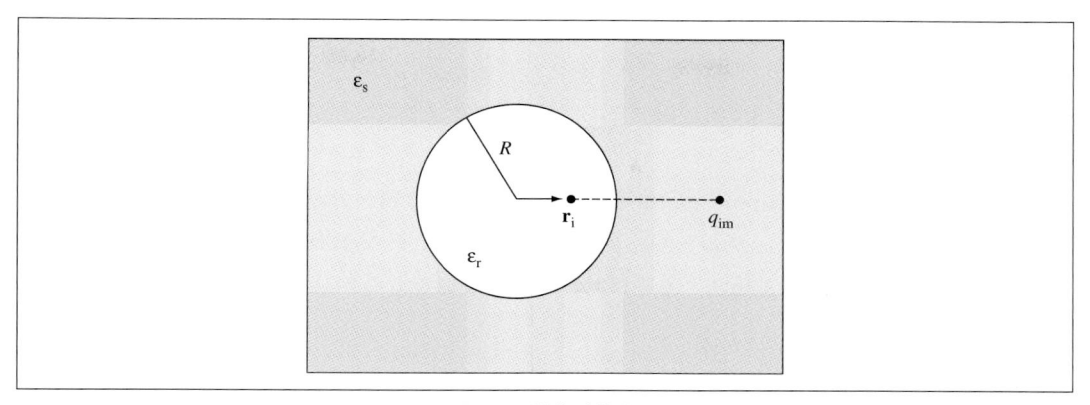

図 6.24 影像電荷法

method）は，球形の境界を使用し，境界内側の電荷による反応場は，球外の連続誘電体内にあるいわゆる影像電荷により作り出されると仮定する［12］（図6.24）。電荷の位置を$\mathbf{r}_i$とし，境界をなす球の半径をRとすれば，影像電荷は$(R/r_i)^2\mathbf{r}_i$の位置にあって，次の大きさをもつ。

$$q_{im} = -\frac{(\varepsilon_s - \varepsilon_r)}{(\varepsilon_s + \varepsilon_r)} \frac{q_i R}{r_i} \tag{6.62}$$

ここで，ε_rとε_sはそれぞれ境界の内側と外側の誘電率である。この式は，境界外側の誘電率が内側のそれよりもはるかに大きいとき成立する（$\varepsilon_s \gg \varepsilon_r$）。この方法のもつ弱点は，電荷が境界に近づくと，それにつれその影像も境界に近づくため，方法自体が破綻をきたすことである。

反応場法と影像電荷法は，概念的に簡単で容易に実行でき，計算効率も良い。しかし，これらの方法は，カットオフの外側にある分子を連続誘電体として扱えるとする前提に立つ。この前提は，均一な流体では多くの場合妥当である。しかし，必ずしも常に成立するわけではない。周囲の連続体の誘電率は実験データからとることもできるが，計算で求めるのが一般的である。計算の結果は，$\varepsilon_r \leq \varepsilon_s \leq \infty$の条件を満たす必要がある。コンピュータ・シミュレーションから誘電率ε_sを計算する方法はいくつか報告されているが，最も一般的なのは，系の全双極子モーメントの二乗平均$\langle \mathbf{M}^2 \rangle$を介するアプローチである。すなわち，$\langle \mathbf{M}^2 \rangle$と誘電率の間には次の関係が成り立つ。

$$\frac{4\pi}{9} \frac{\langle \mathbf{M}^2 \rangle}{V k_B T} = \frac{(\varepsilon_r - 1)}{3} \frac{(2\varepsilon_s + 1)}{(2\varepsilon_s + \varepsilon_r)} \tag{6.63}$$

ここで，Vはシミュレーション系の体積である。$\langle \mathbf{M}^2 \rangle$の値は，反応場の誘電率$\varepsilon_s$によりかなり変動する。しかし，$\varepsilon_r$の値は常にほぼ同じである。これに代わるアプローチとして，電場$\mathbf{E}_0$に対する液体の分極応答を計算する方法もある。この場合，適用電場の方向に沿った単位体積当たりの平均双極子モーメントを$\langle \mathbf{P} \rangle$とすれば，誘電率は次式で与えられる。

$$\frac{4\pi}{3} \frac{\langle \mathbf{P} \rangle}{\mathbf{E}_0} = \frac{(\varepsilon_r - 1)}{3} \frac{(2\varepsilon_s + 1)}{(2\varepsilon_s + \varepsilon_r)} \tag{6.64}$$

少なくともある種の水モデルに対しては，この摂動法は，揺動双極子法に比べて効率が良い

[3]。しかし，誘電飽和の問題を避けようとすれば，分極 $\langle \mathbf{P} \rangle$ は，電場強度に対し線形でなければならない。

6.8.3 セル多重極法

セル多重極法（cell multipole method）では，$N(N-1)$ 対の非結合相互作用を計算するのに要する時間は，標準的なエワルド法と異なり，N^2 ではなく N に比例する [14,9,10,13]。そのため，この方法は高速多重極法とも呼ばれ，次の一般形をもつ相互作用の評価に賞用される。

$$\sum_i \sum_{j>i} \frac{q_i q_j}{|\mathbf{r}_i - \mathbf{r}_j|^p} \tag{6.65}$$

たとえば，クーロン・ポテンシャルやレナード-ジョーンズ・ポテンシャルは，式(6.65)を満たす。セル多重極法では，シミュレーション空間はまず最初，大きさの等しい多数の立方体セルへ分割される。そして，セルに含まれるすべての原子について値を加え合わせ，各セルの多極子モーメント（電荷，双極子，四極子）が算定される。セル内の原子とセル外にある原子の間の相互作用もまた，適当な多重極展開式を使って計算される（4.9.1項参照）。

この多重極展開式は，相互作用粒子間の距離が多重極の収束半径の和よりも大きいときだけ有効である。セル多重極法では，多重極展開式はセル1個分の距離よりも離れた相互作用にのみ使われ，それ以外の相互作用に対しては通常の原子対相互作用式が適用される。

いま，セル C_0 の中に原子が1個入った状態を考えてみよう。近傍のセルにある原子との相互作用は，原子対に対する通常の公式から計算される。対象となるセルは，当該原子を含むセルとそれを取り巻くセル26個の計27個である。一方，当該原子と遠くのセルにある原子の間の相互作用は，多重極展開式を使って計算される。遠くのセルによるポテンシャルは，いま問題にしているセル C_0 に入ったすべての原子に対してほぼ一定である（セルは十分小さく，平均して原子を4個含むものとする）。したがって，そのポテンシャルは，C_0 の中心を基点とするテイラー級数で表すことができる。いま，セルが全部で M 個あるとすれば，遠方のセルは $(M-27)$ 個存在する。このような系では，セル-セル相互作用の計算回数は，全体で $M(M-27)$ のオーダーになる。すなわち，セルの数が原子の数にほぼ等しいならば，計算回数は原子(N)の数の二乗に比例し，各セルに原子が平均4個含まれるならば，計算回数はほぼ $N^2/16$ に比例する。

このようなアルゴリズムでは，きわめて遠方のセルによる相互作用も，近傍のセルによるそれと同じ精度で計算される。誤差の大部分は近傍のセルによるものであるから，遠方のセルによる相互作用に対してこのような水準の精度は不必要である。このことに注目し，元のアルゴリズムを一次従属性のあるアルゴリズムへ変換するグループ化アプローチが提案された。この方法では，小さなセルはより大きなセルへまとめられ，セルのサイズも当該セル C_0 からの距離に合わせて調整される。いま，セルのサイズと距離の比を一定にするならば，計算の精度はグループ化の後もほぼ元のまま維持される。このグループ化法は，図で示せば図6.25のようになる。大きなセルの多重極は，そのセルを構成する小さなセルのモーメントを平行移動させ，加え合わせれば計算できる。多重極展開式とテイラー級数近似の使用により，ある程度の打切り誤差が生じるが，

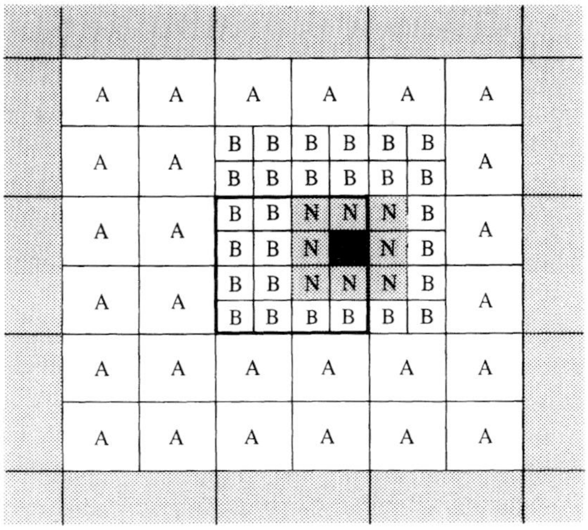

図 6.25 セル多重極法におけるセルのグループ化。黒いセルの原子の場合，26 個の隣接セル(N)にある原子との相互作用は，すべて顕わに計算される。しかし，A と B のセルにある原子との相互作用に対しては，計算に多重極展開式とテイラー級数近似が使用される [10]。

この誤差は，多重極展開式の項を増やすことで小さくなる。セル多重極法では，セルの階層構造を記録する必要がある。そのため，系の大きさが小さいうちは，厳密な N^2 アルゴリズムを使用した方がむしろ速い。一次従属なアルゴリズムへ切り替えた方がよいのは，系の大きさがある程度大きくなってからである。この切換えの損益分岐点についてはいろいろ論議があるが，粒子数が 300 から 100,000 の辺りであると推定される。計算時間が $N\ln N$ に比例する高速フーリエ変換エワルド法を考えると，問題はさらに複雑化する。ともあれ，セル多重極法はその強化版が開発されたこともあり，数千以上の原子を含む系の計算に今後きわめて有望な手段となることは間違いない [19]。

6.9 シミュレーション結果の解析と誤差の推定

シミュレーションは厖大な量のデータを発生するが，これらのデータは関連性のある性質を抽出し，行われた計算の妥当性を吟味するため，正しく解析されなければならない。シミュレーションを行う主な理由は，特定の物理的性質や熱力学的性質を計算したり，分子の配座的性質を検討したいからである。しかし，シミュレーションでは，そのほか目的以外の性質についても検討を加え，予想した結果になるかどうか調べた方がよい。エネルギーやビリアルのような性質は，シミュレーションの過程で計算でき，プログラムへの負担もそれほど大きくない。これは一部，性質の多くが隣り合うステップ間であまり大きく変化しないため，計算の間隔を広くとることができるからである。配置，すなわち系内での個々の原子や分子の位置は，分子動力学とモンテカルロのいずれのシミュレーションでも，隣り合うステップ間でそれほど違わない。したがって，

系の性質や使用可能なディスクの容量にも依存するが，配置は，通常 5～25 ステップごとに保存すれば十分である。シミュレーションの過程で発生する配置を適宜取り出し目視検査にかけることは，予期しない奇妙な事態を監視する上で有効である。分子系のシミュレーションでは，主な目的は熱力学的諸量の計算ではなく，系の構造的挙動を調べることにある場合が多い。したがって，解析の力点も自ずから異なってくる。

コンピュータ・シミュレーションの結果は誤差を伴う。この誤差は，きちんと計算され評価されなければならない。もちろん，コンピュータはプログラマーから教え込まれたことしかできない。プログラムは，初期条件が同じであれば常に同じ結果を与える（もしそうならなければ，重大な障害が発生している）。コンピュータ・シミュレーションの結果は，他の科学実験と同様，系統誤差と統計誤差の 2 種類の誤差を伴う。系統誤差は，偏りに起因する誤差である。すなわち，この誤差があると，平均値はその正しい値からずれる。系統誤差は，シミュレーションのアルゴリズムやエネルギー模型の欠陥によることが多い。この誤差は比較的簡単に発見できる。特に，シミュレーションにはっきりした破局的影響を及ぼす場合にはそうである。打切り誤差――分子動力学で差分法から得られる結果はすべて運動方程式の真の積分に対する近似でしかない――や，（コンピュータに記憶された数値の精度的制約から生じる）丸め誤差のように，アルゴリズムに固有の近似からもたらされる誤差もまた，系統誤差である。しかし，このような誤差は検出がむずかしい。系統誤差を検出する方法の一つに，平均値のまわりでの熱力学量の値の分布を調べる方法がある。平均値のまわりでのこのような諸量の分布は，正規型，すなわちガウス型でなければならない。性質 A について特定の値を見出す確率は，正規分布では次式で与えられる。

$$p(A) = \frac{1}{\sigma\sqrt{2\pi}} \exp[-(A-\langle A \rangle)^2/2\sigma^2] \tag{6.66}$$

ここで，σ^2 は分散を表し，$\sigma^2 = \langle (A-\langle A \rangle)^2 \rangle$ で与えられる。分散の平方根は標準偏差 σ である。これらの統計用語のさらに詳しい説明については，1.10.7 項を参照されたい。

カイ二乗検定は，分布の期待値と計算値の偏差の有意性を検定したいときに利用される。いま，性質 A についての値がシミュレーションの際，一定の間隔で計算されており，それらは全部で M 個あるとする。性質 A の平均値と標準偏差は，これらのデータからただちに計算できる。シミュレーションから得られた A の全データは，次にビン (bin) へ分配される。i 番目のビンに分配されるデータ数の期待値は次式で与えられる。

$$n_i = \frac{M}{\sigma\sqrt{2\pi}} \int_{A_i-\Delta A/2}^{A_i+\Delta A/2} \exp\left[\frac{-(A_i-\langle A \rangle)^2}{2\sigma^2}\right] \tag{6.67}$$

ここで，A_i は i 番目のビンにおける性質の値であり，ΔA はビンの幅である。各ビンに入るデータ数の期待値 n_i は整数でなくてもよいが，シミュレーションから得られる実際の個数 (M_i) はもちろん整数になる。カイ二乗関数は次式で与えられる。

$$\chi^2 = \sum_i \frac{(M_i-n_i)^2}{n_i} \tag{6.68}$$

もし，χ^2 が 1 よりも大きくなれば，二つの分布は同じものとは見なせない。期待値からの偏

差が有意な場合には，系統誤差をできる限り取り除くため，その原因が詳しく究明されなければならない。できる限り多くのパラメータを吟味すべきである。たとえば，シミュレーションの構成要素や計算に使うソフトウェアを検査しようとすれば，ハードウェアやコンパイラ，アルゴリズムを変えてみたり，与えられたアルゴリズムを別の方式で組み込んでみたり，シミュレーションの方法（モンテカルロ法，分子動力学法）を変えてみたり，といった努力が要求されよう。

系統誤差の原因がすべて取り除かれても，統計誤差がまだ残っている。統計誤差は，標準偏差として報告されることが多い。われわれが特に知りたいのは平均値$\langle A \rangle$の誤差である。平均値の標準偏差 $\sigma_{\langle A \rangle}$ は次式から計算される。

$$\sigma_{\langle A \rangle} \approx \frac{\sigma_A}{\sqrt{M}} \tag{6.69}$$

ここで，σ_AはM個のデータから計算されたAの標準偏差である。すなわち，平均値の標準偏差はデータ数の平方根に逆比例する。式(6.69)で重要なのは，それが独立でランダムな標本へ適用されるという点である。モンテカルロや分子動力学のシミュレーションでは，連続する配置間に高度な相関が存在する。したがって，分母の値Mは，シミュレーションのステップ数と単に等しくはない。我々が知らなければならないのは，シミュレーションの相関時間（緩和時間）である。ここで相関時間とは，以前の配置を記憶から消すのに必要なステップ数を指す。連続するステップが時間的に相関連する分子動力学では，相関時間は真の時間を表す。この問題については7.6節で詳しく取り上げる。通常，相関時間はシミュレーションの前には分かっていない。相関時間の推定は次のように行う。すなわち，まず最初，配置を一連のブロックへ分割する。各ブロックは連続するt_b回のステップを含む。このようなブロックが全部でn_b個あるとすれば，ステップ数はシミュレーション全体では$t_b \times n_b$回になる（図6.26）。性質の平均値はブロックごとに計算される。

$$\langle A \rangle_b = \frac{1}{t_b}\sum_{i=1}^{t_b} A_i \tag{6.70}$$

各ブロックのステップ数t_bが増えるにつれ，ブロック平均は互いの関連性を次第に失うことになろう。もしそうであれば，ブロック平均の分散$\sigma^2(\langle A \rangle_b)$は$n_b$に逆比例し，その計算式は次式で与えられる。

$$\sigma^2(\langle A \rangle_b) = \frac{1}{n_b}\sum_{b=1}^{n_b} (\langle A \rangle_b - \langle A \rangle_{\text{total}})^2 \tag{6.71}$$

ここで，$\langle A \rangle_{\text{total}}$はシミュレーション全体についての平均である。相関のない配置を得るのに必要な極限ステップ数sは，次式から計算される。

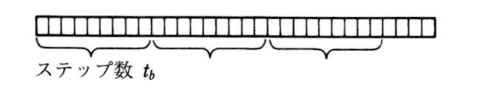

図6.26 シミュレーションのブロック化による統計誤差の計算

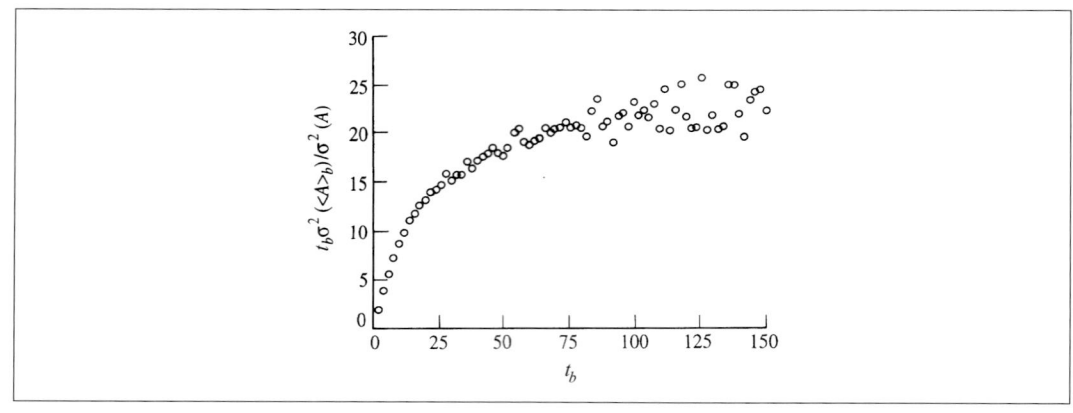

図6.27 相関時間 s の計算。t_b に対する $t_b\sigma^2(\langle A\rangle_b)/\sigma^2(A)$ のプロットは最初,急な勾配で右上りに上昇するが,やがて横ばい状態になる。本例では性質 A として,アルゴンの分子動力学シミュレーションから計算された圧力を使った。

$$s = \lim_{t_b \to \infty} \frac{t_b\sigma^2(\langle A\rangle_b)}{\sigma^2(A)} \tag{6.72}$$

s を求めるには,$t_b\sigma^2(\langle A\rangle_b)/\sigma^2(A)$ を,t_b または $\sqrt{t_b}$ に対してプロットすればよい。グラフは図6.27に示すように,t_b が小さいうちは急な勾配で右上りに上昇するが,その勾配は次第に緩やかになり,やがてプラトーに達する。プラトーの極限値を求めれば,それが s すなわち相関時間になる(図6.27の例では $s \approx 23$)。

平均値の真の標準偏差 $\sigma_{\langle A\rangle}$ と無限に長いシミュレーションに対する真の標準偏差 σ との間には,次の関係が成立する。

$$\sigma_{\langle A\rangle} \approx \sigma\sqrt{\frac{s}{M}} \tag{6.73}$$

ここで,M はステップ数,すなわち繰返しの回数である。式(6.73)によれば,シミュレーションの長さが一定の場合には,s の値が小さければ小さいほど,正確な平均値が得られる。これは,シミュレーション法の選択に際し考慮すべき重要なポイントである。たとえば,もし s がかなり小さくなるのであれば,シミュレーションのアルゴリズムは簡単なものより複雑なものを使った方がよい。

相関時間が既知の場合には,標本平均の計算はブロック法によるのが最善である(図6.26参照)。各ブロックは,相関時間に比べ多くのステップを含まなければならない。シミュレーション全体の標本平均は,次のさまざまな方法で得られる。

1. 層別系統サンプリング:各ブロックから性質の値を1個ずつ取り出す。
2. 層別無作為サンプリング:各ブロックから無作為に性質の値を1個ずつ取り出す。
3. 粗粒化:各ブロックの平均値をまず求め,この粗粒平均をさらに平均することで全体の平均値を求める。

粗粒化アプローチは,一般に熱力学的諸量の計算で使われる。一方,系統サンプリングと無作為

サンプリングは，動径分布関数のような静的構造属性の計算に適する。

少なくともエネルギーや熱容量のように，系の大きさに依存する性質（示量的性質）の場合には，シミュレーションの誤差は，計算に含める原子や分子の数を増やすことで改善される。このような性質では，平均の標準偏差は $1/\sqrt{N}$ に比例する。したがって，より大きな系を使い，より長時間シミュレーションを行えば，より正確な値が得られるはずである。コンピュータ・シミュレーションでは，費やされた努力が大きければそれだけ結果も良くなるというわけで，まあ人生と同じである。

付録 6.1 統計力学の基礎

ボルツマン分布は統計力学の基礎である。ボルツマン分布は，拘束された系のエントロピーを（熱力学の第二法則に従い）最大化することで導かれる。いま，N 個の粒子（原子または分子）からなる系を考えてみよう。各粒子は ε_1, ε_2, ……のどれかのエネルギー準位にあるとする。もし，エネルギー準位 ε_1 に n_1 個，ε_2 に n_2 個，……の粒子が存在するとすれば，このような分布は次の W 通り可能である。

$$W(n_1, n_2, \cdots\cdots) = N!/n_1!n_2!\cdots\cdots \tag{6.74}$$

最も有利な分布は最大の重みをもつ分布であり，それは，各エネルギー準位に粒子が1個ずつ入った配置に対応する（$W=N!$）。しかし系には，二つの重要な拘束が存在する。第一は，全エネルギーが一定という拘束である。

$$\sum_i n_i \varepsilon_i = E \tag{6.75}$$

また第二は，粒子の総数が一定という拘束である。

$$\sum_i n_i = N \tag{6.76}$$

ボルツマン分布則によれば，各エネルギー準位 ε_i にある粒子の数 n_i は，次式から計算される。

$$\frac{n_i}{N} = \frac{\exp(-\varepsilon_i/k_B T)}{\sum_i \exp(-\varepsilon_i/k_B T)} \tag{6.77}$$

この式の分母は，分子分配関数と呼ばれる。

$$q = \sum_i \exp(-\varepsilon_i/k_B T) \tag{6.78}$$

シュレーディンガー方程式から得られる標準的な結果を利用すれば，並進，回転および振動の各運動に対して次の分配関数が求まる。

$$\text{並進：} \quad q^t = \left(\frac{2\pi m k_B T}{h^2}\right)^{3/2} V \tag{6.79}$$

ここで，V は体積である。

回転： $$q^{\mathrm{r}} \approx \left(\frac{\pi^{1/2}}{\sigma}\right)\left(\frac{2I_{\mathrm{A}}k_{\mathrm{B}}T}{\hbar^2}\right)\left(\frac{2I_{\mathrm{B}}k_{\mathrm{B}}T}{\hbar^2}\right)\left(\frac{2I_{\mathrm{C}}k_{\mathrm{B}}T}{\hbar^2}\right) \tag{6.80}$$

ここで，I_{A}，I_{B} および I_{C} は慣性モーメント，σ は対称数（たとえば $H_2O=2$，$NH_3=3$，ベンゼン＝12）である．

振動： $$r^{\mathrm{v}} = \frac{1}{1-\exp(-\hbar\omega/k_{\mathrm{B}}T)} \tag{6.81}$$

ここで，ω は角振動数で，μ を換算質量としたとき $\omega=\sqrt{(k/\mu)}$ で与えられる．この振動分配関数は，ゼロ点エネルギーを基準とする．

コンピュータ・シミュレーションでは，特に多数の粒子からなる系の性質に関心がもたれる．分子動力学法やモンテカルロ法で発生させたこのような系の集まりは，集団（ensemble）と呼ばれる．集団の各成員はエネルギーをもち，集団内部での系の分布はボルツマン分布則に従う．このことから，集団分配関数 Q の概念が導かれる．

分配関数からさまざまな熱力学的性質が計算できる．特に一般的なものは，次のような性質である．

内部エネルギー： $$U = \frac{k_{\mathrm{B}}T^2}{Q}\left(\frac{\partial Q}{\partial T}\right)_V = k_{\mathrm{B}}T^2\left(\frac{\partial \ln Q}{\partial T}\right)_V \tag{6.82}$$

エンタルピー： $$H = k_{\mathrm{B}}T^2\left(\frac{\partial \ln Q}{\partial T}\right)_V + k_{\mathrm{B}}TV\left(\frac{\partial \ln Q}{\partial V}\right)_T \tag{6.83}$$

ヘルムホルツ自由エネルギー： $$A = -k_{\mathrm{B}}T\ln Q \tag{6.84}$$

ギブス自由エネルギー： $$G = -k_{\mathrm{B}}T\ln Q + k_{\mathrm{B}}TV\left(\frac{\partial \ln Q}{\partial V}\right)_T \tag{6.85}$$

付録6.2　熱容量とエネルギーの揺らぎ

熱容量は，内部エネルギー U と次式の関係にある．

$$C_V = \left(\frac{\partial U}{\partial T}\right)_T \tag{6.86}$$

したがって，内部エネルギーの式(6.20)を微分すれば，熱容量は分配関数で表せる．

$$C_V = \frac{\partial}{\partial T}\left(\frac{k_{\mathrm{B}}T^2}{Q}\frac{\partial Q}{\partial T}\right)_V = \frac{k_{\mathrm{B}}T^2}{Q}\frac{\partial^2 Q}{\partial T^2} + \frac{2k_{\mathrm{B}}T}{Q}\frac{\partial Q}{\partial T} - \frac{k_{\mathrm{B}}T^2}{Q^2}\left(\frac{\partial Q}{\partial T}\right)^2 \tag{6.87}$$

6.2.2項の式(6.11)を得るには，右辺の各項を平均エネルギー$\langle E \rangle$の関数で表さねばならない．内部エネルギーはエネルギーの期待値$\langle E \rangle$に等しい．すなわち，

$$\langle E \rangle = \frac{k_{\mathrm{B}}T^2}{Q}\frac{\partial Q}{\partial T} \tag{6.88}$$

したがって，式(6.87)の第2項は次のように変形される．

$$\frac{2k_{\text{B}}T}{Q}\frac{\partial Q}{\partial T}=\frac{2\langle E\rangle}{T} \tag{6.89}$$

式(6.87)の第3項も同様に，次のように書き直される．

$$k_{\text{B}}T^2\left(\frac{1}{Q}\frac{\partial Q}{\partial T}\right)^2=\frac{\langle E\rangle^2}{k_{\text{B}}T^2} \tag{6.90}$$

第1項については少し細工が必要である．その出発点は次式である．

$$\frac{\partial}{\partial T}\left(\frac{\langle E\rangle}{k_{\text{B}}T^2}\right)=\frac{\partial}{\partial T}\left\{\frac{1}{Q}\left(\frac{\partial Q}{\partial T}\right)\right\} \tag{6.91}$$

すなわち，

$$-2\frac{\langle E\rangle}{k_{\text{B}}T^3}=\frac{1}{Q}\frac{\partial^2 Q}{\partial T^2}+\frac{\partial Q}{\partial T}\frac{\partial}{\partial T}\left(\frac{1}{Q}\right) \tag{6.92}$$

連鎖律を適用すれば，

$$\frac{\partial Q}{\partial T}\frac{\partial}{\partial T}\left(\frac{1}{Q}\right)=\frac{\partial Q}{\partial T}\frac{\partial Q}{\partial T}\frac{\partial}{\partial Q}\left(\frac{1}{Q}\right)=-\left(\frac{\partial Q}{\partial T}\right)^2\left(\frac{1}{Q}\right)^2 \tag{6.93}$$

したがって，

$$\frac{1}{Q}\frac{\partial^2 Q}{\partial T^2}=-2\frac{\langle E\rangle}{k_{\text{B}}T^3}+\frac{\langle E^2\rangle}{k_{\text{B}}^2 T^4} \tag{6.94}$$

式(6.89)，(6.90)および(6.94)を式(6.87)へ代入すれば，

$$C_V=k_{\text{B}}T^2\left\{-2\frac{\langle E\rangle}{k_{\text{B}}T^3}+\frac{\langle E^2\rangle}{k_{\text{B}}^2 T^4}\right\}+2\frac{\langle E\rangle}{T}-\frac{\langle E\rangle^2}{k_{\text{B}}T^2} \tag{6.95}$$

すなわち，

$$C_V=\frac{(\langle E^2\rangle-\langle E\rangle^2)}{k_{\text{B}}T^2} \tag{6.96}$$

付録6.3　ビリアルへの実在気体の寄与

　気体粒子間の相互作用が対ポテンシャルに従うとすれば，ビリアルへの分子間力の寄与は次のようにして導ける．すなわち，いま二つの原子 i と j を考え，それらの距離を r_{ij} とする．

$$r_{ij}=\sqrt{(x_i-x_j)^2+(y_i-y_j)^2+(z_i-z_j)^2} \tag{6.97}$$

原子 i と j の間に働く相互作用 $\nu(r_{ij})$ のビリアルへの寄与は，次式で与えられる．

$$W_{\text{real}}=\left[x_i\frac{\partial}{\partial x_i}+x_j\frac{\partial}{\partial x_j}+y_i\frac{\partial}{\partial y_i}+y_j\frac{\partial}{\partial y_j}+z_i\frac{\partial}{\partial z_i}+z_j\frac{\partial}{\partial z_j}\right]\nu(r_{ij}) \tag{6.98}$$

ここで，次の関係に着目する．

$$x_i\frac{\partial r_{ij}}{\partial x_i}=x_i\frac{(x_i-x_j)}{r_{ij}}\ ;\quad x_j\frac{\partial r_{ij}}{\partial x_j}=-x_j\frac{(x_i-x_j)}{r_{ij}} \tag{6.99}$$

y 座標と z 座標に関しても同様の式が成り立つので，連鎖律 $\partial/\partial x_i=(\partial/\partial r_{ij})(\partial r_{ij}/\partial x_i)$ を適用

すれば，式(6.98)は次のように書き換えられる。

$$W_{\text{real}} = \left[\frac{(x_i-x_j)^2}{r_{ij}} + \frac{(y_i-y_j)^2}{r_{ij}} + \frac{(z_i-z_j)^2}{r_{ij}}\right]\frac{d\nu(r_{ij})}{dr_{ij}} = r_{ij}\frac{d\nu(r_{ij})}{dr_{ij}} \tag{6.100}$$

すべての原子対について和をとれば，次式が得られる。

$$W_{\text{real}} = \sum_{i=1}^{N}\sum_{j=i+1}^{N} r_{ij}\frac{d\nu(r_{ij})}{dr_{ij}} \tag{6.101}$$

付録 6.4　並進粒子を中央の箱へ戻すのに使われる公式

三種類の箱形に関して示す [20]。公式は，FORTRANの組込み関数をいくつか利用する。AINTは，その引数の整数部分を返し［たとえば，AINT(3.4)=3.0；AINT(4.7)=4.0；AINT(−0.5)=0.0；AINT(−1.7)=−1.0］，ANINTは，その引数に最も近い整数を返す［たとえば，ANINT(0.49)=0.0；ANINT(0.51)=1.0］。また，SIGN(x,y)は，$y\geqq 0$のとき$|x|$，$y<0$のとき$-|x|$をそれぞれ返す。ABS(x)は，xの絶対値$|x|$を求める関数である。同様の関数は他のプログラミング言語にも組み込まれている。

直方体の箱，辺の長さは2a(x)，2b(y)および2c(z)	$x = x − 2 \times a \times \text{AINT}(x/a)$ $y = y − 2 \times b \times \text{AINT}(y/b)$ $z = z − 2 \times c \times \text{AINT}(z/c)$ 次の式もよく使用される： $x = x − a \times \text{ANINT}(x/a)$ $y = y − b \times \text{ANINT}(y/b)$ $z = z − c \times \text{ANINT}(z/c)$
辺の長さが2aの立方体から得られる八面体台	$x = x − 2 \times a \times \text{AINT}(x/a)$ $y = y − 2 \times b \times \text{AINT}(y/a)$ $z = z − 2 \times c \times \text{AINT}(z/a)$ if $(ABS(x) + ABS(y) + ABS(z)) \geq 1.5 \times A$ then 　$x = x − \text{SIGN}(a,x)$ 　$y = y − \text{SIGN}(a,y)$ 　$z = z − \text{SIGN}(a,z)$ endif

z方向の辺の長さが2a，柱の相対する面の距離が2bの六方柱面体	$z = z − 2 \times a \times \text{AINT}(z/a)$
	　$x = x − 2 \times b \times \text{AINT}(x/b)$
	if $(ABS(x) + \sqrt{3} \times ABS(y)) \geq 2 \times B$ then
	　$x = x − \text{SIGN}(b,x)$
	　$y = y − \text{SIGN}(\sqrt{3} \times b, y)$
	endif

さらに読みたい人へ

[a] Allen M P and D J Tildesley 1987. *Computer Simulation of Liquids*. Oxford, Oxford University Press.
[b] Bradbury T C 1968. *Theoretical Mechanics*. Malabar, FL, Krieger.
[c] Chandler D 1987. *Introduction to Modern Statistical Mechanics*. New York, Oxford University Press.
[d] Hansen J P and I R McDonald 1976. *Theory of Simple Liquids*. London, Academic Press.
[e] Smith P E and van Gunsteren W F 1993. Methods for the Evaluation of Long Range Electrostatic Forces. In van Gunsteren W F, P K Weiner and A J Wilkinson (Editors). *Computer Simulation of Biomolecular Systems*. Leiden, ESCOM.
[f] van Gunsteren W F and H J C Berendsen 1990. Computer Simulation of Molecular Dynamics: Methodology, Applications and Perspectives in Chemistry. *Angewandte Chemie International Edition in English* **29**: 992-1023.

引用文献

[1] Adams D J 1983. Alternatives to the Periodic Cube in Computer Simulation. *CCP5 Quarterly* **10**: 30-36.
[2] Alder B J and T E Wainwright 1957. Phase Transition for a Hard-Sphere System. *Journal of Chemical Physics* **27**: 1208-1209.
[3] Alper H E and R M Levy 1989. Computer Simulations of the Dielectric Properties of Water —— Studies of the Simple Point-Charge and Transferable Intermolecular Potential Models. *Journal of Chemical Physics* **91**: 1242-1251.
[4] Cheatham T E III, J L Miller, T Fox, T A Darden and P A Kollman 1995. Molecular Dynamics Simulations on Solvated Biomolecular Systems: The Particle Mesh Ewald Method Leads to Stable Trajectories of DNA, RNA and Proteins. *Journal of the American Chemical Society* **117**: 4193-4194.
[5] Darden T A, L Perera, L Li and L Pedersen 1999. New Tricks for Modelers from the Crystallography Toolkit: The Particle Mesh Ewald Algorithm and Its Use in Nucleic Acid Simulations. *Structure with Folding and Design* **7**: R55-R60.
[6] Darden T A, D York and L Pedersen 1993. Particle Mesh Ewald: An $N.\log(N)$ Method for Ewald Sums in Large Systems. *Journal of Chemical Physics* **98**: 10089-10092.
[7] Deserno M and C Holm 1998a. How to Mesh up Ewald Sums. I. A Theoretical and Numerical Comparison of Various Particle Mesh Routines. *Journal of Chemical Physics* **109**: 7678-7693.
[8] Deserno M and C Holm 1998b. How to Mesh up Ewald Sums. II. An Accurate Error Estimate for the Particle-Particle-Particle-Mesh Algorithm. *Journal of Chemical Physics* **109**: 7694-7701.
[9] Ding H-Q, N Karasawa and W A Goddard III, 1992a. Atomic Level Simulations on a Million Particles: The Cell Multipole Method for Coulomb and London Nonbonding Interactions. *Journal of Chemical Physics* **97**: 4309-4315.
[10] Ding H-Q, N Karasawa and W A Goddard III, 1992b. The Reduced Cell Multipole Method for Coulomb Interactions in Periodic Systems with Million-Atom Unit Cells. *Chemical Physics Letters* **196**: 6-10.
[11] Ewald P 1921. Due Berechnung Optischer und Elektrostaticher Gitterpotentiale. *Annalen der Physik* **64**: 253-287.
[12] Friedman H L 1975. Image Approximation to the Reaction Field. *Molecular Physics* **29**:

1533-1543.

[13] Greengard L 1994. Fast Algorithms for Classical Physics. *Science* **265**: 909-914.

[14] Greengard L and V I Roklin 1987. A Fast Algorithm for Particle Simulations. *Journal of Computational Physics* **73**: 325-348.

[15] Hockney R W and J W Eastwood 1988. *Computer Simulation Using Particles*. Bristol, Adam Hilger.

[16] Luty B A, M E David, I G Tironi and W F van Gunsteren 1994. A Comparison of Particle-Particle-Particle-Mesh and Ewald Methods for Calculating Electrostatic Interactions in Periodic Molecular Systems. *Molecular Simulation* **14**: 11-20.

[17] Luty B A, I G Tironi and W F van Gunsteren 1995. Lattice-Sum Methods for Calculating Electrostatic Interactions in Molecular Simulations. *Journal of Chemical Physics* **103**: 3014-3021.

[18] Metropolis N, A W Rosenbluth, M N Rosenbluth, A H Teller and E Teller 1953. Equation of State Calculations by Fast Computing Machines. *Journal of Chemical Physics* **21**: 1087-1092.

[19] Petersen H G, Soelvaso, J W Perram and E R Smith 1994. The Very Fast Multipole Method. *Journal of Chemical Physics* **101**: 8870-8876.

[20] Smith W 1983. The Periodic Boundary Condition in Non-Cubic MD Cells: Wigner-Seitz Cells with Reflection Symmetry. *CCP5 Quarterly* **10**: 37-42.

[21] Thompson S M 1983. Use of Neighbour Lists in Molecular Dynamics. *CCP5 Quarterly* **8**: 20-28.

[22] van Gunsteren W F and H J C Berendsen 1986. *GROMOS User Guide*.

[23] Verlet L 1967. Computer 'Experiments' on Classical Fluids. II. Equilibrium Correlation Functions. *Physical Review* **165**: 201-204.

[24] Wolf M L, J R Walker and C R A Catlow 1984. A Molecular Dynamics Simulation Study of the Superionic Conductor Lithium Nitride: I. *Journal of Physical Chemistry* **17**: 6623-6634.

[25] York D M, A Wlodawer, L G Pedersen and T A Darden 1994. Atomic-Level Accuracy in Simulations of Large Protein Crystals. *Proceedings of the National Academy of Sciences USA* **91**: 8715-8718.

第7章　分子動力学シミュレーション法

7.1　はじめに

　分子動力学では，系の一連の配置はニュートンの運動方程式から作り出される．分子動力学がもたらすものは，系内の粒子の位置と速度が時間とともにどのように変化するかを示す軌跡 (trajectory) である．ニュートンの運動法則は，次のように記述できる．
1. 物体は，力がそれに作用しなければ，一定の速度で直線運動を続ける．
2. 力は，運動量の変化率に等しい．
3. すべての作用は，大きさが等しく方向が反対の反作用を必ず伴う．

　軌跡を得るには，ニュートンの第二法則（$F=ma$），すなわち次の微分方程式を解けばよい．

$$\frac{d^2 x_i}{dt^2} = \frac{F_{xi}}{m_i} \tag{7.1}$$

この方程式は，質量 m_i の粒子にある方向（x_i）から力 F_{xi} が作用したとき，その方向に沿って粒子が行う運動を記述する．

　ニュートンの運動法則が適用される問題は，三つのタイプに大別される．第一のタイプは最も簡単で，衝突から次の衝突までの間，各粒子に力が作用しない運動である．この種の運動では，$\mathbf{v}_i$ を（一定の）速度，δt を衝突の間隔とすれば，衝突から次の衝突までの間に，粒子の位置は $\mathbf{v}_i \delta t$ だけ変化する．また第二のタイプは，衝突から次の衝突までの間，粒子に一定の力が作用する運動である．均一な電場内での荷電粒子の運動はその一例である．最後の第三のタイプは，粒子に働く力が他の粒子との位置関係に依存する運動である．この種の運動では，粒子運動のもつ連成的な性格から，運動を解析的に記述することは，不可能ではないにしてもしばしば非常にむずかしい．

7.2　簡単なモデルによる分子動力学の説明

　凝縮系に対する最初の分子動力学シミュレーションは，1957年，Alder & Wainwright により剛体球モデルを使って行われた [2]．このモデルでは，球は衝突から次の衝突までの間，一定の速度で直線運動する．衝突は，球中心間の距離が球径に等しくなったとき起こり，すべて完全に弾性的である．したがって，対ポテンシャルの形は図7.1(a)のようになる．初期のシミュレーションでは，井戸型ポテンシャルもまた使用された．井戸型ポテンシャルとは，二粒子間の距

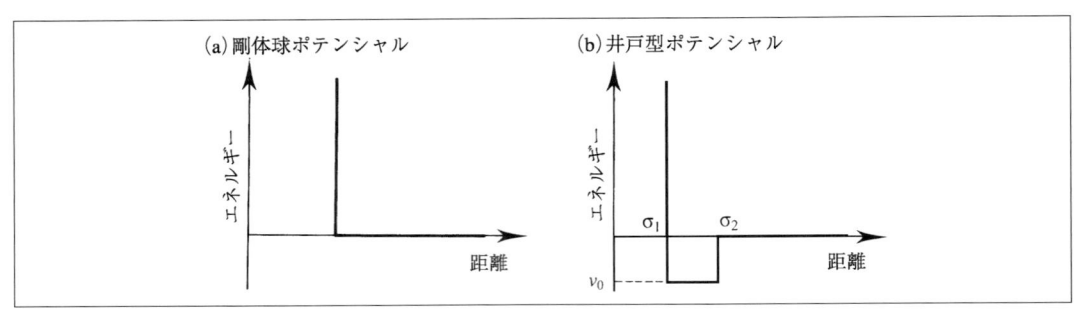

図 7.1 初期のシミュレーションで使われたポテンシャル

離がカットオフ距離 σ_2 よりも遠くではゼロ，σ_1 よりも近くでは無限大，両者の間では一定の有限値 ν_0 をとるポテンシャルをいう（図 7.1(b)）。剛体球モデルを使った計算は次の手順に従う。

1. 次に衝突する二つの球を同定し，衝突がいつ起こるかを計算する。
2. 衝突時刻でのすべての球の位置を計算する。
3. 衝突した二つの球の衝突後における新しい速度を求める。
4. シミュレーションが終わるまで，1〜3 の手順を繰り返す。

衝突した球の新しい速度は，線運動量の保存則から計算できる。

　剛体球ポテンシャルのような簡単な相互作用モデルは，明らかに多くの欠点をもつ。しかし，流体の微視的性質に関し，幾多の有用な洞察を可能にしたことも事実である。初期の研究者は，特に固相と液相の違いを解明することに強い関心を示した。粒子の軌跡を同時に表示する分子グラフィックスは，このような研究の進捗に多大な貢献をなした（図 7.2）。

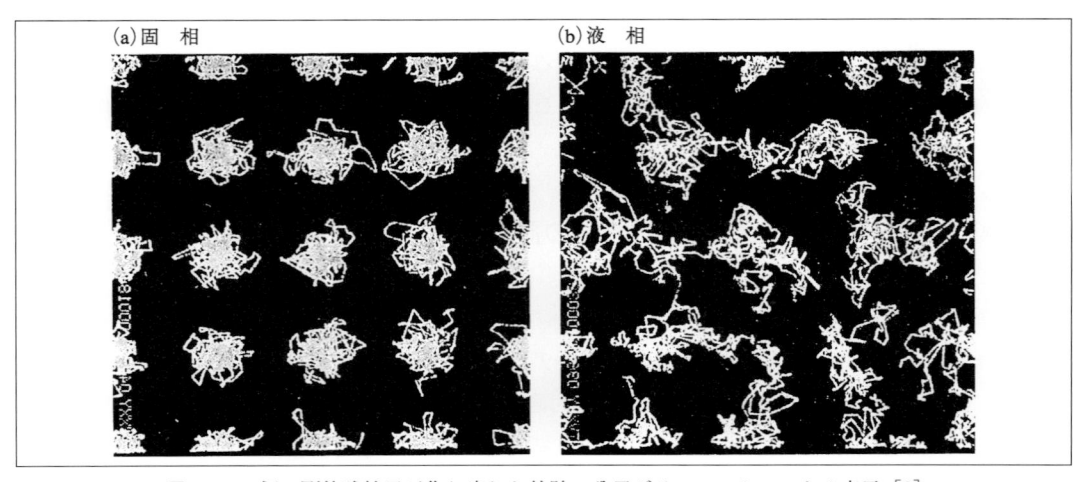

図 7.2　32 個の剛体球粒子が作り出した軌跡の分子グラフィックスによる表示 [3]

7.3 連続ポテンシャルを使った分子動力学

分子間相互作用のより現実的なモデルでは，個々の粒子に働く力は，その粒子やその粒子と相互作用する他の粒子が位置を変えれば，それに伴い変化していく。Rahman によるアルゴンのシミュレーションは，連続ポテンシャルを使用した最初のものであった [40]。彼はまた，分子液体（水）のシミュレーションを初めて行い，分子動力学の方法論に幾多の重要な貢献をなした [41]。連続ポテンシャルの影響下では，粒子の運動はすべて互いに連関し合う。そのため，解析的に解くことのできない多体問題が発生する。このような状況下では，運動方程式は差分法を使って積分される。

7.3.1 差分法

差分法（finite difference method）は，連続ポテンシャルモデルを使って分子動力学的な軌跡を発生させたい場合に利用される。前提となるのは，ポテンシャルの対加法性である。差分法では，積分区間を微小な時間間隔 δt で均等に分割し，作り出された多数の微小区間についてそれぞれ積分を行う。時刻 t で個々の粒子に働く全力は，他の粒子との相互作用のベクトル和として計算される。力が分かれば粒子の加速度が決定でき，さらに，この加速度を時刻 t での位置や速度と組み合わせれば，時刻 $t+\delta t$ での位置と速度が計算できる。力は時刻 t から $t+\delta t$ までの間，一定であると仮定される。新しい位置の粒子に働く力が分かれば，次は，時刻 $t+2\delta t$ での位置と速度が計算できる。

差分法を使った運動方程式の積分アルゴリズムは多数存在し，それらのいくつかは分子動力学でも広く利用される。位置，速度，加速度などの力学的性質はテイラー級数展開式で近似できるというのが，すべてのアルゴリズムに共通する仮定である。

$$\mathbf{r}(t+\delta t) = \mathbf{r}(t) + \delta t \mathbf{v}(t) + \frac{1}{2}\delta t^2 \mathbf{a}(t) + \frac{1}{6}\delta t^3 \mathbf{b}(t) + \frac{1}{24}\delta t^4 \mathbf{c}(t) + \cdots \cdots \quad (7.2)$$

$$\mathbf{v}(t+\delta t) = \mathbf{v}(t) + \delta t \mathbf{a}(t) + \frac{1}{2}\delta t^2 \mathbf{b}(t) + \frac{1}{6}\delta t^3 \mathbf{c}(t) + \cdots \cdots \quad (7.3)$$

$$\mathbf{a}(t+\delta t) = \mathbf{a}(t) + \delta t \mathbf{b}(t) + \frac{1}{2}\delta t^2 \mathbf{c}(t) + \cdots \cdots \quad (7.4)$$

$$\mathbf{b}(t+\delta t) = \mathbf{b}(t) + \delta t \mathbf{c}(t) + \cdots \cdots \quad (7.5)$$

ここで，$\mathbf{v}$ は時間に関する位置の一次微分（速度），$\mathbf{a}$ は二次微分（加速度），$\mathbf{b}$ は三次微分，$\mathbf{c}$ は四次微分を表す。分子動力学シミュレーションで運動方程式を積分する際，最も広く利用されている方法は，おそらく Verlet アルゴリズムである [56]。このアルゴリズムは，時刻 $t+\delta t$ での新しい位置 $\mathbf{r}(t+\delta t)$ を計算するのに，(1) 時刻 t での位置と加速度，(2) 一つ前のステップの位置 $\mathbf{r}(t-\delta t)$ を使用する。時刻 t での速度とこれらの諸量の間には，次の関係が成り立つ。

$$\mathbf{r}(t+\delta t) = \mathbf{r}(t) + \delta t \mathbf{v}(t) + \frac{1}{2}\delta t^2 \mathbf{a}(t) + \cdots\cdots \tag{7.6}$$

$$\mathbf{r}(t-\delta t) = \mathbf{r}(t) - \delta t \mathbf{v}(t) + \frac{1}{2}\delta t^2 \mathbf{a}(t) - \cdots\cdots \tag{7.7}$$

これらの二つの方程式を加え合わせると，次式が得られる。

$$\mathbf{r}(t+\delta t) = 2\mathbf{r}(t) - \mathbf{r}(t-\delta t) + \delta t^2 \mathbf{a}(t) \tag{7.8}$$

　速度は，Verletの積分アルゴリズムの中に顕わな形では現れない。しかし，速度はいろいろな方法で計算できる。最も簡単には，時刻 $t+\delta t$ と $t-\delta t$ における位置の差を $2\delta t$ で割ってやればよい。

$$\mathbf{v}(t) = [\mathbf{r}(t+\delta t) - \mathbf{r}(t-\delta t)]/2\delta t \tag{7.9}$$

あるいは，次式から見積もることもできる。

$$\mathbf{v}\left(t+\frac{1}{2}\delta t\right) = [\mathbf{r}(t+\delta t) - \mathbf{r}(t)]/\delta t \tag{7.10}$$

　Verletアルゴリズムは，加速度 $\mathbf{a}(t)$ と二つの位置（$\mathbf{r}(t)$，$\mathbf{r}(t-\delta t)$）しか使わないので，その実行は容易であり，記憶容量もあまり必要としない。欠点は，きわめて大きな値をとる二つの項，$2\mathbf{r}(t)$ と $\mathbf{r}(t-\delta t)$ の差に微小項 $\delta t^2 \mathbf{a}(t)$ を加え合わせ，位置 $\mathbf{r}(t+\delta t)$ を得る点である。このような操作は精度を低下させる。Verletアルゴリズムはその他にもいくつか欠点をもつ。たとえば，方程式は速度項を顕わな形で含まない。そのため，速度を得るのがむずかしく，実際，速度は次のステップで位置が計算されるまで分からない。また，Verletアルゴリズムは自始動アルゴリズムではない。すなわち，新しい位置は現在の位置 $\mathbf{r}(t)$ と一つ前のステップでの位置 $\mathbf{r}(t-\delta t)$ から計算されるが，$t=0$ では位置は一つしかない。そのため，時刻 $t-\delta t$ での位置を知るのに他の手段の助けを必要とする。$\mathbf{r}(t-\delta t)$ を得る方法としては，たとえば，式(7.2)のテイラー級数で第2項以降を切り捨てる方法がある。この場合には，$\mathbf{r}(-\delta t) = \mathbf{r}(0)$ となる。

　Verletアルゴリズムの変法もいくつか提案されている。その中の一つ，蛙跳び（leap-frog）アルゴリズムは，次の関係式を利用する [23]。

$$\mathbf{r}(t+\delta t) = \mathbf{r}(t) + \delta t \mathbf{v}\left(t+\frac{1}{2}\delta t\right) \tag{7.11}$$

$$\mathbf{v}\left(t+\frac{1}{2}\delta t\right) = \mathbf{v}\left(t-\frac{1}{2}\delta t\right) + \delta t \mathbf{a}(t) \tag{7.12}$$

蛙跳びアルゴリズムではまず最初，式(7.12)に従い，時刻 $t-\frac{1}{2}\delta t$ での速度と時刻 t での加速度から速度 $\mathbf{v}\left(t+\frac{1}{2}\delta t\right)$ が計算される。次に，式(7.11)に従い，速度 $\mathbf{v}\left(t+\frac{1}{2}\delta t\right)$ と時刻 t での位置 $\mathbf{r}(t)$ から位置 $\mathbf{r}(t+\delta t)$ が導き出される。時刻 t での速度は次式から計算できる。

$$\mathbf{v}(t) = \frac{1}{2}\left[\mathbf{v}\left(t+\frac{1}{2}\delta t\right) + \mathbf{v}\left(t-\frac{1}{2}\delta t\right)\right] \tag{7.13}$$

すなわち，このアルゴリズムは $t+\frac{1}{2}\delta t$ での速度を得るために位置 $\mathbf{r}(t)$ を飛び越え，また，$t+\delta t$ での位置を得るために速度 $\mathbf{v}\left(t+\frac{1}{2}\delta t\right)$ を飛び越える（名前の由来）。新しい位置は，続い

て $t+\frac{3}{2}\delta t$ での速度を求めるのに利用され，以下同様の操作が繰り返される。蛙跳び法は，標準的な Verlet アルゴリズムと比べたとき二つほど利点をもつ。すなわち，速度を顕わな形で含み，かつ，大きな数値の差を計算する必要がないという利点である。しかし，このアルゴリズムは位置と速度が同期していないという弱点をもつ。そのため，位置を求めてポテンシャルエネルギーが算定できても，全エネルギーへの運動エネルギーの寄与は一緒には計算できない。

　一方，速度 Verlet 法は，位置，速度および加速度を同時に計算でき，精度的にも満足のいく結果を与える [49]。

$$\mathbf{r}(t+\delta t) = \mathbf{r}(t) + \delta t \mathbf{v}(t) + \frac{1}{2}\delta t^2 \mathbf{a}(t) \tag{7.14}$$

$$\mathbf{v}(t+\delta t) = \mathbf{v}(t) + \frac{1}{2}\delta t [\mathbf{a}(t) + \mathbf{a}(t+\delta t)] \tag{7.15}$$

速度 Verlet 法は，式(7.15)に示されるように，新しい速度の計算に時刻 t と $t+\delta t$ での加速度を必要とする。そのため，実際には次の三段階の手順を踏まなければならない。(1) 式(7.14)に従い，時刻 t での速度と加速度から時刻 $t+\delta t$ での位置を計算する。(2) 式(7.16)に従い，時刻 $t+\frac{1}{2}\delta t$ での速度を計算する。また，現在の位置から新しい力を算定し，$\mathbf{a}(t+\delta t)$ を得る。(3) 式(7.17)に従い，時刻 $t+\delta t$ での速度を計算する。

$$\mathbf{v}\left(t+\frac{1}{2}\delta t\right) = \mathbf{v}(t) + \frac{1}{2}\delta t \mathbf{a}(t) \tag{7.16}$$

$$\mathbf{v}(t+\delta t) = \mathbf{v}\left(t+\frac{1}{2}\delta t\right) + \frac{1}{2}\delta t \mathbf{a}(t+\delta t) \tag{7.17}$$

Beeman アルゴリズムもまた，Verlet 法と関連をもつ [8]。

$$\mathbf{r}(t+\delta t) = \mathbf{r}(t) + \delta t \mathbf{v}(t) + \frac{2}{3}\delta t^2 \mathbf{a}(t) - \frac{1}{6}\delta t^2 \mathbf{a}(t-\delta t) \tag{7.18}$$

$$\mathbf{v}(t+\delta t) = \mathbf{v}(t) + \frac{1}{3}\delta t \mathbf{a}(t) + \frac{5}{6}\delta t \mathbf{a}(t) - \frac{1}{6}\delta t \mathbf{a}(t-\delta t) \tag{7.19}$$

Beeman アルゴリズムは，速度に対して一段正確な式を使用する。この方法では，運動エネルギーは速度から直接計算されるので，エネルギーのより良い保存が可能である。しかし，使用される式は Verlet アルゴリズムのそれに比べ複雑で，計算により多くの費用がかかる。

　本項では四つの代表的な積分法を取り上げ，それらの概要を説明した。しかし，積分法はその他にも多数存在する。では，これらの方法が他の方法よりも好んで使用されるのはなぜか。また，優れた積分法とはどのような特長を備えたものを言うのか。他のコンピュータ・アルゴリズムと同様に考えれば，理想的な積分法の条件は，高速な処理が可能で所要記憶容量が少なく，しかもプログラミングが容易なことである。しかし，分子動力学シミュレーションでは，これらの条件は二次的な重要性しかない。なぜならば，積分の計算は記憶容量をあまり必要とせず，ワークステーション・クラスの小型コンピュータでも処理可能で，積分に要する時間も他の計算部分に比べれば通常取るに足らないからである。分子動力学シミュレーションで時間と記憶容量を最も多

く必要とするのは，常に，系内の粒子に働く力を計算する箇所である。積分アルゴリズムで重要なことは，エネルギーと運動量が保存でき，時間可逆的で，かつ長い時間刻み幅 δt が使えることである。位相空間は，長い時間刻み幅を使えば，より少ない繰返し回数で探索できる。時間刻み幅が計算上の要求と特に関係が深いことは，このことから明らかであろう。また，解析的に得られる正確な軌跡と同じ結果を与えることも積分アルゴリズムに課せられる条件の一つである。この条件は，解析解を得られる簡単な問題を使って検査できるが，あまり厳密に考える必要はない。コンピュータは一定の精度でしか数値を記憶できないため，計算された軌跡が正確な軌跡と完全に一致することはまず期待できないからである。

積分法の次数（order）は，テイラー級数展開式(7.2)の省略の度合を表し，その値は，展開式から切り捨てられた最初の項の次数に等しい。次数は，使用する公式を見てもすぐには分からない。たとえば，Verlet 式(7.8)に現れる最高次の微分は二次の $\mathbf{a}(t)$ であるが，Verlet アルゴリズムは実際には四次の方法である。これは，式(7.6)と式(7.7)を加え合わせたとき相殺される三次項が，元の展開式には含まれていることによる。

$$\mathbf{r}(t+\delta t) = \mathbf{r}(t) + \delta t \mathbf{v}(t) + \frac{1}{2}\delta t^2 \mathbf{a}(t) + \frac{1}{6}\delta t^3 \mathbf{b}(t) + \frac{1}{24}\delta t^4 \mathbf{c}(t) \tag{7.20}$$

$$\mathbf{r}(t-\delta t) = \mathbf{r}(t) - \delta t \mathbf{v}(t) + \frac{1}{2}\delta t^2 \mathbf{a}(t) - \frac{1}{6}\delta t^3 \mathbf{b}(t) + \frac{1}{24}\delta t^4 \mathbf{c}(t) \tag{7.21}$$

7.3.2 予測子-修正子積分法

予測子-修正子法（predictor-corrector method）は，積分アルゴリズムの一ファミリーを形成する [17]。さまざまな方法があるので，その中から所与の次数に合ったものを選べばよい。これらの方法は基本的に三つの段階からなる。第一の段階では，テイラー展開式(7.2)～(7.4)に従い，新しい位置，速度，加速度および高次項が予測される。また，第二の段階では，新しい位置での力が算定され，加速度 $\mathbf{a}(t+\delta t)$ が計算される。これらの加速度は次に，テイラー級数展開式から予測される加速度 $\mathbf{a}^c(t+\delta t)$ と比較される。加速度の予測値と計算値の差は，第三の段階で位置や速度などを修正するのに利用される。

$$\Delta \mathbf{a}(t+\delta t) = \mathbf{a}^c(t+\delta t) - \mathbf{a}(t+\delta t) \tag{7.22}$$

したがって，

$$\mathbf{r}^c(t+\delta t) = \mathbf{r}(t+\delta t) + c_0 \Delta \mathbf{a}(t+\delta t) \tag{7.23}$$

$$\mathbf{v}^c(t+\delta t) = \mathbf{v}(t+\delta t) + c_1 \Delta \mathbf{a}(t+\delta t) \tag{7.24}$$

$$\mathbf{a}^c(t+\delta t)/2 = \mathbf{a}(t+\delta t)/2 + c_2 \Delta \mathbf{a}(t+\delta t) \tag{7.25}$$

$$\mathbf{b}^c(t+\delta t)/6 = \mathbf{b}(t+\delta t)/6 + c_3 \Delta \mathbf{a}(t+\delta t) \tag{7.26}$$

Gear は係数 c_0，c_1，……の最良値を提案した。それによると，これらの係数値はテイラー級数展開式の次数に依存する。式(7.23)～(7.26)では，展開式は位置の三次微分（$\mathbf{b}(t)$）まで使用され，それ以降は切り捨てられている。このような場合，使用すべき係数の組は，$c_0 = \frac{1}{6}$，$c_1 = \frac{5}{6}$，$c_2 = 1$ および $c_3 = \frac{1}{3}$ である。

Gear の予測子–修正子アルゴリズムは，$3\times(O+1)N$ の記憶容量を必要とする。ここで，O はテイラー級数展開式で切り捨てられた最初の項の微分次数，N は原子の数である。たとえば本節の例では，必要な記憶容量は $15N$ となり，この値は，Verlet アルゴリズムのそれ（$9N$）に比べてかなり大きい。さらに重大なことには，Gear アルゴリズムは時間のかかる力の計算を１ステップ当たり２回行う。しかし，このことは必ずしも弱点ではない。Gear アルゴリズムでは，他のアルゴリズムに比べ，二倍以上長い時間刻み幅が使えるからである。

予測子–修正子法には多数の変法が存在する。しかしここでは，連続ポテンシャルによる最初の分子動力学シミュレーションで Rahman が使用したアルゴリズムについてのみ取り上げる [40]。この方法ではまず最初，次式に従って新しい位置が予測される。

$$\mathbf{r}(t+\delta t) = \mathbf{r}(t-\delta t) + 2\delta t \mathbf{v}(t) \tag{7.27}$$

次に，これらの新しい位置での加速度が通常の方法で計算される。これらの加速度は，新しい一組の速度を計算し，位置を修正するのに利用される。

$$\mathbf{v}(t+\delta t) = \mathbf{v}(t) + \frac{1}{2}\delta t(\mathbf{a}(t+\delta t) + \mathbf{a}(t)) \tag{7.28}$$

$$\mathbf{r}^c(t+\delta t) = \mathbf{r}(t) + \frac{1}{2}\delta t(\mathbf{v}(t) + \mathbf{v}(t+\delta t)) \tag{7.29}$$

さらに，新たに修正された位置での加速度が再計算され，新しい速度が求められる。以上の操作は，二つの方程式(7.28)と(7.29)の間で繰り返し行われる。無撞着な状態を達成するには，通常２〜３回の繰返しが必要である。この方法は運動方程式の正確な解を与えるが，計算に時間がかかるため，現在ではほとんど使用されない。

7.3.3 どの積分アルゴリズムが最も適切か？

利用できる積分アルゴリズムは多数存在する。その中から当面の問題に最も適した方法を選び出すことは容易ではない。最適な方法を判断するに当たってはさまざまな因子が考慮される。必要な計算努力の多寡は，もちろん考慮すべき重要な要素である。すでに指摘したように，（たとえば１サイクル当たり力の計算を２回以上必要とするため）見かけ上費用のかかるアルゴリズムでも，長い時間刻み幅が使えるならば，実際にはより大きな費用効果が得られる。エネルギーの保存性もまた考慮すべき重要な要素である（図7.3）。この要素は，二乗平均（RMS）揺らぎの形で見積もられ，しばしば時間刻み幅に対してプロットされる。分子動力学シミュレーションでエネルギーが保存される理由は，付録7.1に示した通りである。エネルギーの運動成分とポテンシャル成分は，等しい大きさで逆方向に揺動することが予想されるが，図7.3の例はこのことを裏づける。

時間刻み幅を大きくとると，RMS エネルギー揺らぎもまた大きくなる。図7.3に示したアルゴンのシミュレーションの場合，全エネルギーの RMS 揺らぎは約 0.006 kcal/mol，運動エネルギーとポテンシャルエネルギーの RMS 揺らぎは約 2.5 kcal/mol である。時間刻み幅が 5 フェムト秒のとき，RMS 揺らぎは 0.002 kcal/mol であるが，時間刻み幅が 25 フェムト秒になる

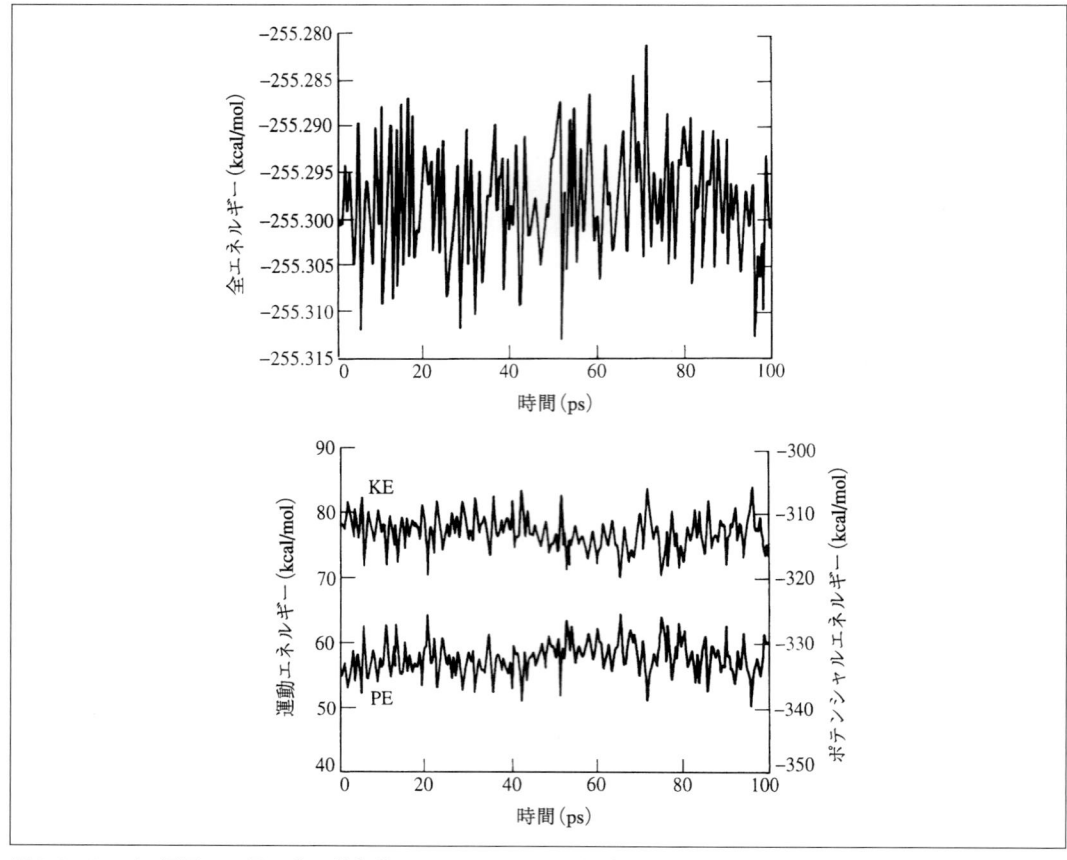

図 7.3 アルゴン原子 256 個の分子動力学シミュレーション（温度 100 K，密度 1.396 g/cm³）。（上図）生産相での全エネルギーの経時変化。時間刻み幅は 10 フェムト秒で，運動方程式の積分は速度 Verlet アルゴリズムに従った。（下図）運動エネルギーとポテンシャルエネルギーの経時変化。運動エネルギーとポテンシャルエネルギーで，エネルギーの目盛が異なることに注意。

と，RMS 揺らぎは 0.04 kcal/mol にまで増加する。一般に，10⁴につき 1 の変動は許される。時間刻み幅による揺らぎの変化の度合はアルゴリズムにより異なる。たとえば，時間刻み幅が小さい場合，予測子-修正子法は正確であるが，時間刻み幅が大きくなると，Verlet アルゴリズムの方が予測子-修正子法よりも良い結果を与える [16]。積分アルゴリズムを選択する際，考慮すべき要素としては，そのほか所要記憶容量，位置と速度の同期性，自始動性（方法によっては，存在しない時刻 $t-\delta t$ での性質を要求するものがある），他集団（たとえば定温定圧集団）でのシミュレーションの実現性などが挙げられる。

7.3.4 時間刻み幅の選択

分子動力学シミュレーションでは，最適な時間刻み幅を確実かつ迅速に定める手段は存在しない。時間刻み幅が小さすぎれば，軌跡は位相空間の限られた領域しか包含できないし，逆に大きすぎれば，原子間にエネルギーの高い重なりが生じ，積分アルゴリズムが不安定になる（図

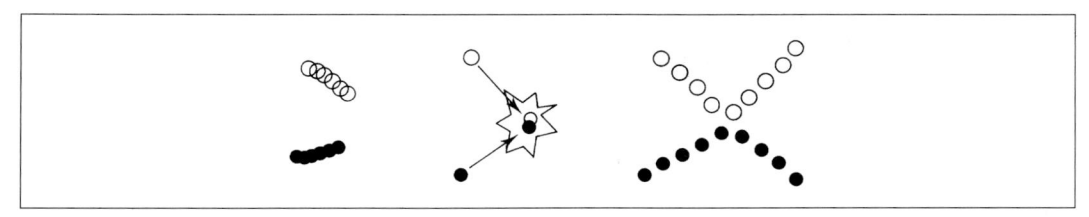

図 7.4 位相空間の探索と時間刻み幅の関係。(左図) 時間刻み幅が小さすぎると，位相空間の探索に時間がかかる。(中央図) 逆に，時間刻み幅が大きすぎるとアルゴリズムは不安定になる。(右図) 時間刻み幅が適切であれば，衝突はスムーズに起こり，位相空間も効率よく探索される。

7.4)。このような不安定性は，エネルギーや線運動量の保存性を侵害し，数値的なオーバーフローを引き起こしてプログラムの正常な実行を妨げる。

本項では以下，レナード-ジョーンズ・ポテンシャルに従って相互作用する2個のアルゴン原子からなる系を考え，シミュレーションに及ぼす時間刻み幅の影響を具体的に分析してみる。このような簡単な系では，解析的に厳密解を求め，数値積分の結果と比較することが可能である。アルゴン原子は，x 軸に沿って初速度 353 ms^{-1}（300 K での最確速度）で，互いに向き合って運動しているとする。いま，時間とともに原子間距離がどのように変化するかを調べ，解析解によるそれと比較してみる。図 7.5 は，二つの時間刻み幅（10 fs と 50 fs）に対する結果を示している。どちらの場合も，数値解による軌跡は最初，解析解による軌跡に比べ出遅れる。しかし，極小エネルギー距離を通り過ぎた頃から，原子間には斥力が働くようになる。原子はこのエネルギー障壁に抗して前進し，衝突する。そしてその際，原子はエネルギーを獲得し，衝突前よりも少し速い速度で互いに遠ざかっていく。数値解による軌跡では，どちらの時間刻み幅の場合も，全エネルギーは衝突により増加する。また，原子は非常に速く運動しており，その速度は，最小になるのが最も望ましいまさにその領域（エネルギー極小点付近）で最大値をとる。全誤差と時

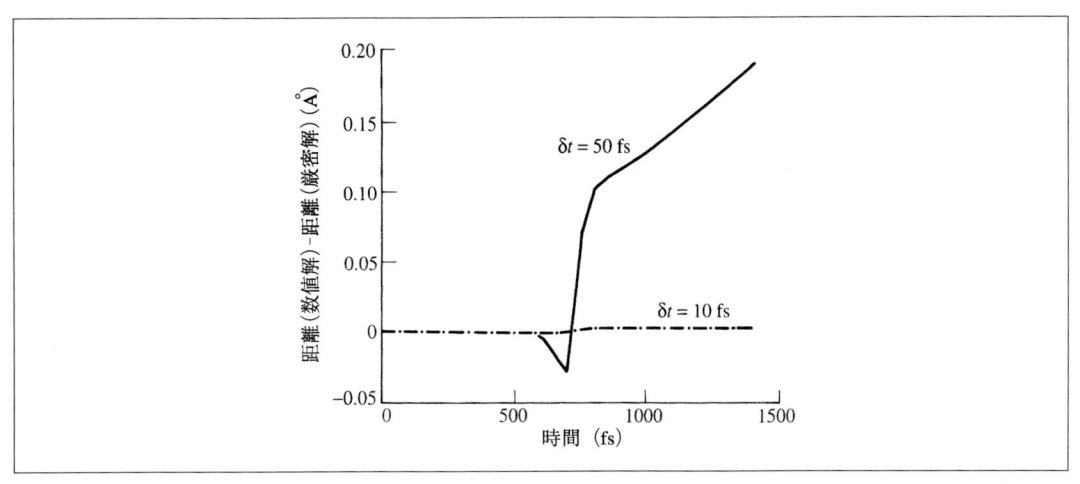

図 7.5 2個のアルゴン原子が接近し合ったときの軌跡の厳密解と数値解の差。時間刻み幅が 10 フェムト秒と 50 フェムト秒の場合について示した。

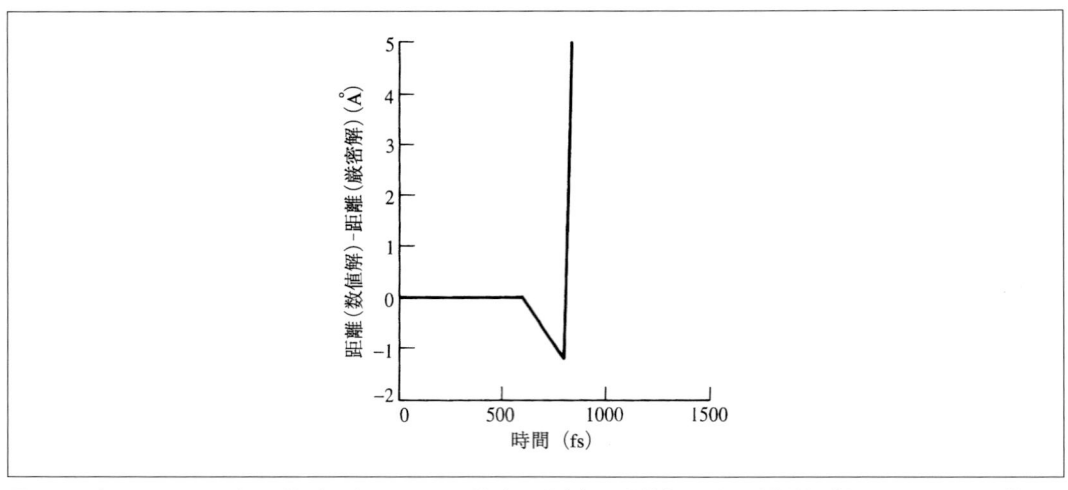

図 7.6 2個のアルゴン原子が接近し合ったときの軌跡の厳密解と数値解の差。時間刻み幅は100フェムト秒である。

間刻み幅の間には相関があり、最大の誤差は時間刻み幅が最大のとき生じる。もちろん、時間刻み幅が小さければ、与えられた長さの計算を行うのにより多くの時間を必要とする。重要なのは、正確な軌跡をシミュレーションすることと、位相空間をできるだけ広く包含することの間で正しいバランスを保つことである。もし、時間刻み幅が大きすぎれば、軌跡は無限大に引き伸ばされてしまう。たとえば、時間刻み幅を100フェムト秒（fs）としたとき、アルゴン二量体でそのような現象が見られる（図7.6）。

原子流体のシミュレーションでは、時間刻み幅は衝突から衝突までの平均時間に比べ小さくなければならない。また、柔軟な分子をシミュレーションするときには、時間刻み幅は最短運動周期の約1/10を目安にするとよい。柔軟な分子では、振動数が最大の振動は結合伸縮、特に水素原子との結合の伸縮に由来する。C—H結合の振動周期は約10フェムト秒である。さまざまな系で見られる代表的な運動とそれに見合った時間刻み幅を、表7.1に示す。この表は、適切な時間刻み幅を選択する際、読者の参考になろう。

振動数の多いこれらの運動は、通常ほとんど関心をもたれず、また、系の全体的な挙動にもほとんど影響を与えない。したがって、時間刻み幅を最短運動周期よりも1桁小さくとるという条件は、大変厳しい制約である。この問題に対しては一つの妥協策が存在する。それは、適当な結

表 7.1 さまざまな系で見られる代表的な運動とそれに見合った時間刻み幅

系	運動の種類	適切な時間刻み幅（秒）
原子	並進	10^{-14}
剛体分子	並進, 回転	5×10^{-15}
柔軟な分子, 硬い結合	並進, 回転, ねじれ	2×10^{-15}
柔軟な分子, 柔軟な結合	並進, 回転, ねじれ, 振動	10^{-15} または 5×10^{-16}

合を平衡値に固定してそれに由来する振動を凍結し，残存する自由度のみを変化させるというものである．この方法を使えば，時間刻み幅をより長くとることができる．このような拘束動力学法については7.5節で詳しく取り上げる．

7.3.5 多時間刻み幅動力学

表7.1はある種のジレンマを提示する．われわれが望むのは，できる限り広い位相空間の探索である．しかし，この希望は時間刻み幅を小さくすべきとする要請と相容れない．そこで考え出されたのが，多時間刻み幅法（multiple time step method）である．この方法は，相互作用により変化の速度が異なることに着目する．双距離法は，素朴な形の多時間刻み幅アプローチである（6.7.1項参照）．この双距離法では，二つのカットオフ距離に挟まれた原子が関与する相互作用は一定に保たれ，近接原子リストが更新されたときだけ変化する．しかし，このアプローチは性質の計算値に数値誤差が累積する欠点がある．そこで，Streettらは，これらの原子による力を次のテイラー級数展開式で近似する，より洗練されたアプローチを提案した［47］．

$$\mathbf{f}(t+\tau\delta t)=\mathbf{f}(t)+(\tau\delta t)\,d\mathbf{f}(t)/dt+\frac{1}{2}(\tau\delta t)^2\,d^2\mathbf{f}(t)/dt^2+\cdots\cdots \tag{7.30}$$

この級数展開式は特定の次数で打ち切られ，高次項がすでに計算された予測子-修正子型のアルゴリズムに組み込まれる．Streettの方法は，分子流体［47］やアルカン鎖液体［48］のような比較的簡単な系へ適用され，成果を挙げている．

多時間刻み幅法には，そのほか可逆基準系伝搬アルゴリズム（reversible reference system propagation algorithm, r-RESPA）がある［52］．このr-RESPA法では，系内の力は経時変化の速度に基づき，いくつかのグループへ分類される．各グループは精度と数値的安定性を維持し，それぞれ独自の時間刻み幅をもつ．このアルゴリズムの出発点は，系の状態の経時変化を定義する次のリウビル方程式 $\Gamma(t)$ である．

$$\Gamma(t)=e^{iLt}\Gamma \quad (t=0) \tag{7.31}$$

ここで，指数関数 $\exp(iLt)$ はいわゆるリウビル演算子 L を含む．N個の原子，したがって$3N$個の座標からなる分子系の場合，この演算子は次式で与えられる．

$$iL=\sum_{i=1}^{3N}\left[\frac{\partial x_i}{\partial t}\frac{\partial}{\partial x_i}+F_i(x)\frac{\partial}{\partial p_i}\right] \tag{7.32}$$

r-RESPA法では，リウビル演算子は，たとえば次のように複数の要素へ分解され，各要素はそれぞれ力の方程式の特定項と結びつけられる．

$$L=L_1+L_2+L_3+L_4 \tag{7.33}$$

ここで，L_1はたとえば結合伸縮項，L_2は変角項とねじれ項，L_3は近距離非結合相互作用項，L_4は遠距離非結合相互作用項にそれぞれ対応する．また，結合伸縮項の評価に使う時間刻み幅をδt_1としたとき，他の三種の力に対する時間刻み幅は，δt_1に整数 n_1, n_2, n_3を段階的に掛け合わせた値で表される．

$$\delta t_2=n_1\delta t_1;\qquad \delta t_3=n_1 n_2\delta t_1;\qquad \delta t_4=n_1 n_2 n_3\delta t_1 \tag{7.34}$$

r-RESPA の基礎をなす理論はかなり入り組んでいる。しかし，最終結果とそれに続く実際の計算はむしろ簡単で，速度 Verlet 積分法と非常に密接な関係にある。たとえば本例のように，リウビル演算子を四つに分割した場合，計算のアルゴリズムは次のようになる。

 力 1($\mathbf{a}_1(t)$) を計算する
 力 2($\mathbf{a}_2(t)$) を計算する
 力 3($\mathbf{a}_3(t)$) を計算する
 力 4($\mathbf{a}_4(t)$) を計算する
 do step$=1$, N_steps

$$\mathbf{v} = \mathbf{v} + \frac{1}{2} n_1 n_2 n_3 \delta t_1 \mathbf{a}_4$$

  do $i_3 = 1$, n_3

$$\mathbf{v} = \mathbf{v} + \frac{1}{2} n_1 n_2 \delta t_1 \mathbf{a}_3$$

   do $i_2 = 1$, n_2

$$\mathbf{v} = \mathbf{v} + \frac{1}{2} n_1 \delta t_1 \mathbf{a}_2$$

    do $i_1 = 1$, n_1

$$\mathbf{v} = \mathbf{v} + \frac{1}{2} \delta t_1 \mathbf{a}_1$$

$$\mathbf{r} = \mathbf{r} + \delta t_1 \mathbf{v}$$

     力 1($\mathbf{a}_1$) を計算する

$$\mathbf{v} = \mathbf{v} + \frac{1}{2} \delta t_1 \mathbf{a}_1$$

    enddo
    力 2($\mathbf{a}_2$) を計算する

$$\mathbf{v} = \mathbf{v} + \frac{1}{2} n_1 \delta t_1 \mathbf{a}_2$$

   enddo
   力 3($\mathbf{a}_3$) を計算する

$$\mathbf{v} = \mathbf{v} + \frac{1}{2} n_1 n_2 \delta t_1 \mathbf{a}_3$$

  enddo
  力 4($\mathbf{a}_4$) を計算する

$$\mathbf{v} = \mathbf{v} + \frac{1}{2} n_1 n_2 n_3 \delta t_1 \mathbf{a}_4$$

 enddo

ここで，**v** と **r** はそれぞれ N 個の原子の速度と位置の一つを表す．このアルゴリズムはさまざまな力の計算に利用される．もし n_1, n_2, n_3 を1に等しく置けば，この方法は標準的な速度 Verlet 法と一致する．

r-RESPA 法は，簡単なモデル系 [52] だけでなく，有機分子 [57]，フラーレン結晶 [39]，タンパク質 [25, 27] といったさまざまな系にも適用される．これまでの研究によると，計算時間は系の大きさにも依存するが，標準的な速度 Verlet 法に比べ 4～5 倍から 20～40 倍短縮され，しかも精度の低下は見られない．r-RESPA アルゴリズムを高速多重極法（6.8.3項参照）と組み合わせる試みもある [61]．

7.4　分子動力学シミュレーションの準備と実行

本節では，小正準集団の分子動力学シミュレーションの手順について説明する．まず第一に必要なことは，系の初期配置の確立である．6.4.2項ですでに述べたように，初期配置は，実験データや理論モデル，あるいはそれらの組合せから作り出される．原子の初速度の設定もまた必要である．初速度は通常，当該温度でのマクスウェル-ボルツマン分布から無作為に選び出される．マクスウェル-ボルツマン方程式は次式で与えられる．

$$p(\nu_{ix}) = \left(\frac{m_i}{2\pi k_B T}\right)^{1/2} \exp\left[-\frac{1}{2}\frac{m_i \nu_{ix}^2}{k_B T}\right] \tag{7.35}$$

マクスウェル-ボルツマン方程式は，温度 T において，質量 m_i の原子 i が x 方向に速度 ν_{ix} をもつ確率を与える．マクスウェル-ボルツマン分布はガウス分布であるから，それを得るには乱数発生器を使えばよい．ほとんどの乱数発生器は 0～1 の範囲に一様に分布した乱数を発生する．この乱数発生器を書き換え，ガウス分布からサンプリングできるようにすることは比較的容易である [43]．平均 $\langle x \rangle$，分散 σ^2（$\sigma^2 = \langle (x-\langle x \rangle)^2 \rangle$）のガウス分布（正規分布）からある値が発生する確率は，次式で与えられる．

$$p(x) = \frac{1}{\sqrt{2\pi\sigma^2}} \exp\left[-\frac{(x-\langle x \rangle)^2}{2\sigma^2}\right] \tag{7.36}$$

一つの選択肢として考えられるのは，0～1 の値をとる乱数 ξ_1 と ξ_2 をまず発生させる方法である．この場合，正規分布上の対応する二つの数は，次式から計算される．

$$x_1 = \sqrt{-2\ln\xi_1}\cos(2\pi\xi_2) \quad \text{および} \quad x_2 = \sqrt{-2\ln\xi_1}\sin(\pi\xi_2) \tag{7.37}$$

これに代わるアプローチとして，12 個の乱数 $\xi_1, \ldots, \xi_{12}$ を発生させ，次式から x を計算する方法もある．

$$x = \sum_{i=1}^{12}\xi_i - 6 \tag{7.38}$$

これらの二つの方法は，平均が 0 で分散が 1 の正規分布した乱数を利用する．この分布から得られる数値 x と，平均 $\langle x' \rangle$，分散 σ の別のガウス分布から得られる等価な数値 x' との間には，次

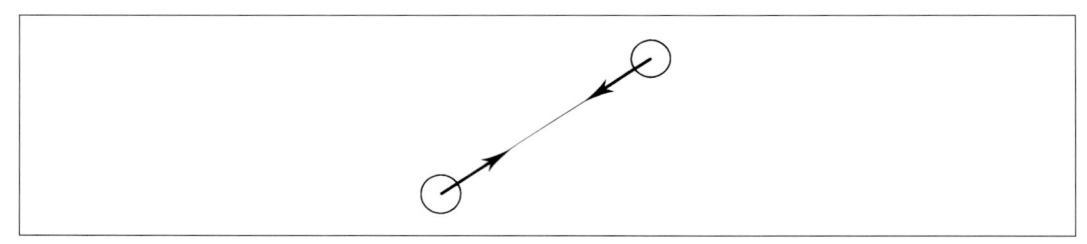

図 7.7 ニュートンの第三法則によれば，二粒子間に働く力は，質量中心を結ぶ直線に沿って作用し合う。

式の関係が成り立つ。

$$x' = \langle x' \rangle + \sigma x \tag{7.39}$$

初速度は一様分布や単純ガウス分布から選ぶこともできる。いずれの場合も，速度分布は通常，速やかにマクスウェル-ボルツマン型に近づく。

初速度は，しばしば系の全運動量がゼロになるように調整される。このような系では，サンプリングは定 $NVEP$ 集団から行われる。系の全線運動量をゼロにするには，まず，x，y，z 軸に沿った原子運動量成分の和を計算する。その結果，各方向での系の全運動量が得られるが，それを全質量で割り原子速度から差し引くと，全運動量はゼロになる。

系を組み立て，初速度を設定したならば，いよいよシミュレーションが始まる。個々の原子に働く力はポテンシャル関数を微分し，各ステップで計算される。原子に働く力には，結合長，結合角，ねじれ角および非結合相互作用といったさまざまな力場項が寄与する。レナード-ジョーンズ・ポテンシャルに従って相互作用する二原子の場合，力は次式から計算できる。

$$\mathbf{f}_{ij} = \frac{\mathbf{r}_{ij}}{|\mathbf{r}_{ij}|} \frac{24\varepsilon}{\sigma} \left[2\left(\frac{\sigma}{r_{ij}}\right)^{13} - \left(\frac{\sigma}{r_{ij}}\right)^7 \right] \tag{7.40}$$

二原子間に働く力は，ニュートンの第三法則によれば，二つの質量中心を結ぶ直線に沿って作用し，大きさが等しく方向が反対である（図7.7）。各原子対に働く力は1度だけ計算され，重複があってはならない。これを実現するには，原子に順序番号を付け，その中の一つの原子に着目したとき，それよりも大きな番号をもつ原子との間に働く力だけを計算していけばよい（たとえば原子 i の場合，力は原子 $i+1$，$i+2$，……，N との間で計算される）。原子 i とそれよりも大きな番号 j をもつ原子の間で計算された力は，負号を付けた後，原子 j に働く力の累積和へ加算される。力は，次の二重ループを使用すれば効率よく計算される。

  力の配列要素をすべてゼロにセットする
  while atom 1 = 1 to $N-1$
    while atom 2 = atom 1 + 1 to N
      atom 2 との相互作用により atom 1 に働く力を計算する
      配列要素 atom 1 へ力を加える
      配列要素 atom 2 から力を差し引く
  enddo

enddo

この二重ループを最後まで実行したとき，各原子に働く全力はすべて求まっている。二つの原子間に働く力は，大きさが等しく方向が反対である。番号の小さい方の原子との相互作用による力は，ループの初めの方で計算されるから，近接原子リストには番号の大きい方の原子を含めるだけでよい。近接原子リストのこの構成は，モンテカルロ法で使われるそれと対照をなす。モンテカルロ法では，各原子の近接原子は（番号の大小に関わりなく）すべて保存される。

分子力学ポテンシャル関数に含まれる他の諸項による力もまた，一般的なものについては，その解析関数形が報告されている。分子動力学では，分子内項（結合長，結合角，ねじれ角）は，通常使われる内部座標ではなく直交座標で計算される。そのため，これらの式はかなり複雑な形をとり，その関数形は連鎖律を利用して求めざるを得ない。しかし，得られた結果はコンピュータ・プログラムへ比較的簡単に組み込める。

分子動力学シミュレーションの第一段階は，平衡化の段階である。この段階では，出発配置から平衡配置への系の移行が目論まれる。平衡化に際しては，実際の配置だけでなく，さまざまなパラメータが監視される。次の段階である生産相へ移るためには，これらのパラメータが安定化しなければならない。熱力学的性質などが計算されるのは，生産相においてである。平衡が達成されたか否かの判定に使われるパラメータは，シミュレーションされる系にある程度依存する。しかし，運動エネルギー，ポテンシャルエネルギー，全エネルギー，速度，温度および圧力は必ず使われる。すでに指摘したように，小正準集団のシミュレーションでは，運動エネルギーとポテンシャルエネルギーは揺動するが，全エネルギーは一定に保たれる。また，速度成分は（x, y, z のすべての方向で）マクスウェル-ボルツマン分布に従い，運動エネルギーは x, y, z の三方向に均等に分配される。シミュレーションは一定の温度で行われることが望ましい。そのため平衡化の際，速度のスケールを変え，系の温度を調整するといったことが一般に行われる（7.7.1 項参照）。生産相では温度は系の変数である。構造の変化を監視するため，秩序パラメータが計算されるが，それは，目視による軌跡の検査を補うのに役立つ。

不均一系のシミュレーションでは，通常さらに詳細な平衡化の手続きが必要になる。ここでは次に，溶液内のタンパク質のような高分子溶質の分子動力学シミュレーションを取り上げ，そこで使われる典型的な手続きを紹介しよう。このようなシミュレーションでは，溶質は，まず最初その初期配座に固定され，動きやすい対イオンと溶媒のみがエネルギーを極小化される。溶媒と対イオンは，さらに溶質分子の構造を固定したまま，分子動力学（またはモンテカルロ）のシミュレーションにかけられる。溶媒のこの平衡化は，溶媒が溶質のポテンシャル場へ完全に再順応するまで徹底的に行われなければならない。分子動力学の場合，このことは，溶媒平衡化の段階が溶媒の緩和時間（分子が元の配向の記憶を消失するのに要する時間。水の場合，約 10 ピコ秒）よりも長くなることを意味する。系全体（溶質と溶媒）が次に極小化され，それが終わった後，初めて系全体の分子動力学シミュレーションが開始される。

生産相では，すべてのカウンタはまず最初ゼロにセットされ，系は進化を許容される。小正準集団では，生産相で速度のスケーリングは行われない。したがって，温度は系の変数になる。生

産相では，以後の解析や処理に供するため，さまざまな性質が機械的に計算され保存される．シミュレーションの際，これらの性質を注意深く監視すれば，シミュレーションがうまく進んでいるか否かが判断できる．問題がある場合には，もう一度最初からシミュレーションを行わねばならない．一定の間隔で（たとえば5〜20ステップごとに）配置の位置，エネルギーおよび速度を保存することもよく行われる．このようにしておけば，シミュレーションが終わってからでも他の性質が計算できる．

7.4.1 温度の計算

熱力学的性質の多くは分子動力学シミュレーションから求まる．このことはすでに6.2節で説明したので，本項では温度の計算についてのみ取り上げる．温度の瞬間値は粒子の運動量を介し，運動エネルギーと次式の関係にある．

$$K = \sum_{i=1}^{N} \frac{|\mathbf{p}_i|^2}{2m_i} = \frac{k_B T}{2}(3N - N_C) \tag{7.41}$$

ここで，N_Cは拘束の数，$3N - N_C$は自由度の総数を表す．孤立系すなわち真空系のシミュレーションでは，系の全並進運動量と全角運動量は保存され，初速度を適当にとれば，ゼロに等しくできる．それに対し，周期境界条件下のシミュレーションでは，全線運動量は保存されるが，全角運動量は保存されない．初速度は一般に，全線運動量と全角運動量がゼロになるように選択される．この場合，線運動量は系が進化してもゼロのままである．しかし，角運動量はそうではない．周期境界条件下の分子動力学は，$\mathbf{P}$を全線運動量としたとき，定$NVEP$集団からサンプリングを行う．この集団は，標準的な小正準集団とほとんど異ならない．しかし，1自由度当たりの運動エネルギーを計算する場合，全自由度から適当な数だけ自由度を差し引く必要がある．特に，全線運動量と全角運動量がゼロにセットされた真空系では，自由度は六つ差し引かれる．また，周期境界条件下のシミュレーションでも，もし系の重心運動が除かれるならば，自由度は三つ少なくなる．次節で取り上げる拘束動力学では，さらに多くの自由度が固定される．そのため，N_Cは適宜計算されなければならない．

7.5 拘束動力学

初期の分子動力学シミュレーションは，現実に即したポテンシャルとしてレナード–ジョーンズ・ポテンシャルを使用した．このような計算では，原子に働く唯一の力は非結合相互作用によるそれである．非球状分子間の相互作用は，距離だけではなく，それらの相対配向にも依存する．そのため，このような分子のシミュレーションは，原子の場合に比べるとかなりむずかしい．もし，分子が柔軟であるならば，配座に変化をもたらす分子内相互作用もまた存在する．最も簡単なモデルは，もちろん分子内に配座的自由度のない剛体分子である．このような分子では，その動力学は質量中心の並進とそのまわりの回転を考えるだけでよい．分子に作用する力は，質量中心に働くすべての力のベクトル和に等しく，また，その回転運動は質量中心のまわりのトルクに

より記述される。これらの回転運動は，並進運動に比べて取扱いがかなりめんどうである。しかし条件がうまく揃えば，きわめて効率の良いプログラムが作成できる場合もある。

配座的に柔軟な分子のシミュレーションでは，運動は必ず原子直交座標により記述される。柔軟な分子の配座的挙動は，さまざまな運動が複雑に重ね合わさった結果である。通常，われわれが関心をもつのは（たとえば結合振動のような）振動数の高い運動ではなく，配座変化に対応する振動数の低い運動である。しかし，あいにく分子動力学シミュレーションの時間刻み幅は，系に存在する最大振動数の運動に基づき設定される。もし，シミュレーションの精度を損なわずに時間刻み幅を大きくとれるならば，シミュレーションの効率はかなり向上するはずである。拘束動力学（constraint dynamics）では，他の内部自由度に影響を及ぼすことなく，個々の内部座標や特定座標の組合せを拘束し，シミュレーションを行う。

拘束動力学の詳細を説明する前に，拘束（constraint）と制限（restraint）の違いをまず明らかにしておこう。後章（9.10 節）で，制限付き動力学についても議論することになるからである。拘束とは，系が満たさなければならない必要条件を指す。後ほど詳しく説明するが，拘束動力学では，結合長や結合角はシミュレーションの間，一定値に強制的に固定される。それに対し制限付き動力学では，結合長や結合角は望ましい値から多少ずれても構わない。制限条件は，結合長や結合角が特定の値を取りやすくするが，それ以上のものではない。力場へ制限を組み込むには，最も簡単には，基準値からのずれに対してペナルティーを科す項を追加すればよい。拘束と制限の違いにはそのほか，制限された自由度はエネルギー $k_B T/2$ をもつが，拘束された自由度はエネルギーをもたないことが挙げられる。

分子動力学の分野で拘束を課すのに最も広く使われる方法は，Ryckaert, Ciccotti & Berendsen の SHAKE プロシジャーである [44]。拘束動力学では，運動方程式の解は課せられた拘束条件を同時に満たすものでなければならない。拘束系の研究は，古典力学では古くから盛んである。ここでは簡単な系として，二次元の摩擦のない斜面を滑り降りる箱を考え，拘束系の一般原理を説明しよう（図 7.8）。箱は，斜面に留まるよう拘束を受けており，箱の x 座標と y 座標は斜面の方程式（$y = mx + c$）を常に満足する。もし斜面がなければ，箱は下方に垂直落下する。拘束条件は，ホロノーム（holonomic）と非ホロノーム（non-holonomic）の 2 種類に分けられる。ホロノーム拘束条件は次の形で表される。

$$f(q_1,\ q_2,\ q_3,\ \cdots\cdots,\ t) = 0 \tag{7.42}$$

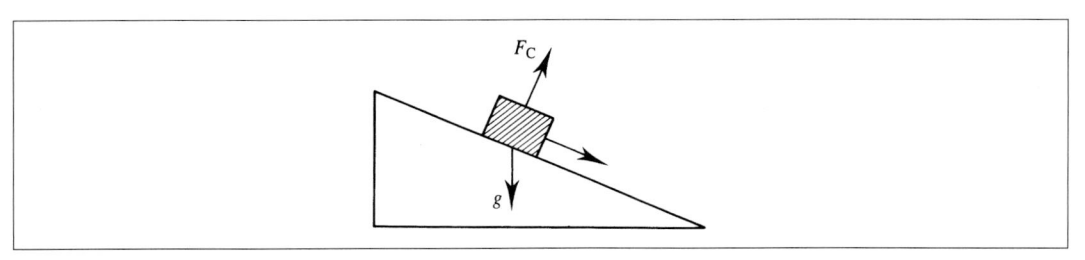

図 7.8 斜面を滑り降りる箱に作用する力。箱は斜面上に留まるよう拘束を受ける。拘束力 F_C は運動方向に垂直に働く。

ここで q_1, q_2, ……は粒子の座標である。このような式で表せない拘束は，非ホロノームであると言われる。たとえば，球の表面に拘束された粒子の運動はホロノームであるが，もし粒子が重力の影響で球表面から離れ落ちるならば，その拘束は非ホロノームになる。球表面に粒子を保持するホロノーム拘束の条件は，次式で与えられる。

$$r^2 - a^2 = 0 \tag{7.43}$$

ここで，r は半径 a の球の中心（原点）からの粒子の距離である。非ホロノーム拘束の場合には，対応する条件は不等式で表される。

$$r^2 - a^2 \geq 0 \tag{7.44}$$

SHAKE はホロノーム拘束を使用する。拘束された系では，粒子の座標は独立ではなく，座標軸の各方向の運動方程式は互いにつながりをもつ。また，拘束力の大きさは未知である。斜面に置かれた箱の場合，重力は y 方向に作用するが，運動は斜面を下る方向を向き，重力と方向が一致しない。そこで，箱に作用する全力は起源の異なる二つの力が加え合わさったものと見なされる。一つは重力による力，もう一つは箱の運動に垂直な方向の拘束力である（図7.8）。斜面に垂直な運動は存在しないので，拘束力は仕事をしていない。

N 個の粒子からなる系の運動は，$3N$ 個の独立な座標（自由度）によって記述できる。もし，ホロノーム拘束条件が k 個課せられるとすれば，自由度の数は $(3N-k)$ に減少する。$(3N-k)$ 個の独立座標（一般化座標）を見つけ出すことは，少なくとも原理的には可能である。それらを使えば，問題は直接解くことができる。たとえば，箱の運動は斜面に沿った一つの一般化座標 q を使って記述される。斜面に沿って作用する重力の成分は $Mg\sin\theta$ であるから，斜面を下る加速度は $g\sin\theta$ になる。したがって，任意の時刻 t での箱の位置は，次の運動方程式を積分すれば求まる。

$$\frac{d^2q}{dt^2} = g\sin\theta \tag{7.45}$$

この方程式の解は次のようになる。

$$q(t) = q(0) + t\dot{q}(0) + \frac{t^2}{2}g\sin\theta \tag{7.46}$$

ここで，$q(0)$ は時刻 $t=0$ での q の値，$\dot{q}(0)$ は斜面に沿った箱の初速度である。この例は簡単であるから，拘束系の運動を記述する一般化座標はきわめて容易に決定できた。しかし拘束条件が多い場合には，一般化座標はこのように簡単には求まらない。そのため，運動の記述は通常，原子直交座標を使って行われる。上述の箱の運動も同様で，直交座標を使えばより一般的な形で取り扱える。すなわち，x 方向と y 方向に対するニュートン方程式は次式で与えられる。

$$M\frac{d^2x}{dt^2} = F_{cx} \tag{7.47}$$

$$M\frac{d^2y}{dt^2} = -Mg + F_{cy} \tag{7.48}$$

ここで，F_{cx} と F_{cy} はそれぞれ未知の拘束力の x 方向と y 方向の成分である。いま，斜面の方程

式が $y=mx+c$ で与えられるとしよう。拘束力は斜面に垂直に働くので，その x 成分と y 成分の比は，$-m$ に等しくなければならない。

$$\frac{F_{cx}}{F_{cy}} = -m \tag{7.49}$$

拘束力はラグランジュ乗数（1.10.5 項参照）として，ニュートン方程式へ組み込まれる。通常のラグランジュ表記と一致させるため，F_{cy} を $-\lambda$ と書くことにすれば，F_{cx} は λm に等しくなる。したがって，式(7.47)と(7.48)は次のように書き直される。

$$M\frac{d^2x}{dt^2} = \lambda m \tag{7.50}$$

$$M\frac{d^2y}{dt^2} = -Mg - \lambda \tag{7.51}$$

これらの方程式は，未知数を三つ（d^2x/dt^2，d^2y/dt^2，λ）を含んでいる。x と y を結びつける第三の方程式は，斜面の方程式である。この方程式は次の形で表せる。

$$\sigma = mx - y + c = 0 \tag{7.52}$$

この拘束方程式は x と y で表され，二次微分を含まない。しかし，$\sigma(x, y) = 0$ の関係はすべての (x, y) に対して成立するから，$d\sigma = 0$ かつ $d^2\sigma = 0$ である。したがって，拘束方程式は次のように書き換えてもよい。

$$m\frac{d^2x}{dt^2} - \frac{d^2y}{dt^2} = 0 \tag{7.53}$$

以上の三つの方程式(7.50)，(7.51)，(7.53)を連立させて解くと，次式が得られる。

$$\frac{d^2x}{dt^2} = -g\frac{m}{1+m^2} \tag{7.54}$$

$$\frac{d^2y}{dt^2} = -g\frac{m^2}{1+m^2} \tag{7.55}$$

したがって，時刻 t での x 座標と y 座標は次式で与えられる。

$$x(t) = x(0) + t\frac{dx(0)}{dt} - g\frac{t^2}{2}\frac{m}{(1+m^2)} \tag{7.56}$$

$$y(t) = y(0) + t\frac{dy(0)}{dt} - g\frac{t^2}{2}\frac{m^2}{(1+m^2)} \tag{7.57}$$

　一般の場合，拘束系の運動方程式は，2 種類の力――(1) 分子内と分子間の相互作用から生じる正常な力，(2) 拘束による力――を含んでいる。特に関心がもたれるのは，拘束 σ_k が原子 i と j の間の結合を固定し，原子 i と j の直交座標に影響を及ぼす場合である。この種の拘束による力は次のように書き表される。

$$F_{ckx} = \lambda_k \frac{\partial \sigma_k}{\partial x} \tag{7.58}$$

ここで，λ_k はラグランジュ乗数である。また，x は二原子の直交座標の一つを表す。上の事例へ

式(7.58)を当てはめてみると，$F_{cx}=\lambda\partial\sigma/\partial x=\lambda m$ および $F_{cy}=\lambda\partial\sigma/\partial y=-\lambda$ となる。もし，ある原子が（拘束のある複数の結合に関与し）いくつかの拘束と関わり合っているならば，その原子に対する全拘束力は，これらの項をすべて加え合わせたものに等しい。原子 i と j の間の結合に対する拘束条件は，次式で表される。

$$\sigma_{ij}=(\mathbf{r}_i-\mathbf{r}_j)^2-d_{ij}^2=0 \tag{7.59}$$

拘束力は常に結合に沿って存在する。拘束された結合では，結合を作る二つの原子上に，それぞれ大きさが等しく方向が反対の力が作用する。そのため，効果を全体として眺めたとき，拘束力は仕事をしていない。いま，原子 i, j 間の結合長に拘束 k が課せられたとする。拘束力は，原子 i と j の座標に関して拘束条件式を微分し，未定乗数 λ を掛けることで得られる。

$$\partial\sigma_k/\partial\mathbf{r}_i=2(\mathbf{r}_i-\mathbf{r}_j) \qquad \text{したがって} \qquad F_{ci}=\lambda(\mathbf{r}_i-\mathbf{r}_j) \tag{7.60}$$

$$\partial\sigma_k/\partial\mathbf{r}_j=-2(\mathbf{r}_i-\mathbf{r}_j) \qquad \text{したがって} \qquad F_{cj}=-\lambda(\mathbf{r}_i-\mathbf{r}_j) \tag{7.61}$$

ここで，ラグランジュ乗数 λ は，二乗項を微分したとき生じる係数2を包含する。力に対する上式は，次のようにVerletアルゴリズムへ組み込まれる。

$$\mathbf{r}_i(t+\delta t)=2\mathbf{r}_i(t)-\mathbf{r}_i(t-\delta t)+\frac{\delta t^2}{m_i}\mathbf{F}_i(t)+\sum_k\frac{\lambda_k\delta t^2}{m_i}\mathbf{r}_{ij}(t) \tag{7.62}$$

式(7.62)の求和は，原子 i に影響を及ぼすすべての拘束 k について行われる。これらの拘束は摂動として働き，拘束のない積分アルゴリズムから求まる位置を微妙に変化させる。拘束のないVerletアルゴリズムから得られる位置は，$\mathbf{r}_i'(t+\delta t)=2\mathbf{r}_i(t)-\mathbf{r}_i(t-\delta t)+\delta t^2\mathbf{F}_i(t)/m_i$ であることを思い起こせば，上式は次のように書き換えることもできる。

$$\mathbf{r}_i(t+\delta t)=\mathbf{r}_i'(t+\delta t)+\sum_k\frac{\lambda_k\delta t^2}{m_i}\mathbf{r}_{ij}(t) \tag{7.63}$$

次の問題は，すべての拘束条件を同時に満たす乗数 λ_k をどのように求めるかである。簡単な場合，これは代数的に行うこともできる。たとえば，二原子分子の結合を固定したとしよう。この場合，拘束は一つだけである。二つの原子を添字1，2で区別すれば，式(7.63)から次の二つの方程式が得られる。

$$\mathbf{r}_1(t+\delta t)=\mathbf{r}_1'(t+\delta t)+\lambda_{12}(\delta t^2/m_1)(\mathbf{r}_1(t)-\mathbf{r}_2(t)) \tag{7.64}$$

$$\mathbf{r}_2(t+\delta t)=\mathbf{r}_2'(t+\delta t)-\lambda_{12}(\delta t^2/m_2)(\mathbf{r}_1(t)-\mathbf{r}_2(t)) \tag{7.65}$$

第三の方程式は，結合距離がいかなる位置でも一定という条件から導かれる。

$$|\mathbf{r}_1(t+\delta t)-\mathbf{r}_2(t+\delta t)|^2=|\mathbf{r}_1(t)-\mathbf{r}_2(t)|^2=d_{12}^2 \tag{7.66}$$

方程式はこれで三つになった。未知数（$\mathbf{r}_1(t+\delta t)$, $\mathbf{r}_2(t+\delta t)$, λ_{12}）も三つであるから，それらの値は一義的に定めることができる。いま，式(7.64)から式(7.65)を引き，$\mathbf{r}_{12}(t)=\mathbf{r}_1(t)-\mathbf{r}_2(t)$, $\mathbf{r}_{12}'(t+\delta t)=\mathbf{r}_1'(t+\delta t)-\mathbf{r}_2'(t+\delta t)$ と置くと，次式が得られる。

$$\mathbf{r}_1(t+\delta t)-\mathbf{r}_2(t+\delta t)=\mathbf{r}_{12}'(t+\delta t)+\lambda_{12}\delta t^2(1/m_1+1/m_2)\mathbf{r}_{12}(t) \tag{7.67}$$

両辺を二乗し，拘束条件式(7.66)へ代入すると，

$$\mathbf{r}_{12}'(t+\delta t)^2+2\lambda_{12}\delta t^2(1/m_1+1/m_2)\mathbf{r}_{12}(t)+\lambda_{12}^2\delta t^4(1/m_1+1/m_2)^2\mathbf{r}_{12}(t)^2=d_{12}^2 \tag{7.68}$$

λ_{12} に関してこの二次方程式を解けば，新しい位置 $\mathbf{r}_1(t+\delta t)$ と $\mathbf{r}_2(t+\delta t)$ が求まる。

（原子 1, 2 と原子 2, 3 の間に）二つの結合をもつ三原子分子の場合には，拘束条件式は二つ得られる。

$$\mathbf{r}_{12}(t+\delta t) = \mathbf{r}_{12}'(t+\delta t) + \delta t^2 (1/m_1 + 1/m_2) \lambda_{12} \mathbf{r}_{12}(t) - (\delta t^2/m_2) \lambda_{23} \mathbf{r}_{23}(t) \quad (7.69)$$

$$\mathbf{r}_{23}(t+\delta t) = \mathbf{r}_{23}'(t+\delta t) + \delta t^2 (1/m_2 + 1/m_3) \lambda_{23} \mathbf{r}_{23}(t) - (\delta t^2/m_2) \lambda_{12} \mathbf{r}_{12}(t) \quad (7.70)$$

これらの方程式はまだ簡単であるから，代数的に解くことができる。しかし，その解法はかなり複雑である。めんどうな計算を避けたければ，ラグランジュ乗数の二次項を無視し，方程式を λ の一次式に還元して近似的に解くこともできる。しかし，拘束の数が多い場合には，二次項を無視しても $k \times k$ 行列の逆元を求めなければならず，問題は簡単にはならない。SHAKE 法では別のアプローチが使用され，拘束は一つずつ順番に解析される。しかしこの方式では，ある拘束条件が満たされたとき，別の拘束条件が侵害される事態が起こりうる。そのため，適当な許容限界が設定され，その範囲内ですべての拘束条件が満たされるまで解析は繰り返される。許容限界幅は，SHAKE アルゴリズムによるシミュレーションの揺らぎが，（カットオフの使用など）他の要因による揺らぎに比べはるかに小さいことが保証できる程度に厳しくなければならない。そのほか重要な条件として，拘束される自由度は他の自由度とあまり強い連関があってはならない。拘束を課したとき，分子の運動がその影響を受けないようにするためである。また，拘束のない自由度のサンプリングは拘束の影響を受けるべきではない。たとえばブタンの場合，結合長と結合角を拘束すると，残る自由度はねじれ角だけになる。SHAKE プロシジャーでは，このねじれ角はサンプリングに偏りが生じないよう，その値の全範囲が探索される。

これまでの SHAKE の議論では，われわれは Verlet アルゴリズムを用いる方法しか取り上げなかった。しかし，蛙跳び法，予測子-修正子法，速度 Verlet アルゴリズムといった他の積分アルゴリズムを使う方法も当然考えられる。速度 Verlet アルゴリズムを使用する方法は，RATTLE と呼ばれる [7]。この積分アルゴリズムは，位置だけではなく，速度も修正する点に特色がある。

結合角の拘束は，SHAKE 法では距離の拘束に置き換えられる。最も簡単な例として，三原子分子を考えてみよう。その結合角を一定値に保つには，末端原子間の距離を固定すればよい。この方法は，シミュレーションの間，（水のような）小分子の幾何構造を一定に保つのに利用される。たとえば，水の単純点電荷（SPC）モデルは距離の拘束条件を三つ使用する。しかし，配座的に柔軟な分子のシミュレーションでは，結合角の拘束は系の配位空間の探索効率を一般に低下させる。これは，配座的遷移の多くが，結合のまわりの回転だけでなく結合角の開閉を伴うことによる。SHAKE が最もよく使われるのは，水素原子を含みきわめて高い振動数をもつ結合を拘束したい場合である。このような結合を拘束すれば，分子動力学シミュレーションの時間刻み幅は，（たとえば 1 フェムト秒から 2 フェムト秒へ）大きくとることができるようになる。

Tobias & Brooks は，任意の内部座標を拘束できるよう SHAKE 法を拡張した [50]。この新しい方法は，分子動力学シミュレーションの間，回転可能なねじれ角を特定の値に固定できる。この拘束は，自由エネルギーを計算したい場合など特に有用である（11.7 節参照）。

7.6 時間依存的性質

分子動力学シミュレーションは，時間と結びついた系の配置を発生する。したがって，時間依存的性質の計算に利用できる。これは，モンテカルロ法にはない分子動力学法の重要な特長である。時間依存的性質は時間相関関数として計算されることが多い。

7.6.1 相関関数

いま，二組のデータセット x と y があり，それらの間の相関を調べたいとする。これを行うには，最も簡単にはデータをプロットし，グラフを作成すればよい。相関の強さを数値で定量的に表現したい場合には，相関関数——相関係数とも言う——が役立つ。相関関数はさまざまな形で定義されるが，一般によく使われるのは次式である。

$$C_{xy} = \frac{1}{M}\sum_{i=1}^{M} x_i y_i \equiv \langle x_i y_i \rangle \tag{7.71}$$

ここで，M はデータセットに含まれる x_i または y_i の数である。この相関関数は，x と y の二乗平均値で割れば，-1 から $+1$ までの値に規格化できる。

$$c_{xy} = \frac{\frac{1}{M}\sum_{i=1}^{M} x_i y_i}{\sqrt{\left(\frac{1}{M}\sum_{i=1}^{M} x_i^2\right)\left(\frac{1}{M}\sum_{i=1}^{M} y_i^2\right)}} = \frac{\langle x_i y_i \rangle}{\sqrt{\langle x_i^2 \rangle \langle y_i^2 \rangle}} \tag{7.72}$$

相関関数の値は，相関がまったくないとき 0，相関が完全なとき ± 1 になる。本書では，規格化された相関関数は小文字の c で表される。

x と y がゼロではない平均値 $\langle x \rangle$ と $\langle y \rangle$ のまわりで変動する場合には，相関関数は一般に次式で定義される。

$$c_{xy} = \frac{\frac{1}{M}\sum_{i=1}^{M}(x_i-\langle x \rangle)(y_i-\langle y \rangle)}{\sqrt{\left(\frac{1}{M}\sum_{i=1}^{M}(x_i-\langle x \rangle)^2\right)\left(\frac{1}{M}\sum_{i=1}^{M}(y_i-\langle y \rangle)^2\right)}} = \frac{\langle (x_i-\langle x \rangle)(y_i-\langle y \rangle) \rangle}{\sqrt{\langle (x_i-\langle x \rangle)^2 \rangle \langle (y_i-\langle y \rangle)^2 \rangle}} \tag{7.73}$$

実際の計算では，c_{xy} は次の形で使われることが多い。

$$c_{xy} = \frac{\sum_{i=1}^{M} x_i y_i - \frac{1}{M}\left(\sum_{i=1}^{M} x_i\right)\left(\sum_{i=1}^{M} y_i\right)}{\sqrt{\left[\sum_{i=1}^{M} x_i^2 - \frac{1}{M}\left(\sum_{i=1}^{M} x_i\right)^2\right]\left[\sum_{i=1}^{M} y_i^2 - \frac{1}{M}\left(\sum_{i=1}^{M} y_i\right)^2\right]}} \tag{7.74}$$

式(7.74)は式(7.73)と異なり，相関係数の計算に平均値 $\langle x \rangle$ と $\langle y \rangle$ を必要としない。求和項の値は，シミュレーションの進行につれ累積されていく。

分子動力学シミュレーションは，時々刻々データ値を発生する。そのため，ある瞬間での性質

の値は，もっと後の時刻 t での値と容易に関連づけられる。使われる統計量は，時間相関関数 (time correlation function) と呼ばれる。時間相関関数は次式で定義される。

$$C_{xy}(t) = \langle x(t) y(0) \rangle \tag{7.75}$$

次の二つの性質は重要である。

$$\lim t \to 0 \qquad C_{xy}(0) = \langle xy \rangle \tag{7.76}$$

$$\lim t \to \infty \qquad C_{xy}(t) = \langle x \rangle \langle y \rangle \tag{7.77}$$

相関関数は，もし x と y が異なる関数ならば相互相関関数（cross-correlation function）と呼ばれ，x と y が同じ関数ならば自己相関関数（autocorrelation function）と呼ばれる。自己相関関数は，系が以前の値を記憶している度合——言い換えれば，系がその記憶を失うのにどれくらい時間がかかるか——を表す。簡単な実例は，速度自己相関係数である。これは，時刻 t での速度と時刻ゼロでの速度がどの程度相関しているかを示す。一般の関数は，（たとえば双極子モーメントのように）系全体の性質を表す。しかし，速度自己相関関数はそうではなく，その値はシミュレーションの際，N 個の原子について平均を取ることで計算される。

$$C_{\nu\nu}(t) = \frac{1}{N} \sum \mathbf{v}_i(t) \cdot \mathbf{v}_i(0) \tag{7.78}$$

$\langle \mathbf{v}_i(0) \cdot \mathbf{v}_i(0) \rangle$ で割り，関数を規格化すると，

$$c_{\nu\nu}(t) = \frac{1}{N} \sum_{i=1}^{N} \frac{\langle \mathbf{v}_i(t) \cdot \mathbf{v}_i(0) \rangle}{\langle \mathbf{v}_i(0) \cdot \mathbf{v}_i(0) \rangle} \tag{7.79}$$

一般に，速度自己相関係数のような自己相関関数は初期値が 1 で，その値は時間が経つにつれ 0 に近づいていく。相関の喪失に要する時間は，相関時間（correlation time）とか緩和時間（relaxation time）と呼ばれる。もし，シミュレーションの時間が緩和時間に比べて十分長ければ，シミュレーションから多数のデータセットを抽出し，それらを使って，相関時間を計算したり計算の不確かさを取り除くことができる。たとえば，完全な緩和に P ステップを必要とするとき，それよりも多い全部で Q ステップのシミュレーションが施行されたとすれば，相関関数の計算に利用できるデータセットは $(Q-P)$ 組存在する。最初の組はステップ 1 からステップ N までを含み，二番目の組はステップ 2 からステップ $N+1$ までを含む（図7.9）。実際には，6.9 節ですでに説明したように，連続したステップ間には高い相関が観測されるため，時間原点はステップをいくつか隔てて選ばれるのが一般的である。時間原点 (t_j) を M 個使用した場合，速度自己相関関数は次式で与えられる。

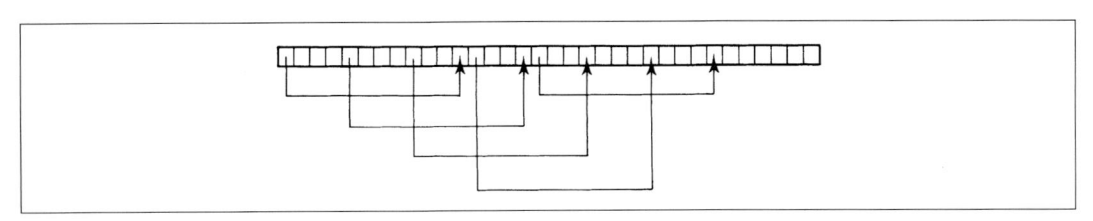

図 7.9 時間相関関数の計算。時間相関関数の計算精度は，さまざまな時間原点を使用することで改善される。

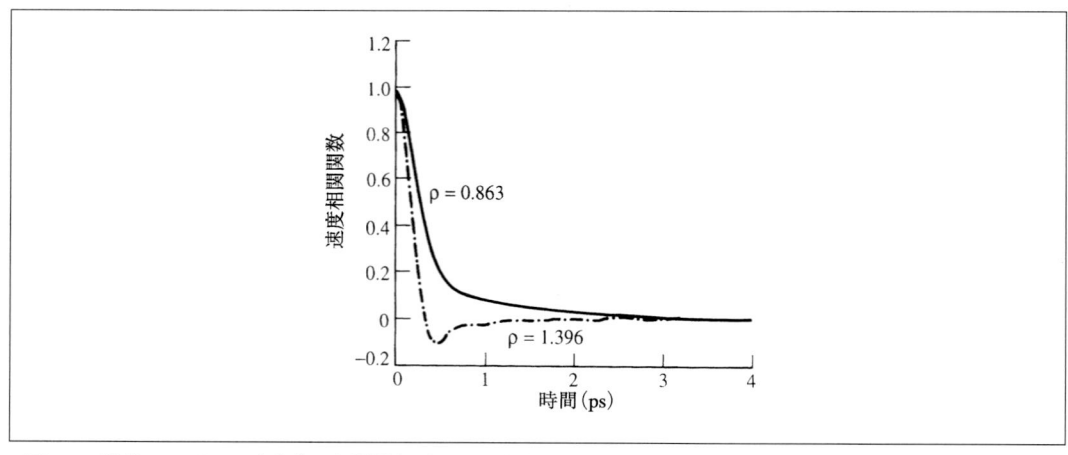

図7.10 液体アルゴンの速度自己相関関数グラフ。密度が1.396 g/cm^3と0.863 g/cm^3の場合について示した。

$$C_{vv}(t) = \frac{1}{MN} \sum_{j=1}^{M} \sum_{i=1}^{N} \mathbf{v}_i(t_j) \cdot \mathbf{v}_i(t_j + t) \tag{7.80}$$

緩和時間が短い諸量は，シミュレーションからデータセットを多数抽出できる。したがって，統計的に高い精度で結果が求まる。それに対し，緩和時間がシミュレーションの時間に比べて長い諸量は，正確な結果が得られない。

図7.10は，2種類の密度での分子動力学シミュレーションから得られたアルゴンの速度自己相関関数のグラフである。いずれの密度でも，相関係数は1から出発し，最初二次曲線を描いて急激に減少する。この結果は理論からも予測される。関数のその後の挙動は，流体の密度に依存する。流体の密度が低い場合には，速度自己相関関数は緩やかに減衰してゼロに収束する。しかし，流体の密度が高い場合には，$c_{vv}(t)$は軸を横切り負値をとる。相関係数が負であるということは，粒子が$t=0$のときとは逆の方向に運動していることを意味する。この結果は，液体が「かご形構造」をとると考えれば説明がつく。すなわち，原子はその最近接原子によって作られたかごの側面にぶつかると跳ね返り，運動の方向を逆転させる。低密度と高密度のいずれの場合も，ゼロへの減衰は，運動論から予測される指数関数的減衰に比べてかなり遅く，実際には$t^{-3/2}$に比例する。これは，初期の分子動力学シミュレーションから得られた最も興味ある結論の一つであり，同様の結果は剛体球モデルを使った場合でさえ観測される［4］。この現象は，流体力学的な渦が形成されることに由来する。原子が流体内を運動すると，その経路にある他の原子を外へ押し出す。この押し出された原子は円を描いて運動し，入り込んだ原子に対して最後の一撃を食らわす（図7.11）。その結果，ゼロへの減衰は大幅に遅れる。

速度自己相関関数の減衰の遅れは，（$t=0$と$t=\infty$の間で相関関数を積分する必要のある）輸送係数のような性質を誘導する際，実際的な問題を提示する。自己相関関数の「長い時間的すそ」は積分へ有意な寄与をするが，シミュレーションから抽出できるセグメントが少ないため，関数のこの部分の計算は統計的に不確かなものにならざるを得ない。

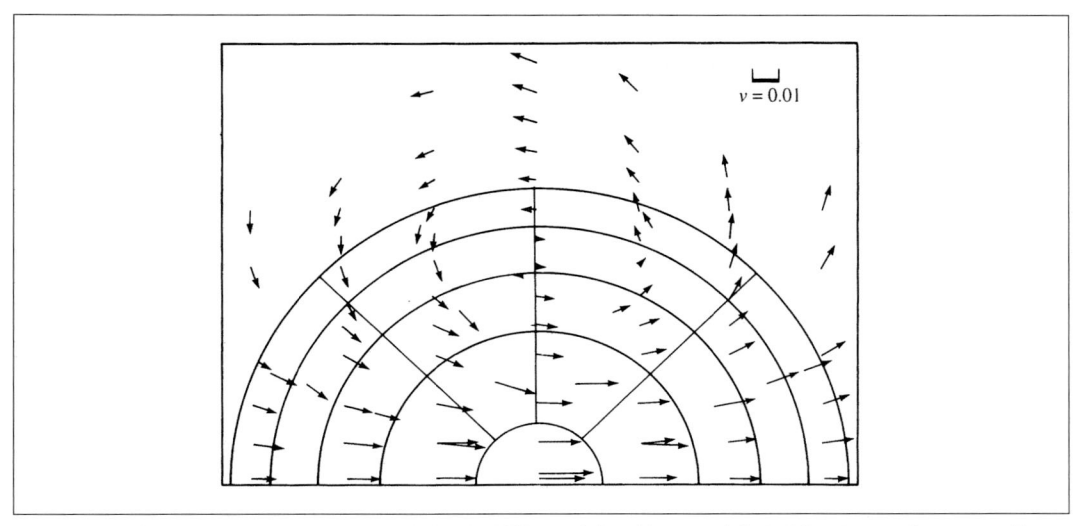

図 7.11 速度自己相関関数と流体力学。速度自己相関関数の減衰の遅れは，流体力学的な渦の形成によって説明できる [4]。

　速度自己相関関数は一粒子相関関数の一例であり，平均の計算は，時間原点だけでなく，すべての原子について行われる。系全体の性質にはさまざまなものが考えられるが，全双極子モーメントはそのような性質の一つである。これは，系を構成する分子の双極子すべてについてのベクトル和である。明らかに，系の双極子モーメントは個々の分子が双極子をもつ場合にのみ観測される。全双極子モーメントは次式で与えられ，その大きさと配向は時間とともに変化する。

$$\boldsymbol{\mu}_{\mathrm{tot}}(t) = \sum_{i=1}^{N} \boldsymbol{\mu}_i(t) \tag{7.81}$$

ここで，$\boldsymbol{\mu}_i(t)$ は時刻 t での分子 i の双極子モーメントである。全双極子相関関数は次式で定義される。

$$c_{\mathrm{dipole}}(t) = \frac{\langle \boldsymbol{\mu}_{\mathrm{tot}}(t) \cdot \boldsymbol{\mu}_{\mathrm{tot}}(0) \rangle}{\langle \boldsymbol{\mu}_{\mathrm{tot}}(0) \cdot \boldsymbol{\mu}_{\mathrm{tot}}(0) \rangle} \tag{7.82}$$

系の双極子相関時間は標本の吸収スペクトルと関係があり，計算に値する。液体は通常，電磁スペクトルの赤外領域に吸収をもつ。典型的なスペクトルを図 7.12 に示す。図から明らかなように，スペクトルは非常に幅が広く，気相でのよく分離したスペクトルに特徴的な鋭いピークは一つも見られない。これは，液体では全双極子の変化が一様でなく，振動数に分布があるからである。吸収の強度は，いかなる振動数でも，全体の分布に対するその振動数の相対的寄与に依存する。（緩和時間が短く）全双極子がきわめて速く変化する場合には，吸収スペクトルの極大は，一般に，緩和時間が長い場合に比べより高い振動数に現れる。相関関数からスペクトルを予測するには，双極子揺らぎ (dipole fluctuation) の相対分布を求める必要がある。この作業はフーリエ解析法を使って行われる。フーリエ解析では，相関関数は時間領域から振動数領域へ変換される（1.10.8 項参照）。また，各振動数での双極子揺らぎの強度は，次の関係式から算定される。

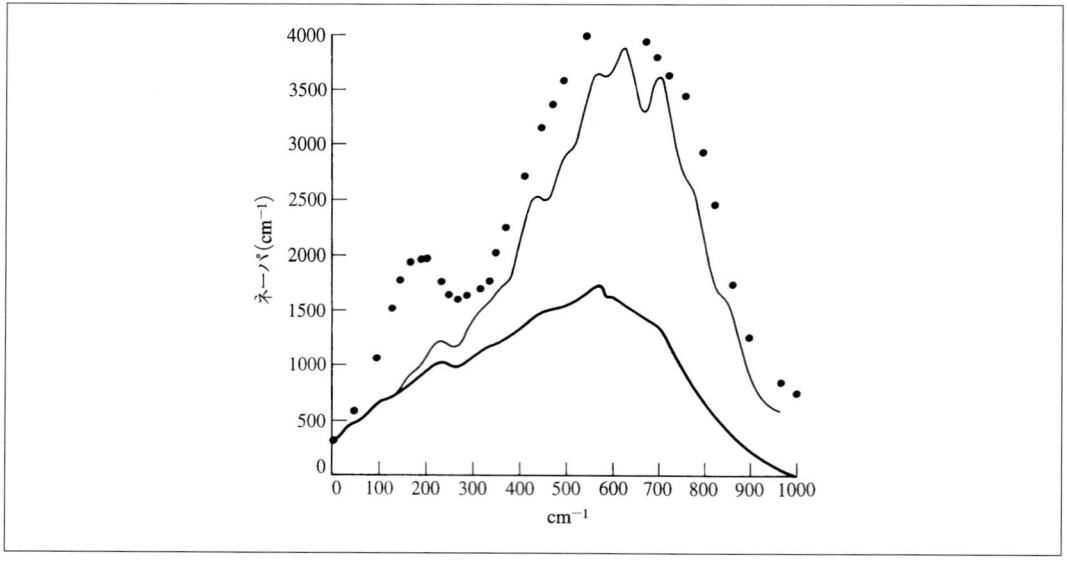

図7.12 液体水の赤外スペクトル。黒丸は実測値，太線は分子動力学シミュレーションで作成した古典的曲線，細線は量子補正を加えた後の曲線である [21]。

$$\hat{c}_{\mathrm{dipole}}(\nu) = \int_{-\infty}^{\infty} c_{\mathrm{dipole}}(t) \exp(-i2\pi\nu t)\, dt \tag{7.83}$$

フーリエ変換ができれば，あとは図7.12に示すように，そのスペクトルをプロットし，実測値と比較してみればよい。

7.6.2 配向相関関数

前項の時間相関関数と同様にして，配向相関関数もまた定義できる。配向相関関数は，時刻tでの分子の配向が時刻ゼロでの配向とどの程度相関があるかを定量的に記述する。角速度自己相関関数は，並進と回転の違いを除けば，速度自己相関関数と同じものと考えてよい。

$$c_{\omega\omega}(t) = \frac{\langle \omega_i(t) \cdot \omega_i(0) \rangle}{\langle \omega_i(0) \cdot \omega_i(0) \rangle} \tag{7.84}$$

液体中では，分子の回転は近接分子の影響を受け，その自己相関関数は，時間が経つにつれゼロへと減衰していく。配向相関関数に含まれる情報量は，赤外，ラマン，NMRなどの分光学的実験から得られるそれに匹敵する。非球状分子では，自己相関関数は回転の主軸に沿った個々の角速度に対して別々に求めた方がよい。たとえば，CBr_4のような球状分子では，近接分子は角速度の相関消失にあまり影響を及ぼさないが，CS_2のような直線分子では，回転により有意なトルクが発生する。このトルクは，球状分子の場合に比べて回転運動をより大きく減衰させ，その効果は，相関関数の符号を変えることすらある。この符号の変化は，分子の回転方向が逆転したことを意味する。また，水のような分子では，分子間に（たとえば水素結合による）特殊な相互作用が存在するため，$c_{\omega\omega}(t)$は極小点をいくつか作りながらきわめて速やかに減衰する。

7.6.3 輸送的性質

　輸送とは，ある領域から別の領域へ物質の流れを引き起こす現象を指す。たとえば，溶質の分布が平衡にない溶液では，溶質はその濃度が溶液全体にわたり等しくなるまで拡散する。また，熱勾配があるとき，エネルギーは温度が一様になるまで流れ，さらにまた，運動量の勾配は粘性を生じる。輸送の存在は，まさに系が平衡にないことを意味する。非平衡系のシミュレーションを行うための分子動力学的手法は，いくつか知られている。このシミュレーションからは輸送的性質も計算されるが，本書では扱わない。ここで取り上げるのは，平衡シミュレーションから非平衡的性質を計算する問題である。このような計算は一見不可能に見えるが，平衡系でも生じている微視的な局所揺らぎに着目すれば，できないことはない。しかし，輸送的性質を計算する場合，この方法は，非平衡分子動力学シミュレーションに比べて明らかに効率が悪い [5]。

　関連量の輸送速度（流束）は，輸送係数を比例定数としたとき，一次近似として性質の勾配に比例する。たとえば，物質の流束 J_z（単位時間内に単位面積を通過する量）は，拡散係数（D）に濃度勾配を掛けたものに等しい。これは，フィックの第一拡散法則と呼ばれる。

$$J_z = -D(d\mathrm{N}/dz) \tag{7.85}$$

ここで，N は数密度（単位体積当たりの粒子数）である。式(7.85)は z 方向の拡散に適用される。負号は，流束の増加が負の濃度勾配方向に起こることを示す。また，濃度分布が時間とともに変化する場合，拡散挙動の時間依存性はフィックの第二法則に支配される。

$$\frac{\partial \mathrm{N}(z, t)}{\partial t} = D \frac{\partial^2 \mathrm{N}(z, t)}{\partial z^2} \tag{7.86}$$

式(7.86)は，空間に関して二次，時間に関して一次であるから，これを解くには，境界条件を空間依存性に対して二つ，時間依存性に対して一つ課す必要がある。たとえば，時刻ゼロでは，N_0 個の粒子はすべて $z=0$ であるとすれば，方程式の解は次のようになる。

$$\mathrm{N}(z, t) = \frac{N_0}{A\sqrt{\pi Dt}} \exp\left[-\frac{z^2}{4Dt}\right] \tag{7.87}$$

ここで，A は試料の断面積である。式(7.87)はガウス関数で，最初 $z=0$ に鋭いピークをもつが，時間が経つにつれ，ピーク幅は次第に広がっていく。シミュレーションされる物質が純液体のとき，係数 D は，自己拡散係数（self-diffusion coefficient）と呼ばれる。拡散係数は平均二乗変位 $\langle |\mathbf{r}(t) - \mathbf{r}(0)|^2 \rangle$ と関係があり，アインシュタインによれば，それは $2Dt$ に等しい。三次元の場合，平均二乗変位は次式で与えられる。

$$3D = \lim_{t \to \infty} \frac{\langle |\mathbf{r}(t) - \mathbf{r}(0)|^2 \rangle}{2t} \tag{7.88}$$

ただし，この関係が厳密に成立するのは，$t \to \infty$ の極限においてである。

　アインシュタインの関係式を利用すれば，時間の関数として平均二乗変位をプロットし，$t \to \infty$ の極限へ外挿することで，平衡シミュレーションから拡散係数が計算できる。関連量 $|\mathbf{r}(t) - \mathbf{r}(0)|$ は，統計誤差を小さくするため，系のすべての粒子について平均される。また，可能であれば，時間原点に関して平均することもよく行われる。この方法で拡散係数を計算する場

合には，周期セルの拘束を平均二乗変位に課してはならない．言い換えれば，並進により中央の基本セルへ戻ることのない一連の粒子位置が必要である．この条件を実現するには，未補正の位置をすべて保存するか，あるいはシミュレーションの際，どの位置も補正せず，エネルギーや力の計算に必要なときだけ適当な最小影像位置を発生させればよい．

アインシュタインの関係式は，他の輸送的性質――ずり粘性率，体積粘性率，熱伝導率など――に対しても成立する．たとえば，ずり粘性率 η は次式で与えられる．

$$\eta_{xy} = \frac{1}{Vk_B T} \lim_{t \to \infty} \frac{\langle (\sum_{i=1}^N m\dot{x}_i(t)y_i(t) - \sum_{i=1}^N m\dot{y}_i(t)x_i(t))^2 \rangle}{2t} \tag{7.89}$$

ずり粘性率は，成分 η_{xy}, η_{xz}, η_{yx}, η_{yz}, η_{zx}, η_{zy} をもつテンソル量である．それは，個々の原子の性質ではなく，試料全体の性質である．したがって，計算の精度は自己拡散係数のそれと同じにはならない．ただし，一様な流体の場合には，ずり粘性率の成分はすべて等しい．したがって，六つの成分を平均すれば，統計誤差は小さくなる．また，これらの成分の（平均からの）標準偏差を求めれば，計算精度が推定できる．あいにく，式(7.89)は，たとえ位置が分かっていたとしても周期系では使えない．そのような位置から算定される二粒子間の距離は，力の計算に使われる最小影像距離に対応していないからである．別のアプローチが必要とされるのは，まさにこの理由による．

拡散係数などの輸送係数を計算する方法には，そのほか，自己相関関数を介するアプローチがある．それによれば，たとえば拡散係数は，原子の位置 $\mathbf{r}(t)$ が時間とともに変化するその様子に依存する．時刻 t での $\mathbf{r}(t)$ と $\mathbf{r}(0)$ の差は，次式で与えられる．

$$|\mathbf{r}(t) - \mathbf{r}(0)| = \int_0^t \mathbf{v}(t')\,dt' \tag{7.90}$$

いま，式(7.90)の両辺を二乗すれば，平均二乗変位に関する次式が得られる．

$$\langle |\mathbf{r}(t) - \mathbf{r}(0)|^2 \rangle = \int_0^t dt' \int_0^t dt'' \langle \mathbf{v}(t') \cdot \mathbf{v}(t'') \rangle \tag{7.91}$$

ここで，右辺の相関関数は原点を変えても影響を受けない．したがって次式が成立する．

$$\langle \mathbf{v}(t') \cdot \mathbf{v}(t'') \rangle = \langle \mathbf{v}(t'' - t') \cdot \mathbf{v}(0) \rangle \tag{7.92}$$

二重積分式(7.91)を積分すると，次のグリーン-久保の公式が得られる．

$$\frac{\langle |\mathbf{r}(t) - \mathbf{r}(0)|^2 \rangle}{2t} = \int_0^t \langle \mathbf{v}(\tau) \cdot \mathbf{v}(0) \rangle \left(1 - \frac{\tau}{t}\right) d\tau \tag{7.93}$$

極限では，

$$\int_0^\infty \langle \mathbf{v}(\tau) \cdot \mathbf{v}(0) \rangle d\tau = \lim_{t \to \infty} \frac{\langle |\mathbf{r}(t) - \mathbf{r}(0)|^2 \rangle}{2t} = 3D \tag{7.94}$$

自己相関関数で「長い時間的すそ」がきわめて重要である理由は，本式を見れば明らかであろう．グリーン-久保の公式では，ゼロに向かって緩やかに減衰する区間の曲線下面積は，積分の重要な一部を構成する．これらの積分は，実際には数値計算から求められる．ただし，長い時間的すそ曲線に関数を当てはめ，無限大まで積分することで処理される．

7.7 定温と定圧での分子動力学

分子動力学は通常，定 NVE 集団で行われる．熱力学的結果は，集団間で相互に変換できる．しかし，このことは，厳密には系の大きさが無限大の極限（熱力学的極限）でしか成り立たない．したがって，他の集団に対してもシミュレーションを行うことが望ましい．そのような集団の中で最も一般的なものは，定 NVT 集団と定 NPT 集団である．本節では，定温や定圧の条件下で分子動力学シミュレーションがどのように行われるかを考察する．

7.7.1 定温動力学

われわれはさまざまな理由で，分子動力学シミュレーションの間，温度を一定に維持し制御したいと考える．平衡化の段階で温度を一定値に保つことは，定 NVE シミュレーションにおいてさえ一般によく行われる．定温シミュレーションは，タンパク質の変性やガラスの生成のように，温度とともに変化する系の挙動を知りたいとき必要になる．ちなみに，系の温度を徐々に下げながら系の自由度空間を探索していく方法を，焼きなまし法と呼ぶ．焼きなまし法は，配座空間を探索したり，NMR や X 線結晶解析から得られた高分子の構造を説明したい場合に使われる（9.9.2 項参照）．

系の温度は運動エネルギーの時間平均と関係があり，非拘束系では両者の間に次式が成り立つ．

$$\langle K \rangle_{NVT} = \frac{3}{2} N k_B T \tag{7.95}$$

すなわち，系の温度を変えたければ，粒子の速度を調整すればよい [59]．いま，時刻 t での温度を $T(t)$，粒子の速度を ν とすれば，関連温度変化は次式から計算される．

$$\Delta T = \frac{1}{2} \sum_{i=1}^{N} \frac{2}{3} \frac{m_i (\lambda \nu_i)^2}{N k_B} - \frac{1}{2} \sum_{i=1}^{N} \frac{2}{3} \frac{m_i \nu_i^2}{N k_B} \tag{7.96}$$

$$\Delta T = (\lambda^2 - 1) T(t) \tag{7.97}$$

ここで，

$$\lambda = \sqrt{T_{\text{new}} / T(t)} \tag{7.98}$$

したがって最も簡単には，温度は各ステップで速度に掛かる係数 λ （$= \sqrt{T_{\text{req}}/T_{\text{curr}}}$）を調整することで制御できる．ここで，$T_{\text{curr}}$ は運動エネルギーから計算される現在の温度，T_{req} は到達すべき温度をそれぞれ表す．

温度を一定に保つには，そのほか，到達したい温度に保たれた外部熱浴へ系をつなぐ方法がある [9]．この熱浴は，適宜，系へ熱を供給したり取り去ったりするための熱エネルギー源として働く．また，温度の変化速度は，熱浴と系の温度差に比例する．

$$\frac{dT(t)}{dt} = \frac{1}{\tau} (T_{\text{bath}} - T(t)) \tag{7.99}$$

ここで，τ は結合定数で，その値は熱浴と系の結合の強さを表す．すなわち，τ が大きければ結合は弱く，逆に，τ が小さければ結合は強い．この方法では，系の温度は到達すべき温度へ指数関数的に近づく．連続するステップ間の温度変化は，

$$\Delta T = \frac{\delta t}{\tau}(T_{\text{bath}} - T(t)) \tag{7.100}$$

したがって，速度に対するスケーリング因子 λ は次式から計算できる．

$$\lambda^2 = 1 + \frac{\delta t}{\tau}\left(\frac{T_{\text{bath}}}{T(t)} - 1\right) \tag{7.101}$$

アルゴリズムは，結合定数が時間刻み幅に等しいとき（$\tau = \delta t$），単純な速度スケーリング法と一致する．時間刻み幅が1フェムト秒のとき，適切な結合定数値は約0.4ピコ秒とされる（$\delta t/\tau \approx 0.0025$）．このアプローチの長所は，到達すべき温度付近で揺らぎが許容されることである．

これらの二つの速度スケーリング法は比較的簡単である．しかし，厳密な正準集団を発生させることはできない．また，速度スケーリング法は，系の成分間の温度差を人為的に広げる．そのため，系全体の温度が到達すべき値に等しいときでさえ，溶質の温度が溶媒のそれよりも低い，いわゆる「熱い溶媒，冷たい溶質」現象が観測される．この問題は，溶質と溶媒を切り離し，別々に温度の結合を行うことで解決される．しかし，さまざまな成分や運動様式の間でエネルギーが不均一に分布する問題は，依然残ったままである．正しく使われたとき，厳密な正準集団を発生させることができる方法は，二つ存在する．確率衝突法（stochastic collision method）と拡張系法（extended system method）である．

確率衝突法では，粒子は適当な間隔で無作為に選択され，その速度もマクスウェル–ボルツマン分布に基づき無作為に割り当てられる [6]．この状況は，系の原子と衝突する「熱粒子」をランダムに放出する熱浴と接触している系のそれに相当する．衝突から次の衝突までの間，系は一定のエネルギーに保たれる．そのため，全体の効果は，少しずつ違うエネルギーで施行された一連の小正準シミュレーションのそれに等しい．これらのミニ小正準シミュレーションのエネルギー分布は，ガウス関数のそれに従う．もちろん，確率衝突法では軌跡は滑らかにならない．このことはこの方法の欠点である．Andersonは，衝突によるエネルギー変化を計算し，確率衝突する各粒子の平均速度（ν）が次式で与えられることを示した．

$$\nu = \frac{2a\kappa}{3k_{\text{B}} N^{1/3} N^{2/3}} \tag{7.102}$$

ここで，a は無次元定数，κ は熱伝導率，N は粒子の数密度である．ν の値は，熱伝導率が分からなければ，分子間衝突頻度 ν_c から得ることもできる．

$$\nu = \nu_c / N^{2/3} \tag{7.103}$$

もし，衝突速度が小さすぎれば，系はエネルギーの正準分布からサンプリングされない．また，衝突速度が大きすぎれば，温度制御アルゴリズムが支配的となり，系は期待される運動エネルギーの揺らぎを示さない．確率衝突法では複数の粒子が速度を変え，極限ではすべての粒子の速度が同時に変化する．この変化は，実際にはきわめて長い間隔を必要とする．たかだか数個の粒子

しか影響を受けない小規模な衝突と，すべての粒子の速度が変化する大規模な衝突は，区別して扱われる。また，比較的頻繁に起こる小規模な衝突と，長い間隔を置いて起こる大規模な衝突を組み合わせたアプローチが使われることもある。

拡張系法は，定温分子動力学を行うため Nosé [36] が導入し，Hoover [24] が発展させた方法である。この方法は，系の必須要素として熱源を想定する。熱源は追加自由度 s で表され，物理系の自由度を f，温度を T としたとき，$(f+1)k_BT\ln s$ のポテンシャルエネルギーをもつ。熱源はまた，$(Q/2)(ds/dt)^2$ の運動エネルギーもあわせもつ。ここで，Q はエネルギー×(時間)^2 の次元をもつパラメータで，追加自由度の仮想質量に相当する。Q の大きさは，熱源と実在系の結合を規定し，温度の揺らぎに影響を及ぼす。

分子動力学シミュレーションで発生した拡張系の各状態は，実在系の状態と一意的に対応する。しかし，実在系の速度や時間と拡張系のそれらの間に直接的な対応関係は存在しない。実在系での原子の速度は次式で与えられる。

$$\mathbf{v}_i = s\frac{d\mathbf{r}_i}{dt} \tag{7.104}$$

ここで，$\mathbf{r}_i$ はシミュレーションでの粒子 i の位置であり，$\mathbf{v}_i$ は粒子の真の速度である。時間刻み幅 $\delta t'$ は，実時間での時間刻み幅 δt と次式の関係にある。

$$\delta t = s\delta t' \tag{7.105}$$

追加自由度 s の値は変化するため，実時間での時間刻み幅は変動する。したがって，拡張系で一定の時間間隔を取っても，実在系ではそれは，時間間隔が不揃いな軌跡として観測される。

パラメータ Q は，系と熱源の間のエネルギーの流れを制御する。もし Q が大きければ，エネルギーの流れは遅い。Q が無限大となる極限では，拡張系動力学は通常の分子動力学と一致し，熱源と実在系の間でエネルギーの交換はない。一方，Q が小さすぎると，エネルギーは振動して平衡化の問題が生じる。Nosé によれば，Q は fk_BT に比例する。比例定数 f を得るには，試験系に対して一連のシミュレーションを行い，系が望ましい温度をどの程度維持できるか調べればよい。

7.7.2 定圧動力学

分子動力学シミュレーションは，定温条件のほか，系の圧力を一定にした状態でも行われる。このような定圧条件下では，系の挙動は圧力の関数として探究できる。したがって，圧力誘導相転移のような現象の研究が可能になる。実験的な測定の多くは，温度や圧力が一定の条件下で行われる。そのため，定温定圧集団のシミュレーションから得られる結果は，実験データと直接的な関連をもつ。ある種の構造的再配列は，定容よりも定圧条件下のシミュレーションで達成されやすい。定圧条件はまた，系の粒子数が変化するような場合にも重要になる。たとえば，ある種の試験粒子法で自由エネルギーや化学ポテンシャルを計算するような場合である（8.9節参照）。

定 NVE シミュレーションでは，圧力は全エネルギーに比べてはるかに揺らぎが大きい。圧力はビリアルと関係があるから，これは当然予想されることである。すなわち，ビリアルは，位置

とポテンシャルエネルギー関数の微分の積 $r_{ij}dV(r_{ij})/dr_{ij}$ で与えられるが，r に対するこの積の変化は，内部エネルギーのそれに比べてはるかに大きい。このことは，圧力の大きな揺らぎとして観測される。

巨視的系は，その体積を変えることで圧力を一定に保つ。このことは，定温定圧集団のシミュレーションでも同様である。圧力を一定に保つためには，セルの体積を変えなければならない。体積揺らぎの大きさは，等温圧縮率 κ と次式の関係にある。

$$\kappa = -\frac{1}{V}\left(\frac{\partial V}{\partial P}\right)_T \tag{7.106}$$

圧縮されやすい物質は大きな κ 値をもつので，一定の圧力では圧縮されにくい物質に比べて大きな体積揺らぎを生じる。しかし，定容シミュレーションでは逆の関係が成り立ち，より大きな圧力揺らぎは圧縮されにくい物質で観測される。熱容量はエネルギー揺らぎと関係づけられるが，等温圧縮率はこの熱容量と対比される圧力概念である。

定圧シミュレーションでは，体積変化は全方向もしくは特定の一方向に起こる。典型的な系の場合，定圧シミュレーションで観測される体積変化はどのようになるのか。等温圧縮率は，平均二乗体積変位と次式の関係にある。

$$\kappa = \frac{1}{k_BT}\frac{\langle V^2\rangle - \langle V\rangle^2}{\langle V^2\rangle} \tag{7.107}$$

理想気体の等温圧縮率は約 $1\,\mathrm{atm}^{-1}$ である。したがって，一辺が $20\,\mathrm{Å}$ の箱（体積 $8,000\,\mathrm{Å}^3$）を使った $300\,\mathrm{K}$ のシミュレーションでは，体積の二乗平均変化（揺らぎ）はほぼ $18,100\,\mathrm{Å}^3$ になる。この値は，箱の最初のサイズよりも大きい。それに対し，比較的圧縮されにくい物質，たとえば水（$\kappa = 44.75\times 10^{-6}\,\mathrm{atm}^{-1}$）の場合には，揺らぎは $121\,\mathrm{Å}^3$ になる。この値は，箱が各方向に約 $0.1\,\mathrm{Å}$ だけ変化したことに対応する。これらの結果は，シミュレーション系の適正な大きさを知る上で役に立つ。

圧力の制御に使われる方法の多くは，温度の制御に使われるそれと同じである。圧力は，体積を調整することで一定値に維持できる。また，そのほか温度浴に似た圧力浴へ系を結合させる方法もある [9]。この場合，圧力の変化速度は次式で与えられる。

$$\frac{dP(t)}{dt} = \frac{1}{\tau_p}(P_{\mathrm{bath}} - P(t)) \tag{7.108}$$

ここで，τ_p は結合定数，P_{bath} は浴の圧力，$P(t)$ は時刻 t での実際の圧力である。シミュレーション箱の体積は，スケーリング因子 λ を使って調整される。これは，原子座標に因子 $\lambda^{1/3}$ を掛けることと同義である。

$$\lambda = 1 - \kappa\frac{\delta t}{\tau_p}(P - P_{\mathrm{bath}}) \tag{7.109}$$

新しい位置は次式で与えられる。

$$\mathbf{r}_i' = \lambda^{1/3}\mathbf{r}_i \tag{7.110}$$

定数 κ は，緩和定数 τ_p と合わせて一つの定数にまとめてもよい。式(7.109)は，三方向のすべて

でスケーリング因子が等しい等方的な場合と，方向によりスケーリング因子が異なる異方的な場合のどちらにも適用できる．一般に，異方的アプローチは箱の各辺を他の辺と独立に変えられるので，より望ましい方法と言える．しかし，あいにくこの方法では，サンプリングを行うべき集団の特定ができない．

　Andersonは，拡張圧力結合系法（extended pressure-coupling system method）を提案した［6］．この方法では，箱の体積に対応する自由度が系へ追加される．この自由度は，系に作用するピストンに相当し，その運動エネルギーは $\frac{1}{2}Q(dV/dt)^2$ で与えられる．ここで，Q はピストンの質量である．ピストンはまた，ポテンシャルエネルギー PV をもつ．ここで，P は系の圧力，V は系の体積である．ピストンは，質量が小さいとき箱の中で高速振動を行う．しかし，質量が大きいときにはそのようなことは起こらず，質量が無限大になれば，系は標準的な分子動力学系に戻る．体積は，シミュレーションの過程で変化する．平均体積を決めるのは，外圧と系の内圧との釣合いである．また，拡張系の座標は実在座標と次式の関係にある．

$$\mathbf{r}_i' = V^{-1/3} \mathbf{r}_i \tag{7.111}$$

7.8　分子動力学への溶媒効果の組込み：平均力ポテンシャルと確率動力学

　溶質-溶媒系のシミュレーションは，多くの場合，溶質の挙動に焦点を合わせる．溶媒は関心の対象外であり，溶質分子から遠く離れた領域ではことにそうである．非直交周期境界条件，確率境界および「溶媒殻（solvent shell）」を使用することで，われわれは計算の必要な溶媒分子の数を削減し，より多くの時間を溶質のシミュレーションへ回すことができる．本節では，個々の溶媒分子を顕わな形で考慮しなくても溶媒効果が組み込める方法を取り上げる．

　この問題へのアプローチとしてまず挙げなければならないのは，平均力ポテンシャル（potential of mean force）を使う方法である．このポテンシャルは，（二原子間距離や結合ねじれ角のような）特定の座標が変化したとき，自由エネルギーがどのように変化するかを記述する．このような自由エネルギー変化には，平均化された溶媒効果の寄与も含まれる．

　平均力ポテンシャルは，アンブレラ・サンプリングや自由エネルギー摂動法を使い，分子動力学やモンテカルロのシミュレーションから計算される（11.7節参照）．このポテンシャルが役立った研究の一例を次に挙げよう．孤立状態（気相）にある1,2-ジクロロエタン分子では，トランス配座とゴーシュ配座のエネルギー差は約1.14 kcal/molで，母集団はトランス配座体を77％，ゴーシュ配座体を23％含んでいる．しかし液体状態では，ゴーシュ配座体の相対占有率は気相の場合に比べ有意に増加し，トランス配座体は44％，ゴーシュ配座体は56％となる．Jorgensenは，これらの実験結果をモンテカルロ・シミュレーションで見事に再現した［28］（図7.13参照）．その際，彼が使ったのが平均力ポテンシャルである．このポテンシャルのおかげで，彼はまわりにあたかも液体が存在するかのごとく，1,2-ジクロロエタン分子をシミュレーションすることができた．

　平均力ポテンシャルを使ったシミュレーションでは，溶媒のもつ調整効果が考慮される．しか

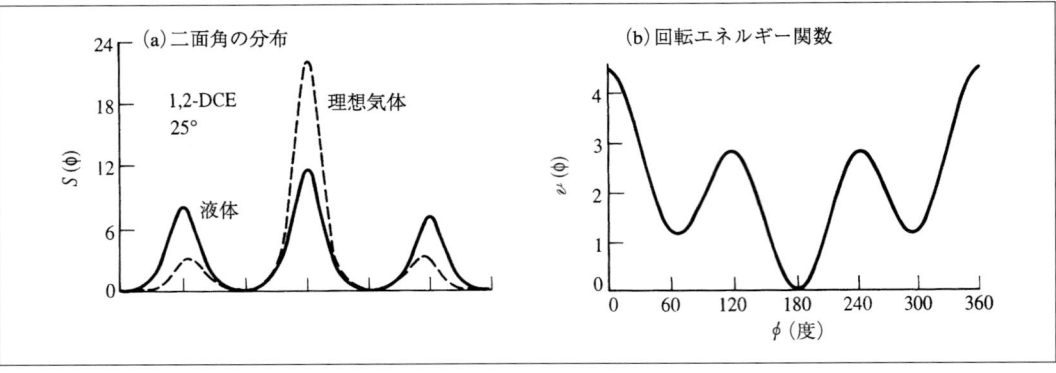

図7.13 気相と液相における1,2-ジクロロエタン二面角の母集団分布 [28]

し，溶媒の影響はそれだけではない．不規則な衝突や溶質が溶媒間を擦り抜ける際の摩擦抵抗により，溶媒はまた，溶質の動力学的挙動にも影響を及ぼす．確率動力学モデル (stochastic dynamics model) は，ランジュバン運動方程式を出発点とするが，このモデルでは後者の効果も組み込まれている．確率動力学では，粒子に働く力は三つの成分からなると考える．第一の成分 ($\mathbf{F}_i$) は，粒子間に働く相互作用からの寄与である．これは，粒子の位置に関係する力であり，平均力ポテンシャルを使って定式化できる．第二の力は，溶媒間を擦り抜ける粒子の運動に由来し，溶媒によって粒子に働く摩擦抵抗に相当する．この摩擦力は粒子の速度に比例し，比例定数は摩擦係数と呼ばれる．

$$\mathbf{F}_{\text{frictional}} = -\xi \mathbf{v} \tag{7.112}$$

ここで，$\mathbf{v}$ は速度，ξ は摩擦係数である．摩擦係数と衝突頻度 (γ) の間には，$\gamma = \xi/m$ (m：粒子の質量) の関係が成り立つ．γ^{-1} は，粒子がその初速度の記憶を失うのに要する時間 (速度緩和時間) に相当する．球状粒子では，摩擦係数は拡散定数 D と次式の関係にある．

$$\xi = k_B T / D \tag{7.113}$$

球状粒子の半径を a とすれば，摩擦力はストークスの法則から次式で与えられる．

$$\mathbf{F}_{\text{frictional}} = 6\pi a \eta \mathbf{v} \tag{7.114}$$

ここで，η は流体の粘性率である．

粒子に働く第三の力は，溶媒分子との相互作用により生じる不規則な揺らぎに由来する．いま，この力を $\mathbf{R}(t)$ で表せば，粒子 i に対するランジュバンの運動方程式は，次のように書き表される．

$$m_i \frac{d^2 x_i(t)}{dt^2} = \mathbf{F}_i\{x_i(t)\} - \gamma_i \frac{dx_i(t)}{dt} m_i + \mathbf{R}_i(t) \tag{7.115}$$

式 (7.115) に依拠したシミュレーション手法は，多数提案されている．それらは，摩擦力とランダム力の性質に関して仮定を異にする．しかし，衝突頻度 γ が時間と位置に無関係であると見なす点は共通である．ランダム力 $\mathbf{R}(t)$ は，一般に，粒子の速度や位置およびそれらに働く力とは無関係で，平均ゼロのガウス分布に従う．また，積分の各ステップで力 $\mathbf{F}_i$ は一定であると仮

定される。

　速度の緩和時間と積分ステップの相対的長さに依存し，三種類の状況が考えられる。第一の状況は，時間刻み幅が速度緩和時間に比べて短い場合である（$\gamma\delta t\ll 1$）。このような状況下では，溶媒による粒子の活性化や不活性化は起こらない。γがゼロの極限では，溶媒による効果は皆無になるので，ランジュバン方程式(7.115)はニュートンの運動方程式と一致する。第二の状況は，速度緩和時間が時間刻み幅よりもはるかに短い場合で，もう一方の極限に相当する。これは拡散の過程に等しく，運動は溶媒によって速やかに弱められる。第三の状況は，これらの両極限の中間に位置する。これらの三種類の状況に対応し，ランジュバン運動方程式のさまざまな積分アルゴリズムが提案されている。

　$\gamma\delta t\ll 1$の領域で使用されるのは，次の簡単な積分アルゴリズムである［55］。

$$x_{i+1}=x_i+v_i\delta t+\frac{1}{2}(\delta t)^2\{-\gamma v_i+m^{-1}(F_i+R_i)\} \tag{7.116}$$

$$v_{i+1}=v_i+(\delta t)\{-\gamma v_i+m^{-1}(F_i+R_i)\} \tag{7.117}$$

各ステップでの平均ランダム力は，分散が$2mk_{\rm B}T\gamma(\delta t)^{-1}$のガウス関数から算定される。$x_i$は，ステップ$i$にある$3N$個の座標の一つである。また，$F_i$と$R_i$はその時刻での摩擦力とランダム力の各成分，$v_i$は速度成分をそれぞれ表す。

　上式に代わるものとして，差分近似に基づいた次のアルゴリズムも利用される［10］。

$$d^2x/dt^2\approx (x_{i+1}-2x_i+x_{i-1})/\delta t^2 \tag{7.118}$$

$$dx/dt\approx (x_{i+1}-x_{i-1})/2\delta t \tag{7.119}$$

これらの式から，座標x_{i+1}に関する次式が導かれる。

$$x_{i+1}=x_i+(x_i-x_{i-1})\frac{1-\frac{1}{2}\gamma\delta t}{1+\frac{1}{2}\gamma\delta t}+\left(\frac{\delta t^2}{m}\right)\frac{F_i+R_i}{1+\frac{1}{2}\gamma\delta t} \tag{7.120}$$

　次は$\gamma\delta t\gg 1$の領域である。もし，積分の各ステップで粒子間力が一定であるならば，次式が成立する［55］。

$$x_{i+1}=x_i+F_i(m\gamma)^{-1}\delta t+X_i(\delta t) \tag{7.121}$$

ここでX_iは，平均がゼロ，分散が$2k_{\rm B}T(m\gamma)^{-1}=2D\delta t$のガウス関数である。この手続きを拡張し，各ステップで力F_iが直線的に変化すると見なせば，次式が導かれる。

$$x_{i+1}=x_i+\frac{\delta t}{m\gamma}\left(F_i+\frac{1}{2}\dot{F}_i\delta t\right)+X_i \tag{7.122}$$

ここで，$\dot{F}_i$はステップiでの力の微分で，その値は次の数値計算から得られる。

$$\dot{F}_i=(F_i-F_{i-1})/\delta t \tag{7.123}$$

　$\gamma\delta t$に関して制約のない中間領域では，運動方程式の積分は，次に示すようにかなり複雑な結果を与える［54］。

$$x_{i+1} = x_i + \nu_i \gamma^{-1}(1-\exp(-\gamma\delta t)) + F_i(m\gamma)^{-1}[\delta t - \gamma^{-1}(1-\exp(-\gamma\delta t))]$$
$$+ (mg)^{-1}\int_{t_i}^{t_{i+1}}[1-\exp(-\gamma(t_{i+1}-t'))]R(t')\,dt' \tag{7.124}$$

$$\nu_{i+1} = \nu_i \exp(-\gamma\delta t) + F_i(m\gamma)^{-1}(1-\exp(-\gamma\delta t))$$
$$+ (m)^{-1}\int_{t_i}^{t_{i+1}}\exp(-\gamma(t_{i+1}-t'))R(t')\,dt' \tag{7.125}$$

これらの二つの方程式によれば，新しい位置と速度はいずれもランダム力 $R(t)$ の積分（式 (7.124) と (7.125) の最終項）に依存する．これらの積分はどちらも $R_i(t)$ に依存するため，互いに関連をもつ．特に注意しなければならないのは，それらが二変量ガウス分布に従う点である．この分布は，時刻 t に速度 ν_i で位置 x_i にあり力 F_i を受けている粒子が，時刻 $t+\delta t$ に速度 ν_{i+1} で位置 x_{i+1} にある確率を与える．このことは，第二の変数の分布が第一の変数の値に依存することを意味する．このような分布から正しくサンプリングすることはむずかしい．しかし，van Gunsteren & Berendson によれば，これらの方程式は二つの独立なガウス関数からサンプリングする形に書き換えることができるという．

さらに複雑な確率動力学的取扱いも可能である．これまで述べた方法では，溶媒効果はかなり簡単な形でしか扱われなかった．たとえば，ある瞬間での摩擦力は，同一時刻の速度のみに比例した．しかし，より現実に即したモデルでは，摩擦力は以前の値を記憶しており，それらの間に相関が存在することが仮定される．また，摩擦係数も他の粒子の座標に依存すると見なされる．

7.8.1 確率動力学シミュレーションの実際的側面

確率動力学シミュレーションは，衝突頻度 γ の値を必要とする．球のような簡単な粒子の場合，この頻度は流体の拡散定数と関係づけられる．また，剛体分子でも，γ は，標準的な分子動力学シミュレーションから拡散係数を介して誘導できる．しかし，さらに一般的な場合を考えると，γ の誘導には各原子の摩擦係数が必要である．ブタンのような簡単な分子では，摩擦係数はすべての原子で同じであると見なしてよい．γ の最適値は，γ のさまざまな値に対して確率動力学シミュレーションを行い，その結果を実測値や標準的な分子動力学シミュレーションの結果と比較することで試行錯誤的に求められる．大きな分子では，原子摩擦係数は溶媒との接触の度合に依存すると考えられる．そのため通常，値は（1.5節で定義された）原子の接触可能表面積に比例するようにとられる．

確率動力学法の主な長所の一つは，計算時間を大幅に短縮でき，きわめて長時間のシミュレーションが行えることである．たとえば，Widmaln & Pastor は，エチレングリコール分子1個と水分子259個からなる水溶液系を考え，分子動力学と確率動力学により1ナノ秒のシミュレーションを行った [58]．それによると，分子動力学シミュレーションは計算に300時間を要したが，溶質のみを対象とした確率動力学シミュレーションでは，結果はわずか24分で得られた．確率動力学シミュレーションでの計算時間のこのような大幅な短縮は，単に計算の対象となる分子の数がはるかに少ないというだけではなく，大きな時間刻み幅を使用できることとも関係があ

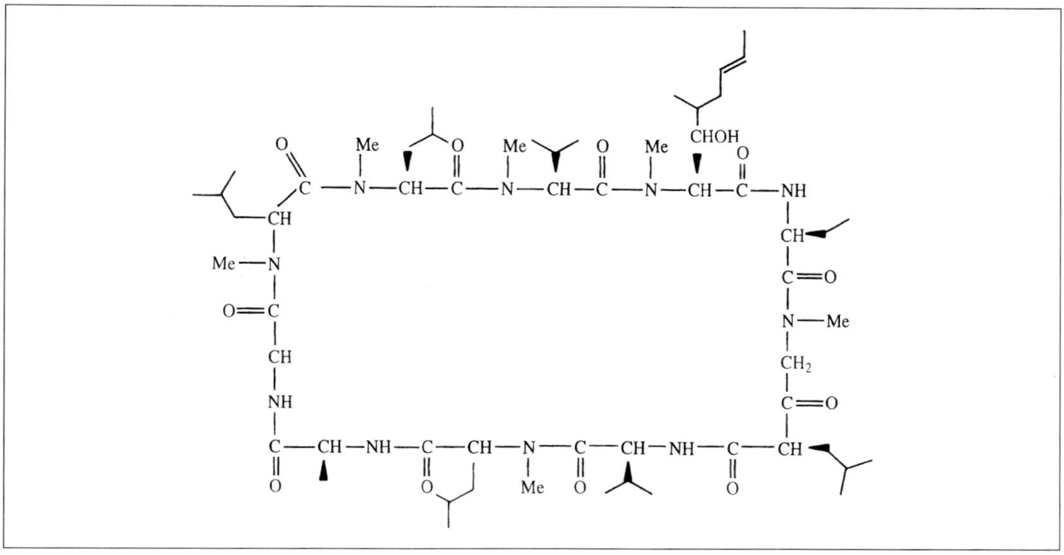

図 7.14 シクロスポリン

る。
　確率動力学は，長鎖分子や高分子の挙動研究に広く利用される。確率動力学の利点が特に顕著に現れるのは，高分子を扱う場合である［22］。高分子では，興味ある多くの現象はその発生に比較的長い時間を要する。そのため，従来の分子動力学では扱うことができなかった。もっとも，確率動力学を使う場合でも，特殊な溶質-溶媒相互作用が存在する系では注意が必要である。たとえば，Yun-Yu, Lu & van Gunsteren は，確率動力学と分子動力学を使い，二種の溶媒——四塩化炭素と水——中での免疫抑制薬シクロスポリン（図 7.14）の挙動を解析した［60］。彼らは，二つの方法で得られた時間平均構造を比較し，それらの間の類似性を検討した。ねじれ角の揺らぎもまた比較された。それによると，分子動力学と確率動力学のシミュレーションは，四塩化炭素中のシクロスポリンの構造に関して非常によく似た結果を与えた。しかし，水中での構造に関しては，両者の結果は大きく異なっていた。これは，確率動力学シミュレーションでは，分子内の水素結合が過大に評価されることによる。分子動力学シミュレーションでは，水素結合はシクロスポリンと溶媒の間で形成される分子間のものが圧倒的に多い。

7.9　分子動力学シミュレーションでの配座変化

　分子動力学は，分子系の配座的性質や配座の経時的変化について情報をもたらす。分子グラフィックスは，時間の次元を考慮した形で構造パラメータを画面に表示し，このようなシミュレーションの解析を促進する。系の配座的挙動を確認できる最も直接的な手段は，映画である。映画では，一定の間隔で保存された多数の座標が連続的に表示される。時間に依存するデータは，印刷物として公表する場合，図 7.3 や図 7.10 で示したように時間を一方の座標軸としたグラフで

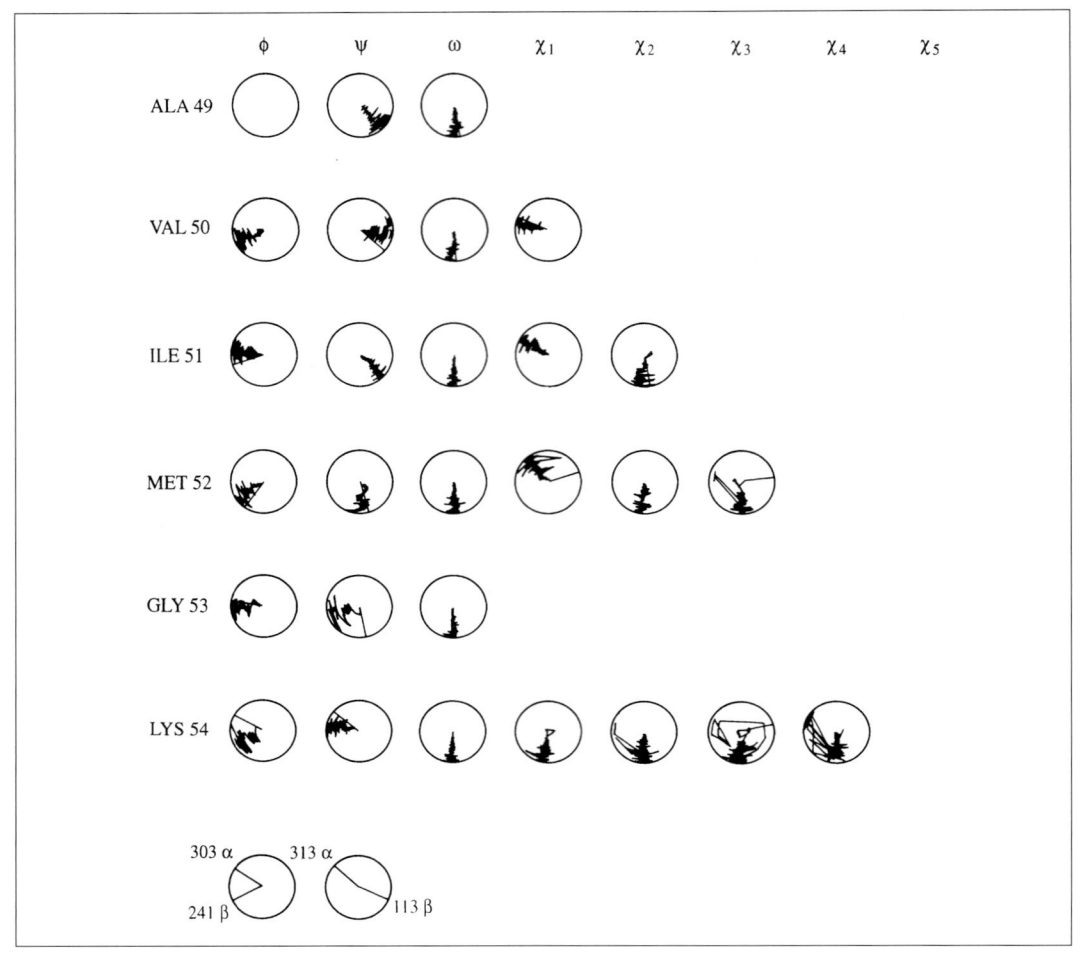

図7.15 ダイヤルグラフによるねじれ角の表示。ねじれ角の変化は，一連のダイヤルグラフを使うとうまく可視化される。時間はダイヤルの中心からの距離で示される。図は，酵素ジヒドロ葉酸レダクターゼとトリアジン阻害薬の分子間複合体に対する分子動力学シミュレーションの結果である [33]。

表される。しかし，結合の回転はねじれ角が 2π の周期性をもつため，通常の x/y プロットでその全体像を伝えることはむずかしい。Lavery & Sklenar は，極プロット（polar plot）でねじれ角を表示する画期的な方法を考案した [32]。このプロットでは，時間は原点からの距離で表される（図7.15）。配座変化の相関を検出したい場合，このようなダイヤルグラフはきわめて有用である。

　複雑な分子の分子動力学シミュレーションを映画で観たとしよう。われわれは，運動の無秩序さにしばし打ちのめされる。複雑な分子の運動は無秩序であるから，これは当然予想されることである。しかし，その無秩序の中に，しばしば興味ある重要な配座変化に該当する低周波運動が含まれる。フーリエ解析は，この重要な低周波運動が支障なく観測できるよう，不必要な高周波運動を取り除くのに役立つ。本節では以下，Dauber-Osguthorpe & Osguthorpe のフィルター

法（filtering method）について説明を加える [11, 12]。

　フーリエ解析は，時間の関数としての性質の変化を振動数の関数へ変換したり，あるいはその逆を行いたいときに利用される。いま，時間とともに変化する量を $x(t)$ で表そう。その量は，フーリエ解析にかけることで関数 $X(\nu)$ へ変換される。ただし，ν は周波数である（$-\infty < \nu < \infty$）。フーリエ解析では通常，（正弦関数や余弦関数を組み合わせた）時間とともに周期的に変化する関数（フーリエ級数，1.10.8項参照）が使われる。関数 $x(t)$ の周期を τ とすれば，フーリエ級数の余弦項と正弦項は周波数 $2\pi n/\tau$ の関数になる。ここで，n は正の整数（1, 2, 3, ……）である。

　原子の運動は周期性をもたず，無秩序である。したがって，フーリエ級数が分子動力学シミュレーションの解釈に直接関わることはめったにない。しかし，フーリエ変換となれば話は別である。フーリエ変換では，非周期関数は等価な周波数関数へ変換でき，また，その逆も行える。このフーリエ変換は，周期関数の周期を無限大にしたときの効果に基づき，フーリエ級数から導かれる。フーリエ変換から得られる周波数関数は，離散関数ではなく連続関数である。この問題についてさらに詳しく知りたい読者は，1.10.8項を参照されたい。

　分子動力学シミュレーションでは，系を構成する各原子の直交座標の時間的変化は，フーリエ解析により対応する周波数関数へ変換される。このステップで通常使われるのは，高速フーリエ変換と呼ばれる方法である。周波数スペクトルは次にふるいにかけられ，その高周波成分が取り除かれる。これは，周波数関数に含まれる不要な周波数の係数をゼロと置くことに対応する。スペクトルはさらに，各ステップでの軌跡の新しい座標値を得るため，時間領域へ逆変換される。この新しい座標集合は特定の周波数しか含まない。系全体の軌跡をふるいにかけるため，各原子の3個の座標のそれぞれに対して以上の操作が繰り返される。周波数スペクトルから単一の周波数を取り出し，それだけを調べることもまた可能である。

7.10　両親媒性鎖状分子の分子動力学シミュレーション

　分子動力学法は，配座的自由度の大きい大分子系のシミュレーションにも広く利用される。本節では，（生物科学的にもまた材料科学的にも興味深い）両親媒性鎖状分子への分子動力学の応用を取り上げる。このような分子は，1個ないし複数個の炭化水素鎖とつながった極性の頭基をもつ。典型的な両親媒性分子の一例を図7.16に示す。頭基は水に対して高い親和性を示すが，炭化水素の尾部は逆に疎水環境を好む。そのため，水／油界面では，分子は両方の相にまたがって存在する。両親媒性鎖状分子は，その特徴として伸張層構造を形成する能力をもつ。分子は，単分子層，二分子層および多分子層のいずれの状態もとりうる。特に，水／空気界面での単分子層はラングミュア膜として知られ，支持体の上に移しとったとき，それはラングミュア-ブロジェット膜と呼ばれる。実験的には，ラングミュア-ブロジェット膜は幾層もの構造をとりうるが，シミュレーションの対象になるのはほとんどの場合，単分子層か二分子層である。ラングミュア-ブロジェット膜は厚さを任意に調節でき，しかも高度な秩序を保っているので，半導体の絶縁

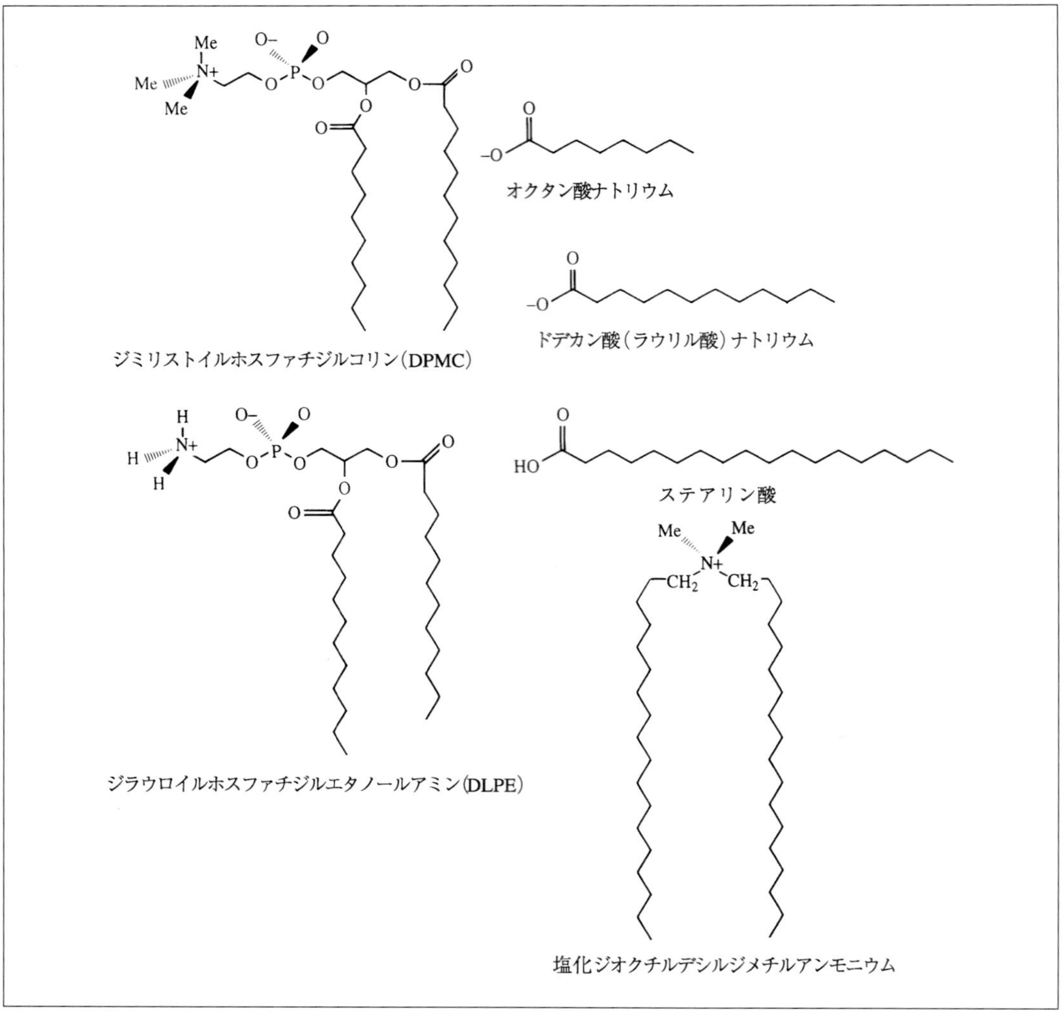

図7.16 代表的な両親媒性分子

材や濾過装置，反射防止膜として広く利用される。細胞膜は脂質二分子層から作られており，両親媒性分子は生物学的にも重要である。十分高い濃度では，両親媒性分子はミセルを形成する。ミセルは，頭基がすべて溶液側を向き，尾部がミセルの内部を向いた球状構造をとる（図7.17）。

両親媒性分子は，しばしばいくつかの液晶相をもつ複雑な相挙動を示す。これらの液晶相は，その特徴として通常，一方向に延々と規則正しく配列し，かつ層構造をなす。しかも，分子は層内を横方向や縦方向に動くことができる。液晶に関する構造情報は，X線回折，中性子回折，NMRなどの分光学的方法から得られる。また，重水素NMRスペクトルの四極分裂は，炭化水素尾の炭素原子に対する秩序変数（order parameter）を求めるのに役立つ。秩序変数は次式で定義される量である。

7.10 両親媒性鎖状分子の分子動力学シミュレーション

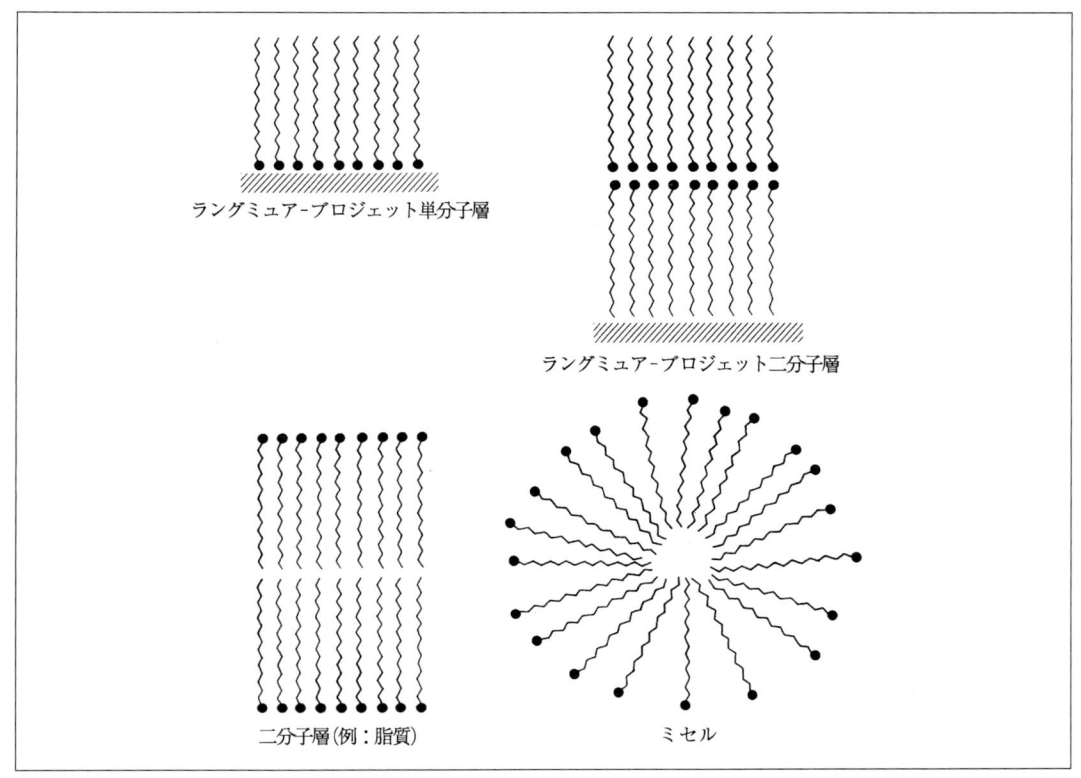

図 7.17 両親媒性分子により形成される相の例

$$S = 0.5 \langle 3\cos\theta_i \cos\theta_j - \delta_{ij} \rangle \tag{7.126}$$

ここで，θ_i は i 番目の分子軸とダイレクター（director）——試料の平均分子軸——がなす角である。（細胞膜に見られる）$L\alpha$ 相の二分子層では，ダイレクターは二分子層の法線に一致し，その方向は慣例として z 軸にとられる（図 7.18 参照）。δ_{ij} は，クロネッカーのデルタ関数（$i=j$ ならば $\delta_{ij}=1$, $i \neq j$ ならば $\delta_{ij}=0$）である。式(7.126)は，すべての時間と分子について平均される。重水素 NMR 実験からは，二分子層の法線に対する C—D 結合ベクトルの平均配向を

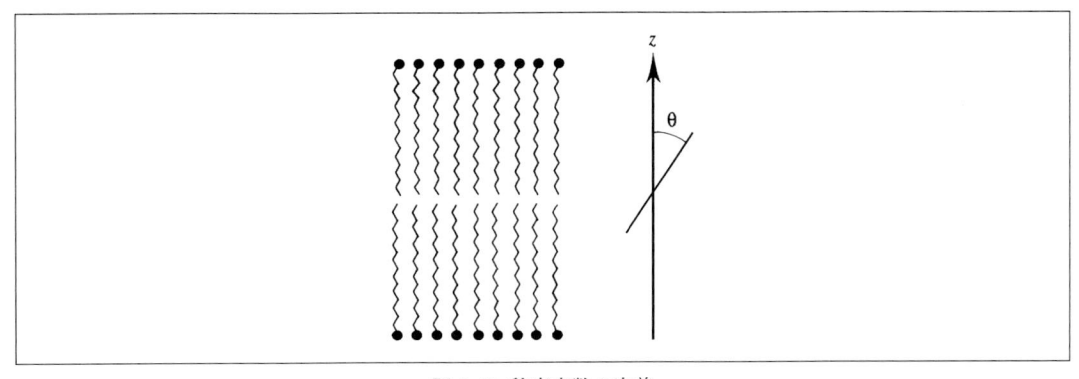

図 7.18 秩序変数の定義

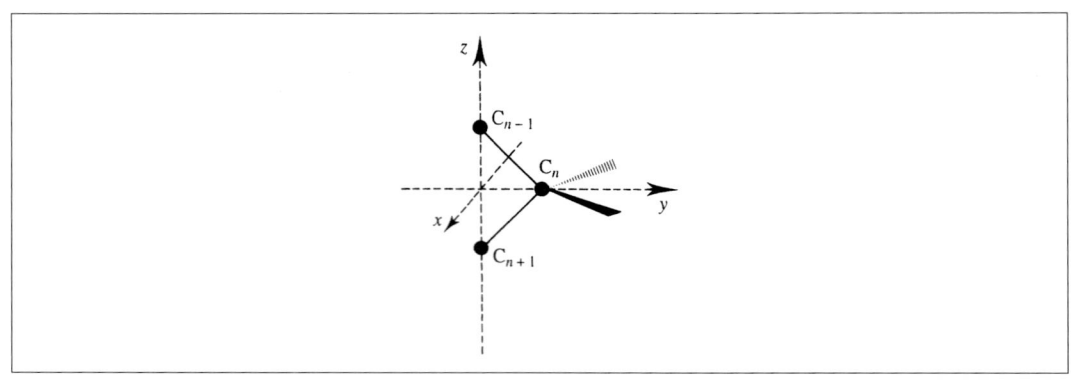

図7.19 融合原子シミュレーションで秩序変数を計算する際の分子軸の取り方

示す秩序変数 S_CD が得られる。この秩序変数は，1.0（二分子層の法線の方向に配列）から－0.5（二分子層の法線に垂直に配列）の範囲で変化する［45］。炭化水素鎖が完全に等方的な運動をしている場合には，S_CD の値はゼロになる。実験値は，炭化水素鎖のメチレン基を重水素置換した分子を使って測定される。両親媒性分子のシミュレーションの多くは，炭化水素鎖を表すのに融合原子モデルを使用する。そのためには，秩序変数の実験値と計算値の間に成り立つ関係を明らかにする必要がある。これは次のようにしてなされる［15］。すなわち，まず鎖を構成する個々の CH_2 単位に対して，図7.19に示すような分子軸を定義する。たとえば，n 番目の CH_2 単位では，分子軸は次のようにとられる。

z 軸：C_{n-1} から C_{n+1} へ向かうベクトル

y 軸：C_{n-1}，C_n，C_{n+1} を通る平面内にあり，z 軸に垂直なベクトル

x 軸：y 軸と z 軸に垂直なベクトル

これらの定義を使うと，分子秩序変数テンソルの成分が決定できる（たとえば，S_{zz} 成分は z 分子軸と二分子層の法線がなす角から求まる）。秩序変数の実験値と計算値の間には，次式の関係が成り立つ。

$$S_\mathrm{CD} = 2S_{xx}/3 + S_{yy}/3 \tag{7.127}$$

全原子シミュレーションの場合には，水素原子の位置は分かっているので，秩序変数は計算から直接得られる。興味あるもう一つの構造的性質は，炭化水素尾の CH_2—CH_2 結合におけるトランス配座とゴーシュ配座の比率である。このトランス／ゴーシュ比は，（ラーマン，赤外，NMR といった）さまざまな分光学的方法で推定できる。

7.10.1 脂質のシミュレーション

脂質二分子層は生物学的に重要な役割を担う。それゆえ，そのシミュレーションには高い関心が示されてきた。両親媒性分子に対する初期の計算では，コンピュータの性能的な制約から比較的簡単なモデルが使われた。Marcelja の平均場アプローチは，それらの中で最も重要なものの一つである［34,35］。このアプローチでは，炭化水素鎖とその近接分子の相互作用は，二つの追

7.10 両親媒性鎖状分子の分子動力学シミュレーション

加項としてエネルギー関数に組み込まれる．すなわち，平均場内での鎖のエネルギーは次式で与えられる．

$$V_{\text{tot}} = V_{\text{int}} + V_{\text{disp}} + V_{\text{rep}} \tag{7.128}$$

ここで，V_{int} は鎖の内部エネルギーである．この項は標準的な力場法で計算できる．また，V_{disp} は近接分子とのファンデルワールス相互作用を表す．この項の算定には，通常，次の Maier-Saupe ポテンシャルが使われる．

$$V_{\text{disp}} = -\Phi \sum_{i=1}^{\text{carbons}} \frac{1}{2}(3\cos^2\theta_i - 1) \tag{7.129}$$

ここで，求和は鎖を構成するすべての炭素原子について行われる．θ_i はすでに述べたように，二分子層の法線と分子軸がなす角である．また，Φ は場の強さを表す．この Φ の値は，重水素 NMR 秩序変数のような実験データが再現できるよう設定してもよいし，また，次に紹介する自己無撞着プロトコルを用いて求めてもよい．ちなみに，Marcelja は，脂質二分子層に関する彼の研究で，式(7.129)とは少し異なる次の式を使用した．それは，系に含まれるトランス結合の割合を考慮した式であった．

$$V_{\text{disp}} = -\Phi \frac{n_{\text{trans}}}{n} \sum_{i=1}^{\text{carbons}} \frac{1}{2}(3\cos^2\theta_i - 1) \tag{7.130}$$

ここで，n_{trans}/n は，式が液晶相と固相のいずれでも使えるよう導入された追加因子である．液晶相のみのシミュレーションでは，この項は計算効率を上げるため省略しても構わない．

V_{rep} は，各鎖にかかる側圧に由来する斥力項である．Marcelja による最初の取扱いでは，この項は側圧 γ と鎖の断面積の積に等しいとされ，断面積は次式で近似された．

$$A = A_0 l_0 / l \tag{7.131}$$

ここで，l_0 と A_0 は，完全に伸びきった配座での炭化水素鎖の鎖長と断面積，l は，二分子層の法線へ投影された現在の配座での鎖長をそれぞれ表す．二分子層の法線を z 軸にとれば，l は，炭化水素鎖の末端にある炭素原子の z 座標に相当する．Pastor らの平均場モデルでは，積 $\gamma A_0 l_0$ は調節可能な1個のパラメータ Γ で置き換えられ，V_{rep} は次式から算定される [37]．

$$V_{\text{rep}} = \sum_{\text{chains}} \frac{\Gamma}{(z_n - z_0)} \tag{7.132}$$

ここで，z_n は鎖の末端炭素原子の z 座標であり，また，z_0 は単分子層または二分子層の表面の座標である．この項は，末端炭素を表面から遠ざけるように作用し，末端炭素が表面へ近づけば近づくほど，両者を引き離す力は大きくなる．

Marcelja は，個々の炭素-炭素結合がトランスまたはゴーシュに固定された炭化水素鎖の可能なすべての配座を発生させ，それらのエネルギーを算定した．配座の集団に対する分配関数は，次式で与えられる．

$$Z = \sum_{\text{全配座}} \exp[-V_{\text{tot}}/k_B T] \tag{7.133}$$

分子場は，分配関数を使えば次のように表される．

$$\Phi = \sum_{\text{全配座}} \left\{ \frac{\frac{n_{\text{trans}}}{n} \sum_{i=1}^{\text{carbons}} \frac{1}{2}(3\cos^2\theta_i - 1)\exp[-V_{\text{tot}}/k_B T]}{Z} \right\} \qquad (7.134)$$

分子場 Φ の自己無撞着値はこの式から求められる。熱力学的性質もまた分配関数から計算できる。たとえば，Marcelja は，表面単分子層の極性頭基 1 個当たりの面積の関数として，さまざまな温度で圧力を計算し，実験値と定性的によく一致する結果を得た。

平均場アプローチは，ランジュバン動力学と一緒に使用したとき特に威力を発揮する。きわめて長時間のシミュレーションが可能になるのである。たとえば，Pearce & Harvey は，一分子ランジュバン動力学計算と組み合わせ，三種の不飽和リン脂質に対して 100 ナノ秒（0.1 マイクロ秒）のシミュレーションを行った [38]。この戦略を発展させたアプローチとして，分子動力学でシミュレーションされた 1 ないし数個の分子からなる中心コアを想定する方法もある。このコアは分子の殻（shell）で取り囲まれ，殻内の分子は平均場を使ったランジュバン動力学でシミュレーションされる。この方法は，系全体を扱う完全な分子動力学シミュレーションで不可欠な計算ペナルティーを必要としない。そのため，より現実的な系のシミュレーションが可能である [13]。

すべての分子を顕わに考慮した脂質二分子層の分子動力学シミュレーションは，1982 年，van der Ploeg & Berendsen により初めて試みられた [53]。彼らが取り上げたのは，各層が 16 個の分子からなるデカン酸の二分子層であった。シミュレーションには周期境界条件が課せられた。また，相互作用は融合原子場ポテンシャルで算定され，頭基の運動は次の調和ポテンシャルで拘束された。

$$\nu(z) = \frac{k_h}{2}(z - \langle z \rangle)^2 \qquad (7.135)$$

van der Ploeg & Berendsen は，頭基の平均 z 座標（$\langle z \rangle$）で拘束を表し，二分子層がその厚さを変えられるようにした。この拘束ポテンシャルは，（顕わな形で計算に現れない）水層と頭基の間の相互作用を再現するのに使われた。シミュレーションは平衡化に長い時間を要した。しかし，系を構成するすべての分子を顕わに考慮したため，系の集団運動を全体として捕らえることができた。注目すべきことに，分子は，二分子層表面の法線からゆっくりとうねりながら集団で傾いていった（図 7.20）。分子相互の整列度もまたこの傾きと相関した。すなわち，平均傾斜角が大きいとき，鎖は秩序正しく整列する傾向があったが，（鎖の平均配向が二分子層の表面に

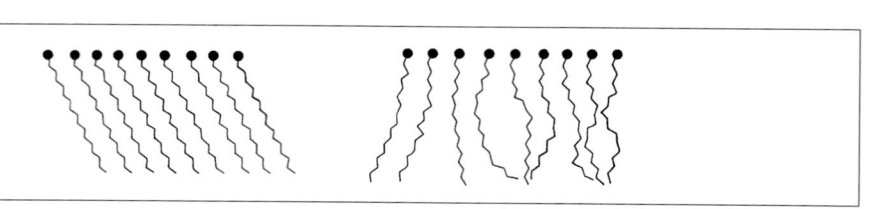

図 7.20 脂質のシミュレーションにおける鎖の傾斜角と整列度の関係 [53]

ほぼ垂直になり）平均傾斜角がゼロに近づくと，整然とした配列はもはや観測されなくなった。元のシミュレーションでは，この集団傾斜現象はシミュレーション・セル全体にわたって観測され，このことから，セルの大きさが小さすぎることや，周期境界条件の使用が長距離相関を高めることが指摘された。また，シミュレーションはさらに大きな系へ拡張され，この集団的な傾斜は分子の部分集合でも観測されることが示された。

より高速なコンピュータの出現は，より大きな系を，より正確なモデルを使い，より長時間計算することで，脂質二分子層のより現実的なシミュレーションを可能にした [46,51]。時代の趨勢は，系を構成するすべての分子を顕わに考慮したシミュレーション，すなわち，溶媒や対イオンも顕わに考慮した全原子モデルによるシミュレーションの方向へ明らかに向かっている。脂質の頭基がもつ電荷や高い極性は，エワルド総和のような方法を使って遠距離静電力を正しく表すことがきわめて重要であることを示唆する。このような系の平衡化は，しばしば数百ピコ秒の時間を必要とする。また，その膜内部にはコレステロールやタンパク質のような分子も存在し，ある種の現象はナノ秒レベルの時間尺度でなければ観測されない。分子動力学シミュレーションは，このような系の挙動に関して，これまで知られていなかった多くの特徴を明らかにした。たとえば，炭化水素鎖は液晶相ではしばしばかなりの配座的可動性を示す。一例を図 7.21 に挙げる。図は，数百ピコ秒の分子動力学シミュレーションを行った後の脂質二分子層のスナップ写真である。図を見ると，脂質二分子層の中央付近では，炭化水素鎖は明らかにかなり無秩序な状態にある。これは，（鎖が完全に伸びきった配座で整然と配列した）理想化された教科書的な描像とはきわめて異なる結果である。ゴーシュ配座をとる確率は，通常，鎖の末端へ行くほど高くなるが，ある種の系では，界面に対して鎖が垂直になるよう，頭基付近もゴーシュ配座を強要される。また，鎖の内部ではキンク（kink）がしばしば観測される。キンクとは，連続する三つの結合がゴーシュ（＋）-トランス-ゴーシュ（−）のねじれ角をとる配置を指す。この配置は，界面に対して鎖を垂直に保つのに貢献する。

7.10.2 ラングミュア-ブロジェット膜のシミュレーション

ラングミュア-ブロジェット膜のシミュレーションは，支持固体の的確なモデルを必要とする。そのため，その実行は容易ではない。本項では，黒鉛へのステアリン酸（$CH_3(CH_2)_{16}COOH$）の吸着を扱った Kim, Moller, Tildesley & Quirke の研究を取り上げ，シミュレーションの具体的手順を説明する [29]。彼らは，表面のポテンシャルを算定する際，次のレナード-ジョーンズ 9-3 ポテンシャルを使用した。

$$v_{aS}(z_a) = \frac{2\pi\rho}{3}\varepsilon_{SS}\left[\frac{2}{15}\left(\frac{\sigma_{aS}}{z_a}\right)^9 - \left(\frac{\sigma_{aS}}{z_a}\right)^3\right] \tag{7.136}$$

ここで，z_a は表面からの原子 α の距離，ρ は固体の密度，ε_{SS} と σ_{aS} はレナード-ジョーンズ・パラメータである。電荷がその影像と相互作用する酸頭基に対しては，影像電荷法もまた適用された。

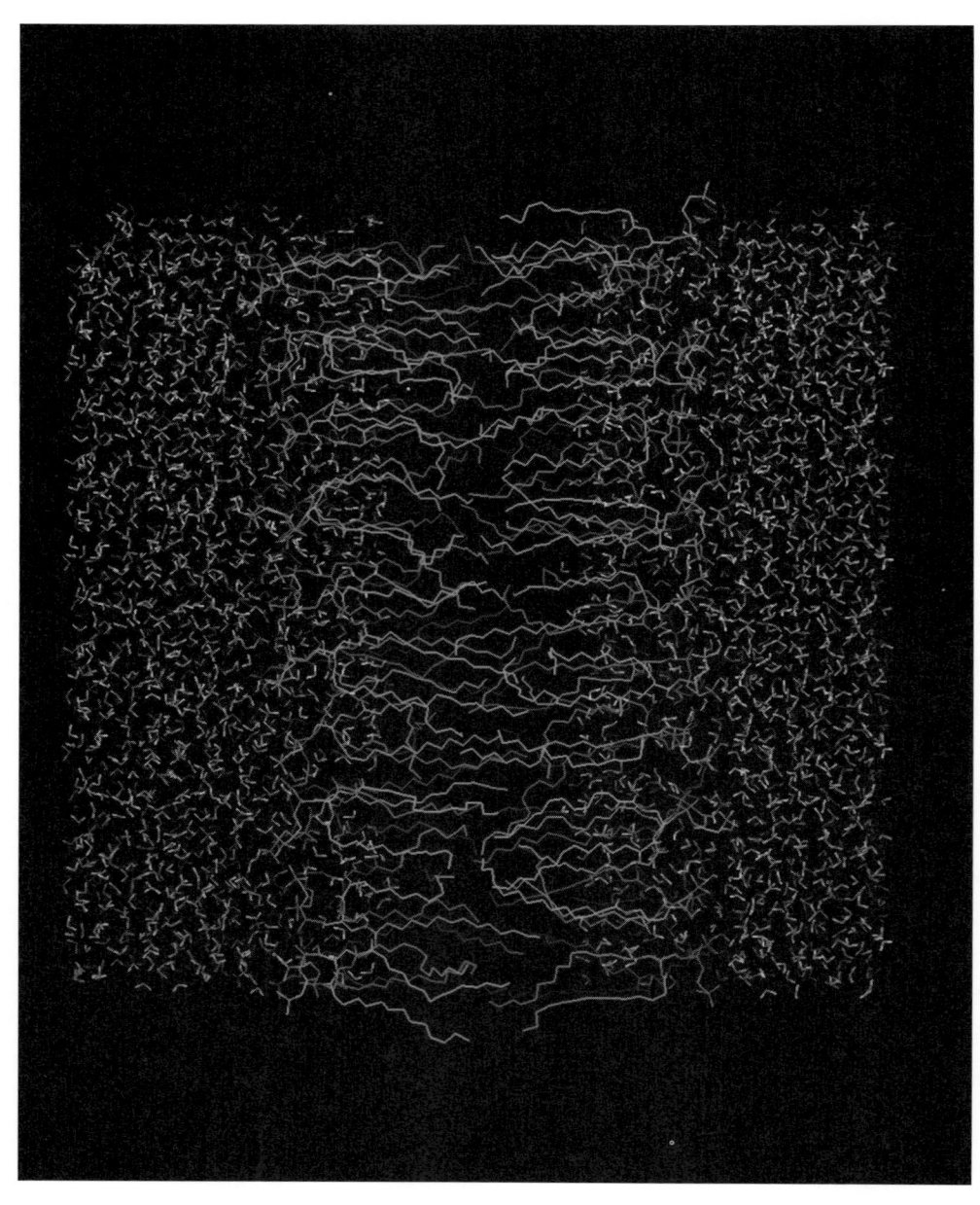

384　第7章　分子動力学シミュレーション法

図 7.21 溶媒和された脂質二分子層に対する分子動力学シミュレーションのスナップ写真 [42]。アルキル鎖がかなり無秩序な状態にあることが見て取れる。（カラー口絵参照）

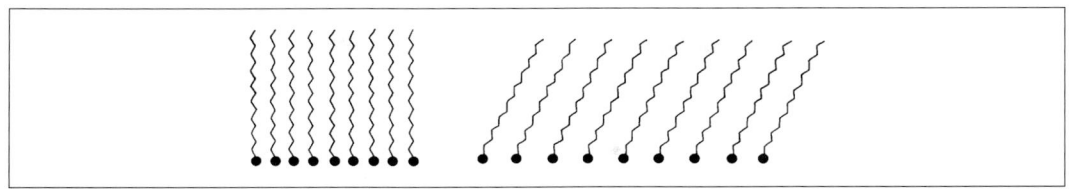

図7.22 ラングミュア-ブロジェット膜のシミュレーション [29]。1頭基当たりの面積が増えるにつれ，法線からの鎖の傾きは大きくなる。

$$\nu_{ic}(z) = \frac{1}{2} \frac{(\varepsilon - \varepsilon')}{(\varepsilon + \varepsilon')} \left[\frac{q_a^2}{8\pi\varepsilon_0 (z - z_{ip})} \right] \tag{7.137}$$

ここで，ε'は固体の相対誘電率（$\varepsilon' = 4.0$）であり，また，εは表面上部の誘電率（$\varepsilon = 1.0$）である。像平面は$z_{ip} = \sigma_{aS}/2$にある。各電荷は，その影像や他電荷の影像と相互作用する。しかし，影像電荷間に相互作用は存在しない。ステアリン酸の炭化水素鎖は，水素原子を顕わに考慮した全原子モデルを使って組み立てられた。

周期境界条件を課した64個の分子に対する分子動力学シミュレーションからは，鎖の集団傾斜角がゼロ（表面に垂直）から約20°へ変化した遷移状態の存在が確認された（図7.22）。この遷移の原因は，1頭基当たりの面積が増加したことにある。全トランス配座をとる分子の比率は，頭基面積の増加に合わせて有意に減少した。すなわち，頭基面積が20.6Å²のとき，分子の97.7％は完全な伸張配座で存在したが，面積が21.2Å²に増加すると，その比率は66.9％にまで低下した。また，酸頭基と炭化水素鎖をつなぐ結合の回転は，かなり無秩序な様相を呈した。

疎水表面のステアリン酸二分子層のシミュレーションもまた同様に試みられた [30]。この場合，ステアリン酸分子は，二分子層の内部で頭基と頭基を向かい合わせて配列し，疎水表面へは炭化水素の尾部が結合する。この配置では，頭基の間で水素結合が形成される（図7.23）。単分子層で観測された傾斜角遷移は，二分子層でも同様に観測された。しかし，単分子の場合に比べ，傾きの度合はかなり小さかった。この結果は，頭基間の水素結合が分子配向の重要な調節因子であることを示唆する。

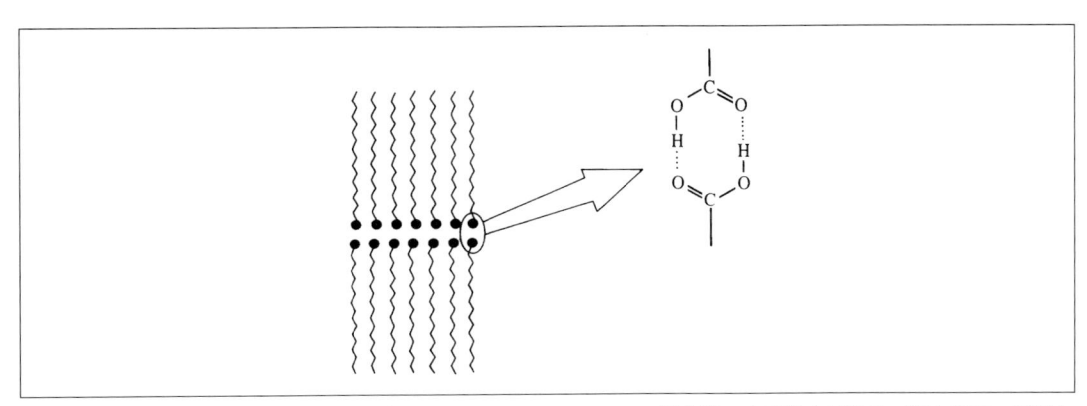

図7.23 疎水表面のステアリン酸二分子層のシミュレーションでは，頭基間の水素結合が分子の配向調節に重要な役割を演ずる [30]。

これらの計算をカチオン性ジアルキルアミド塩へ拡張しようとすると，さらに複雑なモデルが必要であった [1]。これらの分子は，$(CH_3)_2N^+[(CH_2)_{n-1}CH_3][(CH_2)_{m-1}CH_3]Cl^-$ の一般式をもち，$m=n=18$ の異性体は，市販の繊維柔軟仕上げ剤の主要な有効成分である。イオン性頭基と二つの長いアルキル鎖の存在は，この分子もまた構造的にリン脂質に似ていることを示唆する。表面に平行な平面での静電相互作用の計算は，修正エワルド法で行われた。また，融合原子モデルと同程度まで計算時間を抑えるため，Toxvaerd の異方性ポテンシャル・モデル（4.15節参照）が使用された。この系もまた，頭基の面積により傾きが変化した。しかし，頭基の密度を最大にしたときの結果は，実験データから示唆された「固体様状態」とは異なっていた。このシミュレーションに関しては，水分子を組み込んだり，塩素アニオンをより的確に記述するなど，モデルを改善する余地がまだいろいろ残されている。

7.10.3　中規模モデリング：散逸粒子動力学

　本章でこれまで説明した分子動力学シミュレーションは，「原子論的シミュレーション」のカテゴリーに入り，コアを構成する原子——少なくとも非水素原子——はすべて顕わに考慮された。原子論的シミュレーションは，系の挙動についてきわめて詳しい情報をもたらす。しかし，このシミュレーションで扱えるのは，時間尺度がナノ秒レベルの現象だけである。われわれにとって重要な過程の多くは，実際にはもっと長い時間をかけて起こる。秒のオーダーの巨視的な時間尺度で起こる現象では，シミュレーションは通常かなり簡単なモデルで行われる。これらの両極端の間にあるのが，マイクロ秒のオーダーの時間尺度で起こる現象である。この時間尺度は中規模（mesoscale）と呼ばれる。散逸粒子動力学（dissipative particle dynamics）は，この時間領域のシミュレーションにことに有用である。界面活性剤や高分子溶融物のような複雑な流体のシミュレーションは，その一例である。

　上述の三つの領域——原子論的，中規模および巨視的——は，時間尺度の違いだけでなく，長さの尺度によっても区別される。実際，時間と長さの間には一般に比例関係が成り立つ。散逸粒子動力学法では，原子の高速運動はビーズ（bead）を基本単位としていくつかのグループへ融合され，ビーズ間の相互作用は適当なポテンシャルで近似される [31]。各ビーズは流体の小さな飛沫に相当する。各ビーズにはランダム力と散逸力に加え，他のビーズとの直接的な相互作用力が働く。系の軌跡は，通常の方法でニュートンの運動方程式を積分すれば得られ，その軌跡からさまざまな性質が導かれる。

　散逸粒子動力学の基本モデルは通常，系の種類によらず，質量，長さおよび時間がすべて統一尺度で扱えるよう構築される。これは，レナード–ジョーンズ・ポテンシャルで換算単位を使うのと似ている（4.10.5項参照）。このようなアプローチは，多様な系の挙動を1回のシミュレーションで説明できる利点をもつ。質量を1としたとき，粒子に作用する力はその加速度に等しい。散逸粒子動力学では，各ビーズに三種類の力が作用する [20]。

$$\mathbf{f}_i = \sum_{j=1, j \neq i}^{N} (\mathbf{F}_{ij}^C + \mathbf{F}_{ij}^D + \mathbf{F}_{ij}^R) \tag{7.138}$$

ここで，求和はビーズ i のカットオフ半径 r_c の内側にある他のすべてのビーズ j について行われる。このカットオフ半径は，以後の操作で長さの単位として使われる（$r_c=1$）。三種の力のうち第一のものは保存力 $\mathbf{F}_{ij}^C$ である。これは柔らかい斥力で，i と j を結ぶ直線に沿って作用する。

$$\mathbf{F}_{ij}^C = \begin{cases} a_{ij}(1-r_{ij})\hat{\mathbf{r}}_{ij} & r_{ij}<1 \\ 0 & r_{ij}>1 \end{cases} \tag{7.139}$$

ここで，r_{ij} はビーズ i と j の距離で，$\hat{\mathbf{r}}_{ij}$ は対応する単位ベクトルである。

第二の力は散逸力（抗力）で，次式で与えられる。

$$\mathbf{F}_{ij}^D = \begin{cases} -\gamma\omega^D(r_{ij})(\hat{\mathbf{r}}_{ij}\cdot\mathbf{v}_{ij})\hat{\mathbf{r}}_{ij} & r_{ij}<1 \\ 0 & r_{ij}>1 \end{cases} \tag{7.140}$$

この散逸力は，二つのビーズの相対速度に比例し，それらの相対運動量を減らす方向に作用する。$\mathbf{v}_{ij}$ は，ビーズ i と j の速度差（$\mathbf{v}_{ij}=\mathbf{v}_i-\mathbf{v}_j$）である。また，$\omega^D(r_{ij})$ は距離 r_{ij} に依存する重み関数で，ビーズ間の距離が 1（r_c）よりも大きいときゼロとなる。

ビーズ対に作用する第三の力は，ランダム力である。

$$\mathbf{F}_{ij}^R = \begin{cases} \sigma\omega^R(r_{ij})\theta_{ij}\hat{\mathbf{r}}_{ij} & r_{ij}<1 \\ 0 & r_{ij}>1 \end{cases} \tag{7.141}$$

ここで，$\omega^R(r_{ij})$ は散逸力に対するそれと同様，距離 r_{ij} に依存する重み関数である。また，θ_{ij} は各ビーズ対に働くランダム力の時間平均をゼロに調整する関数で，他のビーズ対に働く力とは無関係である。式(7.141)は，積分の時間刻み幅を使って表すこともでき，この方が便利である。

$$\mathbf{F}_{ij}^R = \frac{\sigma\omega^R(r_{ij})\zeta_{ij}\hat{\mathbf{r}}_{ij}}{\sqrt{\delta t}} \tag{7.142}$$

ここで，ζ_{ij} は，積分の各ステップで各ビーズ対に対し独立に選択される平均 0，分散 1 の乱数である。

散逸力とランダム力は，いずれも 2 個のビーズを結ぶ直線に沿って作用し，線運動量と角運動量を一定に保つ。モデルは，二つの未知関数（$\omega^D(r_{ij})$, $\omega^R(r_{ij})$）と二つの未知定数（γ, σ）を含む。二つの重み関数は互いに関連があるので，任意に選択できるのは，実際にはそれらのうちの一つだけである［14］。また，系の温度は二つの定数を結びつける。

$$\omega^D(r) = [\omega^R(r)]^2 \tag{7.143}$$
$$\sigma^2 = 2\gamma k_B T \tag{7.144}$$

重み関数は通常，ランダム力が保存力と等しくなるように選ばれる。

$$\omega^D(r) = [\omega^R(r)]^2 = \begin{cases} (1-r)^2 & r<1 \\ 0 & r>1 \end{cases} \tag{7.145}$$

運動方程式は，速度 Verlet アルゴリズムを使って積分される。力は速度に依存するので，修正が必要である。そのため，予測に続き修正のステップが追加される。いま，質量と長さの単位を使用し，さらに $k_B T$ が 1 に等しいと仮定すれば，時間の単位は次式で与えられる。

$$\tau = r_c\sqrt{m/k_B T} \tag{7.146}$$

運動方程式を解くには，ノイズの振幅 σ，積分の時間刻み幅 δt および斥力パラメータ a_{ij} の値を

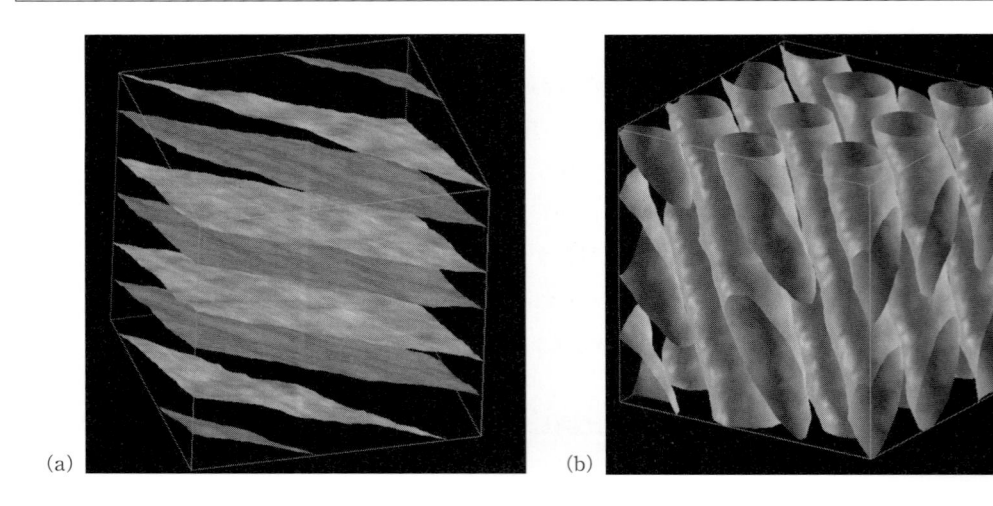

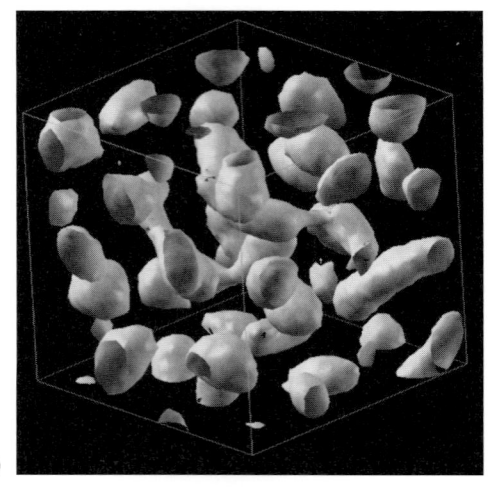

図 7.24 ブロック共重合体の散逸粒子動力学シミュレーションから得られた最終配置のグラフィックスによる表示 [18]。(a) A_5B_5系ではラメラ相，(b) A_3B_7系では六方相，(c) A_2B_8系では体心立方相が形成される。（カラー口絵参照）

定める必要がある。σ と δt はシミュレーションの安定性とも関連が深い。Groot & Warren は，σ が 8 よりも大きいときシミュレーションは不安定になるが，値が 3 であれば広い温度範囲で安定な結果が得られることを示した [20]。また，修正 Verlet アルゴリズムでは，積分の時間刻み幅 δt は 0.04〜0.06 の範囲にならなければならず，それよりも大きいと温度は受け入れがたいほど高く上昇する。ビーズ間の相互作用は主に斥力パラメータに依存する。斥力パラメータを得るには，モデルをバルクな性質と関連づければよい。たとえば，室温での水の圧縮性のモデリングでは，斥力パラメータは密度 ρ と関連づけられる。

$$a_{ii}\rho = 75k_B T \tag{7.147}$$

同種ビーズ間でのこれらの相互作用パラメータは，異種ビーズ間の a_{ij} 値を求めるのに使われる。さまざまなビーズを含んだ高分子では，異種ビーズ間の斥力は同種ビーズ間のそれよりも大きく

とられる。

散逸粒子動力学を使用した好例は，ジブロック共重合体融成物のミクロ相分離に関するGroot & Maddenの研究である［18,19］。ブロック共重合体は，食品（アイスクリーム，マーガリン），洗剤，個人用ケア用品（シャンプー）など多くの消費者製品に含まれる界面活性剤である。ブロック共重合体の性質はバルクな構成（形態）に強く依存し，その構成はさらに，頭基と尾基の相対的大きさや，それらの相互作用様式に依存する。ジブロック共重合体は，一般式A_mB_nで表される。ここで，AとBは高分子を構成する一回り小さな基礎的構成要素（ビーズ）を表す。特に関心がもたれたのは，高分子の長さを一定にしたままAとBの比を変化させたときの系の挙動であった。研究では，高分子の長さは10ビーズに固定され，全体で40,000個のビーズが扱われた。検討された系は，A_2B_8，A_3B_7，A_5B_5などである。個々の高分子鎖内でのビーズの配列は，もし，iがjとつながっていれば，式(7.139)に$C\mathbf{r}_{ij}$項を付け加えることで保持された。

異種ビーズ間では斥力が大きくなる。そのため，系の最終配置にはAまたはB型のいずれかのビーズに富む領域が現れる。すなわち，ある領域はAに富み，他の領域はBに富む。富A領域と富B領域の構成を可視化するには，中間の密度領域をつなぎ，三次元等高面図を作成してみればよい。図7.24によれば，1：1高分子（A_5B_5）ではラメラ相が得られ，富A領域と富B領域は交互に平行な層を形成する（図7.24(a)）。しかし，他の組成では異なる配置が観測され，A_3B_7系は六方構造（図7.24(b)），A_2B_8系はピーナッツ状ミセル構造（図7.24(c)）をそれぞれ作り上げる。

付録7.1　分子動力学におけるエネルギーの保存

全エネルギーは，運動エネルギー$K(t)$とポテンシャルエネルギー$V(t)$の和で与えられる。
$$E(t) = K(t) + V(t) \tag{7.148}$$
いま，時間に関するエネルギーの変化率dE/dtを求めてみよう。まず，運動エネルギー項を時間に関して微分すると，
$$\frac{dK}{dt} = \sum_{i=1}^{N} \frac{d}{dt}\left(\frac{1}{2}m_i v_i^2\right) = \sum_{i=1}^{N} m_i v_i \frac{d v_i}{dt} \tag{7.149}$$
$m_i d v_i/dt$は原子iに作用する力に等しい。したがって，式(7.149)は次のように書き換えられる。
$$\frac{dK}{dt} = \sum_{i=1}^{N} v_i f_i \tag{7.150}$$
ここで，f_iは原子iに作用する力である。

ポテンシャルエネルギーは，一連の二体相互作用項の和で表される。
$$V(t) = \sum_{i=1}^{N} \sum_{j=i+1}^{N} \nu(r_{ij}(t)) \tag{7.151}$$
時間に関してポテンシャルエネルギーを微分すると，

$$\frac{dV}{dt} = \sum_{i=1}^{N} \sum_{j=i+1}^{N} \frac{\partial V}{\partial \nu(r_{ij})} \frac{d\nu(r_{ij})}{dt} \tag{7.152}$$

ここで，$\partial V/\partial \nu(r_{ij})$ は，i と j のすべての組合せに対して 1 である．また，項 $\nu(r_{ij})$ は原子 i と j の位置（$\mathbf{r}_i$ と $\mathbf{r}_j$）の関数であるから，t に関するその微分は次のように書き換えられる．

$$\frac{d\nu(r_{ij})}{dt} = \frac{d\nu(r_{ij})}{d\mathbf{r}_i} \frac{d\mathbf{r}_i}{dt} + \frac{d\nu(r_{ij})}{d\mathbf{r}_j} \frac{d\mathbf{r}_j}{dt} \tag{7.153}$$

原子 i は他のすべての原子 j と相互作用するので，そのポテンシャルエネルギー式は，全部で $(N-1)$ 個の $\nu(r_{ij})$ 項からなる．したがって，dV/dt は次のように書くことができる．

$$\frac{dV}{dt} = \sum_{i=1}^{N} \sum_{j=1; j\neq i}^{N} \frac{\partial \nu(r_{ij})}{\partial \mathbf{r}_i} \frac{d\mathbf{r}_i}{dt} = \sum_{i=1}^{N} \frac{d\mathbf{r}_i}{dt} \sum_{j=1; j\neq i}^{N} \frac{\partial \nu(r_{ij})}{\partial \mathbf{r}_i} \tag{7.154}$$

原子 j との相互作用により原子 i に働く力は，$\mathbf{r}_i$ に関する勾配に負符号を付けたもの，すなわち $-d\nu(r_{ij})/d\mathbf{r}_i$ に等しい．したがって，原子に働く全力は次式で与えられる．

$$f_i = -\sum_{j=1; j\neq i}^{N} \frac{\partial \nu(r_{ij})}{\partial \mathbf{r}_i} \tag{7.155}$$

式(7.154)に代入すると，

$$\frac{dV}{dt} = -\sum_{i=1}^{N} \frac{d\mathbf{r}_i}{dt} f_i = -\sum_{i=1}^{N} \nu_i f_i \tag{7.156}$$

したがって，$dV/dt + dK/dt = dE/dt = 0$ となる．これは，全エネルギーが保存されることを意味する（実際には，全エネルギーは一定値の付近で揺動する）．

さらに読みたい人へ

[a] Allen M P and D J Tildesley 1987. *Computer Simulation of Liquids*. Oxford, Oxford University Press.

[b] Berendsen H C and W F van Gunsteren 1984. Molecular Dynamics Simulations: Techniques and Approaches. In Barnes A J, W J Orville-Thomas and J Yarwood (Editors). *Molecular Liquids, Dynamics and Interactions*. NATO ASI Series C135, New York, Reidel, pp. 475-600.

[c] Berendsen H C and W F van Gunsteren 1986. Practical Algorithms for Dynamic Simulations. Molecular Dynamics Simulation of Statistical Mechanical Systems. *Proceedings of the Enrico Fermi Summer School Varenna Soc. Italian di Fiscia*. Bologna, pp. 43-65.

[d] Brooks C L III, M Karplus and B M Pettitt 1988. Proteins. A Theoretical Perspective of Dynamics, Structure and Thermodynamics. *Advances in Chemical Physics*. Volume LXXI. New York, John Wiley & Sons.

[e] Goldstein H 1980. *Classical Mechanics* (2nd Edition). Reading, MA, Addison-Wesley.

[f] Haile J M 1992. *Molecular Dynamics Simulation. Elementary Methods*. New York, John Wiley & Sons.

[g] McCammon J A and S C Harvey 1987. *Dynamics of Proteins and Nucleic Acids*. Cambridge, Cambridge University Press.

[h] van Gunsteren W F 1994. Molecular Dynamics and Stochastic Dynamics Simulations: A Primer. In van Gunsteren W F, P K Weiner and A J Wikinson (Editors). *Computer Simulations of Biomolecular Systems* Volume 2. Leiden, ESCOM.

[i] van Gunsteren W F and H J C Berendsen 1990. Computer Simulation of Molecular Dynamics: Methodology, Applications and Perspectives in Chemistry. *Angewandte Chemie International Edition in English* **29**: 992-1023.

引用文献

[1] Adolf D B, D J Tildesley, M R S Pinches, J B Kingdon, T Madden and A Clark 1995. Molecular Dynamics Simulations of Dioctadecyldimethylammonium Chloride Monolayers. *Langmuir* **11**: 237-246.

[2] Alder B J and T E Wainwright 1957. Phase Transition for a Hard-Sphere System. *Journal of Chemical Physics* **27**: 1208-1209.

[3] Alder B J and T E Wainwright 1959. Studies in Molecular Dynamics. I. General Method. *Journal of Chemical Physics* **31**: 459-466.

[4] Alder B J and T E Wainwright 1970. Decay of the Velocity Autocorrelation Function. *Physical Review* **A1**: 18-21.

[5] Allen M P and D J Tildesley 1987. *Computer Simulation of Liquids*. Oxford, Oxford University Press.

[6] Anderson H C 1980. Molecular Dynamics Simulations at Constant Pressure and/or Temperature. *Journal of Chemical Physics* **72**: 2384-2393.

[7] Anderson H C 1983. Rattle: A 'Velocity' Version of the Shake Algorithm for Molecular Dynamics Calculations. *Jounal of Computational Physics* **54**: 24-34.

[8] Beeman D 1976. Some Multistep Methods for Use in Molecular Dynamics Calculations. *Journal of Computational Physics* **20**: 130-139.

[9] Berendsen H J C, J P M Postma, W F van Gunsteren, A Di Nola and J R Haak 1984. Molecular Dynamics with Coupling to an External Bath. *Journal of Chemical Physics* **81**:

3684-3690.

[10] Brunger A, C B Brooks and M Karplus 1984. Stochastic Boundary Conditions for Molecular Dynamics Simulations of ST2 Water. *Chemical Physics Letters* **105**: 495-500.

[11] Dauber-Osguthorpe P and D J Osguthorpe 1990. Analysis of Intramolecular Motions by Filtering Molecular Dynamics Trajectories. *Journal of the American Chemical Society* **112**: 7921-7935.

[12] Dauber-Osguthorpe P and D J Osguthorpe 1993. Partitioning the Motion in Molecular Dynamics Simulations into Characteristic Modes of Motion. *Journal of Computational Chemistry* **14**: 1259-1271.

[13] De Loof H, S C Harvey, J P Segrest and R W Pastor 1991. Mean Field Stochastic Boundary Molecular Dynamics Simulation of a Phospholipid in a Membrane. *Biochemistry* **30**: 2099-2113.

[14] Espanol P and P B Warren 1995. Statistical Mechanics of Dissipative Particle Dynamics. *Europhysics Letters* **30**: 191-196.

[15] Essex J W, M M Hann and W G Richards 1994. Molecular Dynamics of a Hydrated Phospholipid Bilayer. *Philosophical Transactions of the Royal Society of London* **B344**: 239-260.

[16] Fincham D and Heyes D M 1982. Integration Algorithms in Molecular Dynamics. *CCP5 Quarterly* **6**: 4-10.

[17] Gear C W 1971. *Numerical Initial Value Problems in Ordinary Differential Equations*. Englewood Cliffs, NJ, Prentice Hall.

[18] Groot R D and T J Madden 1998. Dynamic Simulation of Diblock Copolymer Microphase Separation. *Journal of Chemical Physics* **108**: 8713-8724.

[19] Groot R D, T J Madden and D J Tildesley 1999. On the Role of Hydrodynamic Interactions in Block Copolymer Microphase Separation. *Journal of Chemical Physics* **110**: 9739-9749.

[20] Groot R D and P B Warren 1997. Dissipative Particle Dynamics: Bridging the Gap between Atomistic and Mesoscopic Simulation. *Journal of Chemical Physics* **107**: 4423-4435.

[21] Guillot B 1991. A Molecular Dynamics Study of the Infrared Spectrum of Water. *Journal of Chemical Physics* **95**: 1543-1551.

[22] Helfand E 1984. Dynamics of Conformational Transitions in Polymers. *Science* **226**: 647-650.

[23] Hockney R W 1970. The Potential Calculation and Some Applications. *Methods in Computational Physics* **9**: 136-211.

[24] Hoover W G 1985. Canonical Dynamics: Equilibrium Phase-Space Distributions. *Physical Review* **A31**: 1695-1697.

[25] Humphreys D D, R A Friesner and B J Berne 1994. A Multiple Time-Step Molecular Dynamics Algorithm for Macromolecules. *Journal of Physical Chemistry* **98**: 6885-6892.

[26] Humphreys D D, R A Friesner and B J Berne 1995. Simulated Annealing of a Protein in a Continuum Solvent by Multiple Time-Step Molecular Dynamics. *Journal of Physical Chemistry* **99**: 10674-10685.

[27] Humphreys D D, R A Friesner and B J Berne 1996. A Multiple Time-Step Molecular Dynamics Algorithm for Macromolecules. *Journal of Physical Chemistry* **98**: 6885-6892.

[28] Jorgensen W L, R C Binning Jr and B Bigot 1981. Structures and Properties of Organic

Liquids : n-Butane and 1,2-Dichloroethane and Their Conformational Equilibria. *Journal of the American Chemical Society* **103** : 4393-4399.

[29] Kim K S, M A Moller, D J Tildesley and N Quirke 1994a. Molecular Dynamics Simulations of Langmuir-Blodgett Monolayers with Explicit Head-Group Interactions. *Molecular Simulation* **13** : 77-99.

[30] Kim K S, D J Tildesley and N Quirke 1994b. Molecular Dynamics of Langmuir-Blodgett Films. II. Bilayers. *Molecular Simulation* **13** : 101-114.

[31] Koelman J M V A and P J Hoogerbrugge 1993. Dynamic Simulations of Hard-Sphere Suspensions under Steady Shear. *Europhysics Letters* **21** : 363-368.

[32] Lavery R and H Sklenar 1988. The Definition of Generalized Helicoidal Parameters and of Axis Curvature for Irregular Nucleic Acids. *Journal of Biomolecular Structure and Dynamics* **6** : 63-91.

[33] Leach A R and T E Klein 1995. A Molecular Dynamics Study of the Inhibitors of Dihydrofolate Reductase by a Phenyl Triazine. *Journal of Computational Chemistry* **16** : 1378-1393.

[34] Marcelja S 1973. Molecular Model for Phase Transition in Biological Membranes. *Nature* **241** : 451-453.

[35] Marcelja S 1974. Chain Ordering in Liquid Crystals. II. Structure of Bilayer Membranes. *Biochimica et Biophysica Acta* **367** : 165-176.

[36] Nosé S 1984. A Molecular Dynamics Method for Simulations in the Canonical Ensemble. *Molecular Physics* **53** : 255-268.

[37] Pastor R W, R M Venable and M Karplus 1988. Brownian Dynamics Simulation of a Lipid Chain in a Membrane Bilayer. *Journal of Chemical Physics* **89** : 1112-1127.

[38] Pearce L L and S C Harvey 1993. Langevin Dynamics Studies of Unsaturated Phospholipids in a Membrane Environment. *Biophysical Journal* **65** : 1084-1092.

[39] Procacci P and B Berne 1994. Computer Simulation of Solid C_{60} Using Multiple Time-Step Algorithms. *Journal of Chemical Physics* **101** : 2421-2431.

[40] Rahman A 1964. Correlations in the Motion of Atoms in Liquid Argon. *Physical Review* **A136** : 405-411.

[41] Rahman A and F H Stillinger 1971. Molecular Dynamics Study of Liquid Water. *Journal of Chemical Physics* **55** : 3336-3359.

[42] Robinson A J, W G Richards, P J Thomas and M M Hann 1994. Head Group and Chain Behaviour in Biological Membranes——A Molecular Dynamics Simulation. *Biophysical Journal* **67** : 2345-2354.

[43] Rubinstein R Y 1981. *Simulation and Monte Carlo Methods*. New York, John Wiley & Sons.

[44] Ryckaert J P, G Cicotti and H J C Berendsen 1977. Numerical Integration of the Cartesian Equations of Motion of a System with Constraints : Molecular Dynamics of n-Alkanes. *Journal of Computational Physics* **23** : 327-341.

[45] Seelig A and J Seelig 1974. The Dynamics Structure of Fatty Acyl Chains in a Phospholipid Bilayer Measured by Deuterium Magnetic Resonance. *Biochemistry* **13** : 4839-4845.

[46] Stouch T R 1993. Lipid Membrane Structure and Dynamics Studied by All-Atom Molecular Dynamics Simulations of Hydrated Phospholipid Bilayers. *Molecular Simulation* **10** : 335-362.

[47] Streett W B, D Tildesley and G Saville 1978. Multiple Time-Step Methods in Molecular

Dynamics. *Molecular Physics* **35** : 639-648.
[48] Swindoll R D and J M Haile 1984. A Multiple Time-Step Method for Molecular Dynamics Simulations of Fluids of Chain Molecules. *Journal of Computational Physics* **53** : 289-298.
[49] Swope W C, H C Anderson, P H Berens and K R Wilson 1982. A Computer Simulation Method for the Calculation of Equilibrium Constants for the Formation of Physical Clusters of Molecules : Application to Small Water Clusters. *Journal of Chemical Physics* **76** : 637-649.
[50] Tobias D J and C L Brooks III 1988. Molecular Dynamics with Internal Coordinate Constraints. *Journal of Chemical Physics* **89** : 5115-5126.
[51] Tobias D J, K Tu and M L Klein 1997. Atomic-Scale Molecular Dynamics Simulations of Lipid Membranes. *Current Opinion in Colloid and Interface Science* **2** : 15-26.
[52] Tuckerman M, B J Berne and G J Martyna 1992. Reversible Multiple Time Scale Molecular Dynamics. *Journal of Chemical Physics* **97** : 1990-2001.
[53] van der Ploeg P and H J C Berendsen 1982. Molecular Dynamics Simulation of a Bilayer Membrane. *Journal of Chemical Physics* **76** : 3271-3276.
[54] van Gunsteren W F and H J C Berendsen 1982. Algorithms for Brownian Dynamics. *Molecular Physics* **45** : 637-647.
[55] van Gunsteren W F, H J C Berendsen and J A C Rullmann 1981. Stochastic Dynamics for Molecules with Constraints. Brownian Dynamics of n-Alkanes. *Molecular Physics* **44** : 69-95.
[56] Verlet L 1967. Computer 'Experiments' on Classical Fluids. I. Thermodynamical Properties of Lennard-Jones Molecules. *Physical Review* **159** : 98-103.
[57] Watanabe M and M Karplus 1993. Dynamics of Molecules with Internal Degrees of Freedom by Multiple Time-Step Methods. *Journal of Chemical Physics* **99** : 8063-8074.
[58] Widmalm G and R W Pastor 1992. Comparison of Langevin and Molecular Dynamics Simulations. *Journal of the Chemical Society Faraday Transactions* **88** : 1747-1754.
[59] Woodcock L V 1971. Isothermal Molecular Dynamics Calculations for Liquid Salts. *Chemical Physics Letters* **10** : 257-261.
[60] Yun-Yu S, W Lu and W F van Gunsteren 1988. On the Approximation of Solvent Effects on the Conformation and Dynamics of Cyclosporin A by Stochastic Dynamics Simulation Techniques. *Molecular Simulation* **1** : 369-383.
[61] Zhou R and B J Berne 1995. A New Molecular Dynamics Method Combining the Reference System Propagator Algorithm with a Fast Multipole Method for Simulating Proteins and Other Complex Systems. *Journal of Chemical Physics* **103** : 9444-9459.

第8章 モンテカルロ・シミュレーション法

8.1 はじめに

　モンテカルロ法 (Monte Carlo method) は，分子系のコンピュータ・シミュレーションに使われた最初の方法であり，分子モデリングの歴史の中でも特別な位置を占める。この方法では，系の配置は系内の粒子の位置やその配向・配座を無作為に変えることで作り出される。コンピュータ・アルゴリズムの多くは，モンテカルロ法を装備している。このことは，計算の過程で，ある種の無作為抽出が行われることを意味する。分子シミュレーションの分野では，モンテカルロ法は，一般に重点サンプリング (importance sampling) と呼ばれる手法を使用した方法を指す。重点サンプリングは低エネルギーの状態を発生させ，性質を正確に計算したい場合に使われる。モンテカルロ法では，サンプリングは粒子位置の $3N$ 次元空間で行われ，系の各配置のポテンシャルエネルギーや熱力学的諸量は，粒子の位置から計算される。分子動力学シミュレーションと異なり，モンテカルロ・シミュレーションでは運動量の寄与はない。では，本来 $6N$ 次元の位相空間を必要とする熱力学量の計算はなぜ可能なのか。

　この難題を解くには，正準集団の分配関数 Q に立ち戻らなければならない。Q は，質量 m の同種粒子 N 個からなる系の場合，次式で与えられる。

$$Q_{NVT} = \frac{1}{N!} \frac{1}{h^{3N}} \iint d\mathbf{p}^N d\mathbf{r}^N \exp\left[-\frac{H(\mathbf{p}^N, \mathbf{r}^N)}{k_B T}\right] \tag{8.1}$$

ここで，因子 $N!$ は，粒子が区別できなければ不要である。また，$H(\mathbf{p}^N, \mathbf{r}^N)$ は系の全エネルギーに対応するハミルトニアンで，その値は，系を構成する粒子の $3N$ 個の位置と $3N$ 個の運動量に依存する（各粒子は三種の座標をもち，各座標は1個の位置と1個の運動量で規定される）。ハミルトニアンは，系の運動エネルギーとポテンシャルエネルギーの和で表される。

$$H(\mathbf{p}^N, \mathbf{r}^N) = \sum_{i=1}^{M} \frac{|\mathbf{p}_i|^2}{2m} + V(\mathbf{r}^N) \tag{8.2}$$

式(8.1)の二重積分は，都合の良いことに，別々の二つの積分，すなわち位置に関する積分と運動量に関する積分に分離できる。

$$Q_{NVT} = \frac{1}{N!} \frac{1}{h^{3N}} \int d\mathbf{p}^N \exp\left[\frac{|\mathbf{p}|^2}{2mk_B T}\right] \int d\mathbf{r}^N \exp\left[-\frac{V(\mathbf{r}^N)}{k_B T}\right] \tag{8.3}$$

この分離は，ポテンシャルエネルギー関数 $V(\mathbf{r}^N)$ が速度に依存しないことを前提とする。幸いにも，この前提は，一般に使われるポテンシャル関数ではほとんど常に成立する。運動量の積分

は解析的に解くことができ，その結果は次のようになる。

$$\int d\mathbf{p}^N \exp\left[-\frac{|\mathbf{p}|^2}{2mk_BT}\right] = (2\pi mk_BT)^{3N/2} \tag{8.4}$$

したがって，式(8.3)は次のように書き換えられる。

$$Q_{NVT} = \frac{1}{N!}\left(\frac{2\pi mk_BT}{h^2}\right)^{3N/2} \int d\mathbf{r}^N \exp\left(-\frac{V(\mathbf{r}^N)}{k_BT}\right) \tag{8.5}$$

位置に関する積分は，配置積分 Z_{NVT} と呼ばれる。

$$Z_{NVT} = \int d\mathbf{r}^N \exp\left(-\frac{V(\mathbf{r}^N)}{k_BT}\right) \tag{8.6}$$

理想気体では粒子間に相互作用は存在しないので，ポテンシャルエネルギー関数 $V(\mathbf{r}^N)$ はゼロに等しい。すなわち，系内のすべての気体粒子に対して $\exp(-V(\mathbf{r}^N)/k_BT) = 1$ が成り立つ。また，各粒子の座標に関する1の積分は，体積に等しいから，N 個の理想気体粒子に対する配置積分の値は V^N（$V \equiv $ 体積）になる。したがって，理想気体では正準分配関数は次式で与えられる。

$$Q_{NVT} = \frac{V^N}{N!}\left(\frac{2\pi mk_BT}{h^2}\right)^{3N/2} \tag{8.7}$$

式(8.7)は，熱的ドブロイ波長 Λ を用いて表されることも多い。

$$Q_{NVT} = \frac{V^N}{N!\Lambda^{3N}} \tag{8.8}$$

ここで，$\Lambda = \sqrt{(h^2/2\pi mk_BT)}$ である。

以上の議論から明らかなように，実在系の分配関数は，理想気体挙動（運動量）による寄与と粒子間相互作用による寄与の二つから構成され，理想気体挙動からのずれは，すべて系内の粒子間相互作用に由来する。したがって次式が成り立つ。

$$Q_{NVT} = Q_{NVT}^{\text{ideal}} Q_{NVT}^{\text{excess}} \tag{8.9}$$

ここで，Q_{NVT}^{ideal} は理想気体項，Q_{NVT}^{excess} は付帯項を表す。付帯項は次式で与えられる。

$$Q_{NVT}^{\text{excess}} = \frac{1}{V^N}\int d\mathbf{r}^N \exp\left[-\frac{V(\mathbf{r}^N)}{k_BT}\right] \tag{8.10}$$

分配関数が理想気体項と付帯項の積で表せるということは，熱力学量が理想気体値と付帯値の和で表せることを意味する。たとえば，ヘルムホルツ自由エネルギーは，正準分配関数と次式の関係にある。

$$A = -k_BT \ln Q_{NVT} \tag{8.11}$$

分配関数を積の形で表した式(8.9)をこの式へ代入すると，次式が得られる。

$$A = A^{\text{ideal}} + A^{\text{excess}} \tag{8.12}$$

重要な結論は次の通りである。すなわち，理想気体挙動からのずれは，系内の粒子間相互作用にすべて由来する。したがって，このずれはポテンシャルエネルギー関数を使って計算できる。ポテンシャルエネルギー関数は，原子の位置のみに依存し，運動量には依存しない。このことは，

理想気体挙動からのずれを表す付帯寄与が，モンテカルロ・シミュレーションで計算できることを意味する。

8.2　積分による性質の計算

前節では，配位空間さえ探索すれば，熱力学量が誘導できることを証明した。では，実際にどのようにしたらこのことが実現できるのか。たとえば，平均ポテンシャルエネルギーを知りたければ，少なくとも原理的には次の積分を計算すればよい。

$$\langle V(\mathbf{r}^N) \rangle = \int d\mathbf{r}^N V(\mathbf{r}^N) \rho(\mathbf{r}^N) \tag{8.13}$$

これは，系を構成する N 個の粒子の $3N$ 個の自由度にわたる多次元積分である。ただし，$\rho(\mathbf{r}^N)$ は配置 $\mathbf{r}^N$ をとる確率を示し，次式で与えられる。

$$\rho(\mathbf{r}^N) = \frac{\exp[-V(\mathbf{r}^N)/k_\mathrm{B}T]}{Z} \tag{8.14}$$

ここで，分母の Z は配置積分を表す（式(8.6)参照）。分子モデリングで通常使われるポテンシャル関数では，これらの積分を解析的に求めることは不可能である。積分値を得るには数値積分に頼らざるを得ない。台形公式は最も簡単な数値積分法の一つである。この方法では，両端間の積分は一連の台形を使って近似される。一例として，図8.1に一次元の問題を示す。この例では，積分は10個の台形に分割されており，評価の必要な関数値は全部で11個ある。シンプソン公式もまた同様の手続きを踏む。しかし，得られる積分値は台形公式に比べてより正確である [33]。二変数の関数（$f(x, y)$）では，関数評価の回数は二乗する必要がある。同様に，$3N$ 次元の積分では，積分値の決定は m^{3N} 回の関数評価を必要とする。ここで，m は各次元で積分を求めるのに必要な点の数である。この関数評価の回数は，粒子の数が少ない場合でさえ厖大な数になる。たとえば，粒子が50個あり，各次元当たり3点ずつ関数評価を行うとすれば，必要な関数評価の回数は全部で 3^{150}（$\sim 10^{71}$）にもなる。明らかに，台形公式やシンプソン公式を使っていたのでは，現実の積分問題を解くことはおぼつかない。

これらの方法に代わるものとして考えられるのは，確率アプローチである。では，確率アプロ

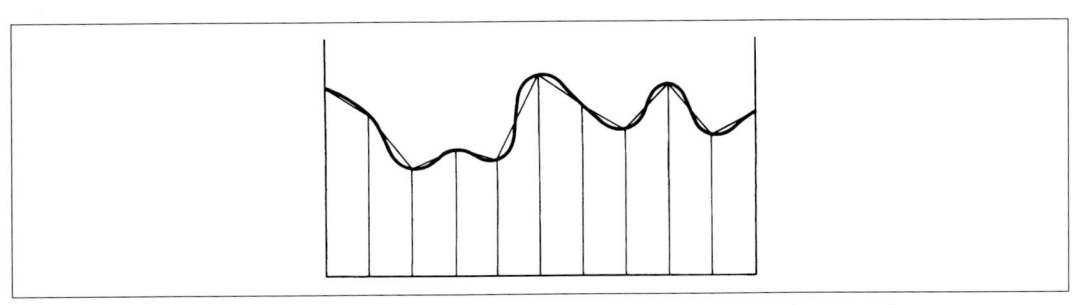

図 8.1 台形公式による一次元積分の評価。曲線下面積は，台形の面積の総和として近似される。

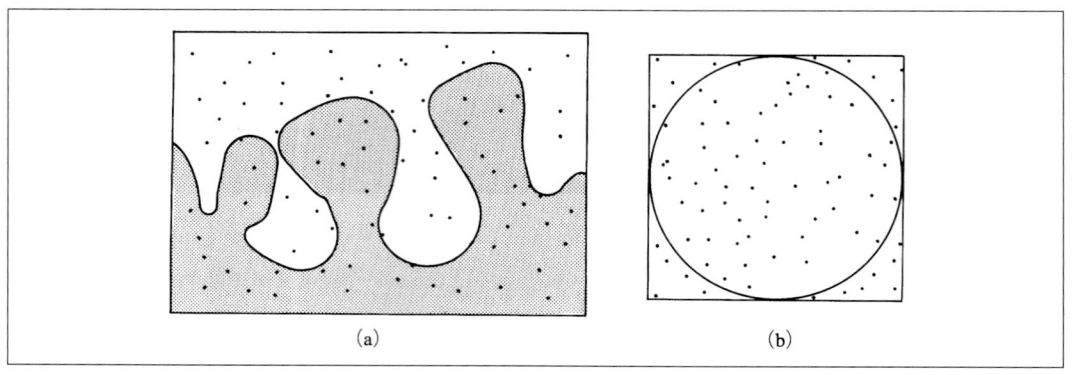

図 8.2 簡単なモンテカルロ積分。(a) 不規則曲線の下側にある灰色部分の面積は、曲線下の点の数を点の総数で割った値に枠の面積を掛けたものに等しい。(b) π の推定値は、乱数を発生させ、正方形の内部にそれらをプロットすることで得られる。すなわち、π は円の内部にある点の数を正方形の中にある点の総数で割り、4 を掛けたものに等しい。

ーチとはどのような方法を指すのか。ここでは、一例として図 8.2(a) に示した関数の曲線下面積を求める問題を取り上げよう。確率法では、このような計算を行う際、まず最初、境界枠の内部に多数の点をランダムに発生させる。そして、発生させた点の総数と曲線下にある点の数を数え上げ、その比に境界枠の面積 A を掛けて曲線下面積を算出する。この方法は円周率 π の推定にも使える（図 8.2(b)）。

この簡単なモンテカルロ積分法に基づき、N 個の原子からなる系の分配関数を計算してみよう。踏むべき手順は次の通りである。

1. $3N$ 個の直交座標をランダムに発生させて粒子に割りつけ、系の初期配置を決める。
2. 配置のポテンシャルエネルギー $V(\mathbf{r}^N)$ を計算する。
3. ポテンシャルエネルギーからボルツマン因子 $\exp(-V(\mathbf{r}^N)/k_BT)$ を計算する。
4. 計算したボルツマン因子とポテンシャルエネルギー寄与をそれぞれの累積和に加え、手順 1 に戻る。
5. あらかじめ設定した回数（N_{trial}）、手順 1〜4 を繰り返した後、次式からポテンシャルエネルギーの平均値を計算する。

$$\langle V(\mathbf{r}^N) \rangle = \frac{\sum_{i=1}^{N\text{trial}} V_i(\mathbf{r}^N) \exp[-V_i(\mathbf{r}^N)/k_BT]}{\sum_{i=1}^{N\text{trial}} \exp[-V_i(\mathbf{r}^N)/k_BT]} \tag{8.15}$$

あいにく、この方法は熱力学量を計算する目的には適していない。（エネルギーの高い重なりが粒子間に存在し、事実上ゼロの）きわめて小さいボルツマン因子をもつ配置が多数発生するからである。これは、位相空間の大部分がエネルギーのきわめて高い非物理的配置に対応する事実に由来する。言い換えれば、（粒子が重なり合わず、ボルツマン因子が有意な値をとる）低エネルギー配置に対応する配位空間領域の割合は、非常に小さい。これらの低エネルギー領域は、物理的に観測される固体や液体などの諸相に対応する。

この行き詰まりを打開するには、式 (8.15) の積分に大きく寄与する配置だけを発生させればよ

い。これはまさに重点サンプリングで使われている戦略であり，1953年にMetropolis, Rosenbluth, Rosenbluth, Teller & Tellerにより開発された方法の核心を形作る [15]。分子系の熱力学的性質では，存在確率 ρ の高い状態は通常，積分への寄与も大きい（ただし，自由エネルギーのような例外もある）。メトロポリス法はさまざまな領域へ広く応用される。シミュレーションや分子モデリングの分野では，この方法は通常モンテカルロ法と呼ばれるが，幸い単純なモンテカルロ法と混同されることはほとんどない。メトロポリス法のもつきわめて重要な特徴は，積分への寄与が大きい配置ほど発生しやすいことである。すなわち，この方法は，確率 $\exp(-V(\mathbf{r}^N)/k_B T)$ に従って状態を発生させ，それらを同じ重みで計数する。それに対し，単純なモンテカルロ法は，エネルギーが高い状態も低い状態も同じように等しい確率で発生させ，しかるのち，それらに重み $\exp(-V(\mathbf{r}^N)/k_B T)$ を割り当てる。

8.3 メトロポリス法の理論的背景

メトロポリス・アルゴリズムは，状態のマルコフ連鎖（Markov chain）を作り出す。マルコフ連鎖は次の二つの条件を満たす。
1. 各試行の結果は直前の試行のみに依存し，それ以前のいかなる試行にも依存しない。
2. 各試行の結果は有限集合を形作る。

分子動力学シミュレーションでは，すべての状態は時間的につながりをもつ。したがって，条件1は，分子動力学法とモンテカルロ法を区別する重要な特徴である。いま，系が状態 m にあるとしよう。状態 n へ移行する確率を π_{mn} とし，π_{mn} を要素とする $N \times N$ の行列 $\boldsymbol{\pi}$（推移行列）を考える。ここで，N は起こりうる状態の数である。与えられた m に対する確率 π_{mn} の和は1に等しいので，推移行列の各行は，加え合わせると1になる。系が特定の状態をとる確率は，次の確率ベクトル $\boldsymbol{\rho}$ で表される。

$$\boldsymbol{\rho} = (\rho_1, \ \rho_2, \ \cdots\cdots, \ \rho_m, \ \rho_n, \ \cdots\cdots, \ \rho_N) \tag{8.16}$$

ここで，ρ_1 は系が状態1にある確率，ρ_m は系が状態 m にある確率をそれぞれ表す。いま，$\boldsymbol{\rho}(1)$ が（ランダムに選択された）初期配置を表すとすれば，第二の状態の確率 $\boldsymbol{\rho}(2)$ は次式で与えられる。

$$\boldsymbol{\rho}(2) = \boldsymbol{\rho}(1)\boldsymbol{\pi} \tag{8.17}$$

同様に，第三の状態の確率 $\boldsymbol{\rho}(3)$ は，

$$\boldsymbol{\rho}(3) = \boldsymbol{\rho}(2)\boldsymbol{\pi} = \boldsymbol{\rho}(1)\boldsymbol{\pi}\boldsymbol{\pi} \tag{8.18}$$

系の平衡分布を得るには，推移行列を無限回適用すればよい。マルコフ連鎖のこの極限分布は，$\boldsymbol{\rho}_{\text{limit}} = \lim_{N \to \infty} \boldsymbol{\rho}(1)\boldsymbol{\pi}^N$ で与えられる。

極限分布の一つの特徴は，初期推定値 $\boldsymbol{\rho}(1)$ に依存しないことである。分子（原子）系の極限（平衡）分布では，各状態の存在確率はボルツマン因子に比例する。一例として，ボルツマン因子の比が2：1の二つのエネルギー準位からなる系を考えてみよう。期待極限分布は，配置ベクトル $(2/3, 1/3)$ と一致する。この極限分布を得るためには次の推移行列を考えればよい。

$$\pi = \begin{pmatrix} 0.5 & 0.5 \\ 1 & 0 \end{pmatrix} \tag{8.19}$$

推移行列がなぜこの形になるのかは，次のように考えれば理解できよう．いま，確率ベクトルの初期値が $(1,0)$，すなわち，系が状態1をとる確率が100％で，状態2にある確率がゼロの状態から出発したとする．第二の状態は次式で与えられる．

$$\boldsymbol{\rho}(2) = \begin{pmatrix} 1 & 0 \end{pmatrix} \begin{pmatrix} 0.5 & 0.5 \\ 1 & 0 \end{pmatrix} = \begin{pmatrix} 0.5 & 0.5 \end{pmatrix} \tag{8.20}$$

同様にして，第三の状態は $\boldsymbol{\rho}(3) = (0.75, 0.25)$ となり，推移行列をさらに繰り返し適用していくと，極限分布として $(2/3, 1/3)$ が得られる．

極限分布では，推移行列をさらに作用させても同じ分布が返される．

$$\boldsymbol{\rho}_{\text{limit}} = \boldsymbol{\rho}_{\text{limit}} \boldsymbol{\pi} \tag{8.21}$$

したがって，平衡集団に対するメトロポリスのモンテカルロ操作は，やはり平衡集団を返すはずである．すなわち，極限分布に対する確率ベクトルの各要素は次式を満たさなければならない．

$$\sum_m \rho_m \pi_{mn} = \rho_n \tag{8.22}$$

このことは，上で取り上げた簡単な2準位の例に対しても成立する．

$$\begin{pmatrix} 2/3 & 1/3 \end{pmatrix} \begin{pmatrix} 1/2 & 1/2 \\ 1 & 0 \end{pmatrix} = \begin{pmatrix} 2/3 & 1/3 \end{pmatrix} \tag{8.23}$$

本章では以後，極限分布を表すのに記号 ρ を使用する．

確率行列（stochastic matrix）は推移行列と密接な関連をもつ行列で，その要素は α_{mn} で表される．この行列は，（両者間で移行が可能な）二つの状態 m と n が選択される確率を与える．それはまた，マルコフ連鎖の底行列（underlying matrix）とも呼ばれる．m から n への試移行を受け入れる確率を p_{mn} とすれば，m から n への推移を行う確率（π_{mn}）は，状態 m と n が選択される確率（α_{mn}）に p_{mn} を掛け合わせたものに等しい．

$$\pi_{mn} = \alpha_{mn} p_{mn} \tag{8.24}$$

確率行列 $\boldsymbol{\alpha}$ は対称性を仮定されることが多い．すなわち，状態 m と n が選択される確率は，移行が m から n へなされても，また逆に n から m へなされても同じであると考える．そのためメトロポリス法では，極限分布において状態 n の確率が状態 m のそれよりも大きければ，（すなわち，状態 n のエネルギーが状態 m のそれよりも低いため，n のボルツマン因子が m のそれよりも大きければ）m から n への移行を表す推移行列要素 π_{mn} は，二つの状態が選択される確率（α_{mn}）に等しくなる．しかし，状態 n のボルツマン因子が状態 m のそれよりも小さい場合には，この関係は成立せず，推移を起こす確率は，確率行列要素 α_{mn} に状態 n と元の状態 m の確率比を掛けなければ得られない．これらの関係は，式で表せば次のようになる．

$$\pi_{mn} = \alpha_{mn} \qquad (\rho_n \geq \rho_m) \tag{8.25}$$
$$\pi_{mn} = \alpha_{mn}(\rho_n/\rho_m) \qquad (\rho_n < \rho_m) \tag{8.26}$$

これらの式は，初期状態 m と終状態 n が異なる場合に成立する．m と n が同じ状態を表すと

きには，推移行列要素は，推移行列の各行が加え合わせると 1 になる事実を利用して計算される。

$$\pi_{mm} = 1 - \sum_{m \neq n} \pi_{mn} \tag{8.27}$$

　6.1.3項で略述したメトロポリス・アルゴリズムと，本節で説明したより正式なアプローチは両立するのか。元のメトロポリス法では，新しい配置 n は，そのエネルギーが元の状態 m よりも低くなければ受理されない。調和を図るためには，配置 n のエネルギーが配置 m のそれに比べて高いときでも，式(8.24)の確率に従う移行が許されなければならない。この障害は，ボルツマン因子 $\exp(-\Delta V(\mathbf{r}^N)/k_BT)$ $(\Delta V(\mathbf{r}^N) = [V(\mathbf{r}^N)_n - V(\mathbf{r}^N)_m])$ を 0～1 の乱数と比較することで克服される。すなわち，もしボルツマン因子が乱数よりも大きければ，新しい状態は受理されるが，ボルツマン因子が乱数よりも小さければ，新しい状態は却下される。たとえば，新しい状態 n のエネルギーが元の状態 m のそれにきわめて近い場合，エネルギー差のボルツマン因子は1に非常に近くなるので，その移行は許容されやすい。しかし，もしエネルギー差が非常に大きければ，ボルツマン因子はゼロに近くなり，その移行は許容されにくくなる。

　メトロポリス法は，微視的可逆性の条件を課すことで導かれる。平衡では二つの状態間の推移は同じ速度で起こる。状態 m から状態 n への推移の速度は，存在確率 ρ_m と推移行列要素 π_{mn} の積に等しい。すなわち，平衡では次式が成立する。

$$\pi_{mn}\rho_m = \pi_{nm}\rho_n \tag{8.28}$$

したがって，推移行列要素の比 (π_{mn}/π_{nm}) は，二つの状態のボルツマン因子の比に等しい。

$$\frac{\pi_{mn}}{\pi_{nm}} = \exp[-(V(\mathbf{r}^N)_n - V(\mathbf{r}^N)_m)/k_BT] \tag{8.29}$$

8.4　メトロポリス・モンテカルロ計算の実行

　原子流体のシミュレーションで使うモンテカルロ計算プログラムは，簡単に作成できる。シミュレーションでは各ステップで新しい配置が発生する。これは通常，乱数発生器を使い，無作為に選択された粒子の直交座標を無作為に変化させる方法で行われる。乱数発生器が 0～1 の乱数 (ξ) を発生する場合，座標は次式に従って変化するから，運動は正と負の両方向へ起こりうる。

$$x_{new} = x_{old} + (2\xi - 1)\delta r_{max} \tag{8.30}$$
$$y_{new} = y_{old} + (2\xi - 1)\delta r_{max} \tag{8.31}$$
$$z_{new} = z_{old} + (2\xi - 1)\delta r_{max} \tag{8.32}$$

発生する乱数は x，y および z のどの方向でも一意的な値をとる。また，δr_{max} は各方向の最大変位を表す。続いて，新しい配置のエネルギーが計算されるが，この段階では，系全体のエネルギーを完全に再計算する必要はなく，運動した粒子の寄与だけを計算すればよい。モンテカルロ・シミュレーションで使用される近接原子リストは，各原子の近接原子をすべて網羅したものでなければならない。運動中の原子と相互作用する原子をすべて同定する必要があるからである。ちなみに分子動力学では，各原子の近接原子リストはより大きな番号をもつ近接原子だけを含む。

新しい配置を発生させ，それらのエネルギーを計算するに当たっては，周期境界条件と最小影像コンベンションが正しく考慮されなければならない。もし，新しい配置が元の配置よりもエネルギー的に安定であれば，次のステップでは新しい配置が出発点として使われる。一方，新しい配置が元の配置よりも高いエネルギーをもつ場合には，0～1の乱数とボルツマン因子 $\exp(-\Delta V/k_\mathrm{B}T)$ が比較される。もし，ボルツマン因子が乱数よりも大きければ，新しい配置は受理されるが，そうでなければ却下され，元の配置が次のステップでも使用される。この受入れ基準は，簡潔に式で表せば次のようになる。

$$\mathrm{rand}(0, 1) \leq \exp(-\Delta V(\mathbf{r}^N)/k_\mathrm{B}T) \tag{8.33}$$

繰返しの各ステップでの運動の規模は，最大変位 δr_max に支配される。これは調節可能なパラメータである。その値は通常，試運動の約50％が受理されるよう設定される。最大変位が小さければ，受理される運動の数は多くなる。しかし，それらの状態は互いによく似ているため，位相空間の探索はきわめてゆっくりとしか進まない。一方，δr_max の値が大きすぎると，不都合な重なりが生まれ，試運動の多くは却下される。最大変位は，適切な受入れ率が常に維持されるよう，プログラムの実行中自動的に調整される。調整される量は，通常数パーセント以内である。最大変位の値は，受理される運動が多くなると増加し，少なくなると減少する。

粒子を無作為にではなく順番に動かすこともできる（これは，乱数発生器を呼び出す回数を繰返しステップ当たり1回減らす効果がある）。あるいは，数個の粒子を一度に動かしてもよい。もし，最大変位の値が適切であるならば，このアプローチは位相空間のより効率的な探索を実現する。

分子動力学シミュレーションと同様，モンテカルロ・シミュレーションは，平衡化の段階とそれに続く生産の段階からなる。平衡化の段階では，全エネルギーと各種成分へのその分配，平均二乗変位，秩序変数といったさまざまな熱力学的諸量や構造的諸量が監視される。生産の段階に移るのは，それらが安定な値に達したときである。正準集団のモンテカルロ・シミュレーションでは，温度と体積はもちろん一定に保たれる。しかし，定圧シミュレーションでは体積は変化する。そのため，安定な系密度を確実に達成したければ，体積の監視が不可欠である。

8.4.1 乱数発生器

乱数発生器（random number generator）は，モンテカルロ・シミュレーション用プログラムの心臓部をなす。それは新しい配置を発生させたり，与えられた運動の採否を判定する目的で頻繁にアクセスされる。乱数発生器は他のモデリング手法でもまた利用される。たとえば，分子動力学シミュレーションでの初速度は，通常，乱数発生器を使って設定される。乱数発生器が作り出す数は，実際には真の乱数ではない。初期条件が同じであれば，プログラムは常に同じ順序で同じ数が発生する（もしそうならなければ，ハードウェアかソフトウェアに重大な欠陥がある）。このような数列は，真の乱数列と同じ統計的属性をもつため，擬似乱数と呼ばれる。ほとんどの乱数発生器は，シードの値を変えれば別の乱数列が発生するように作られている。この方式は，シードを変えるだけで互いに独立な計算をいろいろ試みられるので便利である。シードと

してよく使われるのは，時刻や日付である．これらの情報は，オペレーティングシステム（OS）のプログラムから通常自動的に読み込める．

乱数発生器が発生した数値は，一定の統計的属性を満たしていなければならない．モンテカルロ・シミュレーションでは，エネルギー変化の計算などに時間が多く費やされる．そのため，非常に高速な計算アルゴリズムを必要とするが，この乱数の問題はそれに勝るとも劣らず重要である．乱数発生器の性能を簡単に検定したければ，乱数列を k 個の数値からなるブロックへ分割

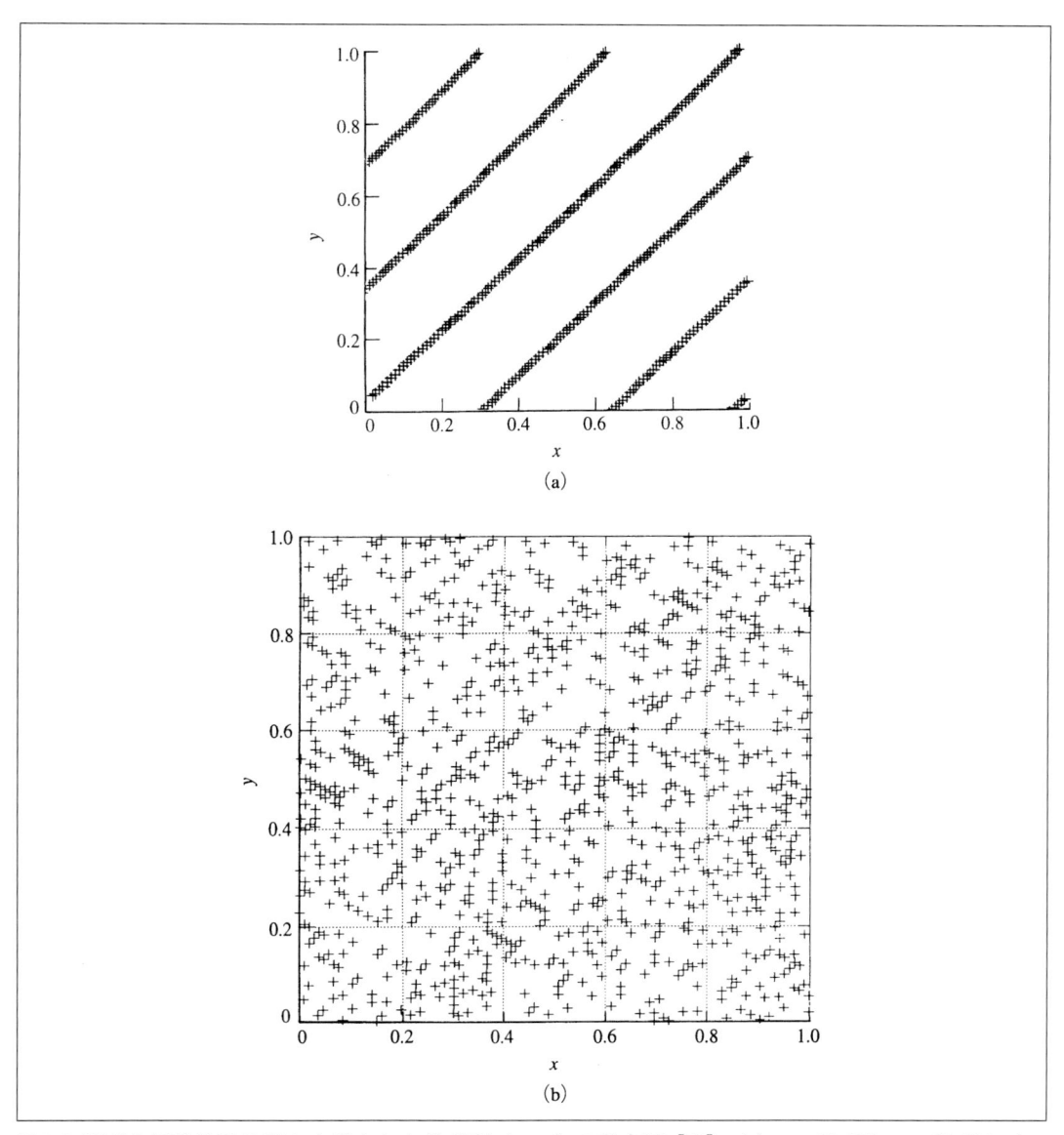

図8.3 線形合同乱数発生器から得られた数値対 (x, y) の散布図 [23]．(a) $m=32,769$, $a=10,924$, $b=11,830$ を使用．(b) $m=6,075$, $a=106$, $b=1,283$ を使用．

し，k 次元空間の座標としてプロットしてみればよい。質の良い乱数はランダムな点分布を与えるはずである。一般の乱数発生器は，点が平面上に偏在したり明らかな相関を示すなど，この条件を満たさないことが多い [23]。

線形合同法（linear congruental method）は，乱数を発生させる方法として広く利用される。この方法では，数列の各値は前の値に定数（乗数 a）を掛けたものに第二の定数（増分 b）を加え，第三の定数（法 m）で割ったときの余りとして定義される。最初の値はシードと呼ばれ，ユーザーが供給する。

$$\xi[1] = \text{seed} \tag{8.34}$$

$$\xi[i] = \text{MOD}\{(\xi[i-1] \times a + b),\ m\} \tag{8.35}$$

MOD 関数は，第一の引数を第二の引数で割ったときの余りを返す（たとえば，MOD(14,5) は 4 に等しい）。もし，定数が正しく選択されたならば，線形合同法は 0 と $m-1$ の間のすべての整数を発生し，その周期（数列を構成する数値の数）は法に等しくなる。周期はもちろん m よりも大きくはならない。線形合同法は，m で割れば 0～1 の実数値へ変換できる整数値を作り出す。一般に法としては，所定のビット数（通常 1 語当たりのビット数）で表しうる最大の素数が使われる（32 ビットマシンでは $2^{31}-1$）。

プログラムの作成が容易であるためよく普及しているが，線形合同法は，乱数発生器に必要な条件をすべて満たしているわけではない。たとえば，線形合同発生器から求めた点は，空間全体を一様に満たさず，$(k-1)$ 次元面上に偏在する。実際，定数 a, b および m の選択が適切でないと，線形合同法は時として図 8.3(a) に示すような惨憺たる結果を与える。標準的なあらゆる試験で満足な結果を与える乱数発生器は，G. Marsaglia のそれである [13]（付録 8.1 参照）。

8.5 分子のモンテカルロ・シミュレーション

原子系のモンテカルロ・シミュレーションはそれほどむずかしくない。並進の自由度だけを考えればよいからである。アルゴリズムは簡単に作成でき，数万ステップの比較的短いシミュレーションで正確な結果が得られる。しかし，方法を分子系，特に配座的に柔軟な分子へ適用しようとすると，実践上の障害が立ちはだかる。このような系では，配座の変化により，分子内や近接分子間でしばしばエネルギー的に許容しがたい重なりが生じるためである。

8.5.1 剛体分子

球対称でない剛体分子は，空間の位置だけでなく配向も変化させる。一般に，分子はモンテカルロ計算の各ステップで並進と回転の運動を行う。並進は通常，質量中心の位置で記述される。また，配向はさまざまな方法で作り出せるが，最も簡単には，三本の直交軸（x, y および z）の一つを選び，最大角変化量 $\delta\omega_{\max}$ の範囲内で無作為に選んだ角 $\delta\omega$ だけ，その軸のまわりで分子を回転させればよい [1]。回転の操作は，三角法の関係を定石通り適用することで達成できる。たとえば，分子の配向をベクトル$(x\mathbf{i},\ y\mathbf{j},\ z\mathbf{k})$で表したとき，$x$ 軸のまわりで $\delta\omega$ だけ回転させ

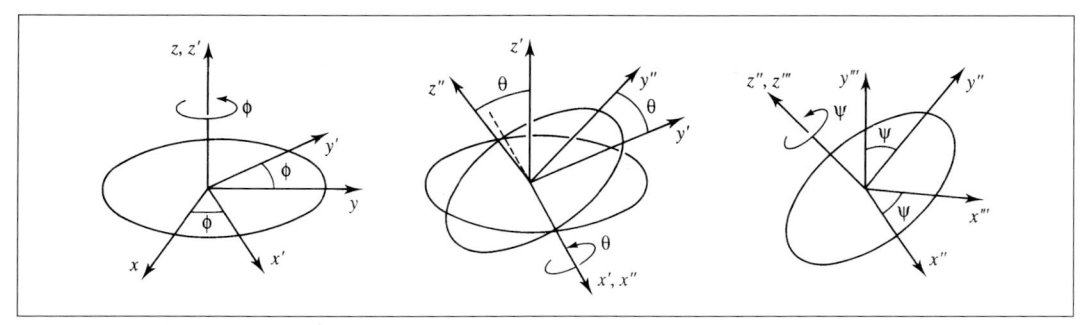

図 8.4 オイラー角 ϕ, θ および ψ の定義

た後の新しいベクトル ($x'\mathbf{i}$, $y'\mathbf{j}$, $z'\mathbf{k}$) は，次式から計算される。

$$\begin{bmatrix} x' \\ y' \\ z' \end{bmatrix} = \begin{bmatrix} 1 & 0 & 0 \\ 0 & \cos\delta\omega & \sin\delta\omega \\ 0 & -\sin\delta\omega & \cos\delta\omega \end{bmatrix} \begin{bmatrix} x \\ y \\ z \end{bmatrix} \tag{8.36}$$

分子の配向は，オイラー角（Euler angle）で記述されることも多い。オイラー角は，三つの角 ϕ, θ および ψ からなる。ϕ は z 軸のまわりの回転である。この回転は x 軸と y 軸を動かす。次に，新しい x 軸のまわりの回転を θ で表し，最後に，新しい軸のまわりの回転を ψ で表す（図 8.4）。いま，オイラー角を無作為に微小量 $\delta\phi$, $\delta\theta$ および $\delta\psi$ だけ変化させると，ベクトル $\mathbf{v}_{\text{old}}$ は，次の行列方程式に従い位置を移す。

$$\mathbf{v}_{\text{new}} = \mathbf{A}\mathbf{v}_{\text{old}} \tag{8.37}$$

ここで，行列 $\mathbf{A}$ は

$$\begin{bmatrix} \cos\delta\phi\sin\delta\psi - \sin\delta\phi\cos\delta\theta\sin\delta\psi & \sin\delta\phi\cos\delta\psi + \cos\delta\phi\cos\delta\theta\sin\delta\psi & \sin\delta\theta\sin\delta\psi \\ -\cos\delta\phi\cos\delta\psi - \sin\delta\phi\cos\delta\theta\sin\delta\psi & -\sin\delta\phi\sin\delta\psi + \cos\delta\phi\cos\delta\theta\cos\delta\psi & \sin\delta\theta\cos\delta\psi \\ \sin\delta\phi\sin\delta\theta & -\cos\delta\phi\sin\delta\theta & \cos\delta\theta \end{bmatrix} \tag{8.38}$$

ただし，三つのオイラー角を単純にサンプリングしただけでは，変位の分布は一様とはならない。図 8.5 に示すように，θ のサンプリングは θ そのものではなく，$\cos\theta$ に対してなされるべきである。できれば次式に従い，$\cos\theta$ を直接サンプリングするのが望ましい。

$$\phi_{\text{new}} = \phi_{\text{old}} + 2(\xi - 1)\delta\phi_{\text{max}} \tag{8.39}$$

$$\cos\theta_{\text{new}} = \cos\phi_{\text{old}} + 2(\xi - 1)\delta(\cos\theta)_{\text{max}} \tag{8.40}$$

$$\psi_{\text{new}} = \psi_{\text{old}} + 2(\xi - 1)\delta\psi_{\text{max}} \tag{8.41}$$

また，θ をサンプリングし，次式に従って採否の基準を修正する方法も知られる。

$$\theta_{\text{new}} = \theta_{\text{old}} + 2(\xi - 1)\delta\theta_{\text{max}} \tag{8.42}$$

$$\frac{\rho_{\text{new}}}{\rho_{\text{old}}} = \exp(-\Delta V / k_{\text{B}} T) \frac{\sin\theta_{\text{new}}}{\sin\theta_{\text{old}}} \tag{8.43}$$

しかし，この第二のアプローチは，θ_{old} がゼロに等しいとき問題が生じる。

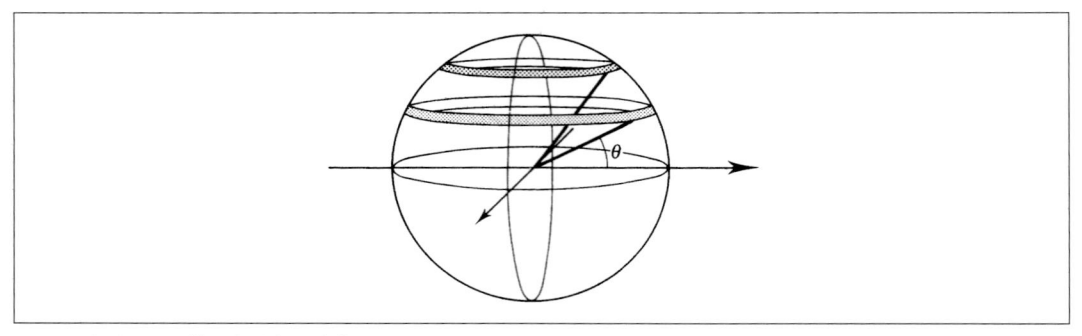

図 8.5 球面での一様な点分布を達成するには，θ ではなく $\cos\theta$ に関してサンプリングする必要がある。サンプリングが θ に関してなされた場合，単位面積当たりの点の数は θ とともに増加するので，球面での点分布は一様とはならない。

オイラー角アプローチの短所は，回転行列が全部で六つの三角関数——三つのオイラー角の各々に対し，正弦関数と余弦関数が使われる——を含む点である。これらの三角関数は計算に時間がかかりすぎる。そこでこれに代わるものとして，四元数を使用する方法が工夫された。四元数とは，その成分の和が 1 になるような四次元ベクトルをいう（$q_0^2+q_1^2+q_2^2+q_3^2=1$）。四元数の成分は，次式によりオイラー角と関連づけられる。

$$q_0 = \cos\frac{1}{2}\theta \cos\frac{1}{2}(\phi+\psi) \tag{8.44}$$

$$q_1 = \sin\frac{1}{2}\theta \cos\frac{1}{2}(\phi+\psi) \tag{8.45}$$

$$q_2 = \sin\frac{1}{2}\theta \sin\frac{1}{2}(\phi+\psi) \tag{8.46}$$

$$q_3 = \cos\frac{1}{2}\theta \sin\frac{1}{2}(\phi+\psi) \tag{8.47}$$

したがって，オイラー角回転行列は次のように書き直せる。

$$\mathbf{A} = \begin{bmatrix} q_0^2+q_1^2-q_2^2-q_3^2 & 2(q_1q_2+q_0q_3) & 2(q_1q_3-q_0q_2) \\ 2(q_1q_2-q_0q_3) & q_0^2-q_1^2+q_2^2-q_3^2 & 2(q_2q_3+q_0q_1) \\ 2(q_1q_3+q_0q_2) & 2(q_2q_3-q_0q_1) & q_0^2-q_1^2-q_2^2+q_3^2 \end{bmatrix} \tag{8.48}$$

新しい配向を発生させるには，四元数ベクトルを回転させる必要がある。四元数は四次元のベクトルであるから，回転は四次元空間でなされなければならない。これは次のようにすれば実現できる [36]。

1. $S_1 = \xi_1^2 + \xi_2^2 < 1$ の関係を満たすまで，$-1 \sim 1$ の乱数対 (ξ_1, ξ_2) を発生させる。
2. ξ_3 と ξ_4 についても，$S_2 = \xi_3^2 + \xi_4^2 < 1$ の関係を満たすまで同様の処理を行う。
3. 無作為な四次元単位ベクトル $(\xi_1, \xi_2, \xi_3\sqrt{(1-S_1)/S_2}, \xi_4\sqrt{(1-S_1)/S_2})$ を作成する。

適切な受入れ率を達成するためには，新旧二つの配向ベクトルがなす角を，所定の値よりも小さくしなければならない。この措置は，球面上の領域から無作為かつ一様にサンプリングすること

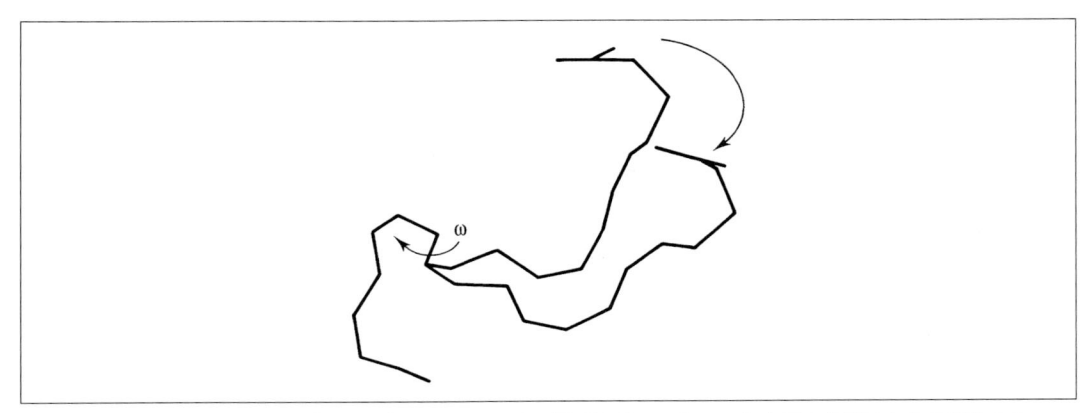

図 8.6 分子の中央部にある結合を回転させると，その量がわずかであっても末端の位置は大きく変化する。

に対応する。

並進成分に配向成分を付け加えると，受入れ率を決める最大変位パラメータの数は増加する。適正な受入れ率が達成でき，配向と並進の運動が調和した状態にあるか否かは重要な意味をもつ。試行錯誤は，パラメータの最良の組合せを発見する手段としてしばしば最も有効である。

8.5.2 柔軟な分子のモンテカルロ・シミュレーション

柔軟な分子のモンテカルロ・シミュレーションは，系が小さいか内部自由度のいくつかが凍結している場合や，特別なモデルや方法が使われる場合を除き，うまくいかないことが多い。柔軟な分子の新しい配置は，最も簡単には，分子全体の並進と回転を行った後，個々の原子の直交座標を無作為に変化させることで得られる。あいにく，基準に合った受入れ率を達成しようとすれば，一般に，非常に小さな原子変位を考える必要がある。これは，位相空間の探索がきわめてゆっくり行われることを意味する。これに対処するには，内部自由度のいくつか——通常，結合長や結合角のような硬い自由度——を凍結すればよい。このアルゴリズムは，ブタンのような小分子の研究に広く利用される。しかし大分子の場合には，結合のわずかな回転でも，その位置から遠ざかるにつれ，影響は大きな位置変化となって現れる。この変化は，図 8.6 に示すようにエネルギーの高い配置をもたらす。結合長や結合角の剛体近似は，使い方に注意しなければならない。内部自由度のいくつかを凍結させると，他の内部自由度もその影響を受けるからである。

8.6 高分子のモンテカルロ・シミュレーションで使われるモデル

高分子とは，一連の分子断片が化学的に連結してできた巨大分子を指す。ポリエチレンやポリスチレンのような簡単な合成高分子では，分子断片はすべて同じ基本単位（単量体）からなる。しかし一般には，高分子は種類の異なるいくつかの単量体の混合物である。たとえば，タンパク質のポリペプチド鎖は 20 種のアミノ酸を構成単位とする。異なる鎖間の架橋は，高分子の組成と構造にさらなる多様性を付与する。これらの特徴は，すべて分子の全体的性質に影響を及ぼし，

その効果はしばしば劇的ですらある。われわれはまた，溶液や融成物，結晶状態といったさまざまな条件下での高分子の性質にも関心がある。分子モデリングは高分子の性質の理解に必要な理論を展開し，それらの性質を予測するのに役立つ。

　高分子の挙動を完全に記述するには，時間と長さの広範囲な尺度が必要である。時間尺度の範囲は，（結合振動の周期に対応する）約 10^{-14} 秒から集団現象に対応した秒，時間，あるいはそれ以上にわたり，また，長さの尺度も化学結合に対応する 1〜2 Å から糸まり状高分子の直径に相当する数百 Å にまで及ぶ。高分子系をシミュレーションし，それらの性質を予測するには，さまざまなモデルが使われる。これらのモデルのいくつかは，系内部の相互作用に関するきわめて簡単な知識を拠り所とする。しかし，それらの有用性は幾多の事例が証明している。Flory の回転異性状態モデルは中でも特に有名である [9]。コンピュータの性能が向上したおかげで，現在では，分子動力学やモンテカルロ法による高分子系のシミュレーションも可能である。

　（コンピュータの高速化や新しい手法の出現により，かなり大きな系に対しても量子力学が適用できるようになってはきたが）現状では，高分子に関するシミュレーションは，そのほとんどが経験的エネルギー・モデルを使って行われる。計算の効率化を図るため，配置や配座の自由度はさまざまな方法で拘束される。最も簡単なモデルは，格子を使うそれである。このモデルは格子点を相互作用中心とし，それらをつなぎ合わせたものとして高分子を表現する。格子モデルよりも一段複雑なモデルとしては，ビーズ・モデルがある。このモデルでは，高分子は連結された一連のビーズで表される。個々のビーズは「有効単量体」を表し，直接結合した他のビーズや近傍のビーズと相互作用する。最も詳細な究極のモデルは，原子論的モデルである。このモデルでは，非水素原子はすべて顕わに表現され，場合によっては水素原子も同様に扱われる。本節の目的は，モンテカルロ法が高分子系の研究にどのように使えるかを示すことにある。ここでは，便宜上格子モデルと連続体モデルの二つに分けて説明するが，実際には，モデルの範囲はきわめて簡単なものからきわめて複雑なものまで，きわめて幅広いことに注意されたい。

8.6.1　高分子の格子モデル

　格子モデルは，粗い近似を含むにもかかわらず，高分子の挙動について多くの有益な情報をもたらす。格子モデルは単純であるため，状態の発生と解析がきわめて迅速に行える。使用されるのは，二次元または三次元の格子である。最も簡単なモデルでは，立方体や四面体の格子が使われる（図 8.7）。連続する単量体は隣り合う格子点を占める。エネルギー・モデルも通常非常に単純であり，高速なエネルギー計算が可能である。

　格子の表現様式がもっと複雑で，分子の真の幾何配置により近いモデルも提案されている。たとえば，図 8.8 はポリエチレンを結合揺らぎモデルで表したものである。このモデルでは，個々の単量体は立方体の中心にあり，単量体をつなぐ一つの結合は，実際の分子では三つの結合に相当する [2]。また，単量体と単量体の結合距離は 5 種類可能である。

　格子モデルは，線状高分子鎖から稠密な混合物に至るまで，さまざまな高分子系の研究に使われる。シミュレーションの最も簡単な形式は「ランダムウォーク」である。ランダムウォークで

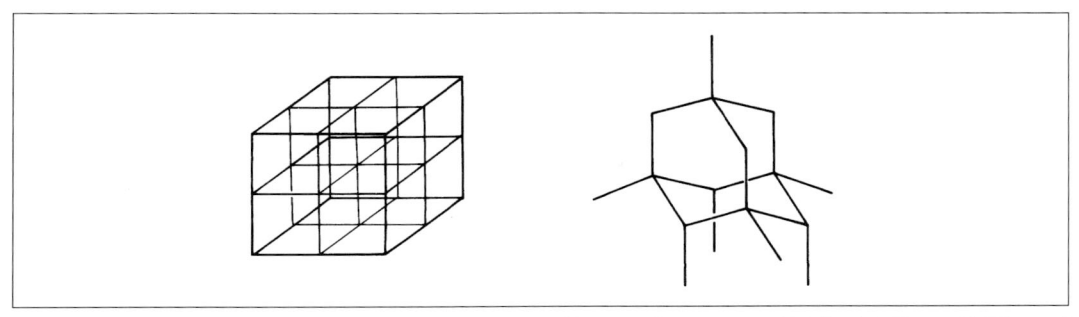

図 8.7 高分子のモンテカルロ・シミュレーションで一般に使われる格子モデル。（左図）立方格子。（右図）四面体（ダイヤモンド）格子。

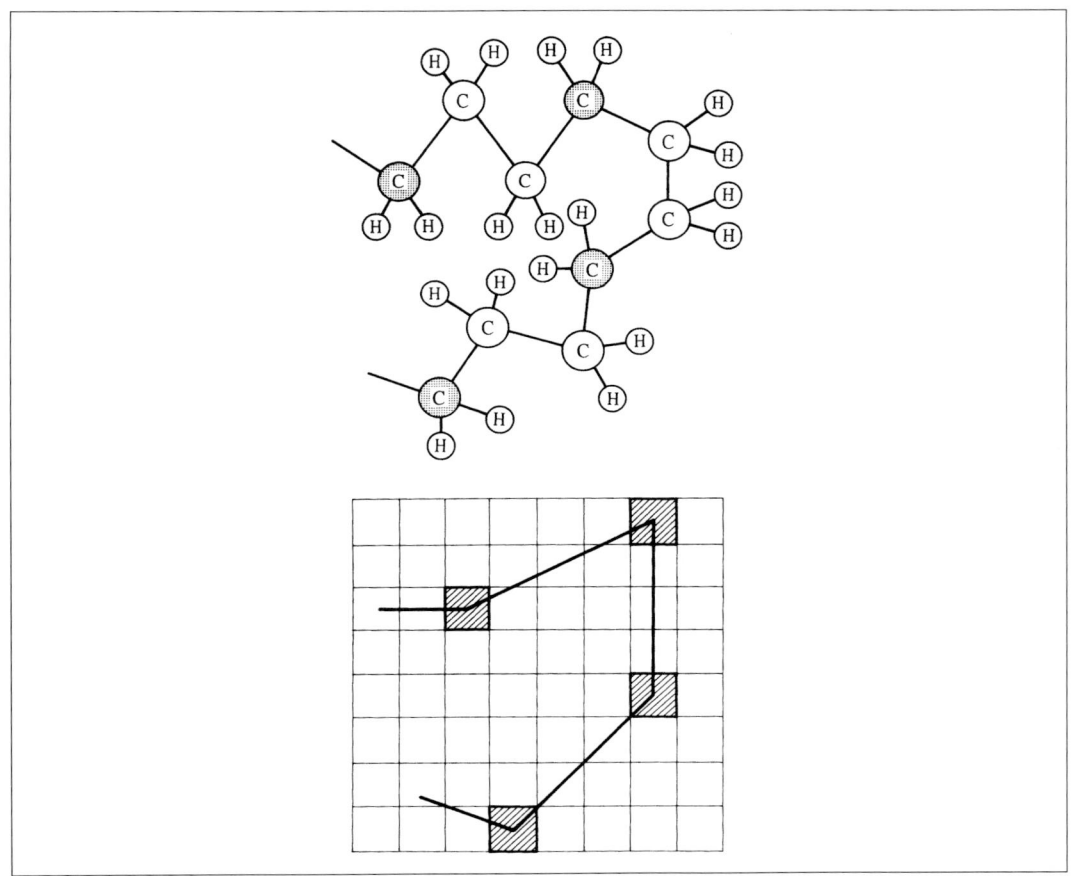

図 8.8 結合揺らぎモデル [2]。本例の場合，高分子内部の 3 個の結合は，有効単量体間の有効結合 1 個で置き換えられている。

は，鎖は所定の結合数に達するまで格子内でランダムに成長する（図 8.9）。また，排除体積効果は無視され，鎖はそれ自身と自由に交差する。試行を何度も繰り返し，それらの結果を平均すれば，このようなシミュレーションからさまざまな性質が導ける。たとえば，高分子の大きさの

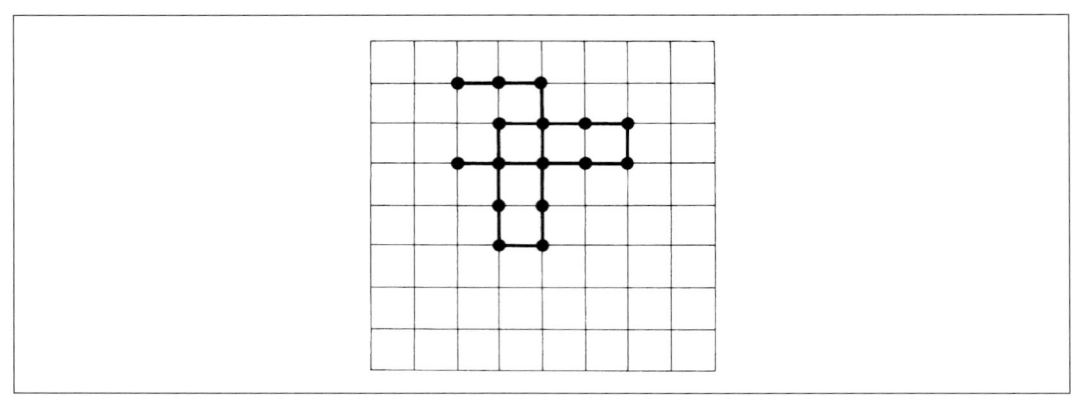

図 8.9 平方格子上でのランダムウォーク。鎖はそれ自身と交差してもよい。

簡易尺度として平均二乗末端間距離$\langle R_n^2 \rangle$があるが，ランダムウォーク・モデルでは次式の関係が成立する。

$$\langle R_n^2 \rangle = nl^2 \tag{8.49}$$

ここで，n は結合の数，l は各結合の長さである。

通常計算されるもう一つの性質は，回転半径である。これは，質量中心と各原子（または単量体）の間の二乗平均距離である。ランダムウォーク・モデルでは，回転半径$\langle s^2 \rangle$と$\langle R_n^2 \rangle$の間に，漸近極限で次の関係が成り立つ。

$$\langle s^2 \rangle = \langle R_n^2 \rangle / 6 \tag{8.50}$$

ランダムウォークにおいて，鎖がそれ自身と交差することは重大な弱点であるように思えるが，ある種の状況下ではそのことは逆に強味になる。（シータ状態にあり）排除体積効果が重要でない場合には，平均二乗末端間距離は，下付き添字「0」を付け，しばしば$\langle R_n^2 \rangle_0$のように表記される。排除体積効果を無視したくなければ，図 8.10 に示すように，格子内で鎖の自己回避ウォークを行う必要がある。このモデルでは，格子の各点は単量体を 1 個しか収容できない。自己回避ウォークは，与えられた長さの鎖に対し，格子上で可能なすべての配座をもれなく数え上げる

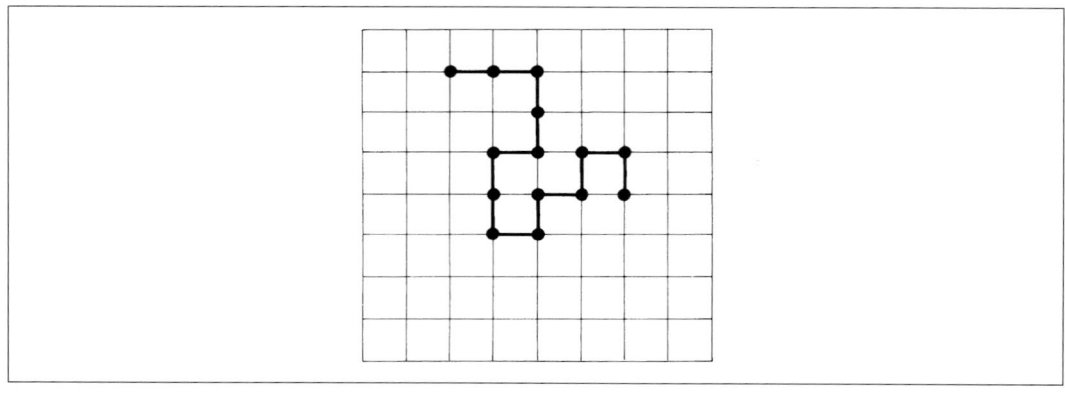

図 8.10 自己回避ウォーク。格子の各点は単量体を 1 個しか収容できない。

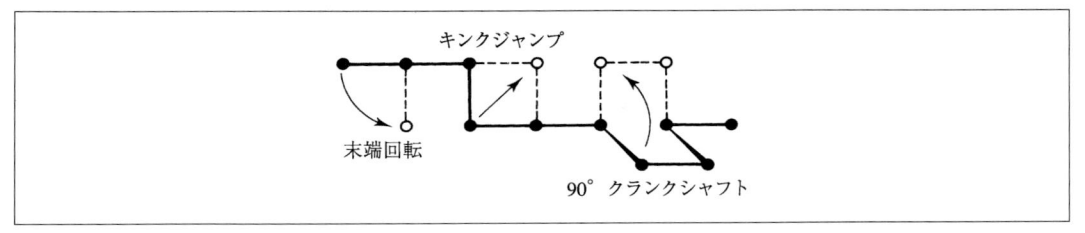

図 8.11 高分子のモンテカルロ・シミュレーションで使われる3種類の運動

のに使われる．もし，すべての状態が分かれば，分配関数を求めて熱力学的諸量を算出できる．各状態のエネルギーは，適当な相互作用モデルを使って計算される．たとえば，エネルギーは隣り合う占有格子点対の数に比例する．これに代わるものとして，二種の単量体（A，B）からなる，たかだか3水準のエネルギー値（A-A，B-B，A-B）しかない高分子を使う方法もある．エネルギーはここでも，隣り合う占有格子点対の数から算定される．平均二乗末端間距離と鎖長（n）の関係は，詳しく分かっている．自己回避ウォークで得られる結果は，ランダムウォークによるそれとは異なり，$\langle R_n^2 \rangle$は漸近極限で$n^{1.18}$に比例する．

　格子上で高分子を成長させたら，次にすべきことは別の配置の発生である．高分子鎖全体の運動や大規模な配座変化は，特に隙間なく詰まった高分子の場合困難を伴う．Verdier-Stockmayerアルゴリズムの変法では，新しい配置は，図8.11に示したクランクシャフト，キンクジャンプおよび末端回転の各運動を組み合わせて作り出される［35］．（単に格子モデルに留まらず）高分子のモンテカルロ・シミュレーションで広く使われるもう一つのアルゴリズムは，「蛇行（slithering snake）」モデルである．高分子鎖全体の運動は，特に隙間なく詰まった高分子ではきわめてむずかしい．しかし，このような場合でも，障害物のまわりをのたくりながら移動するいわゆる爬行（reptation）と呼ばれる方法を使用すれば，高分子は位置を変えられる．蛇行アルゴリズムでは，まず最初，高分子鎖の一方の端にあるビーズが無作為に「頭」として選択される．そして，そのビーズがまだ占有されていない隣接格子点の方向へ延びようとすると，他のビーズもまたそれに合わせ，一つ前方のビーズ位置へ前進する（図8.12）．この過程は何度も

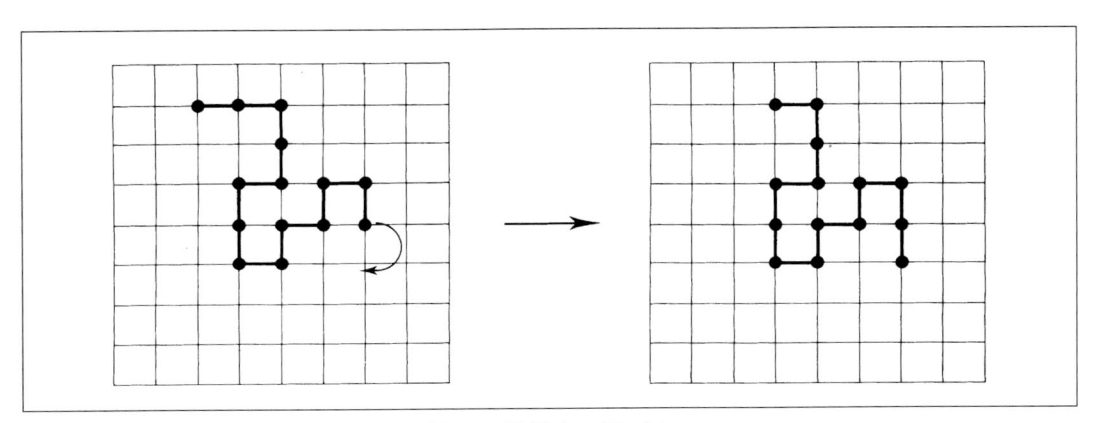

図 8.12 蛇行アルゴリズム

繰り返される。選択した頭部が動かせない場合でも，集団平均の計算では，その配置を含めるようにしなければならない。

8.6.2 高分子の連続体モデル

高分子の連続体モデルのうち最も簡単なものは，連結された一続きのビーズからなる（図8.13）。ビーズは自由につなぎ合わされ，レナード−ジョーンズ・ポテンシャルのような球対称ポテンシャルを介して他のビーズと相互作用する。ビーズは高分子の単量体とは異なる概念であるが，そのように呼ばれることも多い（より適切には「有効単量体」という用語が使われる）。ビーズをつなぐリンク (link) もまた結合 (bond) と同じものではない。リンクは通常，長さが一定不変の棒で表されるが，調和ポテンシャル関数を使い，長さを可変にすることもある。

この自由連結鎖モデル (freely jointed chain model) を使用したモンテカルロ研究では，ビーズは位置の連続体からサンプリングされる。また，新しい配置の作成は，ピボット・アルゴリズムに従う。このアルゴリズムでは，高分子のセグメントは無作為に選択され，図8.13に示すようにランダム量回転を施される。孤立した高分子鎖の場合，ピボット・アルゴリズムによる配置／配座空間のサンプリングは良好な結果を与える。しかし，高分子の溶液や融成物では，エネルギーの高い立体相互作用が影響し，運動の受入れ率はしばしば非常に低くなる。

自由連結鎖モデルは結合角が連続的に変化する。これはきわめて非現実的である。自由回転鎖モデル (freely rotating chain model) では，結合角は固定され，結合のまわりの自由回転のみが（ねじれ角 0〜360°の範囲で）許される。自由連結鎖モデルと比較したとき，結合角の固定は当然鎖の性質に影響を及ぼす。この影響は，次式で定義される特性比 C_n を使えば数量化できる。

$$C_n = \frac{\langle R_n^2 \rangle_0}{nl^2} \tag{8.51}$$

特性比は，鎖がどの程度の広がりをもつかを示す。自由回転鎖の場合，特性比は次式で与えられる。

$$C_n = \frac{1+\cos\theta'}{1-\cos\theta'} - \frac{2\cos\theta'}{n}\frac{1-\cos^n\theta'}{(1-\cos\theta')^2} \tag{8.52}$$

ここで，θ' は正常な結合角の補角である ($\theta' = 180° - \theta$)。無限に長い鎖に対しては，特性比は次式のようになる。

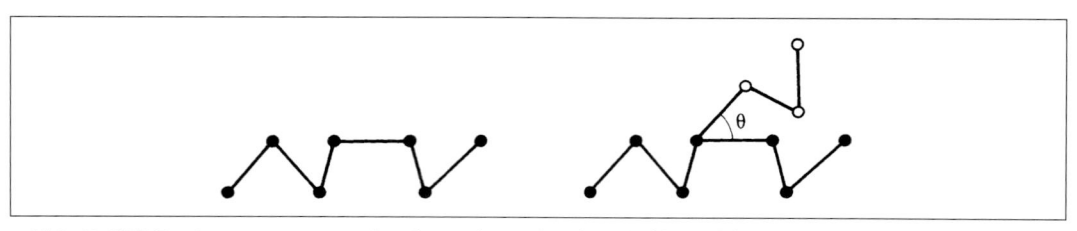

図 8.13 高分子シミュレーションのビーズ・モデル。ビーズは硬い棒か調和振動型のばねでつながれている。

$$C_\infty = \frac{1+\cos\theta'}{1-\cos\theta'} \tag{8.53}$$

さらに複雑なモデルは，結合のまわりの回転エネルギーを考慮する．最も簡単なアプローチでは，各結合は独立に扱われ，鎖の全エネルギーは結合のねじれエネルギーをすべて加え合わせたものとして定義される．しかし，このモデルは独立性の仮定に由来する重大な欠点をもつ．

高分子鎖のモデルを作成する近似アプローチとしておそらく最もよく知られているのは，Flory により開発された回転異性状態モデル（rotational isomeric state (RIS) model）であろう [9]．このモデルでは，各結合は少数の不連続な回転状態の一つをとると仮定される．これらの回転状態は，通常，ポテンシャルエネルギーの極小点に対応する．たとえば，典型的なポリアルカンでは，トランス，ゴーシュ（＋）およびゴーシュ（－）の配座に対応する三種の回転状態が使われる．RIS アプローチの特長は，さまざまな行列をエレガントに駆使し，計算を簡単化するところにある．そのような行列の一つ，生成行列（generator matrix）は，配座依存的性質を表わすのに使われる．たとえば，性質 A は次式のように表記される．

$$A(\tau_1 \cdots \tau_n) = \prod_{i=1}^{n} \mathbf{F}_i \tag{8.54}$$

ここで，$\mathbf{F}_i$ は（ねじれ角 τ_i をもつ）結合 i の特定の性質を表す生成行列である．たとえば，二乗末端間距離 R^2 の生成行列 $\mathbf{G}_i$ は次式で与えられる．

$$\mathbf{G}_i = \begin{bmatrix} 1 & 2\mathbf{l}^T\mathbf{T} & l^2 \\ 0 & \mathbf{T} & \mathbf{l} \\ 0 & 0 & 1 \end{bmatrix} \tag{8.55}$$

ここで，ベクトル $\mathbf{l}$ は結合 i に対する結合ベクトルである．また，$\mathbf{T}$ は，結合 $(i+1)$ の基準座標系での座標を結合 i の座標系でのそれに変換する 3×3 行列を表す．いまの場合，二乗末端間距離は次式から計算される．

$$R^2 = \mathbf{G}_{[1}\mathbf{G}_2{}^{n-2}\mathbf{G}_{n]} \tag{8.56}$$

ここで，$\mathbf{G}_{[1}$ は行列 $\mathbf{G}_1$ の第 1 行を表し，$\mathbf{G}_{n]}$ は行列 $\mathbf{G}_n$ の最後列を表す．

高分子鎖の平均的性質の計算では，各項に適当なボルツマン因子を掛け，すべての配座について合計するといった標準的な統計力学的アプローチが利用される．その際には，結合がその近傍に及ぼす影響を論じるため，Flory が導入した統計的重み行列（statistical weights matrix）もまた使われる．（結合がゴーシュ（＋）とゴーシュ（－）の順に配列したとき，エネルギーの高い不都合な相互作用が生じる）ペンタン違反は特に重要である（図 8.14）．結合 i と関連した統計的重み行列は，v_{i-1} 行と v_i 列からなる．これらの行と列は，結合 $(i-1)$ の v_{i-1} 個の回転状態と結合 i の v_i 個の回転状態に対応する．たとえば，トランス，ゴーシュ（＋）およびゴーシュ（－）の回転状態をとりうる典型的な高分子の場合，統計的重み行列は次のようになる．

$$\mathbf{U}_i = \begin{bmatrix} u_{tt} & u_{tg+} & u_{tg-} \\ u_{g+t} & u_{g+g+} & u_{g+g-} \\ u_{g-t} & u_{g-g+} & u_{g-g-} \end{bmatrix} \tag{8.57}$$

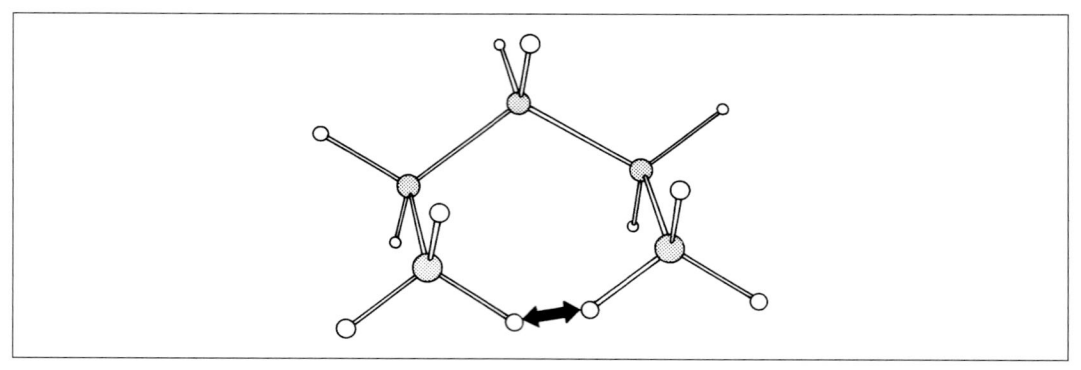

図 8.14 ペンタン違反

この行列の各要素は，たとえば次のような値をとる．

$$\mathbf{U}_i = \begin{bmatrix} 1.0 & 0.54 & 0.54 \\ 1.0 & 0.54 & 0.05 \\ 1.0 & 0.05 & 0.54 \end{bmatrix} \tag{8.58}$$

隣り合うゴーシュ(+)-ゴーシュ(−)結合に対する重み（0.05）が小さいことに注意されたい．生成行列と統計的重み行列を組み合わせることで，性質の平均値を計算する問題は，複雑な積分から簡単な行列の掛け算へ単純化される．RIS モデルから求まる性質には，平均二乗末端間距離，平均二乗回転半径，平均二乗双極子モーメントなどがある．

RIS モデルにモンテカルロ・シミュレーションを組み合わせると，行列の単純な掛け算からは得られない広範な性質の計算が可能になる．この RIS モンテカルロ法では，一定の確率分布に従う鎖配座を発生させるのに統計的重み行列が使われる．各配座は鎖の一方の端から出発し，骨格ねじれ角を一度に一つずつ指定する方法で組み立てられる．与えられた結合に対し特定のねじれ角が選ばれる確率は，個々の角の先験的確率や一つ前の結合に対して選択されたねじれ角の値に依存する．これらの確率は，鎖全体ができあがるまでモンテカルロ操作の各ステップで使われる．高分子鎖の諸性質は，作り出された多数の鎖ごとに計算され，それらは最後に平均される．RIS モンテカルロ・シミュレーションから求まる性質には，たとえば，（距離 r だけ離れた二原子を同一鎖内に見出す相対確率を与える）対相関関数，（高分子が中性子や X 線をどのように散乱するかを示す）散乱関数，（外力を加えたときの鎖の平均末端間距離を与える）力-伸び関係などがある．

詳細な究極の高分子モデリングは，原子論的モデルを使用したとき初めて達成される．このモデルは，名前が示す通り，系の構成原子をすべて顕わに考慮する．明らかに，原子論的モデルは現実に最も近い．もし，ある性質を正確に計算したいと考えるならば，このモデルを選択すべきである．しかし，原子論的モデルによる高分子のシミュレーションは重大な問題を抱える．それは，系の初期配置に関わる問題である．非晶質高分子は，定義により再現可能な特有の三次元構造をもたない．われわれはシミュレーションに先立ち，初期配置を決めなければならないが，こ

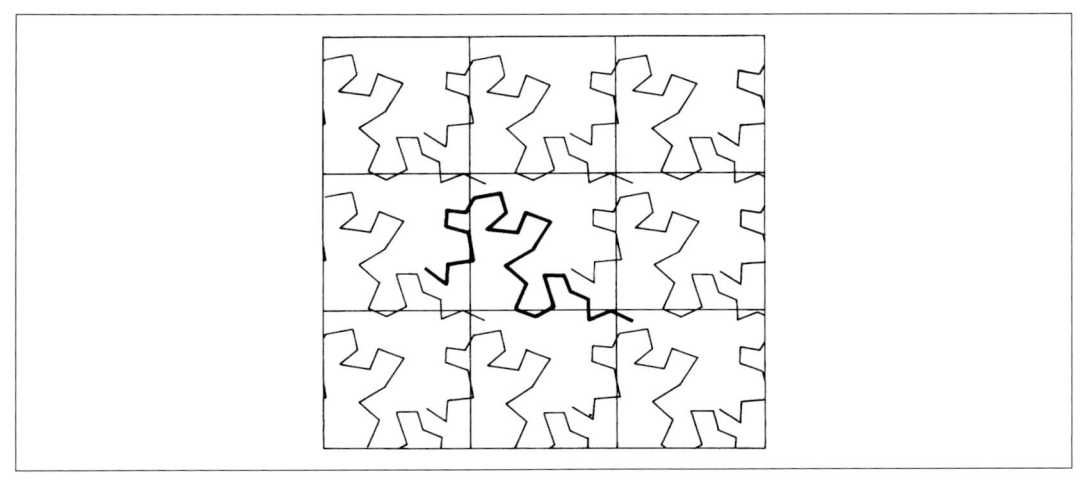

図 8.15 周期境界条件を使った高分子の初期配置の発生

の配置はシミュレーション後の状態と似ている必要がある。そうでなければ，所定の状態まで動かすのに莫大な計算時間がかかる。骨格結合の数が 20〜30 個ほどの短鎖の場合には，規則的な結晶構造から出発し，それを融解させる方法が使える。しかし，長鎖の場合には融解に法外な計算時間が要る。そのため，鎖の長い高分子に対してはランダムウォークと周期境界条件を適用し，初期配置を発生させる方法がとられる（図 8.15）。このような方法で作り出された配置は，エネルギーの高い重なりを必ず含んでいる。不都合なこの相互作用は，極小化の操作やコンピュータ・シミュレーションを使い，力場ポテンシャルを徐々に働かせながら系を緩和させることで取り除ける。

8.7 バイアス型モンテカルロ法

　ある種の状況では，われわれは系の一部の挙動にのみ関心をもつ。たとえば，1 個の溶質分子が多数の溶媒分子で取り囲まれた溶質-溶媒系をシミュレートする場合，われわれにとって関心があるのは，溶質の挙動や溶質と溶媒との相互作用である。溶質から遠く離れた溶媒分子は，バルクな溶媒と同様に振る舞うと考えてよい。このような状況に対処するため，モンテカルロ法においても，位相空間の最も重要な領域を重点的に探索できるさまざまな手法が開発されてきた。優先サンプリング（preferential sampling）は，そのような手法の中でも比較的簡単なものの一つである。この方法では，溶質の近傍にある分子は遠く離れた分子に比べ頻繁に動かされる。このような処理を行うためには，溶質のまわりにカットオフ領域を定義すればよい。すなわち，確率変数 p を適当な値に設定し，カットオフ領域の外側にある分子は内側にある分子に比べ，移動頻度が少なくなるようにする。分子は，モンテカルロ繰返し計算の各ステップで無作為に選択される。選択された分子がカットオフ領域の内側にあるならば，その分子は移動の対象になる。しかし，分子がカットオフ領域の外側にあるならば，0〜1 の乱数を発生させ，確率 p と比較す

る。もし，p が乱数よりも大きければ，移動が試みられるが，そうなければ，移動も平均の累積も行われず，新たに分子が無作為に選択される。p がゼロに近づけば近づくほど，溶質に近い分子は離れた分子に比べて動きが激しくなる。

　固定したカットオフ領域を使う代わりに，溶媒分子のサンプリング確率が溶質からの距離の累乗に逆比例すると仮定する方法もある。

$$p \propto r^{-n} \tag{8.59}$$

優先サンプリングでは，運動の採否は微視的可逆性の原理に基づき，正しい手順を踏んで決められねばならない。たとえば，カットオフ領域の内側にある分子が領域の外側へ移動する場合，優先サンプリングでは，分子が外側から内側へ移る確率は，内側から外側へ移る確率に比べて小さい。このことは，受入れ基準を定める際考慮されなければならない。

　力バイアス・モンテカルロ法は，作用する力の方向から運動にバイアスをかける［18,19］。この方法では，動かすべき原子や分子がまず選択され，それに作用する力が次に計算される。力の方向は，実在の原子や分子が運動する方向と一致する。また，変位はこの力の方向にピークをもつ確率分布関数から無作為に選ばれる。運動原子に作用する力を計算しなければならない点では，スマート・モンテカルロ法もまた同様である［21］。スマート・モンテカルロ法では，原子や分子の変位は二つの成分からなる。第一の成分は力であり，第二の成分はランダム変位 $\delta\mathbf{r}_i^G$ である。

$$\delta\mathbf{r}_i = \frac{A\mathbf{f}_i}{k_\mathrm{B}T} + \delta\mathbf{r}_i^G \tag{8.60}$$

ここで，$\mathbf{f}_i$ は原子に作用する力，A は助変数である。ランダム変位 $\delta\mathbf{r}_i^G$ は，平均ゼロ，分散 $2A$ の正規分布から選択される。

　力バイアス・モンテカルロ法とスマート・モンテカルロ法の主な違いは，前者では，原子を中心とする適当な大きさの立方体内部に変位が制限されるが，後者では，原子の変位に対していかなる拘束も課されない点である。しかし実際には，二つの方法は非常によく類似しており，どちらを使っても結果にほとんど差は生じない。正しく運用された場合，これらの方法は位相空間にある隘路をうまく回避し，従来のメトロポリス・アルゴリズムに比べ，はるかに効率よく位相空間を探索する。また，試運動の受入れ率が高いため，大きな運動や複数粒子の同時的運動の解析も可能である。しかし，力の計算を必要とするため，これらの方法はメトロポリス法に比べてはるかに精巧で，分子動力学法に匹敵する複雑さをもつ。

8.8　準エルゴード問題への取組み：Jウォーキング法とマルチカノニカル・モンテカルロ法

　系に分布するポテンシャルエネルギー極小点の間に高いエネルギー障壁が存在すると，通常のメトロポリス・モンテカルロ法では，運動は特定の低エネルギー領域に拘束される。そのため，熱的に到達可能な空間領域全体が正しくサンプリングできない。このようなシミュレーションは，

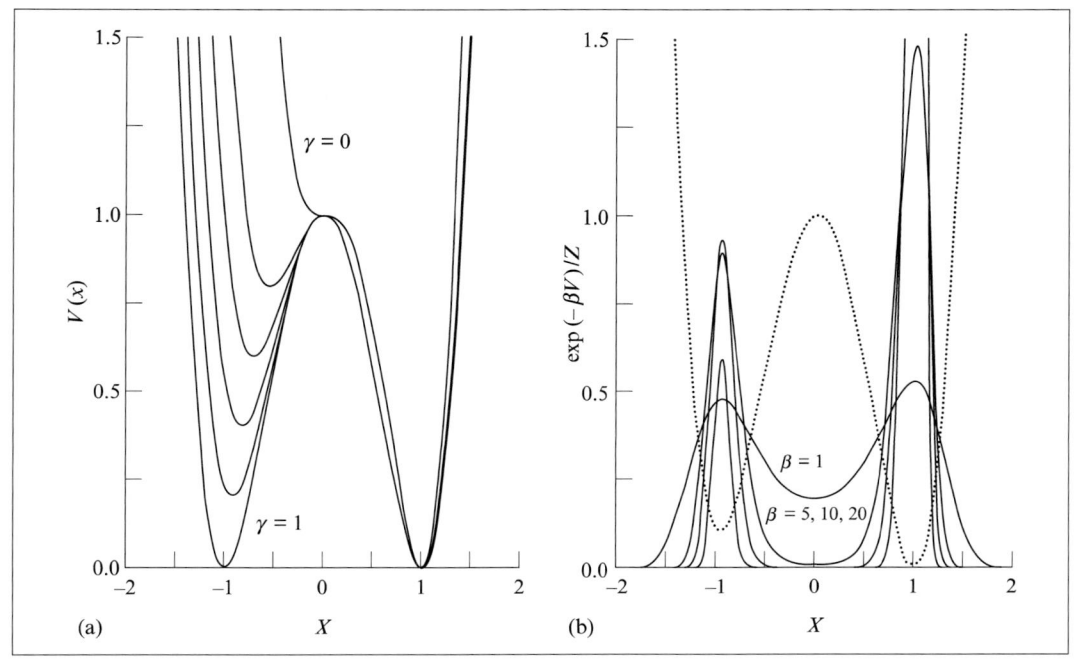

図 8.16 準エルゴード性を示す二重井戸型ポテンシャル [10]。ポテンシャルは，四次方程式 $V(x) = 3\delta x^4 + 4\delta(\alpha-1)x^3 - 6\delta\alpha x^2 + 1$ で記述される。ここで，$\delta = 1/(2\alpha+1)$ である。ポテンシャルは，パラメータ $\gamma(=(\alpha^4 + 2\alpha^3)/(2\alpha+1))$ の値に応じて形を変える。たとえば，$\gamma = 0$ のとき井戸は一つで，$\gamma = 1$ のときポテンシャルは対称になる。右図(b)は，$\gamma = 0.9$ のポテンシャルに対するさまざまな温度 ($\beta = 1/k_\mathrm{B}T$) でのボルツマン分布曲線を表す。

収束性に関する限り，良質なシミュレーションの特徴をすべて備えている。しかし，得られる結果はまったく間違っている。このようなシミュレーションは，準エルゴード的 (quasi-ergodic) と呼ばれる。この準エルゴード問題は，融解温度付近の希ガスクラスターやタンパク質の折りたたみといったさまざまな系で発生し，最も簡単な場合，一次元の二重井戸型ポテンシャル系でも起こりうる（図 8.16）。低温では，シミュレーションはボルツマン因子の関係で高いエネルギー障壁を越えられない。この問題を解決するため，さまざまな手法がこれまでに提案されてきた。本節では，それらの手法の中から J ウォーキング法とマルチカノニカル・モンテカルロ法の二つを取り上げ，解説を試みる。

8.8.1 J ウォーキング法

J ウォーキング法 (J-walking method) では，通常高温でなければ到達できない空間領域へ，低温でもジャンプすることが許される [10]。これを最も簡単に実現するには，高温と低温のシミュレーションをタンデムに行えばよい。低温シミュレーションは時折，高温シミュレーションの配置へジャンプを試みる。このような配置は J ウォーカーと呼ばれる。運動の採否は，通常のメトロポリス基準に基づき判定される。高温シミュレーションは，一般に低エネルギー領域へ偏る傾向がある。そのため，これらの特別なジャンプが受理される可能性はかなり高い。

実際には，このアプローチは効率があまり良くない．問題は二つ存在する．特に重要なのは，二つのシミュレーションをタンデムに実行すると，有意な相関が生じ，大きな系統誤差の原因となることである．この相関を避ける方策はいくつか存在する．たとえば，高温のJウォーカーをいくつも使い，それらの中から無作為にジャンプを選択するといった方法も考えられる．しかし，最も効率が良いのは，高温シミュレーションから始める方法である．この場合，高温シミュレーションで得られた配置は，次の低温シミュレーションでまず読み込まれ，保存される．ジャンプ先はそれらの配置の中から無作為に選ばれる．高温での配置をすべて保存しようとすれば，このアプローチは大容量の記憶装置を必要とする．しかし，連続する配置間には高度な相関が存在する．そのため，すべての配置を保存する必要はなく，保存するのは代表的な標本だけでよい．

　Jウォーキング法の最初の応用は，アルゴン・クラスターに対するものであった[10]．（たかだか30個のアルゴン原子からなる）これらのクラスターは不思議な融解挙動を示し，融解温度がクラスターの原子数にきわめて強く依存する．すなわち，7，13および19個の原子からなるアルゴン・クラスター Ar_n は，特に高い融解温度をもつが，8，14および20個の原子からなるクラスターは，逆に特に低い融解温度をもつ．また，一部のクラスターでは融解温度と凝固温度が異なる．このことは，ある温度範囲で固体と液体が共存することを意味する．この転移域でのクラスターのシミュレーションは，準エルゴード性の問題があるため容易ではなく，満足な収束も得られない．これらのクラスターへJウォーキング法を適用する場合には，Jウォーカー分布は段階的に発生させる必要がある．具体的に説明しよう．Frantzらは，50 KのJウォーカーを使い，24～41 Kの温度範囲で Ar_{13} クラスターを研究しようとした．しかし，50 KのJウォーカーに対するポテンシャルエネルギーの分布は20 Kのそれとほとんど重なり合わなかった．このことは，20 Kでは50 KのJウォーカー分布へジャンプを試みてもほとんど却下されることを意味する．そこで，一連のシミュレーションが行われた．すなわちまず最初，50 KのJウォーカーを使って40 Kの分布を発生させ，次に，40 KのJウォーカーを使って30 Kの分布，さらに30 KのJウォーカーを使って20 Kの分布がそれぞれ作り出された．標準的なメトロポリス・モンテカルロ法と比較したとき，Jウォーキング法は，クラスター配置エネルギーと熱容量に対してより良い収束結果を与えた．それは，エネルギーの低い二十面体配置ではなく，ランダム配置からシミュレーションを出発させたときでさえそうであった．

　配座的に柔軟な分子を対象とした手法も提案されている．それは，「井戸間ジャンプ(JBW)」アプローチと呼ばれる[22]．JBW法ではまず最初，熱的に達成可能な極小エネルギー配座（たとえば，大域的極小エネルギー配座から5 kcal/mol以内にあるすべての極小エネルギー配座）を検出するため，分子に対して配座解析が行われる（第9章参照）．発見された極小エネルギー配座は，配座リストに保存され，極小エネルギー配座間の相互転換に必要な内部座標の変化が計算される．繰返しの各サイクルでは，現在の構造に最も近い極小エネルギー配座が同定された後，配座リストから無作為に別の極小エネルギー配座が選択され，現在の構造に適当な変換が施される．この新しい構造は，さらに微小なランダム変化を施され，新しい試構造とされる．この試構造の採否は，出発構造に対するメトロポリス基準に基づき判定される．以上の操作は繰り

返し行われる．この方法では，特定のポテンシャルエネルギー井戸が過度にサンプリングされないよう留意しなければならない．過度なサンプリングが起こるのは，配座的なジャンプとそれに続く無作為化により，新しい配座が別の極小エネルギー配座空間へ紛れ込む場合である．この問題は，有意に異なる極小エネルギー配座だけを対象とし，さらに，配座間の距離に比べ無作為化の幅を小さくとることで回避される．

8.8.2 マルチカノニカル・モンテカルロ法

正準集団では，位相空間内にあるエネルギー E の点を訪れる確率 $P_{canon}(T, E)$ は，ボルツマン因子 $\omega_B = \exp(-E/k_B T)$ に状態密度 $n(E)$ を掛けたものに比例する．

$$P_{canon}(T, E) \propto n(E) \omega_B(E) \tag{8.61}$$

ここで，E と $E+dE$ の間の状態数は，$n(E)\delta E$ で与えられる．状態密度は，エネルギーが増すと急激に増加するが，ボルツマン因子は指数関数的に減少する．そのため，$P_{canon}(T, E)$ は，エネルギーの変化とともに値が何桁も変化するベル型曲線となる．

それに対し，マルチカノニカル法では，シミュレーションは状態を訪れる確率があるエネルギー範囲にわたり，そのエネルギーに依存しない人為的なマルチカノニカル集団で行われる．この条件は，式で表せば次のようになる．

$$P_{mu}(E) \propto n(E) \omega_{mu}(E) = 一定 \tag{8.62}$$

ここで，$\omega_{mu}(E)$ はマルチカノニカル重み因子である．すなわち，マルチカノニカル重み因子は $n(E)^{-1}$ に比例する．正準シミュレーションとは対照的に，マルチカノニカル集団でのシミュレーションは，いかなるエネルギー障壁にも打ち勝つ．マルチカノニカル・シミュレーションでは，主な仕事は重み因子を決定することである．この重み因子は，正準集団の場合と異なり，ボルツマン因子と一致せず先験的に知ることはできない．マルチカノニカル重み因子は，通常，一連の短いシミュレーションから求められる．アプローチの一つは以下の手順に従う [16]．まず第一に抑えなければならないのは，シミュレーションの温度である．シミュレーションは，あらゆるエネルギー障壁に打ち勝つことができるよう，（たとえば1000 K のように）十分高い温度 (T_0) で行われる．また，配列 $S(E)$ が定義され，その配列要素は最初すべてゼロにセットされる．この配列の各要素は，δE をたとえば 1 kcal/mol としたとき，特定のエネルギー範囲 E から $E+\delta E$ に対応する．この初期シミュレーションからヒストグラムが構築される．それは，エネルギーが E から $E+\delta E$ にある状態数を与える．ヒストグラムの値は配列 $H(E)$ に格納される．すなわち，この配列が当初表すものは，温度 T_0 での近似的なエネルギー分布である．

$$H(E) \propto n(E) \exp(-E/k_B T_0) \tag{8.63}$$

シミュレーションでは，それまでに訪れたエネルギーのうち最小値 (E_{min}) と最大値 (E_{max}) が記録される．配列 $S(E)$ は次式に従い更新される．

$$S(E) = S(E) + \ln H(E) \tag{8.64}$$

この式は，E_{min} と E_{max} の間にあり，かつ，配列要素 $H(E)$ の値がたとえば 20 よりも大きいすべてのエネルギー値 E に対して適用される．言い換えると，個々のエネルギー準位は，シミュレ

ーションの間に少なくとも 20 回は訪問されなければならない。以下の二つのパラメータが次に計算される。

$$\beta(E) = \begin{cases} 1/k_B T_0 & E \geq E_{\max} \\ 1/k_B T_0 + \dfrac{S(E') - S(E)}{E' - E} & E_{\min} \leq E \leq E_{\max} \\ \beta(E_{\min}) & E_{\min} \end{cases} \quad (8.65)$$

$$\alpha(E) = \begin{cases} 0 & E \geq E_{\max} \\ \alpha(E') + (\beta(E') - \beta(E))E' & E < E_{\max} \end{cases} \quad (8.66)$$

ここで，E' は配列 $S(E)$ において E の次にくる要素を表す。パラメータ $\alpha(E)$ と $\beta(E)$ が求まれば，マルチカノニカル重み因子は次式から計算できる。

$$\omega_{\mathrm{mu}}(E) = \exp[-\beta(E)E - \alpha(E)] \quad (8.67)$$

新しいシミュレーションでは，ボルツマン因子ではなくこのマルチカノニカル重み因子が使われ，このシミュレーションから新しい $S(E)$ と $H(E)$ が決定される。このサイクルは，当該エネルギー範囲で $H(E)$ の分布が十分平坦になるまで続けられる。

最終的なマルチカノニカル重み因子が得られれば，生産シミュレーションでのエネルギー分布が求まる。この生産シミュレーションでは，エネルギーの高い配置も十分にサンプリングされ，エネルギー障壁は容易に飛び越えられる。シミュレーションからは，任意の温度での正準分布 $P_{\mathrm{canon}}(T, E)$ もまた導ける。「マルチカノニカル (multicanonical)」の用語の由来はここにある。

$$P_{\mathrm{canon}}(T, E) \propto P_{\mathrm{mu}}(E) \omega_{\mathrm{mu}}^{-1} e^{-E/k_B T} \quad (8.68)$$

温度 T での性質 A の平均値は，次式を使ったマルチカノニカル・シミュレーションから求められる。

$$\langle A \rangle_T = \frac{\int A(E) P_{\mathrm{canon}}(T, E) dE}{\int P_{\mathrm{canon}}(T, E) dE} \quad (8.69)$$

実際には，エネルギーは $E_{\min}$ と $E_{\max}$ の間にあり，温度は $T_{\min} \leq T \leq T_{\max}$ の範囲にある。ただし，許容温度範囲は，温度 T でのエネルギーの期待値から求められる。

$$E_{\min} \leq \langle E \rangle_T \leq E_{\max} \quad (8.70)$$

配列 $S(E)$ は，系のエントロピーと密接な関係にある。このことは，$H(E)$ の対数を展開した次式から明らかであろう。

$$\ln H(E) = \ln n(E) - E/k_B T_0 + 定数 \quad (8.71)$$

ここで，左辺は $S(E)$，右辺の $\ln n(E)$ はエントロピーにそれぞれ対応する。

マルチカノニカル・モンテカルロ法は広範な系の研究に利用でき，特に，従来のメトロポリス・モンテカルロ法では扱いにくい問題に有効である。マルチカノニカル法は，希ガス原子クラスターのシミュレーションだけでなく，高分子系の性質の研究にも使われる。アミノ酸重合体の性質，とりわけ（α-ヘリックスのような）規則的構造を形成する能力の研究へのこのアプロー

チの適用は，ことに興味深い。これらの構造に関しては第10章で詳しく議論される。ここでは，らせん構造をとる傾向は，ある種のアミノ酸により付与されることを述べるに留める。らせん構造とランダムコイル構造間の平衡研究は，従来の方法でも行える。この場合，通常は規則的ならせん構造から出発し，分子動力学やモンテカルロのシミュレーションでその構造をほぐしていく。ポテンシャルエネルギー曲面上には多数の極小点が存在するので，ほぐされた構造から出発し，らせん構造を作り上げるのは実際的ではない。しかし，マルチカノニカル・モンテカルロ法は，ランダムコイル構造から出発しても，（らせん配座を含めた）広範なエネルギー曲面を探索する能力をもつ。Okamoto & Hansmann は，らせん構造の形成能力を異にする三種のアミノ酸（アラニン，バリン，グリシン）を対象に，このマルチカノニカル法を利用し，らせん構造とランダムコイル構造間で達成される平衡の熱力学を比較した［16］。

　マルチカノニカル法の欠点の一つは，重み因子を誘導する際，$H(E)$のエネルギー分布が極限分布へ収束せず振動してしまうことである。また，低エネルギー領域を十分サンプリングできないという弱点もある。マルチカノニカル法は，特定領域の内部にあるエネルギーをほぼ等しい確率でサンプリングする。しかし，領域の末端部ではこの確率は大幅に低下し，エネルギーの低い領域からサンプリングされることはほとんどない。そのため，得られる統計量は不十分なものでしかない。このような低エネルギー領域は，低温になるほど重要性を増す。Jウォーキング法の弱点は，マルチカノニカル法の限界とある程度補い合う。そのため，二つの方法を組み合わせる試みもなされている［40］。たとえば，「マルチカノニカル・Jウォーキング」と呼ばれる方法では，マルチカノニカル重み因子がまず導かれ，それを使って長時間のマルチカノニカル・シミュレーションが行われる。このマルチカノニカル・シミュレーションで発生した配置は保存され，次に続くJウォーキングで高温成分として使われる。ただし，この最後の段階では，通常のジャンプ受入れ基準に，二つのエネルギーに対する重み因子の比を掛けなければならない。すなわち，乱数と比較されるのは，通常のボルツマン因子$\exp(-\Delta V/k_\mathrm{B}T)$ではなく，修正された因子$\exp(-\Delta V/k_\mathrm{B}T)[\omega(V_\mathrm{old})/\omega(V_\mathrm{new})]$である。標準的なJウォーキング法やマルチカノニカル法と比較したとき，この組合せアプローチは，低次元の試ポテンシャルと希ガスクラスター系のいずれに対しても，より効率的な位相空間のサンプリングを可能にする。

8.9　異なる集団からのモンテカルロ・サンプリング

　モンテカルロ・シミュレーションは，伝統的に定NVT（正準）集団からサンプリングを行う。しかし，その手法は他の集団からサンプリングを行いたいときにも使える。他の集団とは，一般には定温定圧すなわち定NPT集団を指す。この集団では，シミュレーションの際，シミュレーション・セルの体積を変化させ，圧力を一定に保つ必要がある。これを行うには，セル体積のランダム変化を粒子のランダム変位と組み合わせればよい。個々の体積変化の大きさは，最大体積変化δV_maxに支配され，新しい体積は次式から計算される。

$$V_\mathrm{new} = V_\mathrm{old} + \delta V_\mathrm{max}(2\xi - 1) \tag{8.72}$$

ここで，V_{new} は新しい体積，V_{old} は古い体積を表す。ξ は例のごとく 0〜1 の乱数である。体積が変化した場合には，原則として，変位した原子や分子が関与する相互作用はもとより，系全体の相互作用も再計算されなければならない。簡単な相互作用ポテンシャルでは，体積変化と結びついたエネルギー変化は，規格化した座標（scaled coordinate）を使えば速やかに計算できる。たとえば，一辺の長さが L_{old} の立方体の箱に入った一組の粒子に対してレナード-ジョーンズ・ポテンシャルを適用した場合，系のポテンシャルエネルギーは次式で与えられる。

$$V_{\text{old}}(\mathbf{r}^N) = 4\varepsilon \sum_{i=1}^{N}\sum_{j=i+1}^{N}\left(\frac{\sigma}{L_{\text{old}}s_{ij}}\right)^{12} - 4\varepsilon \sum_{i=1}^{N}\sum_{j=i+1}^{N}\left(\frac{\sigma}{L_{\text{old}}s_{ij}}\right)^{6} \tag{8.73}$$

ここで，s_{ij} は規格化した座標で，実際の原子間距離と $s_{ij} = L_{\text{old}}^{-1}r_{ij}$ の関係にある。エネルギーは二つの成分の和で表される。一つはレナード-ジョーンズ・ポテンシャルの斥力成分，もう一つは引力成分である。

$$V_{\text{old}}(\mathbf{r}^N) = V_{\text{old}}(12) + V_{\text{old}}(6) \tag{8.74}$$

規格化した座標はシミュレーション箱の大きさに依存しない。したがって，大きさの違う一辺 L_{new} の箱に入った粒子の配位エネルギーは，

$$V_{\text{new}}(\mathbf{r}^N) = 4\varepsilon \sum_{i=1}^{N}\sum_{j=i+1}^{N}\left(\frac{\sigma}{L_{\text{new}}s_{ij}}\right)^{12} - 4\varepsilon \sum_{i=1}^{N}\sum_{j=i+1}^{N}\left(\frac{\sigma}{L_{\text{new}}s_{ij}}\right)^{6} \tag{8.75}$$

エネルギー $V_{\text{new}}(\mathbf{r}^N)$ は，エネルギー $V_{\text{old}}(\mathbf{r}^N)$ と次の関係にある。

$$V_{\text{new}}(\mathbf{r}^N) = V_{\text{old}}(12)\left\{\frac{L_{\text{old}}}{L_{\text{new}}}\right\}^{12} + V_{\text{old}}(6)\left\{\frac{L_{\text{old}}}{L_{\text{new}}}\right\}^{6} \tag{8.76}$$

したがって，古い系から新しい系へ移行したときのエネルギーの変化は，

$$\Delta V(\mathbf{r}^N) = V_{\text{old}}(12)\left\{\left(\frac{L_{\text{old}}}{L_{\text{new}}}\right)^{12} - 1\right\} + V_{\text{old}}(6)\left\{\left(\frac{L_{\text{old}}}{L_{\text{new}}}\right)^{6} - 1\right\} \tag{8.77}$$

体積が変化するときには，ポテンシャルへの遠距離補正もまた考慮されねばならない。この問題に対処するには，非結合カットオフを箱の長さに応じて変化させればよい。この場合，ポテンシャルの斥力部分と引力部分に対する遠距離補正は，近距離相互作用のそれとまったく同じやり方で行われる。しかし，この措置は重大な問題を内包する。大きさの違う二つのシミュレーション箱を組み合わせるギブス集団のモンテカルロ・シミュレーションでは特にそうである（8.12節参照）。二つの箱は同一粒子を含む。異なる非結合カットオフと遠距離補正の使用は，この前提を危うくする。

この簡単なスケーリング法は，分子のシミュレーションには使えない。規格化した座標の変化は，（結合長のような）内部座標に大きくかつエネルギー的に不利な変化を引き起こすからである。系の全相互作用エネルギーは，体積が変化する度に再計算する必要がある。この計算は時間を要する。しかし，体積変化の頻度は粒子の移動頻度に比べて少なくてもよい。また，ポテンシャルエネルギー変化を箱の大きさに関してテイラー級数展開すれば，体積変化と関連したエネルギー計算は高速化できる。

定温定圧シミュレーションでは，新しい配置の採否を判定する基準は，正準集団のそれとは少

し異なる。使われるのは次の量である。

$$\Delta H(\mathbf{r}^N) = V_{\text{new}}(\mathbf{r}^N) - V_{\text{old}}(\mathbf{r}^N) + P(V_{\text{new}} - V_{\text{old}}) - Nk_B T \ln\left(\frac{V_{\text{new}}}{V_{\text{old}}}\right) \quad (8.78)$$

ここで，もし ΔH が負であれば，その移動は受理される。しかしそうでなければ，0～1 の乱数と $\exp(-\Delta H/k_B T)$ が比較され，次の条件を満たす移動だけが受け入れられる。

$$\text{rand}(0,1) \leq \exp(-\Delta H/k_B T) \quad (8.79)$$

定温-定圧シミュレーションが正しく行われたか否かを調べたければ，（箱の体積変化と連動する）適当な遠距離補正を含め，6.2.3項で説明したビリアルから圧力を計算すればよい。その値は，式(8.78)に含まれる入力圧に等しくなるはずである。

8.9.1 大正準モンテカルロ・シミュレーション

大正準集団（grand canonical ensemble）では，化学ポテンシャル，体積および温度が保存される。大正準集団のシミュレーションは便宜上，一定活量 z で行われることが多い。z は，化学ポテンシャル μ と次式の関係にある。

$$\mu = k_B T \ln \Lambda^3 z \quad (8.80)$$

ここで，Λ は熱的ドブロイ波長で，$\Lambda = \sqrt{h^2/2\pi m k_B T}$ で与えられる。

大正準モンテカルロ法の主な特徴は，シミュレーションの際，粒子数が変化することである。大正準モンテカルロ・シミュレーションでの基本動作（move）は，次の三つからなる。

1. 通常のメトロポリス法に従う粒子の変位
2. 粒子の消滅
3. 任意位置での粒子の生成

粒子が生成する確率は，粒子が消滅する確率に等しい。消滅動作の採否の判定に当たっては，次の量が計算される。

$$\Delta D = \frac{[V_{\text{new}}(\mathbf{r}^N) - V_{\text{old}}(\mathbf{r}^N)]}{k_B T} - \ln\left(\frac{N}{zV}\right) \quad (8.81)$$

生成の段階に対しても同様の量が定義される。

$$\Delta C = \frac{[V_{\text{new}}(\mathbf{r}^N) - V_{\text{old}}(\mathbf{r}^N)]}{k_B T} - \ln\left(\frac{zV}{N+1}\right) \quad (8.82)$$

もし，ΔD または ΔC が負であれば，動作は受理される。もし正であれば，指数関数 $\exp(-\Delta D/k_B T)$ または $\exp(-\Delta C/k_B T)$ が計算され，例によって 0～1 の乱数と比較される。

重要なのは，新しい粒子が生成する確率と古い粒子が消滅する確率が等しいという点である。粒子の並進／回転動作に対する生成／消滅動作の比は変動する。しかし，どの種類の動作もほぼ等しい頻度で起こるならば，収束は通常きわめて速やかに達成される。

液体の大正準モンテカルロ・シミュレーションで統計的に正確な結果を得るためには，いくつかの問題が解決されなければならない。生成や消滅の段階がうまくいく確率は非常に小さい。その原因は次の通りである。(1) 流体は非常に濃密であるため，新しい粒子を挿入しようとすると

近接粒子と重なり合う．(2) 流体の粒子間には有意な引力相互作用が存在するが，粒子が取り除かれるとそれらの相互作用も消失する．これらの問題は長鎖分子ではことに深刻である．しかし，配置バイアス法のような新しいモンテカルロ法を使えば，このような系をシミュレーションし，正確な結果を得ることが可能である．これらの手法については 8.11 節で詳しく取り上げる．

8.9.2 吸着過程の大正準モンテカルロ・シミュレーション

本項では，大正準モンテカルロ・シミュレーション法の一つの応用として，多孔性固体を通過する流体の吸着と輸送に関する研究を取り上げる．気体や液体の混合物は，適当な多孔性物質へ成分を選択吸着させることで分離できる．分離の効率は，混合物に含まれる当該成分を，多孔性物質が他の成分よりもどの程度強く吸着できるかに依存する．分離は一連の温度で行われるので，混合物の吸着等温式が予測できると都合が良い．

Cracknell, Nicholson & Quirke のシミュレーションは，このような計算の典型例である [4]．彼らが取り上げたのは，微小孔黒鉛表面へのメタン／エタン混合物の吸着であった．彼らのシミュレーションでは，四種類の動作——粒子の運動，消滅，生成および交換——が考慮された．メタンは単一のレナード-ジョーンズ粒子，エタンは一定の結合長をもつ 2 個のレナード-ジョーンズ粒子でそれぞれ表された．また，黒鉛表面はレナード-ジョーンズ原子で表され，適当な距離をおいた二つの黒鉛層は，スリット型の微小孔を形作る．シミュレーションでは，二成分に対する固体の選択性を見積もるのに，細孔内でのモル分率とバルク内でのモル分率の比が使われた．選択性は圧力の関数としてさまざまな孔径で算定され，その値は，固体の物性を変化させる効果の指標と見なされた．ただし，圧力は（理想気体に対する）次の標準的な関係式へ化学ポ

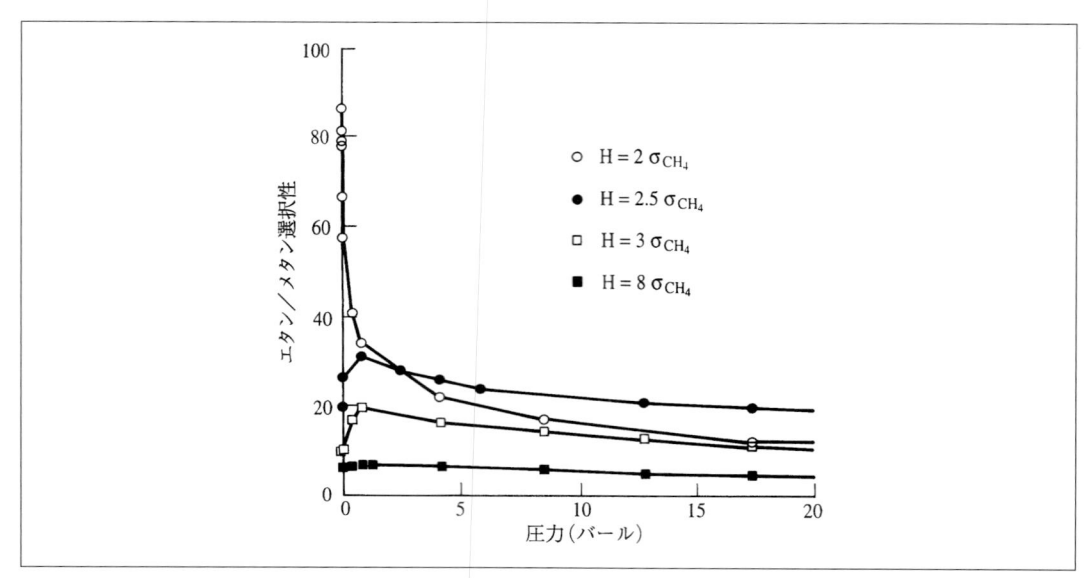

図 8.17 大正準モンテカルロ・シミュレーション（296 K）から計算されたスリット型細孔でのエタン／メタン混合物の選択性 [4]．選択性は，細孔内でのモル分率とバルク内でのモル分率の比で定義される．H は，メタンの衝突直径 σ_{CH_4} を単位としたスリット幅である．

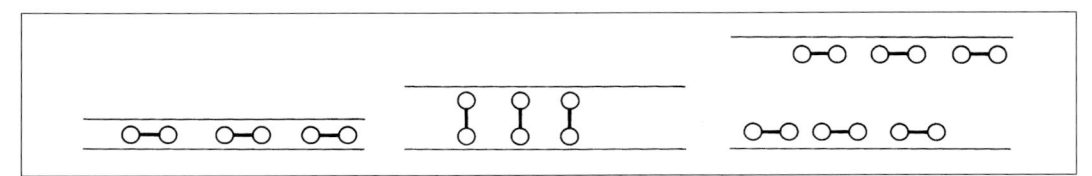

図8.18 さまざまな孔径のスリット内部におけるエタン分子の配置。孔径 2.5 σ_{CH_4} のスリット（中央図）では，エタン分子は孔壁に垂直に配向する。ポテンシャルエネルギーはこのとき最小になる。

テンシャルを代入することで直接計算できる。
$$P = \{\exp(\mu/k_B T) k_B T\}/\Lambda^3 \tag{8.83}$$
選択性は孔径に対して複雑な依存性を示した（図8.17）。

この選択性は，エタン分子と孔壁の間の相互作用を考えればうまく説明がつく。すなわち，孔径がきわめて小さい状態では，分子は孔の中央に拘束され，横向きの配向をとらざるを得ない。しかし，孔径が大きくなると，エタン分子は壁に垂直な配向をとることができるようになる。メチル基と孔壁原子の間の相互作用は，この配向のときポテンシャルエネルギー的に最小となる。このときの孔径（2.5 σ_{CH_4}）は，メタンではなくエタンに対して最大の選択性を示す。孔径がさらに大きくなると，エタンの分布は複雑さを増し，孔壁にべったりとへばりつく分子もあれば，孔の中央に位置して孔壁に垂直に配向する分子もある。これらの配置は，模式的に表せば図8.18のようになる。

8.10 化学ポテンシャルの計算

大正準シミュレーションでは化学ポテンシャルは一定である。では，化学ポテンシャルが変化する場合，それはどのようにしたら計算できるのか。化学ポテンシャルの計算には通常，Widomのアプローチが使われる [39]。このアプローチでは，系へ試験粒子が挿入されたときのポテンシャルエネルギーの変化が計算される。Widomアプローチは，分子動力学とモンテカルロのいずれのシミュレーションにも適用できる。$(N-1)$個の粒子からなる系を考えてみよう。いま，系内の任意位置へ別の粒子を1個挿入したとする。この粒子の挿入は，内部ポテンシャルエネルギーを $V(\mathbf{r}^{test})$ だけ変化させる（$V(\mathbf{r}^N) = V(\mathbf{r}^{N-1}) + V(\mathbf{r}^{test})$）。$N$粒子系に対する配置積分は次式で与えられる。

$$Z_N = \int d\mathbf{r}^N \exp[-V(\mathbf{r}^N)/k_B T] \tag{8.84}$$

したがって，
$$Z_N = \int d\mathbf{r}^N \exp[-V(\mathbf{r}^{test})/k_B T] \exp[-V(\mathbf{r}^{N-1})/k_B T] \tag{8.85}$$

この式は，$Z_N = Z_{N-1} V \langle \exp[-V(\mathbf{r}^{test})/k_B T] \rangle$ と書くこともできる。

化学ポテンシャルの実際の値と理想気体系での値の差は，過剰化学ポテンシャルと呼ばれ，次

式で定義される。

$$\mu_{\text{excess}} = -k_B T \ln \langle \exp[-V(\mathbf{r}^{\text{test}})/k_B T] \rangle \tag{8.86}$$

すなわち，過剰化学ポテンシャルは，$\exp[-V(\mathbf{r}^{\text{test}})/k_B T]$ の平均から得られる。正準集団以外の集団では，過剰化学ポテンシャルの計算式は少し異なってくる。幽霊粒子（ghost particle）は存在しないので，系は操作の影響を受けない。統計的に有意な結果を得るためには，挿入操作を何度も行う必要がある。Widom 挿入法は，濃密な流体や分子系へ適用しようとすると，実施上の困難に突き当たる。適当な大きさと形をもつ空孔が見つけにくくなり，$V(\mathbf{r}^{\text{test}})$ が小さな値をとる挿入の比率が大幅に低下するからである。

8.11 配置バイアス型モンテカルロ法

通常の Widom 法は，結果が収束しないことがある。そこで，そのような場合でも化学ポテンシャルが計算できるよう，さまざまな方法が提案されてきた。Siepmann により導入された配置バイアス型モンテカルロ（CBMC）法は，鎖状分子の集合体が扱える点でそれらの中でも特に興味深い方法の一つである [24]。CBMC 法はまた，（試みられた動作の多くがエネルギーの高い重なりが発生するため却下されるという）鎖状分子集合体のモンテカルロ・シミュレーションが抱える課題を克服する手段も備える。一例を挙げよう。典型的な液体密度をもつ流体へ単量体が 1 個うまく挿入される確率は 200 分の 1，すなわち約 0.5 ％である。したがって，このような単量体 n 個からなる分子を 1 個挿入しようとすれば，その成功確率はおおよそ 200^n 分の 1 になる。八つのセグメントからなる分子ですら，この確率は $1/10^{18}$ よりも小さくなり，このような計算は実際上不可能である。配置バイアス型モンテカルロ法では，この挿入の成功確率は大幅に向上する。

成長しつつある分子は，受理される構造へ優先的に向かう。これが，配置バイアス型モンテカルロ法の核心をなす前提である。このようなバイアスの影響は，受入れ基準を変えることで取り

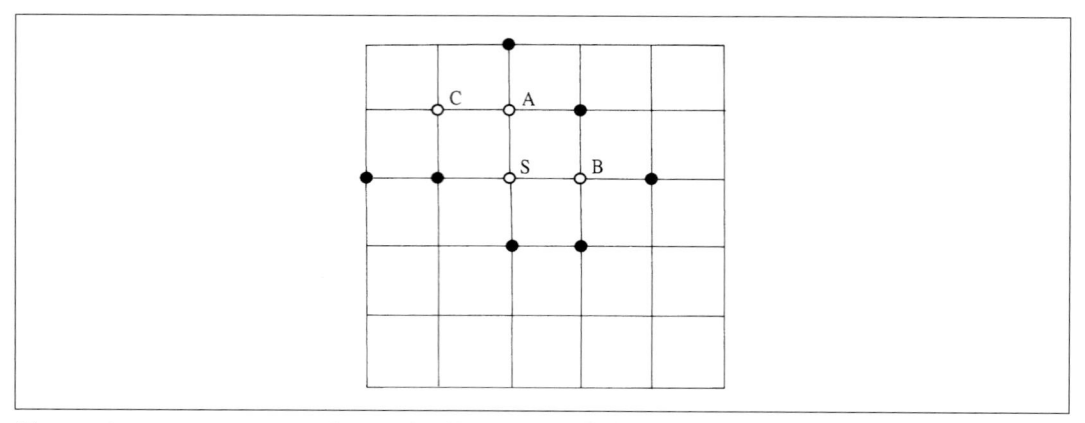

図 8.19 三つのユニットからなる分子の二次元格子への挿入 [24]。この例では，格子点 S から出発したとき，分子がうまく成長できる方向は一つしかない。

除ける。配置バイアス法は，Rosenbluth & Rosenbluth が1955年に発表した研究に基礎を置き，その適用範囲は，格子モデルだけでなく任意のポテンシャルや配座をとる分子系にも及ぶ [20]。ここでは二次元の格子モデルを使い，この配置バイアス法の原理を分かりやすく説明しよう。いま，三つのユニットからなる分子を図8.19に示した格子へ挿入したいとする。従来のアプローチでは，この問題はどのように扱われるのか。まず行われるのは，格子点の無作為な選択である。いま，図8.19で格子点Sが選択されたとしよう。われわれは次に，Sに隣接する四つの格子点の中から一つを無作為に選択しなければならない。これらの四つの隣接サイトのうち，二つは占有された状態にあり，他の二つは空の状態（A，B）にある。したがって，この段階では動作が却下される確率は50％である。もし，サイトBが選択されたのであれば，その隣接サイトはすべてすでに占有されているから，分子はもはやそれ以上成長できない。しかし，サイトAが選択されたのであれば，三つある隣接サイトの一つを無作為に選択したとき，そのうちの一つ，サイトCは受入れ可能な空の状態にある。平均すれば，従来のモンテカルロ法では，Sから出発したとき分子をうまく成長させることができるのは，12回の試行のうちわずか1回にすぎない。

配置バイアス型モンテカルロ法ではこの問題はどのように扱われるのか。上と同じ格子モデルを考える。ここでも，最初のサイトSは無作為に選択される。では，二つ目のユニットはどこに置いたらよいのか。Sに隣接するサイトのうち，どれが空であるかを調べてみる。この例では，四つのサイトのうち二つが空である。そこで，これらの空のサイトからそのうちの一つが無作為に選択される。従来のモンテカルロ法では，占有の有無とは無関係に，四つの隣接サイトのすべてから無作為に選択されることに注意されたい。続いて，この動作に対する Rosenbluth 重率が計算される。ステップ i での Rosenbluth 重率は，次式で与えられる。

$$W_i = \frac{n'}{n} W_{i-1} \tag{8.87}$$

ここで，W_{i-1} は前のステップの重率（$W_0=1$），n' は利用可能な隣接サイトの数，n は隣接サイトの総数（前のユニットにより占有されたサイトは除く）である。図8.19の格子の場合には，$W_1=2/4=1/2$ である。もし，サイトBが選択されたならば，三つ目のユニットを収容できるサイトはもはや存在しないので，試行はここで中断せざるを得ない。もし，サイトAが選択されたのであれば，その隣接サイトのうちどれが空であるかが次に吟味される。今の場合，三つ目のユニットを収容できる空のサイトは一つしか存在しない。このステップに対する Rosenbluth 重率は，$1/3 \times 1/2 = 1/6$ である。動作に対する全体の統計的重率は，各試行の Rosenbluth 重率を成功した試行の数だけ掛け合わせることで得られる。したがって，試行が半分進んだ時点における統計的重率は，$1/2 \times 1/6 = 1/12$ になる。これは，従来のサンプリング法から得られる結果とまったく同じである。しかし，従来の方法では，挿入は12回のうち1回しか成功しなかった。配置バイアス法では，成功する割合は2回に1回である。

成長する鎖とその隣接サイトの間には相互作用が働く。配置バイアス法は，この相互作用を考慮した形に拡張することもできる。いま，セグメント i がサイト Γ を占有したときのエネルギーを $\nu_\Gamma(i)$ とすれば，そのサイトが選択される確率は次式で与えられる。

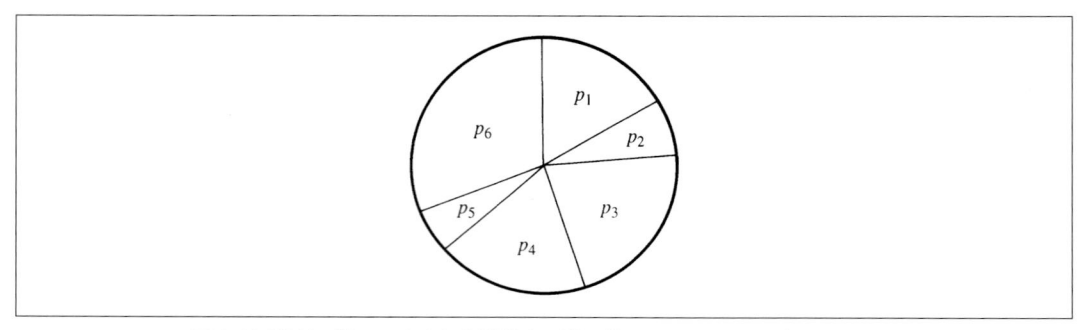

図 8.20 確率に従ってサイトを選択する際に使われるバイアス型ルーレット

$$p_\Gamma(i) = \frac{\exp[-\nu_\Gamma(i)/k_BT]}{Z_i} \tag{8.88}$$

ここで Z_i は，考慮する b 個のサイトのボルツマン因子をすべて加え合わせたものに等しい。

$$Z_i = \sum_{\Gamma=1}^{b} \exp[-\nu_\Gamma(i)/k_BT] \tag{8.89}$$

サイトは，バイアス型ルーレット・アルゴリズムを使って選択される。このアルゴリズムは，まず最初，円を確率 $p_1(i)$, $p_2(i)$, ……, $p_b(i)$ に比例した大きさをもつ b 個の扇形に分割する（図 8.20）。次に，0〜1 の乱数を発生させ，その乱数が指し示す区間にあるサイトを選択する。したがって，鎖の成長はボルツマン因子がより大きいサイトへ向かう。ボルツマン因子の和は，式 (8.87) における n' の役割を担う。（長さ l の）鎖全体に対する Rosenbluth 重率は，次式から計算される。

$$W_l = \exp[-V_{\text{tot}}(l)/k_BT] \prod_{i=2}^{l} \frac{Z_i}{b} \tag{8.90}$$

ここで，$V_{\text{tot}}(l)$ は鎖の全エネルギーであり，個々のセグメントのエネルギー $\nu_\Gamma(i)$ の和に等しい。Rosenbluth 重率の平均と過剰化学ポテンシャルの間には，次の関係が成り立つ。

$$\mu_{\text{ex}} = k_BT \ln\langle W_l\rangle \tag{8.91}$$

もし，セグメントの Rosenbluth 重率がゼロであるならば，鎖の成長はそこで終わる。しかし，過剰化学ポテンシャルの計算で平均をとる際には，このような鎖も含めなければならない。

これまでは，隣接サイトの数が一定のセグメントのみを考えてきた。しかし，鎖の中には完全に柔軟で，隣接サイトを無限にもつものもある。これまでの方法は，このような鎖も扱えるように拡張することができる [5,6]。この拡張された方法では，各セグメントを成長させる際，まず最初，k 個の配向がランダムに選択される。これらの配向は，空間に一様に分布している必要はない。これらの配向の各々に対して，次にエネルギー $\nu_\Gamma(i)$ とボルツマン因子が計算される。配向 Γ が選択される確率は次の通りである。

$$p_\Gamma(i) = \frac{\exp[-\nu_\Gamma(i)/k_BT]}{\sum_{\Gamma=1}^{k} \exp[-\nu_\Gamma(i)/k_BT]} \tag{8.92}$$

Rosenbluth 重率は次式で見積もられる．

$$W_i = W_{i-1} \frac{1}{k} \sum \exp[-\nu_\Gamma(i)/k_B T] \tag{8.93}$$

　計算に当たっては，配向の数 k を適当に定める必要がある．もし $k=1$ であるならば，この方法は，元の Widom 粒子挿入法と等価である．また，k が大きすぎれば，位相空間で配向が互いに近づきすぎ，Rosenbluth 重率の計算に時間がかかる．Frenkel らは，k の値が結果の精度や結果を得る効率にどのような影響を及ぼすかを調べた [11]．彼らが取り上げたのは，少し濃密な原子流体中にあり，たかだか 20 個のセグメントからなる柔軟な鎖状分子系であった．この系は，従来の粒子挿入法ではまったく歯が立たない．当然のことながら，考慮すべきランダム配向の数は，鎖長が伸びるにつれ増加する．各ステップでは，少なくとも四つの配向が試みられ，その数 k は，セグメントの成長に合わせて対数的に増やされていった．また，必要な試行の回数が著しく増え，（爬行アルゴリズムのような）鎖を再成長させる方法に比べ，効率面で配置バイアス法の優位性が保てなくなったとき，k は限界値に達したと見なされた．たとえば，6 個のセグメントからなる鎖の場合，（最初の単量体がいったんうまく挿入されれば）配置の受入れ率は，$k=1$ では 0.00001 %，$k=10$ では 3.2 %，$k=50$ では 35 % となった．また，20 個のセグメントからなる鎖では，配置の受入れ率は，$k=20$ のとき 0.0001 %，$k=50$ のとき 0.66 %，$k=100$ のとき 2.0 % であった．

　Rosenbluth アルゴリズムは，完全に柔軟な鎖状分子のモンテカルロ・サンプリングを効率よく行うための基盤としても使われる [25]．このような分子では，すでに述べたように結合を回転させると，系の他の部位との間でしばしばエネルギーの高い重なりが生じる．そのためサンプリングがむずかしい．

　配置バイアス型モンテカルロ法は，三種の動作（move）を扱う．そのうちの二つは分子全体の並進と回転であり，また，第三の動作は配座変化である．配座変化の操作では，鎖がまず無作為に選択され，さらにその鎖からセグメントが一つ無作為に選択される．次に，選択されたセグメントの上方と下方にある鎖部分が取り払われ，それらの部分の再成長が試みられる．ここでは簡単のため，まず最初，各セグメントが一定数の配向しかとれない場合を考えてみる．このような状況は，鎖が格子に拘束されるか，配座空間のサンプリングが不連続に行われた場合に見られる．たとえば炭化水素鎖に対して，ゴーシュ配座とトランス配座しか許さないのは，後者の例に属する．各段階では，b 個の不連続な配座に対してそれぞれボルツマン因子が計算され，式 (8.92) に示された確率で，そのうちの一つが選ばれる．また，式 (8.93) に従い，成長する鎖に対する Rosenbluth 重率が計算される．

　試配座を得られたならば，次はその採否の判定である．例によって 0～1 の乱数が作り出され，その値が，試配座（$W_{l,\text{trial}}$）と旧配座（$W_{l,\text{old}}$）に対する Rosenbluth 重率の比と比較される．試配座が受理されるのは，次の条件を満たしたときである．

$$\text{rand}(0,\ 1) \leq \frac{W_{l,\text{trial}}}{W_{l,\text{old}}} \tag{8.94}$$

同様のアプローチは，各セグメントが無限の配向をとる連続鎖にも適用できる。この場合も，サンプリングの効率は，エネルギーの低いサイトを優先的に選択することで向上する。サンプリングに当たっては，まず最初，各セグメントを中心に単位半径の球を考え，その表面にランダムベクトルを配する。そして，このベクトルに沿った方向にある結合に対して（変角とねじれ角の）エネルギーを計算し，メトロポリスの基準に基づきベクトルの採否を判定する。受理されたベクトルは結合長に合わせてスケールを調整される。この操作は，試サイトの発生数が所定の数に達するまで繰り返される。次に，分子内や分子間の非結合相互作用のみを考慮したボルツマン因子を使い，試サイトの一つが選択される。Rosenbluth重率が同様に計算され，新旧の重率の比から動作の採否が判定される。ここでも，適切な試サイト数の設定は，方法の効率を高める上できわめて重要な意味をもつ。

枝分かれ分子では，すでに述べたように，配置バイアス法はいくつかの修正を必要とする。これは，中心の原子を共有する結合角やねじれ角が存在することによる。たとえば2-メチルアルカンでは，末端メチル基との二つの結合角は2位炭素原子を共有する。また，3,4-ジメチルヘキサンは，ねじれの問題を潜在的に内包する。標準的な配置バイアス法は，二つのメチル基を一つずつ順番に成長させる。しかしこのやり方では，二つの結合角は値が等しくならないことがある。これらの結合角は等価であるから，本来ならば等しくなくてはならない。この問題は，次のいずれかの方法で解決できる。(1) 二つの原子を同時に成長させる [7]，(2) 小規模なモンテカルロ・シミュレーションを行い，試位置を発生させる [37]。しかし，ねじれ角がさらに幾重にも重なっている場合には，これらの方法は使えない。実際，2,3-ジメチルブタンのような分子は，1回のステップで全体を組み立てる必要がある。Martin & Siepmannによれば，さまざまなエネルギー項は相互に切り離して扱える [14]。たとえば，いまレナード-ジョーンズ，ねじれおよび変角の各項を切り離したとする。この場合，特定の配置が生じる確率は次式で与えられる。

$$P = \prod_{n=1}^{n_{\text{step}}} \left[\frac{\exp(-\nu_{\text{LJ}}(i)/k_\text{B}T)}{W_\text{L}(n)} \right] \left[\frac{\exp(-\nu_{\text{tor}}(j)/k_\text{B}T)}{W_\text{T}(n)} \right] \left[\frac{\exp(-\nu_{\text{bend}}(k)/k_\text{B}T)}{W_\text{B}(n)} \right] \quad (8.95)$$

Rosenbluth重率は，

$$W_\text{L}(n) = \sum_{i=1}^{n_{\text{LJ}}} \exp(-\nu_{\text{LJ}}(i)/k_\text{B}T) \quad (8.96)$$

$$W_\text{T}(n) = \sum_{j=1}^{n_{\text{tor}}} \exp(-\nu_{\text{tor}}(j)/k_\text{B}T) \quad (8.97)$$

$$W_\text{B}(n) = \sum_{k=1}^{n_{\text{bend}}} \exp(-\nu_{\text{bend}}(k)/k_\text{B}T) \quad (8.98)$$

ここで，n_{LJ}，n_{tor}およびn_{bend}は，それぞれレナード-ジョーンズ，ねじれおよび変角の相互作用に対する試サイトの数である。これらの条件下では，動作が受理される確率は次式に従う。

$$P_{\text{acc}} = \min\left[1, \frac{\prod_{n=1}^{n_{\text{step}}} W_\text{L}(n)_{\text{new}} W_\text{T}(n)_{\text{new}} W_\text{B}(n)_{\text{new}}}{\prod_{n=1}^{n_{\text{step}}} W_\text{L}(n)_{\text{old}} W_\text{T}(n)_{\text{old}} W_\text{B}(n)_{\text{old}}} \right] \quad (8.99)$$

この分離アプローチの長所は，他項に影響を及ぼすことなく，計算の容易な結合角で多数の試サイトが選択できる点にある。このバイアス法で選択された結合角の分布は，ねじれ相互作用やレナード–ジョーンズ相互作用のバイアス型選択への入力として使われる。また，この分離操作を拡張すれば，ねじれ項とレナード–ジョーンズ項を一まとめにしたり，結合角のバイアス型選択に基づき，次のステップへ多数の配座を送り込むといった処理も可能である。このような諸項の結合と分離は，結合伸縮項や交差項が追加された力場モデルへも適用でき，分子に対する配置バイアス操作に大きな柔軟性を付与する。

8.11.1 配置バイアス型モンテカルロ法の応用

配置バイアス型モンテカルロ（CBMC）法は，長鎖アルカンなどさまざまな系の研究に利用される。たとえば，金の表面へ化学吸着された $CH_3(CH_2)_{15}SH$ 分子 90 個からなる単分子膜に関する Siepmann & McDonald の研究は，その好例である [28, 29]。この単分子膜系では，チオール基は表面の金原子と結合を形成し，表面に吸着された分子は秩序正しい配列をなす。また，分光学的実験によると，分子は表面に対して垂直ではなく傾きを保ち，アルキル鎖は主にトランス配座で存在する。研究に使われたのは，CBMC 法の離散型と連続型の二つのバージョンである。離散型モデルでは，セグメント CH_2CH_2 の配座はトランスと二つのゴーシュに固定され，連続型シミュレーションでは，各セグメントに対して六つのサイトが考慮された。分子は最初，表面に垂直な伸張配座で三角格子上に布置されたが，シミュレーションが終わったとき，鎖はほぼ六方格子の配列をなしていた。平衡化の過程でアルキル鎖にゴーシュ配座が現れ，系を傾ける原因となった。しかし，いったんすべての分子が傾いてしまえば，ゴーシュ配座は次第に消滅し，主にトランス配座からなる元の鎖へ戻った。最終的に得られた配置は図 8.21 のようになった。

配置バイアス型モンテカルロ法はまた，沸石（zeolite）へのアルカンの吸着研究にも利用される。このような系は石油化学工業と特に関係が深い。シリカライト沸石では，興味ある実験結果の一つとして，短鎖アルカン（$C_1 \sim C_5$）と長鎖アルカン（C_{10}）は単純な吸着等温線をもつが，ヘキサンとヘプタンはよじれた等温線をもつ事実がある。このような系は，実験データの入手がむずかしく時間がかかるため，理論研究の格好の候補である。シミュレーションはまた，観測できる挙動に対しても，しばしば詳細な分子的説明を提供する。このような系のシミュレーションは，従来の方法では手に負えない。通常のモンテカルロ法は受入れ率が低く，位相空間の探索速度がきわめて遅い。また，分子動力学も長鎖アルカンの拡散がきわめて遅いため，シミュレーションに長い時間を必要とする。しかし，配置バイアス型モンテカルロ法を使えば効率的かつ有効なシミュレーションが可能で，熱力学的諸量と沸石内部での分子の空間分布が同時に求まる [31, 32]。ただし，（圧力の関数として吸着分子数を表す）吸着等温線は，一定の温度と化学ポテンシャルをもつ熱浴へ沸石を連結した大正準シミュレーションから算定される。

シリカライトは直線溝とジグザグ溝の両者を含み，それらは交差点を経て互いにつながり合う（図 8.22）。配置を解析した結果によれば，ブタンのような短鎖アルカンは二つの溝にほぼ等しく分布する。しかし，鎖長が増すにつれ，アルカンを見出す確率は，ジグザグ溝よりも直線溝の

432　第8章　モンテカルロ・シミュレーション法

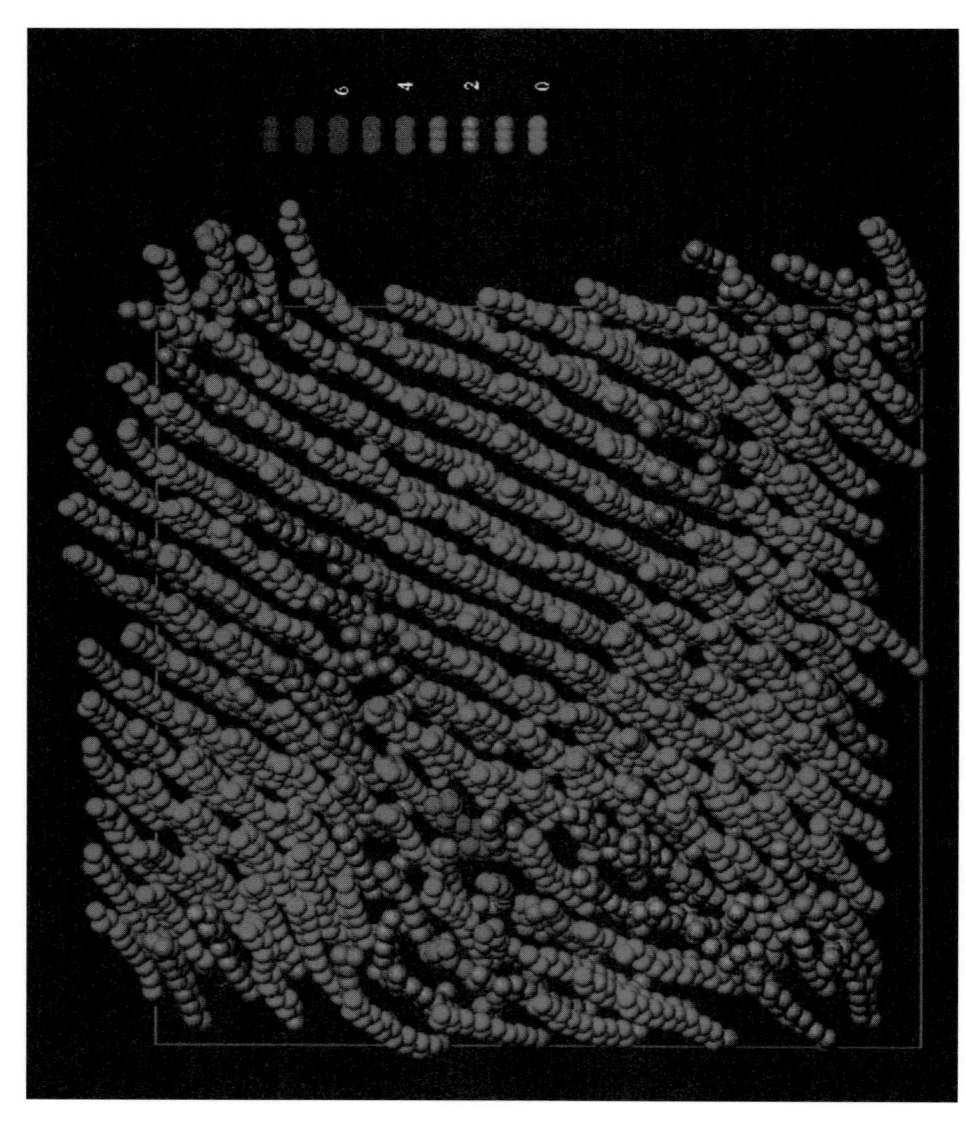

図 8.21　金表面に吸着されたチオアルカンの配置バイアス型モンテカルロ・シミュレーションから得られた最終配置 [28]。系は 224 個の分子からなる。分子はゴーシュ欠陥の数に基づき色分けされている。赤色の鎖はすべてトランス結合である。また、黄色はゴーシュ結合を一つ含む鎖、緑色は五つ含む鎖をそれぞれ表す。(カラー口絵参照)

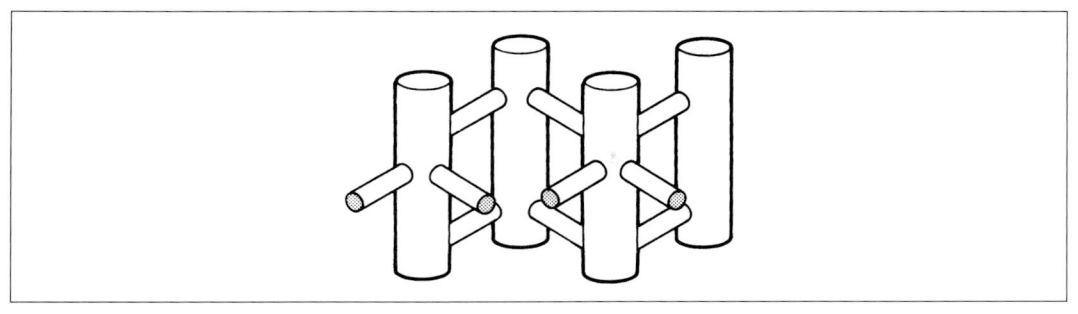

図 8.22 直線溝とジグザグ溝をもつシリカライト沸石の構造模式図 [32]

方で高くなる。特に興味深い分子はヘキサンである。この分子の鎖長は，ジグザグ溝の周期にほぼ等しい。低圧では，ヘキサン分子はジグザグ溝の内部を自由に移動し，時として交差点にも入り込む。沸石をヘキサンで満たすには，ヘキサン分子は最初，交差点ではなくジグザグ溝を占める必要がある。この措置はエントロピーの損失を伴う。そのため，より高い化学ポテンシャルによる埋め合わせが必要となり，その結果，等温線はよじれる。ヘキサンは次に直線溝を満たしていく。より短鎖のアルカンでは，ジグザグ溝に複数の分子が入り込めるため，異なる挙動が観測される。また，より長鎖のアルカンでは，分子は交差点を常に一部占有する。そのため，ジグザグ溝で分子を凍結させても得られるものはない。分枝アルカンの挙動をシミュレーションし，その結果を直鎖アルカンのそれと比較することもできる [38]。たとえば，n-ブタンは二つの溝に同じ確率で分布するが，イソブタンは交差点に優先的に入り込む。また，交差点がすべて占有されたとき，シリカライトの他の位置へさらにイソブタンを入れようとすると，かなりのエネルギーが要求される。この操作はきわめて高い圧力を必要とし，その結果，吸着等温線に変曲点が現れる。

8.12 ギブス集団モンテカルロ法による相平衡のシミュレーション

　相平衡を検討する方法として最も分かりやすいのは，従来のシミュレーション手法を使って系を組み立てる方法である。しかしこのやり方では，複数の相をもつ系のシミュレーションに法外な計算時間が必要になる。従来のシミュレーション法で相平衡が解析しにくい理由は，いくつか考えられる。まず第一に，このような系は二つの相（たとえば液体と蒸気）へ分離させる必要があり，平衡化にきわめて長い時間がかかる。また，界面領域での流体の性質は，バルクなそれとは著しく異なる。そのため，バルク量の計算では，界面原子はすべて無視されなければならない。Smit は，大きさの異なるさまざまな系を考え，界面領域にある粒子の割合を計算した [30]。その結果によれば，この割合は，粒子数 5,000 の系では 10 %，粒子数 100 の系では 95 % となった。すなわち従来の方法では，相平衡の直接的なシミュレーションはできるだけ多くの粒子を考慮し，長い時間をかけて行う必要がある。

　Panagiotopoulos により考案されたギブス集団モンテカルロ・シミュレーションは，このよう

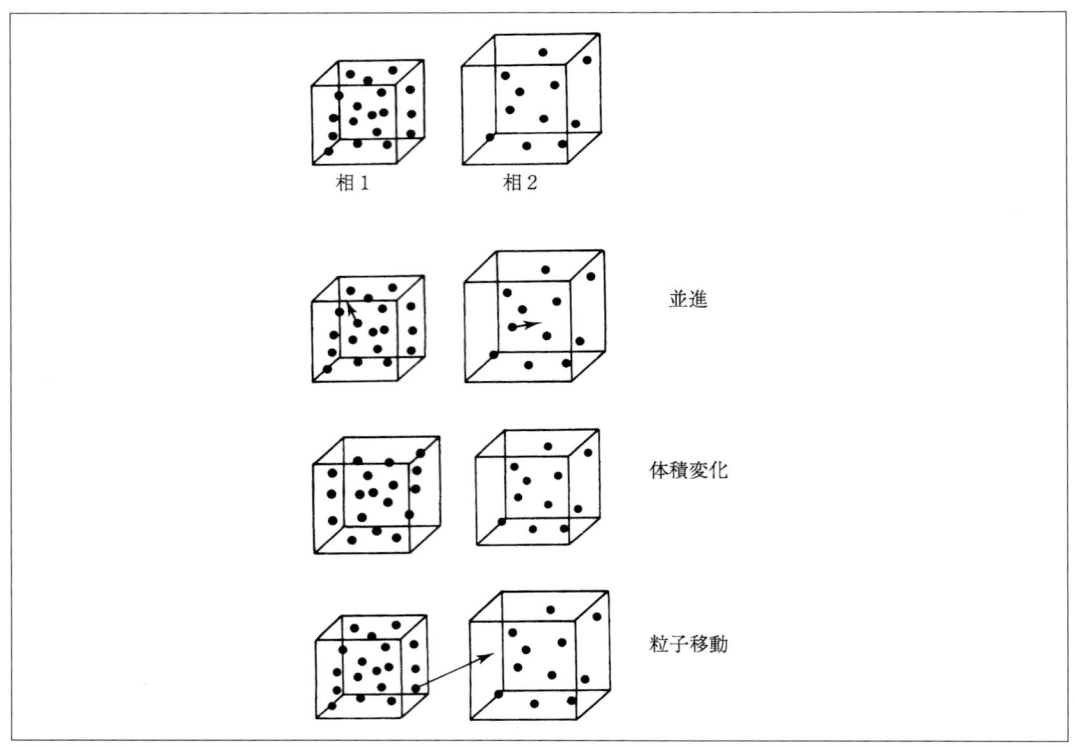

図 8.23 ギブス集団モンテカルロ法は，二つの相の各々に対して箱を一つ使用する。許容される運動は，各箱の内部での並進，（系の全体積を一定に保った）体積変化，一方の箱からもう一方の箱への粒子の移動の三種類である。

な状況を一変させ，少数の粒子による相平衡の直接的研究を可能にした [17]。この方法は，二つのシミュレーション箱を使う。各箱は，それぞれ系を構成する二つの相の一方を表し，両者の間に物理的な界面は存在しない。また，各箱には通常の境界条件が課せられる（図 8.23）。可能な動作は三種類である。第一の動作は，一般のモンテカルロ・シミュレーションと同様，各箱の内部での粒子の変位からなる。第二の動作は，二つの箱の大きさが等しく符号が反対の体積変化で，系の全体積はその結果一定に保たれる。また，第三の動作は，一方の箱からもう一方の箱への粒子の移動である。この動作は，化学ポテンシャルの計算に使われる Widom 挿入法のそれと同じである。実際，挿入された粒子のエネルギーを計算すると，ギブス集団の化学ポテンシャルも同時に得られる。これらの三種の動作は決まった順序で行われることが多い。しかし平均したとき，各動作が適切な回数行われるためには，動作の選択は無作為になされた方がよい。

ギブス集団モンテカルロ法は，レナード-ジョーンズ流体や単純気体のような簡単な系を使い，きわめて詳細に検討されている。この方法と配置バイアス型モンテカルロ法を組み合わせ，複雑な長鎖分子の相図を作成しようとする試みは，中でも特に興味深い。たとえば，Siepmann, Karaborni & Smit は，この組合せアプローチを使い，n-ペンタン分子 200 個または n-オクタン分子 160 個からなる系の蒸気-液体相平衡を解析した [26]。これらの二つの系の諸性質の計算値は，実験データときわめてよく一致し，特に n-ペンタンではそうであった。彼らの研究はさ

らに長い（C_{48}までの）アルカンへも拡張された [27]．特に注目すべき結果は，臨界点での密度がn-オクタンまでは鎖長とともに増加するが，鎖がさらに長くなると減少に転ずることであった．このシミュレーションが行われるまで，臨界密度は鎖長とともに増加すると仮定され，長鎖分子の臨界密度は短鎖分子の実験値から外挿できると考えられていた．その後の実験技術の進歩は長鎖分子に対する測定を可能にしたが，その結果によれば，臨界点での密度は実際，n-オクタンで最大値に達し，それよりも長い分子では減少に転ずるという．

8.13 モンテカルロか，それとも分子動力学か？

　分子モデリング研究者は，シミュレーションを行う際，原則としてモンテカルロ法と分子動力学法のいずれか一方を選ばなくてはならない．決定は，時として取るに足りない理由——たとえば，プログラムが簡単に入手できるといった理由——に基づいてなされる．また，一方の方法を特に選択すべき明確な理由が存在することもある．たとえば，輸送係数のような時間依存量を計算したいのであれば，使うべき方法は分子動力学法でなければならない．逆に，ある種の集団では，系の解析にモンテカルロ法を使った方が適切なこともある．たとえば，温度と圧力が厳密に一定の条件下でシミュレーションを行いたい場合には，不明確で扱いにくい定温定圧分子動力学法よりもモンテカルロ法を使った方がはるかに良い結果が得られる．格子モデルの場合も同様である．

　二つの方法は，位相空間の探索能力において違いがある．（剛体分子を使った）簡単な分子液体の計算では，一般に，モンテカルロ・シミュレーションの方がはるかに速く収束する．しかし，モンテカルロ法は小さなステップ幅を必要とするため，大きな分子の場合には，配置バイアス型モンテカルロ法のような特別な方法を使わなければ，位相空間の探索に非常に時間がかかってしまう．モンテカルロ法での非物理的動作は，適切な場合，位相空間を探索する能力を大いに高める．たとえば，高いエネルギー障壁で隔てられた極小配座をいくつももつ孤立分子に対してシミュレーションを行うような場合である．分子動力学法では，分子は極小配座間の障壁をしばしば越えられない．すべての粒子の位置と速度を同時に更新する分子動力学法は，位相空間の局所的な探索にきわめて有用である．それに対し，モンテカルロ法は，位相空間のまったく別の領域へジャンプするような配座変化に対して威力を発揮する．

　二つの方法は，位相空間の探索能力において互いに補い合う点がある．したがって，両者を組み合わせようとする努力があっても驚くには当たらない．前章と本章で取り上げた方法のいくつかは，モンテカルロ法と分子動力学法の両要素を織り込んでいる．たとえば，定温分子動力学で使われる確率衝突法や，力バイアス型モンテカルロ法がそれに該当する．これらの二つの方法を組み合わせたさらに過激な方法も，また考えうる．

　モンテカルロ法と分子動力学法を組み合わせるに当たっては，両者はそれぞれシミュレーションの最も適切な箇所で使われる．たとえば，溶媒和高分子のシミュレーションでは，平衡化の操作は通常，一連の段階を踏んで行われる．最初の段階では溶質は固定され，その静電場の影響下

で溶媒分子のみが運動を許される。溶媒は配座的に柔軟ではない。このような溶媒の平衡化は，モンテカルロ法を使えば効率よく行える。しかし，系全体をシミュレーションする段階では，分子動力学法が使われるべきである。Swaminathan らはこのようなプロトコルを使用し，DNA 分子に対する長時間のシミュレーションを試みた [34]。

シミュレーションのアルゴリズムが分子動力学とモンテカルロ法を交互に繰り返すハイブリッド分子動力学/モンテカルロ法も，またいくつか提案されている。このような手法が目指すものは，より適切なサンプリングと熱力学的性質のより速やかな収束である。端的に言えば，このハイブリッド分子動力学/モンテカルロ法では，分子動力学（または確率動力学）の各ステップは，次にモンテカルロ法のステップを伴い，後者の採否のいかんは粒子の速度に影響を及ぼさない。Guarnieri & Still が開発した方法は，まさにこのような方法であった [12]。また，一連の分子動力学ステップを実行して新しい状態を発生させた後，通常のメトロポリス基準に基づき，全エネルギー（ポテンシャル＋運動）からその状態の採否を判定する方法もある。もし，新しい座標が却下されたならば，元の座標が復元され，再度分子動力学の計算が試みられる。ただしこの場合，速度に関してはガウス分布から抽出されたまったく新しい値が使われる。このアプローチは，7.7.1 項で紹介した温度制御型確率衝突法ときわめてよく似ている。異なるのは，採否を扱うモンテカルロのステップが追加された点である [8]。このハイブリッド・アルゴリズムを使用したシミュレーションは，正準集団（定温）からサンプリングを行う。簡単なモデル系やタンパク質の位相空間を探索する目的には，このアルゴリズムは，従来の分子動力学法やモンテカルロ法よりも効率が良い [3]。

付録 8.1　Marsaglia の乱数発生器

Marsaglia の乱数発生器は組合せ型発生器（combination generator）の一種で，二つの異なる発生器から構成される [13]。周期は約 2^{144} である。第一の発生器は，遅延型フィボナッチ発生器と呼ばれる。この発生器は，二つの実数 x と y に対して次の二進操作を行う。

$$x \bullet y = x-y \quad \text{if} \quad x \geq y; \quad x \bullet y = x-y-1 \quad \text{if} \quad x < y \tag{8.100}$$

数列の n 番目の値は，先行する二つの値を使って次式から計算される。

$$x_n = x_{n-r} \bullet x_{n-s} \tag{8.101}$$

ここで，r と s は遅れ（lag）である。この遅れは長い周期をもち，十分ランダムな数値を与えるよう選択される。Marsaglia が選んだ値は，$r=97$, $s=33$ であった。この場合，アルゴリズムは数列の最後にくる 97 個の値をすべての段階で記憶している必要がある。

第二の発生器は等差数列を用い，次の数学的操作で乱数を発生させる。

$$c \circ d = c-d \quad \text{if} \quad c \geq d; \quad c \circ d = c-d+16777213/16777216 \quad \text{if} \quad c < d \tag{8.102}$$

この数列の n 番目の値は次式から計算される。

$$c_n = c_{n-1} \circ (7654321/16777216) \tag{8.103}$$

最後に，数列 x と数列 c が連結される。この複合数列の n 番目の値 U_n は，次式から得られる。

$$U_n = x_n \circ c_n \tag{8.104}$$

初期シードの必要数は数列 c では 1 個，数列 x では 97 個であり，それらは十分にランダムでなければならない。シードの値はユーザーが指定してもよい。ちなみに，Marsaglia はこれらの値を求めるのに，遅延型フィボナッチ発生器と合同アルゴリズムからなる別の組合せ型発生器を使用した。

さらに読みたい人へ

[a] Adams D J 1983. Introduction to Monte Carlo Simulation Techniques. In Perran J W (Editor). *Physics of Superionic Conductors and Electrode Materials*, New York, Plenum, pp. 177-195.

[b] Allen M P and D J Tildesley 1987. *Computer Simulation of Liquids*. Oxford, Oxford University Press.

[c] Colbourn E A (Editor) 1994. *Computer Simulation of Polymers*. Harlow, Longman.

[d] Frenkel D. Monte Carlo Simulations: A Primer. In van Gunsteren W F, P K Weiner and A J Wilkinson (Editors). *Computer Simulation of Biomolecular Systems* Volume 2. Leiden, ESCOM, pp. 37-66.

[e] Galaiatsatos V 1995. Computational Methods for Modelling Polymers: An Introduction. In Lipkowitz K B and D B Boyd (Editors). *Reviews in Computational Chemistry* Volume 6. New York, VCH Publishers, pp. 149-208.

[f] Kaols M H and P A Whitlock 1986. *Monte Carlo Methods, Volume 1: Basics*. New York, John Wiley & Sons.

[g] Kermer K 1993. Computer Simulation of Polymers. In Allen M P and D J Tildesley (Editors). *Computer Simulation in Chemical Physics*. Dordrecht, Kluwer, NATO ASI Series **397**: 397-459.

[h] Rubinstein R Y 1981. *Simulation and Monte Carlo Methods*. New York, John Wiley & Sons.

引用文献

[1] Barker J A and R O Watts 1969. Structure of Water; A Monte Carlo Calculation. *Chemical Physics Letters* **3**: 144-145.

[2] Baschnagel J, K Binder, W Paul, M Laso, U Suter, I Batoulis, W Jilge and T Bürger 1991. On the Construction of Coarse-Grained Models for Linear Flexible Polymer Chains ——Distribution Functions for Groups of Consecutive Monomers. *Journal of Chemical Physics* **95**: 6014-6025.

[3] Clamp M E, P G Baker, C J Stirling and A Brass 1994. Hybrid Monte Carlo: An Efficient Algorithm for Condensed Matter Simulation. *Journal of Computational Chemistry* **15**: 838-846.

[4] Cracknell R F, D Nicholson and N Quirke 1994. A Grand Canonical Monte Carlo Study of Lennard-Jones Mixtures in Slit Pores. 2. Mixtures of Two-Centre Ethane with Methane. *Molecular Simulation* **13**: 161-175.

[5] De Pablo J J, M Laso, J I Siepmann and U W Suter 1993. Continuum-Configurational Bias Monte Carlo Simulations of Long-Chain Alkanes. *Molecular Physics* **80**: 55-63.

[6] De Pablo J J, M Laso, and U W Suter 1992. Estimation of the Chemical Potential of Chain Molecules by Simulation. *Journal of Chemical Physics* **96**: 6157-6162.

[7] Dijkstra M 1997. Confined Thin Films of Linear and Branched Alkanes. *Journal of Chemical Physics* **107**: 3277-3288.

[8] Duane S, A D Kennedy and B J Pendleton 1987. Hybrid Monte Carlo. *Physics Letters* **B195**: 216-222.

[9] Flory P J 1969. *Statistical Mechanics of Chain Molecules*. New York, Interscience.

[10] Frantz D D, D L Freeman and J D Doll 1990. Reducing Quasi-Ergodic Behavior in Monte Carlo Simulations by J-Walking: Applications to Atomic Clusters. *Journal of*

Chemical Physics **93**: 2769-2784.
[11] Frenkel D D, C A M Mooij and B Smit 1991. Novel Scheme to Study Structural and Thermal Properties of Continuously Deformable Materials. *Journal of Physics Condensed Matter* **3**: 3053-3076.
[12] Guarnieri F and W C Still 1994. A Rapidly Convergent Simulation Method: Mixed Monte Carlo/Stochastic Dynamics. *Journal of Computational Chemistry* **15**:1302-1310.
[13] Marsaglia G, A Zaman and W W Tsang 1990. Towards a Universal Random Number Generator. *Statistics and Probability Letters* **8**: 35-39.
[14] Martin M G and J I Siepmann 1999. Novel Configurational-Bias Monte Carlo Method for Branched Molecules. Transferable Potentials for Phase Equilibria. 2. United-Atom Description of Branched Alkanes. *Journal of Physical Chemistry* **103**: 4508-4517.
[15] Metropolis N, A W Rosenbluth, M N Rosenbluth, A H Teller and E Teller 1953. Equation of State Calculations by Fast Computing Machines. *Journal of Chemical Physics* **21**: 1087-1092.
[16] Okamoto Y and U H E Hansmann 1995. Thermodynamics of Helix-Coil Transitions Studied by Multicanonical Algorithms. *Journal of Physical Chemistry* **99**: 11276-11287.
[17] Panagiotopoulos A Z 1987. Direct Determination of Phase Coexistence Properties of Fluids by Monte Carlo Simulation in a New Ensemble. *Molecular Physics* **61**: 813-826.
[18] Pangali C, M Rao and B J Berne 1978. On a Novel Monte Carlo Scheme for Simulating Water and Aqueous Solutions. *Chemical Physics Letters* **55**: 413-417.
[19] Rao M and B J Berne 1979. On the Force Bias Monte Carlo Simulation of Simple Liquids. *Journal of Chemical Physics* **71**: 129-132.
[20] Rosenbluth M N and A W Rosenbluth 1955. Monte Carlo Calculation of the Average Extension of Molecular Chains. *Journal of Chemical Physics* **23**: 356-359.
[21] Rossky P J, J D Doll and H L Friedman 1978. Brownian Dynamics as Smart Monte Carlo Simulation. *Journal of Chemical Physics* **69**: 4628-4633.
[22] Senderowitz H, F Guarnieri and W C Still 1995. A Smart Monte Carlo Technique for Free Energy Simulations of Multicanonical Molecules. Direct Calculations of the Conformational Populations of Organic Molecules. *Journal of the American Chemical Society* **117**: 8211-8219.
[23] Sharp W E and C Bays 1992. A Review of Portable Random Number Generators. *Computers and Geosciences* **18**: 79-87.
[24] Siepmann J I 1990. A Method for the Direct Calculation of Chemical Potentials for Dense Chain Systems. *Molecular Physics* **70**: 1145-1158.
[25] Siepmann J I and D Frenkel 1992. Configurational Bias Monte Carlo: A New Sampling Scheme for Flexible Chains. *Molecular Physics* **75**: 59-70.
[26] Siepmann J I, S Karaborni and B Smit 1993a. Vapor-Liquid Equilibria of Model Alkanes. *Journal of the American Chemical Society* **115**: 6454-6455.
[27] Siepmann J I, S Karaborni and B Smit 1993b. Simulating the Crucial Behaviour of Complex Fluids. *Nature* **365**: 330-332.
[28] Siepmann J I and I R McDonald 1993a. Domain Formation and System-Size Dependence in Simulations of Self-Assembled Monolayers. *Langmuir* **9**: 2351-2355.
[29] Siepmann J I and I R McDonald 1993b. Monte Carlo Study of the Properties of Self-Assembled Monolayers Formed by Adsorption of $CH_3(CH_2)_{15}SH$ on the (111) Surface of Gold. *Molecular Physics* **79**: 457-473.

[30] Smit B 1993. Computer Simulation in the Gibbs Ensemble. In Allen M P and D J Tildesley (Editors). *Computer Simulation in Chemical Physics*. Dordrecht, Kluwer, NATO ASI Series 397, pp. 173-210.

[31] Smit B and T L M Maesen 1995. Commensurate 'Freezing' of Alkanes in the Channels of a Zeolite. *Nature* **374**: 42-44.

[32] Smit B and J I Siepmann 1994. Simulating the Adsorption of Alkanes in Zeolites. *Science* **264**: 1118-1120.

[33] Stephenson G 1973. *Mathematical Methods for Science Students*. London, Longman.

[34] Swaminathan S, G Ravishanker and D L Beveridge 1991. Molecular Dynamics of B-DNA Including Water and Counterions──A 140-ps Trajectory for d(CGCGAATTCGCG) Based on the Gromos Force Field. *Journal of the American Chemical Society* **113**: 5027-5040.

[35] Verdier P H and W H Stockmayer 1962. Monte Carlo Calculations on the Dynamics of Polymers in Dilute Solution. *Journal of Chemical Physics* **36**: 227-235.

[36] Vesely F J 1982. Angular Monte Carlo Integration Using Quaternion Parameters: A Spherical Reference Potential for CCl_4. *Journal of Computational Physics* **47**: 291-296.

[37] Vlugt T J H, R Krishna and B Smit 1999. Molecular Simulations of Adsorption Isotherms for Linear and Branched Alkanes and Their Mixtures in Silicalite. *Journal of Physical Chemistry* **103**: 1102-1118.

[38] Vlugt T J H, W Zhu, F Kapteijn, J A Moulijn, B Smit and R Krishna 1998. Adsorption of Linear and Branched Alkanes in the Zeolite Silicalite-1. *Journal of the American Chemical Society* **120**: 5599-5600.

[39] Widom B 1963. Topics in the Theory of Fluids. *Journal of Chemical Physics* **39**: 2808-2812.

[40] Xu H and B J Berne 1999. Multicanonical Jump Walking: A Method for Efficiently Sampling Rough Energy Landscapes. *Journal of Chemical Physics* **110**: 10299-10306.

第9章 配座解析

9.1 はじめに

　分子の物理，化学および生物学的な諸性質は，分子がとりうる三次元構造，すなわち立体配座（conformation）に強く依存する。配座解析の目的は，分子の配座とそれらが分子の性質に及ぼす影響を検討することにある。配座解析の発展の歴史は，D H R Bartonの研究にまで遡る[3]。彼は1950年，置換シクロヘキサンの反応性が置換基の配向（エクアトリアル，アキシアル）に左右されることを発見した。赤外分光法，NMR，X線結晶回折といった分析手法が導入されたのも当時のことである。これらの手法は配座の測定を可能にし，配座解析の発展に重要な貢献をなすこととなった。

　分子の配座は，慣例によれば，一重結合のまわりの回転により相互に変化する諸原子の空間配置として定義される。しかし，配座変化は結合角や結合長の小さな歪みによっても生じる。また，結合のまわりの回転は，結合次数が1と2の中間値をとる共役系の場合でも起こりうる。したがって，この配座の定義は柔軟に解釈されることが多い。

　配座解析の中心をなすのは配座探索（conformational search）であり，その目的とするところは，分子の優先配座——分子の挙動を決定する配座——を同定することにある。これを行うためには，エネルギー曲面上で極小点にある配座を突き止めなければならない。すなわち，エネルギー極小化法は配座解析においてきわめて重要な役割を担う。エネルギー極小化法は，その特徴として，出発構造に最も近い極小点しか捜し出せない。そのため，極小化を行う際には，別のアルゴリズムを利用し，前もって適切な出発構造を用意しておく必要がある。本章では，この初期構造を発生させるためのアルゴリズムを中心の話題として取り上げる。配座探索は，分子動力学／モンテカルロ・シミュレーションとは一線を画する。前者は，極小エネルギー構造を探索することのみを目的とするが，後者は，極小エネルギー構造以外の構造も含めた状態集団を発生させる。ただし，モンテカルロ法と分子動力学法は，後で述べるように配座探索戦略の一部として利用されることもある。

　エネルギー曲面上にある極小エネルギー配座をすべて明らかにできれば，それに越したことはない。しかし，極小点の数はきわめて多く，それらをすべて見つけ出すことは不可能に近い。このような状況下では通常，近づきうる極小点のみが探索の対象となる。分子配座の相対分布は，統計力学を使えばボルツマン分布から計算できる。しかし，統計的重率には，振動やエネルギーなどあらゆる自由度が関与する。溶媒和効果もまた重要である。配座の溶媒和自由エネルギーは

さまざまな方法で計算でき，その値は分子内エネルギーの補正項をなす。(11.9節でさらに詳しく取り上げるが) これらの方法は，溶媒が配座平衡に及ぼす影響を計算から求めるのに役立つ。タンパク質のような分子では，極小点はエネルギー曲面上にきわめて多数存在する。そのため，それらをすべて突き止めることは不可能である。このような状況下では，一般に，天然の配座はエネルギーが最も低い配座と一致すると仮定される。この配座は，大域的極小エネルギー配座 (global minimum energy conformation) と呼ばれる。配座を一つしか見つけ出せないアルゴリズムは注意が必要である。たとえば，大域的極小エネルギー配座は，確かにエネルギーが最小となる配座である。しかし，各構造の統計的重率には振動エネルギー準位の寄与があるため，それが占有率の最も高い配座であるとは限らない。また，大域的極小エネルギー配座が活性配座であるという保証もない。実際，活性配座は時として，孤立分子のエネルギー曲面上にあるどの極小点とも一致しない。また，分子が複数の活性配座をとる場合すら考えられる。たとえば，ある配座で酵素へ結合した基質が反応に先立ち，配座を変えることがないとは限らない。

　配座探索法は便宜上，系統的探索法，モデル組立て法，ランダム探索法，距離幾何学法および分子動力学法の五つのカテゴリーに分けられる。これらの方法を論ずるに先立ち，一つ指摘しておきたいことがある。それは，Dreiding模型やCPK模型を使っても，きわめて効率よく配座解析が行える場合があることである。これらの機械的模型の発明は，配座解析や分子モデリングの発展に多大な貢献をなした。しかし，これらの模型はいくつかの欠点をもつ。たとえば，それらはさまざまな配座の相対エネルギーに関して定量的情報を何ら提示できない。また，分子の両端にある二原子の距離を求めるような場合，内部座標の正確な測定はしばしば困難を伴う。さらにまた，これらの模型は重力の支配下にあるため，分子が大きくなると扱いにくくなり，その組立てにしばしば他人の手を借りざるを得ない。また，標準的な結合長や結合角から大きくずれた分子では，模型を組み立てること自体容易ではない。しかし，これらの弱点を差し引いても，機械的模型は確かに有用である。それらは持ち運びができるし，コンピュータ画面上では不可能な操作も容易に行える。もっとも後者の利点は，仮想現実 (virtual reality) 分子モデリングシステムが発展すれば，近い将来意味を失うことになるかもしれない。

　本章では以下，配座解析の基本的なアルゴリズムとその変法のいくつかを解説する。また，大域的最適解を得るのに使われる二つの方法——進化的アルゴリズムと焼きなまし——についても取り上げ，さらにまた，配座解析のデータを分析して代表的な配座集合を同定するための方法も紹介する。

9.2　配座空間の系統的探索法

　名前が示す通り，系統的探索法は，配座空間を探索する際，系統立った規則正しい変化を配座に施す。ここでは，格子探索 (grid search) と呼ばれる最も簡単な方法を取り上げ，その探索手順を紹介する。最初に行われるのは，分子内部の回転できる結合の特定である。次に，これらの結合の各々に対し，一定の刻み幅で360°まで系統的に回転が施される。結合長と結合角は計

figure 9.1 アラニンジペプチドとグリシンジペプチド

算の間一定に保たれる。発生した配座はエネルギー極小化の操作にかけられ，極小エネルギー配座へと誘導される。ねじれ角のあらゆる組合せが検討された時点で探索は終了する。一例として，アラニンジペプチド $CH_3CONHCHMeCONHCH_3$（図 9.1）の配座エネルギー曲面を考えてみる。この分子は，タンパク質内部でのアミノ酸の配座的挙動を調べる際，モデルの一つとしてよく利用される。いま，結合長と結合角が一定で，アミド結合はトランス配座をとると仮定すれば，変化しうるパラメータは，ねじれ角の ϕ と ψ の二つしかない。エネルギーはこれら二つの変数の関数であり，そのグラフは図 9.2(a) に示したような等高線図で表せる。この等高線図は，アミノ酸が限られた配座しかとらないことを最初に示した G N Ramachandran にちなみ，ラマチャンドラン・プロットと呼ばれる [49]。Ramachandran によって計算された等高線図上の許容配座領域は，タンパク質の X 線結晶構造で観測される配座の範囲とよく一致する（図 9.3）。ことに重要なのは，α ヘリックス構造と β 鎖構造に対応する二つの領域である。これらの構造については 10.2 節で詳しく論ずる。アミノ酸グリシンは側鎖をもたない（図 9.1）。そのため，図 9.2(b) のラマチャンドラン・プロットからも明らかなように，他のアミノ酸に比べて広い許容配座領域をもつ。

アラニンジペプチドの格子探索では，ϕ と ψ を 0〜360°の範囲で系統的に変化させ，一連の

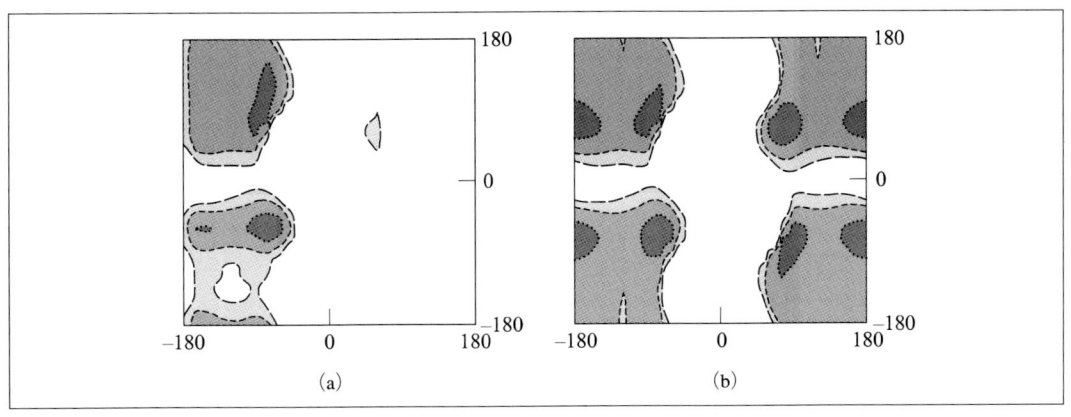

図 9.2 AMBER 力場を使用して計算したアラニンジペプチド(a)とグリシンジペプチド(b)のラマチャンドラン・プロット [58]。いずれの場合も，等高線は最小エネルギー配座を基準とし，それよりも 1.0, 2.0 および 3.0 kcal/mol 高いエネルギー位置を表す。

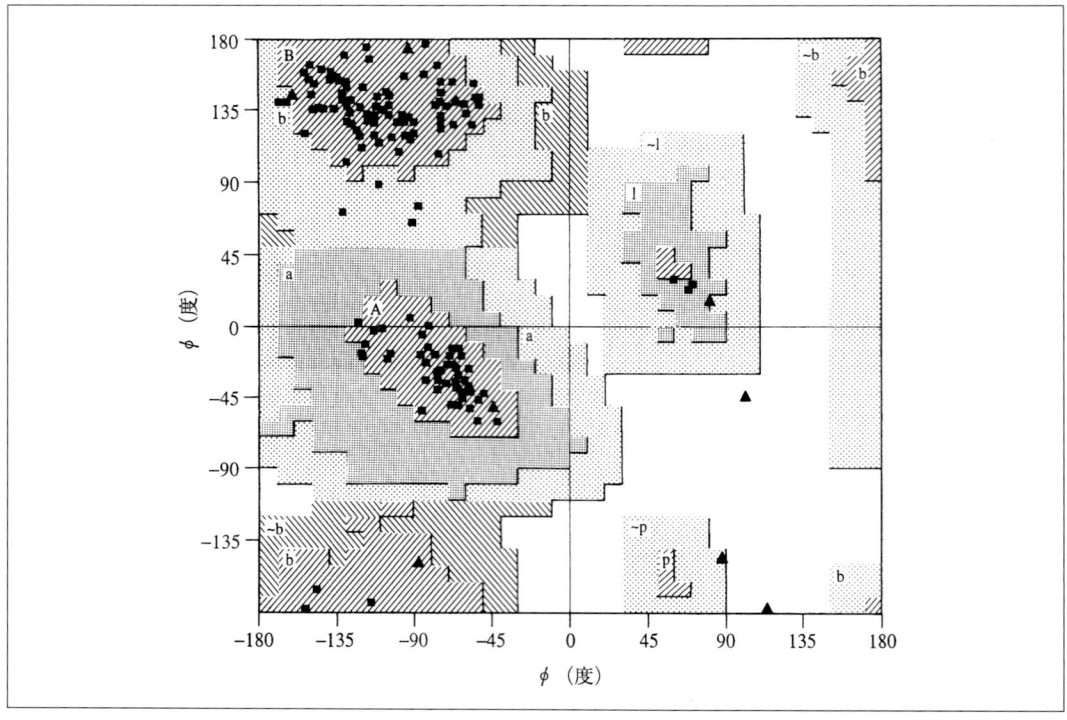

図9.3 ジヒドロ葉酸レダクターゼにおけるねじれ角(ϕ, ψ)の分布。黒の四角と三角は実測値を表す。陰をつけた領域は、さまざまなタンパク質構造について平均された(ϕ, ψ)の分布範囲である。

配座を発生させる。この操作は、ラマチャンドラン等高線図に二次元の格子を引くことに相当する。各格子点は、探索で発生する配座の一つを表す。明らかに、格子探索で発生する配座の数は、極小点の数に比べてはるかに多い。ねじれ角の刻み幅を比較的大きくとったときでさえそうである。また、初期配座の多くは非常に高いエネルギーをもち、極小化の操作で同じ極小エネルギー構造へ収束する。

　格子探索の主な欠点は、回転できる結合の数が増えるにつれ、組合せ論的急増（combinatorial explosion）と呼ばれる現象が起こり、発生する配座の数が異常な割合で増加することである。発生配座の数は次式で与えられる。

$$\text{配座数} = \prod_{i=1}^{N} \frac{360}{\theta_i} \tag{9.1}$$

ここで、θ_iは結合iに対する二面角の刻み幅である。たとえば、結合が5個存在し、各結合に対して30°の刻み幅が使用された場合、発生する配座の数は248,832個である。しかし、結合の数が7個に増えると、配座の数は約3,600万個にまで増加する。これらの数字を理解するため、いま、各構造を極小化するのに1秒要すると仮定しよう。すべての構造を極小化するのに必要な時間は、結合が5個のとき69時間であるが、結合が7個の場合には415日にもなる。系統的探索はこのような限界をもつ。しかし、結合の数が10～15個程度の問題を扱う場合には、この方法

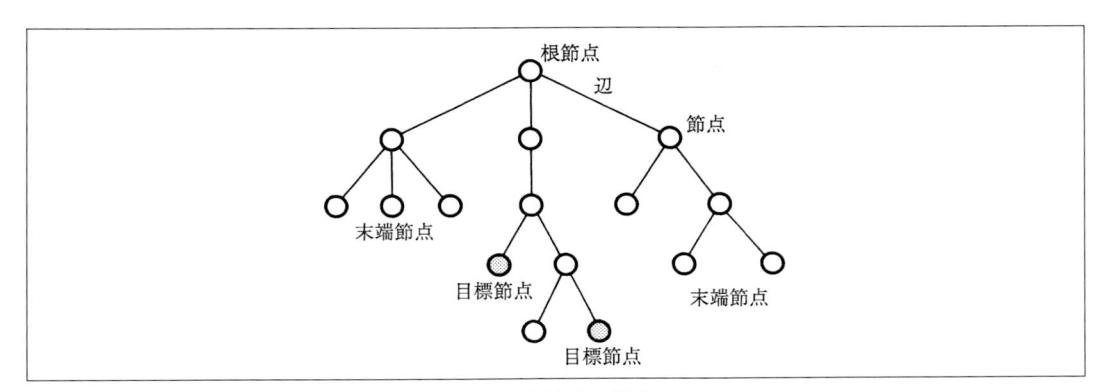

図9.4 探索木の構成

は現在日常的に利用される．このようなことができるのは，時間のかかるエネルギー極小化の段階で，（きわめてエネルギーが高いなど）問題のある構造を刈り込めるからである．強化されたこれらの系統的探索法の原理は，探索木を使うとうまく説明できる．

探索木（search tree）は，問題が作り出すさまざまな状態の記述に広く利用される．図9.4 はその一例である．図を上下逆さまにして眺めれば，名前の由来は明らかであろう．探索木は，節点（node）とそれらを結ぶ辺（edge）からなる．各節点は系がとりうる状態の一つを表し，辺の存在は，それによってつながれた二つの節点間に何らかの関連があることを示す．根節点（root node）は系の初期状態である．また，末端節点（terminal node）は，それより下位に節点をもたない末端の節点であり，目標節点（goal node）は，問題の解に該当する特殊な末端節点である．

いま，格子探索を利用し，簡単なアルカンである n-ヘキサンの配座空間を探索してみる．末端メチル基の回転は無視できるとすれば，検討を必要とする結合の数は3個である．もし，これらの各結合がトランス，ゴーシュ（＋）およびゴーシュ（－）配座*に対応する三つの値しかとらないとすれば，この問題に対する探索木は，図9.5に示すように27個の末端節点（≡3×3×3）をもつ．根節点は出発点を表し，この節点の結合ねじれ角はすべてゼロに等しい．いま，回転できる第一の結合を，最初の値（ねじれ角180°のトランス配座）に設定したとする．探索木上では，この操作は根節点から節点1への移行に相当する．次に，第二の結合をトランス配座に設定したとすれば，それは節点4への移行を意味する．さらにまた，第三の結合もトランス配座に設定したとすれば，節点13に到達する．この節点は末端節点であり，極小化を行うべき配座に対応する．配座をさらに発生させるには，三つのねじれ角のどれか一つを変化させればよい．最も手近なのは，最後の結合（結合3）に新しい値を割り当てる方法である．結合3をゴーシュ（＋）配座に変更することは，節点13から節点4へいったん探索木を逆戻りした後，末端節点14へ下りる

---

*トランス配座は，ねじれ角が180°，ゴーシュ（＋）配座は＋60°，ゴーシュ（－）配座は－60°の状態にそれぞれ対応する．これらは，ブタンの3種の極小エネルギー配座がとるねじれ角とほぼ一致する．

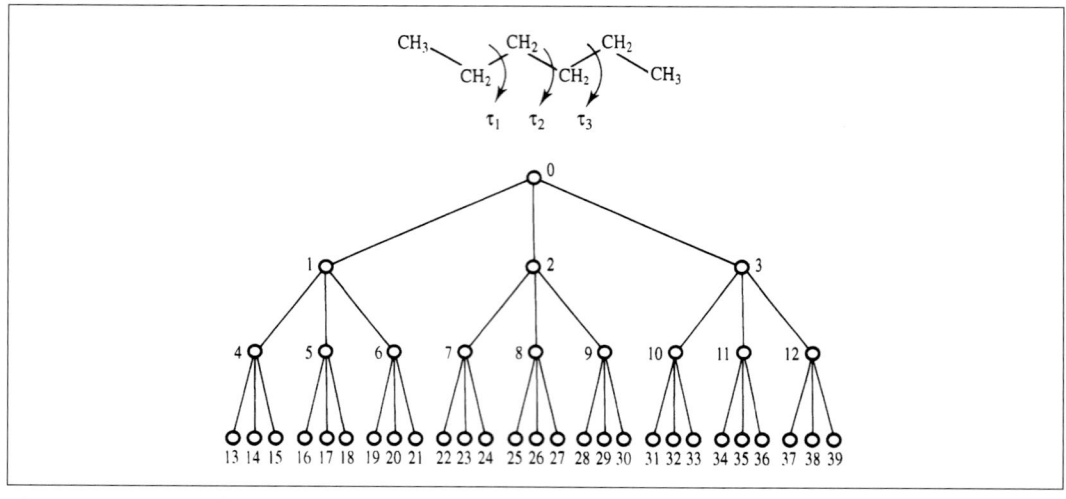

図 9.5 ヘキサンの配座探索問題に対する探索木。図 9.4 の探索木と異なり，根節点から末端節点へ至る経路の長さはすべて同じである。

ことに相当する。この操作は，完成した第二の配座をもたらす。後戻り（backtracking）と呼ばれるこのような手順に従って探索を進めれば，分子のあらゆる配座が得られる。ここで説明した探索アルゴリズムは，深さ優先探索（depth-first search）と呼ばれる。

深さ優先探索の効率は，エネルギーや幾何配置の基準に合わない構造を棄却することで向上する。たとえば，エネルギーの高い立体相互作用を含む構造は，エネルギーを極小化する前に排除されるべきである。また，（ねじれ角の割りつけがまだ途中の）部分的に組み立てられた配座を吟味すれば，系統的探索法の効率はさらに改善される。たとえば，2個の非結合原子が空間的にきわめて接近した部分構造が発生する場合を考えてみよう。ヘキサンでは，このような高エネルギー構造は回転可能な第一の結合をゴーシュ（＋）配座，第二の結合をゴーシュ（－）配座に設定したとき生じる（ペンタン違反，図 9.6）。この高エネルギー構造は，第三のねじれ角をどのような値にしようとも保持される。したがって，探索木でその節点（図 9.5 の点 9）より下位にある

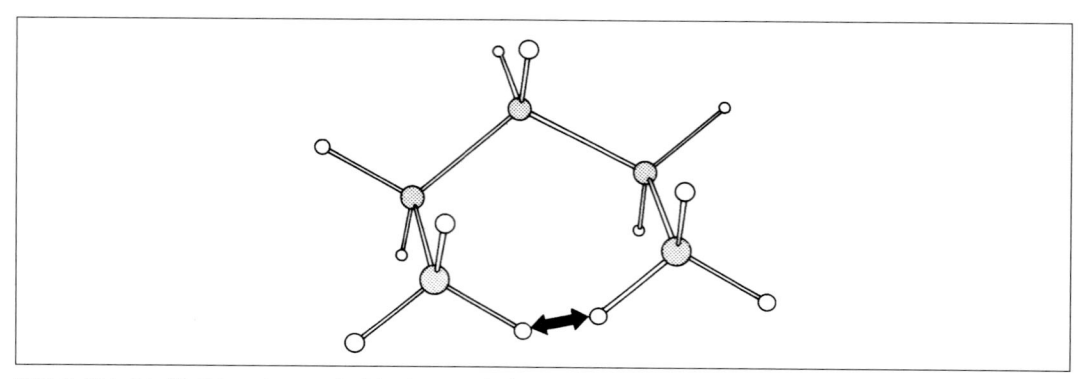

図 9.6 アルカン鎖では，ゴーシュ（＋）とゴーシュ（－）のねじれ角がこの順に現れると，エネルギーの高い構造が発生する（ペンタン違反）。

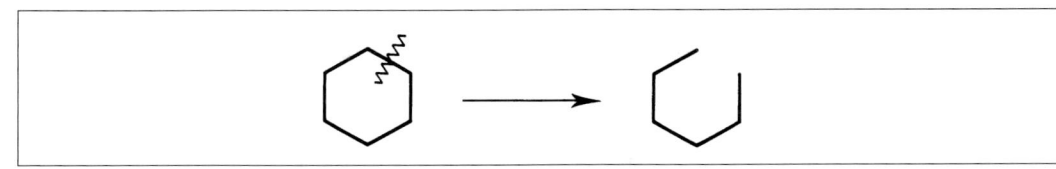

図 9.7 環の切断による擬非環式分子への変換

構造はすべて無視できる。ただし、この戦略が使えるのは、違反のある分子部位の空間配置に他のねじれ角が影響を及ぼさない場合に限られる。

環式分子では、系統的探索による配座解析は非常にむずかしい。通常使われるのは、環を切断して擬非環式分子とし、正規の非環式分子と同じように扱う戦略である。たとえばシクロヘキサンでは、この手続きは図 9.7 のようになる。ただし、環式分子の配座空間を探索する場合には、さらに加えて環が正しく形成されるか否かを吟味する必要がある。たとえば、すべてトランスの配座は、n-ヘキサンでは完全に許される。しかし、シクロヘキサンでは、この配座は受け入れられない。閉環原子間の結合長が不合理な値になるからである。系統的探索を使って環式分子の配座空間を探索する場合、分子内パラメータのチェックが一般に行われるが、それはこのような理由による。チェックされるパラメータは、通常、閉環原子間の結合長と関連結合角である（図 9.8）。プログラムによっては、（たとえば閉環結合に隣接するねじれ角など）他の内部パラメータもまたチェックされる。系統的探索で環が問題を引き起こす主な原因は、このようなチェックがしばしば解析の最終段階でしか行われないことにある。そのため、環がほぼ完成してからでなければ、構造の採否が決められないのである。この問題を回避するには、最も簡単には、環式分子を組み立てる全段階にわたり、鎖の末端と出発原子の間の距離を監視し、それが常に閉環できる程度の長さに保たれるようにすればよい。

系統的探索は、回転できる結合を単方向に処理したとき最も効率が良い。この方式では、すでに処理された原子を基準に、ある原子の空間位置がいったん固定されたならば、その位置はいつまでも変化しない。非環式分子の場合、それは探索が分子の一方の端から開始され、鎖に沿って一方向に進むことを意味する。環を含んだ分子は環を切り離し、すでに述べた擬非環式分子とし

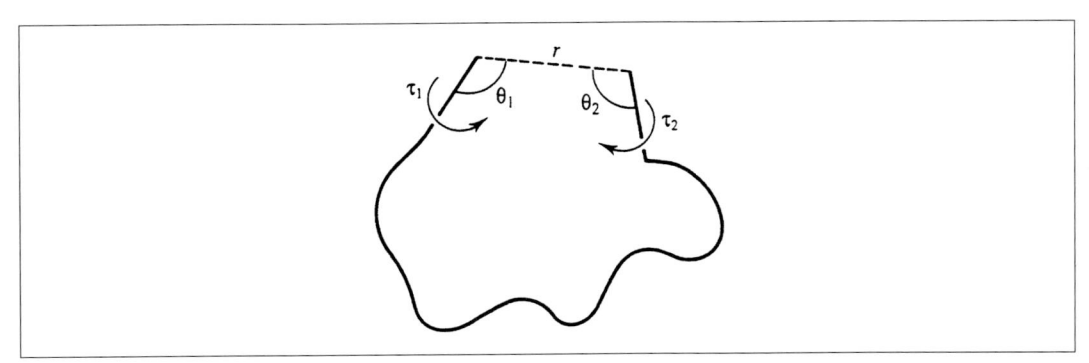

図 9.8 環式分子の配座空間を探索する際にチェックされる分子内パラメータ

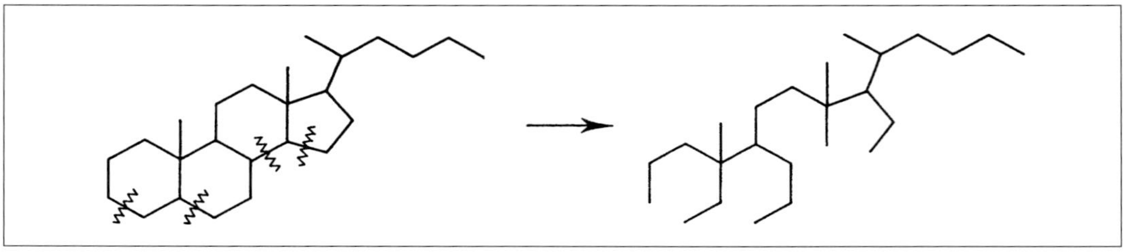

図 9.9 系統的探索では，多環系は環を切断し，擬非環式分子として処理される．

て処理される（図 9.9）．

　系統的探索は，究極的には，格子の分解能とコンピュータの処理能力とのバランスの上に成り立つ．格子の目が細かすぎれば探索に時間がかかり，また，粗すぎれば重要な極小点を見落とすことになりかねない．構造の採否を決める非結合判定基準もまた必要である．非結合判定基準は「衝突検査（bump check）」とも呼ばれ，その値は通常控え目に設定される（たとえば 2.0Å）．構造内部の小さな問題は，エネルギー極小化の段階で取り除けるからである．環式分子では，閉環の判定基準も結果に影響を及ぼす．また，さまざまなカットオフ値は相互に依存し合っている．そのため，どれか一つを変更すれば，他の値も再度割り当てざるを得ないことに注意されたい．

9.3　モデル組立てアプローチ

　系統的探索では，回転できる結合の数が増えると，発生する構造の数は組合せ論的に急増する．この問題は，配座の組立てに，一回り大きな分子断片——組立てブロック——を使うことで一部緩和される [23,40,41]．断片（モデル）組立てアプローチによる配座解析では，分子の配座は，分子断片の三次元構造をつなぎ合わせて組み立てられる．このアプローチは，通常の系統的探索に比べて効率が良い．断片の組合せ方は，ねじれ角のそれに比べてはるかに数が少ないからである．系統的探索で処理がむずかしい環状断片の場合，このことは特によく当てはまる．たとえば，図 9.10 の分子を考えてみよう．この分子は，図に示された断片を使えば効率良く組み立てられる．分子モデリングシステムの多くは，断片から分子を組み立てる機能を装備している．しかし，ユーザーは通常，どのような断片を使い，それらをどのようにつなぎ合わせるかを自分で考えなければならない．もし，各断片が多数の配座をとりうるならば，この問題を手動で処理するのは明らかに不可能で，操作を自動化する何らかの手立てが必要である．

　断片組立てアプローチに基づき，配座空間を自動探索するプログラムでは，まず最初，分子の組立てに必要な断片が選択される [40]．この作業は，部分構造探索アルゴリズム（substructure search algorithm）を使って行われる．このアルゴリズムは，プログラムに登録された各断片が問題の分子内部に存在するか否かを調べ，もし存在する場合には，両者の原子がどのような適合関係にあるかを明らかにする．必要な断片が同定されたならば，次はそれらの配座の確定である．各断片には，その断片がとりうるすべての配座のテンプレートが用意されていなければ

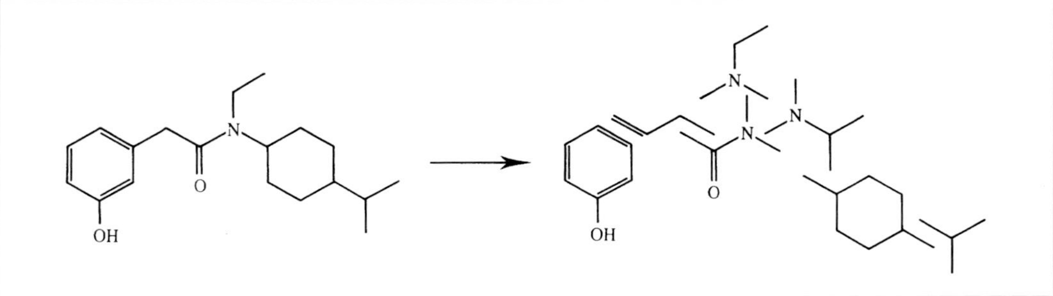

図9.10 モデル組立てアプローチでは，分子は適当な構造断片から組み立てられる。

ならない．たとえば，シクロヘキサン環は分子内でいす形，ねじれ舟形，舟形といった配座で存在する．この事実に対応するためには，これらの三つの配座はすべてテンプレートとして用意されている必要がある．分子全体を組み立てるには，各断片へ適当なテンプレートを割り当てて，それらをつなぎ合わせればよい．系統的探索の場合と同様，探索の手順は探索木で表せる．したがって，通常の木探索アルゴリズムはすべて適用でき，探索効率は木を刈り込むことで向上する．

配座解析への断片組立てアプローチは，次の二つの仮定の上に成り立つ．(1) 各断片は，分子内の他の断片と配座的に独立している．(2) 各断片に用意された配座のテンプレートは，完成した分子内でその断片がとりうる配座をすべて網羅したものでなければならない．断片の配座はさまざまな方法で得られるが，最も一般的なアプローチは次の二つである．(1) 構造データベースの解析（9.11節参照）．(2) 他の配座探索法から得られた結果の活用．断片組立てアプローチのもつ限界は，断片から組み立てられる分子配座しか探索できないことである．

9.4 ランダム探索法

ランダム探索法は，多くの点で系統的探索法と著しい対照をなす．系統的探索では，分子のエネルギー曲面は系統立った規則正しいやり方で探索される．それに対し，ランダム探索では配座の発生順序は予測できず，エネルギー曲面のまったく無関係な領域へ突然移行するといったことが起こりうる．配座空間の探索は，原子直交座標か結合ねじれ角のいずれを変えながら行われる．どちらの場合も，アルゴリズムは図9.11のフローチャートに示した手順に従う．繰返しの各サイクルでは，現在の配座に対してランダムな変化が施される．新たに発生した構造は，エネルギー極小化の操作で精密化され，それまでに作られた配座と照合される．もし，既存の配座に一致するものがないならば，新しい配座は保存される．次のサイクルの出発配座が次に選択され，ランダムな変化が再び施される．操作は，繰返しが所定の回数に達するか，新しい配座が検出されなくなるまで続けられる．

ランダム探索の直交座標版と二面角版は，構造の発生方式に違いがある．すなわち，前者は新しい配座を発生させる際，分子を構成するすべての原子のx, y, z座標にランダム量を加えるが [50, 17]，後者は結合長と結合角を一定に保ち，ねじれ角にだけランダムな変化を施す

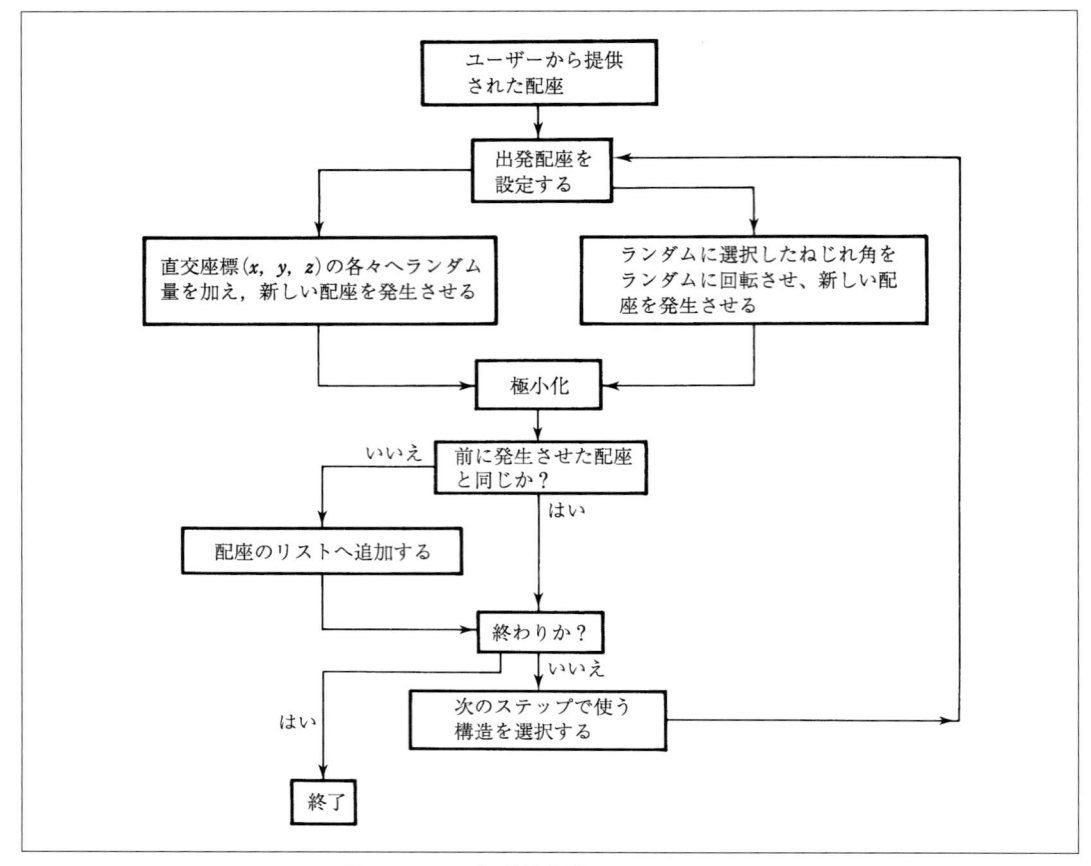

図 9.11 ランダム配座探索のフローチャート

[43,9]。直交座標法は簡単であるが，発生した初期構造が時としてきわめて高いエネルギーをもつ。場合によっては座標が3Å以上も変化する。二面角法の長所は，考慮すべき自由度の数がはるかに少ない点である。しかし，環を含む分子へ適用する場合には，特別な操作が要求される。通常，環は系統的探索と同じやり方で切断され，擬非環式分子へ変換される（図9.9）。各環は，次にランダムな変化を施され，発生した配座は閉環の条件を満たすか否かが吟味される。二面角法では，すべての二面角を変化させてもよいし，無作為に選択した一部の二面角だけを変化させてもよい。

　繰返しの次のサイクルへ引き渡す構造は，さまざまな方法で選択される。最も簡単には，直前のサイクルで得られた構造がそのまま使われる。また，あまり使われていない配座に大きな重みを付け，それまでに発生した構造全体から無作為に選択する方法（均等使用プロトコル）や，その他，それまでに見つかった最もエネルギーの低い構造を使用したり，エネルギーの低い構造に大きな重みを付けて選択されやすくした方法などもある。メトロポリス・モンテカルロ法も，選択の際しばしば利用される。この場合，新たに発生した構造は，エネルギーを極小化したとき，前の構造よりもエネルギーが低いか，あるいはエネルギー差のボルツマン因子 $\exp[-(V_{\text{new}}$

($\mathbf{r}^N$) $- V_{\text{old}}(\mathbf{r}^N)/k_B T$]が乱数値（0〜1）よりも大きければ，次のサイクルの出発点として受理される。もし，この条件が満たされなければ，次のサイクルでも前の構造がそのまま使われる。以上紹介した方法は，原理的にはどの方法もそれなりに合理性がある。しかし報告によれば，ある種の方法は，配座空間の探索や大域的極小エネルギー配座の検出の際，他の方法よりも良い結果を与えるという。

系統的探索では手続きに明確な終点が存在する。その点に到達するのは，結合回転の可能な組合せがすべて検討されたときである。ランダム探索ではこのような終点は存在しない。これは，極小エネルギー配座が漏れなく検出できたか否かを確認する絶対的手段がないことによる。通常使われるのは，新しい構造が得られなくなるまで配座を発生させる戦略である。この戦略は，一般に同じ構造を幾度となく発生させる。すなわちランダム探索では，配座空間の各領域は必然的に何回も繰り返し探索される。

9.5 距離幾何学法

分子の配座は，直交座標や内部座標だけではなく，構成原子間の距離によっても記述できる。N 個の原子からなる分子では，$N(N-1)/2$ 個の原子間距離が存在するが，それらは $N \times N$ 対称行列を使えばうまく表せる。この行列では，原子 i と j の間の距離は要素 (i,j) と (j,i) に入っており，対角要素はすべてゼロである。距離幾何学法（distance geometry）は，このような距離行列を無作為に多数発生させ，それらを直交空間の配座へ変換した後，その配座空間を探索する。この方法では，原子間距離に任意の値を割りつけ，常に低エネルギー配座を得るといったことはできない。原子間距離は相互に密接な関係にあり，実際，その組合せの多くは幾何学的に不可能である。一例として，簡単な三原子分子（ABC）を考えてみよう。三角法によれば，距離 AB と AC の和は距離 BC よりも大きいか等しくなければならない。したがって，距離が AB＝1.5Å，AC＝1.4Å，BC＝3.5Å となる配座は幾何学的に存在し得ない。

距離幾何学法は，分子の配座を導くのに四段階の手順を踏む [13,14]。最初の段階では，原子間距離の上界下界行列が計算される。これは，分子内の各原子対に許される距離の最大値と最小値を要素とする行列である。第二の段階では，各原子間距離に対して，上界と下界の間の適当な値が無作為に割りつけられる。距離行列は，第三の段階で直交座標の試験集合へ変換され，直交座標はさらに第四の段階で精密化を施される。

原子間距離の上界と下界のいくつかは，簡単な化学的原理の拘束を受ける。たとえば，X線結晶学研究によれば，結合長は，二原子の原子番号と混成状態によって定まる狭い範囲の値しかとれない。第三の原子が結合し，(1,3関係にある) 二原子間の距離もまた厳しい制約を受け，その値は，中央原子の結合角と二つの結合の長さから一義的に定まる。また，三つの結合で隔てられ，1,4関係にある二原子間の距離は，中央の結合のまわりのねじれ角に依存し，その値はねじれ角が 0° のとき最小，ねじれ角が 180° のとき最大となる。これらの三つの実例は，図で表せば図 9.12 のようになる。一方，1, n 関係（$n>4$）にある原子間距離は，上界と下界を定めること

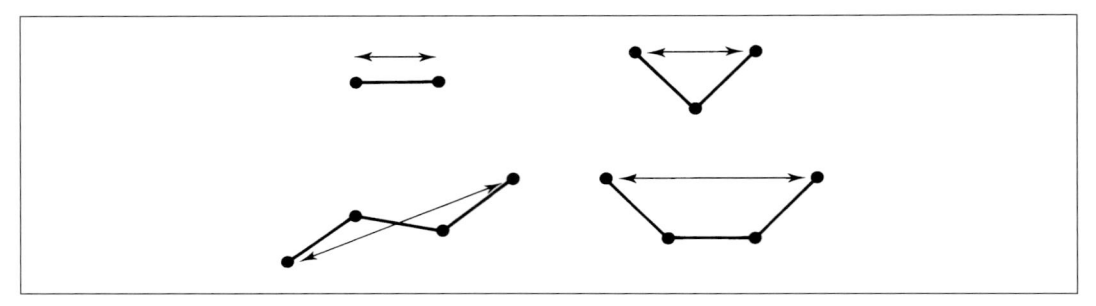

図 9.12 1,2，1,3 および 1,4 関係にある原子間距離の上界と下界は，簡単な化学的原理から誘導できる。

がむずかしい。しかし，このような原子対も，構成原子のファンデルワールス半径の和より距離が近づくことは一般にありえない。また上界には，通常大きな任意の値が割り当てられる。

距離限界の初期集合は，次に三角スムージング（triangle smoothing）と呼ばれる手順に従い精密化される。三角スムージングでは，三原子からなる各組に対して図 9.13 に示す三角法の二つの条件が課される。第一は，原子 A と C の間の距離 AC が，距離 AB と BC の最大値の和よりも大きくなることはないという条件である。この関係は，次の不等式で表される。

$$u_{AC} \leq u_{AB} - u_{BC} \tag{9.2}$$

ここで，u_{AB} は距離 AB の上界である。また第二は，距離 AC の最小値が，AB の下界と BC の上界の差よりも小さくはならないという条件である。

$$l_{AC} \geq l_{AB} - u_{BC} \tag{9.3}$$

ここで，l_{AB} は距離 AB の下界である。これらの二つの不等式は，距離限界の全集合が自己無撞着になり，三つ組の原子間距離がすべて二つの不等式を満たすまで繰り返し適用される。三角スムージングは各分子に対して一度行うだけでよい。

次に配座を発生させなければならない。まず最初に行うべきことは，すべての原子間距離に上界と下界の間の任意の値を割り当て，試距離行列を作成することである。このようにして作られた距離行列は，次に埋込み（embedding）と呼ばれる操作に委ねられ，配座の「距離空間」表示は，一連の行列操作で一組の原子直交座標へ変換される。この操作に当たっては，まず最初，計量行列 **G** が計算される。**G** の行列要素 (i,j) は，原点から原子 i と j へ向かうベクトルのスカラー積に等しい。

$$G_{ij} = \mathbf{i} \cdot \mathbf{j} \tag{9.4}$$

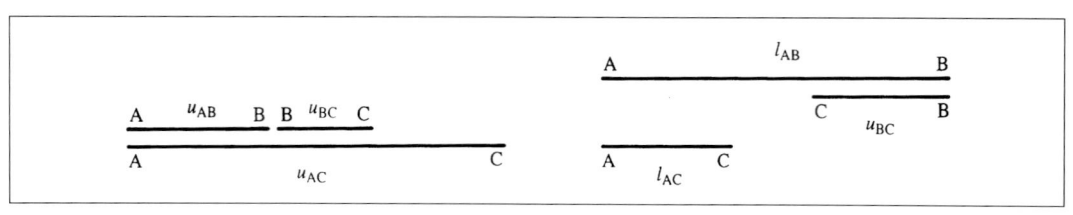

図 9.13 距離幾何学法で使われる二つの三角不等式の図解

要素 G_{ij} は，余弦定理を適用すれば距離行列から計算できる。
$$G_{ij} = (d_{i0}^2 + d_{j0}^2 - d_{ij}^2)/2 \tag{9.5}$$
ここで，d_{i0} は原点から原子 i までの距離，d_{ij} は原子 i と j の間の距離をそれぞれ表す。

座標系の原点となるのは，一般に分子の中心である。中心からの各原子の距離は，次式を使えば直接原子間距離から計算できる。
$$d_{i0}^2 = \frac{1}{N}\sum_{j=1}^{N} d_{ij}^2 - \frac{1}{N^2}\sum_{j=2}^{N}\sum_{k=1}^{j-1} d_{jk}^2 \tag{9.6}$$

計量行列 **G** は正方対称行列である。このような行列は，一般に次のように分解できる。
$$\mathbf{G} = \mathbf{V}\mathbf{L}^2\mathbf{V}^{\mathrm{T}} \tag{9.7}$$
$\mathbf{L}^2$ の対角要素は **G** の固有値，**V** の列はその固有ベクトルになっている。計量行列から原子座標を求めるため，式(9.4)を次のように書き直す。
$$\mathbf{G} = \mathbf{X}\mathbf{X}^{\mathrm{T}} \tag{9.8}$$
ここで，**X** は原子座標の行列である。式(9.7)と(9.8)が等しいと置けば，次式が得られる。
$$\mathbf{X} = \mathbf{V}\mathbf{L} \tag{9.9}$$
行列 **L** は対角項しかもたないので，その転置行列 $\mathbf{L}^{\mathrm{T}}$ は，元の行列 **L** と等しい（$\mathbf{L} = \mathbf{L}^{\mathrm{T}}$）。したがって，原子座標を得るには，固有値の平方根に固有ベクトルを掛ければよい。

次に，5個の炭素からなる断片を例にとり，距離幾何学法の三角スムージングと埋込みの手順を具体的に説明しよう（図9.14）。この断片では，炭素-炭素結合はすべて1.3Åの長さをもち，結合角はすべて120°であると仮定する。もし，炭素のファンデルワールス半径が1.4Åであるとすれば，最初の距離限界行列は次のようになる。

$$\begin{bmatrix} 0.0 & 1.3 & 2.2517 & 3.4395 & 99.0 \\ 1.3 & 0.0 & 1.3 & 2.2517 & 3.4395 \\ 2.2517 & 1.3 & 0.0 & 1.3 & 2.2517 \\ 2.6 & 2.2517 & 1.3 & 0.0 & 1.3 \\ 2.8 & 2.6 & 2.2517 & 1.3 & 0.0 \end{bmatrix} \tag{9.10}$$

ここで，炭素1と5の間の距離に対する下界は，ファンデルワールス半径の和に等しいとされ，上界は大きな任意の値（99Å）にセットされた。また，他の距離の設定はすべて幾何学的な根拠に基づいた。実際の分子では，結合原子間の距離に対して使われる上界と下界はすべて同じではなく，(0.1Åほど) わずかに異なる。これは，現実には分子の結合長に少し変動があることを踏まえた措置である。同様の措置は，1,3関係にある距離に対しても施される。三角スムージングにより変化するのは，上界と下界の一方のみである。原子1-5の距離の場合にはそれは上界であり，その値は，原子1-3と3-5の距離を加え合わせたものに置き換えられる。スムージング

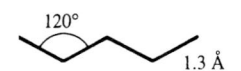

図 9.14 距離幾何学アルゴリズムの具体的手順の説明に使われる五炭素断片

を施した後の限界行列は，次のようになる。

$$\begin{bmatrix} 0.0 & 1.3 & 2.2517 & 3.4395 & 4.5033 \\ 1.3 & 0.0 & 1.3 & 2.2517 & 3.4395 \\ 2.2517 & 1.3 & 0.0 & 1.3 & 2.2517 \\ 2.6 & 2.2517 & 1.3 & 0.0 & 1.3 \\ 2.8 & 2.6 & 2.2517 & 1.3 & 0.0 \end{bmatrix} \tag{9.11}$$

いま，原子間距離として，上界と下界の間の距離を任意に割り当てたとすると，たとえば次のような距離行列が得られる。

$$\begin{bmatrix} 0.0 & 1.3 & 2.25 & 3.11 & 3.42 \\ & 0.0 & 1.3 & 2.25 & 2.85 \\ & & 0.0 & 1.3 & 2.25 \\ & & & 0.0 & 1.3 \\ & & & & 0.0 \end{bmatrix} \tag{9.12}$$

対応する計量行列は，

$$\begin{bmatrix} 3.571 & 1.569 & -0.427 & -2.276 & -2.436 \\ 1.569 & 1.256 & 0.105 & -1.122 & -1.808 \\ -0.427 & 0.105 & 0.644 & 0.261 & -0.583 \\ -2.276 & -1.122 & 0.261 & 1.569 & 1.569 \\ -2.436 & -1.808 & -0.583 & 1.569 & 3.259 \end{bmatrix} \tag{9.13}$$

この行列の固有値は $8.18, 1.74, 0.26, 0.10$ および 0.0 で，また，固有ベクトルの行列は次のようになる。

$$\mathbf{W} = \begin{bmatrix} 0.621 & 0.455 & -0.425 & 0.164 \\ 0.355 & -0.184 & 0.800 & 0.020 \\ 0.0 & -0.573 & -0.368 & -0.580 \\ -0.408 & -0.287 & -0.153 & 0.727 \\ -0.567 & 0.590 & 0.145 & -0.330 \end{bmatrix} \tag{9.14}$$

固有値がすべて正であるとき，最良の三次元構造を得るためには，大きい方の三つの固有値に対応する固有ベクトルを取り出せばよい。これらの固有値が $\lambda_1, \lambda_2, \lambda_3$ で，その固有ベクトルの行列が $\mathbf{W}$ であるとすれば，原子 i の直交座標 (x_i, y_i, z_i) は次式から計算される。

$$x_i = \sqrt{\lambda_1}\, W_{i1} \tag{9.15}$$
$$y_i = \sqrt{\lambda_2}\, W_{i2} \tag{9.16}$$
$$z_i = \sqrt{\lambda_3}\, W_{i3} \tag{9.17}$$

ここで取り上げた5個の炭素からなる断片の場合，大きい方の三つの固有値から得られた座標は次のようになった。

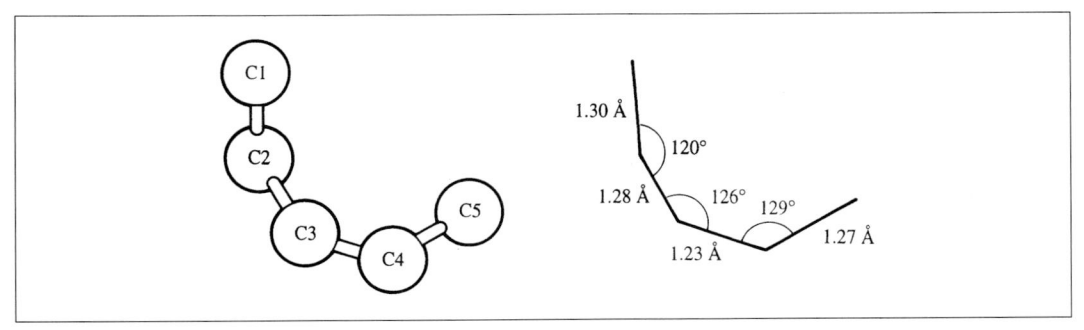

図 9.15 距離幾何学法で組み立てられた五炭素断片の配座

原子	x 座標	y 座標	z 座標
1	1.777	0.601	−0.218
2	1.014	−0.244	0.410
3	−0.001	−0.757	−0.188
4	−1.166	−0.379	−0.079
5	−1.623	0.799	0.075

これらの座標が表す配座は，図 9.15 の通りである．この配座の原子間距離行列は次のようになる．

$$\begin{bmatrix} 0.0 & 1.299 & 2.24 & 3.10 & 3.42 \\ & 0.0 & 1.29 & 2.24 & 2.85 \\ & & 0.0 & 1.23 & 2.25 \\ & & & 0.0 & 1.25 \\ & & & & 0.0 \end{bmatrix} \tag{9.18}$$

この配座での原子間距離は，任意に選んだ元の距離とは等しくないし，また，限界行列の上界値と下界値の間にすべて収まってもいない．たとえば，原子 4 と 5 の間の距離は 1.3 Å ではなく 1.25 Å になっている．これは，初期距離行列の距離を満たす配座を見つけ出すのに，四つ以上の次元を使わざるを得ないことと関係がある．計量行列の非ゼロ固有値の数は，解が見出される空間の次元数に等しい．一般に，原子が N 個ある場合には，解は $(N-1)$ 次元空間に見出される．これは，三次元の物体が三角不等式だけではなく，四角，五角および六角不等式も満たさなければならないことと一部関係がある．また，三角スムージングは通常，限界行列へのみ適用される．埋込み段階への入力として使われる距離行列は，三角不等式を満たさない距離の組合せを含むかもしれない．（距離づけ（metrization）の過程で）もし，試距離がすべて三角不等式を満たすように選ばれたならば，配座空間のサンプリングは改善されるはずである．しかし，計算経費の関係から，それが完全な形で行われることは少ない．

元の距離行列は，四番目の固有値に対応する座標を追加することで正確に再現される．この第四次元の座標値は次の通りである．

原子	第四座標
1	0.053
2	0.006
3	−0.188
4	0.235
5	−0.107

原子4−5の距離は，この四次元空間では正確に1.3Åになる。

距離幾何学アプローチの最終段階では，配座が初期距離限界をさらによく満たすよう，座標の精密化が図られる。この段階でよく使われるのは，共役勾配極小化アルゴリズムである。極小化される関数は，許容範囲の外側に出た距離に対して正値を与える。しかしそれ以外では，値はゼロである。よく使われるペナルティー関数は次の形をとる。

$$E = \sum_i \sum_{j>i} \begin{cases} (d_{ij}^2 - u_{ij}^2)^2 & d_{ij} > u_{ij} \\ 0 & l_{ij} \leq d_{ij} \leq u_{ij} \\ (l_{ij}^2 - d_{ij}^2)^2 & d_{ij} < l_{ij} \end{cases} \tag{9.19}$$

$$E = \sum_i \sum_{j>i} \begin{cases} [(d_{ij}^2 - u_{ij}^2)/u_{ij}^2]^2 & d_{ij} > u_{ij} \\ 0 & l_{ij} \leq d_{ij} \leq u_{ij} \\ [(l_{ij}^2 - d_{ij}^2)/d_{ij}^2]^2 & d_{ij} < l_{ij} \end{cases} \tag{9.20}$$

ここで，u_{ij}は原子iとjの間の上界距離，l_{ij}は下界距離をそれぞれ表す。最初の関数は，近距離よりも遠距離に対して大きな重みを置く。一方，二番目の関数は，どの距離でも重みが等しい。すべての距離が上界と下界の間にあるとき，これらの関数の値はゼロになる。距離限界をすべて満たしたとしても，その配座が極小エネルギー配座になっているとは限らない。そのため，最終構造はさらに力場エネルギーの極小化操作にかけられ，極小エネルギー構造へと誘導される。

距離を拘束した構造の最適化では，キラルな拘束も一般に追加される。このキラル拘束条件は，正しいキラリティーをもつ配座を確実に得る上で必要である。この条件がないと，二つの鏡像体配座の原子間距離はまったく同一であるため，間違った異性体が得られる可能性がある。キラルな拘束条件は，通常，スカラー三重積として計算されるキラル体積の形で表される。たとえば図9.16を考えてみよう。四面体原子4の立体配置が正しく保存されるためには，次のスカラー三重積は正でなければならない。

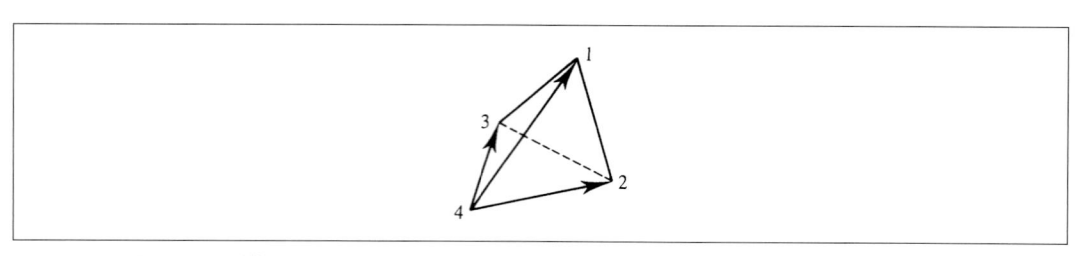

図9.16 四面体原子のまわりの立体化学は，キラルな拘束条件を課すことで保存できる。

```
   1         5
    \       /
     2 ==== 4
    /       \
   3         6
```

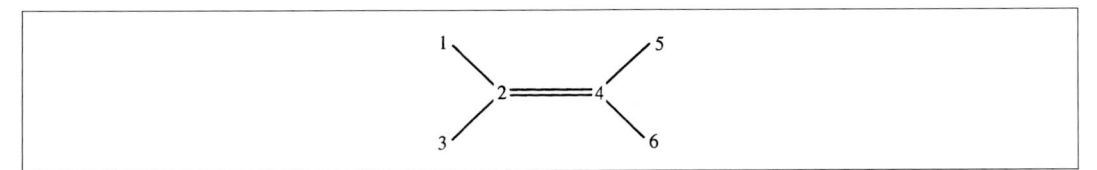

図 9.17 適当なキラル拘束条件を使えば，二重結合は平面配座に固定できる。

$$(\mathbf{v}_1 - \mathbf{v}_4) \cdot [(\mathbf{v}_2 - \mathbf{v}_4) \times (\mathbf{v}_3 - \mathbf{v}_4)] \tag{9.21}$$

もう一方の立体異性体は，キラル体積が負の状態に対応する。キラル拘束条件は，次の形でペナルティー関数に組み込まれる。

$$(V_{ch} - V_{ch}^*)^2 \tag{9.22}$$

ここで，V_{ch}^* は望ましいキラル拘束条件値である。キラル拘束条件はまた，原子群を同一平面内に布置する目的にも使われる。この場合，キラル体積はゼロになる。このような拘束条件は，平面を構成する各原子群に対してそれぞれ要求される。たとえば図 9.17 で，二重結合のまわりの 6 個の原子がすべて同一平面内にあるためには，原子 1, 2, 3, 4，原子 2, 4, 5, 6 および原子 1, 2, 4, 5 で定義される三組のキラル体積がすべてゼロでなければならない。距離幾何学プログラムの多くでは，精密化の最初の数ステップは，通常，四つの次元で規定された配座を使って行われる。これは，間違ったキラル中心を反転させるのに役立つ。ただし，精密化の最終ステップに入れば，極小化の対象は三次元の配座に切り替えられる。力場によるエネルギー極小化の操作もまた利用される。配座が精密化されたならば，再び任意の距離の割りつけから始め，次の構造が作り出される。

この基本的な距離幾何学法に対しては，多くの改良が企てられた。そのような企てのうち最も有用なものの一つは，化学情報の組込みである。たとえば，1, 4 距離に対する下界を，0°ではなく 60°のねじれ角に対応した値にセットすれば，重なり配座の発生は避けられる。また，距離限界とキラル拘束条件を適当に選べば，アミド結合をほぼ平面構造にすることも可能である。

9.5.1 NMR における距離幾何学法の利用

距離幾何学法は，その主要な用途として，実験的な距離情報——特に NMR 実験から得られた距離——と矛盾しない配座を導くのに使われる。NMR 分光学者は，分子の配座に関して豊富な情報をもたらす一連の実験を，自分の裁量で自由に行える。このような NMR 実験のうち特によく利用されるのは，2D-NOESY（核オーバーハウザー効果分光法）と 2D-COSY（相関分光法）の二つである [15]。NOESY は，空間的には近いが多数の結合が介在する原子間の距離に関する情報をもたらす。NOESY シグナルの強度は距離の 6 乗に逆比例するので，核オーバーハウザー・スペクトルを解析することにより，関連した原子間距離の近似値が計算できる。それに対し，COSY 実験は，通常 3 個の共有結合で隔てられた原子対の情報（ねじれ角）を得るのに使われる。これらの実験は，いずれも原子間距離に関する情報をもたらす。これらの実験データと矛盾しない配座を発生させる方法として最も適しているのは，もちろん距離幾何学法であ

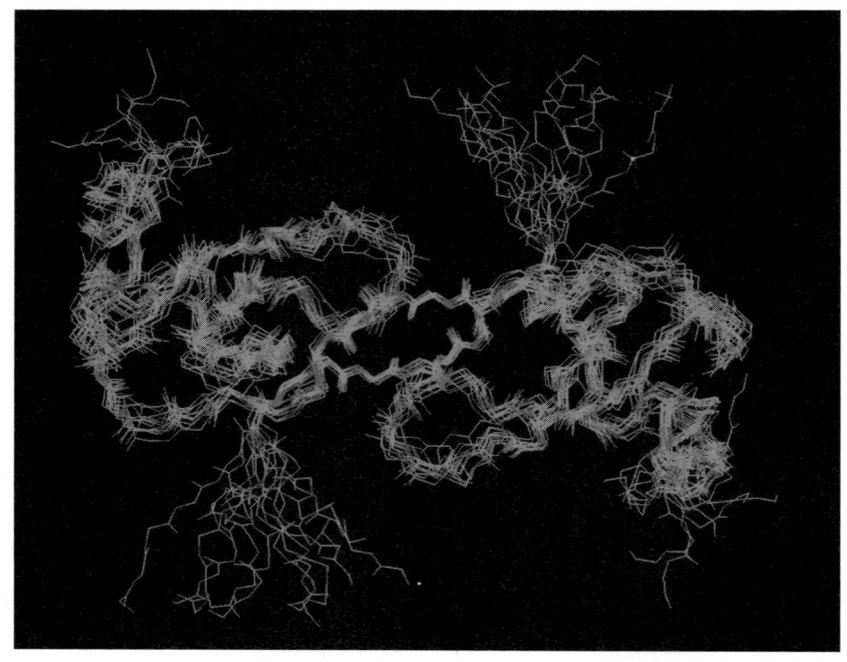

図 9.18 距離幾何学法を利用して NMR データから組み立てられたケモカイン RANTES の 12 種の配座 [11]
（カラー口絵参照）

る．距離幾何学法は，（データ量が多すぎて手動では処理できない）タンパク質や核酸の構造を解明する手段として特に有用である．NMR 実験から得られる距離情報は，内部座標——結合長と結合角——から導かれる原子間距離の幾何学的な拘束条件を補うのに役立つ．

　距離幾何学法は，基本的には統計的手法である．それゆえこの方法では，実験的に導かれた距離と矛盾しない配座空間を探索するのに，通常，複数の配座を発生させる．得られた一群の構造はしばしば重ね合わせて表示される．この操作は，構造間の類似点や相違点の確認に役立つ．たとえば，炎症に関与するケモカイン RANTES に対して発生させた配座群は，重ね合わせて表示すると，図 9.18 のようになる [11]．特定の分子領域は，どの構造でも非常によく似た配座で存在するが，それ以外の領域は通常かなりの変動を示す．この現象は，一般には配座的な柔軟性を表すものと解釈される．しかし，それはまたそれらの原子に関する実験データが不足していることと関係があるのかもしれない．

9.6　シミュレーション法を利用した配座空間の探索

　モンテカルロ法と分子動力学法によるシミュレーションは，分子の配座空間を探索する目的にも利用される．このようなシミュレーションでは，系はエネルギー障壁に打ち勝ち，離れた別の配座空間領域へジャンプできなければならない．第 8 章で取り上げた真のモンテカルロ法と 9.4 節で説明した極小化に基づいたランダム探索法は，互いにまったく異なる手法である．真のモン

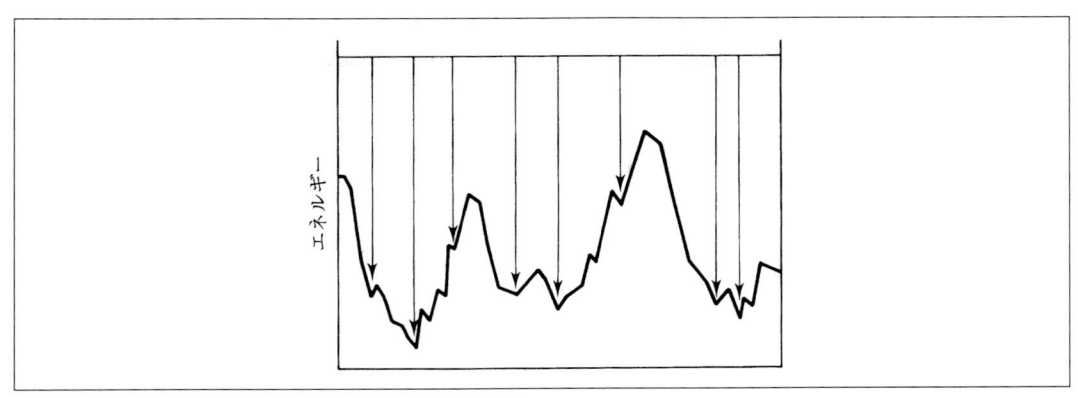

図 9.19 エネルギー曲面の概念図。高温分子動力学シミュレーションは，非常に高いエネルギー障壁にも打ち勝つので，配座空間の広範囲な探索に適する。極小エネルギー配座の位置（矢印）は，極小化の操作から定まる。

テカルロ法は，いかなるエネルギー極小化操作も含まない。また，無作為に発生させた配座は，メトロポリスの基準に従って採否が判定される。第 8 章ですでに述べたように，モンテカルロ法は柔軟な分子のシミュレーションには適さない。

分子動力学法は，配座空間の探索に広く利用される。シミュレーションは一般に，物理的に見て非現実的な非常に高い温度で行われる。運動エネルギーの追加は，分子が配座空間の局所領域に釘付けになるのを妨げ，エネルギー曲面を探索する系の能力を高める。このことは，図 9.19 の概念図からもご理解いただけよう。エネルギーの極小化は，軌跡から一定の間隔で選ばれた構造に対して行われる。

9.7 どの配座探索法を使用すべきか？ 各種アプローチの比較

配座空間を探索する方法はこのように多数存在する。したがって，それらの中からどれか一つを選び出すことは容易ではない。各方法はそれぞれ長所と短所がある。系統的探索では，回転可能な結合の数が増えるにつれ，探索の回数は組合わせ論的に急増する。また，系統的探索は環をもつ分子には適さない。しかし，探索の終点が明瞭であり，二面角の増分さえ指定すれば，それを満たす配座はすべて確実に探索できる。ランダム探索ではそのようなわけにはいかない。配座空間を限なく探索するには長時間の計算が必要であり，同じ配座を重複して探索することもしばしば起こる。それに対し，距離幾何学法は，実験情報を組み込みたい場合に特に有用であり，制限付き分子動力学法もまた同様である。

Saunders らは，シクロヘプタデカン（$C_{17}H_{34}$）を対象に，配座空間を探索するさまざまな方法を比較分析した [51]。取り上げた方法は，系統的探索，ランダム探索（直交・二面角），距離幾何学および分子動力学の五つである。彼らは，（現在の感覚から見ると，きわめて処理速度の遅いコンピュータを使用して）30 日間計算を行った後，各方法ごとに，大域的極小点から 3 kcal/mol 以内にある極小エネルギー配座の数を調べ上げた。表 9.1 はその結果である。

表 9.1 五種の配座探索アルゴリズムの比較 [51]

アルゴリズム	発見された極小エネルギー配座の数
系統的探索	211
ランダム直交探索	222
ランダム二面角探索	249
距離幾何学	176
分子動力学	169

　五つの方法から得られた結果を組み合わせると，大域的エネルギー極小点から 3 kcal/mol 以内にある極小エネルギー配座の数は，全部で 262 個となり，どの方法も，これらの極小点のすべてを検出することはできなかった。最良の結果を与えたのはランダム二面角探索法であった。配座のエントロピーがすべて同じであると仮定するならば，配座全体に占めるこれらの極小エネルギー配座の割合は，約 8 %にすぎない。シクロヘプタデカンは（有機化合物を代表する分子として必ずしも適当ではないが），新しい配座探索法の性能試験台として現在もしばしば使用される。それは主として，Saunders らのこの研究に敬意を表してのことである。

9.8　標準的方法の変法

　配座空間を探索する新しい方法は，現在も毎年いくつか報告される。それらの多くはこれまでに説明したアプローチの変法にすぎない。しかし，配座空間を探索する効率や有効性の点で，ある程度の改善が見られる。また中には，（環系のような）きわめて特殊な分子を対象に設計されたものもある。本節では，これらの新しい方法のうち二つを取り上げ，詳細に解説することにしよう。一つは，系統的探索を発展させた方法であり，もう一つは，初期構造を発生させる段階で適用される方法である。

9.8.1　SUMM 法

　通常の系統的探索はしばしば，続けて互いにきわめてよく似た配座を発生させる。たとえば，代表的な深さ優先探索戦略では，連続した配座はねじれ角の値がわずかに異なるだけのことが多い。また，ねじれ角の増分は通常，探索の初めに指定される。そのため，探索の分解能を高めようとすれば，再度初めからやり直さなければならない。SUMM 法（Systematic Unbounded Multiple Minimum method）は，これらの難点を解決すべく工夫された方法である [26]。この SUMM 法では，実際の変化は，所定の数のねじれ角変化と所定の増分を混ぜ合わせて作り出される。その結果，連続した配座はきわめて異なる構造をもつ。たとえば，ヘキサンの通常の系統的探索では，最初の二つの変化は，ねじれ角 τ_1, τ_2, τ_3 の 0°, 0°, 120°と 0°, 0°, 240°の変化にそれぞれ対応するが，SUMM では，二番目の変化はまったく別の配座——たとえば 0°, 240°, 0°——を作り出す。探索が最後まで行われれば，混合プロトコルの使用いかんに関わらず，ねじれ角の変化はすべて検討され尽くす。しかし，探索を途中で打ち切る場合には，混合プロトコル

を使用した方がより広い配座空間を探索できる。アルゴリズムでは，個々の極小エネルギー配座に対して施されたねじれ角変化の記録は保存されるので，その構造が次の配座変化の出発点として選択されたとき，どのねじれ角を変化させるべきかは容易に調べがつく。

　SUMM アプローチは，環式分子と非環式分子のどちらにも使える。ただし環式分子では，閉環違反の有無を調べる必要がある。また，環が存在する場合には，前最適化操作が施される。この操作は，しばしば異常に長くなる閉環結合長を縮めるのに役立つ。このような結合をもつ構造のエネルギー極小化を通常の方法で行えば，結合長は速やかに修正されるが，その結果，分子の他の箇所でねじれ角が有意に変化し，しばしば重大な歪みが現れる。これは，系統的探索の原理に反する。前最適化操作は，個々の閉環結合に影響を及ぼすねじれ角に小さな変化を繰り返し施し，閉環結合長を徐々に理想値に近づける。SUMM 法は，分子の低エネルギー配座をすべて検出したい場合に特に有用である。ランダム探索法は，SUMM のような系統的方法とは対照的に，探索の初期に同定された構造を繰り返し生成し，きわめて長い時間をそのために費やす。

9.8.2　低周波振動探索法

　低周波振動探索法（low-mode search method）は，5.9 節で取り上げたエネルギー曲面上の鞍点の位置を求める方法と密接な関係にある［38］。そこでも述べたように，遷移状態の位置は，極小点から勾配の最も緩やかな経路を辿ることで発見できる。通常，この経路は低周波基準振動の一つに対応する。経路に沿ってさらに進めば，鞍点を経て出発構造とつながった第二の極小点を発見できる可能性もある。鞍点の位置決めは時間のかかる非常にむずかしい仕事である。したがって，このようなアプローチを配座探索で使おうとすれば，いくつかの改良が必要となる。低周波振動探索では，初期の極小エネルギー配座はまず基準振動解析にかけられる。次に，関連固有ベクトルに基づいて原子座標が変更され，ユーザーが指定した閾値，たとえば 250 cm^{-1} を越えない低周波振動が探索・同定される。初期構造へのこの摂動は，各ステップでエネルギーが指定された閾値を越えるか，あるいは，増加したのち下がり始めるまで繰り返される。後者の摂動は鞍点を越え，近くの極小点へ移行する運動に対応する。（比較的まれではあるが）もしこのようなことが起きた場合には，構造は完全なエネルギー極小化操作にかけられ，新しい極小エネルギー配座へと誘導される。

　低周波振動探索法の長所は，環式分子と非環式分子の両者に適用でき，しかも特別な閉環処理を必要としない点である。低周波振動探索では，探索の進行につれて一連の配座が発生し，それらはそれ自体，基準振動解析や変形の出発点として使われる。このアプローチは，選択された低周波振動の個数によって制限を受けるが，ある意味で系統的である。モンテカルロ法を使った低周波固有ベクトルのランダム混合探索は，この手法の延長線上にある。

9.9　大域的エネルギー極小点の検出：進化的アルゴリズムと焼きなまし

　分子モデリングで広く使われる手法に，進化的アルゴリズムと焼きなましがある。これらの手

法は，分子の大域的な極小エネルギー配座を検出する問題だけでなく，タンパク質へのリガンドのドッキング，分子設計，QSAR，薬理作用団マッピングなどの問題へも適用される [12,30,32]。しかし，これらの二つの方法の概念を説明する上で特に適した問題は，本節で取り上げる配座解析であろう。その他の使い方については第 12 章で論ずる。

9.9.1 遺伝的および進化的アルゴリズム

進化的アルゴリズムとは，生物進化の原理に基づき，問題への最適解を発見する方法全般を指す [25]。現在，進化的アルゴリズムは，遺伝的アルゴリズム (GA)，進化的プログラミング (EP)，および進化戦略 (ES) の三つに大別される。これらの三つの手法は多くの点で類似しているが，重要な違いもいくつか存在する。三つの手法のすべてに共通するのは，問題への可能解の母集団を作り出すという考え方である。母集団の成員は「適応度関数 (fitness function)」を使い，どの程度適応したかに応じて得点を付与される。母集団は時間とともに変化し，（うまくいけば）より良い解へと進化していく。新しい解を作り出すこの過程は「繁殖」と呼ばれ，新しい解は前の世代の「親」から生まれた「子供」と見なされる。ここでは一例として，大域的な極小エネルギー配座を検出する問題を取り上げ，これらの手法の概要を説明しよう。

三つの手法のうち，最もよく知られているのは遺伝的アルゴリズムである [25]。中でも，正準遺伝アルゴリズム (canonical genetic algorithm) はその基盤をなす。この正準遺伝アルゴリズムでは，まず最初，μ 個の可能解からなる母集団が作成される。配座解析では，無作為に発生された一群の分子配座がこの初期母集団に相当する。母集団の各成員は「染色体」によってコ

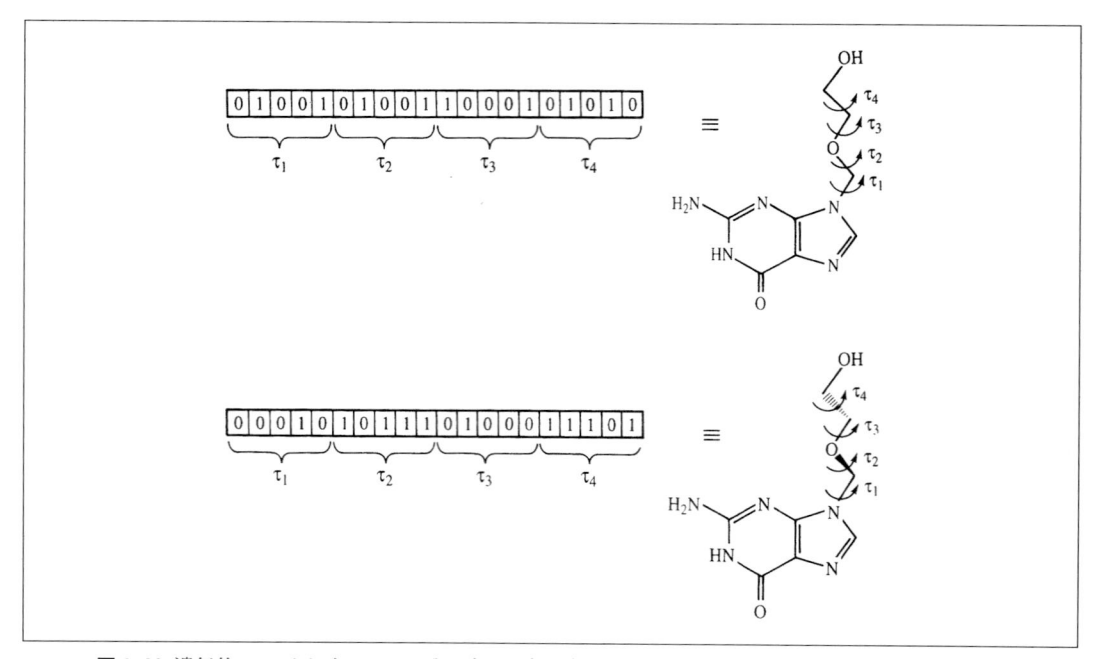

図 9.20 遺伝的アルゴリズムでは，分子内の回転可能な結合のねじれ角は染色体にコードされる。

9.9 大域的エネルギー極小点の検出：進化的アルゴリズムと焼きなまし

対象	適応度	スロット面積
A	3	1/4
B	6	1/2
C	2	1/6
D	1	1/12

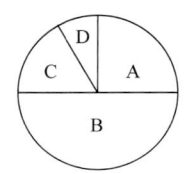

図 9.21 ルーレット選択の原理．母集団の成員は，適応度関数の値に比例した確率で選択される．

ードされ，通常，0 と 1 からなるビット列として記憶される．染色体がコードするのは，分子内の回転可能な結合のねじれ角の値である（図 9.20）．初期母集団を得るには，最も簡単には，染色体の各ビットへ 0 か 1 を無作為に割り当てればよい．各染色体のコードを解読し，分子のねじれ角に適当な値を割りつけたならば，次に，母集団の各成員の適応度が計算される．配座解析では，分子力学から計算できる内部エネルギーが適応度関数として適当である．新しい母集団を作成するに当たっては，現在の母集団から $\mu/2$ 対の親がまず選び出される．これらの対は無作為に選択されるが，適応度の最も高い個体に偏るよう細工を施される．この細工には，ルーレット選択（roulette wheel selection）と呼ばれる手法が使われる．各個体は，適応度関数の値に比例したスロット面積をこのルーレット上に与えられる．簡単な一例を図 9.21 に示す．ルーレット選択を適用すると，母集団の中で特に適応度の高い成員が子供をたくさん作ることになる．新しい母集団は，次に遺伝的演算子の作用を受ける．一般に，最もよく使われる演算子は，交叉（crossover）（または組換え（recombination）ともいう）と突然変異（mutation）の二つである．交叉では，交叉位置 $i(1 \leq i \leq l-1)$ は無作為に選択される．ここで，l は染色体の長さである．次に，位置 $i+1$ と l の区間のビットが入れ替えられ，新しいストリングが作り出される．たとえば，次の二本の染色体を考えてみよう．

00100011110001
11000011001100

いま，6 番目の位置で交叉が起こるとすれば，新しいストリングは次のようになる．

00100011001100
11000011110001

交叉演算子は，親の染色体対へ P_c の確率で適用される．この P_c の値としては，通常 0.8 が使われる（すなわち，$\mu/2$ 組の染色体対は，それぞれこの種の組換えを 80％ の確率で経験する）．交叉に続き，突然変異の操作が母集団を構成するすべての個体へ適用される．その結果，各ビットの値は P_m の確率で（0 から 1，あるいは 1 から 0 に）入れ替わる．突然変異演算子に割り当てられる確率は，通常，たとえば 0.01 といった低い値である．

遺伝的アルゴリズムの 1 周期は，この変異の操作で完結する．新しい母集団は次の周期の母集団として利用される．アルゴリズムは，前もって決められた回数に達するか，あるいは収束するまで繰り返しこの配列に適用される．

この正準遺伝アルゴリズムには多くの変法が存在する．たとえば，よく使われるものとして，

順位の高い個体は変化させないといった措置がある。この措置は，しばしば「エリート主義」戦略と呼ばれる。この戦略を使えば，最良の個体が消滅するのを未然に防ぐことができる。また，定常状態遺伝アルゴリズムなるものもある。このアルゴリズムは，繰返しの各周期で，突然変異か交叉のいずれか一方の演算子しか使わない。また，得られた個体は母集団の最も適応度の低い成員に取って代わる。その他，二点交叉のような交叉方式や，二進表現に代わる実数の染色体が使われることもある。実数染色体では，（分子のねじれ角のような）パラメータは実数のストリングで表される。正準遺伝アルゴリズムとの主な違いは，無作為に選択されたパラメータへ（ガウス分布から選ばれた）任意の増分を加えることで突然変異が表現される点である。

遺伝的アルゴリズムでは，重要な課題として早期収束を避ける必要がある。早期収束が起こるかどうか，あるいは，解の収束に時間がかかりすぎるかどうかは，「淘汰圧」に左右される。淘汰圧は，平均的な個体を基準としたとき，母集団中の最も適応度の高い個体が親として選択される相対確率として定義される。この淘汰圧は，ルーレット選択の際，適応度の値を変えることで調節できる。早期収束に対処するため，島モデル（island model）が使われることもある。このモデルでは，母集団は多数の部分集団へ分割される。また，島から島への個体の移動を表すもう一つの演算子が導入される。同じ目標は，ニッチング（niching）を使っても達成できる。ニッチングとは，空間の最も密集した領域から個体を遠ざける操作を指す。このニッチングに際しては，まず最初，母集団のすべての成員間で距離が計算される。そしてその結果を使い，よく似た個体が選択される確率を低下させる。

遺伝的アルゴリズムと異なり，進化的プログラミングは交叉演算子を使用せず，突然変異演算子だけで新しい個体を作り出す。また，個体は二進表現ではなく，一般に実数を用いて記述される（もちろん遺伝的アルゴリズムでも，整数や実数の染色体を組み込むことは可能である）。進化的プログラミングの各周期では，まず最初，突然変異演算子を使って，現在の母集団の各成員から子供が作り出される。突然変異の際，染色体の各実変数は通常，ガウス分布から無作為に選択された実数を加えられ，修正を施される。作り出された μ 個の子供は，適応度関数を用いて得点を付与され，μ 個の親と合わせて次の世代への生存を競い合う。この生存競争は勝抜き戦で行われる。勝抜き戦では，各個体は 2μ 個の親と子を含む母集団から無作為に選ばれた M 個の競争相手と比較される。個体は勝ち数に従って順位を付けられ，上位から順に適当な数の個体が選択されて次の母集団を作り上げる。勝利は，競争相手の得点を下げる効果がある。競争相手の数 M が増えると，淘汰圧は高くなる。程良い時間で収束させるためには，M の値の適切な選択が必要である。

進化戦略は，進化的プログラミングと非常によく似ている。しかし，二つの重要な違いがある。第一は，交叉演算子が許容される点であり，第二は，蓋然論的な勝抜き戦略が直接的な格づけで置き換えられる点である。繰返しの各周期では，交叉と突然変異を利用して，現在の母集団から λ 個の子供が作り出される。一般に，λ は μ の約7倍の値をとる。子供は得点を付与され，μ 個の親とともに適応度に従って順位を付けられる。次に，μ 個の個体が上位から順に選択され，次の世代の母集団となる。親を加えず λ 個の子供のみから，次の世代の個体 μ 個を選ぶアプロ

ーチもある。この方式は（μ, λ）選択と呼ばれる。

　進化的アルゴリズムは，もともとは大域的な最適化を行うために導入された手法である。それらはランダムな要素を含む。そのため，簡単な問題を除き，得られる解——たとえば大域的な極小エネルギー配座——が常に一致するという保証はない。しかし幸いなことに，そこそこの時間で大域的な最適値にきわめて近い解を生成する。進化的アルゴリズムはさらにもう一つ長所をもつ。それは，可能解の母集団が保存されるため，1回の計算で妥当な解がいくつも得られることである。しかし，複数の解を求めたり，エネルギー曲面の性質を調べる場合には，実際には数回の計算が行われることが多い。

　配座解析に遺伝的アルゴリズムを最初に適用したのは，Judson とその協力者である［33, 44］。彼らは，環状ヘキサペプチドや，ケンブリッジ構造データベースから抽出された薬物様分子に対して配座解析を試みた。これらの研究から導かれた主要な結論は，早期収束を避け，多彩な母集団を維持することの必要性であった。また，簡単な系統的探索と比較したとき，遺伝的アルゴリズムは柔軟性の高い分子，とりわけ回転可能な結合を9個以上もつような分子に対して特に有効であった［45］。

9.9.2　焼きなまし法

　焼きなまし（annealing）は，物質が結晶化し大きな単結晶を生成するまで，溶融物質の温度をゆっくりと下げる操作である。この操作は，コンピュータチップ用シリコン結晶の生産など，さまざまな製造分野で広く利用されている。焼きなましの主要な特徴は，液体-固体相転移に際し，きわめて慎重な温度制御が行われることである。その成果として得られる完全結晶は，自由エネルギーの大域的な極小点に対応する。焼きなまし法（simulated annealing）は，この焼きなまし操作を真似た計算法で，解が多数ある問題における最適解を発見するのに使われる［37］。

　焼きなまし法では，費用関数が物理的焼きなましにおける自由エネルギーの役割を担う。温度に対応するのは制御パラメータである。配座解析で焼きなましを行う場合には，内部エネルギーが費用関数になる。分子動力学やモンテカルロのシミュレーションを行えば，系は与えられた温度で熱平衡を達成する。温度を上げれば，系は高エネルギー障壁を飛び越え，配座空間の高エネルギー領域へ入り込む。一方，温度を下げれば，ボルツマン分布に従ってエネルギーのより低い状態をとりやすくなり，絶対零度では，系は最低エネルギー状態（大域的極小エネルギー配座）に陥る。大域的な最適解に到達するためには，実際には無限回の温度操作を必要とし，その各々で系は熱平衡を達成しなければならない。系のエネルギーが配座空間の各領域を隔てる障壁の高さと同程度の場合には，慎重な温度制御が必要である。しかし実際問題として，これを実現するのはなかなかむずかしく，焼きなまし法により大域的極小点が発見できるという保証はない。このことは，遺伝的アルゴリズムにより大域的な最適解が同定できる保証はないのと同じである。しかし，異なる数回の計算から同じ解が得られる場合には，その解は真の大域的極小点である確率が高い。また，焼きなましの計算を幾度も繰り返せば，分子の一連の低エネルギー配座が得られる。

9.10 制限付き分子動力学と焼きなましによるタンパク質構造の解明

　分子動力学／焼きなまし法は，その重要な応用として，タンパク質のような生体高分子の三次元構造を決定する際，X線やNMRのデータを精密化するのに使われる。このような精密化の目的は，実験データを最もうまく説明する配座を決定することにある。通常使用されるのは，制限付き分子動力学（restrained molecular dynamics）と呼ばれる分子動力学の変法である。この制限付き分子動力学によるシミュレーションでは，ポテンシャルエネルギー関数に追加項としてペナルティー関数（penalty function）が付け加わる。この追加項は，実験データと一致しない配座にペナルティーを科す働きがある。分子動力学による配座空間の探索は，固有エネルギーが低く，しかも実験データと矛盾しない配座を発見するのに使われる。また，焼きなましは，配座空間が十分探索されたことを確認する手段として役立つ。

9.10.1　X線結晶構造の精密化

　X線結晶解析は，分子の構造を解明するための強力な手段である。X線回折パターンは，結晶のさまざまな部分から散乱されるX線の建設的および破壊的干渉の結果として生じる。点 **r** で電子により散乱されたX線ビームが検出器に到達するまでに進む距離は，原点で電子により散乱されたビームのそれと同じではない（図9.22）。そのため，二本の散乱X線ビームは位相を異にして干渉し合う。検出器を動かし，散乱角 θ の値をいろいろ変えてみよう。散乱放射線の強度は，ゼロ（破壊的干渉）と元のビームの二倍（建設的干渉）の間で変動する。実際の試料では，ある点からの散乱放射線の振幅は，その点の電子密度に比例する。検出器に到達する全シグナルは構造因子 F で表され，その値は，結晶全体について電子密度を積分すれば求まる。構造因子は複素数で，その関数形は $F=|F|e^{i\varphi}$ の形をとる。ここで，$|F|$ は振幅，$e^{i\varphi}$ は位相である。もし，電子分布（三次元構造）が分かっていれば，すべての散乱角に対する構造因子を求め，それからX線回折パターンを計算することができる。しかし，X線結晶学者が立ち向わねばならないのは，この逆の問題，すなわち回折パターンから電子分布（三次元構造）を決定する問題である。この問題のむずかしさは，測定できるのがスポットの強度（振幅 $|F|^2$ に等しい）だけであ

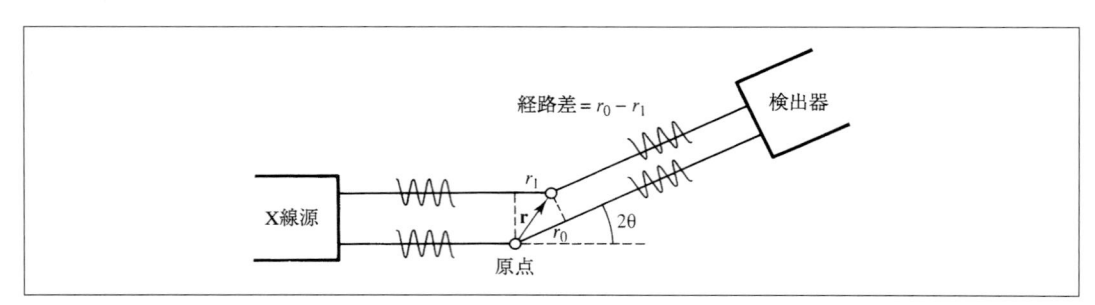

図9.22 X線散乱実験の概念図。X線ビームが検出器に到達するまでに進む距離は，原点にある電子により散乱された場合と，点 **r** にある電子によって散乱された場合では異なる。

9.10 制限付き分子動力学と焼きなましによるタンパク質構造の解明 467

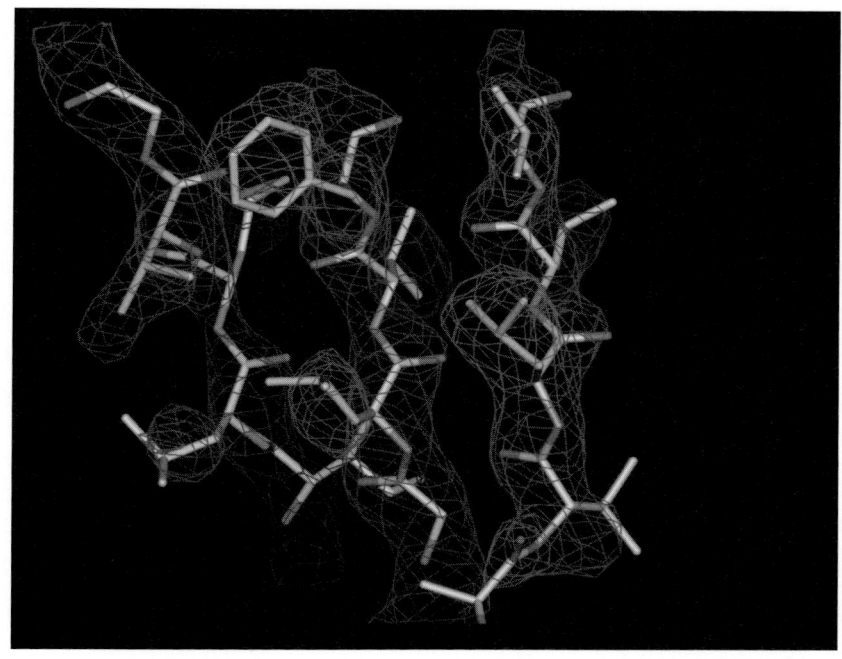

図 9.23 タンパク質の X 線結晶構造解析における電子密度図へのポリペプチド鎖の当てはめ。写真はラット ADP-リボシル化因子 1（ARF-1）に対する電子密度図の一部である [27]。（カラー口絵参照）

り，位相は測定できないところにある。これは位相問題（phase problem）と呼ばれ，X 線構造を解析する上で主要な障害の一つになっている。

電子密度分布を得るためには，位相を推定・計算し，間接的に見積もらねばならない。位相問題に取り組むための方法は，いろいろ提案されてきた。タンパク質の場合，最も広く使われるのは多重同型置換法である。これは，水銀，白金，銀といった重金属の塩溶液へタンパク質の結晶を浸し，タンパク質の重金属誘導体を調製する戦略を指す。これらの重金属は，タンパク質の特定部位へ結合する（たとえば，水銀イオンは露出した SH 基と反応する）。位相を推定するには，（構造の変化は起こらないという前提のもとに）元の結晶の回折パターンを重原子誘導体のそれと比較すればよい。ひとたび位相のいくつかが明らかになれば，他はそれらを基に決定でき，その結果として最初の電子密度図が作成される。電子密度図は，一定の値で等高線を描き入れ，三次元曲面として表されることが多い（図 9.23）。次に，電子密度図に合わせて，分子の最初のモデルが組み立てられる。回折実験が高い分解能で行われていれば，個々の原子の位置は簡単に求まることが多い。しかし，分解能が低い場合には，個々の原子の特徴がはっきり定まらないため，電子密度図にぴったり適合したモデルを組み立てることは容易でない。このような事例はタンパク質ではしばしば見られる。

精密化の目的は，実験データとできる限りよく一致する構造を得ることにある。精密化とは，構造を少しずつ変化させ，構造因子の振幅成分の計算値と観測値の一致をさらに高める操作を指す。この一致の度合は R 因子によって数量化される。R 因子は，構造因子の振幅成分の観測値

($|F_\mathrm{obs}|$) と計算値（$|F_\mathrm{calc}|$）の差として，次式で定義される量である．

$$R = \frac{\sum \||F_\mathrm{obs}| - |F_\mathrm{calc}|\|}{\sum |F_\mathrm{obs}|} \tag{9.23}$$

タンパク質結晶構造の精密化は，通常，最小二乗法により行われる．この方法では，一組の連立方程式が立てられるが，その解は，R 因子が最小値をとるときの個々の原子座標に対応する．最小二乗法による精密化は，$N \times N$ 行列の逆行列を必要とする．ここで，N はパラメータの数である．生成中のモデルは，その構造の妥当性を確認するため，通常，精密化の数サイクルごとに目視検査される．目視検査に当たっては，電子密度図によりうまく適合するようモデルを修正し，間違った局所的極小点へ落ち込むことのないようにしなければならない．X 線構造の精密化は，時間を要するだけではなく，人力による作業をかなり必要とする．この技能の修得には通常，数年の歳月が必要である．

Jack & Levitt は，精密化の段階へ分子モデリングの手法を導入し，最小二乗法による精密化と（力場関数を使用した）エネルギー極小化を交互に行う方法を開発した [28]．このアプローチは，より良い構造への収斂を可能にするという．また 1987 年には，Brunger, Kuriyan & Karplus により制限付き分子動力学法が導入された [7]．この方法は，タンパク質の X 線／NMR 構造の精密化に劇的な影響を及ぼした．

制限付き分子動力学法では，全ポテンシャルエネルギーは，通常のポテンシャルエネルギーとペナルティー項の和で表される．

$$E_\mathrm{tot} = V(\mathbf{r}^N) + E_\mathrm{sf} \tag{9.24}$$

X 線構造の精密化では，次の形のペナルティー関数が使われる．

$$E_\mathrm{sf} = S \sum [|F_\mathrm{obs}| - |F_\mathrm{calc}|]^2 \tag{9.25}$$

ここで，E_sf は構造因子の振幅成分の観測値と計算値の差を表す．また，S はスケール因子で，その値は，E_sf の勾配がポテンシャルエネルギー項の勾配と同程度になるように選定される．配座空間は，焼きなまし分子動力学を利用して探索される．最初の段階では，配座空間の探索ができるだけ広い範囲に及ぶよう，きわめて高い温度が使用される．温度はそのあと徐々に下げられ，この焼きなまし操作は，エネルギーが低く，かつ R 因子の小さい配座に落ち着くまで繰り返される．

9.10.2　分子動力学による NMR データの精密化

NMR 実験が分子の配座に関してもたらす情報の種類と，距離幾何学法を利用した配座の決定については，すでに 9.5.1 項で解説した．しかし，後者の課題に対しては，制限付き分子動力学法による取組みもまた可能である．これを行いたければ，最も簡単な場合，$k(d-d_0)^2$ の関数形のとる調和制限項を組み込めばよい．ここで，d は現在の配座での原子間の距離，d_0 は NMR スペクトルから導かれる実測距離である．また，k は力の定数で，その値は制限の強さを表す．COSY 実験からもたらされる情報は，Karplus 式を介し，ねじれ角の形で表すこともできる．分子動力学のエネルギー関数へは，距離の代わりにこのねじれ角を制限項として組み込んでもよ

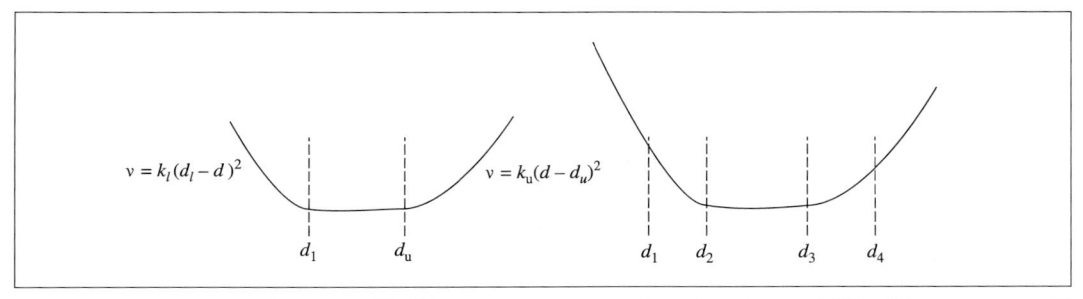

図 9.24 下界 d_l と上界 d_u に挟まれた距離区間ではペナルティーはゼロであるが，この区間の外側では，二つの調和ポテンシャルにより制限が課せられる（左図）。調和ポテンシャルは，この区間から遠い領域では一次関数で置き換えられることもある（右図）。

い。制限項を組み込む方法は，その他にもいろいろ知られる。たとえば，距離が目標値を越えたときだけペナルティーを科すといった方法も好んで使われる。

$$\nu(d) = k(d-d_0)^2 \qquad d > d_0 \qquad (9.26)$$
$$\nu(d) = 0 \qquad d \leq d_0 \qquad (9.27)$$

原子は，互いがあまり近づきすぎないよう，力場のファンデルワールス成分によって守られている。実験値の不正確さを斟酌した一段複雑な関数形もまた使われる。フックの法則における簡単な関係は，距離について正確な値が知られていることを前提とする。しかし，実際にはその値はあいまいさを伴う。そこで，この点を考慮した次のような関数形もよく使われる。

$$\nu(d) = k_l(d-d_l)^2 \qquad d < d_l \qquad (9.28)$$
$$\nu(d) = 0 \qquad d_l \leq d \leq d_u \qquad (9.29)$$
$$\nu(d) = k_u(d-d_u)^2 \qquad d_u < d \qquad (9.30)$$

このポテンシャルは，図 9.24 に示したような形をとる。d_l と d_u は，それぞれ実験データと矛盾しない距離の下界と上界を表す。また，NOESY 強度の測定から得られる距離は $(d_l+d_u)/2$ で与えられ，その測定に伴う誤差は $\pm(d_u-d_l)/2$ である。式 (9.28)–(9.30) によれば，d_l と d_u に挟まれた区間ではペナルティーはない。しかし，この区間の外側では，二つの調和ポテンシャルにより制限が課せられる。これらの制限ポテンシャルは力の定数を異にし，したがって，異なる勾配をもつ。調和ポテンシャル部分は一次関数で置き換えられることもある。

9.10.3 時間平均 NMR データの精密化

もし，複数の配座間で，化学シフトの時間尺度に比べて早い速度の相互転換があるならば，その分子の NMR スペクトルは，それらの配座のシグナルを平均したものになるであろう。一例を図 9.25 に示す。図によると，タンパク質のロイシン側鎖は，二つの極小エネルギー配座間で相互転換を行う。NMR スペクトルで観測される 1 本のピークは，実際には二つの配座による共鳴シグナルの加重平均である。もし，相互作用が配座によって異なるならば，距離の制限条件は二組存在する。通常の精密化操作は，両者の条件を同時に満たす配座を求めようとする。しかしこのやり方では，二つの極小点を結ぶエネルギー経路の頂点にある配座しか得られない。このよ

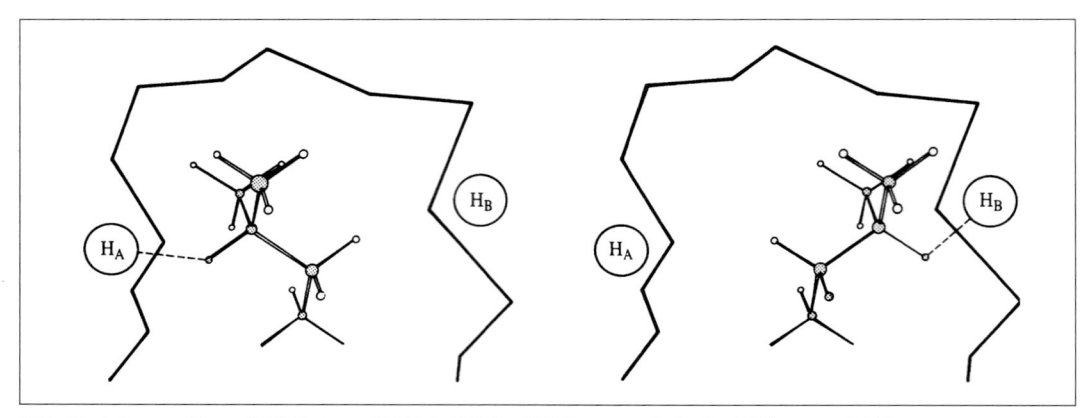

図9.25 もし，ロイシン側鎖が二つの配座間で相互に転換しているならば，観測されるNMRスペクトルは，それらの配座のシグナルを平均したものになる。通常の精密化操作は，両者の制限条件を同時に満たす配座を探す。しかしこのやり方では，二つの極小点を結ぶエネルギー経路の頂点にある配座しか求まらない。

うな間違った結論が導かれるのは，実験データが複数の配座に由来することを認めず，実験データ全体を説明できる単一の構造が存在すると仮定したことに原因がある。

　この問題は，時間平均制限法を使えば克服できる [54]。時間平均制限法は，制限関数に距離の瞬間値ではなく時間平均値を使用する。したがって，調和誤差関数は次のような形をとる。

$$\nu(d) = k(\langle d(t) \rangle - d_0)^2 \tag{9.31}$$

ここで，$\langle d(t) \rangle$ は距離の時間平均値であり，分子動力学シミュレーションから得られる。時刻 t' では，$\langle d(t') \rangle$ は次式で与えられる。

$$\langle d(t') \rangle = \frac{1}{t'} \int_0^{t'} d(t)\,dt \tag{9.32}$$

NOESYシグナルの強度は，距離の6乗に逆比例するので，今の場合，距離は実際には次の形で扱われる。

$$d_{\text{NOESY}} = \langle d(t')^{-6} \rangle^{-1/6} \tag{9.33}$$

したがって，誤差関数で使用される距離の時間平均値は，

$$\langle d(t') \rangle = \left[\frac{1}{t'} \int_0^{t'} d(t)^{-6}\,dt\right]^{-1/6} \tag{9.34}$$

　時間平均制限条件を組み込むには，シミュレーションの進行に合わせて式(9.34)から $\langle d(t') \rangle$ を計算し，その値を誤差関数式(9.31)へ代入すればよい。もし，シミュレーションが十分長い時間行われるならば，とりうる配座はすべて探索され，平均距離の計算に組み入れられるはずである。しかし実際には，配座空間が隈なく探索されるほど長いシミュレーションが行われることはめったにない。必要なのは，最小の計算努力で分子の正確な動力学的描像を提供できる方法である。式(9.34)の t' は，シミュレーションが進むにつれ大きくなり，その結果，距離の現在値に対する $\langle d(t') \rangle$ の感度は次第に低下していく。われわれは，シミュレーションの最新段階で得られた値へ $\langle d(t') \rangle$ の瞬間値を偏らせるための手立てを必要とする。また，もし

⟨$d(t')$⟩ の現在値が制限条件と矛盾するならば，その矛盾の大きさに比例し，ペナルティー関数は増加しなければならない。これらの課題は，新しい履歴により大きな重みを与える指数記憶関数を使うことで解決される。記憶関数はいろいろ提案されており，次の関数形はそのうちの一つである。

$$\langle d(t') \rangle = \left(\frac{\int_0^{t'} e^{(t-t')/\tau} d(t)^{-6} dt}{\int_0^{t'} e^{(t-t')} dt} \right)^{-1/6} \tag{9.35}$$

ここで，τ は指数減衰率に対する時間定数である。小さな τ 値は，新しい距離により大きな重みを付与する。一方，τ の値が無限大のとき，シミュレーションの過去の履歴はすべて同じ重みをもつ。

　時間平均制限法は使い方が大変むずかしく，的確な関数形と減衰定数を選択しようとすると，熟練したある種の技能が要求される。シミュレーションで発生したデータの解釈もまた慎重になされなければならない。方法が正しく適用できるのは，配座が互いによく似ており，それらの間で相互転換が比較的容易に起こる場合に限られる。しかし，この方法を使えば，実在系の動力学がより正確に記述でき，配座のより大きな揺らぎが可能になることもまた事実である。制限法に共通する欠点の一つは，追加したペナルティー項が分子内部に力の不自然な摂動を作り出すことである。特に静的な制限条件下では，制限項に対する力の定数はきわめて大きな値をとる。そのため，かなり高いエネルギーをもつ配座がしばしば発生する。しかし，時間平均制限法では，力の定数は小さな値をとることが多く，得られる配座も一般に低いエネルギーをもつ。

9.11　構造データベース

　分子構造に関する実験情報は，配座解析の理論を構築したり，実験データのない他分子の構造を予測する際，大いに役立つ。現在，分子の立体構造の決定に使われている諸手法のうち，最も重要とされるのは，X線結晶解析法である。国際結晶学会の提唱により，結晶構造データを収集し，電子形式で頒布するセンターも設立されている。分子モデリングの立場から特に重要なデータベースは，有機分子や有機金属分子の結晶構造を収録したケンブリッジ構造データベース (CSD) [1] と，タンパク質やDNA断片の構造を収録したタンパク質データバンク (PDB) [5,6] の二つである。無機化合物や無機錯体の結晶構造を対象とした無機構造データベースもまた作成されている [4]。

　データベースは，データを検索・抽出し操作するためのソフトウェアがあって初めて用をなす。通常，データベースが使われるのは，特定の分子や分子群の情報を入手したい場合である。たとえばいま，ラニチジン (ranitidine) の結晶構造を検索したいとしよう（図9.26）。分子の特定は，名前，分子式，文献などさまざまな方式で行われる。また，分子の化学構造式を入力し，部分構造探索プログラムを使ってデータベースを探索してもよい。CSDを実際に検索してみると，ラニチジンに対する結晶構造は二つ発見される。一つは塩酸塩の構造であり，もう一つはシュウ

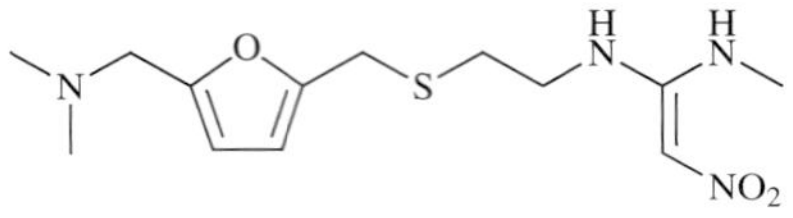

図 9.26 ラニチジン

酸塩の構造である。結晶構造データベースは，分子の配座に影響を及ぼす因子や分子の相互作用様式に対する理解を深める目的に利用されることもある。たとえば，Allen らは，化学結合の長さが原子の原子番号，混成状態および環境にどのように依存するかを調べるため，CSD の広範な解析を試みた [2]。CSD は，特定の断片を含む分子を探し，その断片がとりやすい配座を調べたり，また，分子間相互作用を研究する目的にもよく使われる。たとえば，Glusker らは，分子間水素結合の解析から，特にとりやすい距離や角度があることを明らかにした [24, 47]。この種の解析は，現在，広範な官能基や分子断片で行われている。たとえば，図 9.27 は，チアゾール環のまわりでの OH 基の分布を示したものである。図によれば，チアゾール環の窒素原子は，水素結合の受容体として硫黄原子よりもはるかに強力である。

　タンパク質データバンク（PDB）は，タンパク質の構造に関してきわめて有用な情報を提供する。特定のアミノ酸配列は常に同じ配座に折りたたまれるが，PDB は，その原理を解明する際のデータ源として広く使われる。タンパク質構造の予測への分子モデリングの応用は，次章で詳しく取り上げる。したがってここでは，タンパク質データベースに含まれる情報が実際に活用されている一つの興味ある事例を紹介するに止めたい。タンパク質の X 線結晶解析では，電子密度へポリペプチド鎖を当てはめる操作が不可欠である。この操作は，最新の高性能な分子グラフィックスを利用したとしても，大変めんどうで時間を必要とする。Jones らは，（4 個までのアミノ酸で構成される）短いポリペプチド断片の配座を既知の X 線結晶構造から抽出するコンピュータ・プログラムを開発した [31]。このプログラムを使って抽出された断片は，次に電子密度と適合するポリペプチド鎖を組み立てるのに使われる。ポリペプチド鎖の各セグメントは，タンパク質内部でそれぞれ特定の配座をとって存在することが多いので，この組立て方式は実用的な価値をもつ。一次構造の分かっているタンパク質は，他のタンパク質から得られたこのような「予備部品」を使って，その三次構造の大部分を組み立てることができる。

　結晶構造データベースから得られる情報は，物質の結晶状態に関するものである。したがって，結晶充填力の影響が常に無視できない。もっとも，タンパク質の場合には大量の水が含まれるので，小分子に比べると，この結晶充填力の影響は小さい。実際，NMR 研究によれば，タンパク質は溶液中でも結晶中とほぼ同じ配座で存在する。また，当然のことではあるが，結晶構造データベースは結晶可能な分子のみを対象とし，かつ，公表に値すると判断された分子のデータしか収録していない。したがって，結晶構造データベースが包含する化合物の範囲は，必ずしも母集団を完全に代表するものではない。

9.11 構造データベース　473

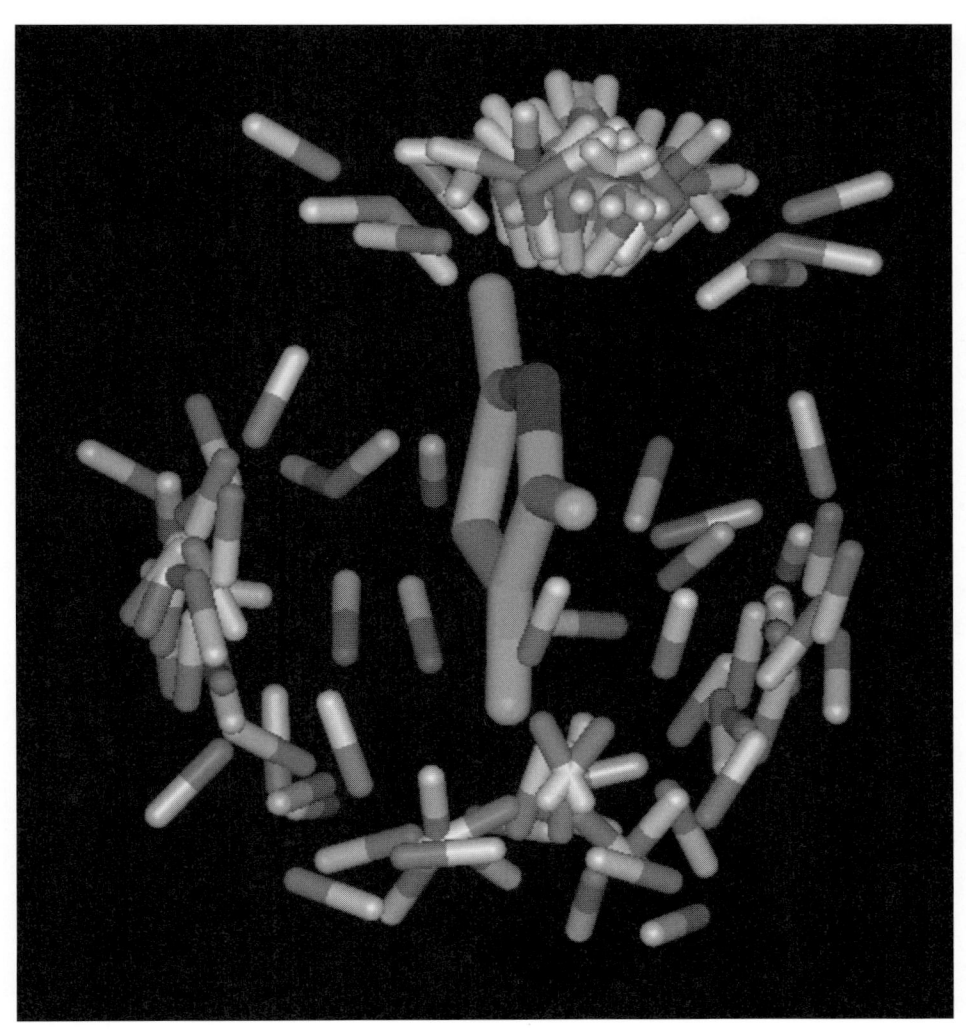

図 9.27 ケンブリッジ構造データベースの抽出結果に基づくチアゾール環周辺のヒドロキシ基の分布 [8]。窒素原子は，水素結合の受容体として硫黄原子よりもはるかに強力である。（カラー口絵参照）

9.12 分子の当てはめ

当てはめ（fitting）とは，特定の原子や官能基が互いどうし最もよく重なり合うよう，複数の分子配座体を空間に配置する操作を指す。この操作は分子モデリングで広く利用される。たとえばそれは，配座探索アルゴリズムの重要な構成要素として，特に発生配座を相互に比較し同一配座を検出する際に不可欠である。

分子の当てはめアルゴリズムは，空間に布置された二つの構造の違いを見積もるための数値尺度を必要とする。当てはめ操作の目的は，この関数（尺度）が最小となる分子の相対配向を検出することにある。二つの構造間の適合度を表す最も一般的な尺度は，対応原子間の二乗平均距離 RMSD である。

$$\mathrm{RMSD} = \sqrt{\frac{\sum_{i=1}^{N_\mathrm{atoms}} d_i^2}{N_\mathrm{atoms}}} \tag{9.36}$$

ここで，N_atoms は RMSD 計算の対象となる原子の総数，また d_i は，二つの構造を重ね合わせたとき対をなす原子 i の間の距離である。

二つの構造の当てはめでは，RMSD が最小となるような分子の相対配向を見つけなければならない。見たところ退屈なこの計算を行うため，これまでにさまざまな方法が提案されてきた。たとえば，Ferro & Hermans のアルゴリズムは，分子の一方を固定し，他方を繰り返し動かしながら，RMSD を徐々に減少させていく [18]。一方，Kabsch のアルゴリズムは，それとは対照的に，最もうまく重なり合う位置を 1 回の計算で求める [34]。

もし，少なくとも一方の分子が柔軟で，その配座が（たとえば一重結合のまわりの回転により）変えられるならば，当てはめの結果はより良いものになる。このような操作は，可撓当てはめ（flexible fitting）とかテンプレート強制（template forcing）と呼ばれる。可撓当てはめ操作は，最も簡単な場合，空間での並進と回転に加えて一重結合のまわりの回転を許容する特別な極小化アルゴリズムを使って RMSD を最小化する。最良の当てはめ結果を得るため，制限付き分子動力学を利用し，配座空間をさらに徹底的に探索するアプローチもある。このアプローチでは，突き合わせる二原子間の距離に対して制限が課せられ，それらは追加のペナルティー項としてエネルギー関数へ組み込まれる。

9.13 クラスター分析とパターン認識

分子モデリング・プログラムは，コンピュータによる処理や解析を必要とする大量のデータを生成する。本章で考察した配座探索アルゴリズムもまた同様に，きわめてよく似た配座を多数作り出す。このような状況下では，元のデータセットから代表的な配座だけを選び出し，以後の解析はそれらを使って行うようにした方が良い。この選択は，クラスター分析（cluster analysis）を使えば容易に行える。クラスター分析は，類似した対象（object）を一まとめにし，デー

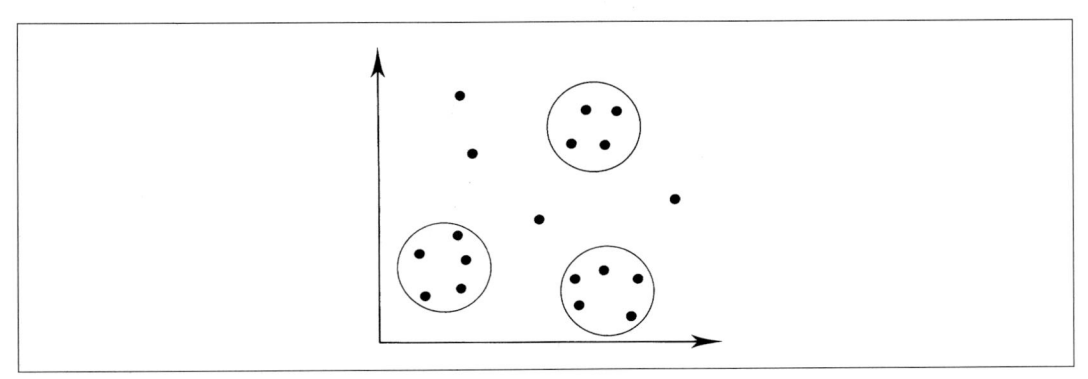

図9.28 クラスター分析の目的は，よく似た対象を同じグループにまとめることである。

タセット全体をグループ化する手法である（図9.28）。生成した各クラスター（集落）から成員を一つずつ取り出して作られる部分集合は，元のデータセットの特徴をよく保存している。

クラスター分析では，正しいやり方といったものは存在しない。これまでに多数のアルゴリズムが提案されており，どのアプローチを選択するかは利用者の判断に委ねられる。また，クラスター化の効率はアルゴリズムに大きく依存するので，大規模なデータセットを扱う場合には特に注意が肝要である。

クラスター分析は，対象間の類似度（または非類似度）を測る尺度を必要とする。配座を比較する場合には，通常，RMSDが尺度として使用される。二つの配座間の距離はまた，ねじれ角で表すこともできる。距離の算定方法は一種類ではない。たとえば，二つの配座間のユークリッド距離は，次式から計算される。

$$d_{ij} = \sqrt{\sum_{m=1}^{N_{\text{tor}}} (\omega_{m,i} - \omega_{m,j})^2} \tag{9.37}$$

ここで，$\omega_{m,i}$ は配座 i におけるねじれ角 m の値，N_{tor} はねじれ角の総数である。また，そのほか次式で定義されるハミング距離——マンハッタン距離，市街地距離とも呼ばれる——のようなものもある（図9.29）。

$$d_{ij} = \sum_{m=1}^{N_{\text{tor}}} |\omega_{m,i} - \omega_{m,j}| \tag{9.38}$$

配座間の距離の計算にねじれ角を使う場合には，ねじれ角が循環尺度である点に留意し，差は，時計回りもしくは反時計回りに最短経路に沿って測定されなければならない。ねじれ角を尺度としたクラスターは，RMSDを尺度としたそれとは大きく異なる可能性がある。これは，ねじれ角を用いた場合，いわゆる「てこ」の効果が現れることによる。てこの効果とは，分子の中央にあるねじれ角の変化は，たとえ小さなものであっても，分子の末端付近では大きな変化となって現れる現象を指す。RMSD尺度を使用した場合には，このようなことは起こらず，同じような形をもつ分子が一つのクラスターを形成する。

連結法（linkage method）は，クラスター化アルゴリズムの中でも比較的簡単なものの一つ

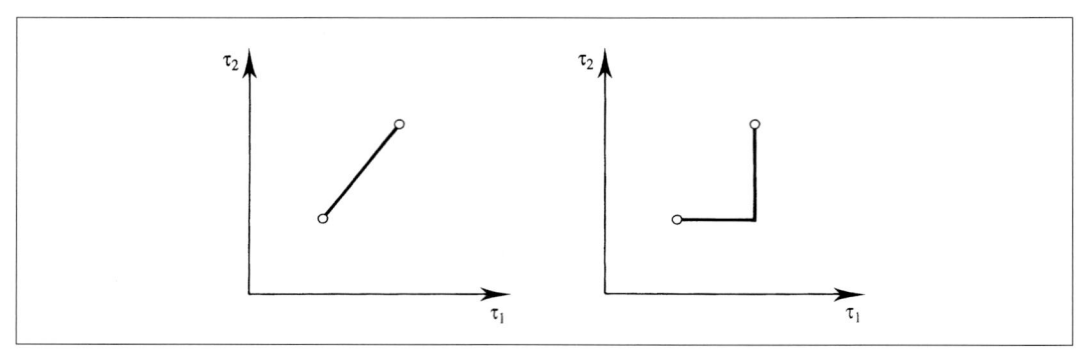

図 9.29 ねじれ角の類似性を測る尺度としてのユークリッド距離（左図）とハミング距離（右図）

である。このアルゴリズムは最初に配座間の距離を計算する。クラスター分析の開始時，データセットは配座と同数のクラスターからなり，各クラスターは配座を一つずつ含む。クラスター化の第一のステップでは，最も近い二つの配座が融合されて一つのクラスターとなり，第二のステップでは，最も近い二つのクラスターが融合される。距離が最も近く最もよく似た二つのクラスターは，このようにしてクラスター化の各段階で一つに融合され，その結果，クラスターの総数は一つずつ減少していく。クラスター化は，最も近いクラスター間の距離があらかじめ決められた値を越えるか，クラスターの総数が指定された数よりも少なくなるまで，あるいは，すべての配座が一つのクラスターに融合されるまで続けられる。このようなアルゴリズムは，凝集的手法（agglomerative method）と呼ばれる。これと対照をなすのは分割的手法（divisive method）である。分割的手法では，最初，すべてのデータを含んだ唯一つのクラスターから出発し，それを次第に小さなクラスターへと分割していく。

連結法は，二つのクラスター間の距離を計算する方式により，さらに単連結法，完全連結法，平均連結法などに細分される。単連結法（最近隣法）では，クラスター間の距離はそれぞれのクラスターに属する成員間の最短距離に等しい。一方，完全連結法（最遠隣法）は単連結法とは論理的に正反対で，クラスター間の距離は最も遠い成員間の距離として定義される。また，平均連結法（群平均法）は，それぞれのクラスターに属する成員のすべての組合せについて距離を計算し，それらの平均をもってクラスター間の距離とする。

図 9.30 に示したリボースリン酸断片のデータを例にとり，これらの方法による結果の違いを具体的に比較してみよう。ケンブリッジ構造データベースには，この断片を含む分子は全部で 44 種存在する。分子の中には断片を複数個含むものもある。これらの分子に対して，図 9.30 に示した二つのねじれ角 τ_1 と τ_2 の値が決定された。簡単のため，図 9.30 には 8 個の断片のみがプロットされている。表 9.2 は，ユークリッド距離を使って計算された，これら 8 個の断片に対する類似度行列である。

三種の方法はいずれも最初，最も近い二つの構造（配座 3 と 4）を融合する。次に，そのクラスターに配座 7 が付け加わり，第三の段階では，配座 2 と 6 が融合される。第四の段階は，単連結法と完全連結法で異なる結果を与える。すなわち，単連結法はクラスター 3-4-7 と配座 8 を融

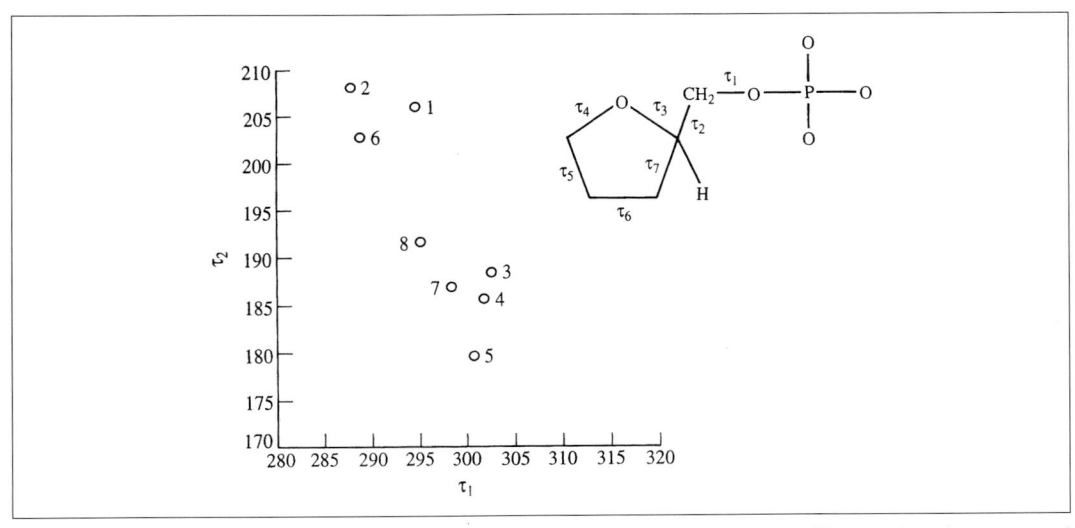

図 9.30 ケンブリッジ構造データベースから抽出された 8 個のリボースリン酸断片に関するねじれ角 τ_1 と τ_2 のプロット

表 9.2 8 個のリボースリン酸断片に対する類似度行列

	1	2	3	4	5	6	7	8
1	0.0	7.2	19.3	21.4	26.9	6.6	19.4	14.2
2	7.2	0.0	24.6	26.3	31.1	5.3	23.6	17.9
3	19.3	24.6	0.0	2.7	8.8	19.9	4.5	8.1
4	21.4	26.3	2.7	0.0	6.1	21.4	3.7	8.9
5	26.9	31.1	8.8	6.1	0.0	26.0	7.6	13.2
6	6.6	5.3	19.9	21.4	26.0	0.0	18.5	12.8
7	19.4	23.6	4.5	3.7	7.6	18.5	0.0	5.7
8	14.2	17.9	8.1	8.9	13.2	12.8	5.7	0.0

合するのに対し，完全連結法はクラスター 2-6 と配座 1 を融合する．これらの結果をまとめると表 9.3 のようになる．表によれば，三種の連結法はよく似た順序でクラスターを形成する．しかし，その順序は完全に同じではない．

これらの三つの連結法はいずれも階層凝集的方法であり，クラスターは特定の順序で形成され，融合される．これらの方法はすべて同じ基本アルゴリズムに従う．すなわち，繰返しの各段階で最も近いクラスターが同定・融合され，この操作はクラスターが一つになるまで続けられる．これらの方法はプログラミングが簡単で，対象の記憶順序とは無関係にクラスター化が行えるといった長所がある．しかし，短所もまたいくつか指摘されている．たとえば，一般に使われる単連結法は細長いクラスターを形成する傾向がある．また，$M \times M$ の類似度行列を計算する必要があるため，大きなデータセットへの適用はむずかしい．

よく知られている第四の階層的方法は，ウォード法である［57］．この方法は，「情報の損失」が最小になるように二つのクラスターを融合する．各クラスター i の情報の損失は，クラスター

表 9.3 表 9.2 のデータを対象とした単連結，完全連結および平均連結法によるクラスター化の比較。括弧内の数値は，クラスターが形成されるときの距離を示す。本例では，ウォード法によるクラスター化の順序は平均連結法のそれと一致する。

段階	単連結	完全連結	平均連結
1	3–4 (2.7)	3–4 (2.7)	3–4 (2.7)
2	3–4–7 (3.7)	3–4–7 (4.5)	3–4–7 (4.1)
3	2–6 (5.3)	2–6 (5.3)	2–6 (5.3)
4	3–4–7–8 (5.7)	2–6–1 (7.2)	2–6–1 (6.9)
5	3–4–7–8–5 (6.1)	3–4–7–5 (8.8)	3–4–7–5 (7.5)
6	2–6–1 (6.6)	3–4–7–5–8 (13.2)	3–4–7–5–8 (9.0)
7	2–6–1–3–4–7–8–5 (12.8)	2–6–1–3–4–7–5–8 (31.1)	2–6–1–3–4–7–5–8 (21.3)

の平均からの全偏差平方和に相当する次の誤差関数で定義される。

$$E_i = \sum_{j=1}^{N_i} (|\mathbf{r}_j - \bar{\mathbf{r}}_i|)^2 \tag{9.39}$$

ここで，求和はクラスター i に含まれる N_i 個の対象すべてについて行われる。各対象は位置 $\mathbf{r}_j$ にあり，クラスターの平均は $\bar{\mathbf{r}}_i$ である。情報の全損失を求めるには，この E_i 値をすべてのクラスターについて加え合わせればよい。繰返しの各段階では，全誤差関数の値の増加が最も少ないクラスター対が融合される。階層的クラスター化アルゴリズムには，そのほか重心法（centroid method）やメジアン法（median method）といったものもある。重心法は，二つのクラスターの距離をそれらの重心間の距離で定義する。また，メジアン法は，座標のメジアン値で各クラスターを表す。幸い，以上紹介した六種類の階層凝集的方法は，Lance & William の方程式を使えば，係数を変えるだけで一まとめにして表せる [39]。

階層的クラスター化の過程は，データセットの成員間の関係を表す樹形図（dendrogram）により視覚化できる。たとえば，上述の単連結法によるクラスター化の過程は，樹形図で示せば図9.31のようになる。x軸はデータセットの成員，y軸はクラスター間の距離をそれぞれ表す。樹形図は任意の分析段階で，クラスターがいくつ存在するか，また，それらのクラスターはどのような成員から構成されるかを教えてくれる。すなわち，データセットの深層構造を明らかにし，選択すべきクラスター数を判断する上で，樹形図はきわめて有用である。樹形図を適当な高さで横に切断すれば，その距離でクラスターがいくつ存在するかが容易に分かる。図9.31を見てみよう。たとえば，距離を6.0としたとき，クラスターは4個存在する。ただし，このデータセットに関しては，配座1，2，6と配座3，4，5，7，8をそれぞれ含む二つのクラスターに分けた方が妥当であろう。この例からも明らかなように，クラスターの数をいくつにするかの判断は，多少主観を伴う。閾値を小さくとれば，（成員が1個だけといった）小さなクラスターが多数得られ，一方，閾値を大きくとれば，成員数の多い大きなクラスターが得られる。

非階層的クラスター化の手法を代表するのは，Jarvis-Patrick アルゴリズムである [29]。この方法は最近隣アプローチを利用する。最近隣の配座とは，最短距離にある配座を指す。Jarvis-Patrick 法では，二つの配座は次の条件を満たしたとき，同じクラスターに属すると見な

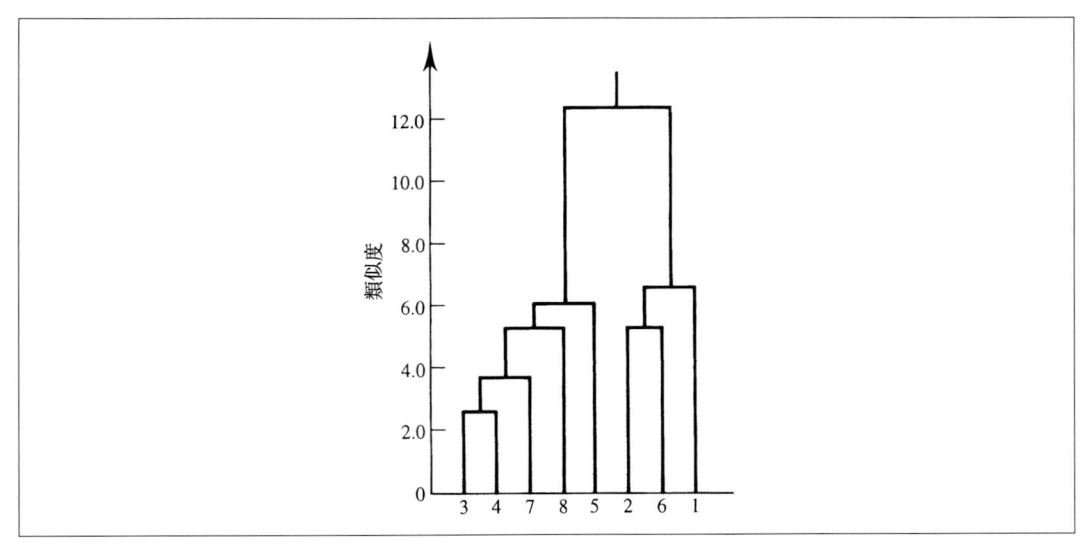

図 9.31 樹形図によるクラスター化過程の視覚化。表9.3にある単連結法の結果を示す。

される。
1. 互いに相手方の m 最近隣配座のリストに含まれる。
2. 共通する p 個 ($p<m$) の最近隣配座をもつ。

これらの二つの条件を満たした配座は，階層とは無関係に一つのクラスターに融合される。Jarvis-Patrick法は，最近隣配座の数だけではなく，最近隣リスト内部での各配座の位置も考慮した形に拡張でき，さらにまた，最近隣配座が指定距離内に入るよう変更することもできる。この後者の操作は，最近隣配座間の差をあまり大きくしたくないときに使われる。

Jarvis-Patrick法の原理を具体的に説明しよう。図9.30をもう一度ご覧いただきたい。このデータセットの各成員は，それぞれ表9.4に示した3個の最近隣配座をもつ。いま，これらの最近隣配座のうち2個は共通でなければならないとする。断片1と2を見てみると，それぞれの最近隣リストはいずれも互いの断片を含み，しかも，他の2個の最近隣断片(6, 8)は共通である。したがって，これらの断片1，2は同じクラスターに属する。しかし，この条件に従えば，断片

表 9.4 図9.30の各断片に対する3個の最近隣断片

断片	最近隣断片
1	2, 6, 8
2	1, 6, 8
3	4, 7, 8
4	3, 5, 7
5	3, 4, 7
6	1, 2, 8
7	3, 4, 8
8	3, 4, 7

3，4は同じクラスターに属するとは見なされない。なぜならば，これらの断片は互いの最近隣リストに含まれるが，共通する断片は2個ではなく1個しかないからである。Jarvis-Patrick法の長所の一つは，計算に時間がかかりすぎて階層的方法が使えない大きなデータセットに対しても適用できる点である。

大きなデータセットに対しては，K平均法が適用されることもある。これもまた非階層的方法である。K平均法では，まず最初，シードとなるc個の対象が無作為に選択される。残った対象は，次に最も近いシードへ帰属され，その結果，c個のクラスターからなる初期集合が作られる。次に，各クラスターの重心が計算され，対象は最も近い重心をもつクラスターへ帰属を正される。新しい重心が再度計算され，この操作は，対象の所属するクラスターが変わらなくなるまで繰り返される。K平均法は，無作為に選択されるクラスターの初期集合に明らかに依存する。最初のシードが異なれば，通常，結果も異なってくる。

クラスター分析は，大規模な化学データベースからそれを代表する分子の一群を抽出したい場合などによく使われる。自動化された高効率スクリーニング法（high-throughput screening）の出現は，この手法に対する新たな関心を喚起しており，アルゴリズムの比較研究もすでにいくつか報告されている［16］。クラスター分析の結果は，アルゴリズムの違いだけではなく，対象間の距離を計算する方式にも強く依存する。クラスター分析を行う場合には，このことを常に思い起こしていただきたい。

9.14 データセットの次元の縮約

各対象の記述に使われる変量の数を，そのデータセットの次元（dimensionality）という。たとえば，シクロヘキサン環の配座は，環内の6個のねじれ角によって指定できる。しかし，これらの変量の間には時として有意な相関が観測される。このような場合，これらの相関を取り除きデータセットの次元を減らすことができれば，クラスター分析の有効性はさらに高まるであろう。この次元の縮約には，一般に主成分分析（principal component analysis, PCA）が利用される。

9.14.1 主成分分析

図9.32のグラフをご覧いただきたい。xとyの間には明らかに高度な相関が存在する。いま，新しい変量$z=x+y$を定義してみよう。元のデータのもつ変動は，この変量zによりほとんど説明される。この新しい変量は，主成分（principal component）と呼ばれる。一般に，主成分は変量の線形結合で表される。

$$p_i = \sum_{j=1}^{v} c_{i,j} x_j \tag{9.40}$$

ここで，p_iはi番目の主成分，$c_{i,j}$は変量x_jの係数で，変量はv個存在する。データセットの第一主成分は，v次元空間へデータをプロットしたとき，それらに最もうまく当てはまる直線の方

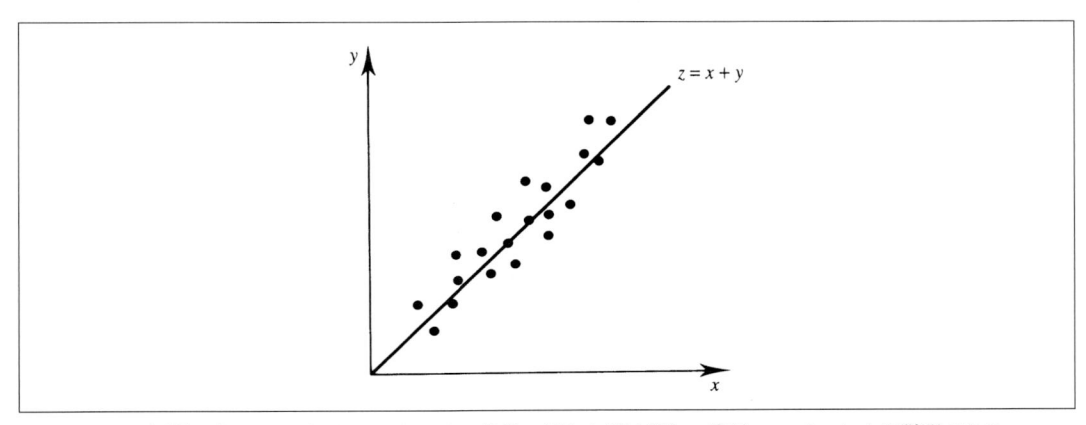

図 9.32 相関の高いこのデータセットでは，分散のほとんどは新しい変数 $z=x+y$ により説明できる。

程式に相当する．もっと厳密な言い方をすれば，第一主成分は，データの分散が最大となる方向の主成分である．このことは図 9.32 に示した二次元の例からも明らかであろう．第二主成分以降の主成分は，それ以前の主成分で説明しきれなかった部分の分散を説明するのに使われる．各主成分は v 次元空間に伸びる 1 本の軸に対応し，それらは互いに直交している．明らかに，主成分の数は元のデータの次元と同じ数だけ存在する．したがって，データのもつ変動のすべてを説明しようとすれば，これらの主成分をすべて含める必要がある．しかし多くの場合，データのもつ変動の大部分は，一握りの主成分を使うだけで十分説明できる．もし，1～2 個の主成分で変動のほとんどが説明できるならば，その結果はグラフとして表せる．

主成分は標準的な行列計算から算出される [10]．最初に計算されるのは，分散共分散行列である．いま，観測値が s 個あり，その各々が v 個の変数で構成されているとすれば，データセットは v 行，s 列の行列 $\mathbf{D}$ で表せる．分散共分散行列 $\mathbf{Z}$ は次式で与えられる．

$$\mathbf{Z}=\mathbf{D}^{\mathrm{T}}\mathbf{D} \tag{9.41}$$

$\mathbf{Z}$ の固有ベクトルを求めると，それは主成分の係数になる．$\mathbf{Z}$ は正方対称行列であるから，（縮重した固有値がなければ）その固有ベクトルは互いに直交する．固有値とその固有ベクトルは，永年方程式 $|\mathbf{Z}-\lambda\mathbf{I}|=0$ を解くか行列を対角化すれば求まる．第一主成分は最大固有値，第二主成分は二番目に大きな固有値にそれぞれ対応する．i 番目の主成分（λ_i）は，データの全分散のうち $\lambda_i/\sum_{j=1}^{v}\lambda_j$ を説明する．したがって，最初の m 個の主成分により説明される全分散の割合は，$\sum_{j=1}^{m}\lambda_j/\sum_{j=1}^{v}\lambda_j$ である．

一例として，ケンブリッジ構造データベースから抽出された前述のリボースリン酸断片に含まれるリボース五員環の配座に主成分分析を適用してみよう．五員環の配座は，図 9.30 に示したように $\tau_3\sim\tau_7$ の 5 個のねじれ角で記述される．五次元空間のプロットを完全な形で視覚化することは不可能である．もし視覚化したければ，データセットの次元を減らさなければならない．このデータセットに対して主成分分析を施すと，次のような結果が得られる．

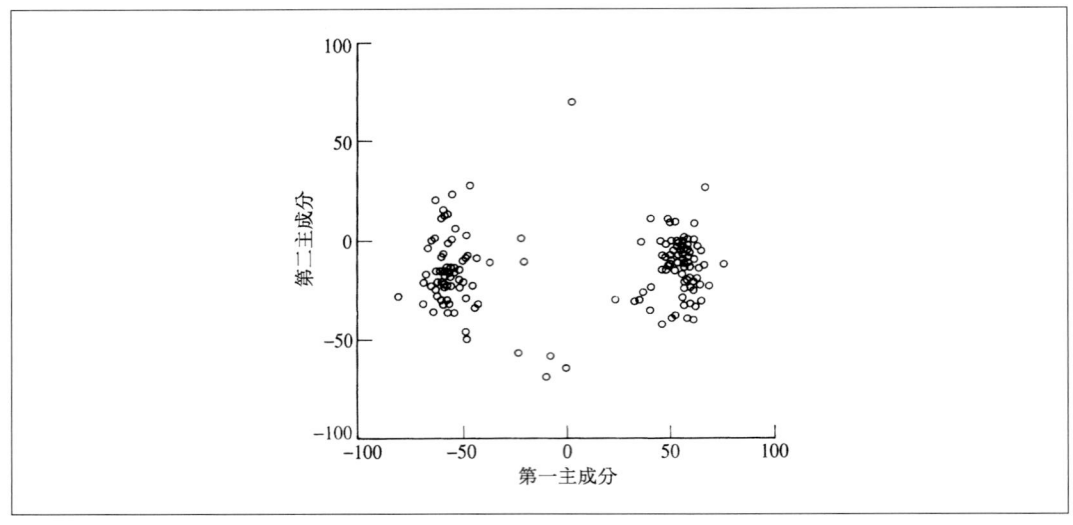

図 9.33 第一主成分を横軸，第二主成分を縦軸とした環ねじれ角 $\tau_3 \sim \tau_7$ の散布図

主成分	説明される分散の割合	$C(\tau_3)$	$C(\tau_4)$	$C(\tau_5)$	$C(\tau_6)$	$C(\tau_7)$
1	85.9%	−0.14	−0.26	0.55	−0.61	0.48
2	14.0%	−0.63	0.59	−0.31	−0.06	0.41
3	0.0002%	−0.19	0.50	0.65	−0.004	−0.53
4	0.0001%	−0.47	−0.38	0.12	0.71	0.19
5	0.0001%	0.58	0.43	0.28	0.35	0.53

表によれば，データのもつ変動の 85.9％は第一主成分により説明され，また，最初の二つの主成分で変動の 99.9％までが説明される．これらの二つの主成分の値を xy 平面にプロットすれば，図 9.33 のような散布図が得られる．図を見ると，このデータセットでは，五員環の配座はある程度クラスター（集落）を形成していることが分かる．

9.15 配座空間の被覆：ポーリング

すでに述べたように，配座解析の戦略は一般に二つの段階からなる．第一は，多数の極小エネルギー配座（母集団）を発生させる段階であり，第二は，クラスター分析のような手法を使い，部分集合を選択する段階である．ここで得られた部分集合は，それ以後の計算で配座空間を代表するものとして扱われる．このアプローチに対しては，実際的にもまた科学的にも異論がないわけではない．実際的な難点の一つは，配座空間を探索してその結果をクラスター化するのに，かなりの計算努力が要ることである．また，科学的な難点としては，初期の探索を極小エネルギー配座に限定した場合，配座空間を十分被覆できないことが挙げられる．たとえば，浅く広い極小点があったとしよう．配座空間のこの領域は，単一の構造ではなく構造の集合を使って記述した方がよい．Smellie らは，この問題を解決するため，「ポーリング（poling）」なる手法を提案した

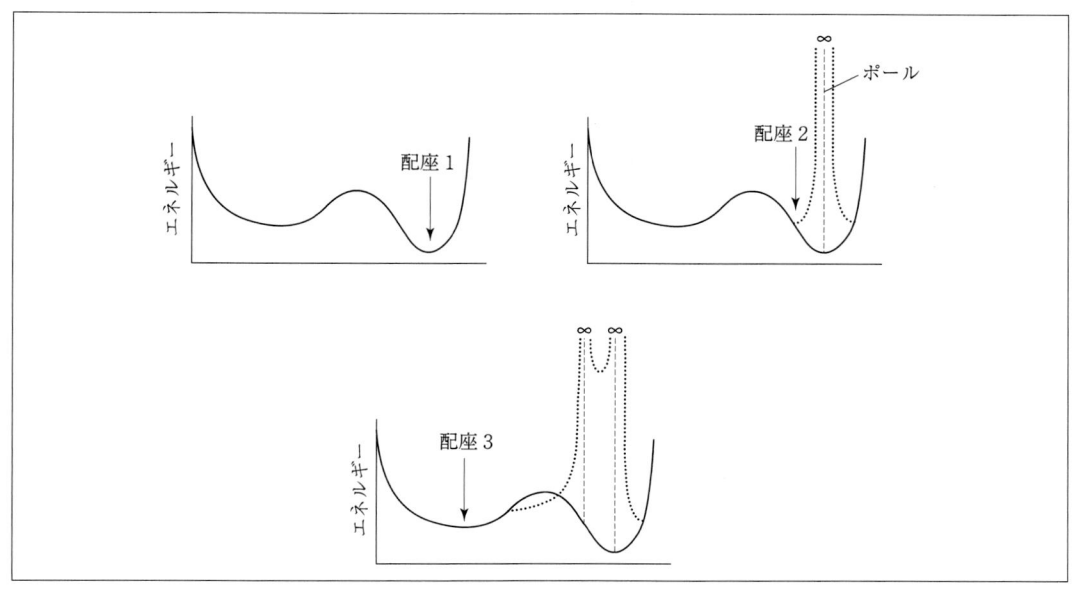

図 9.34 ポーリング関数を利用したエネルギー曲面の変形 [53]

[52,53]．このアプローチでは，配座探索の一部をなす構造最適化の段階にペナルティー関数が導入される．この関数の役割は，既存の配座とよく似た配座が生じた場合，それにペナルティーを科すことにある．たとえば一例として，図9.34に示したような一次元のエネルギー曲面を考えてみよう．このグラフには，二つの極小エネルギー点が存在する．いま，配座1が最初に発生したとする．この配座領域に対してポーリング関数を導入すると，エネルギー曲面は変化する．この変化は，エネルギー曲面に（配座2で示される）新しい極小点を作り出す．さらに次の段階で，配座2のまわりにもポーリング関数を導入すると，その結果として配座3が生成する．この例では，元のエネルギー曲面は，従来の配座探索アルゴリズムで同定できる極小点を二つしかもたない．しかし，ポーリング関数を使用したことで，すでに探索された配座空間領域が回避できただけでなく，それ以外の極小エネルギー配座をあわせて検出することが可能になった．

ポーリング関数は通常，次の一般形をとる．

$$F_{\text{pole}} = W_{\text{pole}} \sum_i \frac{1}{(D_i)^N} \tag{9.42}$$

$$D_i = \left(\frac{\sum_{j=1}^{N_d} (d_{j,\text{curr}} - d_{j,i})^2}{N_d} \right)^{1/2} \tag{9.43}$$

ここでN_dは，現在の配座と前に発生させた配座iの間で比較されるポーリング距離の総数である．また，$d_{j,\text{curr}}$は現在の配座でのポーリング距離の一つを表し，$d_{j,i}$は配座iでの対応距離を表す．したがって，D_iは，現在の配座と配座iの間のポーリング距離差の二乗平均値に相当する．ポーリング関数の勾配は，べきNの値に応じて変化する．ポーリング距離は，簡単には，分子

内のすべての原子間距離を加え合わせることで計算できる。しかし，原子間距離の総数は，分子を構成する原子の数のほぼ二乗に比例して増加するので，この方法は効率があまり良くない。原報では，ポーリング距離は，水素結合の供与体や受容体のような化学的に重要な特徴に着目し，このような特徴から特徴全体の重心への距離として定義されている。

9.16 「古典」最適化問題：結晶構造の予測

多くの分子は結晶の形で単離され，利用される。分子の物性や挙動は結晶の性質に強く依存する。また，物質は時として複数の結晶形をとる。この現象は，多形性（polymorphism）と呼ばれる。個々の多形はそれぞれ性質を異にする。したがって，与えられた分子がどのような結晶構造をとるかを予測することは，重要な意味をもつ。実験データを得ることがむずかしい場合や，まだ合成されていない分子を扱う場合には特にそうである。

この課題を解決するため，1960年代以降さまざまなアプローチが提案されてきた[56]。しかし，これらの努力を通じて明らかになったことは，それがきわめて困難な課題であるという事実であった。特定の実験条件下でどの結晶形が得られるかは，熱力学や動力学の諸因子によって定まる。これらの因子のうち，特に動力学的因子は取扱いがきわめてむずかしい。そのため通常は無視される。また，熱力学的因子を正しく処理するためには，考えうるさまざまな多形の相対自由エネルギーを計算する必要がある。この相対自由エネルギーは，内部エネルギー，結晶密度およびエントロピーに依存する。

$$\Delta G = \Delta U + P \Delta V - T \Delta S \tag{9.44}$$

これらの三種の寄与のうち，密度差によるそれは（少なくとも常圧では）無視しても差支えない。エントロピー差もまた，計算がむずかしいことから通常無視される。したがって，多形の相対安定性を予測する場合，計量因子として最後まで残るのは内部エネルギー（0K）だけである。実際，結晶構造を予測する方法のほとんどは，相対自由エネルギーに基づいて解を提示する。解の適否を判定するのは実験である。たとえば，高品質の単結晶回折データが得られない場合でも，粉末回折データが入手できれば，そのデータから妥当な結論を導くことは可能である。

純粋に配座探索の問題として眺めたとき，結晶構造でのその問題の複雑さは容易に理解できよう。われわれは分子の配座的柔軟性を考慮しなければならないが，それだけではなく，それらの配座が結晶内でどのように充填されるかも示唆できなければならない。また，実際の結晶は，（時として複数の配座をとる）当該分子だけでなく溶媒分子や対イオンも含んでおり，通常，その化学量論は実験で測定されるまで不明である。問題のもつこのような複雑さは，分子の充填の仕方に関する一定の制約，すなわち，最終的な構造は230空間群の一つでなければならないという制約によりある程度緩和される。また，空間群を特に一般性のあるものだけに限定したり，非対称単位中に1分子しか収容できないといった制約をアルゴリズムに付け加えれば，問題の規模はさらに縮小する（これらの結晶学的用語の簡単な説明については，3.8.1項を参照されたい）。

ここでは最近報告された二つの方法を取り上げる。これらは共通点も多いが，重要な違いもい

くつかある．第一の方法は，Gavezzottiの開発したPROMET法である [19,20]．この方法は，分子を2個含んだクラスター（結晶核）を作るところから出発する．分子は，あらかじめ決められた配座でプログラムへ供給され，その配座は計算の間一定に保たれる．クラスター内部での分子の相対位置は，一般の対称演算子を作用させることで作り出される．個々の対称演算子は多数のクラスター配置を発生させ，それらの配置は分子間エネルギーに基づき優劣を判定される．次のステップへ回されるのは，エネルギー的に最も有利なクラスターである．次のステップでは，さらに別の対称演算子が適用され，クラスターの並進操作を経て，三次元の格子をもつ完全な結晶構造が構築される．クラスターを一次元に並べ，さらに二次元から三次元へと拡張するこの過程は，やはり分子間エネルギーにより引導される．次の段階へは，エネルギーに改善が見られなければ進めない．基本的に，この方法は系統的探索に似ている．しかし，探索木を刈り込むのにさまざまな条件が使われる．すなわち，エネルギーの条件に加え，格子は成長の間も常に既知空間群の一つに属さなければならない．また，格子胞の大きさに関しても，既知結晶構造の解析結果に基づき拘束が加えられる．

　PROMET法はさまざまな系に適用され，成功を収めている．しかし，本書の執筆時点では，その利用は11種の空間群——有機結晶構造の90％以上はこれらの空間群に属する——のC，H，N，O，SおよびCl原子からなる剛体分子に限られる．図9.35にこれらの分子のいくつかを示す．多形の予測を試みる研究もいくつか報告されている．たとえば，多形の一方は完全に構造が分かっているが，もう一方は格子定数と空間群しか分かっていない有機結晶構造の予測研究はその一例である [21]．このような研究では，未知の多形の完全な構造は計算的手法により予測される．研究された事例の数は少ないが，PROMETアプローチは完全な成功を収め，実験データと合致する低エネルギー充填配置を見事に予測した．おそらく最も興味深い事実は，多形のエネ

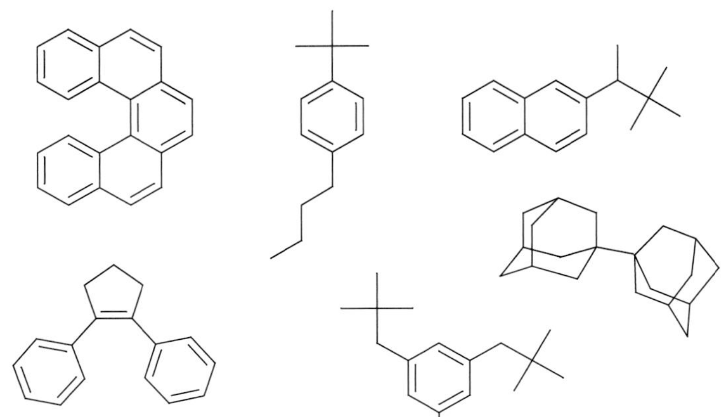

図9.35 PROMET法で結晶構造を予測された分子の一例

ルギーと相対安定性の間に必ずしも高い相関が観測されなかったにもかかわらず，幾何配置がかなりうまく予測できたことである．これは，実験と理論の間の相乗効果によるものと思われる．

結晶構造を予測する第二の方法は，PROMET 法に比べてより始原的（ab initio）である．この第二のアプローチでは，エネルギー的に有利な結晶核の分子配置から格子を構築するといった制約はなく，可能なすべての空間群についてあらゆる充填配置が作り出される．操作は一般に次の手順に従う．(1) 大きめの格子胞を用意し，分子間の対称性が特定の空間群と矛盾しないよう，その中に分子を配置する．(2) 次に，ランダムアルゴリズムか系統的アルゴリズムのいずれかを使い，分子に運動を施す．この操作により，(しばしば数千個に及ぶ) 多数の試構造が発生する．これらの試構造は似たものどうしを一まとめにされ，クラスターに分けられる．(3) 各クラスターから最小エネルギー構造を選び出し，その構造に対してエネルギーの極小化と最後のクラスター化を施す．この最後のクラスター化は，構造が正しく完全に極小化される前に行った方がよいこともある．極小化の段階では，(たとえば，エワルド総和法やきわめて厳しい収束条件を採用した) できる限り完全な力場モデルが使われる．

第二の方法にはさまざまな変法が存在するが，それらは，最初の段階で分子に施す運動の様式に主な違いがある．アプローチの一つは，この段階でモンテカルロ焼きなまし法を使う [22,35,36,42]．モンテカルロ探索の際，変化するのは角自由度である．この角変数は，(1) 格子角，(2) 格子胞内での分子の剛体回転を記述するオイラー角，(3) 格子胞内での分子の位置を記述するオイラー角の三種からなる．モンテカルロ計算では，まず最初，新しい一組の角変数（またはその一部）が選択され，続いて，分子間の密な接触を減らすため，並進パラメータ（格子長，格子胞内での分子間距離）の調整が図られる．新しい配置の採否は，メトロポリス・モンテカルロ基準に基づき判定される．焼きなましの過程では，数千 K から 300 K まで徐々に温度を下げる標準的な操作が使われる．4000〜5000 ステップからなるこのモンテカルロ焼きなまし操作により次の段階へ回される構造の数は，通常，1 空間群当たり約 2000 個に上る．モンテカルロ焼きなまし法に代わって系統的探索法が使われることもある．たとえば，van Eijck らは，その研究で格子探索法を力ずくで使用した [55]．このアプローチでは，関連パラメータは系統的に変えられ，個々の試構造は数回の極小化を経て，最も近い極小エネルギー構造へ導かれた．

酢酸は比較的簡単な分子であるが，さまざまな方法の詳細な比較研究でしばしばモデル化合物として使われる．この分子が関心をもたれる理由は，個々の分子が隣り合う二つの分子と水素結合を形成し，(ギ酸と同様) 鎖状構造を作ることにある (図 9.36)．他のモノカルボン酸類は，フルオロ，クロロおよびブロモ酢酸を含め，通常二量体構造しか形成しない．また，クロロ酢酸とブロモ酢酸では多形が観測される．このような挙動の原因を解明し，現在の計算手法の予測能力を吟味することは，確かに興味深い研究課題である．Mooij ら [46] と Payne ら [48] は，格子探索法とモンテカルロ焼きなまし法を使ってこの問題にアプローチした．ただし，二つの方法は，クラスター化アルゴリズム，力場，極小化法などの面においても違いがあった．計算によると，低エネルギー構造はいずれの方法でも多数確認され，それらの中には，既知結晶構造やそれとエネルギー的に非常に近い代替構造——たとえば酢酸の二量体やハロゲン化誘導体の鎖状構

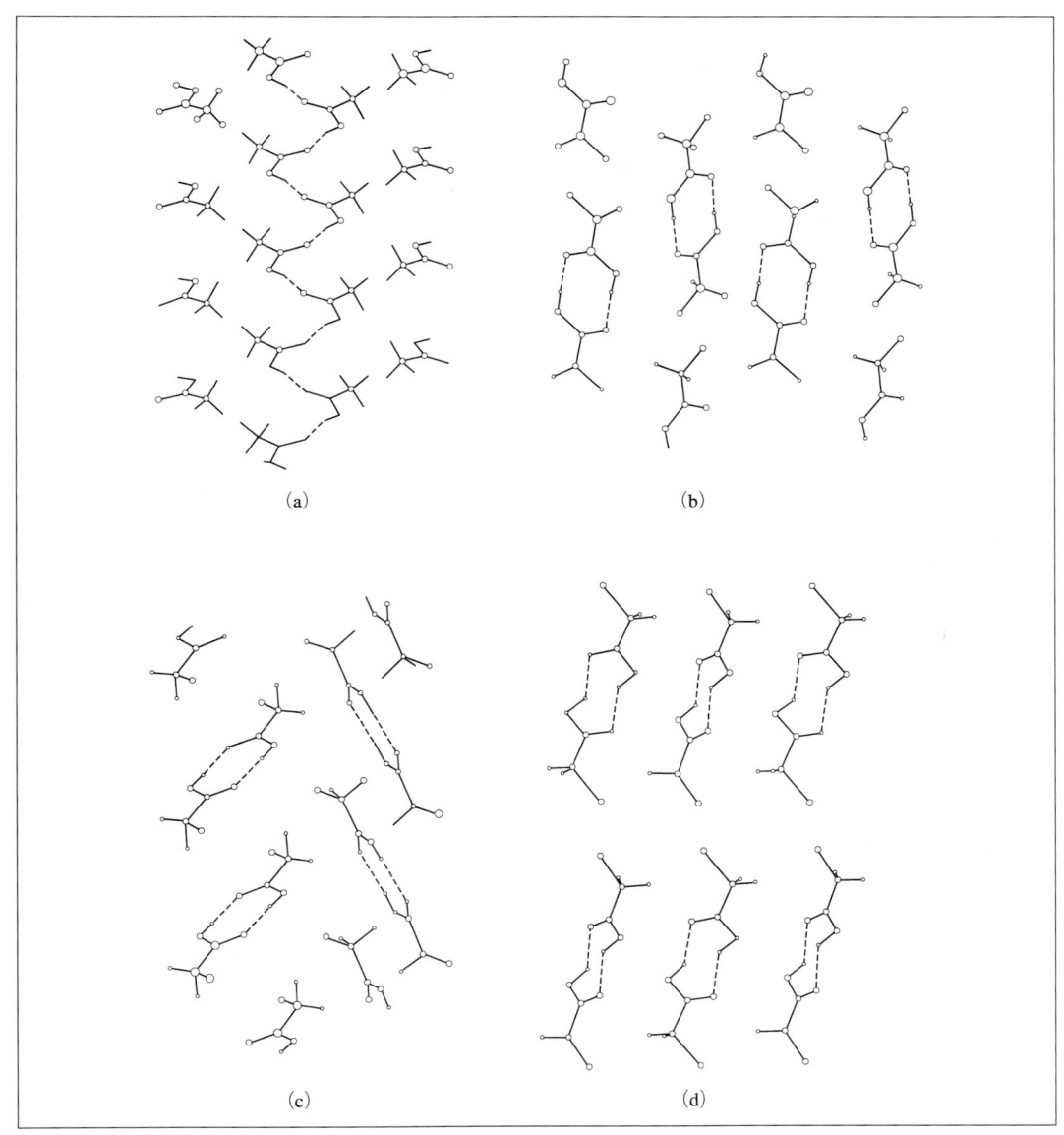

図 9.36 酢酸とそのハロ誘導体の結晶構造における水素結合様式。(a) 酢酸，(b) フルオロ酢酸，(c) クロロ酢酸，(d) ブロモ酢酸。

造——も含まれていた。この結果は，いずれの方法もきわめて効率よく配座空間を探索できるが，最終評価に現在使われている力場では，さまざまな低エネルギー構造の微妙な違いが十分区別できないことを示唆している。

488　第9章　配座解析

さらに読みたい人へ

[a] Aldenderfer M S and R K Blahfield 1984. *Cluster Analysis*. Newbury Park, CA. Sage; New York, Garland Publishing.
[b] Blaney J M and J S Dixon 1994. Distance Geometry in Molecular Modeling, In Lipkowitz K B and D B Boyd (Editors). *Reviews in Computational Chemistry* Volume 5. New York, VCH Publishers, pp. 299-335.
[c] Chatfield C and A J Collins 1980. *Introduction to Multivariate Analysis*. London, Chapman & Hall.
[d] Desiraju G R 1997. Crystal Gazing: Structure Prediction and Polymorphism. *Science* **278**: 404-405.
[e] Everitt B S 1993. *Cluster Analysis*. Chichester, John Wiley & Sons.
[f] Gavezzotti A (Editor) 1997. *Theoretical Aspects and Computer Modeling of the Molecular Solid State*. Chichester, John Wiley & Sons.
[g] Gavezzotti A 1998. The Crystal Packing of Organic Molecules: Challenge and Fascination below 1000Da. *Crystallography Reviews* **7**: 5-121.
[h] Leach A R 1991. A Survey of Methods for Searching the Conformational Space of Small and Medium-Sized Molecules. In Lipkowitz K B and D B Boyd (Editors). *Reviews in Computational Chemistry* Volume 2. New York, VCH Publishers, pp. 1-55.
[i] Perutz M 1992. *Protein Structure. New Approaches to Disease and Therapy*. New York, W H Freeman.
[j] Scheraga H A 1993. Searching Conformational Space. In van Gunsteren W F, P K Weiner and A J Wilkinson (Editors). *Computer Simulation of Biomolecular Systems* Volume 2. Leiden, ESCOM.
[k] Schulz G E and R H Schirmer 1979. *Principles of Protein Structure*. New York, Springer-Verlag.
[l] Torda A E and W F van Gunsteren 1992. Molecular Modeling Using NMR Data. In Lipkowitz K B and D B Boyd (Editors). *Reviews in Computational Chemistry* Volume 2. New York, VCH Publishers, pp. 143-172.
[m] Verwer P and F J J Leusen 1998. Computer Simulation to Predict Possible Crystal Polymorphs. In Lipkowitz K B and D B Boyd (Editors). *Reviews in Computational Chemistry* Volume 12. New York, VCH Publishers, pp. 327-365.

引用文献

[1] Allen F H, S A Bellard, M D Brice, B A Cartwright, A Doubleday, H Higgs, T Hummelink, B G Hummelink-Peters, O Kennard, W D S Motherwell, J R Rodgers and D G Watson 1979. The Cambridge Crystallographic Data Centre: Computer-Based Search, Retrieval, Analysis and Display of Information. *Acta Crystallographica* **B35**: 2331-2339.
[2] Allen F H, O Kennard, D G Watson, L Brammer, A G Orpen and R Taylor 1987. Tables of Bond Lengths Determined by X-Ray and Neutron Diffraction. 1. Bond Lengths in Organic Compounds. *Journal of the Chemical Society Perkin Transactions* **II**: S1-S19.
[3] Barton D H R 1950. The Conformation of the Steroid Nucleus. *Experientia* **6**: 316-320.
[4] Bergerhoff G, R Hundt, R Sievers and I S Brown 1983. The Inorganic Crystal Structure Database. *Journal of Chemical Information and Computer Sciences* **23**: 66-69.
[5] Berman H M, J Westbrook, Z Feng, G Gilliland, T N Bhat, H Weissig, I N Shindyalor and P E Bourne 2000. The Protein Data Bank. *Nucleic Acids Research* **28**: 235-242.

[6] Bernstein F C, T F Koetzle, G J B Williams, E Meyer, M D Bryce, J R Rogers, O Kennard, T Shimanouchi and M Tasumi 1977. The Protein Data Bank: A Computer-Based Archival File for Macromolecular Structures. *Journal of Molecular Biology* **112**: 535-542.

[7] Brunger A T, J Kuriyan and M Karplus 1987. Crystallographic R-Factor Refinement by Molecular Dynamics. *Science* **235**: 458-460.

[8] Bruno I J, J C Cole, J P M Lommerse, R S Rowland, R Taylor and M L Verdonk 1997. Isostar: A Library of Information about Nonbonded Interactions. *Journal of Computer-Aided Molecular Design* **11**: 525-537.

[9] Chang G, W C Guida and W C Still 1989. An Internal Coordinate Monte Carlo Method for Searching Conformational Space. *Journal of the American Chemical Society* **111**: 4379-4386.

[10] Chatfield C and A J Collins 1980. *Introduction to Multivariate Analysis*. London, Chapman & Hall.

[11] Chung C-W, R M Cooke, A E I Proudfoot and T N C Wells 1995. The Three-Dimensional Structure of RANTES. *Biochemistry* **34**: 9307-9314.

[12] Clark D E and D R Westhead 1996. Evolutionary Algorithms in Computer-Aided Molecular Design. *Journal of Computer-Aided Molecular Design* **10**: 337-358.

[13] Crippen G M 1981. *Distance Geometry and Conformational Calculations*. Chemometrics Research Studies Series 1. New York, John Wiley & Sons.

[14] Crippen G M and T F Havel 1988. *Distance Geometry and Molecular Conformation*. Chemometrics Research Studies Series 15. New York, John Wiley & Sons.

[15] Derome A E 1987. *Modern NMR Techniques for Chemistry Research*. Oxford, Pergamon.

[16] Downs G M, P Willett and W Fisanick 1994. Similarity Searching and Clustering of Chemical Structure Databases Using Molecular Property Data. *Journal of Chemical Information and Computer Sciences* **34**: 1094-1102.

[17] Ferguson D M and D J Raber 1989. A New Approach to Probing Conformational Space with Molecular Mechanics: Random Incremental Pulse Search. *Journal of the American Chemical Society* **111**: 4371-4378.

[18] Ferro D R and J Hermans 1977. A Different Best Rigid-Body Molecular Fit Routine. *Acta Crystallographica* **A33**: 345-347.

[19] Gavezzotti A 1991. Generation of Possible Crystal Structures from the Molecular Structure for Low-Polarity Organic Compounds. *Journal of the American Chemical Society* **113**: 4622-4629.

[20] Gavezzotti A 1994. Are Crystal Structures Predictable? *Accounts of Chemical Research* **27**: 309-314.

[21] Gavezzotti A and G Filippini 1996. Computer Prediction of Organic Crystal Structures Using Partial X-Ray Diffraction Data. *Journal of the American Chemical Society* **118**: 7153-7157.

[22] Gdanitz R J 1992. Prediction of Molecular Crystal Structures by Monte Carlo Simulated Annealing without Reference to Diffraction Data. *Chemical Physics Letters* **190**: 391-396.

[23] Gibson K D and H A Scheraga 1987. Revised Algorithms for the Build-up Procedure for Predicting Protein Conformations by Energy Minimization. *Journal of Computational Chemistry* **8**: 826-834.

[24] Glusker J P 1995. Intermolecular Interactions around Functional Groups in Crystals: Data for Modeling the Binding of Drugs to Biological Macromolecules. *Acta Crystallographica*

D51: 418-427.

[25] Goldberg D E 1989. *Genetic Algorithms in Search, Optimization and Machine Learning.* Reading, MA, Addison-Wesley.

[26] Goodman J M and W C Still 1991. An Unbounded Systematic Search of Conformational Space. *Journal of Computational Chemistry* **12**: 1110-1117.

[27] Greasley S E, H Jhoti, C Teahan, R Solari, A Fensom, G M H Thomas, S Cockroft and B Bax 1995. The Structure of Rat ADP-Ribosylation Factor-1 (ARF-1) Complexed to GDP Determined from Two Different Crystal Forms. *Nature Structural Biology* **2**: 797-806.

[28] Jack A and M Levitt 1978. Refinement of Large Structures by Simultaneous Minimization of Energy and R-Factor. *Acta Crystallographica* **A34**: 931-935.

[29] Jarvis R A and E A Patrick 1973. Clustering Using a Similarity Measure Based on Shared near Neighbours. *IEEE Transactions in Computers* **C-22**: 1025-1034.

[30] Jones G 1998. Genetic and Evolutionary Algorithms. In Schleyer P v R, N L Allinger, T Clark, J Gasteiger, P A Kollman, H F Schaefer III and P R Schreiner (Editors). *The Encyclopedia of Computational Chemisry.* Chichester, John Wiley & Sons.

[31] Jones T A and S Thirup 1986. Using Known Substructures in Protein Model Building and Crystallography. *EMBO Journal* **5**: 819-822.

[32] Judson R 1997. Genetic Algorithms and Their Use in Chemistry. In Lipkowitz K B and D B Boyd (Editors). *Reviews in Computational Chemistry* Volume 10. New York, VCH Publishers, pp. 1-73.

[33] Judson R S, W P Jaeger, A M Treasurywala and M L Peterson 1993. Conformational Searching Methods for Small Molecules. 2. Genetic Algorithm Approach. *Journal of Computational Chemistry* **14**: 1407-1414.

[34] Kabsch W 1978. A Discussion of the Solution for the Best Rotation to Relate Two Sets of Vectors. *Acta Crystallographica* **A34**: 827-828.

[35] Karfunkel H R and R J Gdanitz 1992. *Ab Initio* Prediction of Possible Crystal Structures for General Organic Molecules. *Journal of Computational Chemistry* **13**: 1171-1183.

[36] Karfunkel H R, B Rohde, F J J Leusen, R J Gdanitz and G Rihs 1993. Continuous Similarity Measure between Nonoverlapping X-Ray Powder Diagrams of Different Crystal Modifications. *Journal of Computational Chemistry* **14**: 1125-1135.

[37] Kirkpatrick S, C D Gelatt and M P Vecchi 1983. Optimization by Simulated Annealing. *Science* **220**: 671-680.

[38] Kolossváry I and W C Guida 1996. Low Mode Search. An Efficient, Automated Computational Method for Conformational Analysis: Application to Cyclic and Acyclic Alkanes and Cyclic Peptides. *Journal of the American Chemical Society* **118**: 5011-5019.

[39] Lance G N and W T Williams 1967. A General Theory of Classificatory Sorting Strategies. 1. Hierarchical Systems. *Computer Journal* **9**: 373-380.

[40] Leach A R, D P Dolata and K Prout 1990. Automated Conformational Analysis and Structure Generation: Algorithms for Molecular Perception. *Journal of Chemical Information and Computer Science* **30**: 316-324.

[41] Leach A R, K Prout and D P Dolata. 1988. An Investigation into the Construction of Molecular Models Using the Template Joining Method. *Journal of Computer-Aided Molecular Design* **2**: 107-123.

[42] Leusen F J L 1996. *Ab Initio* Prediction of Polymorphs. *Journal of Crystal Growth* **166**: 900-903.

[43] Li Z Q and H A Scheraga 1987. Monte Carlo Minimization Approach to the Multiple-Minima Problem in Protein Folding. *Proceedings of the National Academy of Sciences USA* **84**: 6611-6615.

[44] McGarrah D B and R S Judson 1993. Analysis of the Genetic Algorithm Method of Molecular Conformation Determination. *Journal of Computational Chemistry* **14**: 1385-1395.

[45] Meza J C, R S Judson, T R Faulkner and A M Treasurywala 1996. A Comparison of a Direct Search Method and a Genetic Algorithm for Conformational Searching. *Journal of Computational Chemistry* **17**: 1142-1151.

[46] Mooij W T M, B P van Eijck, S L Price, P Verwer and J Kroon 1998. Crystal Structure Predictions for Acetic Acid. *Journal of Computational Chemistry* **19**: 459-474.

[47] Murray-Rust P M and J P Glusker 1984. Directional Hydrogen Bonding to sp^2 and sp^3-Hybridized Oxygen Atoms and Its Relevance to Ligand-Macromolecule Interactions. *Journal of the American Chemical Society* **106**: 1018-1025.

[48] Payne R S, R J Roberts, R C Crowe and R Docherty 1998. Generation of Crystal Structures of Acetic Acid and Its Halogenated Analogs. *Journal of Computational Chemistry* **19**: 1-20.

[49] Ramachandran G N, C Ramakrishnan and V Sasiekharan 1963. Stereochemistry of Polypeptide Chain Configurations. *Journal of Molecular Biology* **7**: 95-99.

[50] Saunders M 1987. Stochastic Exploration of Molecular Mechanics Energy Surface: Hunting for the Global Minimum. *Journal of the American Chemical Society* **109**: 3150-3152.

[51] Saunders M, K N Houk, Y-D Wu, W C Still, M Lipton, G Chang and W C Guida 1990. Conformations of Cycloheptadecane: A Comparison of Methods for Conformational Searching. *Journal of the American Chemical Society* **112**: 1419-1427.

[52] Smellie A S, S D Kahn and S L Teig 1995a. Analysis of Conformational Coverage. 1. Validation and Estimation of Coverage. *Journal of Chemical Information and Computer Science* **35**: 285-294.

[53] Smellie A S, S L Teig and P Towbin 1995b. Poling: Promoting Conformational Variation. *Journal of Computational Chemistry* **16**: 171-187.

[54] Torda A E, R M Scheek and W F van Gunsteren 1990. Time-Averaged Nuclear Overhauser Effect Distance Restraints Applied to Tendamistat. *Journal of Molecular Biology* **214**: 223-235.

[55] Van Eijck B P, W T M Mooij and J Kroon 1995. Attempted Prediction of the Crystal Structures of Six Monosaccharides. *Acta Crystallographica* **B51**: 99-103.

[56] Verwer P and F J L Leusen 1998. Computer Simulation to Predict Possible Crystal Polymorphs. In Lipkowitz K B and Boyd D B (Editors). *Reviews in Computational Chemistry*. New York, Wiley-VCH, pp. 327-365.

[57] Ward J H 1963. Hierarchical Grouping to Optimise an Objective Function. *American Statistical Association Journal*: 236-244.

[58] Weiner S J, P A Kollman, D A Case, U C Singh, C Ghio, G Alagona, S Profeta and P Weiner 1984. A New Force Field for Molecular Mechanical Simulation of Nucleic Acids and Proteins. *Journal of the American Chemical Society* **106**: 765-784.

第10章　タンパク質構造の予測，配列解析およびタンパク質の折りたたみ

10.1　はじめに

　ペプチドやタンパク質はアミノ酸の配列から作られている。それらは，生命の維持に不可欠な多くの機能を有する。天然に一般に存在するアミノ酸は，図10.1に挙げた20種類である。アミノ酸はアミド結合で相互に連結し，ポリペプチド鎖を形成する。天然のアミノ酸はすべて α 炭素がL型で，同じ相対立体配置をもつ。しかし，側鎖の大きさ，形，水素結合能および荷電分布はすべて異なり，その結果，タンパク質はきわめて多様な生物学的機能を発現する。

　タンパク質の生合成は非常に複雑な過程である。タンパク質のアミノ酸配列は，対応する遺伝子のDNA配列により定まり，各アミノ酸の構造は，隣り合う三つのDNA塩基によって規定される。しかし，タンパク質合成に直接関与するのはDNAではなく，DNAを鋳型として複写されたRNAである。このRNAはメッセンジャーRNA（mRNA）と呼ばれ，mRNAが作られる過程は転写（transcription）と呼ばれる。mRNAは，タンパク質合成の鋳型として機能する。転写に続くのは翻訳（translation）の過程である。mRNAのコードは，この過程で転移RNA（tRNA）により順次読み取られ，合成部位へは対応するアミノ酸が取り込まれる。Francis Crickにより提唱されたこの二段階からなる一方向性の遺伝情報の流れは，「セントラルドグマ（中心仮説）」と呼ばれ，しばしば図10.2(a)の形で表現される。この仮説はその後，RNAからDNAへ遺伝情報を伝達するレトロウイルスの発見により，修正を余儀なくされた（図10.2(b)の点線部分）。しかし，ほとんどの生物では，セントラルドグマは今もなお元の形で有効である。

　タンパク質やペプチドの生物学的機能は，分子がとる配座としばしば密接な関係にある。合成高分子はきわめて多様な配座をとりうるが，それとは対照的に，天然のタンパク質は通常ただ一つの配座で存在する。この天然配座は，一般に生存細胞（20〜40℃のほぼ中性の水溶液）で観測される。タンパク質は，高温，酸性もしくは塩基性のpH，ある種の非水溶媒の添加といった条件下で変性を引き起こす。しかし，この変性は一般に可逆的で，実験室で操作すれば，タンパク質は再度折りたたまれ，天然の構造を容易に回復する。

　タンパク質に関する詳細な情報は，X線結晶解析とNMR実験から主にもたらされる。しかし，タンパク質の三次構造を実験的に決定することは，一次構造を決定することに比べてはるかに時間を必要とする。この問題は，ヒトゲノムの完全な解読を目標としたヒトゲノム計画とも関係がある。この計画の次の段階では，DNAにコードされた情報からタンパク質のアミノ酸配列を決定しなければならない。この仕事は予想されるほど簡単ではない。転写／翻訳過程は複雑で

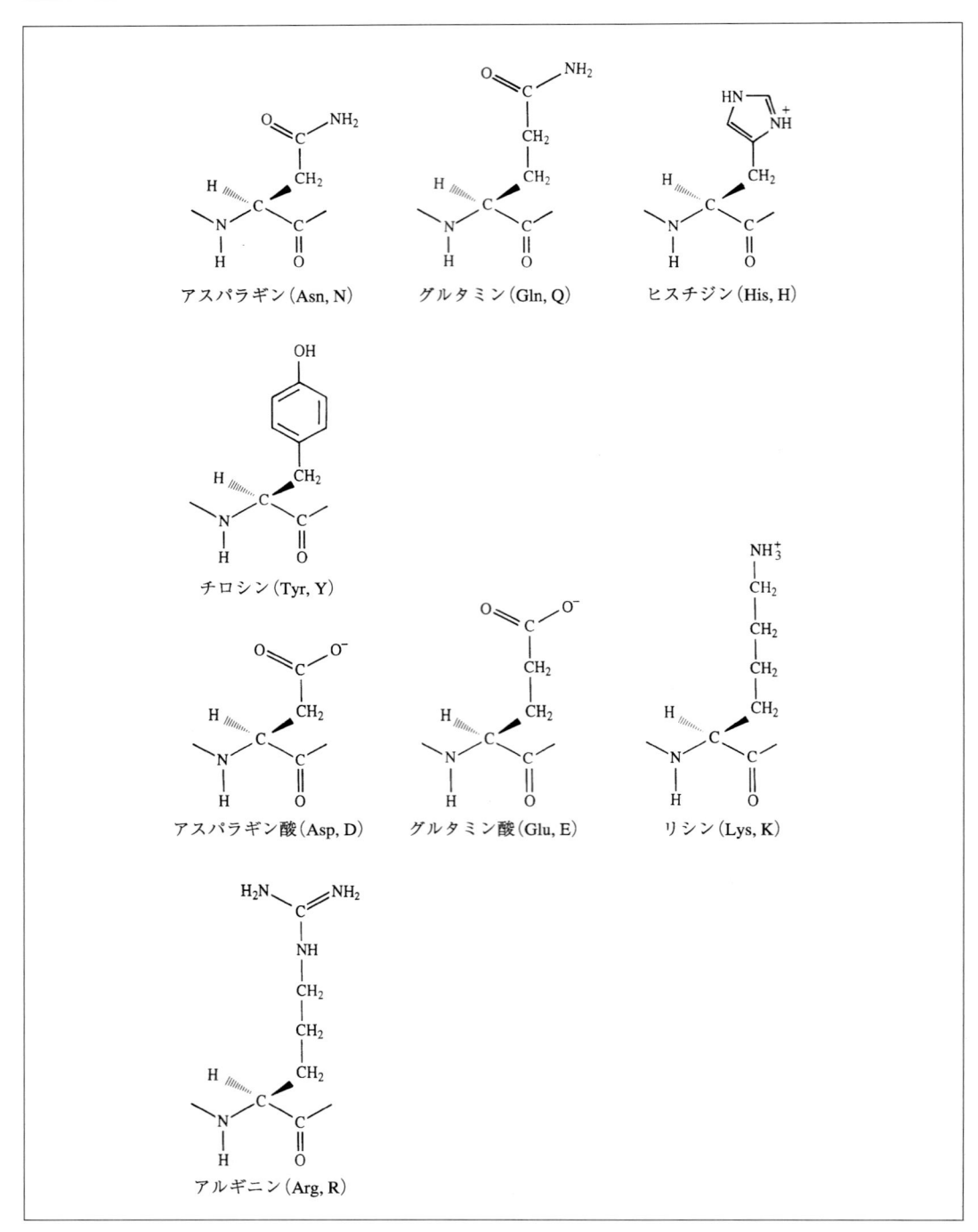

494　第10章　タンパク質構造の予測，配列解析およびタンパク質の折りたたみ

アスパラギン（Asn, N）　　グルタミン（Gln, Q）　　ヒスチジン（His, H）

チロシン（Tyr, Y）

アスパラギン酸（Asp, D）　　グルタミン酸（Glu, E）　　リシン（Lys, K）

アルギニン（Arg, R）

図 10.1　天然に見出される 20 種のアミノ酸とそれらのコード

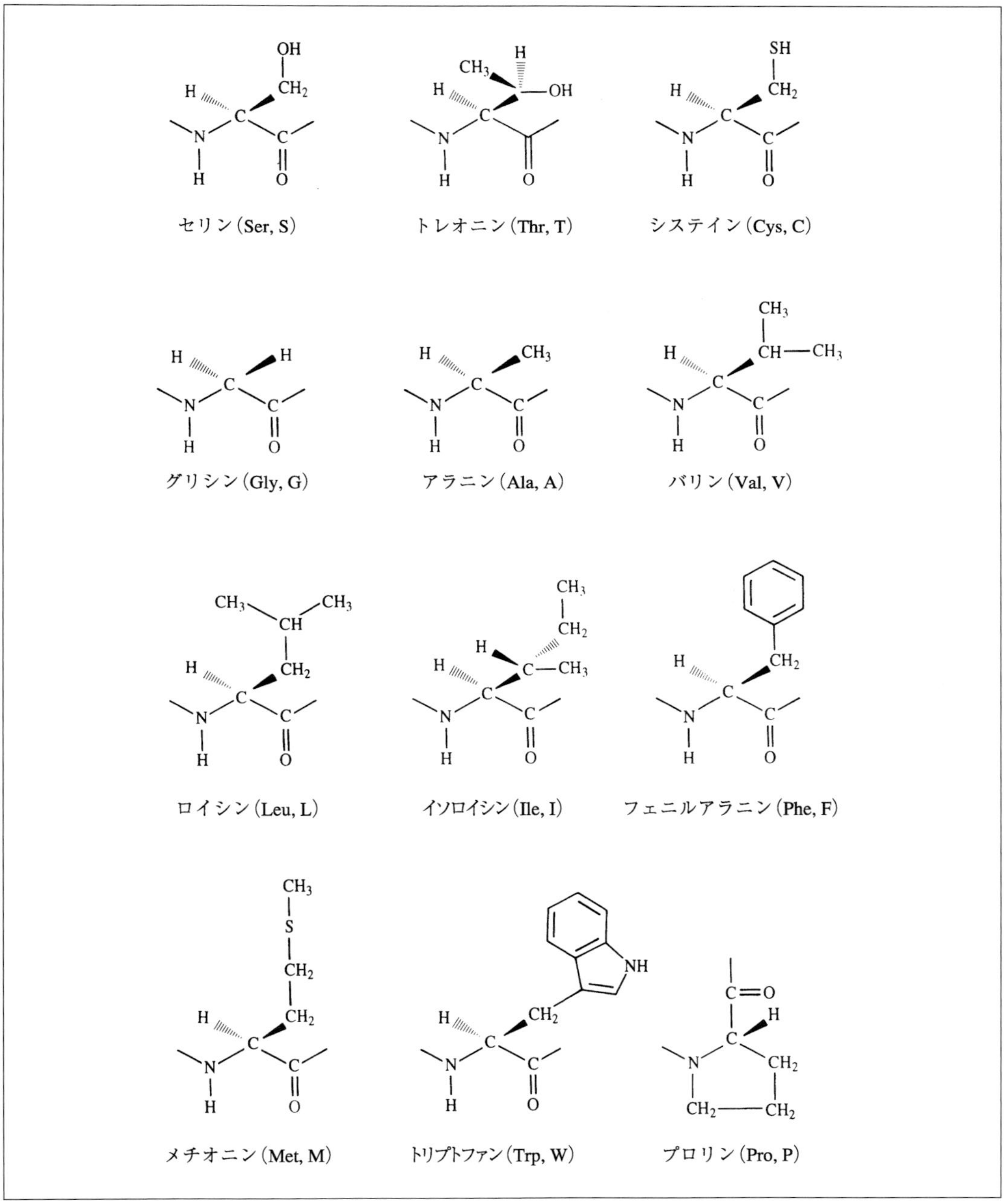

セリン(Ser, S)　　　トレオニン(Thr, T)　　　システイン(Cys, C)

グリシン(Gly, G)　　アラニン(Ala, A)　　　バリン(Val, V)

ロイシン(Leu, L)　　イソロイシン(Ile, I)　　フェニルアラニン(Phe, F)

メチオニン(Met, M)　トリプトファン(Trp, W)　プロリン(Pro, P)

図 10.1 天然に見出される 20 種のアミノ酸とそれらのコード（続き）

あり，たとえ配列が決定できても，それが単一の遺伝子を表しているという保証はないからである。また，DNA の全領域がタンパク質をコードしているわけではなく，多くの遺伝子では，生物学的情報はエキソン（exon）と呼ばれる領域——エキソンとエキソンに挟まれた非コード領

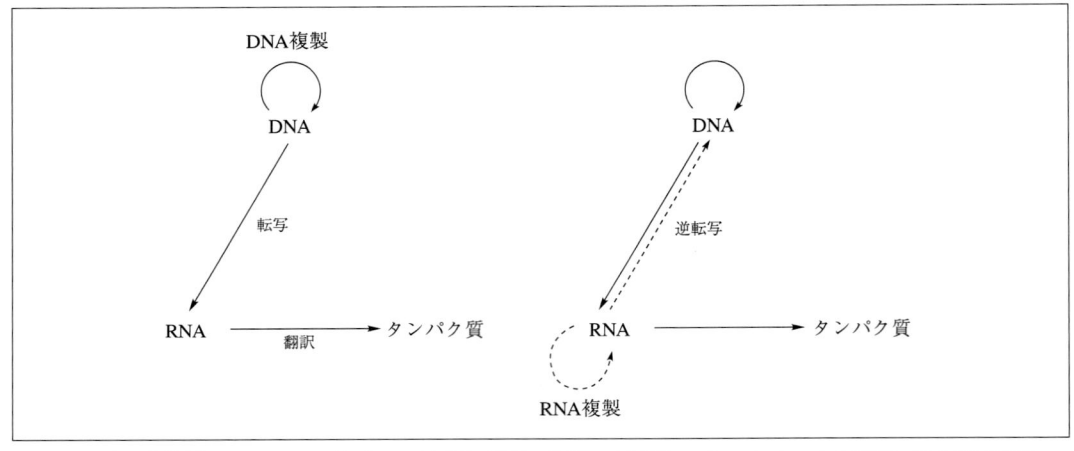

図 10.2 分子生物学のセントラルドグマ。(左図) 最初の仮説。(右図) レトロウイルスの発見に伴う修正仮説。

域はイントロン (intron) と呼ばれる——にのみ書き込まれている。機能ゲノム科学 (functional genomics) は，ゲノムから発現されるタンパク質の特徴を明らかにし，その生物学的機能を特定することをその任務とする。タンパク質の機能は，配列の解析からだけでもある程度推測できる。しかし，タンパク質の三次元構造と機能の詳しい関係が明らかになれば，その構造に基づく機能の特定ははるかに強い説得力をもつ。このような研究分野は，構造ゲノム科学* (structural genomics) と呼ばれる。実験的手法によりタンパク質の三次元構造を求めることはむずかしい。そのため，アミノ酸配列からタンパク質の三次構造を予測する理論的方法には，少なからぬ関心が寄せられている。この理論的な予測は，タンパク質の折りたたみ問題 (protein folding problem) として知られる。また，配列解析や構造予測の結果は注釈づけ (annotation) を必要とする。注釈づけとは，鍵配列，構造的特徴，触媒残基の位置，生物学的機能といった，配列や構造と結びついた付加情報を記述することを指す。

　生命情報科学 (バイオインフォマティクス，bioinformatics) は，生物学的データの収集，編成および解析を扱う比較的新しい学問分野である。この分野について包括的な解説を試みることは，本書の範囲を越える。そのためここでは，タンパク質の三次元構造や機能を予測する際，特に役立つ方法をいくつか紹介するに止める。この分野について詳しく知りたい読者は，そのための教科書や総説がいくつか出ているので，それらをお読みいただきたい (章末の文献参照)。章末の付録 10.1 は，生命情報科学で使われる主な略語と頭字語をまとめた用語解である。また，

---

* 機能ゲノム科学と構造ゲノム科学は広く使われ，かつ誤用の多い用語である。これらの用語は，時として大規模なハイスループット技術に対してのみ使用される。また，計算は重要な役割を担うが，実験からの入力もまた重要である。X 線結晶解析を利用した超好熱菌 *Methanococcus jannaschii* 由来タンパク質の機能予測は，その好例である [102]。このタンパク質の結晶構造は ATP 分子を包含する。したがって，ATP アーゼか ATP 結合型分子スイッチとして機能すると推定され，この推定はその後，実験により確認された。構造的に類似した他のタンパク質も知られていたが，その情報は機能の特定に何ら役立たなかった。

付録 10.2 には，特に広く利用されるデータベースのいくつかを列挙した。

次節以降では，最初にタンパク質構造の主な原理を紹介した後，タンパク質の折りたたみ問題に関連したさまざまなアプローチについて解説を試みる。タンパク質はどのように折りたたまれ，そのユニークな三次元構造を作り上げるのか。この問題の解釈にはさまざまな実験的および理論的方法が使われる。これらの方法の解説は，われわれをこの現象のさらに深い理解へと導くはずである。

10.2　タンパク質構造の基本原理

結晶構造の最初の X 線解析結果によると，タンパク質は，規則的な構造や対称的な構造ではなく，きわめて複雑な構造をもつように思われた。しかしよく観察してみると，特定の構造モチ

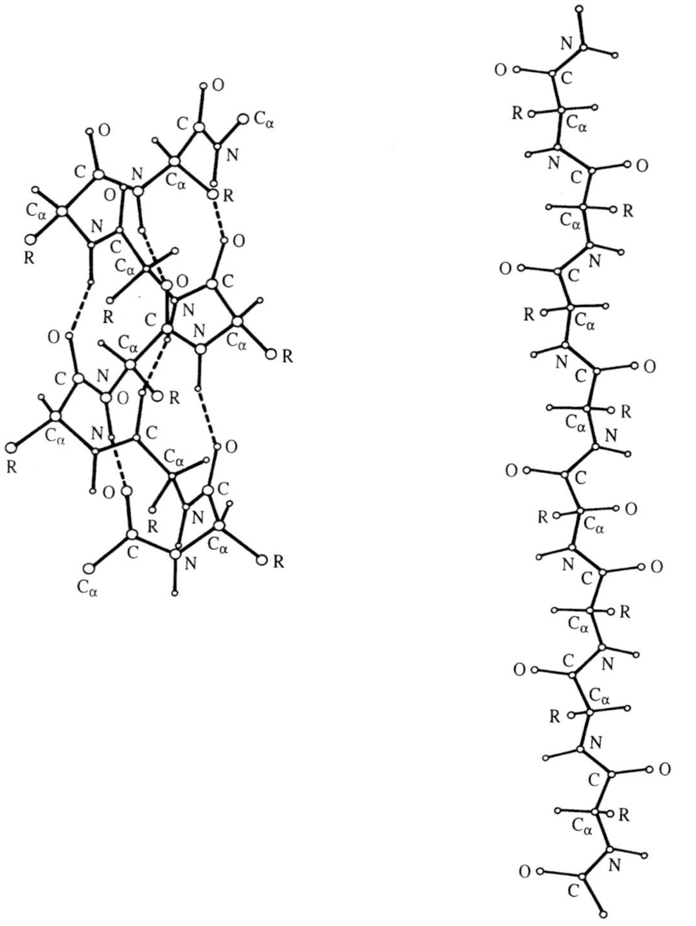

図 10.3　α ヘリックスと β 鎖の構造

ーフがしばしば現れる。最も一般的なモチーフは，図10.3に示したαヘリックスとβ鎖である。これらはともにタンパク質の二次構造を構成する。ちなみに，一次構造はアミノ酸配列，三次構造は詳細な三次元配座をそれぞれ指す。Linus Pauling は，タンパク質の最初の構造解析が行われるかなり以前に，αヘリックスがポリペプチド構造の安定な要素であることを予測していた[71]。彼の予測は，小ペプチドの結晶構造の入念な解析から組み立てられた機械的模型に基づいたものであり，この的中は，分子モデリングの予測能力を如実に示す古典的事例と言える。タンパク質構造中には，ヘリックスのもう一つの型，3_{10}ヘリックスもまたまれではあるが見出される。β鎖は通常，鎖が互いに水素結合したβシートと呼ばれる伸張構造で存在する。βシートでの鎖の配向には，図10.4に示すように平行と逆平行の二種類がある。二次構造要素は，規則性のあまりないループと呼ばれる領域を介して連結している。しかし，β鎖をつなぐβターンのように，ループ構造にも共通な配座は存在する[101]。

結合角や結合長に見られる小さな変動を無視すれば，タンパク質を構成するアミノ酸残基の配座は，回転可能な結合のまわりのねじれ角によって指定できる（図10.5）。骨格のねじれ角は，ϕ，ψ，ωの三種である。また，側鎖の配座は，χ_1，χ_2などのねじれ角で規定される。アミド結合は，平面性を壊す回転に対して比較的高いエネルギー障壁をもつ。そのため，ωの値が0°もしくは180°から大きく外れることはほとんどない。また，（シス配座が比較的高い比率で存在す

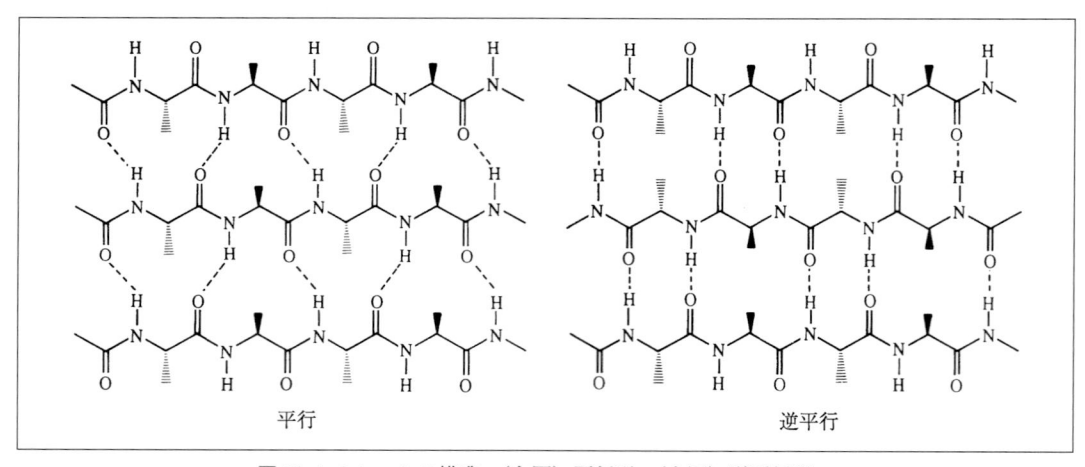

図10.4 βシートの構造。(左図) 平行型。(右図) 逆平行型。

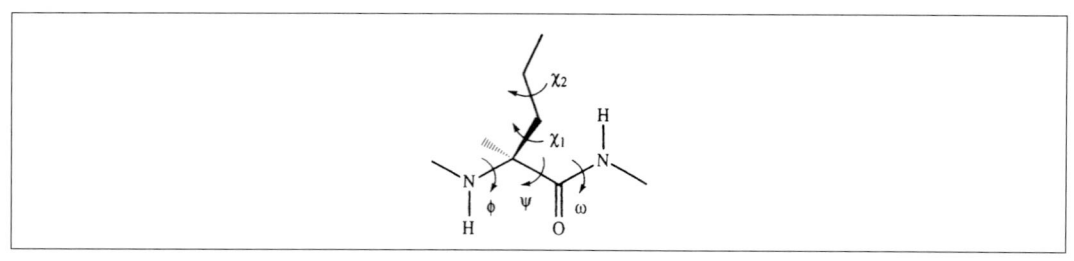

図10.5 アミノ酸の配座を規定するねじれ角

るプロリンを除けば）アミド結合はトランス配座（$\omega=180°$）をとる傾向が強い。タンパク質構造の理解へ Ramachandran がなした貢献については，すでに述べた通りである（9.2節，図9.3）。タンパク質の X 線構造を調べてみると，構成アミノ酸のほとんどは，ラマチャンドラン図の低エネルギー領域にある配座で存在する。

　実際，X 線結晶解析や NMR から求めた構造の妥当性を検証する場合には，通常ラマチャンドラン図がまず作成され，許容領域にない配座をとる残基が重点的に吟味される。側鎖もまた，優先配座で存在する傾向がある [75]。しかし，側鎖の場合には，エネルギーの異常に高い配座をとる例も多い。さらに推し進めた研究によれば，側鎖の配座はしばしば骨格構造と関連があり，特定の骨格配座に対しては側鎖も特定の配座しかとらないという [95, 23]。

　タンパク質の構造研究が進展するにつれ，ある種のタンパク質は識別可能な複数の領域からなり，各領域はしばしば異なる機能をもつことが明らかとなった。これらの領域は，それぞれ独立に折りたたまれ安定な三次元構造を形成したポリペプチド鎖から構成され，通常ドメイン（domain）と呼ばれる。

10.2.1　疎水性効果

　水溶性の球状タンパク質は，通常，内部にフェニルアラニン，トリプトファン，バリン，ロイシンといった無極性の疎水性アミノ酸を多く含み，その分子表面は，リシンやアルギニンといった極性アミノ酸からなる。疎水性残基のこのような充填特性は，タンパク質の安定化に寄与する最も重要な因子，疎水性効果（hydrophobic effect）に由来する。疎水性効果の分子的基礎はまだ完全には解明されていない。しかし，その起源はエントロピー効果にあると考えられ，特に溶媒のエントロピー変化は重要である。タンパク質が折りたたまれる過程では，系のエンタルピーとエントロピーはいずれも増加する。一つのモデルによれば，その詳細は次の通りである。(1) 無極性アミノ酸から水が排除される過程では，エンタルピーは（極性水分子と炭化水素側鎖間の双極子-誘起双極子静電相互作用の消失により）増加する。(2) 折りたたまれていない状態は，折りたたまれた状態に比べて無秩序で，配座的自由度が大きい。したがって，タンパク質が折りたたまれると，それに関連したエントロピーは減少する。(3) 水分子は無極性溶質を取り囲み，「氷山」に似た鳥かご状の構造を形成している。この領域にある水分子は規則正しく配列し，そのエントロピーは小さい。タンパク質が折りたたまれると，これらの水分子が追い出されるため，水のエントロピーは大きく増加する（図10.6）。(4) タンパク質が折りたたまれると，バルクな水の水素結合網は拡充され，水のエンタルピーは減少する。これらの四種の寄与のうち最も重要なのは，溶媒水分子の秩序と関連した三番目のエントロピー項である。疎水性効果はこのモデルでうまく説明がつく。しかし，それはあくまでも仮説の域を出ない。（X 線結晶解析や NMR からの）実験データはあいにく不足しており，分子動力学の予備シミュレーションもまた，疎水性タンパク質界面での水の氷山構造を支持する証拠を提示するには至っていない [47]。

　タンパク質はすべて水に溶けるわけではなく，不溶性のものもある。受容体やイオンチャンネルを含め，膜結合型タンパク質は，このような不溶性タンパク質の中でも特に重要である。膜結

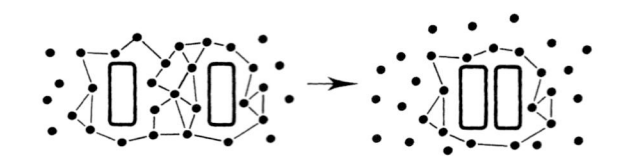

図10.6 疎水性効果。無極性残基のまわりの水分子は，鳥かご状の構造を形成している。この構造はエントロピーを低下させる。二つの無極性残基が会合すると，両者の間にあった水分子は追い出され，エントロピーは増加する。

合型タンパク質の膜貫通領域は，アミノ酸の配置が通常とはかなり異なる。膜はきわめて疎水性である。そのため，膜と接するタンパク質の表面には疎水性残基が多く分布する。膜結合型タンパク質は，結晶化が困難で満足な結晶が得られないため，X線解析で構造を決定することがきわめてむずかしい。Michel, Deisenhofer & Huber は，光合成反応中心の結晶構造を解明し，1988年のノーベル賞を受賞したが，その結晶は，清浄液からタンパク質を結晶化させるというきわめて骨の折れる作業の末，得られたとのことである。膜結合型タンパク質の構造決定は，電子顕微鏡分析を利用しても行われる。この方法による分解能は，X線結晶解析のそれに比べて通常はるかに低い。しかし時として，X線結晶解析に近い結果を与えることもある。Henderson らは，膜タンパク質の研究にこの方法を適用し，バクテリオロドプシンとハロロドプシンの構造を決定した[35, 34]。それによると，これらのタンパク質はいずれも，細胞外と細胞内の領域にループをもつ7個の膜貫通ヘリックスから構成される。

　タンパク質の折りたたみ問題に対する普遍的な解はまだ見つかっていない。しかし，有望な方法がまったくないわけではない。次項以降では，タンパク質やペプチドの構造を予測するこのような方法のいくつかを考察する。最初に取り上げるのは，第一原理からタンパク質の構造を予測する方法である。また次に，段階的アプローチによる方法を紹介する。この段階的アプローチでは二次構造要素がまず同定され，全体のタンパク質はそれらの要素から組み立てられる。最後に考察するのは，相同性モデリング（別名：比較モデリング）によるタンパク質構造の予測である。この方法では，未知タンパク質の構造は，相同的な関連タンパク質の既知構造に基づいて構築される。またそれと関連して，配列解析で役立つ手法のいくつかについても解説を加える。

10.3　第一原理法によるタンパク質構造の予測

　タンパク質の折りたたみ問題を解く試みのうち，最も野心的なものは，第一原理（*ab initio*）に基づくアプローチである。この方法では，タンパク質の至適構造を捕らえるため，分子の配座空間が探索される。配座の総数は非常に多いので，探索の対象となるのは通常きわめてエネルギーの低い構造に限られる。経験的力場は，溶媒和項（11.12節参照）を付け加えた形で使われることが多い。エネルギー関数の大域的極小点は，天然の分子配座に対応すると仮定される。

　9.2〜9.7節で説明した配座探索法はすべて，小ペプチドの配座空間を探索する際にもどこか

の段階で使われる．本節では，ペプチドやタンパク質を扱うために特に工夫された方法のいくつかを取り上げる．

H A Scheraga と彼の協力者は，ペプチドやタンパク質の配座空間を探索するための新しい方法を多数開発し，メチオニンエンケファリン（H-Tyr-Gly-Gly-Phe-Met-OH）をモデル分子として厳密な評価試験を行った [85]．三次元の鋳型アミノ酸からペプチドを構築する組立てアプローチは，そのような方法の一つである [28]．鋳型として使われるのは，ラマチャンドラン図の低エネルギー領域に対応した配座である．配座空間の探索に当たっては，アミノ酸の可能なあらゆる組合せを考え，まずジペプチド断片が組み立てられる．ジペプチド断片は次に極小化され，エネルギーが最小となる構造が決定される．次の段階では，この構造に第三のアミノ酸が連結される．ペプチドはこのようにして徐々に組み立てられていく．エネルギー極小化と最小エネルギー構造の選択は，繰り返し各段階で試みられる．

ランダム二面角探索法は，Scheraga のランダム探索法のうちでも最も簡単なものである．この方法では，繰返しの各段階で二面角が一つずつ選択され，無作為な回転が施される [53]．生成した構造は次に極小化され，その採否はメトロポリスの基準に基づき判定される．このランダム二面角探索アルゴリズムは，タンパク質だけではなく，一般の有機分子にも等しく適用できる．もう一段複雑なランダム探索法としては，ポリペプチドやタンパク質での遠距離静電相互作用の重要性に着目した静電駆動型モンテカルロ法がある [77,78]．この方法は，タンパク質の静電場内で，アミド単位の局所双極子がエネルギー的に有利な配向（alignment）をとりやすい事実を利用する．二種類の運動（move）が施される．第一の運動では，無作為に選択されたアミド結合に対し，（局所静電場内での双極子の配向が最適化されるよう）その骨格ねじれ角（ϕ, ψ）が調整される．得られた配座は極小化され，メトロポリスの基準に基づいて採否が判定される．また第二の運動では，無作為に選択された二面角に対して無作為な変化が施される．得られた配座は次に極小化され，通常の方法に従って採否が判定される．すなわち，この静電駆動型モンテカルロ法は，遠距離静電相互作用を最適化するための運動と配座に対してより局所的な影響をもつ運動を組み合わせたアプローチである．

タンパク質は，ペプチドに比べて回転可能な結合をはるかに多く含む．したがって，問題を扱いやすくするため，一般に簡易化したモデルが使われる．自由度を減らした簡易モデルのエネルギー曲面は，より精密なモデルのそれに比べて極小点の数が少なく，微細な構造までは再現できない．しかし，より精密なモデルのもつ全般的な特徴は保持している（図 10.7）．タンパク質の配座空間を探索するための簡易モデルは，これまでに多数開発されてきた．これらのモデルの多くは，高分子のモンテカルロ・シミュレーションで使われる格子モデルやビーズ・モデルとよく似たアルゴリズムに従う．このような簡易モデルでは，低エネルギー構造を同定するのに，分子動力学／焼きなまし法や遺伝的アルゴリズムに基づいた最適化操作がしばしば使用される．これらの低エネルギー構造は次の段階でさらに精密化され，詳細な構造へと変換される．

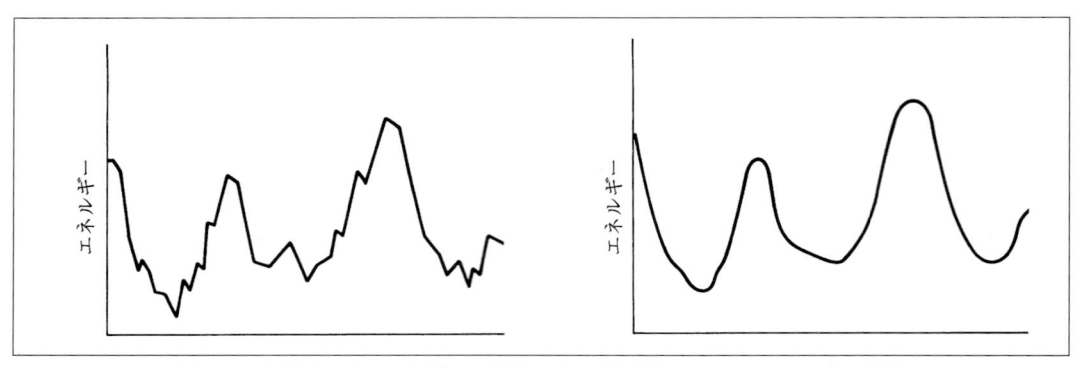

図 10.7 全原子モデル（左図）と簡易モデル（右図）におけるエネルギー曲面

10.3.1 格子モデルによるタンパク質構造の研究

　格子モデルの長所は，タンパク質構造に関する基本的な疑問のいくつかに答えることができる点である．たとえば，格子上にある一定の長さの鎖に対して，可能なすべての配座を数え上げるといったことが可能である．また，統計力学を適用すれば，この状態集合から熱力学的諸量を誘導し，構造と配列の関係を調べることもできる．Chan & Dill の HP モデルは，このような格子モデルの一つである [14]．HP モデルは，タンパク質を疎水性単量体（H）と親水性単量体（P）の配列で表す．配列は，自己回避ウォークに基づき，二次元格子上で成長していく．生成した配座のエネルギーは，隣り合う格子点を占め，かつ，共有結合していない単量体対に対する相互作用エネルギーの和で与えられる（図 10.8）．Chan & Dill のモデルでは，エネルギーは二つの疎水性単量体間の相互作用にのみ付与され，他の相互作用はすべてエネルギーがゼロと置かれる．30 個程度の単量体からなる鎖であれば，配座をすべて探索し，その中から大域的な極小エネルギー配座を選び出すこともできる．このモデルによる研究は次のような興味ある知見をもたらした．(1) H—H 相互作用のエネルギーが小さいとき，配座は多数生成する．また，H—H 相互作用のエネルギーが増加するにつれ，疎水性コアをもつ緻密な配座の数は急激に減少する．

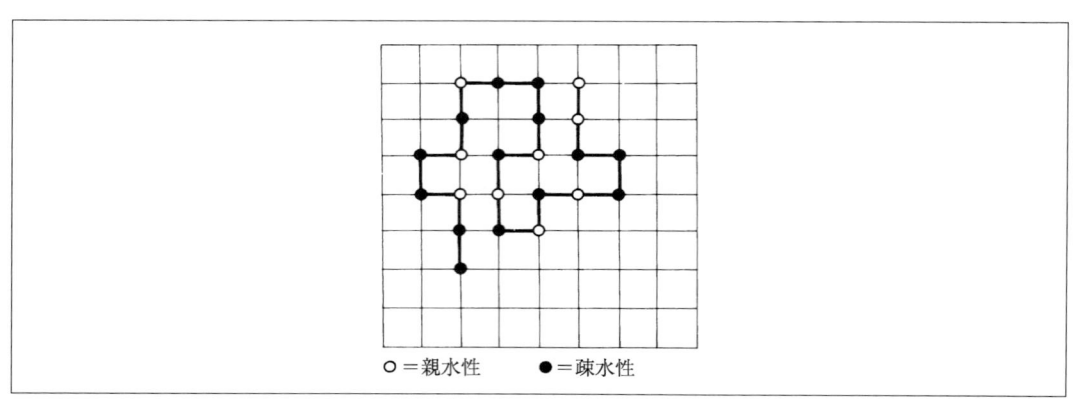

図 10.8 Chan & Dill の HP モデル

(2) αヘリックスとβシートは緻密なコアの中で自然に形成される。この事実は，タンパク質における二次構造の形成がアミノ酸どうしの特別な水素結合相互作用ではなく，緻密なコアのもつ自然の力によって推進されることを示唆する。ただし，ヘリックスやシート以外の配座が形成されることはない。

単純格子モデルは，タンパク質の折りたたみと構造に関する全般的な問題しか扱えない。そこで，特定のタンパク質の構造を実際に予測することを目標として，さらに手の込んだ格子モデルが提案された。このようなモデルでは，配座空間の徹底的な探索は，格子上においてさえもはや不可能に近い。そこで，低エネルギー構造を発生させるため，モンテカルロ焼きなまし法が使われる。Skolnickらはそのような格子モデルをいくつか開発し，タンパク質のモデリングにそれらを適用した［30, 91］。その手続きは三段階からなる。モデル構築の第一段階では粗い格子が使用される。許される運動は五種類で，側鎖の充填による排除体積効果もまた考慮される。この相互作用エネルギー・モデルは，全部で七つの項からなる。モンテカルロ焼きなまし法による計算は，一群の低エネルギー構造を与え，それらはさらに一段精巧な格子モデルを使い，精密化される。この第二の格子モデルは，タンパク質の実際の構造により近く，側鎖の表現もより正確である。この格子モデルから得られた配座は，標準力場を使ったエネルギー極小化操作でさらに磨きをかけられ，最終的に完全原子モデルへと変換される。

タンパク質の簡易モデルでは，個々のアミノ酸残基は，その大きさや化学的性質に応じ，1個または複数個の擬原子で表される。このモデルは高分子のビーズ・モデルに似ており，配座的に完全に自由である。また，このモデルには，エネルギー極小化や分子動力学を含め，標準的なあらゆる計算が施せる。残基-残基相互作用エネルギーの算定は，経験的モデルに基づく。この計算に必要なパラメータはさまざまな方法で導ける。たとえば，一段精密な全原子モデルの結果が再現できるよう，パラメトリゼーションを行うのも一つの選択肢であろう。この方法を発展させた初期の試みに，Levittの研究がある［50］。彼は，エネルギーの極小化を利用して，小タンパク質の構造を予測した。そのモデルでは，二残基間の相互作用エネルギーは，それらがとりうるあらゆる空間配向で計算された相互作用エネルギーの平均値に等しいと置かれた。開放構造から出発してポリペプチドを極小化したとき得られたのは，二次構造やβターンのような特徴を含め，実測構造と同じ大きさと形をもつ緻密な配座であった。Levittの観察のいくつかは，今なおきわめて当を得たものである。たとえば，彼はエネルギー関数を使って計算したとき，間違った構造が正しい構造に比べ低いエネルギーを取りうることを指摘した。Novotnyらによれば，このことは，一段複雑な分子力学関数を使用した場合にも当てはまるという［63］。

要約すれば，第一原理法は小ペプチドの天然配座の予測に利用され，成功を収めているが，タンパク質の構造を正確に予測する方法としては不十分である。しかし，天然のそれときわめてよく似た折りたたみ構造が得られることもないわけではない。また，10.8節で述べるように，格子モデルはタンパク質の折りたたみを理解するためのモデルとしてきわめて有用である。

10.3.2　ルールベース・アプローチによる二次構造の予測

　タンパク質分子は，一般に二次構造（α ヘリックス，β 鎖）をかなりの量含んでいる。タンパク質の三次元構造を予測する際，通常使われるのは，アミノ酸配列のどの範囲がどのような二次構造をとるかをまず推定し，それらの二次構造要素から全体を組み立てる戦略である。

　この戦略では，最初に二次構造要素を予測する必要がある。言い換えると，各アミノ酸は α ヘリックス，β 鎖またはコイル（α ヘリックスでも β 鎖でもない要素）のいずれかに帰属されなければならない。アプローチによっては構造要素としてターンも考慮される。二次構造の予測に最も広く利用されているのは，Chou & Fasman により開発された方法である [17]。それは，20 種のアミノ酸の各々が α ヘリックス，β 鎖およびコイルで存在する確率の調査結果に基づいた統計的方法である。これらの確率は，当初，15 種のタンパク質分子に対する X 線構造の解析から求められた。計算されたのは，これらの三つの状態における各残基の出現分率と，15 種のタンパク質全体を通しての各残基の出現分率である。各残基が特定の二次構造をとる傾向（propensity）は，これらの値の比をとったものに等しい。各残基は，さらに α ヘリックスや β 鎖の開始基もしくは破壊基としての傾向も調査された。二次構造の予測に当たっては，まず最初，アミノ酸配列から α ヘリックスや β 鎖の潜在的な開始残基が探索される。開始残基が定まれば，次に α ヘリックスや β 鎖の成長操作が続き，その操作は 5〜6 個の残基についての傾向の平均が閾値を越える限り続けられる。β ターンもまた，そのような構造をとるアミノ酸の傾向から統計的に予測される。

　タンパク質の二次構造をその配列から予測する方法は，その他にも情報理論 [27] やニューラル・ネットワークに基づいたアプローチ [61] など，多数提案されている。しかし，最良の方法でさえ，その予測精度はかろうじて 65〜70 ％ を越える程度である。ちなみに，ヘリックス，シートおよびコイルが同量ずつ存在する場合，単なる偶然によっても 33 ％ の精度は達成できる。しかも，モデルの作成と評価に同じタンパク質が使われる場合もあることを考えると，これらの予測精度の値は，本来あるべき値に比べておそらく過大に評価されている。二次構造を予測する最近の方法は，当該配列だけでなく，関連する他の配列も多重配列並置の形で利用する。このような関連配列は，10.5.3 項で述べる BLAST のような配列探索プログラムを使えば捜し出せる。多重配列の利用は，二次構造の予測精度の改善に役立つ。並置された複数の配列を対象に予測を行うため，単配列の解析で生じやすい偶然の誤りが回避できるからである。多重配列を利用する二次構造の予測法には，PHD（ニューラル・ネットワーク法）[79] と DSC [45] の二つがある。これらの方法は，モデルの試験の際，作成時と無関係なタンパク質を使ったとしても 70 ％ の予測精度を達成できる。また，複数の方法を組み合わせれば，単独の場合に比べ，予測精度はわずかではあるがさらに向上する [20]。しかし，これらの方法は局所的な相互作用しか考慮せず，配列上は遠く離れているが三次元空間では近距離にあるアミノ酸の間の相互作用を無視するため，二次構造の予測能力に固有の上限が存在する。

　二次構造要素の予測ができたならば，次はそれらをどのように詰め込んだら，低エネルギー構造が得られるかを調べなければならない [18]。Cohen, Sternberg & Taylor は，多数のタン

パク質を対象に，αヘリックスとβシートの充填状態を解析し，有利な充填配置の組立てに役立つ一連のルールを導き出した [19]。たとえば，タンパク質18種の構造を調べた結果によれば，αヘリックスは通常βシートに対して平行に配置され，この配置には，ヘリックスの表面に出た二列の無極性残基が関与する。これらのルールは次に，αヘリックスとβシートから安定なコア構造を組み立てるのに利用された [94]。可能な充填配置の数は通常きわめて多い。しかし，その数は，次のような簡単な二つのフィルターを使えば大幅に減らせる。(1) 二次構造を形成するには十分な数の残基が必要である。(2) 充填状態では，ヘリックスとシートの間に不利な相互作用が存在してはならない。近似構造が得られたならば，それらは次にエネルギーを極小化され，構造を最適化される。二次構造の予測から得られた結果は，格子モデルの拘束条件としても使われる [69]。

　このルールベース・アプローチ（rule-based approach）によるタンパク質の構造予測は，明らかに最初に行う二次構造の予測精度に強く依存する。また，その精度は残念ながらあまり高いものではない。この方法がうまく機能するためには，解析されるタンパク質の構造クラスが分かっている必要がある（構造クラスは円二色性などの実験データから推定できる）。たとえばαヘリックスしか含まないことが明らかなタンパク質であれば，その二次構造の予測はかなり簡単になる。全体として，このルールベース・アプローチによるタンパク質の構造予測は，うまくいく場合もあり，いかない場合もある。しかし，その中で使われる二次構造の予測戦略は，タンパク質構造を予測するより一般的なアプローチにおいてもその一部として広く使われるようになりつつある。

10.4　比較モデリングへの序論

　タンパク質の三次元構造を比較したとき，顕著な類似性が観察されることがある。たとえば，トリプシン，キモトリプシンおよびトロンビンは，図10.9に示すような三次元構造をもつ。明らかに，三つの配座は互いに非常によく似ている。これらのタンパク質は，いずれもトリプシン様セリンプロテアーゼ・ファミリーの成員であるが，このような構造の類似性は，生物学的に関連のないタンパク質の間でもしばしば観察される。たとえば，多くのタンパク質は八本のねじれ平行β鎖がαヘリックスを介して連結された樽型の構造で存在する（図10.10）。この構造は，X線結晶解析で構造を決定された最初の樽型タンパク質，トリオースリン酸イソメラーゼにちなみ，「TIMバレル（TIM barrel）」と呼ばれる。

　比較モデリング（comparative modeling）*は，タンパク質相互の構造的類似性を利用し，構造既知の関連タンパク質から構造未知のタンパク質の三次元構造を構築する手法である。この比

＊以前は，相同性モデリング（homology modeling）と呼ばれていた。しかし現在は，比較モデリングという用語が好んで使われる。相同性モデリングという用語には，未知タンパク質と鋳型の間に機能的な類似性が存在するといった意味合いが暗に込められている。しかし，実際には必ずしもそうではない。

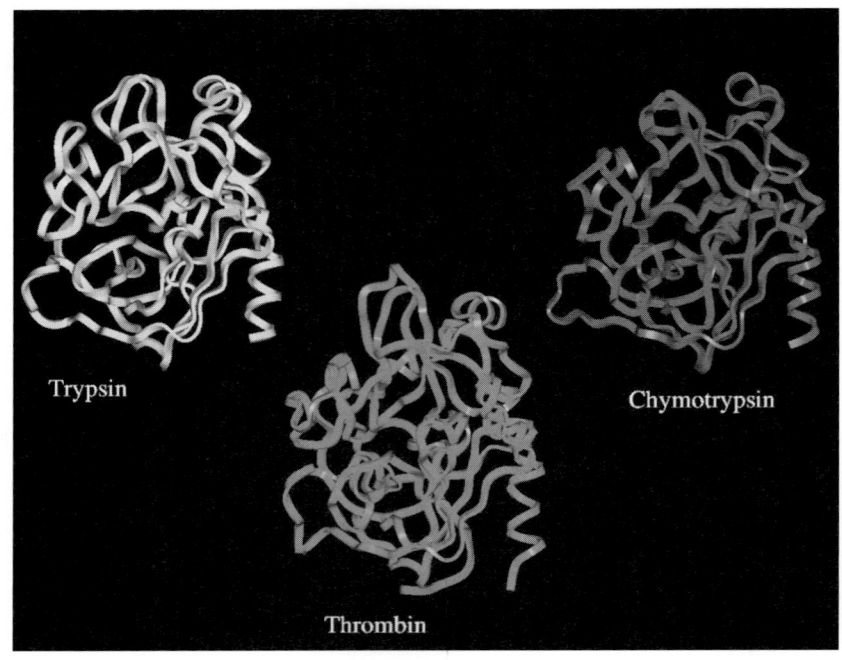

図 10.9 トリプシン［99］（左上），キモトリプシン［5］（右上）およびトロンビン［98］（下）は，よく似た三次元構造をもつ．（カラー口絵参照）

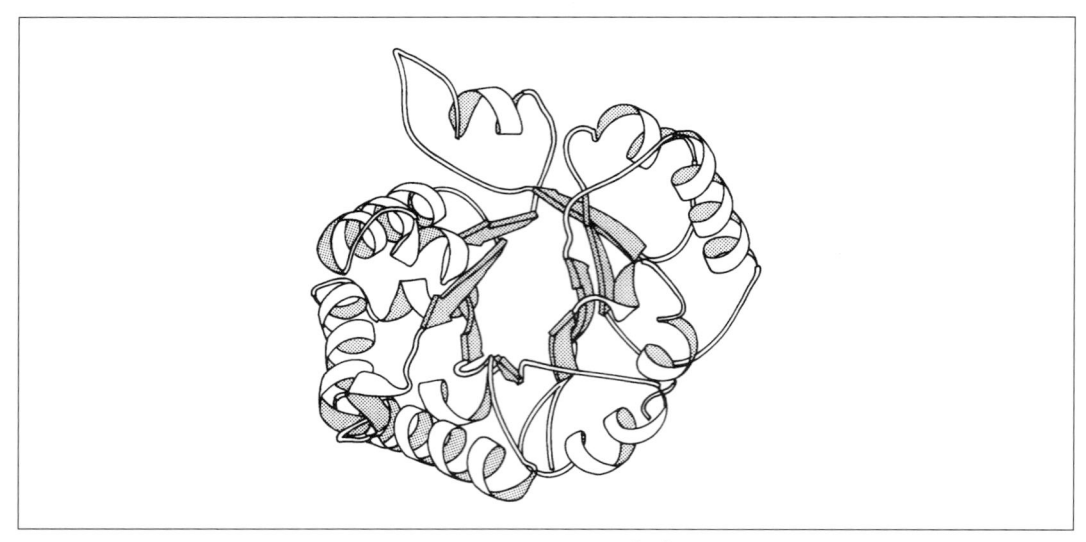

図 10.10 TIM バレル［62］

較モデリングでは，まず鋳型となるタンパク質が選定され，しかるのち，この鋳型タンパク質と構造未知タンパク質のアミノ酸配列が突き合わされる．

もし，タンパク質の生物学的機能が分かっていれば，鋳型となるタンパク質の選択は比較的容

易である．また，タンパク質の機能が分かっていない場合でも，配列データベースを探索し，モチーフと呼ばれる特定のアミノ酸配列を捜し出せば，そのタンパク質がどのファミリーに属するかを推定できる．もし，モチーフも発見できなければ，未知タンパク質と最もよく適合する一次構造をもつタンパク質が鋳型として使われる．このような適合を同定し，数量化することは，配列並置法の任務である．

10.5　タンパク質の配列並置

　トリプシン，キモトリプシンおよびトロンビンが非常によく似た三次元構造をもつことはすでに述べた．いま，これらのタンパク質の三次元構造を重ね合わせてみよう．活性部位のセリン，ヒスチジンおよびアスパラギン酸残基を含め，空間の多くの位置でアミノ酸の配置がよく一致する（図10.11）．また，これらのタンパク質のアミノ酸配列には，顕著な類似性が至る所で見出される．図10.12は，これらの配列を並置したときの結果の一部である．ただし，アミノ酸は1文字コードで表記されている．1986年，Chothia & Lesk は，配列と構造の間の関係を調査し，類似した配列をもつタンパク質は三次元構造もよく似ていることを示した [15]．配列並置（sequence alignment）の目的は，複数のタンパク質の一次構造を突き合わせ，（二次構造や触媒領域といった）共通する構造的特徴や機能的特徴を浮かび上がらせることにある．並置された配列に見られるギャップは，ポリペプチド・ループが失われたり挿入されたりした領域に対応す

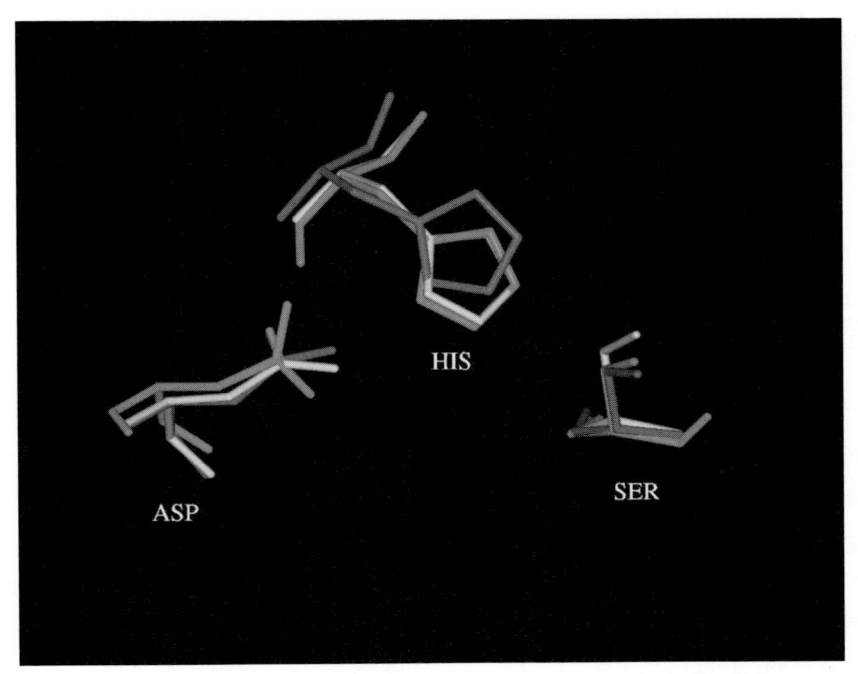

図 10.11 トリプシン（黄），キモトリプシン（赤）およびトロンビン（緑）の活性部位を構成するアスパラギン酸，ヒスチジンおよびセリン残基の空間配置（カラー口絵参照）

```
トリプシン       SQWVVSAAHC  ..........  YKSGIQVRLG  EDNINVVEGN  E.QFISASKS
キモトリプシン    EDWVVTAAHC  ..........  GVTTSDVVVA  GEFDQGLETE  DTQVLKIGKV
トロンビン       DRWVLTAAHC  LLYPPWDKNF  TVDDLLVRIG  KHSRTRYERK  VEKISMLDKI

トリプシン       IVHPSYN.SN  TLNNDIMLIK  LKSAASLNSR  VASISLP...  TSCA..SAGT
キモトリプシン    FKNPKFS.IL  TVRNDITLLK  LATPAQFSET  VSAVCLP...  SADEDFPAGM
トロンビン       YIHPRYNWKE  NLDRDIALLK  LKRPIELSDY  IHPVCLPDKQ  TAAKLLHAGF

トリプシン       QCLISGWGN.  ....TKSSGT  SYPDVLKCLK  APILSDSSCK  SAYPGQITSN
キモトリプシン    LCATTGWGK.  ....TKYNAL  KTPDKLQQAT  LPIVSNTDCR  KYWGSRVTDV
トロンビン       KGRVTGWGNR  RETWTTSVAE  VQPSVLQVVN  LPLVERPVCK  ASTRIRITDN

トリプシン       MFCAGYLEGG  ...KDSCQGD  SGGPVV..CS  GK....LQGI  VSWGSGCAQK
キモトリプシン    MICAG..ASG  ...VSSCMGD  SGGPLV..CQ  KNGAWTLAGI  VSWGSSTCST
トロンビン       MFCAGYKPGE  GKRGDACEGD  SGGPFVMKSP  YNNRWYQMGI  VSWGEGCDRD
```

図 10.12 トリプシン，キモトリプシンおよびトロンビン（ウシ）の配列並置結果。太字は，活性部位を構成するヒスチジン，アスパラギン酸およびセリン残基を表す。

る。一次構造しか分からない新しいタンパク質の三次元構造を予測する際，配列並置はその手続きの主要部分を構成する。以下の議論では，主題はアミノ酸配列の並置である。しかし，同じアルゴリズムは（若干の修正を加えれば）DNA 配列の並置操作にも役立つ。

配列並置の方法は一般に三種類知られている。第一のアルゴリズムは，二つのタンパク質を配列全体にわたって突き合わせる。また，第二のアルゴリズムは，配列の一部（必ずしも連続している必要はない）を取り上げ，局所的な並置を行う。これらの二つの方法を代表するのは，それぞれ Needleman & Wunsch 法 [60] と Smith & Waterman 法 [92] である。これらの方法は計算がかなりめんどうなため，大規模な配列データベースの探索には適さない。そこで第三のアルゴリズムとして，近似のより粗い発見的方法が考案された。この種の方法として主要なものは，BLAST と FASTA である。

本節では，次にこれらのアルゴリズムを年代順に考察していく。典型的な比較モデリングでは，まず最初，発見的アルゴリズムを使って検討すべき配列が決定される。次に，Smith-Waterman 法により適当な部分配列が同定された後，Needleman-Wunsch アルゴリズムに基づいて並置が行われ，三次元モデルが構築される。自動並置プログラムの結果は，手作業により改善できることが多いので，吟味することなく自動並置の結果をそのまま利用するのは得策ではない。本節では以下，タンパク質の配列並置で使われるさまざまなアルゴリズムを説明するが，これらのアルゴリズムはすべて，核酸の配列並置にもそのまま応用できる。

二つの配列間で行われたさまざまな並置の結果を比較するには，いかなる並置アルゴリズムにおいてもそのための採点尺度を必要とする。並置操作の目的は，スコアが最大となるアラインメント（alignment）を発見することにある。最も簡単な採点尺度は，二つの配列を並置したとき，同じ位置に同じアミノ酸が現れる割合を示す配列一致率（percentage sequence identity）である。この尺度では，アミノ酸が一致するペアは 1，そうでないペアはすべて 0 と置かれる。しかし，二つの構造的に相同なタンパク質の間では，位相幾何学的に等価な残基は，まったく同じではないにしても非常によく似た形や電子的，水素結合的および疎水的性質をもつことが多い。こ

のような「保存」置換は，タンパク質の三次元構造をほとんど変えない。そこで，そのことを考慮に入れたアプローチもまた存在する。たとえば，セリンプロテアーゼ類の並置では，54番目の残基は43番目の残基と水素結合を形成する必要があるため，トレオニンかセリンのいずれかでなければならない。Dayhoffと彼の協力者は，並置された配列における置換頻度を調査し，アミノ酸が別のアミノ酸で置き換わる確率を与える一連の表を報告した [21]。これらの確率は，通常PAM行列—PAMは進化上の時間単位—と呼ばれる20×20行列の形で提示される。1 PAMは，アミノ酸の全配列のうち，平均して1％の位置で変化が起こった状態に対応する。PAM概念はまた，「進化距離（evolutionary distance）」の尺度と見なすこともできる。最もよく知られているPAM行列は，Dayhoffが提案したPAM 250である。これは250周期のPAM進化に対応する。進化距離1 PAMと250 PAMに対する変異確率行列は，それぞれ付録10.3と10.4に示した通りである。これらの行列の各要素M_{ij}は，所定の進化時間が経過したとき，i列のアミノ酸がj行のアミノ酸へ変異する確率を与える。すべての残基がこの時間内に変化するわけではない。残基の中には，まったく変化しないものもあれば，幾度も変異を繰り返し，元の状

		Ala	Arg	Asn	Asp	Cys	Gln	Glu	Gly	His	Ile	Leu	Lys	Met	Phe	Pro	Ser	Thr	Trp	Tyr	Val
		A	R	N	D	C	Q	E	G	H	I	L	K	M	F	P	S	T	W	Y	V
Ala	A	2																			
Arg	R	−2	6																		
Asn	N	0	0	2																	
Asp	D	0	−1	2	4																
Cys	C	−2	−4	−4	−5	4															
Gln	Q	0	1	1	2	−5	4														
Glu	E	0	−1	1	3	−5	2	4													
Gly	G	1	−3	0	1	−3	−1	0	5												
His	H	−1	2	2	1	−3	3	1	−2	6											
Ile	I	−1	−2	−2	−2	−2	−2	−2	−3	−2	5										
Leu	L	−2	−3	−3	−4	−6	−2	−3	−4	−2	2	6									
Lys	K	−1	3	1	0	−5	1	0	−2	0	−2	−3	5								
Met	M	−1	0	−2	−3	−5	−1	−2	−3	−2	2	4	0	6							
Phe	F	−4	−4	−4	−6	−4	−5	−5	−5	−2	1	2	−5	0	9						
Pro	P	1	0	−1	−1	−3	0	−1	−1	0	−2	−3	−1	−2	−5	6					
Ser	S	1	0	1	0	0	−1	0	1	−1	−1	−3	0	−2	−3	1	3				
Thr	T	1	−1	0	0	−2	−1	0	0	−1	0	−2	0	−1	−2	0	1	3			
Trp	W	−6	2	−4	−7	−8	−5	−7	−7	−3	−5	−2	−3	−4	0	−6	−2	−5	17		
Tyr	Y	−3	−4	−2	−4	0	−4	−4	−5	0	−1	−1	−4	−2	7	−5	−3	−3	0	10	
Val	V	0	−2	−2	−2	−2	−2	−2	−1	−2	4	2	−2	2	−1	−1	−1	0	−6	−2	4

図 **10.13** 対数オッズ形式のPAM 250スコア行列 [21]。各要素S_{ij}は$10\times(\log_{10} M_{ij}/f_i)$から算定される。ここで，$M_{ij}$は対応する変異確率行列要素（付録10.4）の値，$f_i$はアミノ酸$i$の出現頻度，すなわち$i$が配列中に偶然出現する確率である。数値は最も近い整数値に丸められている。

態に戻っているものもある。たとえば，ヒスチジンがグルタミンへ変異する確率は 1 PAM 後では 2.3 ％ であるが，250 PAM 後には 8 ％ にまで上昇する。PAM 250 行列によれば，変化しない残基の割合は，トリプトファンでは 55 ％，メチオニンでは 7 ％ で，全体としてアミノ酸の約 20 ％ はこの進化により変化しない。適当な進化時間に対する PAM 行列を求めるには，基本の PAM 行列を所定の回数掛け合わせればよい。PAM 行列は，図 10.13 に示した対数オッズ形の対称行列で表されることも多い。対数オッズ行列の各要素 $S_{i,j}$ は，基本行列の M_{ij} をアミノ酸 i の相対出現頻度で割り，対数をとったものに等しい。すなわち，対数オッズ行列の各要素は，アミノ酸 i と j の間の対数置換確率を表す。ゼロよりも大きな S_{ij} をもつアミノ酸対は，互いどうし置き換わる（すなわち変異を起こす）確率が高い。一方，ゼロよりも小さい S_{ij} をもつアミノ酸対は，互いどうし置き換わる確率が低く，変異を起こしにくい。対数オッズ行列を使用すれば，配列を比較する際，確率を掛け合わせる必要はなく，加え合わせるだけでよい。低 PAM 行列は，よく似た配列ほど高いスコアを与える。それに対し，高 PAM 行列は遠い関係を検出するのに役立つ。したがって，両方の可能性を検討したければ，二つの PAM 行列を組み合わせて使用すべきである。PAM 行列の値は，密接に関連した少数の配列を対象に，観測されるアミノ酸置換を数え上げる方法で算定された。BLOSUM 行列（ブロック置換行列）もまた同様にして得られるが，その誘導に類似度の低い配列が使われているので，PAM 行列に比べて通常良い結果を与える [36]。その他，数学的に精密で簡潔明快な手続きに基づき，タンパク質配列データベース全体の徹底的な突き合わせを行う完全変異行列（definitive mutation matrix）なるものも提唱されている [32]。

10.5.1 動的計画法と Needleman–Wunsch アルゴリズム

Needleman & Wunsch によって開発されたアルゴリズムは，二つの配列を並置する目的に広く利用される [60]。このアルゴリズムは，スコア行列に基づき最適なアラインメントを確実に検出する。Needleman–Wunsch アルゴリズムは，動的計画法（dynamic programming）の応用である。この動的計画法は，生命情報科学（bioinformatics）で使われるさまざまな手法の基礎をなす。配列並置は容易な問題ではない。きわめて多数の可能解が存在するからである。たとえば，長さが 100 の二つの配列の場合，その解の数は 10^{30} の桁にもなる。本項では，現在広く使われる基本アルゴリズムについて取り上げる。このアルゴリズムは元の Needleman–Wunsch アプローチと同等であるが，まったく同じものではない。

行列 **H** は，タンパク質 A のアミノ酸 M 個とタンパク質 B のアミノ酸 N 個を表す M 行と N 列から構成される。この行列の要素には，先頭から順番に値が代入される。行列の各要素 $H_{i,j}$ の値は，二つの部分配列——第一の配列から $1\cdots\cdots i$，第二の配列から $1\cdots\cdots j$——を並置したときの至適スコアを表す（$1\leq i\leq M$, $1\leq j\leq N$）。アルゴリズムは行列の左上から右下へと作用する。ちなみに，元の Needleman–Wunsch アルゴリズムは逆方向を辿るが，得られる結果は同じである。各行列要素 $H_{i,j}$ に代入される値は次式に従い，先行する三つの要素 $H_{i-1,j-1}$（北西），$H_{i-1,j}$（北）および $H_{i,j-1}$（西）から計算される。

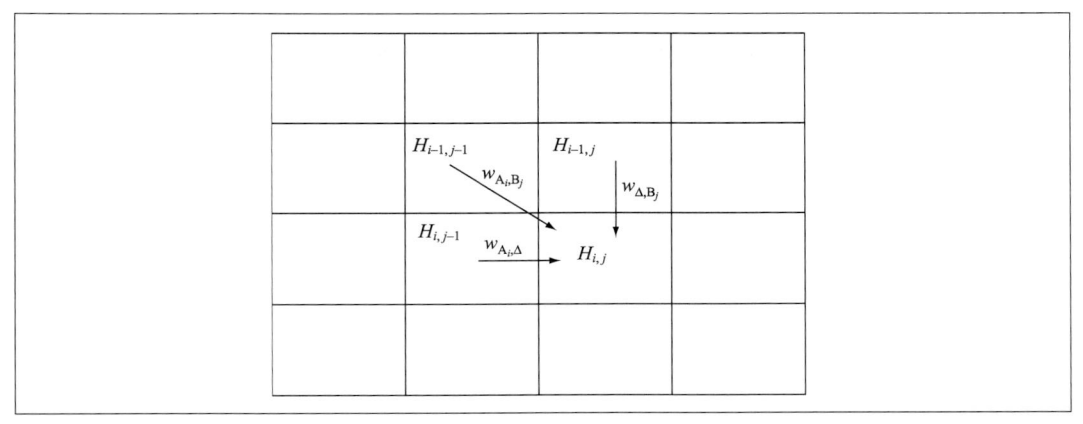

図 10.14 動的計画法で行列要素 $H_{i,j}$ の更新に使われる三種類の移動操作

$$H_{i,j} = \max \begin{cases} H_{i-1,j-1} + \omega_{A_i,B_j} \\ H_{i-1,j} + \omega_{A_i,\Delta} \\ H_{i,j-1} + \omega_{\Delta,B_j} \end{cases} \tag{10.1}$$

点 (i, j) へ至るこれらの三種の移動操作は，それぞれ突き合わせ (match)，配列 B のギャップおよび配列 A のギャップに対応する（図10.14）。ここで，記号 Δ はギャップを表す。また，ω_{A_i,B_j} は残基 A_i を残基 B_j と並置したときのスコアである。一致度の最も簡単な表し方に従えば，ω_{A_i,B_j} は二つの残基が同じときのみ 1 で，それ以外はゼロになる。しかし，よく使われるのはPAM 行列と BLOSUM 行列である。他の二つのスコア，$\omega_{A_i,\Delta}$ と ω_{Δ,B_j} は，ギャップペナルティー (gap penalty) を表す。最も簡単な採点方式では，ギャップペナルティーは使用されない。たとえば一例として，AECENRCKCRDP (A) と AVCNERCKLCKPM (B) の配列をもつ二本のポリペプチド鎖を考えてみよう。配列 A は 12 個，配列 B は 13 個の残基から成り立つ。行列 **H** は図 10.15 のようになる。行列には通常，ゼロ番目の行と列が挿入される。行列の端にあるこれらの要素は，各残基とギャップとの突き合わせに相当し，先行する行列要素を一つしかもたない。アルゴリズムは $H_{0,0}$ から出発し，行列を一度に一行ずつ満たしていく。配列の一致度のみを考慮し，ギャップペナルティーを使用しない最も簡単な採点方式に従えば，端にあるこれらの要素はすべてゼロである。要素 $H_{6,6}$ を考えてみよう。これは，配列 A のアルギニンと配列 B のアルギニンを突き合わせたことに対応する。三つの先行する行列要素は，$H_{5,5}$, $H_{5,6}$, $H_{6,5}$ で，それらの値はすべて 3 である。また，二つの残基は同じであるから，$\omega_{6,6}$ の値は 1 であり，式 (10.1) の三種の移動に対応するスコアはそれぞれ 4, 3, 3 になる。したがって，$H_{6,6}$ には 4 が代入される。次に，$H_{10,10}$ を考えてみよう。配列 A はアルギニン，配列 B はシステインであるから，$\omega_{10,10}$ はゼロである。先行する行列要素 $H_{10,9}$, $H_{9,9}$, $H_{9,10}$ の値はそれぞれ 6, 6, 7 であるから，この場合，最大のスコア (7) は垂直方向の移動から導かれる。時として，複数の移動が同じスコアを与えることもありうる。その例は $H_{5,5}$ である（配列 A はアスパラギン，配列 B はグルタミン酸）。二つの残基は異なるので，ω_{A_i,B_j} はゼロである。また，三種類の移動に対するスコアは，

512　第10章　タンパク質構造の予測，配列解析およびタンパク質の折りたたみ

X	Δ	A	V	C	N	E	R	C	K	L	C	K	P	M
Δ	0	0	0	0	0	0	0	0	0	0	0	0	0	0
A	0	1	1	1	1	1	1	1	1	1	1	1	1	1
E	0	1	1	1	1	2	2	2	2	2	2	2	2	2
C	0	1	1	2	2	2	2	3	3	3	3	3	3	3
E	0	1	1	2	2	3	3	3	3	3	3	3	3	3
N	0	1	1	2	3	3	3	3	3	3	3	3	3	3
R	0	1	1	2	3	3	4	4	4	4	4	4	4	4
C	0	1	1	2	3	3	4	5	5	5	5	5	5	5
K	0	1	1	2	3	3	4	5	6	6	6	6	6	6
C	0	1	1	2	3	3	4	5	6	6	7	7	7	7
R	0	1	1	2	3	3	4	5	6	6	7	7	7	7
D	0	1	1	2	3	3	4	5	6	6	7	7	7	7
P	0	1	1	2	3	3	4	5	6	6	7	7	8	8

```
AEC ENRCK CRDP          AECEN RCK CRDP
AVCNE RCKLC KPM         AVC NERCKLC KPM
スコア＝8〔8残基が一致〕
```

図10.15 ギャップペナルティーのない採点方式に従う動的計画法を使った至適アラインメントの検出。配列 A＝AECENRCKCRDP；配列 B＝AVCNERCKLCKPM。行列の各要素の値は，二つの部分配列を並置したときの至適スコアを表す。図によれば，スコアが8となるアラインメントは二つ存在する。

2（対角線，$H_{4,4}$ から），3（$H_{4,5}$ から），3（$H_{5,4}$ から）となる。したがって，$H_{5,5}$ には3が代入される。

　スコア行列が完成したとしよう。二つの配列を並置したときの全スコアは，最後の行列要素 $H_{M,N}$ の値と一致する。この例では，その値は8である。実際のアラインメントは，行列を逆に辿れば定まる。これを行うには，行列の各要素 $H_{i,j}$ について，三種の可能性のうちどれが最大値を与えたかを調べればよい。すでに見たように，場合によっては最大値が複数個存在し，別のアラインメントが同じスコアをもつこともありうる。図10.15の例では，要素 $H_{5,5}$ でそのような事態が発生した。

　ギャップペナルティーを使用しないとき，Needleman-Wunsch 並置アルゴリズムは多数の非現実的なギャップを発生する。ギャップペナルティーを科すには，最も簡単な場合，長さ依存方式に従い，個々の挿入（insertion）や欠失（deletion）（一まとめにしてインデル（indel）とも呼ばれる）に対して一定の負値を割りつければよい。たとえば，-2 のギャップペナルティーを導入し，一致しない残基対に対して-1 を与えるならば，上述の並置例に対する動的計画行列は，図10.16のように変化する。この場合，発生したアラインメントは（末端を除き）ギャップをもたない。このような並置はまっすぐな対角線で表される。

　この第二の例で使われた採点方式は，並置に及ぼすギャップペナルティーの効果を説明するた

	Δ	A	V	C	N	E	R	C	K	L	C	K	P	M
Δ	0	−2	−4	−6	−8	−10	−12	−14	−16	−18	−20	−22	−24	−26
A	−2	1	−1	−3	−5	−7	−9	−11	−13	−15	−17	−19	−21	−23
E	−4	−1	0	−2	−4	−4	−6	−8	−10	−12	−14	−16	−18	−20
C	−6	−3	−2	1	−1	−3	−5	−5	−7	−9	−11	−13	−15	−17
E	−8	−5	−4	−1	0	0	−2	−4	−6	−8	−10	−12	−14	−16
N	−10	−7	−6	−3	0	−1	−1	−3	−5	−7	−9	−11	−13	−15
R	−12	−9	−8	−5	−2	−1	0	−2	−4	−6	−8	−10	−12	−14
C	−14	−11	−10	−7	−4	−3	−2	1	−1	−3	−5	−7	−9	−11
K	−16	−13	−12	−9	−6	−5	−4	−1	2	0	−2	−4	−6	−8
C	−18	−15	−14	−11	−8	−7	−6	−3	0	1	1	−1	−3	−5
R	−20	−17	−16	−13	−10	−9	−6	−5	−2	−1	0	0	−2	−4
D	−22	−19	−18	−15	−12	−11	−8	−7	−4	−3	−2	−1	−1	−3
P	−24	−21	−20	−17	−14	−13	−10	−9	−6	−5	−4	−3	0	−2

```
AECENRCKCRDP
AVCNERCKLCKPM
スコア＝0〔6残基が一致〕
```

図10.16 一致したときのスコアを1，一致しないときのスコアを−1，ギャップペナルティーを−2とする採点方式に従う動的計画法を使った至適アラインメントの検出．

めのもので，いくぶん人為的である．長さ依存方式では，離れた二つのギャップは連続した二つのギャップと同じスコアをもつが，もっと複雑なギャップペナルティーもまた可能である．動的計画法は，通常 $v+uk$ の形をもつギャップペナルティーを認める．ここで，k はギャップ長，v はギャップ開始ペナルティー，u はギャップ伸長ペナルティーをそれぞれ表す．一般には，ギャップ開始ペナルティーは大きな値をとり，ギャップ伸長ペナルティーは小さな値をとる．また，位置特異的ペナルティーのように，さらに複雑なペナルティー体系も知られる．たとえば，少なくともどちらか一方の配列の3D構造が分かっている場合，α ヘリックスや β 鎖で発生するギャップに対して特に厳しいペナルティーを科せば，並置結果はさらに改善される．また，位置特異的な重みが使えるよう，スコア行列を修正することもできる．このような操作は，たとえば，活性部位にあることが知られている残基を同じ種類の残基と並置したり，溶媒に暴露された末端領域のギャップペナルティーを小さくしたい場合に有用である．

10.5.2 Smith-Waterman アルゴリズム

Needleman-Wunsch アルゴリズムは，二つの配列の大域的な並置を行う．このアルゴリズムは，全体がよく似ている二つの配列を対象とする場合には適当である．しかし一般には，局所領域の類似性しか示さない配列を扱う場合が多い．このような類似性は，大域的な並置では見落とされてしまう可能性が高い．たとえば，（それぞれ異なる機能をもつ）折りたたまれたいくつか

の配列からなる複合ドメインタンパク質を考えてみよう．この場合，ドメインの一つが構造未知の配列と相同であるとしても，複合ドメイン配列に対する大域的な並置から，それを正しく同定することはおそらく不可能である．局所的な並置を行うためのアルゴリズムは，Smith-Waterman により初めて提案された [92]．このアルゴリズムは，漸化式にゼロを加えることを除けば，前項で説明した Needleman-Wunsch 法と本質的に同じである．

$$H_{i,j} = \max \begin{Bmatrix} H_{i-1,j-1} + \omega_{A_i,B_j} \\ H_{i-1,j} + \omega_{A_i,\Delta} \\ H_{i,j-1} + \omega_{\Delta,B_j} \\ 0 \end{Bmatrix} \quad (10.2)$$

ゼロを加えたのは，類似度の値が負になることを避けるためである．最大の類似度をもつセグメント対を検出するには，値が最大となる行列要素 $H_{i,j}$ をまず突き止め，そこから Needleman-Wunsch 法と同様にして，ゼロに等しい要素に出会うまで行列を逆方向に遡ればよい．二番目の類似度をもつセグメント対もまた，最初の探索と無関係でかつ二番目に大きな行列要素から出発し，逆を辿れば見つけ出せる．図 10.17 は，前項で取り上げた二つの配列に対して，一致を 1，不一致を −1，ギャップを −2 としたときの Smith-Waterman 行列である．この行列から，二つの配列の中央部に共通する RCK モチーフがあることが確認できる．

基本的な動的計画法には多くの変法が存在する．そのいくつかについてはすでに論じた通りであるが，そのほか，（計算速度を高めたり所要記憶容量を減らすなど）実用面で改良を加えた変

	Δ	A	V	C	N	E	R	C	K	L	C	K	P	M
Δ	0	0	0	0	0	0	0	0	0	0	0	0	0	0
A	0	1	0	0	0	0	0	0	0	0	0	0	0	0
E	0	0	0	0	0	1	0	0	0	0	0	0	0	0
C	0	0	0	1	0	0	0	1	0	0	1	0	0	0
E	0	0	0	0	0	1	0	0	0	0	0	0	0	0
N	0	0	0	0	1	0	0	0	0	0	0	0	0	0
R	0	0	0	0	0	0	1	0	0	0	0	0	0	0
C	0	0	0	1	0	0	0	2	0	0	1	0	0	0
K	0	0	0	0	0	0	0	3	1	0	2	0	0
C	0	0	0	1	0	0	0	1	1	2	2	0	1	0
R	0	0	0	0	0	0	1	0	0	0	1	1	0	0
D	0	0	0	0	0	0	0	0	0	0	0	0	0	0
P	0	0	0	0	0	0	0	0	0	0	0	1	0

図 10.17 一致したときのスコアを 1，一致しないときのスコアを −1，ギャップペナルティーを −2 とする採点方式に従う Smith-Waterman アルゴリズムを使った至適局所アラインメントの検出．この例では，配列の中央部に共通する RCK モチーフが検出される．

法も知られる。

　アラインメントの有意性を吟味することは重要である。一般に，これを行うには，与えられた大域的または局所的なアラインメントのスコアを，同じ長さと組成をもつランダム配列対の並置から得られるスコア分布と比較すればよい。ただしスコア分布は，ランダム配列を多数発生させ，それらを並置したときのスコアから平均と標準偏差を算出する方法で得られる。また，アラインメントのスコアとして使われるのは，ランダム分布の平均を基準とし，それからの隔たりを標準偏差単位で表した値である。このスコアはSDスコアとかZスコアと呼ばれる。100〜200個のアミノ酸からなるタンパク質の場合，スコアが15よりも大きければ，そのアラインメントはほぼ理想的と考えられる。しかし，5よりも小さければ，その結果は要注意である。もっともスコア分布は歪むことがしばしばあり，実際には，標的と何ら構造的類似性がないにもかかわらず，高いスコアが得られることもある。この歪んだ分布は重要な結果をもたらすが，そのことについては次節で詳しく論ずる。

10.5.3　発見的並置法：FASTAとBLAST

　大域的または局所的な配列並置のための動的計画法は，最適解の発見を保証し，カットオフ内にあるすべてのアラインメントを効率よく検出する。しかし，大きな配列データベースを探索しようとすると，このような方法は厖大な計算を必要とする。配列データベースが大型化すればするほど，このことはますます重大性を増す。この問題に取り組むために開発されたのが，発見的並置法である。この方法は，大域的な最適解を常に発見できるわけではないが，実際問題として，配列の重要なマッチ（符合）を見落とすことはほとんどない。発見的並置法は，高速自動照合操作を使って重要な領域を速やかに同定し，これらの領域を局所的に押し広げて並置を実現する。

　FASTA アルゴリズム（旧版はFASTP [54]）は，初期の段階で自動照合表を使い，長さkの配列（k-tuple，略してktupと呼ぶ）の厳密なマッチをすべて同定する[72,73]。アミノ酸配列では，ktupは20^k組存在しうる（DNAでは4^k組）。質問配列と標的配列の内部にあるktupの位置は，すべて長さ20^kのアレイ（array）に保存される。二配列間でのktupのマッチは，すべてこのアレイから直接特定できる。次の段階では，配列対行列の斜行線上にあるktupが融合される。ktupがマッチする箇所は，斜行線に沿って連続して存在することもあれば，ギャップを置いて存在することもある。マッチするktupがどの斜行領域に最も多く存在するかは，簡単な公式を使えば確認できる。これらの斜行領域は，（たとえばPAM 250のような）スコア行列を用いて採点される。保存の対象となるのは最大のスコアをもつ領域である。次に，（ギャップペナルティーと同様の）連結ペナルティーが導入され，これらの領域のいくつかをつなぎ合わせて1本のアラインメントが作り出される。この並置の結果は，そのデータベース配列の総合的なスコアとして報告される。最後に，最大のスコアを与える配列がデータベースから選択され，スコアの最も高い斜行線を中心とした狭い帯域を対象に，動的計画法によるアラインメントの最適化が行われる。図で説明すれば，以上の四段階の手続きは図10.18のように表せる。

　FASTAは，データベース配列の各々に対して，質問を満たす最良の局所アラインメントしか

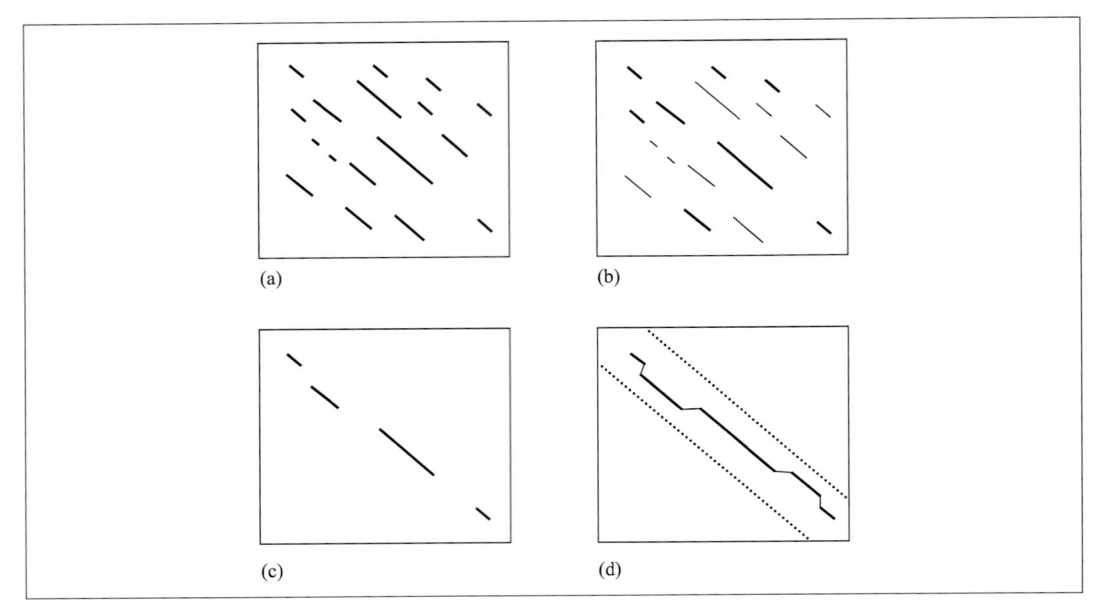

図 10.18 FASTA アルゴリズムの手順 [73]。(a) ktup が一致する領域の位置を突き止める。(b) スコア行列を使って、それらの領域を詳しく調べ、最大のスコアをもつ領域を保存する。(c) 最大のスコアをもつ初期領域をつなぎ合わせ、アラインメントを作り上げる。(d) アラインメントを再計算し、その最適化を図る。

報告しない。そのため、高い類似性をもつが生物学的には無関係な領域が、スコアの低いより重要な領域を覆い隠してしまう可能性がある。探索の速度と感度は ktup パラメータにより調整できる。タンパク質データベースの場合、ktup の標準値は 2 である。

BLAST (Basic Local Alignment Search Tool) プログラムもまた、類似性をもつ局所領域の探索に使われる [2]。元のバージョンでは、ギャップは考慮されていない。質問配列とデータベース配列が与えられたとき、このアルゴリズムは PAM 行列のような適当なスコア行列を利用し、一定の閾値 (T) よりも大きなスコアをもつ長さ w（通常、タンパク質では 3）のセグメント対をすべて捜し出す。ヒットしたセグメント対は両方向へ拡張され、有意なスコアをもつさらに長いアラインメント——MSP(maximal segment pair)——の有無が吟味される。BLAST は、パラメータ X を使い、どの程度まで拡張したらスコアが所定の閾値 S 以下になるかを調べる。閾値は、偶然の類似性が出現する最大の MSP スコアに対応する。ただし場合によっては、パラメータ X を使い、それまでに見出された最良値に比べて X 以上小さな値をとるセグメント対を棄却することもある。プログラムは、スコアが S を越える局所アラインメントを一組以上返してくる。アルゴリズムの性能は、最初の閾値 T の値とパラメータ X に依存する。T の値を小さくとれば、MSP を見落とす確率を下げることができるが、その一方で、次の拡張操作へ回されるヒットの数も増加する。

BLAST で使われるスコア閾値 S は、アミノ酸が確率 P で無作為に現れる単純モデルの統計的解析から導かれる。ランダム配列対から得られる MSP スコアは、正規分布に従わない。すなわち、平均のまわりの分布は、対称ではなく歪んでおり、正式には極値分布（extreme value

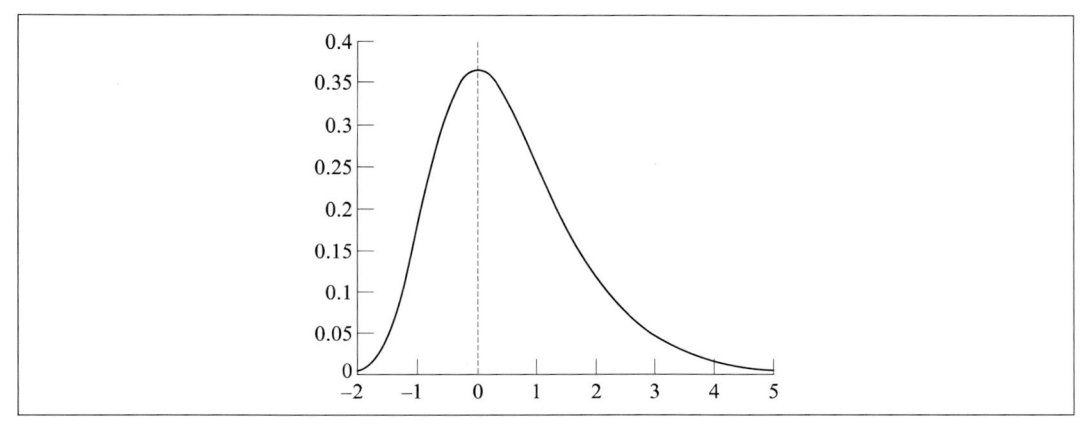

図 10.19 ランダム配列の MSP スコアに特徴的な極値分布．極値分布に従うランダム変数が少なくともスコア x をとる確率は，$1-\exp[-e^{-\lambda(x-u)}]$ で与えられる．ここで，u は特性値，λ は減衰定数である．図は，$u=0$，$\lambda=1$ のときの確率密度分布（関数の一次微分に対応）を表す．

distribution）と呼ばれる（図 10.19）．スコアが少なくとも x よりも大きい局所的な至適セグメント対の数は，$KMN\exp[-\lambda x]$ の形をとるポアソン分布にほぼ従う．ここで，K と λ はアミノ酸の確率とスコア行列から決定される定数であり，M と N は二つの配列の長さである．この分布の歪みから，p 値（p value）の概念が導かれる．この値は，特定のセグメント対が偶然観測される確率に相当する．あらゆる採点体系の直接的な比較を可能にする正規化スコアもまた定義された．正規化スコア S' は，基本的なスコア閾値 S と次の関係にある．

$$S' = \frac{\lambda S - \ln K}{\ln 2} \tag{10.3}$$

また，偶然発生することが期待され，少なくとも S' のスコアをもつ MSP の数 E は，次式で与えられる．

$$E = \frac{MN}{2^{S'}} \tag{10.4}$$

ここで，M は質問配列の長さ，N は比較配列の全長である．この全長は，データベース探索の場合，データベースに含まれる配列すべての長さを加え合わせたものに等しい．マッチの有意性は，E の値が小さいほど高い．したがって，質問配列の長さやデータベースの大きさが増した場合，所定の有意水準を維持したければ，正規化スコア S' もまた大きくしなければならない．

BLAST 概念は，配列対に含まれるセグメント対を複数扱えるよう拡張することもできる．この修正アルゴリズムを使用すれば，たとえばスコアが 40，45，50 の三つの MSP が存在する場合，少なくとも 40 のスコアをもつ三つのセグメント対が偶然見出される確率を計算することができる．検出されたマッチの有意性を定量的に評価できるこの能力は，BLAST のもつ特に有用な特徴である．BLAST プログラムは絶えず改訂され，しかも入手しやすいため，配列データベースの探索に現在最も広く利用されている．

Gapped-BLAST と PSI-BLAST の二つは，基本的な BLAST アルゴリズムの拡張形として

重要である[3]．すでに指摘したように，元のBLAST法はMSPへのギャップの導入を認めない．そのため，統計的に有意なアラインメントが見落とされる可能性がある．ギャップの導入は，局所的に存在するいくつかのアラインメントの結合を可能にする．このことは，アラインメントの一つが検出できれば，それを拡張することで他のアラインメントも囲い込めることを意味する．この操作には，中央のセグメントを両方向へ拡張できる動的計画法が使われる．Gapped-BLASTでは，同時にもう一つの修正も加えられた．それは，同じ斜行線に沿って重なり合うヒットが存在しなければ，拡張はできないという条件であった．一方，PSI-BLAST（Position-Specific Iterated BLAST）は，アミノ酸の一致だけではなく，質問配列内でのその位置にも敏感なスコア行列を使用する．PSI-BLASTでは反復操作が利用され，1回目のBLAST計算で見出された有意なアラインメントは，2回目の計算で位置特異的なスコア行列を定義するのに使われる．PSI-BLASTはBLASTに比べてはるかに感度がよい．たとえば，PSI-BLASTは10^{-4}よりも小さいE値で，ヒスチジン三つ組タンパク質とガラクトース-1-リン酸ウリジリル転移酵素タンパク質間に見られる類似性を検出できるが，BLASTは0.01のE値をもってしても，この類似性を発見することはできない[3]．特定のファミリーに属するこれらのタンパク質は，三次元構造の比較から進化的に関係があることが知られている．BLAST系列のプログラムがうまく機能するのは，（すでに取り上げた他の配列並置法と同様）一次元配列に対してだけである．厳密なSmith-Waterman法と比較したとき，Gapped-BLASTは前者の方法で検出される1739個の有意な類似性のうち，8個を見落とす．しかし，計算時間は100倍速い．また，PSI-BLASTはSmith-Waterman法に比べて40倍速く，しかも，Smith-Waterman法で検出される類似性をすべて捜し出す．しかし，非監視型の使い方は，時として以後のサイクルで増殖する誤差を取り込む傾向がある．

10.5.4 多重配列並置

簡単に言えば，多重配列並置は三つ以上の配列を突き合わせる並置である．もし，同じファミリーに属する他のタンパク質の一次配列が分かっていれば，このような並置を行うのが望ましい．多重配列並置は明確な傾向を検出しやすく，対形式の並置に比べて一般に信頼性が高い．二つの配列間の並置だけでは，偶然の一致による誤りが起きやすい．図10.12に示したセリンプロテアーゼ類の並置は，多重配列並置の一例である．多重配列からの情報はまた，配列を突き合わせる段階においてさえ有用である．このことは，PSI-BLASTによる幾多の結果が証明している．

多重配列並置を行うには，最も簡単には，基本的なNeedleman-Wunsch動的計画法を拡張し，三つ以上の配列が扱えるようにすればよい．2から$N(N \geq 3)$へのこのような一般化は，理論的にはいかなるNに対しても可能である．しかし，実際に使われるのは，三つの配列を比較する場合に限られる．大域的な並置を行う配列の数は，（対角線上に中心を置く「窓（window）」を使い，考慮するH行列要素を制限するといった）近似を行えば増やすことができる．しかし，多重配列並置で最も広く使われるのは，ある種の階層的クラスター化アプローチである．このアプローチでは，まず最初，配列対のすべての組合せについて並置が試みられる．そして，階層的

クラスター分析（9.13節参照）に基づき，最もよく似た配列対が一つのクラスターにまとめられ，同様にして，よく似た配列対が順次一つにまとめられていく。このようなアプローチは，二つの配列の並置だけでなく，配列とアラインメントの並置やアラインメントどうしの並置も必要とする。ただし，アラインメントとは，複数の配列を並置したものをいう。これらの操作では，（プロフィール（profile）と呼ばれる）位置特異的スコア行列が使用される。この行列は，アミノ酸の置換値を位置ごとに平均することで得られる。たとえば最初のステップで，二つの配列AとBを並置したとしよう。次に望まれるのは，第三の配列CとアラインメントABの並置である。たとえば，ある位置にAはセリン，Bはトレオニンを含むとしよう。配列Cのアラニン残基をこの位置で突き合わせるとすれば，そのスコアは，アラニン／セリンとアラニン／トレオニンに対する値を平均したものに等しい。ギャップはいったん形成されれば，通常そのまま保存される。アラインメントへのギャップの追加は，その後の段階においても，最適な突き合わせを達成するため必要になることがある。このような場合には，ギャップはアラインメントを形作るすべての配列に導入される。その手順は，模式的に示せば図10.20のようになる。

さらに高度なアプローチでは加重方式が採用され，よく似た配列は重複した情報を含むので，小さな重みが付与される。また，ギャップの処理にも特別な手続きが使われ，たとえば，（値をギャップ位置で小さくしたり，ギャップの近傍で大きくしたり，残基特異的にしたりといった）位置特異的なギャップペナルティーが設定される［97］。手法自体のこのような発展にもかかわらず，自動並置の結果には，一般に手動による調整が欠かせない。アミノ酸を種類と性質に従って色分けし，配列全体を表示できるコンピュータ・グラフィックス用プログラムは，この過程の能率を大いに高める。

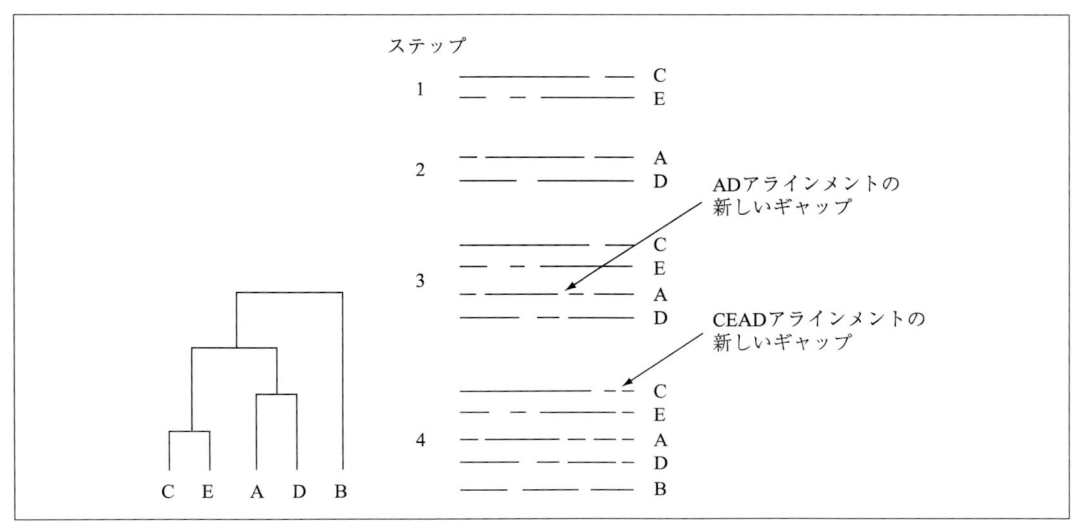

図10.20 五つの配列 A－E に対する多重配列並置の手順。ステップ1で配列CとEが並置され，ステップ2で配列AとDが並置される。また，ステップ3でアラインメントCEとADが並置され，最後のステップ4で四つ組のアラインメントCEADが配列Bと並置される。

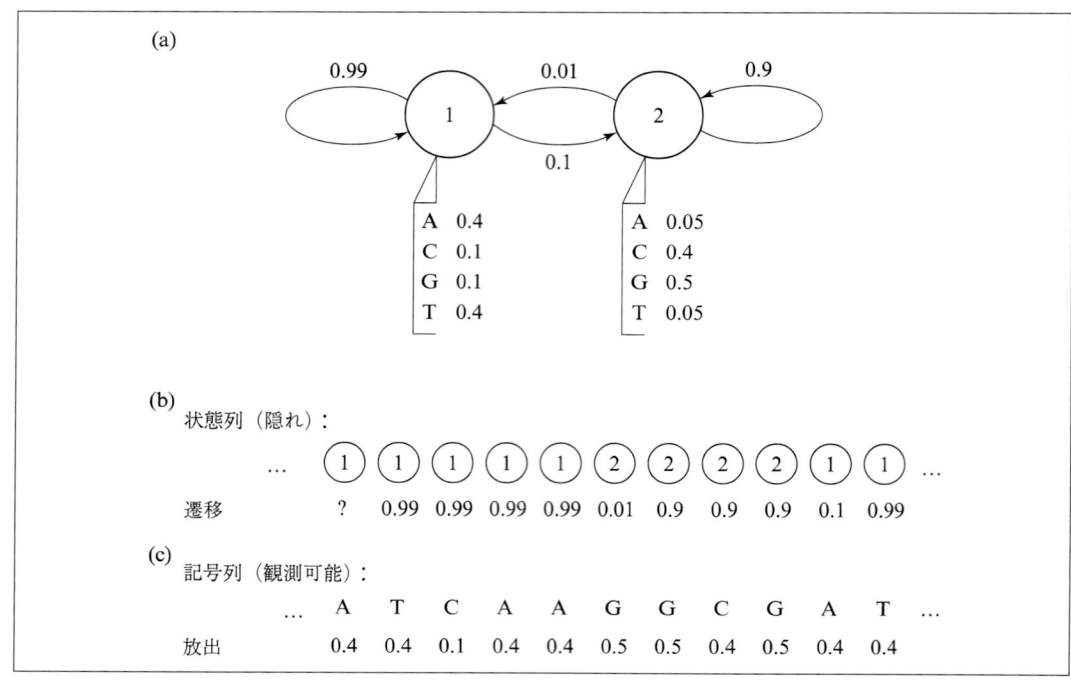

520   第10章 タンパク質構造の予測，配列解析およびタンパク質の折りたたみ

```
(a)
           0.99                  0.01                 0.9
          ┌──┐                  ────▶                ┌──┐
          ▼  │      ╭───╮                ╭───╮      ▼  │
             └────▶ │ 1 │                │ 2 │ ◀────┘
                    ╰───╯   ◀────        ╰───╯
                              0.1
                      │                    │
                      ▼                    ▼
                   A  0.4                A  0.05
                   C  0.1                C  0.4
                   G  0.1                G  0.5
                   T  0.4                T  0.05
```

(b) 状態列（隠れ）:
    … ① ① ① ① ① ② ② ② ② ① ① …
  遷移 ? 0.99 0.99 0.99 0.99 0.01 0.9 0.9 0.9 0.1 0.99

(c) 記号列（観測可能）:
    … A   T   C   A   A   G   G   C   G   A   T   …
  放出 0.4 0.4 0.1 0.4 0.4 0.5 0.5 0.4 0.5 0.4 0.4

図10.21 簡単な二状態隠れマルコフ・モデルによるDNA配列の発生 [24]。(a) 状態1と2は記号放出確率に従い，それぞれATとGCに富む配列を発生する。また，矢印に示される確率で遷移が起こる。(b) サンプルの隠れ状態列。(c) 観測される記号列とその発生確率。

多重配列並置の結果からは，保存されやすい残基や挿入・欠失が起こりやすい領域を知ることができる。その際，使われるのはプロフィール概念である [33]。ただし，プロフィールとは，すでに述べたように，特定の位置でアミノ酸を突き合わせたときのスコアや，挿入・欠失のペナルティーを規定する位置特異的な加重体系を指す。

多重配列並置や生命情報科学の応用領域で利用される統計的モデリング手法の一つに，隠れマルコフ・モデル（hidden Markov model, HMM）がある。このモデルは，他の科学技術領域，特に音声認識分野ではかなり以前から広く使われている[76]。その名前は，一連の「状態」——多重並置問題ではアラインメントに対応——からモデルが構築される事実に由来する。これらの状態は，一連の遷移確率に従って相互につながっている。どの状態をとるかの選択は，現在の状態に依存し，その意味で状態列はマルコフ連鎖を形作る。状態列は隠されており，直接観測されない。観測されるのは，この状態列から発生したアミノ酸や核酸の配列である。生物学と関係のある最も簡単なHMMの一つを図10.21に示す [24]。このモデルは二つの状態から構成され，そのうちの一方はATに富む配列を優先的に発生し，他方はGCに富む配列を優先的に発生する。また，（放出確率に従って）記号を発生させたとき，状態1から状態2へ遷移を起こす確率は1％である。このようなモデルでは，AとTまたはGとCいずれかの配列が発生しやすく，二つの状態の間で切替えはめったに起こらない。

タンパク質配列に対しては，一段複雑なモデルが使われる [48]。このモデルでは，最初，開

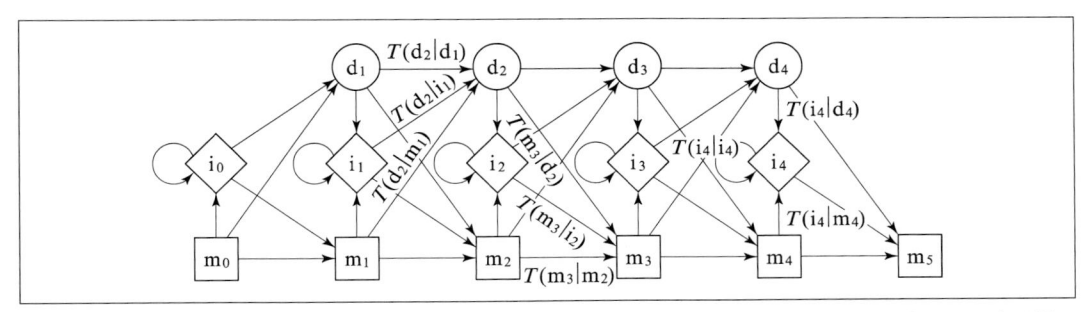

図 10.22 隠れマルコフ・モデルを利用したタンパク質の配列分析 [48]。m_1-m_4 はマッチ（本例では 4 点並置に対応），m_0 は開始，m_5 は終止の状態を表す。また，i は挿入，d は欠失の状態である。各状態から他の状態へは三種類の遷移が可能である。

始と終了の状態があり，両者の間には，多重並置する配列と同数の状態が介在する。各位置は，(1) 状態分布確率に従ってアミノ酸を発生，(2) 状態をスキップ（欠失），(3) アミノ酸を挿入，の三つの可能性をもつ。また，状態間の移動は一定の確率に従って起こる（図 10.22）。記号の発生と状態遷移の確率は，反復訓練により決まる。この訓練は他のアプローチと異なり，並置データを必要としない。また，もう一つの特徴として，HMM はデータから学習される位置特異的ギャップペナルティーを内在し，アラインメントが作られてからではなく，多重並置を行う過程でそのプロフィールを構築する。

特定のタンパク質ファミリーに対して隠れマルコフ・モデルが構築されたならば，次にそれを使ってデータベースが探索される。データベースの各配列に対してスコアが計算され，同程度の長さをもつ他の配列に比べて大きなスコアをもつ配列が同定される。Krogh らの原報では，具体例として，二種の主要なタンパク質ファミリー，グロビンとキナーゼが取り上げられた [48]。キナーゼを例にとると，Z スコアが 6 よりも大きな配列は，SWISSPROT のタンパク質配列データベースから 296 個同定された。これらの 296 個の配列のうち 278 個は，キナーゼであることがすでに知られているか，あるいは，他の一連の手続きからキナーゼであることが推定された。また，残った配列のうち，いくつかは（キナーゼではなく）偽陽性と見なされ，それ以外の配列は明確な結論を導き出せなかった。また，$Z=6$ のカットオフよりも小さなスコアをもつ配列の中には，少数ではあるが偽陰性と見なせるものもあった。

10.5.5 タンパク質構造の並置と構造データベース

配列並置法の顕著な進歩にもかかわらず，タンパク質の類似性は三次元構造を考えなければ確認できないこともある。このような場合には，構造的な特徴に基づき，二つのタンパク質を突き合わせる手段が必要になる。このような構造的比較は，最も基本的にはコンピュータ・グラフィックスを使い，手操作による重ね合わせを行えば達成できる。しかし，自動化のアルゴリズムもまた開発されており，その中でもいわゆる二重動的計画法（double dynamic programming）は特に評判がよい [96]。この方法は，動的計画法を 2 回使うことからこのように名づけられた。二重動的計画法では，まず最初，各構造から一つずつ残基が取り出され，それらの残基対に対し

てスコアが付与される．これらのスコアは長方行列 **H** を埋めるのに使われ，この行列に動的計画法を適用すれば，至適アラインメントが得られる．

　タンパク質 A の残基 i とタンパク質 B の残基 j の間の残基対スコアは，第二の長方行列を使って決定される．この行列の各要素 (l, m) は，タンパク質 A の残基 l とタンパク質 B の残基 m の間の残基対に対応する．行列要素 (l, m) には，次式から計算される類似度 s が代入される．

$$s = \frac{a}{[(^A\mathbf{V}_{il} - {}^B\mathbf{V}_{jm})^2 + b]} \tag{10.5}$$

ここで，$^A\mathbf{V}_{il}$ はタンパク質 A の残基 i から l への 3D ベクトル，$^B\mathbf{V}_{jm}$ はタンパク質 B の残基 j から m へのベクトルをそれぞれ表す（図 10.23）．二つのベクトルが似ていればいるほど，類似度 s は大きくなる．a と b は定数である．残基 l と m に対応する行列要素に値が入ったならば，次は動的計画法を使って，残基 i と j の間の至適類似度 S_{ij} が算定される．得られた値は主行列に代入され，この主行列は最終段階の動的計画に使用される．配列情報を組み込むには，式 (10.5) の分子を a から $(\omega D_{R_i R_j} + a)$ へ変えればよい．ここで，$D_{R_i R_j}$ は標準的な配列並置で使われる共通スコア行列の要素を表す．また，ω は重み因子で，構造と配列の相対寄与を定める．局所領域の構造類似性を同定する手法にも進歩が見られる [66,67]．たとえば，初期二次構造フィルターを使用する方法は，きわめて高速である [65]．

　三次元構造に基づいてタンパク質を分類した構造データベースは，多数知られている．それらの多くはインターネット（World Wide Web）を介してアクセスできる．タンパク質データバンク PDB は，生体高分子の構造に関する最も重要なデータ源である [4]．PDB には多数の構造が収録されているが，（リガンドの構造が異なったり，分解能が異なるだけで）同じタンパク

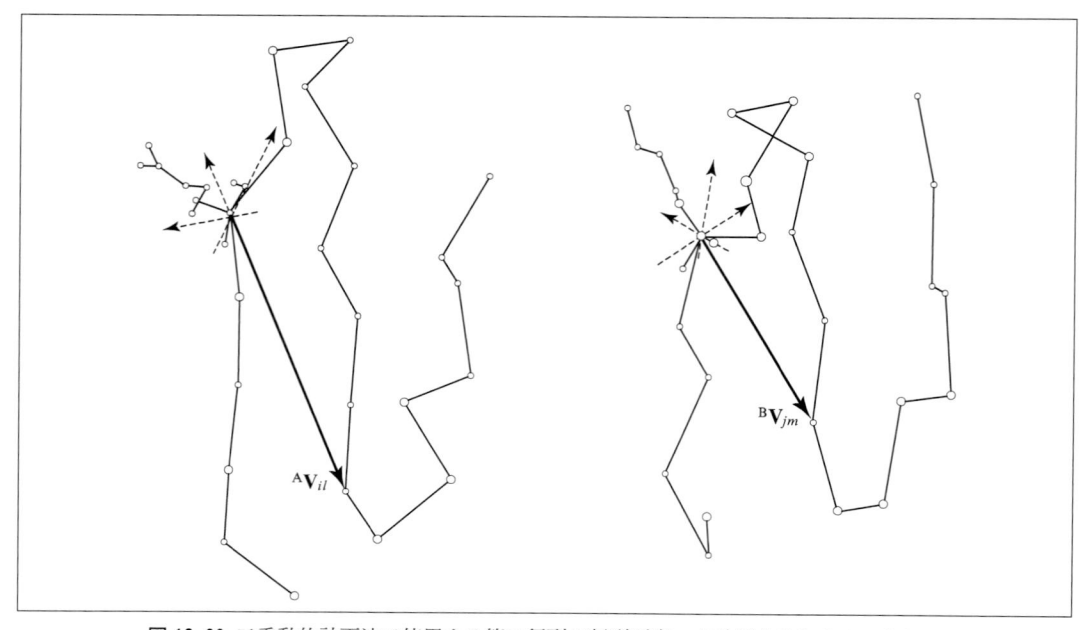

図 10.23　二重動的計画法で使用する第二行列の行列要素 s を計算するためのベクトル

質に関するデータも多い。

　SCOP（Structural Classification of Proteins）データベースは，階層的なアプローチをさまざまなレベルで採用している点に特色がある [59]．SCOPでは，その編成は通常と異なり，構造の目視検査と比較に基づく．マルチドメイン・タンパク質は個々のドメインへ分割され，それらはさらに，ファミリー，スーパーファミリー，フォールドおよびフォールド・クラスに従って分類される．ファミリー（family）は，配列相同性が30％以上のタンパク質か，機能や構造がきわめてよく一致するタンパク質から構成される．スーパーファミリー（superfamily）は，配列相同性は低いが，構造や機能がよく似たタンパク質からなる．フォールド（fold）は，特定のトポロジーをもつ二次構造要素の集合体である．また，フォールド・クラス（fold class）は，次の五つからなる構造上の分類を指す．(a) すべて α ヘリックス，(b) すべて β シート，(c) α ヘリックスと β 鎖が混在（α/β），(d) α ヘリックスと β 鎖がほとんど分離（$\alpha+\beta$），(e) マルチドメイン．1997年の時点で，PDBに収録されたデータの総数は7600件を越えているが，（同じ生物種に由来する同一タンパク質のように）重複するものを除くと，この数は1729件にまで減少する．もし，各ファミリーから構造を一つだけとる，すなわち配列相同性が25％以下のタンパク質だけを数えるとすれば，タンパク質，スーパーファミリーおよびフォールドの数は，それぞれ652，463，327になる [8]．このような分類によれば，タンパク質のファミリーの数には上限が存在し，一般にその数は約1000であると言われる．構造的な分類に基づくデータベースには，そのほかCATH [68] やFSSP [38] がある．後者は，残基-残基距離行列に基づいてタンパク質の構造を比較する際，DALIアルゴリズムを使用する [37]．また，FSSPには代表的な三次元構造が収録されており，それらはスレッディングなどの操作で利用される．構造と配列の情報を組み合わせることも可能である．たとえば，HSSPデータベースでは，構造既知のタンパク質と関連をもち，したがって同一の二次構造や三次構造をもつと思われる配列を同定するのに，並置操作が利用される [39]．

10.6　比較モデルの構築と評価

　配列並置によって明らかにできるのは，未知タンパク質と鋳型タンパク質の間のアミノ酸の対応関係である．では，タンパク質の三次元構造はどのようにしたら構築できるのか．複数の関連タンパク質の三次元構造を比較する場合，それらは，構造不変領域（structurally conserved region, SCR）と構造可変領域（structurally variable region, SVR）に分けて考えると都合が良い．構造不変領域とは，配列や配座が互いにきわめてよく似ている領域を指す．この構造不変領域は，タンパク質のコア領域や活性部位に見出されることが多い．それに対し，構造可変領域は通常，二次構造要素をつなぐポリペプチド・ループに現れる．これらのループは配列が有意に異なり，長さもまちまちである．

　タンパク質の三次元モデルを構築する方法には，現在3種類のものが知られる [80]．第一の方法は，鋳型タンパク質を剛体と見なし，その構造を利用して標的タンパク質を作り上げる．第

二の方法は，小さなセグメントを寄せ集め，それらの座標を再構成して標的タンパク質を組み立てる。第三の方法は，鋳型タンパク質から空間的な一連の拘束条件を発生させ，その条件下で最適化を行って標的タンパク質を作り上げる。これらの方法を使えば，原理的には，ループと側鎖をすべて備えた構造を一度のステップで組み立てることができる。しかし，通常は次の三つの段階に分け，三次元構造を構築するのが一般的である。(1) 構造不変領域のアミノ酸骨格をまず組み立てる。これはタンパク質のコア部分を形成する。(2) ループを付け加える。(3) 側鎖を追加し，エネルギーの極小化により構造の精密化を図る。最後に，タンパク質の構造に関するさまざまな経験則を満たすか否かを調べ，モデルの妥当性を検証する。

　最も簡単な剛体法では，標的タンパク質のコア骨格配座は，鋳型タンパク質のそれがそのまま使われる。ただし方法によっては，複数の鋳型タンパク質の骨格配座を平均し，それを使うものもある。その場合，個々の鋳型タンパク質には，標的タンパク質との間の配列類似性の度合に応じて重みが与えられる［93］。

　セグメントによる方法は，通常，α炭素原子だけの基本骨格から出発する。これらの座標は，セグメントを取りつける際の基準として使われる［51］。比較モデリングでは，初期の骨格は相同タンパク質の構造から得られ，セグメントの配座は通常，既知タンパク質のそれが使われる。しかし，方法によっては，ある種の幾何学的アルゴリズムに基づき，エネルギー的に有利な原子座標を発生させるものもある。既知構造から取り出した「スペア部品」を継ぎ合わせてタンパク質を組み立てるという発想は，1986年，Jones & Thirupによって最初に提唱された［44］。この方式は現在，骨格，ループおよび側鎖を組み立てる際使われる多くの手法の心臓部をなす。さらに野心的な戦略として，基本となる骨格を使用せず，セグメントから直接組み立てるアプローチもある［87-89］。この場合，セグメントは標的タンパク質と局所的に配列類似性のある構造既知タンパク質から取り出される。このスプライシング（重ね接ぎ，splicing）で作り出された初期構造は，次に（疎水性残基の埋没度や静電的性質を記述する）配列依存項と（αヘリックスやβ鎖の充填特性を記述する）配列非依存項からなるスコア関数を用い，焼きなましにかけられる。通常，計算は何回も行われ，その結果から最も有望な構造が選択される。

　空間的な拘束条件を使う第三の方法は，上述の方法とはかなり趣きを異にする。距離幾何学法はこの種の方法の一つである。距離幾何学法では，距離の拘束条件は関連のある鋳型タンパク質から導かれる。これに代わるものとして，直交空間で最適化を行う方法もある。この方法は，Modellerプログラムの基盤をなす［81］。第三の方法では多数の拘束条件が使われる。これらの条件のいくつかは，標的タンパク質と構造既知相同タンパク質の配列並置から導かれる。タンパク質のもつさまざまな構造的特徴の統計的解析から導かれる拘束条件もある。代表的な特徴としては，α炭素原子間距離，残基の溶媒接触率，側鎖のねじれ角の分布などが挙げられる。比較モデリングで特に役立つのは，関連のある二つのタンパク質間で観測されるこれらの特徴の高い相関である。特定残基の骨格配座は，残基の種類，関連タンパク質における等価な残基の配座，二つのタンパク質間の局所的な配列類似性などに基づき拘束を課せられる。拘束条件は確率密度関数（pdf）で表される。このpdfは，関連変数の関数として特徴の分布を記述し，高度に微分

可能である．この pdf を組み合わせれば分子関数が得られ，その分子関数は，次に最適化の操作へ回される．最適化の段階では，分子動力学法や焼きなまし法と組み合わせ，共役勾配法が使用される．まず考慮されるのは局所的な拘束条件で，大域的な拘束条件の吟味はその後に行われる．

構造不変領域が構築できたならば，次はループ領域である．ループ領域は，一般に分子表面に見出される．各ループは，コアの関連部位をうまく連結できる配座で存在する必要がある．また，その配座は内部エネルギーが低く，かつ，他の分子部位との間に不都合な相互作用があってはならない．場合によっては，ループは一組の極限構造しかとれないこともある．たとえば，ある種の抗体のループ領域は限られた少数の配座しかとれない［16］．β シートの鎖をつなぐ β ターンのように，特定の二次構造をつなぐループもまた同様である［101］．しかし，それ以外の場合には，ループの配座を予測する方法が必要である．ここでは，ポリペプチドのループを構築するために提案された数々の方法のうち，代表的なものについて解説する．これらの方法では，一般にセグメントのデータベース探索やある種の配座探索が利用される．

ループ配座を得る方法としてまず挙げられるのは，適当な数のアミノ酸からなり，かつ，両端間が正しい空間関係にあるポリペプチド鎖をタンパク質データバンクから捜し出す方法である［44］．この場合，ループの選択基準に，アミノ酸の相同性を加えてもよい．この操作を効率よく行うためには，タンパク質データバンクに含まれるすべてのループを対象に，必要な幾何学的情報を前もって計算しておき，条件に合うループのみを取り出すようにすればよい．この幾何学的選別に当たっては，ループの両端にある鍵原子間の距離情報が利用される．また，タンパク質の他の領域とぶつかり合うループは除外される．

Go & Scheraga は，回転できる結合が 7 個よりも少ないループに対して，その配座が直接計算できるアルゴリズムを開発した［29］．この方法を使えば，ループの両端間の距離が指定通りの値になるようなねじれ角を計算から決めることができる．元の Go & Scheraga 法は，結合長と結合角が固定されたモデルしか扱えなかった．しかしその後，結合角が平衡値から少し外れた状態も斟酌する新しい変法が開発され，一層高い確率で解を得ることが可能になった［9］．一方，Bruccoleri-Karplus の CONGEN プログラムでは，回転できる結合の $(N-6)$ 次元空間は系統的方法で探索される［10］．ここで，N はループに含まれるねじれ角 ϕ と ψ の総数である．得られた各配座は，Go-Scheraga の閉鎖アルゴリズムを適用すれば完成する．ループ配座の発生には，純粋な系統的探索法も利用できる．また，両端から同時にループを作る方法は，組合せ論的に増加する計算量を減らすのに有効である．両端から伸びた二つのループは中央で連結される（図 10.24）．

ランダム法に基づき，タンパク質ループを構築する方法もまた提案されている．その中で特に注目すべき方法は，ランダム微調整アルゴリズムである［86］．これは，ループ配座をランダムに発生させ，距離の拘束条件が満たされるまで，その骨格ねじれ角 ϕ と ψ を微調整していく方法である．ランダム微調整法の長所は，ほとんどすべての鎖に適用できる点である．また，計算は鎖の長さではなく，拘束の数に比例するのできわめて速い．しかし計算では，タンパク質の他の領域との相互作用に関する情報はまったく考慮されない．したがって，生成したループ配座に

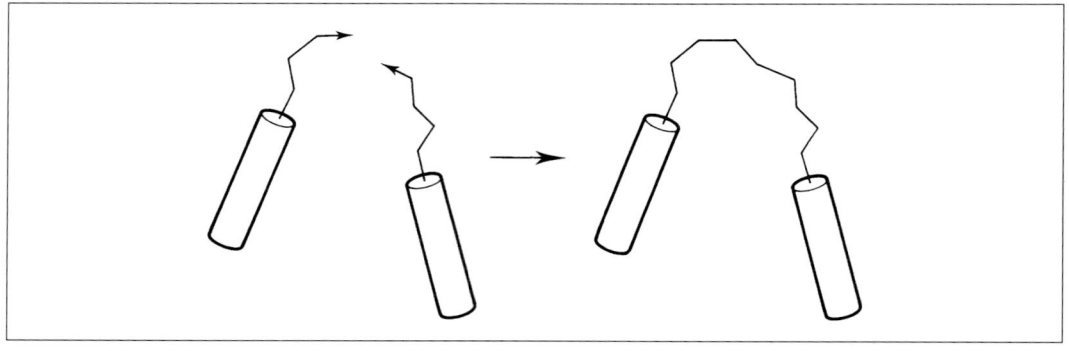

図10.24 系統的探索アルゴリズムを使ってループを構築する場合，効率が良いのは，鎖の両端から同時にループを成長させて中央でつなぐ方法である。

ついてはこの点の吟味が不可欠である。

　ループ領域を含め，タンパク質の骨格配座が構築できたならば，次は側鎖の配座を決めなければならない。コア領域では，鋳型タンパク質と未知タンパク質の間に配列の高度な一致が見られる。そこで，側鎖の配座は通常，鋳型タンパク質のものがそのまま使われる。また，コア領域でのアミノ酸の異同は，（たとえばフェニルアラニンからチロシンといった具合に）きわめて控え目であることが多い。このような場合も，側鎖の配座は容易に定まる。しかし，（特にループ領域のように）アミノ酸配列間に対応関係がほとんど見られない領域では，鋳型タンパク質の情報は参考にならない。側鎖配座の予測に当たっては，さまざまな系統的方法やランダム法が利用される。中でも，特に人気があるのはモンテカルロ法，焼きなまし法および遺伝的アルゴリズムである [100]。また，側鎖の配座を実測構造で見られる配座に制限する戦略もよく使われる [75]。側鎖の配座は，主鎖の配座に依存する [23]。そのため，側鎖の予測は必ず骨格を固定して行われる。

　比較モデリングから得られた初期構造は，通常エネルギーがかなり高い。そこで，構造を精密化するため，エネルギーの極小化が行われる。極小化に際しては，構造の大きな変化が起こらないように注意しなければならない。中には，この操作に対して批判的な研究者もいる。

　タンパク質のモデルが構築できたならば，次は，モデルに潜む欠陥を調べなければならない。構造を吟味し，標準値からの偏差を計算するこのような解析は，通常コンピュータ・プログラムを使って自動的に行われる。簡単に試験するには，ラマチャンドラン図を作成し，アミノ酸残基がエネルギー的に有利な領域にあるか否かを調べてみればよい。X線構造で一般に観測される配座から，側鎖の配座がどの程度ずれているかを調べてもよい。さらに手の込んだ試験もまた可能である。よく使われるアプローチの一つは，Eisenbergの3Dプロフィール法である [7,55]。この方法では，タンパク質を構成する各アミノ酸に対して三つの性質——(1) タンパク質内部に埋没した残基の全表面積，(2) 極性原子で覆われた側鎖面積の割合，(3) 局所二次構造——が計算される。これらの三つのパラメータは次に，18種の環境クラスのどれかへ各残基を分類するのに使われる。環境クラスは，埋没表面積と極性原子で覆われた側鎖面積の割合に基づき，3種

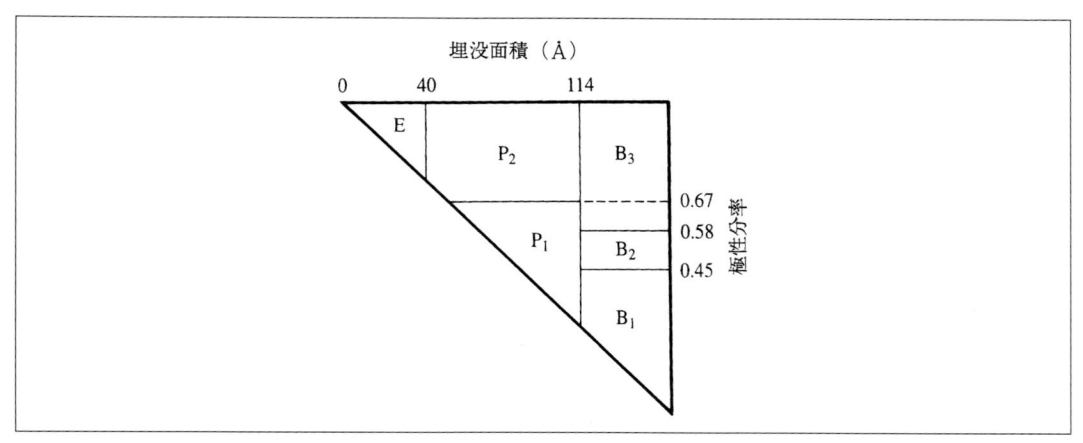

図10.25 3Dプロフィール法で使われる六つの環境クラス [7]

の二次構造——α ヘリックス，β シート，コイル——の各々に対し，6クラスずつ設定される（図10.25）。また，各アミノ酸は既知タンパク質構造の統計的解析に基づき，環境との適応性を表すスコアを付与される。たとえば，環境jにある残基iのスコアは次式から計算される。

$$\text{スコア} = \ln\left(\frac{P(i:j)}{P_i}\right) \tag{10.6}$$

ここで，$P(i:j)$は，環境jに残基iが見出される確率，P_iは，いずれかの環境に残基iが見出される全確率を表す。たとえば，αヘリックスのバリン残基は，極性原子で側鎖表面の67％以上が覆われ，部分的に埋没している。このバリン残基の$P(i:j)$値は−0.45である。負の値は，この環境がバリンにとって不利であることを示している。一方，同じ環境はアルギニンに対しては有利に働く。この場合，$P(i:j)$の値は0.50になる。

3Dプロフィール法を適用して，タンパク質モデル全体のスコアを計算してみよう。誤った折りたたまれ方をしたタンパク質モデルは，残基と環境との折合いが悪いため，スコアが低くなる。分子力学エネルギーの計算だけでは，このような誤ったモデルは正しい構造と区別できないことが多い。3Dプロフィール法はまた，モデル内部に含まれる帰属の間違った残基領域を確認する目的にも利用される。この確認を行うには，図10.26に示すように，配列の関数としてスコアをプロットすればよい。スコアが平均値よりも有意に低い残基領域があれば，その領域は間違っている可能性があり，検討が必要である。

比較モデリングは広く利用されており，文献に報告された研究例は枚挙にいとまがない。しかし，それらの中で特に重要なのは，予測モデルを実測構造と比較した遡及研究であろう。Composerプログラムを使って組み立てたアスパルチルプロテアーゼ，レニンのモデルに関する比較研究は，初期のものとして引用に値する [26]。レニンは高血圧を調節する重要な酵素であり，新薬開発の標的としても興味深い。Composerは剛体アプローチを使用する。この研究で使われた鋳型タンパク質は，相同的なアスパルチルプロテアーゼ，ペプシンとキモシンの二つである。また，ループはスペア部品法により構築され，側鎖は，相同構造の位相幾何学的に等価な位置の

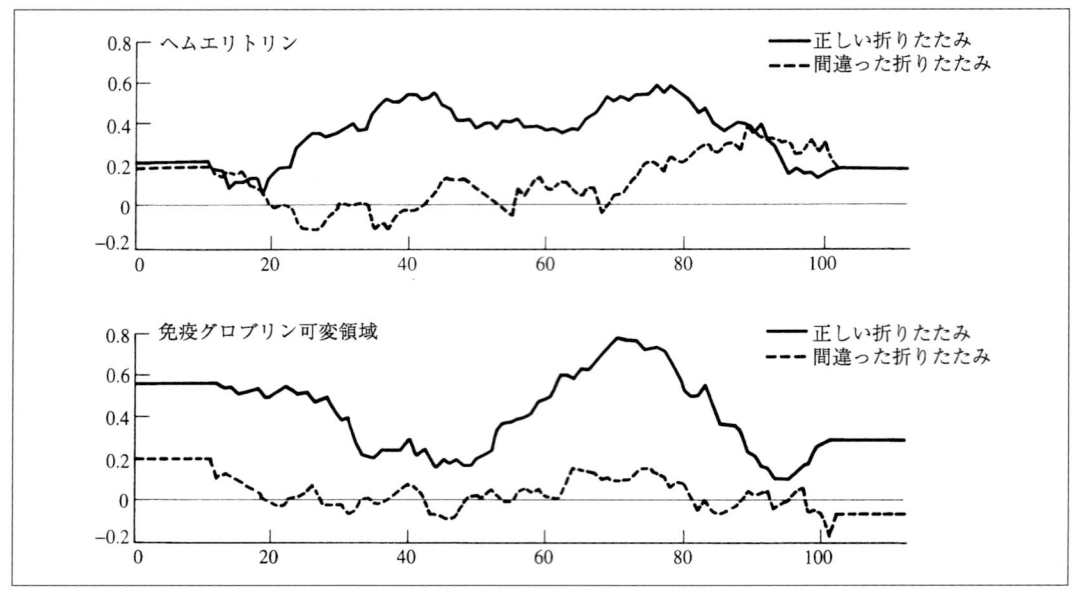

図 10.26 3Dプロフィール法によるタンパク質の間違った折りたたみモデルと正しいモデルの比較 [55]。縦軸の値は，21 残基窓に対するプロフィールの平均スコアである。

吟味から導かれた一連のルールを使って割りつけられた。ルールの数は 1200 に上る。その内訳は，3 種の二次構造——α ヘリックス，β 鎖，その他——の各々を構成する 20 種のアミノ酸の 20 種の置換に対してそれぞれ一つずつである。もし，適用できるルールがなければ，配座は回転異性体ライブラリーから選択された。3.5Å のカットオフを使って原子対を選択したとき，モデルは 280 個の α 炭素原子に対して 0.84Å の RMS 値を与えた。注目すべきは，モデルの構造がその組立てに利用した二つの鋳型構造のどちらよりも X 線構造に近い事実であった。しかし，解析の結果は同時に，（既知構造のデータベースに適当な実例がほとんどない）プロリンに富むループ領域などに，改善の余地があることを明らかにした。

10.7　スレッディング法によるタンパク質構造の予測

　タンパク質構造の予測に使われる手法の一つに，スレッディング（threading）——フォールド認識（fold recognition）ともいう——がある [42, 41]。スレッディングの基本概念は非常に簡単である。いま，アミノ酸配列からその三次元構造を予測したいとしよう。ただし，タンパク質の構造全般を代表できる多数の三次元構造データが利用できるとする。どの構造が未知タンパク質の配列と最もうまく適合するのか。スレッディングの役割は，それを判定することである。この判定は，（名前の由来にもなっているように）さまざまなタンパク質の三次元構造へ配列を順次通すことで可能である。スレッディング法は，タンパク質構造を予測する第一原理アプローチと密接な関係にある。ただし，後者は（多くの場合，格子を使い）配座空間全体を探索するが，

スレッディング法は，その探索範囲が既知構造の配座空間に限定される。したがって，スレッディング法では，まったく新しいフォールドをもつタンパク質の構造は予測できない。スレッディング法がうまく機能するためには，フォールドの数が有限で，配列類似性が低くともタンパク質がきわめてよく似た構造をとりうることが前提となる。二つのタンパク質が70％よりも高い配列同一性を示す場合には，比較モデリングから，信頼に足るモデルをもたらすアラインメントが容易に決定できる。しかし，類似性がそれよりも低くなると，作業は容易ではなくなる。特に，（配列同一性が20〜30％よりも低い）いわゆるトワイライトゾーン（境界不分明の領域）では，比較モデリングは通常不適当と考えられ，少なくともモデルは慎重に扱われなければならない。スレッディング法は，一般にこのような問題にことに適している。

　素朴なスレッディング計算では，構造既知タンパク質のアミノ酸は，繰返しの各サイクルで構造未知配列のアミノ酸と置き換えられ，発生した構造は，その都度スコアを計算される。この操作は，すべての構造既知タンパク質が吟味されるまで繰り返される。出力されるのは，スコア関数が最小値をとる構造である。予想されるように，可能性はきわめて多数存在する。そこで，スレッディング・プログラムは，アミノ酸配列を三次元構造へ突き合わせる最善のやり方を効率よく見つけ出すため，二重動的計画法のような特別な探索法を利用する。しかし，たとえそのような工夫がなされたとしても，最適なアラインメントを見つけ出すことはきわめて複雑な問題であり，ギャップを考慮する必要がある場合はことにそうである。そこで，問題を扱いやすくするため，有用な近似がとり入れられた。たとえば，凍結近似（frozen approximation）はその一つである。この近似では，構造未知配列の各残基は，実際の鋳型構造に存在する残基に応じてスコアを付与される［31］。α ヘリックスや β 鎖のような特定の構造領域に対しては，きわめて高い（または無限の）ギャップペナルティーが科されることもある。

　スレッディングではさまざまなスコア関数が使用される［11,56,40,43］。しかし，それらのほとんどは共通の特徴を備えている。スレッディング計算はきわめて多数の可能性を考慮するため，スコア関数は通常きわめて簡単な形をとる。このような問題では，通常タンパク質の基本的なフォールドが予測できればよい。したがって，高い解像度は必要ないのである。各アミノ酸は一般に，一つの相互作用部位として扱われる。通常スレッディング・アルゴリズムは，スコア関数として（二残基間の相互作用自由エネルギーを距離の関数で表す）平均力ポテンシャルを使用する。これらの平均力ポテンシャルは，既知タンパク質構造の統計的解析から算定される。たとえば，配列内で3残基離れた二つのアミノ酸 i と $i+4$ の間のX線実測距離の分布をプロットしてみると，距離 5.9〜6.5Å に大きなピークが現れ，11.4〜13.3Å に幅広い肩が観測される。これらはそれぞれ α ヘリックスと β 鎖に対応する。残基間の平均力ポテンシャルは，このような分布頻度から決定できる。このポテンシャルを使った研究の実例を一つ挙げよう［90］。ペンタペプチド配列，バリン-アスパラギン-トレオニン-フェニルアラニン-バリン（1文字コードで表記すればVNTFV）は，タンパク質エリトロクルオリンでは α らせん配座をとるが，リボヌクレアーゼでは β 鎖配座で存在する。平均力ポテンシャルを計算すると，孤立型のペンタペプチドでは安定な配座は β 鎖の方であった。しかし，（エリトロクルオリンのように）一方の端がアスパラ

ギン酸，もう一方の端がアラニンと接している場合には，β鎖よりもαヘリックスが安定となった。スレッディング・アルゴリズムで特に興味深いのは，配列上は遠く離れているが，三次元空間的には近接しているアミノ酸間の相互作用である。このような計算に使うポテンシャルは，すでに適切なものが開発されている。対形式の知識ベース項に加え，溶媒和の寄与もしばしば追加される。この溶媒和項は各アミノ酸の溶媒和傾向を評価し，疎水性残基をコア領域，親水性残基を外側表面に集める効果がある。また，コア領域は保存されるので，この領域では通常，ポテンシャルは溶媒和項だけで表され，対相互作用項は省かれる。

　最もよく使われるのは，知識型ポテンシャルである。しかしそれ以外にもさまざまなポテンシャルが使われる。それらの中には，原子間相互作用の基本物理にしっかりと根ざしたものもあり，また，正しいフォールドと「おとり」構造を区別できるが，その原理は必ずしも物理的に説明できないものもある。ただし，おとり構造とは，密に充塡された疎水性コアなど，タンパク質構造の基本原理を満たすように作られたモデルを指す[70]。スレッディング法では，フォールド・ライブラリーもまた重要な役割を担う。ライブラリーは実際の目的を考えると，あまり大きすぎてはいけない。しかし，同時にそれは，タンパク質の代表的なフォールドをできる限り多く含まなければならない。通常，フォールド・データベースを作るに当たっては，まず最初，比較的高速な配列比較法とクラスター分析を組み合わせ，同族体のファミリーが同定される。ただし，同族体は同じフォールドをもつと仮定される。配列同一性の判定では，一般に約30％の閾値が適用され，各クラスターからは代表的な構造が一つずつ選び出される。これらの代表的構造は，次にそれぞれ他のすべての構造と比較され，もう一回り小さなフォールド集合へと導かれる。ユニークなフォールドの数は，SCOPデータベースのところですでに述べたように，通常，タンパク質データバンクに収録された構造総数の約1/20である（10.5.5項参照）。

10.8　タンパク質構造予測法の比較：CASP

　タンパク質モデルの有効性は，それが使われる目的に依存する。たとえば，タンパク質全体のフォールドが問題であるならば，解像度の比較的低い構造でも十分である。しかし，薬物設計のような問題では，モデルはループや側鎖も含め，きわめて正確なものでなければならない。精度の悪いモデルは間違った結論を導く可能性があるため，モデルがまったくない場合よりもしばしばはるかに始末が悪い。

　タンパク質のモデリング手法の優劣を評価する目的で，1994～1995年にかけてCASP（Critical Assessment of techniques for protein Structure Prediction）コンテストが開催された[57]。それは，7種類のタンパク質の三次元構造をアミノ酸配列から予測したときの結果を競うものであった。7種のタンパク質の構造は，X線結晶解析により同時に決定されたが，その情報は参加者には知らされなかった。参加した研究グループは13で，提出されたモデルは全部で43に上った。各モデルはX線結晶構造と比較され，モデルの質は，ラマチャンドラン図や3Dプロフィールの計算などさまざまな方法で審査された。

参加者は，どの構造既知タンパク質を鋳型（templete）として使うかを最初に決めなければならなかった。彼らは次に，（同じファミリーに属する他のタンパク質のアミノ酸配列を利用して）配列並置を行い，モデルを構築した。7種のタンパク質に対する配列同一性の値は，22〜77％の範囲にあった。審査の結果，うまく事が運んだ暁には，非常に正確なモデルが構築できることが分かった。最良のモデルでは，X線結晶構造との RMS 値はわずか 0.6 Å であった。この最良の結果は鋳型構造と最も高い配列同一性を示し，かつ，同数のアミノ酸残基からなるタンパク質 NM 23 のモデリングで得られた。全体として，モデルの精度は二つの因子──(1) 配列同一性の度合，(2) 鋳型構造と標的構造の間に存在する挿入や欠失──に主に依存した。正確な配列並置は不可欠であり，並置結果が間違っている場合には，ほとんど常に間違った構造が得られた。大きなループが挿入されたタンパク質では，その領域は常に間違った構造を与えた。この結果は，問題に対する新しい戦略の開発が必要であることを示唆する。同じタンパク質を対象に，（人間が標的構造の組立てを監督する）手動アプローチと完全自動アプローチの比較も試みられた。それによると，手動アプローチで作られたモデルは，自動アプローチのそれに比べて常に優れていた。

気がかりな点は，モデルにかなりの誤りが見出されたことで，間違った立体化学をもつアミノ酸が含まれることすらあった。また，多くの構造で，アミド結合の平面性からの逸脱が観測され，側鎖のねじれ角も実測構造で見られるものとはかなり異なる分布を示した。さらに，モデルのいくつかでは，非結合原子間にエネルギーの高い立体相互作用が存在し，アミノ酸の分布も（内側に親水性残基，外側に疎水性残基がくるなど）非現実的であった。しかし，これらの問題のほとんどは，一般に公開されているソフトウェアを使えば容易に確認できる。そこでコンテストの主催者は，組み立てたモデルを投稿する場合には，モデルの質が客観的に評価できるよう，構造検証プログラムからの出力も添えることを提案している。これらの問題の多くは，エネルギー極小化操作を利用したモデルの精密化の際に発生する。それゆえ，これらの問題を解消する新しい精密化プロトコルの開発は急務である。

最初の CASP コンテストは大成功を収めた。そこで，同様のコンテストがその後も組織され，参加者も次第に増えていった。本書の執筆時点での状況を述べれば，CASP 3 の最終報告はすでに刊行されており [58]，CASP 4 の準備も順調に進められている。CASP 3 で取り上げられたのは，次の三つの研究分野である。(1) 比較モデリング（標的タンパク質と構造既知タンパク質の間に存在する明確な関係を利用する），(2) フォールド認識（スレッディング法はその一例である），(3) 第一原理予測（完全な構造についての知識をまったく利用しない）。CASP 3 で発表された研究のうち，15 件は第一，22 件は第二，15 件は第三のカテゴリーに関するものであった。参加者の水準の高さはコンテストの成功を確実なものとし，その成功は，結果を審査したカリフォルニア州アシロマの会議で最高潮に達した。このコンテストの最大の魅力は，参加者が成功例だけでなく失敗例からも教訓を学び取るよう奨励されるところにある。これまでにまだ 3 回のコンテストしか開催されていないので，その真の傾向を特定することは時期尚早であろう。しかし，(1) 第一原理予測法の絶えざる改良，(2) PSI-BLAST や隠れマルコフ・モデルのような配列

比較法の導入（これらの手法は，同族体を同定する際，一段高等な手法と同程度の性能を示す），(3) 比較モデリング法の漸進的な改良，などの面で主要な発展がいくつか認められる。「比較モデリングの成否を決める真の鍵はアラインメントの質にある」，これはこれまでの CASP コンテストから明らかになったおそらく最も重要なメッセージである。

10.8.1　タンパク質モデリングの自動化

　本章の初めでも述べたように，ヒトゲノム計画はタンパク質の配列を無数に生み出しており，その速度は，実験による構造の解明に比べてはるかに速い。タンパク質の三次元構造は，その機能と密接な関係にある。そこで，機能を帰属するための準備として，タンパク質の構造予測過程を自動化することに対する関心が高まりつつある。これまでに紹介した比較モデリングやフォールド認識のための諸手法は，いずれも自動化が可能である。実際 CASP 3 では，小部会の一つが自動手法の評価に割り当てられた。これらの手法の多くはインターネットを通じて入手することもできる。Swiss-Model は，その中でも最も古いものの一つである [74]。CASP 3 での評価によれば，最も正確なモデルは（特に並置の段階で）手動による入力を必要とする。しかし，ゲノム計画で発生したデータの有効利用を考えたとき，無限の可能性は明らかに自動手法によって与えられる。

　自動化されたモデリング手法は，人間の介入なしにモデルを構築できなければならない。すなわち，標的配列と関連のある鋳型構造を同定し，それらを並置してモデルを組み立て，最後にモデルを吟味するまでの一連の操作をすべて自動的に行えなければならない。もちろん，ゲノムがコードする未知タンパク質に対して，鋳型となりうる既知構造が常に存在するわけではない。たとえば，Sánchez & Šali は，パン酵母（*Saccharomyces cerevisiae*）のゲノムに関する検討結果を報告している [84]。それによると，6,218 個のオープンリーディング・フレーム（ORF：RNA からさらにタンパク質へと変換される DNA 領域）のうち，関連構造が存在したのは 2,256 個（36.3％）で，配列同一性の平均値は 27％であった。また，モデルは Modeller プログラムを使って組み立てられたが，その質が信頼できるとされたのは，元の ORF，6,218 個のうち，1,071 個（17.2％）にすぎなかった [81]。

　このような大規模なモデリング研究は，厖大な計算を必要とする。しかし，そのことよりももっと大きな障害がある。それは，(1) タンパク質ファミリーの多くで構造既知の成員が欠如している事実と，(2) 低い類似性を検出することのむずかしさである。類似性が検出できなければ，詳細な比較モデリングに必要な鋳型構造の同定は不可能である。また，いかなる理論的方法や実験的方法も，単独では配列からタンパク質の機能を予測することはできない。これを実現するには，いくつかの方法を適当に組み合わせる必要がある。これまでわれわれは配列相同性の重要性を強調してきた。しかし，その情報はジグソーパズルの一部にすぎない。この点を明らかにするため，一つの研究を取り上げてみよう。それは，1998 年の 1 年間に報告されたすべてのタンパク質構造と，1997 年末までに報告されたすべての構造を比較した研究である [46]。この研究によれば，1998 年に構造が解明されたタンパク質のうち，147 個（196 ドメインに対応）は，1998

年以前のタンパク質のどれとも有意な配列相同性を示さなかった。しかし，これらの196個のドメインの三次元構造を1998年以前のものと比較してみると，そのうちの147個は既知タンパク質のフォールドと有意な構造類似性を示した。さらに，それらの2/3は機能もまた同じであった。これらの結果は，興味あるタンパク質を同定し，仮説の検証に必要な実験を計画する上で，計算的手法による原始配列情報の処理と選別がきわめて有効であることを雄弁に物語る。

10.9 タンパク質の折りたたみと変性

　タンパク質がその活性配座へ折りたたまれる機構に対しては，実験と理論の両面で以前から高い関心が寄せられてきた。本章の初めにも述べたように，タンパク質は，生理的条件下では通常，自由エネルギーの大域的極小点に対応する単一の配座で存在する。また一般に，タンパク質の配列は，いかなる配座から出発しても，数秒以内にこのユニークな配座へ折りたたまれる。これらの二つの事実を満たさない例外も見出されている。しかし，（これまでのほとんどの研究でその中心を占める）酵素のような水溶性小タンパク質では，これらの事実は成立することが多い。タンパク質がそのユニークな配座へ折りたたまれる機構を最初に考察したのは，Levinthalであった［49］。彼は，可能なすべての配座の系統的な発生を経て，折りたたみが実現するわけではないことを示した。たとえば，各アミノ酸が三つの配座のどれかで存在するとしよう。その場合，100個のアミノ酸からなるポリペプチド鎖は，約10^{48}個の配座をとりうる。もし，配座間の相互転換に10^{-11}秒かかるとすれば，すべての可能性を吟味するのに約10^{29}年が必要である。もちろん，この概算は最も基本的な格子探索アルゴリズムに対するものである。しかし，状況はさらに高等な系統的配座探索を行った場合でも同じであり，大域的な極小エネルギー配座の同定は法外な時間を必要とする。徹底的探索に要する時間と実際の折りたたみ時間の間に見られるこの矛盾は，Levinthalの逆説として広く知られる。

　タンパク質の折りたたみ研究では，一般に，単純格子モデルと原子論モデルの二つの計算モデルが使われる。これらの二つのモデルは相補的な関係にある。すなわち，格子モデルは問題の物理的本質を捉えてはいるが，原子レベルの相互作用に関して何ら情報をもたらさない。しかし，原子論モデルと異なり，エネルギー曲面上のあらゆる配座を徹底的に探索できる。一方，原子論モデルはその重要な特徴として，タンパク質の折りたたみではなく主に変性（unfolding）を問題にする。折りたたみと変性の二つの過程は，微視的可逆性の原理により明らかに結びついている。しかし，シミュレーションで一般に使われる（高温などの）強烈な変性条件下では，変性の経路は，生理的な折りたたみの経路と必ずしも一致しない［25］。構成アミノ酸の数がきわめて少なく，溶液中で二次構造が観測できるタンパク質に限って言えば，現在，折りたたみの過程は直接シミュレーションすることも可能である。本節では，これらの二つのモデルを次に取り上げ，それらがタンパク質の折りたたみについて何を語りかけるか，また，Levinthalの逆説を解く「新しい見解」が，実験と理論を組み合わせてどのように得られるのかを解説する。

　新しい見解によれば，タンパク質は多数の明確な中間体を経由する単一の経路ではなく，さま

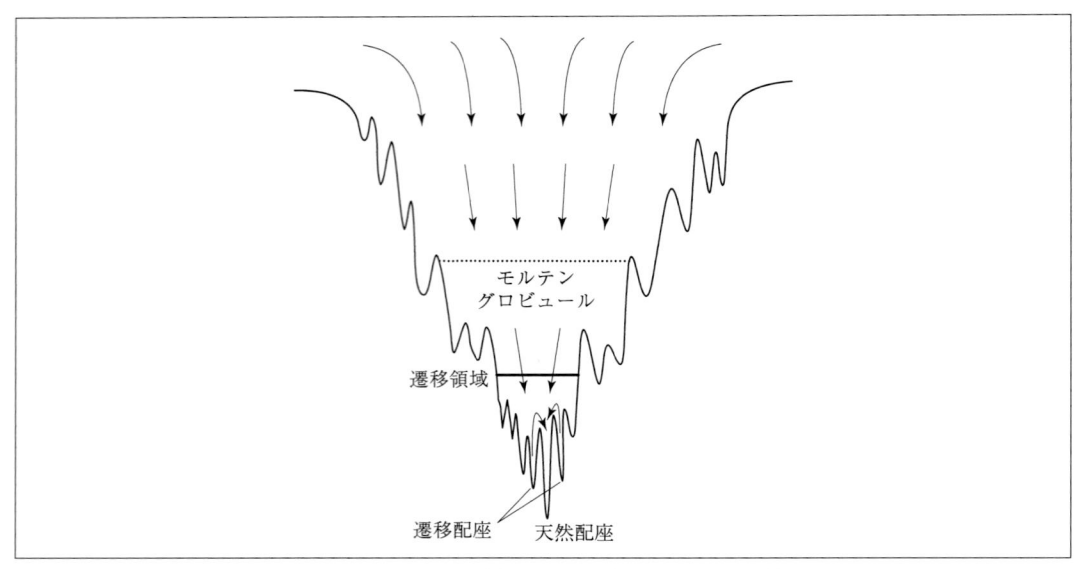

図 10.27 タンパク質折りたたみ過程のエネルギー景観

ざまな遷移構造の集合体を経て天然配座へ折りたたまれる．また，エネルギー曲面は統計的に記述できる [13,12,64]．タンパク質の折りたたみのエネルギー景観（自由エネルギー関数の形状）は，大まかに言えば，遷移的な局所的極小点を多数もつ漏斗に似ている．分子的な組織化は，そのほとんどが折りたたみ過程の初期に起こる．また，折りたたみ過程の後期では，タンパク質の配座はいったん局所的極小点に捕捉された後，大域的極小点（天然配座）へと移行する．この新しい見解に基づく折りたたみ過程のエネルギー景観は，模式図で示せば図 10.27 のようになる．

タンパク質の格子モデルの本質的な特徴については，10.3.1 項ですでに説明した．通常，タンパク質の折りたたみは（各頂点に単量体を 1 個ずつ割りつけた）立方格子上の自己回避型鎖と，(配列的につながりはないが，格子上で接触する単量体間の二体相互作用を考慮した）簡単な相互作用モデルを使って解析される．特によく使われるのは，$3\times3\times3$ 立方格子のすべての格子点を占有する長さ 27 の多量体である．この系では，約 500 万個の構造が可能であり，それらのうちの 51,704 個は，回転，鏡映および回反対称性のないユニークな構造をもつ．また，非コンパクトな配置は全部で約 10^{18} 個存在する．

Šali らは，モンテカルロ・シミュレーションにより，このような配列，数百個の配座空間を探索した [82,83]．残基間の二体相互作用は，ガウス分布から無作為に選択された．このモデルは，さまざまな単量体をランダムに配置したヘテロ多量体に対応する．配列のいくつかでは，大域的エネルギー極小点（天然配座）は比較的簡単に発見された．しかし，そうではない配列も多くあった．折りたたみ配列と非折りたたみ配列の主な違いは，前者では明確な大域的エネルギー極小点が存在し，二番目に安定な配座との間に比較的大きなエネルギー差が観測されることである．これらの研究から推定されたのは，次のような三段階からなる折りたたみの経路であった．すなわち，第一の段階では，タンパク質は大域的極小点で観測される接触の約 30 ％を含む半コ

ンパクトなモルテングロビュールへ速やかに折りたたまれる。第二の段階は律速段階であり，タンパク質は遷移状態を捜し求める。天然配座で見られる接触の 80〜95 ％を含み，天然配座とよく似た構造をもつ遷移状態は，約 1,000 個存在する。第三の段階に入ると，鎖は遷移配座の一つから天然配座へ速やかに変化する。探索時間は，遷移領域の扱い方一つで現実的な値にまで短縮できる。

　関連した事例をもう一つ挙げておこう。それは，HP モデル（10.3.1 項参照）が発生した全部で 2^{27} 個の配列に対して，大域的な極小エネルギー構造を探索した研究である［52］。この研究によれば，これらの配列の 4.75 ％はユニークな基底状態をもち，その格子空間は，大域的極小エネルギー配座を一つしかもたなかった。また，このデータからは，同じ構造を基底状態とする配列の数を算出することも可能であった。それによると，ある種の構造は多数の配列で採用され，中には 3,794 個もの配列を代表する構造もあった。しかし，ほとんどの構造はせいぜい 2〜3 個の配列を代表するにすぎなかった。また，興味あることに，ユニークな基底状態をもつこれらの配列では，大域的な極小エネルギー構造と二番目に安定な構造の間に大きなエネルギー差が存在した。もちろん，小さな 3×3×3 立方格子におけるこの結果を現実のタンパク質へ外挿することは，適切さを欠くかもしれない。また，HP 相互作用モデルは単純すぎると考える研究者もいる。しかし，このような研究は議論を喚起し，さらなる進歩を促す意味でしばしばきわめて有益である。

　タンパク質の変性を扱う原子論的シミュレーションは，通常，高温分子動力学を使って行われる。すでに述べたように，このような高温計算から導かれた結果は，生理的な折りたたみ機構を常に反映しているわけではない。しかし，シミュレーションは，たとえば高 pH や低 pH，非水溶媒，高濃度の尿素（実験室で一般に使われる変性剤）といった高温以外の変性条件下でも同じように実行できる。シミュレーションは，通常少なくとも 1 ナノ秒間行われる。また，溶媒は顕わに考慮されることもあれば，潜在的に考慮されることもある。この分野でなされた最も興味ある研究のいくつかは，NMR 分光法によってすでに実験研究がなされていた系に対するものであった。一般に，変性タンパク質の NMR データは，折りたたまれたタンパク質のそれに比べて解釈がむずかしい。シミュレーションはその解釈を助ける手段となりうる。このことが実証された事例としては，たとえば，60 ％メタノール中で一部変性状態にあるユビキチン（ubiquitin）の研究［1］や，熱的に変性したバルナーゼ（barnase）の研究［6］が挙げられる。

　原子論モデルによる計算の究極的な目標は，任意の構造から出発し，溶媒を顕わに考慮しながら，折りたたみの過程を完全にシミュレーションすることにある。しかし現時点では，このようなシミュレーションは，そのステップ数や考慮すべき粒子数に制約があり，実現はきわめてむずかしい。ここでは，最先端技術を駆使した最新の研究例を一つだけ紹介しよう。この研究で試みられたのは，完全伸張配座から出発する 36 残基ペプチドの 1 マイクロ秒シミュレーションである［22］。このペプチドは，自律的に折りたたまれる最も小さいタンパク質の一つで，その折りたたみには 10〜100 マイクロ秒を必要とする。また，構造は短い α ヘリックスを 3 個含む。シミュレーションは，切頂八面体のセルにタンパク質と約 3,000 個の水分子を入れ，2 フェムト秒

の時間刻み幅で行われた。1マイクロ秒のシミュレーションには，256超並列スーパーコンピュータを使用し，約4ヵ月を要した。折りたたまれたタンパク質は，実際には既知の実測構造と一致しなかった。しかし，その配座は天然配座と有意な類似性を示し，エネルギー的にもある程度安定で，約150ナノ秒の寿命を保った。シミュレーションでは，実測構造とのRMS変位，回転半径，自然接触分率（fraction of native contacts），溶媒和自由エネルギーなどさまざまな計量尺度が監視に使われ，これらの尺度のすべてで，比較的浅い自由エネルギー景観の特徴をなす高度な揺らぎが観測された。また，シミュレーションで訪れた主な配座を同定し，それらの間の経路を調べるため，軌跡のクラスター分析も試みられた。その結果によれば，特に初期の状態間では，経路の錯綜したネットワークを作り上げる高速な遷移が観測された。この種の研究は，コンピュータの性能の向上につれ，さらに増加すると思われる。

付録 10.1　生命情報科学でよく使われる用語，略語および頭字語

この表は必ずしも完全なものではない。より包括的な用語解を必要とする読者は，他の情報源（特にインターネット）を参照されたい。

A，G，C，T，(U)	アデニン，グアニン，シトシン，チミン（DNAを構成する四つの塩基。RNAでは，チミンはウラシルに置き換わる）
Bp	塩基対
cDNA	相補的DNA（メッセンジャーRNAから合成される）
染色体	1本の二本鎖DNA分子からなり，多数の遺伝子をコードするゲノムの構成単位
クローン	遺伝的に同一な遺伝子，細胞および生物体のコピー
コドン	アミノ酸（または終止シグナル）をコードするヌクレオチド3個からなる配列
コンティグ	クローン化実験から誘導される，重複しつつ連続したDNA断片の集合体
欠失	DNA複製の際に，一部のヌクレオチドがコピーされない現象
DNA	デオキシリボ核酸
ドメイン	安定な三次元構造を保ち，機能的ないし構造的な単位となるタンパク質領域
動的計画法	配列並置で広く利用される手法の一つ
EST	Expressed Sequence Tagの略（cDNAから選択され，通常400塩基よりも短い部分配列で，特定組織に発現した遺伝子を同定するのに利用される）
真核生物	明確な核と細胞小器官をもつ細胞からなる生物（*cf.* 原核生物）
エクソン	翻訳の対象となるDNA配列領域
ギャップ	複数のDNA配列（またはタンパク質配列）を並置するときに必要になる配列のとぎれ
遺伝子	染色体上で特定の位置を占め，機能性分子（通常，タンパク質）をコードするDNA配列
ゲノム	生物の染色体にある遺伝物質全体
インデル	配列並置の最適化に必要な挿入と欠失
イントロン	エクソンとエクソンの間にある遺伝子情報をもたないDNA配列
Kb	キロベース（核酸の長さの単位で，10^3塩基の意）
ktup	*k*-tupleの略（FASTAおよびFASTP配列並置法で使われるパラメータの一つ）
Mb	メガベース（核酸の長さの単位で，10^6塩基の意）
mRNA	メッセンジャーRNA（核中のDNAの遺伝情報を細胞質中のリボソームに運ぶRNA）
突然変異	DNA配列の変化
ヌクレオチド	DNAやRNAの構成単位で，三つの要素——窒素塩基（A，T，G，C，U），リン酸，糖——からなる。

オリゴヌクレオチド	ヌクレオチドが2〜10個つながった重合体
オルソログ	さまざまな生物種に遍在し，共通の機能をもつ相同タンパク質
ORF	Open Reading Frame の略（RNA へ転写される DNA の領域。開始コドンと終止コドンに挟まれた領域）
PAM	Point Accepted Mutation for 100 residues の略（100残基当たり1個の突然変異が起こるのに必要な進化上の時間単位）
パラログ	同一生物体に存在し，異なるが関連した機能をもつ相同タンパク質
PCR	Polymerase Chain Reaction の略（ポリメラーゼ連鎖反応。DNA 塩基配列の増幅に広く使われる技術）
多型性	DNA 配列の個体差
原核生物	核と細胞小器官をもたない生物体。細菌とウイルスが該当する。(cf. 真核生物)
RNA	リボ核酸
SNP	Single Polynucleotide Polymorphism（一塩基多型）の略。（同一生物種の DNA における一塩基対の変化）
STS	Sequence Tagged Site の略（ユニークな短い DNA 断片で指定されるヒトゲノム上の位置）
転写	遺伝子発現の第一段階。DNA から mRNA を作成すること。
翻訳	遺伝子発現の第二段階。mRNA からタンパク質を合成すること。
tRNA	転移 RNA

付録10.2　生命情報科学でよく使われる配列データベースと構造データベース

GenBank（NCBI，米国） EMBL ヌクレオチド配列データベース（欧州） DDBJ（日本）	ヌクレオチド配列の三大データベース。相互に連携し，毎日同時に更新される。
PIR 国際タンパク質配列データベース	重複のあるタンパク質配列データベース
Swiss-Prot, TrEMBL	重複のない注釈つきタンパク質配列データベース。TrEMBL は，コンピュータによる注釈の付いた Swiss-Prot の補遺。TrEMBL には，EMBL ヌクレオチド配列データベースに存在するすべてのコード配列に対する翻訳結果が収録されている。このデータはまだ Swiss-Prot に組み込まれていない。
GenPept	GenBank に基づくアミノ酸翻訳結果の要約
PDB, NRL 3 D	Protein Data Bank（タンパク質データバンク）の略。主に，X線結晶解析からのタンパク質構造データを収録。NRL 3 D は配列データベースで，その書式は PIR に従う。
SCOP	Structural Classification Of Proteins の略。階層的なタンパク質構造データベース
CATH, FSSP	配列-構造分類データベース
Prosite	モチーフのデータベース

付録 10.3　1 PAM に対する変異確率行列

		Ala	Arg	Asn	Asp	Cys	Gln	Glu	Gly	His	Ile	Leu	Lys	Met	Phe	Pro	Ser	Thr	Trp	Tyr	Val
		A	R	N	D	C	Q	E	G	H	I	L	K	M	F	P	S	T	W	Y	V
Ala	A	867	2	9	10	3	8	17	21	2	6	4	2	6	2	22	35	32	0	2	18
Arg	R	1	914	1	0	1	10	0	0	10	3	1	19	4	1	4	6	1	8	0	1
Asn	N	4	1	822	36	0	4	6	6	21	3	1	13	0	1	2	20	9	1	4	1
Asp	D	6	0	42	859	0	6	53	6	4	1	0	3	0	0	1	4	3	0	0	1
Cys	C	1	1	0	0	973	0	0	0	1	1	0	0	0	0	1	5	1	0	3	2
Gln	Q	3	9	4	5	0	876	27	1	23	1	3	6	4	0	6	2	2	0	0	1
Glu	E	10	0	7	56	0	35	864	4	2	3	1	4	2	0	3	4	2	0	1	2
Gly	G	21	1	12	11	1	2	7	935	1	0	1	2	2	1	3	21	3	0	0	5
His	H	1	8	18	3	1	20	1	0	912	0	1	1	0	2	3	1	1	1	4	1
Ile	I	2	2	3	1	2	1	2	0	0	872	9	2	12	7	0	1	7	0	1	32
Leu	L	3	1	3	0	0	6	1	1	4	22	947	2	45	13	3	1	3	4	2	15
Lys	K	2	37	25	6	0	12	7	2	2	4	1	925	19	0	3	8	11	0	1	1
Met	M	1	1	0	0	0	2	0	0	0	5	8	4	875	1	0	1	2	0	0	4
Phe	F	1	1	1	0	0	0	0	1	2	8	6	0	4	945	0	2	1	3	28	0
Pro	P	13	5	2	1	1	8	3	2	5	1	2	2	1	1	925	12	4	0	0	2
Ser	S	28	11	34	7	11	4	6	16	2	1	7	4	3	17	840	38	5	2	2	
Thr	T	22	2	13	4	1	3	2	2	1	11	2	8	6	1	5	32	871	0	2	9
Trp	W	0	2	0	0	0	0	0	0	0	0	0	0	0	1	0	1	0	976	1	0
Tyr	Y	1	0	3	0	3	0	1	0	4	1	1	0	0	21	0	1	1	2	945	1
Val	V	13	2	1	1	3	2	2	3	3	57	11	1	17	1	3	2	10	0	2	902

　行列の各要素 M_{ij} は，1 PAM 経過したときに，i 列目のアミノ酸が j 行目のアミノ酸へ変異している確率を表す．表には 10^3 を掛けた値が示されている [21]．

付録 10.4　250 PAM に対する変異確率行列

		Ala A	Arg R	Asn N	Asp D	Cys C	Gln Q	Glu E	Gly G	His H	Ile I	Leu L	Lys K	Met M	Phe F	Pro P	Ser S	Thr T	Trp W	Tyr Y	Val V
Ala	A	13	6	9	9	5	8	9	12	6	8	6	7	7	4	11	11	11	2	4	9
Arg	R	3	17	4	3	2	5	3	2	6	3	2	9	4	1	4	4	3	7	2	2
Asn	N	4	4	6	7	2	5	6	4	6	3	2	5	3	2	4	5	4	2	3	3
Asp	D	5	3	8	11	1	7	10	5	6	3	2	5	3	1	4	5	5	1	2	3
Cys	C	2	1	1	1	52	1	1	2	2	2	1	1	1	1	2	3	2	1	4	2
Gln	Q	3	5	5	6	1	10	7	3	8	2	3	5	3	1	4	3	3	1	2	2
Glu	E	5	4	7	11	1	9	12	5	6	3	2	5	3	1	4	5	5	1	2	3
Gly	G	12	5	10	10	4	7	9	27	5	5	4	6	5	3	8	11	9	2	3	7
His	H	2	5	5	4	2	7	4	2	15	2	2	3	2	2	3	3	2	2	3	2
Ile	I	3	2	2	2	2	2	2	2	2	10	6	2	6	5	2	3	4	1	3	9
Leu	L	6	4	4	3	2	6	4	3	5	15	34	4	20	13	5	4	6	6	7	13
Lys	K	6	18	10	8	2	10	8	5	8	5	4	24	9	2	6	8	8	4	3	5
Met	M	1	1	1	1	0	1	1	1	1	2	3	2	7	2	1	1	1	1	1	2
Phe	F	2	1	2	1	1	1	1	1	3	5	6	1	4	32	1	2	2	4	20	3
Pro	P	7	5	5	4	3	5	4	5	5	3	3	4	3	2	19	6	5	1	2	4
Ser	S	9	6	8	7	7	6	7	9	6	5	4	7	5	3	9	10	9	4	4	6
Thr	T	8	5	6	6	4	5	5	6	4	6	4	6	5	3	6	8	11	2	3	6
Trp	W	0	2	0	0	0	0	0	0	1	0	1	0	0	1	0	1	0	55	1	0
Tyr	Y	1	1	2	1	3	1	1	1	3	2	2	1	2	15	1	2	2	3	31	2
Val	V	7	4	4	4	4	4	4	5	4	15	10	4	10	5	5	5	7	2	4	17

行列の各要素 M_{ij} は，250 PAM 経過したときに，i 列目のアミノ酸が j 行目のアミノ酸へ変異している確率を表す．表には 10^2 を掛けた値が示されている [21]．

さらに読みたい人へ

[a] Altschul S F 1996. Sequence Comparison and Alignment. In Sternberg M E (Editor). *Protein Structure Prediction——A Practical Approach*. Oxford, IRL Press, pp. 137-167.

[b] Altschul S F, M S Boguski, W Gish and J C Wootton 1994. Issues in Searching Molecular Sequence Databases. *Nature Genetics* **6**:119-129.

[c] Attwood T K and D J Parry-Smith 2000. *Introduction to Bioinformatics*. Harlow, Addison Wesley Longman.

[d] Barton G J 1996. Protein Sequence Alignment and Database Scanning. In Sternberg M E (Editor). *Protein Structure Prediction——A Practical Approach*. Oxford, IRL Press, pp. 31-63.

[e] Barton G J 1998. Protein Sequence Alignment Techniques. *Acta Crystallographica* **D54**:1139-1146.

[f] Blundell T L, B L Sibanda, M J E Sternberg and J M Thornton 1987. Knowledge-Based Prediction of Protein Structures and the Design of Novel Molecules. *Nature* **326**:347-352.

[g] Branden C and J Tooze 1991. *Introduction to Protein Structure*. New York, Garland Publishing.

[h] Chatfield C and A J Collins 1980. *Introduction to Multivariate Analysis*. London, Chapman & Hall.

[i] Dobson C M, A Šali and M Karplus 1998. Protein Folding: A Perspective from Theory and Experiment. *Angewandte Chemie International Edition* **37**:868-893.

[j] Peruz M 1992. *Protein Structure. New Approaches to Disease and Therapy*. New York, W H Freeman.

[k] Schulz G E and R H Schirmer 1979. *Principles of Protein Structure*. New York, Springer-Verlag.

引用文献

[1] Alonso D O V and V Daggett 1995. Molecular Dynamics Simulations of Protein Unfolding and Limited Refolding: Characterisation of Partially Unfolded States of Ubiquitin in 60% Methanol and in Water. *Journal of Molecular Biology* **247**:501-520.

[2] Altschul S F, W Gish, W Miller, E W Myers and D J Lipman 1990. Basic Local Alignment Search Tool. *Journal of Molecular Biology* **215**:403-410.

[3] Altschul S F, T L Madden, A A Schäffer, J Zhang, Z Zhang, W Miller and D J Lipman 1997. Gapped BLAST and PSI-BLAST: A New Generation of Protein Database Search Programs. *Nucleic Acids Research* **25**:3389-3402.

[4] Bernstein F C, T F Koetzle, G J B Williams, E Meyer, M D Bryce, J R Rogers, O Kennard, T Shimanouchi and M Tasumi 1977. The Protein Data Bank: A Computer-Based Archival File for Macromolecular Structures. *Journal of Molecular Biology* **112**:535-542.

[5] Birktoft J J and D M Blow 1972. The Structure of Crystalline Alpha-Chymotrypsin. V. The Atomic Structure of Tosyl-Alpha-Chymotrypsin at 2 Ångstroms Resolution. *Journal of Molecular Biology* **68**:187-240.

[6] Bond C J, K-B Wong, J Clarke, A R Fersht and V Daggett 1997. Characterisation of Residual Structure in the Thermally Denatured State of Barnase by Simulation and Experiment: Description of the Folding Pathway. *Proceedings of the National Academy of Sciences USA* **94**:13409-13413.

[7] Bowie J U, Lüthy and D Eisenberg 1991. A Method to Identify Protein Sequences that Fold into a Known Three-Dimensional Structure: *Science* **253**:164-170.

[8] Brenner S E, C Chothia and T J P Hubbard 1997. Population Statistics of Protein Structures: Lessons from Structural Classifications. *Current Opinion in Structural Biology* **7**:369-376.

[9] Bruccoleri R E and M Karplus 1985. Chain Closure with Bond Angle Variations. *Macromolecules* **18**:2767-2773.

[10] Bruccoleri R E and M Karplus 1987. Prediction of the Folding of Short Polypeptide Segments by Uniform Conformational Sampling. *Biopolymers* **26**:137-168.

[11] Bryant S H and C E Lawrence 1993. An Empirical Energy Function for Threading Protein Sequences through the Folding Motif. *Proteins: Structure, Function and Genetics* **16**:92-112.

[12] Bryngelson J D, J N Onuchic, N D Socci and P G Wolynes 1995. Funnels, Pathways, and the Energy Landscape of Protein Folding: A Synthesis. *Proteins: Structure, Function and Genetics* **21**:167-195.

[13] Bryngelson J D and P G Wolynes 1987. Spin Glasses and the Statistical Mechanics of Protein Folding. *Proceedings of the National Academy of Sciences USA* **84**:7524-7528.

[14] Chan H S and K A Dill 1993. The Protein Folding Problem. *Physics Today* **Feb**:24-32.

[15] Chothia C and A M Lesk 1986. The Relation between the Divergence of Sequence and Structure in Proteins. *EMBO Journal* **5**:823-826.

[16] Chothia C, A M Lesk, A Tramontano, M Levitt, S J Smith-Gill, G Air, S Sheriff, E A Padlan and D Davies 1989. Conformations of Immunoglobulin Hypervariable Regions. *Nature* **342**:877-883.

[17] Chou P Y and G D Fasman 1978. Prediction of the Secondary Structure of Proteins from Their Amino Acid Sequence. *Advances in Enzymology* **47**:45-148.

[18] Cohen F E and S R Presnell 1996. The Combinatorial Approach. In Sternberg M J E (Editor). *Protein Structure and Prediction*. Oxford, IRL Press, pp. 207-227.

[19] Cohen F E, M J E Sternberg and W R Taylor 1982. Analysis and Prediction of the Packing of α-Helices against a β-Sheet in the Tertiary Structure of Globular Proteins. *Journal of Molecular Biology* **156**:821-862.

[20] Cuff J A and G J Barton 1999. Evaluation and Improvement of Multiple Sequence Methods for Protein Secondary Structure Prediction. *Proteins: Structure, Function and Genetics* **34**:508-519.

[21] Dayhoff M O 1978. A Model of Evolutionary Change. In Dayhoff M O (Editor). *Proteins in Atlas of Protein Sequence and Structure* Volume 5 Supplement 3. Georgetown University Medical Center, National Biomedical Research Foundation, pp. 345-358.

[22] Duan Y and P A Kollman 1998. Pathways to a Protein Folding Intermediate Observed in a 1-Microsecond Simulation in Aqueous Solution. *Science* **282**:740-744.

[23] Dunbrack R L Jr and M Karplus 1993. Backbone-Dependent Rotamer Library for Proteins. Application to Side-Chain Prediction. *Journal of Molecular Biology* **230**:543-574.

[24] Eddy S R 1996. Hidden Markov Models. *Current Opinion in Structural Biology* **6**:361-365.

[25] Finkelstein A V 1997. Can Protein Unfolding Simulate Protein Folding? *Protein Engineering* **10**:843-845.

[26] Frazao C, C Topham, V Dhanaraj and T L Blundell 1994. Comparative Modelling of Human Renin: A Retrospective Evaluation of the Model with Respect to the X-Ray Crystal Structure. *Pure and Applied Chemistry* **66**:43-50.

[27] Garnier J, D Osguthorpe and B Robson 1978. Analysis of the Accuracy and Implications of Simple Methods for Predicting the Secondary Structure of Globular Proteins. *Journal of Molecular Biology* **120**:97-120.

[28] Gibson K D and H A Scheraga 1987. Revised Algorithms for the Build-up Procedure for Predicting Protein Conformations by Energy Minimization. *Journal of Computational*

Chemistry **8**:826-834.

[29] Go N and H A Scheraga 1970. Ring Closure and Local Conformational Deformations of Chain Molecules. *Macromolecules* **3**:178-187.

[30] Godzik A, A Kolinski and J Skolnick 1993. *De Novo* and Inverse Folding Predictions of Protein Structure and Dynamics. *Journal of Computer-Aided Molecular Design* **7**:397-438.

[31] Godzik A, J Skolnick and A Kolinski 1992. Simulations of the Folding Pathway of Triose Phosphate Isomerase-Type α/β Barrel Proteins. *Proceedings of the National Academy of Sciences USA* **89**:2629-2633.

[32] Gonnet G H, M A Cohen and S A Benner 1992. Exhaustive Matching of the Entire Protein Sequence Database. *Science* **256**:1443-1445.

[33] Gribskov M, A D McLachlan and D Eisenberg 1987. Profile Analysis: Detection of Distantly Related Proteins. *Proceedings of the National Academy of Sciences USA* **84**:4335-4358.

[34] Havelka W A, R Henderson and D Oesterhelt 1995. 3-Dimensional Structure of Halorhodopsin at 7-Ångstrom Resolution. *Journal of Molecular Biology* **247**:726-738.

[35] Henderson R, J M Baldwin, T A Ceska, F Zemlin, E Beckmann and K H Downing 1990. Model for the Structure of Bacteriorhodopsin Based on High-Resolution Electron Cryo-Microscopy. *Journal of Molecular Biology* **213**:899-929.

[36] Henikoff S and J G Henikoff 1992. Amino Acid Substitution Matrices from Protein Blocks. *Proceedings of the National Academy of Sciences USA* **89**:10915-10919.

[37] Holm L and C Sander 1993. Protein Structure Comparison by Alignment of Distance Matrices. *Journal of Molecular Biology* **233**:123-138.

[38] Holm L and C Sander 1994. The FSSP Database of Structurally Aligned Protein Fold Families. *Nucleic Acids Research* **22**:3600-3609.

[39] Holm L and C Sander 1999. Protein Folds and Families: Sequence and Structure Alignments. *Nucleic Acids Research* **27**:244-247.

[40] Jernigan R L and I Bahar 1996. Structure-Derived Potentials and Protein Simulations. *Current Opinion in Structural Biology* **6**:195-209.

[41] Jones D and J Thornton 1993. Protein Fold Recognition. *Journal of Computer-Aided Molecular Design* **7**:439-456.

[42] Jones D T, W R Taylor and J M Tornton 1992. A New Approach to Protein Fold Recognition. *Nature* **358**:86-89.

[43] Jones D T and J M Thornton 1996. Potential Energy Functions for Threading. *Current Opinion in Structural Biology* **6**:210-216.

[44] Jones T A and S Thirup 1986. Using Known Substructures in Protein Model Building and Crystallography. *EMBO Journal* **5**:819-822.

[45] King R D, M Saqi, R Sayle and M J E Sternberg 1997. DSC: Public Domain Protein Secondary Structure Prediction. *Computer Applications in the Biosciences* **13**:473-474.

[46] Koppensteiner W A, P Lackner, M Wiederstein and M J Sippl 2000. Characterization of Novel Proteins Based on Known Protein Structures. *Journal of Molecular Biology* **296**:1139-1152.

[47] Kovacs H, A E Mark and W F van Gunsteren 1997. Solvent Structure at a Hydrophobic Protein Surface. *Proteins: Structure, Function and Genetics* **27**:395-404.

[48] Krogh A, M Brown, S Mian, K Sjölander and D Haussler 1994. Hidden Markov Models in Computational Biology. Applications to Protein Modeling. *Journal of Molecular Biology* **235**:1501-1531.

[49] Levinthal C 1969. In Debrunner P, J C M Tsibris and E Munck (Editors), *Mössbauer Spectroscopy in Biological Systems*. Proceedings of a Meeting Held at Allerton House, Monticello, Illinois, University of Illinois Press, Urbana, p. 22.

[50] Levitt M 1976. A Simplified Representation of Protein Conformations for Rapid Simulation of Protein Folding. *Journal of Molecular Biology* **104**:59-107.

[51] Levitt M 1992. Accurate Modeling of Protein Conformation by Automatic Segment Matching. *Journal of Molecular Biology* **226**:507-533.

[52] Li H, R Helling, C Tang and N Wingreen 1996. Emergence of Preferred Structures in a Simple Model of Protein Folding. *Science* **273**:666-669.

[53] Li Z Q and H A Scheraga 1987. Monte Carlo Minimization Approach to the Multiple-Minima Problem in Protein Folding. *Proceedings of the National Academy of Sciences USA* **84**:6611-6615.

[54] Lipman D J and W R Pearson 1985. Rapid and Sensitive Protein Similarity Searches. *Science* **227**:1435-1441.

[55] Lüthy R, J U Bowie and D Eisenberg 1992. Assessment of Protein Models with Three-Dimensional Profiles. *Nature* **356**:83-85.

[56] Maiorov V N and G M Crippen 1994. Learning about Protein Folding via Potential Functions. *Proteins: Structure, Function and Genetics* **20**:167-173.

[57] Mosimann S, S Meleshko and M N G Jones 1995. A Critical Assessment of Comparative Molecular Modeling of Tertiary Structures of Proteins. *Proteins: Structure, Function and Genetics* **23**:301-317.

[58] Moult J, T Hubbard, K Fidelis and J T Pedersen 1999. Critical Assessment of Methods of Protein Structure Prediction (CASP): Round III. *Proteins: Structure, Function and Genetics* Supplement **3**:2-6.

[59] Murzin A G, S E Brenner, T Hubbard and C Chothia 1995. SCOP: A Structural Classification of Proteins Database for the Investigation of Sequences and Structures. *Journal of Molecular Biology* **247**:536-540.

[60] Needleman S B and C D Wunsch 1970. A General Method Applicable to the Search for Similarities in the Amino Acid Sequences of Two Proteins. *Journal of Molecular Biology* **48**:443-453.

[61] Ning Q and T J Sejnowski 1988. Predicting the Secondary Structure of Globular Proteins Using Neural Network Models. *Journal of Molecular Biology* **202**:865-888.

[62] Noble M E M, R K Wierenga, A-M Lambeir, F R Opperdoes, W H Thunnissen, K H Kalk, H Groendijk and W G J Hol 1991. The Adaptability of the Active Site of Trypanosomal Triosephosphate Isomerase as Observed in the Crystal Structures of Three Different Complexes. *Proteins: Structure, Function and Genetics* **10**:50-69.

[63] Novotny J, A A Rashin and R E Bruccoleri 1988. Criteria that Discriminate between Native Proteins and Incorrectly Folded Models. *Proteins: Structure, Function and Genetics* **4**:19-30.

[64] Onuchic J N, Z Luthey-Schulten and P Wolynes 1997. Theory of Protein Folding: The Energy Landscape Perspective. *Annual Reviews in Physical Chemistry* **48**:545-600.

[65] Orengo C A, N P Brown and W R Taylor 1992. Fast Structure Alignment for Protein Databank Searching. *Proteins: Structure, Function and Genetics* **14**:139-167.

[66] Orengo C A and W R Taylor 1990. A Rapid Method of Protein Structure Alignment. *Journal of Theoretical Biology* **147**:517-551.

[67] Orengo C A and W R Taylor 1993. A Local Alignment Method for Protein Structure Motifs. *Journal of Molecular Biology* **233**:488-497.

[68] Orengo C A, T P Flores, W R Taylor and J M Thornton 1993. Identification and Classification of Protein Fold Families. *Protein Engineering* **6**:485-500.

[69] Ortiz A R, A Kolinski and J Skolnick 1998. Fold Assembly of Small Proteins Using Monte Carlo Simulations Driven by Restraints Derived from Multiple Sequence Alignments. *Journal of Molecular Biology* **277**:419-446.

[70] Park B and M Levitt 1996. Energy Functions that Discriminate X-Ray and Near-Native Folds from Well-Constructed Decoys. *Journal of Molecular Biology* **258**:367-392.

[71] Pauling L, R B Corey and H R Bronson 1951. The Structure of Proteins: Two Hydrogen-Bonded Helical Configurations of the Polypeptide Chain. *Proceedings of the National Academy of Sciences USA* **37**:205-211.

[72] Pearson W R 1990. Rapid and Sensitive Sequence Comparison with FASTP and FASTA. *Methods in Enzymology* **183**:63-98.

[73] Pearson W R and D J Lipman 1988. Improved Tools for Biological Sequence Comparison. *Proceedings of the National Academy of Sciences USA* **85**:2444-2448.

[74] Peitsch M C 1996. ProMod and Swiss-Model: Internet-Based Tools for Automated Comparative Protein Modelling. *Biochemical Society Transactions* **24**:274-279.

[75] Ponder J W and F M Richards 1987. Tertiary Templates for Proteins: Use of Packing Criteria in the Enumeration of Allowed Sequences for Different Structural Classes. *Journal of Molecular Biology* **193**:775-791.

[76] Rabiner L R 1989. A Tutorial on Hidden Markov Models and Selected Applications in Speech Recognition. *Proceedings of the IEEE* **77**:257-286.

[77] Ripoll D R and H A Scheraga 1988. On the Multiple-Minimum Problem in the Conformational Analysis of Polypeptides. II. An Electrostatistically Driven Monte Carlo Method: Tests on Poly(L-Alanine). *Biopolymers* **27**:1283-1303.

[78] Ripoll D R and H A Scheraga 1989. On the Multiple-Minimum Problem in the Conformational Analysis of Polypeptides. III. An Electrostatically Driven Monte Carlo Method: Tests on Met-Enkephalin. *Journal of Protein Chemistry* **8**:263-287.

[79] Rost B and C Sander 1993. Prediction of Protein Secondary Structure at Better than 70% Accuracy. *Journal of Molecular Biology* **232**:584-599.

[80] Šali A 1995. Modelling Mutations and Homologous Proteins. *Current Opinion in Biotechnology* **6**:437-451.

[81] Šali A and T L Blundell 1993. Comparative Protein Modelling by Satisfaction of Spatial Restraints. *Journal of Molecular Biology* **234**:779-815.

[82] Šali A, E Shakhnovich and M Karplus 1994a. How Does a Protein Fold? *Nature* **369**:248-251.

[83] Šali A, E Shakhnovich and M Karplus 1994b. Kinetics of Protein Folding. A Lattice Model Study of the Requirements for Folding to the Native State. *Journal of Molecular Biology* **235**:1614-1636.

[84] Sánchez R and A Šali 1998. Large-Scale Protein Structure Modelling of the *Saccharomyces cerevisiae* Genome. *Proceedings of the National Academy of Sciences USA* **95**:13597-13602.

[85] Scheraga H A 1993. Searching Conformational Space. In van Gunsteren W F, P K Weiner and A J Wilkinson (Editors). *Computer Simulation of Biomolecular Systems* Volume 2. Leiden, ESCOM.

[86] Shenkin P S, D L Yarmusch, R M Fine, H Wang and C Levinthal 1987. Predicting Antibody Hypervariable Loop Conformation. I. Ensembles of Random Conformations for Ring-link Structures. *Biopolymers* **26**:2053-2085.

[87] Simons K T, R Bonneau, I Ruszinski and D Baker 1999b. *Ab Initio* Protein Structure Prediction of CASP III Targets Using ROSETTA. *Proteins: Structure, Function and Genetics Supplement* **3**:171-176.

[88] Simons K T, C Kooperberg, E Huang and D Baker 1997. Assembly of Protein Tertiary Structures from Fragments with Similar Local Sequences Using Simulated Annealing and Bayesian Scoring Functions. *Journal of Molecular Biology* **268**:209-225.

[89] Simons K T, I Ruczinski, C Kooperberg, B A Cox, C Bystroff and D Baker 1999a. Improved Recognition of Native-Like Protein Structures Using a Combination of Sequence-Dependent and Sequence-Independent Features of Proteins. *Proteins: Structure, Function and Genetics* **34**:82-95.

[90] Sippl M J 1990. Calculation of Conformational Ensembles from Potentials of Mean Force. An Approach to the Knowledge-Based Prediction of Local Structures in Globular Proteins. *Journal of Molecular Biology* **213**:859-883.

[91] Skolnick J, A Kolinski and A R Ortiz 1997. MONSSTER: A Method for Folding Globular Proteins with a Small Number of Distance Restraints. *Journal of Molecular Biology* **265**:217-241.

[92] Smith T F and M S Waterman 1981. Identification of Common Molecular Subsequences. *Journal of Molecular Biology* **147**:195-197.

[93] Srinivasan N, K Gurprasad and T L Blundell 1996. Comparative Modelling of Proteins. In Sternberg M E (Editor). *Protein Structure Prediction——A Practical Approach*. Oxford, IRL Press, pp. 111-140.

[94] Sternberg M J E, F E Cohen and W R Taylor 1982. A Combinatorial Approach to the Prediction of the Tertiary Fold of Globular Proteins. *Biochemical Society Transactions* **10**:299-301.

[95] Summers N L, W D Carlson and M Karplus 1987. Analysis of Side-Chain Orientations in Homologous Proteins. *Journal of Molecular Biology* **196**:175-198.

[96] Taylor W R and C A Orengo 1989. Protein Structure Alignment. *Journal of Molecular Biology* **208**:1-22.

[97] Thompson J D, D G Higgins and T J Gibson 1994. CLUSTAL W: Improving the Sensitivity of Progressive Multiple Sequence Alignment through Sequence Weighting, Position-Specific Gap Penalties and Weight Matrix Choice. *Nucleic Acids Research* **22**:4673-4680.

[98] Turk D, H W Hoeffken, D Grosse, J Stuerzebecher, P D Martin, B F P Edwards and W Bode 1992. Refined 2.3 Ångstroms X-Ray Crystal Structure of Bovine Thrombin Complexes Formed with the 3 Benzamidine and Arginine-Based Thrombin Inhibitors NAPAP, 4-TAPAP and MQPA: A Starting Point for Improving Antithrombotics. *Journal of Molecular Biology* **226**:1085-1099.

[99] Turk D, J Sturzebecher and W Bode 1991. Geometry of Binding of the N-Alpha-Tosylated Piperidides of *meta*-Amidino-Phenylalanine, *para*-Amidino-Phenylalanine and *para*-Guanidino-Phenylalanine to Thrombin and Trypsin——X-Ray Crystal Structures of Their Trypsin Com-plexes and Modeling of Their Thrombin Complexes. *FEBS Letters* **287**:133-138.

[100] Vasquez M 1996. Modeling Side-Chain Conformation. *Current Opinion in Structural Biology* **6**:217-221.

[101] Wilmot C M and J M Thornton 1988. Analysis and Prediction of the Different Types of β-Turn in Proteins. *Journal of Molecular Biology* **203**:221-232.

[102] Zarembinski T I, L-W Hung, H-J Mueller-Dieckmann, K-K Kim, H Yokota, R Kim and S-H Kim 1998. Structure-Based Assignment of the Biochemical Function of a Hypothetical Protein: A Test Case of Structural Genomics. *Proceedings of the National Academy of Sciences USA* **95**:15189-15193.

第11章　分子モデリングにおける四つの挑戦：自由エネルギー，溶媒和，反応および固体欠陥

　本章では，分子モデリングにおける四つの重要な課題を考察する。第一は自由エネルギーの計算，第二は（溶媒分子を顕わに表現しなくとも溶媒効果が計算に組み込める）連続体溶媒モデル，第三は（第一原理分子動力学などによる）化学反応のシミュレーション，第四は固体欠陥のモデリングである。

11.1　自由エネルギー計算

11.1.1　コンピュータによる自由エネルギー計算のむずかしさ

　自由エネルギーは熱力学において最も重要な量であり，通常，ヘルムホルツ関数 A もしくはギブス関数 G で表される。ヘルムホルツ自由エネルギーは，粒子数（N），温度（T）および体積（V）が一定の系に適用され，ギブス自由エネルギーは，粒子数（N），温度（T）および圧力（P）が一定の系に適用される。ほとんどの実験は，温度と圧力が一定の条件下で行われるので，その場合の自由エネルギー量としては，ギブス関数が適当である。

　しかし，あいにく（多数の極小エネルギー配置が低いエネルギー障壁で隔てられた）液体や柔軟な高分子のような系では，自由エネルギーの計算は容易ではない。エントロピーや化学ポテンシャルのような関連諸量の計算もまた同様である。6.3節で示したように，分子動力学やモンテカルロの標準的なシミュレーションから自由エネルギーを正確に求めることは不可能である。このようなシミュレーションでは，自由エネルギーへ重要な寄与をなす位相空間領域から，十分なサンプリングが行われないためである。たとえば，ヘルムホルツ自由エネルギーは次式で与えられる。

$$A = k_\mathrm{B} T \ln\left(\iint d\mathbf{p}^N d\mathbf{r}^N \exp\left(\frac{+H(\mathbf{p}^N,\ \mathbf{r}^N)}{k_\mathrm{B} T}\right)\rho(\mathbf{p}^N,\ \mathbf{r}^N)\right) \tag{11.1}$$

右辺の $\exp[+H(\mathbf{p}^N,\ \mathbf{r}^N)/k_\mathrm{B}T]$ 項は，積分へ重要な寄与をなす。しかし，モンテカルロや分子動力学のシミュレーションでは，エネルギーの低い位相空間領域が優先的にサンプリングされ，エネルギーの高い領域は，たとえ重要であっても十分にサンプリングされることはない。そのため，このようなシミュレーションによる自由エネルギーの計算は，収束が悪く，得られる結果も不正確である。大正準法や粒子挿入法で自由エネルギーを計算することもできるが，複雑な分子からなる高密度な系に対しては，これらの方法は適用できないことが多い。

11.2 自由エネルギー差の計算

本節では，前節と密接につながってはいるが，若干異なる問題を取り上げる。それは，二つの状態間の自由エネルギー差を計算する問題である。ここでは一例として，水に溶けたエタノール（CH_3CH_2OH）とエタンチオール（CH_3CH_2SH）の自由エネルギー差を計算する。この問題では，モンテカルロ法や分子動力学法によるサンプリングが使える。自由エネルギー差を計算する方法としてこれまでに提案されているのは，熱力学的摂動法，熱力学的積分法および低成長法の三つである。本節では，これらの方法について順次解説していく。

11.2.1 熱力学的摂動法

いま，明確に定義された二つの状態 X と Y を考える。ここでは，水の周期箱にエタノール分子が1個入った系を X，エタンチオール分子が1個入った系を Y とする。X は，ハミルトニアン H_X に従って相互作用する N 個の粒子からなり，Y は，H_Y に従って相互作用する N 個の粒子からなる。二つの状態間の自由エネルギー差（ΔA）は次式から計算される。

$$\Delta A = A_Y - A_X = -k_B T \ln \frac{Q_Y}{Q_X} \tag{11.2}$$

$$\Delta A = -k_B T \ln \left\{ \frac{\iint d\mathbf{p}^N d\mathbf{r}^N \exp[-H_Y(\mathbf{p}^N, \mathbf{r}^N)/k_B T]}{\iint d\mathbf{p}^N d\mathbf{r}^N \exp[-H_X(\mathbf{p}^N, \mathbf{r}^N)/k_B T]} \right\} \tag{11.3}$$

いま，右辺の分子に $\exp[+H_X(\mathbf{p}^N, \mathbf{r}^N)/k_B T] \exp[-H_X(\mathbf{p}^N, \mathbf{r}^N)/k_B T]$（$=1$）を代入すると，

$$\Delta A = -k_B T \ln \left\{ \frac{\iint d\mathbf{r}^N d\mathbf{p}^N \exp\left(-\frac{H_Y(\mathbf{r}^N, \mathbf{p}^N)}{k_B T}\right) \exp\left(+\frac{H_X(\mathbf{r}^N, \mathbf{p}^N)}{k_B T}\right) \exp\left(-\frac{H_X(\mathbf{r}^N, \mathbf{p}^N)}{k_B T}\right)}{\iint d\mathbf{r}^N d\mathbf{p}^N \exp\left(-\frac{H_X(\mathbf{r}^N, \mathbf{p}^N)}{k_B T}\right)} \right\} \tag{11.4}$$

集団平均を用いて式(11.4)を書き換えると，

$$\Delta A = -k_B T \ln \left\{ \frac{\iint d\mathbf{p}^N d\mathbf{r}^N \exp[-H_Y(\mathbf{p}^N, \mathbf{r}^N)/k_B T] \exp[+H_X(\mathbf{p}^N, \mathbf{r}^N)/k_B T] \exp[-H_X(\mathbf{p}^N, \mathbf{r}^N)/k_B T]}{\iint d\mathbf{p}^N d\mathbf{r}^N \exp[-H_X(\mathbf{p}^N, \mathbf{r}^N)/k_B T]} \right\}$$

$$= -k_B T \ln \langle \exp[-(H_Y(\mathbf{p}^N, \mathbf{r}^N) - H_X(\mathbf{p}^N, \mathbf{r}^N))/k_B T] \rangle_0 \tag{11.5}$$

ここで，添字 0 は，初期状態 X を代表する配置集団の平均であることを示す。同様の式は，最終状態 Y に対応する集団からも誘導できる（添字 1 で示す）。

$$\Delta A = -k_B T \ln \langle \exp[-(H_X - H_Y)/k_B T] \rangle_1 \tag{11.6}$$

自由エネルギー差の計算へのこの熱力学的摂動アプローチは，Zwanzig によって最初に提案された［118］。式(11.5)によれば，自由エネルギー差を求めるには，まず，H_X と H_Y を定義した

後，状態 X でシミュレーションを行い，$\exp[-(H_Y-H_X)/k_BT]$ の集団平均を計算すればよい。式(11.6)に従い，状態 Y でシミュレーションを行うこともできる。今の場合，X はエタノール系，Y はエタンチオール系に対応する。すなわち，水の周期箱中でのエタノールのシミュレーションから出発する場合には，具体的には，エタノールの酸素を硫黄で置き換え，発生したすべての配置に対してエネルギーを計算していけば，自由エネルギー差は求まるはずである。エタノールに代わり，エタンチオールを使うこともできる。その場合には，各配置で硫黄を酸素に置き換え，系のエネルギーを計算する必要がある。

もし，X と Y が位相空間で重なり合わないならば，式(11.6)から計算される自由エネルギー差はあまり正確な値にはならない。Y の位相空間では，X のシミュレーションに必要なサンプリングが十分行えないからである。この問題は，二つの状態間のエネルギー差が k_BT に比べてはるかに大きいとき，すなわち，$|H_Y-H_X|\gg k_BT$ のときに発生する。このような状況下では，自由エネルギー差の正確な推定値はどのようにしたら得られるのか。いま，一つの方策として，X と Y の中間にあり，ハミルトニアンが H_1 で，自由エネルギーが $A(1)$ の状態を導入してみよう。自由エネルギー差の計算式は次のように書き換えられる。

$$\begin{aligned}\Delta A &= A(Y)-A(X) \\ &= (A(Y)-A(1))+(A(1)-A(X)) \\ &= -k_BT\ln\left[\frac{Q(Y)}{Q(1)}\cdot\frac{Q(1)}{Q(X)}\right] \\ &= -k_BT\ln\langle\exp[-(H_Y-H_1)/k_BT]\rangle - k_BT\ln\langle\exp[-(H_1-H_X)/k_BT]\rangle\end{aligned} \quad (11.7)$$

すなわち，もし，X と Y のいずれとも十分重なり合う中間領域 1 が設定できるならば，サンプリングの効率は改善され，計算値の信頼性はより高くなるはずである（図11.1）。

この方法は，H_X から H_Y へ至る経路に複数の中間状態を置く形に拡張することもできる。

$$\begin{aligned}\Delta A &= A(Y)-A(X) \\ &= (A(Y)-A(N))+(A(N)-A(N-1))+\cdots\cdots \\ &\quad +(A(2)-A(1))+(A(1)-A(X)) \\ &= -k_BT\ln\left[\frac{Q(Y)}{Q(N)}\cdot\frac{Q(N)}{Q(N-1)}\cdot\frac{Q(N-1)}{Q(N-2)}\cdots\cdots\frac{Q(2)}{Q(1)}\cdot\frac{Q(1)}{Q(X)}\right]\end{aligned} \quad (11.8)$$

この場合，中間項は打ち消し合う。したがって，十分な重なりが達成され，信頼に足る自由エネルギー差が得られるまで，中間状態の数は自由に増やせる。

11.2.2 自由エネルギー摂動計算の実行

エタノール／エタンチオール系の分子間および分子内の相互作用は，次のような経験的エネルギー関数で記述できる。

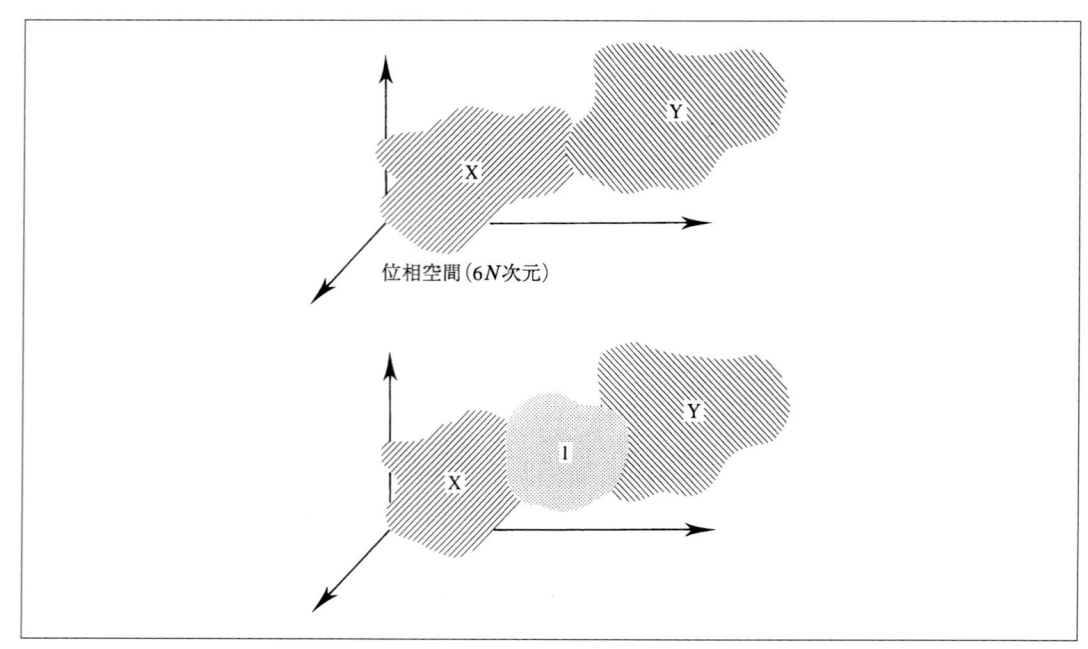

図 11.1 中間領域(I)は位相空間での重なりを改善し，サンプリング効率を向上させる．

$$V(\mathbf{r}^N) = \sum_{\text{bonds}} \frac{k_i}{2}(l_i - l_{i,0})^2 + \sum_{\text{angles}} \frac{k_i}{2}(\theta_i - \theta_{i,0})^2 + \sum_{\text{torsions}} \frac{V_n}{2}(1 + \cos(n\omega - \gamma)) \\ + \sum_{i=1}^{N} \sum_{j=i+1}^{N} \left(4\varepsilon_{ij} \left[\left(\frac{\sigma_{ij}}{r_{ij}}\right)^{12} - \left(\frac{\sigma_{ij}}{r_{ij}}\right)^{6} \right] + \frac{q_i q_j}{4\pi\varepsilon_0 r_{ij}} \right) \tag{11.9}$$

ただし，エタノールの力場に含まれる C—O と O—H の結合伸縮項は，エタンチオールでは，それぞれ C—S と S—H のパラメータで置き換えられる．また，角 C—O—H，C—C—O および H—C—O による変角項も同様で，エタンチオールではそれぞれ C—S—H，C—C—S および H—C—S の値が使われる．ねじれ項もまた変更を必要し，そのことは，(溶質-溶質間と溶質-溶媒間の) ファンデルワールス相互作用項や静電相互作用項にも当てはまる．さらに，エタノールの部分原子電荷は，すべての原子でエタンチオールのそれとは異なる値をとる．

初期，最終および中間状態の間の関係は，結合パラメータ（coupling parameter）λ を使えばうまく記述できる．すなわち，H_X から H_Y へのハミルトニアンの変化は，λ の 0 から 1 への変化に対応し，また，中間状態 λ での力場の各項は，X と Y に対する値の一次結合で表される．

(1) 結合長：
$$k_l(\lambda) = \lambda k_l(Y) + (1-\lambda) k_l(X) \tag{11.10}$$
$$l_0(\lambda) = \lambda l_0(Y) + (1-\lambda) l_0(X) \tag{11.11}$$

(2) 結合角：
$$k_\theta(\lambda) = \lambda k_\theta(Y) + (1-\lambda) k_\theta(X) \tag{11.12}$$
$$\theta_0(\lambda) = \lambda \theta_0(Y) + (1-\lambda) \theta_0(X) \tag{11.13}$$

(3) ねじれ角：
$$\nu_\omega(\lambda) = \lambda \nu_\omega(Y) + (1-\lambda) \nu_\omega(X) \tag{11.14}$$

(4) 静電相互作用：
$$q_i(\lambda) = \lambda q_i(Y) + (1-\lambda) q_i(X) \tag{11.15}$$

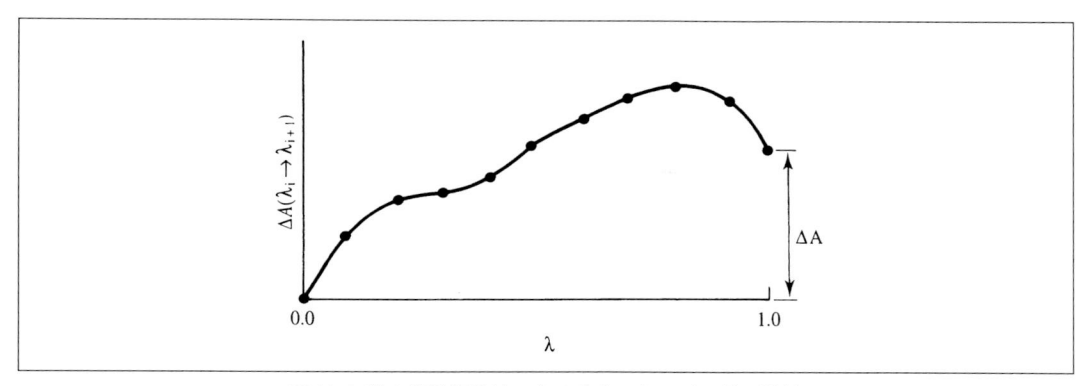

図 11.2 熱力学的摂動法による自由エネルギー差の計算

(5) ファンデルワールス相互作用： $\varepsilon(\lambda) = \lambda \varepsilon(Y) + (1-\lambda) \varepsilon(X)$ (11.16)

$$\sigma(\lambda) = \lambda \sigma(Y) + (1-\lambda) \sigma(X) \quad (11.17)$$

シミュレーションは，（モンテカルロ法もしくは分子動力学法を使い）個々の λ 値 (λ_i) に対して実行される。系はまず，λ_i に対する力場パラメータを使って平衡化され，生成相の計算はしかるのち行われる。また，自由エネルギー差 $\Delta A(\lambda_i \to \lambda_{i+1})$ は，$-k_B T \langle \exp(-\Delta H_i / k_B T) \rangle$ の形で累積される。ここで，$\Delta H_i = H_{i+1} - H_i$ である。$\lambda = 0$ から $\lambda = 1$ へ至る全自由エネルギー変化は，図 11.2 に示すように，さまざまな λ_i 値における自由エネルギー差の総和として与えられる。

これまで説明したアプローチは，自由エネルギーを $\lambda_i \to \lambda_{i+1}$ の方向に計算する。そこで，前進サンプリング（forward sampling）と呼ばれる。それに対し，後退サンプリング（backward sampling）なる方法もある。この後退サンプリングでは，自由エネルギー差は λ_i と λ_{i-1} の間で計算される。結合パラメータ λ はここでも 0 から 1 へ増加する。異なるのは，自由エネルギー差の累積方向である。その他，二倍幅サンプリング（double-wide sampling）なる方法も使われる。この方法は，自由エネルギー差を $\lambda_i \to \lambda_{i+1}$ と $\lambda_i \to \lambda_{i-1}$ の両方向に計算する。図 11.3 の点 B を見ていただきたい。この点は，結合パラメータ λ_i に対応するが，この λ_i に対するシミュレーションは，自由エネルギー差 $\Delta A(\lambda_i \to \lambda_{i+1})$ と $\Delta A(\lambda_i \to \lambda_{i-1})$ の両者を与える。この方法では，1 回のシミュレーションで自由エネルギー差が二つ得られる。したがって，前進サ

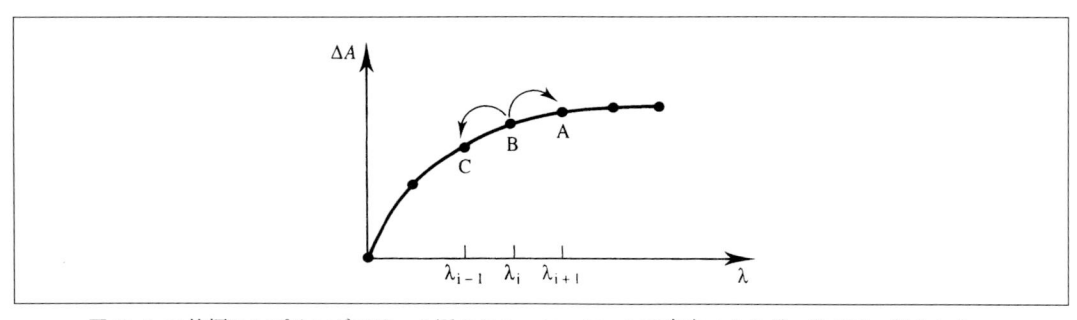

図 11.3 二倍幅サンプリングでは，1 回のシミュレーションで自由エネルギー差が二つ得られる。

11.2.3 熱力学的積分法

自由エネルギー差は熱力学的積分を使っても計算できる。計算式は次の通りである。この式の誘導は，付録 11.1 に示した手順に従う。

$$\Delta A = \int_{\lambda=0}^{\lambda=1} \left\langle \frac{\partial H(\mathbf{p}^N, \mathbf{r}^N)}{\partial \lambda} \right\rangle_\lambda d\lambda \tag{11.18}$$

熱力学的積分法では，自由エネルギー差を求める際，式(11.18)の積分を計算する必要がある。この積分の値は，実際には 0〜1 のさまざまな λ 値に対する一連のシミュレーションから得られる。すなわち，まず λ の各値に対して次の平均を求める。

$$\left\langle \frac{\partial H(\mathbf{p}^N, \mathbf{r}^N)}{\partial \lambda} \right\rangle_\lambda \tag{11.19}$$

この偏微分は，解析的に計算されることもあれば，差分近似（$\partial H/\partial \lambda \approx \Delta H/\Delta \lambda$）を使って計算されることもある。全自由エネルギー差 ΔA は，λ に対して次式をプロットしたグラフの曲線下面積に等しい（図 11.4）。

$$\left\langle \frac{\partial H(\mathbf{p}^N, \mathbf{r}^N)}{\partial \lambda} \right\rangle_\lambda \tag{11.20}$$

11.2.4 低成長法

コンピュータ・シミュレーションから自由エネルギー差を計算する第三のアプローチは，低成長法（slow growth method）と呼ばれる。この方法は，ハミルトニアンを一定微小量ずつ変化させながら計算を進める。そのため，個々の段階を見てみると，そのハミルトニアン $H(\lambda_{i+1})$ は $H(\lambda_i)$ とほぼ等しい。自由エネルギー差は次式で与えられる。

$$\Delta A = \sum_{i=1; \lambda=0}^{i=N_{\text{step}}; \lambda=1} (H_{i+1} - H_i) \tag{11.21}$$

この式は，付録 9.2 に示した手順で誘導される。

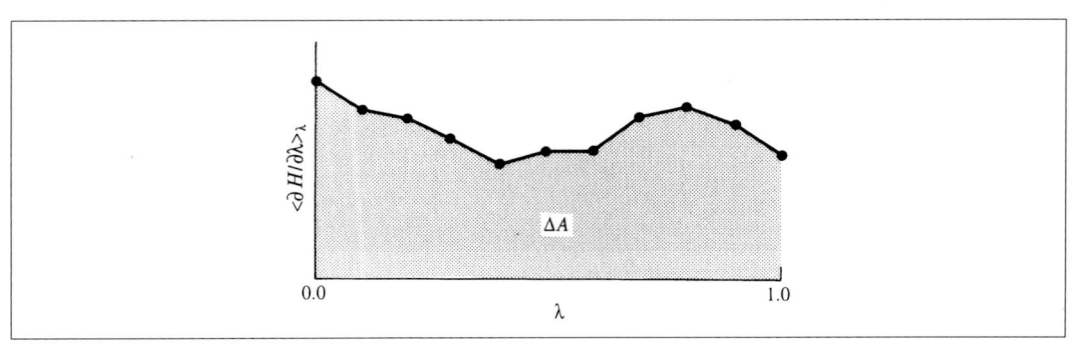

図 11.4 熱力学的積分法による自由エネルギー差の計算

自由エネルギーは，状態関数で経路に依存しないから，自由エネルギー差を計算する三つの方法は，原則としていずれも同じ結果を与える。しかし，11.6節で述べる理由から，実際には状況に即した適切な方法が使われる。この段階でもう一つ指摘しておきたいことがある。それは，自由エネルギーが分配関数 Q やハミルトニアン $H(\mathbf{p}^N, \mathbf{r}^N)$ によって記述され，それらはいずれも運動エネルギーと位置エネルギーから構成される事実である。運動エネルギー項は積分により相殺される。したがって，計算式はハミルトニアン $H(\mathbf{p}^N, \mathbf{r}^N)$ ではなく，ポテンシャル関数 $V(\mathbf{r}^N)$ を使って記述しても構わない。その場合には，Q は配置積分 Z で置き換えられ，得られる自由エネルギーは理想気体からのずれに相当する。

　これまでの議論で取り上げてきたのは，NVT が一定の条件下で計算されるヘルムホルツ自由エネルギーであった。しかし，実験値と厳密に比較したい場合には，通常ギブス自由エネルギー G が必要である。ギブス自由エネルギーは，NPT が一定の条件下でのシミュレーションから得られる。

11.3　自由エネルギー差の計算法の応用

11.3.1　熱力学サイクル

　自由エネルギー摂動法の初期の応用の一つに，溶媒中での空洞（cavity）の生成に必要な自由エネルギーの計算がある。Postma，Berendsen & Haak は，定温定圧分子動力学シミュレーションを使い，純水中（$\lambda=0$）での空洞（$\lambda=1$）の生成に必要な自由エネルギーを計算した[75]。大きさの異なる五つの空洞を比較したとき，空洞生成の自由エネルギーは，予想通り空洞の大きさとともに増加し，その結果は分析理論とよく合致した。半径が1Åより小さい空洞では，サンプリングが不十分なため，正確な結果は得られなかった。計算は，さまざまな空洞の生成自由エネルギーだけでなく，空洞を取り巻く水分子の構造的性質や動的性質をも明らかにした。たとえば，水の構造は空洞の大きさに依存した。また，半径1.78Åの空洞は最も顕著な殻構造をもち，その空洞-水二体分布関数には，大きな第一近接ピークと有意な第二近接ピークの二つが観測された。

　分子モデリング研究者にとって興味のある過程の多くは，非共有結合力を介して相互作用する分子間の平衡を含む。自由エネルギーは，この平衡定数と $\Delta G = RT \ln K$ の関係にある。たとえば，受容体（R）へ結合する二種のリガンド，L_1 と L_2 を考えてみよう。L_1 と L_2 は，酵素 R の阻害薬であってもよいし，ホスト R に対する二種のゲスト分子であってもよい。図11.5は，二つの結合過程に対する熱力学サイクルを示している。L_1 と L_2 の相対結合親和性は $\Delta G_2 - \Delta G_1$ に等しく，一般に $\Delta\Delta G$ と表記される。原理的には，ΔG_1 と ΔG_2 の値は，実際の会合過程をシミュレーションすれば計算できるはずである。この計算を行うには，リガンドと受容体を，遠く離れた位置から分子間複合体が形成される位置まで徐々に近づければよい。しかしそのようなことをすれば，ほとんどの場合，受容体，リガンドおよび溶媒の間で大規模な再編が起こり，位相空間の十分なサンプリングは困難になる。

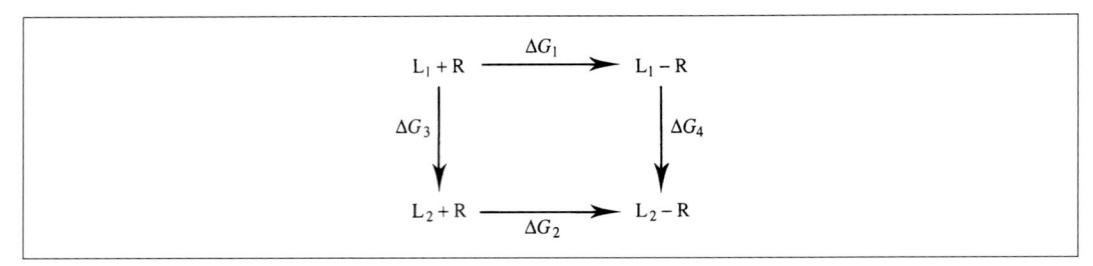

図11.5 受容体 R へのリガンド L_1 と L_2 の結合に対する熱力学サイクル

　自由エネルギーは状態関数であるから，熱力学サイクルを1周したとき，その値はゼロにならなければならない．すなわち，$\Delta G_2 - \Delta G_1 = \Delta G_4 - \Delta G_3$ が成立する（図11.5参照）．ここで，ΔG_3 は溶液中での二種のリガンドの自由エネルギー差，ΔG_4 は二種の分子間複合体の自由エネルギー差をそれぞれ表す．ΔG_3 と ΔG_4 に対応する変換は，実験室では達成できないが，コンピュータを使えば容易に実現できる．自由エネルギー差は終点のみに依存するから，ハミルトニアンはどのように変えても構わない．このような非物理的経路から得られる自由エネルギー差は，系の再編をほとんど伴わないので，物理的に妥当な過程から得られる値に比べ，はるかに信頼度が高い．二種のリガンド L_1 と L_2 がよく似た構造をもつ場合には，特にそうである．すなわち，二種のリガンドの相対結合自由エネルギーは，溶液中と受容体内部でそれぞれ L_1 を L_2 へ変化させれば計算できる．この戦略は，相対自由エネルギー計算への熱力学サイクル摂動アプローチと呼ばれる．

11.3.2　熱力学サイクル摂動法の応用

　相対結合定数の計算へ熱力学サイクル摂動アプローチを最初に応用したのは，Lybrand, McCammon & Wipff である [56]．彼らは，プロトン化したときハロゲン・イオンと結合する合成大環状化合物 SC 24 を取り上げた（図11.6）．SC 24 は，Br^- よりも Cl^- へ（4.30 kcal/mol だけ）強く結合する．この相対自由エネルギーの理論値を計算するため，自由エネルギー摂動法を適用し，分子動力学による二つのシミュレーションが行われた．まず最初，水溶液中で Cl^- を

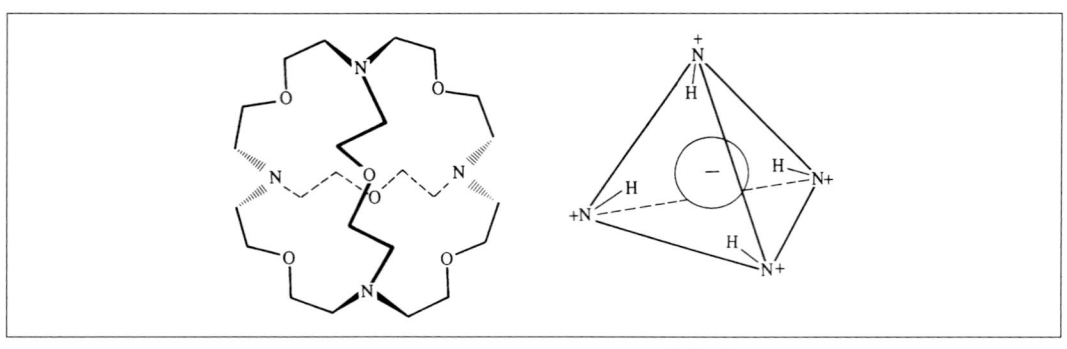

図11.6　SC 24 ／ハロゲン・イオン系 [56]

Br⁻へ変化させたとき，自由エネルギー差は 3.35 kcal/mol となった。水の周期箱中と同様の変換は，次に大環状化合物の内部でも行われた。この変換に対する自由エネルギー差は 7.50 kcal/mol であった。これらの結果を通算すると，相対結合自由エネルギーは 4.15 kcal/mol となる。この値は，実験値の約 4.3 kcal/mol とほぼ等しい。したがって，Cl⁻の脱溶媒和は，Br⁻の場合に比べてエネルギー的に不利であるが，Cl⁻とホストの間に生ずる好適な相互作用は，それを補って余りあると考えられる。Br⁻は少し大きすぎ，多少柔軟性を欠く SC 24 分子の内部へうまく収まらないのである。

　熱力学サイクル摂動法の最も魅力ある応用の一つは，(タンパク質や DNA のような)生体高分子に対する阻害薬の相対結合自由エネルギーの予測である。いま，ある阻害薬の結合定数が分かっているとする。この場合，少なくとも原理的には，関連阻害薬の結合定数を計算することができる。この計算に使われる自由エネルギーサイクルは，図 11.5 のそれとよく似ている。すなわち，溶液中と結合部位内部の二つの環境で，リガンド L_1 を L_2 へ変化させたときの自由エネルギー差が計算される。この種の計算は，Bash らにより最初に行われた [7]。彼らが取り上げたのは，ペプチドやタンパク質のアミド結合を開裂する酵素，サーモリシンの二つの阻害薬である。これらの阻害薬は，カルボベンゾキシ-Gly^p(X)-L-Leu-L-Leu なる一般式をもつ [6] (図 11.7)。実測された結合定数 (K_i) は，X≡NH 阻害薬に対し 9.1 nM，X≡O 阻害薬に対し 9,000 nM であった。すなわち，前者は後者に比べ 1,000 倍強い結合親和性を示した。結合定数のこの差は，4.1 kcal/mol の自由エネルギー差に相当する。X 線結晶解析によると，二つの阻害薬は活性部位のほぼ同じ位置に結合する。自由エネルギー差の計算値は 4.2±0.5 kcal/mol となり，実測値とよく一致した。酵素の活性部位では，阻害薬の X 部分はアミノ酸残基 Ala113 の骨格カルボニル酸素と相互作用する。このカルボニルとの相互作用は，エステル酸素ではエネルギー的に不利である。しかし，アミドでは安定な水素結合が形成される。計算によると，タンパク質へのアミド型阻害薬の相対結合自由エネルギーは，エステル型阻害薬に比べて 7.6 kcal/mol ほど低い。しかし，このエネルギー利得は，溶媒和の自由エネルギー差によって一部打ち消され，その値は 3.4 kcal/mol にも上る。アミド型阻害薬は，エステル型阻害薬に比べ，このように脱溶媒和のペナルティーが大きい。

　この研究は，実験データときわめてよく一致する結果を与えた。しかし，その後の Merz & Kollman の計算によれば，結果は使われた阻害薬の電荷モデルにきわめて敏感なことが判明し

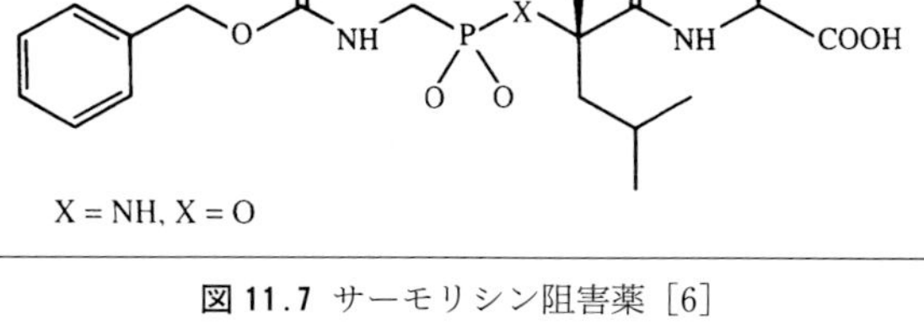

図 11.7 サーモリシン阻害薬 [6]

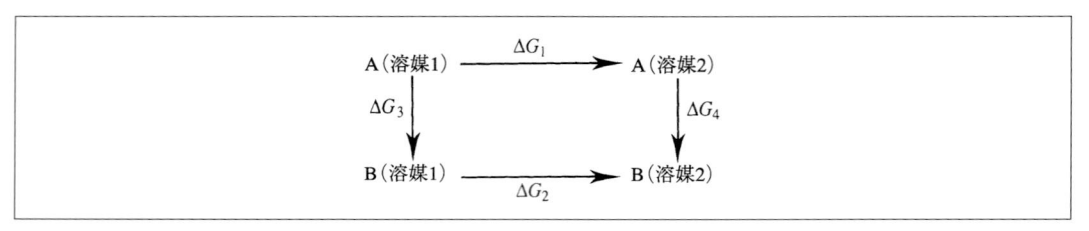

```
A(溶媒1)  —ΔG₁→  A(溶媒2)
  │                │
 ΔG₃              ΔG₄
  ↓                ↓
B(溶媒1)  —ΔG₂→  B(溶媒2)
```

図11.8 相対分配係数の計算に使われる熱力学サイクル

た [61]。彼らの計算では，阻害薬の電荷は以前の計算と同様，静電ポテンシャルの当てはめから得られた。しかし，使用した基底系は異なっていた。この二回目の計算では，自由エネルギー差は5.9 kcal/molになった。他の研究もまた，自由エネルギーの計算値が使用された電荷モデルにきわめて敏感であることを示した。自由エネルギーの計算に伴う問題点に関しては，11.6節で詳しく議論する。

　熱力学サイクル摂動法の応用例として，最後に相対分配係数の計算を取り上げてみよう。分配係数（P）は，2種の溶媒間での溶質の移行に対する平衡定数である。さまざまな有機溶媒，特に1-オクタノールと水の間の分配係数の対数($\log P$)は，分子の物理化学的性質と生物活性を関連づける定量的構造活性相関の誘導に広く利用される（12.9節参照）。図11.8は，2種の溶媒間での2種の溶質AとBの分配に対する熱力学サイクルを示している。もし，一方の溶媒から他の溶媒への移行に伴う自由エネルギー差（図11.8のΔG_1またはΔG_2）が計算できるならば，その値は分配係数そのものに等しい。しかし，このようなシミュレーションは法外な計算時間を必要とし，しかもその結果はきわめて不正確である。そこで，相対分配係数の計算では，それぞれの溶媒中で，溶質を一方から他方へ変化させる戦略がとられる。

　自由エネルギー摂動法を適用し，分子動力学やモンテカルロのシミュレーションから相対分配係数を計算した研究は，いくつか報告されている。たとえば，Essex, Reynolds & Richardsは，分子動力学的なサンプリングに基づき，水／四塩化炭素間でのメタノールとエタノールの分配係数を計算した [28]。それによると，計算値は実験値ときわめてよく一致し，両者の差は0.06 kcal/mol以内に収まった。その他，モンテカルロ法を使い，8組の溶質系——メタノール／チラミン，酢酸／アセトアミド，ピラジン／ピリジンなど——の相対分配係数を水／クロロホルム間で計算したJorgensen, Briggs & Contrerasの研究もある [44]。これらの8組の系に対する計算結果は，実験データと定性的によく一致した。しかし，酢酸を含む溶質系は例外であった。これは，水和の相対自由エネルギーを評価することのむずかしさに原因があり，力場モデルに改良の余地があることを示すものと見なされた。

11.3.3　絶対自由エネルギーの計算

　場合によっては，熱力学サイクル摂動法を使って，変化の絶対自由エネルギーを計算することもできる [46]。図11.9は，LとRが気相と溶液の両相で会合し，それぞれ複合体LRを形成する場合の熱力学サイクルである。ΔG_{ass}は溶液中での会合の自由エネルギーを表し，次式で与

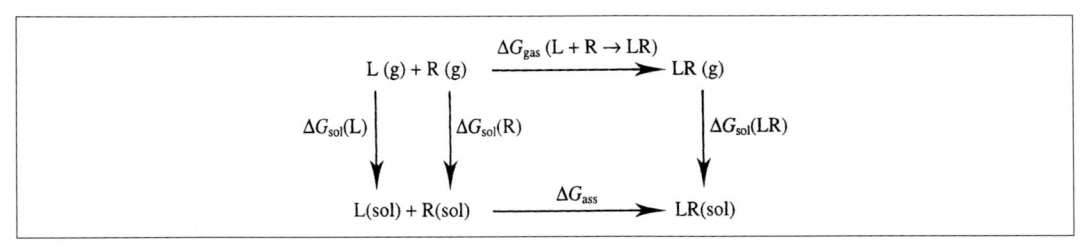

図11.9 絶対自由エネルギーの計算に使われる熱力学サイクル [46]

えられる。
$$\Delta G_{ass} = \Delta G_{gas}(L+R \rightarrow LR) + \Delta G_{sol}(LR) - \Delta G_{sol}(L) - \Delta G_{sol}(R) \quad (11.22)$$

ここで，$\Delta G_{sol}(X)$ は分子 X の溶媒和自由エネルギー，すなわち気相から溶液への移行に伴う自由エネルギーである。この溶媒和自由エネルギーは，気相と溶液中で分子が消滅する摂動を使えば，$\Delta G_{sol}(X) = \Delta G_{gas}(X \rightarrow 0) - \Delta G_{sol}(X \rightarrow 0)$ の形で表せる。したがって，会合の自由エネルギー ΔG_{ass} は次のように書き換えられる。

$$\begin{aligned}\Delta G_{ass} = &\Delta G_{gas}(L+R \rightarrow LR) - \Delta G_{gas}(L \rightarrow 0) + \Delta G_{sol}(L \rightarrow 0) \\ &- \Delta G_{gas}(R \rightarrow 0) + \Delta G_{sol}(R \rightarrow 0) + \Delta G_{gas}(LR \rightarrow 0) - \Delta G_{sol}(LR \rightarrow 0)\end{aligned} \quad (11.23)$$

ここで，四つの気相項は相殺される。また，$\Delta G_{sol}(LR \rightarrow 0)$ は次のように二つのエネルギー項の和で表せる。

$$\Delta G_{sol}(LR \rightarrow 0) = \Delta G_{sol}(LR \rightarrow R) + \Delta G_{sol}(R \rightarrow 0) \quad (11.24)$$

したがって，最終的に全自由エネルギー変化は次式で与えられる。

$$\Delta G_{ass} = \Delta G_{sol}(L \rightarrow 0) - \Delta G_{sol}(LR \rightarrow R) \quad (11.25)$$

この式は，二つのシミュレーション——水中での L から無への変化と LR 複合体内での L から無への変化——を行えば，ΔG_{ass} が計算できることを示している。絶対自由エネルギーを計算するこのアプローチは，最初，水中での2個のメタン分子の会合研究に適用された。この場合，L と R は同じ分子であったが，一般には小さい方の成分が L として選ばれる。

11.4 エンタルピー差とエントロピー差の計算

自由エネルギー変化は，現在 1 kcal/mol 以下の誤差で計算できる。では，エンタルピー差やエントロピー差の計算に伴う誤差はどのようになるのか。エンタルピー変化を計算するには，初期系と最終系に対して別々にシミュレーションを行えばよい。たとえば，水中におけるエタノールとエタンチオールの溶媒和のエンタルピー差は，二つの分子系を別々にシミュレーションし，それらの系の全エネルギーの差を取ることで計算される。しかし，これらの全エネルギーは常に大きな値をとり，それに伴う誤差も比較的大きい。そのため，エンタルピー差の計算値には，系のエネルギー誤差と同程度の誤差が付きまとう。それに対し，自由エネルギーは溶質を含む相互作用項のみに依存するから，その計算値は，エンタルピーのそれに比べてはるかに正確である。

エンタルピーとエントロピーの変化を一段効率よく計算するための方法も，いくつか提案されている．それらは，自由エネルギー摂動法と熱力学的積分法の両者を利用する [30,115]．これらの方法で計算されたエンタルピー差やエントロピー差は，全エネルギーの引き算から得られるものに比べると誤差が小さい．しかし，それらは対応する自由エネルギー差に比べれば，まだ1桁大きな誤差をもつ．

11.5 自由エネルギーの分割

熱力学的積分法による自由エネルギー差の計算では，全自由エネルギー差は個々の成分へ分割できる [10,11]．出発点となるのは，自由エネルギー差に対する次の熱力学的積分式である．

$$\Delta A = \int_{\lambda=0}^{\lambda=1} \left\langle \frac{\partial H(\mathbf{p}^N, \mathbf{r}^N)}{\partial \lambda} \right\rangle_\lambda d\lambda \tag{11.26}$$

ハミルトニアンは，結合の伸縮や変角などの成分に分け，それらの和として書き下せる．

$$\left\langle \frac{\partial H(\lambda)}{\partial \lambda} \right\rangle_\lambda = \left\langle \frac{\partial H_{\text{bonds}}(\lambda)}{\partial \lambda} + \frac{\partial H_{\text{angles}}(\lambda)}{\partial \lambda} + \cdots\cdots \right\rangle_\lambda \tag{11.27}$$

したがって，式(11.26)は次のように展開できる．

$$\begin{aligned}\Delta A &= \int_{\lambda=0}^{\lambda=1} \left\langle \frac{\partial H_{\text{bonds}}(\lambda)}{\partial \lambda} \right\rangle_\lambda d\lambda + \int_{\lambda=0}^{\lambda=1} \left\langle \frac{\partial H_{\text{angles}}(\lambda)}{\partial \lambda} \right\rangle_\lambda d\lambda + \cdots\cdots \\ &= \Delta A_{\text{bonds}} + \Delta A_{\text{angles}} + \cdots\cdots \end{aligned} \tag{11.28}$$

個々の寄与項は状態関数ではない．そのため，真に意味をもつのはそれらの和だけである．このことは，このような分割戦略の使用に対する批判を醸す根拠となった [94]．しかし，分割戦略は，全自由エネルギー差への各相互作用項の寄与の度合を明らかにでき，また，計算に伴う誤差がどこで発生したのかも同時に示してくれる．熱力学的摂動法ではこのような分割は行えない．

この分割戦略を利用した研究の一例として，次に，D-グルコースの α アノマーと β アノマーの平衡に関する Ha らの研究を紹介しよう [38]．D-グルコースは二つの互変異性体，α-D-グルコースと β-D-グルコースで存在する．両者は C_1-ヒドロキシ基の配置が異なり，α-D-グルコースはアキシアル，β-D-グルコースはエクアトリアルの配置をとる（図11.10）．気相では，エネルギー的に不利な双極子-双極子相互作用と，環酸素孤立電子対の反結合性 σ^* 軌道への非局在化に起因するアノマー効果が働き，アキシアル形の α 異性体は，エクアトリアル形の β 異性

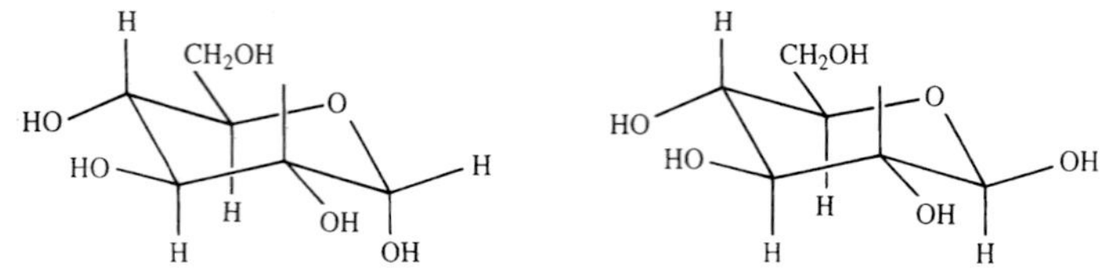

図11.10 D-グルコースの α アノマー（左）と β アノマー（右）

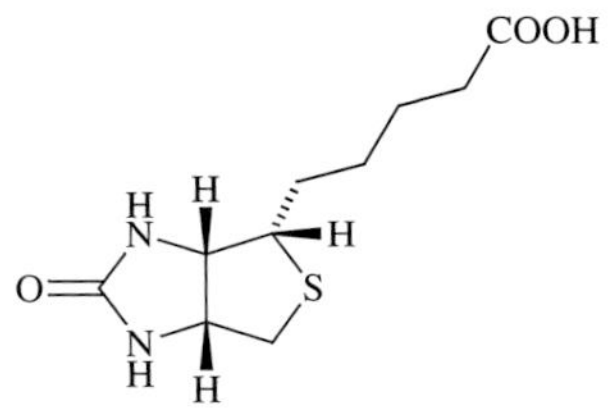

図 11.11 ビオチン

体よりも安定である．しかし，水溶液中では状況は逆転し，エクアトリアル形の β-D-アノマーの方が，アキシアル形の α-D-アノマーよりも 0.3 kcal/mol だけ安定になる．水溶液中での二つの異性体の自由エネルギー差は，Ha らによると，自由エネルギー摂動法と熱力学的積分法のいずれを用いても -0.3 ± 0.4 kcal/mol（$\beta \to \alpha$）であった．そこで，自由エネルギーを分割したところ，この小さなエネルギー差は二つの大きな項が相殺された結果生じたものであることが明らかとなった．再度計算し直してみると，気相では主に静電効果により，α 異性体は β 異性体よりも 3.6 kcal/mol 安定であった．また，水溶液中では，逆に溶媒との水素結合能力が高い β 異性体が α 異性体よりもエネルギー的に有利となった．このような平衡問題への取組みは，小さな自由エネルギー差，信頼できる力場モデルの得にくさ，吟味すべき配座数の多さなどの理由から困難を極める．サンプリングでは，局所強化サンプリング（locally enhanced sampling, LES）なる方法も使われる．この LES は，複数の配座で存在しうる系部位に対して多重のコピーを使用する．グルコースの場合，そのような系部位はヒドロキシ水素とヒドロキシメチル基である．LES では，各コピーは同じ基に属する他のコピーとは相互作用しない．また，各原子から見えるのは，全コピーの平均力である．この方法が最初に応用されたのは，タンパク質ミオグロビン内部での一酸化炭素の拡散に関する研究においてであった [26]．しかし，潜在的な応用例は他にも多数報告されている．LES は，配座的遷移の障壁を低くし，極小配座間でのより速やかな遷移を可能にする [88]．しかし，単一コピー系に対する結果を得るためには，LES エネルギー曲面で計算された自由エネルギーは補正を必要とする．この方法を適用したグルコースの研究によれば，気相では α アノマーが 0.5～1.0 kcal/mol 有利であったが，溶液中では，逆に β アノマーが 0.2 kcal/mol 有利となった [89]．気相での結果は，O—C—O—C 結合がゴーシュ配座をとりやすいことに由来した．それに対し，溶液での結果は溶媒効果によるものであった．この系に対しては量子力学的研究も多く行われ，それらの中には溶媒和効果を考慮したものもある（11.10.2 項参照）．たとえば，Barrows らは大基底系を使い，グルコースの低エネルギー配座 11 種を対象に，電子相関効果を含めた高水準の ab initio 計算を行った [5]．彼らは，このデータから（ボルツマン加重平均を用いて）平衡定数を計算した．その結果によれば，気相では α アノマーが 0.4 kcal/mol 有利であったが，溶液中では逆に β アノマーが 0.6 kcal/mol 有利となった．

自由エネルギーは，そのほかファンデルワールス相互作用項と静電相互作用項へ分割されるこ

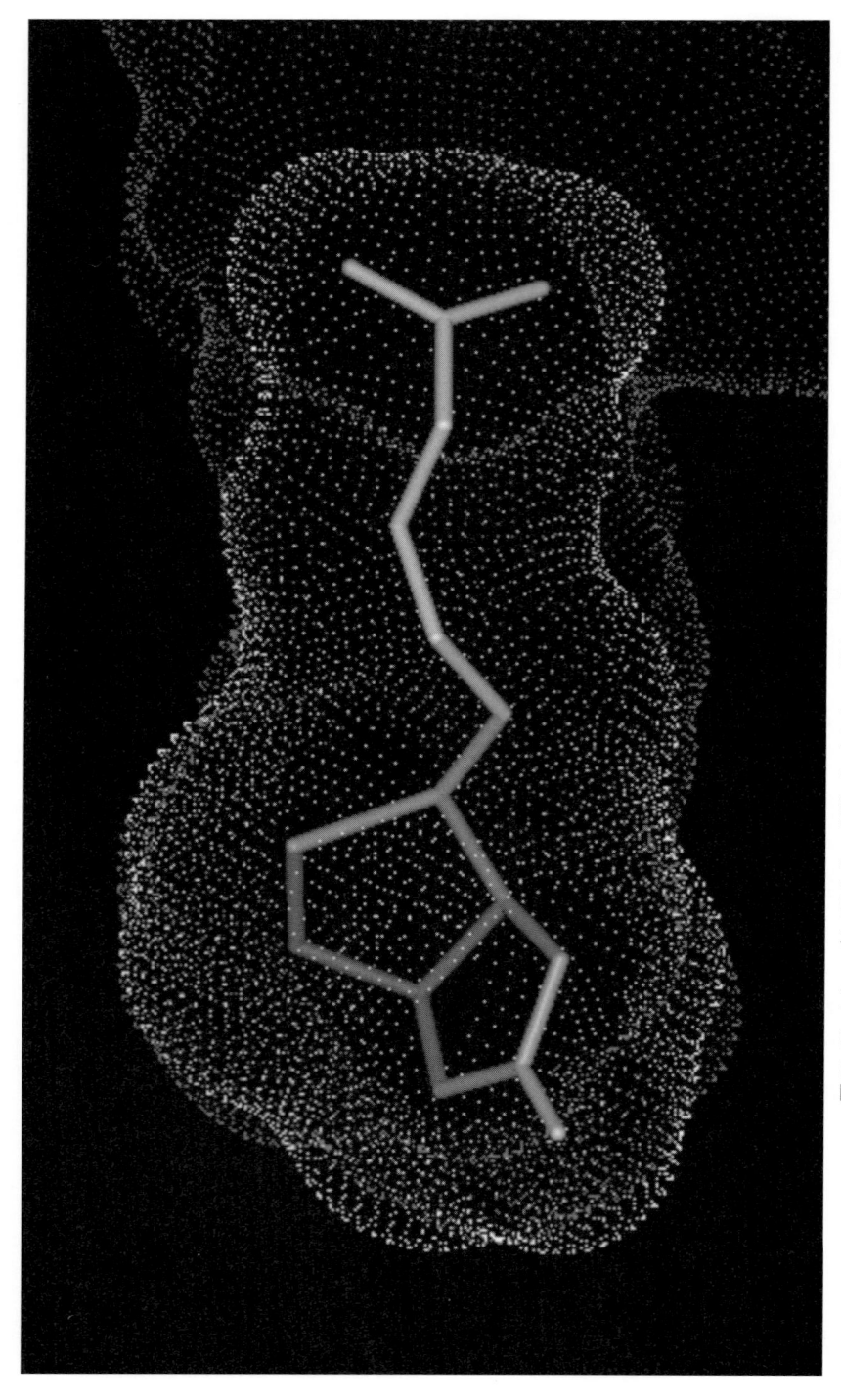

560　第11章　分子モデリングにおける四つの挑戦：自由エネルギー，溶媒和，反応および固体欠陥

図 11.12 ストレプトアビジン（紫）とビオチン（白）の表面相補性 [32]（カラー口絵参照）

ともある。この分割は比較的簡単に行える。すなわち，最初に静電パラメータ，次にファンデルワールス・パラメータに摂動を加えればよい。この方式で研究された系の一つに，ビオチン／ストレプトアビジン複合体がある。このリガンド–タンパク質複合体は，きわめて強い会合定数（-18.3 kcal/mol）をもつ点で特に興味深い。ビオチンは図 11.11 の化学構造をもつ。静電相互作用項とファンデルワールス相互作用項を分けて計算したとき，結合自由エネルギーへの寄与が大きかったのは，静電項ではなく，無極性ファンデルワールス項の方であった [65,66]。複合体を構成するビオチンとストレプトアビジンの間には，多数の水素結合が存在するが，この強い静電相互作用は，ビオチン–水相互作用の自由エネルギーによってほとんど打ち消される。それに対し，リガンド–タンパク質複合体でのファンデルワールス相互作用は，ビオチンと水の間のそれよりもはるかに大きい。この分子間複合体の三次元構造を示した図 11.12 をご覧いただきたい。リガンドは実際，タンパク質の空洞内部にほぼ完全に埋没している。

11.6 自由エネルギー計算の潜在的な落とし穴

コンピュータ・シミュレーションによる自由エネルギーの計算誤差は，主に二つの原因で生じる。第一の原因は，ハミルトニアンの不正確さである。これは，ポテンシャルの選び方やその運用——長距離力の取扱いなど——のつたなさに関係する。また，誤差の第二の原因は，位相空間の不十分なサンプリングである。

残念ながら，位相空間を十分被覆し，信頼性の高い自由エネルギー値が計算できる作りつけの方法は存在しない [64]。不十分なサンプリングに起因する誤差は，（分子動力学では）シミュレーションの時間を長くし，（モンテカルロ法では）繰返しの回数を増やすことで確認できる。自由エネルギー差の計算には，たとえば熱力学的摂動や熱力学的積分といった方法が使える。シミュレーションは，少なくとも前進と後退の両方向で行われなければならない。これらの二方向での自由エネルギー計算値の差は，しばしばヒステリシス（hysteresis）と呼ばれ，計算に伴う誤差の下界推定値を与える。

誤差の評価に当たっては，落とし穴が一つあることに注意されたい。それは，極端に短いシミュレーションでは，前進と後退の二つの方向で結果にほとんど差が現れないことである。シミュレーションの時間が，もし系の緩和時間に比べてはるかに長ければ，変化は可逆的である。また，両者の時間がほぼ同じオーダーであれば，有意なヒステリシスが観測される。しかし，シミュレーション時間が緩和時間に比べてはるかに短いと，系は変化に順応できず，ヒステリシスは生じない。このような状況下では，自由エネルギーは前進と後退の両方向でほぼ同じ値になるが，その結果はまず間違っている。

11.6.1 計算の実行

自由エネルギーや（平衡定数のような）その熱力学的関連諸量の計算では，魅力に溢れたさまざまな方法が使われる。そのため，自由エネルギー計算に対する世間の関心はかなり高い。計算

を行うに当たってはさまざまな意思決定が必要になる。まず決めなければならないのは，シミュレーションの方法である。選択肢は原則として，モンテカルロ法と分子動力学法の二つである。配座的に柔軟な系では，分子動力学法が使われることが多い。また，剛体や配座的に制約のある小分子では，モンテカルロ法が良い結果を与える。

次に，熱力学的摂動法，熱力学的積分法および低成長法の中から，自由エネルギー差の計算法が一つ選択される。これらの方法はいずれも広く利用されている。しかし，低成長法は推奨できない。この方法は，ハミルトニアン・ラグ（Hamiltonian lag）と呼ばれる現象を起こすからである。低成長法では，ポテンシャル関数はあらゆるステップで変化する。そのため，結合パラメータのいかなる値においても，系は平衡を達成するのに十分な時間を確保することができない。積分法と摂動法は，このこと以外にも，もう一つの特長をもつ。それは，シミュレーションを終える際，特定の λ 値でのさらなるサンプリングの必要性や，特定の範囲でのさらなる λ 値の必要性が，他の計算部分からの情報を損なうことなく容易に判断できることである。低成長法では，このようなことをすれば，シミュレーションを初めからやり直さなければならない。

計算に当たっては，結合パラメータの増分 $\delta\lambda$ がまず指定される。$\delta\lambda$ は通常，一定値にセットされる。信頼性の高い値を得るためには，連続する二つの状態，λ_i と λ_{i+1} の間に十分な重なりがなければならない。アプローチによっては，（自由エネルギーの変化が速いとき小さな $\delta\lambda$ を使い，変化が遅いとき大きな $\delta\lambda$ を使うというように）自由エネルギーの変化の速さに応じて $\delta\lambda$ の幅を調整できるものもある。このような措置は，動的修正窓（dynamically modified window）と呼ばれる方法の基礎をなす。この動的修正窓法では，λ に対する自由エネルギー曲線の傾きは，次のステップで使用する $\delta\lambda$ の値を決めるのに使われる [71]。

自由エネルギーは熱力学的状態関数である。したがって，初期状態と最終状態の間の自由エネルギー差は，可逆的である限り変化の経路に依存しない。初期状態から最終状態へ至る経路は一つとは限らない。エネルギーの障壁が高い変化では，結合パラメータの増分は可逆性を保証するため，障壁が低い経路に比べて小さくとる必要がある。

自由エネルギー計算は多くの場合，関係分子種の位相幾何学的変化を伴う。初期状態と最終状態では，結合の様式は変化し，原子数も異なることが多い。たとえば，アセトアルデヒドとそのエノールの間の自由エネルギー差を計算したいとしよう（図 11.13）。この互変異性反応では，水素原子の一つはメチル炭素からカルボニル酸素へ移動する。計算に際しては，系は，一元トポロジー（single topology）か二元トポロジー（dual topology）のいずれかを使って記述される。一元トポロジー法は全段階を通じ，分子のトポロジーを初期状態と最終状態の和集合で表し，必

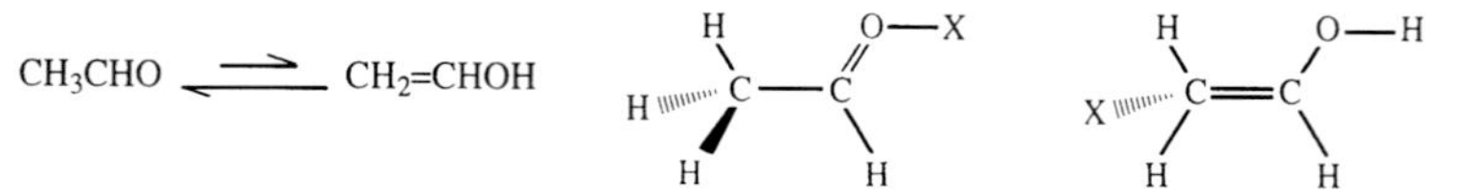

図 11.13 一元トポロジー法では，アセトアルデヒドのアルデヒド型とエノール型の自由エネルギー差を計算するのに擬原子（X）を使用する。

要ならば擬原子（dummy atom）も使用する．ただし，擬原子は系内にある他の原子と相互作用することはない．たとえば，図 11.13 を見てみよう．アルデヒドをシミュレーションの終点としたとき，エノールの酸素へ結合した水素原子は擬原子に相当する．

一元トポロジー法に代わるのは二元トポロジー法である．この方法では，分子のトポロジーはシミュレーション全体を通じて保持され，いずれの分子種も（位相幾何学的な意味で）存在する．しかし，互いが相互作用することはない．これらの分子種と環境の間の相互作用を表すハミルトニアンは，（さまざまな形で記述できるが）最も簡単には次の線形関係式で表される．

$$H(\lambda) = \lambda H_Y + (1-\lambda) H_X \tag{11.29}$$

自由エネルギー計算の多くは，原子の生成や消滅を伴う．このようなシミュレーションは，集団平均をとる関数に特異点が存在するという問題を潜在的に抱える．この問題に対処するには，初期ハミルトニアンに（λ ではなく）λ^n を掛け，最終ハミルトニアンに（$(1-\lambda)$ ではなく）$(1-\lambda)^n$ を掛ければよい．モンテカルロ・シミュレーションでは，特異点問題は n を少なくとも 4 にとれば解決がつく [13]．しかし，分子動力学シミュレーションでは，エネルギーだけでなく一次微分や二次微分の計算も必要になる．スケーリング因子として λ^n を用いる場合には，λ がゼロに近づくにつれて着実に減少する時間刻み幅を使用するか，これらの領域をシミュレーションから完全に除外し，その寄与を外挿により推定するかしなければならない．スケーリング因子に代わるアプローチとしては，従来のレナード–ジョーンズ・ポテンシャルを次のソフトコア・ポテンシャルで置き換える方法もある [13,55]．

$$v_{ij}^{\mathrm{LJ}} = 4\varepsilon_{ij}\left(\frac{\sigma_{ij}^{12}}{[\alpha_{\mathrm{LJ}}\sigma_{ij}^6 + r_{ij}^6]^2} - \frac{\sigma_{ij}^6}{(\alpha_{\mathrm{LJ}}\sigma_{ij}^6 + r_{ij}^6)}\right) \tag{11.30}$$

ここで，ε_{ij} と σ_{ij} は，通常のレナード–ジョーンズ式におけるのと同じ意味合いをもつ．また，パラメータ α_{LJ} は相互作用の軟らかさを規定し，原子間距離 r_{ij} がゼロに近づいたとき，相互作用を有限値に収束させる効果をもつ．パラメータ α_{LJ} の値をうまく設定すれば，スケーリングを施されていないエネルギー曲線の極小位置とソフトコア・ポテンシャルのそれを一致させることができる（図 11.14）．系が，$\lambda = 0$ の X から $\lambda = 1$ の Y へ変化する場合には，摂動を受ける粒子 i と，距離 r_{ij} にある他の粒子 j の間に働くソフトコア・レナード–ジョーンズ相互作用は次式に従って変化する．

$$\begin{aligned}v_{ij}^{\mathrm{LJ}}(\lambda) = &\, 4(1-\lambda)\varepsilon_X\left(\frac{\sigma_X^{12}}{[\alpha_{\mathrm{LJ}}\lambda^2\sigma_X^6 + r_{ij}^6]^2} - \frac{\sigma_X^6}{[\alpha_{\mathrm{LJ}}\lambda^2\sigma_X^6 + r_{ij}^6]}\right) \\ &+ 4\lambda\varepsilon_Y\left(\frac{\sigma_Y^{12}}{[\alpha_{\mathrm{LJ}}(1-\lambda)^2\sigma_Y^6 + r_{ij}^6]^2} - \frac{\sigma_Y^6}{[\alpha_{\mathrm{LJ}}(1-\lambda)^2\sigma_Y^6 + r_{ij}^6]}\right)\end{aligned} \tag{11.31}$$

同様のソフトコア・ポテンシャル式は，静電相互作用に対しても誘導できる．粒子が消滅する場合には，二つの項のうち一方のみが残る．たとえば，粒子が $\lambda = 0$ で消滅するならば，残るのは第二項である．ソフトコア・ポテンシャルを使ったときの効果は，リガンドが消滅し，1 個または複数個の溶媒分子と置き換わるタンパク質–リガンド系のシミュレーションではっきりと確認できる．すなわち，標準的な摂動計算では，リガンド原子の有効半径を減少させるとタンパク質

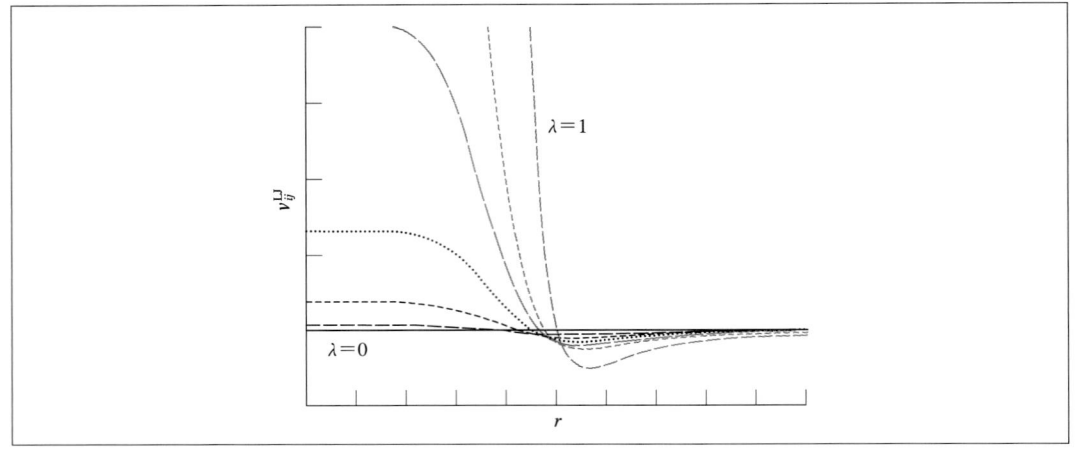

図 11.14 ソフトコア・レナード-ジョーンズ・ポテンシャル（式(11.31)）。粒子が $\lambda=0$ で消滅する場合には，λ が小さくなるにつれ，曲線は $\nu_{ij}^{LJ}=0$ の直線に近づく。

の空洞が崩れ，周囲のタンパク質構造は崩壊する。しかし，原子の生成や消滅が起こる位置にソフトコア相互作用を設定すると，溶媒分子はリガンドが消滅するとき，その位置に入り込めるため，タンパク質の空洞は保持される。ソフトコア・ポテンシャルのもつこの性質はそのほか，受容体への各種リガンドの相対結合自由エネルギーを同時に計算したい場合や，焼きなまし法で構造精密化を行いたい場合などにも役立つ。

11.7　平均力ポテンシャル

これまでに考察してきた自由エネルギー変化は，化学変化に関するものであった。しかし，われわれはまた（原子間距離，結合ねじれ角などの）分子間座標や分子内座標の関数としての自由エネルギー変化にも関心がある。特定の座標に沿った自由エネルギー曲面は，平均力ポテンシャル（potential of mean force, PMF）と呼ばれる。系が溶媒内にあるとき，平均力ポテンシャルは二粒子間に固有な相互作用に加え，溶媒効果も含んでいる。平均力ポテンシャルの概念は，7.8 節でランジュバン動力学を論じた際にすでに取り上げた。その際，1,2-ジクロロエタンのトランス配座体とゴーシュ配座体の比率は孤立状態と溶液状態で異なることを指摘した。自由エネルギーの摂動計算では，一般に，非物理的経路に沿った変化が扱われるが，平均力ポテンシャルはそれとは異なり，物理的に起こりうる過程に対して計算される。したがって，PMF 計算から得られる自由エネルギー曲面上の極大点は，その過程の実際の遷移状態に対応し，それを使えば速度定数のような速度論的諸量を誘導することも可能である。

　平均力ポテンシャルの計算法はいろいろ提案されているが，最も簡単なものは，自由エネルギー変化を二粒子間の距離(r)の関数として表す。ヘルムホルツ自由エネルギーに対する次式を使えば，この平均力ポテンシャルは，動径分布関数から計算できる。

$$A(r) = -k_B T \ln g(r) + 定数 \tag{11.32}$$

ここで，定数は通常，最も起こりやすい分布の自由エネルギーがゼロになるように設定される。

しかしあいにく，平均力ポテンシャルは動径分布関数と対数関係にあり，$g(r)$が大きく変化してもポテンシャルの変化は比較的小さい。パラメータrの全変域での平均力ポテンシャルの変動は，せいぜいk_BTの数倍である。しかも，標準的なモンテカルロ法や分子動力学法は，動径分布関数が最尤値から大きく異なる領域を十分にサンプリングできない。そのため，平均力ポテンシャルが得られても，その値は不正確なものにならざるを得ない。この問題を回避するため通常使われるのは，アンブレラ・サンプリングと呼ばれる手法である。

11.7.1 アンブレラ・サンプリング

アンブレラ・サンプリング（umbrella sampling）では，エネルギー的に不利な状態も十分サンプリングできるよう，ポテンシャル関数の修正が図られる。この方法は，モンテカルロと分子動力学のいずれのシミュレーションでも使える。ポテンシャル関数の修正は，摂動の形で記述される。

$$V'(\mathbf{r}^N) = V(\mathbf{r}^N) + W(\mathbf{r}^N) \tag{11.33}$$

ここで$W(\mathbf{r}^N)$は重み関数であり，通常次の二次式で表される。

$$W(\mathbf{r}^N) = k_W(\mathbf{r}^N - \mathbf{r}_0^N)^2 \tag{11.34}$$

重み関数は，配置が平衡状態$\mathbf{r}_0^N$から遠ざかるほど大きくなる。すなわち，修正エネルギー関数$V'(\mathbf{r}^N)$を用いたシミュレーションでは，配置$\mathbf{r}_0^N$から離れるにつれ，関連反応座標に沿って大きなバイアスがかかる。得られる分布はもちろん非ボルツマン形である。非ボルツマン分布から対応するボルツマン平均を抽出するには，Torrie & Valleauの方法を使えばよい[105]。

$$\langle A \rangle = \frac{\langle A(\mathbf{r}^N) \exp[+W(\mathbf{r}^N)/k_BT] \rangle_W}{\langle \exp[+W(\mathbf{r}^N)/k_BT] \rangle_W} \tag{11.35}$$

ここで，下つき添字Wは確率$P_W(\mathbf{r}^N)$に基づく平均であることを示す。ただし，確率$P_W(\mathbf{r}^N)$は，修正エネルギー関数$V'(\mathbf{r}^N)$から得られる。たとえば，動径分布関数を介して平均力ポテンシャルを求める場合には（式(11.32)），まず，強制ポテンシャル$W(\mathbf{r}^N)$による分布関数が決定され，その関数はさらに修正を施されて真の動径分布関数へ導かれる。自由エネルギーは，この真の動径分布関数から距離の関数として計算される。アンブレラ・サンプリング計算は，通常，特定の座標値と適当な強制ポテンシャル値$W(\mathbf{r}^N)$をもつ一連の段階で行われる。ただし，強制ポテンシャルが大きすぎると，式(11.35)の分母は$\exp[W(\mathbf{r}^N)]$が特に大きな値をとる少数の配置に左右されるようになり，ボルツマン平均の計算は収束しなくなる。

アンブレラ・サンプリングはどのように使われるのか。一例として，水溶液中でブタンの中央のC—C結合を回転させたときの平均力ポテンシャルを求める問題を考えてみよう。ブタンのトランス配座とゴーシュ配座間の障壁は，約3.5 kcal/molである。この値は，シミュレーションでサンプリングの問題が生じるほど十分大きい。たとえば，Ryckaert & Bellemansの分子動力学シミュレーションによれば，ゴーシュ-トランス遷移の平均時間は約10ピコ秒である[84]。Jorgensen, Gao & Ravimohanは，アンブレラ・サンプリングを使ったモンテカルロ・シミュ

レーションから，水分子の周期箱内でブタンの中央の結合を回転させたときの平均力ポテンシャルを計算し，各配座の相対占有率に及ぼす溶媒の影響を分析した［47］。それによると，トランス異性体の占有率は気相では68％であったが，水溶液中では54％となり，差し引き14％の違いがあった。ただし，障壁の高さは，溶液中では気相中に比べ少し低く設定された。Jorgensenらは，同様の計算を同種の系に対しても多数試み，障壁の高さは1～3 kcal/molが適当であることを指摘した。場合によっては，その高さはゼロにとることもできる。しかし，障壁があまり低くなると，強制ポテンシャルが大きくなりすぎるため，通常はこのようなことはしない。

平均力ポテンシャルは，自由エネルギー摂動法を使ったシミュレーションから計算することもできる。計算は通常，結合パラメータ λ で規定される一連のステップに分割して行われる。分子動力学シミュレーションでは，系の運動に影響を及ぼさずに当該座標を固定するため，ホロノーム拘束法が使われる。この方法は，SHAKEプロシジャーを一般の座標変化に対処できるよう拡張したもので，Tobias & Brooksにより提案された［104］（7.5節参照）。ただし，モンテカルロ・シミュレーションでは，当該座標は単に適当な値に固定されるにとどまる。摂動法でのこのような座標の固定は，強制関数を使って修正されたポテンシャルにより，シミュレーションの間，当該座標が値域内でさまざまに変化するアンブレラ・サンプリングと好対照をなす。摂動計算の各ステップでは，その都度 λ と $\lambda+\delta\lambda$ に対応する配置間のエネルギー差が計算され，コンピュータに累積される。

摂動法とアンブレラ・サンプリング法による平均力ポテンシャル（PMF）の計算精度を比較するため，Jorgensen & Bucknerは水溶液中のブタンに対して，摂動法によるPMF計算を繰り返し試みた［45］。それによると，ゴーシュ異性体の占有率は気相に比べ12.3％増加したが，この結果は，以前行ったアンブレラ・サンプリング計算のそれとよく一致した。摂動法の抱える問題の一つは，位相空間の適切なサンプリングがむずかしいことである（位相空間に隘路が存在することは，異なる配置から出発した別々のシミュレーションがしばしば異なる結果を与えることから確認できる）。しかし，いかなるシミュレーションでも同じ問題は発生し，アンブレラ・サンプリングでさえ絶対安全というわけではない。実際，Jorgensenによれば，アンブレラ・サンプリングによる（500万ステップからなる）ペンタン水溶液のモンテカルロ・シミュレーションでも，このような隘路は発生した。摂動法のもつ真の問題点は，λ と $\lambda+\delta\lambda$ に対応する二つの配置が十分重なるために必要な $\delta\lambda$ の値が前もって分からないことである。たとえば，Jorgensen & Bucknerは，ブタンをシミュレーションする際，中央のねじれ角を15°の刻み幅で変化させたが，この刻み幅は必ずしも最善であるとは限らない。

11.7.2　柔軟な分子に対する平均力ポテンシャルの計算

自由エネルギー摂動法（もしくはアンブレラ・サンプリング）による平均力ポテンシャルの計算では，まず最初に遷移の経路を定める必要がある。二粒子間の距離やブタンの回転では，これは簡単な問題である。しかし，配座の相互変換のように細かな変化を伴う場合には，遷移の経路はきわめて複雑になる。5.9.3項で説明した反応経路法は，このような経路を求める際に役立つ。

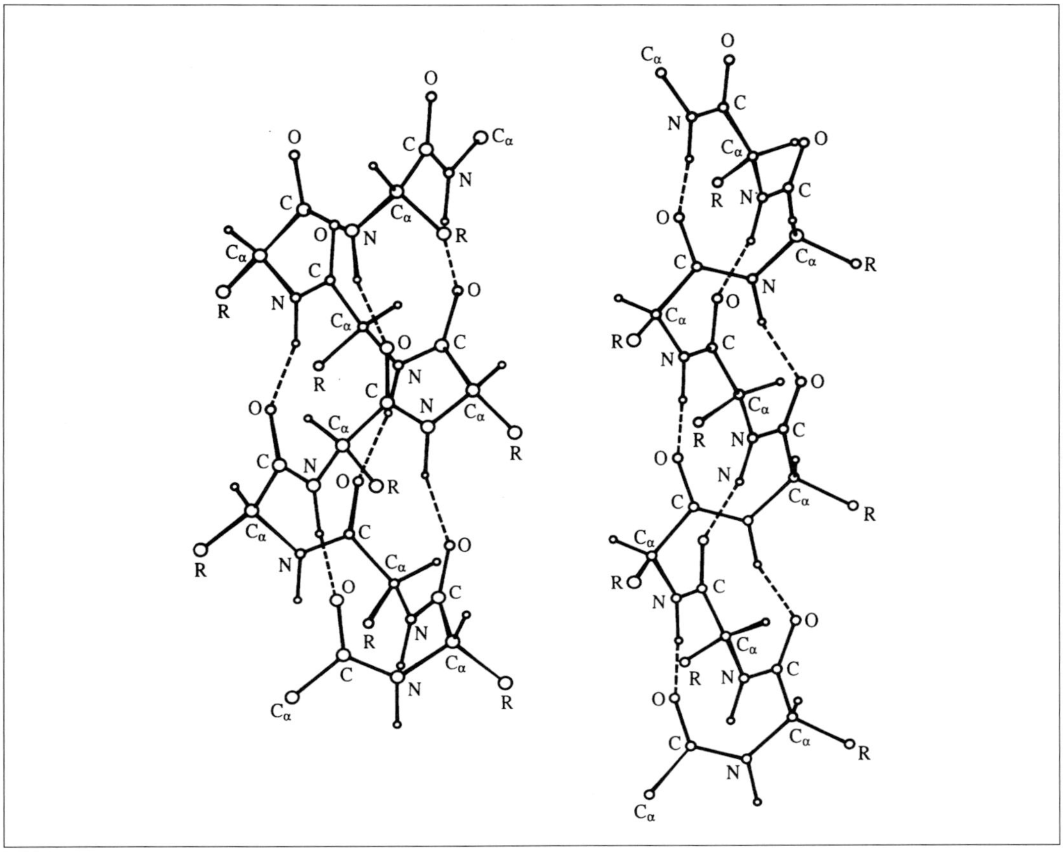

図 11.15 α-ヘリックス（左）と 3_{10}-ヘリックス（右）

　柔軟な系の平均力ポテンシャルはどのように計算されるのか．一例として，ポリペプチド鎖のらせん配座を考えてみよう．タンパク質構造で一般に観測されるらせん配座は，α-ヘリックスである（10.2 節参照）．この配座では，水素結合は残基 i と $i+4$ の間で形成される．ポリペプチド鎖はまた，3_{10}-ヘリックスと呼ばれる別のらせん構造を形成することもある．この 3_{10}-ヘリックスでは，水素結合は残基 i と $i+3$ の間で形成される．図 11.15 はこれらの二種のヘリックスを比較したものである．図によると，これらのヘリックスの骨格配座はそれほど違わない．骨格のねじれ角は，α-ヘリックスでは（$\phi=-60°$，$\psi=-50°$），3_{10}-ヘリックスでは（$\phi=-50°$，$\psi=-28°$）である．3_{10}-ヘリックスはタンパク質構造中にはわずかしか存在せず，通常それは α-ヘリックスの末端に見出される．しかし，α 炭素原子にアルキル基が 2 個付いた α,α-ジアルキルアミノ酸から作られたペプチドでは，3_{10}-ヘリックスの存在比ははるかに高くなる．この種のアミノ酸を代表するのは α-メチルアラニン（MeA）である（図 11.16）．このアミノ酸を成員とするペプチドは，α-ヘリックスと 3_{10}-ヘリックスの両者を形成する．配座の実際の存在比は環境条件にかなり左右され，$CDCl_3$ 中では 3_{10}-ヘリックス，$(CD_3)_2SO$ 中では α-ヘリックス

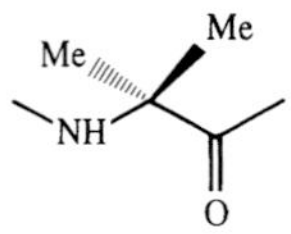

図 11.16 α-メチルアラニン

が主体となる。

　α-ヘリックスから3₁₀-ヘリックスへの相互変換に対する平均力ポテンシャルを計算するためには，まず適当な反応座標を決める必要がある。ここでは，それぞれ異なるアプローチに基づき行われた三つの研究グループによる計算結果を紹介する。まず最初は，Smythe, Huston & Marshall の研究である［95,96］。彼らはアンブレラ・サンプリングを使い，α-メチルアラニンの十量体 CH₃CO-MeA₁₀-NMe の配座変換を検討した。それによると，5.9.3項で説明した自己ペナルティー歩行法で遷移経路を求めたとき，3₁₀-ヘリックス（19Å）からα-ヘリックス（13Å）への変換に伴う末端間距離の滑らかな変化は，反応座標と高い相関を示した。アンブレラ・サンプリングは，末端間距離に拘束ポテンシャルを課した分子動力学計算で使われた。シミュレーションはさまざまな溶媒中で行われ，α-ヘリックス→3₁₀-ヘリックス遷移の自由エネルギー変化は，水中では 7.6 kcal/mol，ジクロロメタン中では 5.8 kcal/mol，真空中では 3.2 kcal/mol となった。遷移のエネルギー障壁は真空中でこそ明確であったが，溶液中では観測されなかった。

　次は，Zhang & Hermans の研究である［116］。彼らは，10残基アラニンペプチドと10残基α-メチルアラニンペプチドの配座変化を真空中と水中で検討した。配座間の遷移の計算は，水素結合の移動を許容する拘束ポテンシャルを使って行われた。このポテンシャル関数は，結合パラメータ λ を 0〜1 の範囲で変化させ，二つの配座間で分子を相互に変換する際に役立った。α-ヘリックスから3₁₀-ヘリックスへ至る遷移の自由エネルギー・プロフィールは，低成長法に基づく分子動力学計算から求められた。それによると，アラニンペプチドでは，真空中と水中のいずれにおいてもα-ヘリックスが明らかに有利であった。しかし，α-メチルアラニンペプチドでは，水中における遷移の自由エネルギー変化はほぼゼロとなり，真空中では逆に3₁₀-ヘリックスが有利であった。α-メチルアラニンペプチドに対するこれらの結果は，Smythe, Huston & Marshall により得られたそれと一致しないが，これはおそらく使用した力場モデルの違いに基づく。ちなみに，Smythe らは融合原子モデル，Zhang & Hermans は全原子モデルをそれぞれ使用した。

　最後は Tirado-Reeves, Maxwell & Jorgensen の研究である［103］。彼らは，摂動法に基づくモンテカルロ・シミュレーションから，水中でのウンデカアラニンペプチドの平均力ポテンシャルを計算した。ただし，自由エネルギー・プロフィールの計算は，ねじれ角 ϕ を $-60°$ に固定し，骨格ねじれ角 ψ を徐々に変化させる方法で行われた。それによると，二種の配座間の自由エネルギー差は 10.6 kcal/mol でα-ヘリックスが有利であり，3₁₀-ヘリックスからα-ヘリッ

クスへの遷移の活性化障壁は 2.8 kcal/mol となった。また，真空中での自由エネルギー差は，溶液中のそれよりも大きな値を示した（13.6 kcal/mol）。

　以上，三つの研究について少し詳しく紹介したが，これは一部，複雑な系の熱力学的性質の計算にさまざまなアプローチが使えることを示したかったからであり，また，方法が異なると，まったく別の結果，時として矛盾する結果が得られる事実を強調したかったからである。このような比較研究は，計算に使われる方法やモデルに対して批判的に接する必要があることを教えてくれる。これらの三つの研究に刺激を与えたのは，16 残基アラニンペプチドが水中で 3_{10}-ヘリックス配座をとることを示唆した電子スピン共鳴（ESR）の実験結果であった［63］。ESR の結果はどのシミュレーション研究からも否定された。このことに触発され，Smythe & Marshall は，配座的に制約のある他のペプチド類について同様の実験を試みた。それによると，これらのペプチド類はいずれも α-ヘリックスで存在し，その結果は計算と一致した。

11.8　近似／高速自由エネルギー法

　自由エネルギーの計算は，時間がかかることで有名である。この問題は，コンピュータの高速化により一部克服されたが，ある面で逆のことも起こっている。研究者はその要求をエスカレートさせ，位相空間のより完全なサンプリングとより良い収斂の実現を望むようになったからである。また，一層大きな系を探究することへの自然な要求も当然存在する。しかし，もし計算が候補分子を実際に合成し試験するのに比べて長い時間を要するならば，少なくとも実用的な観点からは計算を行う意味はほとんどない。これは，自由エネルギー法を予測手段として利用する者が直面するジレンマである。このような理由から，厳密な統計力学的原理に則りつつ，しかも，本格的な自由エネルギー法に比べて少ない計算努力で解答が得られる代替戦略の開発には，絶えざる関心が寄せられてきた。これらの代替戦略は，問題へアプローチするのに通常，次の二つの手法のいずれかを使う。第一は λ 動力学法である。この方法を使うと，単一のシミュレーションから多数の分子に関する情報が得られる。また，第二は線形応答法である。この方法は，必要なシミュレーション量を減らすのに役立つ。

　従来の自由エネルギー計算では，初期系と最終系は結合パラメータ λ を使って結びつけられる。λ は通常，0 から 1（または 1 から 0）へ一様に変化する。唯一の例外は，11.6.1 項で紹介した動的修正窓法である。それに対し，λ 動力学法はシミュレーションの際，仮想質量をもつ新たな粒子 λ を考える。ある面で，λ 動力学法は電荷を動的変数とする電荷計算法に似ている（4.9.6 項参照）。λ はアンブレラ・サンプリング計算の際，ポテンシャルがそれに沿って修正される反応座標に対応する。また，アンブレラ・サンプリングで使われるバイアス・ポテンシャルは，λ 動力学法では関連配位空間領域のサンプリングを強化するのに利用される。λ 動力学法で使われるのは，実際には一組の結合変数 $\lambda_i (i=1, \cdots\cdots, n)$ である。たとえば分子を 1 個，別の分子へ変化させる場合には，これらの λ_i は相互作用ポテンシャルを構成する各項の変化に相当する。いま，クーロン相互作用項とファンデルワールス相互作用項の変化をそれぞれ λ_1 と λ_2

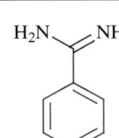

図 11.17 ベンズアミジン

で表すとすれば，ポテンシャル関数は次のように書き下せる。

$$V(\mathbf{r}^N, \lambda_1, \lambda_2) = (1-\lambda_1)V_A^{\text{coul}} + \lambda_1 V_B^{\text{coul}} + (1-\lambda_2)V_A^{L-J} + \lambda_2 V_B^{L-J} + V_{\text{env}}(\mathbf{r}^N) \quad (11.36)$$

ここで，項 $V_{\text{env}}(\mathbf{r}^N)$ は系の不変部分，すなわち，溶質の不変部分と溶媒が関与するすべての相互作用を表す。λ 変数は特性項の影響下，0～1の範囲で変化する。この特性項は特定の点でのサンプリングを強化するため，シミュレーションの間，λ 変数を一定の値域に閉じ込めるのにも使われる。

基本的な λ 動力学法は，（たとえば，エタンやメタンチオールへのメタノールの摂動のように）一つの溶質が別の溶質へ変化する通常の自由エネルギー計算に利用される [53]。しかしそれだけではない。この方法はそのほか，いくつかの摂動を同時に解析したい場合にも使われる。すなわち λ 動力学法では，単一のシミュレーションから複数の自由エネルギー評価が可能である。酵素トリプシンへのベンズアミジン類の結合に関する研究は，そのような例の一つである [36,37]。ベンズアミジンは図 11.17 の構造をもつ。この分子は，正に帯電したアミジン基が負に帯電したタンパク質のアスパラギン酸残基と相互作用するため，酵素に比較的強く結合する。また，パラ位への置換基の導入は結合の強度に影響を及ぼす。たとえば，p-アミノベンズアミジンは元のベンズアミジンに比べて少し強く結合するが，p-メチルベンズアミジンは少し弱く結合し，p-クロロベンズアミジンに至ってはさらに弱い結合しか形成しない。この問題へ λ 動力学法を適用してみよう。L 個（いまの場合，$L=4$）のリガンドは，それぞれ異なる λ_i 値で表される。しかし，最初はすべて $1/L$ に設定され，それらの速度もゼロと置かれる。これは計算を始める時点で，すべての分子が対等であることを意味する。系は，次の混成ポテンシャルの影響下で徐々に変化していく。

$$V(\mathbf{r}^N, \lambda_i) = \sum_{i=1}^{L} \lambda_i^2 (V_i(\mathbf{r}^{\text{int}}) - F_i) + V_{\text{env}}(\mathbf{r}^N) \quad (11.37)$$

ここで，$V_{\text{env}}(\mathbf{r}^N)$ は式(11.36)と同様，摂動に直接関与しない原子すべての相互作用を表し，また $V_i(\mathbf{r}^{\text{int}})$ は，摂動を受けたリガンド i の原子団に含まれる原子に関する相互作用を表す。ただし，λ_i はリガンド i の結合変数である。また，F_i は基準自由エネルギーで，二つの役割を担う。すなわち，F_i としてリガンド i の溶媒和／脱溶媒和自由エネルギーを使うならば，計算から得られる自由エネルギー値は全サイクルの自由エネルギー変化に等しい。また，F_i は，位相空間の特定領域でのサンプリングを制御するためのバイアス・ポテンシャルとしても使われる。λ_i 値に対する拘束条件は次の通りである。

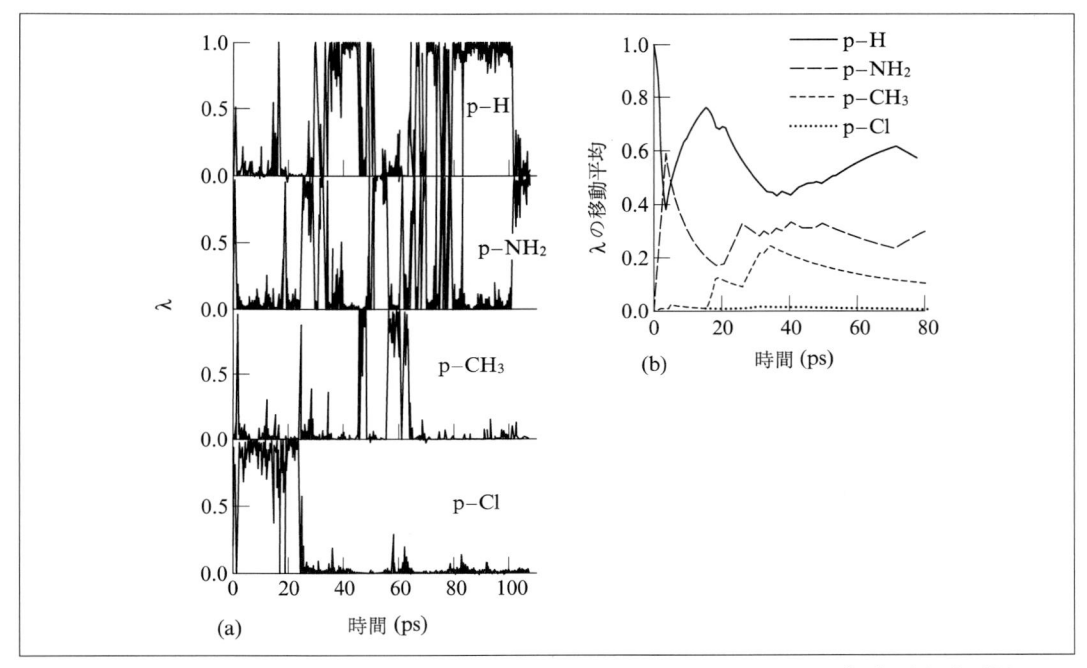

図 11.18 トリプシンへのベンズアミジン類の結合に対する λ 動力学シミュレーション [36]。(a) 各瞬間でのタンパク質との相互作用は，λ の値が大きいほど強い。(b) シミュレーションの全過程にわたる各 λ 値の移動平均。

$$\sum_{i=1}^{L}\lambda_i^2 = 1 \tag{11.38}$$

シミュレーションの進行に合わせ，λ_i 値は式(11.38)の条件下で揺動する。二つの分子 i と j の間の自由エネルギー差は，各分子がそれぞれ状態 $\lambda_i=1$，もしくは $\lambda_i=1$ を占める確率が分かれば，次式から算定できる。

$$\Delta\Delta A_{ij} = -\frac{1}{k_\text{B}T}\ln\left[\frac{P(\lambda_i=1,\ \lambda_{m\neq i}=0)}{P(\lambda_j=1,\ \lambda_{n\neq i}=0)}\right] \tag{11.39}$$

これらの相対確率を求めるのは容易である。シミュレーションの際，それぞれの λ 値が1になる回数を単に数えていけばよい。パラ置換ベンズアミジン類の場合には，p-クロロ誘導体と p-メチル誘導体の結合親和性は，p-アミノ誘導体や元のベンズアミジンのそれに比べて有意に弱いが，このことは，110 ピコ秒の比較的短いシミュレーションから明らかにできる（図 11.18）。この例では，4種の阻害薬はすべて（差が 1 kcal/mol 以内の）よく似た結合親和性をもつため，それらの分離に比較的長いシミュレーションを必要とした。一般には，最も活性な分子に比べて 3 kcal/mol 以上結合親和性が低い化合物は，数十ピコ秒以内にふるい落とせる。とはいっても正しい順位を付けるためには，さらに長時間のシミュレーションが必要である。

λ 動力学法と概念的によく似たアプローチとして，いわゆる化学的モンテカルロ／分子動力学法がある [74, 27]。この方法もまた，多数の分子を同時に考慮する。このアプローチでは，座標空間のサンプリングは分子動力学，各種化学状態のサンプリングはモンテカルロ法でそれぞれ

行われる．ハイブリッド法に付随する問題を避けるため，化学的サンプリングは最終状態間のジャンプのみを対象とする．シミュレーションの終わりには，各種化学状態の相対自由エネルギーが得られる．この方法は，ホスト-ゲスト系とタンパク質-リガンド系のいずれにも使える．本節で取り上げた他の方法と同様，この化学的モンテカルロ／分子動力学法の目的は，さらなる研究に値する候補分子を速やかに同定することにある．

線形応答法（LR 法）は，タンパク質に対するリガンドの結合親和性を推定するため，Åqvist らにより考案された方法である［2］．LR 法はまた，線形相互作用エネルギー（LIE）アプローチとも呼ばれる．それは半経験的方法で，絶対結合自由エネルギーを推定するのに，溶媒和リガンド-タンパク質系と溶液中のリガンド単独系に対する二つのシミュレーションを必要とする．リガンドとその環境の間の相互作用は，いずれの場合も静電寄与とファンデルワールス寄与に分割される．結合の自由エネルギーは次式で与えられる．

$$\Delta G = \beta (\langle V^{\text{el}}_{\text{ligand-protein}} \rangle - \langle V^{\text{el}}_{\text{ligand-solvent}} \rangle) + \alpha (\langle V^{\text{vdw}}_{\text{ligand-protein}} \rangle - \langle V^{\text{vdw}}_{\text{ligand-solvent}} \rangle) \quad (11.40)$$

ここで，かぎ括弧 $\langle \ \rangle$ は例によって集団平均を表す．α と β はパラメータである．ΔG を求めるためには，溶媒中のリガンドと，タンパク質に結合したリガンドの二つの系に対してシミュレーションを行う必要がある．累積すべき相互作用は，リガンドとその環境の間の静電相互作用とファンデルワールス相互作用である．LR 法では，二つの状態 X と Y の自由エネルギー差に対する Zwanzig の式（式(11.5)）は，次のような展開形で使われる（付録 11.3 参照）．

$$\Delta A = \frac{1}{2}[\langle \Delta H \rangle_0 + \langle \Delta H \rangle_1] - \frac{1}{4k_\text{B}T}[\langle (\Delta H - \langle \Delta H \rangle_0)^2 \rangle_0 - \langle (\Delta H - \langle \Delta H \rangle_1)^2 \rangle_1] + \cdots \cdots \quad (11.41)$$

ここで，$\Delta H = H_\text{Y} - H_\text{X}$ である．自由エネルギーの静電成分は，平衡からの変位に関して，一定の力の定数で調和的に変化する（図 11.19）．誘電理論から導かれるこの標準的な結論によれば，二つの曲面上でのエネルギーの平均二乗揺らぎ（式(11.41)の第二項）は相殺される．したがって，静電成分では第一項のみが残り，β の値は $\frac{1}{2}$ になる．この理論を簡単に検証したければ，溶媒和自由エネルギーへの静電寄与を計算してみればよい．この場合，状態 X としては，溶媒-溶媒相互作用と分子内溶質相互作用はすべて存在するが，溶質-溶媒相互作用は静電寄与を欠き，

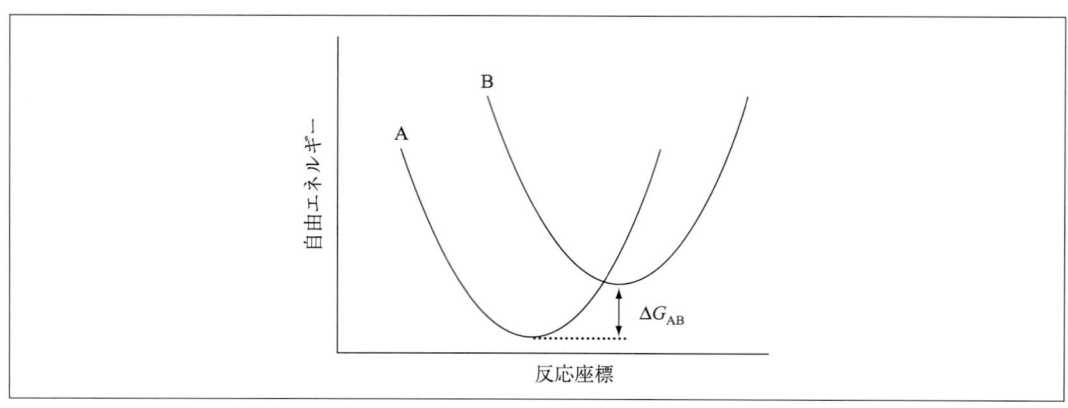

図 11.19 線形応答近似における自由エネルギー静電成分の調和変動

レナード-ジョーンズ・ポテンシャルのみで表される状態を想定する。それに対し，状態 Y ではすべての相互作用が考慮される。X と Y の唯一の違いは，溶質-溶媒相互作用における静電項の有無である。すなわち，式(11.41)の $\Delta H (= H_Y - H_X)$ は，$H^{el}_{ligand-solvent}$ に等しい。したがって次式が成り立つ。

$$\Delta A^{el}_{binding} = \frac{1}{2} \langle H^{el}_{ligand-solvent} \rangle \tag{11.42}$$

この結果の妥当性は，たとえば，帯電した Na^+ イオンや Ca^{2+} イオンの水中での自由エネルギー摂動結果を，$V^{el}_{ion-solvent}$ の集団平均値と比較することで確認された。得られた β 値は 0.49 と 0.52 であった。同じ議論はタンパク質内にあるリガンドに対しても適用できる。この場合，結合自由エネルギーへの静電寄与（式(11.40)の第一項）は，次式で与えられる。

$$\Delta A^{el}_{binding} = \frac{1}{2} (\langle H^{el}_{ligand-protein} \rangle - \langle H^{el}_{ligand-solvent} \rangle) \tag{11.43}$$

ファンデルワールス成分に対しては，このような解析理論は存在しない。Åqvist らは，類似の線形処理がこれらの相互作用にも使えると仮定した。ただし，パラメータの値は異なり，それは較正実験から得られる。このアプローチの妥当性を示す間接的証拠はいくつか存在する。たとえば，(n-アルカンのような) 炭化水素類の溶媒和自由エネルギーの実験値は，炭素鎖の長さとほぼ直線関係にある。分子動力学シミュレーションから得られる溶質-溶媒間のファンデルワールス・エネルギーの平均値もまた同様で，その値は鎖長とともに直線的に変化する（ただし，直線の傾きは溶媒に依存する）。

では，パラメータ α の値はどのように決定されるのか。原報では，この決定は結晶構造が知られた酵素エンドチアペプシンへ結合する一連のリガンド類を使って行われた。これらのリガンド類は，図 11.20 に示した構造をもつ。図から明らかなように，それらはかなり大きな分子である。分子動力学シミュレーションは，4 種のリガンドを対象に，酵素結合部位の内部と水中の二つの環境で行われた。算定されたのは結合自由エネルギーである。静電寄与の係数 β を $\frac{1}{2}$ と仮定し，これらの計算値を結合親和性の実験値と比較したとき，α の値は 0.161 となった。また，較正集合に含めなかった五番目のリガンドに対する結合自由エネルギーの予測値は，実験値と 0.2 kcal/mol 以内の誤差で一致した。これはかなり良い結果と言える。

LR アプローチは，他のリガンドや酵素に対する後続の研究からも支持され，パラメータ α と β の値に対しても同様の支持が得られた [39, 40]。しかし中には，ファンデルワールス・パラメータ α に関して，別の値を適当とする研究グループもいる。この食違いの原因の一つは，おそらく使用されたプロトコル（たとえば力場）の違いにある。しかし，同じプロトコルを使っても，系によっては α 値を変えた方が良いこともある。これは，α が結合部位の性質に依存すると考えれば説明がつく。結合部位が違えば極性基と無極性基の分布は異なるので，この説明は不合理ではない。Wang らは α の変動をさらに詳しく分析し，α の値と結合部位の疎水性尺度「加重無極性脱溶媒和比 (weighted non-polar desolvation ratio)」の間に相関があることを示した [109]。このことは，似ていない化合物でも，加重無極性脱溶媒和比を使えば適切な α 値が設定

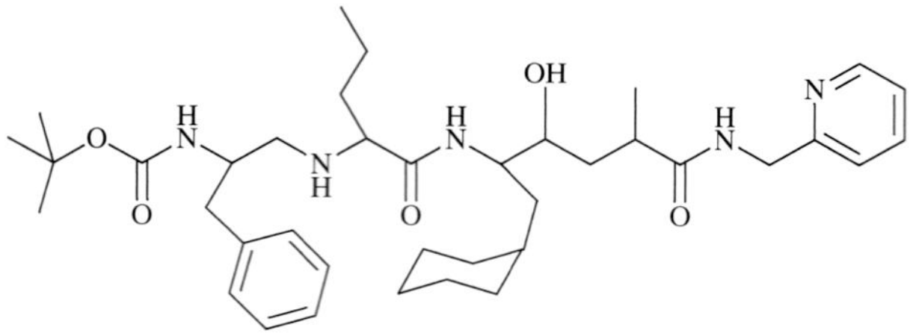

図 11.20 LIE アプローチの較正に使われたエンドチアペプシン・リガンド類の構造

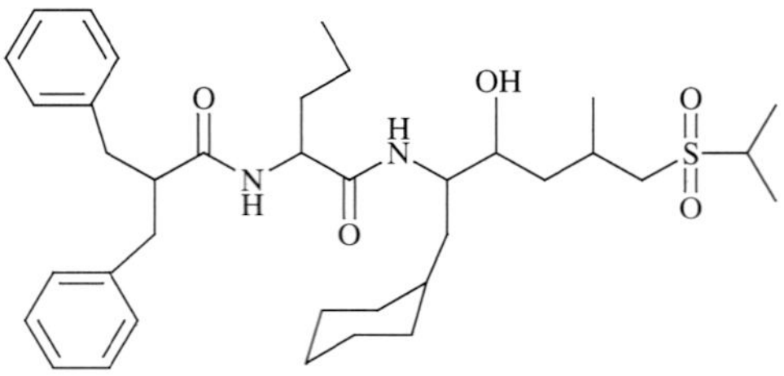

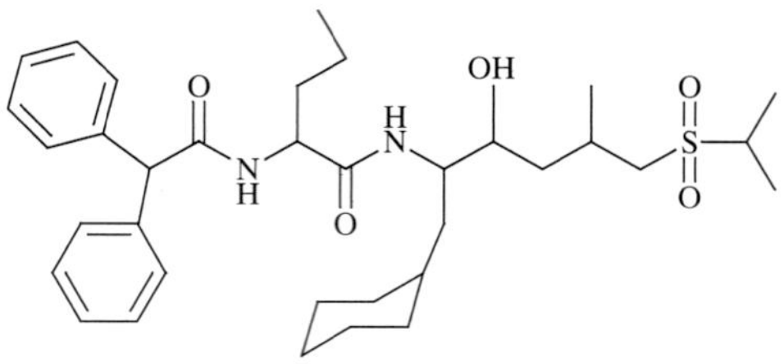

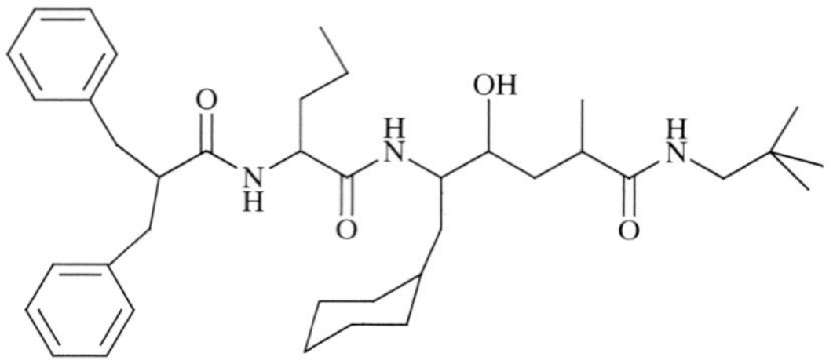

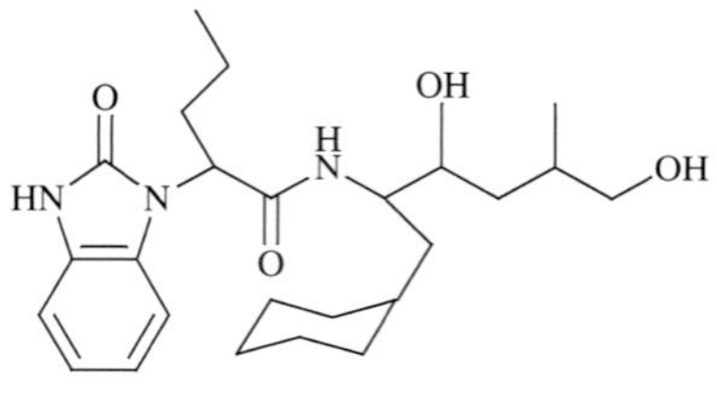

できることを示唆する．もちろん，よく似たリガンドに対する結合実験データが利用できるならば，個々の系に対する α の較正値は通常さらに正確なものとなる．

線形応答法は，タンパク質-リガンド結合以外の問題にも適用される．有機小分子の水和自由エネルギーの予測は，新しい自由エネルギー・アプローチの良否を判定する格好な試験台である．正確な水和データは多様な系に対し幅広く入手でき，計算も通常比較的迅速に行える．この線形応答法が目下抱える問題の一つは，α と β がいずれも正であるため，いかなる溶質でも水和自由エネルギーが正値をとらないことである．すなわち，溶質と水の間に働く静電相互作用とファンデルワールス相互作用は，いずれも常に負のエネルギーを与える．この問題を解決するため，Carlson & Jorgensen は，溶質の空洞形成ペナルティーと関連した次の追加項を導入した [16]．

$$\Delta G_{\text{hyd}} = \beta \langle V^{\text{el}} \rangle + \alpha \langle V^{\text{vdw}} \rangle + \gamma SASA \tag{11.44}$$

ここで，第三項は溶媒接触可能表面積（SASA）に比例する．Carlson & Jorgensen は，その水和研究で，三つの係数，α，β および γ の当てはめを試み，最良値として $\alpha = 0.4$，$\beta = 0.45$，$\gamma = 0.03 \text{ kcal}/(\text{mol Å}^2)$ なる値を得た．しかし，その後行われた酵素トロンビンへのスルホンアミド阻害薬の結合研究では，これらのパラメータ値は役に立たなかった．実験データをうまく説明するためには，β ははるかに小さい値（0.146）をとる必要があった [43]．一般の線形相互作用エネルギー（LIE）問題では，さらに多くの変数が必要となる．その場合には，統計的に正しい戦略を使い，（最も予測能力の高い）最適解が確実に得られるようにしなければならない．このような方程式を導く方法については，定量的構造活性相関を扱う 12.12 節で詳しく説明する．LIE 法が使われて成果を上げた事例としては，たとえば，酵素ノイラミニダーゼへの阻害薬の結合研究がある [108]．

単一のシミュレーションから自由エネルギーを予測する試みは他にもなされた．それらは例によって，結合パラメータ λ と自由エネルギーの関係を探究するが，特に注目すべきは，自由エネルギーが $\lambda = 0$ の近傍で λ に関するテイラー級数に展開される点である．この展開式は，最初の二項のみを示せば次の形をとる [93, 55]．

$$\begin{aligned} A(\lambda) &= A(\lambda) - A(0) = A'_{\lambda=0}\lambda + \frac{1}{2!}A''_{\lambda=0}\lambda^2 + \frac{1}{3!}A'''_{\lambda=0}\lambda^3 + \cdots\cdots \\ &= \left\langle \frac{\partial H}{\partial \lambda} \right\rangle_\lambda \lambda + \frac{1}{k_\text{B} T} \left\langle \left(\frac{\partial H}{\partial \lambda} - \left\langle \frac{\partial H}{\partial \lambda} \right\rangle_0 \right)^2 \right\rangle_0 + \cdots\cdots \end{aligned} \tag{11.45}$$

この式(11.45)を一次微分項で打ち切り積分すると，熱力学的積分アプローチの基礎式が得られる．また，テイラー級数の展開を収斂するまで行えば，式(11.45)は熱力学的摂動式と等しくなり，二つのアプローチは互いに結びつく．実際には，この級数の打切りは常に必要になる．問題は，切り捨てた高次項をゼロと見なしてもよいかどうかである．この検定を行うには，自由エネルギー変化がゼロのモデル系を考えればよい．水の箱に入った簡単な二原子分子はこのような系の一つである．分子を構成する2個の原子は，それぞれ大きさが等しく符号が反対の電荷（0.25）が割り当てられる．また，この系に対する摂動は，電荷を切り替えることに相当する．

したがって，始点と終点の状態は等価である。このような系では，標準的な自由エネルギー摂動計算はゼロにきわめて近い解を与えるが，級数展開式は，シミュレーション時間を1ナノ秒としたときでさえ，この結果をうまく再現できない。しかし，$\lambda=0$ から $\lambda=0.5$ への変化（系の放電に対応）を伴う別の問題を考えるならば，級数展開式はきわめて良い結果を与える。ただし，これらの方法はいずれも，原子の生成や消滅が起こる計算には役立たない。Liuらは同じ報告の中で，この問題を克服し，かつ，単一のシミュレーションから関連リガンド類の自由エネルギー値を多数計算できる興味ある方法を提案した。この方法は，原子の生成や消滅が起こる位置で，式(11.30)のソフトコア・ポテンシャルを使用し，この（非物理的な）基準状態で長時間の単一シミュレーションを行う。ソフトコア・ポテンシャルが使われた部位では，溶媒分子は時々，通常のファンデルワールス半径の内部にまで侵入する。したがって，このポテンシャルは系がとりうる配位空間を押し広げる効果がある。自由エネルギー差の推定値を求めるには，まず軌跡を調べ，適当な実在原子をソフトコアで置き換えてエネルギーを計算する。そして，その結果を自由エネルギー摂動式へ組み込めばよい。Schäferらは，この手法の例証研究として，水中にソフトコアの空洞をもつ一連の小分子を対象に単一のシミュレーションを試み，水和の自由エネルギーを計算した［86］。それによると，自由エネルギーの計算効率は従来の方法に比べて2〜3桁向上した。しかし，扱う系によってはさらなる改良が必要であった。

11.9 溶媒の連続体モデル

ほとんどの化学的過程は溶媒中で起こる。したがって，系の挙動に及ぼす溶媒の影響は考察に値する。たとえば，エステル加水分解反応や，溶媒分子が強く結合して溶質の一部をなすような系では，溶媒分子は化学的過程に直接関与している。このような溶媒分子は顕わな形で考慮されなければならない。また，溶質と直接相互作用しているわけではないが，溶質の挙動に溶媒が強く影響を及ぼしている系も知られる。たとえば，液晶や脂質二重層に見られる高度に異方性の環境は，溶存する溶質の配座に強い影響を及ぼす。このような系では，平均場理論などを用いた特別な取扱いが要求される（7.10.1項参照）。しかし，顕わな形で溶媒分子を記述する必要はない。そのほか第三の可能性として，溶媒はバルクな媒質として振る舞うにすぎないが，特にその誘電的性質により，溶質の挙動が有意な影響を受けることもありうる。このような場合には，個々の溶媒分子を顕わな形で記述することは，溶質の挙動に注意を集中するためにも止めた方がよい。溶媒は，気相での系の挙動に対する摂動と見なすべきである。これは，連続体溶媒モデルの考え方に他ならない［92］。連続体溶媒モデルはいろいろ提案されており，量子力学と分子力学のいずれの方法でも扱える［22］。ここでは，特に広く使われている方法を取り上げ，そのいくつかを紹介する。

11.9.1 熱力学的背景

溶媒和自由エネルギー（ΔG_{sol}）は，真空から溶媒への分子の移動に伴う自由エネルギーの変

化として定義される。溶媒和自由エネルギーは次の三つの成分からなる。

$$\Delta G_{sol} = \Delta G_{elec} + \Delta G_{vdw} + \Delta G_{cav} \tag{11.46}$$

ここで，ΔG_{elec} は静電成分である。分極した溶媒中にある極性溶質や荷電溶質では，この項はことに寄与が大きい。このような溶媒は，一定の誘電率 ε をもつ均一な媒体として記述される。ΔG_{vdw} は，溶質と溶媒の間のファンデルワールス相互作用を表す。この項は，さらに反発項 ΔG_{rep} と求引分散項 ΔG_{disp} の2項に分割される。また，ΔG_{cav} は溶媒内部に溶質の空洞を作るのに必要な自由エネルギーを表す。この成分は，空洞を作る際に溶媒圧に抗してなされる仕事と，溶質のまわりで溶媒分子が再編成される際に生じるエントロピーのペナルティーからなり，その値は正である。溶質と溶媒の間に水素結合が介在する系では，以上の三つの成分に加えて水素結合項 ΔG_{hb} も考慮される。以下の議論では，まず，溶媒和自由エネルギーへの静電寄与を取り上げる。ファンデルワールス寄与と空洞寄与はその後に考察する。

11.10　溶媒和自由エネルギーへの静電寄与：ボルン・モデルとオンサーガー・モデル

溶媒和効果の研究への重要な二つの貢献は，Born (1920) と Onsager (1936) によってなされた。Born は，球形の溶媒空洞内部に電荷を置いたときの溶媒和自由エネルギーの静電成分を誘導し [12]，Onsager は，このモデルを双極子へ拡張した [68]（図 11.21）。ボルン・モデルでは，イオンの ΔG_{elec} は真空から媒質へイオンを移すのに必要な仕事に等しく，それはまた，これらの二つの環境にイオンを充填するのに必要な静電的仕事の差に等しい。誘電率 ε の媒質にイオンを充填するのに必要な仕事量は，$q^2/2\varepsilon a$ で与えられる。ここで，q はイオンの電荷，a は空洞の半径である。溶媒和自由エネルギーへの静電寄与は，媒質と真空にイオンを充填する際になされる仕事の差であるから，

$$\Delta G_{elec} = -\frac{q^2}{2a}\left(1 - \frac{1}{\varepsilon}\right) \tag{11.47}$$

この方程式では，これまでの議論と同様に，係数 $4\pi\varepsilon_0$ を含まない換算静電単位が使われている。このような取扱いは文献では一般的である。ボルン・モデルは非常に簡単であるが，かなり良い結果を与える。このモデルでは，一連の空洞半径を決める必要がある。よく使われるのは，結晶

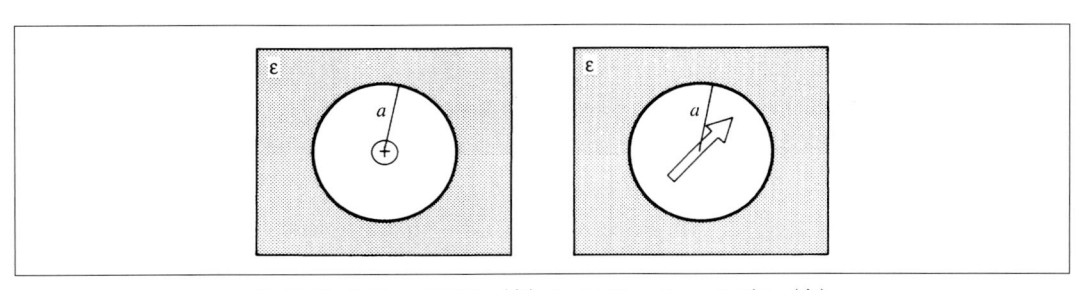

図 11.21　ボルン・モデル（左）とオンサーガー・モデル（右）

構造から得られるイオン半径である。しかし，ハロゲン化アルカリでは，アニオンの半径に 0.1Å，カチオンの半径に 0.85Å をそれぞれ加えた方が実験データとよく一致する。この補正を正当化したのは Rashin & Honig である [78]。彼らは結晶内の電子密度分布を調べ，アニオンでは空洞サイズの目安にイオン半径が使えるが，カチオンでは共有結合半径の方が適切であることを見出した。彼らのその後の研究によれば，実験データとの最良の一致は，これらの半径を 7％ほど増やしたときに得られるという。

11.10.1 量子力学的方法による静電寄与の計算

ボルン・モデルが適用できるのは，形式電荷をもつ分子種に限られる。オンサーガーの双極子モデルでは，扱える分子の範囲は大幅に広がる。実は，このオンサーガー・モデルは，球形の空洞内部での荷電分布に対して Kirkwood が導いた結果の特別な場合に相当する [48]。空洞内部の溶質双極子は周囲の媒質に双極子を誘導し，その媒質は次に空洞内部に電場（反応場）を誘導する。生じた反応場は溶質双極子と相互作用し，系をさらに安定化させる。反応場の大きさは，Onsager によれば次式で与えられる。

$$\phi_{\text{RF}} = \frac{2(\varepsilon-1)}{(2\varepsilon+1)a^3}\mu \tag{11.48}$$

ここで，μ は溶質の双極子モーメント，a と ε は前式と同様，空洞の半径と媒質の誘電率である。電場 ϕ_{RF} の中にある双極子は，$-\phi_{\text{RF}}\mu$ のエネルギーをもつ。ただし，分極性双極子の場合には，空洞内部の荷電分布をまとめるのに必要な仕事を追加項として付け加える必要がある。この追加項は $\phi_{\text{RF}}\mu/2$ の大きさをもつ。したがってこのモデルでは，溶媒和自由エネルギーへの静電寄与は次式で与えられる。

$$\Delta G_{\text{elec}} = -\frac{\phi_{\text{RF}}\mu}{2} \tag{11.49}$$

もし，分子が帯電していれば，適当なボルン項もまた追加しなければならない。反応場を孤立分子に対するハミルトニアンの摂動と見なせば，反応場モデルは量子力学で扱うことができる。この方法は一般に，SCRF 法（self-consistent reaction field method）と呼ばれる。SCRF 法では，系の修正ハミルトニアンは次式で表される。

$$H_{\text{tot}} = H_0 + H_{\text{RF}} \tag{11.50}$$

ここで，H_0 は孤立分子のハミルトニアン，H_{RF} は摂動をそれぞれ表す。後者は次式で与えられる [101]。

$$H_{\text{RF}} = -\hat{\mu}^{\text{T}}\frac{2(\varepsilon-1)}{(2\varepsilon+1)a^3}\langle\Psi|\hat{\mu}|\Psi\rangle \tag{11.51}$$

ここで，$\hat{\mu}$ は行列形で表された双極子モーメント演算子，$\hat{\mu}^{\text{T}}$ はその転置行列である。修正ハミルトニアンに対する波動関数 Ψ が分かれば，溶媒和自由エネルギーへの静電寄与は次式から計算できる。

$$\Delta G_{\text{elec}} = \langle \Psi | H_{\text{tot}} | \Psi \rangle - \langle \Psi_0 | H_0 | \Psi_0 \rangle + \frac{1}{2} \frac{2(\varepsilon-1)}{(2\varepsilon+1)a^3} \mu^2 \tag{11.52}$$

ここで，右辺の第三項は補正因子で，誘電媒質の空洞内部に溶質の荷電分布を作り出すのに必要な仕事に相当する。また，Ψ_0 は気相での波動関数である。

　SCRF 法の欠点は，球形の空洞を使用する点である。分子の形が正確に球形であることはまれである。しかし，球形表現は多くの場合，分子の形状を表す第一近似として合理性をもつ。空洞として楕円体を使うこともできる。分子によっては楕円体の方が適切なこともあろう。空洞が球形や楕円体の場合，エネルギーの一次微分と二次微分は解析関数で表せる。この性質は，効率的な構造最適化を可能にする。これらの空洞はどのような大きさをもつのか。球形空洞の場合，その半径は分子容から計算できる。

$$a^3 = 3V_{\text{m}}/4\pi N_{\text{A}} \tag{11.53}$$

分子容 V_{m} の値を求めるには，分子量を密度で割るか屈折率を測定すればよい。N_{A} はアボガドロ数である。空洞半径は，分子内部の最大原子間距離からも推定でき，そのほか電子密度等高線図から分子の容積を計算する方法もある。これらの方法で求めた半径は，真の空洞半径に近づけるため，経験定数を加えて調整されることが多い。この追加定数は，溶質分子のあまり近くまで，溶媒分子が接近できない事実を説明する。単純な SCRF 法をさらに拡張し，多重極展開を使って溶質を表す方法もある [82]。この方法では，双極子がゼロの分子は溶媒和エネルギーがゼロになるという元のモデルの欠点は克服されている。

　空洞のさらに現実的な形は，溶質原子のファンデルワールス半径から得られる。PCM 法 (polarizable continuum method) ではこのような空洞が使用される [62]。*ab initio* プログラムや半経験的プログラムの中には，この PCM 法を組み込んでいるものも多い。PCM 法では空洞の形は解析関数で表せない。そのため，ΔG_{elec} の計算は数値的に行う必要がある。計算に際しては，空洞表面は点電荷をもつ多数の小さな面積要素へ分割される。このような点電荷系は溶媒の分極を表し，個々の表面電荷の大きさは，その位置での電場勾配に比例する。各面積要素での全静電ポテンシャルは，溶質によるポテンシャルと他の面積要素の電荷によるポテンシャルの和に等しい。

$$\phi(\mathbf{r}) = \phi_\rho(\mathbf{r}) + \phi_\sigma(\mathbf{r}) \tag{11.54}$$

ここで，$\phi_\rho(\mathbf{r})$ は溶質によるポテンシャル，$\phi_\sigma(\mathbf{r})$ は他の表面電荷によるポテンシャルをそれぞれ表す。PCM 法は次のアルゴリズムに従う。(1) まず最初，原子のファンデルワールス半径から空洞表面を決定する。(2) 次に，空洞へ寄与する各原子のファンデルワールス球片を多数の小さな面積要素へ分割する。各要素の表面積は計算可能でなければならない。この分割を最も簡単に行うには，各原子のファンデルワールス球の中心に局所極座標枠を定義し，一定の増分 $\Delta\theta$ と $\Delta\phi$ を用いて，面積要素が矩形になるようにすればよい（図 11.22）。表面はまた，埋め尽くし法で分割することもできる [69]。個々の面積要素に対する点電荷の初期値は，溶質のみによる電場勾配から算定される。

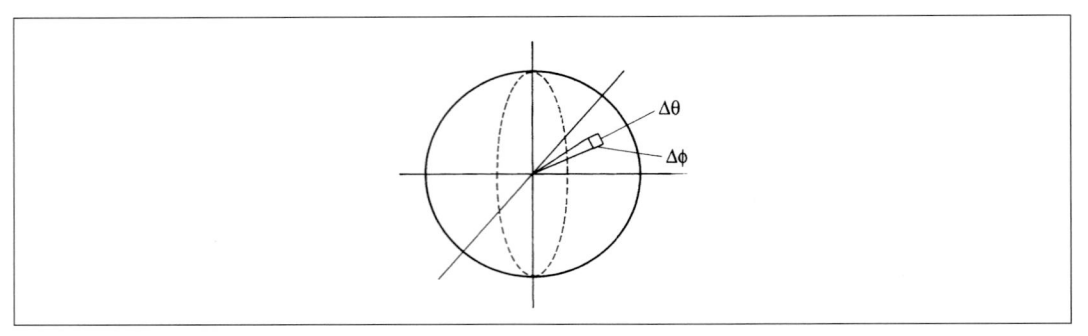

図 11.22 天頂角 θ と方位角 ϕ の増分を一定としたとき，原子のファンデルワールス表面上に作られる面積要素

$$q_i = -\left[\frac{\varepsilon-1}{4\pi\varepsilon}\right]E_i\Delta S \tag{11.55}$$

ここで，ε は媒質の誘電率，E_i は電場勾配，ΔS は面積要素の表面積である．他の点電荷による寄与 $\phi_\sigma(\mathbf{r})$ は，クーロン則から計算できる．これらの電荷はつじつまが合うまで繰り返し修正される．最終的な電荷から得られたポテンシャル $\phi_\sigma(\mathbf{r})$ は，溶質ハミルトニアンに付け加えられ ($H = H_0 + \phi_\sigma(\mathbf{r})$)，SCF 計算が開始される．SCF 計算の各ステップでは，最後に現在の波動関数から新しい表面電荷が計算され，$\phi_\sigma(\mathbf{r})$ が更新される．$\phi_\sigma(\mathbf{r})$ の更新値は次のステップで利用され，この操作は溶質波動関数と表面電荷が自己無撞着になるまで繰り返し行われる．

ΔG_elec の計算では，誘電媒質の空洞内部に溶質の荷電分布を作り出すのに必要な仕事も考慮されなければならない．その仕事量は，溶質荷電分布と分極した誘電体の間の静電相互作用エネルギーの半分に等しい．したがって，次式が成立する．

$$\Delta G_\text{elec} = \int \Psi H \Psi d\tau - \int \Psi_0 H_0 \Psi_0 d\tau - \frac{1}{2}\int \phi(\mathbf{r}) \rho(\mathbf{r}) d\mathbf{r} \tag{11.56}$$

ここで，$\rho(\mathbf{r})$ は面積要素の荷電分布である．

PCM アプローチには，少しめんどうな問題が二つ付きまとう．第一の問題は，空洞表面の連続した荷電分布を単一点電荷の集まりとして表現したことにより生じる．この点電荷による静電ポテンシャルの計算は，当該面積要素の電荷を除外して行われる．それを含めると，電荷は収束せず発散してしまうからである．当該面積要素の点電荷による寄与は，ガウス定理を用いて別個に算定されなければならない．第二の問題は，溶質の波動関数が空洞の外にまで広がっていることより生じる．空洞表面の電荷の和は，溶質の電荷と必ずしも大きさが一致するわけではない．この問題は，溶質の電荷と大きさが等しく符号が反対になるように，空洞表面の荷電分布を調整することで克服できる．

PCM 法の興味ある変法に COSMO モデル (conductor-like screening model) がある [49-51]．このモデルは，空洞が無限の誘電率をもつ導体内に埋め込まれていると仮定する．このように仮定するのは，その方が遮蔽効果をはるかに扱いやすいからである．この導体に対する結果は，少し補正を加えれば，高い誘電率をもつ水のモデルとして使える．導体の表面では，溶質と

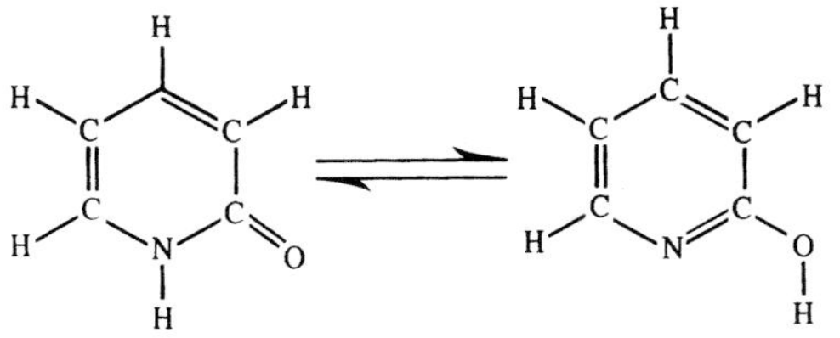

11.10 溶媒和自由エネルギーへの静電寄与：ボルン・モデルとオンサーガー・モデル 581

図 11.23 2-ピリドンの互変異性体

表面電荷によるポテンシャルはゼロと置かれる。この設定は，表面電荷を求める際の境界条件として都合が良い。誘電体が代われば，表面電荷は次式に従って調整される。

$$q' = q \frac{\varepsilon_r - 1}{\varepsilon_r + 0.5} \quad (11.57)$$

SCRF モデルと PCM モデルは，エネルギー収支や平衡に及ぼす溶媒の影響を調べたい場合によく使われる。一例としてここでは，SCRF 法を使い，2-ピリドンの互変異性平衡に及ぼす各種溶媒の影響を検討した Wong, Wiberg & Frisch の研究を紹介しよう [114] (図 11.23)。彼らは，*ab initio* 理論に基づいて互変異性種の構造最適化を行い，振動数などさまざまな性質を計算した。公表されているのは，気相，無極性溶媒（シクロヘキサン，$\varepsilon = 2.0$）および非プロトン性極性溶媒（アセトニトリル，$\varepsilon = 35.9$）に対する結果である。それによると，気相，シクロヘキサン，アセトニトリル中での自由エネルギー変化の計算値は，それぞれ -0.64，0.36，2.32 kcal/mol で，実験値の -0.81，0.33，2.96 kcal/mol とほぼ一致した。また，誘電媒質の影響は，エノール形よりもケト形の構造，荷電分布および振動数に対してはるかに顕著であった。これはおそらく，ケト形がエノール形に比べて極性が高いことに起因する。

11.10.2 分子力学のための連続体モデル

これまでに取り上げた理論の一つを使えば，溶媒和効果は力場モデルへ組み込むこともできる。力場モデルは大きな系の研究に適するが，溶媒和を扱う場合には，特に溶質と溶媒の誘電的性質に注意が払われる。本項では，1.5 節で解説した分子表面と接触可能表面にしばしば言及する。読者は念のため，本項を読む前にいま一度それらの定義を確認していただきたい。

Rashin の境界要素法（boundary element method）は，溶質の分子表面が空洞表面になることを除けば，PCM 法と本質的に同じである [79,77]。この空洞表面は小さな境界要素に分割され，溶質は点分極率をもつ原子の集まりとして記述される。電場は，原子上にその分極率に比例した双極子を誘導する。ただし，各原子位置での電場は，分子を構成する他の原子上の双極子や境界面上の分極電荷から寄与を受け，場合によっては溶液中の電解質の電荷からも寄与を受ける。個々の境界要素の内部では，荷電密度は一定と見なされる。しかし，PCM モデルと異なり，単一の点電荷で表されることはない。系内の静電相互作用は一組の線形方程式で記述される。これ

らの方程式の解は，境界要素の荷電分布と誘起双極子を与え，それらを使えば熱力学的諸量が算出できる。

一般化ボルン方程式（generalised Born equation）は，溶媒和自由エネルギーへの静電寄与を表す式として広く使われる [21]。いま，モデルとして，電荷 q_i をもつ半径 a_i の粒子からなる系を考える。このような系の全静電自由エネルギーは，相対誘電率 ε の媒質中でのクーロン・エネルギーとボルン溶媒和自由エネルギーの和で与えられる。

$$G_{\mathrm{elec}} = \sum_{i=1}^{N}\sum_{j=i+1}^{N}\frac{q_i q_j}{\varepsilon r_{ij}} - \frac{1}{2}\left(1 - \frac{1}{\varepsilon}\right)\sum_{i=1}^{N}\frac{q_i^2}{a_i} \tag{11.58}$$

式(11.58)の第1項は，真空中でのクーロン相互作用項を切り離せば，次の形に書き直せる。

$$\sum_{i=1}^{N}\sum_{j=i+1}^{N}\frac{q_i q_j}{\varepsilon r_{ij}} = \sum_{i=1}^{N}\sum_{j=i+1}^{N}\frac{q_i q_j}{r_{ij}} - \left(1 - \frac{1}{\varepsilon}\right)\sum_{i=1}^{N}\sum_{j=i+1}^{N}\frac{q_i q_j}{r_{ij}} \tag{11.59}$$

この式(11.59)を，系の全静電エネルギーを表す式(11.58)へ代入すれば，次式が得られる。

$$G_{\mathrm{elec}} = \sum_{i=1}^{N}\sum_{j=i+1}^{N}\frac{q_i q_j}{r_{ij}} - \left(1 - \frac{1}{\varepsilon}\right)\sum_{i=1}^{N}\sum_{j=i+1}^{N}\frac{q_i q_j}{r_{ij}} - \frac{1}{2}\left(1 - \frac{1}{\varepsilon}\right)\sum_{i=1}^{N}\frac{q_i^2}{a_i} \tag{11.60}$$

ここで，G_{elec} と真空中のクーロン・エネルギーの差を ΔG_{elec} とすれば，

$$\Delta G_{\mathrm{elec}} = -\left(1 - \frac{1}{\varepsilon}\right)\sum_{i=1}^{N}\sum_{j=i+1}^{N}\frac{q_i q_j}{r_{ij}} - \frac{1}{2}\left(1 - \frac{1}{\varepsilon}\right)\sum_{i=1}^{N}\frac{q_i^2}{a_i} \tag{11.61}$$

式(11.61)は，一般化ボルン（GB）方程式と呼ばれる。このGB方程式は，Stillらにより分子力学計算に組み込まれ [99,76]，また，Cramer & Truhlarらにより半経験的量子力学計算――SM 1, SM 2, SM 3 など――に組み込まれた [22,17]。ただしその場合，式(11.61)の二つの項は結合され，次の形の単一項として扱われた。

$$\Delta G_{\mathrm{elec}} = -\frac{1}{2}\left(1 - \frac{1}{\varepsilon}\right)\sum_{i=1}^{N}\sum_{j=i+1}^{N}\frac{q_i q_j}{f(r_{ij},\ a_{ij})} \tag{11.62}$$

ここで，$f(r_{ij},\ a_{ij})$ は粒子間距離 r_{ij} とボルン半径 a_{ij} に依存する関数である。f の関数形についてはさまざまなものが考えられるが，Stillらが提案したのは次式である。

$$f(r_{ij},\ a_{ij}) = \sqrt{(r_{ij}^2 + a_{ij}^2 e^{-D})} \quad \text{ここで} \quad a_{ij} = \sqrt{(a_i a_j)}\ ;\ D = r_{ij}^2/(2a_{ij})^2 \tag{11.63}$$

この関数形は以下の理由で正当化される。すなわち，$i = j$ のとき，方程式はボルン式と一致する。また，二つの電荷が接近し，a_i や a_j に比べて r_{ij} が小さい場合，すなわち双極子では，方程式はオンサーガー式と同等になる。さらに，二つの電荷がかなり離れている場合には（$r_{ij} \gg a_i$, a_j），クーロン式とボルン式の和にきわめて近い結果を与える。その他，この関数形は解析的に微分が可能で，勾配に基づく最適化や分子動力学シミュレーションの際，溶媒和項として組み込むことができるといった長所も備える。

ボルン半径 a_i の決定には，かなり複雑な手続きが必要である。a_i の値は，電荷や部分電荷をもつ分子内の各原子に対して計算される。原子のボルン半径，より正確には有効ボルン半径は，分子内の他のすべての原子が電荷をもたないとき，ボルン式に従って系の静電エネルギーを与える半径である。Stillの力場計算では，各原子の原子半径はOPLS力場の値が使われ，さらに誘電

11.10 溶媒和自由エネルギーへの静電寄与：ボルン・モデルとオンサーガー・モデル

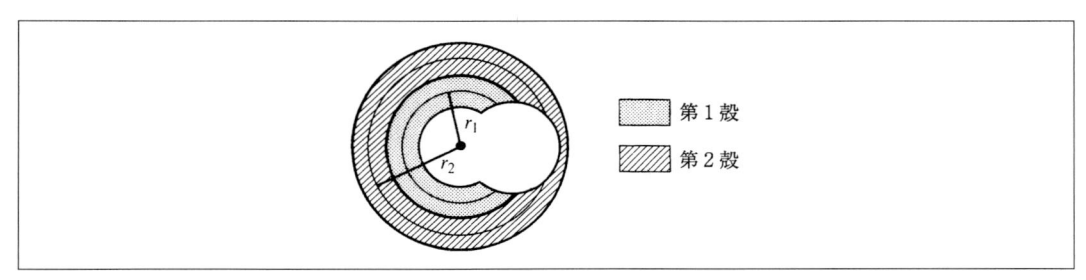

図 11.24 一般化ボルン・モデルにおける有効ボルン半径の計算 [99]。殻は分子全体を覆うまで幾重にも描かれる。個々の殻の暴露表面積は，厚みの中点を基準に計算される。

境界を定めるため，$-0.09\mathrm{\AA}$ の経験的補正が加えられる。それに対し，Cramer & Truhlar の量子力学的アプローチでは，各原子の半径は原子電荷の関数で表され，誘電境界は関連半径の和集合として定義される。

原子 i の静電エネルギーは，図 11.24 に示すように，一番外側の第 M 殻が分子のファンデルワールス表面を完全に覆うまで，球殻を幾重にも描く方法で数値的に計算される。これらの殻内にある誘電体のボルン静電エネルギーは，次式から算定される。

$$\Delta G_{\mathrm{elec}} = -\frac{1}{2}\left(1-\frac{1}{\varepsilon}\right)q_i^2\left\{\sum_{k=1}^{M}\frac{A_k}{4\pi r_k^2}\left[\left(\frac{1}{r_k-0.5T_k}\right)-\left(\frac{1}{r_k+0.5T_k}\right)\right]+\frac{1}{r_{M+1}-0.5T_{M+1}}\right\} \quad (11.64)$$

第 k 殻の半径 (r_k) は，殻の厚みの中点での値である。また，A_k は半径 r_k の球のうち分子のファンデルワールス表面内部に収まらない部分の表面積を表す。各殻の厚み T_k は次式に従い，原子からの距離に合わせて増加していく。

$$T_{k+1} = (1+F)T_k \quad (11.65)$$

ここで，F は膨張係数，T_1 は第 1 殻の半径である。Still は，これらの値をそれぞれ 0.5 と $0.1\mathrm{\AA}$ に設定した。殻は，誘電境界が始まる位置から描かれる。たとえば，Still の研究では，殻の描出はファンデルワールス半径の内側 $0.9\mathrm{\AA}$ から開始された。式 (11.64) の最終項は，ファンデルワールス分子表面の外側にある誘電体による寄与を表す。有効ボルン半径は，原子に対するボルン式と式 (11.64) が等しいと置くことにより得られる。

$$\frac{1}{a_i} = \sum_{k=1}^{M}\frac{A_k}{4\pi r_k^2}\left[\left(\frac{1}{r_k-0.5T_k}\right)-\left(\frac{1}{r_k+0.5T_k}\right)\right]+\frac{1}{r_{M+1}-0.5T_{M+1}} \quad (11.66)$$

Still が定式化した GB 方程式は，溶媒に晒される球殻部分の表面積 A_k の計算を要求する。この計算には，接触可能表面積 A_i を次式で算定する Wodak & Janin の高速数値法が使われる [113]。

$$A_i = S_i\prod_j(1.0-b_{ij}/S_i) \quad (11.67)$$

ここで，S_i は溶媒プローブの半径を r_s，原子 i の半径を r_i としたときの原子 i の全接触可能表面積である。また，b_{ij} は原子 i から距離 d_{ij} にある原子 j との重なりにより排除される表面積量を表す。

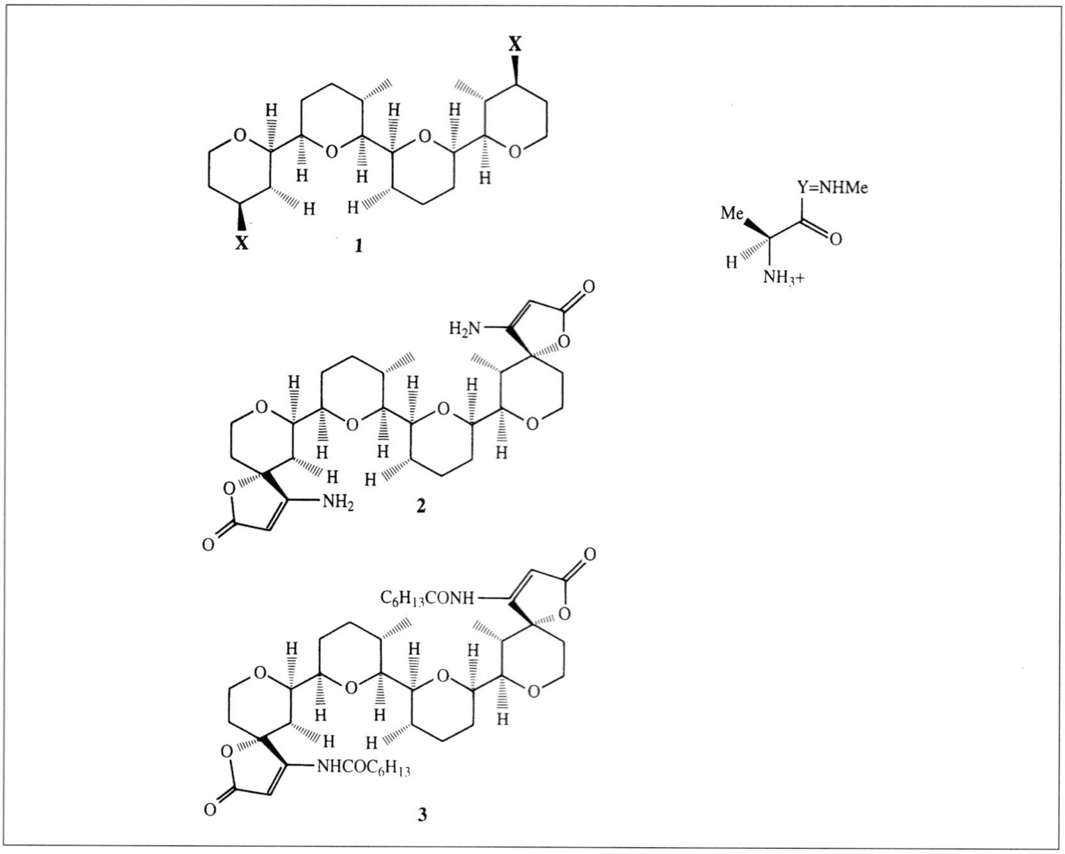

図 11.25 アミノ酸と選択的に結合するイオノホア [14]

$$S_i = 4\pi(r_i + r_s)^2 \tag{11.68}$$

$$b_{ij} = \pi(r_i + r_s)(r_j + r_i - 2r_s - d_{ij})[1.0 + (r_i - r_j)/d_{ij}] \tag{11.69}$$

Wodak-Janin 法は，球が 3 個以上ある場合しか使えない。また，A_i の値は正確に計算できるが，かなりの計算努力を必要とする。厳密な方法との比較によれば，Wodak-Janin 法が妥当な結果を与えるのは，プローブに比べてかなり大きな分子においてである。この方法は，タンパク質での溶媒効果を研究するために開発されたことを考えれば，これは当然の結果と言えよう。Still によれば，系が小さいときには，b_{ij} 項を経験定数で置き換えても正確な結果が得られるという。

　GB モデルは，量子力学や分子力学のさまざまなプログラムに組み込まれている。Still らはこのモデルを駆使し，配座探索や自由エネルギー摂動法による相対結合自由エネルギーの計算を行った。彼らの研究によれば，たとえば，ポダンド（podand）イオノホア（**1**；図 11.25）への D- および L-α-アミノ酸誘導体の相対結合自由エネルギーは，ハイブリッド分子動力学／モンテカルロ法とクロロホルムに対する GB モデルを用いて計算したとき，実験値とよく一致した [14]。同様の計算は，図 11.25 で置換基 X を変えたさまざまな置換イオノホアのうち，どのイオノホ

アがゲスト（Y=NHMe）に対して最も高いエナンチオ選択性を示すか予測する際にも使われた。その結果によると，最大のエナンチオ選択性を示すことが予測されたのは，誘導体 2 であった。あいにく，この化合物は水に難溶なため，結合親和性を測定することができなかった。しかし，関連化合物 3 は期待通りの選択性を示した。また，化合物 3 に対して計算を繰り返したとき，結合親和性の計算値と実験値の差は常に 0.3 kcal/mol 以内に収まった。この研究は，このような計算のもつ潜在的価値を明確に示している。しかしこの研究の場合，系の計算に当たっては，力場パラメータやサンプリングに関連した誤差が最小化されるよう，鏡像体のゲストを使用したり，ホストを単一の結合配座に固定するなど，細心の配慮が払われたことに注意されたい。それでもなお，正確な結果を得るためには，10 ナノ秒程度のシミュレーションを行う必要があった。このようなシミュレーションは，当時としては溶媒の連続体モデルを用いて初めて可能であった。

11.10.3 ランジュバン双極子モデル

Warshel & Levitt のランジュバン双極子モデルは，連続体モデルと溶媒和明示モデルの中間に位置する [111]。このモデルは，境界の外側領域に回転可能な点双極子の三次元格子を設定する（図 11.26）。境界の形は任意である。高分子では，境界は溶媒接触可能表面に対応する。点双極子は，外側領域にある溶媒分子の双極子を表しており，それらの距離は適当に選ばれる。各格子点の電場 $\mathbf{E}_i$ には，溶質や他の溶媒分子の双極子から寄与があり，個々の双極子の大きさと方向は，次のランジュバン方程式に従う。

$$\boldsymbol{\mu}_i = \mu_0 \frac{\mathbf{E}_i}{|\mathbf{E}_i|} \left[\frac{\exp[C\mu_0|\mathbf{E}_i|/k_\mathrm{B}T] + \exp[-C\mu_0|\mathbf{E}_i|/k_\mathrm{B}T]}{\exp[C\mu_0|\mathbf{E}_i|/k_\mathrm{B}T] - \exp[-C\mu_0|\mathbf{E}_i|/k_\mathrm{B}T]} - \frac{1}{C\mu_0|\mathbf{E}_i|/k_\mathrm{B}T} \right] \quad (11.70)$$

ここで，μ_0 は溶媒分子の双極子モーメントの大きさ，C は再配向への双極子の抵抗の度合を示すパラメータである。C の値は，溶媒を顕わに考慮した別のシミュレーションから得られる。双極子の値は通常，計算を数回繰り返せば収束する。ランジュバン双極子の自由エネルギーは，次式で与えられる。

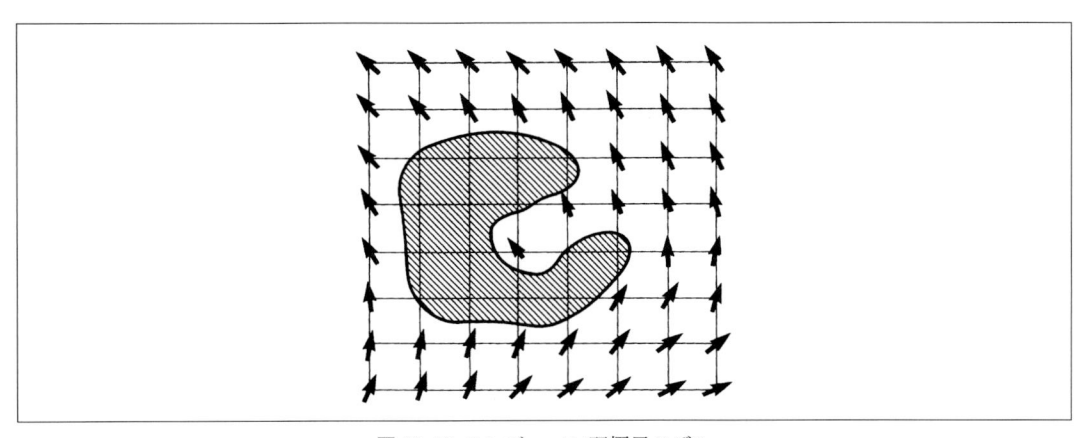

図 11.26 ランジュバン双極子モデル

$$\Delta G_{\text{sol}} = -\frac{1}{2}\sum_i \boldsymbol{\mu}_i \cdot \mathbf{E}_i^0 \tag{11.71}$$

ここで，$\mathbf{E}_i^0$ は溶質の電荷のみによる電場である。ランジュバン双極子法は，Warshel により酵素反応の研究に広く応用されている（11.13.3 項参照）。

11.10.4　ポアソン-ボルツマン方程式に基づいた方法

　溶媒和自由エネルギーの静電成分を計算する方法としては，そのほかポアソン-ボルツマン方程式に基づいた方法がある。この方法は，タンパク質や DNA のような生体高分子の静電的性質を調べる際，ことに有用である。この方法では，溶質は通常 2 ～ 4 の一定値をとる低誘電体，溶媒は高い誘電率をもつ連続体としてそれぞれ扱われる。

　一様な誘電率 ε をもつ媒質内部のポテンシャル ϕ の変化は，次のポアソン方程式により荷電密度 ρ と結びつけられる。

$$\nabla^2 \phi(\mathbf{r}) = -\frac{\rho(\mathbf{r})}{\varepsilon_0 \varepsilon} \tag{11.72}$$

換算静電単位を使えば係数 $4\pi\varepsilon_0$ は省けるので，ポアソン方程式は次のようになる。

$$\nabla^2 \phi(\mathbf{r}) = -\frac{4\pi\rho(\mathbf{r})}{\varepsilon} \tag{11.73}$$

荷電密度は系全体にわたっての電荷の分布を表し，その SI 単位は Cm^{-3} である。∇^2 は，$(\partial^2/\partial x^2) + (\partial^2/\partial y^2) + (\partial^2/\partial z^2)$ の省略形であるから，ポアソン方程式は二次微分方程式である。誘電率が一様な媒質中にある点電荷群では，ポアソン方程式はクーロン則と一致する。しかし，誘電率が一様でなく位置により変化する場合には，クーロン則は適用できず，ポアソン方程式は次式の形で表される。

$$\nabla \cdot \varepsilon(\mathbf{r}) \nabla \phi(\mathbf{r}) = -4\pi\rho(\mathbf{r}) \tag{11.74}$$

　移動性のイオンを扱う場合には，ポアソン方程式は修正を必要とする。そうしなければ，電位による溶液中でのそれらの再分布が説明できないのである。イオンは，静電ポテンシャルが極端な値をとる位置には集まらない。その原因は，他のイオンとの反発相互作用や自発的な熱運動にある。イオンの分布は，次のボルツマン分布式に従う。

$$n(\mathbf{r}) = N \exp(-V(\mathbf{r})/k_B T) \tag{11.75}$$

ここで，$n(\mathbf{r})$ は位置 $\mathbf{r}$ でのイオンの数密度，N はかさ数密度，$V(\mathbf{r})$ は無限遠から位置 $\mathbf{r}$ へのイオンの移動に伴うエネルギー変化である。これらの効果が組み込まれたポアソン方程式は，特にポアソン-ボルツマン方程式と呼ばれる。

$$\nabla \cdot \varepsilon(\mathbf{r}) \nabla \phi(\mathbf{r}) - \kappa' \sinh[\phi(\mathbf{r})] = -4\pi\rho(\mathbf{r}) \tag{11.76}$$

κ' は，デバイ-ヒュッケルの逆長 κ と次式の関係にある。

$$\kappa^2 = \frac{\kappa'^2}{\varepsilon} = \frac{8\pi N_A e^2 I}{1000\, \varepsilon k_B T} \tag{11.77}$$

ここで，e は電子電荷，I は溶液のイオン強度，N_A はアボガドロ数である。式(11.76)は非線形

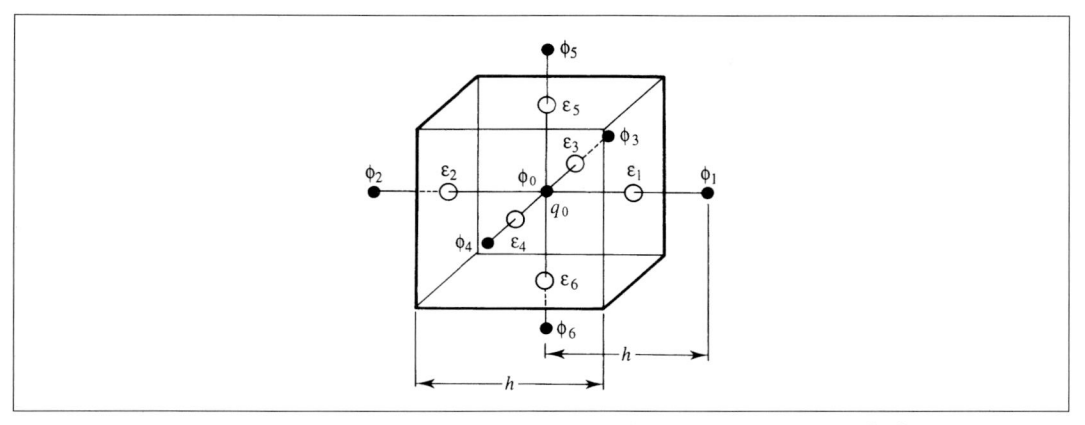

11.10 溶媒和自由エネルギーへの静電寄与：ボルン・モデルとオンサーガー・モデル

図 11.27 差分法でポアソン-ボルツマン方程式を解く際に使われる立方体 [52]

微分方程式であるが，双曲線正弦関数をテイラー級数に展開すれば，別の形で表すこともできる．

$$\nabla \cdot \varepsilon(\mathbf{r}) \nabla \phi(\mathbf{r}) - \kappa' \phi(\mathbf{r}) \left[1 + \frac{\phi(\mathbf{r})^2}{6} + \frac{\phi(\mathbf{r})^4}{120} + \cdots \right] = -4\pi\rho(\mathbf{r}) \tag{11.78}$$

ここで，展開式の第2項以降を無視すれば，次のような線形化されたポアソン-ボルツマン方程式が得られる．

$$\nabla \cdot \varepsilon(\mathbf{r}) \nabla \phi(\mathbf{r}) - \kappa' \phi(\mathbf{r}) = -4\pi\rho(\mathbf{r}) \tag{11.79}$$

式(11.79)はどのようにしたら解くことができるのか．コンピュータが普及する以前には，扱える形状はごく限られていた．たとえば，タンパク質は球や楕円体（Tanford-Kirkwood 理論），DNA は一様に帯電した円筒，膜は平面（Gouy-Chapman 理論）でそれぞれ近似された．しかし，現在ではコンピュータが発達したおかげで，ポアソン-ボルツマン方程式は数値的に解くことができる．使用される数値解析法は，有限要素法や境界要素法などさまざまである．ここでは以下，（Warwicker & Watson によりタンパク質の研究へ最初に導入された）差分法を取り上げ，解説することにしたい [112]．

差分法によるポアソン-ボルツマン方程式の解法は，いくつかのグループにより試みられてきたが，特に注目に値するのは Honig らの研究である．彼らの開発した DelPhi プログラムは，広い支持を得ている．Honig らの方法は，まず最初，溶質とそれを取り巻く溶媒に立方格子を重ね合わせ，各格子点に静電ポテンシャル，荷電密度，誘電率およびイオン強度を割りつける．原子電荷は通常格子点と一致しない．そのため，電荷はまわりの八つの格子点に配分され，電荷に近い格子点ほど大きな値を割り振られる．次に，差分公式に従い，ポアソン-ボルツマン方程式の微分が計算される．いま，図 11.27 に示すような，一つの格子点を囲む一辺 h の立方体を考えてみよう．格子点には電荷 q_0 が割りつけられている．これは，立方体が q_0/h^3 の一様な荷電密度をもつことと等価である（$\rho_0 = q_0/h^3$）．格子点でのポテンシャルは次式で与えられる．

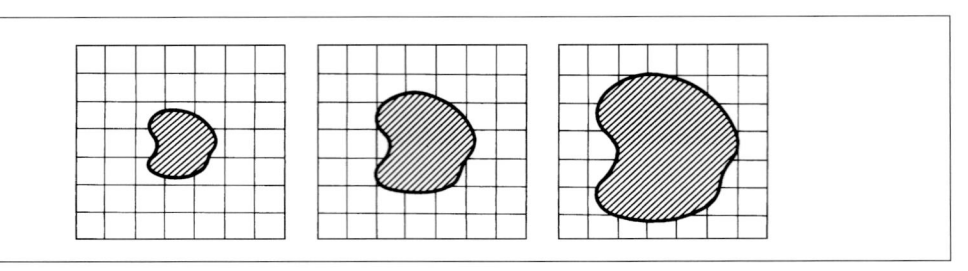

図 11.28 フォーカシングは，差分ポアソン-ボルツマン計算の精度向上に役立つ．

$$\phi_0 = \frac{\Sigma \varepsilon_i \phi_i + 4\pi \dfrac{q_0}{h}}{\Sigma \varepsilon_i + k_0'^2 f(\phi_0)} \tag{11.80}$$

求和は，隣り合う六つの格子点でのポテンシャル ϕ_i と，格子点を結ぶ線分の中点での誘電率 ε_i について行われる．分母の関数 $f(\phi_0)$ は，線形ポアソン-ボルツマン方程式では1，非線形ポアソン-ボルツマン方程式では級数展開式 $(1+\phi_0^2/6+\phi_0^4/120+\cdots\cdots)$ にそれぞれ等しい．$k_0'^2$ は格子点でのイオン強度から算定できる．このモデルのもつきわめて重要な特徴は，各格子点のポテンシャルが隣接する格子点のポテンシャルに影響を及ぼしている点である．そのため，繰返し計算を行わなければ収束値は得られない．

ポアソン-ボルツマン計算では，各格子点へ誘電率を割りつける必要がある．そのためには，どの格子点が溶質内部にあり，どの格子点が溶媒中にあるかを決めなければならない．溶質と溶媒の境界は，分子表面か接触可能表面のいずれかで定義される．この表面の外側にある格子点はすべて，高い誘電率（水では80）とイオン強度を割り当てる．また，表面内部の格子点には高分子の誘電率が割り当てられ，その値は通常2〜4の範囲にある．誘電率のこの値は，次のように考えれば正当化される．すなわち，物質の誘電率は，（その固有分極率や，変化する電場内で内部双極子を再配向させる能力など）いくつかの因子によって定まる．たとえば，配座が固定された分子では，双極性原子団はその配向を変えられない．そのため，誘電率に寄与する因子は分極効果だけである．この分極効果は，有機液体では約2の誘電率をもたらす．それに対し，もし分子が配座的に柔軟であるならば，分極効果に加え，双極子効果の寄与も無視できなくなる．その場合には，誘電率は4程度にまで増加する．ポアソン-ボルツマン法のために特に設計されたパラメータ群も開発されているが [91]，原子電荷とファンデルワールス半径は，既成の力場から直接とられることが多い．

格子サイズの正しい選択はきわめて重要で，差分ポアソン-ボルツマン計算の成功の鍵を握る．格子を細かくとれば，より正確な結果が得られるが，その分，計算時間が長くなる．一般に使われる格子サイズは 65^3 である．フォーカシング（focusing）と呼ばれる手法はこれらの問題の緩和に役立つ．この方法では，格子箱全体に占める系の割合は，計算のステップが進むにつれ次第に大きくなる（図 11.28）．フォーカシングを行えば，境界でのポテンシャルに対してより良い推定値が得られる．結果はまた，格子内での溶質の配向にも依存するが，この配向に起因する誤

差は，ランダムに並進や回転を施した系のコピーに対して一連の計算を行い，それらの結果を平均することで小さくできる。

11.10.5 差分ポアソン-ボルツマン計算の応用

差分ポアソン-ボルツマン（FDPB）法は，さまざまな問題に適用される。計算の結果は数値としてだけでなく，コンピュータ・グラフィックスを利用し，静電ポテンシャル図として提示されることも多い [42]。FDPB法で計算されたタンパク質のまわりの静電ポテンシャルは，一様誘電体モデルで得られるそれとはしばしばかなり異なる。これは，タンパク質内部の荷電基と極性基の位置や（高誘電率領域と低誘電率領域の境界を定める）分子の形状が，ポテンシャルの形に有意な影響を及ぼすことによる。図11.29をご覧いただきたい。この図版は，酵素トリプシンのまわりの静電ポテンシャルを示している。トリプシンの *in vivo* 活性は，この酵素に強く結合する小型のタンパク質，トリプシン阻害薬によって調節される。しかし，トリプシンとトリプシン阻害薬はいずれも実効正電荷をもつ。では，これらの二分子はどのようにして会合するのか。誘電率（80）が一様であるとして，トリプシンのまわりの静電ポテンシャルを計算してみると，予想通り，ポテンシャルはどの領域でも正になる。しかし，誘電境界の効果を含めれば，阻害薬が結合する領域に負の静電ポテンシャル領域が現れる。もう一つ別の例を挙げてみよう。それは，Cu-Zn スーパーオキシドジスムターゼである。この酵素は，O_2 と H_2O_2 への O_2^- ラジカルの変換を触媒する。この反応の速度定数は非常に大きい。基質が酵素全体に衝突する速度に比べ，その

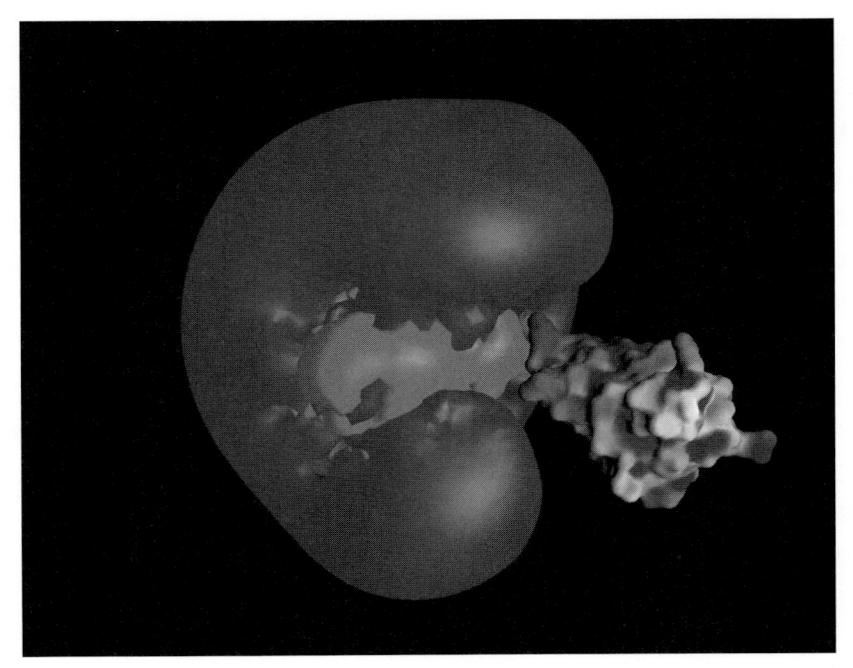

図 11.29 トリプシンのまわりの静電ポテンシャルの3D等高面 [58]。赤の等高面は$-1k_BT$，青の等高面は$+1k_BT$ をそれぞれ表す。トリプシン阻害薬の分子表面における静電ポテンシャルもまた表示されている。（カラー口絵参照）

図 11.30 Cu-Zn スーパーオキシドジスムターゼのまわりの静電ポテンシャル [60]。赤の等高線は負，青の等高線は正の静電ポテンシャルをそれぞれ表す。活性部位は，図の左上と右下に位置する。正の静電ポテンシャル（青色）が大きく外へ張り出した領域が活性部位である。（カラー口絵参照）

値は 1 桁小さいにすぎない。しかし，活性部位は酵素表面のほんの一部を占めるだけである。基質がタンパク質表面に一様に衝突すると考えたのでは，観測される速度論は説明できない。この問題は，基質がタンパク質の電場に導かれて活性部位へ入り込むと考えれば説明がつく。図 11.30 は，酵素（二量体）のまわりの静電ポテンシャルを示している。活性部位は左上と右下に位置する。正の静電ポテンシャル領域が活性部位から溶液側へ張り出していることがお分かりいただけよう [52]。活性部位付近のタンパク質のくぼみは，電場線を溶媒の方向へ集束させ，正の静電ポテンシャルを強める効果がある。

FDPB 法は，溶媒和や分子間複合体の形成など，さまざまな過程における静電寄与を計算したいとき利用される。溶媒和自由エネルギーの静電成分は，真空から溶媒への分子の移動に伴う静電エネルギーの変化に等しい。ここで，ポテンシャル ϕ_i にある電荷 q_i の静電エネルギーは $q_i \phi_i$ である。いま，溶媒中と真空中で共通の格子と溶質誘電率が使用できるとし，かつ，外部誘電率が溶媒（水）のとき 80，真空のとき 1 であるとすれば，溶媒和自由エネルギーの静電成分 ΔG_{elec} は次式で与えられる。

$$\Delta G_{\mathrm{elec}} = \frac{1}{2} \sum_i q_i (\phi_i{}^{80} - \phi_i{}^{1}) \tag{11.81}$$

求和は溶質のすべての電荷について行われる。

FDPB 法を使えば，同じ内部誘電率 ε_{m} をもつ二分子が会合するときの自由エネルギー変化も

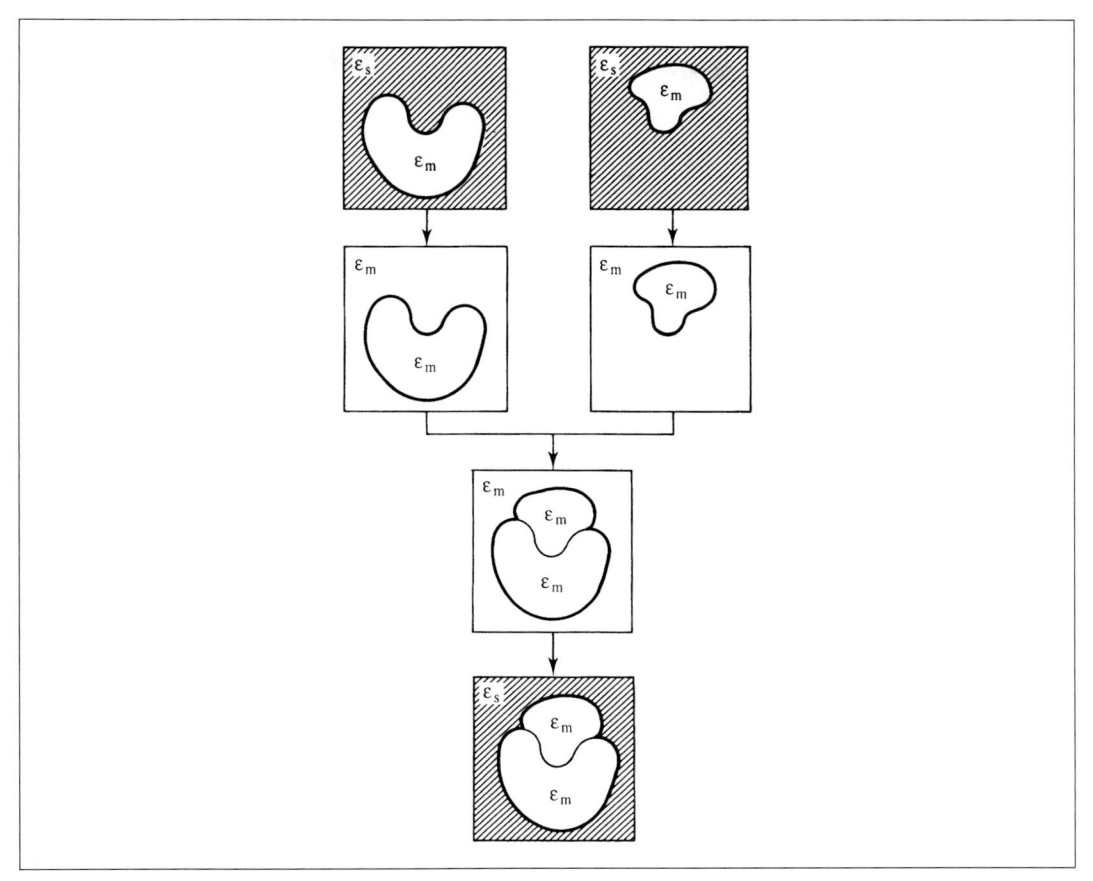

図 11.31 二分子の会合に要する静電自由エネルギーの計算 [33]

また計算できる。この問題は，図 11.31 に示すように，三つのステップに分けて処理される [33]。すなわち，まず第一のステップでは，2 種の孤立分子が誘電率 ε_s の溶媒から誘電率 ε_m の媒質へ移動するときの自由エネルギーが計算される。この計算は，溶媒和自由エネルギーのそれと同じである。ただし，ここで扱われるのは溶媒から誘電率 ε_m の媒質への移動であり，真空への移動ではない。次のステップでは，クーロン則に基づき，誘電率 ε_m の媒質中での二分子の会合に要する自由エネルギーが計算される。最後のステップで行われるのは，誘電率 ε_m の媒質から溶媒への複合体の移動に要する自由エネルギーの計算である。同様の手続きは，溶液中の二配座間の自由エネルギー差を計算したい場合にも適用できる。

11.11 溶媒和自由エネルギーへの非静電寄与

これまで，われわれは溶媒和自由エネルギーへの静電寄与を考察してきた。この寄与は重要である。しかし，溶媒和の全自由エネルギーへ寄与する因子はその他にも存在する（式(11.46)参

照)．電荷をもたない溶質や極性の低い溶質では，これらの因子はことに重要になる．空洞項とファンデルワールス項は一つにまとめられ，次式で表されることも多い．

$$\Delta G_{\text{cav}} + \Delta G_{\text{vdw}} = \gamma A + b \tag{11.82}$$

ここで，A は全溶媒接触可能面積，γ と b は定数である．面積 A に対するこの一次従属性は，次のように説明される．すなわち，空洞項は，(溶質を取り囲む溶媒分子の再編成に関連した)エントロピー・ペナルティーや溶媒圧に抗して空洞を形成するのに必要な仕事量に等しい．この再編成の影響を最も強く受けるのは，第一溶媒和殻にある溶媒分子である．第一溶媒和殻にある溶媒分子の数は，溶質の接触可能表面積にほぼ比例する．一方，ファンデルワールス相互作用は距離とともに急激に減衰するから，溶質-溶媒ファンデルワールス相互作用エネルギーもまた，第一溶媒和殻にある溶媒分子数に主に依存するはずである．すなわち，空洞項とファンデルワールス項は，いずれも溶媒接触可能表面積にほぼ比例すると考えてよい．式(11.82)のパラメータ γ と b は，通常，真空から水へのアルカンの移動に対する自由エネルギーの実験値から得られる．パラメータ b は，空洞項とファンデルワールス項の和が溶媒接触可能表面積と正比例するよう，ゼロと置かれることが多い．Still の一般化ボルン／表面積(GB/SA)モデルは，静電項と空洞-ファンデルワールス項の二つを使用し，静電項に対しては GB アプローチを適用する．また，溶媒接触可能表面積は，Wodak-Janin アルゴリズムの変法を使って計算され，定数 γ の値は 7.2 cal/(mol Å^2) と置かれる [41]．すでに述べたように，GB/SA モデルの静電項は解析的に微分可能で，空洞-ファンデルワールス項もまた同様である．このことは，エネルギー極小化や分子動力学の計算に GB/SA モデルが組み込めることを意味する．

空洞項とファンデルワールス項は，別々の項として扱うこともできる．ある種の計算法では，空洞項の値はスケール粒子理論 (scaled particle theory) から推定される [72, 20]．この理論は次の方程式を使用する．

$$\Delta G_{\text{cav}} = K_0 + K_1 a_{12} + K_2 a_{12}^2 \tag{11.83}$$

ここで，定数 K は，(球形と見なしたときの) 溶媒分子の体積と溶媒の数密度に依存する．a_{12} は，溶媒分子と溶質分子の直径の平均である．この方程式は個々の原子の寄与を計算し，溶媒に実際に暴露される原子表面の分率をそれに乗ずれば，球形でない一般の溶質分子に対しても適用できる．また，溶媒和自由エネルギーへは分散項の寄与も考えられる．この分散項は，空洞表面全体にわたって積分できる連続分布関数を使って記述される [31]．

11.12 非常に簡単な溶媒和モデル

きわめて簡単な溶媒和モデルでは，溶媒和自由エネルギーへの諸項の寄与は，(静電項を含め)すべて次の方程式で記述される．

$$\Delta G_{\text{sol}} = \sum_i a_i S_i \tag{11.84}$$

ここで，S_i は原子の溶媒接触可能表面積を表す．また，a_i は原子 i の性質に依存するパラメータで

ある。求和は，溶質分子を構成するすべての原子について行われる。このアプローチは素朴ではあるが，溶媒和の寄与がきわめて速やかに計算できる点で魅力に富む。Eisenberg & McLachlan がタンパク質の研究用に開発したのは，このようなモデルであった [25]。彼らはパラメータ a_i を誘導するのに，五つの原子クラス——炭素，中性型の酸素と窒素，荷電型酸素，荷電型窒素，硫黄——だけを考慮した。パラメータとして使われたのは，移動自由エネルギーの実測値への当てはめから得られた値であった。Eisenberg & McLachlan はこの溶媒和モデルを使用し，誤って折りたたまれたタンパク質構造の認識やリガンドの結合などさまざまな問題を解析した。

11.13 化学反応のモデリング

　化学反応は化学と生化学の核心をなす。したがって，そのモデリングは重要な課題である。われわれにとって興味深い反応は，そのほとんどが気相ではなく溶媒，酵素，触媒表面といった媒質中で起こる。環境は，反応を促進・抑制したり，反応経路を変化させるなど，反応に重大な影響を及ぼす。孤立系（気相）に対する計算結果は，時として実験データをうまく説明する。しかし，系の正確なモデリングには環境の考慮が不可欠である。
　化学反応のモデリングは，量子力学的方法によるのが理想である。しかし，系全体を顕わに記述しようとすると，考慮すべき原子の数はきわめて多くなる。ab initio 量子力学でこのような系を扱うことはほとんど不可能である。本節では，大きな化学反応系の研究に使われる三つの戦略について解説を試みる。第一の戦略は，純粋に経験的なアプローチを利用する。第二の戦略は，系を反応領域とそれ以外の領域の二つに分割し，反応領域を量子力学，それ以外の領域を分子力学でそれぞれ取り扱う。第三の戦略は，カー–パリネロ法や密度汎関数理論のような手法を利用する。反応系全体の量子力学的シミュレーションは，これらの手法がきわめて高性能なコンピュータと組み合わさったとき初めて実現する。

11.13.1 経験的アプローチによる反応のシミュレーション

　反応は，量子力学を使わなければ研究できないと考える人も多い。しかし決してそうではない。反応を研究するための力場モデルは多数工夫されており，それらはきわめて満足な結果を与える。このような力場は，遷移状態の活性化エネルギーを推定し，反応の立体選択性やレギオ選択性を説明・予測するのに使われる。モデルは通常，既存の力場を拡張する方法で誘導される。
　ここでは一つの実例を引き，方法の概要を説明することにしよう。ボロン酸エノールとアルデヒドのアルドール反応は，4種の立体異性体を生成する（図 11.32）。一般に，この種の反応は高いジアステレオ選択性（syn：anti）とエナンチオ選択性（syn-I：syn-II，anti-I：anti-II）で進行する。Bernardi らは，MM2力場を使ってこのアルドール反応を検討した [8]。まず最初に行われたのは，力場のパラメトリゼーションである。このパラメトリゼーションは，（未置換の反応原系に対して以前 ab initio 計算から求めた）2種の遷移状態——いす形，ねじれ舟形——の幾何構造と相対エネルギーが再現できるようになされた（図 11.33 参照）。また，立

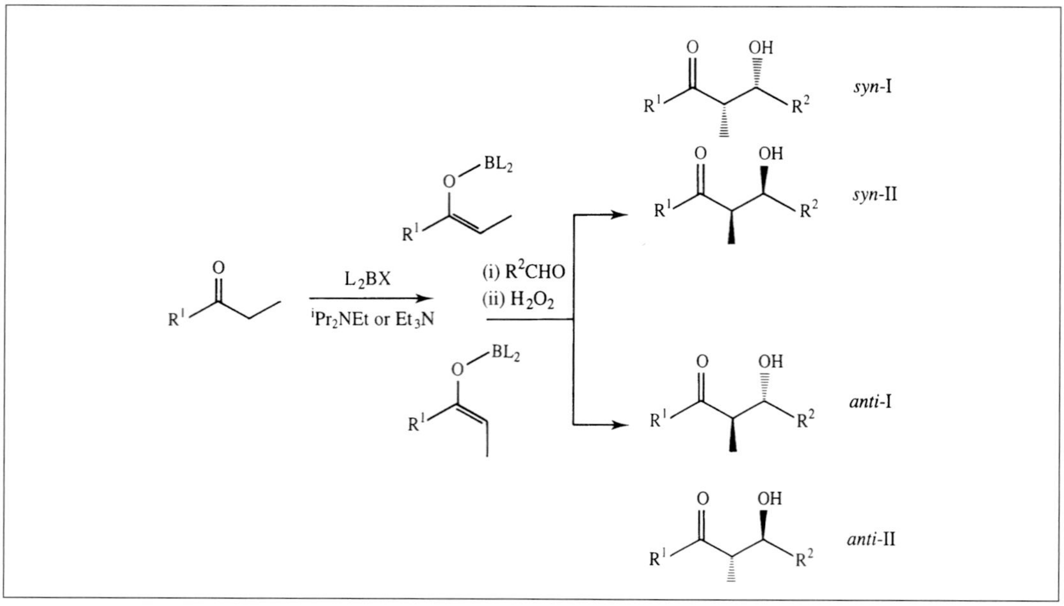

図 11.32 ボロン酸エノール／アルデヒド間のアルドール反応は、4種の立体異性体を生成する。

図 11.33 ボロン酸エノール／アルデヒド反応の遷移構造

体選択性は遷移構造の相対エネルギーで決まり，反応は速度論的に制御されると仮定された。

得られた力場は，次に，ブタノン（R^1 = Me）の(*E*)-および(*Z*)-ボロン酸エノールがエタナール（R^2 = Me）へ付加したときの結果を予測するのに利用された。関連遷移構造を図 11.34 に示す。反応温度（−78°C）で計算されたボルツマン分布から，*Z* 異性体はほぼ完全な *syn* 選択性を示し（*syn* : *anti* = 99 : 1），*E* 異性体は *anti* 体を選択的に生成することが予測された（*anti* : *syn* = 86 : 14）。これらの結果は実験データとよく一致した。いずれの場合も，主要生成物はいす形遷移構造から得られた。しかし，*E* 異性体の場合には，*anti* 生成物は *syn* 生成物を生じる舟形経路からも一部もたらされた。

11.13.2　反応の平均力ポテンシャル

化学反応を完全に記述するには，溶媒効果を考慮する必要がある。これを実現する最も確実な方法は，溶媒分子を顕わな形で含めることである。塩化メチルへの塩素アニオンの求核的攻撃に

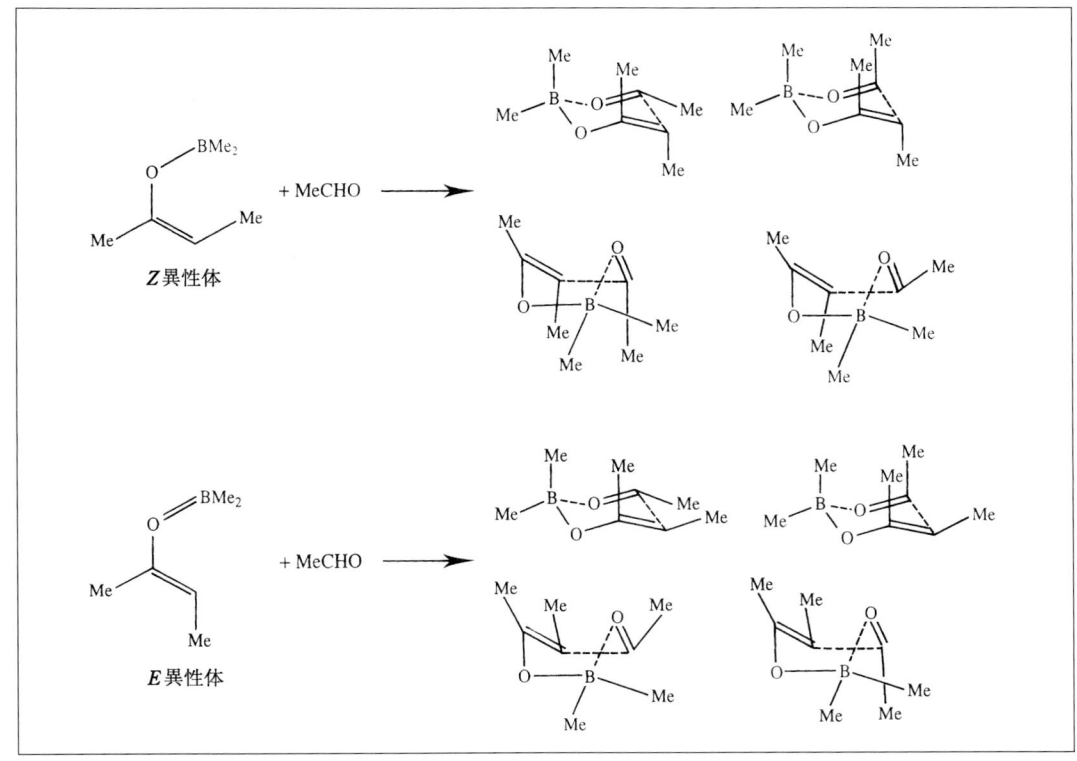

図 11.34 ブタノン／エタナール間のアルドール反応に対する遷移状態

関する Jorgensen の研究は，この問題に取り組んだ古典的な事例として知られる [19, 18]．この反応は S_N2 で進行し，塩素アニオンは塩化メチルの炭素-塩素結合に沿って接近する．そして，五配位遷移状態を経たのち崩壊し，生成物を与える．われわれは 5.9 節で，この系のエネルギー曲面について考察を加えた．しかしその時点では，気相反応のエネルギー変化に関心があったにすぎない．Jorgensen の計算の目的は，さまざまな溶媒中での反応に対する平均力ポテンシャル──反応座標の関数としての自由エネルギー変化──を求めることにあった．

最初に決定されたのは，量子力学的な反応経路である．この場合，経路に沿った一連の構造は，Gonzalez & Schlegel の経路追跡法により求められ [34]，溶質-溶媒相互作用は（反応座標に沿ってパラメータが滑らかに変化する）レナード-ジョーンズ項と静電項で記述された．また，モンテカルロ・シミュレーションでは，経路に沿って平均力ポテンシャルを計算する際，アンブレラ・サンプリングが使用された．さらにまた，溶質に近い溶媒分子は遠く離れた溶媒分子に比べてサンプリングされやすいよう，優先サンプリングも行われた．

図 11.35 はその結果である．図は，気相，水およびジメチルホルムアミド（DMF）中での反応において，平均力ポテンシャルがどのように変化するかを示している．図には興味ある特徴がいくつか見られる．たとえば気相では，イオン-双極子複合体が形成される．自由エネルギー曲

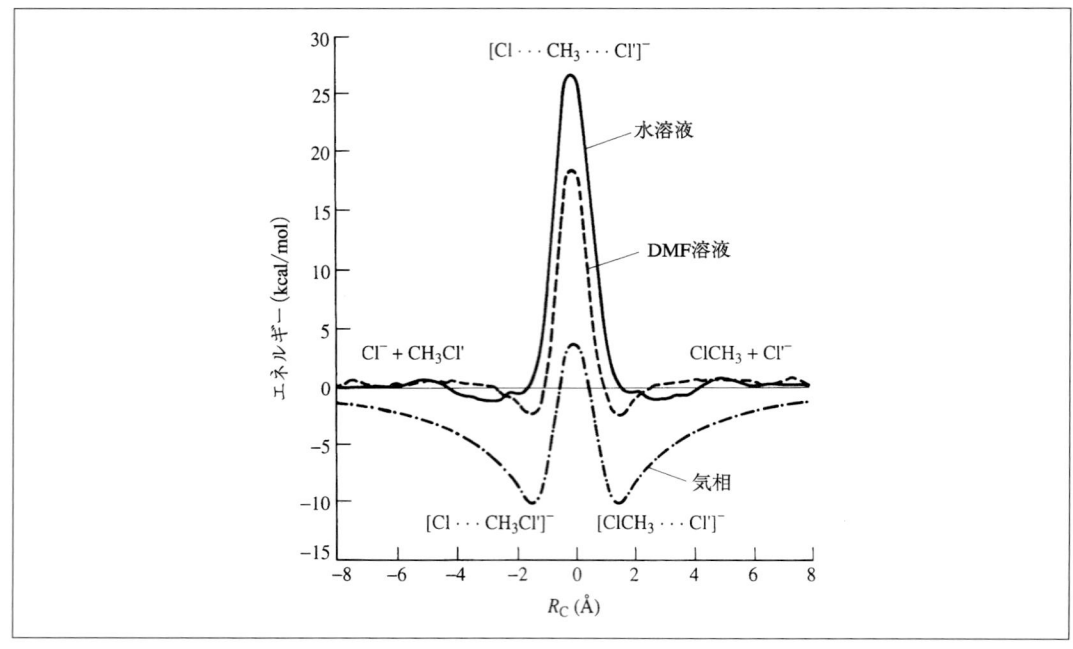

図 11.35 さまざまな溶媒中での Cl⁻＋MeCl 反応の平均力ポテンシャル［18］

線を見てみよう。その位置は極小点に対応する。この極小点から五角形遷移状態に達するには，約 13.9 kcal/mol の活性化エネルギーが必要である。水溶液中では，イオン-双極子複合体の形成距離に極小点は観測されない。これは，イオン-双極子の形成によるエネルギーの利得が，塩素イオンの脱溶媒和によるエネルギー損失により打ち消されるからである。イオン-双極子対から遷移状態への移行は，約 26.3 kcal/mol の活性化エネルギーを必要とする。このエネルギー障壁は，気相中よりもはるかに大きい。これは，遷移状態がイオン-双極子複合体に比べて溶媒和されにくいことによる。一方，水に比べてアニオン溶媒和能力が低い DMF 中では，塩素アニオンを脱溶媒和するのにエネルギーはあまり必要でない。そのため，イオン-双極子複合体の形成距離に自由エネルギーの極小点が現れる。

11.13.3　量子力学／分子力学複合アプローチ

溶液化学反応のシミュレーションでは，量子力学と分子力学を組み合わせたアプローチが使われることもある。この場合，系の反応部分は量子力学，他の部分は分子力学でそれぞれ処理される。系の全エネルギー E_{TOT} は，次式で与えられる。

$$E_{TOT} = E_{QM} + E_{MM} + E_{QM/MM} \tag{11.85}$$

ここで，E_{QM} は量子力学，E_{MM} は分子力学で処理される系領域のエネルギーである。また，$E_{QM/MM}$ は，系の量子力学領域と分子力学領域の間の相互作用によるエネルギーを表す。この相互作用は，ハミルトニアン $H_{QM/MM}$ で記述される。$E_{QM/MM}$ が表すものは，時として，二つの領域間

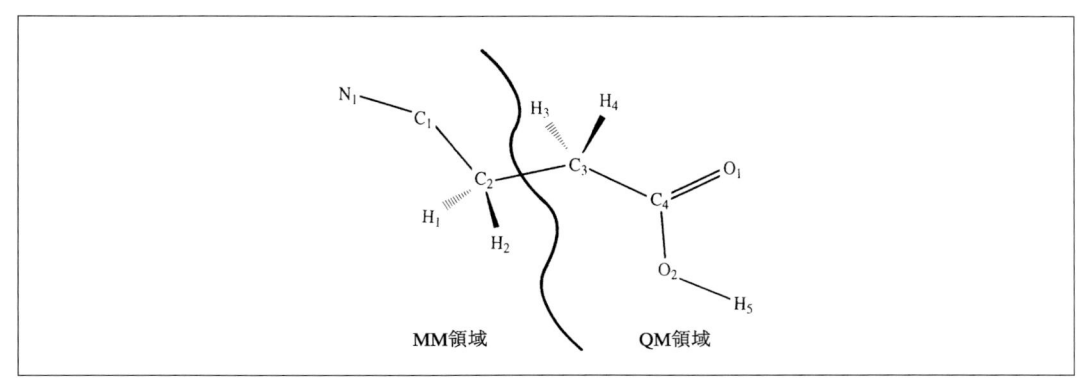

図 11.36 量子力学領域と分子力学領域への分子の分割

の非結合性相互作用だけのこともある．反応種を構成する原子がすべて量子力学で扱われ，分子力学はもっぱら溶媒に対してのみ使われるような場合である．たとえば，Cl⁻ と MeCl は量子力学，溶媒は分子力学でそれぞれ扱われるとすれば，ハミルトニアン $H_{QM/MM}$ は次のようになる．

$$H_{QM/MM} = -\sum_i \sum_M \frac{q_M}{r_{i,M}} + \sum_\alpha \sum_M \frac{Z_\alpha q_M}{R_{\alpha,M}} + \sum_\alpha \sum_M \left(\frac{A_{\alpha,M}}{R_{\alpha,M}^{12}} - \frac{C_{\alpha,M}}{R_{\alpha,M}^6} \right) \tag{11.86}$$

ここで，下付添字 i と α は，それぞれ量子力学計算での電子と核を表す．また，下付添字 M は分子力学計算での核を表し，q_M はその部分原子電荷である．式(11.86)によれば，量子力学領域の電子と分子力学領域の核の間には静電相互作用，量子力学領域の核と分子力学領域の核の間には静電相互作用，量子力学領域の原子と分子力学領域の原子の間にはファンデルワールス相互作用がそれぞれ存在する．電子座標を含まない第2項と第3項は，核配置が決まれば一定となるので，その計算は容易である．しかし，第1項は量子力学的取扱いを必要とする．次の形の一電子積分が関係するからである．

$$\int \phi_\mu(1) \frac{1}{r_{1,M}} \phi_\nu(1) \, dv(1) \tag{11.87}$$

場合によっては，同じ分子内に量子力学領域と分子力学領域が混在し，所属領域の異なる原子間に結合が存在することもありうる（図11.36）．その場合には，エネルギー $E_{QM/MM}$ は，このような相互作用を記述する項も含んでいなければならない．この修正を行うには，両領域にまたがる原子群に対して，結合伸縮，変角およびねじれ項からなる分子力学的エネルギー項を定義・追加すればよい．

量子力学／分子力学複合アプローチはこれまでにいくつも提案されている [111, 90, 29, 59]．これらの方法は，使用される量子力学理論（半経験的，*ab initio*，原子価結合，密度汎関数），分子力学モデルおよび溶媒の表現形式（明示モデル，単純化モデル）が互いに異なる．しかしそれだけではない．さらにもう一つ重要な違いがある．それは，QM/MM 領域の境目部分の扱い方である．特に，量子力学領域に対する半占軌道の使用は避けなければならない．境目部分で結

合を単に切断するだけだと，このようなことが起こりうる．この問題を解決するため，二つのアプローチが開発された．第一のアプローチは，QM/MM 領域に沿って一電子からなる sp^2 混成軌道を設定する [111]．また，第二のアプローチは，原子価が維持されるようリンク原子——一般には水素原子——を想定する．これらのリンク原子と分子力学領域の相互作用は，他の相互作用に比べて軽く評価するか，もしくは完全に無視される．簡単なモデル系での比較によれば，定式化に際し十分な注意が払われるならば，二つの方法はどちらも同じような結果を与える [81]．

量子力学／分子力学複合アプローチは，もちろん反応の研究だけでなく，会合過程や配座遷移の研究にも適用される．通常使われるのは上述の二領域モデルである．しかし時として，諸熊らにより開発された ONIOM と呼ばれる多層アプローチが使用されることもある [100]．この ONIOM は，計算対象が多層構造をもつ場合に特に適している．たとえば，ディールス-アルダー反応の三層 ONIOM 計算では，内殻は B3LYP 密度汎関数アプローチ，中間層はハートリー-フォック理論，外層は MM3 でそれぞれ処理される．ONIOM やその関連手法の特長は，厳密な勾配と二次微分が得られ，振動数のような性質の計算ができる点である [23]．

量子力学／分子力学複合モデルの多くは，酵素反応のシミュレーションを目的として開発された．たとえば Warshel は，反応中心の処理に原子価結合モデルを使用した研究をいくつか報告している [110, 3]．彼の戦略によれば，まず最初行われるのは，溶液内の参照反応に対する原子価結合モデルの構築である．このモデルは次に，分子動力学法と自由エネルギー摂動法を用いた酵素反応のシミュレーションに使われる．ただし，溶媒効果はランジュバン双極子モデルで処理される．Warshel は，この原子価結合モデルを用いてさまざまな酵素系を解析した．例を一つ示そう．それは次の機構に従い，二酸化炭素の可逆的水和を触媒する亜鉛酵素，カルボニックアンヒドラーゼの研究である [4]．

$$E-H_2O \rightleftarrows H^+-E-OH^- \rightleftarrows E-OH^- \tag{11.88}$$

$$E-OH^- + CO_2 \rightleftarrows E-HCO_3^- \rightleftarrows E-H_2O + HCO_3^- \tag{11.89}$$

ここで，E は酵素を表す．反応の第一段階では，結合水分子の電離が起こり，タンパク質は溶液中へ移行する．これは反応の律速段階である．反応の第二段階では，CO_2 は HCO_3^- へ変換される．Åqvist, Fothergill & Warshel はこれらの両段階を検討した．しかしここでは，後者の段階（式(11.89)）に対する結果のみを紹介する．研究では，まず最初，水中での CO_2 水和反応がシミュレーションされた．この手続きは，実験値を再現できる原子価結合パラメータを得るために必要であった．得られたモデルは次に，酵素内で同一反応をシミュレーションするのに使用された．参照反応と酵素反応に対して得られた自由エネルギー曲線は，図 11.37 に示した通りである．これらのグラフによれば，酵素は反応の活性化障壁を著しく低下させる（$\Delta G^\ddagger = 6.3$ kcal/mol 対 11.9 kcal/mol）．また，反応による発熱も，水中に比べると酵素内の方が少ない（$\Delta G^0 = -4.8$ kcal/mol 対 -10.5 kcal/mol）．これらの解析結果は，酵素内では水中に比べて反応が約 1000 倍速く進行することを示唆する．シミュレーションはまた，ab initio 気相計算から得られるそれとよく似た遷移状態構造を与えた．

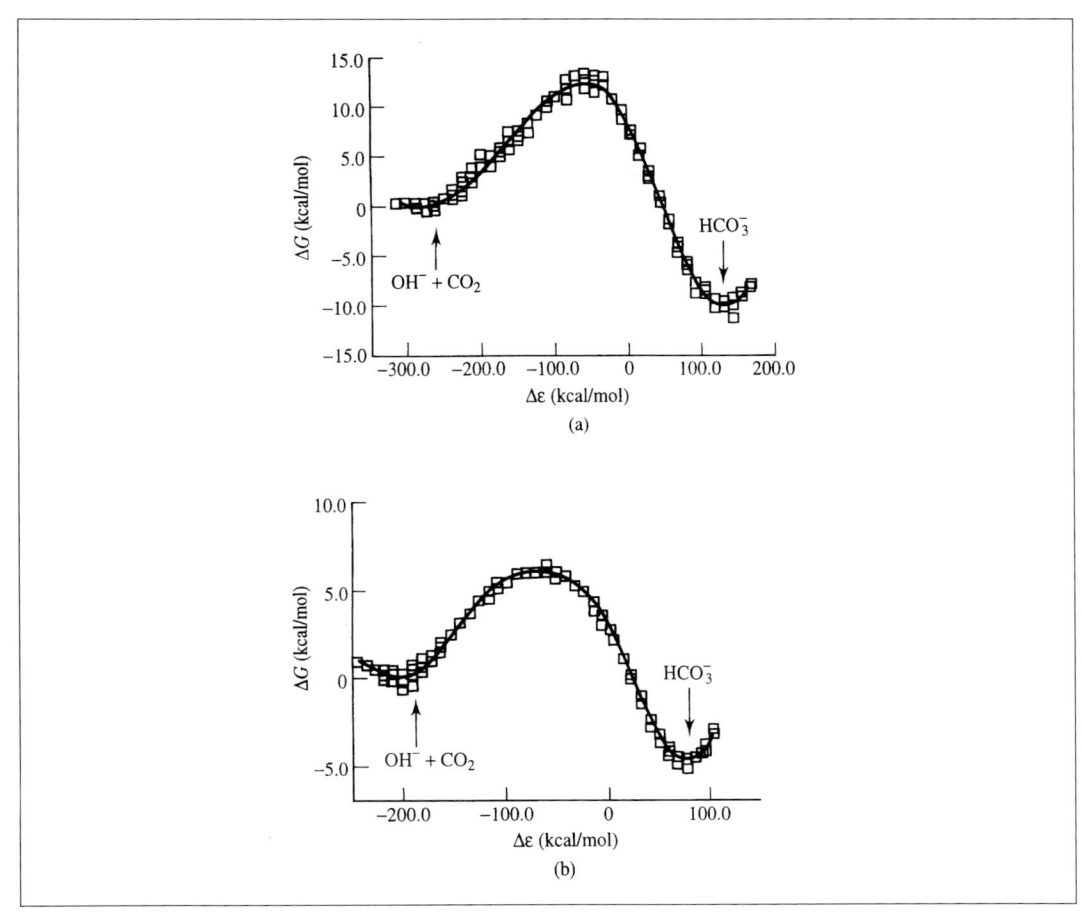

図 11.37 CO_2 への水分子の求核攻撃に対する自由エネルギー曲線 [4]．(a) 水中での反応，(b) カルボニックアンヒドラーゼ内での反応．

11.13.4　第一原理分子動力学とカー-パリネロ法

　反応（や電子分布に依存する他の多くの過程）のシミュレーションは，理想的には完全な量子力学的アプローチに基づくのが望ましい．

　量子力学的モデルを使って，分子動力学に必要な力やモンテカルロ・シミュレーションのためのエネルギーを求めることは，比較的容易である．ハートリー-フォック計算は，第2章で述べたように通常，反復行列対角化法を用いて行われる．この方法は密度汎関数の計算にも利用される．しかし，多数の原子や基底関数からなる系では，このような計算はきわめて時間がかかり，しかも収束がむずかしい．密度汎関数計算に必要な平面波基底関数の数はきわめて多く，擬ポテンシャルを使用したとしてもそうである．また，被占軌道もかなりの数に上るため，コーン-シャム方程式を解いて，所定の原子配置に対するエネルギーを求めることは大変な労力を必要とする．Car & Parrinello は 1985 年，これまでの章ですでに説明した主要概念のいくつかを組み入れた新しい方法を提案した [15,80]．彼らが主に取り上げたのは，電子と原子核の両者の運動を

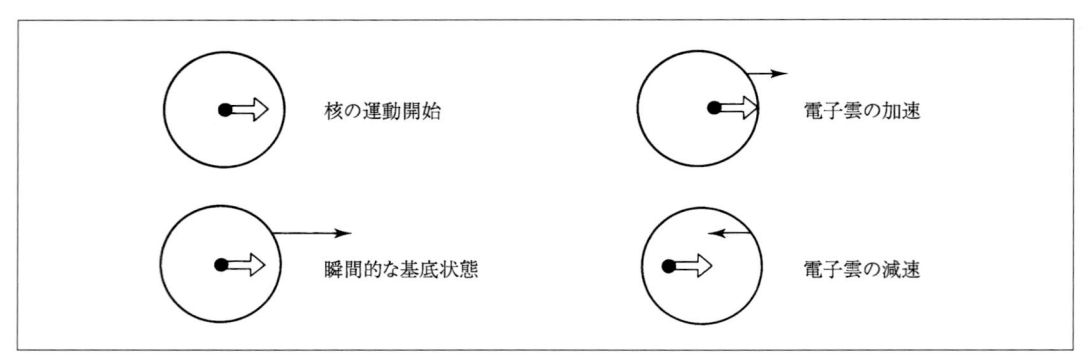

図 11.38 第一原理分子動力学における遅延効果 [70]

考慮した ab initio シミュレーションの問題であった．カー–パリネロの方法は，全エネルギー・シミュレーションとか第一原理分子動力学と呼ばれる．この方法は，エネルギーの極小化を試みたり，固定原子配置に対する基底系の係数を求める目的にも利用できる．

カー–パリネロ法の主な特徴は，電子エネルギーを極小化する基底系の係数値を探索する際，分子動力学と焼きなまし法を使う点にある．その意味で，このアプローチは従来の行列対角化法に取って代わるものと言えよう．カー–パリネロ法では，まず最初，係数を求めるための運動方程式が立てられる．次に分子動力学が適用され，基底系の係数空間内部で系が動かされる．系は，(高いエネルギーに対応する) でたらめな一組の係数から出発し，エネルギー曲面の坂を下りながら運動エネルギーを蓄積していく．焼きなましの操作は，系が局所的極小点にはまり込むのを防ぐのに役立つ．系に拘束を課す場合には，軌道の正規直交性を保つため，SHAKE アルゴリズムが使用される (7.5 節参照)．

Car & Parrinello によれば，第一原理分子動力学では，電子と原子核の運動は同時に進行する．また，分子動力学のどの計算ステップにおいても，電子配置は係数空間の極小点にある必要はない．このことは，核に働く力に誤差を生む原因となるが，この誤差は電子運動に付随する誤差により相殺される．この思いがけない偶然の結果は，被占分子軌道を伴う原子の運動を考えれば説明がつく．すなわち，図 11.38 に示すように，核が一定の速度で運動を始めると，最初，軌道は核の後ろに取り残される．しかし，軌道はその後加速し，核に追いつき追い越す．核を追い越した軌道は速度を落とし，今度は核が軌道に追いつく．* この分子動力学アプローチでは，係数に割り当てられる仮想質量は，エネルギーの交換を避けるため，実際には，電子運動の振動数が核のそれよりも大きくなるように選ばれる．このことは，時間刻み幅をより小さくすることに対応し，その結果として計算費用を増大させる．

カー–パリネロ法に代わるものとして，次の手順に従い，電子と核の運動を切り離して扱う方法もある．

---

* この説明は訴えるところがあるが，この分野の研究者がすべてこの説明を認めているわけではない．

1. 核に働く力を計算する。
2. 分子動力学の積分原理に従って核を動かす。
3. 新しい核配置に対して電子配置を最適化する。
4. 手順1に戻る。

このアルゴリズムでは，電子運動と核運動は交互に繰り返し処理される。この分離アルゴリズムを使って核の正確な軌跡を発生させる場合には，繰返しの各ステップで電子は基底状態へ完全に緩和されなければならない。このことは，ある程度誤差が許容されるカー–パリネロ・アプローチと対照をなす。基底系の正確な係数を得るためには，係数空間における極小点の位置を厳密に求めなければならないが，これは，費用のかかる計算を必要とする。ただし，共役勾配極小化アルゴリズムを使い，特に前のステップの情報を組み込むならば，話は別で，この極小点は効率よく見つけ出せる［70］。前のステップで得られた情報は，基底系の最良係数を正確に求める際，極小化のステップ数を減らすのに役立つのである。

11.13.5　第一原理分子動力学シミュレーションの実例

すでに述べたように，液体水は水素結合や高い誘電率などユニークな性質をもつ。そのため，モデルを作成する対象として最も興味深い系の一つである。カー–パリネロの第一原理分子動力学シミュレーションにおいても，液体水は最初に取り上げられた系の一つであった［54, 97］。液体水に関する研究は二つ報告されている。それらはいずれも計算に密度汎関数法を使用しており，実際のシミュレーションに加え，さまざまな DFT モデルの比較も兼ねたものであった。特に注目すべきは，2種類の擬ポテンシャルと一緒に，3.7.3項で説明したさまざまな勾配補正汎関数が使われたことである。二つの擬ポテンシャルは，必要な平面波の数に違いがあった。最初の研究で使われたのは，いわゆる超ソフトな擬ポテンシャルである。これは，第二の研究で使われた従来型の擬ポテンシャルに比べ，必要とする平面波の数が少なくてすむ。そのため，当時の計算設備でも十分な対応が可能であった。超ソフトな擬ポテンシャルは，弱点をいくつか抱えてはいるが，きわめて小型のコンピュータでも処理できるという利点がある。3.8.6項ですでに述べたように，平面波と密度汎関数理論の組合せは，周期系を扱う戦略としてきわめて自然で魅力に富む。しかし，3.8.6項で考えたのは実在する周期系であった。第一原理分子動力学では，周期性は周期境界条件を使って作り出される。

シミュレーションは，周期境界条件下にある比較的少数の分子32個を対象に行われた。シミュレーション時間は5ピコ秒程度とかなり短かったが，それでも，動径分布関数や（系内の水素結合について情報をもたらす）振動スペクトルを求めることは可能であった。分子数を増やし，さらに長い時間計算を行った最新のシミュレーションでは，解析の重点は分子電荷分布と分極効果に置かれた［87］。それによると，双極子モーメントは幅広い分布を示し，その平均値は 3.0 D 付近にあった。一般に，経験的ポテンシャルのパラメトリゼーションは，双極子モーメントが 2.6 D 程度になるように行われるので，この結果は重要な意味をもつ。さらに加えて，同じシミュレーションからは，水分子における電荷分布の異方性が液体の条件では低下することも明らか

にされた。

　初期のシミュレーションの成果を踏まえ，次に行われたのは，ヒドロニウムイオンとヒドロキシイオンを含む水の研究であった［106, 107］。プロトンは異常に高い移動度を有し，その値は，簡単な拡散過程から予想される値をはるかに越える。これはグロットゥス機構と呼ばれる。この機構を説明するモデルでは，プロトンはある水分子から別の水分子へ飛び移ると考える。この簡単な描像は，氷におけるプロトンの伝導をきわめてうまく説明する。しかし液体の水では，状況ははるかに複雑である。水中でのヒドロニウムイオン（H_3O^+）のシミュレーションによれば，プロトンは全時間のうち約 60 ％の間，ただ 1 個の水分子と会合している。また，H_3O^+ イオンを構成する 3 個のプロトンは，隣接した 3 個の水分子と水素結合し，$H_9O_4^+$ 複合体を形成する。シミュレーションの全時間のうち残りの 40 ％では，プロトンは特定の水分子に属さず，2 個の水分子の間で共有され，$H_5O_2^+$ 構造を形成する。詳しく調べてみると，実際には二つの構造は揺動し，$H_5O_2^+$ 構造は $H_9O_4^+$ 複合体の一部を構成していた。OH^- イオンに関する実験情報は，H_3O^+ イオンに比べるとはるかに少ない。シミュレーションによれば，OH^- イオンには 4 個の水分子が OH 結合の一方を向けて配位する。この $H_9O_5^-$ 構造は 2〜3 ピコ秒存在し，その後は水素結合の一つが切れ，四面体構造をもつ過渡的な $H_7O_4^-$ 複合体へと変化する。

　液体水以外にも興味ある流体が存在する。それは，強力な水素結合能力をもつ液体フッ化水素である。実験データによれば，液体フッ化水素は鎖状構造で存在し，個々の鎖は水素結合した 6〜8 個の HF 分子から構成される。液体中では，これらの鎖はジグザグ配座をとり，互いにからみ合っている。枝分かれ構造が形成される可能性もあるが，それらの相対的な重要性はまだよく分かっていない。液体の構造は，使用したポテンシャルに強く依存する。第一原理分子動力学シミュレーションでは，密度汎関数アプローチが利用されたが，系を正しく記述するには，勾配補正汎関数を使用する必要があった。シミュレーションは 54 個の分子を対象とし，生産相の持続時間は 0.8 ピコ秒であった［83］。得られた結果は，シミュレーションの時間が短かったため，かなりノイズを含んでいた。しかし，それでもいくつかの特徴が明らかにされた。たとえば，わずかではあるが枝分かれが観測され，その起こりやすさは水素原子（1 ％）とフッ素原子（6 ％）で異なっていた。

　第一原理分子動力学は，「材料科学」の多くの問題に適用されてきた。その中でも，塩素分子とシリコン表面の反応に関する第一原理分子動力学シミュレーションは，初期の応用として特に興味深いものの一つである［98］。（ドライエッチングや表面洗浄の過程で塩素などのハロゲンの解離化学吸着を広く利用する）シリコンチップの製造では，この反応は特に重要である。一連のシミュレーションは，シリコン表面へ塩素分子をぶつける形で行われ，この衝突で生じた運動と反応は，共役勾配極小化法に基づいた第一原理分子動力学アプローチにより解析された。また，核の運動は，時間刻み幅を約 0.5 フェムト秒として Verlet 法から求められ，各シミュレーションは全体で 200〜400 フェムト秒施行された。

　シリコン表面は，隣接する 3 個の原子と形式的に結合したケイ素原子の鎖からなる。また，これらの原子は鎖に沿って π 結合を形成し，結合原子価の不足を埋め合わせる（図 11.39）。これ

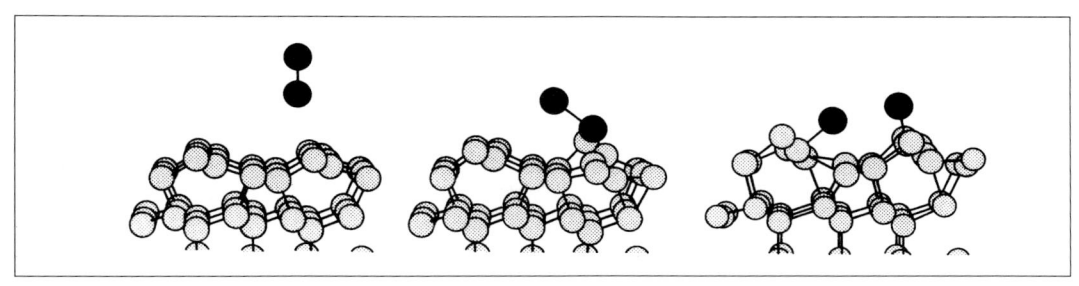

図 11.39 塩素分子がシリコン表面と反応する際に観測される構造変化 [98]

らの π 結合鎖領域は電子密度が高く，鎖の間の谷間領域は比較的電子密度が低い。このように，電子密度差があるにもかかわらず，塩素分子はどちらの領域に衝突しても解離する。塩素原子と π 結合型ケイ素原子の間には結合が形成され，その結合は，局所的混成状態を sp^2 から sp^3 へと変化させる。この変化は局所的に大きな変形を誘発し，関連ケイ素原子を π 結合鎖の上方に持ち上げる。工業的に重要な他の多くの過程も，今や第一原理シミュレーション手法の射程内にある。その最近の実例としては，エチレンのチーグラー-ナッタ重合が挙げられる [9]。

第一原理分子動力学を使った少し珍しい実例を一つ紹介しよう。それは，高分子鎖の破壊強度に及ぼす結び目の影響についての研究である [85]。研究は簡単な直鎖アルカンから出発した。最初の計算で取り上げられたのは，n-デカンを結合の一つが切れるまで引き伸ばし，2個のラジカルにする反応であった。同様の計算は，次に三つ葉形の結び目をもつポリエチレン鎖に対しても行われた。この場合，鎖が切断されたのは，結び目の開始位置においてであった（図 11.40）。鎖の C-C 結合当たりのひずみエネルギーを測定してみると，結び目のない鎖では 12.7 kcal/mol，結び目のある鎖では 16.2 kcal/mol となった。これは，結び目の存在が鎖の強度を弱めることを意味する。

これまで，結合の形成や切断が関与する実例を主に取り上げてきたが，第一原理分子動力学はもちろん，その他の反応にも適用できる。特に興味深いのは，経験的力場モデルが作成しにくい系である。地球のコアと同じ条件下で行われた液体鉄の粘性に関する de Wijs らの研究は，そのような事例の一つである [24]。地球の磁場は，この液体の対流により生じると考えられ，その理解には媒質の粘性に関する知識が要求される。この粘性の推定値はきわめて大きく変動し，この不確定性を説明することは，実験的な測定からは不可能である。固体内核と溶融外核の境界領域と，コアとマントルの境界領域は，特に興味深い。これらの領域の温度はいくぶんあいまいなので，内核と外核の境界に対しては 6000 K，コアとマントルの境界に対しては 4300 K と 3500 K の二つが仮定された。これらの温度での鉄の密度は，その状態方程式から予測できる。シミュレーションは，64 個の原子からなる周期系を対象に，平衡化ののち 2 ピコ秒間施行された。その結果によると，圧力の計算値は，実験値——内核-外核境界 330 GPa，コア-マントル境界 135 GPa——と 10 % 以内の誤差で一致した。粘性などのパラメータもまた計算されたが，それらの値は以前示唆された値範囲の下限にあった。

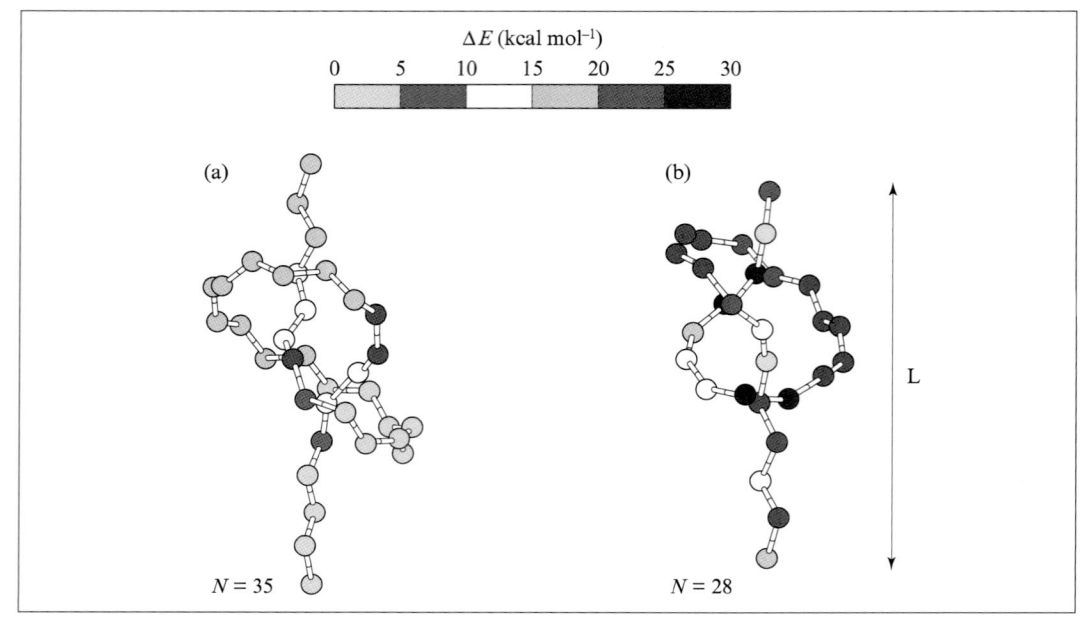

図 11.40 35個（左）と28個（右）の炭素原子からできた，結び目のある2本の高分子鎖におけるひずみエネルギーの分布 [85]．ひずみエネルギーは，結び目に入る直前の位置で大きな値を示す．

11.14 固体欠陥のモデリング

　科学的または経済的に最も重要な現象のいくつかは，欠陥や不純物を含む物質によって引き起こされる．固体における無秩序性は非常に大きな課題であり，本節で取り上げるのはそのほんの一部にすぎない．完全結晶に導入しうる無秩序のうち最小のものは，点欠陥（point defect）である．点欠陥の一般的な様式には，空位，侵入および置換の3種類がある．空位（vacancy）は，格子点にあるべき原子が欠けている状態である．ショットキー欠陥はその一例で，この欠陥は，結晶内部からカチオンとアニオンが1個ずつ取り去られ，表面へ移動したときに生じる．ショットキー欠陥は，ハロゲン化アルカリでよく見られる．侵入（interstitial）は，結晶格子点の間に原子が入り込んだ状態である．フレンケル欠陥はその一例で，イオン——通常は小さい方のカチオン——が正規の格子点から取り去られ，格子間に割り込んだときに生じる．フレンケル欠陥は，（AgBrのように）カチオンとアニオンの大きさがかなり異なる結晶でよく見られる．置換（substitutional）は，外部イオンが正規の格子点を占有した状態である．このような原子の入れ替えは，不純物の偶然の混入か故意のドーピングにより起こる．これらの不純物は，格子間に割り込むか，もしくは格子点の既存原子と置き換わる．原子の置換は，ほとんどの固体では，その密な充填特性により困難なことが多い．しかし，原子の大きさがほぼ等しければ別である．ホストと違った原子価状態をもつ原子の置換は，アリオバレント（aliovalent）またはヘテロバレント（heterovalent）な置換と呼ばれる．NaClへのMg^{2+}イオンの導入はその一例である．この

ようなアリオバレント置換が起こると，その結果，カチオンの空孔が形成され，不純物の過剰電荷を中和する。絶対零度よりも高い温度の結晶では，純粋にエントロピー的な理由により，（たとえその濃度はきわめて低くとも）欠陥は必ず存在する。これは固有欠陥と呼ばれる。それに対し，偶然または故意に不純物が取り込まれて生じる欠陥は，外因性欠陥と呼ばれる。

（近接する二つの空孔がショットキー欠陥を形作るように）二つの点欠陥は全体として欠陥対を構成する。欠陥のクラスターが形成されることもある。欠陥のこのようなクラスターは，究極的には新しい周期構造や，転位のような拡張欠陥を作り出す。無秩序性の増加はその他，ランダムな非晶質の固体を生じることもある。欠陥が存在すると，物性は劇的に変化するので，これらの関係を理解し予測することは，われわれにとって重大な関心事である。しかし，ここでは紙数の関係もあり，濃度の低い欠陥だけに議論を限定する。

物性に対する欠陥の影響は，通常，イオン伝導率や拡散的性質の変化として現れる。いわゆる超イオン伝導体は，溶融塩のそれに匹敵するイオン伝導率をもつ。この高い伝導率は，熱や不純物により導入された欠陥の存在によるものである。拡散は，腐食や触媒作用のような重要な過程に影響を及ぼす。比熱容量もまた影響を受ける。溶融温度の付近では，欠陥のある物質の熱容量は欠陥のない理想結晶のそれよりも大きい。これは次の事実，すなわち，欠陥の生成はエンタルピー的に不利であるが，エントロピーの増加によりその影響は相殺され，全体として自由エネルギーが低下することと関係がある。

欠陥の性質や，物性に及ぼす欠陥の影響は，エネルギー極小化，分子動力学，モンテカルロ・シミュレーションなどの手法を使って研究される。欠陥はきわめて長距離の摂動を引き起こすので，特別な処理が必要である。このようなことは，欠陥が正や負の実効電荷をもつとき特に起こりやすい。エネルギー極小化法による欠陥エネルギーの計算は，一般に，モット-リトルトンの二領域戦略に基づき行われる [67]。この戦略では，内部領域のイオンは（無限に広がる）外部領域のイオンとは対照的に，欠陥の存在により完全かつ顕在的な影響を受ける。内部領域を1，外部領域を2で区別すると，系の全エネルギーは次式で与えられる。

$$E = E_1(\mathbf{x}) + E_{12}(\mathbf{x}, \mathbf{y}) + E_2(\mathbf{y}) \tag{11.90}$$

ここで，E_1は領域1のエネルギー（領域1内部のイオンの座標 $\mathbf{x}$ に依存），E_2は領域2のエネルギー（領域2でのイオンの変位 $\mathbf{y}$ に依存），E_{12}は二つの領域間の相互作用エネルギーを表す。E_2は，次のような変位の二次関数で与えられる。

$$E_2(\mathbf{y}) = \frac{1}{2} \mathbf{y}^\mathrm{T} \mathbf{A} \mathbf{y} \tag{11.91}$$

ここで，$\mathbf{A}$ は力の定数行列である。もし摂動が小さければ，領域2のイオンに対して調和井戸仮説が適用できる。実際には，欠陥計算を行う前に，格子全体を最適化する必要がある。平衡状態では，座標 $\mathbf{y}$ に関するエネルギーの微分はゼロである。したがって，次式が導かれる。

$$(\partial E/\partial \mathbf{y})_x = (\partial E_{12}(\mathbf{x}, \mathbf{y})/\partial \mathbf{y})_x + \mathbf{A} \cdot \mathbf{y} = 0 \tag{11.92}$$

この式を使って，式(11.90)からエネルギー E_2 を消去すると，次のような全エネルギー式が得られる。

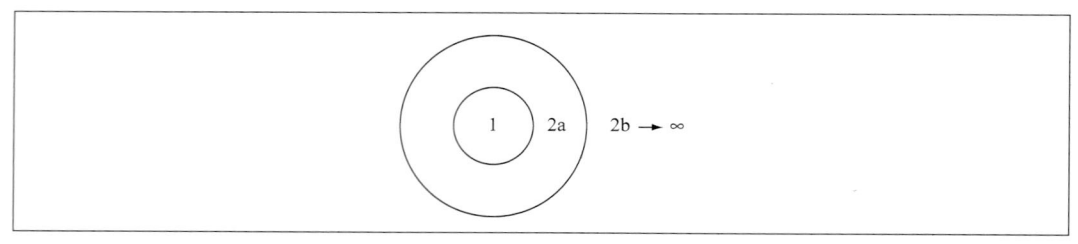

図 11.41 モット・リトルトン計算で使われる二領域モデル

$$E = E_1(\mathbf{x}) + E_{12}(\mathbf{x},\ \mathbf{y}) - \frac{1}{2}(\partial E_{12}(\mathbf{x},\ \mathbf{y})/\partial \mathbf{y})_x \cdot \mathbf{y} \tag{11.93}$$

このように話を進めてくると，位置 $\mathbf{x}$ と変位 $\mathbf{y}$ に関して E を極小化すれば，エネルギーがただちに求まるように思われる。しかし実際には，外部領域の変位は内部領域の座標の関数であるため，問題はそれほど簡単ではない。この難題は，エネルギーを極小化するのではなく，領域1のイオンにかかる力をゼロにすることで解決される（簡単な問題では，二つの解法は同じ意味をもつ。しかし実際には，エネルギーが極小化されても，非ゼロの力はなお存在する）。また，領域2のイオンが平衡にあることも必要な条件である。

二領域法では，領域1と領域2のイオン間相互作用を計算する必要がある。ただし，ファンデルワールス力のような近距離ポテンシャルの場合には，エネルギー E と領域1のイオンに対して有意な寄与をなすのは領域2の内側の部分だけである。したがって，実際にこの方法を使うに当たっては，外部領域はさらに2aと2bの二つの領域へ細分される（図11.41）。領域1では，原子論的な表現が使われ，イオンは完全に緩和される。領域2aもまた顕わな形でイオンを考慮するが，領域2bでは，欠陥の影響はイオンの分極の変化としてのみ表される。また，領域1のイオンにかかる力がゼロで，領域2aのイオンが平衡にあるような配置は，その同定に繰返しアプローチが使われる。領域2aにおけるイオンの変位は，通常，欠陥原子の静電力のみに基づいて計算される。この静電力は，格子間原子のそれから空孔のそれを差し引いたものに等しい。現在位置からのイオンの変位 $\mathbf{y}$ は次式で与えられ，計算はニュートン-ラフソン法に従って行われる。

$$\mathbf{y} = -V' \cdot V''^{-1} \tag{11.94}$$

これらの計算変位を使えば，領域2aのイオンからのエネルギー寄与が算定できる。あと計算する必要があるのは，領域2bのイオンからの寄与である。すでに述べたように，この寄与は顕わな形ではなく，欠陥の全電荷が作る静電場の寄与として記述される。この寄与は，次の求和式で与えられる。

$$E_{2b} = -Q \sum_j \frac{q_j(\mathbf{y}_j \cdot \mathbf{R}_j)}{|\mathbf{R}_j|^3} \tag{11.95}$$

ここで，Q は欠陥の全有効電荷，q_j は領域2bにあるイオン j の電荷である。また，$\mathbf{y}_j$ と $\mathbf{R}_j$ はそれぞれイオン j の変位と平衡位置を表す。変位に対してモット-リトルトン近似を適用すると，

式(11.95)は，(等方性媒質に対する) 次のようなエネルギー式に書き換えられる。

$$E_{2b} = -\frac{Q^2 V_m}{8\pi\varepsilon_0} \sum_j \frac{M_i q_j}{|\mathbf{R}_j|^4} \tag{11.96}$$

ここで，V_mは単位格子体積，M_iはモット-リトルトン係数である。後者は，イオンの分極率や誘電率と次の関係にある。

$$M_i = \left(\frac{\alpha_i}{\sum_j \alpha_j}\right)\left(1 - \frac{1}{\varepsilon}\right) \tag{11.97}$$

求和は，単位格子内のすべてのイオンについて行われる。求和式は，格子構造に依存した解析式で表され，エワルド総和法と同様のやり方で評価される（Mott & Littletonの原報 [67] で扱われたのは，簡単な立方格子を作るハロゲン化アルカリである）。この求和式は一般に，完全な格子に対する求和から明示的な内部領域に対する和を差し引いた形をとる。

欠陥エネルギーは，欠陥格子と完全格子に対する全エネルギーの差に等しい。ただし，固有欠陥に対する補正を必要とする。最近のモット-リトルトン計算では，内部領域は数百程度の原子を含み，一連の計算は，イオンの数を増やしながら，理想的には，欠陥エネルギーが収束するまで行われる。また，分極率の組込みは通常不可欠で，その扱いは殻状モデルによることが多い（4.22.2項参照）。欠陥形成エネルギーに加えて，関連エントロピーの変化も計算できる。この計算では，格子フォノン・スペクトルに対する欠陥の影響を考慮する必要がある（5.10節参照）。技術的には，これらの計算は定容で行われる。したがって通常，定圧で得られる実験値と比較する場合には，補正が必要である。この補正は，高温で起こる現象ではことに重要になる。高温では，定容と定圧の結果はかなり異なるからである。

表11.1は，簡単なイオン系に対するモット-リトルトン計算の結果を示している [57]。さまざまな欠陥の相対エネルギーを比較すれば，その物質でどの様式の欠陥が現れるかを予測することができる。たとえば，ハロゲン化アルカリでは，ショットキー欠陥の形成エネルギーはフレンケル欠陥の形成エネルギーに比べて1～2 eV低い。それに対し，フッ化アルカリ土金属では，主な欠陥様式はアニオン・フレンケル欠陥である。

モット-リトルトン法に代わる方法としては，いわゆるスーパーセル計算がある。この場合，

表11.1 さまざまな物質の欠陥エネルギー [57]

	理論値 (eV)	実験値 (eV)
LiF (ショットキー)	2.37	2.34–2.68
NaCl (ショットキー)	2.22	2.20–2.75
KBr (ショットキー)	2.27	2.37–2.53
RbI (ショットキー)	2.16	2.1
MgF_2 (アニオン・フレンケル)	3.12	—
CaF_2 (アニオン・フレンケル)	2.75	2.7
BaF_2 (アニオン・フレンケル)	1.98	1.91
$CaCl_2$ (アニオン・フレンケル)	4.7	—
MgO (ショットキー)	7.5	5–7

欠陥は周期境界条件を課された格子の内部に存在する。このアプローチの主な問題点は，荷電欠陥が存在すると，クーロン寄与の計算に使われるエワルド和が発散してしまうことである。これは，セルの実効電荷を一様な背景荷電密度で置き換えることで対処される。また，欠陥形成エネルギーは，他のセルの欠陥との相互作用に対する補正を必要とする。スーパーセル法は，格子静力学と格子動力学を使用した欠陥エントロピー（したがって自由エネルギー）の計算で特に威力を発揮する。自由エネルギーの完全な極小化は，定容または定圧の条件下であれば，1000 原子からなるセルに対しても行える。このように大きな系では，すべての外部変数と内部変数に関し，振動数の解析微分を求めるとよい。そうすれば計算が容易になる。MgO の欠陥に関する研究はその一例である [102]。

欠陥の計算は，通常，経験的ポテンシャル関数を使って行われる。しかし，欠陥形成が励起電子状態への遷移を伴うような場合には，量子力学的モデルによる取扱いを必要とする。量子力学的モデルのもつ欠点は，（モット-リトルトン計算やスーパーセル計算で通常使われる）経験的ポテンシャルに比べて計算費用がかかりすぎることである。そのため，量子力学的に処理されるのは，通常，欠陥とそのすぐ近傍の原子に限られる。周囲の領域の影響は別の方法で組み込まれる。埋め込みクラスター（embedded cluster）アプローチでは，この外側領域は，周囲の格子による静電ポテンシャルとして表現される。これをシミュレーションするには，最も簡単には点電荷を適当な格子点に置けばよい。周囲の領域への欠陥の影響を，モット-リトルトン法と同様のやり方で考慮するさらに高度なアプローチもある [35,73]。

モット-リトルトン法やスーパーセル法から得られる最も基本的なデータは，欠陥形成のエネルギーとエントロピーである。しかしその他にも，これらの方法からは，拡散や伝導率といった動的過程に関する情報も引き出すことができる。これらの二つの過程の間には，次のネルンスト-アインシュタインの関係が成立する。

$$\frac{\sigma}{D} = \frac{Nq^2}{fk_B T} \tag{11.98}$$

ここで，σ は電気伝導率，D は拡散係数，N は単位体積当たりの粒子数，q は移動原子の電荷である。また，f は相関計数で，その値は移動の機構に依存する。f の値が 1 から外れるのは，原子の運動が電荷や質量の移動に影響を及ぼす場合である。たとえば，もし，電荷の移動が空孔間を原子が飛び移る空孔機構によって起こるとすれば，それは事実上ランダム過程である。しかし，原子は空孔へ飛び移った後，元の格子点へ戻ることもありうる。そうであれば，物質輸送は相関過程になる。図 11.42 は 3 種類の欠陥移動機構を示している。これらのうち，最密充塡結晶構造で支配的なのは，空孔機構である。格子間機構（interstitial mechanism）では，原子は格子間を飛び移る。鉄における炭素の拡散はそのような例である。準格子間機構（interstitialcy mechanism）では，格子間原子は格子点の原子と入れ替わりながら新しい格子間へ移動する。ハロゲン化銀における銀イオンの運動は，そのような一例である。

もし，輸送が原子の不連続なジャンプによるものであるならば，拡散係数 D は，ジャンプ原子の濃度（x），ジャンプ頻度（ν）およびジャンプ距離（d）と次式の関係にある。

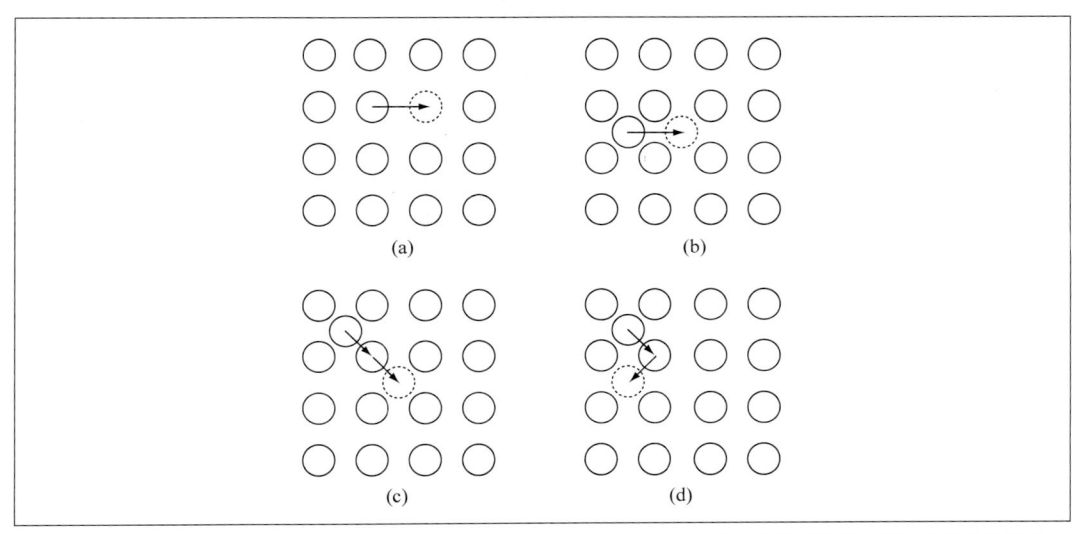

図 11.42 3種類の欠陥移動機構 [h]。(a) 空孔型，(b) 格子間型，(c) 共線性準格子間型，(d) 非共線性準格子間型。

$$D = \frac{1}{6} x \nu d^2 \tag{11.99}$$

ジャンプ頻度は，活性化自由エネルギーの指数関数で表される。

$$\nu = \nu_0 \exp(-\Delta G_{act}/k_B T) \tag{11.100}$$

ここで，ΔG_{act}は活性化のエンタルピーとエントロピーからなる。このエンタルピーとエントロピーは，すでに述べた方法を使えば一般に計算可能である。ジャンプ原子の濃度もまた指数関数的に変化する。したがって，輸送係数はアレニウス型の式に従うことが予想される。これは，$1/T$に対して拡散係数または伝導率の対数をプロットすれば，直線が得られることを意味する（ただし，伝導率の場合には，ネルンスト–アインシュタイン式に従い，$1/T$に対して$\log(\sigma T)$をプロットすることが多い）。実際にこのようなプロットを行うと，一連の直線領域が確かに観測され，各領域はそれぞれ特定の欠陥に対応する。代表的な活性化エネルギーは次の通りである。0.66 eV（NaClでのカチオン空孔の移動），0.35 eV（CaF_2でのアニオン空孔の移動），2.0 eV（MgOでのカチオン空孔の移動）。

　固体欠陥の研究には，分子動力学やモンテカルロのシミュレーションもまた利用される。これらのシミュレーション法は，拡散や伝導率の研究で使われる静的方法と多くの点で相補的な関係にある。すでに述べたように，静的方法による輸送係数の計算は，ランダムジャンプ・モデルに基づく。このモデルは，エネルギー障壁が比較的高い場合に特に適している。エネルギー障壁が高い系はサンプリングがむずかしいため，シミュレーション法ではうまく扱えない。シミュレーション法が適用できるのは，輸送の活性化エネルギー障壁が低く，拡散が容易な系である。ランダムジャンプ・モデルは，逆にこのような系には適さない。分子動力学の利点の一つは，拡散係数を直接計算できる点である。初期の分子動力学シミュレーションで主に扱われたのは，$SrCl_2$,

CaF$_2$，Li$_3$N といった超イオン性物質であった．たとえば，層状構造をとる Li$_3$N は，層に平行な方向に特に高い伝導率をもつ．分子動力学シミュレーションによれば，層に平行な方向の平均二乗変位は，垂直方向のそれに比べてはるかに大きい（図 6.10 参照）．この計算結果は実験事実をうまく説明する．

11.14.1　高温超伝導体 YBa$_2$Cu$_3$O$_{7-x}$ の欠陥研究

高温超伝導を示す物質の発見は，同様な物質の発見への熱狂を引き起こした（発見者 Bednorz & Müller は 1987 年，その功績によりノーベル物理学賞を授与された）．この熱狂的活動は純実験的な考察に止まらなかった．この異常な挙動を説明するため，さまざまな理論が提唱され，特に，電子対（クーパー対）が生成すると考えるいわゆる BCS 理論の修正版は注目に値するものであった．これらの高温超伝導体のうち最もよく研究されているものの一つは Y-Ba-Cu-O 系である．これは，液体窒素温度（～90 K）に転移点をもつことが見出された最初の物質であった．この物質は YBa$_2$Cu$_3$O$_{6+x}$ なる組成をもち，その超伝導性は x の値にきわめて敏感で，他の物質と異なり，Y^{3+} イオンのアリオバレント置換とは無関係であった．高温超伝導は，x が 0.3 よりも小さければ一般に起こらない．関係のある親分子は，図 11.43 に示した YBa$_2$Cu$_3$O$_6$ と YBa$_2$Cu$_3$O$_7$ の二つである．これらの物質は，2 種類の銅サイトと数種類の酸素サイトをもつ．YBa$_2$Cu$_3$O$_6$ では，Cu(2) サイトの銅は酸素に対して五配位であるが，Cu(1) サイトの銅は二配位である．これらの二つのサイトでの銅の酸化状態は，それぞれ Cu(II) と Cu(I) である．YBa$_2$Cu$_3$O$_7$ は，YBa$_2$Cu$_3$O$_6$ の空の O(4) サイトへ酸素原子を導入することで得られる．その結果，Cu(1) サイトの銅は四配位となり，いわゆる CuO$_2$ 底面（basal plane）が形成される．

これらの物質の計算研究は，静的方法や分子動力学法によりかなり詳しく行われている．たとえば，Allan & Mackrodt は，さまざまな空孔欠陥や格子間欠陥の形成エネルギーを静的方法により計算した [1]．これらの計算から，$x < 0.3$ のとき超伝導が失われるのは，過剰酸素に由

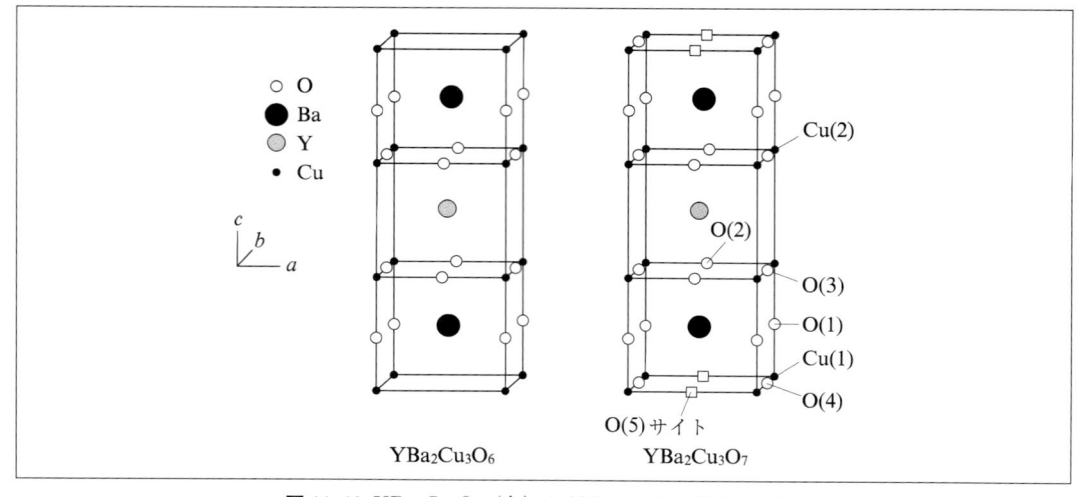

図 11.43　YBa$_2$Cu$_3$O$_6$（左）と YBa$_2$Cu$_3$O$_7$（右）の構造

来する正孔（hole）が，O(4)サイトに隣接した底面に捕捉されるからであることが示唆された。この場合，正孔とは，電子が 1 個取り除かれた原子種（Cu）を指す。$YBa_2Cu_3O_6$ への酸素の添加は Cu(I) から Cu(II) への酸化を促し，この過剰正電荷，すなわち正孔は，負に帯電した酸素イオンの負電荷によって捕捉される。超伝導は，CuO_2 底面にある Cu(II) の Cu(III) への酸化と関連があり，この過程は $x>0.3$ になるまで起こらない。

　高温超伝導体の多くは，高温では酸素イオンの良好な伝導体でもある。計算的手法はこの効果の研究にも利用できる。たとえば，Zhang & Catlow は，$YBa_2Cu_3O_{6.9}$ 系での酸素拡散を分子動力学法により研究した［117］。この特別な組成は，実験によれば最も速い酸素拡散を示す。系は 32 個の $YBa_2Cu_3O_7$ ユニットから O(4) 原子を 3 個取り除くことで作り出された。また，全体を中性に保つため，残った全部で 413 個の原子のうち，O(4) サイトの 3 個に対して -2 の電荷が割り当てられた。シミュレーションは，理にかなった統計量を得るため，（関連実験研究で通常使われる温度よりも高い）非常な高温で行われた。それによると，酸素は a，b，c の三方向へ拡散したが，拡散係数は c 方向よりも a と b の方向に大きな値を示した（図 11.43）。計算値は全体として，実験データから外挿された値ときわめてよく一致した。ただし，低温でのある種の実験によれば，b 方向の拡散係数は a 方向のそれよりも有意に大きいという。軌跡を分子グラフィックスで解析することにより，酸素の移動機構の研究もまた行われた。それによると，酸素の空孔は O(4)，O(1) および O(5) サイトの間でのみ移動し，O(2) と O(3) のサイトへ移ることはなかった。低温では，酸素空孔のジャンプは O(4)-O(5)-O(4) 機構による一部を除き，主に O(4)-O(1)-O(4) 機構に従った。しかし，高温になると，空の O(5) サイトが占有されやすくなり，O(4)-O(5) ジャンプは O(4)-O(1) ジャンプに匹敵する頻度で起こるようになった。

付録 11.1　熱力学的積分を利用した自由エネルギー差の計算

　自由エネルギー A が λ の連続関数であるならば，次式が成立する。

$$\Delta A = \int_0^1 \frac{\partial A(\lambda)}{\partial \lambda} d\lambda \tag{11.101}$$

ここで，

$$A(\lambda) = -k_B T \ln Q(\lambda) \tag{11.102}$$

したがって，

$$\Delta A = -k_B T \int_0^1 \left[\frac{\partial \ln Q(\lambda)}{\partial \lambda}\right] d\lambda = \int_0^1 \frac{-k_B T}{Q(\lambda)} \frac{\partial Q(\lambda)}{\partial \lambda} d\lambda \tag{11.103}$$

定義（6.1.1 項）によると，Q は

$$Q_{NVT} = \frac{1}{N!} \frac{1}{h^{3N}} \iint d\mathbf{p}^N d\mathbf{r}^N \exp\left[-\frac{H(\mathbf{p}^N, \mathbf{r}^N)}{k_B T}\right] \tag{11.104}$$

したがって，$\partial Q(\lambda)/\partial \lambda$ は

$$\frac{\partial Q(\lambda)}{\partial \lambda} = \frac{1}{N!}\frac{1}{h^{3N}} \iint d\mathbf{p}^N d\mathbf{r}^N \frac{\partial}{\partial \lambda} \exp\left[-\frac{H(\mathbf{p}^N,\ \mathbf{r}^N)}{k_B T}\right] \tag{11.105}$$

連鎖律を適用すると，

$$\frac{\partial Q(\lambda)}{\partial \lambda} = -\frac{1}{N!}\frac{1}{h^{3N}}\frac{1}{k_B T} \iint d\mathbf{p}^N d\mathbf{r}^N \frac{\partial H(\mathbf{p}^N,\ \mathbf{r}^N)}{\partial \lambda} \exp\left[-\frac{H(\mathbf{p}^N,\ \mathbf{r}^N)}{k_B T}\right] \tag{11.106}$$

この式を $\partial A/\partial \lambda$ 式へ代入すると，

$$\begin{aligned}\frac{\partial A(\lambda)}{\partial \lambda} &= \frac{1}{N!}\frac{1}{h^{3N}}\frac{1}{Q(\lambda)} \iint d\mathbf{p}^N d\mathbf{r}^N \frac{\partial H(\mathbf{p}^N,\ \mathbf{r}^N)}{\partial \lambda} \exp\left[-\frac{H(\mathbf{p}^N,\ \mathbf{r}^N)}{k_B T}\right] \\ &= \iint d\mathbf{p}^N d\mathbf{r}^N \frac{\partial H(\mathbf{p}^N,\ \mathbf{r}^N)}{\partial \lambda}\left\{\frac{\exp[-H(\mathbf{p}^N,\ \mathbf{r}^N)/k_B T]}{Q(\lambda)}\right\} = \left\langle \frac{\partial H(\mathbf{p}^N,\ \mathbf{r}^N,\ \lambda)}{\partial \lambda} \right\rangle_\lambda\end{aligned} \tag{11.107}$$

したがって，

$$\Delta A = \int_{\lambda=0}^{\lambda=1} \left\langle \frac{\partial H(\mathbf{p}^N,\ \mathbf{r}^N,\ \lambda)}{\partial \lambda} \right\rangle_\lambda d\lambda \tag{11.108}$$

付録 11.2　低成長法を利用した自由エネルギー差の計算

低成長式は，熱力学的摂動式(11.7)から，テイラー級数を利用し次のようにして誘導される。

$$\Delta A = -k_B T \sum_{i=0}^{N_{\text{step}}-1} \ln \langle \exp(-[H(\lambda_{i+1}) - H(\lambda_i)]/k_B T) \rangle_{NVT} \tag{11.109}$$

$$\Delta A \approx -k_B T \sum_{i=0}^{N_{\text{step}}-1} \ln \langle 1 - [H(\lambda_{i+1}) - H(\lambda_i)]/k_B T + \cdots \rangle_{NVT} \tag{11.110}$$

$$\Delta A \approx -k_B T \sum_{i=0}^{N_{\text{step}}-1} \ln \left\{ 1 - \frac{1}{k_B T} \langle [H(\lambda_{i+1}) - H(\lambda_i)] \rangle_{NVT} + \cdots \right\} \tag{11.111}$$

$$\Delta A \approx \sum_{i=0}^{N_{\text{step}}-1} \langle [H(\lambda_{i+1}) - H(\lambda_i)] \rangle_{NVT} \tag{11.112}$$

付録 11.3　線形応答法による自由エネルギー差計算で使われる Zwanzig 式の展開

出発点となるのは，自由エネルギー差の標準的な Zwanzig 計算式(11.5)である。

$$\Delta A = -k_B T \ln \langle \exp[-(H_Y - H_X)/k_B T] \rangle_0 \tag{11.113}$$

指数関数部分を展開すると，

付録 11.3　線形応答法による自由エネルギー差計算で使われる Zwanzig 式の展開

$$\Delta A = -k_B T \ln \left\langle 1 - \frac{(H_Y - H_X)}{k_B T} + \frac{(H_Y - H_X)^2}{2(k_B T)^2} - \cdots \right\rangle_0$$
$$= -k_B T \ln \left[1 - \frac{\langle H_Y - H_X \rangle_0}{k_B T} + \frac{\langle (H_Y - H_X)^2 \rangle_0}{2(k_B T)^2} - \cdots \right] \quad (11.114)$$

さらに，$\ln(1+x)$ の級数展開を利用すれば，

$$\Delta A = -k_B T \left\{ \begin{array}{l} -\dfrac{\langle H_Y - H_X \rangle_0}{k_B T} + \dfrac{\langle (H_Y - H_X)^2 \rangle_0}{2(k_B T)^2} \\ -\dfrac{1}{2}\left[\left(\dfrac{\langle H_Y - H_X \rangle_0}{k_B T}\right)^2 - \dfrac{\langle H_Y - H_X \rangle_0 \langle (H_Y - H_X)^2 \rangle_0}{2(k_B T)^3} + \left(\dfrac{\langle (H_Y - H_X)^2 \rangle_0}{2(k_B T)^2}\right)^2 \right] \end{array} \right\} \quad (11.115)$$

式を整理すると，

$$\Delta A = \langle H_Y - H_X \rangle_0 - \frac{1}{2k_B T} \langle [(H_Y - H_X) - \langle H_Y - H_X \rangle_0]^2 \rangle_0 + \cdots \quad (11.116)$$

状態 Y での集団平均に対しても同様の操作を適用すると，

$$\Delta A = \langle H_Y - H_X \rangle_1 + \frac{1}{2k_B T} \langle [(H_Y - H_X) - \langle H_Y - H_X \rangle_1]^2 \rangle_1 + \cdots \quad (11.117)$$

式(11.116)と(11.117)を加え合わせ，$H_Y - H_X$ を ΔH で置き換えれば，

$$\Delta A = \frac{1}{2}[\langle \Delta H \rangle_0 + \langle \Delta H \rangle_1] - \frac{1}{4k_B T}[\langle (\Delta H - \langle \Delta H \rangle_0)^2 \rangle_0 - \langle (\Delta H - \langle \Delta H \rangle_1)^2 \rangle_1] + \cdots \quad (11.118)$$

さらに読みたい人へ

[a] Allan N L and W C Mackrodt 1997. High-T_c Superconductors in Computer Modelling. In Catlow C R A (Editor). *Inorganic Crystallography*, pp.241-268.

[b] Amara P and M J Field 1998. Combined Quantum Mechanical and Molecular Mechanical Potentials. In Schleyer P v R, N L Allinger, T Clark, J Gasteiger, P A Kollman, H F Schaefer III and P R Schreiner (Editors). *The Encyclopedia of Computational Chemistry*. Chichester, John Wiley & Sons.

[c] Beveridge D L and F M DiCapua 1989. Free Energy via Molecular Simulation: A Primer. In van Gunsteren W F and P K Weiner (Editors). *Computer Simulation of Biomolecular Systems*. Leiden, ESCOM, pp.1-26.

[d] Catlow C R A 1994. An Introduction to Disorder in Solids. In NATO ASI Series C 418 (*Defects and Disorder in Crystalline and Amorphous Solids*), pp.1-23.

[e] Catlow C R A 1994. Molecular Dynamics Studies of Defects in Solids. In NATO ASI Series C 418 (*Defects and Disorder in Crystalline and Amorphous Solids*), pp.357-373.

[f] Catlow C R A, R G Bell and J D Gale 1994. Computer Modelling as a Technique in Materials Chemistry. *Journal of Materials Chemistry* **4**: 781-792.

[g] Catlow C R A and W C Mackrodt 1982. Theory of Simulation Methods for Lattice and Defect Energy Calculations in Crystals. In *Lecture Notes in Physics* **166** (Comput. Simul. Solids), pp.3-20.

[h] Chadwick A V and J Corish 1997. Defects and Matter Transport in Solid Materials. In NATO ASI Series C 498 (*New Trends in Materials Chemistry*), pp.285-318.

[i] Cramer C J and Truhlar D G 1995. Continuum Solvation Models: Classical and Quantum Mechanical Implementations. In Lipkowitz K B and D B Boyd (Editors). *Reviews in Computational Chemistry* Volume 6. New York, VCH Publishers, pp.1-72.

[j] Gale J 1999. *General Utility Lattice Program Manual*, Imperial College, London.

[k] Gao J 1995. Methods and Applications of Combined Quantum Mechanical and Molecular Mechanical Potentials. In Lipkowitz K B and D B Boyd (Editors). *Reviews in Computational Chemistry* Volume 7. New York, VCH Publishers, pp.119-185.

[l] Gillan M J 1989. *Ab Initio* Calculation of the Energy and Structure of Solids. *Journal of the Chemical Society Faraday Transactions 2* **85**: 521-536.

[m] Gillan M J 1997. The Virtual Matter Laboratory. *Contemporary Physics* **38**: 115-130.

[n] Harding J H 1997. Defects, Surfaces and Interfaces. In Catlow C R A (Editor). *Inorganic Crystallography*, pp.185-199.

[o] Jorgensen W L 1983. Theoretical Studies of Medium Effects on Conformational Equilibria. *Journal of Physical Chemistry* **87**: 5304-5314.

[p] King P M 1993. Free Energy via Molecular Simulation: A Primer. In van Gunsteren W F, P K Weiner and A J Wilkinson (Editors). *Computer Simulation of Biomolecular Systems* Volume 2. Leiden, ESCOM, pp.267-314.

[q] Kollman P A 1993. Free Energy Calculations: Applications to Chemical and Biochemical Phenomena. *Chemical Reviews* **93**: 2395-2417.

[r] Lybrand T P 1990. Computer Simulation of Biomolecular Systems Using Molecular Dynamics and Free Energy Perturbation Methods. In Lipkowitz K B and D B Boyd (Editors). *Reviews in Computational Chemistry* Volume 1. New York, VCH Publishers, pp.295-320.

[s] Mark A E and van Gunsteren W F 1995. Free Energy Calculations in Drug Design: A

Practical Guide. In Dean P M, G Jolles and C G Newton (Editors). *New Perspectives in Drug Design*. London, Academic Press, pp.185-200.

[t] Mezei M and D L Beveridge 1986. Free Energy Simulations. In Beveridge D L and W L Jorgensen (Editors). *Computer Simulation of Chemical and Biomolecular Systems. Annals of the New York Academy of Sciences* **482**: 1-23.

[u] Sandre E and A Pasturel 1997. An Introduction to *Ab Initio* Molecular Dynamics Schemes. *Molecular Simulation* **20**: 63-77.

[v] Straatsma T P 1996. Free Energy by Molecular Simulation. In Lipkowitz K B and D B Boyd (Editors). *Reviews in Computational Chemistry* Volume 9. New York, VCH Publishers, pp.81-127.

[w] van Gunsteren W F 1989. Methods for Calculation of Free Energies and Binding Constants: Successes and Problems. In van Gunsteren and P K Weiner (Editors). *Computer Simulation of Biomolecular Systems*. Leiden, ESCOM, pp.27-59.

引用文献

[1] Allan N L and W C Mackrodt 1994. Oxygen Interstitial Defects in High-T_c Oxides. *Molecular Simulation* **12**: 89-100.

[2] Åqvist J, C Medina and J-E Samuelsson 1994. A New Method for Predicting Binding Affinity in Computer-Aided Drug Design. *Protein Engineering* **7**: 385-391.

[3] Åqvist J and A Warshel 1993. Simulation of Enzyme Reactions Using Valence Bond Force Fields and Other Hybrid Quantum/Classical Approaches. *Chemical Reviews* **93**: 2523-2544.

[4] Åqvist J, M Fothergill and A Warshel 1993. Computer Simulation of the CO_2/HCO_3^- Interconversion Step in Human Carbonic Anhydrase. I. *Journal of the American Chemical Society* **115**: 631-635.

[5] Barrows S E, J W Storer, C J Cramer, A D French and D G Truhlar 1998. Factors Controlling Relative Stability of Anomers and Hydroxymethyl Conformers of Glucopyranose. *Journal of Computational Chemistry* **19**: 1111-1129.

[6] Bartlett P A and C K Marlowe 1987. Evaluation of Intrinsic Binding Energy from a Hydrogen-Bonding Group in an Enzyme Inhibitor. *Science* **235**: 569-571.

[7] Bash P A, U C Singh, F K Brown, R Langridge and P A Kollman 1987. Calculation of the Relative Change in Binding Free-Energy of a Protein-Inhibitor Complex. *Science* **235**: 574-576.

[8] Bernardi A, A M Capelli, A Comotti, C Gannari, J M Goodman and I Paterson 1990. Transition-State Modeling of the Aldol Reaction of Boron Enolates: A Force Field Approach. *Journal of Organic Chemistry* **55**: 3576-3581.

[9] Boero M, M Parrinello and K Terakura 1999. Ziegler-Natta Heterogeneous Catalysis by First Principles Computer Experiments. *Surface Science* **438**: 1-8.

[10] Boresch S, G Archontis and M Karplus 1994. Free Energy Simulations: The Meaning of the Individual Contributions from a Component Analysis. *Proteins: Structure, Function and Genetics* **20**: 25-33.

[11] Boresch S and M Karplus 1995. The Meaning of Component Analysis: Decomposition of the Free Energy in Terms of Specific Interactions. *Journal of Molecular Biology* **254**: 801-807.

[12] Born M 1920. Volumen und Hydratationswärme der Ionen. *Zeitschrift für Physik* **1**: 45-48.

[13] Buetler T C, A E Mark, R C van Schaik, P R Gerber and W F van Gunsteren 1994.

Avoiding Singularities and Numerical Instabilities in Free Energy Calculations Based on Molecular Simulations. *Chemical Physics Letters* **222**: 529-539.

[14] Burger M T, A Armstrong, F Guarnieri, D Q McDonald and W C Still 1994. Free Energy Calculations in Molecular Design: Predictions by Theory and Reality by Experiment with Enantioselective Podand Ionophores. *Journal of the American Chemical Society* **116**: 3593-3594.

[15] Car R and M Parrinello 1985. Unified Approach for Molecular Dynamics and Density Functional Theory. *Physical Review Letters* **55**: 2471-2474.

[16] Carlson H A and W L Jorgensen 1995. An Extended Linear Response Method for Determining Free Energies of Hydration. *Journal of Physical Chemistry* **99**: 10667-10673.

[17] Chambers C C, G D Hawkins, C J Cramer and D G Truhlar 1996. Model for Aqueous Solvation Based on Class IC Atomic Charges and First Solvation Shell Effects. *Journal of Physical Chemistry* **100**: 16385-16398.

[18] Chandrasekhar J and W L Jorgensen 1985. Energy Profile for a Nonconcerted S_N2 Reaction in Solution. *Journal of the American Chemical Society* **107**: 2974-2975.

[19] Chandrasekhar J, S F Smith and W L Jorgensen 1985. Theoretical Examination of the S_N2 Reaction Involving Chloride Ion and Methyl Chloride in the Gas Phase and Aqueous Solution. *Journal of the American Chemical Society* **107**: 154-163.

[20] Claverie P, J P Daudey, J Langlet, B Pullman, D Piazzola and M J Huron 1978. Studies of Solvent Effects. I. Discrete, Continuum and Discrete-Continuum Models and Their Comparison for Some Simple Cases: NH_4^+, CH_3OH and Substituted NH_4^+. *Journal of Physical Chemistry* **82**: 405-418.

[21] Constanciel R and R Contreras 1984. Self-Consistent Field Theory of Solvent Effects Representation by Continuum Models——Introduction of Desolvation Contribution. *Theoretica Chimica Acta* **65**: 1-11.

[22] Cramer C J and D G Truhlar 1992. AM1-SM2 and PM3-SM3 Parametrized SCF Solvation Models for Free Energies in Aqueous Solution. *Journal of Computer-Aided Molecular Design* **6**: 629-666.

[23] Dapprich S, I Komiromi, K S Byun, K Morokuma and M J Frisch 1999. A New ONIOM Implementation in Gaussian '98. Part I. The Calculation of Energies, Gradients, Vibrational Frequencies and Electric Field Derivatives. *THEOCHEM* **461-462**: 1-21.

[24] de Wijs G A, G Kresse, L Vočadlo, D Dobson, D Alfè, M J Gillan and G D Price 1998. The Viscosity of Liquid Iron at the Physical Conditions of the Earth's Core. *Nature* **392**: 805-807.

[25] Eisenberg D and A D McLachlan 1986. Solvation Energy in Protein Folding and Binding. *Nature* **319**: 199-203.

[26] Elber R and M Karplus 1990. Enhanced Sampling in Molecular Dynamics: Use of the Time-Dependent Hartree Approximation for a Simulation of Carbon Monoxide Diffusion through Myoglobin. *Journal of the American Chemical Society* **112**: 9161-9175.

[27] Eriksson M A L, J Pitera and P A Kollman 1999. Prediction of the Binding Free Energies of New TIBO-like HIV-1 Reverse Transcriptase Inhibitors Using a Combination of PROFEC, PB/SA, CMC/MD, and Free Energy Calculations. *Journal of Medicinal Chemistry* **42**: 868-881.

[28] Essex J W, C A Reynolds and W G Richards 1989. Relative Partition Coefficients from Partition Functions: A Theoretical Approach to Drug Transport. *Journal of the Chemical*

Society Chemical Communications: 1152-1154.

[29] Field M J, P A Bash and M Karplus 1990. A Combined Quantum Mechanical and Molecular Mechanical Potential for Molecular Dynamics Simulations. *Journal of Computational Chemistry* **11**: 700-733.

[30] Fleischman S H and C L Brooks III 1987. Thermodynamics of Aqueous Solvation——Solution Properties of Alcohols and Alkanes. *Journal of Chemical Physics* **87**: 3029-3037.

[31] Floris F and J Tomasi 1989. Evaluation of the Dispersion Contribution to the Solvation Energy——A Simple Computational Model in the Continuum Approximation. *Journal of Computational Chemistry* **10**: 616-627.

[32] Freitag S, I Le Trong, P S Stayton and R E Stenkamp 1997. Structural Studies of the Streptavidin Binding Loop. *Protein Science* **6**: 1157.

[33] Gilson M K and B Honig 1988. Calculation of the Total Electrostatic Energy of a Macromolecular System: Solvation Energies, Binding Energies and Conformational Analysis. *Proteins: Structure, Function and Genetics* **4**: 7-18.

[34] Gonzalez C and H B Schlegel 1988. An Improved Algorithm for Reaction Path Following. *Journal of Chemical Physics* **90**: 2154-2161.

[35] Grimes R W, C R A Catlow and A M Stoneham 1989. Quantum Mechanical Cluster Calculations and the Mott-Littleton Methodology. *Journal of the Chemical Society, Faraday Transactions* **85**: 485-495.

[36] Guo Z and C L Brooks III 1998. Rapid Screening of Binding Affinities: Application of the λ-Dynamics Method to a Trypsin-Inhibitor System. *Journal of the American Chemical Society* **120**: 1920-1921.

[37] Guo Z, C L Brooks III and X Kong 1998. Efficient and Flexible Algorithm for Free Energy Calculations Using the λ-Dynamics Approach. *Journal of Physical Chemistry* **B102**: 2032-2036.

[38] Ha S, J Gao, B Tidor, J W Brady and M Karplus 1991. Solvent Effect on the Anomeric Equilibrium in D-Glucose: A Free Energy Simulation Analysis. *Journal of the American Chemical Society* **113**: 1553-1557.

[39] Hansson T and J Åqvist 1995. Estimation of Binding Free Energies for HIV Proteinase Inhibitors by Molecular Dynamics Simulations. *Protein Engineering* **8**: 1137-1144.

[40] Hansson T, J Marelius and J Åqvist 1998. Ligand Binding Affinity Prediction by Linear Interaction Energy Methods. *Journal of Computer-Aided Molecular Design* **12**: 27-35.

[41] Hasel W, T F Hendrickson and W C Still 1988. A Rapid Approximation to the Solvent Accessible Surface Areas of Atoms. *Tetrahedron Computer Methodology* **1**: 103-116.

[42] Honig B and A Nicholls 1995. Classical Electrostatics in Biology and Chemistry. *Science* **268**: 1144-1149.

[43] Jones-Hertzog D K and W L Jorgensen 1997. Binding Affinities for Sulphonamide Inhibitors with Human Thrombin Using Monte Carlo Simulations with a Linear Response Method. *Journal of Medicinal Chemistry* **40**: 1539-1549.

[44] Jorgensen W L, J M Briggs and M L Contreras 1990. Relative Partition Coefficients for Organic Solutes from Fluid Simulations. *Journal of Physical Chemistry* **94**: 1683-1686.

[45] Jorgensen W L and J K Buckner 1987. Use of Statistical Perturbation Theory for Computing Solvent Effects on Molecular Conformation. Butane in Water. *Journal of Physical Chemistry* **91**: 6083-6085.

[46] Jorgensen W L, J K Buckner, S Boudon and J Tirado-Reeves 1988. Efficient Computation

of Absolute Free Energies of Binding by Computer Simulations――Applications to the Methane Dimer in Water. *Journal of Chemical Physics* **89**: 3742-3746.

[47] Jorgensen W L, J Gao and C Ravimohan 1985. Monte Carlo Simulations of Alkanes in Water: Hydration Numbers and the Hydrophobic Effect. *Journal of Physical Chemistry* **89**: 3470-3473.

[48] Kirkwood J G 1934. Theory of Solutions of Molecules Containing Widely Separated Charges with Special Application to Zwitterions. *Journal of Chemical Physics* **2**: 351-361.

[49] Klamt A 1995. Conductor-like Screening Model for Real Solvent: A New Approach to the Quantitative Calculation of Solvation Phenomena. *Journal of Physical Chemistry* **99**: 2224-2235.

[50] Klamt A, V Jonas, T Bürger and J C W Lohrenz 1998. Refinements and Parametrisation of COSMO-RS. *Journal of Physical Chemistry* **102**: 5074-5085.

[51] Klamt A and G Schüürmann 1993. COSMO: A New Approach to Dielectric Screening in Solvents with Explicit Expressions for the Screening Energy and its Gradient. *Journal of the Chemical Society, Perkin Transactions* **2**: 799-805.

[52] Klapper I, R Hagstrom, R Fine, K Sharp and B Honig 1986. Focusing of Electric Fields in the Active Site of Cu-Zn Superoxide Dismutase: Effects of Ionic Strength and Amino Acid Substitution. *Proteins: Structure, Function and Genetics* **1**: 47-59.

[53] Kong X and C L Brooks III 1996. λ-Dynamics: A New Approach to Free Energy Calculations. *Journal of Chemical Physics* **105**: 2414-2423.

[54] Laasonen, M Sprik and M Parrinello 1993. 'Ab Initio' Liquid Water. *Journal of Chemical Physics* **99**: 9080-9089.

[55] Liu H, A E Mark and W F van Gunsteren 1996. Estimating the Relative Free Energy of Different Molecular States with Respect to a Single Reference State. *Journal of Physical Chemistry* **100**: 9485-9494.

[56] Lybrand T P, J A McCammon and G Wipff 1986. Theoretical Calculation of Relative Binding Affinity in Host-Guest Systems. *Proceedings of the National Academy of Sciences USA* **83**: 833-835.

[57] Mackrodt W C 1982. Defect Calculations for Ionic Materials. *Lecture Notes in Physics* **166** (Computer Simulation of Solids): 175-194.

[58] Marquart M, J Walter, J Deisenhofer, W Bode, R Huber 1983. The Geometry of the Reactive Site and of the Peptide Groups in Trypsin, Trypsinogen and its Complexes with Inhibitors. *Acta Crystallographica* **B39**: 480-490.

[59] Maseras F and K Morokuma 1995. IMOMM: A New Integrated *Ab Initio* + Molecular Mechanics Geometry Optimisation Scheme of Equilibrium Structures and Transition States. *Journal of Computational Chemistry* **16**: 1170-1179.

[60] McRee D E, S M Redford, E D Getzoff, J R Lepock, R A Hallewell and J A Tainer 1990. Changes in Crystallographic Structure and Thermostability of a Cu-Zn Superoxide Dismutase Mutant Resulting from the Removal of Buried Cysteine. *Journal of Biological Chemistry* **265**: 14234-14241.

[61] Merz K M Jr and P A Kollman 1989. Free Energy Perturbation Simulations of the Inhibition of Thermolysin: Prediction of the Free Energy of Binding of a New Inhibitor. *Journal of the American Chemical Society* **111**: 5649-5658.

[62] Miertus S, E Scrocco and J Tomasi 1981. Electrostatic Interaction of a Solute with a Continuum――A Direct Utilization of *Ab Initio* Molecular Potentials for the Provision of

Solvent Effects. *Chemical Physics* **55**: 117-129.
[63] Miick S M, G V Martinez, W R Fiori, A P Todd and G L Millhauser 1992. Short Alanine-Based Peptides May Form 3(10)-Helices and not Alpha-Helices in Aqueous Solution. *Nature* **359**: 653-655.
[64] Mitchell M J and J A McCammon 1991. Free Energy Difference Calculations by Thermodynamic Integration: Difficulties in Obtaining a Precise Value. *Journal of Computational Chemistry* **12**: 271-275.
[65] Miyamoto S and P A Kollman 1993a. Absolute and Relative Binding Free Energy Calculations of the Interaction of Biotin and its Analogues with Streptavidin Using Molecular Dynamics/Free Energy Perturbation Approaches. *Proteins: Structure, Function and Genetics* **16**: 226-245.
[66] Miyamoto S and P A Kollman 1993b. What Determines the Strength of Noncovalent Association of Ligands to Proteins in Aqueous Solution? *Proceedings of the National Academy of Sciences USA* **90**: 8402-8406.
[67] Mott N F and M J Littleton 1938. Conduction in Polar Crystals. I. Electrolytic Conduction in Solid Salts. *Transactions of the Faraday Society* **34**: 485-499.
[68] Onsager L 1936. Electric Moments of Molecules in Liquids. *Journal of the American Chemical Society* **58**: 1486-1493.
[69] Paschual-Ahuir J L, E Silla, J Tomasi and R Bonaccorsi 1987. Electrostatic Interaction of a Solute with a Continuum: Improved Description of the Cavity and of the Surface Cavity Bound Charge Distribution. *Journal of Computational Chemistry* **8**: 778-787.
[70] Payne M C, M P Teter, D C Allan, R A Arias and D J Joannopoulos 1992. Iterative Minimisation Techniques for *Ab Initio* Total-Energy Calculations: Molecular Dynamics and Conjugate Gradients. *Reviews of Modern Physics* **64**: 1045-1097.
[71] Pearlman D A and P A Kollman 1989. A New Method for Carrying out Free-Energy Perturbation Calculations——Dynamically Modified Windows. *Journal of Chemical Physics* **90**: 2460-2470.
[72] Pierotti R 1965. Aqueous Solutions of Nonpolar Gases. *Journal of Physical Chemistry* **69**: 281-288.
[73] Pisani C 1999. Software for the Quantum Mechanical Simulation of the Properties of Crystalline Materials: State of the Art and Prospects. *THEOCHEM* **463**: 125-137.
[74] Pitera J and P Kollman 1998. Designing an Optimum Guest for a Host Using Multimolecule Free Energy Calculations: Predicting the Best Ligand for Rebek's 'Tennis Ball'. *Journal of the American Chemical Society* **120**: 7557-7567.
[75] Postma J P M, H J C Berendsen and J R Haak 1982. Thermodynamics of Cavity Formation in Water. *Faraday Symposium of the Chemical Society* **17**: 55-67.
[76] Qiu D, P S Shenkin, F P Hollinger and W C Still 1997. The GB/SA Continuum Model for Solvation. A Fast Analytical Method for the Calculation of Approximate Born Radii. *Journal of Physical Chemistry* **101**: 3005-3014.
[77] Rashin A A 1990. Hydration Phenomena, Classical Electrostatics, and the Boundary Element Method. *Journal of Physical Chemistry* **94**: 1725-1733.
[78] Rashin A A and B Honig 1985. Reevaluation of the Born Model of Ion Hydration. *Journal of Physical Chemistry* **89**: 5588-5593.
[79] Rashin A A and K Namboodiri 1987. A Simple Method for the Calculation of Hydration Enthalpies of Polar Molecules with Arbitrary Shapes. *Journal of Physical Chemistry* **91**:

6003-6012.

[80] Remler D K and P A Madden 1990. Molecular Dynamics without Effective Potentials via the Car-Parrinello Approach. *Molecular Physics* **70**: 921-966.

[81] Reuter N, A Dejaegere, B Maigret and M Karplus 2000. Frontier Bonds in QM/MM Methods: A Comparison of Different Approaches. *Journal of Physical Chemistry* **A104**: 1720-1733.

[82] Rinaldi D, M F Ruiz-Lopez and J L Rivail 1983. *Ab Initio* SCF Calculations on Electrostatically Solvated Molecules Using a Deformable Three Axes Ellipsoidal Cavity. *Journal of Chemical Physics* **78**: 834-838.

[83] Röthlisberger and M Parrinello 1997. *Ab Initio* Molecular Dynamics Simulation of Liquid Hydrogen Fluoride. *Journal of Chemical Physics* **106**: 4658-4664.

[84] Ryckaert J-P and A Bellemans 1978. Molecular Dynamics of Liquid Alkanes. *Faraday Discussions* **20**: 95-106.

[85] Saitta A M, P D Sooper, E Wasserman and M L Klein 1999. Influence of a Knot on the Strength of a Polymer Strand. *Nature* **399**: 46-48.

[86] Schäfer H, W F van Gunsteren and A E Mark 1999. Estimating Relative Free Energies from a Single Ensemble: Hydration Free Energies. *Journal of Computational Chemistry* **20**: 1604-1617.

[87] Silvestrelli P L and M Parrinello 1999. Structural, Electronic and Bonding Properties of Liquid Water from First Principles. *Journal of Chemical Physics* **111**: 3572-3580.

[88] Simmerling C and R Elber 1995. Computer Determination of Peptide Conformations in Water: Different Roads to Structure. *Proceedings of the National Academy of Sciences USA* **92**: 3190-3193.

[89] Simmerling C, T Fox and P A Kollman 1998. Use of Locally Enhanced Sampling in Free Energy Calculations: Testing and Application to the $\alpha \rightarrow \beta$ Anomerisation of Glucose. *Journal of the American Chemical Society* **120**: 5771-5782.

[90] Singh U C and P A Kollman 1986. A Combined *Ab Initio* Quantum Mechanical and Molecular Mechanical Method for Carrying out Simulations on Complex Molecular Systems: Applications to the CH_3Cl+Cl^- Exchange Reaction and Gas Phase Protonation of Polyethers. *Journal of Computational Chemistry* **7**: 718-730.

[91] Sitkoff D, K A Sharp and B Honig 1994. Accurate Calculation of Hydration Free Energies Using Macroscopic Solvent Models. *Journal of Physical Chemistry* **98**: 1978-1988.

[92] Smith P E and B M Pettitt 1994. Modeling Solvent in Biomolecular Systems. *Journal of Physical Chemistry* **98**: 9700-9711.

[93] Smith P E and W F van Gunsteren 1994a. Predictions of Free Energy Differences from a Single Simulation of the Initial State. *Journal of Chemical Physics* **100**: 577-585.

[94] Smith P E and W F van Gunsteren 1994b. When Are Free Energy Components Meaningful? *Journal of Physical Chemistry* **98**: 13735-13740.

[95] Smythe M L, S E Huston and G R Marshall 1993. Free Energy Profile of a 3_{10} to α-Helical Transition of an Oligopeptide in Various Solvents. *Journal of the American Chemical Society* **115**: 11594-11595.

[96] Smythe M L, S E Huston and G R Marshall 1995. The Molten Helix: Effects of Solvation on the α- to 3_{10}-Helical Transition. *Journal of the American Chemical Society* **117**: 5445-5452.

[97] Sprik M, J Hutter and M Parrinello 1996. *Ab Initio* Molecular Dynamics Simulation of

Liquid Water: Comparison of Three Gradient-Corrected Density Functionals. *Journal of Chemical Physics* **105**: 1142-1152.

[98] Stich I, A De Vita, M C Payne, M J Gilland and L J Clarke 1994. Surface Dissociation from First Principles: Dynamics and Chemistry. *Physical Review* **B49**: 8076-8085.

[99] Still W C, Tempczyrk, R C Hawley and T Hendrickson 1990. Semianalytical Treatment of Solvation for Molecular Mechanics and Dynamics. *Journal of the American Chemical Society* **112**: 6127-6129.

[100] Svensson M, S Humbel, R D J Froese, T Matsubara, S Sieber and K Morokuma 1996. ONIOM: A Multilayered Integrated MO+MM Method for Geometry Optimisations and Single Point Energy Predictions: A Test for Diels-Alder Reactions and Pt(P(t-Bu)$_3$)$_2$+H$_2$ Oxidative Addition. *Journal of Physical Chemistry* **100**: 19357-19363.

[101] Tapia O and O Goscinski 1975. Self-Consistent Reaction Field Theory of Solvent Effects. *Molecular Physics* **29**: 1653-1661.

[102] Taylor M B, G D Barrera, N L Allan, T H K Barron and W C Mackrodt 1997. Free Energy of Formation of Defects in Polar Solids. *Faraday Discussions* **106**: 377-387.

[103] Tirado-Reeves J, D S Maxwell and W L Jorgensen 1993. Molecular Dynamics and Monte Carlo Simulations Favor the α-Helical Form for Alanine-Based Peptides in Water. *Journal of the American Chemical Society* **115**: 11590-11593.

[104] Tobias D J and C L Brooks III 1988. Molecular Dynamics with Internal Coordinate Constraints. *Journal of Chemical Physics* **89**: 5115-5126.

[105] Torrie G M and J P Valleau 1977. Nonphysical Sampling Distributions in Monte Carlo Free-Energy Estimation: Umbrella Sampling. *Journal of Computational Physics* **23**: 187-199.

[106] Tuckerman M, K Laasonen, M Sprik and M Parrinello 1995a. *Ab Initio* Molecular Dynamics Simulation of the Solvation and Transport of Hydronium and Hydroxyl Ions in Water. *Journal of Chemical Physics* **103**: 150-161.

[107] Tuckerman M, K Laasonen, M Sprik and M Parrinello 1995b. *Ab Initio* Molecular Dynamics Simulation of the Solvation and Transport of H$_3$O$^+$ and OH$^-$ Ions in Water. *Journal of Physical Chemistry* **99**: 5749-5752.

[108] Wall I D, A R Leach, D W Salt, M G Ford and J W Essex 1999. Binding Constants of Neuraminidase Inhibitors: An Investigation of the Linear Interaction Energy Method. *Journal of Medicinal Chemistry* **42**: 5142-5152.

[109] Wang W, J Wang and P A Kollman 1999. What Determines the van der Waals Coefficient β in the LIE (Linear Interaction Energy) Method to Estimate Binding Free Energies Using Molecular Dynamics Simulations? *Proteins: Structure, Function and Genetics* **34**: 395-402.

[110] Warshel A 1991. *Computer Modelling of Chemical Reactions in Enzymes and Solutions*. New York, John Wiley & Sons.

[111] Warshel A and M Levitt 1976. Theoretical Studies of Enzymic Reactions: Dielectric, Electrostatic and Steric Stabilization of the Carbonium Ion in the Reaction of Lysozyme. *Journal of Molecular Biology* **103**: 227-249.

[112] Warwicker J and H C Watson 1982. Calculation of the Electric Potential in the Active-Site Cleft due to Alpha-Helix Dipoles. *Journal of Molecular Biology* **157**: 671-679.

[113] Wodak S J and J Janin 1980. Analytical Approximation to the Solvent Accessible Surface Area of Proteins. *Proceedings of the National Academy of Sciences USA* **77**: 1736-1740.

[114] Wong M W, K B Wiberg and M J Frisch 1992. Solvent Effects. 3. Tautomeric Equilibria of Formamide and 2-Pyridone in the Gas Phase and Solution. An *Ab Initio* SCRF Study. *Journal of the American Chemical Society* **114**: 1645-1652.

[115] Yu H-A and M Karplus 1988. A Thermodynamic Analysis of Solvation. *Journal of Chemical Physics* **89**: 2366-2379.

[116] Zhang L and J Hermans 1994. 3_{10}-Helix versus α-Helix: A Molecular Dynamics Study of Conformational Preferences of Aib and Alanine. *Journal of the American Chemical Society* **116**: 11915-11921.

[117] Zhang X and C R A Catlow 1992. Molecular Dynamics Study of Oxygen Diffusion in $YBa_2Cu_3O_{6.19}$. *Physical Review* **B46**: 457-462.

[118] Zwanzig R W 1954. High-Temperature Equation of State by a Perturbation Method. I. Nonpolar Gases. *Journal of Chemical Physics* **22**: 1420-1426.

第 12 章　分子モデリングと化学情報解析学を利用した新規分子の発見と設計

　分子モデリングの手法は，化学，薬学，農芸化学などの分野で広く利用されている。分子モデリングで一般に使われるのは，前章までに議論したエネルギー極小化，分子動力学，モンテカルロ・シミュレーション，配座解析といった手法である。しかしそれ以外にも，これらのカテゴリーに収まらないさまざまな手法が存在する。本章では，そのような手法に光を当てる。それらの中には，コンビナトリアル化学や高効率スクリーニングのような新しい技術と関連した手法もある。本章の議論では，著者が関係する創薬研究からの事例を主に取り上げるが，これらの手法の多くは他の分野での分子設計にも広く応用できる。

12.1　創薬における分子モデリング

　薬物分子は通常，酵素，DNA，糖タンパク質，受容体といった生体高分子と相互作用することにより，その効果を発現する。リガンドとその標的*との相互作用は非結合力のみに基づくこともあり，また，共有結合力が関与することもある。受容体タンパク質と相互作用する薬物は，作動薬（agonist），拮抗薬（antagonist）および逆作動薬（inverse agonist）に大別される。作動薬は，天然の基質（作動体）と同様な効果を生じる分子であり，拮抗薬は，天然基質の効果を阻害する分子である。また，逆作動薬は作動薬のそれとは逆の効果を現す分子を指す。一般に，強く結合するリガンドは，標的分子と高度の相補性を示す。この相補性はさまざまな方法で測定・評価される。リガンドは，相互作用する高分子領域（結合部位）と形状的な相補性を示す。この相補性は，図 11.12 のように，ディスプレイ画面に分子表面を表示することで確認できる。この図は，ビオチンがストレプトアビジンへ結合したときの分子表面を表している。リガンドは受容体としばしば水素結合を形成する。また，ある種の受容体は，（リガンドの疎水基を収容できる）非極性アミノ酸からなる疎水性のポケットをもつ。薬物が効果を発現するためには，単にその標的と強く結合するだけでは不十分である。投与された薬物は作用部位へ到達できなければならない。この輸送過程は，細胞膜を横切る薬物の移行を要求する。細胞膜は疎水性の環境にある。したがって，膜へ分配されるためには，薬物は十分脂溶性でなければならない。しかし，脂溶性があまり高すぎると，薬物は膜内にそのまま留まり，細胞内部へ移行できない。細胞内部へ

---

* 本章では，「リガンド」は阻害薬や基質を指す総称名として使われ，また，「受容体」は，リガンドが結合する高分子——酵素，遺伝子，受容体タンパク質——を指すのに使われる。

入り込んだ薬物は，さらにその標的まで近づかなければならない。薬物分子はその際，代謝や排泄により体内から取り除かれることもある。

　新薬の発見と開発には，長い歳月と莫大な費用が必要である。新しい薬物は，単に望ましい効果を示すだけでなく，既存の治療薬に比べて優れた特性がなければならない。一般に，創薬研究の鍵を握るのは，ヒット分子の同定とリード系列の開発という二つの段階である。ヒット分子とは，適当な生物試験で再現性のある活性を示す分子を指す。また，リード系列は通常，共通の構造的特徴を備え，構造の修飾により活性が変化する一組の関連分子群からなる。望ましい効力と選択性をもち，毒性がなく，in vivo でその標的に到達可能な新薬候補を得るには，このようなリード系列を合成的にさらに改変する必要がある（リード・オプティマイゼーション）。いったん発見された新薬候補分子は，さらに大規模な開発研究へ回される。

　新しいリード系列の発見は容易なことではない。新薬の開発では，しばしば偶然が重要な役割を演じる。Alexander Fleming によるペニシリンの発見は，その古典的な一例である。製薬会社は，新しいリード系列の発見を目指して，土壌などの生物学的試料のスクリーニングを長年にわたり実施してきた。しかし，活性な成分を抽出し精製することは容易な技ではなかった。1990年代に入ると，高度に自動化されたロボット技術を駆使した高効率スクリーニング（high-throughput screening, HTS）が広く導入され，大量の化合物の迅速なスクリーニングが可能になった。HTS にかけられる化合物には，初期の創薬研究で合成されたものもあれば，試薬会社から購入されたものもあり，また，コンビナトリアル化学的手法（12.14 節参照）により作り出されたものもある。HTS は原則として，どのような化合物や生物試験に対しても適用できる。しかし，このことは実際にはさまざまな理由により必ずしも可能ではない。第一の理由は財政的なものである。ロボット装置の小型化は単価を確かに引き下げた。しかし，スクリーニングに供すべき化合物はきわめて多く，それらをすべて吟味しようとすれば莫大な費用がかかる。また，生物試験の中には高効率化が不可能なものもあり，それらに対しては従来の手法に頼らざるを得ない。さらに加えて，構造が不適切で，次の段階へ回すのに適さない化合物もかなりの割合含まれる。たとえば，生体内の標的と非特異的に反応する官能基をもつ化合物や，結果の正しい解釈を妨げる強力な発蛍光団をもつ化合物は，その一例である。

　これらの理由から，化合物の部分集合を同定する必要がしばしば生ずる。計算的手法は，このような部分集合の構築に重要な役割を演ずる。利用される手法は，スクリーニングしたい分子のタイプや使用する情報の種類，さらには，どの性質を考慮するかに依存してさまざまである。次の 12.2～12.11 節では，化合物を選択するためのさまざまな方法を解説する。それらは単独で使われることもあれば，組み合わせて使われることもある。方法のいくつかは，分子の化学構造式から得られる情報だけを利用する。これらの方法は，分子の三次元的性質――配座やそれに依存する性質――を考慮する 3D 法と区別し，2D 法と呼ばれる。またそのほか，標的タンパク質や他の活性分子の情報を考慮する方法や，より一般的なスクリーニングを念頭に置き，多様な化合物群を選択するための方法なども知られる。

　化合物の生物試験データが得られたならば，次は，そのデータを分子構造と関連づけるモデル

が作成されなければならない。このモデルは，設計の次の段階で化合物の活性予測に利用される。モデルを誘導する方法はさまざまであるが，よく使われるのは統計的手法を利用する方法である。このような統計的手法は12.12～12.13節で議論される。

12.2　分子のコンピュータ表現，化学データベースおよび2D部分構造探索

　興味ある分子を同定する最も基本的なアプローチは，部分構造探索である。この探索はあらゆる種類の問題に広く利用される。部分構造探索の値打ちをよく考えずに，当たり前のものと受け止めている化学者は多い。しかし，現在利用できるきわめて強力なアルゴリズムとデータベース・システムは，数十年にわたる努力の結晶であることを忘れてはならない。

　化学物質のデータベースをもつ研究機関は多い。これらのデータベースの中には，一般に公開されているものもあれば，機密化されているものもある。データベースは膨大な数の化合物を収録しており，数十万件はごく普通である。たとえば，米国化学会のデータベースに収録された化合物の情報は，1,800万件を越える。最近では，仮想分子（virtual molecule）を含むデータベースを作る試みもある。仮想分子とは，まだ実在しないが，たとえばコンビナトリアル化学的手法により容易に合成できる化合物を指す。本書では，紙数の関係で，化学データベース・システムの本質を詳しく説明することはできない。しかし，どうしても触れておかなければならない事柄がいくつかある。その第一は，コンピュータ内部での分子構造の表現に関する問題である。われわれは皆，雑誌や実験書で化学構造式によく馴染んでいる。しかし，化学構造式それ自体を画像として保存することはほとんど意味をなさない。そこで，ほとんどのシステムは，分子を分子グラフ（molecular graph）で表す。グラフは，節点（node）とそれらを結ぶ辺（edge）から構成される。図12.1に例を二つ示す。分子グラフでは，節点は原子，辺は結合にそれぞれ対応する。図12.2は酢酸の分子グラフである。紙面上でのグラフの節点と辺の位置関係は意味をもたない。重要なのは節点のつながり方である。9.2節で説明した配座探索木は，一種のグラフである。グラフの節点と辺の部分集合は，部分グラフ（subgraph）と呼ばれる。たとえば，CH$_3$

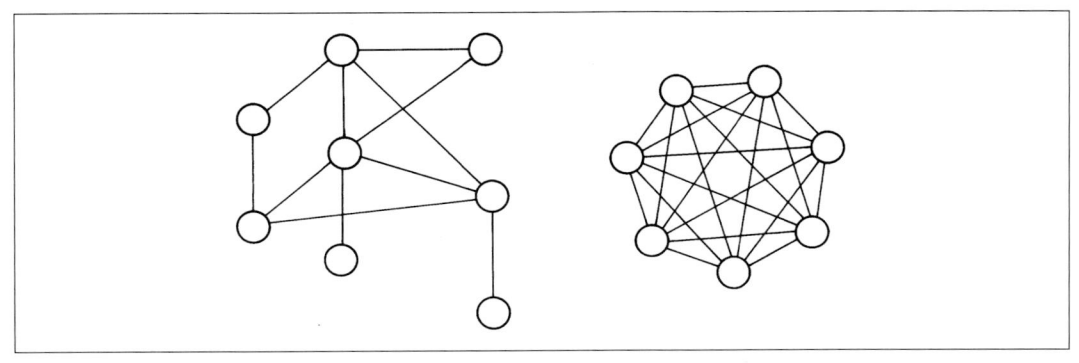

図 12.1　グラフは，節点とそれらを結ぶ辺から構成される。すべての二節点間に辺が存在するグラフ（右）は，完全に連結していると言われる。

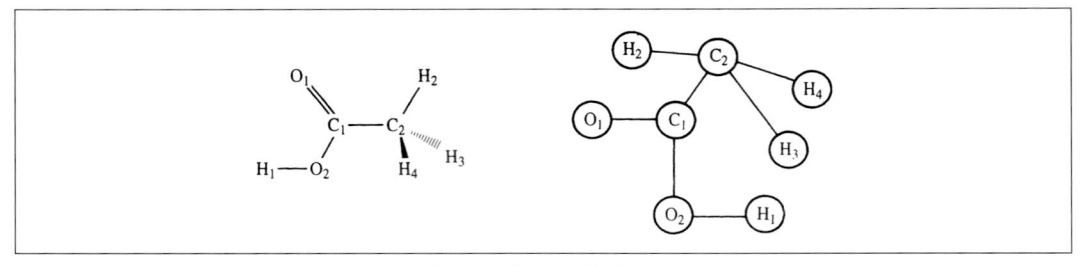

626　第12章　分子モデリングと化学情報解析学を利用した新規分子の発見と設計

図 12.2 酢酸の分子グラフ

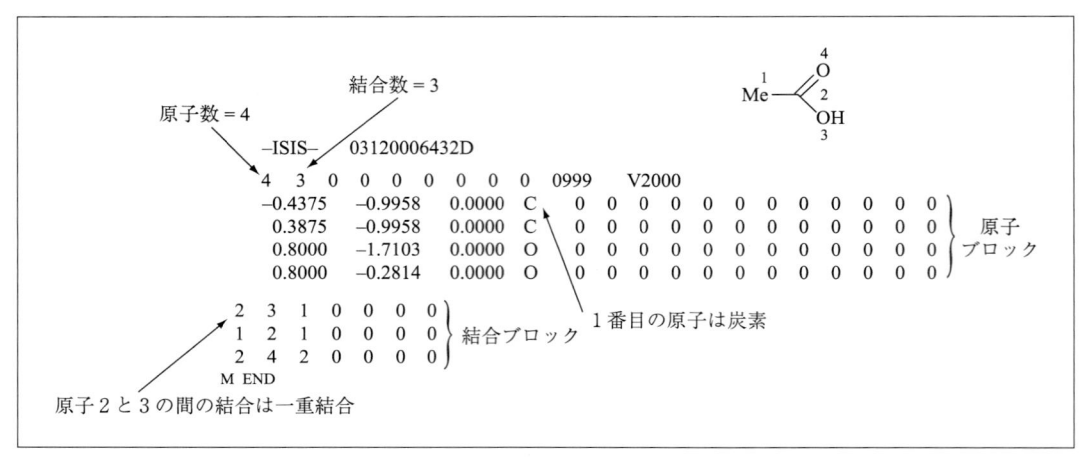

図 12.3 水素を明示しない MDL mol 書式に従った酢酸の結合表

のグラフは酢酸に対するグラフの部分グラフでもある。すべての二節点間に辺が存在すれば，そのグラフは完全に連結していると言われる。分子グラフでは，完全に連結されたグラフはまれである。P_4型の元素状リンはそのような例の一つである。

　コンピュータとエンドユーザーの間での分子グラフの伝達は，さまざまな方式で行われる。一般的なのは，結合表（connection table）を使う方法である。結合表にはさまざまな種類があるが，分子内に存在する原子とそれらのつながり方について情報を提供する点では，いずれも共通している。最も基本的な結合表は，構成原子の原子番号と，どの原子間に結合が形成されているかだけを示す。原子混成状態や結合次数に関する情報が追加されることも多い。水素原子は，顕わに表現されることもされないこともある。また，（標準的な 2D 化学構造式や 3D 配座に対する）原子座標情報を含む場合もある。一例として，最も一般的な表示書式の一つ，MDL 情報システム社の mol 書式に従った酢酸の結合表を，図 12.3 に示す。

　分子は線形表記法で表すこともできる。線形表記法は，分子構造をコードするのに英数字を使用する。この表記法は結合表よりもはるかに簡潔であり，特に，大量の分子情報を伝達したい場合に有用である。初期の線形表記法で最も有名なものは，Wiswesser 線形表記法である［127］。また，最近普及しつつある新しい表記法の例としては，SMILES 表記法が挙げられる［121］。

分子の Wiswesser 表記では，複雑な一連の規則が適用される．SMILES は Wiswesser に比べると格段に簡単である．SMILES を使えば，ほんのわずかな規則を覚えるだけで，ほとんどの記号列を書き下し解読することができる．SMILES では，原子はその元素記号で表される．水素は特別な場合を除き，顕わに表記されることはない（水素抑制表記）．脂肪族原子は大文字，芳香族原子は小文字で表される．二重結合は「＝」，三重結合は「#」で表されるが，一重結合と芳香性結合を表す記号はない．SMILES は，化学構造式を一方の端から他方の端へ巡回し，すべての原子をちょうど 1 回ずつ訪れることで作り出される．環は結合の 1 カ所を切断して処理され，そのことは，関連原子へ整数を付加することで明示される．また，枝分かれは括弧で示され，入れ子構造は何重にも許される．最も簡単な SMILES は C（メタン）である．エタンは CC，プロパンは CCC，2-メチルプロパンは CC(C)C，シクロヘキサンは C1CCCCC1（環結合を示すのに整数が使われることに注意），ベンゼンは c1ccccc1，酢酸は CC(=O)O である．また，ラニチジン（図 9.26）の SMILES は CNC(=CN(=O)=O)NCCSCc1ccc(CN(C)C)o1 で与えられる．SMILES 表記法では，立体化学や幾何異性の情報もまた扱うことができる．

　結合表と SMILES の書式に共通する一つの特徴は，同じ分子を表すのにいろいろなやり方がある点である．すなわち結合表では，原子にどのような順序で番号を付けてもよく，SMILES の書き方も一通りではない．たとえば，OC(=O)C，O=C(C)O，O=C(O)C，……はいずれも酢酸を表す．化学データベース・システムに必要な条件の一つは，当該分子がシステムにすでに存在するか否かを確認できることである．これは，一般に構造を正準形式で表せば可能である．正準表現（canonical representation）は，mol ファイル内での原子の番号や SMILES 記号列での原子の順序にかかわりなくただ一つしかない．正準表現を発生させるには，通常，Morgan アルゴリズムが使われる [92]．このアルゴリズムは，各原子の性質だけでなく，近接原子の性質もあわせて考慮する．この方法によれば，たとえば酢酸のメチル炭素とカルボニル炭素は区別される．また，各分子に対して一意的な SMILES 記号列を発生させることもできる [122]．たとえば，酢酸に対する SMILES の正準表現は CC(=O)O である．立体化学やキラリティーの情報を組み込める正準化アルゴリズムもいくつか知られる．正準表現を使用すると，化合物の情報はきわめて速く検索できる．このような検索は，通常，構造からハッシュキー（hash key）を作成して行われる．ハッシュキーは，ファイル内部での当該データの位置を示すのに使われる整数で，このキーを使うと情報のきわめて高速な検索が可能になる．ハッシュキーの作成は，（文字列を読み取り，必要な整数を発生させる）既知のコンピュータ・アルゴリズムを使って行われる．

　部分構造探索は，データベースから特定の部分構造を含むすべての分子を検索する．たとえば，カルボキシ基を含む化合物をすべて確認したい場合など，この部分構造探索が役立つ．システムによっては，さらに複雑なクエリーも使用される．このクエリーを使えば，たとえば，ハロゲンのような原子群や環結合のような構造的特徴を検索したり，立体化学を特定したりできる．グラフ理論では，部分構造探索は部分グラフ同型判定と呼ばれる．部分グラフ同型判定では，あるグラフが別のグラフに完全に包含されるか否かを調べるが，この過程は，最も効率の良いアルゴリズムを使ってさえ，かなりの時間を要する．そこで，化学データベース・システムでは，クエリ

ーに適合しない分子を速やかに棄却するため，ある種のスクリーニング手法が利用される．このようなふるい分けは，二進表現（ビット列）を用いて行われることが多い．この処理はきわめて高速に行われる．一般に使用されるのは，2種類の二進ふるい（binary screen）である．そのうちの一つ，構造キー（structural key）では，ビット列の各位置は特定の部分構造に対応する．もし，その部分構造が分子内に存在すれば，構造キーの関連ビットは1にセットされる．部分構造の特定には，あらかじめ用意されたフラグメント辞書が使われる．化合物がデータベースに追加されると，その都度，各フラグメントに関して部分構造探索が行われ，関連ビットに値が代入される．部分構造には，特定の元素，環，共通官能基の有無などさまざまなものが考えられる．また，（たとえばメチル基が何個といった）特定の特徴が現れる回数をコードするビットを設定してもよい．フラグメント辞書は，データベースに含まれる分子の種類に応じ，探索が最適な効率で行えるよう設計されている．そのため，ふるいの選択が適切であれば，探索はきわめて効率よく行われる．しかし，適切な辞書が使用されなければ，分子の多くはふるいを通り抜け，時間のかかる原子に基づく部分構造探索に委ねられる．たとえば，典型的な有機分子や薬物様分子を念頭に置いて設計された辞書は，炭化水素分子しか含まないデータベースに対しては適当でない．MDL情報システム社のMACCSとIsisの両システムで使われている構造キーは，この種の二進ふるいとして最もよく知られる．

　構造キーに代わる第二の二進ふるいは，ハッシュ指紋（hashed fingerprint）である．これは，あらかじめ定義されたフラグメント辞書を必要としない．ビット列は最初すべてゼロで，その値は算法的アプローチから導かれる．この方法は，あらかじめ決められた個数（たとえば8）以内の原子からなる分子を対象に，構成原子を通る可能なすべての直線パスを考える．たとえば酢酸では，長さゼロのパスは原子CとOだけであり，長さ1のパスはCC，C＝OおよびCOで，長さ2のパスはCCOとCC＝Oである．各パスは原子と結合のパターンを規定する．それらは次に，擬似乱数発生器への入力として使われる．この発生器は一連のビットを生成し，それらは値を1にセットされる．ハッシュ化のこの過程で生成するビットの数は通常，1パターン当たり4ないし5個である．ビット列は1024個のビットからなるが，典型的な有機分子や薬物様分子では，すべてのパスが吟味されたとき，1にセットされたビットの総数は200〜300個に達する．明らかに，分子内に存在するパスの数が多ければ多いほど，1にセットされるビットの数は多くなる．注意したいのは，ハッシュ化のアルゴリズムを利用すると，どのビットも複数のパターンによって1にセットされる可能性がある点である．実際，典型的な分子ではそのようなことが起こる．しかし，パターンが異なれば，1にセットされるビットの構成は通常異なる．ハッシュ指紋は多くのデータベース・システムで採用されているが，特に関係が深いのは，Daylight Chemical Information System社のシステムである．

　二進ふるいを使ったふるい分けでは，まず最初，部分構造クエリーに対するビット列が計算される．このクエリー・ビット列は，次にデータベース内のすべての分子のビット列と比較される．分子がクエリーとマッチしたと判定されるのは，クエリーのビット列が1をとるすべての位置で，分子のビット列も1をとるときである．この比較はほとんど時間を要しない．したがって，デー

タベースのスクリーニングはきわめて高速に行える。うまく設計された二進ふるいを使えば，この段階で分子の99 %はふるい落とせる。ハッシュ指紋内でのクラッシュの存在は，部分構造探索の最終結果に影響を及ぼさない。しかし，スクリーニングの効率は悪くなる。

二進ふるいを使ってクエリーとマッチしない分子をふるい落としたならば，次は残った分子に対して，時間のかかる原子ごとの探索が行われる。この部分グラフ同型判定問題で一般に使われるのは，Ullmannの方法である [118]。このアルゴリズムでは，クエリー部分構造とそれと突き合わせる化合物の分子グラフは，いずれも隣接行列（adjacency matrix）で表される。この行列は正方対称行列で，その要素(ij)は，原子iとjが結合しているとき1，それ以外はゼロをとる。図12.4は隣接行列の一例である。いま，データベース分子がN_m個の原子からなり，部分構造がN_s個の原子からなるとしよう。Ullmannアルゴリズムは，$\mathbf{A}(\mathbf{AM})^T$が$\mathbf{S}$と等しくなるような行列$\mathbf{A}$を見つけ出そうとする。ここで，$\mathbf{M}$と$\mathbf{S}$はそれぞれ分子と部分構造の隣接行列である。行列$\mathbf{A}$は$N_m$列と$N_s$行からなり，値が1をとる要素は各行に一つずつ，各列に最大一つ存在する。この行列は，部分構造と分子の間のマッチの様子を表し，要素A_{ij}が1であれば，部分構造内の原子iは，分子内の原子jとマッチしていることを意味する。図12.4は，うまくマッチした行列$\mathbf{A}$の一例である。最も簡単な形でのUllmannアルゴリズムは，すべての可能な行

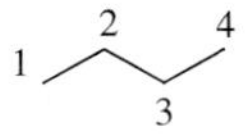

$$\mathbf{S} = \begin{pmatrix} 0 & 1 & 0 & 0 \\ 1 & 0 & 1 & 0 \\ 0 & 1 & 0 & 1 \\ 0 & 0 & 1 & 0 \end{pmatrix}$$

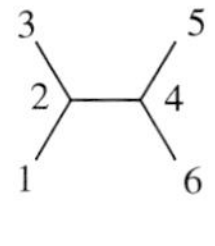

$$\mathbf{M} = \begin{pmatrix} 0 & 1 & 0 & 0 & 0 & 0 \\ 1 & 0 & 1 & 1 & 0 & 0 \\ 0 & 1 & 0 & 0 & 0 & 0 \\ 0 & 1 & 0 & 0 & 1 & 1 \\ 0 & 0 & 0 & 1 & 0 & 0 \\ 0 & 0 & 0 & 1 & 0 & 0 \end{pmatrix}$$

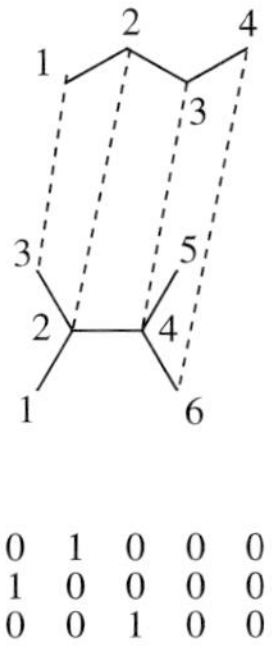

$$\mathbf{A} = \begin{pmatrix} 0 & 0 & 1 & 0 & 0 & 0 \\ 0 & 1 & 0 & 0 & 0 & 0 \\ 0 & 0 & 0 & 1 & 0 & 0 \\ 0 & 0 & 0 & 0 & 0 & 1 \end{pmatrix}$$

$$\mathbf{A}(\mathbf{AM})^T = \begin{pmatrix} 0 & 0 & 1 & 0 & 0 & 0 \\ 0 & 1 & 0 & 0 & 0 & 0 \\ 0 & 0 & 0 & 1 & 0 & 0 \\ 0 & 0 & 0 & 0 & 0 & 1 \end{pmatrix} \begin{pmatrix} 0 & 1 & 0 & 0 \\ 1 & 0 & 1 & 0 \\ 0 & 1 & 0 & 0 \\ 0 & 1 & 0 & 1 \\ 0 & 0 & 1 & 0 \\ 0 & 0 & 1 & 0 \end{pmatrix} = \begin{pmatrix} 0 & 1 & 0 & 0 \\ 1 & 0 & 1 & 0 \\ 0 & 1 & 0 & 1 \\ 0 & 0 & 1 & 0 \end{pmatrix} = \mathbf{S}$$

図12.4 Ullmannアルゴリズムの説明図。この例では，部分構造は4原子，分子は6原子からなる。部分構造と分子がマッチしたときの対応関係は，一番下の図に示される。

列 A を系統的に発生させ，各行列ごとに，それがマッチの必要条件を満たすかどうかを検定する。しかし，このアルゴリズムは極端に単純化されており，時間がかかるので，その精密化が必要である。Ullmann の原報によれば，アルゴリズムの性能は，突き合わせる原子の近傍を考慮することで大幅に向上する。この方式では，クエリー原子とデータベース原子は，隣接原子もマッチしなければマッチしたとは見なされない。

12.3　3D データベース探索

　2D 部分構造探索はきわめて強力な手法で，特定の特徴やその組合せ——部分構造はフラグメントに分断されていてもよい——を含む分子を同定するのに広く利用される。しかし，望ましい生物活性をもつ新規分子を発見しようとすると，この手法は重大な限界に直面する。このような限界は，受容体が部分構造を認識しない事実に基づく。分子認識で重要なのは，分子の三次元的な立体電子的特徴である。3D データベースは，分子の配座的性質や機能的特徴に関する情報を含む。3D データベース探索を使えば，受容体の化学的および幾何学的条件を満たす分子が発見できる。また，2D 探索と対照的に，既知のものとは構造的にまったく異質なリード系列を見つけ出すことも可能である。3D データベース探索には二つのやり方があり，どちらを選ぶかは，標的受容体に関して入手できる情報に依存する。第一の方式が使えるのは，標的受容体の詳しい構造情報こそないが，薬理作用団（pharmacophore）を誘導できる場合である。ただし，薬理作用団とは，一連の活性分子に共通に存在する重要な特徴を指す。それに対し第二の方式が使えるのは，X 線結晶解析や NMR，比較モデリングから標的高分子の三次元構造が入手できる場合である。

12.4　三次元薬理作用団の誘導と利用

　薬理作用団という用語は，薬物設計では，一連の活性分子に共通する一組の構造的特徴を表すのに使われる。代表的な特徴としては，たとえば水素結合の供与基と受容基，正や負の荷電基，疎水領域といったものがある。本書では，このような構造的特徴を薬理活性基（pharmacophoric group）と呼ぶことにする。これらのグループ分けは，生物学的等価体（bioisostere）の概念に基づいている。これは，物理的および化学的によく似た性質をもつ原子，官能基，分子は，一般に同じような生物学的作用を示すという概念である［116, 97］。よく知られた生物学的等価基の一例を図 12.5 に示す。三次元薬理作用団とは，薬理活性基間の三次元空間的関係を規定したものを指す。この空間的関係は，距離もしくは距離範囲の形で記述されることが多いが，角や面など他の幾何学的尺度が使われることもある。たとえば抗ヒスタミン薬では，その三次元薬理作用団は，図 12.6 に示すように 2 個の芳香環と 1 個の第三級窒素原子からなる。リガンドの配座研究法の発展は，三次元構造が化学的活性や生物学的活性に及ぼす影響に対する世間の関心を喚起することになった。一連の活性化合物に共通する三次元薬理作用団は，薬理作用団マッピングと呼ばれる手続きから求められる。その際，標的高分子の三次元構造は分からなくてもよい。い

図 12.5 生物学的等価基の一例

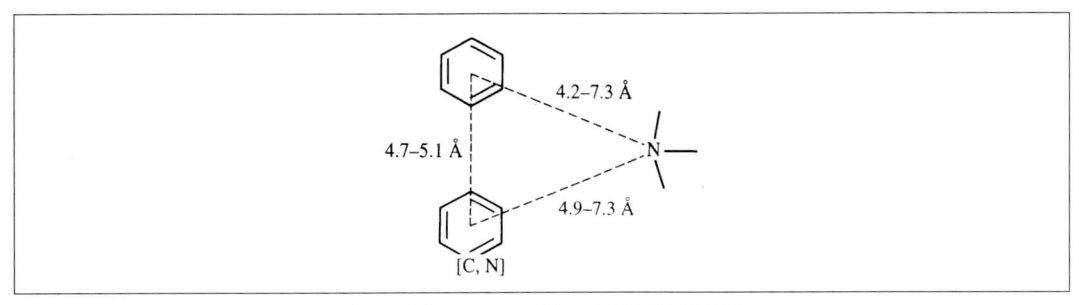

図 12.6 抗ヒスタミン薬の三次元薬理作用団

ったん薬理作用団が構築できれば，他の活性分子はそれを使って予測することができる。

　三次元薬理作用団のマッピングに当たっては，次の二点に留意しなければならない。(1) 分子が完全な剛体でなければ，配座的性質も考慮に入れる。(2) すべての分子に共通に存在し，かつ，空間で同じような配向をとりうる薬理活性基の組合せのみを選び出す。これらの条件を満たす薬理作用団は，1種類ではないかもしれない。実際，アルゴリズムによっては，数百種類もの薬理作用団が発生することもある。その場合には，どのモデルがデータに最もよくマッチするかをさらに詳査しなければならない。ちなみに，三次元薬理作用団を発見するこれらのアプローチは，いずれも対象となる分子がすべて共通の様式で高分子へ結合することを前提としている。これは重要なポイントである。

12.4.1 制約条件つき系統的探索

活性発現に必要な構造的特徴は，比較的簡単に推定できることもある。周知の実例は，血圧の調節に関与するアンギオテンシン変換酵素（ACE）に対する薬理作用団である。図 12.7 に代表的な ACE 阻害薬 4 種を示す。その中には，高血圧症の治療に広く使われるカプトプリルも含まれる。アンギオテンシン変換酵素は亜鉛メタロプロテアーゼであり，本書の執筆時点で，その X 線構造はまだ解明されていない。カプトプリルのような ACE 阻害薬では，三つの構造的特徴——（酵素のアルギニン残基と相互作用する）末端カルボキシ基，（酵素の水素結合供与基と水素結合する）アミドカルボニル基および亜鉛結合基——が活性発現に必要とされる。では，これらの三つの薬理活性基が空間で同じ相対位置をとるような阻害薬の配座は，どのようにしたら求まるのか。

この問題を処理する方法として最も広く利用されているのは，Dammkoehler らの制約条件つき系統的探索法である [25]。通常の系統的探索では，分子の数が 20〜30 種を越えると，配座解析に伴う探索回数の組合せ論的増加により，その計算時間は膨大なものになる。しかし実際には，配座空間がすでに探索された分子の情報を活用すれば，問題の規模はかなり縮小される。われわれにとって関心があるのは，前の分子で見出されたのと同じ位置に，現在の分子の薬理活性基が配置されるような配座である。Dammkoehler らによれば，回転できる結合があるとき，前の結果と矛盾しない配座を与えるねじれ角は計算から求まる。その場合，最初に選択すべき分子は，配座的に最も束縛された分子である。このような分子は，配座空間の縮小に最も貢献するからである。

ACE 薬理作用団を例にとろう。この薬理作用団の誘導に当たっては，各分子に対しそれぞれ 4 点が定義された。たとえばカプトプリルでは，これらの 4 点は図 12.8 のようになる。これらの 4 点に対しては距離も五つ定義された。点の一つは酵素亜鉛原子の位置に対応することに注意されたい。回転できる結合の数は 3〜9 個で，阻害薬により異なる。検討は，回転できる結合の数が少ない分子から順に行われた。最も硬い最初の分子では，探索は配座空間全体に対して行われ，各配座は，五つの距離を組み合わせた五次元超空間の一点として登録された。次に二番目の

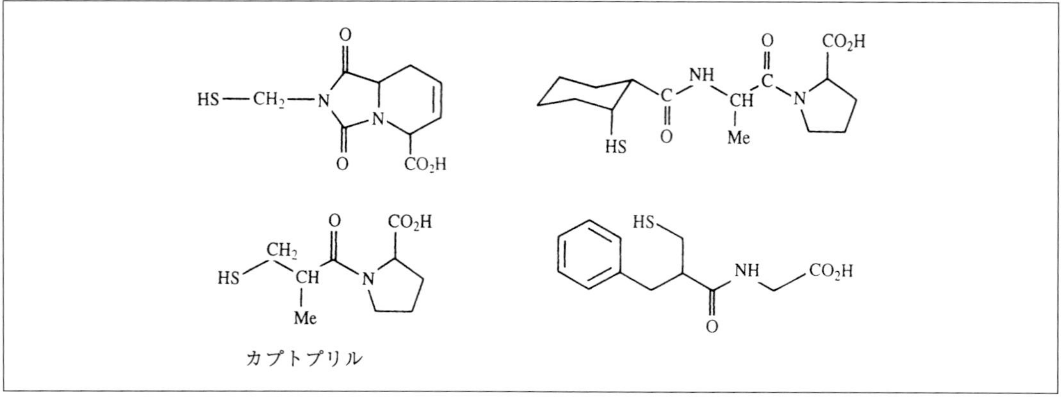

図 12.7 代表的な ACE 阻害薬

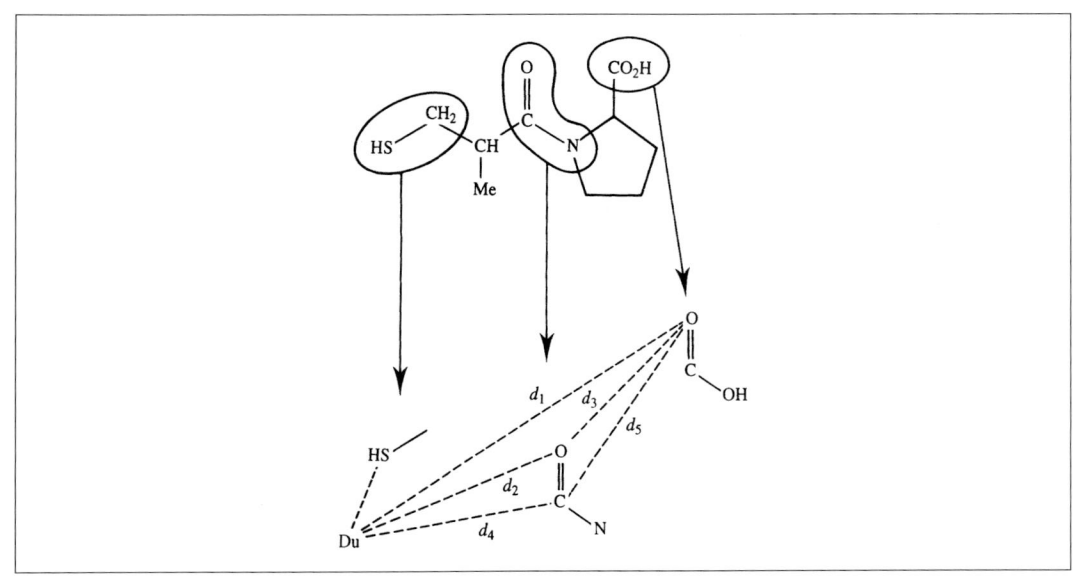

図 12.8 4点と五つの距離で定義される ACE 薬理作用団。

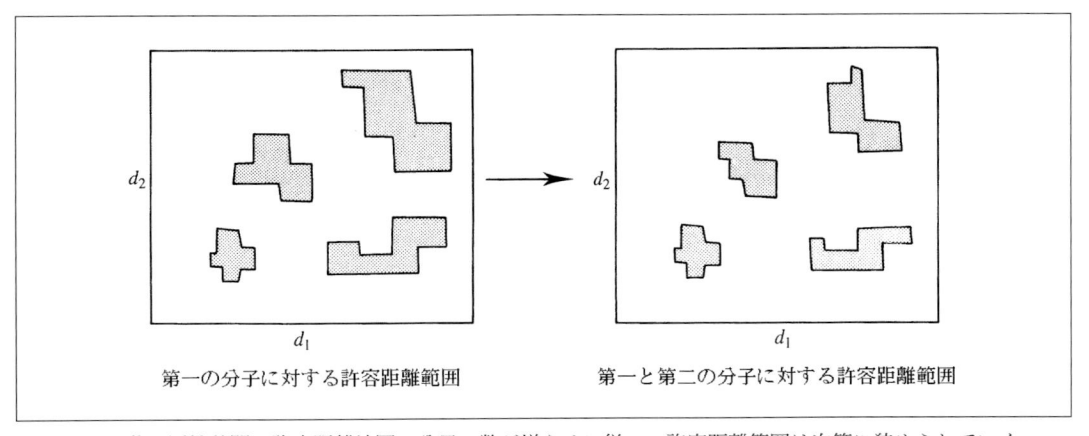

図 12.9 薬理活性基間の許容距離地図。分子の数が増えるに従い，許容距離範囲は次第に狭められていく。

分子が検討されたが，この場合には，ねじれ角の変域は最初の分子の距離分布を達成しうる範囲に限定された。五次元超空間の共通領域は，検討された分子の数が増えるに従い，このようにして次第に狭められていった。二次元の場合を例に，この様子を模式的に示せば図 12.9 のようになる。探索からは，図 12.10 に示した 2 種類の薬理作用団が得られた。制約条件つき探索では，通常の系統的探索に比べて 3 桁速い探索が可能であった。

12.4.2 アンサンブル距離幾何学法，アンサンブル分子動力学法および遺伝的アルゴリズム

あらかじめ定義された一組の薬理活性基を含む複数の配座を同時に発見したい場合には，距離幾何学法の変法であるアンサンブル距離幾何学法（ensemble distance geometry）が役立つ

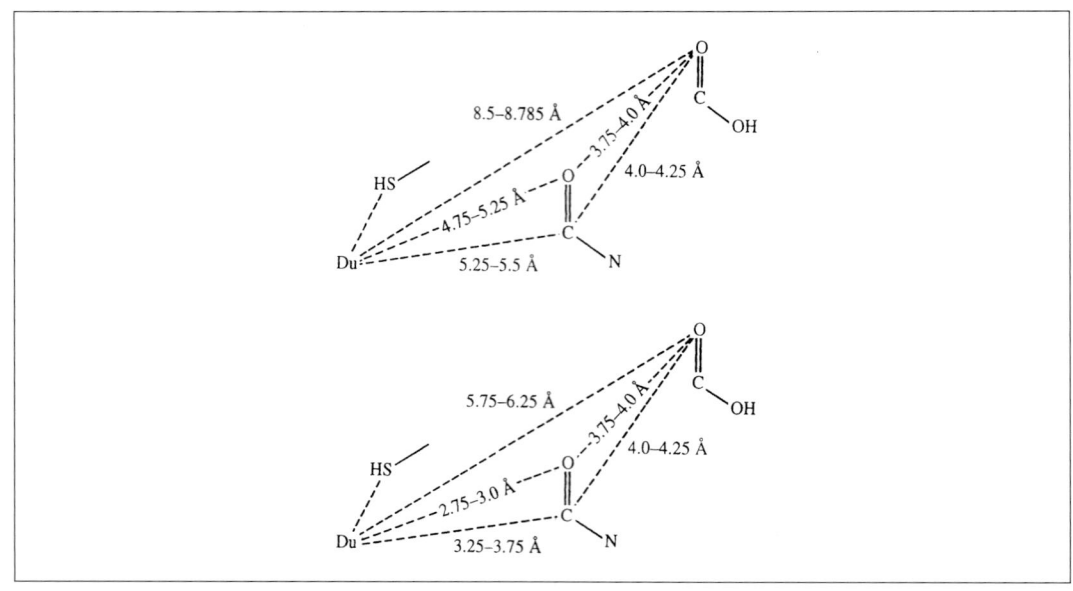

図 12.10 制約条件つき系統的探索から得られた2種類の ACE 薬理作用団 [25]

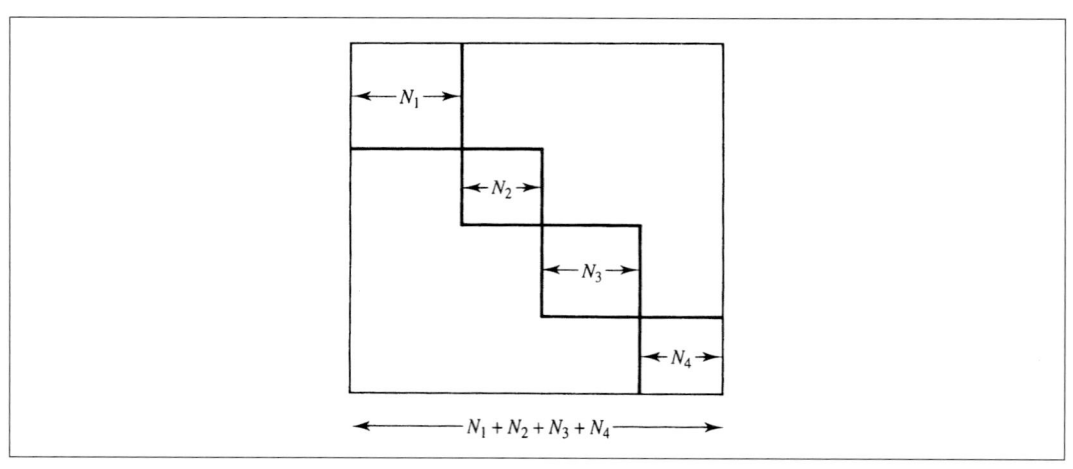

図 12.11 アンサンブル距離幾何学法で使われる距離行列。第一の分子は N_1 個の原子，第二の分子は N_2 個の原子，……からなる。

[109]。アンサンブル距離幾何学法は，通常の距離幾何学法と同じ手順を踏むが，あらゆる分子の配座空間を同時に考慮する点が異なる。このような処理は，すべての分子について構成原子数を加え合わせ，その和に等しい次元をもつきわめて大きな限界行列と距離行列を考えることで可能である。この行列では，行列要素 1 から N_1 は分子 1 の N_1 個の原子，行列要素 N_1+1 から N_1+N_2 は分子 2 の N_2 個の原子，……にそれぞれ対応する（図 12.11）。また，限界行列の要素 (i, j) と (j, i) は，それぞれ原子 i と j ——同じ分子に属してもよいし属さなくてもよい——の間の距離の上界と下界を表す。同じ分子内にある二原子間の距離の上界と下界は通常のやり方で設

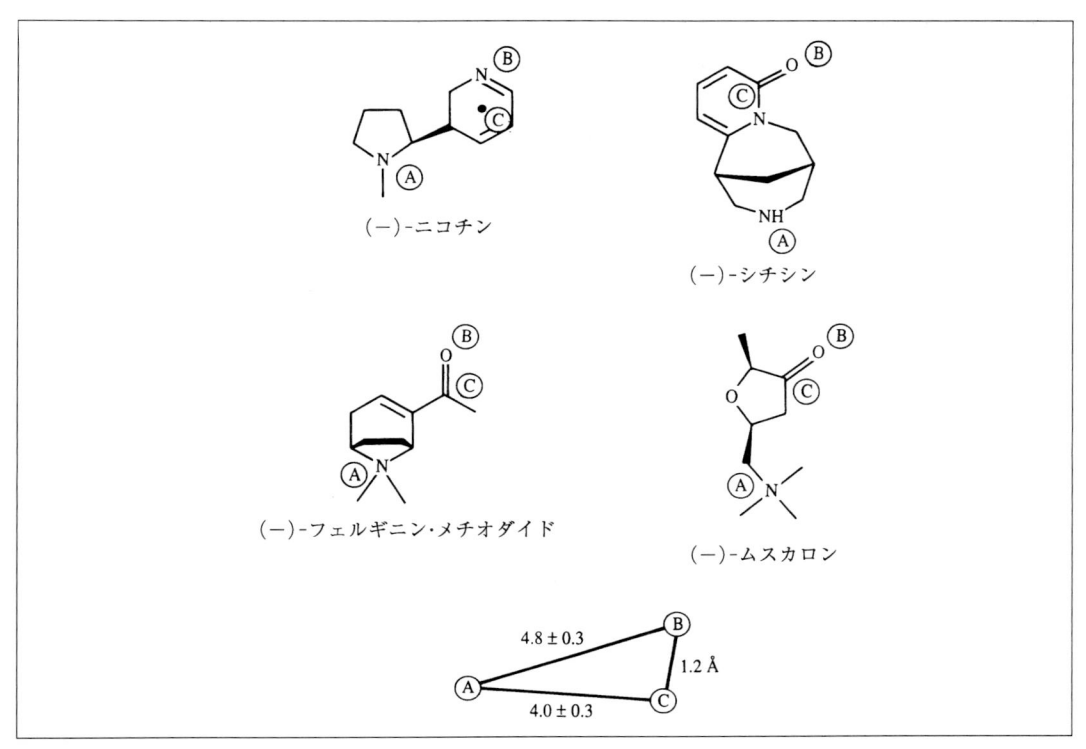

図 12.12 距離幾何学法によりニコチン様薬理作用団を誘導する際に使われた 4 種の分子と，実際に導かれた薬理作用団のモデル

定され，異なる分子に属する原子間の距離の下界はゼロと置かれる．この措置により，三次元空間での分子の重ね合わせが可能になる．一方，異なる分子に属する二原子間の距離の上界は，大きな値をセットされる．ただし，薬理作用団と重ね合わせる必要から，許容差パラメータを小さくとらざるを得ない原子間は例外である．限界行列が定義されたならば，続いて距離幾何学法の通常の操作が施され，スムージング，ランダム距離の割当て，初期限界に対する最適化が試みられる．

アンサンブル距離幾何学法が最初に適用されたのは，図 12.12 に示す 4 種のニコチン様作動薬からニコチン様薬理作用団モデルを誘導する研究においてであった．この場合，薬理活性基として選ばれたのは，A，B および C で標識された 3 個の原子である．アンサンブル距離幾何学アルゴリズムは異なる解をいくつか発生させたが，ひずんだ結合長や結合角，不都合なファンデルワールス接触のある解を取り除くと，残った解は一つであった．この薬理作用団は三角形で表される（図 12.12）．B－C 距離は C=O 結合の長さに固定されている点に注意されたい．ただし，（−）-ニコチンでは，ピリジン環の中心が薬理活性基の一つと見なされた．この薬理作用団は，他の既知ニコチン様作動薬でも距離条件と矛盾しない低エネルギー配座が得られるかどうかを調べることで，その適否が判定された．

一方，アンサンブル分子動力学（ensemble molecular dynamics）は，薬理作用団を誘導するのに制限付き分子動力学を利用する．力場モデルは，各分子から他分子に属する原子が見えな

いように構築される。このようにすることで，空間内での分子の重ね合わせが可能になる。ポテンシャルには，また適当な原子や官能基を強制的に重ね合わせるための制限項も追加される。

アンサンブル距離幾何学法とアンサンブル分子動力学法は，制約条件つき系統的探索法と同様，突き合わせる一組の原子を必要とする。それに対し，遺伝的アルゴリズムは分子の配座的自由度だけでなく，さまざまな特徴の一致もあわせて探索する [58]。これらの情報はすべて染色体にコードされている。薬理作用団は，標準的な遺伝的アルゴリズムを使って見つけ出される（9.9.1項参照）。

12.4.3 クリーク検出法による薬理作用団の発見

分子内に多数の薬理活性基が存在する場合，それらの可能な組合せをすべて同定することはきわめてむずかしい。薬理作用団の数は数千種に及ぶかもしれない。この問題の解決には，クリーク検出（clique detection）アルゴリズムが有効である。この方法は，あらかじめ計算された一群の分子配座に対して適用される。

クリークはグラフ理論に基づいた概念で，「完全に連結した部分グラフのうち最大のもの」として定義される。この定義を理解するため，簡単な例を考えてみよう。いま，図 12.13 に示すよ

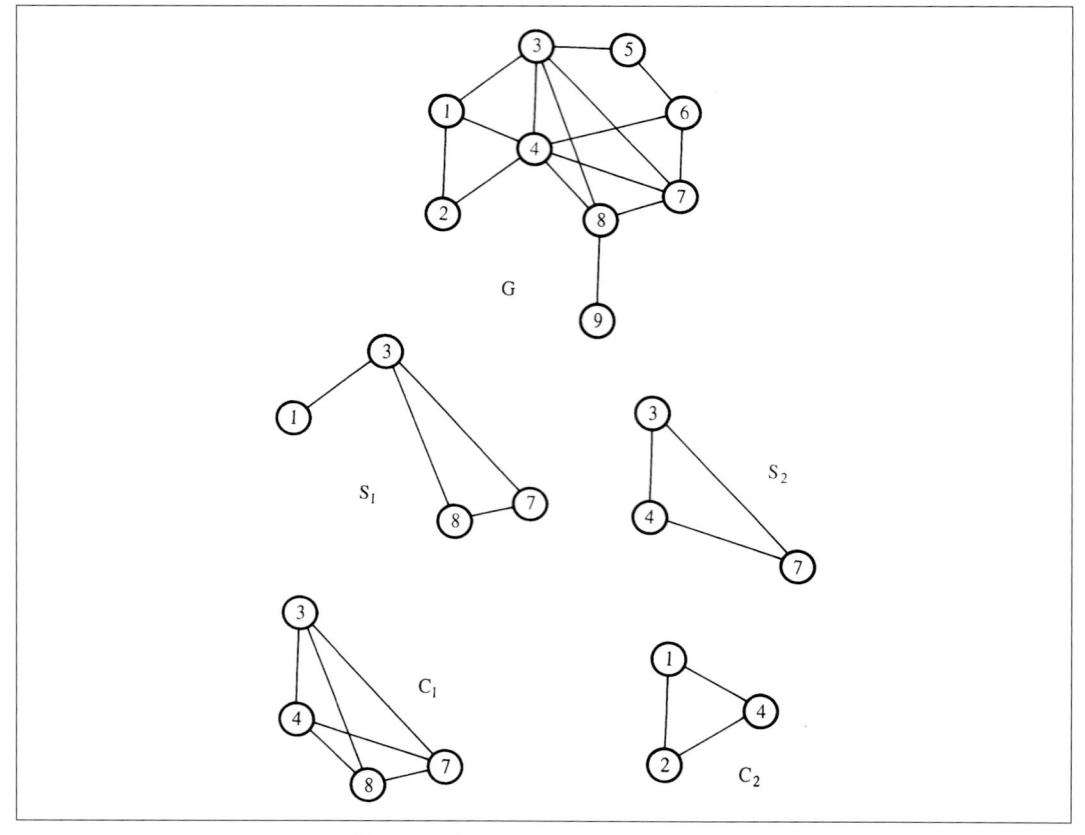

図 12.13 グラフにおけるクリークの同定

うなグラフ G があるとする。このグラフには，さまざまな部分グラフが存在する。すべての節点の間に辺が存在するわけではないので，G は完全に連結したグラフではない。部分グラフ S_1 もまた，節点 1 と 8 の間に辺がないので，完全に連結した状態にはない。それに対し，部分グラフ S_2 はすべての節点の間に辺が存在するので，完全に連結した部分グラフである。しかし，S_2 は完全に連結した部分グラフのうち最大のものではないので，クリークとは見なせない。クリークを得るには，S_2 に節点 8 を追加しなければならない。グラフによっては，クリークが複数含まれることもある。たとえば，図 12.13 に示した C_2 は，第二のクリークである。グラフに含まれるクリークを検出する問題は，NP 完全（NP-complete）と呼ばれる種類の問題に属する。この NP 完全問題とは，正確な解を得るのに要する計算時間が，問題の大きさとともに指数関数的に増加する問題を指す。クリークを検出するためのアルゴリズムは多数提案されているが，薬理作用団の同定に有用なのは，Bron & Kerbosch の方法である [16]。

クリークの検出と薬理作用団の同定は，どのような関係にあるのか [87]。一例として，2 種の分子 A と B の二つの配座を比較する場合を考えてみよう（図 12.14）。まず最初に行わなけれ

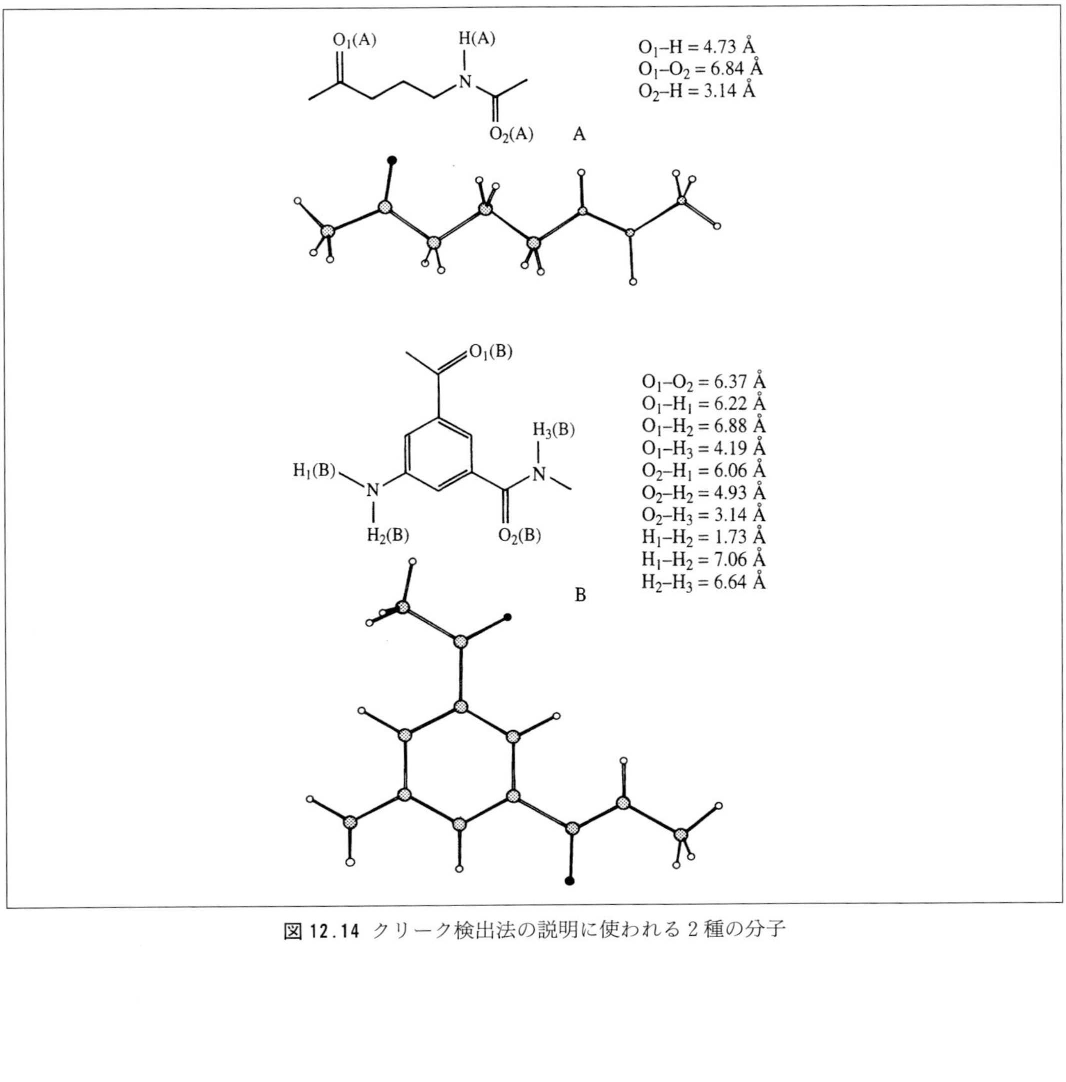

図 12.14 クリーク検出法の説明に使われる 2 種の分子

ばならないのは，二つの構造に含まれるすべての薬理活性基を節点とするグラフの作成である。分子Aの2個の水素結合受容基（$O_1(A)$，$O_2(A)$）と，分子Bの2個の水素結合受容基（$O_1(B)$，$O_2(B)$）は，統合グラフで四つの節点を形成する。それに対し，水素結合供与基は，分子Aでは1個（$H(A)$）であるが，分子Bでは3個（$H_1(B)$，$H_2(B)$，$H_3(B)$））存在する。したがって，グラフでは三つの節点で表される。これらの薬理活性基間の分子内距離は，図12.14に示される。節点の間に辺が引かれるのは，分子AとBの間で，対応する薬理活性基間の距離が許容差内で一致するときである。たとえば，$O_1(A)$と$O_2(A)$の距離は6.84Å，$O_1(B)$と$O_2(B)$の距離は6.37Åである。いま，許容差が0.54Åであるとするならば，二つの距離は等しいと見なされ，したがって，グラフ内の対応する二節点は辺で結ばれる。完成したグラフは図12.15のようになる。仮定した許容差は0.6Åである。クリーク検出は，二つの分子に共通する薬理作用団を最大数見つけ出すのに利用される。図12.15の例では，三つのクリークが検出された。そのうちの二つは2個の原子からなり，他の一つは3個の原子からなるクリークであった（表12.1）。

一般のクリーク検出アプローチでは，まず最初，各分子に対して一連の低エネルギー配座が算定される。出発点として使われるのは，配座数が最も少ない分子である。この分子の各配座は対

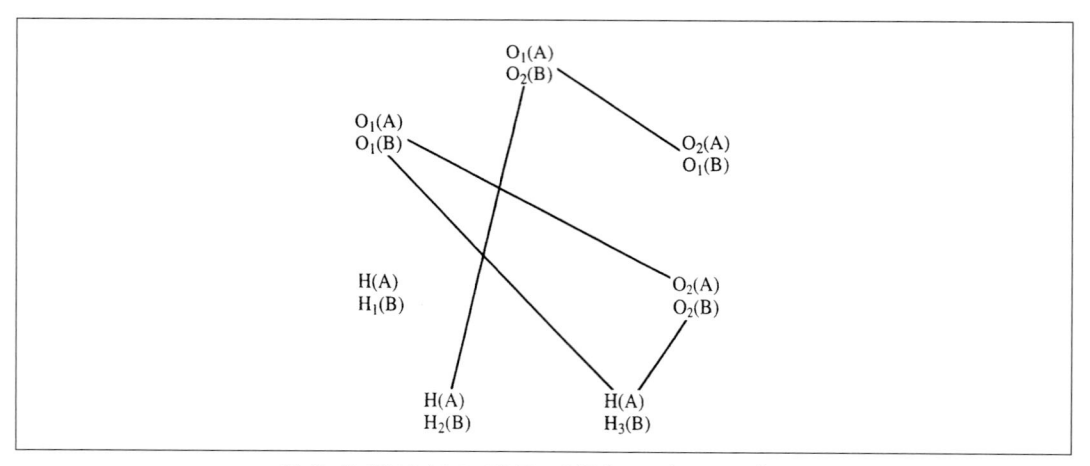

図 12.15　図12.14の二分子に共通するクリークのグラフ

表 12.1　図12.14の二分子に共通するクリーク

クリーク番号	分子A	分子B
1	O_1	O_2
	H	H_2
2	O_1	O_2
	O_2	O_1
3	O_1	O_1
	O_2	O_2
	H	H_3

照配座として扱われ，他の分子の配座はクリークを同定する際，この対照配座と比較される。各分子のクリークは，さまざまな配座の結果から成り立つ。三次元薬理作用団とは，分子集合のすべての成員から，少なくとも一つの配座で共通に検出されるクリークに他ならない。

12.4.4 最尤法

クリーク検出法には限界がある。それは，複数の対照配座が使われ，しかも，分子当たりの配座数に依存して実行時間が指数関数的に変化することである。このような問題は最尤法（maximum likelihood method）を使えば回避できる [7]。最尤法は対照配座を必要とせず，いかなる分子のいかなる配座も基準となりうる。また，計算時間は分子当たりの配座数に単に比例するだけなので，（数百にも及ぶ）多数の配座が扱える。最尤法では，個々の薬理作用団は，入力分子との一致の度合やその希少値に基づいてスコアを付与される。分子は，薬理作用団の特徴を必ずしもすべて備える必要はない。

最尤法では，薬理作用団を同定するに先立ち，各分子に対して一連の配座が作り出される。代表的な低エネルギー配座を発生させるこのステップでは，通常ポーリング法が利用される（9.15節参照）。薬理作用団の同定に当たっては，まず最初，（たとえば供与基-供与基-受容基，芳香環-供与基-受容基-疎水領域といった）薬理活性基のすべての組合せが徹底的に調べ上げられる。次に，各分子を対照構造とし，その配座を吟味することで，3D 空間における薬理活性基の幾何学的配置が決定される。これらの配置は，活性分子の集合をどの程度説明できるかに従ってスコアを付与され，順位を付けられる。各配置は，分子が活性となる確率を割りつける際，「仮説」として使われる。いま，薬理作用団に K 個の特徴が存在するとしよう。アルゴリズムは，分子が薬理作用団とマッチする $K+2$ 通りの様式を考え，それらを $0 \sim K+1$ の値で区別する。すなわち，もし分子が K 個の特徴のすべてを含むならば，その分子は $x = K+1$ のクラスに帰属される。また，もし分子が K 個の特徴を含まないか，特徴の一つを取り去った部分集合——このような部分集合は K 個存在し，各集合は $K-1$ 個の特徴を含む——のどれともマッチしないならば，その分子は $x = 0$ のクラスに帰属される。さらに，$K-1$ 個の特徴をもつ部分集合の一つとマッチする分子は，どの部分集合とマッチするかに依存し，$x = 1 \sim K$ のクラスに帰属される。完全なマッチ（match）と K 個ある部分的マッチは，それぞれ存在する特徴やそれらの相対配置に従って「希少値（rarity value）」をあてがわれる。（カチオン基のような）珍しい特徴を含む薬理作用団は，（疎水領域のような）ありふれた特徴しか含まない薬理作用団に比べ高いスコアを付与される。また，特徴の分布——特徴と共通重心との間の平方距離で定義される——が広がれば広がるほど，スコアは高くなる。

この希少値は，多様な分子を含む大型データベースを対象に，（K 個すべての特徴を含む）完全な薬理作用団や（$K-1$ 個の特徴からなる）その部分集合を検索したとき，ヒットする分子の割合に等しい。このヒットした分子の割合を $p(x)$ とし，（入力データとして供給された）活性分子 M 個のうち，$K+1$ 個のクラスの各々とマッチする分子の割合を $q(x)$ とすれば，全配置のスコアは次式から算定できる。

$$\text{スコア} = M \sum_x q(x) \log_2 \left(\frac{q(x)}{p(x)} \right) \tag{12.1}$$

したがって，高いスコアが達成されるのは，(初期集合を構成する活性分子の多くとマッチし) $q(x)$ が大きな値をとる薬理作用団や，(偶然のマッチが起こりにくく) $p(x)$ が小さな値をとる薬理作用団においてである。$p(x)$ の値は，実際にはあらかじめ定義された回帰方程式から得られる。

このアプローチから誘導された薬理作用団は，通常，特徴間の距離の形ではなく「位置の拘束条件」の形で記述される [45]。この位置の拘束条件は，一般に 3D 空間の一点を囲む球状領域として表される。分子は，関連のある特徴を適当な球の内部に含まなければならない (図 12.16 参照)。球はさまざまな大きさをとる。これは，距離の変化に対する感度が相互作用のタイプにより異なる事実を反映した結果である。たとえば，電荷相互作用に対する許容度は，水素結合相互作用に対するそれに比べて小さい。これは，イオン性相互作用のエネルギーが，水素結合のそれよりも相対位置の変化に敏感なことによる。このアプローチのもつ有用なもう一つの側面は，分子の表面にある特徴だけが薬理活性基として許容されることである。

12.4.5　三次元薬理作用団への幾何学的特徴の組込み

三次元薬理作用団は，最も簡単には，分子内部での特定原子の位置を使って規定される。受容体の官能基との相互作用を考慮に入れれば，さらに正確な定義も可能である。このような措置が特に有用なのは，相互作用に水素結合が関与するときなどである。図 12.17 に一例を示そう。図において，2 種のリガンド分子はタンパク質の同じ原子へ水素結合している。しかし，結合部位におけるそれらの配向はまったく異なる。三次元薬理作用団の規定には，そのほか特徴間の特別な幾何学的関係——たとえば，二つの芳香環の環平面がなす二面角——も使われる。また，受容体の特徴を含めた形で，三次元薬理作用団が定義されることもある。この場合，受容体の部分は通常，排除球 (exclusion sphere) の形で表される。排除球は，リガンドのいかなる部分も配置できない領域に対応する。これらの特徴は，図解すれば図 12.18 のようになる。

12.5　3D データベースのデータ源

3D データベースの探索では，分子の三次元構造が扱われる。このような構造情報はどこから得られるのか。まず挙げなければならない情報源は，ケンブリッジ構造データベースであろう。このデータベースには，本書の執筆時点で，15 万件を越える化合物の X 線結晶構造データが収録されている。しかし，結晶構造が解析された化合物の数は，代表的な化合物データベースに登録された化合物全体から見ればまだほんの一部にすぎない。このような現状を打開するには，分子グラフから低エネルギー配座を発生させることのできる構造発生プログラムの開発が不可欠である。化合物の数はきわめて多いので，このようなプログラムは自動的かつ高速な操作が可能で，(暴走せず) ユーザーの介入を要求しないものでなければならない。現在最も広く使われている

12.5 3Dデータベースのデータ源 641

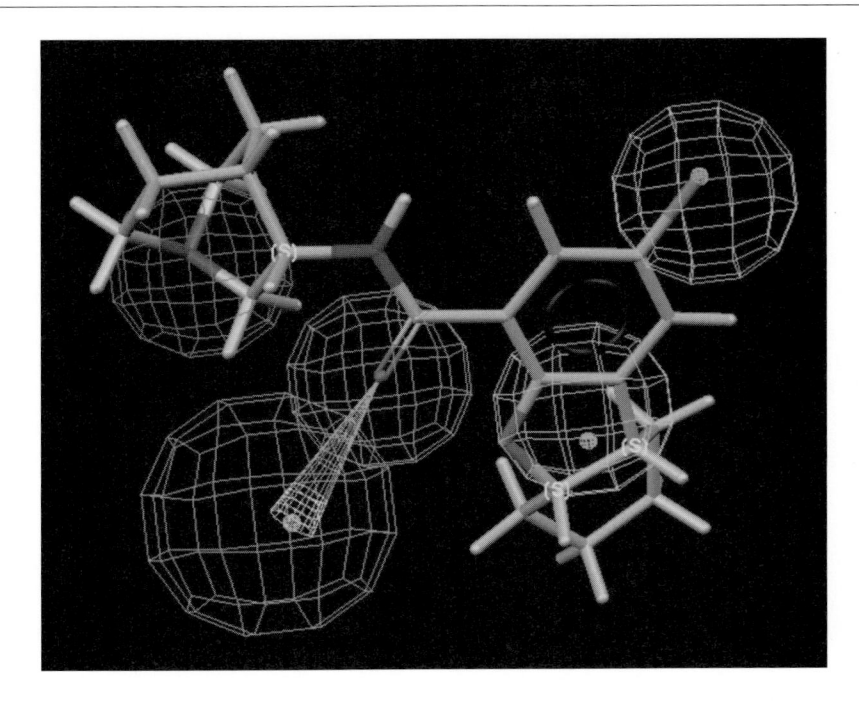

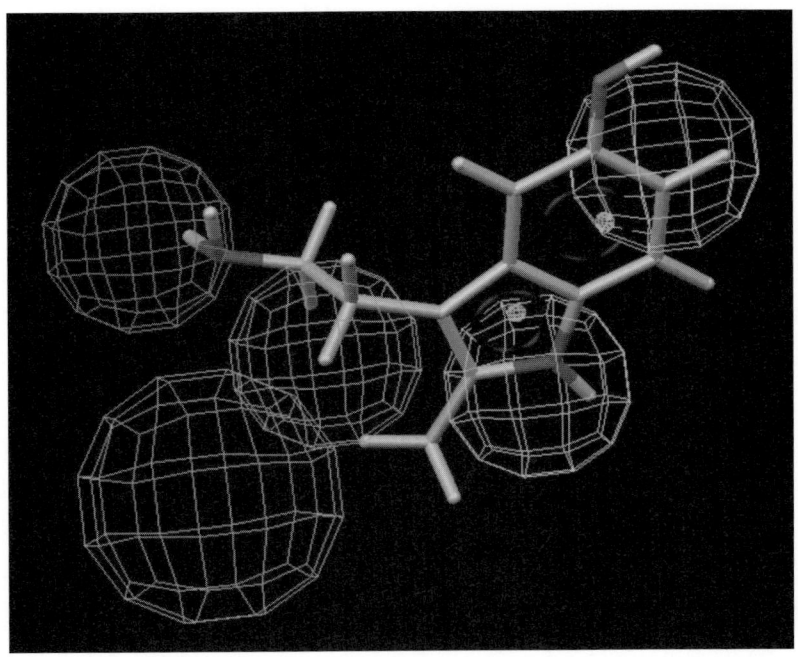

図 12.16 5HT₃ 受容体で活性を示す一連の分子から誘導された 3D 薬理作用団。球は，個々の薬理活性基に課された位置の拘束条件を表す（赤：正荷電基，緑：水素結合受容基，青：疎水性領域）。上図ではきわめて活性な分子 JMC-35-903-10，下図では活性のはるかに低い分子 2-Me-5HT が，それぞれ薬理作用団に重ね合わされている。不活性な分子は，低エネルギー配座であっても，薬理作用団のすべての条件を満たすことはない。（カラー口絵参照）

図 12.17 二つのリガンド分子は，タンパク質の同じ水素結合供与基と相互作用している．しかし，それらの空間的な配向はまったく異なる．

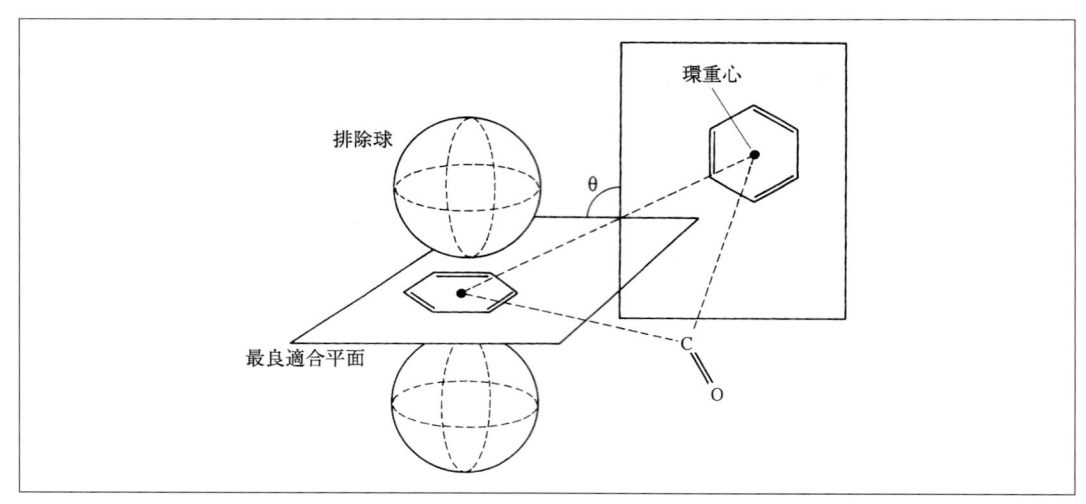

図 12.18 三次元薬理作用団の規定に使われる幾何学的特徴

構造発生プログラムは，CONCORD [107] と CORINA [31] である．これらのプログラムはいずれも，三次元構造を発生させるのに，エネルギーの極小化を含む知識ベース・アプローチを利用する．

　ほとんどの構造発生アルゴリズムは，一つの分子に対して一つの配座しか発生しない．完全な剛体分子を除けば，この構造が受容体へ結合するときの配座と同じであるという保証はない．すなわち，3D データベースの探索に当たっては，配座的な柔軟性も考慮されなければならない．これを具現するには，最も簡単には，配座に関する情報をコンピュータに蓄積すればよい．しかし，顕わな形で配座情報を蓄積しようとすれば，厖大なディスク容量が必要になる．そこで蓄積に際しては，情報は通常コンパクトな形へ圧縮される．3D 探索を効率化するため一般に使われるスクリーニング手法は，2D 部分構造探索のそれとよく似ている．通常使われるのは，分子内の薬理活性基対に対して距離キーを割り当てる方法である．各キーは二進数で表され，各ビットは（供与基-供与基，供与基-受容基など）適当な薬理活性基対の距離範囲に対応する．たとえば，最初のビットは 2.0〜2.5Å，2 番目のビットは 2.5〜3.0Å といった具合である．分子内でのこ

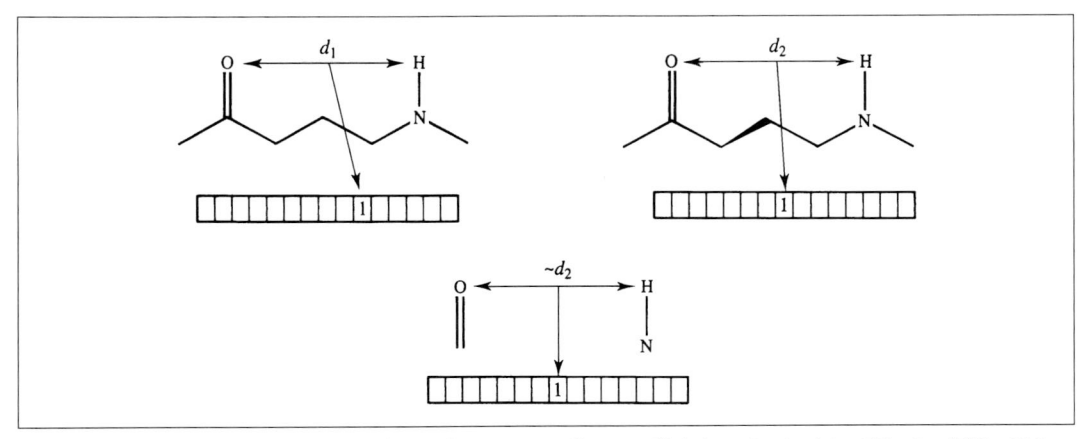

図 12.19 三次元データベース探索．配座が発生すると，二進キーの該当するビットが 1 に変わる．探索に当たっては，薬理作用団に相当する二進キーがまず設定され，この薬理作用団キーは，次にデータベースの分子キーと比較される．

のような薬理活性基間の距離分布は一様ではないから，実際には，よくある距離に対してはより狭い範囲を設定し，あまり一般的でない距離に対してはより広い範囲を設定した方がよい．キーは最初はすべてゼロである．配座が発生すると，薬理活性基間の距離が計算され，関連キーの該当するビットが 1 に変わる（図 12.19）．データベースの探索に当たっては，薬理作用団に相当するキーがまず計算される．この薬理作用団キーは，次に個々の分子キーと比較され，このようにして，薬理作用団とマッチするすべての分子が同定される．部分構造に基づくスクリーニングもあわせて使われる．このスクリーニングでは，分子に含まれる特定の特徴――たとえば供与基――の数がチェックされる．もし，分子が薬理作用団を規定する最小限の特徴を含まなければ，明らかにその分子は薬理作用団とマッチしない．したがって，配座的性質を吟味するまでもなくふるい落とせる．

これに代わる戦略として，データベース探索の際，各分子の配座空間を探索する方法もある．この方法では，配座空間の探索に先立ち，薬理作用団とマッチしない分子を同定し，棄却するための検査が行われる．この検査は分子グラフに基づき行われ，薬理作用団の条件は，一般に距離範囲の形で表される．このような距離条件の計算には，たとえば三角スムージングが使われる（9.5 節参照）．もたらされる情報は，原子間距離の上界と下界である．しかし，三角スムージングから得られる距離範囲は，実際の構造で観測されるそれに比べてはるかに広い．簡単な例により，この点を説明しよう．三角スムージングを利用して，4-アセトアミド安息香酸（図 12.20）のアミド窒素とカルボン酸カルボニル酸素間の下界距離を計算すると，その値はファンデルワールス半径の和に等しく，約 3.3 Å となる．しかし，実際の配座では，この距離は約 6.4 Å である．

薬理作用団の幾何学的条件と化学的条件を満たさない分子をふるい落としたならば，次は，残った分子の配座的自由度の探索である．この探索は，薬理作用団の拘束条件を満たす配座を迅速に同定できるアルゴリズムを必要とする．通常使われるのは距離幾何学法である．この方法では，

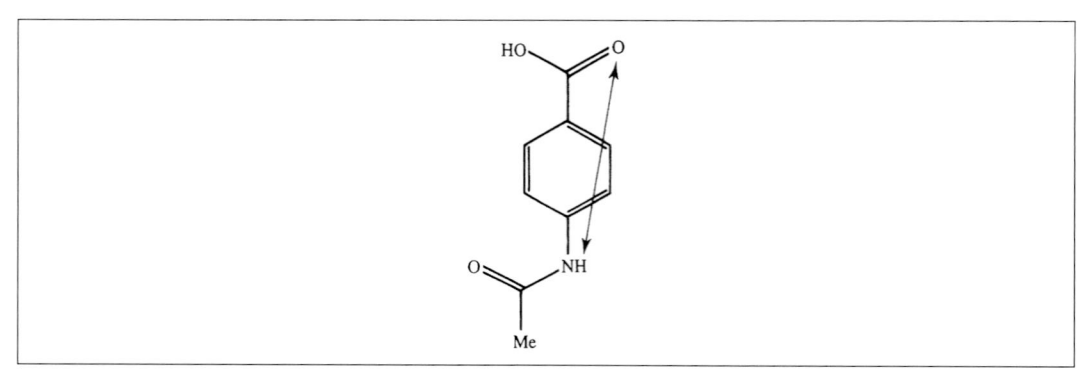

図 12.20 4-アセトアミド安息香酸。三角スムージングによると，アミド窒素とカルボン酸カルボニル酸素間の下界距離は，ファンデルワールス半径の和（約3.3Å）に等しい。しかし，実際の距離は約6.4Åである。

薬理作用団の拘束条件は限界行列へ組み込まれる。発生した配座は条件をすべて満たしている。しかし，距離幾何学法はこの目的には少し時間がかかりすぎる。それに代わる戦略として考えられるのは，一重結合のまわりで分子をねじり，薬理作用団の条件を満たすよう配座を調整する方法である。通常，調整は距離で表された適当なポテンシャル関数をねじれ空間で極小化する方法により，ねじれ角だけを対象に行われる。

12.6 分子のドッキング

分子のドッキング研究でわれわれが試みるのは，複数の分子間で形成される複合体構造の予測である。ドッキング操作は，タンパク質阻害薬の結合様式を推定する際，広く利用される。ドッキング・アルゴリズムは，通常多数の構造を発生する。そのため，どの構造が重要であるかを判定しようとすれば，各構造を採点する手段が必要になる。ドッキング問題の本質は，妥当な分子間複合体構造を発生させ，評価することにある [9]。

ドッキング問題では大きな自由度を扱う。個々の分子は，配座的な自由度に加え，並進と回転の自由度を六つもつ。ドッキング問題は，会話型コンピュータ・グラフィックスを使い，手操作でも取り組める。たとえば，関連リガンドの結合様式がすでに分かっており，問題の結合様式についてある程度予想を立てられる場合には，この手動アプローチはきわめて効果的である。しかし，きわめてよく似た構造をもつ阻害薬であっても，（X線結晶回折実験から）結合様式がまったく異なることが明らかな場合には，注意を要する。自動ドッキング・アルゴリズムは，通常はるかに多くの可能性を吟味するので，手操作に比べ偏見の入り込む余地が少ない。

ドッキング問題に取り組むため，さまざまなアルゴリズムが開発された。これらのアルゴリズムは，無視する自由度の数に基づいて分類できる。最も簡単なアルゴリズムは，二つの分子を剛体と見なし，並進と回転の6自由度だけを考慮する。初期のアルゴリズムでは，タンパク質やDNAの結合部位へリガンド小分子をドッキングさせる際，この近似が使用された。有名な例は，

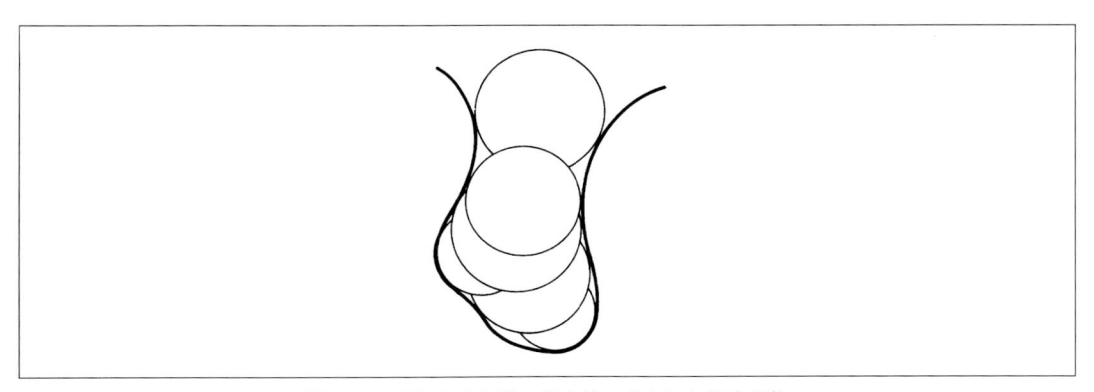

図12.21 重なり合う球の集合体で表された結合部位

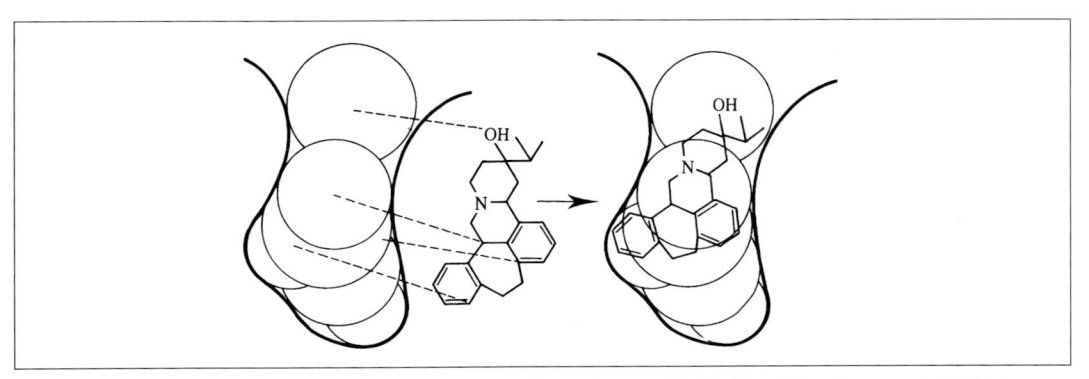

図12.22 DOCK アルゴリズム [69]。分子は原子を球中心に合わせ，結合部位の内部に収まるよう布置される。

Kuntz らによる DOCK プログラムである [69]。DOCK は，結合部位と形状的に高い相補性を示す分子を発見することを目的としたプログラムである。プログラムはまず最初，高分子の分子表面を基に結合部位の凹像を作成する。この凹像は，図 12.21 に模式的に示すように，分子表面と 2 点で接触するさまざまな半径の球が重なり合い集まったものと見なせる。球の中心には次にリガンド原子が布置され，すべての原子間距離が（許容差内で）対応する球中心-球中心距離と等しくなる状態（クリーク）が探索される。結合部位内部でのリガンドの配向は，図 12.22 に示すように，球中心へ原子を最小二乗適合させることで調整される。得られた配向は，リガンドと受容体の間に許されない立体相互作用が存在するか否かをさらにチェックされる。もし，その配向が受け入れられれば，相互作用エネルギーが計算され，スコアが付与される。同様にして，原子と球中心のさまざまな突き合わせから新しい配向が次々に作り出される。高いスコアをもつ配向は保存され，以後の解析へ回される。

　柔軟な分子のドッキングでは，配座の自由度も考慮されなければならない。ほとんどの方法は，受容体を剛体と見なし，リガンドの配座空間だけを考える。配座空間を探索する方法は，どんなドッキング・アルゴリズムにも必ず組み込まれている。たとえば，モンテカルロ法は分子のドッ

キングの際，通常焼きなまし法とあわせて使用される［43］．モンテカルロ操作では，リガンドの内部配座は，繰返しの各ステップで（結合軸を回転させ）変更を施される．また，分子全体についてもランダムな並進や回転が施される．結合部位内部でのリガンドのエネルギーは分子力学で計算され，運動の採否は標準的なメトロポリス基準によって判定される．タブー探索は，基本的なモンテカルロ・アプローチの変法として興味深い［8］．このタブー探索法では，一度訪問した探索空間領域の記録は保存される．したがって，同じ空間領域を繰り返し探索する無駄が省ける．

遺伝的アルゴリズムもまた分子のドッキングに利用される［61, 59, 95］．個々の染色体は，（9.9.1 項で説明した）リガンドの内部配座に加え，受容体部位内部におけるリガンドの配向もコードしており，これらの配向と内部配座は母集団の進化とともに変化していく．受容体とドッキングした個々の構造へ付与されたスコアは，次のステップへ回す構造を選択する際，適応度関数としての機能を果たす．

分子のドッキング研究では，距離幾何学法も使用される．距離幾何学法で特に問題となるのは，結合部位内部でリガンドの配座を発生させる段階である．修正ペナルティー関数はその際，リガンドを結合部位内部に拘束するのに役立つ．たとえば，ある種のペナルティー項を追加すると，リガンドは（DOCK により誘導された）結合部位の球集落内部に拘束される．

プログラムの多くは，リガンドを組み立てるのに漸進的アプローチを使用する［75, 123, 102］．このアプローチは，9.2 節で説明した深さ優先探索とよく似ている．主な違いは，配座探索が結合部位内部で行われることである．典型的な漸進構築アルゴリズムでは，まず最初，リガンド内部にある基本フラグメント（base fragment）が同定される．基本フラグメントとして通常選ばれるのは，（環のように）かなり硬く適度に重要な分子部分である．基本フラグメントは次に結合部位へドッキングされ，よく似た配向はクラスター化により一本化される．ドッキングした基本フラグメントの各配向は，残りの分子部分の配座解析を行う際，出発点となる．配座解析は，基本フラグメントの各配向に対して行われるので，このようなアプローチは非常に時間がかかることが予想される．しかし実際には，タンパク質が有用な拘束条件となり，探索木は通常きわめて効率よく刈り込まれる．

理想を言えば，ドッキング研究では，リガンドだけでなく受容体もまた配座的に柔軟でなければならない．結合部位の柔軟性を最も自然な形で組み込むには，リガンド–受容体複合体に対して分子動力学シミュレーションを行えばよい．しかし，このような計算は多大な時間と費用を必要とする．そのため実際には，他のドッキング法で求めた構造を精密化したい場合にのみ利用される．分子動力学では，配座空間の完全な探索はきわめて小さなリガンドを除き不可能である．結合様式の変化に伴うエネルギー障壁は，しばしば乗り越えることができないほど大きい．タンパク質の柔軟性を組み込む試みは，（少なくとも側鎖のレベルでは）その他にもいろいろ行われている［73］．しかし，これらの方法はいずれもまだ揺籃期にあり，剛体タンパク質のドッキングに比べると計算に時間がかかりすぎる．

最初のドッキング法が開発された当時，コンピュータの処理速度は，分子1個の剛体ドッキン

グを行うのがやっとであった.しかし,コンピュータの性能向上は,その後まもなくして,データベースの多数の分子に対する剛体ドッキングを可能にした.リガンドの配座的柔軟性を考慮したアルゴリズムが世に出たのはちょうどその頃であった.コンピュータがさらに発展した現在では,データベースの探索に,柔軟なリガンド用のアルゴリズムを使うことも可能である.しかし,結合様式を予測する目的で単一の活性分子を徹底的に探索する場合と,リード化合物の発見を目的としてデータベースを探索する場合では,使われるドッキングのアルゴリズムは明確に異なる.

12.6.1 分子ドッキングの評価関数

ドッキング・アルゴリズムは一般に多数の潜在解を発生する.それらの中には,タンパク質とぶつかり合い,高い相互作用エネルギーをもつため,ただちに棄却できるものもある.しかし,そうでないものは採否の判定に評価関数が使われる.対象となるリガンド分子が1個だけの場合には,評価関数は,リガンド-タンパク質複合体の真の構造に最も近いドッキング配向さえ同定できればよい.しかし,分子のデータベースを対象としたドッキングでは,評価関数は各リガンドのドッキング配向を同定できるだけでなく,リガンド間の順位づけもできなければならない.また,ドッキングの際には多数の配向が発生するので,評価関数は簡単に計算できるものでなければならない.

一般に使用される評価関数は,受容体へリガンドが結合したときの結合自由エネルギーを問題にする.シミュレーションから相対結合自由エネルギーを推定する方法については,これまでにいくつか紹介した(11章参照).しかし,それらはいずれも計算に時間がかかりすぎ,ドッキングの研究には役立たない.実際に使われるのは,もっとおおざっぱで高速な方法である.自由エネルギー摂動アプローチとは対照的に,これらの代替法は,結合自由エネルギーを結合に寄与するさまざまな成分の和として表す[13].この種の加成式のうち完全なものは,次式で与えられる[2].

$$\Delta G_{bind} = \Delta G_{solvent} + \Delta G_{conf} + \Delta G_{int} + \Delta G_{rot} + \Delta G_{t/r} + \Delta G_{vib} \tag{12.2}$$

ここで,$\Delta G_{solvent}$は,(溶媒とリガンド,タンパク質および分子間複合体の間の相互作用の均衡から生れる)溶媒効果の寄与である.この寄与はさまざまな方法で求められる.ΔG_{conf}は,タンパク質とリガンドの配座変化に由来する.ほとんどのドッキング法は受容体を剛体と仮定しているが,都合の良いことに,通常タンパク質は結合の際,あまり大きく変化しない.それに対して,リガンドは溶液中でさまざまな配座をとりうる.しかし,結合状態では通常,特定の優先配座で存在する.リガンドに対するこのエネルギー・ペナルティーの大きさは,さまざまな方法で解析されている.Boströmらによれば,このペナルティーの平均値は,最も重要な溶液配座を基準にとったとき3 kcal/molであるという[14].また,ΔG_{int}は,特定のタンパク質-リガンド相互作用による自由エネルギーを表し,ΔG_{rot}は,タンパク質とリガンドの内部回転が凍結することによる自由エネルギー損失を表す.後者はほとんどエントロピー寄与からなる.このペナルティーの大きさは,簡単には,回転可能な結合1個当たり$RT \ln 3$(~0.7 kcal/mol)の自由エネルギー損失があると仮定することで計算できる.$\Delta G_{t/r}$は,二体(リガンドと受容体)が会合し,

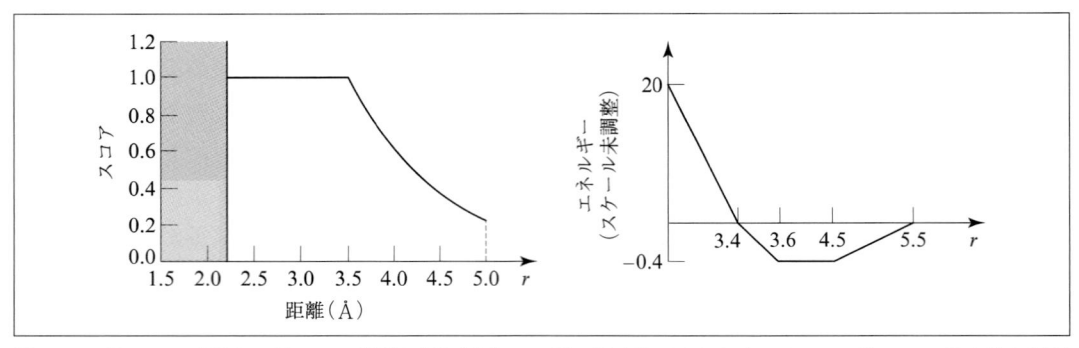

図 12.23 ドッキング研究で使われる簡単な評価関数の一例。（左図）DOCK プログラムで使われる基本的な評価関数 [26]。（右図）区分線形ポテンシャル [32]。

一体（分子間複合体）となることで生じる並進と回転の自由エネルギー損失である。この寄与は，通常すべてのリガンドで一定と見なされ，リガンド間の相対結合強度を問題にする場合には無視される。ΔG_{vib} は，振動モードの変化に由来する自由エネルギーである。この寄与は計算がむずかしいので，通常無視される。

　式(12.2)の各項は広く議論されており，その評価にはさまざまなアプローチが使われる。しかし，それらの多くは計算に時間がかかりすぎ，ドッキングの研究には適さない。ドッキング研究で使われるのは，DOCK プログラムで当初使われたようなきわめて簡単な関数である（図12.23）。これらの関数は，見掛けの単純さにもかかわらず，他の複雑な関数と遜色のない結果を与えることから，現在もなお高い評判を維持している。分子力学もまた，相互作用エネルギーの計算に広く使用される。このような計算は，結合部位を規則正しい格子で覆い，格子点の静電ポテンシャルとファンデルワールス・ポテンシャルをあらかじめ計算することで高速化される [89]。リガンド-タンパク質相互作用エネルギーの計算に必要な計算努力は，このようにすると，リガンドの原子数とタンパク質の原子数の積ではなく，単にリガンドの原子数のみに比例するようになる。

　分子力学では一般に簡単な評価関数が使われる。しかし，それらは式(12.2)から明らかなように，結合の自由エネルギー全体の一部を表すにすぎない。したがって，これらの評価関数は（HIV プロテアーゼ阻害薬の研究 [56] のように）好結果を与える場合もあるが，常にうまくいくわけではない。Böhm は，この問題に対して興味あるアプローチを試みた。彼は，結合の全自由エネルギーと関連があり，かつ迅速に計算できるさまざまなパラメータを考えたとき，それらと結合自由エネルギーの間に簡単な線形関係が成立することを見出した [11]。Böhm が提案した元の式は，水素結合，イオン相互作用，疎水性相互作用，リガンドの内部自由度の損失といった諸項から成り立つ。

$$\Delta G_{\text{bind}} = \Delta G_0 + \Delta G_{\text{hb}} \sum_{\text{h-bonds}} f(\Delta R, \Delta \alpha) + \Delta G_{\text{ionic}} \sum_{\text{ionic-interactions}} f(\Delta R, \Delta \alpha) \\ + \Delta G_{\text{lipo}} |A_{\text{lipo}}| + \Delta G_{\text{rot}} NROT \tag{12.3}$$

ここで，ΔG_0 は系に依存しない定数項で，並進／回転自由エネルギーの全変化（式(12.2)の $\Delta G_{t/r}$）に対応する。ΔG_{hb} は，理想的な水素結合からの寄与を表す。ΔG_{hb} に掛かる $f(\Delta R, \Delta \alpha)$ は，理想的な幾何配置からの水素結合のずれを補正するためのペナルティー関数である。ここで，ΔR は水素結合距離の理想値 1.9Å からのずれ，$\Delta \alpha$ は水素結合角の理想値 180° からのずれをそれぞれ表す。同じ幾何学的依存性は，イオン相互作用に対しても適用される。ΔG_{lipo} は疎水性相互作用からの寄与で，この相互作用は，タンパク質とリガンドの間の疎水性接触表面積 A_{lipo} に比例する。ΔG_{rot} は，タンパク質との結合により，回転可能な結合が凍結することによる自由エネルギーの損失である。乗数 $NROT$ は，リガンドに含まれる回転可能な結合の数を表す。

　文献から 45 種のタンパク質-リガンド複合体に関する結合データの実測値が抽出され，線形重回帰（12.12.2 項参照）により，式(12.3)のパラメータ値（ΔG）が算定された。得られたパラメータ値は，それぞれ $\Delta G_{hb} = 1.2$ kcal/mol，$\Delta G_{ionic} = -2.0$ kcal/mol，$\Delta G_{lipo} = -0.04$ kcal/mol Å^2，$\Delta G_{rot} = +0.3$ kcal/mol，$\Delta G_0 = +1.3$ kcal/mol となったが，これらの値は他のアプローチによる推定値とかなりよく一致する。ただし，定数項 ΔG_0 は例外で，他のアプローチでは通常 7〜11 kcal/mol の値が得られる [2]。モデルは，1.7 kcal/mol の標準偏差で結合データの実験値を再現した。結合自由エネルギーと平衡定数は指数関数的な関係にあるので，自由エネルギーの 1.4 kcal/mol の変化は，親和性に換算すると 10 倍の変化に相当する。この研究は，使われる構成項の違いこそあれ，多数の関連研究を生み出した。たとえば，表面積は一般には極性領域と無極性領域に分割され，極性／極性，極性／無極性および無極性／無極性の相互作用に対して別々のパラメータが割り当てられる。また，方程式の誘導にはさまざまな統計的手法，評価関数の作成にはさまざまなデータ源がそれぞれ利用される [53,12,30]。評価関数は通常，受容体にきわめて強く結合するリガンドから導かれる。しかし，実際のドッキング研究では，これらの関数は，データベースから親和性のそれほど高くないリガンドを探し出すのに使われる。そのため，個々の評価関数を単独で使ったのでは良い結果は期待できない。この問題は，複数の評価関数から得られた結果を組み合わせることで解決される。このようなアプローチは「コンセンサス評価（consensus scoring）」と呼ばれる [20]。

12.7　3D データベース探索とドッキングの応用

　ドッキング研究と薬理作用団探索を行い，薬物設計における 3D データベース探索の有用性を論証した研究は，数多く報告されている。たとえば，Kuntz らは DOCK プログラムを使用し，HIV プロテアーゼ，DNA，チミジル酸シンターゼおよびヘマグルチニンを標的とした阻害薬の設計を試みた [68,70]。それによれば，ある程度効力をもつ阻害薬は，いずれの標的に対してもいくつか発見された。この第一世代のヒット分子に関する情報は，次に，より強力な第二世代の化合物を発見するさらに徹底的なデータベース探索で利用された。ヒット分子のいくつかは X 線結晶解析で構造が決定されたが，それらの中には，ドッキング研究から予測されるのとは異なる構造をとるものもあった。偶然の発見はいまなお重要な位置を占め，そのことは，自動ドッキ

ング法による場合でさえ当てはまる。したがって，新しいドッキング法が提示されたならば，タンパク質-リガンド複合体のできるだけ多くの実験データを対象に，その性能評価を試みる必要がある。幸い現在では，きわめて多数のX線構造が利用できるので，たとえば，大きさ，形，柔軟性，機能性（電荷，極性，疎水性）の異なるリガンドを少なくとも100種類取り揃え，それらをさまざまなタンパク質へドッキングさせるといったことも簡単に行える。現在使われている代表的なドッキング・プログラムは，GOLD [60] と FlexX [66] である。GOLD は遺伝的アルゴリズム，FlexX は漸進構築アルゴリズムをそれぞれ使用する。各プログラムは評価方法にいくらか違いがある。最も分かりやすいのは，理論構造と実測構造の間で RMS 変位を計算する方法である。しかし，このアプローチは単純化されすぎており，時として間違った結論を導く。ドッキング・プログラムのうち最良のものは，リガンドの約70％に対して正しい結果を与える。

薬理作用団探索用の 3D データベース・システムは，1990年代の初めにはすでに市販されていた。しかし，文献に実際の応用事例が報告されるようになるまでには，さらに数年を必要とした。これは，結果の多くが機密扱いされたことによるところが大きい。代表的な一例としては，Marriott らの研究が挙げられる。彼らが試みたのは，ムスカリン様 M_3 受容体に対して活性な新しいリード分子の探索であった [85]。この受容体の拮抗薬は，過敏性腸症候群，慢性呼吸器疾患，尿失禁のような疾患に対して潜在的な治療価値をもつ。一連の 3D 薬理作用団は，3種の活性分子からクリーク検出法を利用して導かれた。5種の薬理作用団からなる初期のリストは，目視検査により刈り込まれ，最終的には1個の正荷電型アミン，1個の水素結合受容原子，2個の水素結合供与部位からなる2種の薬理作用団が残された。3Dデータベースの探索から抽出され，薬理試験に回された分子の総数は172であった。これらのうち有意な活性を示した化合物は3種で，そのうちの一つは，リード・オプティマイゼーションの操作に適した簡単な分子であった。

12.8 分子類似性とその探索

部分構造探索や 3D 薬理作用団探索では，まず的確なクエリーが指定される。次に，それを使ってデータベースが探索され，スクリーニングにかける分子が同定される。このようなアプローチでは，分子はクエリーとマッチするかしないかのいずれかである。類似性探索（similarity searching）は，この悉無的状況を補うのに役立つ。通常，類似性探索では，クエリーとして丸ごとの分子が使われる。このクエリー分子はデータベースのすべての分子と順次比較され，その都度類似度が計算される。探索でヒットしたと見なされる分子は，この類似度が高い値をとるデータベース分子である。典型的なシナリオでは，望ましい活性をもつ分子がクエリーとして選ばれる。探索の目的は，願わくば同様の活性をもつ分子を発見することにある。これを実現するためには，二分子間の類似性を計算する方法が必要である。化合物は，まず一組の分子記述子（molecular descriptor）で表され，これらの記述子は次に類似度の計算へ回される。

12.9 分子記述子

本節では，分子式，分子グラフあるいは 3D 配座から簡単に計算できる記述子を取り上げる。実験から得られる記述子を含めることもできる。しかし，これは実験データが入手できないとか，費用がかかりすぎるといった理由で不可能なことも多い。考慮すべき分子の数が多い場合には特にそうである。分子自体，まだ合成されていないかもしれない。分子記述子の中には，きわめて簡単に計算できるものもある。顕著な一例は分子量である。しかしその一方で，たとえば量子力学から導かれる記述子のように，計算に時間がかかる記述子もある。また，記述子によっては，分配係数のように計算値と実測値が対応づけられるものもあれば，二進指紋のように純粋に計算でしか得られないものもある。さらにまた，記述子の中には，分子全体の性質を表すものもあれば，個々の原子の性質を表すものもある。新しい記述子も絶えず作り出されている。それらは，分子の構造と物性の相関に新たな洞察を付け加える可能性をもつ。一般によく使用されるのは，表 12.2 に挙げたような記述子である。

12.9.1 分配係数

分配係数（P）は，QSAR 式で最もよく使われるパラメータである。この分配係数は，通常，

表 12.2 一般によく使われる記述子。個々の記述子の詳細については，備考欄に指示された箇所を参照されたい。この表に記載されているのは，計算から求めることのできる記述子だけである。したがって，実験から誘導される（ハメット置換基定数のような）記述子は含まれていない。

記述子	計算に必要な情報	備　考
分子量	分子式	
ハッシュ指紋，構造キー	2D 構造	12.2 節参照
特定の原子，環，その他の特徴（水素結合供与基，受容基）の数	2D 構造	部分構造探索に基づく
オクタノール／水分配係数	2D 構造	12.9.1 項参照
モル屈折	2D 構造	12.9.2 項参照
分子結合度 χ	2D 構造	12.9.3 項参照
形状指数 κ		12.9.3 項参照
電子位相幾何学的状態指数		12.9.3 項参照
原子対，位相幾何学的ねじれ	2D 構造	12.9.3 項参照
双極子モーメント	3D 構造	
分子容，表面積，極性表面積	3D 構造	極性表面積とは，極性原子による分子表面積を指す
量子力学的記述子（HOMO-LUMO エネルギー差など）	3D 構造	2.7.4 項参照
部分原子電荷，分極率	3D または 2D 構造	4.9 節参照
薬理作用団キー	低エネルギー配座群	12.9.4 項参照
幾何学的原子対，角，ねじれ	3D 構造	12.9.3 項参照

対数の形（log$P$）で表される（値はこの操作により，自由エネルギー尺度へ変換される）。分配係数は実測がむずかしい。双性イオンやきわめて疎水性（もしくは親水性）の化合物では特にそうである。定量的構造活性相関で使用される分配係数は，通常，Hansch により提唱されたオクタノール／水系で測定される（12.12 節参照）。しかし場合によっては，別の分配系で測定した方が適切なこともある。現在では，脂質膜と水の間で直接分配係数を測定することもできる。

分配係数を計算する理論的方法はいくつか知られている。分配係数は平衡定数であり，自由エネルギーの変化に正比例する。したがって，11.3.2 項で説明したように，その計算には自由エネルギー摂動法が使える。しかし，この方法は力場のパラメトリゼーションが完全でなく，また，計算に法外な時間を必要とする。そのため現時点では，分配係数の計算は通常フラグメント法で行われる。このフラグメント法では，分配係数は個々のフラグメントの寄与の総和に，一組の補正因子を付け加えたものとして算定される。したがって，計算の精度は明らかにフラグメントの定義に強く依存する。Hansch & Leo の CLOGP プログラムは最も広く利用されている。このプログラムでは，フラグメントの値は，正確な分配係数が分かっている少数の化合物を基に定義される［78］。CLOGP は，ヘテロ原子と二重結合（または三重結合）を形成していない炭素原子，すなわち「孤立炭素（isolating carbon）」を調べ，分子をフラグメントへ分割していく。孤立炭素とそれに結合した水素原子は疎水性フラグメントと見なされ，それ以外の原子団は極性フラグメントと見なされる。分配係数は，フラグメントの寄与の総和に各種補正因子を加え合わせて算定される。一例として簡単な分子，臭化ベンジルと o-メチルアセトアニリドに対する計算の詳細を図 12.24 に示した。臭化ベンジルは，脂肪族孤立炭素を 1 個，芳香族孤立炭素を 6 個，臭素フラグメントを 1 個含む。フラグメント定数の計算では，これらのフラグメントによる寄与がまず足し合わされ，さらに，孤立炭素に付いた水素原子 7 個と非環式結合 1 個の寄与がその和に加算される。一方，o-メチルアセトアニリドは，アミド・フラグメント 1 個，脂肪族孤立炭素 2 個，芳香族孤立炭素 6 個からなり，そのほか水素原子，非環式結合，（o-メチル基への）ベンジル結合，オルト置換基による寄与も存在する。

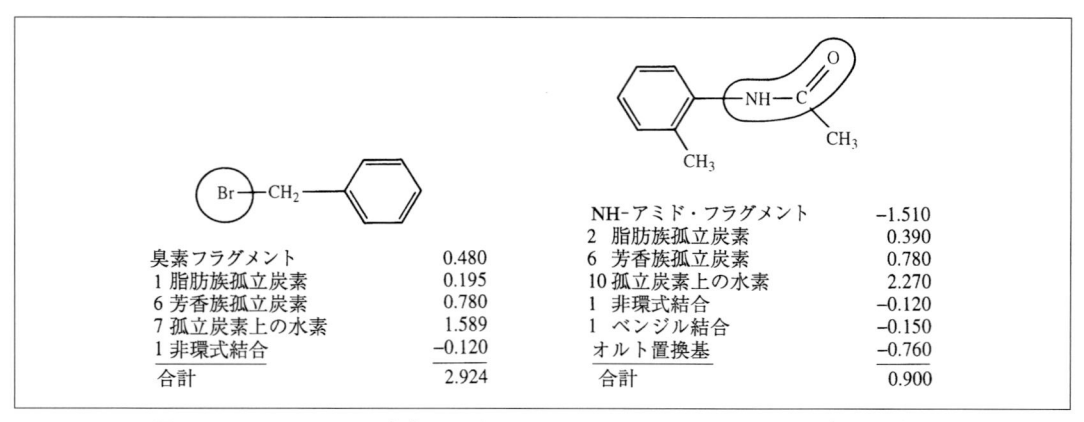

臭素フラグメント	0.480
1 脂肪族孤立炭素	0.195
6 芳香族孤立炭素	0.780
7 孤立炭素上の水素	1.589
1 非環式結合	−0.120
合計	2.924

NH-アミド・フラグメント	−1.510
2 脂肪族孤立炭素	0.390
6 芳香族孤立炭素	0.780
10 孤立炭素上の水素	2.270
1 非環式結合	−0.120
1 ベンジル結合	−0.150
オルト置換基	−0.760
合計	0.900

図 12.24 CLOGP による臭化ベンジルと o-メチルアセトアニリドの分配係数の計算

CLOGPプログラムは現在もなお，オクタノール-水分配係数の他の計算法の良否を判定する際，その基準として使われる。このプログラムの主な欠点の一つは，分子内のすべてのフラグメントについて値を必要とすることである。フラグメントのデータはかなりの数が最初から搭載されている。しかし，典型的な薬物データベースへ適用したとき，CLOGP計算は正しい結果を与えないことも多い。もちろん，もし当該分子系列に共通する未知フラグメントがあるならば，実験を行い，その値を追加することもできる。フラグメント法に代わるアプローチも存在する。それは，原子を単位として分配係数を推定する方法である。この方法はフラグメント法と非常によく似ている。しかし，分子の分割はフラグメントではなく，原子のタイプにまで及ぶ。すなわちこの方法では，分配係数は個々の原子タイプの寄与の総和として計算される [33, 34, 120, 124]。

$$\log P = \sum_i n_i a_i \tag{12.4}$$

ここで，n_iは原子タイプiに属する原子の数，a_iはその原子タイプの寄与である。これらの寄与は回帰分析から求められる。ただし，分子クラスによっては，原子タイプの基本的な寄与分は補正因子を使って調整されることもある。

12.9.2 モル屈折

モル屈折（MR）は，次式で定義される量である。

$$MR = \frac{(n^2-1)}{(n^2+1)} \frac{MW}{d} \tag{12.5}$$

ここで，MWは分子量，dは密度，nは屈折率をそれぞれ表す。屈折率は，有機化合物ではほぼ一定である。また，分子量を密度で割った値はモル体積に等しい。したがって，MRは分子の立体的な大きさを知る目安となりうる。屈折率項の存在は，分子分極率とのつながりも示唆する。モル屈折は，原子屈折とある種の結合に対する補正因子の和として計算できる。たとえば，CMRはそのためのプログラムである [77]。

すでに見たように，分配係数とモル屈折の計算は，分子内のフラグメントや原子の寄与を足し合わせる点で共通したものがある。フラグメントや原子の寄与は，通常，線形重回帰から求められる（12.12.2項参照）。この線形重回帰アプローチは，その他にも多くの性質に適用される。ここではもう一つ，溶解度の問題を取り上げてみよう。Klopmanらは水溶解度の予測を試み，原子団に基づく回帰モデルを誘導した。彼らが考慮した原子団は，特定の混成状態をとる単一原子に加え，酸，エステル，アミドのような官能基も含んでいた [65]。このアプローチは，試験集合の溶解度を約1.3対数単位以内で予測できるかなり普遍的なモデルをもたらした。考慮する原子団の数を増やすと，モデルはさらに良い結果を与えたが，その分，適用できる化合物範囲は狭くなった。

12.9.3 位相幾何学的指数

2D構造から計算される記述子は，高速計算への要請から分子グラフをベースにしたものが多

い。Kier & Hall は，分子構造を単一の数値で表すことを企て，多数の位相幾何学的指数を開発した [46]。彼らのアプローチでは，分子を構成する非水素原子はすべて2種類のデルタ値——単純デルタ値 δ_i と原子価デルタ値 δ_i^{v} ——で記述される。

$$\delta_i = \sigma_i - h_i; \quad \delta_i^{\mathrm{v}} = Z_i^{\mathrm{v}} - h_i \tag{12.6}$$

ここで，σ_i は原子 i の σ 電子数，h_i は原子 i へ結合した水素原子数，Z_i^{v} は原子 i の価電子数をそれぞれ表す。たとえば，CH_3 と $-CH_2-$ は異なる単純デルタ値をもつ。また，CH_3 は NH_2 と同じ単純デルタ値をもつが，両者の原子価デルタ値は異なる。周期表でフッ素よりもあとの元素に対しては，次の形の原子価デルタ値が用いられる。

$$\delta_i^{\mathrm{v}} = (Z_i^{\mathrm{v}} - h_i)/(Z_i - Z_i^{\mathrm{v}} - 1) \tag{12.7}$$

ここで，Z_i は原子番号である。これらのデルタ値の関数を加え合わせたものは，分子結合度 χ (chi molecular connectivity index) と呼ばれる。たとえば，零次の χ 指数は次式で定義される。

$$^0\chi = \sum_{\mathrm{atoms}} (\delta_i)^{-1/2}; \quad ^0\chi^{\mathrm{v}} = \sum_{\mathrm{atoms}} (\delta_i^{\mathrm{v}})^{-1/2} \tag{12.8}$$

求和は，分子内のすべての原子について行われる。零次の χ 指数は，構造に関する情報をあまり含まない。そこで一次の χ 指数も定義された。この一次の χ 指数では，求和はすべての結合について行われる。

$$^1\chi = \sum_{\mathrm{bonds}} (\delta_i \delta_j)^{-1/2}; \quad ^1\chi^{\mathrm{v}} = \sum_{\mathrm{bonds}} (\delta_i^{\mathrm{v}} \delta_j^{\mathrm{v}})^{-1/2} \tag{12.9}$$

ここで，i と j は隣り合った結合原子を表す。さらに高次の χ 指数も定義される。たとえば，図12.25 は，ヘキサンの各種異性体に対する，$^0\chi$，$^1\chi$ および $^2\chi$ 指数をまとめたものである。分子式が同じでも構造式が異なれば，これらの指数は異なる値をとることが分かる。

κ なる形状指数（shape index）も考案された。これは，分子の構造が極限の分子グラフとどのような関係にあるかを調べることで作り出された指数である。分子結合度と同様，さまざまな κ 指数が定義される。一次の κ 指数は一結合フラグメントを計数し，二次の κ 指数は二結合パスを計数する。一次 κ 指数では，直鎖状グラフと完全連結グラフの二つを極限の分子グラフと見なす。完全連結グラフとは，すべての原子間に結合があるグラフをいう（図12.26）。これらの二つのグラフは，A を原子数としたとき，それぞれ $(A-1)$ 個と $A(A-1)/2$ 個の結合をもつ。いま，問題の分子が ^1P 個の結合をもつとすれば，$^1P_{\max} \geq {}^1P \geq {}^1P_{\min}$ の関係が成り立つ。ここで，$^1P_{\max}$ と $^1P_{\min}$ はそれぞれ，その原子数に対する結合の最大数と最小数を表す。一次の κ 指数は次式で定義される。

$$^1\kappa = \frac{2\,^1P_{\max}\,^1P_{\min}}{(^1P)^2} = \frac{A(A-1)^2}{(^1P)^2} \tag{12.10}$$

それに対し，二次の κ 指数は二結合パス ^2P の計数から導かれる。二結合パスの数は，分子が星形のとき最大となり（$^2P_{\max} = (A-1)(A-2)/2$），直鎖状分子のとき最小となる（$^2P_{\min} = A-2$）。二次の κ 指数は次式で定義される。

	長さ2の パス	長さ3の パス	長さ4の パス	長さ5の パス	$^0\chi$	$^1\chi$	$^2\chi$
	4	3	2	1	4.828	2.914	1.707
	5	4	1	0	4.992	2.808	1.922
	5	3	2	0	4.992	2.770	2.183
	6	4	0	0	5.155	2.643	2.488
	7	3	0	0	5.207	2.561	2.914

図 12.25 ヘキサンの各種異性体に対する χ 指数 [46]

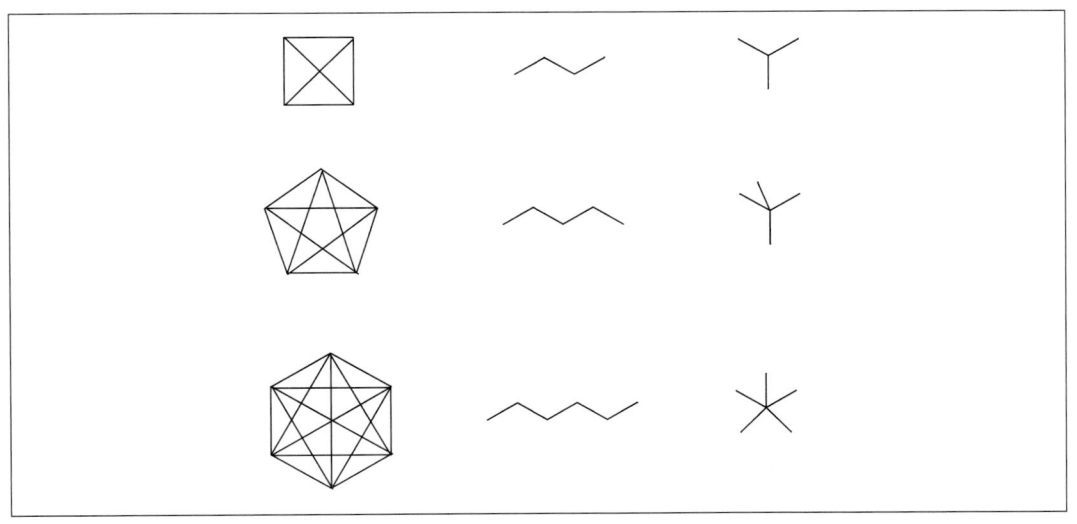

図 12.26 一次と二次の κ 指数の計算に必要な極限の分子グラフ。(上) 4原子分子，(中央) 5原子分子，(下) 6原子分子。

$$^2\kappa = \frac{2\,^2P_{\max}\,^2P_{\min}}{(^2P)^2} = \frac{(A-1)(A-2)^2}{(^2P)^2} \tag{12.11}$$

分子結合度と同様，さらに高次の κ 指数もまた定義できる。κ 指数は，原子の種類に関する情

報を一切含まない．原子種の情報を付け加えたければ，$\kappa-\alpha$ 指数を使わなければならない．$\kappa-\alpha$ 指数では，各原子に次の α 値が割り当てられる．この α 値は，sp³混成炭素を基準としたときの原子の大きさを表す．

$$\alpha_x = \frac{r_x}{r_{Csp^3}} - 1 \tag{12.12}$$

分子の α 値を計算するには，構成原子の α 値を加え合わせればよい．$\kappa-\alpha$ 指数は次式で定義される．

$$^1\kappa_\alpha = \frac{(A+\alpha)(A+\alpha-1)^2}{(^1P+\alpha)^2} \tag{12.13}$$

$$^2\kappa_\alpha = \frac{(A+\alpha-1)(A+\alpha-2)^2}{(^2P+\alpha)^2} \tag{12.14}$$

Kier & Hall によって最後に提案されたグラフ理論的指数は，電子位相幾何学的状態指数 (electrotopological state index) である [47]．この指数は，分子結合度や形状指数とは異なり，個々の原子に対して定義される．また，もし望むならば，水素原子を含めることもできる．電子位相幾何学的状態指数は原子の固有状態（intrinsic state）に依存する．この固有状態は，たとえば，周期表の第 2 周期にある原子 i では次式で定義される．

$$I_i = \frac{\delta_i^v + 1}{\delta_i} \tag{12.15}$$

この固有状態には，原子 i の電子的特性と位相幾何学的特性が反映されている．他原子との相互作用の効果は，原子 i と他原子 j の間の結合数が分かれば組み込める．いま，原子 i と j の間のパス長を r_{ij} とすれば，摂動は次式で与えられる．

$$\Delta I_i = \sum_j \frac{I_i - I_j}{r_{ij}^2} \tag{12.16}$$

ΔI_i と I_i の和は，各原子の電子位相幾何学的状態（E 状態）を表す．この記述子は，原子の位相幾何学的状態だけでなく，（他原子による誘起効果を含めた）各原子の電気陰性度もコードしている．原子のこの電子位相幾何学的状態は，構成原子全体について平均二乗値を計算することで分子全体の記述子となる．I 値の数は有限であるから，ベクトルやビット列による表現も可能である．すなわち，分子内のさまざまな I 値に対してそれぞれ適当なビットを割り当てれば，ビット列表現が得られる．また，それに代わり，個々の固有状態に対して複数の E 状態値を定義すれば，記述子は実数のベクトルになる．

　原子対 [19] と位相幾何学的ねじれ [94] は，構造記述子として相互に関連をもつ．すなわち，個々の原子対記述子は，原子対を構成する元素の種類に加えて，それに結合した非水素原子の数，原子対に含まれる π 結合電子の数，最短パスの長さといった情報をコードし，位相幾何学的ねじれ記述子は，連結した四原子の順序，原子タイプ，ねじれ原子に結合した非水素原子の数，π 電子数といった情報をコードする．実際の距離（Å）を測定した幾何学的原子対は，三次元の原子対記述子に相当し，このような 3D 幾何学的記述子は，他の幾何学的記述子でも同様に定義で

12.9.4 薬理作用団キー

3D 薬理作用団探索法の発展は，新しいタイプの記述子として薬理作用団キー (pharmacophore key) を生み出した．これは，3D データベース探索の高速化に使われる二進キーを拡張したものである．大量の分子を相手にする場合，その薬理作用団探索は，比較的迅速に計算できる性質を使って行われる．その結果，3D 構造に依存する多くの性質は，しばしば無視される．また，たとえこのような 3D 情報が使われたとしても，それは単一の配座に基づいた情報であることが多い．薬理作用団キーは，分子の配座的柔軟性と薬理作用団の特徴を同時に考慮し，しかもその計算は比較的容易に行える．薬理作用団は最小限，三つの特徴で規定できる．許容配座における薬理作用団の特徴は，配座解析時に同定される．薬理作用団キーの作成に際しては，三つの特徴のすべての組合せが特徴間の距離とともに列挙される．たとえば図 12.27 の例では，水素

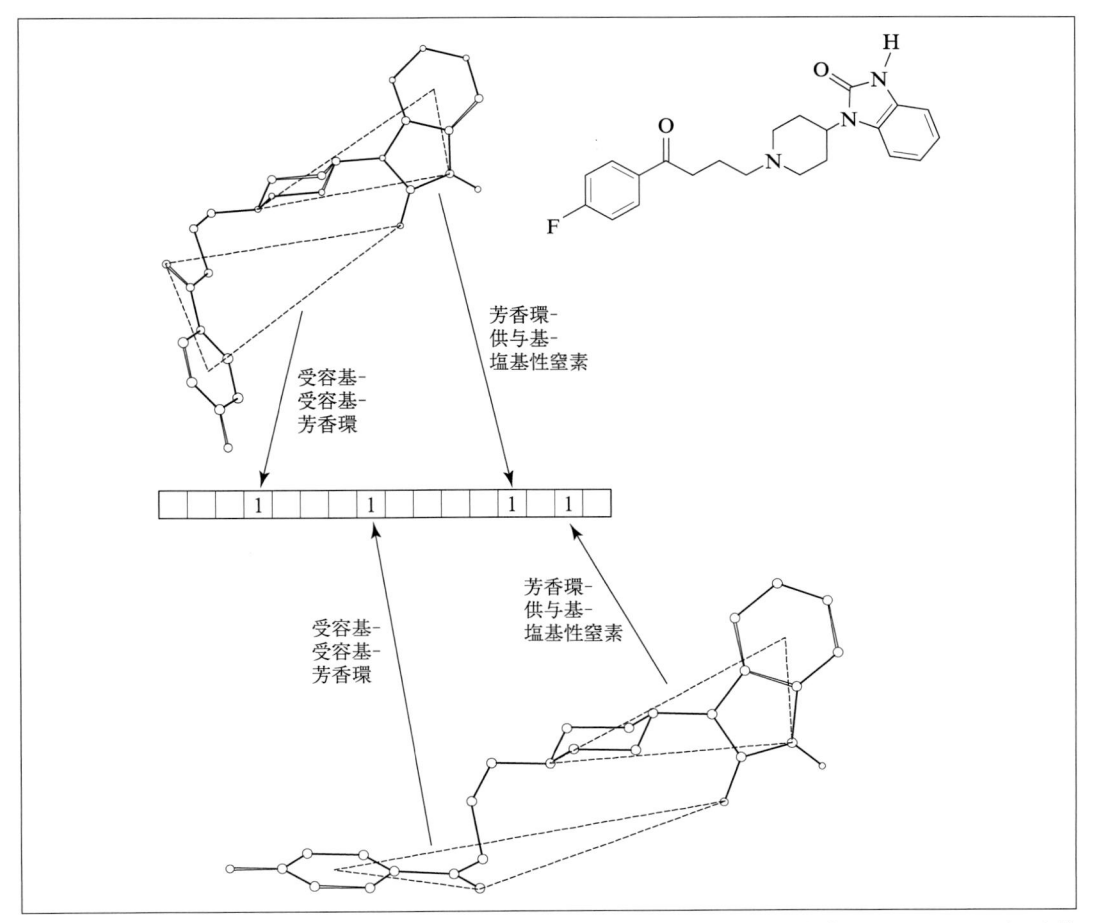

図 12.27 ベンペリドールの 3 点薬理作用団キー．二つの配座のそれぞれに対し，3 点薬理作用団が二つずつ定義される．

結合供与基は芳香環の重心から6Å，塩基性窒素から4Åの距離にあり，芳香環の重心と塩基性窒素は7Åの距離にある．個々の3点薬理作用団は，三つの特徴とそれらの間の距離で区別され，薬理作用団キーを表すビット列の特定ビットと結びつけられる．この薬理作用団キーには，分子が発現しうるすべての3点薬理作用団がコードされる．薬理作用団キーは，他の二進記述子と同様に取り扱える．3点薬理作用団キー［41,99］に加えて，4点薬理作用団キー［88］を設定することもある．4点薬理作用団キーは，3点キーに比べ情報量が多く，より識別力がある．たとえば，立体異性体の識別には4点が必要である．しかし，4点薬理作用団キーのビット数は3点の場合に比べてかなり多くなる．そのため，それらを一つの大きなビット列として保存することは実際的ではなく，しばしば工夫を必要とする．

12.9.5　類似度の計算

分子の記述子は属性のベクトルを形作る．これらの属性は，実数のこともあれば二進数のこともある．後者の場合，「1」は特徴が存在することを示し，「0」は存在しないことを示す．記述子が定義できたら，次は類似性の定量的尺度の計算である［125］．類似度は，通常0～1の範囲の値をとる．「1」は類似度が最大であることを示す（ただし，このことは分子が同一であることを必ずしも意味しない）．類似度は距離と相補的関係にあると考えられ，1から類似度を差し引いたものは，しばしば二分子間の「距離」を表す．クラスター分析のような方法では，このような距離が使用される（9.13節参照）．

本項では，実数（連続）記述子と二進（二分）記述子の両者で広く使われる三種の類似度——谷本係数，Dice係数，コサイン係数——を取り上げる．これらの係数は，表12.3に示した公式を用いて算出される．表には，完全を期すため，9.13節で説明したユークリッド距離とハミング距離の公式もあわせて示してある．実数データ——各分子がN個の実数値x_iのベクトルで表される——と二進データ——各分子がN個の二進値で表される——では，使用する公式が異なる．また，二進データでは，分子Aのビット列で「オン」状態にあるビット数をa，分子Bのビット列で「オン」状態にあるビット数をb，分子AとBの両者で「オン」状態にあるビット数——AND演算子を使って計算——をcでそれぞれ表す．

三つの類似度のうち，（構造キーやハッシュ指紋のような）二進分子データで最も広く使われるのは，谷本係数である．化合物間の類似性を数量化する方式は，三種の距離で微妙に異なる．その違いは，官能基をあまり含まない単純な分子でことに顕著である．たとえば，二種のフェノチアジン系神経遮断薬，クロルプロマジンとメトキシプロマジンを考えてみよう（図12.28）．Daylightハッシュ指紋を使って計算すると，これらの二分子間のハミング距離は61になり，Soergel距離——二進データでは谷本係数の補数に等しい——は0.28になる．これらの分子の違いは，塩素原子をメトキシ基で置換した点だけである．では，同様な違いをもつさらに小さな二つの分子，塩化メチルとジメチルエーテルの場合には，これらの距離はどのようになるのか．この分子対では，ハミング距離は16，Soergel距離は0.80となる．ハミング距離の結果は，小さい二分子の方が大きい二分子に比べて互いの距離が近く，類似度が高いことを示唆する．とこ

12.9 分子記述子　659

表 12.3　分子間の類似度や距離の計算に使われる公式 [125]。二進変数に対する公式では，a は分子 A，b は分子 B，c は分子 A と B の両者で「オン」状態にあるビットの数をそれぞれ表す。

名　称	連続変数に対する公式	二進（二分）変数に対する公式
谷本係数 Jaccard係数とも呼ばれる。 補数は二進データでは Soergel距離に等しい。	$S_{AB} = \dfrac{\sum_{i=1}^{N} x_{iA} x_{iB}}{\sum_{i=1}^{N}(x_{iA})^2 + \sum_{i=1}^{N}(x_{iB})^2 - \sum_{i=1}^{N} x_{iA} x_{iB}}$ 範囲：$-0.333 \sim +1$	$S_{AB} = \dfrac{c}{a+b-c}$ 範囲：$0 \sim 1$
Dice係数 Hodgkin指数とも呼ばれる。	$S_{AB} = \dfrac{2\sum_{i=1}^{N} x_{iA} x_{iB}}{\sum_{i=1}^{N}(x_{iA})^2 + \sum_{i=1}^{N}(x_{iB})^2}$ 範囲：$-1 \sim +1$	$S_{AB} = \dfrac{2c}{a+b}$ 範囲：$0 \sim 1$
コサイン係数 Carbo指数とも呼ばれる。	$S_{AB} = \dfrac{\sum_{i=1}^{N} x_{iA} x_{iB}}{[\sum_{i=1}^{N}(x_{iA})^2 \sum_{i=1}^{N}(x_{iB})^2]^{1/2}}$ 範囲：$-1 \sim +1$	$S_{AB} = \dfrac{c}{(ab)^{1/2}}$ 範囲：$0 \sim 1$
ユークリッド距離	$D_{AB} = \left[\sum_{i=1}^{N}(x_{iA} - x_{iB})^2\right]^{1/2}$ 範囲：$0 \sim \infty$	$D_{AB} = [a+b-2c]^{1/2}$ 範囲：$0 \sim N$
ハミング距離 マンハッタン距離，市街地 距離とも呼ばれる。	$D_{AB} = \sum_{i=1}^{N} |x_{iA} - x_{iB}|$ 範囲：$0 \sim \infty$	$D_{AB} = a+b-2c$ 範囲：$0 \sim N$

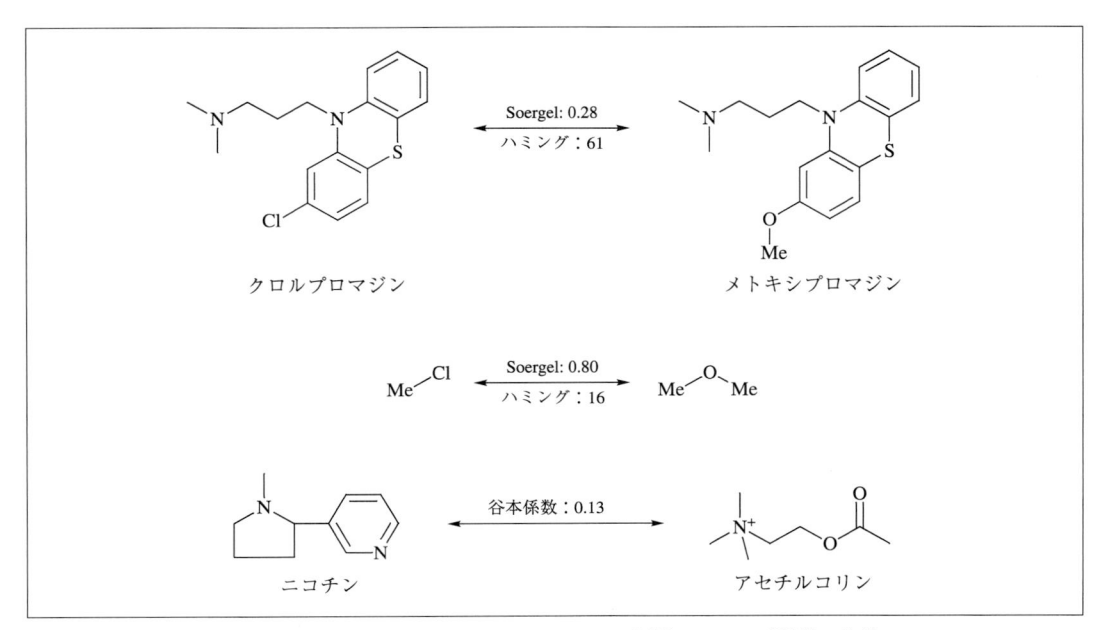

図 12.28　いくつかの分子における Soergel 距離とハミング距離の比較

ろが，Soergel/谷本の結果はまったく逆である。なぜ，このようなことが起こるのか。考えられる理由は次の二つである。(1) ハミング距離では Soergel/谷本距離と異なり，類似度の算定の際，共通部分が相殺される。(2) 谷本係数の分母は，分子の大きさに応じて結果を規格化する効果をもつ。

谷本係数にはもう一つ重要な特徴がある。それは，ビット列データに対して使われたとき，小さい分子では，共通するビットの数が少ないため，類似度の値が小さくなることである。似ていない化合物を選択するような場合には，われわれはこの点に特に注意しなければならない。そうしないと，選択は小さい分子に偏ってしまう。

Tversky の研究によれば，二進データに対する類似度の公式は次のように一般化できる [117, 15]。

$$S_{\text{Tversky}} = \frac{c}{\alpha(a-c) + \beta(b-c) + c} \tag{12.17}$$

ここで，α と β はユーザー定義の定数である。式(12.17)は，$\alpha = \beta = 1$ であれば谷本係数と一致し，$\alpha = \beta = \frac{1}{2}$ であれば Dice 係数と一致する。興味深いことに，ツベルスキー係数は非対称で，$S_{\text{Tversky}}(A, B) \neq S_{\text{Tversky}}(B, A)$ である。もし，$\alpha = 1$，$\beta = 0$ であれば，ツベルスキー係数の値は，B にも存在する A の特徴の割合と解釈され，値が 1 であれば，A は B の部分構造であることを示す。

12.9.6　3D 属性に基づく類似性

類似度の計算では，通常，迅速に算出できる属性——特に構造キーやハッシュ指紋から導かれる属性——が使われる。ことに大量の分子を扱う場合にはそうである。2D 構造から導かれる類似性の尺度は，共通の 2D 部分構造をもとに分子を関係づける。しかし，実際の分子認識は 2D 部分構造ではなく，分子の三次元の構造や静電的属性に依存する。一例を示そう（図 12.28）。ニコチンとアセチルコリンは，(Daylight ハッシュ指紋から谷本係数を求めると 0.13 となり）類似性がきわめて低いにもかかわらず，生体内で同じ受容体と相互作用する。この事実は，水素受容基と四級窒素が適当な距離をとる簡単な 3D 薬理作用団モデルを考えれば合理的に説明できる。このような理由から，三次元的な属性に基づいた類似性尺度に対しては多大な関心が寄せられてきた。

分子対の形状的類似性や電子的類似性を表す尺度は，これまでにいくつか提案されている。たとえば，Carbo 指数は二分子の電子密度を比較するのに役立つ [18]。これは本質的にコサイン係数であり，その計算公式は次式で与えられる（表 12.3 参照）。

$$S_{\text{AB}} = \frac{\int \rho_A \rho_B \, dv}{\left(\int \rho_A^2 \, dv\right)^{1/2} \left(\int \rho_B^2 \, dv\right)^{1/2}} \tag{12.18}$$

各点の電子密度は，波動関数を二乗することにより得られる。Carbo 指数の値は，0（類似性なし）から 1（完全に一致）の範囲で変化する。あいにく，電子密度は類似性の尺度として理想的

ではない。電子密度は原子核の近傍で大きな値をとる。したがって，Carbo 指数には核の重なり具合しか反映されない。その点，（核から離れた位置の電子的効果が強調される）静電ポテンシャルは，より適切な尺度となりうる。Carbo 指数のもう一つの欠点は，その値がポテンシャルの絶対値だけに依存し，符号とは無関係なことである。Hodgkin & Richards は，Carbo 指数に代わる類似性尺度として，静電ポテンシャルを利用した次式を提案した [54]。

$$S_{AB} = \frac{2\int \phi_A(\mathbf{r}) \phi_B(\mathbf{r}) d\mathbf{r}}{\int \phi_A^2(\mathbf{r}) d\mathbf{r} + \int \phi_B^2(\mathbf{r}) d\mathbf{r}} \tag{12.19}$$

Hodgkin-Richards 指数では，同じ符号の大きな電荷が空間のほぼ同じ領域にあるならば，値は正となり，符号が逆の大きな電荷が空間の同じ領域にあるならば，値は負となる。この指数は実質的に Dice 指数と同じである。

　Hodgkin-Richards アプローチの積分はさまざまな方法で評価される。たとえば一つの方法は，分子を直交格子内部に置き，各格子点で静電ポテンシャルを計算する。式(12.19)の積分は，それらの値を格子点全体について加え合わせれば数値的に求まる。この計算はかなり時間を要する。類似性が最大となる位置を検出するため，分子の相対配向や配座を変える場合には，特にそうである。これに代わる方法としては，解析関数でポテンシャルを表す方法が考えられる。たとえば，ガウス関数の一次結合でポテンシャルを当てはめることができれば，類似性尺度ははるかに速く計算できる [40]。

　3D 類似性尺度を計算するこれらの方法は，適当な 3D 属性に基づいて分子を並置する手段を提供する。分子の並置は，薬理作用団マッピングのような方法を用いても可能である。しかしこの場合には，並置は薬理作用団の特徴のみに基づいてなされる。活性分子の構造並置は薬物の設計にきわめて役立ち，標的受容体の構造が分かっている場合には特にそうである。本章で取り上げた 3D データベース探索や比較分子場解析などの手法は，この構造並置を利用している。並置を行う手法はこのようにいろいろ知られている。この事実は問題の複雑性を反映しており，それは一部，空間での分子の相対配向や配座的柔軟性を考慮する必要性に基づく [76]。

12.10　多様性に富む化合物集合の選択

　高効率スクリーニングやコンビナトリアル合成の時代が到来して以来，「化学的多様性 (chemical diversity)」なる用語が文献や会議で広く使用され，活発に論議されるようになった。では，化学的多様性とは何を意味するのか。また，それはどのようにしたら数量化できるのか。いま，合成できる化合物の数に制限がある場合を考えてみよう。リード化合物を発見する機会を最大化するには，化合物はできる限り多様であることが望ましい。そのためには，多様な化合物を選抜できる方法や，化合物集合どうしで多様性の違いを比較できる方法が必要である。しかし，全部で N 個の化合物から k 個の化合物を取り出す方式は，$N!/k!(N-k)!$ 通り存在するので，すべての可能性を吟味することは明らかに不可能である。たとえば，わずか 50 個の化合物から

10個を取り出す場合ですら，10^{10}通りを越える組合せが存在する。多様性に富む化合物群の選択では，通常，クラスター分析，相違度に基づく方法，分割に基づく方法の三つが使われる。しかし，これらの方法を適用するに当たっては，使用する分子記述子に対して事前に適当なデータ操作を施した方がよいことも多い。

12.10.1 データ操作

データセットに対してはさまざまな検定や操作が施される。たとえば，データセット内のすべての分子で値が同じ記述子は，解析に含めても，得られるものは何もない。また，値の分布を調べた方がよいこともある。ある種の方法は，データが正規分布に従うことを仮定しており，この分布から大きく外れる場合には，意味のない結果しか得られない。このことは，特に定量的構造活性相関を解析する際，重要になる。正規性からのずれで最も一般的なものは，歪度（skewness）と尖度（kurtosis）の二つである。前者は対称性からの分布の歪み具合を示し，後者は分布のとがり具合を示す（図12.29）。歪度と尖度は，それぞれデータの三次および四次モーメントと関係する。ちなみに，一次モーメントは平均，二次モーメントは分散を表す。これらは，モーメント定理に関する4.23節の議論ですでに取り上げた。分布は時として双峰的で，平均を二つもつこともある。変動係数（coefficient of variation）は，記述子が範囲全体にわたって十分な広がりをもつか否かを調べるのに使われる。この係数は，標準偏差を平均で割ったものに等しい。変動係数は測定尺度に応じて自動的に調整され，値が大きいほど，値の広がりは良いと見なされる。必ずしも本節で取り上げる方法のすべてで使われるわけではないが，基本的な点検の際，役立つ尺度であることは確かである。

記述子のスケールが異なる場合，大きい方のスケールで表された記述子は，そのままの形で用いると，解析の際，過度な重みを与えられ，間違った解釈の原因となる。自動スケーリングでは，記述子は次式に従い，平均がゼロで標準偏差が1になるようにスケールを調整される。

$$x_i' = \frac{x_i - \bar{x}}{\sigma} \tag{12.20}$$

自動スケーリングに代わるものとして，式(12.20)の分母を範囲――最大値と最小値の差――に等しくとる範囲スケーリングも用いられる。範囲スケーリングを行うと，新しい値は-0.5から$+0.5$の範囲に収まる。

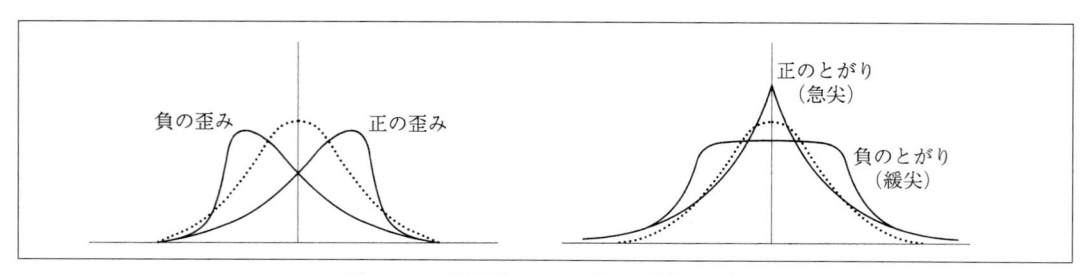

図 12.29 正規分布からのずれ：歪度と尖度

記述子間の相関の吟味もまた重要である。相関の高い記述子は正しい情報をもたらさない。二つの属性間の相関の度合は，相関係数を計算すれば簡単に算定できる。ピアソンの相関係数は次式で与えられる。

$$r = \frac{\sum_{i=1}^{N}(x_i - \langle x \rangle)(y_i - \langle y \rangle)}{\sqrt{\left[\sum_{i=1}^{N}(x_i - \langle x \rangle)^2\right]\left[\sum_{i=1}^{N}(y_i - \langle y \rangle)^2\right]}} \tag{12.21}$$

ここで，$\langle x \rangle$と$\langle y \rangle$はxとyの算術平均，Nは化合物の数である。$r=1.0$は完全な正の相関を意味し，xとyの座標値は正の傾きをもつ直線上にすべて乗る。また，$r=-1.0$は完全な負の相関を意味し，xとyの座標値は負の傾きをもつ直線上にすべて乗る。一方，$r=0.0$は，相関がまったく存在しないか，あるいは，xとyの座標値が非線形な分布に従うことを意味する。

パラメータの値をグラフにプロットすることは，しばしばきわめて有用である。このような作業は，相関の有無や孤立値の確認に役立つ。二種類のパラメータ，たとえばσとπの二次元散布図は，Craigプロットと呼ばれる。パラメータ間の相関の度合は，四つの象限のすべてから置換基を均等にサンプリングすれば最小化される。

主成分分析は，記述子間の相関を軽減するのに役立つ（9.14.1項参照）。以後の計算では，たとえば変動の90％を説明する主成分だけが使われ，他は無視される。主成分の選択には，そのほか，固有値が1を越えるものだけを選ぶ方法や，交差確認に基づいたさらに複雑なアプローチも使われる（12.12.3項参照）。主成分の計算に当たっては，前もって（たとえば自動スケーリングにより）記述子のスケールを調整しておいた方がよい。また，主成分を使って得られた結果の物理的意味は，個々の主成分がほぼ単一の記述子で表される場合を除き，解釈がむずかしい。

主成分分析とよく似た方法に，因子分析（factor analysis）がある。これは，データセット内の多重共線性を確認するのに使われる。多重共線性とは，ある記述子が他の複数の記述子の線形結合と相関を示すことをいう。因子分析は主成分分析と関係があり，混同されることも多い。因子分析では，各記述子は因子の線形結合で表される。たとえば，記述子x_iを考えたとき，この記述子のN個の値（$x_{i,j}$）——jはデータセットに含まれるN個の分子に対応し，1からNまで変化——は，因子を使って次のように書き表せる。

$$x_{i,j} = a_i^1 F_j^1 + a_i^2 F_j^2 + a_i^3 F_j^3 + \cdots\cdots + a_i^d F_j^d + E_{i,j} \tag{12.22}$$

行列の形で表せば，この式は$\mathbf{X} = \mathbf{F}\mathbf{A}^\mathrm{T} + \mathbf{E}$となる。ここで，$F_j^1, F_j^2, \cdots\cdots, F_j^d$は$d$個からなる共通因子である。各因子の値は$N$個の分子の各々に対して存在する。データの簡約を達成するには，dの値は，データセットに含まれる記述子の総数よりも小さくなければならない。$E_{i,j}$は，分子jの記述子x_iに固有な独自因子である。共通因子に掛かる係数$a_i^1, a_i^2, \cdots\cdots$は，因子負荷量と呼ばれる。主成分分析では，個々の主成分は変数の線形結合で表される。それに対し，因子分析では，同様の線形表現が使われるにもかかわらず，変数自体が因子を用いて表される。すなわち，分子の記述子の値は，その分子に対する因子の値を式(12.22)へ代入してやれば求まる。

独自因子は，（実験誤差のように）その記述子のみに固有な情報を表すので，通常無視される。この措置は主成分と同様，互いに直交する共通因子だけを残す。時として，各因子は複数の記述

子と関係をもつ．この記述子の数をできるだけ減らすため，因子はしばしば回転を施される．もし，与えられた因子と関係をもつ記述子が1〜2個しかなければ，分析結果の解釈ははるかに容易になる．回転操作は主成分に対しても適用できる．

12.10.2 クラスター分析を使った多様性に富む化合物集合の選択

クラスター分析の詳しい議論は，配座解析のところですでに行った（9.13節参照）．クラスター分析は，多様な化合物群を選択する目的にも使える．では具体的に，どのようなアルゴリズムが適当なのか．分子の数が多い場合，ある種のアルゴリズムは法外な記憶容量を要求し，計算に時間がかかりすぎる．また，クラスター分析では，われわれは記述子ベクトルから分子対の距離を計算しなければならない．分子指紋のような二進記述子では，この距離はSを類似度としたとき，一般に$1-S$で与えられる（表12.3）．

ここでは，クラスター分析を利用した化合物選択の実例として，Downs, Willett & Fisanick [28] と Brown & Martin [17] による二つの研究を紹介しよう．Downs らの研究では，各分子は13個の属性で記述された．研究の目的は，クラスター化のさまざまな手法を使って，これらの属性がどの程度うまく予測できるかを調べることであった．各分子の属性値は，同じクラスターに属する他の分子の属性の平均値として予測され，それらの予測値は，次に実際の値と比較された．予想通り，形成されたクラスターの数が多ければ多いほど，（クラスター内の分子はよく似てくるので）予測は正確になった．検討された方法のうち，階層的アルゴリズムは非階層的な Jarvis-Patrick 法に比べ，有意に良い予測結果を与えた．

一方，Brown らは，分子の記述子として構造キー，指紋，薬理作用団キーを考え，クラスター化のさまざまな方法を比較した．方法の評価は，分子集合を活性群と不活性群へ分離するその能力に基づいてなされた．四組のデータセットが解析されたが，最も良い結果が得られたのは，2D 記述子——特に構造キー——と階層的クラスター化法を組み合わせたときであった．構造キーは，化合物の選択用ではなく，部分構造の高速探索用に設計されたものであったから，これはかなり驚くべき結果であり，その後，多くの論議を呼ぶこととなった．ことにこの研究で使われたデータセットは，構造のよく似た活性分子を，高効率スクリーニングの典型的なシナリオにおけるよりも高い割合で含んでいたため，データセットの性質に関しては熾烈な議論が戦わされた．

12.10.3 相違度に基づく化合物の選択法

相違度に基づく化合物の選択では，分子の部分集合は（通常，類似度の補数で表される）適当な相違度を使い，ワンステップで選択される．これは，（まず分子をグループに分け，しかるのち，どれを選択するかを決める）クラスター分析の二段階手続きとは対照をなす．相違度に基づく選択法のほとんどは，二つのカテゴリー，すなわち，最大相違度アルゴリズムと球排除アルゴリズムのいずれかに属する [111]．

最大相違度アルゴリズムは反復操作を利用する [62]．化合物は，各ステップでデータベースから1個ずつ選択され，部分集合へ追加される．選択されるのは，現在の部分集合と最も似てい

ない化合物である。この基本アルゴリズムには変法が多数存在する。それらの違いは，最初の化合物の選び方や相違度の評価法にある。最初の化合物の選び方には，次の三種類がある。(a) 無作為に選択，(b) 最も代表的な分子，たとえば他の分子との類似度の和が最大となる分子を選択，(c) 最も似ていない分子，たとえば他の分子との類似度の和が最小となる分子を選択。

繰返しの各ステップで追加する分子を決めるに当たっては，データベースに残存する各分子とすでに部分集合へ移された分子の間の相違度を計算する必要がある。これを行う方法はいくつか知られている。Snareyらは，MaxSumとMaxMinなる二つの尺度を定義した。いま，部分集合に分子が m 個あるとしよう。これらの二つの尺度による分子 i のスコアは次式で与えられる。

$$\text{MaxSum:} \quad \text{score}_i = \sum_{j=1}^{m} D_{i,j} \tag{12.23}$$

$$\text{MaxMin:} \quad \text{score}_i = \min(D_{i,j; j=1,m}) \tag{12.24}$$

ここで，$D_{i,j}$ は分子 i と j の間の相違度を表す。選択されるのは，スコアが最大となる分子 i である。これらの二つの尺度は修正版も存在する。修正版では，すでに選択された化合物に近すぎる化合物は却下され，その評価には一般に谷本係数が使われる。

繰返しの各ステップで，部分集合に含める化合物が選択される点は，球排除アルゴリズムでも同じである［57］。しかし，最大相違度アルゴリズムと異なり，この球排除アルゴリズムでは，データベースに残った分子のうち，この化合物との相違度が閾値よりも小さい分子はすべて無視される。最初の化合物の選び方や閾値，あるいは各ステップでの次の化合物の選び方により，さまざまな変法が考えられる。通常，次の化合物には，すでに選択された化合物群との相違度が最も小さい化合物が選ばれる。HudsonらはMinMax法の使用を推奨した。このMinMax法では，選択されるのは部分集合との間で最小の最大相違度を示す分子である。次の化合物は，残存する化合物群から無作為に選択することもできる。

これらの方法による化合物選択の様子は，二次元図で示せば図12.30のようになる。まず，最大相違度アルゴリズムに従う場合を見てみよう。MaxSum法では，もし，最初の化合物として最も似ていない分子が選ばれたならば，次の化合物は分布範囲の端から順次選ばれる傾向がある。この傾向は，MaxMinアプローチでも最初のうちは同じである。しかし，MaxMinの場合には，そのうちに中央領域からサンプリングが始まる。一方，球排除アルゴリズムでは，サンプリングは通常，分布の中央から出発し，外側へと向かう。

これらのアルゴリズムの性能を比較する目的で，Snareyらは，World Drug Index (WDI) から選択した一群の化合物に対して一連の計算実験を行った。このデータベースは生理活性化合物の情報を多数収録しており，各化合物はすべて，(たとえば抗生物質，抗ヒスタミン薬，鎮痛薬といった) 生物活性のタイプ別に分類されている。研究の目的は，選択した化合物の部分集合における活性クラスの数を求めることであった。同定された活性クラスの数が多ければ多いほど，アルゴリズムの性能は高いとされた。比較は，(MaxSum, MaxMinなどの) さまざまな相違度に加え，(式(12.23)と(12.24)の $D_{i,j}$ のように) 二分子間の相違度を数量化するさまざまな方法についても行われた。分子は，ハッシュ指紋もしくは一連の位相幾何学的指数や物理的性質で

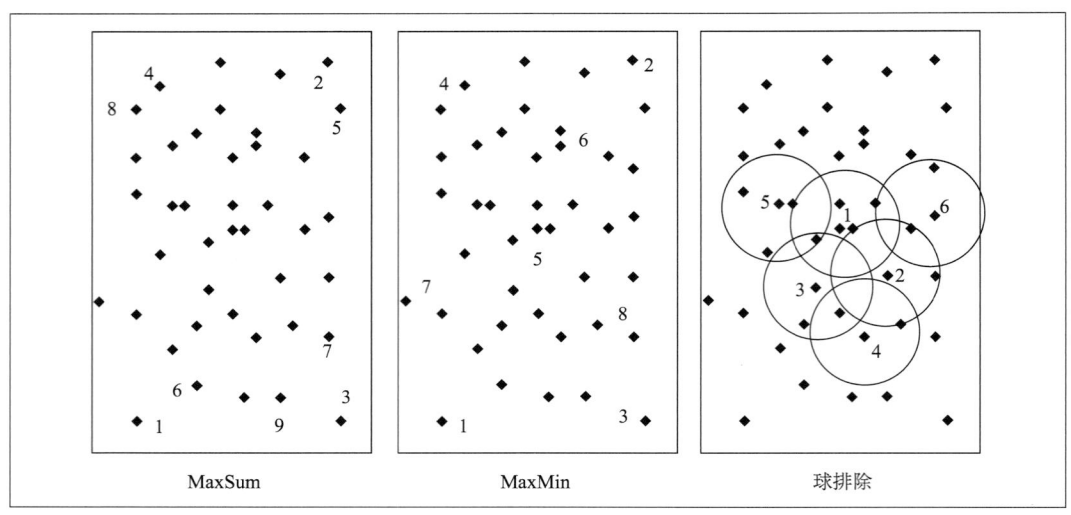

図 12.30 相違度に基づく各種選択法の比較。番号は，分子が選択される順序を示す。

記述され，相違度は，谷本係数やコサイン係数の補数として算定された。コサイン係数の計算では，部分集合を構成する個々の成員を考えなくとも，分子と部分集合の間の相違度を1回の操作で計算できる高速なプロシジャーも使われた [55]。この研究から最良のアルゴリズムを選び出すことは容易ではなかった。しかし，強いて挙げれば，最も良い結果を与えたのは MaxMin 最大相違度アルゴリズムであった。

　これまでに説明した反復法では，（化合物は一度に1個ずつ集合に追加されたが）それに代わるものとして，集合全体を一まとめにして選択する方法もある。この方法では，（焼きなましを伴う）モンテカルロ探索のような標準的な最適化操作が利用される [52,1]。集合は無作為に選択され，まず，相違度関数（diversity function）の初期値が（MaxMin のような関数を用いて）計算される。次に続く繰返しの各ステップでは，集合を構成する化合物の一部が置き換えられ，その都度新しい相違度が計算される。相違度に改善が見られれば，その変化は受理され，そうでなければ，メトロポリスの条件 $\exp[-\Delta E/k_\mathrm{B} T]$ が適用される。メトロポリスの条件に代わり，Felsenstein 式，$1/(1+\exp[\Delta E/k_\mathrm{B} T])$ が使われることもある [1]。この式を使えば，確率は 0.5 よりも小さく抑えられるので，系が単なるランダムウォークを起こすことはない。

12.10.4　分割に基づく化合物の選択法

　クラスター分析や相違度に基づく方法では，化合物空間の全領域から一様に化合物が選択されたことを確認できる簡単な手立ては存在しない。この欠点を解決したのが分割に基づくアプローチである。この方法は，別名「セルに基づく方法」とも呼ばれる。分割に基づくアプローチでは，多数の軸が定義される。それらは記述子やその組合せに対応し，各軸はさらに多数のビン（bin）に分割される。したがって，軸が N 本存在し，各軸が b_i 個のビンへ分割されているならば，多次元空間に作り出されるセルの数は次式で与えられる。

$$\text{セルの数} = \prod_{i=1}^{N} b_i \tag{12.25}$$

各分子は，各軸に沿ったその値に従いセルへ配置される．分子の代表的な集合を作り出すのは簡単である．各セルから分子を1個ずつ選び出せばよい．空のセルは，化合物がまだ存在しない空間領域に対応する．集合の多様性は，この空のセルを満たすことで増す．

この方法の欠点は，次元数 N が大きくなると，セルの数が指数関数的に増加するため，比較的低次元の空間しか扱えないことである．この理由から，分子間距離や相違度の計算で一般に使われる二進記述子は，このアプローチでは使用できない（たとえば，長さ1024のビット列は 2^{1024} 個のセルを含む．これは天文学的な数である）．そこで，処理可能な十分低次元の空間を作り出す必要があった．この問題は，Lewis, Mason & Mclay により解決を見た [80]．彼らの研究の目的は，（リガンド-受容体相互作用での重要度に基づき選ばれた）主要な六つの属性——疎水性，極性，形状，水素結合性（供与，受容），芳香性——を予測できる一組の記述子を見つけ出すことであった．統計的な解析から同定された（弱い相関をもつ）六つの記述子は，それぞれ六つの属性の一つと強い関連を示した．約47,000種の分子についてその分布がプロットされたのち，各記述子は2～4個のビンへ分割された．このような比較的粗っぽい分割でさえ，約600個ものセルが生成した．このことは，分子が一様に分布しているとして，セル当たりの分子数が約80になることを意味する．次に，セルを代表する分子がセル当たり3個ずつ選択され，全部で約1,000個の化合物からなる汎用スクリーニング集合が作られた．セルの中には占有分子数が3に満たないものもあったが，そのようなセルは，（たとえばきわめて疎水性で，しかも水素結合基を多数もつといった）実在する可能性の低い属性の組合せに対応すると考えられる．

セルが指数関数的な数になるという問題は，主成分分析や因子分析を適用することで解決される．これらの分析法は，元の記述子の線形結合で作られた，より少数個の新しい直交軸を定義する．Cummins らはこのアプローチを使用し，さまざまな化学データベースの比較研究を行った [23]．この研究では，記述子は最初，溶媒和自由エネルギーの計算値と多数の位相幾何学的指数から構成されていたが，それらのうち，ほとんど変動のない記述子や他と高い相関のある記述子は解析から除外された．因子分析によると，データの変動の90％は四つの因子で説明できた．この四次元空間はセルへ分割され，しかるのち，五種のデータベースにおける分子の分布が計算された．分子のほとんどは，空間の比較的狭い領域に集まった．繰返し計算により孤立値が取り除かれ，その結果，分子の大部分が分布する領域の分離度は向上した．データベース間の比較は，共通するセルがいくつあるかを数える方法で行われた．被検データベースのうち二つは，生物活性分子しか含んでいなかった．したがって，それらが占める空間領域の同定には特に高い関心が示された．

主成分分析や因子分析に代わるものとして，Pearlman の BCUT 法がある [98]．この方法では，各分子に対して三つの正方行列が作成される．各行列は，分子を構成する原子の数に等しい大きさをもつ．行列の要素をなすのは，原子や原子間のさまざまなパラメータである．第一の行列は原子電荷，第二の行列は原子分極率，第三の行列は水素結合能を表すのに使われる．これら

の量は半経験的分子軌道法により計算できる。しかし，大多数の分子では，もっと近似の粗い方法で計算しても十分である。行列に対しては，固有値の最大値と最小値が計算される。行列は三つあるので，この操作は分子当たり六つの値をもたらす。これらは区分空間での軸を形づくる。

　その他，3D薬理作用団を利用して自然な区分空間を作り出す方法もある。薬理作用団のこの使い方は，PDQ（Pharmacophore-Derived Queries）と呼ばれる方法の基礎をなす[99]。この方法のもつ特徴の一つは，ほとんどの分子が複数のセルを占めることである。通常，分子は官能基をもち，配座的に柔軟であるため，分子内には複数の薬理作用団が存在しうるからである。これは，各分子が一つのセルしか占有しない通常の状況と対照をなす。

12.11　構造に基づく de novo リガンド設計

　データベース探索は，新しいリード化合物を発見する手段として有用である。研究の環境が整っていれば，ヒットした化合物はただちに試験できるし，文献に記載された方法で合成することもできる。しかし，データベース探索はまったく新しい分子を発見できるわけではない。また多くの場合，データベースに収録された化合物は特定の構造クラスに偏っているので，探索できる構造の範囲は限定される。それに対し，de novo 設計では，新しい分子は受容体の三次元構造や3D薬理作用団に基づいて一から設計される。de novo 設計のアルゴリズムは，基本的には二つに大別される。第一の方法は，アウトサイドイン法（outside-in method）と呼ばれる[81]。この方法は，最初に結合部位を解析し，どこにどのような原子団が強く結合するかを推定する。次に，それらの原子団をつなぎ合わせて分子骨格を組み立て，実際の分子へと変換する。一方，第二の方法は，インサイドアウト法（inside-out method）と呼ばれる。これは，適当な探索アルゴリズムの監督下，エネルギー関数に基づきさまざまな可能性を評価しながら，分子を結合部位の内部で次第に大きく成長させていく方法である。これらの二つのアプローチの違いは，模式的に示せば図 12.31 のようになる。

12.11.1　結合部位内部での分子フラグメントの位置決め

　GRID は，構造に基づくリガンド設計で最も広く使われるプログラムの一つである[42]。この方法では，まず最初，結合部位に規則正しい格子線が描かれる。そして，格子の頂点にプローブが布置され，経験的エネルギー関数を使って，プローブとタンパク質の間の相互作用エネルギーが計算される。その結果，各頂点にエネルギー値が割りつけられた三次元格子が得られる。プローブにとって有利な位置は，このデータの解析から特定できる。ノイラミニダーゼの結合部位に対する GRID の出力例を，図 12.32 に示す。プローブの種類は，官能基から小分子までさまざまある。格子を使う代わりに，エネルギー極小化操作やある種のシミュレーション法を利用する方法も提案されている。MCSS（Multiple-Copy Simultaneous Search）は，そのようなアプローチの一つである[90]。この方法では，結合部位は最初，ランダムに分布した同じフラグメントのコピーで満たされる。ただし，タンパク質はすべてのフラグメントと同時に相互作用す

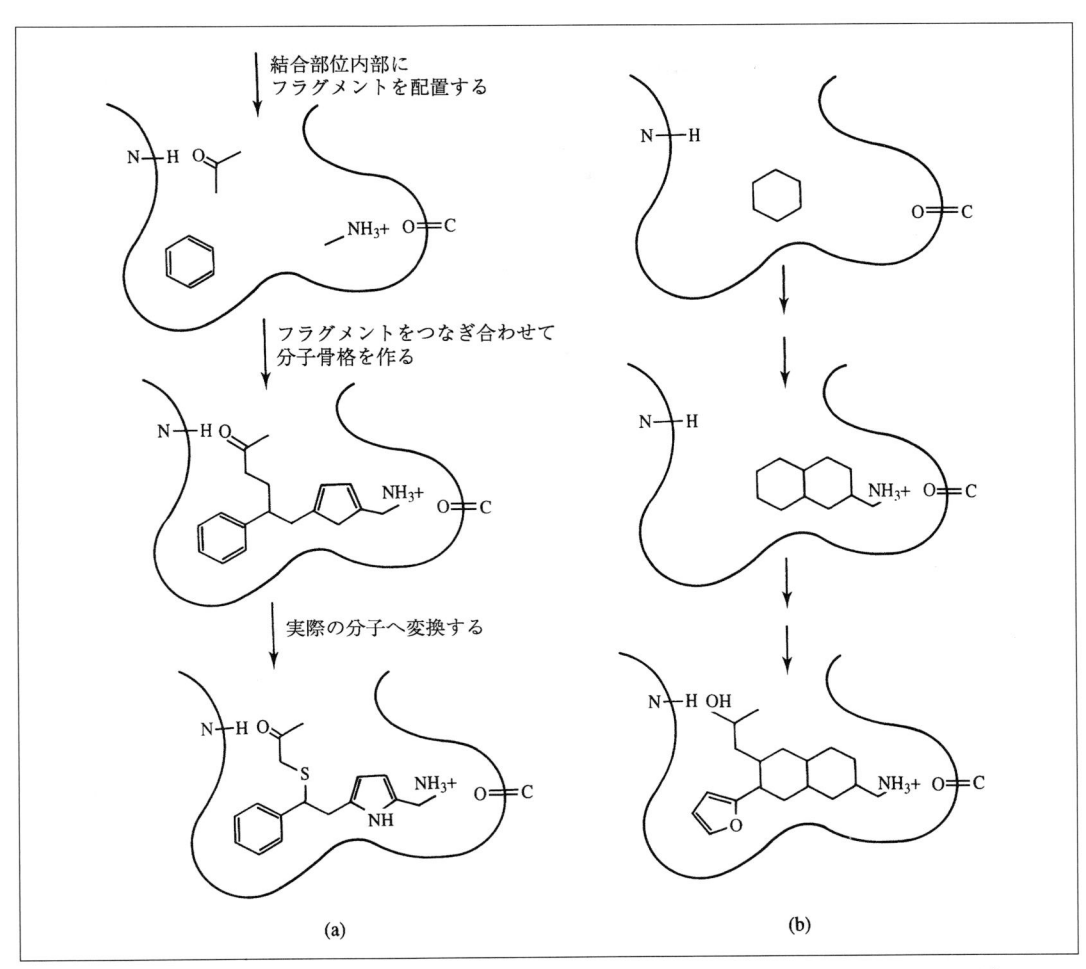

図 12.31 de novo 設計への二つのアプローチ。(a) アウトサイドイン法，(b) インサイドアウト法。

るが，フラグメントの間に相互作用は存在しないと仮定される。この分子力学的エネルギー・モデルに基づき，エネルギーの極小化が行われ，エネルギー的に有利な位置が検出される。極小化の操作は各段階で繰り返され，フラグメントの配向は，その都度クラスター化されて重複が取り除かれる。

エネルギーに基づく GRID のような方法とは別に，知識ベース・アプローチを使用し，結合位置を推定する方法もある。実験的に求めたリガンド-受容体複合体の構造を調べてみると，それらはしばしば特定のタイプの相互作用を含んでいる。たとえば，リガンドは受容体と水素結合を形成することが多い。知識ベース・アプローチでは，フラグメントは，通常観測されるこのような相互作用が再現されるよう布置される。たとえば，ほとんどの水素結合では，供与基の水素原子と受容基の距離はほぼ 1.8Å であり，その角度も 120° より小さくなることはほとんどない。相互作用構造に関するこのような情報は，（9.11 節で紹介した）X 線結晶構造データベースの解析から得られる。このアプローチに基づく LUDI プログラムは，タンパク質の結合部位へ小分

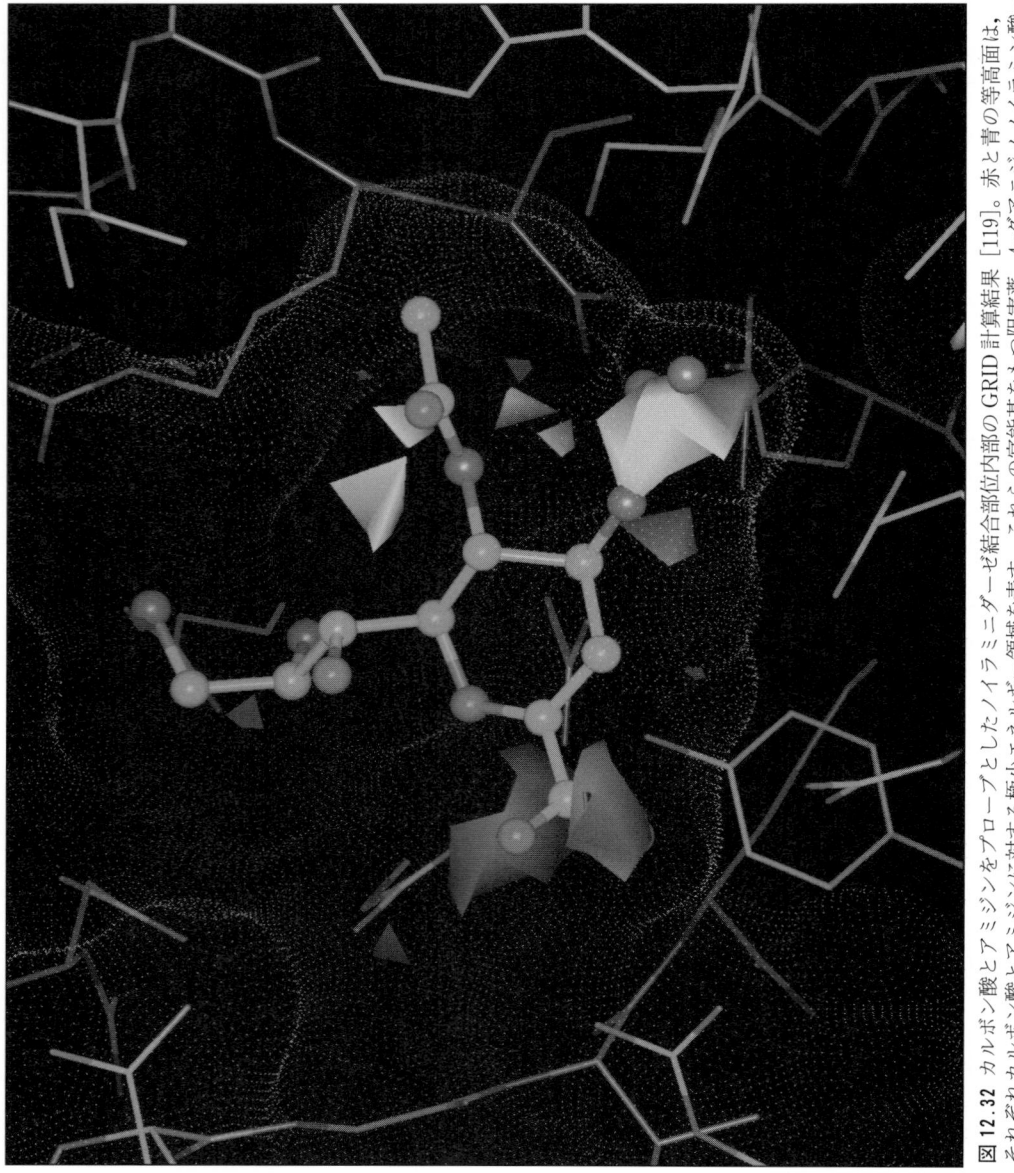

図 12.32 カルボン酸とアミジンをプローブとしたノイラミニダーゼ結合部位内部の GRID 計算結果 [119]。赤と青の等高面は、それぞれカルボン酸とアミジンに対する極小エネルギー領域を表す。これらの官能基をもつ阻害薬、4-グアニジノノイラミン酸-5-アセチル-2-エンの構造（球棒モデル）もあわせて示した。(カラー口絵参照)

子フラグメントをドッキングさせるのに広く利用される [10]。

　知識ベース・アプローチによるリガンド設計では，まず最初，受容体部位を精査し，（水素結合の供与基や受容基を含め）さまざまな原子団が配置されやすい領域を同定する必要がある。このような解析の結果は，一般に部位点（site point）の分布へと変換される。部位点とは，リガンドの原子や官能基が配置される結合部位内部の位置を指す。たとえば，水素結合の解析からは，供与基や受容基に対応した一連の部位点が得られる。部位点を列挙するに当たっては，その種の相互作用を発生しうる安定構造をすべて考慮しなければならない。X線結晶解析から得られる

構造は唯一つではなく，一定の分布をなす。したがって，特定の供与性原子や受容性原子と関連のある部位点の数も，通常，受容体部位に1個ではなく複数個存在する。エネルギー的に有利な構造は，連続した領域として扱われることもある。結合部位の様子が分かれば，次は，結合部位へ分子フラグメントを配置する段階である。これを行うには，まず分子フラグメントの特徴を調べ，対応する部位点へ関連原子を当てはめていけばよい。

LUDI探索で通常使われる小分子は，結合親和性が低い。そのため，高い精度でリガンド-受容体複合体の構造を予測することは容易ではなかった。しかし現在では，X線結晶構造解析やNMRの測定から，このようなフラグメントがタンパク質のどの部位へ結合するかを正確に知ることができる。ことに，SAR-by-NMRと呼ばれる手法は注目に値する[110]。このSAR-by-NMRでは，きわめて可溶な数種の小分子と^{15}N標識タンパク質の混合物がNMRで解析され，結合しやすい小分子がどれであるかはもちろん，どこへ結合するかも同時に明らかにされる。また，親和性の高いフラグメントが一度確認できたならば，それを加えて結合試験を行い，相乗的に結合する他のフラグメントを割り出すこともできる。

12.11.2 結合部位内部での分子フラグメントの連結

前項のアプローチを利用して，結合部位内部の有利な位置に分子フラグメントが配置できたならば，次は，それらのフラグメントをつなぎ合わせ，真の分子に作り変えなければならない。この課題は，分子連結子のデータベースを探索することで解決される。BartlettのCAVEATは，そのために開発された最初の方法の一つである[72]。CAVEATでは，二つのフラグメントの関係は，フラグメントを表す2個のベクトルとそれらをつなぐ連結子を用いて記述される。この連結されたベクトル対の幾何学的関係は，図12.33に示されるように，距離，二つの角および二面角で規定できる。CAVEATはそのデータベースを検索し，2個の結合ベクトルが同じ幾何学的関係にある連結子を抽出する。データは，効率の良い形式でデータベースに格納されているので，検索はきわめて迅速に行われる。CAVEATの初版では，連結子はケンブリッジ構造データベースに収録された環系データから作成され，四つの幾何学的パラメータは，環外へ向かう結合ベクトルのすべての対で計算された。ちなみに，連結子自体は構造発生プログラムを使っても作成できる。

CAVEATのようなデータベース探索アプローチで，すべての問題が処理できるわけではない。フラグメント間の距離が，データベースに収録された最長の連結子に比べて長い場合もありうるからである。また，このようなアプローチでは，その成否はデータベースに含まれるフラグメントに完全に依存する。フラグメントをつなぎ合わせて分子骨格を作り上げる戦略は，これに代わるアプローチとして注目に値する。この方法では，分子骨格は一時に原子を1個ずつ付け加えるか，もしくは，テンプレートをつなぎ合わせるやり方で成長していく。テンプレートを構成するのは，典型的な場合，薬物分子でよく見られる環構造や非環式フラグメントである[35]。

de novo設計へのアウトサイドイン・アプローチでは，発生させた分子骨格は，最終段階で真の分子へ変換される。これは最も難しい段階である。目標とするところは，比較的簡単に合成

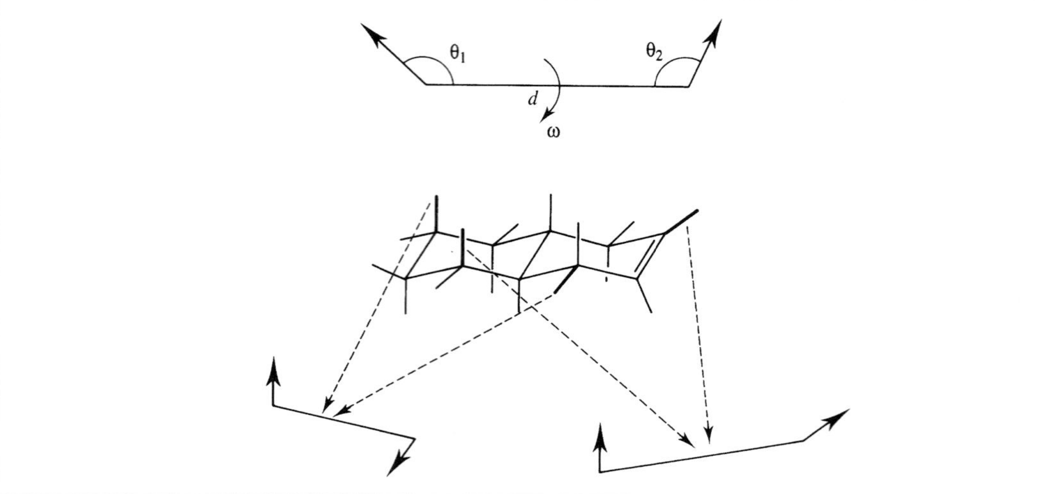

図12.33 二つの結合ベクトルの関係は，距離，ねじれ角および二つの結合角により規定できる（上図）．分子連結子データベースの探索に当たっては，環外へ向かう結合ベクトルのすべての対に対し，これらの四つの幾何学的パラメータが計算される（下図）．

でき，しかも結合部位との親和性が高い分子を設計することである．いくつか試みもなされてはいるが，コンピュータ・プログラムへ「合成の難易」まで組み込むことは至難の業である [93]．

図12.31で見たように，アウトサイドイン法では操作はいくつかの段階へ分割されるが，インサイドアウト法ではリガンドは単一の操作で作り出される．インサイドアウト法が特に成果を上げているのは，結合部位に適合するペプチド類の設計研究においてである [91]．この場合，リガンドは低エネルギー配座をとるアミノ酸から組み立てられる．このテンプレート空間の探索は，系統的探索とランダム探索のいずれによっても可能である．系統的探索では，構成要素のアミノ酸は，成長途中のリガンド分子へ順次付け加えられる．作り出された新しい構造は，分子力学的にそのエネルギーを計算され，タンパク質との不利な相互作用やエネルギーの高い分子内相互作用の有無が吟味される．構造の数は，段階が進むにつれて組合せ論的に増加するので，それらの構造をすべて保存するのは実際的でない．そこで次のステップへは，エネルギーの低い構造だけが引き渡される．これに代わる戦略として，モンテカルロ焼きなまし探索を利用する方法も考えられる．この探索では，構造の採否の判定はメトロポリスの基準に基づく．遺伝的アルゴリズムもまた，空間の探索に使用される [39]．この方法がペプチドの組立てに適用できるのは，ペプチドの場合，ビルディングブロックをつなぎ合わせる確かな方法が存在し，簡単に分子を合成できるからである．一般の有機分子の組立てはもっとむずかしい．

12.11.3 構造に基づくアプローチによる HIV-1 プロテアーゼ阻害薬の設計

Dupont-Merck 社の研究陣による HIV プロテアーゼ阻害薬の設計研究は，構造に基づくアプローチを適用した事例として注目に値する [71]．この酵素は，HIV ウイルスの複製に不可欠で，

その阻害薬は抗エイズ薬として治療的価値をもつ．研究は，さまざまな阻害薬と結合した酵素複合体のX線結晶構造から出発した．目標は，経口的に有効で強力な新しいリード分子を発見することであった．それまでに報告されていた阻害薬の多くはペプチド様構造をもち，生物学的に不安定で，ほとんど吸収されず速やかに代謝された．

HIV プロテアーゼのX線構造から，いくつかの重要な特徴が明らかにされた．それらの特徴は，阻害薬を設計する際考慮された．この酵素は C_2 対称性をもつ二量体である．それは，アスパルチルプロテアーゼ・ファミリーの一員で，活性部位の底部にアスパラギン酸残基を2個もつ．また，結晶構造の多くでは，(酵素のフラップ領域にある2個のイソロイシン残基の骨格アミド水素から水素結合を2個受け入れ，阻害薬のカルボニル酸素へ水素結合を2個供与している) 四配位の結合水分子が観測される (図 12.34)．

最終的な化合物へ至る道筋は，図 12.35 のフローチャートに示される．最初に行われたのは，ケンブリッジ構造データベースの部分集合に対する3Dデータベース探索であった．探索されたのは，2個の疎水基と1個の水素結合供与基 (または受容基) からなる薬理作用団である．疎水基は，二つの疎水性ポケット (S_1 と S_1') に結合し，水素結合供与基 (または受容基) は，触媒作用のあるアスパラギン酸残基へ結合すると解釈された．ヒットしたのは図 12.35 に示された化合物であった．この分子は薬理作用団の条件を完全に満たし，かつ，結合水分子と置き換わりうる酸素原子をあわせもつ．水との置換はエントロピーを増加させるので，エネルギー的に有利である．次に，元の化合物を構成する三つのベンゼン環のうち，一つがシクロヘキサノン環へ変更された．これは，置換基がより適切な配向をとれるようにするためであった．

Dupont-Merck 社の研究陣は，それより以前から，強力な阻害薬であるが経口バイオアベイラビリティーの低い一連のペプチド様ジオール類を研究していた．彼らは，ジオール基の存在が重要であると考え，次の段階でシクロヘキサノン環を七員環ジオールへと拡張した．また，ケトンはフラップ領域との水素結合を強化し，かつ合成を容易にするため，環状尿素へ変更された．次に続く段階では，X線構造に基づきさらなるモデリング研究が試みられ，最適な立体化学や酵素との最適な相互作用配座が予測された．これらの研究から，最も適切な立体配置は ($4R, 5S, 6S, 7R$) であることが明らかになった．N-置換基は，おそらく酵素の S_2 と S_2' のポケットへ結合する．そこで，望ましい薬理学的性質を保ったまま効力を高める目的で，さまざまな類似体が合成された．臨床試験へ向けてのさらに進んだ研究に供するため，最終的に選択された化合物は，p-ヒドロキシメチルベンジル誘導体であった (図 12.35)．

構造に基づく設計研究は増加の一途を辿っている [6,67]．これは，タンパク質構造が容易に入手できるようになったことと関係がある．主要な製薬会社は，どこも新薬探索研究の一部として構造に基づく設計を取り上げている．実際，規模こそ小さいが，もっぱら構造に基づく設計だけを請け負う会社もすでにいくつか存在する．

12.11.4　構造に基づくゼオライト合成用鋳型の設計

de novo 設計は生物活性分子の設計に広く使われる．しかし，必ずしもこの分野に限定され

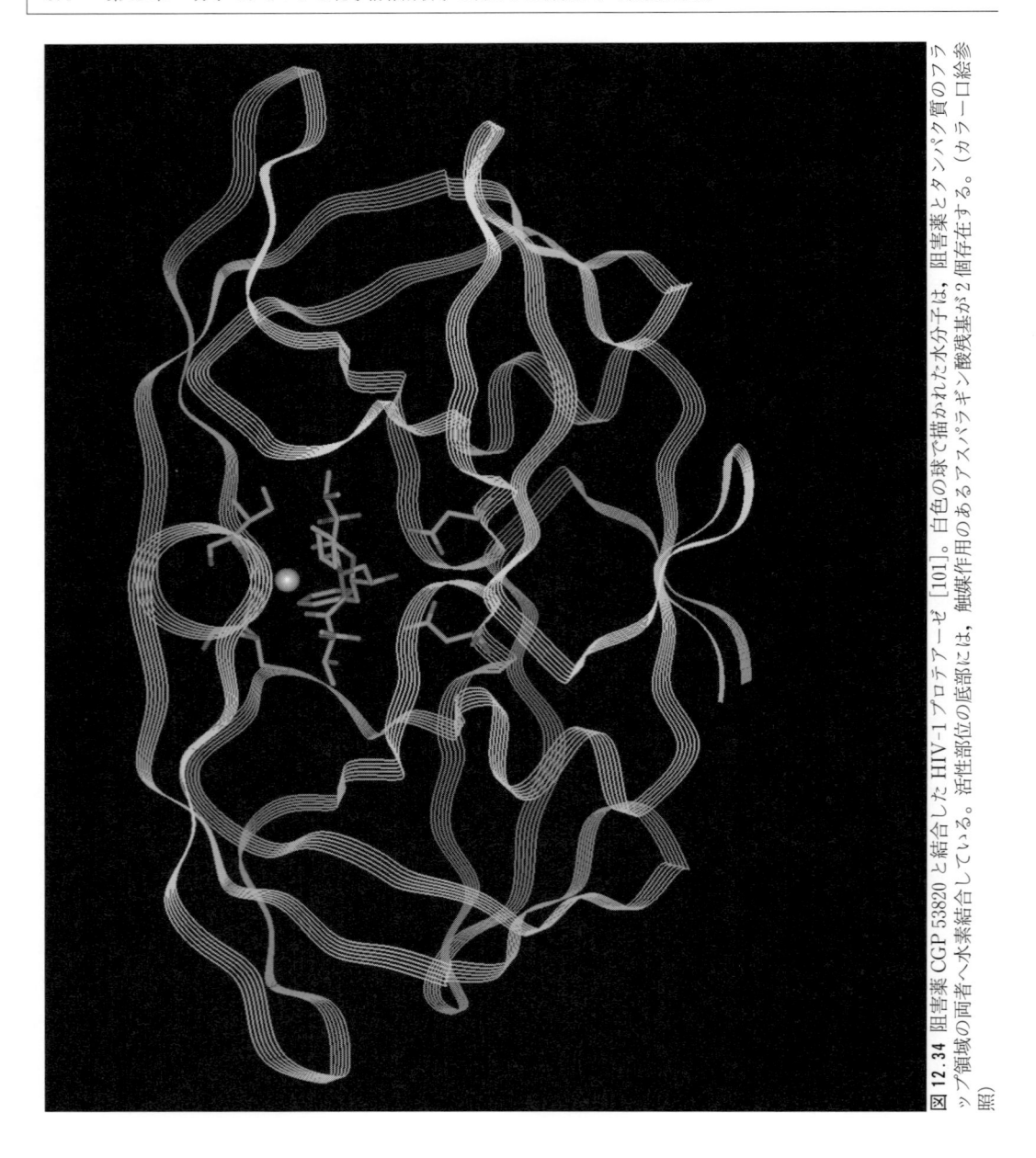

674　第12章　分子モデリングと化学情報解析学を利用した新規分子の発見と設計

図 12.34 阻害薬 CGP 53820 と結合した HIV-1 プロテアーゼ [101]。白色の球で描かれた水分子は，阻害薬とタンパク質のフラップ領域の両者へ水素結合している。活性部位の底部には，触媒作用のあるアスパラギン酸残基が2個存在する。(カラー口絵参照)

るわけではない。特に興味ある応用の一つは，微小孔物質ゼオライトの合成用鋳型の設計である。この種の物質は，触媒作用，イオン交換，ガス分離といった過程に不可欠である。ゼオライトは一般式 TO_2 をもつ。ここで，T はケイ素，アルミニウム，リンといった四面体配位の原子である。組成は可変で，T の平均酸化状態が +4 よりも小さく，負の実効電荷をもつこともある。電荷の不均衡は Na^+ イオンの添加により調整され，Na^+ イオンは次に NH_4^+ イオンと入れ替わる。さらに，NH_4^+ イオンは骨格酸素原子へプロトンを供与してアンモニアとなり，固体ブレンステ

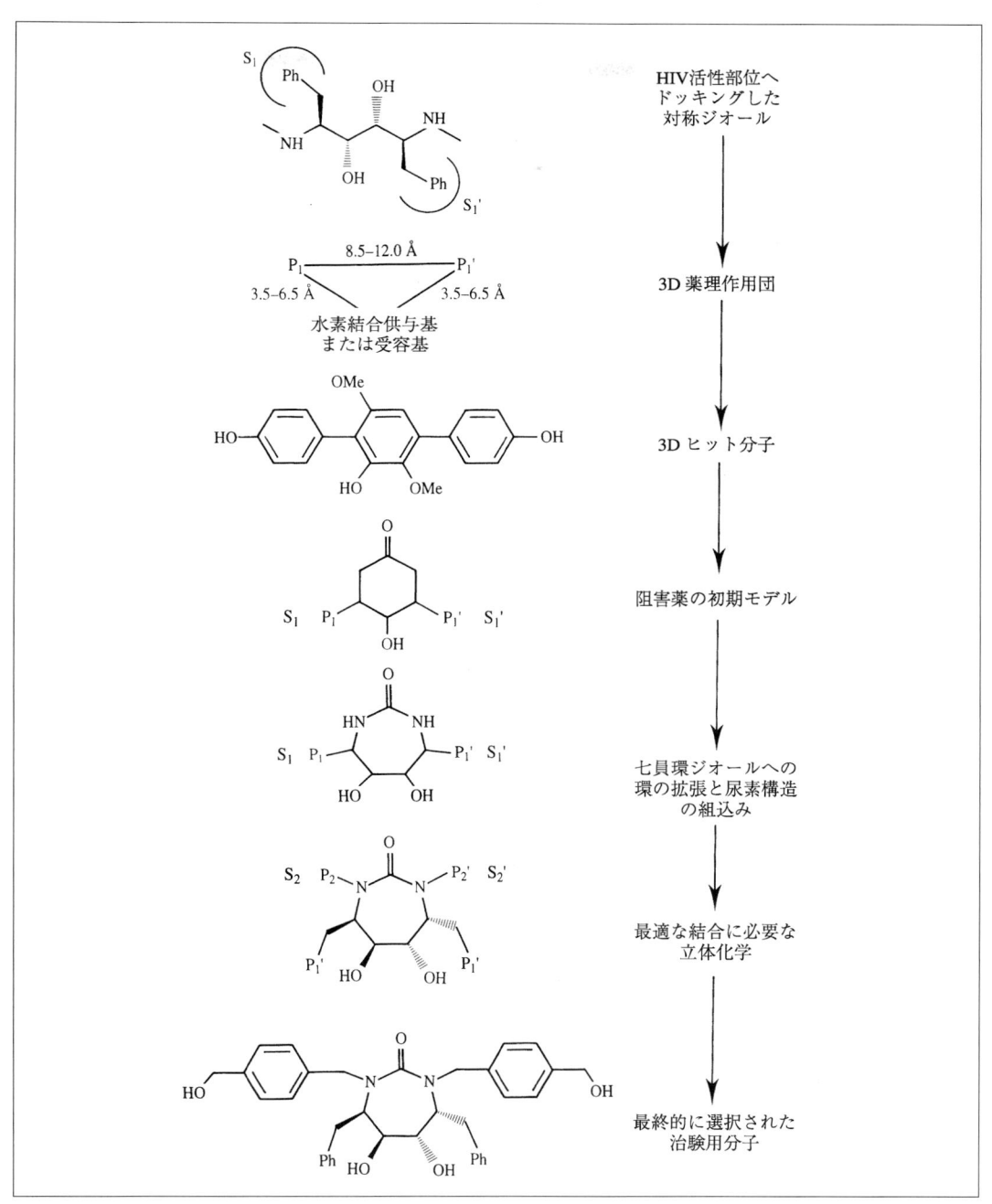

図12.35 新しい経口活性 HIV-1 プロテアーゼ阻害薬の設計プロセス [71]

ッド酸触媒としてのゼオライトを後に残す。

　ゼオライトは通常，シリカ，アルミン酸ナトリウム，水酸化ナトリウムおよび水を含むゾル-ゲル混合物から結晶化により合成される．ゾル-ゲル混合物の重要なもう一つの成分は，塩基で

ある．この塩基は，混合物の pH を調整することを主な役目とする．有機塩基を使用した場合には，鋳型効果（templating effect）が現れ，その塩基はゼオライト孔の形や大きさを制御する．鋳型プロセスには多数の因子が関与するが，少なくとも定性的には，鋳型はゼオライトの空洞を満たさなければならない．

　鋳型は通常，試行錯誤か徹底的な列挙により選択される．しかし，鋳型の選択を合理的に行うための計算法もないわけではない．ZEBEDDE（ZEolites By Evolutionary De novo DEsign）は，そのような方法の一つである［79,126］．この方法では，鋳型はシード分子から出発する反復インサイドアウト法により，ゼオライト空洞内部で成長していく．繰返しの各ステップでのアクションは，（フラグメント・ライブラリーからの）新しい原子の付加，ランダムな並進と回転，ランダムな結合回転，環の形成，鋳型のエネルギー極小化などの操作から無作為に選ばれる．鋳型分子の成長は，ファンデルワールス球の重なりに基づく次の費用関数を使って制御される．

$$f = \frac{\sum_{i=1}^{N_t} d(i,\ \text{host})}{N_t} \tag{12.26}$$

ここで，$d(i,\ \text{host})$ は，鋳型原子 i とその最近接ホスト原子間の接触距離を表す．関数は鋳型の原子数 N_t により規格化される．さらに，鋳型は，不都合な分子内接触の有無なども検査される．操作は費用関数が減少する間続けられ，あらかじめ決められた値より小さくなったとき終了する．鋳型分子の良否は，費用関数を最小化する能力で比較できる．

　鋳型の素材として一般に使われる分子は比較的単純で，このことはフラグメント・ライブラリーにも反映される．文献によれば，使われたフラグメントは，メタン，エタン，アンモニア，ベンゼン，アンモニウム，プロパン，ピロール，アダマンタン，シクロヘキサンのわずか 9 種である［126］．費用関数は静電成分をもたない．そこで，窒素原子の数に関して（1 分子当たり 2 個以下で，N–N 結合は認めないといった）制約がいくつか課せられた．作り出される分子は，鋳型ライブラリーに明らかに依存する．また，フラグメントを追加する際の重みづけの方式によっても偏りが生じる．一般に，フラグメントの付加は，鋳型分子に含まれる水素原子との置換えにより行われる．新しいフラグメントに含まれる水素原子に大きな重みを与えれば，直鎖状の鋳型分子が得られ，小さな重みを与えれば，置換度の高い鋳型分子が得られる．Willock らは，鋳型が分かっているゼオライトに ZEBEDDE 法を適用し，実際にそれらの鋳型が得られるか，また，重みづけの方式により構造がどのように変わるのかを調べた．その結果によれば，生成した構造の中には，新しいいくつかの可能性に加え，既知の鋳型——少なくともそれに近い類似体——も含まれていた．不利な配座が観測される例もいくつかあったが，それらの歪みは環化することで通常緩和された．また，使用したフラグメントはごく限られていたにもかかわらず，市販されていない分子が示唆されることもあった．de novo 設計された鋳型分子の前に立ちはだかる主要な問題は，ここでも生物活性分子の場合と同様，「合成の難易」である．

12.12　定量的構造活性相関

　定量的構造活性相関（QSAR）では，分子構造の数値的性質は，数学的モデルにより生物活性と関連づけられる。生物活性以外の性質を扱う場合には，定量的構造物性相関（QSPR）なる用語が使われる。QSAR アプローチは，*in vitro* だけではなく，*in vivo* の活性に対しても適用される。きわめて強力に酵素を阻害しても，標的に到達できなければ，薬物としては何の利用価値もない。分子の *in vivo* 活性にはしばしば多数の因子が関与する。構造活性研究は，活性が分子のもつどの特徴に依存するかを調べ，さらに有効な誘導体を設計する際に役立つ。分子構造の数値的性質と活性との関係は，一般に次の方程式で記述される。

$$v = f(p) \tag{12.27}$$

ここで，v は問題の活性，p は構造に由来する分子の性質（記述子）で，f は関数であることを表す。構造活性相関の初期の事例としては，Meyer & Overton により発見された，麻酔薬の効力と油／水分配係数の間の相関が挙げられよう。Overton の解釈によれば，麻酔効果は，細胞の脂質成分へ溶解した薬物が引き起こす物理的変化に由来する。

　生物活性の合理的説明に QSAR を最初に応用したのは，一般には Hansch であるとされる[49]。Hansch は，生物活性を分子の電子的性質や疎水的性質と結びつける次の方程式を提案した。

$$\log(1/C) = k_1 \log P - k_2 (\log P)^2 + k_3 \sigma + k_4 \tag{12.28}$$

ここで，C は所定の時間内に一定の応答を生じるのに必要な化合物の濃度，$\log P$ は（疎水性の相対尺度として Hansch により提唱された）1-オクタノール／水分配係数の対数，σ はハメットの置換基定数，$k_1 \sim k_4$ は定数をそれぞれ表す。

　疎水項は，細胞膜を透過する薬物の能力と関係がある。Hansch は，きわめて重要な事実として，疎水性に最適値が存在することを指摘した。すなわち，薬物は疎水性が低すぎれば細胞膜へ分配せず，また，疎水性が高すぎれば，膜に分配されたままその位置に留まり，標的まで到達することはない。$\log P$ に対する活性の放物線的依存性はこのことから説明される。ハンシュ式は，パラメータ π を使って表すこともできる。π は，X を置換基とする誘導体の分配係数を，水素を置換基とする基本化合物の分配係数で割り，その対数をとったものである。

$$\pi = \log(P_X/P_H) \tag{12.29}$$

したがって，式(12.28)は次のように表すこともできる。

$$\log(1/C) = k_1 \pi - k_2 \pi^2 + k_3 \sigma + k_4 \tag{12.30}$$

　Hansch は，分子の電子的性質の簡明な尺度として，ハメットの置換基定数を使用した。Hammett によれば，置換安息香酸のような関連化合物系列では，反応速度や平衡位置に関して次の関係式が成立する。

$$\log\left(\frac{k}{k_0}\right) = \rho \sigma \quad \text{または} \quad \log\left(\frac{K}{K_0}\right) = \rho \sigma \tag{12.31}$$

ここで，k_0とK_0はそれぞれ基準化合物――通常，未置換化合物――の速度定数と平衡定数を表す。置換基定数 σ は，置換基の性質だけではなく，（メタ位とかパラ位といった）カルボキシ基との位置関係にも依存する。反応定数 ρ は，反応が同じであれば，指定された実験条件下で一定値をとる。基準となる反応は，安息香酸の解離（$\rho=1$）である。直線自由エネルギー関係については，物理有機化学の教科書に詳しく論じられているので，ここではこれ以上言及しない。これらの教科書をお読みになると，ハメット定数には元の定数を修正したさまざまなバージョンがあることに気づかれよう。Swain & Lupton により提唱された場成分（F）と共鳴成分（R）の概念は，それらの中でも特に重要である［112, 113］。この概念によれば，いかなる σ 値もこれらの二つの成分の加重一次結合で表すことができる。Swain-Lupton 定数は，系に応じてその都度，置換基定数を選び直さなければならないという問題を見事に解決した。

　文献に報告された QSAR 式は膨大な数に上る。それらの多くは，元のハンシュ式に比べてはるかに複雑な関数形をもつ。QSAR 式ではさまざまなパラメータが使用されるが，それらのほとんどは，分子の疎水的，電子的および立体的性質に関するものである。QSAR 式に含める性質は，互いに相関がない方がよい。初期の QSAR 式には，置換基が1ヵ所だけ異なる化合物系列から誘導されたものが多い。これらの化合物の間の活性差は，通常，適当な置換基定数を使えば記述できる。置換基定数は文献から容易に入手できる。最近の傾向として，非同族系列の化合物を同時に解析する例も多く見られる。この場合には，基準となる基本構造は存在しない。したがって，解析は直接計算できる分子全体の記述子を使って行われる。このような記述子は多数存在する。表12.2 に挙げたのはその一部である。たとえば，分子形状解析は記述子として化合物の相対的形状を使用する［103］。このアプローチでは，まず最初，化合物の配座解析が行われ，極小エネルギー配座が探索される。検出された極小エネルギー配座は，次に基準の構造――通常，系列内の最も活性な化合物――と重ね合わされ，化合物間で共通に重なり合う領域と重なり合わない領域が計算される。このようにして得られた形状記述子は，他のパラメータと一緒にQSAR 式へ組み込まれる。

　文献に報告された QSAR 式では，擬変数（indicator variable）が使われていることも多い。擬変数は，系列の異なるいくつかの化合物群を一括して扱えるよう，QSAR 式を拡張したい場合に使用される。たとえば，Hansch らは，ヒト炭酸脱水酵素へのスルホンアミド類（X-C_6H_4-SO_2NH_2）の結合定数に関して，次の QSAR 式を誘導した［51］。

$$\log K = 1.55\,\sigma + 0.64\,\log P - 2.07\,I_1 - 3.28\,I_2 + 6.94 \tag{12.32}$$

ここで，I_1 はメタ置換基，I_2 はオルト置換基に対してそれぞれ 1 をとり，それ以外の置換基に対しては 0 をとる擬変数である。

12.12.1　QSAR 解析のための化合物の選択

　QSAR 式はいくつかの段階を経て誘導される。まず最初に必要なのは，化合物を合成し，それらの生物活性を測定することである。合成すべき化合物を計画するに当たっては，活性に寄与するパラメータの全空間からむらなく置換基を選択する必要がある。たとえば，分配係数が重要

であるとき，ほぼ同じ分配係数をもつ化合物ばかり合成してみても意味がない。

　実験計画法は，合成すべき化合物を決定する際に役立つ。最小数の分子から最大限の情報が引き出せるからである。実験計画法と一口に言ってもさまざまな方法が知られる。それらの中で最も理解しやすいのは完全実施要因計画（full factorial design）であろう。いま，実験の結果——応答とも呼ばれる——は，二つの変数——正式には因子と呼ばれる——の影響を受けるとしよう。もし，実験が化学合成であるならば，因子はたとえば温度と pH であり，応答は生成物の収率である。また，当面の関心事である QSAR の場合には，実験はたとえば酵素の阻害試験であり，因子は分子の $\log P$ とハメットの置換基定数である。また，応答は阻害の度合で，IC 50 値で評価される。IC 50 とは，一般に使われる結合親和性の尺度で，リガンドの結合や反応速度を半減させる阻害薬の濃度を指す。IC 50 の測定は，解離平衡定数の場合に比べて簡単である。しかし，平衡定数と違い，異なる条件下や異なる受容体で測定された IC 50 値は通常比較できない。いま，各因子が二つの値しかとらないとすれば，必要な実験回数は4回である。化学合成の場合には，これらの実験は $T_1\mathrm{pH}_1$, $T_2\mathrm{pH}_1$, $T_1\mathrm{pH}_2$ および $T_2\mathrm{pH}_2$ のように表記できる。ここで，T_1 と T_2 は二つの温度，pH_1 と pH_2 は二つの pH 値を表す。最初の三つの実験は，変数を一時に1個変化させたときの効果を評価し，第四の実験（$T_2\mathrm{pH}_2$）は，二つの変数を同時に変化させたときの効果を評価する。第四の実験からは，因子間の交互作用が指摘されることもある。もし，因子が三つで，各々が2水準の値をとるならば，このような完全実施要因計画は 2^3 回の実験を必要とする。変数が三つの場合には，交互作用は2因子の間や三つの因子すべての間で起こりうる。一般に，単独の因子はそれ自体，2因子交互作用よりも重要であり，また，2因子交互作用は3因子交互作用よりも重要である。一部実施要因計画（fractional factorial design）は，完全実施要因計画よりも実験回数が少なくてすむ。1/2 実施要因計画は，完全実施要因計画の半分の回数の実験を行い，1/4 実施要因計画は 1/4 の回数の実験を行う。しかし，一部実施要因計画から，最も重要な因子やその組合せを明らかにすることはむずかしい。

　要因計画法は QSAR 研究に常に適用できるわけではない。たとえば，特定の組合せの因子値をもつ化合物を作ることは，実際問題として可能ではない。これは，温度や pH のように容易に変えられる物理的性質を因子とする場合と対照をなす。では，このような状況下では，入手できる化合物のうちどれを選択したら，変数空間に一様な広がった化合物群が得られるのか。D 最適化計画（D-optimal design）はこのような選択に役立つ。この手法は，分散共分散行列の行列式を最大化することにより，入手可能な化合物群から最もバランスのとれた部分集合を選び出す。いま，n 行——n 個の分子に対応——と，p 列——p 個の記述子に対応——からなる行列 $\mathbf{A}$ を考える。この行列の分散共分散行列は $\mathbf{AA}^\mathrm{T}$ で，その大きさは $n \times n$ である。D 最適化計画の目的は，この分散共分散行列の行列式を最適化する n 個の分子の組合せを発見することである。行列式の最大値は，分散が最大で共分散が最小のとき得られる。言い換えれば，D 最適化計画では，記述子の値が最大の広がりをもち，それらの間の相関が最小となる分子の部分集合が選び出される。

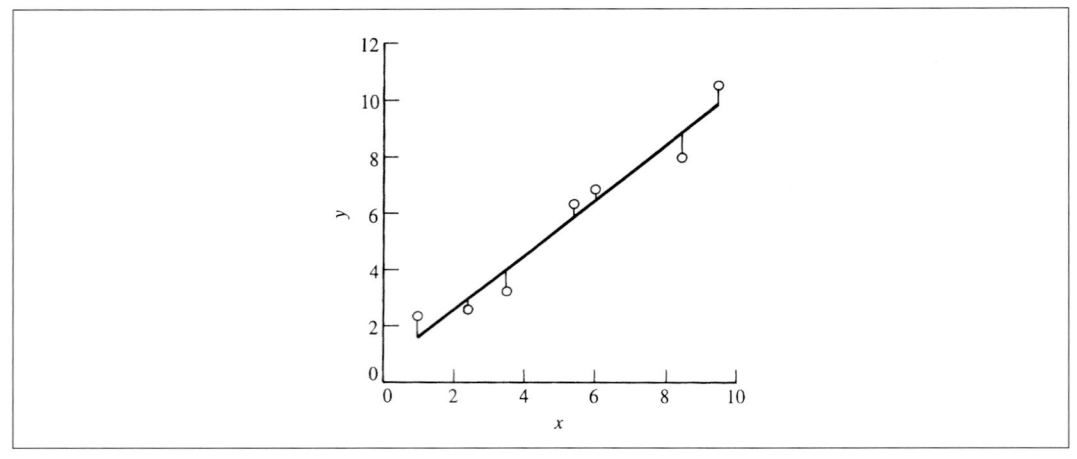

図 12.36 回帰分析の目的は，残差平方和を最小にし，データを最もよく説明する直線を求めることである。

12.12.2 QSAR 式の誘導

QSAR 式の誘導に際し，最も広く利用されている手法は線形回帰である。この手法では，QSAR 係数の最良の組合せは最小二乗当てはめにより決定される。線形回帰はまた，常最小二乗法とも呼ばれる。ここでは，生物活性が一変数の関数で表される最も簡単な場合を例に，最小二乗法の原理を説明しよう。誘導したい方程式は次の形で与えられる。

$$y = mx + c \tag{12.33}$$

ここで，y は従属変数（観測値），x は独立変数（パラメータ）と呼ばれる。QSAR では，たとえば y は生物活性，x は $\log P$ に対応する。回帰分析の目的は，図 12.36 に示されるように，当てはめ式からの観測値の偏差の総和が最小となるような係数 m と c を見つけ出すことである。式(12.33)の線形回帰式に対する最小二乗係数 m と c は，次式から得られる。

$$m = \frac{\sum_{i=1}^{n}(x_i - \langle x \rangle)(y_i - \langle y \rangle)}{\sum_{i=1}^{n}(x_i - \langle x \rangle)^2}; \qquad c = \langle y \rangle - m \langle x \rangle \tag{12.34}$$

ここで，$\langle x \rangle$ と $\langle y \rangle$ はそれぞれ独立変数と従属変数の平均である。回帰線は，点$(\langle x \rangle, \langle y \rangle)$を必ず通る。回帰式の質は，決定係数すなわち r^2 値の形で報告されることが多い。r^2 値は，従属変数の全変動のうち回帰式により説明される割合を示す。r^2 値を求めるに当たっては，まず，平均 $\langle y \rangle$ からの観測値 y の偏差の総平方和（TSS）が，回帰平方和（ESS）とともに計算される。ESS とは，モデルから計算される y 値（$y_{\text{calc},i}$）の，平均からの偏差平方和である。

$$\text{TSS} = \sum_{i=1}^{N}(y_i - \langle y \rangle)^2; \quad \text{ESS} = \sum_{i=1}^{N}(y_{\text{calc},i} - \langle y \rangle)^2; \quad \text{RSS} = \sum_{i=1}^{N}(y_i - y_{\text{calc},i})^2 \tag{12.35}$$

$y_{\text{calc},i}$ は，回帰式へ適当な x_i 値を代入すれば得られる。もう一つの一般的な平方和は残差平方和（RSS）である。これは，y の観測値と計算値の差の平方和である。TSS は，RSS と ESS の和に等しい。したがって，r^2 の計算式は次式で与えられる。

$$r^2 = \frac{\mathrm{ESS}}{\mathrm{TSS}} \equiv \frac{\mathrm{TSS}-\mathrm{RSS}}{\mathrm{TSS}} \equiv 1 - \frac{\mathrm{RSS}}{\mathrm{TSS}} \tag{12.36}$$

r^2 は0.0と1.0の間の値をとる。r^2 が0.0であるということは，観測値の変動のいかなる部分も独立変数の変動により説明されないことを意味し，r^2 が1.0であるということは，観測値の変動のすべてが独立変数の変動により説明できることを意味する。通常の r^2 は，その値が独立変数の数に依存するという欠点がある。すなわち，独立変数の数が多いほど，得られる r^2 値も大きくなる。理想的には，もっと手の込んだ統計的尺度が使用されるべきである。その尺度は，たとえば特定の記述子を追加したとき，その記述子がモデルへ有意な寄与をするか否かを判定できなければならない。

この回帰分析は，独立変数が2個以上の場合へ容易に拡張できる（重回帰分析）。しかし，このような計算を手で行うのは大変である。そこで通常は，統計パッケージが利用される。線形単回帰はデータを直線で当てはめるが，線形重回帰はデータを多次元平面で当てはめる。回帰の質は決定係数 R^2 で表される。そのほか，F 統計量もよく使われる。これは，回帰平均平方を残差平均平方で割った値として定義される。統計表には，さまざまな信頼水準での F の値が示されている。もし，計算値が表の値よりも大きければ，方程式はその信頼水準で有意である。F の値は，方程式に含まれる独立変数の数とデータ点の数に依存する。データ点の数が増えるか，独立変数の数が減るにつれ，特定の信頼水準での F の値は次第に小さくなる。われわれは必要最小限の変数でできる限り多くのデータ点を説明したい。このような条件を満たす方程式は高い予測能力をもつからである。この問題は，公式には自由度と結びついている。すなわち，線形単回帰と線形重回帰は，当てはめ線が従属変数と独立変数の平均を常に通るから，$N-1$ の自由度をもつ。総平方和の自由度も $N-1$ である。もし，方程式に独立変数が p 個存在するならば，残差平方和（RSS）の自由度は $N-p-1$ となり，回帰平方和（ESS）の自由度は p になる。回帰平均平方は ESS を p で割ったものに等しく，残差平均平方は RSS を $N-p-1$ で割ったものに等しい。したがって，F は次式で与えられる。

$$F = \frac{\mathrm{ESS}}{p} \frac{N-p-1}{\mathrm{RSS}} \tag{12.37}$$

方程式に含まれる各項の有意性は，t 統計量を使えば評価できる。この t 統計量は，関連回帰係数を係数の標準誤差で割ったものとして定義される。すなわち，もし k が変数 x と関連した回帰係数であるならば，t 統計量は次式で与えられる。

$$t = \left| \frac{k}{s(k)} \right|; \quad s(k) = \sqrt{\frac{\mathrm{RSS}}{N-p-1} \frac{1}{\sum_{i=1}^{N}(x_i - \bar{x})^2}} \tag{12.38}$$

この式から計算された t は，t 表の値と比較される。t 表には，残差平方和の自由度に従って，さまざまな有意水準での t 値が列挙されている。もし，計算値が表の値よりも大きければ，その係数は有意と判定される。

QSARへ線形重回帰を適用するに当たっては，満たすべき重要な基準がいくつかある。まず第一に，統計的に有意な結果を得たければ，十分な数のデータがなければならない。回帰式に含

まれるパラメータ1個当たり，少なくとも5個の化合物が必要である。また第二に，選択された化合物群は，12.10節で述べたように記述子空間にむらなく分布し，互いにできるだけ相関がない方がよい。さらにまた，記述子が他の化合物とかけ離れた値をもつ化合物は，外れ値（outlier）として特に入念な検討を必要とする。

　幅広く分布し相関のないパラメータが選択できたならば，実行ボタンを押し，線形重回帰式を誘導する。しかし，これだけでは十分でない。適切なQSAR式を得るには，さらに多くの注意が要求される。たとえば，記述子のいくつかは作製したモデルに何ら貢献していないかもしれない。また，われわれは問題の本質を捉え，しかも予測能をもつ方程式を得たいと思う。幸いにも，これらの問題の解決に役立つ手続きがないわけではない。

　QSAR式を誘導する際には，まず最初，どの記述子を使うべきかを決めなければならない。互いに関連する二つの手続き，前進回帰（forward-stepping regression）と後退回帰（backward-stepping regression）は，このような際に役立つ。名前が示すように，前進回帰は変数——一般にt検定で最も大きな寄与をなす変数——が一つだけの方程式から出発する。そして，最も寄与の大きな記述子が第二，第三の項として順次方程式へ追加されていく。それに対し，後退回帰は逆向きの手順を踏む。すなわち後退回帰では，まず最初，すべての記述子を含む方程式が誘導される。そして，（たとえばt値が最小となる）変数が方程式から一つずつ順次取り除かれていく。前進回帰と後退回帰のいずれを使っても，最終的には，（F値で比較したとき）データに最もよく適合する方程式が選び出される。

　遺伝的アルゴリズムもまたQSAR式の誘導に使われる[104]。入力するデータは，化合物の生物活性と物性および関連記述子などに関する情報である。遺伝的アルゴリズムは，これらのデータから一連の線形回帰モデルを生成する。各モデルは次に，その適応度が検定され，スコアを付与される。さらに，これらのスコアに基づきモデルが選択され，そのパラメータに遺伝的演算子（9.9.1項参照）を作用させて，新しいモデルが導かれる。他の方法と異なり，遺伝的アルゴリズムは一群のモデルを生成する。われわれはそれらの中からスコアが最大のモデルを選択してもよいし，また平均的なモデルを選択してもよい。

12.12.3　交差確認法

　交差確認法は，回帰モデルの質を調べる手段として広く利用される。この方法はジャックナイフ法とも呼ばれる。交差確認法では，まず最初，データセットから値をいくつか取り除く。そして，残ったデータに対して回帰モデルを誘導し，そのモデルを使って，最初に取り除いたデータの値を予測する。この交差確認で最も広く使われるのは，「1点除外（leave-one-out）」法である。この方法では，データはデータセットから一つだけ順番に取り去られ，その都度，残ったデータをもとにモデルが誘導される。そして，そのモデルを使って取り去ったデータの値が予測され，真の観測値と比較される。この操作は，データセットに含まれるすべてのデータ点に対して繰り返され，最後に，交差確認R^2値が計算される。交差確認R^2はR_{cv}^2，Q^2とも書かれ，小文字で表されることもある。一般に，交差確認R^2値は通常のR^2値に比べて小さな値になる。しか

し，方程式の予測能力をより的確に示すのは，前者の方である．Q^2 は R^2 と異なり，負値をとることもある．すなわち，R^2 は適合度の尺度であり，Q^2 は予測度の尺度である．1 点除外法よりも頑丈な方法として，データセットを 4〜5 群に分割し，各群を単位として交差確認実験を行う方法もある．この交差確認実験は，無作為に選択されたさまざまな群を対象に何度も繰り返され（一般には 100 回程度），最後に平均 Q^2 値が算定される．未試験化合物の活性予測に使われる最終モデルは，すべてのデータから標準的な方法で誘導される．ただし行儀のよい系では，回帰係数はジャックナイフ操作の影響をあまり受けない．また，データセット全体からの R^2 値が交差確認実験からの平均 Q^2 値に比べてはるかに大きい場合には，データの過学習が疑われる．予測能力を測るもう一つの尺度は，予測残差平方和 PRESS である．PRESS は，モデルから計算される $y_{\text{calc},i}$ の代わりに，モデルの誘導に使われなかったデータに対する予測値 $y_{\text{pred},i}$ が使われることを除けば，残差平方和と同じ式から計算される．Q^2 は次式で与えられる．式(12.36)と比較していただきたい．

$$Q^2 = 1 - \frac{\text{PRESS}}{\sum_{i=1}^{N}(y_i - \langle y \rangle)^2}; \qquad \text{PRESS} = \sum_{i=1}^{N}(y_{\text{pred},i} - y_i)^2 \qquad (12.39)$$

式(12.39)に現れる平均観測値 $\langle y \rangle$ は，厳密に言えば従属変数の全平均ではなく，個々の交差確認群に対する値の平均である．しかし代わりに，データセット全体の平均が使われることも多い．

12.12.4　QSAR 式の解釈

　誘導された QSAR 式はどのような目的に使われるのか．最も重要な用途は，まだ合成や生物試験がすんでいない化合物の活性を予測することである．一般に，QSAR 式は（パラメータ値がデータセットで使われている値の範囲外にある化合物に対する）外挿的な予測よりも，（範囲内にある化合物に対する）内挿的な予測に対して高い精度を示す．QSAR 式はまた，作用機序に関して知見をもたらすこともある．すでに述べたように，分配係数の対数と活性の間に観測される放物線関係は，受容体へ至る化合物の輸送過程と関連がある．輸送過程は，そのほか双線形モデル（bilinear model）によっても表される．双線形モデルでは，活性は次の方程式で分配係数と結びつけられる．

$$\log(1/C) = k_1 \log P - k_2 \log(\beta P + 1) + k_3 \qquad (12.40)$$

関数の上行部分と下行部分は放物線モデルでは対称であるが，双線形モデルでは傾きが異なる．一般に，放物線モデルは標的に到達するまでに障壁をいくつも越えなければならない複雑な *in vivo* 系に適用されるが，双線形モデルはより簡単な *in vitro* 系の当てはめに威力を発揮する．

　定量的構造活性相関は，標的高分子との相互作用の観点から解釈されることも多い．リガンド−受容体複合体の結晶構造が解明されている場合には，コンピュータ・グラフィックスを利用し，QSAR 式のパラメータが真に意味をなすかどうかを調べることができる [50]．たとえば，スルホンアミド類による炭酸脱水酵素阻害作用の QSAR 式(12.32)には，$\log P$ 項が含まれるが，この項は酵素との疎水的相互作用を表すものと解釈された．その後行われた X 線結晶解析の結果

によると，酵素には，パラ置換基 X を収容できるこのような疎水領域が確かに存在する。メタ位とオルト位の置換基に対する擬変数が負の係数をもつ理由もまた明らかにされた。このような置換基は酵素とぶつかり合い，活性部位にうまく収まらないのである。

相関の欠如もまた有用な情報をもたらすことがある。たとえば，ある一組のパラメータが他のものに比べて相関の高い QSAR 式を与えるならば，このことは，特定の作用機序が関与している可能性を示唆する。また，一連の化合物を調べたとき，たとえば立体的パラメータと活性の間に相関が存在しなければ，活性に及ぼす立体的性質の効果はあまり重要でないと考えてよい。

12.12.5　線形重回帰の代替手法：判別分析，ニューラル・ネットワークおよびその他の分類手法

QSAR と QSPR で最も広く使われる手法は，おそらく線形重回帰であるが，有用な手法はその他にもいくつか存在する。部分最小二乗法はその中の一つである。この手法は特に重要であるので，節を改め 12.13 節で詳しく解説する。本項では，それ以外の代替手法をまとめていくつか紹介したい。

線形重回帰は，厳密に言えば「パラメトリック教師つき学習法」である。パラメトリック法では，変数はガウス分布のような特定の分布に従うことが仮定される。分布の種類は，基礎をなす統計的方法に依存する。ノンパラメトリック法は，特定の分布を仮定しない。教師つき学習法は，モデルを誘導するのに従属変数の情報を利用するが，教師なし学習法は利用しない。クラスター分析，主成分分析および因子分析は，いずれも教師なし学習法に属する。

判別分析は，分類型従属変数を用いる教師つき学習法である。判別分析では，従属変数（y）は連続値ではなく，群に分けられる。群は，（たとえば，活性／不活性，可溶／不溶，はい／いいえのように）二つだけのことが多いが，（たとえば，高／中／低，1／2／3／4のように）三つ以上のこともありうる。たとえば，いま変数と群がいずれも二つしかない最も簡単な場合を考えてみよう。判別分析の目標は，データを 2 群に最もうまく分離する直線を見つけ出すことである（図 12.37）。変数が三つ以上のときには，直線は多次元変数空間の超平面になる。判別分

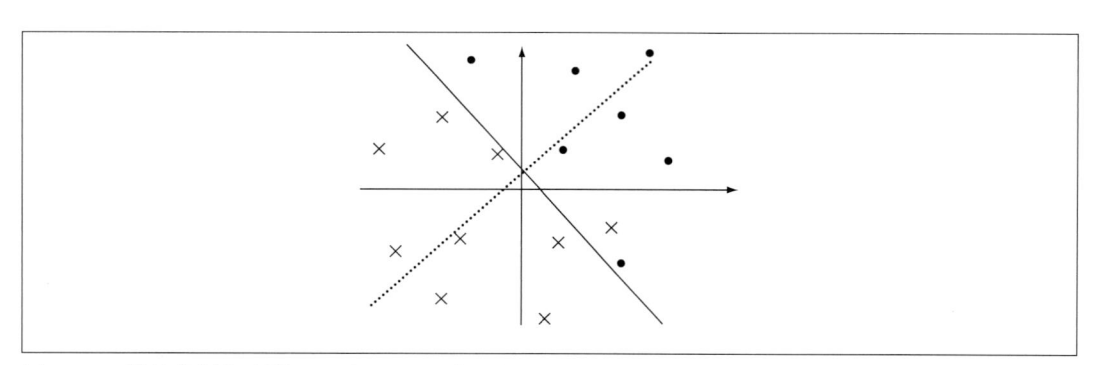

図 12.37 2 群判別分析の目的は，データを 2 群に最もうまく分離する判別関数（点線）と判別平面（実線）を求めることにある。

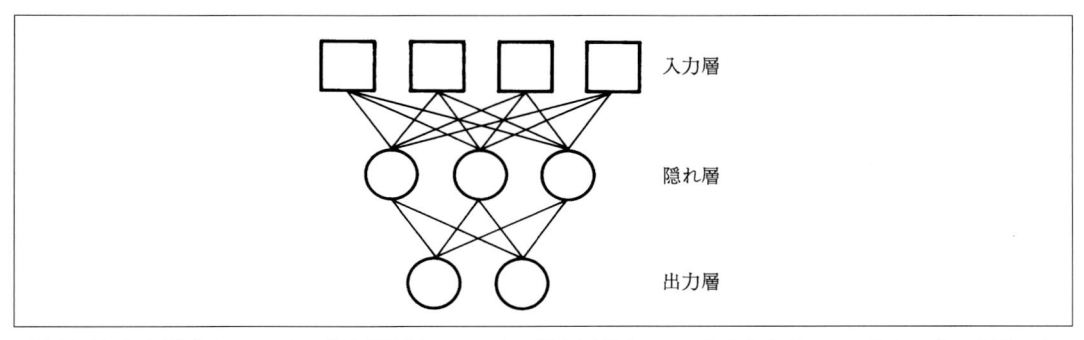

図 12.38 入力層が 4 ユニット，隠れ層が 3 ユニット，出力層が 2 ユニットからなるニューラル・ネットワーク

析では判別関数（discriminant function）が使われる．この判別関数は，最も一般的な線形判別分析では独立変数の線形結合で表される．

$$W = c_1 x_1 + c_2 x_2 + \cdots\cdots + c_N x_N \tag{12.41}$$

群を実際に分離する判別平面はこの判別関数と直交し，正しく分類された化合物の数が最大になるよう選ばれる（図 12.37）．判別分析の結果を使うには，判別関数の値を計算してみればよい．所属すべき群はその値から判定できる．

　ニューラル・ネットワーク（神経回路網）は，重回帰に代わる定量的構造活性相関の新しい解析手法である［4］．一般に使われるニューラル・ネットでは，ある階層にあるユニットは，隣接する層のすべてのユニットと結合している（図 12.38）．各ユニットの状態は 0〜1 の実数値で表される．ユニットの値は，それが結合している前の層のユニットの状態と，それぞれの結合がもつ重みの両者に依存する．ニューラル・ネットは，目的の処理に先立ち訓練を必要とする．ネットワークには，まず一組のサンプルによる入力と出力が試みられる．各入力は，結合を介して次の層のユニットへ送り込まれ，演算を施された後，さらに次の層へ送り込まれる．このようにして，期待する出力が得られるまで，逆伝搬法により結合の重みが調整される［105］．訓練が終わったネットワークは，続いて次の予測に利用される．

　QSAR ではさまざまなパラメータが入力され，活性の実測データをネットワークが再現できるまで訓練が続けられる．未知化合物の活性は，訓練を終えたネットワークへ関連パラメータ値を代入することで予測できる．ニューラル・ネットワークを適用して成功を収めた QSAR 研究例もいくつか報告されている．ニューラル・ネットワークはまた，タンパク質の二次構造の予測，NMR スペクトルの解釈といった課題にも幅広く適用される．ニューラル・ネットのもつ長所の一つは，モデルへ非線形性を組み込むことができる点である．しかし，問題もいくつか指摘されている［84］．たとえば，データ点の数が少なすぎる場合，ネットワークは単にデータを記憶するだけで，予測能力をまったくもたない．また，個々の項に対する重要度の査定がむずかしく，しかも訓練にかなりの時間を必要とする．

　判別分析やニューラル・ネットワークからの出力は，不可能ではないにしても解釈がむずかしい．そのため，分子のどの特徴が望ましい挙動と関係があるのか，逆に言えば，どの特徴が好ま

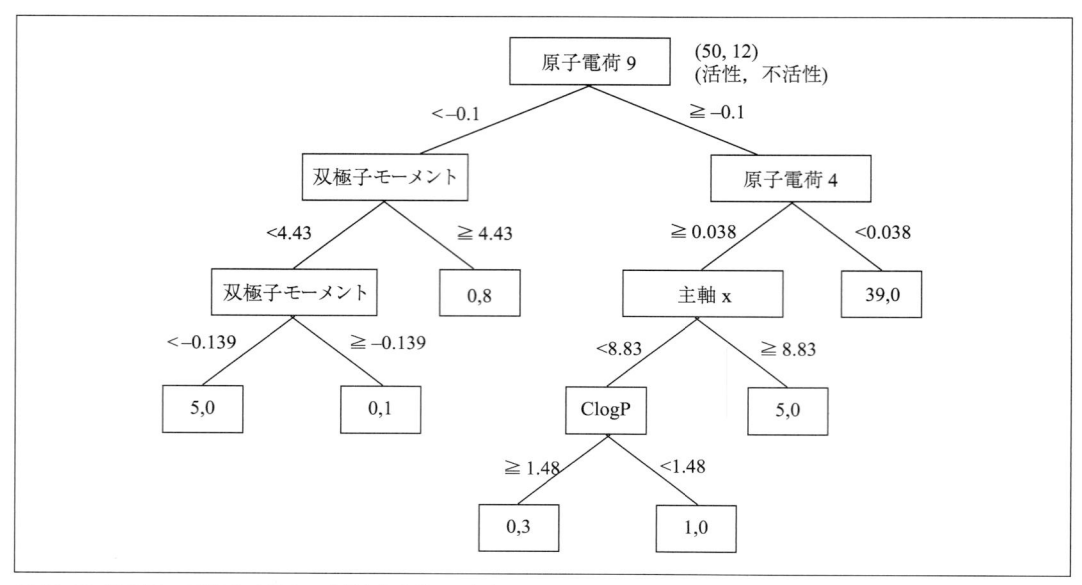

図12.39 変力性の活性化合物と不活性化合物を区別するルールを記述した分類木。木の末端節点に示された二つの数値は、ルールを適用したとき得られる活性分子と不活性分子の数を表す。

しくない挙動をもたらすのかを見極めることは容易ではない。このことは分子の特定の特徴と活性の関係を明らかにし、「ルール」を構築する関連手法群と対照をなす。後者の手法には、たとえば分類木、決定木、回帰木、ルール帰納法、機械学習法、再帰分割法など、さまざまな名前で呼ばれるものが含まれる。これらの方法からの出力は木構造をとる。各節点には、通常、2本の枝——方法によっては、それより多いこともある——が存在する。どの枝がどの分子とつながるかは、その節点に関連するルールに依存する。QSARでは、各ルールは通常、特定の構造的特徴の有無や特定の記述子の値で表される。一例として、図12.39に（心拍数を増やすことなく心臓の収縮力を高める）変力性化合物に関する研究結果を示す[5]。各分子は活性か不活性のいずれかに分類される。使用された記述子の数は44個であった。また、取り上げた化合物は62種で、そのうち42種は訓練集合、他の20種は試験集合を構成した。訓練集合からの木の組立ては、ID 3と呼ばれるアルゴリズムを使って行われた。ID 3アルゴリズムは各段階で、まだ使われていない記述子の中から最も情報量の多いものを選び出す。このアルゴリズムは、情報理論と呼ばれる強力な数学的手法に基礎を置く。この理論では、エントロピー利得の最大化が常に試みられる。木の組立てに統計的方法を利用する戦略もある。そのうちの一つ、再帰分割法は、次に選ぶべき最良記述子を同定するのに統計的検定（t 統計量）を利用する。この場合、木の各末端節点は、（たとえば活性／不活性といった）分類だけでなく、実際の活性予測値も提示する。再帰分割法では大量の化合物が扱われ、各化合物はきわめて多数の記述子で記述される[106]。しかし、記述子は、（原子対や位相幾何学的ねじれといった特徴の有無を主体とし）二進数で表されるので、高速な計算が可能である。

そのほか問題への少し異色なアプローチとして、帰納論理プログラミング（ILP）が使われる

こともある [63,64]。この方法では，まず最初，一連の活性分子と不活性分子に関して，大量の「事実（fact）」が作り出される。また，それに続く段階では，機械学習アルゴリズムを利用して無作為に分子対が選択され，それらの間の共通点を調べてルールが作成される。ルールは次に，残った分子へ適用され，その予測能力から有用性が判定される。ルールは通常，化学的に意味をなす形で記述される。たとえば，次の諸条件を満たしたとき，分子Aは分子Bよりも活性であると見なされる。(1) 分子Bは3位と5位に置換基をもたない。(2) 分子Aは3位に水素結合供与基をもたない。(3) 分子Aは3位にπ供与基をもつ。(4) 分子Aは，回転できる結合がたかだか二つしかない置換基を3位にもつ。

12.12.6 主成分回帰分析

線形重回帰分析は，変数間に高い相関が存在したり，変数の数がデータの数よりも多い場合には役に立たない。主成分回帰分析と部分最小二乗法は，このような状況にあるデータセットを扱う方法として広く使用される。主成分回帰分析では，変数はまず主成分分析に掛けられる（9.13節参照）。そして，得られた主成分のうち主要なものを新しい変数と見なし，回帰分析が行われる。ちなみに，たとえば変数増加法で主成分回帰分析を行ったとき，得られる方程式に含まれる主成分は，必ずしも序列が上のものだけではない。これは，主成分の序列が独立変数の分散を説明する能力に基づくのに対し，回帰分析は従属変数の説明を目的とするところに原因がある。おおざっぱに言えば，主成分回帰分析では，固有値が1よりも大きな主成分のみを考えればよい。固有値が1よりも小さい主成分は，分散を説明する能力において元の変数よりも劣る。しかし，少なくとも最初の二つの主成分は例外である。これらは固有値の値にかかわりなく，従属変数との間で最良の相関を与えることが多い。主成分回帰には，もう一つ興味ある特徴がある。すなわち，すでにある主成分の回帰係数は新しい主成分を追加しても変化しない。これは，主成分が互いに直交することによる。新たに組み込まれた主成分が説明するのは，それまでにまだ説明されていない分散部分である。

12.13 部分最小二乗法

主成分回帰分析に代わるもう一つの方法は，部分最小二乗法（partial least squares, PLS）である [128]。この方法では，従属変数（y）は元の独立変数（x）の線形結合群で表される。

$$y = b_1 t_1 + b_2 t_2 + b_3 t_3 + \cdots\cdots + b_m t_m \tag{12.42}$$

ここで，

$$t_1 = c_{11} x_1 + c_{12} x_2 + \cdots\cdots + c_{1p} x_p \tag{12.43}$$

$$t_2 = c_{21} x_1 + c_{22} x_2 + \cdots\cdots + c_{2p} x_p \tag{12.44}$$

$$t_m = c_{m1} x_1 + c_{m2} x_2 + \cdots\cdots + c_{mp} x_p \tag{12.45}$$

t_1, t_2, ……は潜在変数（成分）と呼ばれ，互いに直交系を形成するように組み立てられる。x値の直交線形結合群を使用するという点で，PLS法は主成分分析とよく似ている。しかし，重

表 12.4 ハロゲン化炭化水素の毒性データと 11 種の記述変数 [29]

化合物	y LD_{25}	x_1 MR	x_2 $\log P$	x_3 BP	x_4 H_{vap}	x_5 MW	x_6 d_{20}	x_7 n_{20}^{Na}	x_8 q_C	x_9 q_{Cl}	x_{10} $E\ln C$	x_{11} $E\ln Cl$
1 CH_2Cl_2	0.96	16.56	1.25	40.0	7.57	85	1.326	1.424	0.097	−0.1083	8.88	9.96
2 $CF_2CHBrCl$	1.31	23.54	2.30	50.0	7.11	197	1.484	1.448	0.1883	−0.1001	9.72	10.04
3 $CHCl_3$	1.45	21.43	1.97	61.7	7.50	119	1.483	1.370	0.1805	−0.0870	9.69	10.16
4 CCl_4	1.53	26.30	2.83	76.5	8.27	154	1.589	1.461	0.2662	−0.0666	10.55	10.36
5 $Cl_2C=CHCl$	2.26	26.05	2.29	86.5	8.01	131	1.465	1.456	0.1175	−0.0696	9.90	10.33
6 $Cl_2C=CCl_2$	2.26	30.45	2.60	121.0	9.24	166	1.623	1.506	0.1360	−0.0680	10.08	10.34
7 $CHCl_2CHCl_2$	2.42	30.92	2.66	146.0	9.92	168	1.587	1.494	0.1370	−0.1018	9.27	10.02

表 12.5 最初の三つの潜在変数における元の独立変数 11 種の重み

成分	x_1	x_2	x_3	x_4	x_5	x_6	x_7	x_8	x_9	x_{10}	x_{11}
1	0.4320	0.3197	0.4428	0.3875	0.1896	0.3265	0.3271	−0.1038	0.2133	0.1219	0.2105
2	−0.0850	0.2172	−0.2863	−0.1765	0.2833	0.2322	0.0479	0.7111	0.0936	0.4147	0.0982
3	0.1273	0.0985	0.0346	−0.3307	−0.1061	−0.1416	−0.5048	−0.2248	0.4841	0.2352	0.4853

要な違いが存在する．それは，部分最小二乗法では独立変数 x の変動だけではなく，観測値 y の変動も同時に説明されるように潜在変数が組み立てられる点である．

次に，Dunn らにより報告されたデータセットを例にとり，部分最小二乗法の具体的内容を説明する．このデータセットは，一連のハロゲン化炭化水素の毒性データと 11 種の記述変数から構成される（表 12.4 参照）．

パラメータは次の通りである．LD_{25}：毒性の尺度； MR：モル屈折； $\log P$：分配係数の対数； BP：沸点； H_{vap}：気化潜熱； MW：分子量； d_{20}：密度 (20℃)； n_{20}^{Na}：ナトリウム光で測定された屈折率 (20℃)； q_C, q_{Cl}：塩素に結合した炭素と塩素の原子電荷； $E\ln C$, $E\ln Cl$：炭素と塩素の軌道電気陰性度．

最初の七つの変数（$x_1 \sim x_7$）は，分子全体の性質に関する標準的な記述子であり，後の四つの変数（$x_8 \sim x_{11}$）は，特定原子の電子的性質に関する尺度である．7 種の化合物は，それぞれこれらの 11 個の変数で記述される．しかし，これらの変数の多くは互いに高度な相関関係にある．たとえば，（Gasteiger-Marsili 法を用いて計算した結果によると）塩素原子の電荷と電気陰性度の間には，完全な相関が存在する．また，モル屈折と沸点の間にも高い相関が観測される（相関係数 = 0.92）．

部分最小二乗法では，潜在変数を構成する元の独立変数に対して重みが付与される [83]．たとえば，最初の三つの潜在変数に対する重みづけの結果は，表 12.5 に示される．表によると，第一成分にはすべての変数が寄与しているが，特に重みが大きいのは，モル屈折（x_1），$\log P$（x_2），沸点（x_3），気化潜熱（x_4），d_{20}（x_6）および n_{20}^{Na}（x_7）である．すなわち，第一潜在変数は，立体的，疎水的および電子的因子を組み合わせたものになっている．一方，第二成分では，重みが最も大きいのは，炭素原子の電荷（x_8）と電気陰性度（x_{10}）である．したがって，この成

表 12.6 各潜在変数により説明される独立変数 11 種と従属変数（右端）の分散の割合

成分	x_1	x_2	x_3	x_4	x_5	x_6	x_7	x_8	x_9	x_{10}	x_{11}	全体
1	97.2	81.5	78.8	67.7	39.8	86.1	66.6	3.6	32.6	30.2	32.1	74.1
2	0.2	14.6	16.4	21.2	12.8	6.8	5.4	84.5	18.4	57.3	19.2	12.8
3	0.3	1.1	0.5	2.2	22.5	0.9	5.7	3.4	45.9	11.4	45.5	4.7

分は主に電子的効果を表している．部分最小二乗法は，x の変動だけでなく y の変動も説明しようと試みるので，これらの重みは，x 変数のみを対象とした主成分分析のそれとは異なることに注意されたい．個々の成分が各変数の分散や従属変数（観測値）の変動をどの程度説明しているかを算出することもできる（表 12.6）．

表 12.6 の結果は，第一成分が立体的効果と疎水的効果のほとんどを説明し，第二成分が電子的効果を説明しているとする前述の結論を裏書きするものになっている．表によれば，第一成分は観測された活性値のもつ変動の 74.1 % を説明する．また，最初の二つの成分を合わせると，変動の 86.9 % までが説明されることが分かる．

本節の説明では，一つの従属変数（LD_{25}）しか考慮されなかった．しかし実際には，部分最小二乗法は，従属変数が複数個存在する多変量問題も扱うことができる．実は上述の例では，原報には 5 種類の尺度で生物活性が報告されており，部分最小二乗解析もデータセット全体が対象とされた [29]．この部分最小二乗アルゴリズムは，x データと y データの吟味から，相関が最大で同時に個々のデータ・ブロックの分散を最も多く説明できる最適解を効率良く検出した．

12.13.1 部分最小二乗法と分子場解析

部分最小二乗法を利用する分子モデリング手法の中で最も広く知られているのは，比較分子場解析 (Comparative Molecular Field Analysis, CoMFA) である．この方法は，Cramer らにより 1988 年に提案された [21]．CoMFA 解析で出発点となるのは，個々の分子に一つずつ割り当てられた一組の配座である．それらは生物活性な配座に対応するだけでなく，推定される結合様式でオーバーレイできるものでなければならない．解析では，GRID 計算と同様，まず，分子を取り囲む規則正しい格子の各点に適当なプローブを置き，分子のまわりの分子場が計算される．この計算の結果は，分子を行，格子点のエネルギー値を列とする行列 $\mathbf{S}$ で表される（図 12.40）．格子点が N 個，プローブが P 個使用された場合には，列の数は $N \times P$ となる．表は，分子の活性データを列に追加することで完成する．次に行わねばならないのは，生物活性と分子場の間の相関の吟味である．求める方程式の一般形は次式で与えられる．

$$\text{活性} = C + \sum_{i=1}^{N} \sum_{j=1}^{P} c_{ij} S_{ij} \tag{12.46}$$

ここで，c_{ij} は列の係数で，格子点 i にプローブ j を置いた状態に対応する．格子点は数千も存在するが，化合物の数は 30 に満たないことが多いので，この問題は重回帰ではまったく扱えない．しかし，部分最小二乗法を適用すれば，一般に解析可能である．

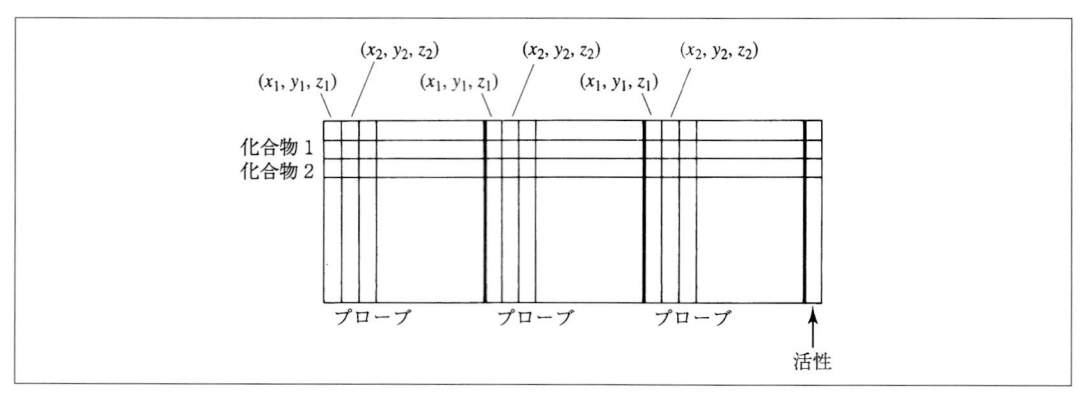

図 12.40 CoMFA 解析におけるデータ構造

　潜在変数の最大数は，x の数と分子数のうち少ない方に一致する．しかし，潜在変数の数には，それ以上いくら増えても，モデルの予測能力が向上しない最適値が存在する．潜在変数の必要数を調べる方法はいろいろ提案されている．特に広く使われるのは，交差確認法である．この場合，1点除外法と群ベース法のいずれかが適用される（12.12.3項参照）．潜在変数の数を増やしていくと，交差確認 R^2 値は，それに合わせて最初増加するが，そのうちプラトーに到達し，時として減少に向かうことすらある．潜在変数の数の選択には，そのほか予測誤差の標準偏差 s_{PRESS} も使われる．

$$s_{\text{PRESS}} = \sqrt{\frac{\text{PRESS}}{N-c-1}} \tag{12.47}$$

ここで，c はいまのモデルでの成分の数である．一般に，われわれが知りたいのは，十分高い Q^2 値を与え，それぞれが s_{PRESS} 値を少なくとも5％下げる潜在変数の最小数である［129］．また研究者の中には，予測能の尺度として SDEP を好む人もいる．

$$\text{SDEP} = \sqrt{\frac{\text{PRESS}}{N}} \tag{12.48}$$

しかし，SDEP は成分数の増加に対してペナルティーを科さない．成分の追加は PRESS をわずかに減少させる．そのため，SDEP 尺度では，成分数の多いモデルが常に選ばれるが，s_{PRESS} では必ずしもそうではない．PLS モデルの安定性は，そのほかブートストラッピング (bootstrapping) によっても評価できる．これは，データ数が理想よりも少ない行きすぎたシナリオを乗り越えるのに役立つ．ブートストラッピングでは，元の小さなデータセットから N 個のランダム選択を数回繰り返すことで，大きなデータセットからのサンプリングがシミュレーションされる．データのいくつかはブートストラッピングの際，何度も選ばれる．このことは，PLS モデルを構成する各項の変動とモデルの安定性を評価する手掛かりを与える．

　モデルの有意性の評価では，活性を無作為に再度割り当て，この間違った活性を格子値の各組と関連づける戦略も使われる．この場合，真のデータセットに対するモデルの予測能力は，無作為なデータセットに対するそれに比べて有意に高いはずである．この手法は，解釈のむずかしい

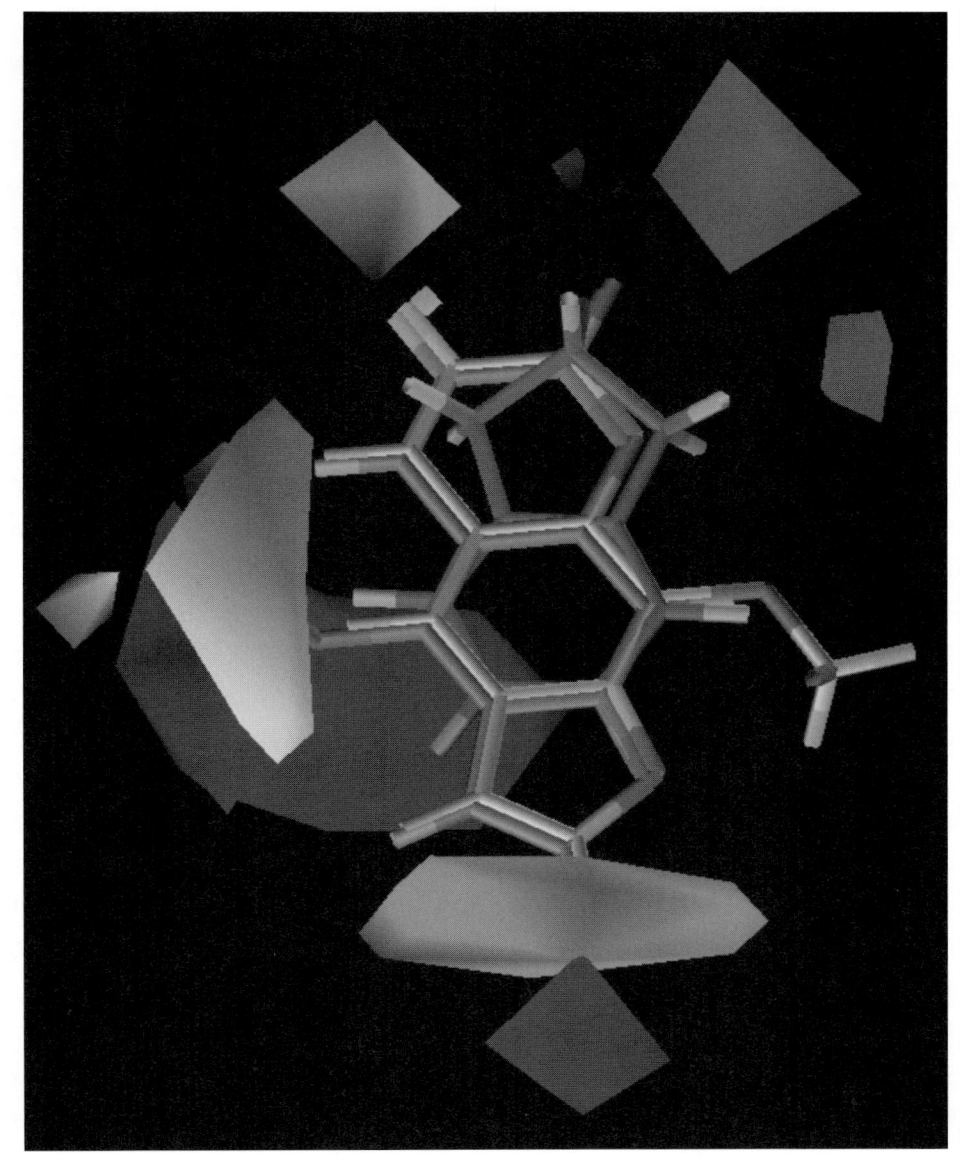

図12.41 チトクロム P$_{450}$2 A 5 の一連のクマリン系基質と阻害薬のCoMFA解析から導かれた主要な特徴の等高面による表示 [100]。赤/青の領域は、負電荷を置くのに有利/不利な位置を表し、緑/黄の領域は、かさ高い基を置くのに有利/不利な位置を表す。(カラー口絵参照)

記述子があるとき，偶然の相関を調べるのに役立つ。

　CoMFAアプローチは，データテーブルの各列に対して係数を発生する。この係数は，対応する格子点が活性にどの程度寄与するかを示す。このような係数は，同じ値をとる点をつなぎ，三次元等高面として表すことで有用な使い方ができる。たとえば，この等高面図は，立体的因子が結合性に影響を及ぼす領域を特定するのに利用される。一例を図12.41に示す。このような等高面図はまた，作成されたモデルが理にかなったものかどうかを調べるのにも非常に役立つ。

　部分最小二乗法は，その導入以来，3D QSARの研究に広く利用されてきた。これらの研究

によれば，部分最小二乗アプローチは妥当かつ有用であるが，同時にさまざまな因子からの影響を受けやすい [115]．さまざまな因子とは，選択した活性化合物の構造，採用したプローブの種類，各化合物とプローブの間の相互作用を記述するのに使われる力場モデル，格子点の間隔，PLS 解析のやり方などを指す．CoMFA 法を適用する上で必要な条件の一つは，化合物の構造が生物活性配座とうまくオーバーレイすることである．このことは，化合物が共通の様式で受容体へ結合することを意味する．CoMFA が最初に適用されたのは，二つの標的──ヒトのコルチコステロイド結合グロブリンとテストステロン結合グロブリン──に結合する一連のステロイド分子であった．この研究では，各分子のステロイド核は最小二乗当てはめ操作を使って，最も活性な分子のステロイド核にオーバーレイされた．12.4 節で取り上げた薬理作用団探索プログラムもこの目的に役立つ．しかし一般の場合，適当な結合様式を探り当てることはそれほど容易ではない．CoMFA が特に役立つのは，特定の標的へ選択的に結合する化合物を設計する際である．等高面図の比較は，2 種の受容体で条件が異なる領域を明らかにする．この知見は，新規の化合物を次に合成する際参考にされる．CoMFA は確かに最もよく知られたアプローチである．しかし，3D QSAR のための唯一の手法ではない [44]．

　CoMFA 解析で使われる格子場変数の大多数は，相互に密接な関係にある．分子のほんのわずかな構造変化は，単一の変数に止まらず，空間的につながりのある一群の変数に変化をもたらす．したがって，分子の構造変化による影響を観察すれば，空間的につながった格子場変数の集団を見極めることができる．このような集団に含まれる変数は，すべて同じ情報を共有する．PLS 解析でも，この変数集団を利用すれば，（解釈が容易で，かつ高い予測能をもつ）さらに優れたモデルが構築できよう．この発想が，SRD（Smart Region Definition）と呼ばれる手法の基礎を形作る [96]．この方法を提案した Cruciani らは，それ以前にも PLS モデルの改良を企て，変数の部分集合を自動選択する方法を開発していた [22]．このアプローチは，GOLPE（Generating Optimal Linear PLS Estimations）と呼ばれる．GOLPE では，まず最初，一部実施要因計画に従い，変数のさまざまな組合せが選択される．そして，各組合せに対して PLS モデルが誘導され，モデルの予測能を有意に高める変数だけが保持される．

　一方，SRD アプローチは三つの段階からなる．第一の段階では，（従来の CoMFA 計算で大きな重みをもち）モデルにとって重要度の高い一組の格子点が選択される．これらの格子点は，それぞれ分子を取り囲む 3D 空間での位置と場──たとえば，静電場やファンデルワールス場──によって特徴づけられる．これらの格子点はシードとして振る舞い，データセット内の他の変数は，それぞれ距離的に最も近いシードへ帰属される．また，もし最も近いシードとの距離がカットオフよりも大きければ，その変数は解析から除外される．シードは全空間に一様に分布しているわけではない．情報量の多い領域はシードを多数含み，情報量の少ない領域はシードを少数しか含まない．したがって，情報量の多い領域では，シードを取り巻く範囲の空間的広がりは，情報量の少ない領域のそれに比べて狭くなる．解析から外される変数は，通常，化合物から遠く離れた領域や化合物間で化学的に変動がない領域に分布する．第三の段階では，アルゴリズムは，同じ情報を含み相関のある近接領域を融合し，情報のさらなる簡約を行う．SRD 法の評価は，

一連のグリコーゲンホスホリラーゼ阻害薬を用いて行われた。これらの阻害薬は，X線結晶解析から酵素へ結合した構造が解明されており，このような研究の対象として特に適している。この場合，リガンドの活性配座を同定し，分子をオーバーレイする手続きは省略できる。また，酵素との特異的な相互作用の観点から，3D QSARの解析結果を解釈することも可能である。この研究では，エネルギー値はフェノール性ヒドロキシ基（OH）をプローブとし，GRIDプログラムから算定された。標準的なPLS法や変数を組分けする他の手法と比べてたとき，SRDアルゴリズムは，適合度，予測能および結果の解釈のしやすさの点でより優れた結果をもたらした。

部分最小二乗法では，きわめて多数の値を含むデータセットが処理できる。そのため支持者によれば，この手法は3D QSAR問題の解析に特に適している。たとえば，CoMFAは各化合物に対して膨大な数の記述子をいとも簡単に発生する。このことはQSARの従来の状況と対照をなす。これまでのQSARでは，新しいパラメータは測定に時間がかかるため，解析は通常伝統的な置換基定数だけを使って行われた。

12.14　コンビナトリアル・ライブラリー

コンビナトリアル化学は，化学実験室で合成できる化合物の数を著しく増加させた。コンビナトリアル合成への古典的アプローチでは，「分割混合（split-mix）」操作に加えて，たとえばポリスチレン・ビーズのような保持体が使われる。固相化学の魅力は，試薬を過剰に使用でき，反応を最後まで完全に行わせることができる点である。反応が終われば，過剰な試薬は簡単に洗い流せる。図12.42は，分割混合アプローチの手順を模式的に示したものである。このアプローチは，それぞれ異なる試薬Aを入れたn_A個のポット（pot）から出発する。これらのポットの中

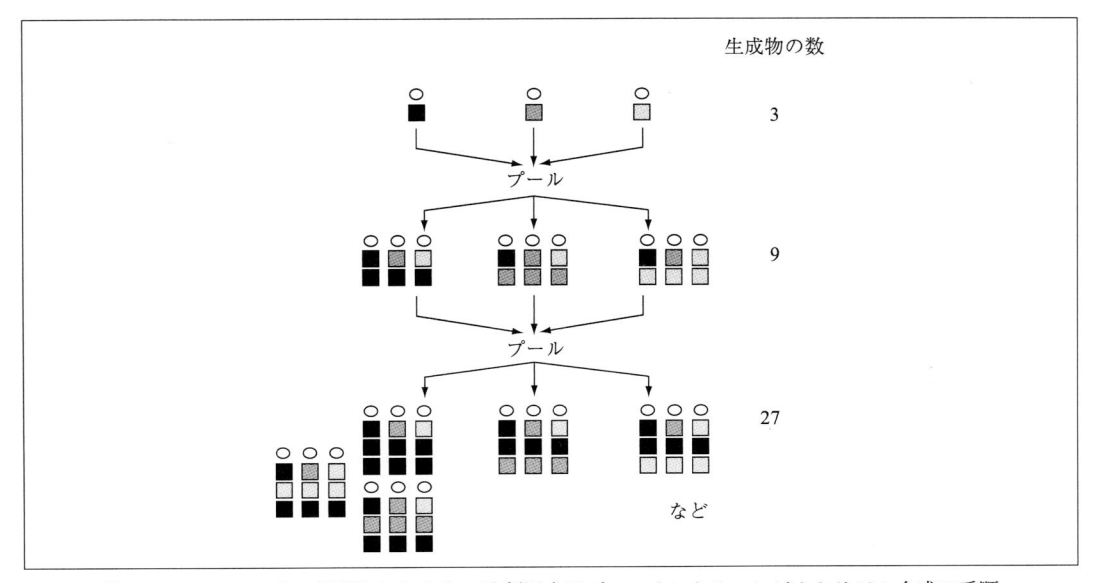

図12.42 モノマーを3種類としたときの分割混合アプローチによるコンビナトリアル合成の手順

身（ビーズ）は，プールされよく混ぜ合わされた後，n_B個のポットへ等分割され，第二の試薬群Bと反応させられる。同様にして，ポットの中身は再度混ぜ合わされ，n_C個のポットへ分割された後，さらに第三の試薬群Cと反応させられる。この段階で，生成物は$n_A \times n_B \times n_C$個存在する。生成物の数は，試薬数とともに指数関数的に増加する。組合せ（combinatorial）という用語が使われる所以はここにある。特定のビーズを考えたとき，われわれは最後に加えた試薬の正体しか知らない。しかし，個々のビーズに保持された生成物は1種類である。従来の分割混合アプローチは，活性を示す生成物の構造を確認するのに手間がかかるため，その人気は凋落傾向にある。一つの改善策としては，使用試薬（モノマー）の情報をコードしたタグをビーズに取りつける方法が考えられる。

コンビナトリアル化学に対する初期の熱狂の原因が，合成できる分子の多さにあったことは疑いを入れない。分子数が増えれば，生物試験でヒットする分子もそれだけ増えるはずである。しかし現実には，話はこの通りには進まなかった。コンビナトリアル・ライブラリーがリード分子を発生する確率は，通常の場合に比べて低かったのである。この原因は，ライブラリー内の分子がすべて同じ反応図式で合成されるため，構造的な多様性が制約される事実に一部帰せられる。また，（あとになって判断してみれば）初期のコンビナトリアル・ライブラリーには，リード分子となりうる興味ある生物活性を示す化合物が少なかったこともその原因に挙げられよう。最近の一般的傾向としては，特定の生物学的標的に対して活性を示すライブラリーや，「薬物らしい」分子をより多く含むライブラリーの合成へ向けた取組みが目立つ。

上述のように，初期のコンビナトリアル合成は，多様な分子を多数作り出すことを目的とした。最近は，目標を絞ったライブラリーの合成へ移行する傾向が見られるが，コンビナトリアル合成が化学的多様性を追求するきわめて強力な手段であることは今もなお変わりない。この見掛け上の葛藤は，分子標的に関する知識の量に応じ，ライブラリーの多様性を調整すれば折合いがつく。（たとえば，X線構造が入手できるなど）標的酵素に関して豊富な知識がある場合には，そうでない場合に比べ，多様性はそれほど要求されない。むずかしいのは，これらの因子を数量化し，そのバランスをどのように取るかである。この問題は，Martinらにより最初に取り上げられた[86]。彼女らは，ペプトイド・ライブラリー用のモノマーを選択するのに実験計画法を利用した（ペプトイドとは，ペプチド骨格をもつが，側鎖がα炭素ではなく窒素に結合した合成オリゴマーを指す）。疎水性，形状，化学的機能性などの特徴は，さまざまな記述子で表された。コンピュータ・グラフィックスは，各モノマーの特徴を直観的に比較する際役に立った。

12.14.1 「薬物らしい」分子のライブラリー設計

固相コンビナトリアル合成は，ペプチド合成に関するMerrifieldの研究にその基礎を置く。したがって，初期のライブラリーの多くがこの種の化学に基づいたものであったことは，驚くに当たらない。しかし，ペプチドは一般に薬物としてあまり適当ではない。それらは in vivo で容易に分解する。また，通常の薬物分子に比べて分子量がかなり大きく，回転できる結合もはるかに多い。図12.43は，いくつかのコンビナトリアル・ライブラリーにおける分子量，（配座的柔

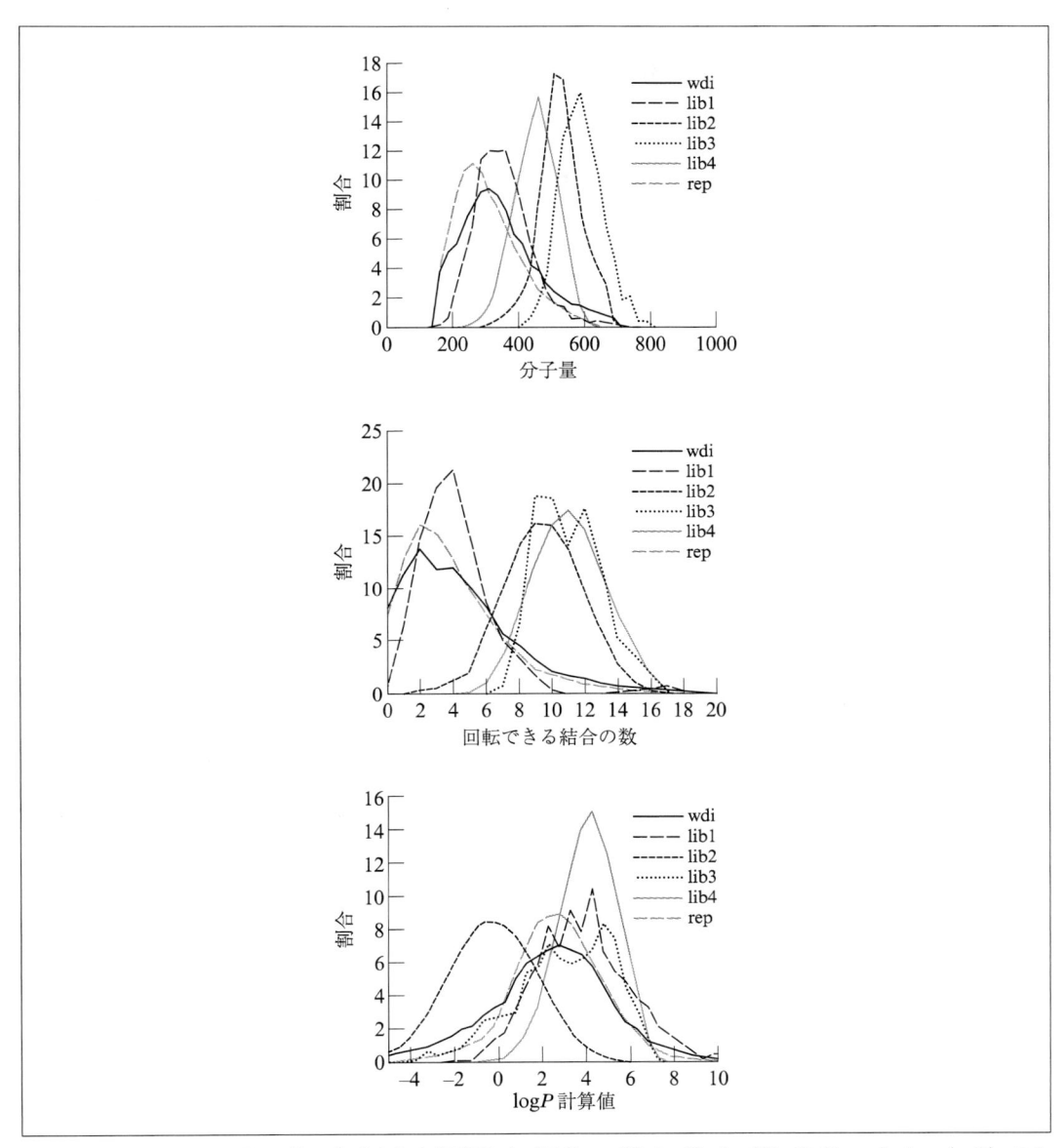

図 12.43 Glaxo SmithKline 社で合成された初期ライブラリー (lib 1 – lib 4), World Drug Index (wdi) および代表的な既知薬物群 (rep) における分子量, 回転できる結合の数および $\log P$ 計算値の分布

軟性の簡易尺度としての) 回転できる結合の数および $\log P$ 計算値の分布状況を示している. 図を見ると, ライブラリーの中には薬物分子のそれにきわめて近い分布を示すものもある. しかし一般には, 両者の分布は大きく異なる [74]. 何が分子を「薬物らしく」しているのか. 薬物分子の構造はきわめて多様であるから, これはほとんど解答不能な質問と言える. しかし, それにもかかわらず,「薬物らしさ」を数量化する企てはいろいろ試みられている. より「薬物らしい」分子のライブラリーは, 生物活性な分子を含む確率が高い. また, このようなライブラリーから

ヒットした分子は，そうでない分子に比べ，リード・オプティマイゼーションの出発点としてより魅力に富む．もちろん，「薬物らしさ」に対する要求はコンビナトリアル・ライブラリーに限ったものではなく，生物試験にかけられるすべての分子に当てはまる．「薬物らしさ」を判定する手法は，社内外のデータベースからスクリーニング用の化合物を選択する場合にも当然応用できる．

「薬物らしさ」の判定は，一般には，分子構造などの入力データを基に計算モデルを使って行われる．モデルはいろいろあるが，最も簡単なものは部分構造フィルターを使う．このモデルでは，すべてのフィルターを通り抜けた分子だけが出力される．このようなフィルターは，不適当な官能基をもつ分子を除くのに役立つ．たとえば，（ハロゲン化アルキル，酸塩化物のような）ある種の反応性基は，いかなる生物試験でもほとんど常に陽性反応を示す．同様のフィルターは，分子量の大きな分子やきわめて柔軟な分子を除くのにも使える．分子の体内吸収性の予測では，経験的フィルターとして「5のルール」なるものが役立つ [82]．すなわち，次の条件のどれかを満たす分子は一般に体内吸収性が悪い．(1) 分子量が 500 を越える．(2) $\log P$ の計算値が 5 よりも大きい．(3) 水素結合供与基の数（OH と NH の合計）が 5 よりも多い．(4) 水素結合受容基の数（窒素原子と酸素原子の合計）が 10 よりも多い．

さらに高度なモデルも使われる．このようなモデルは，一組の分子的性質から「薬物らしさ」を予測するのに，ニューラル・ネットワーク [108,3] や遺伝的アルゴリズムに基づく回帰型方程式 [37] を使用する．これらのモデルを訓練する際には，通常「薬物らしい」分子と「薬物らしくない」分子の2種類の集合が必要である．モデルは，「薬物らしい」集合と「薬物らしくない」集合を最もうまく判別できるよう最適化される．

フィルター・モデルと「薬物らしさ」モデルは，ライブラリーの設計や化合物の選択をきわめて効率化する．それらは一般に（SMILES 記号列のような）2D 表現しか必要としない．にもかかわらず，これらのモデルを使えば，重要でない分子を速やかに排除できるだけでなく，あとに残った分子に対してスコアや順位を付けることもできる（仮想スクリーニングの一例）．しかし，このようなアプローチは通常きわめて概括的であり，実際には，標的酵素は，これらの条件のいくつかを満たさない分子を要求することも多い．

12.14.2 ライブラリー列挙

コンビナトリアル・ライブラリーでは，「列挙（enumeration）」という用語は，構造を発生させ，それらの結合表（connection table）を作る一連の過程を指すのに使われる．単一の化合物は，成員が1個のライブラリーと見なされ，この場合にも列挙の概念は適用される．化学者が化合物を合成しようとすれば，数ヶ月や数年は要しないにしても，数日は必要である．それに比べれば，化合物の構造を手で描くことはいとも簡単な作業である．しかし，相手がコンビナトリアル・ライブラリーとなれば話は別で，それがたとえ小規模なものであっても，すべての成員を手で描くことは不可能に近い．それを行うには自動化されたツールを必要とする．

一般に，列挙問題では二つのアプローチが使われる．第一のアプローチは，しばしば「フラグ

メント標識法（fragment marking）」と呼ばれる．この方法では，すべての生成構造に共通するコア・テンプレートがまず同定される．テンプレートは，さまざまな原子団（R基）を受け入れる置換点をいくつか備える．この置換点でR基をいろいろ取り替えれば，さまざまな構造が生成する．コンビナトリアル・ライブラリーの成員を列挙するに当たっては，まず最初，関連モノマーの集合からR基の集合を作り出す必要がある．このような集合を作るには，最も簡単な場合，モノマーの反応性官能基を「自由原子価」で置き換えればよい．テンプレートとR基は，次に結合で結ばれ，生成した構造に対してはその結合表が作られる．完全なライブラリー列挙とは，さまざまな置換点を対象に，R基のあらゆる可能な組合せを系統的に発生させることに対応する．

第二のアプローチは，化学反応の計算等価物，すなわち反応変換（reaction transform）を利用する．この方法では，共通のテンプレートを定義したり，R基の集合を作り出す必要はない．ライブラリーは，初期試薬の構造を入力し，それらに化学変換を施すことで列挙できる．この方法では，（少なくとも化学が立案通りに機能すれば）試薬は合成化学のルールに従って相互に反応するので，実際の合成に関与する段階はより正確に模写される．

チオ尿素と α-ハロケトンからアミノチアゾールを合成する反応を例にとり，フラグメント標識アプローチと反応変換アプローチの主な違いを説明しよう（図12.44）．反応変換アプローチ（図12.44(a)）では，われわれは適当な変換を指定しさえすればよい．列挙エンジンは，この変換を出発物質——チオ尿素と α-ハロケトン——へ適用し，アミノチアゾールと副生物の水，ハロゲン化水素を作り出す．それに対し，フラグメント標識アプローチ（図12.44(b)）では，まず最初，α-ハロケトンから二つ，チオ尿素から一つ，合計三つのフラグメントが切り取られる．

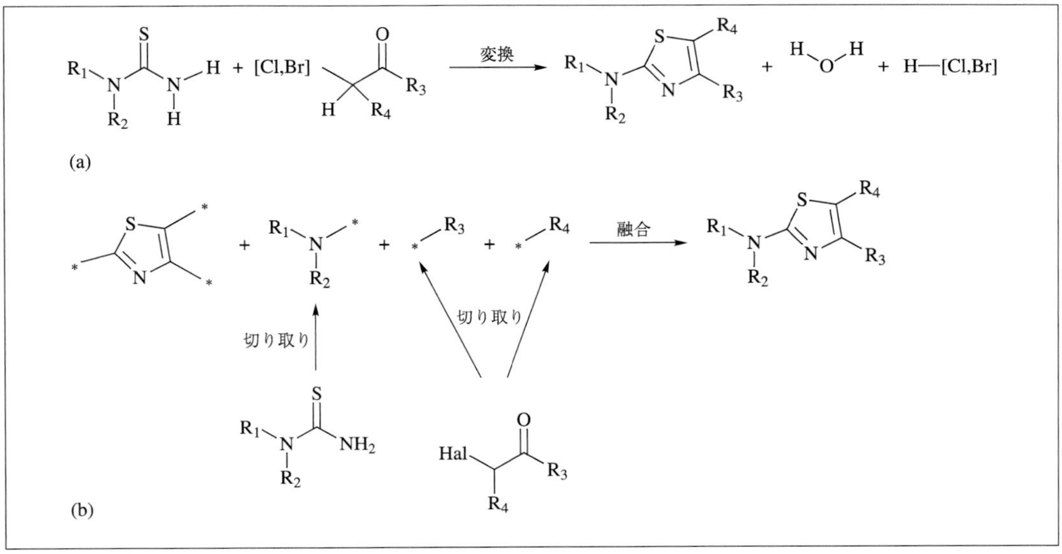

図12.44 アミノチアゾールのライブラリー列挙における反応変換アプローチ(a)とフラグメント標識アプローチ(b)の比較

それらは次に，コア・テンプレートのチアゾール環へ連結され，適当な生成物へ変換される。

フラグメント標識アプローチと反応変換アプローチは，それぞれ長所と短所をもつ。「コア＋R基」の構図にうまく当てはまるライブラリーでは，列挙速度はフラグメント標識アプローチの方がはるかに速い。これは，フラグメント標識アプローチでは，R基がひとたび得られれば，あとは結合表を作る簡単な操作だけですむからである。ほとんどのシステムは，R基を自動的に作り出す機能（切り取りアルゴリズム）を備えている。しかし実際には，ほとんどの問題は手動での修正を必要とする。そのため，R基があらかじめ作成されていない場合には，素人にとってフラグメント標識アプローチは思いのほか時間がかかる。また，フラグメント標識アプローチでは扱えない反応もいくつか存在する。周知の例は，ディールス-アルダー反応である。フラグメント標識アプローチは，この反応へ適用すると，無関係な間違った生成物を多数発生する。また場合によっては，明確なコア構造が得られないこともある。それに対し，反応変換アプローチは，前処理を行わなくても試薬から生成物を直接列挙できる。また，変換はひとたび定義されたならば，何度でも繰り返し使える。しかし，この方法は，フラグメント標識法に比べて多くの手順を必要とし，計算に時間がかかる。反応変換アプローチの最大の長所は，実際の化学反応をモデルにしており，実験系との結びつきが深い点である。そのため，実験科学者にとって理解しやすく使いやすい。

フラグメント標識アプローチや反応変換アプローチによるライブラリー列挙では，分子や反応は，通常一時に一つしか処理されない。しかし，コンビナトリアル・ライブラリーの成員は，その重要な特徴としてしばしば非常によく似た構造をもつ。生成物は，一般に共通の「コア」をもち（そうでなければ，フラグメント標識法は使えない），同じ部品をもつ部分集合もいくつか存在する。たとえば，生成物のいくつかは特定の位置にフェニル環を共通にもつ。（特許物質のコンピュータ表現用に開発された）マルクーシュ構造を使ってこれらの関係を認識すれば，列挙の効率ははるかに改善されよう [27]。

12.14.3　コンビナトリアル部分集合の選択

合成計画は何であれ，コンビナトリアル・ライブラリーの設計では，モノマーの選択が成否の鍵を握る。目標とするところは，互いを組み合わせたとき最適なコンビナトリアル・ライブラリーを与えるモノマー群を同定することである。この場合，「最適」とは，設定された目標を最もよく満たすという意味である。そのことは具体的には，(1) きわめて多様性に富む，(2) 3D薬理作用団やタンパク質結合部位に適合する分子の数が最も多い，(3) 物理化学的性質の分布が指定された分布と最もよく一致する，といった状態を指す。コンビナトリアル・ライブラリーを設計する際，押さえなければならない重要なポイントは，部分集合選択の問題である。$A \times B \times C$形の実際のコンビナトリアル・ライブラリーでは，A試薬群の各分子は，それぞれB試薬群とC試薬群のすべての分子と反応し，$n_A \times n_B \times n_C$種の生成物を発生させる。ここで，$n_A$，$n_B$，$n_C$は，それぞれ試薬分子A，B，Cの数である。一般には，利用できる試薬A，B，Cの数は，ライブラリーに実際に組み込まれる試薬の数に比べてはるかに多い。そこで，最適なライブラリー

を作り出すには，モノマーの部分集合を選択する必要が生じる．いま，利用できる試薬 A，B，C の数をそれぞれ N_A，N_B，N_C とすれば，いわゆる仮想ライブラリー (virtual library) の大きさは，$N_A \times N_B \times N_C$ になる．N 個のオブジェクトから n 個を選び出す方法は ^NC_n 通りあるから，この三成分生成物に対して作りうる大きさ $n_A \times n_B \times n_C$ のコンビナトリアル・ライブラリーの総数は，$^{N_A}C_{n_A} \times {}^{N_B}C_{n_B} \times {}^{N_C}C_{n_C}$ 件である．いま，A，B，C の各々に対して，それぞれ 100 種類の試薬が利用できるとしよう．$10 \times 10 \times 10$ のライブラリーを作成しようとすれば，組合せの数は約 10^{40} 通りにもなる．この厖大な数のライブラリーから最適なライブラリーを一つ選び出すことはきわめてむずかしく，可能なすべての解を系統的に探索するやり方ではその解決はおぼつかない．

部分集合選択の問題では，予想される通り，焼きなましや遺伝的アルゴリズムのような最適化手法が広く使われる．これらの方法は，さらに良い解が得られなくなるか，あらかじめ決められた繰返し回数を越えるまで解を徐々に進化させていく．遺伝的アルゴリズムでは，染色体は特定のモノマー群をコードしており，それらを組合せ論的方式で結合させれば，特定の生成物集合が得られる．すでに述べたように，当初は多様性に富むライブラリーの作成に努力が傾けられた．最適化関数が作り出されたのもこの頃である．その後，目標を絞ったライブラリーが強調されるようになり，特定の性質をもつ分子の数だけが最適化される代替関数が求められるようになった．また，より包括的なアプローチとして，多様性と標的分子の数を同時に最適化する方法も現れた [38]．

この種のライブラリー設計は，生成分子の性質が選択されるモノマーを究極的に決定するので，「生成物に基づいたモノマー選択」と呼ばれる．このアプローチは生成構造の情報を必要とする．したがって，列挙の操作はきわめて重要な意味をもつ．これに代わるものは，「モノマーに基づいた選択」である．この方法では，個々のモノマーの性質だけが考慮され，生成分子の性質は考慮されない．モノマーに基づいた選択の主な利点は，探索空間の規模がはるかに小さいことである．生成物に基づいた選択では，$N_A \times N_B \times N_C$ 個の潜在的な生成分子を考慮しなければならないが，モノマーに基づいた選択では，$N_A + N_B + N_C$ 個のモノマーを考えるだけでよい．生成物に基づいた選択は，（期待通り）モノマーに基づいた選択に比べて優れた結果を与える [36]．しかし，仮想ライブラリーが大きすぎる場合には，完全な列挙は明らかに不可能である．二つの方法を組み合わせたアプローチが要求される所以である．

12.14.4 今後の展望

創薬研究に応用できることが認識されて以来，コンビナトリアル化学と高効率スクリーニングの手法はめざましい発展を遂げた [74]．大手製薬会社のほとんどはこれらの分野に多大な投資を行っており，関連技術の開拓を専門とする中小企業も現在ではかなりの数に上る．また，コンビナトリアル化学の手法は，材料科学のような他領域へも応用され始めている．にもかかわらず，新薬開発へのコンビナトリアル化学の実際の応用のされ方や，そのプロセスを支援する計算的手法の役割については，いまだ未解決の問題も多い．これらの問題の多くは，（適切なモノマーの

十分な供給，新しい固相合成法の開発，合成とスクリーニングの緊密な連携など）理論よりも実践と深い関係にある。理論面では，ライブラリー設計の唯一の評価要素としての「多様性」から，目標を絞ったライブラリーへの緩やかな移行が見られる［48］。また，「薬物らしさ」の概念やライブラリーに入れるべき分子のタイプに関しても，綿密な吟味がなされるようになった。たとえば，1回のステップで「薬物分子」が発見できる確率はきわめて低い。したがって初期の段階では，弱くとも親和性を示す分子が見つかれば，それで良しとする妥協が必要である。またライブラリーには，典型的な薬物分子よりも，小さくて簡単な分子を入れるようにした方がよい［114］。分子モデリングの他の領域と同様，進歩は，優れたアルゴリズムや高速化するコンピュータだけによってもたらされるのではない。実験との緊密な統合や，現象の背後にある化学や物理の基本原理に対するさらに深い理解もまた必要である。

さらに読みたい人へ

[a] Agrafiotis D K, J C Myslik and F R Salemme 1999. Advances in Diversity Profiling and Combinatorial Series Design. *Molecular Diversity* **4**: 1-22.

[b] Charifson P S(Editor) 1997. *Practical Application of Computer-Aided Drug Design*. New York, Dekker.

[c] Clark D E, C W Murray and J Li 1997. Current Issues in *De Novo* Molecular Design. In Lipkowitz K B and D B Boyd(Editors). *Reviews in Computational Chemistry* Volume 11. New York, VCH Publishers, pp.67-125.

[d] Dean P M(Editor) 1995. *Molecular Similarity in Drug Design*. London, Blackie Academic and Professional.

[e] Downs G M and Peter Willett 1995. Similarity Searching in Databases of Chemical Structures. In Lipkowitz K B and D B Boyd(Editors). *Reviews in Computational Chemistry* Volume 7. New York, VCH Publishers, pp.1-66.

[f] Drewry D H and S S Young 1999. Approaches to the Design of Combinatorial Libraries. *Chemometrics in Intelligent Laboratory Systems* **48**: 1-20.

[g] Good A C and J S Mason 1995. Three-Dimensional Structure Database Searches. In Lipkowitz K B and D B Boyd(Editors). *Reviews in Computational Chemistry* Volume 7. New York, VCH Publishers, pp.67-117.

[h] Graham R C 1993. *Data Analysis for the Chemical Sciences. A Guide to Statistical Techniques*. New York, VCH Publishers.

[i] Guner O F(Editor) 2000. *Pharmacophore Perception, Development, and Use in Drug Design*. International University Line Biotechnology Series, 2.

[j] Jurs P C 1990. Chemometrics and Multivariate Analysis in Analytical Chemistry. In Lipkowitz K B and D B Boyd(Editors). *Reviews in Computational Chemistry* Volume 1. New York, VCH Publishers, pp.169-212.

[k] Kubinyi H(Editor) 1993. *3D QSAR in Drug Design. Theory, Methods and Applications*. Leiden, ESCOM.

[l] Kubinyi H 1995. The Quantitative Analysis of Structure-Activity Relationships. In Wolff M E(Editor). *Burger's Medicinal Chemistry and Drug Discovery*. 5th Edition, Volume 1. New York, John Wiley & Sons, pp.497-571.

[m] Livingstone D 1995. *Data Analysis for Chemists*. Oxford, Oxford University Press.

[n] Livingstone D 2000. The Characterisation of Chemical Structures Using Molecular Properties: A Survey. *Journal of Chemical Information and Computer Science* **40**: 195-209.

[o] Marshall G R 1955. Molecular Modeling in Drug Design. In Wolff M E(Editor). *Burger's Medicinal Chemistry and Drug Discovery*. 5th Edition, Volume 1. New York, John Wiley & Sons, pp.573-659.

[p] Martin E J, D C Spellmeyer, R E Critchlow Jr and J M Blaney 1997. Does Combinatorial Chemistry Obviate Computer-Aided Drug Design? In Lipkowitz K B and D B Boyd(Editors). *Reviews in Computational Chemistry* Volume 10. New York, VCH Publishers, pp.75-100.

[q] Martin Y C 1978. *Quantitative Drug Design: A Critical Introduction*. New York, Marcel Dekker.

[r] Martin Y C, M G Bures and P Willett 1990. Searching Databases of Three-Dimensional Structures. In Lipkowitz K B and D B Boyd(Editors). *Reviews in Computational Chemistry* Volume 1. New York, VCH Publishers, pp.213-263.

[s] Montgomery D C and A A Peck 1992. *Introduction to Linear Regression Analysis*. New

York, John Wiley & Sons.

[t] Murcko M A 1997. Recent Advances in Ligand Design Methods. In Lipkowitz K B and D B Boyd(Editors). *Reviews in Computational Chemistry* Volume 11. New York, VCH Publishers, pp.1-66.

[u] Oprea T I and C L Waller 1997. Theoretical and Practical Aspects of Three-Dimensional Quantitative Structure-Activity Relationships. In Lipkowitz K B and D B Boyd(Editors). *Reviews in Computational Chemistry* Volume 11. New York, VCH Publishers, pp.127-182.

[v] Otto M. *Chemometrics: Statistics and Computer Application in Analytical Chemistry.* New York, Wiley-VCH.

[w] Spellmeyer D C and P D J Grootenhuis 1999. Recent Developments in Molecular Diversity: Computational Approaches to Combinatorial Chemistry. *Annual Reports in Medicinal Chemistry* **34**: 287-296.

[x] Tute M S 1990. History and Objectives of Quantitative Drug Design. In Hansch C, P G Sammes and J B Taylor(Editors). *Comprehensive Medicinal Chemistry* Volume 4. Oxford, Pergamon Press, pp.1-31.

[y] Waterbeemd H van de 1995. *Chemometric Methods in Molecular Design.* Weinheim, VCH Publishers.

[z] Willett P(Editor) 1997. *Computational Methods for the Analysis of Molecular Diversity: Perspectives in Drug Discovery and Design* Volumes 7/8. Dordrecht, Kluwer.

引用文献

[1] Agrafiotis D K 1997. Stochastic Algorithms for Maximising Molecular Diversity. *Journal of Chemical Information and Computer Science* **37**: 841-851.

[2] Ajay A and M A Murcko 1995. Computational Methods to Predict Binding Free Energy in Ligand-Receptor Complexes. *Journal of Medicinal Chemistry* **38**: 4951-4967.

[3] Ajay A, W P Walters and M A Murcko 1998. Can We Learn to Distinguish between 'Drug-like' and 'Nondrug-like' Molecules? *Journal of Medicinal Chemistry* **41**: 3314-3324.

[4] Andrea T A and H Kalayeh 1991. Applications of Neural Networks in Quantitative Structure-Activity Relationships of Dihydrofolate Reductase Inhibitors. *Journal of Medicinal Chemistry* **34**: 2824-2836.

[5] A-Razzak M and R C Glen 1992. Applications of Rule-Induction in the Derivation of Quantitative Structure-Activity Relationships. *Journal of Computer-Aided Molecular Design* **6**: 349-383.

[6] Babine R E and S L Bender 1997. Recognition of Protein-Ligand Complexes: Applications to Drug Design. *Chemical Reviews* **97**: 1359-1472.

[7] Barnum D, J Greene, A Smellie and P Sprague 1996. Identification of Common Functional Configurations among Molecules. *Journal of Chemical Information and Computer Science* **36**: 563-571.

[8] Baxter C A, C W Murray, D E Clark, D R Westhead and M D Eldridge 1998. Flexible Docking Using Tabu Search and an Empirical Estimate of Binding Affinity. *Proteins: Structure, Function and Genetics* **33**: 367-382.

[9] Blaney J M and J S Dixon 1993. A Good Ligand Is Hard to Find: Automated Docking Methods. *Perspectives in Drug Discovery and Design* **1**: 301-319.

[10] Böhm H-J 1992. LUDI——Rule-Based Automatic Design of New Substituents for Enzyme

Inhibitor Leads. *Journal of Computer-Aided Molecular Design* **6**: 593-606.

[11] Böhm H-J 1994. The Development of a Simple Empirical Scoring Function to Estimate the Binding Constant for a Protein-Ligand Complex of Known Three-Dimensional Structure. *Journal of Computer-Aided Molecular Design* **8**: 243-256.

[12] Böhm H-J 1998. Prediction of Binding Constants of Protein Ligands: A Fast Method for the Prioritisation of Hits Obtained from *De Novo* Design or 3D Database Search Programs. *Journal of Computer-Aided Molecular Design* **12**: 309-323.

[13] Böhm H-J and G Klebe 1996. What Can We Learn from Molecular Recognition in Protein-Ligand Complexes for the Design of New Drugs? *Angewandte Chemie International Edition in English* **35**: 2588-2614.

[14] Boström J, P-O Norrby and T Liljefors 1998. Conformational Energy Penalties of Protein-Bound Ligands. *Journal of Computer-Aided Molecular Design* **12**: 383-396.

[15] Bradshaw J 1997. Introduction to Tversky Similarity Measure. At http://www.daylight.com/meetings/mug97/Bradshaw/MUG97/tv_tversky.html.

[16] Bron C and J Kerbosch 1973. Algorithm. 475. Finding All Cliques of an Undirected Graph. *Communications of the ACM* **16**: 575-577.

[17] Brown R D and Y C Martin 1996. Use of Structure-Activity Data to Compare Structure-Based Clustering Methods and Descriptors for Use in Compound Selection. *Journal of Chemical Information and Computer Science* **36**: 572-583.

[18] Carbo R, L Leyda and M Arnau 1980. An Electron Density Measure of the Similarity between Two Compounds. *International Journal of Quantum Chemistry* **17**: 1185-1189.

[19] Carhart R E, D H Smith and R Venkataraghavan 1985. Atom Pairs as Molecular Features in Structure-Activity Studies: Definition and Applications. *Journal of Chemical Information and Computer Science* **25**: 64-73.

[20] Charifson P S, J J Corkery, M A Murcko and W P Walters 1999. Consensus Scoring: A Method for Obtaining Improved Hit Rates from Docking Databases of Three-Dimensional Structures into Proteins. *Journal of Medicinal Chemistry* **42**: 5100-5109.

[21] Cramer R D III, D E Patterson and J D Bunce 1988. Comparative Molecular Field Analysis (CoMFA). 1. Effect of Shape on Binding of Steroids to Carrier Proteins. *Journal of the American Chemical Society* **110**: 5959-5967.

[22] Cruciani G, S Clementi and M Baroni 1993. Variable Selection in PLS Analysis. In Kubinyi H (Editor). *3D QSAR in Drug Design*. Leiden, ESCOM, pp.551-564.

[23] Cummins D J, C W Andrews, J A Bentley and M Cory 1996. Molecular Diversity in Chemical Databases: Comparison of Medicinal Chemistry Knowledge Bases and Databases of Commercially Available Compounds. *Journal of Chemical Information and Computer Science* **36**: 750-763.

[24] Dalby A, J G Nourse, W D Hounshell, A K I Gushurst, D L Grier, B A Leland and J Laufer 1992. Description of Several Chemical Structure File Formats Used by Computer Programs Developed at Molecular Design Limited. *Journal of Chemical Information and Computer Science* **32**: 244-255.

[25] Dammkoehler R A, S F Karasek, E F B Shands and G R Marshall 1989. Constrained Search of Conformational Hyperspace. *Journal of Computer-Aided Molecular Design* **3**: 3-21.

[26] Desjarlais R L, R P Sheridan, G L Seibel, J S Dixon, I D Kuntz and R Venkataraghavan 1988. Using Shape Complementarity as an Initial Screen in Designing Ligands for a Receptor Binding Site of Known Three-Dimensional Structure. *Journal of Medicinal Chemistry*

31: 722-729.

[27] Downs G M and J M Barnard 1997. Techniques for Generating Descriptive Fingerprints in Combinatorial Libraries. *Journal of Chemical Information and Computer Science* **37**: 59-61.

[28] Downs G M, P Willett and W Fisanick 1994. Similarity Searching and Clustering of Chemical-Structure Databases Using Molecular Property Data. *Journal of Chemical Information and Computer Science* **34**: 1094-1102.

[29] Dunn W J III, S Wold, U Edlund, S Hellberg, J Gasteiger 1984. Multivariate Structure-Activity Relationships between Data from a Battery of Biological Tests and an Ensemble of Structure Descriptors: The PLS Method. *Quantitative Structure-Activity Relationships* **3**: 131-137.

[30] Eldridge M D, C W Murray, T R Auton, G V Paoliniand and R P Mee 1997. Empirical Scoring Functions. I. The Development of a Fast Empirical Scoring Function to Estimate the Binding Affinity of Ligands in Receptor Complexes. *Journal of Computer-Aided Molecular Design* **11**: 425-445.

[31] Gasteiger J, C Rudolph and J Sadowski 1990. Automatic Generation of 3D Atomic Coordinates for Organic Molecules. *Tetrahedron Computer Methodology* **3**: 537-547.

[32] Gelhaar D K, G M Verkhivker, P A Rejto, C J Sherman, D B Fogel, L J Fogel and S T Freer 1995. Molecular Recognition of the Inhibitor AG-1343 by HIV-1 Protease: Conformationally Flexible Docking by Evolutionary Programming. *Chemistry and Biology* **2**: 317-324.

[33] Ghose A K and G M Crippen 1986. Atomic Physicochemical Parameters for Three-Dimensional Structure-Directed Quantitative Structure-Activity Relationships. I. Partition Coefficients as a Measure of Hydrophobicity. *Journal of Computational Chemistry* **7**: 565-577.

[34] Ghose A K, V N Viswanadhan and J J Wendoloski 1998. Prediction of Hydrophobic (Lipophilic) Properties of Small Organic Molecules Using Fragmental Methods: An Analysis of ALOGP and CLOGP Methods. *Journal of Physical Chemistry* **102**: 3762-3772.

[35] Gillet V J, A P Johnson, P Mata, S Sik and P Williams 1993. SPROUT —— A Program for Structure Generation. *Journal of Computer-Aided Molecular Design* **7**: 127-153.

[36] Gillet V J, P Willett and J Bradshaw 1997. The Effectiveness of Reactant Pools for Generating Structurally Diverse Combinatorial Libraries. *Journal of Chemical Information and Computer Science* **37**: 731-740.

[37] Gillet V J, P Willett and J Bradshaw 1998. Identification of Biological Activity Profiles Using Substructural Analysis and Genetic Algorithms. *Journal of Chemical Information and Computer Science* **38**: 165-179.

[38] Gillet V J, P Willett, J Bradshaw and D V S Green 1999. Selecting Combinatorial Libraries to Optimize Diversity and Physical Properties. *Journal of Chemical Information and Computer Science* **39**: 169-177.

[39] Glen R C and A W R Payne 1995. A Genetic Algorithm for the Automated Generation of Molecules within Constraints. *Journal of Computer-Aided Molecular Design* **9**: 181-202.

[40] Good A C, E E Hodgkin and Richards W G 1993. The Utilisation of Gaussian Functions for the Rapid Evaluation of Molecular Similarity. *Journal of Chemical Information and Computer Science* **32**: 188-192.

[41] Good A C and I D Kuntz 1995. Investigating the Extension of Pairwise Distance Pharmacophore Measures to Triplet-Based Descriptors. *Journal of Computer-Aided Molecular Design* **9**: 373-379.

[42] Goodford P J 1985. A Computational Procedure for Determining Energetically Favorable

Binding Sites on Biologically Important Macromolecules. *Journal of Medicinal Chemistry* **28**: 849-857.

[43] Goodsell D S and A J Olson 1990. Automated Docking of Substrates to Proteins by Simulated Annealing. *Proteins: Structure, Function and Genetics* **8**: 195-202.

[44] Greco G, E Novellino and Y C Martin 1997. Approaches to Three-Dimensional Quantitative Structure–Activity Relationships. In Lipkowitz K B and D B Boyd (Editors). *Reviews in Computational Chemistry* Volume 11. New York, VCH Publishers, pp.183-240.

[45] Greene J, S Kahn, H Savoj, P Sprague and S Teig 1994. Chemical Function Queries for 3D Database Search. *Journal of Chemical Information and Computer Science* **34**: 1297-1308.

[46] Hall L H and L B Kier 1991. The Molecular Connectivity Chi Indexes and Kappa Shape Indexes in Structure-Property Modeling. In Lipkowitz K B and D B Boyd (Editors). *Reviews in Computational Chemistry* Volume 2. New York, VCH Publishers, pp.367-422.

[47] Hall L H, B Mohney and L B Kier 1991. The Electrotopological State: An Atom Index for QSAR. *Quantitative Structure-Activity Relationships* **10**: 43-51.

[48] Hann M and R Green 1999. Chemoinformatics——A New Name for an Old Problem? *Current Opinion in Chemistry and Biology* **3**: 379-383.

[49] Hansch C 1969. A Quantitative Approach to Biochemical Structure-Activity Relationships. *Accounts of Chemical Research* **2**: 232-239.

[50] Hansch C and T E Klein 1986. Molecular Graphics and QSAR in the Study of Enzyme-Ligand Interactions: On the Definition of Bioreceptors. *Accounts of Chemical Research* **19**: 392-400.

[51] Hansch C, J McClarin, T Klein and R Langridge 1985. A Quantitative Structure-Activity Relationship and Molecular Graphics Study of Carbonic Anhydrase Inhibitors. *Molecular Pharmacology* **27**: 493-498.

[52] Hassan M, J P Bielawski, J C Hempel and M Waldman 1996. Optimisation and Visualisation of Molecular Diversity of Combinatorial Libraries. *Molecular Diversity* **2**: 64-74.

[53] Head R D, M L Smythe, T I Oprea, C L Waller, S M Green and G R Marshall 1996. VALIDATE: A New Method for the Receptor-Based Prediction of Binding Affinities of Novel Ligands. *Journal of the American Chemical Society* **118**: 3959-3969.

[54] Hodgkin E E and W G Richards 1987. Molecular Similarity Based on Electrostatic Potential and Electric Field. *International Journal of Quantum Chemistry. Quantum Biology Symposia* **14**: 105-110.

[55] Holiday J D, S R Ranade and P Willett 1995. A Fast Algorithm for Selecting Sets of Dissimilar Molecules from Large Chemical Databases. *Quantitative Structure-Activity Relationships* **14**: 501-506.

[56] Holloway M K, J M Wai, T A Halgren, P M D Fitzgerald, J P Vacca, B D Dorsey, R B Levin, W J Thompson, J Chen, S J deSolms, N Gaffin, A K Ghosh, E A Giuliani, S L Graham, J P Guare, R W Hungate, T A Lyle, W M Sanders, T J Tucker, M Wiggins, C M Wiscount, O W Woltersdorf, S D Young, P L Darke and J A Zugay 1995. A Priori Prediction of Activity for HIV-1 Protease Inhibitors Employing Energy Minimisation in the Active Site. *Journal of Medicinal Chemistry* **38**: 305-317.

[57] Hudson B D, R M Hyde, E Rahr, J Wood and J Osman 1996. Parameter-Based Methods for Compound Selection from Chemical Databases. *Quantitative Structure-Activity Relationships* **15**: 285-289.

[58] Jones G, P Willett and R C Glen 1995a. A Genetic Algorithm for Flexible Molecular

Overlay and Pharmacophore Elucidation. *Journal of Computer-Aided Molecular Design* **9**: 532-549.

[59] Jones G, P Willett and R C Glen 1995b. Molecular Recognition of Receptor Sites Using a Genetic Algorithm with a Description of Desolvation. *Journal of Molecular Biology* **245**: 43-53.

[60] Jones G, P Willett, R C Glen, A R Leach and R Taylor 1997. Development and Validation of a Genetic Algorithm for Flexible Docking. *Journal of Molecular Biology* **267**: 727-748.

[61] Judson R S, E P Jaeger and A M Treasurywala 1994. A Genetic Algorithm-Based Method for Docking Flexible Molecules. *Journal of Molecular Structure: Theochem* **114**: 191-206.

[62] Kennard R W and L A Stone 1969. Computer-Aided Design of Experiments. *Technometrics* **11**: 137-148.

[63] King R D, S Muggleton, R A Lewis and M J E Sternberg 1992. Drug Design by Machine Learning: The Use of Inductive Logic Programming to Model the Structure-Activity Relationships of Trimethoprim Analogues Binding to Dihydrofolate Reductase. *Proceedings of the National Academy of Sciences USA* **89**: 11322-11326.

[64] King R D, S H Muggleton, A Srinivasan and M J E Sternbery 1996. Structure-Activity Relationships Derived by Machine Learning: The Use of Atoms and Their Bond Connectivities to Predict Mutagenicity by Inductive Logic Programming. *Proceedings of the National Academy of Sciences USA* **93**: 438-442.

[65] Klopman G, S Wang and D M Balthasar 1992. Estimation of Aqueous Solubility of Organic Molecules by the Group Contribution Approach: Application to the Study of Biodegradation. *Journal of Chemical Information and Computer Science* **32**: 474-482.

[66] Kramer B, M Rarey and T Lengauer 1999. Evaluation of the FLEXX Incremental Construction Algorithm for Protein-Ligand Docking. *Proteins: Structure, Function and Genetics* **37**: 228-241.

[67] Kubinyi H 1998. Structure-Based Design of Enzyme Inhibitors and Receptor Ligands. *Current Opinion in Drug Discovery and Development* **1**: 5-15.

[68] Kuntz I D 1992. Structure-Based Strategies for Drug Design and Discovery. *Science* **257**: 1078-1082.

[69] Kuntz I D, J M Blaney, S J Oatley, R Langridge and T E Ferrin 1982. A Geometric Approach to Macromolecule-Ligand Interactions. *Journal of Molecular Biology* **161**: 269-288.

[70] Kuntz I D, E C Meng and B K Shoichet 1994. Structure-Based Molecular Design. *Accounts of Chemical Research* **27**: 117-123.

[71] Lam P Y S, P K Jadhav, C E Eyermann, C N Hodge, Y Ru, L T Bachelor, J L Meek, M J Otto, M M Rayner, Y N Wong, C-H Chang, P C Weber, D A Jackson, T R Sharpe and S Erickson-Viitanen 1994. Rational Design of Potent, Bioavailable, Nonpeptide Cyclic Ureas as HIV Protease Inhibitors. *Science* **263**: 380-384.

[72] Lauri G and P A Barlett 1994. CAVEAT —— A Program to Facilitate the Design of Organic Molecules. *Journal of Computer-Aided Molecular Design* **8**: 51-66.

[73] Leach A R 1994. Ligand Docking to Proteins with Discrete Side-Chain Flexibility. *Journal of Molecular Biology* **235**: 345-356.

[74] Leach A R and M M Hann 2000. The *In Silico* World of Virtual Libraries. *Drug Discovery Today* **5**: 326-336.

[75] Leach A R and I D Kuntz 1990. Conformational Analysis of Flexible Ligands in Macromolecular Receptor Sites. *Journal of Computational Chemistry* **13**: 730-748.

[76] Lemmen C and T Lengauer 2000. Computational Methods for the Structural Alignment of Molecules. *Journal of Computer-Aided Molecular Design* **14**: 215-232.

[77] Leo A and A Weininger 1995. CMR3 Reference Manual. At http://www.daylight.com/dayhtml/doc/cmr/cmrref.html.

[78] Leo A J 1993. Calculating log P_{oct} from Structures. *Chemical Reviews* **93**: 1281-1306.

[79] Lewis D W, D J Willock, C R A Catlow, J M Thomas and G J Hutchings 1996. De Novo Design of Structure-Directing Agents for the Synthesis of Microporous Solids. *Nature* **382**: 604-606.

[80] Lewis R A, J S Mason and I M McLay 1997. Similarity Measures for Rational Set Selection and Analysis of Combinatorial Libraries: The Diverse Property-Derived (DPD) Approach. *Journal of Chemical Information and Computer Science* **37**: 599-614.

[81] Lewis R M and A R Leach 1994. Current Methods for Site-Directed Structure Generation. *Journal of Computer-Aided Molecular Design* **8**: 467-475.

[82] Lipinski C A, F Lombardo, B W Dominy and P J Feeney 1997. Experimental and Computational Approaches to Estimate Solubility and Permeability in Drug Discovery and Development Settings. *Advanced Drug Delivery Reviews* **23**: 3-25.

[83] Malpass J A 1994. *Continuum Regression: Optimised Prediction of Biological Activity*. PhD thesis, University of Portsmouth, UK.

[84] Manallack D T, D D Ellis and D J Livingstone 1994. Analysis of Linear and Nonlinear QSAR Data Using Neural Networks. *Journal of Computer-Aided Molecular Design* **37**: 3758-3767.

[85] Marriott D P, I G Dougall, P Meghani, Y-J Liu and D R Flower 1999. Lead Generation Using Pharmacophore Mapping and Three-Dimensional Database Searching: Application to Muscarinic M_3 Receptor Antagonists. *Journal of Medicinal Chemistry* **42**: 3210-3216.

[86] Martin E J, J M Blaney, M A Siani, D C Spellmeyer, A K Wong and W H Moos 1995. Measuring Diversity: Experimental Design of Combinatorial Libraries for Drug Discovery. *Journal of Medicinal Chemistry* **38**: 1431-1436.

[87] Martin Y C, M G Bures, A A Danaher, J DeLazzer, I Lico and P A Pavlik 1993. A Fast New Approach to Pharmacophore Mapping and its Application to Dopaminergic and Benzodiazepine Agonists. *Journal of Computer-Aided Molecular Design* **7**: 83-102.

[88] Mason J S, I Morize, P R Menard, D L Cheney, C Hulme and R F Labaudiniere 1999. New 4-Point Pharmacophore Method for Molecular Similarity and Diversity Applications: Overview of the Method and Applications, Including a Novel Approach to the Design of Combinatorial Libraries Containing Privileged Substructures. *Journal of Medicinal Chemistry* **42**: 3251-3264.

[89] Meng E C, B K Shoichet and I D Kuntz 1992. Automated Docking with Grid-Based Energy Evaluation. *Journal of Computational Chemistry* **13**: 505-524.

[90] Miranker A and M Karplus 1991. Functionality Maps of Binding Sites —— A Multiple Copy Simultaneous Search Method. *Proteins: Structure, Function and Genetics* **11**: 29-34.

[91] Moon J B and W J Howe 1991. Computer Design of Bioactive Molecules —— A Method for Receptor-Based De Novo Ligand Design. *Proteins: Structure, Function and Genetics* **11**: 314-328.

[92] Morgan H L 1965. The Generation of a Unique Machine Description for Chemical Structures —— A Technique Developed at Chemical Abstracts Service. *Journal of Chemical Documentation* **5**: 107-113.

[93] Myatt G 1995. *Computer-Aided Estimation of Synthetic Accessibility*. PhD thesis, University of Leeds.
[94] Nilakantan R, N Bauman, J S Dixon and R Venkataraghavan 1987. Topological Torsion: A New Molecular Descriptor for SAR Applications. Comparison with Other Descriptors. *Journal of Chemical Information and Computer Science* **27**: 82-85.
[95] Oshiro C M, I D Kuntz and J S Dixon 1995. Flexible Ligand Docking Using a Genetic Algorithm. *Journal of Computer-Aided Molecular Design* **9**: 113-130.
[96] Pastor M, G Cruciani and S Clementi 1997. Smart Region Definition: A New Way to Improve the Predictive Ability and Interpretability of Three-Dimensional Quantitative Structure-Activity Relationships. *Journal of Medicinal Chemistry* **40**: 1455-1464.
[97] Patani G A and E J LaVoie 1996. Bioisosterism: A Rational Approach in Drug Design. *Chemical Reviews* **96**: 3147-3176.
[98] Pearlman R S and K M Smith 1998. Novel Software Tools for Chemical Diversity. *Perspectives in Drug Discovery and Design* Vols. 9/10/11 (3D QSAR in Drug Design: Ligand/Protein Interactions and Molecular Similarity), pp.339-353.
[99] Pickett S D, J S Mason and I M McLay 1996. Diversity Profiling and Design Using 3D Pharmacophores: Pharmacophore-Derived Queries (PDQ). *Journal of Chemical Information and Computer Science* **36**: 1214-1223.
[100] Poso A, R Juvonen and J Gynther 1995. Comparative Molecular Field Analysis of Compounds with CYP2A5 Binding Affinity. *Quantitative Structure-Activity Relationships* **14**: 507 - 511.
[101] Priestle J P, A Fassler, J Rosel, M Tintelnog-Blomley, P Strop and M G Gruetter 1995. Comparative Analysis of the X-Ray Structures of HIV-1 and HIV-2 Proteases in Complex with a Novel Pseudosymmetric Inhibitor. *Structure (London)* **3**: 381-389.
[102] Rarey M, B Kramer, T Lengauer and G Klebe 1996. A Fast Flexible Docking Method Using an Incremental Construction Algorithm. *Journal of Molecular Biology* **261**: 470-489.
[103] Rhyu K-B, H C Patel and A J Hopfinger 1995. A 3D-QSAR Study of Anticoccidal Triazines Using Molecular Shape Analysis. *Journal of Chemical Information and Computer Science* **35**: 771-778.
[104] Rogers D and A J Hopfinger 1994. Application of Genetic Function Approximation to Quantitative Structure-Activity Relationships and Quantitative Structure-Property Relationships. *Journal of Chemical Information and Computer Science* **34**: 854-866.
[105] Rumelhart D E, G W Hinton and R J Williams 1986. Learning Representations by Back-Propagating Errors. *Nature* **323**: 533-536.
[106] Rusinko A III, M W Farmen, C G Lambert, P L Brown and S S Young 1999. Analysis of a Large Structure/Biological Activity Data Set Using Recursive Partitioning. *Journal of Chemical Information and Computer Science* **39**: 1017-1026.
[107] Rusinko A III, J M Skell, R Balducci, C M McGarity and R S Pearlman 1988. *CONCORD: A Program for the Rapid Generation of High Quality 3D Molecular Structures*. St Louis, Missouri, The University of Texas at Austin and Tripos Associates.
[108] Sadowski J and H Kubinyi 1998. A Scoring Scheme for Discriminating between Drugs and Nondrugs. *Journal of Medicinal Chemistry* **41**: 3325-3329.
[109] Sheridan R P, R Nilakantan, J S Dixon and R Venkataraghavan 1986. The Ensemble Approach to Distance Geometry: Application to the Nicotinic Pharmacophore. *Journal of Medicinal Chemistry* **29**: 899-906.

[110] Shuker S B, P J Hadjuk, R P Meadows and R P Fesik 1996. Discovering High-Affinity Ligands for Proteins: SAR by NMR. *Science* **274**: 1531-1534.

[111] Snarey M, N K Terrett, P Willett and D J Wilton 1997. Comparison of Algorithms for Dissimilarity-Based Compound Selection. *Journal of Molecular Graphics and Modelling* **15**: 372-385.

[112] Swain C G and E C Lupton 1968. Field and Resonance Components of Substituent Effects. *Journal of the American Chemical Society* **90**: 4328-4337.

[113] Swain C G, S H Unger, N R Rosenquist and M S Swain 1983. Substituent Effects on Chemical Reactivity: Improved Evaluation of Field and Resonance Components. *Journal of the American Chemical Society* **105**: 492-502.

[114] Teague S J, A M Davis, P D Leeson and T Oprea 1999. The Design of Leadlike Combinatorial Libraries. *Angewandte Chemie International Edition in English* **38**: 3743-3748.

[115] Thibaut U, G Folkers, G Klebe, H Kubinyi, A Merz and D Rognan 1993. Recommendations for CoMFA Studies and 3D QSAR Publications. In Kubinyi H (Editor). *3D QSAR in Drug Design*. Leiden, ESCOM, pp.711-728.

[116] Thornber C W 1979. Isosterism and Molecular Modification in Drug Design. *Chemical Society Reviews* **8**: 563-580.

[117] Tversky A 1977. Features of Similarity. *Psychological Reviews* **84**: 327-352.

[118] Ullmann J R 1976. An Algorithm for Subgraph Isomorphism. *Journal of the Association for Computing Machinery* **23**: 31-42.

[119] Von Itzstein M, W Y Wu, G B Kok, M S Pegg, J C Dyason, B Jin, T V Phan, M L Smythe, H F Whites, S W Oliver, P M Colman, J N Varghese, D M Ryan, J M Woods, R C Bethell, V J Hotham, J M Cameron and C R Penn 1993. Rational Design of Potent Sialidase-Based Inhibitors of Influenza Virus Replication. *Nature* **363**: 418-423.

[120] Wang R, Y Fu and L Lai 1997. A New Atom-Additive Method for Calculating Partition Coefficients. *Journal of Chemical Information and Computer Science* **37**: 615-621.

[121] Weininger D 1988. SMILES, A Chemical Language and Information System. 1. Introduction to Methodology and Encoding Rules. *Journal of Chemical Information and Computer Science* **28**: 31-36.

[122] Weininger D, A Weininger and J L Weininger 1989. SMILES. 2. Algorithm for Generation of Unique SMILES Notation. *Journal of Chemical Information and Computer Science* **29**: 97-101.

[123] Welch W, J Ruppert and A N Jain 1996. Hammerhead: Fast, Fully Automated Docking of Flexible Ligands to Protein Binding Sites. *Chemistry and Biology* **3**: 449-462.

[124] Wildman S A and G M Crippen 1999. Prediction of Physicochemical Parameters by Atomic Contributions. *Journal of Chemical Information and Computer Science* **39**: 868-873.

[125] Willett P, J M Barnard and G M Downs 1998. Chemical Similarity Searching. *Journal of Chemical Information and Computer Science* **38**: 983-996.

[126] Willock D J, D W Lewis, C R A Catlow, G J Hutchings and J M Thomas 1997. Designing Templates for the Synthesis of Microporous Solids Using *De Novo* Molecular Design Methods. *Journal of Molecular Catalysis A: Chemical* **119**: 415-424.

[127] Wiswesser W J 1954. *A Line-Formula Chemical Notation*. New York, Crowell Co.

[128] Wold H 1982. Soft Modeling. The Basic Design and Some Extensions. In Joreskog K-G and H Wold(Editors). *Systems under Indirect Observation* Volume II. Amsterdam, North-Holland.

[129] Wold S, E Johansson and M Cocchi 1993. PLS —— Partial LeastSquares Projections to Latent Structures. In Kubinyi H (Editor). *3D QSAR in Drug Design*. Leiden, ESCOM, pp. 523-550.

訳者あとがき

　本書は Andrew R. Leach 博士による *Molecular Modelling — Principles and Applications* (Second Edition)（Prentice Hall, 2001）の全訳である。Leach 博士は，現在英国最大の製薬会社 Glaxo SmithKline 社に籍を置く新進気鋭の計算化学研究者である。本書は，オックスフォード大学とカルフォルニア大学における博士の研鑽の成果が結実した力作であり，分子モデリング全般を解説した入門書として現在入手できる成書のうち最も充実した内容をもつ。

　本書は，分子モデリングで使われる諸手法（量子力学，分子力学，分子動力学，モンテカルロ法）を原理から応用まで網羅的に解説しており，特にこの第二版では，バイオインフォマティクス，プロテオミクス，化学情報解析学など最新の話題についても詳しく取り上げられている。

　訳者の専門とする医薬品化学の分野では，2001 年の初めにヒトゲノムが解読されて以来，ゲノム創薬なる新領域が生まれ，それを推進する理論的手法として，バイオインフォマティクスやプロテオミクスが衆目を集めている。しかし，訳者の理解によれば，これらの分野が目指すところは，ゲノムに点在する遺伝子の同定と，そこにコードされた機能性タンパク質の 3D 構造の予測までである。さらに歩を進めて，機能性タンパク質と相互作用し，望ましい薬理作用を発現する新薬分子を理論的に設計しようとすれば，本書で扱われた分子モデリングの諸手法に頼らざるを得ない。分子モデリングは，微視的な科学現象を理論的に解明する手段として，分子科学のあらゆる分野で不可欠な手法となりつつあるが，理論ゲノム創薬の分野でも，分子モデリングはバイオインフォマティクス，プロテオミクスと並ぶ三本の柱の一つとして位置づけられる。

　訳者は 7 年前に本書の初版を手にしたとき，不遜な思いではあったが，訳者が以前翻訳した『リチャーズ量子薬理学』（地人書館，1986）に対するオックスフォード大学からの返球であると感じた。それ以来，本書は訳者にとって何としても受け止めてみたい目標となった。しかし，本書の翻訳は，大学で薬学系の科目しか修得していない訳者には，正直なところ荷の勝ちすぎた仕事であった。一応原稿を仕上げてはみたものの，訳者自身，本書の内容を十分理解しているわけではない。聡明な読者の中には，訳文の記述に誤りを発見される方も多いであろう。もし重大な誤りがあれば，ぜひお教え願いたい。

　専門用語の訳出に当たっては学術用語集などを参照したが，そのような図書にまだ収載されていない最新の用語については，Web サイトを検索し，現時点で使用頻度の高い訳語を使うように心掛けた。また，人名を含んだ用語の場合，人名部分はカタカナ表記を原則とした。ただし，最新の用語では英字のままにしたものも多い。

　上述のように，訳者が専攻する創薬化学の分野では，分子モデリングは今後ますます重要視さ

れるようになるであろう．わが国でも，分子モデリングの諸手法を自在に使いこなせる若い研究者が多数育成され，それぞれの分野で一流の理論研究を推進して下さることを訳者は願って止まない．この拙訳がその一石となれば幸いである．

　最後に，出版に当たり種々ご尽力下さった地人書館編集部永山幸男氏と関係各位に感謝いたします．

平成 16 年 8 月

訳　者

再版にあたって

　拙訳『分子モデリング概説』が重版の運びとなりました．専門書の翻訳を手掛けて 29 年，これまで 6 冊の本を出版してきました．しかし，再版が実現したのは今回が初めてであり，その意味で，これは訳者にとりまして快挙であります．

　本書では，分子モデリングの分野における最新の重要な手法が数多く取り上げられており，その充実した内容と Leach 博士による分かりやすい解説は，読者の皆様から共感と支持を引き出す原動力になったと思われます．この再版により，分子モデリングの諸手法が，若い学徒の皆様の間へさらに広く浸透していくことを強く願うものであります．

平成 19 年 8 月

訳　者

索　引

ページ数が太字の項目は章のタイトルである。

【A】
ab initio の定義　63
ACE　⟶　アンギオテンシン変換酵素
AIM 理論　79-81
AINT 関数　336
AM1 法　95-6
AMBER 力場　170-1
AMPAC プログラム　10, 97
Axilrod-Teller 項　205, 229

【B】
B3LYP 密度汎関数　598
Barker-Fisher-Watts ポテンシャル　206
BCUT 法　667-8
Beeman アルゴリズム　343
BFGS 法　⟶　Broyden-Fletcher-Goldfarb-Shanno 法
BLAST　516-8
BLOSUM 行列　510
BLYP　132
Broyden-Fletcher-Goldfarb-Shanno 法　258
BSSE　119

【C】
Carbo 指数　660-1
CASP　530-3
CASSCF 法　111
CAVEAT　671
CBMC 法　426-33
CFF　⟶　無撞着力場
CHELP 法　185
CI　⟶　配置間相互作用
CID　110
CISD　110
CLOGP プログラム　652-3
CMR プログラム　653
CNDO 法　87-90

CoMFA　⟶　比較分子場解析
CONCORD プログラム　642
CONGEN プログラム　525
Corey-Pauling-Koltum 模型　5
CORINA プログラム　642
COSMO モデル　580
COSY　⟶　相関分析法
CPK 模型　⟶　Corey-Pauling-Koltum 模型
Craig プロット　663
CSD　⟶　ケンブリッジ構造データベース
Cu-Zn スーパーオキシドジスムターゼ　589-90

【D】
Davidon-Fletcher-Powell 法　258
DelPhi プログラム　587
de novo リガンド設計　668-76
　アウトサイドイン法　668-9
　インサイドアウト法　668-9
DFP 法　⟶　Davidon-Fletcher-Powell 法
DFT　⟶　密度汎関数理論
DHFR　⟶　ジヒドロ葉酸レダクターゼ
DIIS 法　116
DMA 法　189-90
DMF　⟶　ジメチルホルムアミド
DNA　217-8
DNA 阻害薬　259
DOCK プログラム　645
Dreiding 模型　5
Dunning 基底系　71

【E】
ESS　⟶　回帰平方和

【F】
FASTA　515-6
FDPB 法　⟶　差分ポアソン-ボルツマン法
FFT　⟶　高速フーリエ変換
Finnis-Sinclair ポテンシャル　231-3
FlexX プログラム　650

【G】
G3 法　115
Gasteiger-Marsili アプローチ　186-7
Gay-Berne ポテンシャル　214-6
Gaussian プログラム　10, 67
Gear アルゴリズム　345
GOLD プログラム　650
GOLPE　692
GRID プログラム　668, 670
GROMOS プログラム　317
GVB 法　123

【H】
HIV-1 プロテアーゼ阻害薬　672-5
HMM　⟶　隠れマルコフ・モデル
Hodgkin-Richards 指数　661
HOMO　⟶　最高被占分子軌道
HP モデル　502
HTS　⟶　高効率スクリーニング
Hunter-Saunders アプローチ　190-2

【I】
ID3 アルゴリズム　686
ILP　⟶　帰納論理プログラミング
INDO 法　90-1
IRC　⟶　固有反応座標
Isis システム　628

【J】
J ウォーキング法　417-9
Jarvis-Patrick 法　478-80

JBW 法 ⟶ 井戸間ジャンプ法

【L】
LCAO ⟶ 原子軌道の一次結合
LDA/LSDA ⟶ 局所密度近似
LES ⟶ 局所強化サンプリング
Levinthal の逆説　533
LIE 法 ⟶ 線形相互作用エネルギー法
Löwdin のポピュレーション解析　79
$\log P$　677
LR 法 ⟶ 線形応答法
LSDFT ⟶ 局所スピン密度汎関数理論
LUDI プログラム　669-70
LUMO ⟶ 最低空分子軌道

【M】
MACCS システム　628
Marsaglia の乱数発生器　404, 436-7
MaxMin 法　665-6
MaxSum 法　665-6
MCSCF 法 ⟶ 多配置 SCF 法
MCSS　668-9
MDL mol 書式　626
MINDO/3 法　92-4
MM2/MM3/MM4 力場　164-5
MNDO 法　94-5
MOD 関数　404
Modeller プログラム　524
Møller-Plesset 摂動論　113-4
MOPAC プログラム　10, 97
Morgan アルゴリズム　627
MR ⟶ モル屈折
mRNA ⟶ メッセンジャー RNA
MS 法 ⟶ Murtaugh-Sargent 法
MSP　516-8
Mulliken のポピュレーション解析　77-9
Murtaugh-Sargent 法　258

【N】
NCC モデル　211-2
NDDO 法　91-2
Needleman-Wunsch アルゴリズム　510-3
NM23　531
NMR　457-8, 469-71
NOESY ⟶ 核オーバーハウザー効果分光法

【O】
ONIOM アプローチ　598
OPLS 力場　203, 219

【P】
PAM 行列　509-10, 538-9
PCA ⟶ 主成分分析
PCM 法　579-81
PDB ⟶ タンパク質データバンク
pdf ⟶ 確率密度関数
PLS 法 ⟶ 部分最小二乗法
PM3 法　96
PMF ⟶ 平均力ポテンシャル
PRESS ⟶ 予測残差平方和
PROMET 法　485-6

【Q】
Q^2　682-3
QCISD 法　112
QSAR ⟶ 定量的構造活性相関
QSPR ⟶ 定量的構造物性相関

【R】
R^2/r^2　680-1
RANTES　458
RATTLE 法　359
RESP 法　185
RHF 理論 ⟶ スピン制限ハートリー-フォック理論
RIS モデル ⟶ 回転異性状態モデル
RMS ⟶ 二乗平均
RMSD ⟶ 二乗平均距離
RMSG ⟶ 二乗平均勾配
RNA　493
Rosenbluth 重率　427-30
r-RESPA ⟶ 可逆基準系伝搬アルゴリズム
RSS ⟶ 残差平方和

【S】
SAM1 法　97
SC24/ハロゲン・イオン系　554-5
SCF ⟶ 自己無撞着場
SCOP　523, 537
SCR ⟶ 構造不変領域
SCRF 法　578-9
SCVB 法　123
SDEP　690
SHAKE 法　355-9
SHAPES 力場　225-6
SINDO1 プログラム　97

SMILES 表記法　626-7
Smith-Waterman アルゴリズム　513-5
S_N2 反応
　遷移状態　269-70
　平均力ポテンシャル　594-6
Soergel 距離　658-60
SPC モデル　208-9
SPW 法 ⟶ 自己ペナルティー歩行法
SRD 法　692-3
ST2 ポテンシャル　209
Stillinger-Weber ポテンシャル　234
STO ⟶ スレーター型軌道
STO-nG 基底系　68
SUMM 法　460-1
Sutton-Chen ポテンシャル　233
SVR ⟶ 構造可変領域
Swiss-Prot　537

【T】
Tersoff ポテンシャル　234-5
TIM バレル　505-6
TiN　150
TIP3P/TIP4P モデル　208-10
Toxvaerd の異方性モデル　213
TSS ⟶ 総平方和

【U】
UFF ⟶ 普遍力場
UHF 理論 ⟶ スピン非制限ハートリー-フォック理論
Ullmann アルゴリズム　629-30
Urey-Bradley 力場　174

【V】
Verdier-Stockmayer アルゴリズム　411
Verlet アルゴリズム　341-2
VMN 標準局所相関汎関数　133

【W】
Wiswesser 線形表記法　626
World Drug Index　665
WWW/Web　11-12

【Y】
YETI 力場　207-8

【Z】
Z 行列　2-3, 260-1

索　引

ZDO 近似　86-7
ZEBEDDE　676
ZINDO プログラム　97
Zwanzig 式　548, 572, 612-3

【あ】

アイソデスミック反応　114
アインシュタインの関係式　365-6
アスパラギン　317, 494
アスパラギン酸　494
アセチルコリン　659-60
4-アセトアミド安息香酸　643-4
アセトアルデヒド　175, 562
圧力　296-7
アデニン　217-8
後戻り　446
アベイラビリティー　287
アミノ酸　493-5
　　PAM 行列　509-10, 538-9
　　ねじれ角　498
　　力場　164-5, 212-3
アミノチアゾール　697
アラニン　495
　　ジペプチド　443
　　ポリペプチド　265-6
アリオバレントな置換　604-5
アルカン　431, 433
アルガン図　17-8
アルギニン　316-7, 494
アルゴン
　　J ウォーキング法　418
　　時間刻み幅　347-8
　　速度自己相関関数　362
　　動径分布関数　298
　　力場　197, 206-7
アルドール反応　593-5
α ヘリックス　497-8, 567-8
アンギオテンシン変換酵素　632-4
アンサンブル距離幾何学法　633-5
アンサンブル分子動力学　635-6
鞍点　243, 261, 268-9
　　位置決め　273-5, 461
　　二次領域　271-2
アンブレラ・サンプリング　565-6

【い】

イオン化ポテンシャル　72
イオン性固体の力場　227-30
鋳型効果　676
位相幾何学的指数　653-7
位相空間　300-2

位相問題　467
イソロイシン　495
一次極小化法　251-6
一電子原子　31-5
一電子積分　49-50
一部実施要因計画　679
1 点除外法　682
一般化座標　356
一般化ボルン／表面積モデル　592
一般化ボルン方程式　582-3
遺伝的アルゴリズム　462-5, 682
井戸型ポテンシャル　339-40
井戸間ジャンプ法　418-9
因子負荷量　663
因子分析　663-4, 667
インターネット　11-2

【う】

ウィグナー-ザイツ胞　136-7
ウッドワード-ホフマン則　280
埋込み　452-3
ウラシル／2,6-ジアミノピリジン対　218

【え】

影像電荷法　326-7
液晶　214-6
エキソン　495
液体鉄　603
液体のかご形構造　362
S 字形誘電体モデル　196
エタノール　548-50
エタン
　　SMILES 表記法　627
　　Z 行列　2-3
　　炭素-炭素結合　4-5
　　ねじれ角　274
　　モンテカルロ・シミュレーション　424-5
　　力場　169
エタンチオール　548-50
X 線結晶構造　466-8
エテン　280-2
エネルギー
　　一般的な多原子系　46-9
　　大域的極小点　243, 461-5
　　単位　10
　　波動関数からの計算　41-6
　　閉殻系　50-1
エネルギー関数の微分　216-7
エネルギー曲面　4, 243, 459

エネルギー成分分析　119-22
エネルギーの極小化　**243-290**
　　一次極小化法　251-6
　　応用　262-8
　　固体系　282-7
　　準ニュートン法　258-9
　　遷移構造と反応経路　268-82
　　ニュートン-ラフソン法　256-7
　　非微分極小化法　247-50
　　微分　247
　　方法の選択　259-62
　　問題の記述　245-7
エネルギー微分の計算　118-9
エルゴード仮説　292
エルゴード軌道　300
エワルド総和法　321-6
塩化ナトリウム　228
塩化メチル　594-6, 658-9
遠距離力　321-9
演算子　29, 463
塩素
　　イオン　269-70, 554-5, 594-6
　　分子　602-3
　　力場モデル　222
エンタルピー　557-8
エンドチアペプシン　573
エントロピー　557-8

【お】

オイラー角　405-6
応答　679
凹入表面　8
応力　282
大きな系
　　電荷モデル　185-6
　　反応経路　277-80
遅れ　436
オンサーガー・モデル　577-8
温度　297, 354

【か】

カー-パリネロ法　599-600
開殻系　107-8
回帰式　680
回帰平方和　680-1
カイ二乗検定　330
回転異性状態モデル　413-4
回転秩序パラメータ　309
ガウス関数　64-72
ガウス分布　──→ 正規分布
カウンターポイズ補償法　119

蛙飛びアルゴリズム 342-3
化学反応 **593-604**
　　経験的アプローチ 593-4
　　第一原理分子動力学 599-604
　　平均力ポテンシャル 594-6
　　量子力学／分子力学複合アプローチ
　　　596-9
化学ポテンシャルの計算 425-6
可逆基準系伝搬アルゴリズム 349-51
核オーバーハウザー効果分光法 457
殻状モデル 228-9
拡張系法 369
拡張ヒュッケル法 99-100
確率境界条件 308
確率行列 400
確率衝突法 368-9
確率動力学シミュレーション 372-5
確率密度 292
確率密度関数 524-5
隠れマルコフ・モデル 520-1
化合物集合の選択 661-8
重なり積分 51
仮想スクリーニング 696
仮想分子 625
カットオフ 311-21
　　原子団型 314-7
　　問題点 317-21
価電子帯 139
価電子密度分布 154
可撓当てはめ 474
カプトプリル 632-3
可変計量法 ──→ 準ニュートン法
カリックス[4]アレーン 278-80
カルボニックアンヒドラーゼ 598-9
換算単位 204
完全実施要因計画 679
完全連結法 476-8
環臨界点 81
緩和時間 361

【き】
幾何学的特徴 640,642
規格化した座標 422
擬原子 260-1
基準振動 263
基準振動解析 262-6
拮抗薬 623
基底関数 55
　　重ね合わせ誤差 119
基底系 64-72
軌道電気陰性度の部分的平準化 186-7

軌道に基づくアプローチ 138-42
機能ゲノム科学 496
帰納論理プログラミング 686-7
擬非環式分子 447-8
ギブス自由エネルギー 547
ギブス集団モンテカルロ法 ──→ モンテカルロ法
擬変数 678
擬ポテンシャル 151-2
キモシン 527
キモトリプシン 505-8
逆行列 15-7
逆格子 135-6
逆作動薬 623
ギャップペナルティー 511-4
級数展開 12
球排除アルゴリズム 664-6
球面調和関数 31
境界要素法 581-2
共役勾配法 255-6
共役ピーク精密化法 278-80
行列 14-7
行列式 15-6
行列の対角化 17
極限構造 525
極小点 261
局所強化サンプリング 559
局所スピン密度汎関数理論 126-7
局所密度近似 127
極大点 261
極値分布 516-7
許容距離地図 633
距離依存型誘電体モデル 195-6
距離幾何学法 451-8, 633-5
距離行列 634
距離限界 452
距離づけ 455
キラルな拘束 456-7
近似分子軌道理論 84-5
金属の経験的ポテンシャル 230-5

【く】
グアニン 217-8
空位 604
空間群 135
空間的な拘束条件 524
空軌道 60
空孔形成エネルギー 230
クープマンスの定理 72-3
クーロン相互作用 49
クーロン則 176

区分線形ポテンシャル 648
組合せ型発生器 436-7
組合せ論的急増 444
組換え演算子 ──→ 交叉演算子
組立てアプローチ 501
クラウジウス-モソッティの式 228
クラスター分析 474-80, 664
　　階層凝集的方法 477
グラフ 625-6, 636-8
クリーク検出法 636-9
グリーン-久保の公式 366
グリシン 443, 495
D-グルコース 558-9
グルタミン 494
グルタミン酸 494
グロットゥス機構 602
クロネッカーのデルタ 31
クロルプロマジン 658-9
群平均法 ──→ 平均連結法

【け】
経験的結合次数ポテンシャル 234
経験的力場モデル **161-242**
　　一般的特徴 163-5
　　エネルギー関数の微分 216-7
　　簡単な力場 161-3
　　金属と半導体 230-5
　　クラスⅠ, ⅡおよびⅢ力場 173-5
　　結合伸縮項 162, 165-8
　　広義ねじれ角と面外変角運動
　　　171-3
　　交差項 173-5
　　固体系 226-30
　　多体問題 204-6
　　ドルーデ分子間の相互作用 235-6
　　ねじれ項 162, 169-71
　　熱力学的性質の計算 217-8
　　パラメトリゼーション 219-22
　　非局在化した π 系 223-4
　　変角項 162, 168-9
　　水のシミュレーション 208-12
　　無機分子 224-6
　　融合原子力場と簡約表現 212-6
　　有効対ポテンシャル 206
計算量子力学 **27-106**
　　一電子原子 31-5
　　演算子 29
　　基底系 64-72
　　近似分子軌道理論 84-5
　　原子単位 30
　　多電子原子と分子 35-41

索　引

半経験的方法　85-97,100-1
ヒュッケル法　97-100
分子的性質の計算　72-84
略語と頭字語　102-3
形状異方性パラメータ　215
形状指数 $\kappa/\kappa-\alpha$　654-6
ケイ素
　価電子密度分布　154
　遮蔽定数　54-5
　相転移　153-4
系統サンプリング　332
系統的探索法　442-8
計量行列　453
結合次数　81-2
結合伸縮項　162,165-8
結合パラメータ　550-1
結合表　626
結合部位　644-5,668-72
結合揺らぎモデル　408-9
結晶構造の予測　484-7
結晶モーメント　143
ケモカイン　458
ゲルマニウム　153-4
原子価殻二倍基底関数系　68
原子価結合理論　122-4
原子軌道の一次結合　41,55,98
原子タイプ　164-5
原子単位　30
原子電荷の高速計算法　186-9
ケンブリッジ構造データベース　471-3,640

【こ】

高温超伝導体　610-1
交換積分　49-50
交換-相関汎関数　127-31
交換相互作用　46
交換力　199
広義ねじれ角　171-3
高効率スクリーニング　624
交叉演算子　463
格子間機構　608-9
格子静力学と格子動力学　282-7
格子探索　442-8
格子モデル
　高分子　408-12
　固体量子力学　134-54
　タンパク質構造　502-3
構成原理　35
構造因子　466
構造可変領域　523

構造キー　628
構造ゲノム科学　496
構造データベース　471-3
　タンパク質　522-3,537
構造的性質　83-4
構造不変領域　523
高速多重極法　→　セル多重極法
拘束動力学　354-9
拘束と制限の違い　355
高速フーリエ変換　24
剛体球モデル　339-40
後退サンプリング　551
剛体分子　404-7
剛体法　524
高等な ab initio 法　**107-24**
　エネルギー成分分析　119-22
　開殻系　107-8
　原子価結合理論　122-4
　電子相関　108-15
　問題点　115-9
勾配ベクトル経路　79-81
勾配補正　131-4
勾配補正汎関数　131-2
高分子
　ビーズ・モデル　412
　モンテカルロ・シミュレーション　407-15
　連続体モデル　412-5
コーン-シャム方程式／軌道　126-33
黒鉛への吸着　424-5
コサイン係数　658-9
固体系
　格子静力学と格子動力学　282-7
　力場　226-30
固体欠陥のモデリング　**604-11**
五炭素断片　453-6
固有値と固有ベクトル　16-7
　極小点，極大点，鞍点の識別　261,270-2
　距離幾何学法　453-6
　主成分分析　481
固有反応座標　275-6
混合則　202-3
根節点　445-6
コンビナトリアル・ライブラリー　693-700
コンピュータ
　インターネット　11-2
　ソフトウェア　10
　ハードウェア　9-10
コンピュータ・シミュレーション法

291-338
　位相空間　300-2
　遠距離力　321-9
　境界　304-8
　結果と誤差　329-33
　時間平均と集団平均　291-3
　実際的側面　302-4
　統計力学　333-4
　熱力学的性質　295-9
　ビリアルへの実在気体の寄与　335-6
　分子動力学法とモンテカルロ法　293-5
　平衡化の監視　308-10
　並進粒子を中央の箱へ戻すための公式　336
　ポテンシャルの切捨てと最小影像コンベンション　310-21

【さ】

サーモリシン　555
最遠隣法　→　完全連結法
最急降下法　252
最高被占分子軌道　75,280-1
最小影像コンベンション　311
最小基底系　67-8
最小二乗アプローチ　221
最大相違度アルゴリズム　664-5
最低空分子軌道　75,280-1
最尤法　639-40
酢酸　486-7,625-6
　SMILES 表記法　627
作動薬　623
座標系　2-4
差分ポアソン-ボルツマン計算　587-91
差分法　341-4
散逸粒子動力学　386-9
三角スムージング　452,643-4
酸化ニッケル　143
酸化物　227
残差平方和　680-1
3D 属性に基づく類似性　660-1
3D データベース　640-4
3D プロフィール法　526-8
三重双極子補正項　→　Axilrod-Teller 項
算術平均　20-1
酸素-水素相互作用　96
サンプリング　395,421-5

718　索　引

【し】

ジェリウム　233
市街地距離　→　ハミング距離
時間刻み幅　346-9
時間相関関数　361
時間平均　292
時間平均 NMR　469-71
シクロスポリン　375
シクロブタノン　171-2
シクロヘプタデカン　459-60
1,2-ジクロロエタン　371-2
次元の縮約　480-2
自己相関関数　361
自己ペナルティー歩行法　277-8
自己無撞着場　53
脂質のシミュレーション　380-3
二乗平均　345-6,536,650
二乗平均距離　474-5
二乗平均勾配　262
システイン　495
実効原子電荷　→　部分原子電荷
質量加重座標　263
自動スケーリング　662
シトシン　82,217-8
ジヒドロ葉酸レダクターゼ　266-7
指標原子　316-7
島モデル　464
シミュレーションの誤差　330-3
ジメチルエーテル　658-9
N,N-ジメチル-α-ケトプロパンアミド　220-1
ジメチルホルムアミド　595-6
遮蔽定数　54-5
ジャンプ頻度　608-9
自由エネルギー計算　**547-76**
　　エンタルピー差とエントロピー差　557-8
　　落とし穴　561-4
　　近似／高速計算法　569-76
　　コンピュータによる計算の難しさ　547
　　分割　558-61
　　平均力ポテンシャル　564-9
自由エネルギー差　548-58
　　計算公式の誘導　611-3
　　計算法　548-53
　　計算法の応用　553-7
自由回転鎖モデル　412-3
臭化ベンジル　652
周期境界条件　304-7
重積分　19-20

収束球　180-1
集団平均　292
自由度　681
柔軟な分子　407,566-9
重点サンプリング　395
14 族元素　233
　　固体量子力学　153-4
主成分回帰分析　687
主成分分析　480-2,663
シュレーディンガー方程式　28
　　厳密解　30-1
　　固体量子力学　143-4
　　ドルーデ分子　198,235-6
準位密度　149
準エルゴード問題　416-21
準格子間機構　608-9
準ニュートン法　258-9
条件収束級数　322
小正準集団の定義　295
状態密度　149-50
初期配置の選択　303-4
ショットキー欠陥　604
シリカ　284
シリカライト　284-5,431,433
シリコン表面　602-3
進化戦略　464-5
進化的アルゴリズム　461-5
進化的プログラミング　464
新規分子の設計　**623-710**
　　de novo リガンド設計　668-76
　　化合物集合の選択　661-8
　　コンビナトリアル・ライブラリー　693-700
　　コンピュータ表現　625-30
　　3 D 属性に基づく類似性　660-1
　　3 D データベース　640-4
　　3 D データベース探索　630,649-50
　　3 D 薬理作用団　630-40
　　ドッキング　644-50
　　部分最小二乗法　687-93
　　分子記述子　651-61
　　薬理作用団キー　657-8
侵入　604
シンプソン公式　397
シンプレックス法　247-50

【す】

水素結合　206-8
水素分子　41-6
　　解離　108-9
　　ハイトラー-ロンドン・モデル　122-3
水素抑制表記　627
スイッチング関数　318-21
随伴行列　16
数学的概念　12-24
　　級数展開　12
　　重積分　19-20
　　統計学　20-2
　　複素数　17-8
スーパーオキシドジスムターゼ　589-90
スーパーファミリー　523
スカラー積とスカラー三重積　13-4
スケール粒子理論　592
ステアリン酸　378,385
ステップ幅　253
ストークスの法則　372
ストレプトアビジン　560-1
スピン軌道　35
スピン制限ハートリー-フォック法　107-9
スピン非制限ハートリー-フォック法　107-9
スピン密度　108
スマート・モンテカルロ法　→　モンテカルロ法
ずり粘性率　366
スレーター型軌道　54
スレーター行列式　39-41
スレーター則　54-5
スレッディング法　528-30

【せ】

正規分布　21-2
制限付き分子動力学　466-71
正準遺伝アルゴリズム　462-3
正準集団　295
正準表現　627
生成行列　413
生成物に基づいたモノマー選択　699
正定値行列　17,257
静電相互作用　175-97
静電ポテンシャル　82-3
生物学的等価体　630-1
生命情報科学　496,536-7
制約条件つき系統的探索　632-3
ゼオライト　284-5,431,433
　　合成用鋳型の設計　673-6
　　力場　226-7
正規直交波動関数　31
積分アルゴリズム　341-7
積分による性質の計算　397-9

索　引

斥力　199
セグメント　524
接触可能表面　8
接触表面　8
絶対自由エネルギー　556-7
節点　445,625
摂動法　36
セリン　495
セル索引法　313-4
セル多重極法　328-9
零点エネルギー　263
遷移構造　245,268-82
繊維柔軟仕上げ剤　386
線形応答法　572-5,612-3
線形回帰　680
線形合同法　404
線形重回帰　681
線形相互作用エネルギー法　⎯→　線形応答法
潜在変数　687-8
前進サンプリング　551
全双極子モーメント　363
全電子密度分布と分子軌道　74-5
尖度　662
セントラルドグマ　493,496

【そ】

相違度に基づく化合物の選択法　664-6
相関関数　360-4
相関係数　663
相関分光法　457
双極子　73
双極子相関時間　363
双距離法　314
相互相関関数　361
双線形モデル　683
相対エネルギー　217
相平衡のシミュレーション　433-5
総平方和　680
層別サンプリング　332
速度自己相関係数　361-3
速度 Verlet 法　343
疎水性効果　499-500

【た】

第一原理分子動力学　599-604
　　　　遅延効果　600
台形公式　397
対称行列　14-5
対称直交化　59
大正準モンテカルロ法　⎯→　モンテカ

ルロ法
ダイレクター　379
多重配列並置　518-21
多体摂動論　112-5
多体ポテンシャル　230
多体問題　204-6
多電子系　39-41,46-9
多電子原子と分子　35-41
谷本係数　658-60
多配置 SCF 法　111
単位格子　134-5
探索木　445-6
短縮ガウス関数　67
弾性定数行列　283
炭素-水素相互作用　96
断熱写像法　⎯→　ねじれ角駆動法
タンパク質
　データバンク　471-2,522-3
　二次構造　497-8
　比較モデリング　505-7
　モデリングの自動化　532-3
タンパク質構造の予測　**493-546**
　折りたたみと変性　533-6
　基本原理　497-500
　スレッディング法　528-30
　第一原理法　500-5
　データベースの一覧　537
　配列並置　507-23
　比較モデル　523-8
　変異確率行列　538-9
　方法の比較　530-3
　略語と頭字語　536-7
　ルールベース・アプローチ　504-5
単量体　277
単連結法　476-9

【ち】

チアゾール環　472-3
力バイアス・モンテカルロ法　⎯→　モンテカルロ法
置換　604
置換基定数　677-8
逐次一変量法　250
秩序パラメータ　308-9
秩序変数　378-80
窒素分子
　静電ポテンシャル　181-3
　分散多極子モデル　189-90
チミジル酸シンターゼ　649
チミン　217-8
中規模モデリング　386-9

注釈づけ　496
中心多重極展開　175-81
調和近似　265
調和ポテンシャル　168
長距離寄与　314
直接 SCF 法　116-8
直線探索　252-3
直交座標　2-3
チロシン　273-4,494

【つ】

対ポテンシャル・モデル　230
ツベルスキー係数　660

【て】

定圧動力学　369-71
ディールス-アルダー反応　281-2
定温定圧集団　295
定温動力学　367-9
底行列　400
D 最適化計画　679
低周波振動探索法　461
定常状態遺伝アルゴリズム　464
低成長法　552-3,612
テイラー級数　12
定量的構造活性相関　677-87
　化合物の選択　678-9
　交差確認法　682-3
　式の解釈　683-4
　式の誘導　680-2
　主成分回帰分析　687
　ニューラル・ネットワーク　685
　判別分析　684-5
定量的構造物性相関　677
熱的ドブロイ波長　396
転移 RNA　493
電荷平衡化法　187-9
電気陰性度　186
電気多極子の計算　73-4
点欠陥　604
電子位相幾何学的状態指数　656
電子ガス理論　229
電子親和力　186-8
電子スピン　35,38
電子積分の簡略表現　49-50
電子相関　108-15
電子密度　74-5
電子密度行列　57
テンソル　177-8
転置行列　16
点電荷静電モデル　181-3

伝導帯　139
テンプレート強制　474

【と】
統計学　20-2
統計的重み行列　413-4
動径分布関数　297-9
統計力学　333-4
動的計画法　510-5
動的修正窓　562
トーマス-フェルミ模型　124
突然変異演算子　463-4
ドメイン　499
sym-トリアジン　191-2
トリプシン　505-8,570-1,589
トリプトファン　164-5,495
1,3,5-トリフルオロベンゼン　191-2
トリメトプリム　266-7
ドルーデ分子　198
　　　相互作用　235-6
トレオニン　495
トロンビン　505-8

【な】
内部座標　2-4
長い時間的すそ　362
長さの単位　10
ナトリウムイオン　176,573
ナフタレン　223

【に】
二元トポロジー　562-3
二項展開　12
ニコチン／ニコチン様薬理作用団　635
二酸化硫黄　115
二酸化炭素　176,303,598-9
2D部分構造探索　625-30
二次モーメント近似　231-2
二重動的計画法　521-2
二次領域　271-2
ニッチング　464
二電子積分　19,49-50
二倍基底系　68
二倍幅サンプリング　551-2
ニュートンの運動法則　339
ニュートン-ラフソン法　256-7
任意ステップ・アプローチ　253-5

【ね】
ねじれ角　3-4,244,498
　　　定義　4

ねじれ角駆動法　273-5
ねじれ項　169-71
ねじれパラメータ　219
熱容量　296,334-5
熱浴　367
熱力学サイクル　553-4
熱力学サイクル摂動法　554-6
熱力学的性質　83-4
　　　コンピュータ・シミュレーション
　　　　295-9
　　　力場による計算　217-8
熱力学的積分法　552,611-2
熱力学的摂動法　548-9
ネトロプシン　259

【は】
ハートリー原子単位　30
ハートリー積　39
ハートリー-フォック方程式　51-64
　　　分子系への応用　63-4
配向相関関数　364-6
配座解析　**441-91**
　　　NMR/X線結晶解析　457-8,
　　　　466-71
　　　各種アプローチの比較　459-60
　　　距離幾何学法　451-8
　　　クラスター分析とパターン認識
　　　　474-80
　　　系統的探索法　442-8
　　　結晶構造の予測　484-7
　　　構造データベース　471-3
　　　大域的極小エネルギー配座　442,
　　　　461-5
　　　データセットの次元の縮約　480-2
　　　配座探索　441
　　　標準的方法の変法　460-1
　　　分子の当てはめ　474
　　　ポーリング　482-4
　　　モデル組立てアプローチ　448-9
　　　ランダム探索法　449-51
排除球　640,642
配置間相互作用　109-12
配置バイアス型モンテカルロ法　→
　　モンテカルロ法
ハイトラー-ロンドン・モデル　122
ハイブリッド分子動力学／モンテカルロ
　　法　436
配列一致率　508
配列同一性　529-30
パウリの原理　40
爬行　411

パターン認識　474-80
八極子　74,176
バッキンガム・ポテンシャル　201-2
発見的並置法　515-8
ハッシュ指紋　628
波動関数　28
ハミルトニアン　28-9
ハミング距離　475-6
ハメットの置換基定数　677-8
ハロゲン化炭化水素　688
範囲スケーリング　662
半経験的方法　85-97
反対称性原理　36
半導体の経験的ポテンシャル　233-5
バンド理論　138-42
反応経路　275-80
反応帯　307
反応場法　326
反応場モデル　578
反応変換　697-8

【ひ】
ピアソンの相関係数　663
ビオチン　559-61
比較分子場解析　689-93
非局在化したπ系の取扱い　223-4
非結合カットオフ　→　カットオフ
非結合近接原子リスト　312-4
非結合相互作用　175-204
　　　静電相互作用　175-97
　　　ファンデルワールス相互作用
　　　　197-204
非周期境界法　307-8
ヒスチジン　165,494
ヒステリシス　561
ひずみ　282-3
歪みエネルギー　217
ビット列　628
ヒトゲノム計画　493,532
非微分極小化法　247-50
微分重なり　86
微分極小化法　250-9
ピボット・アルゴリズム　412
非ホロノーム拘束　356
ヒュッケル法　97-100
氷山モデル　499
標準偏差　21
表面　7-9
ピラジン／ピリジン　556
ビリアル　296-7
　　　実在気体の寄与　335-6

ビリアル定理　296
2-ピリドン　581
ヒル・ポテンシャル　202

【ふ】
ファミリー　523
ファンデルワールス相互作用　197-204
ファンデルワールス表面　7-8
フィックの法則　365
部位点　670
フーリエ解析　377
フーリエ級数　22-3
フーリエ係数　24
フーリエ変換　23-4
フェニルアラニン　273-4, 495
フェルミ面　149
フェロセン　225
フォーカシング　588
フォック演算子　53
フォック行列　56-8
　　開殻系　107
　　固体系　142
フォノン　285-6
フォノン分散曲線　285-6
深さ優先探索　446
複素数　17-8
ブタジエン　223, 280-2
ブタノン　594-5
ブタン　84, 180-1
フッ化水素　80-1, 189-90
フックの法則　166-8
沸石　→　ゼオライト
部分グラフ　625-6
部分グラフ同型判定　627
部分原子電荷　176, 183-9
部分構造探索アルゴリズム　448
部分最小二乗法　687-93
部分集合の選択　698-9
普遍力場　222
フラーレン　99
フラグメント標識法　696-8
ブラベ格子　135
ブリュアン帯域　137, 152-3
ブリュアン定理　110, 114
フレンケル欠陥　604
ブロック対角法　257
ブロッホの定理／関数　139-44, 155
プロパン　162-3, 627
プロフィール　520
プロリン　495
フロンティア軌道　280

分割
　　自由エネルギー　558-61
　　電子密度　79-81
分極　192-5
分極基底系　69
文献　10-1
分散　21
分散共分散行列　481
分散相互作用　198-9
分散多極子モデル　189-90
分子間相互作用過程　266-8
分子記述子　651-61
分子軌道計算　41-51
　　一般の多電子系　46-9
　　水素分子　41-6
　　電子積分の簡略表現　49-50
　　閉殻系　50-1
分子グラフィックス　5-7
分子結合度 χ　654
分子動力学シミュレーション　**339-94**
　　エネルギーの保存　389-90
　　簡単なモデル　339-40
　　拘束動力学　354-9
　　時間依存的性質　360-6
　　準備と実行　351-4
　　定圧動力学　369-71
　　定温動力学　367-9
　　配座変化　375-7
　　モンテカルロ法との比較　294-5, 435-6
　　両親媒性鎖状分子　377-89
　　連続ポテンシャル　341-51
分子の当てはめ　474
分子のドッキング　644-9
　　評価関数　647-9
分子場解析　689-93
分子フラグメント
　　結合部位内部での位置決め　668-71
　　結合部位内部での連結　671-2
フントの規則　35
分配係数　556, 651-3
　　1-オクタノール／水　652, 677

【へ】
閉殻系　50-1, 55-8
平均二乗変位　309-10
平均二乗末端間距離　410
平均力ポテンシャル　371, 564-9, 594-6
平均連結法　476-8
閉鎖アルゴリズム　525
平面波　150-3

β 鎖　497-8
β ターン　498
ヘキサン　433, 445-6, 654-5
ベクトル　12-4
ベクトル積　13-5
ヘシアン　256-7
ヘテロバレントな置換　604
ペナルティー関数　466
ペプシン　527
ペプチド／ポリペプチド　493
ペプトイド　694
ヘムエリトリン　528
ヘリウム原子　36-8
ヘリウム水素分子イオン　60-3
ペリ環状反応の遷移構造　280-2
3_{10} ヘリックス　567-9
ベリリウム原子　40-1, 112
ヘルマン-ファインマンの定理　118
ヘルムホルツ自由エネルギー　547
辺　445
変異確率行列　509, 538-9
偏移型ポテンシャル　317-8
変角項　168-9
ベンズアミジン　570-1
変数分離法　37
ベンゼン
　　SCVB 法　123-4
　　SMILES 表記法　627
　　異方性モデル　190-2
　　広義ねじれ角　173
　　ヒュッケル法　98-9
ペンタン違反　413-4, 446
変動係数　662
変分原理　51
ベンペリドール　657

【ほ】
ポアソン方程式　130, 586
ポアソン-ボルツマン方程式　586-9
方位量子数　32
芳香環-芳香環相互作用　190-2
包埋原子法　233
ボーア半径　32
ホーエンベルグ-コーン定理　125
ポーリング　482-4
ポテンシャルエネルギー曲面　→　エネルギー曲面
ポテンシャルの切捨て　310-21
ポピュレーション解析　75-9
ほぼ自由な電子の近似　138, 143-8
ボルツマン因子　294, 398

ボルツマン分布 333
ポルフィリン 190-1
ホルムアミド
　　HOMO と LUMO 75,77-8
　　勾配ベクトル経路 79-80
　　電子密度 75-7
ホルムアルデヒド 74
ボルン-オッペンハイマー近似 36
ボルンの式／モデル 228,577-8
ホロノーム拘束 355-6
ボロン酸エノール／アルデヒド反応 593-4

【ま】
マクスウェル-ボルツマン分布 351
マグネシウムイオン 228,604
マクローリン級数 12
摩擦係数 372
末端節点 445
マルコフ連鎖 399

【み】
水
　　$ab\ initio$ ポテンシャル 211-2
　　基準振動 263
　　結合次数 81
　　コンピュータ・シミュレーション 304
　　赤外スペクトル 364
　　二量体 121-2,314-5
　　力場モデル 208-12
密度汎関数理論 **124-34**

【む】
無機構造データベース 471
無作為サンプリング 332-3
無撞着力場 221-2

【め】
メタン
　　SMILES 表記法 627
　　結合次数 81
　　八極子モーメント 74
　　モンテカルロ・シミュレーション 424-5
メチオニン 495
メチオニンエンケファリン 501
o-メチルアセトアニリド 652
α-メチルアラニン 567-8
4-メチル-2-オキセタノン 134
2-メチルプロパン 627

メチレン基 155,380
　　融合原子力場 213
メッセンジャーRNA 493
メトキシプロマジン 658-9
メトロポリス・モンテカルロ計算 294,399
　　実行 401-4
　　理論的背景 399-401
免疫グロブリン 528
免疫抑制薬 FK 506 220-1
面外変角項 171-3
面心立方格子 135,303

【も】
モース・ポテンシャル／曲線 165-8
モーメント定理 231-2
目標節点 445
モチーフ 507
モット-リトルトン法 605-8
モノマー 693-4,698-9
モル屈折 653
諸熊解析 120-2
モンテカルロ・シミュレーション **395-440**
　　化学ポテンシャルの計算 425-6
　　吸着過程 424-5
　　高分子 407-15
　　異なる集団からのサンプリング 421-5
　　準エルゴード問題 416-21
　　積分による性質の計算 397-9
　　相平衡 433-5
　　分子動力学との比較 294-5,435-6
モンテカルロ法
　　ギブス集団 433-5
　　スマート 416
　　大正準 423-5
　　力バイアス 416
　　バイアス型 415-6
　　配置バイアス型 426-33
　　マルチカノニカル 419-21

【や】
ヤーン-テラー効果 225
焼きなまし法 465
薬理作用団 630
薬理作用団キー 657-8
薬理作用団マッピング 630-1

【ゆ】
ユークリッド距離 475

融合原子力場と簡約表現 212-6
有効対ポテンシャル 206
有効媒質理論 233
優先サンプリング 415-6
誘電率 284
有用な概念 **1-26**
輸送的性質 365-6

【よ】
余因子 15-6
揺動電荷モデル 194-5
溶媒効果
　　分子動力学シミュレーション 371-5
溶媒の連続体モデル 576-7
溶媒誘電体モデル 195-7
溶媒和 **576-93**
　　簡単なモデル 592-3
　　静電寄与 577-91
　　非静電寄与 591-2
　　連続体モデル 581-5
予測残差平方和 683
予測子-修正子積分法 344-5
四極子 73-4,178
四元数 406

【ら】
ライブラリー列挙 696-8
ラグランジュ乗数 18-9
ラゲール多項式 32
ラニチジン 471-2,627
ラマチャンドラン・プロット 443-4
λ 動力学法 569-71
ラングミュア-プロジェット膜 377-9
ランジュバン双極子モデル 585-6
ランジュバン方程式 585
乱数発生器 402-4,436-7
ランダム探索法 449-51,501
ランダム微調整法 525

【り】
力場のパラメトリゼーション 219-22
力場パラメータの移植性 164,222-3
リシン 494
リチウム 109,310
立体エネルギー 217
立方格子 305-6
リボースリン酸 476-7
略語と頭字語 102-3,536-7
流体力学的な渦 362-3
量子力学 27-159

量子力学的方法による固体研究　**134-54**
隣接行列　629

【る】

類似性探索　650
類似度の計算　658-60
ループ配座　525
ルーレット選択　463
ルジャンドルの陪多項式　32

【れ】

冷静基底関数系　70
レイリー-シュレーディンガー摂動論　112
レナード-ジョーンズ・ポテンシャル　199-201
連結法　475-6

【ろ】

ロイシン　469-70, 495
ローターン-ホール方程式　55-63
　　解法　58-60
　　具体的な説明　60-3
ローレンツ-ベルトロ混合則　203
ロンドン力　198

【わ】

歪度　662

【訳者紹介】
江崎俊之（えさき・としゆき）
1970年　京都大学薬学部卒業
1975年　京都大学大学院薬学研究科博士課程修了
現　在　江崎ゴム㈱医薬研究室室長
専　攻　理論医薬化学
訳　書　『定量薬物設計法』（地人書館，1980）
　　　　『リチャーズ量子薬理学』（地人書館，1986）
　　　　『コンピュータ分子薬理学』（地人書館，1991）
　　　　『分子モデリング』（地人書館，1998）
　　　　『化学者のための薬理学』（地人書館，2001）
　　　　『初心者のための分子モデリング』（地人書館，2008）
ニューヨーク科学アカデミー会員，薬学博士
住　所　〒453-0821　名古屋市中村区大宮町1-7

分子モデリング概説
量子力学からタンパク質構造予測まで

2004 年 11 月 10 日　初版第 1 刷 ⓒ
2013 年 7 月 10 日　初版第 3 刷

著　者　A. R. リーチ
訳　者　江崎俊之
発行者　上條　宰
発行所　株式会社地人書館
　　　　〒162-0835　東京都新宿区中町15
　　　　電話　03-3235-4422　　FAX　03-3235-8984
　　　　郵便振替口座　00160-6-1532
　　　　e-mail chijinshokan @ nifty.com
　　　　URL http://www.chijinshokan.co.jp
印刷所　平文社
製本所　カナメブックス

Printed in Japan.
ISBN978-4-8052-0752-9　C3047

|JCOPY|＜(社) 出版者著作権管理機構　委託出版物＞
本書の無断複写は、著作権法上での例外を除き禁じられています。
複写される場合は、そのつど事前に、(社) 出版者著作権管理機構（電話 03-3513-6969，FAX 03-3513-6979，e-mail: info@jcopy.or.jp）の許諾を得てください。また本書を代行業者等の第三者に依頼してスキャンやデジタル化することは、たとえ個人や家庭内の利用であっても一切認められておりません。